제15판

건축설비인을 위한

건축설비관계법규

김수영 · 이종석 · 박호준 · 조영호 · 오호영 共著

한솔아카데미 H/A/N/S/O/L//A/C/A/D/E/M/Y

「건축설비관계법규」를 내면서

최근 건축물이 대형화, 고층화되고 있고, 국민의 생활수준이 향상됨에 따라 건축물 내외부 공간의 쾌적과 안전에 대한 일반인의 관심이 높아지고 있습니다. 이에 따라 건축물의 설비에 관한 관심 또한 증대되고 있습니다.

건축설비는 건축물의 구조체, 공간 등의 효용성을 높이기 위해 건축물에 설치하는 전기 · 급수 · 배수 · 난방 · 소화 · 배연 및 오물처리 등 제반 설비를 말하는 것으로 이에 대한 사항을 「건축법」, 「소방시설 설치 및 관리에 관한 법률」 등 건축설비관계법에서 규정하고 있습니다.

이 책은 제1부 해설과 제2부 부록 편으로 되어있고, 해설편은

제1편 「건축법」 관련 규정: 법, 시행령, 시행규칙과 「건축물의 설비기준에 관한 규칙」 「건축물의 피난·방화구조 등의 기준에 관한 규칙」 등

제2편 에너지 관련 규정: 「건축물의 에너지절약 설계기준」, 「건축물의 냉방설비에 대한 설치 및 설계 기준」, 「녹색건축 인증에 관한 규칙」과 기준 등

제3편 「소방시설 설치 및 관리에 관한 법률」: 법, 시행령, 시행규칙으로

구분하여 기술하였으며, 제2부 부록은 해설편의 근거 법 규정 등을 수록하였습니다.

이는 2023년부터 건축설비기사와 건축설비산업기사의 출제기준을 반영한 것이며, 건축설비산업기사는 제1편과 제2편, 건축설비기사는 제3편까지 출제범위가 됩니다.

이 책은 건축설비 관련업무 종사자의 실무자료로, 대학교 및 전문대학의 건축설비관련 학과 학생들의 교재로 활용할 수 있습니다. 또한, 건축설비기사 및 건축설비산업기사의 준비를 위한 수험서로도 사용할 수 있도록 장별로 기출 및 예상문제를 분류하여 수록하였습니다.

이 책에서는 건축설비관계법을 법조문의 순서에 따라 법령을 해석 및 정리하였고, 「건축법」 등은 그림과 도표로 법령의 이해가 쉽도록 하였습니다.

건축설비 중 기계설비에 대한 설계, 시공 및 유지관리 등의 기준을 규정한 「기계설비법」이 2020.4.18.부터 시행되고 있습니다. 「기계설비법」(법, 시행령, 시행규칙)을 부록편에 수록하였습니다.

많은 노력을 기울였지만 부족함이 있으리라 생각합니다. 부족한 부분은 계속 노력하고 보완하겠습니다.

출간하기까지 도서출판 한솔아카데미 한병천 사장님, 이종권 전무님과 출판부직원 여러분의 많은 노고가 있었습니다. 진심으로 감사드립니다.

저자 일동

목 차

제1부 건축설비관계법규 해설

제1편 건축법 해설

제1장 총 칙 1-5

제2장 건축물의 건축 1-91

제3장 건축물의 구조·재료 및 피난·방화기준 1-147

제2편 에너지 관련 규정 해설

제1장 건축물의 에너지절약 설계기준 1-321

제3편 소방시설 설치 및 관리에 관한 법률 해설

제2장 소방시설등의 설치 · 관리 및 방염 1-408

제3장 소방용품의 품질관리 1-442

제2부 건축설비관계법령

I 부 해설

건축설비관계법규 해설

제1편 건축법 해설
- 건축법
- 건축법 시행령
- 건축법 시행규칙
- 건축물의 설비기준 등에 관한 규칙
- 건축물의 피난·방화구조 등의 기준에 관한 규칙
- 지능형건축물의 인증에 관한 규칙(기준)

제2편 에너지 관련 규정 해설
- 건축물의 에너지절약 설계기준
- 건축물의 냉방설비에 대한 설치 및 설계기준
- 녹색건축 인증에 관한 규칙(기준)
- 건축물 에너지효율등급 인증 및 제로에너지건축물 인증 규칙(기준)

제3편 소방시설 설치 및 관리에 관한 법률 해설
- 소방시설 설치 및 관리에 관한 법률
- 소방시설 설치 및 관리에 관한 법률 시행령
- 소방시설 설치 및 관리에 관한 법률 시행규칙

건축법 해설

건축법
최종개정 2023. 8. 8.

건축법 시행령
최종개정 2023. 9. 12.

건축법 시행규칙
최종개정 2023. 11. 1.

건축물의 설비기준 등에 관한 규칙
최종개정 2021. 8. 27.

건축물의 피난·방화구조 등의 기준에 관한 규칙
최종개정 2023. 8. 31.

지능형건축물의 인증에 관한 규칙
최종개정 2017. 3. 31.

총 칙

1 건축법의 목적

법 제1조【목적】

이 법은 건축물의 대지 · 구조 · 설비 기준 및 용도 등을 정하여 건축물의 안전 · 기능 · 환경 및 미관을 향상시킴으로써 공공복리의 증진에 이바지하는 것을 목적으로 한다.

해설 「건축법」은 건축물에 관한 법이므로 건축물로 정의되는 것에 적용되는 법이다.
따라서, 건축물이 건축되는 대지, 건축물의 구조, 건축물에 사용되는 설비와 건축물의 용도 등이 규정되어 있다. 또한 「건축법」은 계획 · 설계 · 구조 · 설비 등에 관한 최저기준을 규정하여 건축물의 안전 · 기능 · 환경 및 미관을 향상시키고, 나아가서는 공공복리증진의 구현을 목적으로 한다.

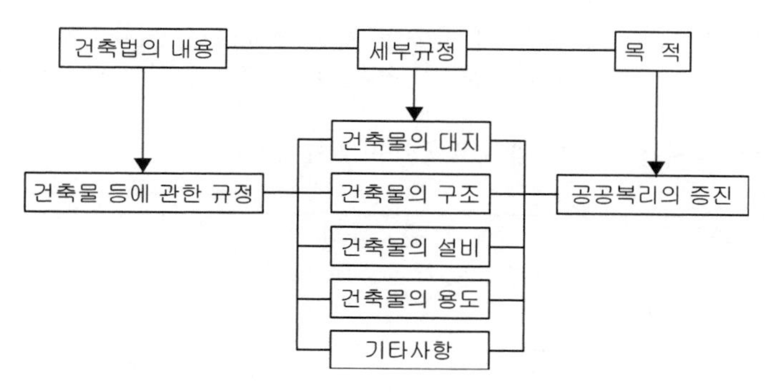

그림 건축법의 목적 및 내용

2 용어의 정의

1 대지 (법 제2조제1항제1호)

법 제2조 【정의】 ① 이 법에서 사용하는 용어의 뜻은 다음과 같다.

1. "대지(垈地)"란 「공간정보의 구축 및 관리 등에 관한 법률」에 따라 각 필지(筆地)로 나눈 토지를 말한다. 다만, 대통령령으로 정하는 토지는 둘 이상의 필지를 하나의 대지로 하거나 하나 이상의 필지의 일부를 하나의 대지로 할 수 있다.

해설 대지는 「건축법」에서 정의되는 용어로서 「공간정보의 구축 및 관리 등에 관한 법률」에 따라 나누어진 각 필지를 하나의 대지로서 규정한다. 이는 「공간정보의 구축 및 관리 등에 관한 법률」상의 대(垈)와는 유사한 개념이나, 「건축법」상의 대지는 「공간정보의 구축 및 관리 등에 관한 법률」상의 대(垈)뿐만 아니라, 다른 지목(잡종지 등)이라 할지라도 토지형질변경 등의 절차를 거쳐 대지로서 인정받을 수 있다. 또한 「건축법」의 규정내용이 건축물에 대한 것이므로 「건축법」에서 정의하는 대지도 건축물이 들어설 토지를 말한다. 따라서 「건축법」상의 대지로 정의된 토지에 한하여 건축물을 건축할 수 있다.

【1】 원칙

「공간정보의 구축 및 관리 등에 관한 법률」에 따라 각 필지로 구획된 토지를 말한다.

「공간정보의 구축 및 관리 등에 관한 법률」에 따라 구획된 각 필지의 토지를 하나의 대지로 함 1필지 = 1대지	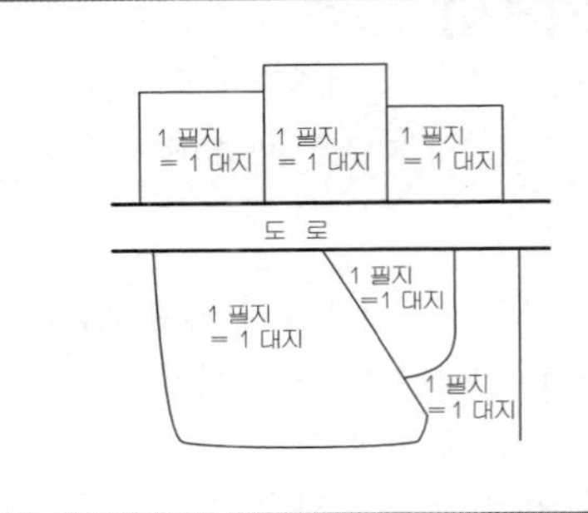

【2】 예외

「건축법」상의 대지는 「공간정보의 구축 및 관리 등에 관한 법률」에 따라 각 필지로 구획된 하나의 토지를 하나의 대지로 함을 원칙으로 하나 다음의 경우에는 예외가 인정된다.

(1) 둘 이상의 필지를 하나의 대지로 할 수 있는 토지

1. 하나의 건축물을 두 필지 이상에 걸쳐 건축하는 경우 : 그 건축물이 건축되는 각 필지의 토지를 합한 토지
   - (예1)의 경우 - A+B+C
   - (예2)의 경우 - A+B

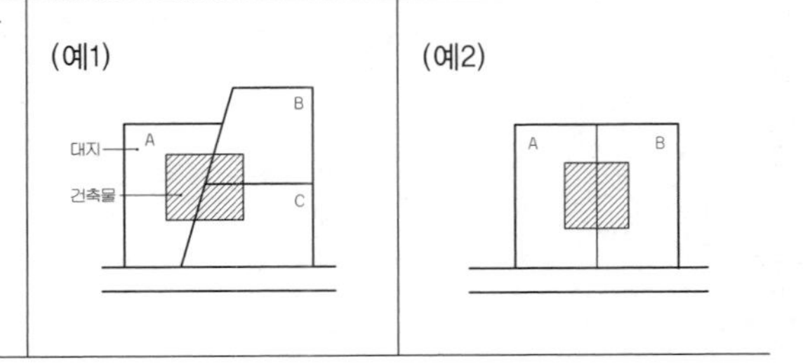

2. 「공간정보의 구축 및 관리 등에 관한 법률」에 따라 합병이 불가능한 경우 중 다음에 해당하는 경우 : 합병이 불가능한 필지의 토지를 합한 토지
   ① 각 필지의 지번부여지역(地番附與地域)이 서로 다른 경우 (예1) A+B
   ② 각 필지의 도면이 축척이 다른 경우 (예2) A+B
   ③ 서로 인접하고 있는 필지로서 각 필지의 지반(地盤)이 연속되지 아니한 경우 (예3) A+B

   예외 토지의 소유자가 서로 다르거나 소유권 외의 권리관계가 서로 다른 경우 : 하나의 대지로 보지 않는다.
   (예4) A, B 별개의 대지임

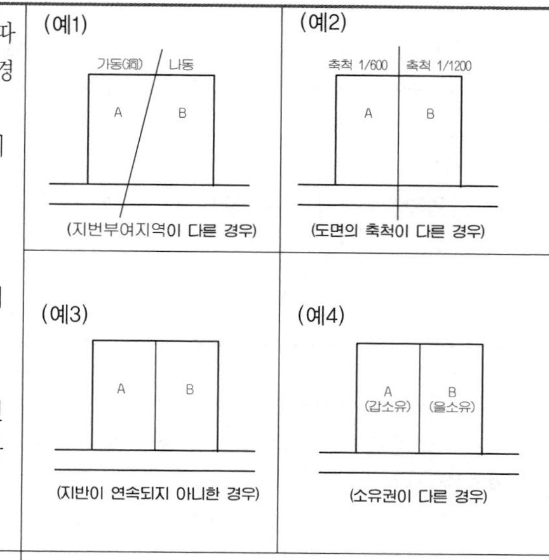

3. 「국토의 계획 및 이용에 관한 법률」에 따른 도시·군계획시설에 해당하는 건축물을 건축하는 경우 : 도시·군계획시설이 설치되는 일단(一團)의 토지 【참고1】

   건축물의 대지는 A+B+C+D

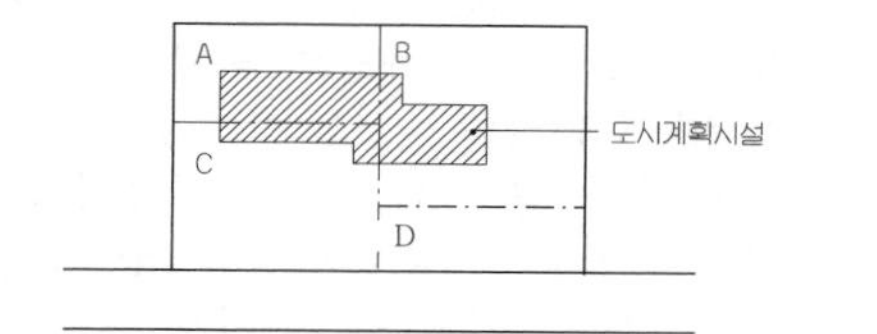

[A+B+C+D]를 하나의 대지로 봄

4. 「주택법」에 따른 사업계획승인을 받아 주택과 그 부대시설 및 복리시설을 건축하는 경우 : 「주택법」 규정에 따른 주택단지 【참고2】

   • (예1)의 대지는 A+B+C+D

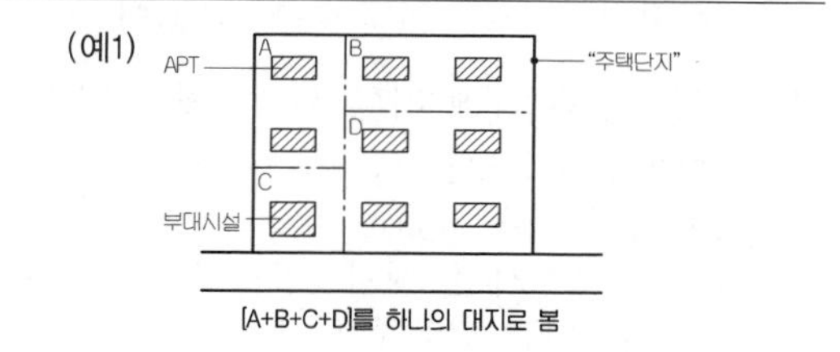

[A+B+C+D]를 하나의 대지로 봄

   예외 주택단지가 도로 등(철도, 고속도로, 자동차전용도로, 폭 20m 이상인 일반도로, 폭 8m이상의 도시계획 예정도로 등)으로 분리되는 경우 : 이를 각각 별개의 주택단지로 봄

   • (예2)의 경우 A, B 별개의 대지

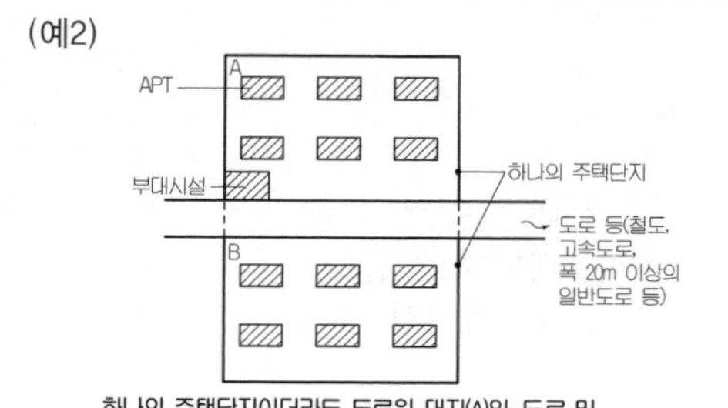

하나의 주택단지이더라도 도로위 대지(A)와 도로 밑 대지(B)는 별개의 대지임

5. 도로의 지표아래에 건축하는 건축물의 경우 : 특별시장·광역시장·특별자치시장·특별자치도지사·시장·군수 또는 구청장(자치구의 구청장)이 그 건축물이 건축되는 토지로 정하는 토지

   –

6. 「건축법」에 따른 사용승인을 신청할 때 둘 이상의 필지를 하나의 필지로 합칠 것을 조건으로 건축허가를 하는 경우 : 그 필지가 합쳐지는 토지 **예외** 토지의 소유자가 서로 다른 경우 (예)의 대지는 A+B	(예) 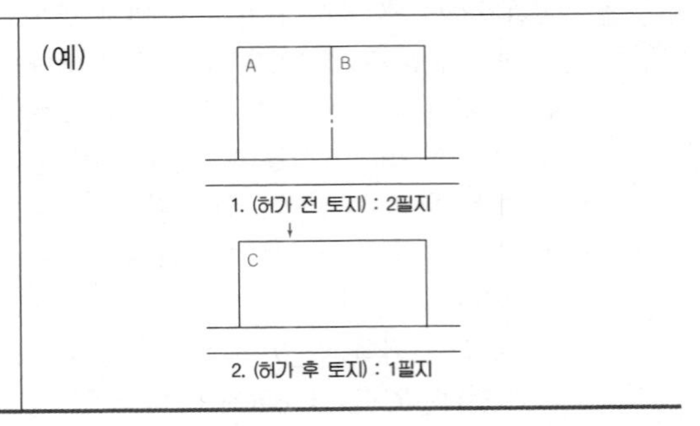

【참고1】 도시·군계획시설 (「국토의 계획 및 이용에 관한 법률」 제2조제7호, 영 제2조)

도시·군계획시설이라 함은 기반시설 중 도시·군관리계획으로 결정된 시설을 말한다.

■ 기반시설

1. 교통시설 : 도로·철도·항만·공항·주차장·자동차정류장·궤도·차량 검사 및 면허시설
2. 공간시설 : 광장·공원·녹지·유원지·공공공지
3. 유통·공급시설 : 유통업무설비, 수도·전기·가스·열공급설비, 방송·통신시설, 공동구·시장, 유류저장 및 송유설비
4. 공공·문화체육시설 : 학교·공공청사·문화시설·공공필요성이 인정되는 체육시설·연구시설·사회복지시설·공공직업훈련시설·청소년수련시설
5. 방재시설 : 하천·유수지·저수지·방화설비·방풍설비·방수설비·사방설비·방조설비
6. 보건위생시설 : 장사시설·도축장·종합의료시설
7. 환경기초시설 : 하수도·폐기물처리 및 재활용시설·빗물저장 및 이용시설·수질오염방지시설·폐차장

【참고2】「주택법」에 따른 사업계획 승인대상(「주택법」 제15조)

1. 단독주택 : 30호 이상의 주택건설사업
■ 다음의 경우 : 50호 이상
① 대지조성사업, 택지개발사업 등 공공택지를 개별 필지로 구분하지 않고 일단의 토지로 공급받아 건설하는 단독주택
② 한옥
2. 공동주택 : 30세대 이상(리모델링의 경우 증가 세대수 기준)의 주택건설사업
■ 다음의 경우 : 50세대 이상(리모델링의 경우 제외)
① 다음 요건을 갖춘 단지형 연립주택 또는 단지형 다세대주택
- 세대별 주거 전용 면적 : 30㎡ 이상일 것
- 주택단지 진입도로 폭 : 6m 이상일 것
② 정비구역에서 주거환경 개선사업을 시행하기 위하여 건설하는 공동주택

(2) 하나 이상의 필지의 일부가 다음에 해당하는 경우 하나의 대지로 할 수 있는 토지

1. 도시·군계획시설이 결정·고시된 경우 : 그 결정·고시된 부분의 토지 • (예)의 대지는 $A+B_1$	(예) 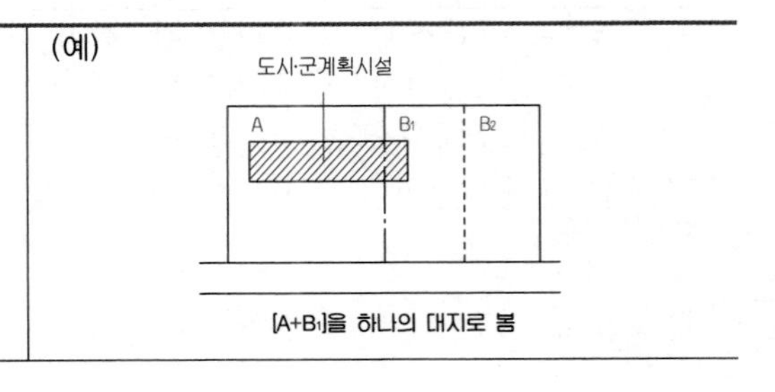

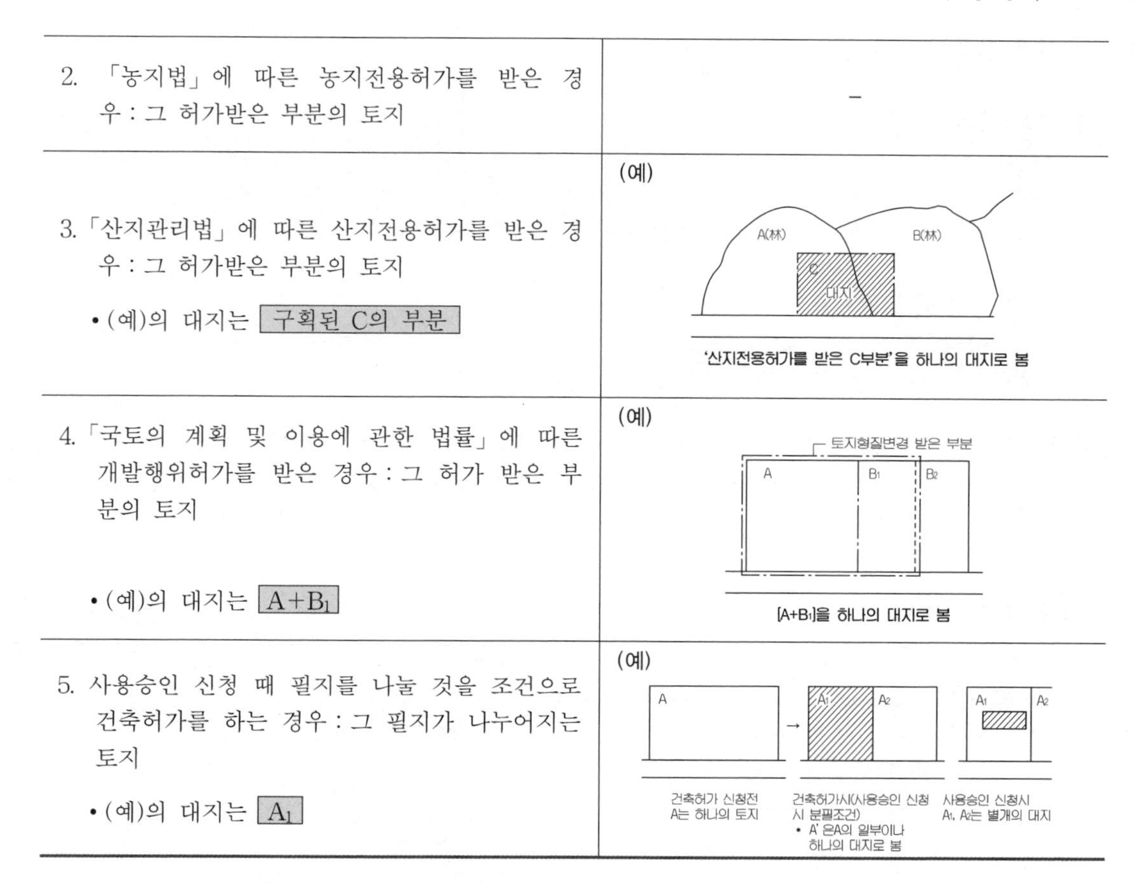

2. 「농지법」에 따른 농지전용허가를 받은 경우 : 그 허가받은 부분의 토지	–
3. 「산지관리법」에 따른 산지전용허가를 받은 경우 : 그 허가받은 부분의 토지 • (예)의 대지는 구획된 C의 부분	(예) A(林) B(林) C 대지 '산지전용허가를 받은 C부분'을 하나의 대지로 봄
4. 「국토의 계획 및 이용에 관한 법률」에 따른 개발행위허가를 받은 경우 : 그 허가 받은 부분의 토지 • (예)의 대지는 $A+B_1$	(예) 토지형질변경 받은 부분 A B_1 B_2 $[A+B_1]$을 하나의 대지로 봄
5. 사용승인 신청 때 필지를 나눌 것을 조건으로 건축허가를 하는 경우 : 그 필지가 나누어지는 토지 • (예)의 대지는 A_1	(예) A → A_1 A_2 / A_1 A_2 건축허가 신청전 A는 하나의 토지 건축허가시(사용승인 신청시 분필조건) • A' 은A의 일부이나 하나의 대지로 봄 사용승인 신청시 A_1, A_2는 별개의 대지

【참고1】 토지면적과 대지면적

1. 토지면적	토지대장에 등재된 면적으로서 건축유무에 관계없이 지적상 1필지로 구획된 현황면적이다.	25m, 20m, 타대지, 2M도로, Ⓐ
2. 대지면적	「건축법」상의 대지조건에 충족되어 대지면적 산정기준에 의거한 건축가능면적으로서 건폐율, 용적률 등의 적용기준면적이 된다.	• 토지면적 : 25m×20m • 대지면적 : 24m×20m [대지면적 산정기준에 따라 기준도로폭(4m)을 확보]

【참고2】 「건축법」의 대지(垈地)와 「공간정보의 구축 및 관리 등에 관한 법률」의 대(垈)

1. 「건축법」의 대지(垈地)	「건축법」에서 요구하는 대지에 대한 규정(대지의 안전, 대지와 도로와의 관계 등)을 충족하고 건축물을 건축할 수 있는 「공간정보의 구축 및 관리 등에 관한 법률」상의 필지로 구획된 토지로서 해당 토지의 지목에는 영향을 받지 않으나, 허가권자가 판단에 의하여 토지형질변경 또는 지목변경 등의 절차를 필요로 할 수도 있다.
2. 「공간정보의 구축 및 관리 등에 관한 법률」의 대(垈)	영구적 건축물중 주거·사무실·점포와 박물관·극장·미술관 등 문화시설과 이에 접속된 정원 및 부속시설물의 부지와 관계법령에 따른 택지조성공사가 준공된 토지

2 건축물 (법 제2조제1항제2호) (영 제2조제12호, 제15호)

법 제2조 【정의】 ①

2. "건축물"이란 토지에 정착(定着)하는 공작물 중 지붕과 기둥 또는 벽이 있는 것과 이에 딸린 시설물, 지하나 고가(高架)의 공작물에 설치하는 사무소 · 공연장 · 점포 · 차고 · 창고, 그 밖에 대통령령으로 정하는 것을 말한다.

영 제2조 【정의】

12. "부속건축물"이란 같은 대지에서 주된 건축물과 분리된 부속용도의 건축물로서 주된 건축물을 이용 또는 관리하는 데에 필요한 건축물을 말한다.

해설 건축물은 토지에 기반을 둔 것으로서, 지붕과 기둥 또는 벽으로 구성되어 인간생활에 필요한 공간(Space)이 확보된 공작물이다. 또한 건축물로 정의되지 않으면 「건축법」의 적용대상이 되지 않으므로 건축물로 정의 되는지 여부의 판단이 매우 중요하다. 이에 따른 건축물의 원칙 및 특수한 경우의 예는 다음과 같다.

【1】 건축물의 범위

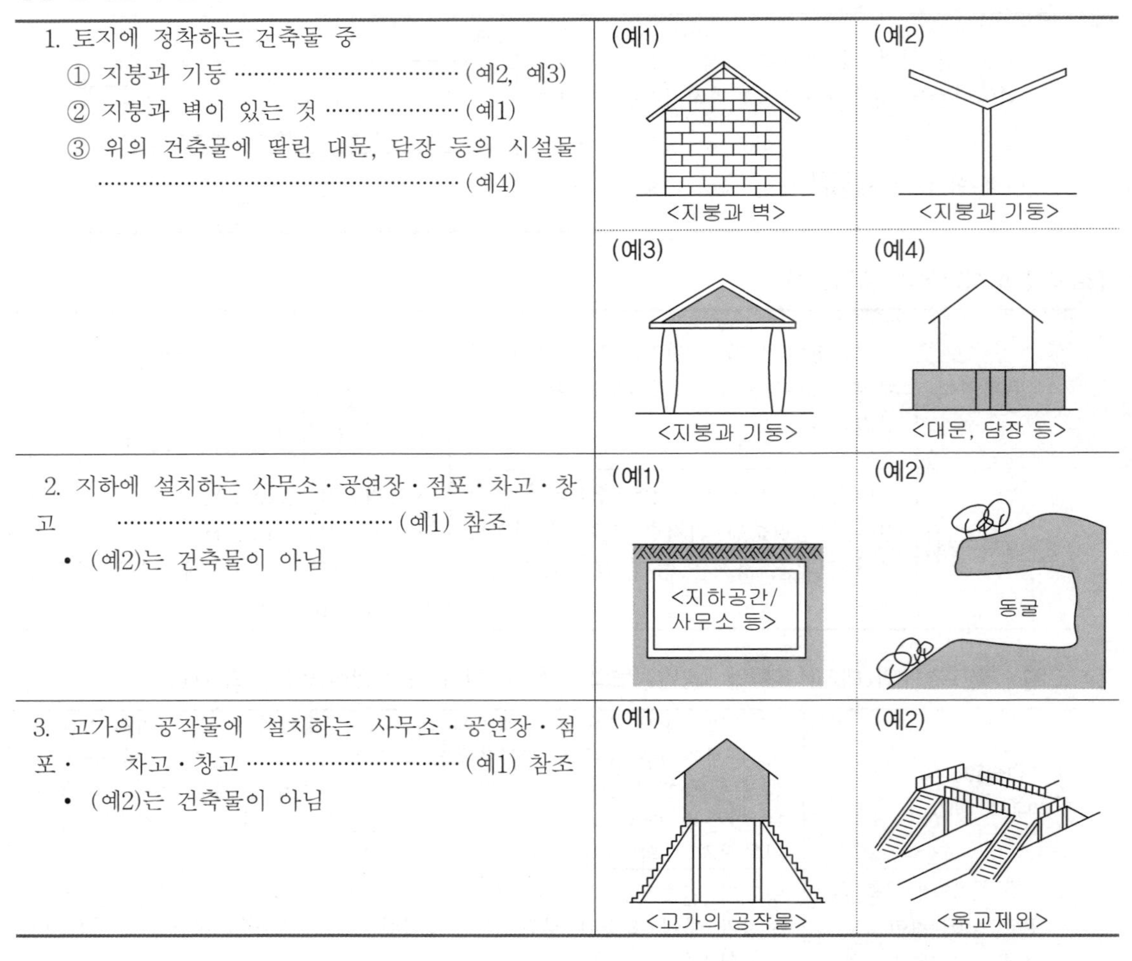

1. 토지에 정착하는 건축물 중 ① 지붕과 기둥 ································ (예2, 예3) ② 지붕과 벽이 있는 것 ····················· (예1) ③ 위의 건축물에 딸린 대문, 담장 등의 시설물 ·· (예4)	(예1) <지붕과 벽>	(예2) <지붕과 기둥>
	(예3) <지붕과 기둥>	(예4) <대문, 담장 등>
2. 지하에 설치하는 사무소 · 공연장 · 점포 · 차고 · 창고 ·· (예1) 참조 • (예2)는 건축물이 아님	(예1) <지하공간/ 사무소 등>	(예2) 동굴
3. 고가의 공작물에 설치하는 사무소 · 공연장 · 점포 · 차고 · 창고 ································ (예1) 참조 • (예2)는 건축물이 아님	(예1) <고가의 공작물>	(예2) <육교제외>

【참고】 건축물과 공작물의 구분

구 분	내 용		적용기준
1. 건축물	토지에 정착하는 공작물 중 다음에 해당하면 건축물로 본다. ① 지붕과 기둥 또는 지붕과 벽이 있는 것 ② "①"에 딸린 시설물(건축물에 딸린 대문, 담장 등) ③ 지하 또는 고가(高架)의 공작물에 설치하는 사무소·공연장·점포·차고·창고		「건축법」 적용 (단, 문화재, 선로부지내 시설물 등은 「건축법」을 적용하지 않는다. 법 제3조)
2. 공작물	인위적으로 축조된 공간구조물로서 도로, 항만, 댐 등과 같은 시설물과 간판, 광고탑, 고가수조 등의 공작물이 해당된다.		–
3.일정규모를 넘는 공작물* (법 제83조) ☞9장 참조 * 건축물과 분리하여 축조하는 것을 말함	① 높이 2m를 넘는	• 옹벽·담장	「건축법」 및 「국토의 계획 및 이용에 관한 법률」의 일부규정 적용
	② 높이 4m를 넘는	• 장식탑·기념탑·첨탑·광고탑·광고판	
	③ 높이 5m를 넘는	• 태양에너지 이용 발전설비 등	
	④ 높이 6m를 넘는	• 굴뚝 • 골프연습장 등의 운동시설을 위한 철탑 • 주거지역·상업지역에 설치하는 통신용 철탑	
	⑤ 높이 8m를 넘는	• 고가수조	
	⑥ 높이 8m 이하	• 기계식주차장 및 철골조립식주차장으로서 외벽이 없는 것(단, 위험방지를 위한 난간높이 제외)	
	⑦ 바닥면적 30㎡를 넘는	• 지하대피호	
	⑧ 건축조례로 정하는	• 제조시설·저장시설(시멘트사일로 포함)·유희시설 • 건축물 구조에 심대한 영향을 줄 수 있는 중량물	

【2】 건축물의 구분 예

1. 그 밖의 건축물 (예1), (예2), (예3)	(예1) 〈해상호텔〉	(예2) 〈옥외관람석〉	(예3) 〈통신타워〉
	적용완화 대상임	–	거실이 없는 경우 (적용완화대상)
2. 가설건축물 (일시사용) (예4), (예5) 3. 건축물이 아닌 것 (예6)	(예4) 〈비닐하우스〉	(예5) 〈포장마차〉	(예6) 〈mobile house〉
	가설건축물로 분류	가설점포인 경우 인정	토지에 정착되어 있지 않으므로 건축물이 아님

3 고층건축물, 초고층 건축물 및 한옥 (법 제2조제1항제19호)(영 제2조제15호, 제15호의2, 제16호)

법 제2조【정의】①

19. "고층건축물"이란 층수가 30층 이상이거나 높이가 120미터 이상인 건축물을 말한다.

영 제2조【정의】

15. "초고층 건축물"이란 층수가 50층 이상이거나 높이가 200미터 이상인 건축물을 말한다.

15의2. "준초고층 건축물"이란 고층건축물 중 초고층건축물이 아닌 것을 말한다.

16. "한옥"이란 「한옥 등 건축자산의 진흥에 관한 법률」 제2조제2호에 따른 한옥을 말한다.

해설 최근 건축물의 고층화가 가속되면서 효율적인 규제의 필요성이 대두되었다. 이에 초고층건축물의 정의, 건축법 적용의 완화 및 피난안전구역의 설치 등 '초고층건축물'에 대한 규정이 「건축법 시행령」에 신설되었으며 <2009.7.16>, '준초고층 건축물'의 정의도 추가 <개정 2011.12.30.> 되었다.

'고층건축물'에서 화재가 발생하면 인명·재산상의 피해가 막대하므로 이를 예방하기 위하여 '고층건축물'의 정의를 신설하고, '초고층 건축물', '준초고층 건축물'의 경우 일반 건축물보다 강화된 건축 기준을 적용할 수 있도록 규정하였다.

또한, 전통주거문화인 한옥을 보존·육성하기 위하여 한옥의 정의를 명시하여 해석상의 논란을 없애고 한옥 건축과 관련된 한옥의 개축 및 대수선의 경우 지붕틀 범위에서 서까래를 제외하여 규제를 합리적으로 개선·보완하고자 하였다. <2010.2.18 한옥 관련 규정 신설>

고층건축물의 화재사례(연합뉴스, 2010.10.5)

【1】 고층건축물

구분	내용
1. 고층건축물(법 제2조)	▪ 층수 30층 이상인 건축물
	▪ 건축물 높이 120m 이상인 건축물
2. 고층건축물의 피난 및 안전관리(법 제50조의2)	▪ 고층건축물에는 피난안전구역을 설치하거나 대피공간을 확보한 계단을 설치할 것 ▪ 피난안전구역의 설치 기준, 계단의 설치 기준과 구조 등은 국토교통부령으로 정함 ▪ 고층건축물의 화재경감 및 피해경감을 위하여 일부 규정을 강화하여 적용할 수 있음

【2】 초고층 건축물 및 준초고층 건축물

구분		내용
1. 초고층 건축물(영 제2조)		▪ 층수 50층 이상인 건축물
		▪ 건축물 높이 200m 이상인 건축물
2. 준초고층 건축물(영 제2조)		▪ 고층건축물 중 초고층 건축물이 아닌 것
3. 건축법 관련규정	① 건축물 안전영향평가(법 제13조의2)	▪ 허가권자는 초고층 건축물 등 주요 건축물에 대하여 건축허가를 하기 전에 구조, 지반 및 풍환경(風環境) 등이 건축물의 구조안전과 인접 대지의 안전에 미치는 영향 등을 평가하는 건축물 안전영향평가를 안전영향평가기관에 의뢰하여 실시하여야 함.
	② 적용의 완화(영 제6조)	▪ 초고층 건축물의 건폐율 규정 완화 적용 가능
	③ 피난안전구역의 설치(영 제34조)	▪ 초고층 건축물에는 피난층 또는 지상으로 통하는 직통계단과 직접 연결되는 피난안전구역(건축물의 피난·안전을 위하여 중간층에 설치하는 대피공간)을 지상층으로부터 최대 30개 층마다 1개소 이상 설치할 것 ▪ 준초고층 건축물에는 피난안전구역을 건축물 전체 층수의 1/2에 해당하는 층으로부터 상하 5개 층 이내에 1개소 이상 설치할 것 ▪ 피난안전구역의 규모와 설치기준은 국토교통부령으로 정함
	④ 방화에 장애가 되는 용도의 제한(영 제47조)	▪ 사생활을 보호하고 방범·방화 등 주거 안전을 보장하며 소음·악취 등으로부터 주거환경을 보호할 수 있도록 주택의 출입구·계단 및 승강기 등을 주택 외의 시설과 분리된 구조로 하면, 공동주택과 위락시설을 같은 초고층건축물에 설치할 수 있음
	⑤ 피난용 승강기 설치(법 제64조)	▪ 고층건축물에 승용승강기 중 1대 이상을 피난용 승강기로 설치
	⑥ 면적 등의 산정방법(영 제119조)	▪ 초고층 건축물과 준초고층 건축물의 피난안전구역의 면적을 용적률 산정시 연면적에서 제외

【3】 한옥

구분		내용
1. 한옥(영 제2조)		▪ 기둥 및 보가 목구조방식이고, 한식지붕틀로 된 목구조로서 우리나라 전통양식이 반영된 건축물 및 그 부속건축물(「한옥 등 건축자산의 진흥에 관한 법률」에서 규정)
2. 건축법 관련규정	① 영 제3조제3호(한옥의 개축)	▪ 한옥을 손쉽게 보수할 수 있도록 한옥의 개축 및 대수선의 경우 지붕틀 범위에서 서까래는 제외
	② 영 제3조의2(한옥의 대수선)	

4 다중이용 건축물(영 제2조제17호), 준다중이용 건축물(영 제2조제17호의2)

영 제2조【정의】

17. "다중이용 건축물"이란 다음 각 목의 어느 하나에 해당하는 건축물을 말한다. <개정 2018.9.4.>
 가. 다음의 어느 하나에 해당하는 용도로 쓰는 바닥면적의 합계가 5천제곱미터 이상인 건축물
  1) 문화 및 집회시설(동물원 및 식물원은 제외한다)
  2) 종교시설
  3) 판매시설
  4) 운수시설 중 여객용 시설
  5) 의료시설 중 종합병원
  6) 숙박시설 중 관광숙박시설
 나. 16층 이상인 건축물

17의2. "준다중이용 건축물"이란 다중이용 건축물 외의 건축물로서 다음 각 목의 어느 하나에 해당하는 용도로 쓰는 바닥면적의 합계가 1천제곱미터 이상인 건축물을 말한다.
 가. 문화 및 집회시설(동물원 및 식물원은 제외한다)
 나. 종교시설
 다. 판매시설
 라. 운수시설 중 여객용 시설
 마. 의료시설 중 종합병원
 바. 교육연구시설
 사. 노유자시설
 아. 운동시설
 자. 숙박시설 중 관광숙박시설
 차. 위락시설
 카. 관광 휴게시설
 타. 장례시설

해설 다중이용 건축물은 재해 발생시 인적, 경제적 피해가 크게 된다. 이에 건축법령에서는 다중이용 건축물에 대한 규정을 강화하고 있다. 다중이용 건축물은 건축허가나 대수선허가전 지방건축위원회의 사전 심의대상, 「건설기술 진흥법」에 따른 건설엔지니어링사업자 등의 공사감리 대상, 건축사가 설계나 공사감리할 경우 구조기술사등과 협력 대상이며, 실내건축 규정, 벌칙규정 등 관련규정이 적용된다.

다중이용 건축물 외의 건축물로서 노유자시설 등의 용도로 쓰는 바닥면적의 합계가 1,000㎡ 이상인 건축물을 준다중이용 건축물로 정하여 강화된 안전기준 등을 적용하도록 건축법 시행령이 개정되었다.(2015.9.22. 개정)

준다중이용 건축물의 건축공사를 감리하는 경우 건축 분야의 건축사보 한 명 이상을 전체 공사기간 동안 감리업무를 수행하게 하고, 준다중이용 건축물도 특수구조 건축물의 경우에는 사용승인일을 기준으로 10년이 지난 날부터 2년마다 한 번 정기점검을 실시해야 하며, 준다중이용 건축물이 건축되는 대지에 소방자동차의 접근이 가능한 통로를 설치해야 한다.

또한, 준다중이용 건축물에 대한 구조의 안전을 확인하는 경우에는 건축구조기술사의 협력을 받도록 하고 있다.

5 특수구조 건축물(영 제2조제18호)

영 제2조 【정의】

18. "특수구조 건축물"이란 다음 각 목의 어느 하나에 해당하는 건축물을 말한다. <개정 2018.9.4.>
 가. 한쪽 끝은 고정되고 다른 끝은 지지(支持)되지 아니한 구조로 된 보ㆍ차양 등이 외벽(외벽이 없는 경우에는 외곽 기둥을 말한다)의 중심선으로부터 3미터 이상 돌출된 건축물
 나. 기둥과 기둥 사이의 거리(기둥의 중심선 사이의 거리를 말하며, 기둥이 없는 경우에는 내력벽과 내력벽의 중심선 사이의 거리를 말한다. 이하 같다)가 20미터 이상인 건축물
 다. 특수한 설계ㆍ시공ㆍ공법 등이 필요한 건축물로서 국토교통부장관이 정하여 고시하는 구조로 된 건축물

해설 고층 및 초고층 건축물의 증가와 더불어 구조적 안정성을 확보하기 위해 건축법 시행령에 "특수구조 건축물"을 정의하고, 특수구조 건축물의 경우 지방건축위원회의 심의대상으로 하고(시행령 제5조), 건축사가 설계 및 감리업무시 건축구조기술사와 협력하는 대상(시행령 제91조의3)으로 규정하고 있다.(2014.11.28., 건축법 시행령 개정)

【참고】 특수구조 건축물 대상기준(국토교통부고시 제2018-777호, 2018.12.7.)

6 실내건축(법 제2조제1항제20호)(영 제3조의4)

법 제2조 【정의】 ①

20. "실내건축"이란 건축물의 실내를 안전하고 쾌적하며 효율적으로 사용하기 위하여 내부 공간을 칸막이로 구획하거나 벽지, 천장재, 바닥재, 유리 등 대통령령으로 정하는 재료 또는 장식물을 설치하는 것을 말한다. <신설 2014.5.28>

영 제3조의4 【실내건축의 재료 등】 법 제2조제1항제20호에서 "벽지, 천장재, 바닥재, 유리 등 대통령령으로 정하는 재료 또는 장식물"이란 다음 각 호의 재료를 말한다.
1. 벽, 천장, 바닥 및 반자틀의 재료
2. 실내에 설치하는 난간, 창호 및 출입문의 재료
3. 실내에 설치하는 전기ㆍ가스ㆍ급수(給水), 배수(排水)ㆍ환기시설의 재료
4. 실내에 설치하는 충돌ㆍ끼임 등 사용자의 안전사고 방지를 위한 시설의 재료

[본조신설 2014.11.28.]

해설 "실내건축"은 건축물의 실내를 안전하고 쾌적하며, 효율적으로 사용하기 위한 벽, 천장 등의 바탕 및 마감재료, 난간 등 안전사고 방지 등을 위한 재료와, 전기, 가스, 급수, 배수, 환기시설을 위한 설비적 재료로 설치하는 것을 뜻하며,
건축물의 실내건축은 방화에 지장이 없고 사용자의 안전에 문제가 없는 구조 및 재료로 시공하도록 하는 등의 내용으로 건축법, 건축법 시행령 및 시행규칙에 관련내용이 신설되었다. (2014.5.28. 건축법 개정, 2014.11.28. 시행령 및 시행규칙 개정)

■ 관련규정
- 건축법 제52조의2(실내건축)
- 건축법 시행령 제61조의2(실내건축)
- 건축법 시행규칙 제26조의5(실내건축의 구조·시공방법 등의 기준)

【참고】 실내건축의 구조·시공방법 등에 관한 기준(국토교통부고시 제2020-742호, 2020.10.20.)

7 건축물의 용도(법 제2조제1항제3호)

법 제2조【정의】 ①

3. "건축물의 용도"란 건축물의 종류를 유사한 구조, 이용 목적 및 형태별로 묶어 분류한 것을 말한다.

【1】 건축물의 용도분류(법 제2조제2항)

법 제2조【정의】

② 건축물의 용도는 다음과 같이 구분하되, 각 용도에 속하는 건축물의 세부 용도는 대통령령으로 정한다. 〈개정 2022.11.15.〉

1. 단독주택
2. 공동주택
3. 제1종 근린생활시설
4. 제2종 근린생활시설
5. 문화 및 집회시설
6. 종교시설
7. 판매시설
8. 운수시설
9. 의료시설
10. 교육연구시설
11. 노유자(老幼者: 노인 및 어린이)시설
12. 수련시설
13. 운동시설
14. 업무시설
15. 숙박시설
16. 위락(慰樂)시설
17. 공장
18. 창고시설
19. 위험물 저장 및 처리 시설
20. 자동차 관련 시설
21. 동물 및 식물 관련 시설
22. 자원순환 관련 시설
23. 교정(矯正)군사 시설
24. 국방·군사시설
25. 방송통신시설
26. 발전시설

27. 묘지 관련 시설
28. 관광 휴게시설
29. 그 밖에 대통령령으로 정하는 시설

【2】 부속용도(영 제2조제1항제14호)

영 제2조 【정의】 ①

13. "부속용도"란 건축물의 주된 용도의 기능에 필수적인 용도로서 다음 각 목의 어느 하나에 해당하는 용도를 말한다.
가. 건축물의 설비, 대피, 위생, 그 밖에 이와 비슷한 시설의 용도
나. 사무, 작업, 집회, 물품저장, 주차, 그 밖에 이와 비슷한 시설의 용도
다. 구내식당 · 직장어린이집 · 구내운동시설 등 종업원 후생복리시설, 구내소각시설, 그 밖에 이와 비슷 한 시설의 용도. 이 경우 다음의 요건을 모두 갖춘 휴게음식점(별표 1 제3호의 제1종 근린생활시설 중 같은 호 나목에 따른 휴게음식점을 말한다)은 구내식당에 포함되는 것으로 본다. 〈개정 2016.6.30.〉
1) 구내식당 내부에 설치할 것
2) 설치면적이 구내식당 전체 면적의 3분의 1 이하로서 50제곱미터 이하일 것
3) 다류(茶類)를 조리 · 판매하는 휴게음식점일 것
라. 관계 법령에서 주된 용도의 부수시설로 설치할 수 있게 규정하고 있는 시설의 용도

해설 "건축물의 용도"라 함은 「건축법」에서 건축물의 종류를 유사한 구조 · 이용목적 및 형태별로 분류한 것으로서 「건축법」에서 29개군으로 구성되어 있다.
용도분류의 이해를 높이는 것은 지역 · 지구안에서의 건축물의 건축에 대한 규정, 용도변경 등에 관한 사항등의 규정 적용을 정확히 판단할 수 있는 근거가 된다.
용도의 세분류의 규정 내용 중 "해당용도로 쓰는 바닥면적의 합계"는 부설주차장 면적을 제외한 실 사용면적에 공용부분 면적(복도, 계단, 화장실 등의 면적)을 비례 배분한 면적으로 산정한다.

1 단독주택[가정어린이집·공동생활가정·지역아동센터 · 공동육아나눔터 · 작은도서관(해당 주택 1층에 설치한 경우만 해당) 및 노인복지시설(노인복지주택을 제외)을 포함 【참고】] 〈개정 2022.12.6〉

구 분	내 용	기 타
1. 단독주택	–	–
2. 다중주택	① 학생 또는 직장인 등 여러 사람이 장기간 거주할 수 있는 구조로 되어 있을 것 ② 독립된 주거의 형태를 갖추지 않은 것(각 실별로 욕실은 설치가능, 취사시설은 설치 불가) ③ 1개 동의 주택으로 쓰이는 바닥면적(부설주차장 면적 제외. 이하 같다)의 합계가 660㎡이하이고 주택으로 쓰는 층수(지하층 제외)가 3개 층 이하일 것 ④ 적정한 주거환경을 조성하기 위하여 건축조례로 정하는 실별 최소 면적, 창문의 설치 및 크기 등의 기준에 적합할 것	1층 전부 또는 일부를 필로티 구조로 하여 주차장으로 사용하고 나머지 부분을 주택(주거 목적으로 한정) 외의 용도로 쓰는 경우 해당 층을 주택의 층수에서 제외

3. 다가구주택	① 주택으로 쓰는 층수(지하층은 제외)가 3개 층 이하일 것 ② 1개 동의 주택으로 쓰는 바닥면적(부설주차장 면적 제외)의 합계가 660㎡ 이하일 것 ③ 19세대(대지 내 동별 세대수를 합한 세대) 이하가 거주할 수 있을 것	1층 전부 또는 일부를 필로티 구조로 하여 주차장으로 사용하고 나머지 부분을 주택(주거 목적으로 한정) 외의 용도로 쓰는 경우 해당 층을 주택의 층수에서 제외
4. 공관	–	–

해설 단독주택과 공동주택은 소유권의 개념으로 분류되며 단독주택은 1인 소유의 주거이다. 참고로 다가구주택은 660㎡(약 200평)까지 할 수 있으므로 고급주택으로 분류되어 세제상 불이익이 있을 수 있으나, 대법원 판례에서는 다가구용 단독주택은 실질적으로 각 세대가 독립된 생활을 하고 있는 공동주택으로 보아 누진세율을 적용하지 않고 단순 합산 과세하도록 하고 있다.
또한, 다중주택의 경우 그 규모기준이 완화되어 다가구 주택과 유사하게 적용되고 있다.

【참고】 필로티 구조의 주차장의 적용

1층 전부 또는 일부를 필로티 구조로 하여 주차장으로 사용하고, 일부를 다른 용도로 사용하더라도 주택의 층수에서 제외됨

2 공동주택[공동주택의 형태를 갖춘 가정어린이집·공동생활가정·지역아동센터·공동육아나눔터·작은도서관·노인복지시설(노인복지주택을 제외) 및 「주택법」에 따른 소형 주택 【참고1】을 포함] 〈개정 2022.2.11〉

구 분	내 용	기 타
1. 아파트	주택으로 쓰는 층수가 5개 층 이상인 주택	1층 전부를 필로티구조로 하여 주차장으로 사용하는 경우 필로티부분을 층수에서 제외
2. 연립주택	주택으로 쓰는 1개 동의 바닥면적(2개 이상의 동을 지하주차장으로 연결하는 경우 각각의 동으로 봄)의 합계가 660㎡를 초과하고, 층수가 4개 층 이하인 주택	
3.다세대 주택	주택으로 쓰는 1개 동의 바닥면적 합계가 660㎡ 이하이고, 층수가 4개 층 이하인 주택(2개 이상의 동을 지하주차장으로 연결하는 경우 각각의 동으로 봄)	1층의 전부 또는 일부를 필로티구조로 하여 주차장으로 사용하고 나머지 부분을 주택(주거 목적으로 한정) 외의 용도로 사용하는 경우 해당 층을 주택의 층수에서 제외
4. 기숙사	다음에 해당하는 건축물로서 공간의 구성과 규모 등에 관하여 국토교통부장관이 정하여 고시하는 기준 【참고2】에 적합한 것	구분소유된 개별 실(室)은 제외

4. 기숙사	1) 일반기숙사 : 학교 또는 공장 등의 학생 또는 종업원 등을 위하여 사용하는 것으로서 해당 기숙사의 공동취사시설 이용 세대 수가 전체 세대 수*의 50% 이상인 것(학생복지주택*1 포함) 2) 임대형기숙사: 공공주택사업자*2 또는 임대사업자*3가 임대사업에 사용하는 것으로서 임대 목적으로 제공하는 실이 20실 이상이고 해당 기숙사의 공동취사시설 이용 세대 수가 전체 세대 수*의 50% 이상인 것	*건축물의 일부를 기숙사로 사용하는 경우에는 기숙사로 사용하는 세대 수로 한다. *1「교육기본법」 제27조제2항 *2「공공주택 특별법」 제4조 *3「민간임대주택에 관한 특별법」 제2조제7호

【참고1】 공동주택의 허가·승인 기준 등(주택법 제16조, 동 시행령 제15조)

공동주택의 건축은「건축법」에 따른 건축허가대상과「주택법」에 따른 사업계획승인대상 건축물로 분류된다.

구 분	공동주택의 규모	주택과 기타용도의 복합건축물	
		상업지역(유통상업지역 제외), 준주거지역	기타 지역
「건축법」에 따른 건축허가	30세대 미만	• 세대수 : 300세대 미만 • 주택의 규모 : 세대당 297㎡이하(주거전용면적기준) • 건축물의 연면적에 대한 주택연면적 합계의 비율이 90%미만	30세대 미만
「주택법」에 따른 사업계획 승인	30세대 이상	• 300세대 이상인 경우(주택비율무관) • 300세대 미만으로서 연면적에 대한 주택연면적 합계의 비율이 90%이상	30세대 이상

【참고2】 기숙사 건축기준[국토교통부고시 제2023-151호, 2023.3.15., 제정] 참조

3 제1종 근린생활시설 〈개정 2023.9.12.〉

1. 식품·잡화·의류·완구·서적·건축자재·의약품·의류기기 등 일용품을 판매하는 소매점	바닥면적 합계 1,000㎡ 미만인 것
2. 휴게음식점, 제과점 등 음료·차(茶)·음식·빵·떡·과자 등을 조리하거나 제조하여 판매하는 시설	- 바닥면적 합계 300㎡ 미만인 것 - 제2종 근린생활시설 중 제조업소 등으로 500㎡ 미만인 것과 공장 제외
3. 이용원, 미용원, 목욕장, 세탁소* 등 사람의 위생관리나 의류 등을 세탁·수선하는 시설	* 세탁소: 공장에 부설된 것과 「대기환경보전법」등에 따른 배출시설의 설치 허가, 신고 대상인 것 제외
4. 의원, 치과의원, 한의원, 침술원, 접골원(接骨院), 조산원, 안마원, 산후조리원 등 주민의 진료·치료 등을 위한 시설	–
5. 탁구장·체육도장	바닥면적 합계 500㎡ 미만인 것
6. 지역자치센터, 파출소, 지구대, 소방서, 우체국, 방송국, 보건소, 공공도서관, 건강보험공단 사무소 등 주민의 편의를 위하여 공공업무를 수행하는 시설	바닥면적 합계 1,000㎡ 미만인 것

7. 마을회관, 마을공동작업소, 마을공동구판장, 공중화장실, 대피소, 지역아동센터 등 주민이 공동으로 이용하는 시설	지역아동센터의 경우 단독주택과 공동주택에 해당하는 것 제외
8. 변전소, 도시가스배관시설, 통신용시설*, 정수장, 양수장 등 주민의 생활에 필요한 에너지공급·통신서비스제공이나 급수·배수와 관련된 시설	* 통신용시설의 경우 바닥면적 합계 1,000㎡ 미만인 것
9. 금융업소, 사무소, 부동산중개사무소, 결혼상담소 등 소개업소, 출판사 등 일반업무시설	바닥면적 합계 30㎡ 미만인 것
10. 전기자동차 충전소	바닥면적의 합계 1,000㎡ 미만인 것
11. 동물병원, 동물미용실 및 동물위탁관리업*을 위한 시설 <신설 2023.9.12>	바닥면적 합계 300㎡ 미만인 것 *「동물보호법」 제73조제1항 제2호

【참고1】 용도시설중의 바닥면적은 같은 건축물(하나의 대지에 2동이상의 건축물이 있는 경우 이를 같은 건축물로 봄)에서 해당 용도로 쓰는 바닥면적의 합계로 한다.

【참고2】 해당 용도로 쓰는 바닥면적 (3 4 의 경우에 해당되며, 표에서는 '바닥면적'으로 줄여 씀)

① 부설 주차장 면적을 제외한 실(實) 사용면적에 공용부분 면적(복도, 계단, 화장실 등의 면적)을 비례 배분한 면적을 합한 면적

② 건축물의 내부를 여러 개의 부분으로 구분하여 독립한 건축물로 사용하는 경우: 그 구분된 면적 단위로 바닥면적을 산정

[예외] ㉠ 4 의 15.에 해당하는 경우 : 내부가 여러 개의 부분으로 구분되어 있더라도 해당 용도로 쓰는 바닥면적을 모두 합산하여 산정

㉡ 동일인이 둘 이상의 구분된 건축물을 같은 세부 용도로 사용하는 경우에는 연접되어 있지 않더라도 이를 모두 합산하여 산정

㉢ 구분 소유자가 다른 경우에도 구분된 건축물을 같은 세부 용도로 연계하여 함께 사용하는 경우(통로, 창고 등을 공동으로 활용하는 경우 또는 명칭의 일부를 동일하게 사용하여 홍보하거나 관리하는 경우 등)에는 연접되어 있지 않더라도 연계하여 함께 사용하는 바닥면적을 모두 합산하여 산정

【참고3】 여성가족부장관이 고시하는 청소년 출입·고용금지업의 영업을 위한 시설은 제1종 근린생활시설 및 제2종 근린생활시설에서 제외하되, 다른 용도의 시설로 분류되지 않는 경우 16 위락시설로 분류

【참고4】 국토교통부장관은 별표 1 각 호의 용도별 건축물의 종류에 관한 구체적인 범위를 정하여 고시할 수 있다.

4 제2종 근린생활시설 〈개정 2023.4.27., 2023.9.12.〉

1. 공연장(극장, 영화관, 연예장, 음악당, 서커스장, 비디오물감상실, 비디오물소극장, 그 밖에 이와 비슷한 것)	바닥면적 합계 500㎡ 미만인 것
2. 종교집회장[교회, 성당, 사찰, 기도원, 수도원, 수녀원, 제실(祭室), 사당, 그 밖에 이와 비슷한 것]	바닥면적 합계 500㎡ 미만인 것
3. 자동차영업소	바닥면적 합계 1,000㎡ 이상인 것
4. 서점	바닥면적 합계 1,000㎡ 이상인 것

5. 총포판매소, 사진관, 표구점	–
6. 청소년게임제공업소, 복합유통게임제공소, 인터넷컴퓨터게임제공업소, 가상현실체험 제공업소 등 이와 유사한 게임 및 체험관련 시설	바닥면적 합계 500㎡ 미만인 것
7. 휴게음식점, 제과점 등 음료·차(茶)·음식·빵·떡·과자 등을 조리하거나 제조하여 판매하는 시설(15. 또는 공장에 해당하는 것은 제외)	바닥면적 합계 300㎡ 이상인 것
8. 일반음식점	–
9. 장의사, 동물병원, 동물미용실, 동물위탁관리업*을 위한 시설, 그 밖에 이와 유사한 것	-제1종 근린생활시설에 해당하는 것 제외 * 「동물보호법」 제73조제1항제2호
10. 학원(자동차학원 및 무도학원 제외), 교습소(자동차 교습 및 무도 교습을 위한 시설 제외), 직업훈련소(운전·정비 관련 직업훈련소 제외)	바닥면적 합계 500㎡ 미만인 것 * 정보통신기술을 활용한 원격교습 제외
11. 독서실, 기원	–
12. 테니스장, 체력단련장, 에어로빅장, 볼링장, 당구장, 실내낚시터, 골프연습장, 놀이형시설(「관광진흥법」의 기타유원시설업의 시설) 등 주민의 체육 활동을 위한 시설	-바닥면적 합계 500㎡ 미만인 것 -제1종 근린생활시설 중 탁구장, 체육도장 등으로 500㎡ 미만인 것 제외
13. 금융업소, 사무소, 부동산중개사무소, 결혼상담소 등 소개업소, 출판사 등 일반업무시설	바닥면적 합계 500㎡ 미만인 것 (제1종 근린생활시설에 해당하는 것은 제외)
14. 다중생활시설[「다중이용업소의 안전관리에 관한 특별법」에 따른 다중이용업 중 고시원업의 시설로서 다중이용업 중 고시원업의 시설로서 국토교통부장관이 고시하는 기준과 그 기준에 위배되지 않는 범위에서 적정한 주거환경을 조성하기 위하여 건축조례로 정하는 실별 최소 면적, 창문의 설치 및 크기 등의 기준에 적합한 것. 이하 같다]	바닥면적 합계 500㎡ 미만인 것
15. 제조업소, 수리점 등 물품의 제조·가공·수리 등을 위한 시설 * 우측란에서 「대기환경보전법」등은 「대기환경보전법」, 「물환경보전법」, 「소음·진동관리법」 임	바닥면적의 합계가 500㎡ 미만이고, 다음 중 어느 하나에 해당되는 시설 ① 「대기환경보전법」 등*에 따른 배출시설의 설치허가 또는 신고의 대상이 아닌 것 ② 「물환경보전법」에 따라 폐수배출시설의 설치 허가를 받거나 신고해야 하는 시설로서 발생되는 폐수를 전량 위탁처리하는 것
16. 단란주점	바닥면적 합계 150㎡ 미만인 것
17. 안마시술소, 노래 연습장	–

5 문화 및 집회시설

구분	기준
1. 공연장(극장, 영화관, 연예장, 음악당, 서커스장, 비디오물 감상실, 비디오물소극장, 그 밖에 이와 비슷한 것)	바닥면적의 합계가 500㎡ 이상인 것
2. 집회장[예식장, 공회당, 회의장, 마권(馬券) 장외 발매소, 마권 전화투표소, 그 밖에 이와 비슷한 것]	바닥면적의 합계가 500㎡ 이상인 것
3. 관람장(경마장, 경륜장, 경정장, 자동차 경기장, 그 밖에 이와 비슷한 것과 체육관 및 운동장)	체육관 및 운동장의 경우 관람석의 바닥면적의 합계가 1,000㎡ 이상인 것
4. 전시장(박물관, 미술관, 과학관, 문화관, 체험관, 기념관, 산업전시장, 박람회장, 그 밖에 이와 비슷한 것)	–
5. 동·식물원(동물원, 식물원, 수족관 그 밖에 이와 비슷한 것)	–

6 종교시설

구분	기준
1. 종교집회장[교회, 성당, 사찰, 기도원, 수도원, 수녀원, 제실(際室,) 사당, 그 밖에 이와 비슷한 것]	바닥면적의 합계가 500㎡ 이상인 것
2. 종교집회장(바닥면적의 합계가 500㎡ 이상인 것)에 설치하는 봉안당(奉安堂)	–

7 판매시설

구분		기준
1. 도매시장(농수산물도매시장, 농수산물공판장, 그 밖에 이와 비슷한 것)		그 안에 있는 근린생활시설을 포함
2. 소매시장(대규모점포, 그 밖에 이와 비슷한 것)		그 안에 있는 근린생활시설을 포함
3. 상점	1) 식품·잡화·의류·완구·건축자재·의약품·의료기기 등 일용품을 판매하는 소매점	바닥면적 합계 1,000㎡ 이상인 것 그 안에 있는 근린생활시설을 포함
	2) 청소년게임제공업, 일반게임제공업, 인터넷컴퓨터게임시설제공업, 복합유통게임제공업의 시설	바닥면적의 합계 500㎡ 이상인 것 그 안에 있는 근린생활시설을 포함

8 운수시설

구분
1. 여객자동차터미널
2. 철도시설
3. 공항시설
4. 항만시설
5. 그 밖에 위 1.~4. 까지의 시설과 비슷한 시설 <신설 2018.9.4.>

9 의료시설

1. 병원(종합병원, 병원, 치과병원, 한방병원, 정신병원 및 요양병원을 말함)
2. 격리병원(전염병원, 마약진료소, 그 밖에 이와 비슷한 것)

10 교육연구시설(제2종 근린생활시설에 해당하는 것 제외)

1. 학교(유치원, 초등학교, 중학교, 고등학교, 전문대학, 대학, 대학교 그 밖에 이에 준하는 각종 학교를 말함)	－
2. 교육원(연수원, 그 밖에 이와 비슷한 것)	－
3. 직업훈련소	운전 및 정비관련 직업훈련소 제외
4. 학원	자동차학원, 무도학원 및 정보통신기술을 활용하여 원격으로 교습하는 것 제외
5. 연구소	연구소에 준하는 시험소와 계측계량소 포함
6. 도서관	－

11 노유자시설

1. 아동 관련 시설(어린이집, 아동복지시설, 그 밖에 이와 비슷한 것)	단독주택, 공동주택 및 제1종 근린생활시설에 해당하지 아니하는 것
2. 노인복지시설	단독주택과 공동주택에 해당하지 아니하는 것
3. 그 밖에 다른 용도로 분류되지 아니한 사회복지시설 및 근로복지시설	

12 수련시설

1. 생활권 수련시설(청소년수련관, 청소년문화의 집, 청소년특화시설, 그 밖에 이와 비슷한 것)
2. 자연권 수련시설(청소년수련원, 청소년야영장, 그 밖에 이와 비슷한 것)
3. 유스호스텔
4. 「관광진흥법」에 따른 야영장 시설로서 제29호(야영장시설)에 해당하지 아니하는 시설

13 운동시설

1. 탁구장, 체육도장, 테니스장, 체력단련장, 에어로빅장, 볼링장, 당구장, 실내낚시터, 골프연습장, 놀이형 시설, 그 밖에 이와 비슷한 것	제1종 및 제2종 근린생활시설에 해당하지 아니하는 것 (해당용도 바닥면적 합계 500㎡ 이상)
2. 체육관	관람석이 없거나 관람석의 바닥면적이 1,000㎡ 미만인 것
3. 운동장(육상장, 구기장, 볼링장, 수영장, 스케이트장, 롤러스케이트장, 승마장, 사격장, 궁도장, 골프장 등과 이에 딸린 건축물을 말함)	관람석이 없거나 관람석의 바닥면적이 1,000㎡ 미만인 것

14 업무시설

1. 공공업무시설	국가 또는 지방자치단체의 청사 및 외국공관의 건축물 【참고1】	제1종 근린생활시설에 해당하지 아니하는 것 (해당용도 바닥면적 합계 1,000㎡ 이상)
2. 일반업무시설	1) 금융업소, 사무소, 결혼상담소 등 소개업소, 출판사, 신문사, 그 밖에 이와 비슷한 것	제1종 및 제2종 근린생활시설에 해당하지 아니하는 것(해당용도 바닥면적 합계 500㎡ 이상)
	2) 오피스텔(업무를 주로 하며, 분양하거나 임대하는 구획 중 일부 구획에서 숙식을 할 수 있도록 한 건축물)	오피스텔 건축기준에 적합한 것 【참고2】

【참고1】 공공 청사의 종류 (「도시·군계획시설의 결정·구조 및 설치기준에 관한 규칙」 제94조, 제95조)

1. 공공업무를 수행하기 위하여 설치·관리하는 국가 또는 지방자치단체의 청사
2. 우리나라와 외교관계를 수립한 나라의 외교업무수행을 위하여 정부가 설치하여 주한외교관에게 빌려주는 공관
3. 교정시설(교도소·구치소·소년원 및 소년분류심사원에 한한다)

【참고2】 오피스텔 건축기준 (국토교통부고시 제2021-1227호, 2021.11.12.)

■ 건축기준

1. 각 사무구획별 노대(발코니)를 설치하지 아니할 것
2. 다른 용도와 복합으로 건축하는 경우(지상층 연면적 3,000㎡ 이하인 건축물은 제외한다)에는 오피스텔의 전용출입구를 별도로 설치할 것. 다만, 단독주택 및 공동주택을 복합으로 건축하는 경우에는 건축주가 주거기능 등을 고려하여 전용출입구를 설치하지 아니할 수 있다.
3. 사무구획별 전용면적이 120㎡를 초과하는 경우 온돌·온수온돌 또는 전열기 등을 사용한 바닥난방을 설치하지 아니할 것 <개정 2021.11.12>
4. 전용면적의 산정방법은 건축물의 외벽의 내부선을 기준으로 산정한 면적으로 하고, 2세대 이상이 공동으로 사용하는 부분으로서 다음 각목의 어느 하나에 해당하는 공용면적을 제외하며, 바닥면적에서 전용면적을 제외하고 남는 외벽면적은 공용면적에 가산한다.
   가. 복도·계단·현관 등 오피스텔의 지상층에 있는 공용면적
   나. 가목의 공용면적을 제외한 지하층·관리사무소 등 그 밖의 공용면적

■ 피난 및 설비기준

1. 주요구조부가 내화구조 또는 불연재료로 된 16층 이상인 오피스텔의 경우 피난층외의 층에서는 피난층 또는 지상으로 통하는 직통계단을 거실의 각 부분으로부터 계단에 이르는 보행거리가 40m 이하가 되도록 설치할 것
2. 각 사무구획별 경계벽은 내화구조로 하고 「건축물의 피난・방화구조 등의 기준에 관한 규칙」 제19조 제2항에 따른 벽두께 이상으로 하거나 45dB 이상의 차음성능이 확보되도록 할 것

■ 배기시설 권고기준

- 허가권자는 오피스텔에 설치하는 배기설비에 대하여 「주택건설기준 등에 관한 규칙」 제11조 각 호의 기준 중 전부 또는 일부를 적용할 것을 권고할 수 있다.

15 숙박시설 〈개정 2021.11.2〉

1. 일반숙박시설 및 생활숙박시설* **[참고]**	-
2. 관광숙박시설(관광호텔, 수상관광호텔, 한국전통호텔, 가족호텔, 호스텔, 소형호텔, 의료관광호텔 및 휴양 콘도미니엄)	-
3. 다중생활시설	바닥면적의 합계 500㎡ 이상인 것
4. 그 밖에 위의 시설과 비슷한 것	-

* 「공중위생관리법」 제3조제1항 전단에 따라 숙박업 신고를 해야 하는 시설로서 국토교통부장관이 정하여 고시하는 요건을 갖춘 시설

【참고】 숙박업의 세분(「공중위생관리법 시행령」 제4조)

1) 숙박업(일반): 손님이 잠을 자고 머물 수 있도록 시설(취사시설은 제외) 및 설비 등의 서비스를 제공하는 영업
2) 숙박업(생활): 손님이 잠을 자고 머물 수 있도록 시설(취사시설을 포함) 및 설비 등의 서비스를 제공하는 영업

16 위락시설

1. 단란주점	해당용도로 쓰는 바닥면적의 합계 150㎡이상인 것
2. 유흥주점이나 그 밖에 이와 비슷한 것	-
3. 「관광진흥법」에 따른 유원시설업의 시설, 그 밖에 이와 비슷한 시설	제2종 근린생활시설과 운동시설에 해당되는 것은 제외
4. 무도장 및 무도학원	-
5. 카지노영업소	-

17 공 장

물품의 제조・가공[염색・도장(塗裝)・표백・재봉・건조・인쇄 등을 포함한다] 또는 수리에 계속적으로 이용되는 건축물	제1종 및 제2종 근린생활시설, 위험물저장 및 처리시설, 자동차 관련 시설, 자원순환 관련 시설 등으로 따로 분류되지 아니한 것

18 창고시설

1. 창고(물품저장시설로서 「물류정책기본법」에 따른 일반창고와 냉장 및 냉동 창고를 포함)	위험물저장 및 처리시설 또는 그 부속용도에 해당하는 것은 제외
2. 하역장	
3. 물류터미널(「물류시설의 개발 및 운영에 관한 법률」)	
4. 집배송시설	

19 위험물 저장 및 처리시설

1. 주유소(기계식 세차설비 포함) 및 석유판매소	「위험물안전관리법」, 「석유 및 석유대체연료 사업법」, 「도시가스사업법」, 「고압가스 안전관리법」, 「액화석유가스의 안전관리 및 사업법」, 「총포·도검·화약류 등 단속법」, 「화학물질 관리법」 등에 따라 설치 또는 영업의 허가를 받아야 하는 건축물로서 좌측란에 해당하는 것. 다만, 자가난방·자가발전과 이와 비슷한 목적으로 쓰는 저장시설은 제외
2. 액화석유가스충전소·판매소·저장소(기계식 세차설비 포함)	
3. 위험물 제조소·저장소·취급소	
4. 액화가스 취급소·판매소	
5. 유독물 보관·저장·판매시설	
6. 고압가스 충전소·판매소·저장소	
7. 도료류 판매소	
8. 도시가스 제조시설	
9. 화약류 저장소	
10. 그 밖에 위의 시설과 비슷한 것	

20 자동차 관련시설(건설기계관련시설을 포함) 〈개정 2021.5.4〉

1. 주차장
2. 세차장
3. 폐차장
4. 검사장
5. 매매장
6. 정비공장
7. 운전학원 및 정비학원(운전 및 정비 관련 직업훈련시설 포함)
8. 「여객자동차 운수사업법」, 「화물자동차 운수사업법」 및 「건설기계관리법」에 따른 차고 및 주기장(駐機場)
9. 전기자동차 충전소로서 제1종 근린생활시설에 해당하지 않는 것 <신설 2021.5.4>

21 동물 및 식물관련시설

1. 축사[양잠·양봉·양어·양돈·양계·곤충사육 시설 및 부화장 등을 포함]	–
2. 가축시설[가축용 운동시설, 인공수정센터, 관리사(管理舍), 가축용 창고, 가축시장, 동물검역소, 실험동물 사육시설, 그 밖에 이와 비슷한 것]	–
3. 도축장	–
4. 도계장	–
5. 작물재배사	–
6. 종묘배양시설	–
7. 화초 및 분재 등의 온실	–
8. 동물 또는 식물과 관련된 1.부터 7.까지의 시설과 비슷한 것	동·식물원 제외

22 자원순환 관련 시설

1. 하수 등 처리시설	4. 폐기물 처분시설
2. 고물상	5. 폐기물감량화시설
3. 폐기물재활용시설	

23 교정(矯正)시설(제1종 근린생활시설에 해당하는 것을 제외) 〈개정 2023.5.15〉

1. 교정시설(보호감호소, 구치소 및 교도소)
2. 갱생보호시설, 그 밖에 범죄자의 갱생·보육·교육·보건 등의 용도로 쓰이는 시설
3. 소년원 및 소년분류심사원
4. 삭제 <2023.5.16>

24 국방·군사시설(제1종 근린생활시설에 해당하는 것을 제외) 〈신설 2023.5.15〉

- 「국방·군사시설 사업에 관한 법률」에 따른 국방·군사시설

25 방송통신시설(제1종 근린생활시설에 해당하는 것을 제외)

1. 방송국(방송프로그램 제작시설 및 송신·수신·중계시설을 포함)
2. 전신전화국
3. 촬영소

4. 통신용 시설
5. 데이터센터
6. 그 밖에 위의 시설과 비슷한 것

26 발전시설

발전소(집단에너지 공급시설을 포함)로 사용되는 건축물	제1종 근린생활시설로 분류되지 아니한 것

27 묘지관련시설

1. 화장시설	-
2. 봉안당	종교시설에 해당하는 것 제외
3. 묘지와 자연장지에 부수되는 건축물	-
4. 동물화장시설, 동물건조장(乾燥葬)시설, 동물 전용의 납골시설	-

28 관광휴게시설

1. 야외음악당
2. 야외극장
3. 어린이회관
4. 관망탑
5. 휴게소
6. 공원·유원지 또는 관광지에 부수되는 시설

29 장례시설

가. 장례식장	의료시설의 부수시설(「의료법」상의 의료기관의 종류에 따른 시설을 말함)에 해당하는 것은 제외
나. 동물 전용의 장례식장	-

30 야영장 시설

「관광진흥법」에 따른 야영장 시설로서 관리동, 화장실, 샤워실, 대피소, 취사시설 등의 용도로 쓰는 것	바닥면적의 합계가 300㎡ 미만인 것 * 300㎡ 이상인 것은 수련시설임

8 건축설비 (법 제2조제1항제4호)

법 제2조【정의】①

4. "건축설비"란 건축물에 설치하는 전기 · 전화 설비, 초고속 정보통신 설비, 지능형 홈네트워크 설비, 가스 · 급수 · 배수(配水) · 배수(排水) · 환기 · 난방 · 냉방·소화(消火) · 배연(排煙) 및 오물처리의 설비, 굴뚝, 승강기, 피뢰침, 국기 게양대, 공동시청 안테나, 유선방송 수신시설, 우편함, 저수조(貯水槽), 방범시설, 그 밖에 국토교통부령으로 정하는 설비를 말한다.

해설 건축설비란 건축물의 구조체, 공간 등의 효용성을 높이기 위한 최소한의 규제로서 건축물의 내・외부의 시설을 말하며, 위의 건축법령에서 규제되는 설비이외에도 소방관련법 등에 설비관련 규정이 다수 있다. 비상급수설비, 절수설비, 위생설비, 구내통신선로설비, 전력용배관 및 맨홀의 설치, 우편물수취함, 국기게양대 등의 기준이 삭제되어, 설계시 자유의사대로 설치할 수 있게 하였다.
이러한 설비들은 기본설계도서 작성시 건축설비도, 소방설비도에 설치계획을 표시하고 건축물의 건축허가 신청 및 착공 시에 첨부하는 소방설비도(소방관련법에 따른 소방관련설비), 건축설비도에 그 설치계획을 작성하도록 하였다.

■ 건축설비규제 일람표

구 분	규 제 조 항
1. 승용승강기	설치대상(법 제64조 ①항, 영 제89조)
	설치기준[건축물의 설비기준 등에 관한 규칙(이하 "설비규칙") 제5조]
2. 비상용승강기	설치대상(법 제64조 ②항)
	설치기준(영 제90조 ①, ②항)
	승강장 및 승강로의 구조(설비규칙 제10조)
3. 피난용 승강기	설치대상(법 제64조 ③항)
	설치기준[영 제90조, 건축물의 피난・방화구조 등의 기준에 관한 규칙(이하 "피난・방화규칙") 제30조]
4. 온돌	온돌의 설치기준(설비규칙 제12조)
5. 개별난방설비	개별난방설비기준(설비규칙 제13조)
6. 냉방설비	중앙집중냉방설비 대상 및 냉방시설의 배기장치 등(설비규칙 제23조)
7. 배연설비	배연설비대상 및 설비기준(설비규칙 제14조)
8. 환기설비	공동주택 및 다중이용시설의 환기설비기준 등(설비규칙 제11조) 환기구의 안전기준(설비규칙 제11조의2)
9. 배관설비	급수, 배수, 먹는물용 배관 설비기준(설비규칙 제17조, 제18조)
10. 물막이설비	물막이설비 기준(설비규칙 제17조의2)
11. 피뢰설비	피뢰설비 대상 및 설비기준(설비규칙 제20조)
12. 전기설비	전기설비 설치공간 기준(설비규칙 제20조의2)
13. 굴뚝	굴뚝의 설치기준(피난・방화규칙 제20조)

9 지하층 (법 제2조제1항제5호)

법 제2조 【정의】 ①

5. "지하층"이란 건축물의 바닥이 지표면 아래에 있는 층으로서 바닥에서 지표면까지 평균높이가 해당 층 높이의 2분의 1 이상인 것을 말한다.

- 층고(시행령 119조1항8호)
- 지하층의 지표면 산정(시행령 119조1항10호)

→ 상세 해설 참조

■ 지하층의 구조(법 제53조)

법 제53조 【지하층】

건축물에 설치하는 지하층의 구조 및 설비는 국토교통부령으로 정하는 기준에 맞게 하여야 한다.

해설 대피호로서의 지하층 설치 의무규정은 삭제되고, 건축주가 자율적으로 설치할 수 있게 하였다. 따라서 의무지하층으로서의 제반규정도 아울러 삭제되었고, 또한 비상급수시설 등의 규정도 「건축법」의 규정에서 제외되었다. 이는 주차장 설치의무 규정 등의 강화로 의무지하층의 규정을 삭제하여도 지하 주차장의 설치가 필연적이며, 또한 기존 건축물의 대피공간이 어느 정도 충족되어 있고, 주택등 소규모 건축물의 경우 환기, 채광, 배수 등이 어려워 많은 위법 건축물과 민원이 발생하고 있어 의무규정의 폐지는 이의 해결방안이 될 수 있었다.

【1】 지하층의 정의

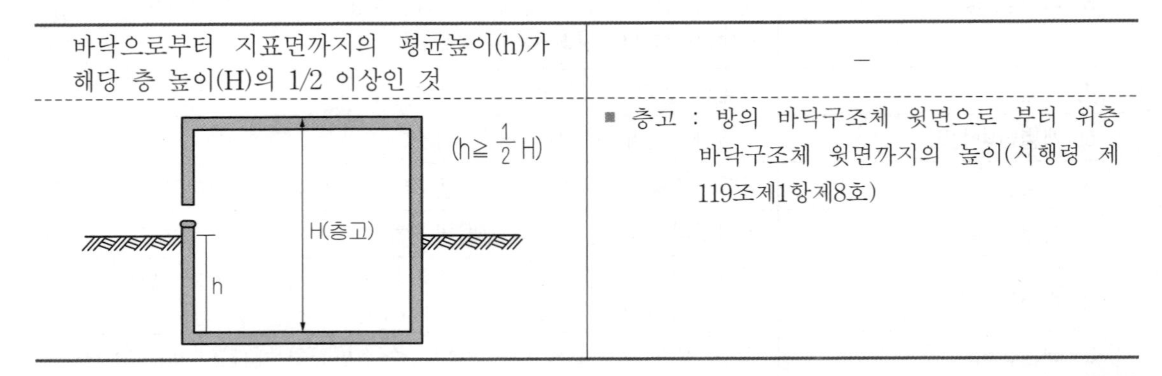

바닥으로부터 지표면까지의 평균높이(h)가 해당 층 높이(H)의 1/2 이상인 것	–
	■ 층고 : 방의 바닥구조체 윗면으로 부터 위층 바닥구조체 윗면까지의 높이(시행령 제119조제1항제8호)

【2】 지하층의 지표면산정

법 제2조제1항제5호에 따른 지하층의 지표면 산정방법은 각 층의 주위가 접하는 각 지표면 부분의 높이를 그 지표면 부분의 수평거리에 따라 가중평균한 높이의 수평면을 지표면으로 본다.

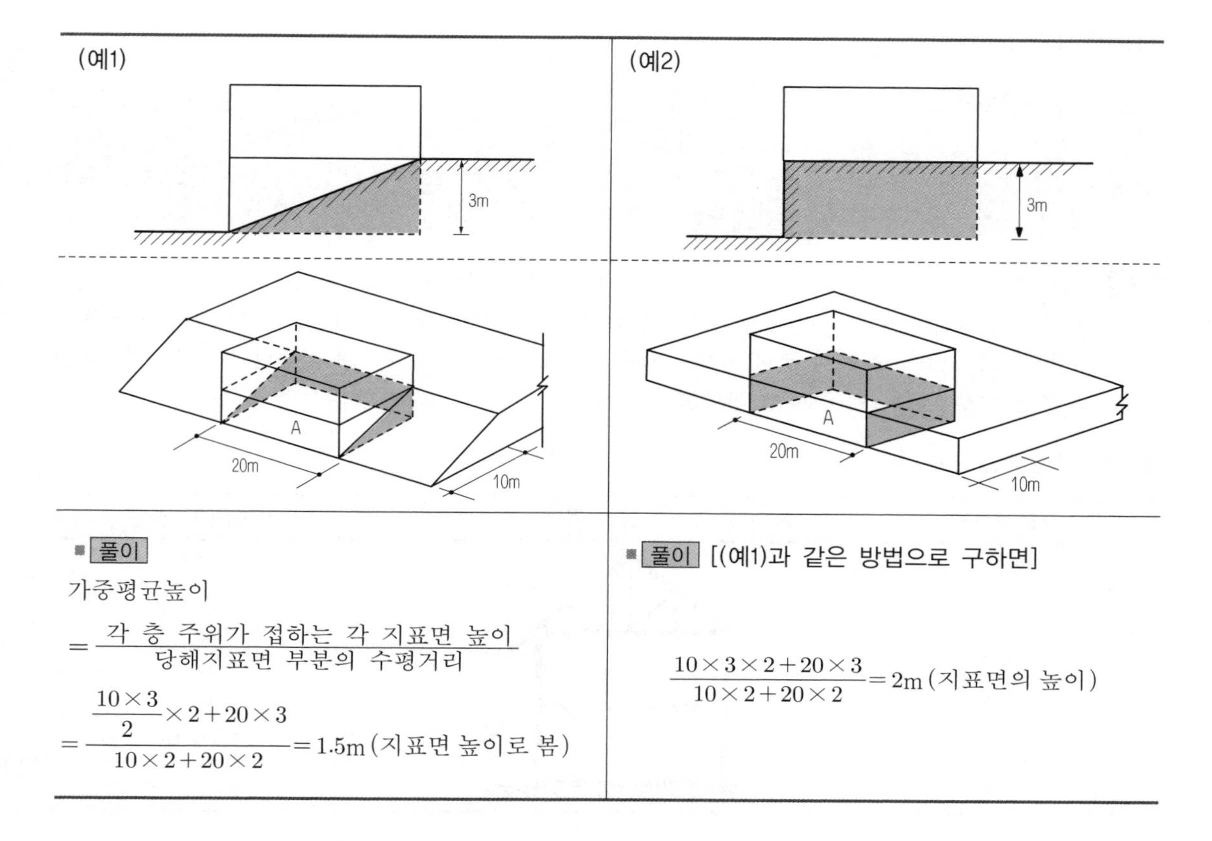

■ 풀이

가중평균높이

$$= \frac{\text{각 층 주위가 접하는 각 지표면 높이}}{\text{당해지표면 부분의 수평거리}}$$

$$= \frac{\frac{10\times3}{2}\times2+20\times3}{10\times2+20\times2} = 1.5\text{m} \ (\text{지표면 높이로 봄})$$

■ 풀이 [(예1)과 같은 방법으로 구하면]

$$\frac{10\times3\times2+20\times3}{10\times2+20\times2} = 2\text{m} \ (\text{지표면의 높이})$$

【3】 지하층의 법적용 내용

1. 층수산정(지하층 층수 제외)
2. 용적률 산정을 위한 면적(지하층 바닥면적 제외)

10 거실 (법 제2조제1항제6호)

법 제2조 【정의】 ①

6. "거실"이란 건축물 안에서 거주, 집무, 작업, 집회, 오락, 그 밖에 이와 유사한 목적을 위하여 사용되는 방을 말한다.

해설 ‘거실’ 이란 현관・복도・계단실・변소・욕실・창고・기계실과 같이 일시적으로 사용하는 공간이 아니라, 건축법에서는 거주・집무・작업・집회・오락 등의 일정한 이용목적을 가지고 지속적으로 사용하는 공간의 의미가 있다.

좁은 의미로는 주거공간(침실, 거실, 부엌)에서부터 의료시설의 병실, 숙박시설의 객실, 교실, 판매공간 등 광범위하며, 인간이 장시간 거주가 가능하도록 반자높이, 채광, 환기, 방화, 피난에 이르기까지 거실공간에 대한 규제가 관련되어 있다.

11 주요구조부 (법 제2조제1항제7호)

법 제2조【정의】①
7. "주요구조부"란 내력벽(耐力壁), 기둥, 바닥, 보, 지붕틀 및 주계단(主階段)을 말한다. 다만, 사이 기둥, 최하층 바닥, 작은 보, 차양, 옥외 계단, 그 밖에 이와 유사한 것으로 건축물의 구조상 중요하지 아니한 부분은 제외한다.

해설 「건축법」에서 주요구조부란 건축물의 공간형성과 방화상(불이 번지는 경로상)에 있어서의 주요한 부분을 말하며, 구조내력상 주요한 부분이라 함은 건축물의 내력상의 주요한 부분을 말한다. 「건축물의 구조기준 등에 관한 규칙」에서도 주요구조부는 동일하게 적용된다. 다만, 구조내력상 주요한 부분이라 하여 따로 정의하고 있다.

■ 주요구조부의 도해

주요구조부	그 림	제외되는 부분
지붕틀	지붕틀	차양
기둥	기둥, 벽	사이기둥
내력벽	바닥, 보	비내력벽
바닥	주계단	최하층 바닥
보		작은 보
주계단		옥외계단, 기초 등

【참고】 구조내력상 주요한 부분(「건축물의 구조기준 등에 관한 규칙」 제2조제1호)

주요 구조부	주요 구조부	–	기둥	내력벽	바닥	보	지붕틀	–	–
	제외	–	사이 기둥	간막이 벽	최하층 바닥	작은보	차양	–	–
구조내력상 주요한 부분		기초	기둥	벽	바닥판	보, 도리 (가로재)	지붕틀	토대	사재 *

* 사재 : 가새, 버팀대, 귀잡이 그 밖에 이와 유사한 것

12 건축 (법 제2조제1항제8호) (영 제2조)

법 제2조【건축】①
8. "건축"이란 건축물을 신축 · 증축 · 개축 · 재축(再築)하거나 건축물을 이전하는 것을 말한다.

영 제2조【건축】
1. "신축"이란 건축물이 없는 대지(기존 건축물이 해체되거나 멸실된 대지를 포함한다)에

새로 건축물을 축조(築造)하는 것[부속건축물만 있는 대지에 새로 주된 건축물을 축조하는 것을 포함하되, 개축(改築) 또는 재축(再築)하는 것은 제외한다]을 말한다.

2. "증축"이란 기존 건축물이 있는 대지에서 건축물의 건축면적, 연면적, 층수 또는 높이를 늘리는 것을 말한다.

3. "개축"이란 기존 건축물의 전부 또는 일부[내력벽 · 기둥 · 보 · 지붕틀(제16호에 따른 한옥의 경우에는 지붕틀의 범위에서 서까래는 제외한다) 중 셋 이상이 포함되는 경우를 말한다]를 해체하고 그 대지에 종전과 같은 규모의 범위에서 건축물을 다시 축조하는 것을 말한다.

4. "재축"이란 건축물이 천재지변이나 그 밖의 재해(災害)로 멸실된 경우 그 대지에 다음 각 목의 요건을 모두 갖추어 다시 축조하는 것을 말한다.

가. 연면적 합계는 종전 규모 이하로 할 것

나. 동(棟)수, 층수 및 높이는 다음의 어느 하나에 해당할 것

1) 동수, 층수 및 높이가 모두 종전 규모 이하일 것

2) 동수, 층수 또는 높이의 어느 하나가 종전 규모를 초과하는 경우에는 해당 동수, 층수 및 높이가 「건축법」(이하 "법"이라 한다), 이 영 또는 건축조례(이하 "법령등"이라 한다)에 모두 적합할 것

5. "이전"이란 건축물의 주요구조부를 해체하지 아니하고 같은 대지의 다른 위치로 옮기는 것을 말한다.

해설 "건축" 행위의 도해

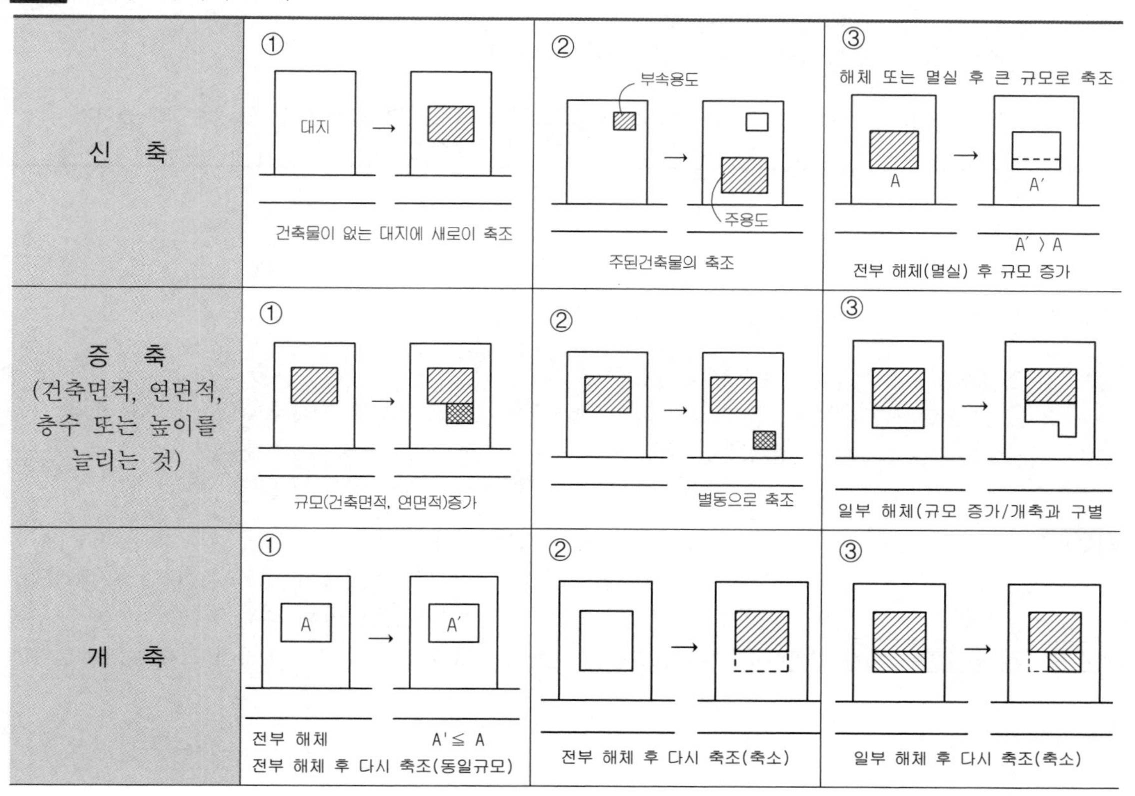

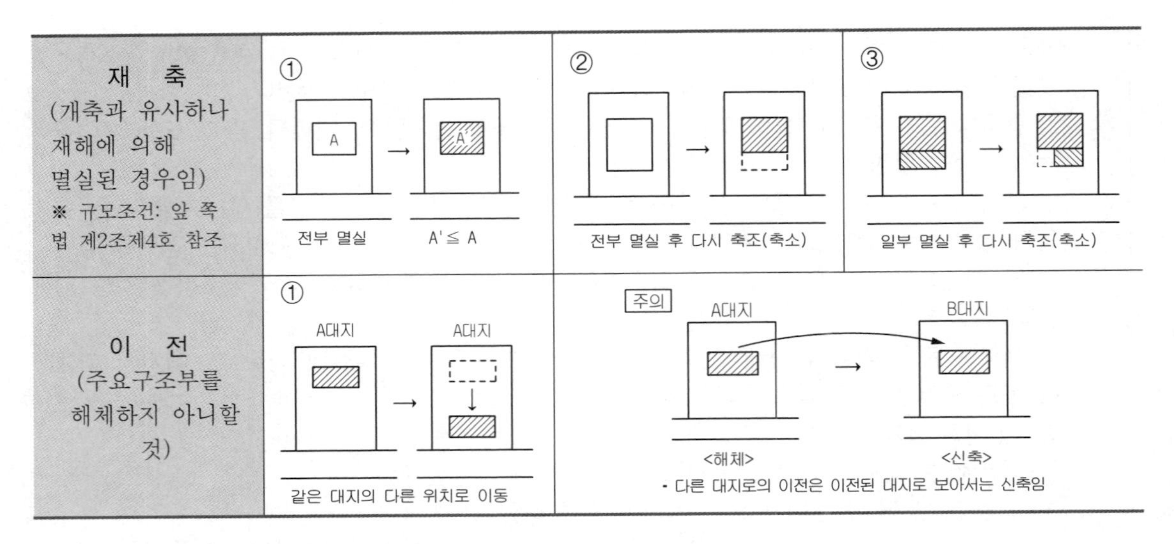

【참고】 "건축" 행위와 건축허가 등

1. "건축" 행위(신축 · 증축 · 개축 · 재축 · 이전)로 정의된 것은 「건축법」에 따른 허가를 받아야 하는 행위임

2. 기둥 · 보 · 지붕틀 · 내력벽 중 세부분 이상의 해체 후 수선은 개축으로 보아 "건축"행위에 해당됨 (대수선은 기둥 · 보 · 지붕틀 각각 3개 이상, 내력벽 30㎡ 이상을 수선 · 변경하는 것이며, 증설, 해체의 경우 개수, 면적 제한없이 대수선에 해당함→대수선 해설 참조)

3. "재축"의 경우 규모제한을 다음과 같이 함
   ① 연면적 합계는 종전 규모 이하일 것
   ② 동(棟)수, 층수 및 높이는 다음의 어느 하나에 해당할 것
   · 동수, 층수 및 높이가 모두 종전 규모 이하일 것
   · 동수, 층수 또는 높이의 어느 하나가 종전 규모를 초과하는 경우 해당 동수, 층수 및 높이가 「건축법」, 「건축법 시행령」 또는 건축조례에 모두 적합할 것

13 결합건축(법 제2조제1항제8호의2)

법 제2조 【정의】 ①

8의2. "결합건축"이란 제56조에 따른 용적률을 개별 대지마다 적용하지 아니하고, 2개 이상의 대지를 대상으로 통합적용하여 건축물을 건축하는 것을 말한다. 〈신설 2020.4.7.〉

해설 결합건축제도는 소규모 건축물 재건축 또는 리모델링 시 사업성을 높일 수 있도록 2016.1.19. 신설되어 시행중에 있는 제도이며, 2020.4.7. 건축법 개정시 결합건축에 대한 용어를 정의하였다. 노후건축물이 밀집되어 정비가 필요한 구역 내 건축주가 서로 합의한 경우 「건축법」 제56조에 따른 용적률을 개별 대지마다 적용하지 아니하고, 2개 이상의 대지 간 통합하여 적용하도록 하였다.

14 대수선(법 제2조제1항제9호)

법 제2조 【정의】 ①

9. "대수선"이란 건축물의 기둥, 보, 내력벽, 주계단 등의 구조나 외부 형태를 수선·변경하거나 증설하는 것으로서 대통령령으로 정하는 것을 말한다.

해설 대수선은 건축물의 주요구조부 또는 외부형태를 증설·해체하거나 수선·변경하는 것으로서 건축주 임의대로 공사를 할 경우에는 여러 가지의 문제점이 있을 수 있으므로, '건축' 행위와 마찬가지로 '대수선'도 「건축법」의 규제를 받도록 규정이 개정되어, 일정규모이상의 대수선은 허가대상으로, 소규모 건축물(연면적 200㎡미만이고 3층미만)의 '대수선' 행위는 신고로서 허가를 받은 것으로 보아 법 규정을 적용하고 있다.

【1】 대수선의 범위

부 위	내 용	비 고
1. 내력벽	증설·해체하거나 벽면적 30㎡ 이상 수선·변경	■ 증설·해체의 경우 면적, 개수 제한 없음 ■ 4부분 중 3부분 이상 해체시 개축행위로 봄
2. 기둥	증설·해체하거나 3개 이상 수선·변경	
3. 보	증설·해체하거나 3개 이상 수선·변경	
4. 지붕틀 (한옥의 경우 서까래 제외)	증설·해체하거나 3개 이상 수선·변경	
5. 방화벽, 방화구획의 바닥·벽	일부라도 증설·해체하거나 수선·변경	면적 제한 없음
6. 계단[1]	일부라도 증설·해체하거나 수선·변경	면적 제한 없음
7. 다가구주택 및 다세대주택	가구 및 세대간의 경계벽을 증설·해체하거나 수선·변경	－
8. 건축물 외벽에 사용하는 마감재료[2]	증설·해체하거나 벽면적 30㎡ 이상 수선 또는 변경	－

* 1) 주계단·피난계단·특별피난계단을 말함
2) 법 제52조제2항에 따른 마감재료로 방화에 지장이 없는 재료를 말함

【2】 상세 예

수선·변경 내용	행 위
1. 기둥 3개	대수선
2. 보1개＋기둥2개	일반수선(대수선 아님)
3. 지붕틀2개＋보2개	일반수선(대수선 아님)
4. 지붕틀 3개	대수선
5. 보1개＋지붕틀1개＋기둥1개	개축(해체후 수선)
6. 내력벽＋기둥1개＋보1개	개축(해체후 수선)
■ 위 1, 2, 3, 4의 경우 증설·해체시 개수에 관계없이 대수선으로 봄	

15 리모델링(법 제2조제1항제10호)

법 제2조【정의】①
10. "리모델링"이란 건축물의 노후화를 억제하거나 기능 향상 등을 위하여 대수선하거나 건축물의 일부를 증축 또는 개축하는 행위를 말한다. 〈개정 2017.12.26.〉

해설 리모델링은 건축물의 노후화 억제 또는 기능향상 등을 위한 대수선, 건축물의 일부 증축 또는 개축하는 행위로서 정의하고 있다. 리모델링의 경우 재건축 등에 비해 자원의 낭비를 줄일 수 있다는 측면에서 장점이 있다고 할 수있다.
이에 관련 법령에서는 리모델링의 경우 여러 가지 인센티브 규정을 두고 있다. 건축법의 경우 건폐율, 용적률, 건축물 높이 등 완화규정의 적용(법 제5조), 공동주택을 리모델링이 쉬운 구조 등으로 하는 경우 특례적용 규정(법 제8조) 등이 있다.

16 도로(법 제2조제1항제11호)(영 제3조의3)

법 제2조【정의】①
11. "도로"란 보행과 자동차 통행이 가능한 너비 4미터 이상의 도로(지형적으로 자동차 통행이 불가능한 경우와 막다른 도로의 경우에는 대통령령으로 정하는 구조와 너비의 도로)로서 다음 각 목의 어느 하나에 해당하는 도로나 그 예정도로를 말한다.
가. 「국토의 계획 및 이용에 관한 법률」 「도로법」 「사도법」 그 밖의 관계 법령에 따라 신설 또는 변경에 관한 고시가 된 도로
나. 건축허가 또는 신고 시에 특별시장 · 광역시장 · 특별자치시장 · 도지사 · 특별자치도지사(이하 "시 · 도지사"라 한다) 또는 시장 · 군수 · 구청장(자치구의 구청장을 말한다. 이하 같다)이 위치를 지정하여 공고한 도로

■ 지형적 조건등에 따른 도로의 구조 및 너비

영 제3조의3【지형적 조건 등에 따른 도로의 구조와 너비】
법 제2조제1항제11호 각 목 외의 부분에서 "대통령령으로 정하는 구조와 너비의 도로"란 다음 각 호의 어느 하나에 해당하는 도로를 말한다. 〈개정 2014.10.14.〉
1. 특별자치시장 · 특별자치도지사 또는 시장 · 군수 · 구청장이 지형적 조건으로 인하여 차량 통행을 위한 도로의 설치가 곤란하다고 인정하여 그 위치를 지정 · 공고하는 구간의 너비 3미터 이상(길이가 10미터 미만인 막다른 도로인 경우에는 너비 2미터 이상)인 도로
2. 제1호에 해당하지 아니하는 막다른 도로로서 그 도로의 너비가 그 길이에 따라 각각 다음 표에 정하는 기준 이상인 도로

막다른 도로의 길이	도로의 너비
10미터 미만	2미터
10미터이상 35미터 미만	3미터
35미터 이상	6미터(도시지역이 아닌 읍 · 면 지역에서는 4미터)

해설 도로의 인정조건 및 종류 등

【1】「건축법」상 도로의 인정조건

「건축법」 에서의 도로는 원칙적으로 너비 4m 이상으로서 보행 및 자동차 통행이 가능한 것이어야 한다. 이는 건축물의 이용주체가 사람이고 또한 건축물에는 필연적으로 주차공간을 확보하여야 한다. 따라서, 건축물이 원활하게 활용되기 위해서는 전면도로의 경우 사람은 물론 자동차의 통행이 자유로워야 함은 당연하다 하겠다. 그리고, 보행자 전용도로 · 자동차전용도로 · 고속도로 · 고가도로 · 지하도로 등은 「건축법」 상의 도로에 포함되지 않는다.

【2】 국토의 계획 및 이용에 관한 법률상의 도로와 도로법상의 도로의 종류

구분	내용
1.「국토의 계획 및 이용에 관한 법률」의 도로 (국토의 계획 및 이용에 관한 법률 시행령 제2조)	• 「국토의 계획 및 이용에 관한 법률」에 따른 '도로'는 기반시설 중 하나로 정의되며 다음과 같이 세분할 수 있음 ① 일반도로 ② 자동차전용도로 ③ 보행자전용도로 ④ 보행자우선도로 ⑤ 자전거전용도로 ⑥ 고가도로 ⑦지하도로
2.「도로법」의 도로 (도로법 제2조, 제10조~제18조)	• 「도로법」에 따른 '도로'는 차도, 보도(步道), 자전거도로, 측도(側道), 터널, 교량, 육교 등으로 구성된 것으로서 다음의 도로를 말함 • 「도로법」에 따른 도로의 종류와 등급 ① 고속국도(지선 포함) ② 일반국도(지선 포함) ③ 특별시도, 광역시도 ④ 지방도 ⑤ 시도 ⑥ 군도 ⑦ 구도
3.「사도법」의 도로 (사도법 제2조)	• '사도'는 다음 도로가 아닌 것으로 그 도로에 연결되는 길을 말함 ①「도로법」 에 따른 도로 ②「도로법」 의 준용을 받는 도로 ③「농어촌도로 정비법」에 따른 농어촌도로[1)] ④「농어촌정비법」에 따라 설치된 도로[2)] * 1), 2)는 시도, 군도 이상의 도로 구조를 갖춘 경우로 한정

【3】 개설되지 않는 예정도로에 대한 인정

예정도로인 경우에도 계획이 확정된 경우「건축법」상의 도로로서 인정한다.

① 「국토의 계획 및 이용에 관한 법률」 · 「도로법」 · 「사도법」 등에 의하여 신설 또는 변경에 관한 고시가 된 도로

② 건축허가 또는 신고시 특별시장·광역시장·특별자치시장·도지사·특별자치도지사(이하 "시·도지사"라 함) 또는 시장·군수·구청장(자치구의 구청장을 말함)이 그 위치를 지정 · 공고한 도로 따라서, 확정(고시, 지정 · 공고등)이 되지 않은 계획상의 예정도로는 도로로 볼 수 없다.

【4】 너비 3m이상인 도로에 대한 인정

지형적 조건으로 차량통행이 곤란한 경우 특별자치시장·특별자치도지사 또는 시장·군수·구청장이 그 위치를 지정 · 공고하는 구간의 너비 3m(길이가 10m 미만인 막다른 도로: 2m) 이상인 도로도 「건축법」상의 도로로 인정한다.

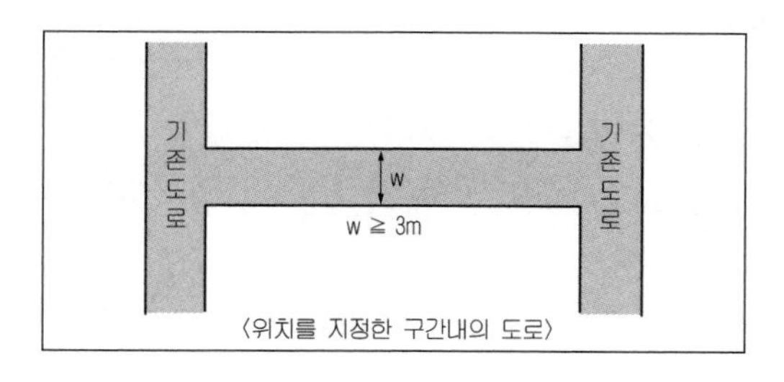

〈위치를 지정한 구간내의 도로〉

【5】 막다른 도로의 길이에 대한 기준

(단위 : m)

구 분	도로의 길이	도로의 기준너비
(통과도로, L_1, W 그림)	$L_1 < 10$	$W \geq 2$
	$10 \leq L_1 < 35$	$W \geq 3$
	$L_1 \geq 35$	$*W \geq 6$
(통과도로, L_1, L_2, W 그림)	$L_1 + L_2 < 10$	$W \geq 2$
	$10 \leq L_1 + L_2 < 35$	$W \geq 3$
	$L_1 + L_2 \geq 35$	$*W \geq 6$

* 도시지역이 아닌 읍·면의 지역에서는 4m 이상

17 건축주, 제조업자, 유통업자, 설계자(법 제2조제1항제12~13호)

법 제2조【정의】①

12. "건축주"란 건축물의 건축·대수선·용도변경, 건축설비의 설치 또는 공작물의 축조(이하 "건축물의 건축등"이라 한다)에 관한 공사를 발주하거나 현장 관리인을 두어 스스로 그 공사를 하는 자를 말한다.

12의2. "제조업자"란 건축물의 건축·대수선·용도변경, 건축설비의 설치 또는 공작물의 축조 등에 필요한 건축자재를 제조하는 사람을 말한다.

12의3. "유통업자"란 건축물의 건축·대수선·용도변경, 건축설비의 설치 또는 공작물의 축조에 필요한 건축자재를 판매하거나 공사현장에 납품하는 사람을 말한다.

13. "설계자"란 자기의 책임(보조자의 도움을 받는 경우를 포함한다)으로 설계도서를 작성하고 그 설계도서에서 의도하는 바를 해설하며, 지도하고 자문에 응하는 자를 말한다.

18 설계도서(법 제2조제1항제14호)(규칙 제1조의2)

법 제2조【정의】①

14. "설계도서"란 건축물의 건축등에 관한 공사용 도면, 구조 계산서, 시방서(示方書), 그 밖에 국토교통부령으로 정하는 공사에 필요한 서류를 말한다.

■ 설계도서의 범위

제1조의2 【설계도서의 범위】

「건축법」(이하 "법"이라 한다) 제2조제14호에서 "그 밖에 국토교통부령으로 정하는 공사에 필요한 서류"란 다음 각 호의 서류를 말한다.

1. 건축설비계산 관계서류
2. 토질 및 지질 관계서류
3. 기타 공사에 필요한 서류

해설 설계도서란 건축물의 건축등(건축물의 건축·대수선·용도변경, 건축설비의 설치 또는 공작물의 축조)의 공사에 필요한 아래사항의 서류로서 도면·구조계산서·시방서 등을 말한다.

【1】 설계도서

<table>
<tr><th>관계 법령</th><th>내 용</th><th>허가신청시 필요도서 (건축, 대수선, 가설건축물 허가)</th><th>신고신청시 필요도서 (건축·대수선·용도변경·가설건축물 신고)</th><th>착공신고시 필요도서</th><th>사용승인 신청시</th></tr>
<tr><td>건축법</td><td>• 공사용 도면
• 구조계산서
• 시방서</td><td rowspan="2">• 건축계획서
• 배치도
• 평면도
• 입면도
• 단면도
• 구조도
(구조안전 확인 또는 내진설계 대상)
• 구조계산서
(구조안전 확인 또는 내진설계 대상)
• 소방설비도
사전결정대상
(제외 도면)
• 건축계획서
• 배치도
표준설계도서
(다음 도면만 제출)
• 건축계획서
• 배치도</td><td rowspan="2">건축
• 배치도
• 층별 평면도
• 입면도
• 단면도
• 실내마감도
■ 연면적합계 100㎡초과 단독주택
• 건축계획서·배치도·평면도·입면도·단면도·구조도
■ 표준설계도서에 의한 건축
• 건축계획서·배치도
■ 사전결정 받은 경우
• 평면도
용도변경
• 용도를 변경하는 층의 변경전·후의 평면도
• 변경되는 내화·방화·피난 또는 건축설비에 관한 사항을 표시한 도서
가설건축물 축조
• 배치도
• 평면도</td><td rowspan="2">• 건축관계자 상호간의 계약서 사본
건축분야
• 도면 목록표
• 안내도
• 개요서
• 구적도
• 실내재료마감표
• 배치도
• 주차계획도
• 각 층 및 지붕평면도
• 2면 이상 입면도
• 종·횡 단면도
• 수직동선 상세도
• 각 층 및 지붕평면도
• 부분상세도
• 창호도
• 건축설비도
일반분야
• 시방서
기타 구조·기계·전기·통신·토목·조경 분야등의 서류가 있음</td><td rowspan="2">• 공사감리 완료보고서
• 최종공사완료 도서
• 현황도면
• 액화석유가스 완성검사증명서</td></tr>
<tr><td>건축법 시행규칙</td><td>• 건축설비관계서류
• 토질 및 지질 관계서류
• 기타 공사에 필요한 서류</td></tr>
</table>

19 공사감리자·공사시공자·관계전문기술자

【1】 공사감리자 (법 제2조제1항제15호)

법 제2조 【정의】 ①

15. "공사감리자"란 자기의 책임(보조자의 도움을 받는 경우를 포함한다)으로 이 법으로 정하는 바에 따라 건축물, 건축설비 또는 공작물이 설계도서의 내용대로 시공되는지를 확인하고, 품질관리·공사관리·안전관리 등에 대하여 지도·감독하는 자를 말한다.

해설 공사감리자는 건축주와의 계약에 의하여 건축시공자가 설계도서대로 적법하게 시공하는지 여부등을 확인하고, 시공되는 건축물의 품질관리·공사관리·안전관리 등을 지도·감독하여야 하며, 감리중간보고서·감리완료보고서를 작성하여 건축주에게 제출할 의무가 있다.

【2】 공사시공자 (법 제2조제1항제16호)

법 제2조【정의】 ①
16. "공사시공자"란 「건설산업기본법」 제2조제4호에 따른 건설공사를 하는 자를 말한다.

해설 이전의 현장관리인 제도 등이 「건축법」 규정에서 삭제됨에 따라 부실시공여부의 근거가 없어지게 되어, 건축물 시공자의 책임과 의무를 부여하고자 건설공사를 시행하는 자는 모두 시공자로 규정함

관계법 건설공사(「건설산업기본법」 제2조제4호)

4. "건설공사"라 함은 토목공사, 건축공사, 산업설비공사, 조경공사, 환경시설공사, 그 밖에 명칭과 관계없이 시설물을 설치·유지·보수하는 공사(시설물을 설치하기 위한 부지조성공사를 포함한다), 기계설비나 그 밖의 구조물의 설치 및 해체공사 등을 말한다. 다만, 다음 각 목의 어느 하나에 해당하는 공사는 포함하지 아니한다.
 가. 「전기공사업법」에 따른 전기공사
 나. 「정보통신공사업법」에 따른 정보통신공사
 다. 「소방시설공사업법」에 따른 소방시설공사
 라. 「문화재보호법」에 따른 문화재 수리공사

【3】 관계전문기술자 (법 제2조제1항제17호)

법 제2조【정의】 ①
17. "관계전문기술자"라 함은 건축물의 구조, 설비등 건축물과 관련된 전문기술자격을 보유하고 설계 및 공사감리에 참여하여 설계자 및 공사감리자와 협력하는 자를 말한다.

해설 관계전문기술자 : 구조분야 : 건축구조기술사
설비분야 : (기계설비) 건축기계설비기술사, 공조냉동기계기술사
(전기설비) 건축전기설비기술사, 발송배전기술사
(가스설비) 가스기술사
토목분야 : (토목분야) 토목분야기술사, (국토개발분야) 지질 및 지반기술사

20 건축물의 유지·관리(법 제2조제1항제16의2호)

법 제2조【정의】 ①
16의2. "건축물의 유지·관리"란 건축물의 소유자나 관리자가 사용 승인된 건축물의 대지·구조·설비 및 용도 등을 지속적으로 유지하기 위하여 건축물이 멸실될 때까지 관리하는 행위를 말한다.

21 특별건축구역 (법 제2조제1항제18호)

법 제2조【정의】 ①
18. "특별건축구역"이란 조화롭고 창의적인 건축물의 건축을 통하여 도시경관의 창출, 건설기술 수준향상 및 건축 관련 제도개선을 도모하기 위하여 이 법 또는 관계 법령에 따라 일부 규정을 적용하지 아니하거나 완화 또는 통합하여 적용할 수 있도록 특별히 지정하는 구역을 말한다.

해설 조화롭고 창의적인 건축물의 건축을 통하여 도시경관의 창출, 건설기술 수준향상 및 건축 관련 제도개선을 도모하기 위하여 특별히 지정하는 구역으로, "특별건축구역"에서는 이 법 또는 관계 법령에 따른 일부 규정의 적용배제, 완화적용 또는 통합적용할 수 있도록 함

22 발코니 (영 제2조제14호)

영 제2조 【정의】

14. "발코니" 란 건축물의 내부와 외부를 연결하는 완충공간으로서 전망이나 휴식 등의 목적으로 건축물 외벽에 접하여 부가적(附加的)으로 설치되는 공간을 말한다. 이 경우 주택에 설치되는 발코니로서 국토교통부장관이 정하는 기준에 적합한 발코니는 필요에 따라 거실·침실·창고 등의 용도로 사용할 수 있다.

해설 주택의 발코니는 내부와 외부와의 완충공간으로, 바닥면적(용적률)산정에서 제외되나, 발코니를 거실, 침실 등으로 확장하여 사용함으로서 실질적 내부면적의 증가와 구조, 방화 및 피난 등의 안전에 대한 문제가 상존함. 이에 거실, 침실, 창고 등의 용도로 사용하기 위해서는 국토교통부장관이 정하는 기준에 따른 구조, 피난 등의 안전조치를 하도록 함. ➡ 제5장 해설 참조

23 부속구조물 (법 제2조제1항제21호) (영 제2조 제19호)

법 제2조 【정의】 ①

21. "부속구조물"이란 건축물의 안전 · 기능 · 환경 등을 향상시키기 위하여 건축물에 추가적으로 설치하는 환기시설물 등 대통령령으로 정하는 구조물을 말한다.

영 제2조 【정의】

19. 법 제2조제1항제21호에서 "환기시설물 등 대통령령으로 정하는 구조물"이란 급기(給氣) 및 배기(排氣)를 위한 건축 구조물의 개구부(開口部)인 환기구를 말한다.

※ 환기구 설치기준은 제4장을 참고

24 내수재료·내화구조·방화구조·난연재료·불연재료·준불연재료 (영 제2조제6-11호)

영 제2조 【정의】

6. "내수재료(耐水材料)"란 인조석 · 콘크리트 등 내수성을 가진 재료로서 국토교통부령으로 정하는 재료를 말한다.
7. "내화구조(耐火構造)"란 화재에 견딜 수 있는 성능을 가진 구조로서 국토교통부령으로 정하는 기준에 적합한 구조를 말한다.
8. "방화구조(防火構造)"란 화염의 확산을 막을 수 있는 성능을 가진 구조로서 국토교통부령으로 정하는 기준에 적합한 구조를 말한다.
9. "난연재료(難燃材料)"란 불에 잘 타지 아니하는 성능을 가진 재료로서 국토교통부령으로 정하는 기준에 적합한 재료를 말한다.
10. "불연재료(不燃材料)"란 불에 타지 아니하는 성질을 가진 재료로서 국토교통부령으로 정하는 기준에 적합한 재료를 말한다.
11. "준불연재료"란 불연재료에 준하는 성질을 가진 재료로서 국토교통부령으로 정하는 기준에 적합한 재료를 말한다.

※ 상세해설은 제3장을 참고

3 면적·높이 및 층수의 산정(법 제84조)(영 제119조)

※ 「건축물 면적, 높이 등 세부 산정기준」(국토교통부 고시 제2021-1422호, 2021.12.30.)의 제정 내용을 반영함.

1 대지면적(영 제119조제1항제1호)

대지라 함은 건축물이 축조되는 영역을 말하는 것으로서, 「측량 · 수로조사 및 지적에 관한 법률」에 따른 각 필지로 구획된 토지를 말한다. 대개의 경우 대지면적은 토지면적과 일치하나, 대지안에 건축선이 정하여진 경우 등에 있어서는 토지대장의 면적과 차이가 있을 수 있다. 여기에서 대지면적은 「건축법」(건폐율, 용적률 등)이 적용되는 실제 영역이라 할 수 있다.

【1】 원 칙

• 대지의 수평투영면적으로 함	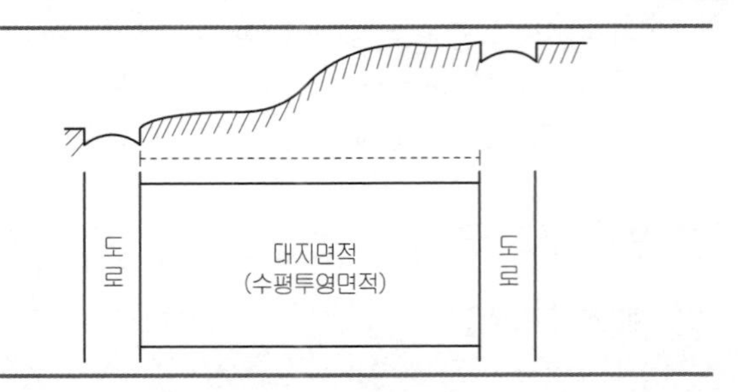

■ 대지의 수평투영면적의 산정 예시

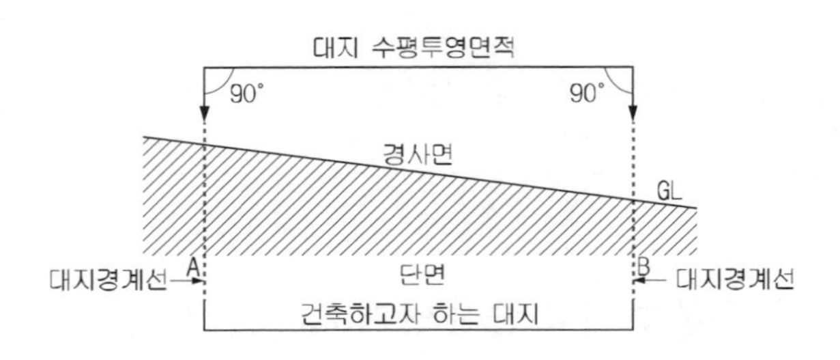

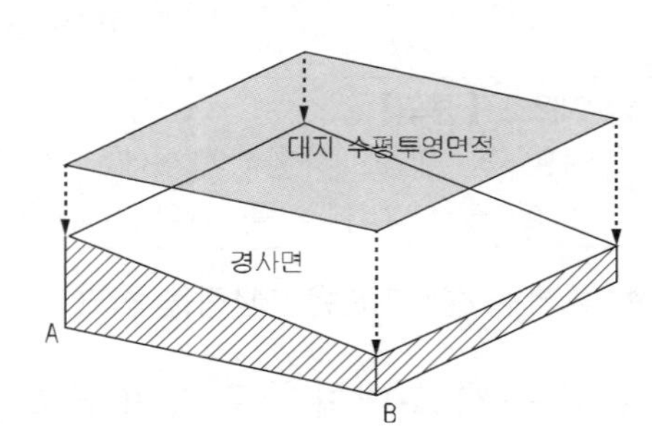

【2】 대지에 건축선이 정하여진 경우(건축법 제46조제1항 단서 내용)

1. 전면도로의 너비가 소요 너비 이상인 경우 ▶ 대지면적 = a×b (※ 토지면적과 일치됨)	소요폭 이상도로 b a

2. 전면도로의 너비가 소요 너비에 못 미치는 경우 (도로 양측이 대지인 경우)

▨ 부분 : 대지면적에서 제외

▶ 그 도로의 중심선으로부터 그 소요 너비의 1/2의 수평거리만큼 물러난 선을 건축선으로 하고, 그 건축선과 도로 사이의 면적은 대지면적에서 제외함

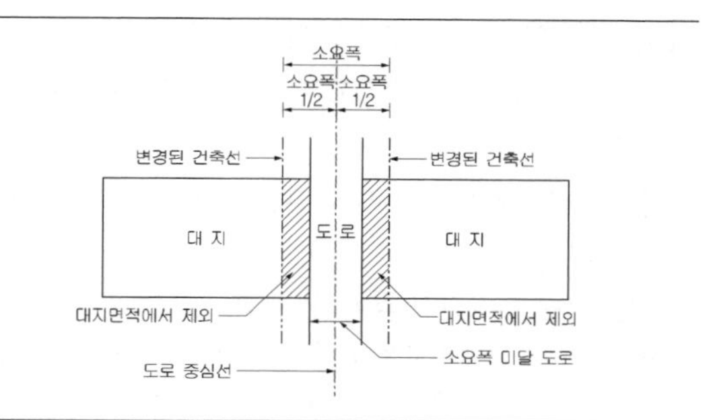

3. 전면도로가 소요 너비에 못 미치는 경우 (한면에 하천·철도·경사지 등이 있는 경우)

▨ 부분 : 대지면적에서 제외

▶ 그 경사지 등이 있는 쪽의 도로경계선에서 소요 너비에 해당하는 수평거리의 선을 건축선으로 하고, 그 건축선과 도로 사이의 면적은 대지면적에서 제외함

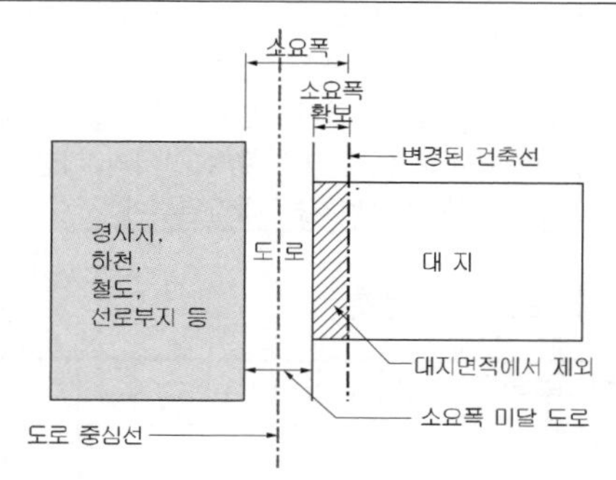

4. 도로모퉁이 대지

◺ 부분 : 대지면적에서 제외

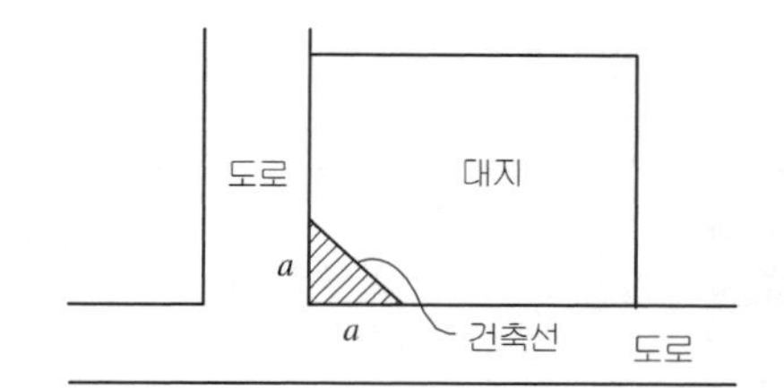

5. 소요너비 미달인 막다른 도로에 면한 대지

▶ 막다른도로가 35m 미만인 도로는 폭 3m 이상만 확보하면 됨(35m 미만인 막다른 도로의 경우 모퉁이 대지는 제외 안됨)

▨ 부분 : 대지면적에서 제외

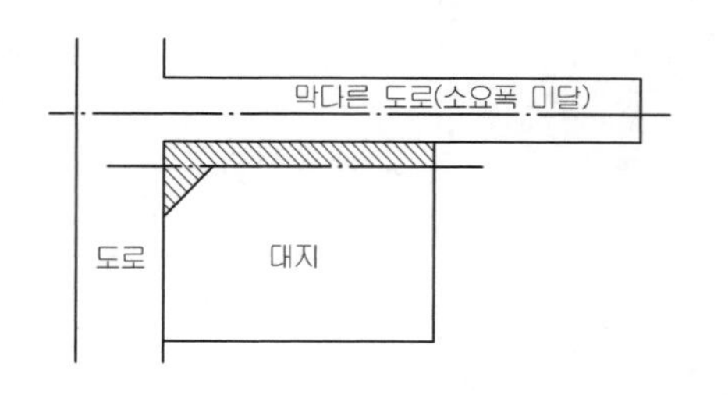

예시 소요 너비에 못 미치는 전면도로에 면한 모퉁이 대지의 산정순서 예

▨ 부분 : 대지면적에서 제외

※ ①, ②, ③은 건축선

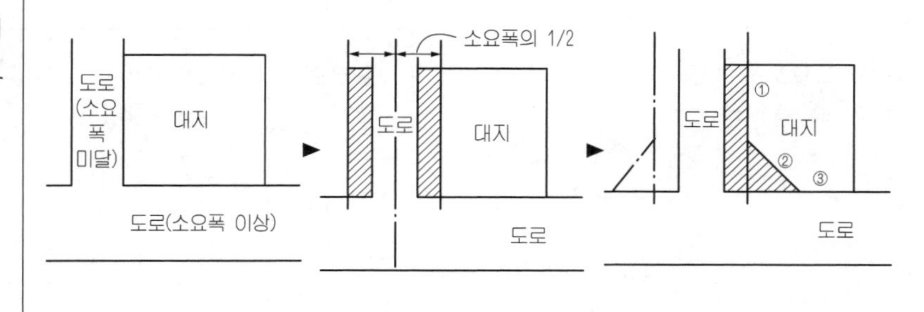

【3】 대지에 도시·군계획시설이 있는 경우

· 대지에 도로·공원 등의 도시·군계획시설이 있는 경우

▶ 도시·군계획시설에 포함되는 부분을 대지면적에서 제외

▨ 부분 : 대지면적에서 제외

예외 도시·군계획시설결정의 고시일부터 10년 이내에 사업이 시행되지 아니하는 경우 사업부지 중 지목(地目)이 대(垈)인 토지의 소유자는 매수의무자에게 매수를 청구할 수 있으나, 매수의무자가 매수하지 않기로 결정한 경우 등에는 개발행위허가를 받아 건축물 및 공작물의 설치가 가능하며 이 경우 이 부분의 토지는 대지면적에 포함됨

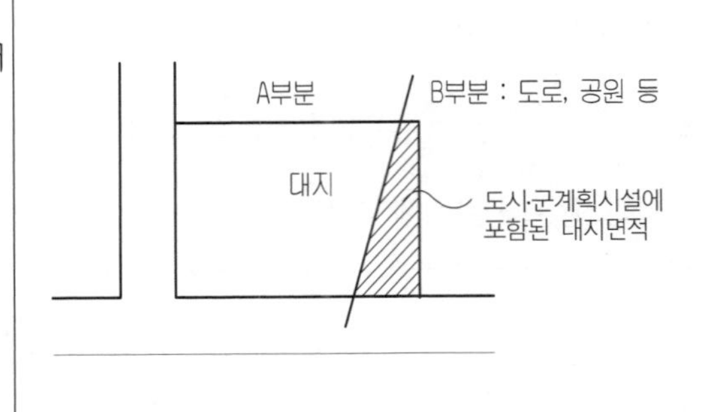

【참고1】 도로 및 건축선

구분		내용	
■ 전면도로의 소요너비	• 일반적인 경우	너비 4m 이상	
	• 막다른 도로의 경우	너비 2m 이상(길이 10m 미만)	
		너비 3m 이상(길이 10m 이상 35m 미만)	
		너비 6m* 이상(길이 35m 이상) (*도시지역이 아닌 읍·면지역에서는 4m 이상)	
■ 건축선	① 소요너비 이상의 도로	대지와 도로의 경계선을 건축선으로 한다.	
	② 소요너비 미달 도로	가. 중심선으로부터 소요너비 1/2에 상당하는 물러난 선 (도로 양측이 대지인 경우)	
		나. 반대측 도로경계선에서 소요너비에 상당하는 선 (경사지·하천·철도·선로부지 등이 있는 경우)	대지면적에서 제외 (건축선과 도로사이의 부분)
		다. 도로 모퉁이에서의 건축선[주)]	
		라. 특별자치시장·특별자치도지사·시장·군수·구청장이 따로 지정하는 건축선	대지면적에 포함 (건축선과 도로 사이부분)

주) 도로모퉁이에서의 건축선

b a
b a
교차각

▨ 대지면적에서 제외

도로의 교차각	교차되는 도로의 너비(m)	해당도로의 너비(m) 6 이상 8 미만	해당도로의 너비(m) 4 이상 6 미만
90° 미만	6 이상 8 미만	4	3
	4 이상 6 미만	3	2
90° 이상 120° 미만	6 이상 8 미만	3	2
	4 이상 6 미만	2	2

【참고2】 교차도로의 대지면적(건축선 결정) 예시

■ 너비 4m와 4m 교차도로의 경우

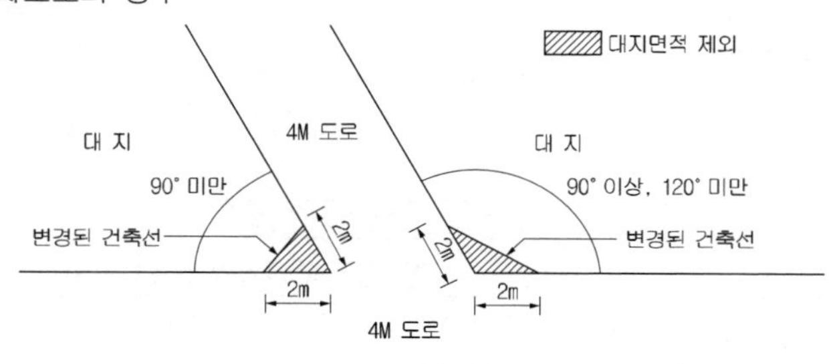

■ 너비 4m와 6m 교차도로의 경우

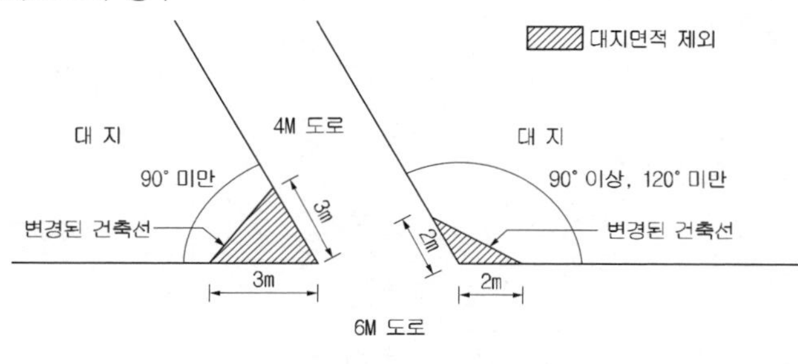

■ 너비 6m터와 6m 교차도로의 경우

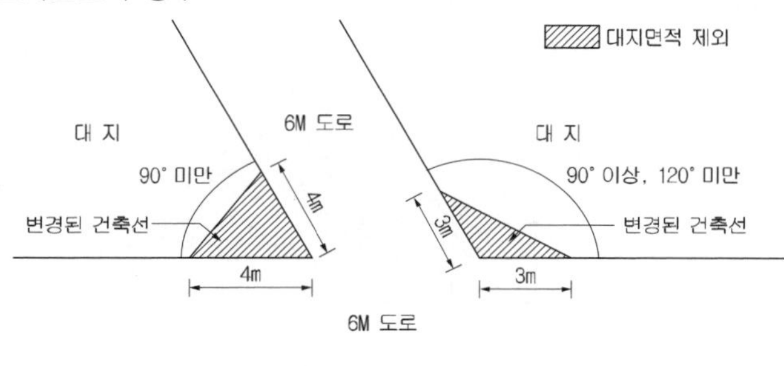

【참고3】 대지면적의 적용내용

- 대지의 분할제한 규정
- 용적률 · 건폐율 · 조경면적 등의 산출 근거

2 건축면적 (영 제119조제1항제2호) (규칙 제43조)

건축면적은 건폐율 산정시 적용되는 면적으로서 건축물의 수평투영면적으로 산정한다. 이는 지상부분의 건축물의 대지점유부분으로서, 차양 · 처마 · 부연등은 그 이용목적상 길이 1m까지는 면적에서 제외시키며 그 이상 돌출시에는 전용성의 의도가 있는 것으로 보아 건축면적에 포함시킨다. 또한 지표면상 1m 이하의 부분은 이전의 지하층 등의 규정시 지하구조물의 연장으로 보아 지상층의 점유부분으로 보지 않으며, 지하주차장의 경사로, 생활폐기물 보관시설 등은 건축면적의 산정에서 제외된다.

【1】 **원칙** :
건축물의 외벽(외곽기둥)의 중심선으로 둘러싸인 부분의 수평투영면적

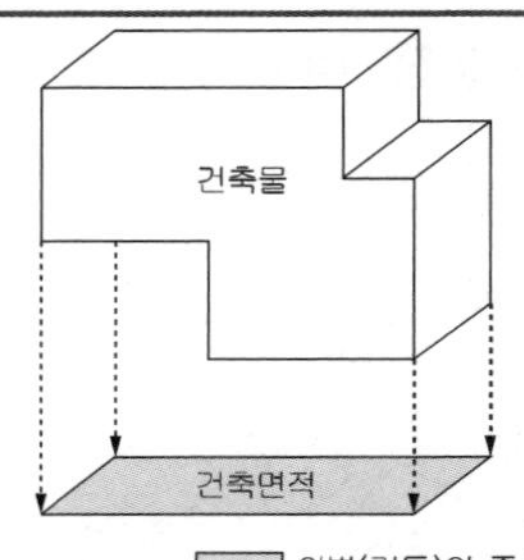

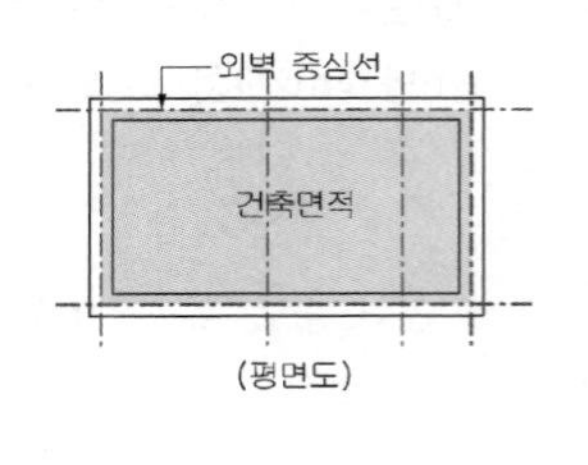

외벽(기둥)의 중심선으로 둘러싸인 부분의 수평 투영면적

【2】 **처마·차양·부연(附椽) 등의 경우** :
외벽의 중심선으로부터 수평거리 1m 이상 돌출부분은 끝부분으로부터 다음 수평거리를 후퇴한 선으로 둘러싸인 부분의 수평투영면적

1. 일반적인 건축물	1m
2. ① 한옥 ② 충전시설이 설치된 공동주택[주1)] ③ 제로에너지건축물 인증받은 건축물[주2)] ④ 주유소, 액화석유가스 충전소 등[주3)]	2m
3. 축사[주4)]	3m
4. 전통사찰	4m

1. 1m 이하의 범위에서 중심선까지의 거리(우측란 그림 참조)

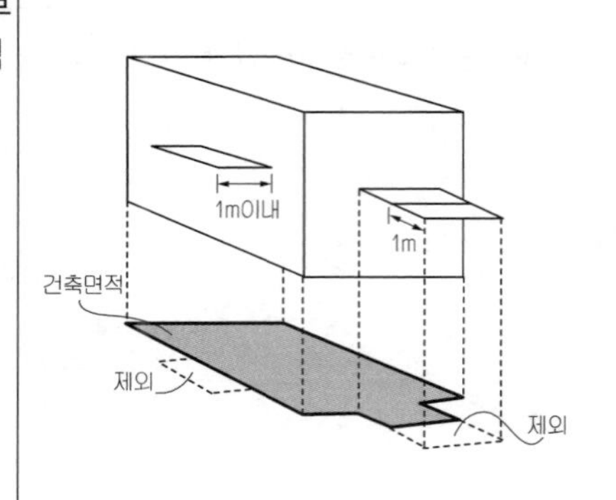

2. 2m 이하의 범위에서 외벽의 중심선까지의 거리
① 한옥

■ 한옥 처마의 수평거리 후퇴선 적용 예시

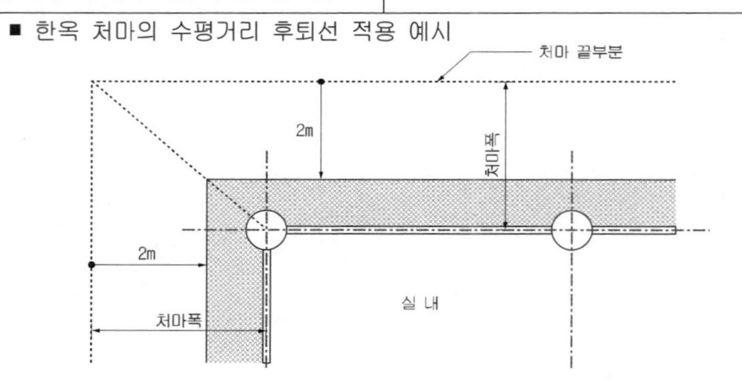

처마에서 건축면적에 산입되는 부분

② 「환경친화적자동차의 개발 및 보급 촉진에 관한 법률 시행령」에 따른 충전시설(그에 딸린 충전 전용 주차구획 포함)의 설치를 목적으로 처마, 차양, 부연 등이 설치된 공동주택(「주택법」에 따른 사업계획승인 대상으로 한정)

■ 공동주택의 환경친화적자동차 충전시설 처마, 차양, 부연 등의 적용 예시

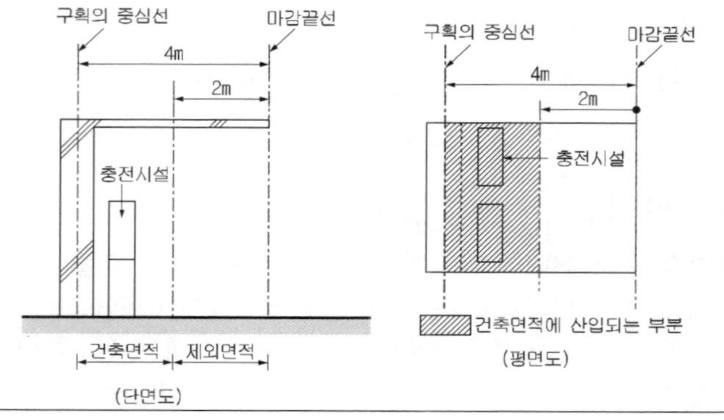

③ 「신에너지 및 재생에너지 개발·이용·보급 촉진법」에 따른 신·재생에너지 설비(신·재생에너지를 생산하거나 이용하기 위한 것만 해당)를 설치하기 위하여 처마, 차양, 부연 등이 설치된 건축물로서 「녹색건축물 조성 지원법」에 따른 제로에너지건축물 인증을 받은 건축물

■ 건축물의 지붕에 신재생에너지를 공급, 이용하는 시설을 설치하는 경우 그 부분 처마, 차양, 부연 등의 수평거리 후퇴선 적용 예시

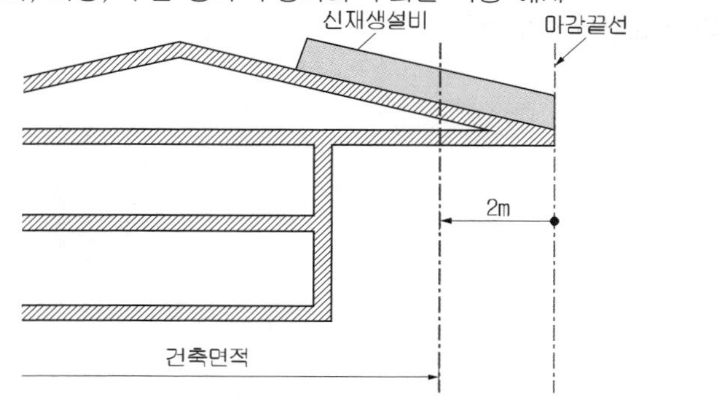

④ 「환경친화적 자동차의 개발 및 보급 촉진에 관한 법률」에 따른 수소연료공급시설을 설치하기 위하여 처마, 차양, 부연 그 밖에 이와 비슷한 것이 설치된 주유소, 액화석유가스 충전소 또는 고압가스 충전소

3. 사료 투여, 가축 이동 및 가축 분뇨 유출 방지 등을 위하여 처마, 차양, 부연, 그 밖에 이와 비슷한 것이 설치된 축사:
3m 이하의 범위에서 외벽의 중심선까지의 거리(두 동의 축사가 하나의 차양으로 연결된 경우에는 6m 이하의 범위)

■ 축사 처마의 수평거리 후퇴선 적용 예시

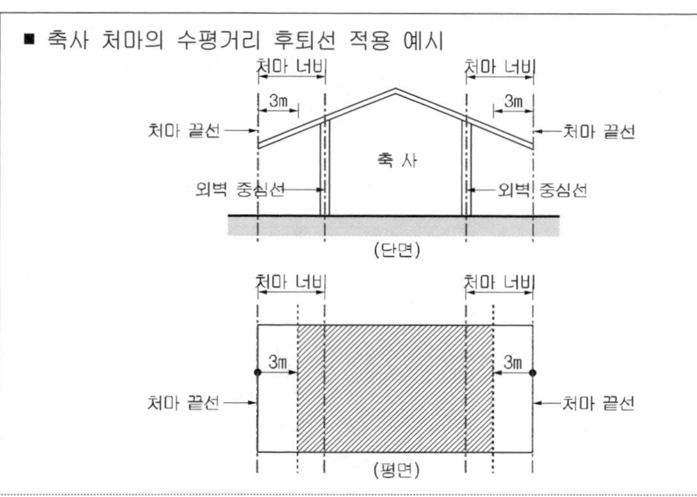

■ 두 동의 축사가 하나의 차양으로 연결된 경우 적용 예시

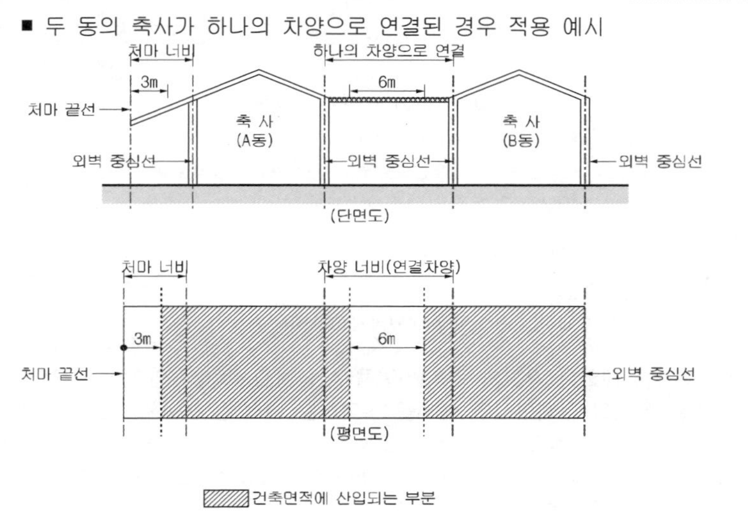

4. 전통사찰 : 4m 이하의 범위에서 외벽의 중심선까지의 거리	■ 전통사찰 처마의 수평거리 후퇴선 적용 예시 활주(중심선 적용에서 제외) 처마 끝부분 4m 처마폭 4m 외벽(기둥)의 중심선 처마폭 실 내 처마에서 건축면적에 산입되는 부분

【3】 창고 또는 공장의 물품 입출고 부위의 돌출차양

■ 창고 또는 공장의 물품을 입출고하는 부위의 상부에 한쪽 끝은 고정되고 다른 쪽 끝은 지지되지 않는 구조로 설치된 돌출차양의 면적 중 건축면적에 산입하는 면적은

① 해당 돌출차양부분을 제외한 창고 건축면적의 10% 초과한 면적

② 해당 돌출차양 끝부분에서 수평거리 6m를 후퇴한 선으로 둘러싸인 부분의 수평투영면적 중

작은 값을 건축면적으로 산정함.

예시 창고 또는 공장 중 물품을 입출고하는 부위 상부의 차양 건축면적 산정

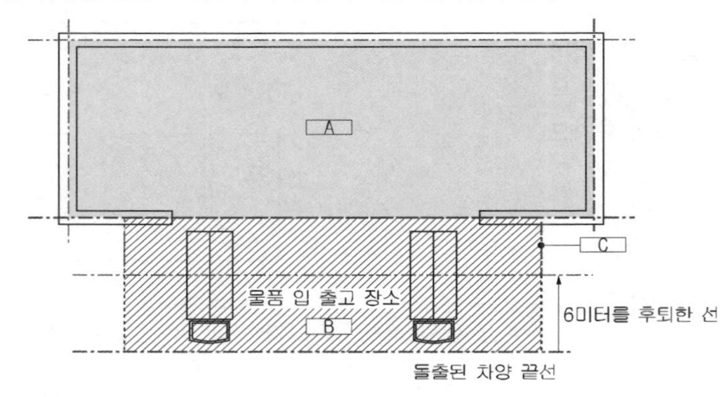

A : 돌출차양을 제외한 창고의 건축면적

B : 돌출차양 수평투영면적

C : 돌출차양 끝부분으로부터 수평거리 6m를 후퇴한 선으로 둘러싸인 수평투영면적

EX1) : 작은값인 산정1)의 값을 건축면적에 산입

산정1) A면적=200㎡, B면적=30㎡

- A면적 × 10%=20㎡

∴ 10%를 초과하는 면적=10㎡[(A면적 × 10%)-B]

산정2) C면적=20㎡

EX2) : 작은값인 산정2)의 값을 건축면적에 산입

산정1) A면적=200㎡, B면적=40㎡

- A면적 × 10%=20㎡

∴ 10%를 초과하는 면적=20㎡[(A면적 × 10%)-B]

산정2) C면적=15㎡

* '돌출차양을 제외한 창고의 건축면적'을 A라 하고 '돌출차양의 수평투영면적'을 B라 하며 '해당 돌출차양을 제외한 창고의 건축면적의 10%를 초과하는 면적'은 B-A×10%, 그리고 '해당 돌출차양의 끝부분으로부터 수평거리 6m를 후퇴한 선으로 둘러싸인 부분의 수평투영면적'을 C, 이 때 (B-A×10%)< C 의 경우, 창고 또는 공장의 건축면적은 A+(B-A×10%)로 결정되며, (B-A×10%) >C의 경우, 창고 또는 공장의 건축면적은 A + C로 결정함

【4】 노대 등의 건축면적 산입 방법

- 노대 등은 건축면적에 모두 산입
- 「건축구조 기준」 등에 적합한 확장형 발코니 주택은 발코니 외부에 단열재를 시공 시 일반 건축물 벽체와 동일하게 건축면적을 산정

예시 노대 등의 건축면적 산정 예시

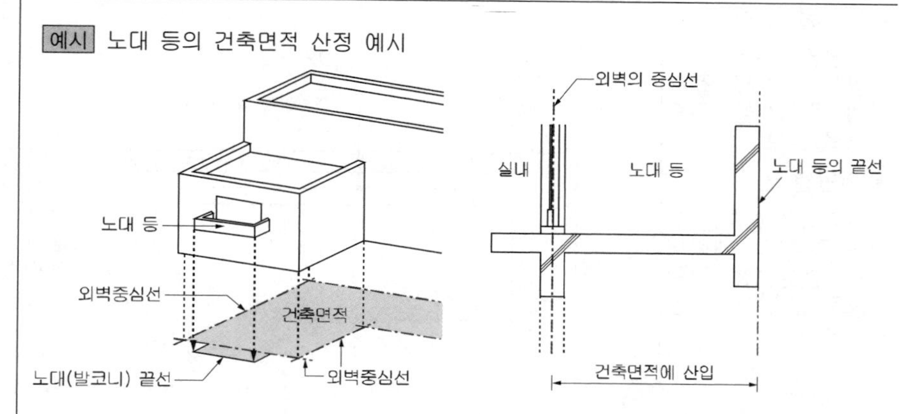

예시 건축구조기준 등에 적합한 확장형 발코니 주택의 건축면적 산정 예시 (바닥면적 산정 시에도 동일하게 적용함)

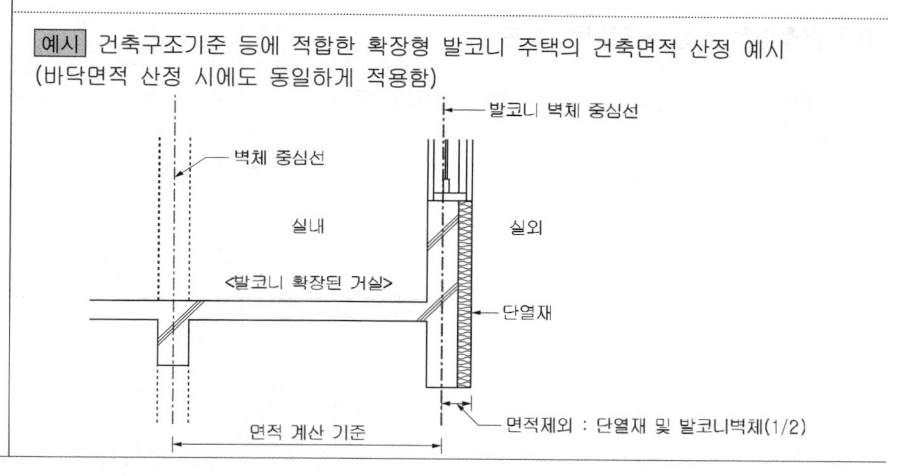

【5】 태양열 주택과 외단열 건축물

- 태양열 주택과 단열재를 구조체의 외기측에 설치하는 단열공법으로 건축된 건축물(이하 "외단열 건축물")의 경우 외벽 중심선의 위치는 외벽 중 내측 내력벽의 중심선으로 한다.

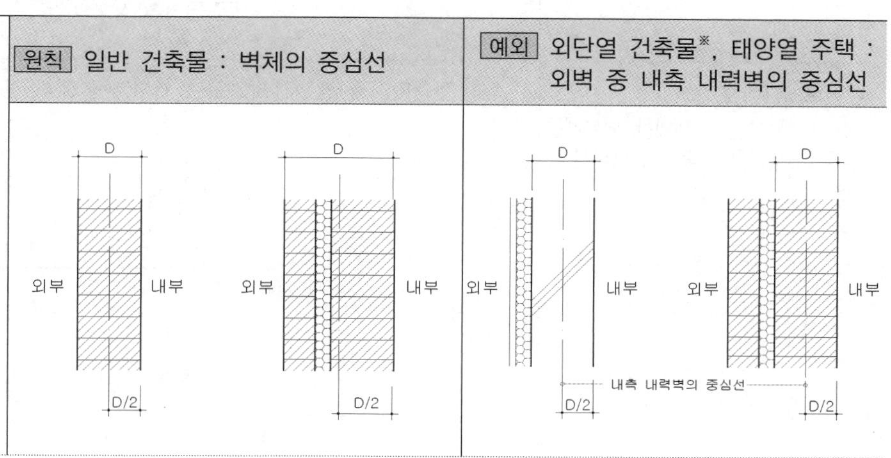

※ 중심선 산정 시

■ 내단열 건축물 :

내단열 두께를 포함하여 벽체 전체의 중심선을 기준으로 산정

■ 외단열 건축물 :

단열재가 설치된 외벽 중 내측 내력벽의 중심선을 기준으로 건축면적 산정

예시 외단열 공법으로 건축된 건축물의 구획의 중심선 산정 예시

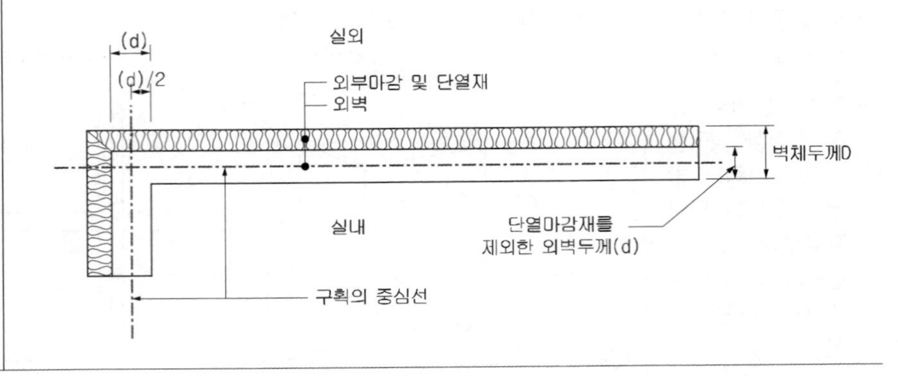

【6】 건축면적 산입 제외되는 부분

1. 지표면으로부터 1m 이하의 부분

예시 지표면으로부터 1m 이하에 있는 부분의 건축면적 산정 예시

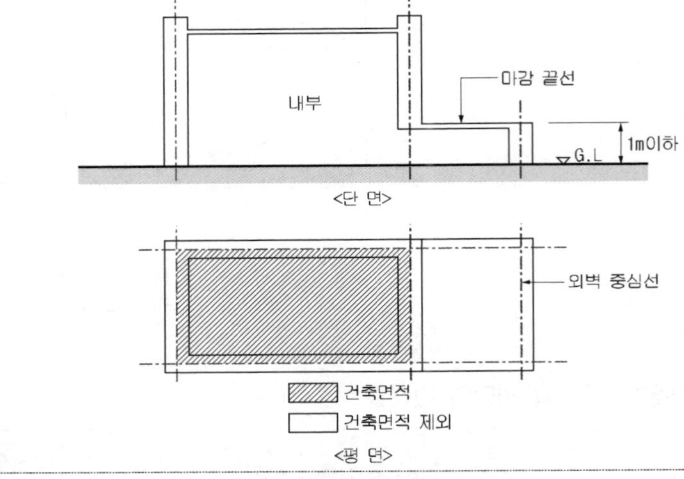

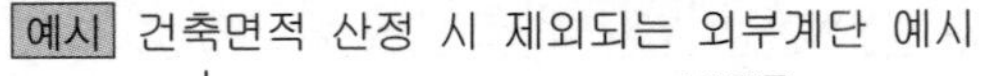

※ 외부계단의 경우 :
1m 이하 부분을 제외한 외부계단 나머지 부분은 건축면적 산정시 포함

예시 건축면적 산정 시 제외되는 외부계단 예시

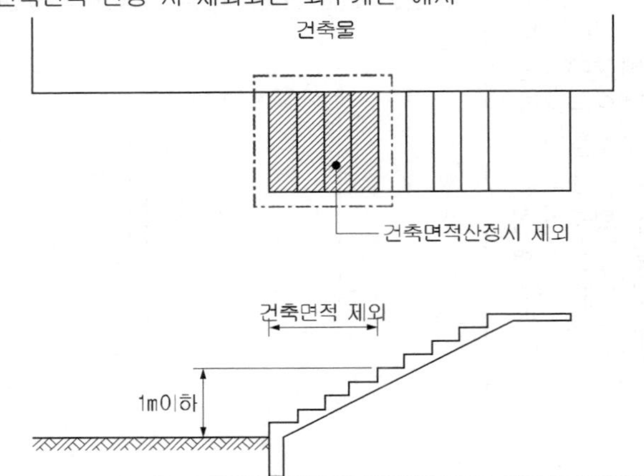

2. 창고 중 물품 입출고용 차량 접안 부분으로 지표면으로부터 1.5m 이하의 부분

예시 창고 중 물품을 입출고하기 위한 차량 접안부 건축면적 산정 예시

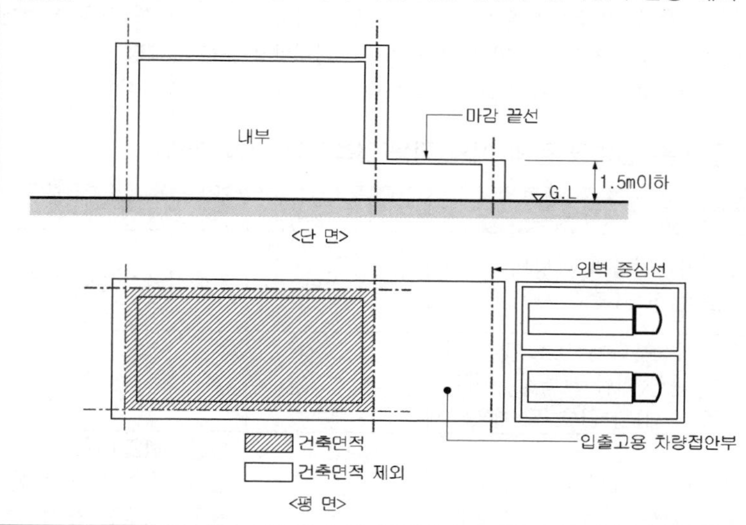

3. 지하 주차장의 경사로

※ 상부에 건축물 이용자 편의를 위해 비나 눈, 먼지 등을 차단하기 위한 지붕을 설치하는 경우 기둥의 설치 유무 등과 관계없이 건축면적에 산입하지 않음

예시 지하주차장으로 내려가는 경사로 지붕의 건축면적 산정 예시

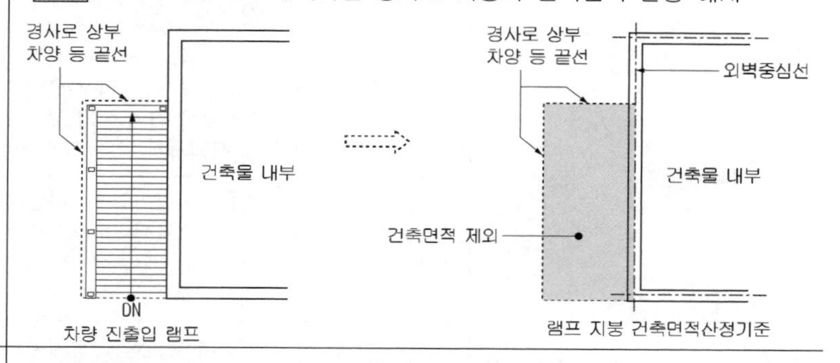

4. 장애인용 승강기, 장애인용 에스컬레이터, 휠체어리프트 또는 경사로

☞ 「장애인·노인·임산부 등의 편의증진보장에 관한 법률」 참조

※ 일반 승강기와 장애인용 승강기를 겸용으로 설치하는 경우에도 건축면적 산입에서 제외
다만, 장애인용 승강기의 승강장은 건축면적에 산입함(겸용으로 설치한 경우에도 동일하게 적용)

예시 장애인용 승강기의 건축면적 산정제외 예시

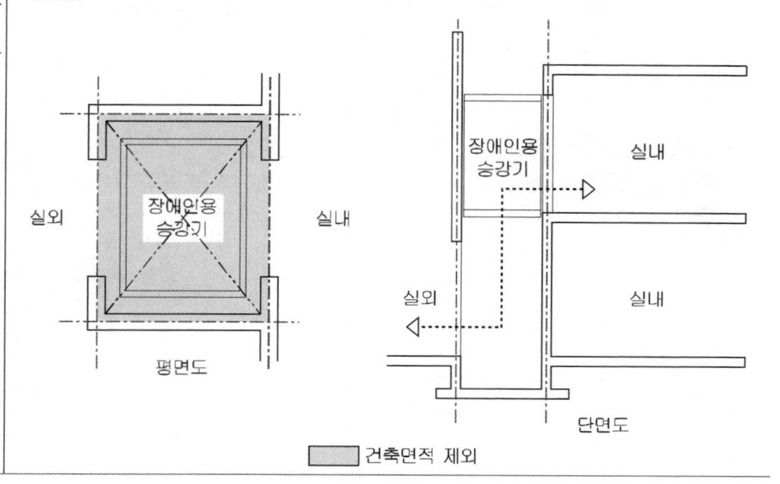

5. 그 밖에 건축면적에서 제외되는 부분
① 건축물 지상층에 일반인이나 차량이 통행할 수 있도록 설치한 보행통로나 차량통로
② 건축물 지하층의 출입구 상부(출입구 너비상당 부분만 해당)
③ 생활폐기물 보관시설(음식물쓰레기, 의류 등의 수거시설)

【7】 기존 건축물 등의 예외 적용(건축면적 산입 제외)

근거법조항	적용 대상	제한사항	건축면적 면제 대상
1.「가축전염병 예방법」 제17조제1항제1호	2015.4.27. 이전 건축되거나 설치	가축사육시설로 한정	가축사육시설에서 설치하는 시설
2.「매장문화재 보호 및 조사에 관한 법률 시행령」 제14조 제1항제1호 및 제2호	-	-	현지보존 및 이전보존을 위하여 매장문화재 보호 및 전시에 전용되는 부분
3.「가축분뇨의 관리 및 이용에 관한 법률」 제12조제1항	-	법률 제12516호 가축분뇨의 관리 및 이용에 관한 법률 일부개정법률 부칙 제9조에 해당하는 배출시설의 처리시설로 한정	배출시설의 처리시설
4.「영유아보육법」 제15조	2005.1.29 이전에 설치	기존 건축물에 영유아용 대피용 미끄럼대 또는 비상계단을 설치함으로써 건폐율 기준에 적합하지 아니하게 된 경우만 해당	어린이집의 비상구에 연결하여 설치하는 폭 2m 이하의 영유아용 대피용 미끄럼대 또는 비상계단
	2011.4.6 이전에 설치	기존 어린이집에 비상계단을 설치함으로써 법 제55조에 따른 건폐율 기준에 적합하지 않게 된 경우만 해당	어린이집 직통계단 1개소를 갈음하여 건축물의 외부에 설치하는 비상계단
5.「다중이용업소의 안전관리에 관한 특별법 시행령」 제9조	2004.5.29 이전에 설치	기존의 건축물에 설치함으로써 건폐율 기준에 적합하지 아니하게 된 경우만 해당	기존의 다중이용업소의 비상구에 연결하여 설치하는 폭 2m 이하의 옥외피난계단

※ 다중이용업소의 옥외피난계단의 건축면적 산정 기준선

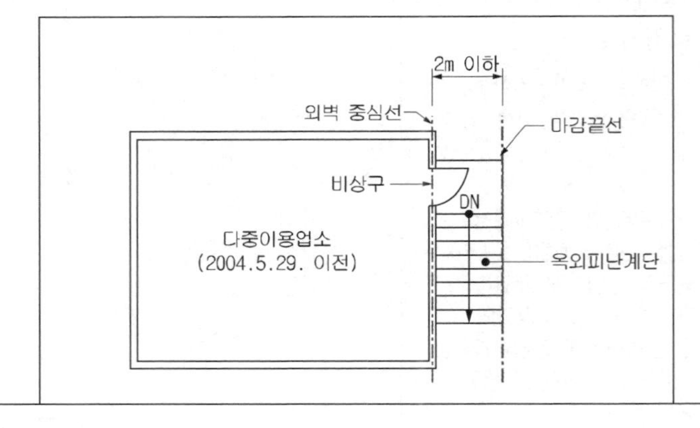

【8】 저층부 개방 건축물의 건축면적 제외

> **영 제119조 【면적·높이 등의 산정방법】**
>
> ③ 다음 각 호의 요건을 모두 갖춘 건축물의 건폐율을 산정할 때에는 제1항제2호에도 불구하고 지방건축위원회의 심의를 통해 제2호에 따른 개방 부분의 상부에 해당하는 면적을 건축면적에서 제외할 수 있다. 〈신설 2020.4.21.〉
>
> 1. 다음 각 목의 어느 하나에 해당하는 시설로서 해당 용도로 쓰는 바닥면적의 합계가 1천 제곱미터 이상일 것
>   가. 문화 및 집회시설(공연장 · 관람장 · 전시장만 해당한다)
>   나. 교육연구시설(학교 · 연구소 · 도서관만 해당한다)
>   다. 수련시설 중 생활권 수련시설, 업무시설 중 공공업무시설
> 2. 지면과 접하는 저층의 일부를 높이 8미터 이상으로 개방하여 보행통로나 공지 등으로 활용할 수 있는 구조 · 형태일 것

해설 창의적인 건축물의 건축을 통해 도시 경관을 만들기 위하여 문화 및 집회시설, 교육연구시설, 공공업무시설로서 해당 용도로 쓰는 바닥면적의 합계가 1,000㎡ 이상이고 건축물의 지표면과 접하는 저층 부분을 개방하여 보행통로나 공지 등으로 활용할 수 있는 형태의 건축물의 경우 건폐율을 산정할 때 지방건축위원회의 심의를 통해 개방 부분의 상부에 해당하는 면적을 건축면적에서 제외할 수 있도록 규정이 신설됨.<건축법 시행령 개정 2020.4.21.>

■ 수직 형태의 높이 8m 이상 개방부분의 건축면적 산정 예시

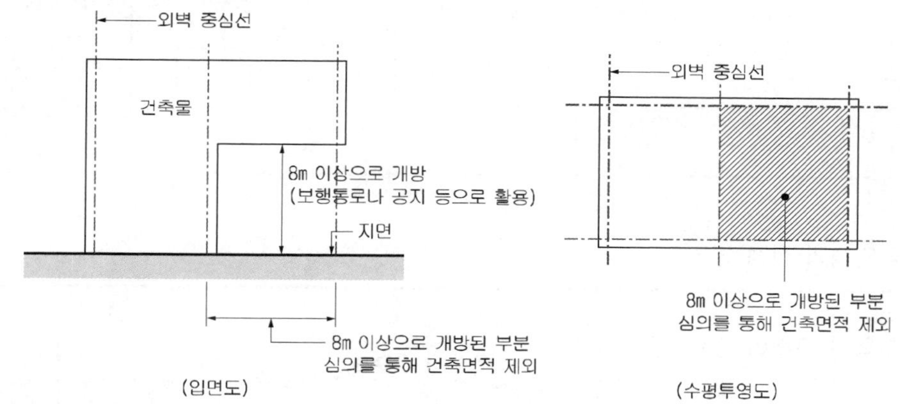

■ 기울어진 형태의 높이 8m 이상 개방부분의 건축면적 산정 예시

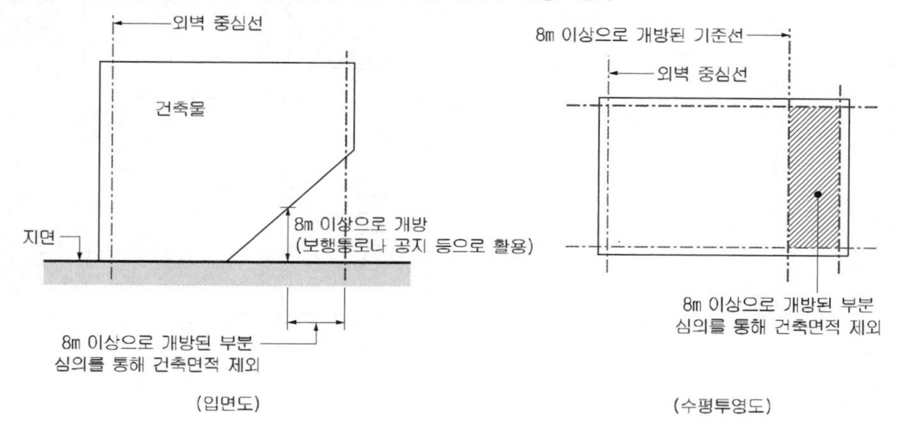

【참고】 건축면적과 건폐율

건축면적은 건폐율 산정시 이용된다.

> * 건폐율 : 대지면적에 대한 건축면적의 비율
>
> $$건폐율 = \frac{건축면적}{대지면적} \times 100(\%)$$

3 바닥면적 (영 제119조제1항제3호, 제2조제14호)

바닥면적은 건축물의 규모를 나타내기 위한 기준으로서 각 부분의 면적이나, 전체의 크기(각 층 바닥면적의 합계=연면적)를 나타낸다. 실질적으로 바닥면적은 유효공간(거실, 창고)을 말하며, 그 공간이용에 필요한 통로 등도 포함된다.

또한, 바닥면적 제외의 경우 용적률을 적용하기 위한 면적산정에 있어 유리한 점이 있으며, 또한 실질적인 연면적 증가효과가 있다.

【1】 원칙

- 건축물의 각층 또는 그 일부로서 벽·기둥 그 밖에 이와 유사한 구획의 중심선으로 둘러싸인 부분의 수평투영면적으로 산정

> • 그림의 A_1, A_2, A_3 → 각층 바닥면적

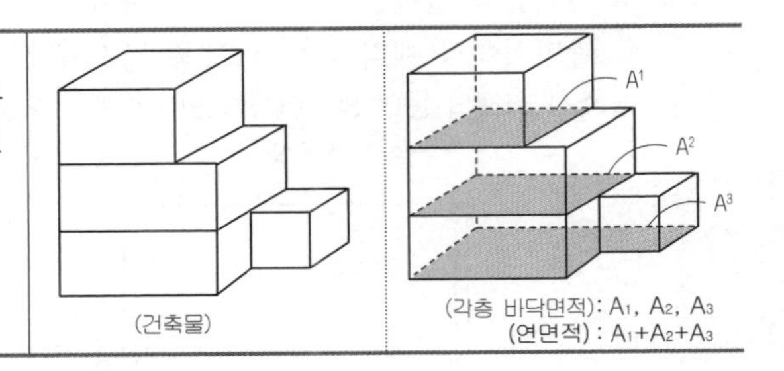

【2】 바닥면적의 산정 방법

1. 벽, 기둥의 구획이 없는 건축물 :
   지붕의 끝부분으로부터 수평거리 1m 후퇴한 선으로 둘러싸인 부분의 수평투영면적

   ▇ 부분 : 바닥면적 산입

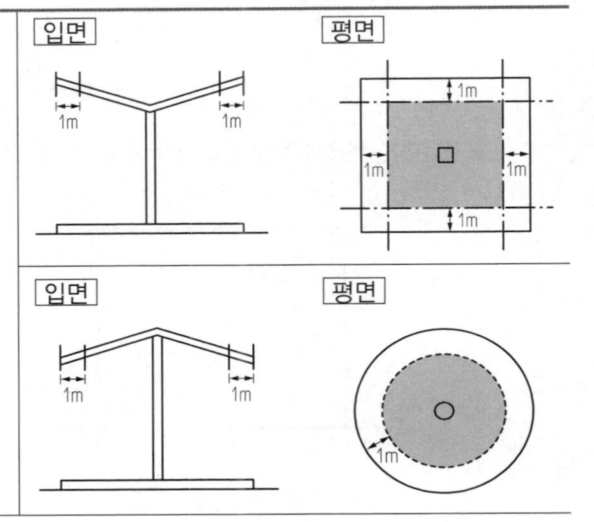

2. 건축물의 노대등의 바닥 :
난간 등의 설치여부에 관계없이 노대등의 면적에서 노대등이 접한 가장 긴 외벽에 접한 길이에 1.5m를 곱한 값을 뺀 면적

산입바닥면적 = 노대면적(A)-1.5m× ℓ

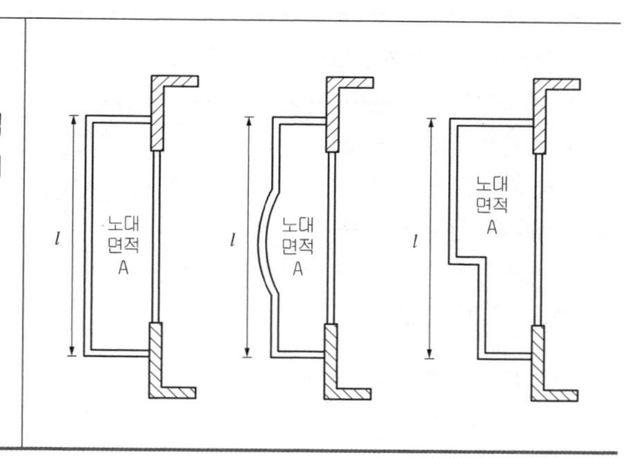

【참고】 노대의 면적

노대의 면적 = a × b

※ 주의 : 외벽은 중심선부터 나머지는 끝부분까지의 거리임

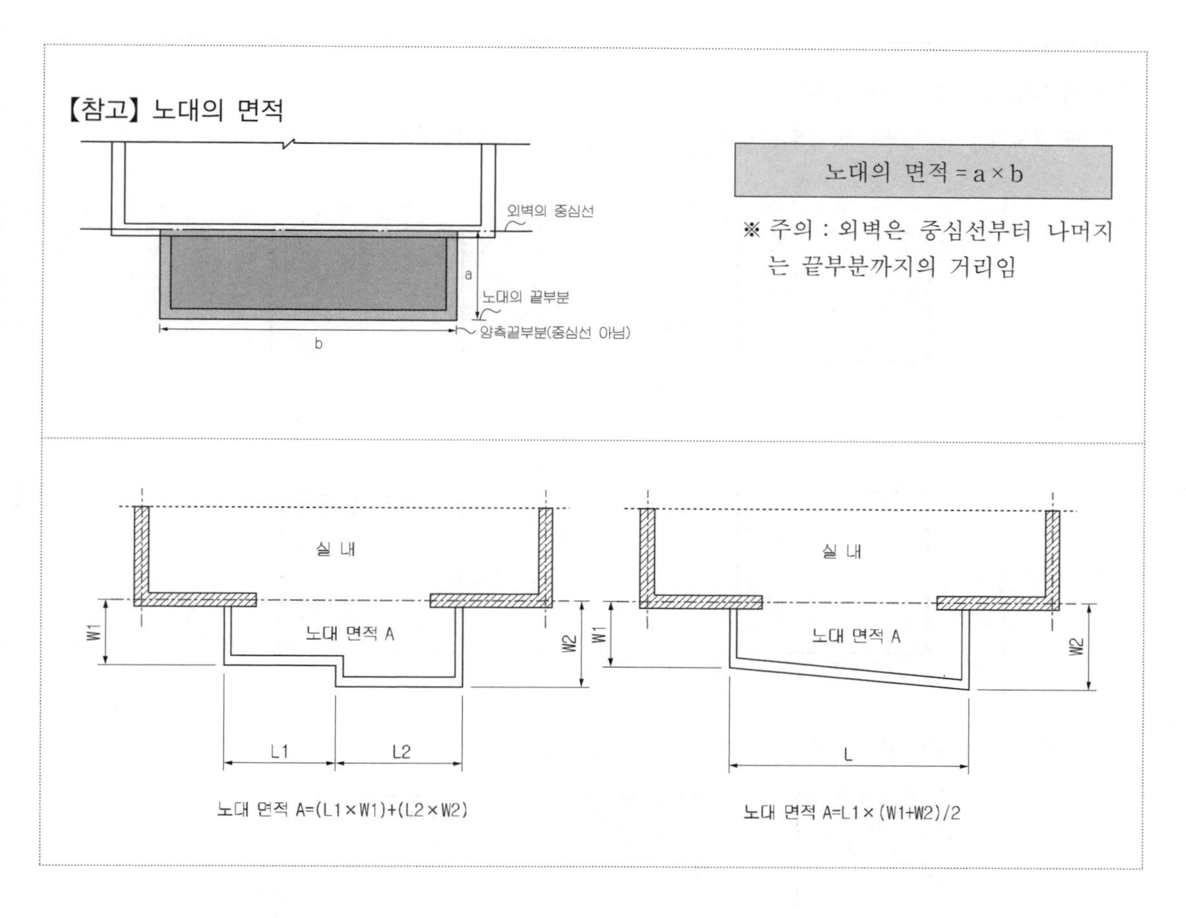

3. 필로티 그 밖에 이와 유사한 구조의 부분

① 건축면적 ·· a × b

② 바닥면적(1층 부분)

- 공중통행 불가능시(일반적인 경우) ··· a′ × b′
- 공중의 통행에 전용되는 경우
- 차량의 통행·주차에 전용되는 경우 } a″ × b″
- 공동주택의 경우

*필로티 : 벽면적의 1/2 이상이 해당 층의 바닥면에서 위층바닥 아래면까지 공간으로 된 것에 한함

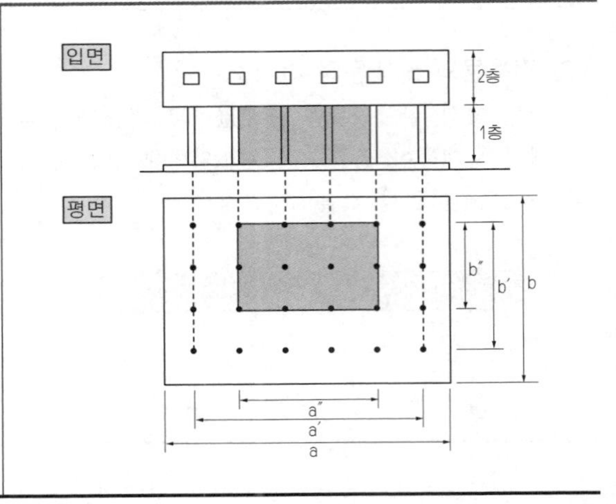

【참고】 필로티구조의 인정범위

1. 평면도(□ 공간, ■ 벽체부분) ※ 공간부분을 필로티로 인정

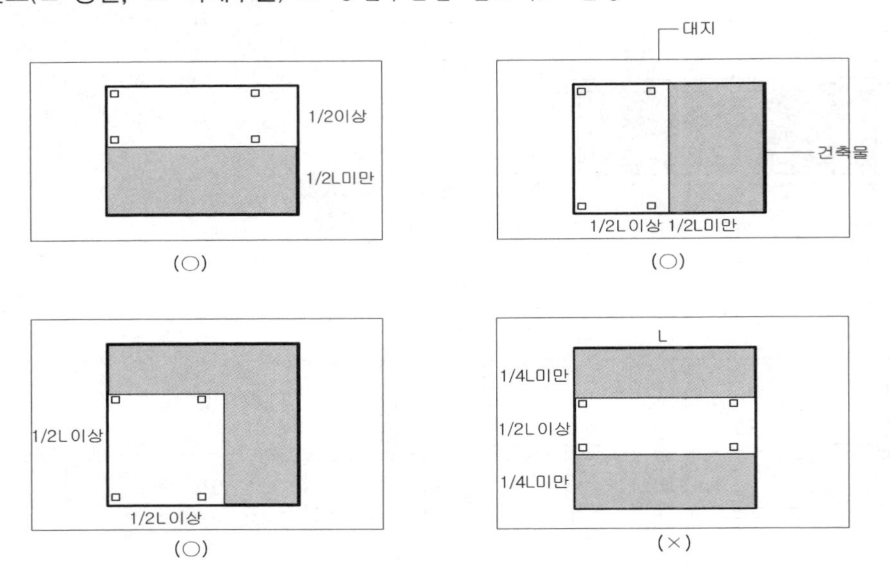

2. 입면도(□ 공간, ■ 벽체부분) ※ 공간부분을 필로티로 인정

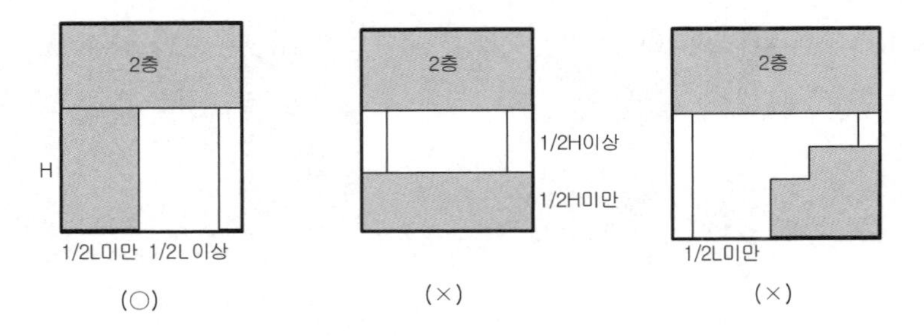

4. 다락

층고가 1.5m(경사진 형태의 지붕: 1.8m)를 초과하는 경우에 바닥면적에 산입

* 부분에 따라 높이가 다른 경우에는 가중평균한 높이로서 산정

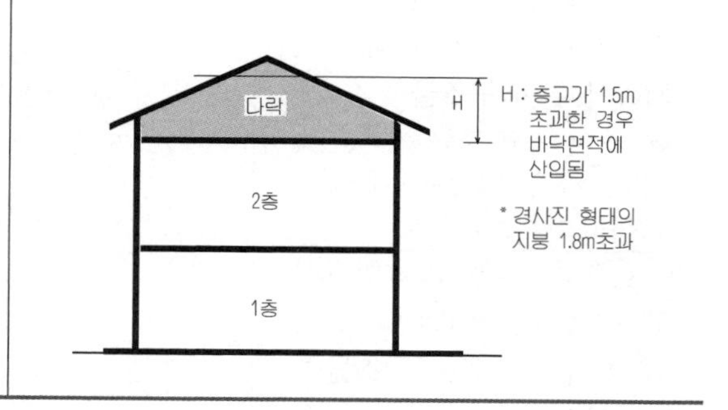

【참고】 다락

「건축법」 상의 정의는 없으나 건축물의 지붕속 또는 부엌 등의 천장위에 건축물의 구조상 발생한 공간을 2층처럼 만들어 거실의 용도가 아닌 물품의 보관 등에 활용토록 한 공간

※ 다락의 설치장소는 최상층으로 제한되지 않음(법령해석 법제처 17-0184, 2017.6.1. 참조)

5. 외부계단

※ 외부계단을 지지하는 벽·기둥 등의 구획이 없고 새시 등으로 구획되지 않은 개방형 외부계단의 바닥면적은 그 끝부분으로부터 수평거리 1m를 후퇴한 선으로 둘러싸인 수평투영면적으로 하되, 외부계단을 지지하는 벽·기둥 등의 구획이 있는 경우 외부계단의 바닥면적은 그 벽, 기둥 등의 중심선으로 둘러싸인 부분의 수평투영면적으로 산정함

■ 외부계단의 바닥면적 산정 예시

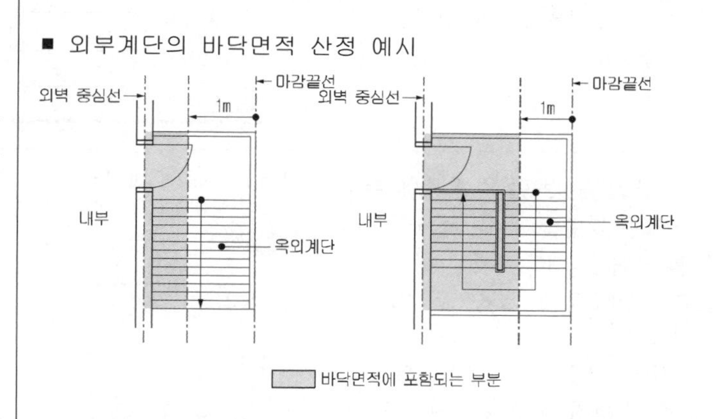

【3】 바닥면적 산정에서 제외되는 경우

1. 승강기탑[1], 계단탑, 장식탑, 건축물 내부 냉방설비 배기장치 전용 설치공간[2], 건축물의 외부 또는 내부에 설치하는 굴뚝·더스트슈트·설비덕트 등

▶ 바닥면적에서 제외(규모에 관계없음)

1) 옥상 출입용 승강장 포함

2) 각 세대나 실별로 외부 공기에 직접 닿는 곳에 설치하는 경우로서 1㎡ 이하로 한정

※ 높이·층수 등은 규모에 따라 산입여부를 결정함

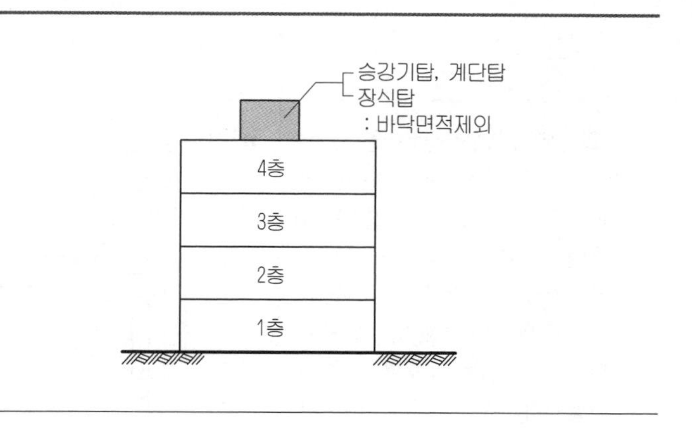

2. 물탱크·기름탱크·냉각탑·정화조·도시가스 정압기 등을 설치하기 위한 구조물

▶ 옥상, 옥외 또는 지하에 설치하는 것은 바닥면적에서 제외 (우측 그림 참조)

3. 건축물 간에 화물의 이동에 이용되는 컨베이어벨트만을 설치하기 위한 구조물 :

▶ 바닥면적에서 제외

물탱크 등의 경우

①②③④ : 바닥면적 제외
⑤ 바닥면적 산입

대지경계선

지하(옥내)

지하(옥외)

4. 공동주택에서 지상층에 설치한 기계실·전기실·어린이놀이터·조경시설 및 생활폐기물 보관시설 :

▶ 바닥면적에서 제외

※ 공동주택은 층수에 관계없이 규정이 적용됨

■ 바닥면적에서 제외되는 공동주택의 각종 시설 위치 예시

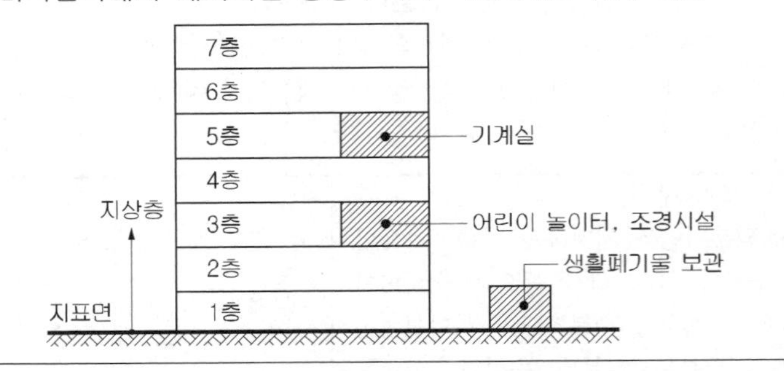

5. 리모델링 건축물의 외벽에 부가되는 부분 :

▶ 바닥면적에서 제외

※ 사용승인을 받은 후 15년 이상 된 건축물을 리모델링하는 경우 미관 향상, 열의 손실 방지 등을 위하여 외벽에 부가하여 마감재 등을 설치하는 부분

■ 바닥면적에서 제외되는 공동주택의 각종 시설 위치 예시

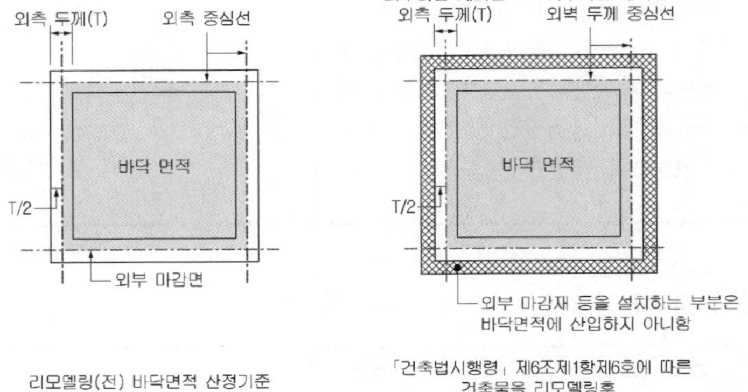

리모델링(전) 바닥면적 산정기준

「건축법시행령」 제6조제1항제6호에 따른 건축물을 리모델링후 바닥면적 산정 완화 기준

6. 외단열 공법의 건축물

※ 중심선 산정 시 내단열 건축물은 내단열 두께를 포함하여 벽체 전체의 중심선을 기준으로 산정하고, 외단열 건축물은 단열재가 설치된 외벽 중 내측 내력벽의 중심선을 기준으로 바닥면적 산정함

■ 외단열 공법으로 건축된 건축물의 구획의 중심선 산정 예시

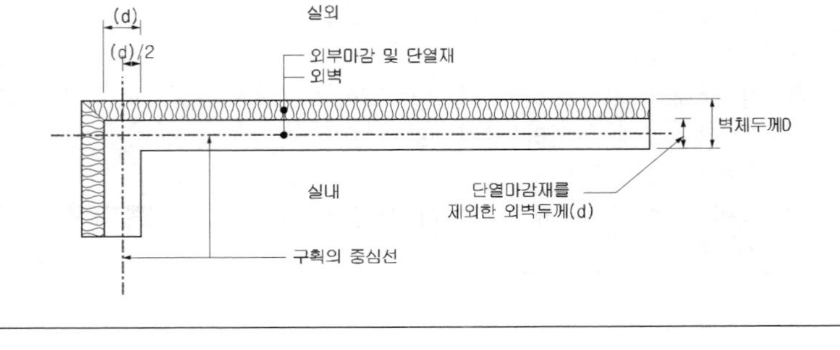

7. 장애인등의 통행이 가능한 다음의 시설* 설치시 : ▶ 바닥면적에서 제외 * 장애인용 승강기, 장애인용 에스컬레이터, 휠체어리프트 또는 경사로 ▒ 부분 : 바닥면적 제외	■ 바닥면적에서 제외되는 장애인 편의시설 예시 장애인용 승강기 / 승강장 / 휠체어 리프트
8. 지하주차장의 경사로(지상층에서 지하 1층으로 내려가는 부분으로 한정): ▶ 바닥면적에서 제외 ※ 상부에 건축물 이용자 편의를 위해 비나 눈, 먼지 등을 차단하기 위한 지붕을 설치하는 경우 기둥의 설치 유무 등과 관계없이 바닥면적에 산입하지 않음	■ 바닥면적에 산입하지 않는 지상층에서 지하 1층 주차장으로 내려가는 경사로 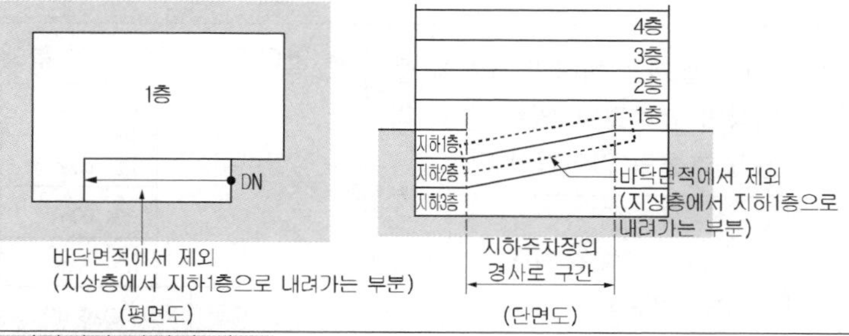
9. 대피공간*의 바닥면적의 산정 * 아파트로서 4층 이상인 층의 각 세대가 2개 이상의 직통계단을 사용할 수 없는 경우 인접 세대와 공동 또는 단독으로 설치하는 대피공간 <신설 2023.9.12./시행 2024.9.13>	■ 바닥면적 산정의 기준 건축물의 각 층 또는 그 일부로서 벽의 내부선으로 둘러싸인 부분의 수평투영면적 ■ 바닥면적 산정에서 제외되는 부분 1) 대피공간 2) 하향식 피난구 또는 대체시설 설치된 발코니 ■ 바닥면적 산정에 제외되는 면적 1) 인접세대와 공동으로 설치하는 경우: 4㎡ 까지 2) 각 세대별로 설치하는 경우: 3㎡ 까지

10. 그 밖에 관련법에서 정하는 시설 : ▶ 바닥면적에서 제외

근거법조항	적용 대상	제한사항	바닥면적 면제 대상
「매장문화재 보호 및 조사에 관한 법률 시행령」 제14조제1항제1호 및 제2호	-	-	현지보존 및 이전보존을 위하여 매장문화재 보호 및 전시에 전용되는 부분
「가축전염병 예방법」 제17조제1항제1호	2015.4.27. 이전 건축되거나 설치	가축사육시설로 한정	가축사육시설에서 설치하는 시설
「다중이용업소의 안전관리에 관한 특별법 시행령」 제9조	2004.5.29 이전에 설치	기존 건축물에 옥외 피난계단을 설치함으로써 법 제56조에 따른 용적률에 적합하지 아니하게 된 경우만 해당	기존의 다중이용업소의 비상구에 연결하여 설치하는 폭 1.5미터 이하의 옥외 피난계단
「영유아보육법」 제15조	2005.1.29 이전에 설치	기존 건축물에 영유아용 대피용 미끄럼대 또는 비상계단을 설치함으로써 건폐율 기준에 적합하지 아니하게 된 경우만 해당	어린이집의 비상구에 연결하여 설치하는 폭 2m 이하의 영유아용 대피용 미끄럼대 또는 비상계단
	2011.4.6 이전에 설치	기존 어린이집에 비상계단을 설치함으로써 용적률 기준에 적합하지 않게 된 경우만 해당	어린이집 직통계단 1개소를 갈음하여 건축물의 외부에 설치하는 비상계단

원칙 하나의 건축물의 각 층 바닥면적의 합계

* 건축물 전체규모를 말할 때의 연면적은 항상 지하층을 포함한다.

(지하층내의 물탱크, 기름탱크 등 제외)

연면적=지상+지하층의 바닥면적
=B_1+B_2+1F+2F+3F+4F+5F
(필로티 구조가 아닌 주차장부분도 전부포함)

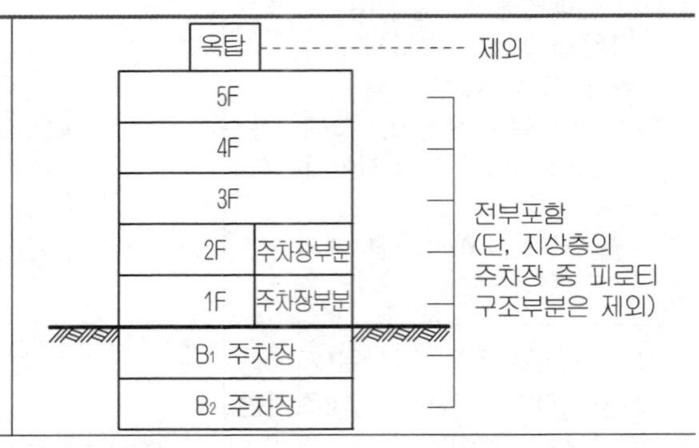

■ 연면적 합계 : 하나의 대지에 둘 이상의 건축물이 있는 경우 각 동 건축물의 연면적의 합

(우측란의 예)
① A동 연면적 : 600㎡
② B동 연면적 : 450㎡
연면적의 합계 : 1,050㎡(①+②)

■ 연면적과 연면적의 합계

예외 용적률 산정시의 연면적에서 제외되는 면적

① 지하층 부분의 면적
② 지상층의 주차 면적(해당 건축물의 부속용도인 경우만 해당)
※ 지상층의 주차장은 필로티구조와 관계없이 제외됨

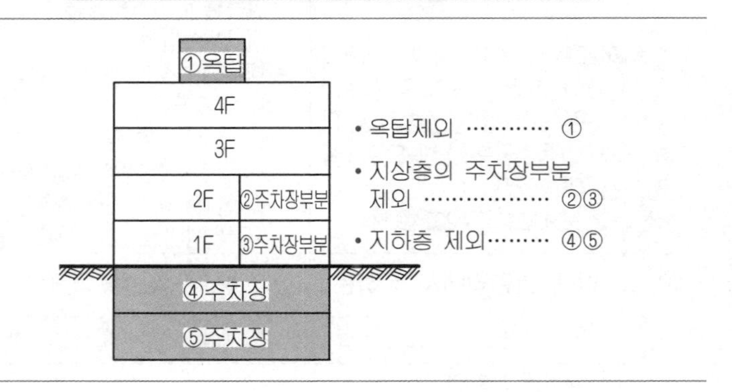

③ 초고층 건축물과 준초고층 건축물의 피난안전구역의 면적
(우측 피난안전구역의 설치기준 참조)

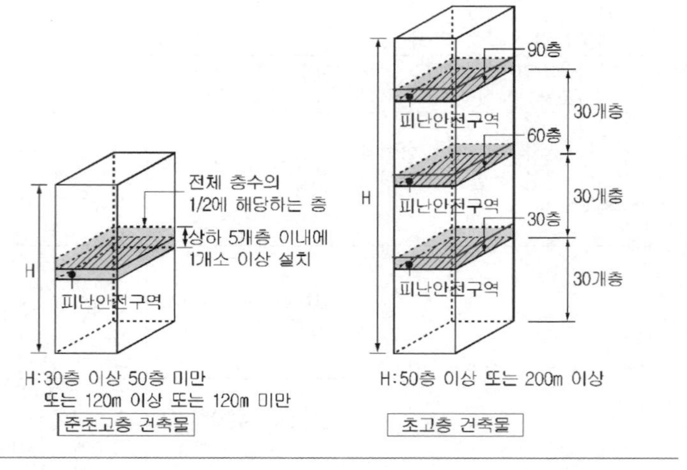

④ 11층 이상 건축물로서 11층 이상층의 바닥면적의 합계가 1만㎡ 이상인 건축물의 경사지붕 아래 설치하는 대피공간의 면적
(우측 대피공간의 면적기준 참조)

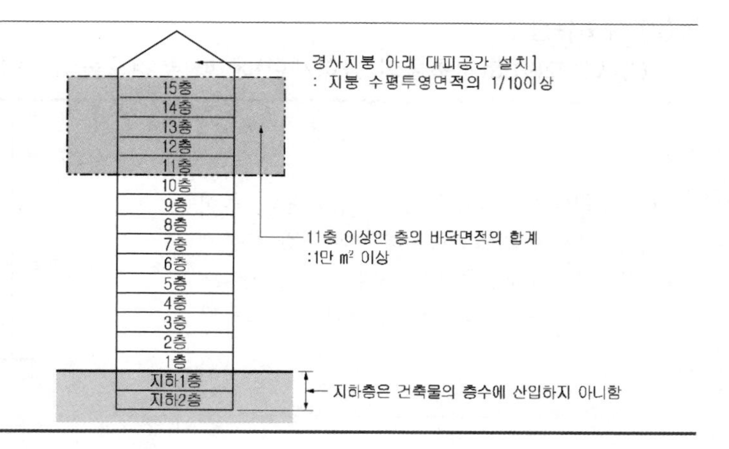

4 연면적 (영 제119조제1항제4호)

【참고1】 바닥면적, 연면적 및 연면적 합계의 구분

① 바닥면적은 건축물의 부분의 면적을 말함[(예)침실의 바닥면적, 2층 부분의 바닥면적]

② 연면적은 건축물의 전체부분 즉 하나의 건축물의 각층 바닥면적의 합계를 말함
또한, 연면적은 각층 바닥면적의 합계이므로, 바닥면적에서 제외되는 부분[(예) 옥탑부분]은 당연히 연면적에서도 제외된다.

③ 연면적의 합계는 2동 이상 건축물의 바닥면적의 합계를 말함

【참고2】 용적률

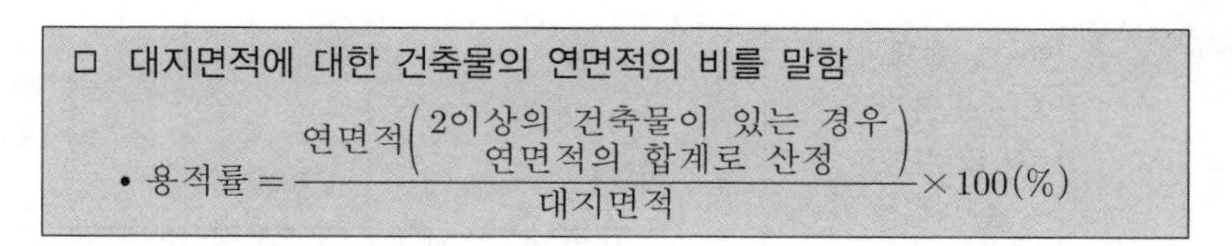
□ 대지면적에 대한 건축물의 연면적의 비를 말함

• 용적률 = $\dfrac{\text{연면적}\left(\begin{array}{c}\text{2이상의 건축물이 있는 경우}\\\text{연면적의 합계로 산정}\end{array}\right)}{\text{대지면적}} \times 100(\%)$

※ 용적률 산정시 연면적에서 앞 표의 예외부분을 제외한 면적으로 환산함.

5 건축물의 높이 (영 제119조제1항제5호)

【1】 원칙

• 지표면으로부터 해당 건축물의 상단까지의 높이로 산정
- 건축물의 최고 높이를 말함

*높이산정의 기준점 : 지표면

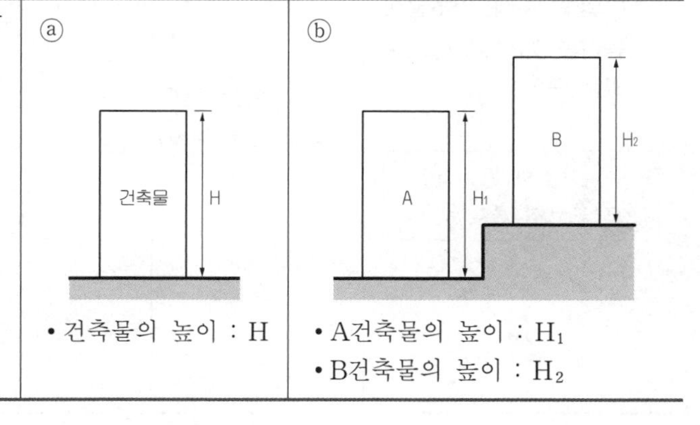

• 건축물의 높이 : H

• A건축물의 높이 : H_1
• B건축물의 높이 : H_2

【2】 예외규정

(1) 법 제60조(건축물의 높이제한)에 따른 건축물의 높이 산정

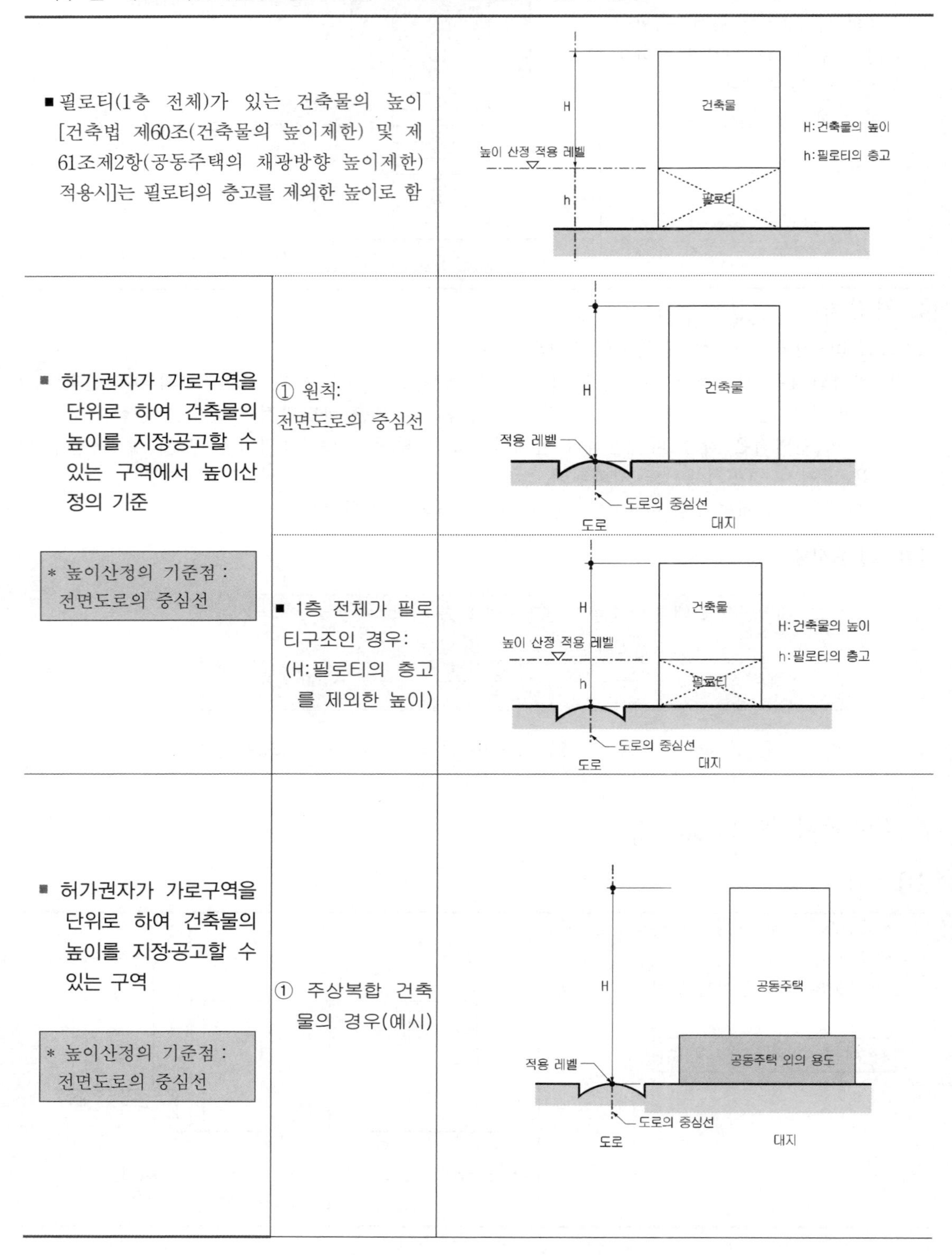

구분	내용	그림
■ 필로티(1층 전체)가 있는 건축물의 높이 [건축법 제60조(건축물의 높이제한) 및 제61조제2항(공동주택의 채광방향 높이제한) 적용시]는 필로티의 층고를 제외한 높이로 함		H: 건축물의 높이 / h: 필로티의 층고
■ 허가권자가 가로구역을 단위로 하여 건축물의 높이를 지정·공고할 수 있는 구역에서 높이산정의 기준 * 높이산정의 기준점 : 전면도로의 중심선	① 원칙: 전면도로의 중심선	
	■ 1층 전체가 필로티구조인 경우: (H: 필로티의 층고를 제외한 높이)	H: 건축물의 높이 / h: 필로티의 층고
■ 허가권자가 가로구역을 단위로 하여 건축물의 높이를 지정·공고할 수 있는 구역 * 높이산정의 기준점 : 전면도로의 중심선	① 주상복합 건축물의 경우(예시)	

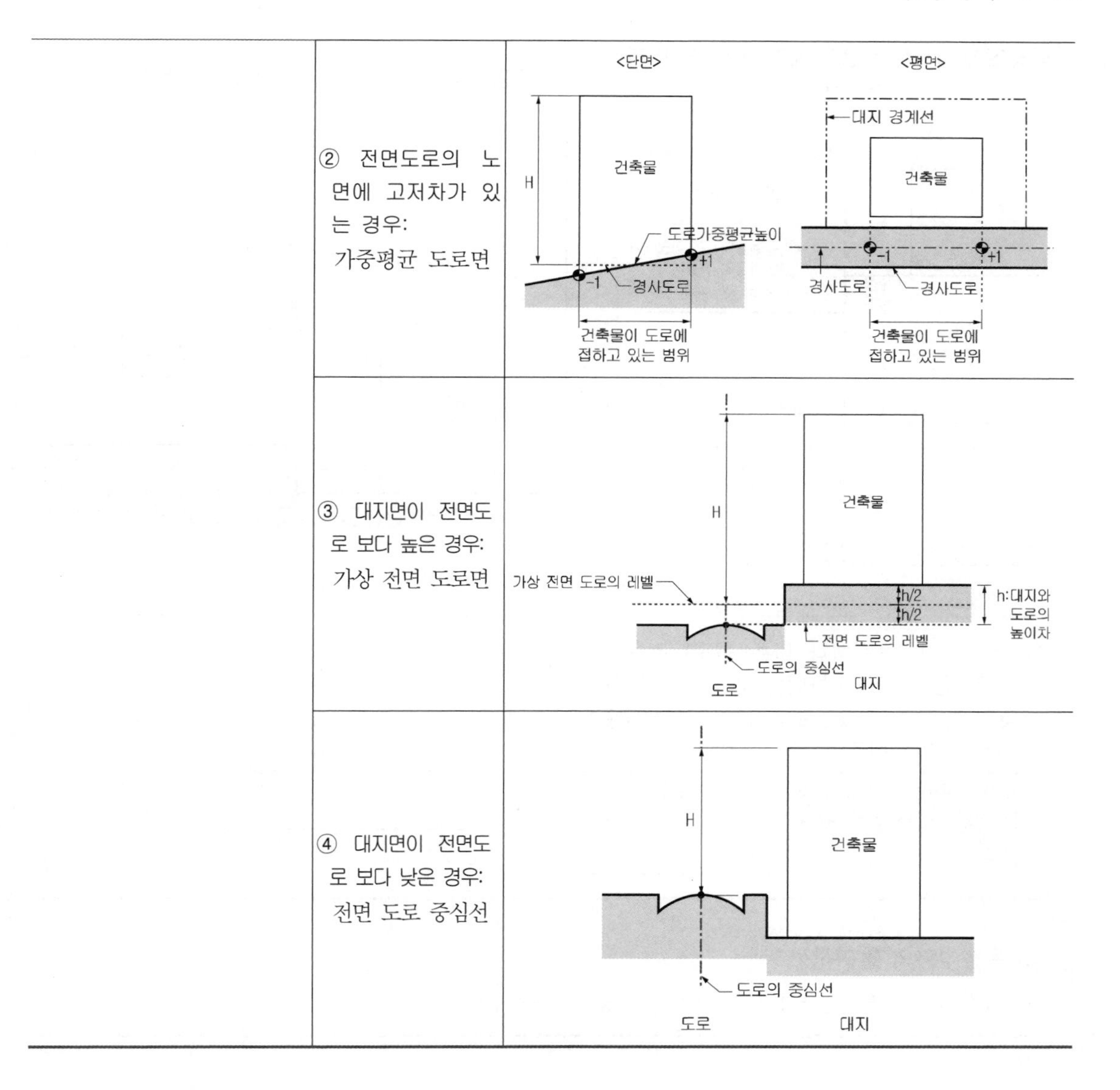

(2) 법61조(일조 등의 확보를 위한 건축물의 높이제한) 규정에 따른 높이산정

① 대지의 지표면과 인접대지의 지표면간에 고저차가 있는 경우 평균수평면을 지표면으로 봄 일조권 적용시 높이산정의 기준점 : 평균수평면 *법 제61조2항에 따른 공동주택의 경우 해당 대지가 인접대지의 높이보다 낮은 경우에는 해당 대지의 지표면을 말함	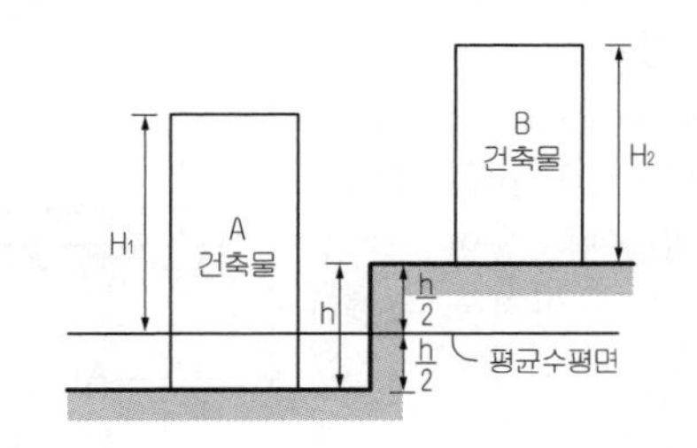 일조권 적용시의 건축물의 높이 A건축물 : H_1, B건축물 : H_2

■ 일조 높이제한 적용의 예(법 제61조제1항)

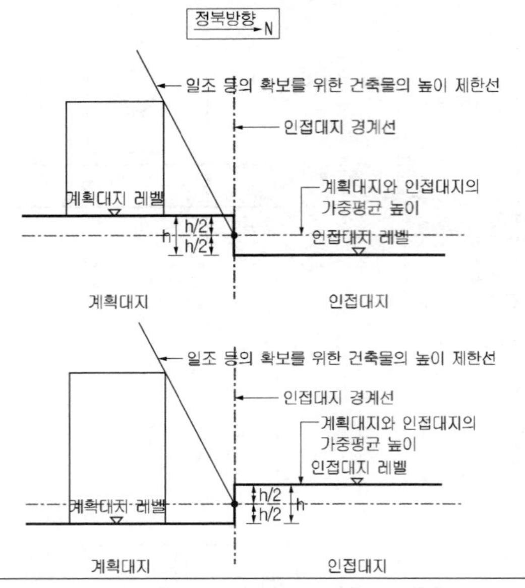

■ 공동주택 채광방향 높이제한 적용의 예(법 제61조제2항)

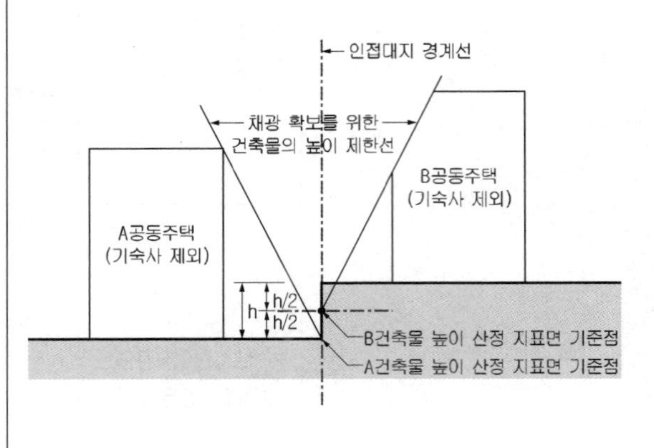

② 복합용도(공동주택과 다른 용도) 건축물의 경우 : 공동주택의 높이는 공동주택의 가장 낮은 부분을 지표면으로 하여 산정(전용주거지역 및 일반주거지역 제외)

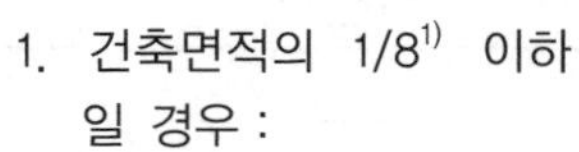

공동주택의 높이 : 공동주택의 가장 낮은 부분(가상지표면)에서 건축물의 상단까지의 높이

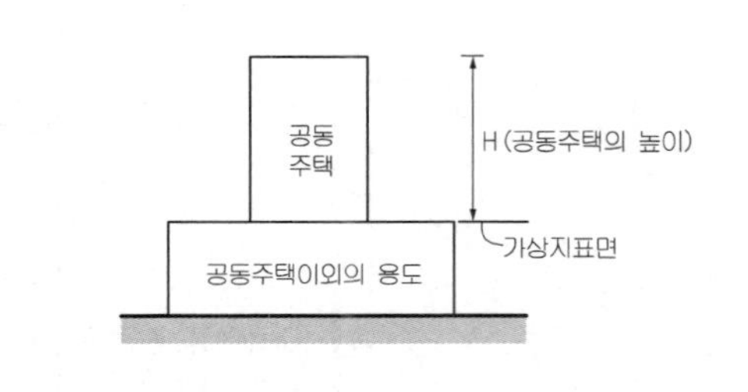

(3) 옥상부분의 높이산정

1) 옥상에 설치되는 승강기탑 · 계단탑 · 망루 · 장식탑 · 옥탑 등

1. 건축면적의 1/8[1] 이하일 경우 :

▶ 12m를 넘는 부분에 한하여 건축물의 높이에 산입(옥탑 등이 2이상인 경우 면적을 합산하여 산정함)

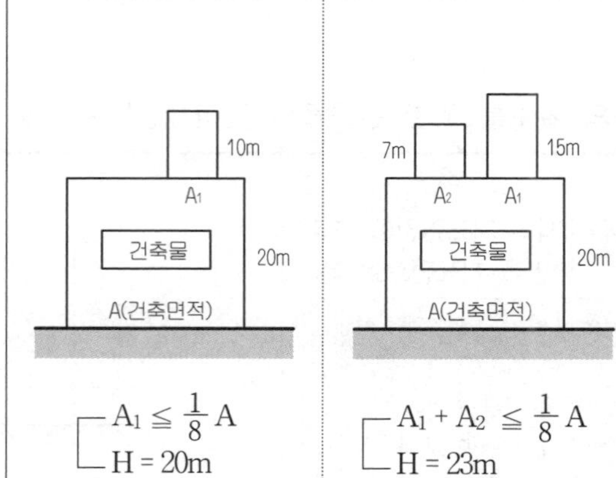

$A_1 \leq \frac{1}{8}A$, $H = 20m$

$A_1 + A_2 \leq \frac{1}{8}A$, $H = 23m$

* 주 1), 2)
「주택법」에 따른 사업계획승인 대상 공동주택 중 세대별 전용면적이 85㎡ 이하인 경우 : 1/6

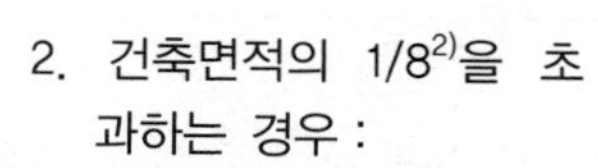

2. 건축면적의 1/8[2)]을 초과하는 경우 :

▶ 전부산입(옥탑 등이 2 이상인 경우 면적을 합산하여 산정함)

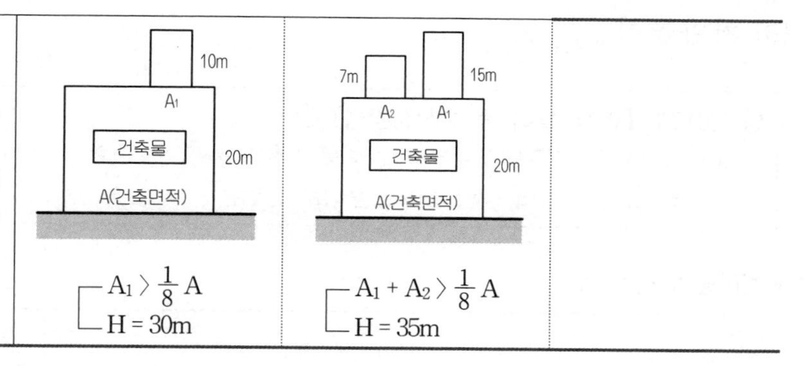

2) 옥상돌출부(높이산정시 제외)

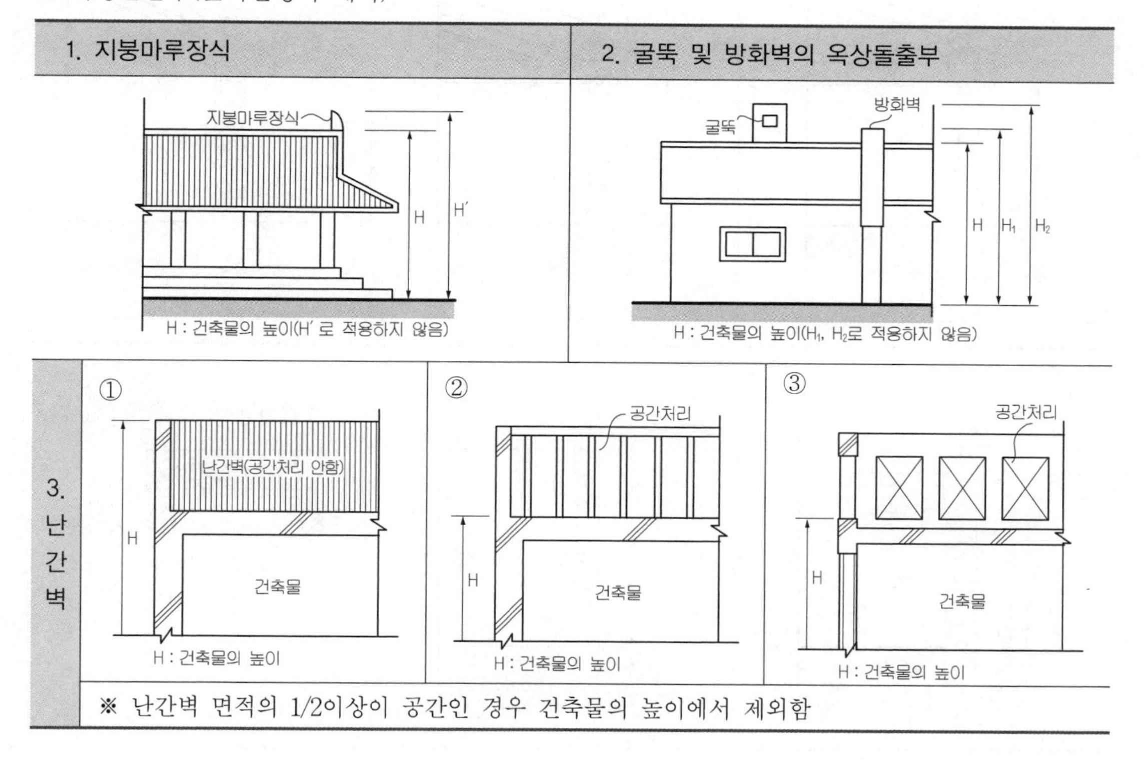

6 처마높이 (영 제119조제1항제6호)

> **영 제119조 【면적·높이 등의 산정방법】 ①**
> 6. 처마높이: 지표면으로부터 건축물의 지붕틀 또는 이와 비슷한 수평재를 지지하는 벽·깔도리 또는 기둥의 상단까지의 높이로 한다.

■ 처마높이 산정 예

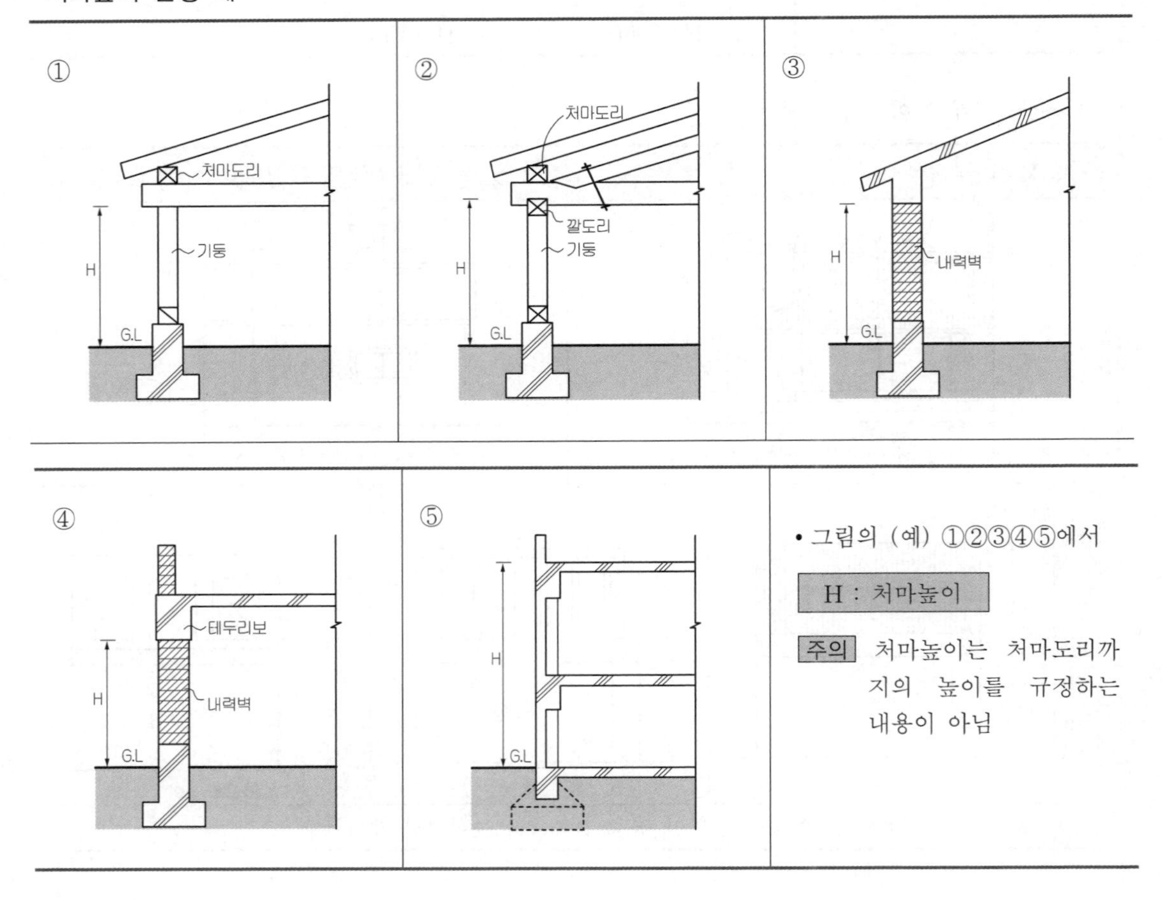

【참고】 처마높이 규정의 적용조항

① 구조안전의 확인(영 제32조)

② 조적조 건축물의 구조제한(「건축물의 구조기준 등에 관한 규칙」 제9조의3 제2항)

- 주요구조부가 비보강조적조인 건축물은 지붕높이 15m 이하, 처마높이 11m 이하 및 3층 이하로 하여야 함

【관련 질의회신】

처마높이의 산정

건교부 건축 444.1-18258, 1972.10.21

질의 건축법시행령 제119조 제1항 제6호에 따른 처마높이의 산정방법에 있어 그림과 같이 철근콘크리트조 또는 벽돌조의 철근콘크리트슬래브일 때 어느 부분으로 처마높이를 산정하여야 하는지

회신 본 질의에 대한 건축물의 처마높이는

① 그림 1에 있어서는 '라'부분

② 그림 2에 있어서는 '나'부분으로 산정됨

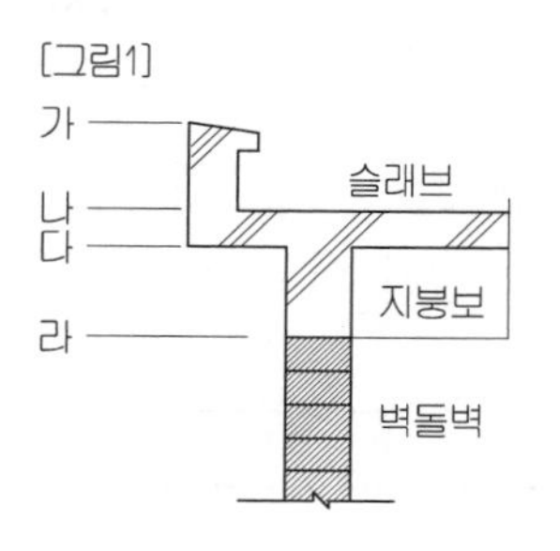

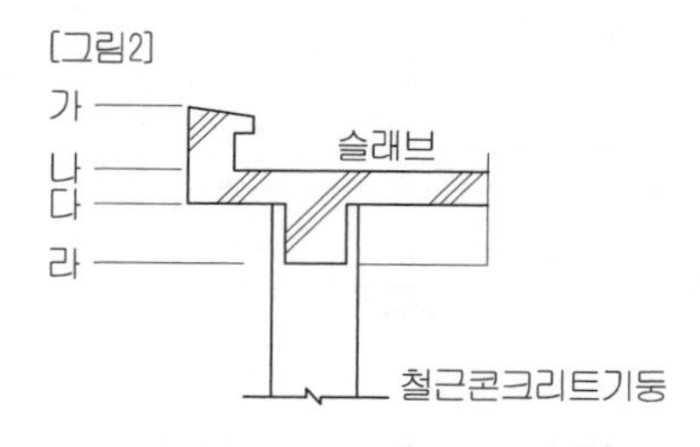

7 반자높이 (영 제119조제1항제7호)

영 제119조【면적·높이 등의 산정방법】①

7. 반자높이: 방의 바닥면으로부터 반자까지의 높이로 한다. 다만, 한 방에서 반자높이가 다른 부분이 있는 경우에는 그 각 부분의 반자면적에 따라 가중평균한 높이로 한다.

【1】 반자높이의 원칙

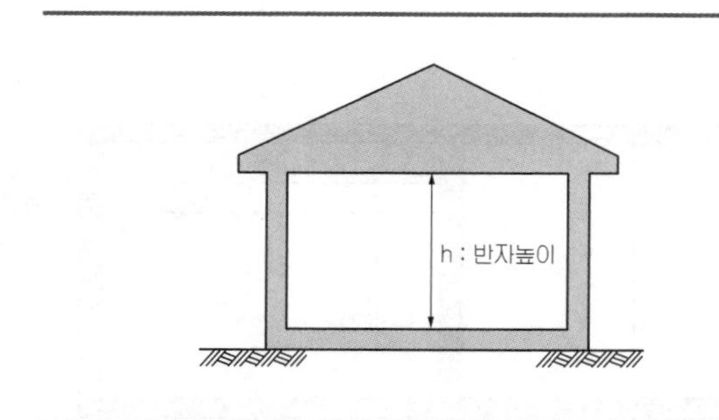

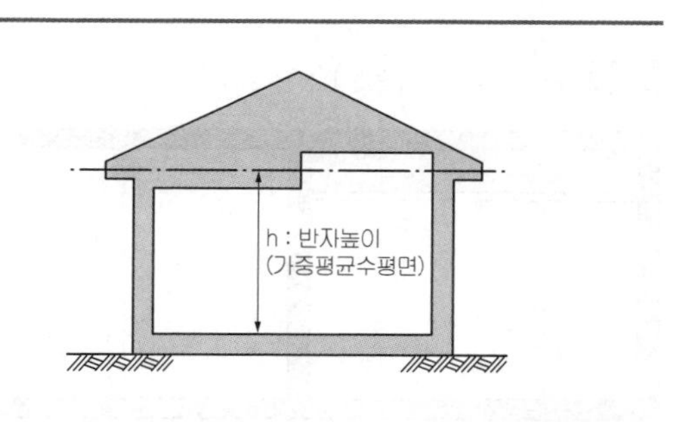

【2】 산정의 예

- 가중평균높이$(h) = \frac{\text{방의 부피}}{\text{방의 면적}}$(각 부분의 반자의 면적에 따라 가중평균)

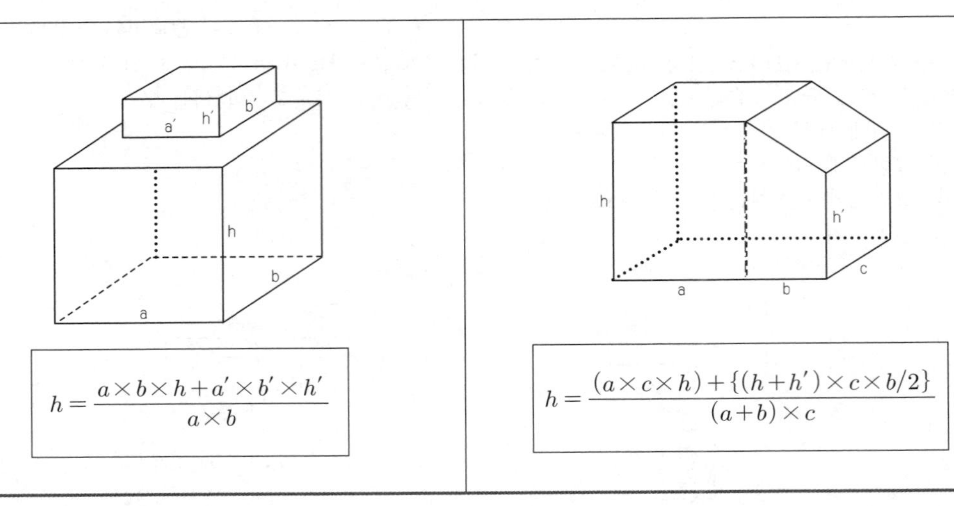

$$h = \frac{a \times b \times h + a' \times b' \times h'}{a \times b}$$

$$h = \frac{(a \times c \times h) + \{(h+h') \times c \times b/2\}}{(a+b) \times c}$$

【참고】 반자높이의 규정은 실질적으로 거실관계규정에 적용된다. 이는 거실의 용적을 확보함으로서, 해당 거실의 위생환경의 확보에 목적이 있다.

【참고법령】 거실의 반자높이(피난·방화규칙 제16조)

제16조 【거실의 반자높이】
① 영 제50조의 규정에 의하여 설치하는 거실의 반자(반자가 없는 경우에는 보 또는 바로 윗층의 바닥판의 밑면 기타 이와 유사한 것을 말한다. 이하같다)는 그 높이를 2.1미터 이상으로 하여야 한다.
② 문화 및 집회시설(전시장 및 동·식물원을 제외한다), 종교시설, 장례식장 또는 위락시설 중 유흥주점의 용도에 쓰이는 건축물의 관람실 또는 집회실로서 그 바닥면적이 200제곱미터 이상인 것의 반자의 높이는 제1항에도 불구하고 4미터(노대의 아랫부분의 높이는 2.7미터)이상이어야 한다. 다만, 기계환기장치를 설치하는 경우에는 그렇지 다. 〈개정 2019.8.6〉

해설 거실의 반자높이(h)

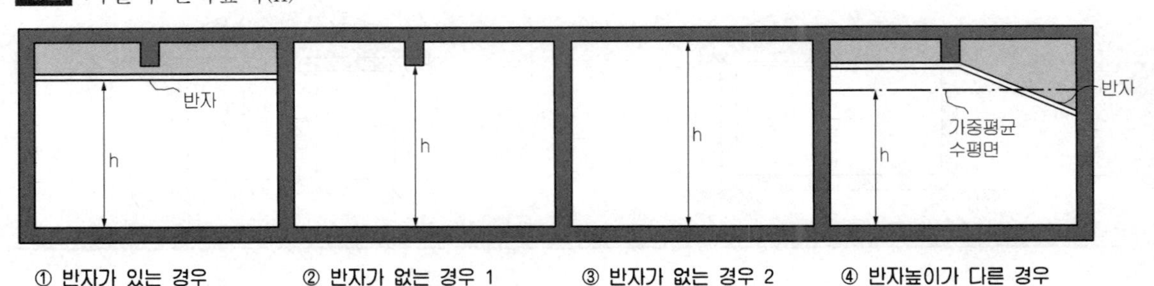

① 반자가 있는 경우 ② 반자가 없는 경우 1 ③ 반자가 없는 경우 2 ④ 반자높이가 다른 경우

[8] 층고 (영 제119조제1항제8호)

층고는 방의 바닥구조체 윗면으로부터 위층 바닥구조체 윗면까지의 높이로서, 동일한 방에서 층의 높이가 다른 부분이 있는 경우 그 각 부분의 높이에 따른 면적에 따라 가중평균한 수평면을 층고로 한다. 층고는 지하층의 판별, 다락의 바닥면적 산입여부 판정의 기준이 된다.

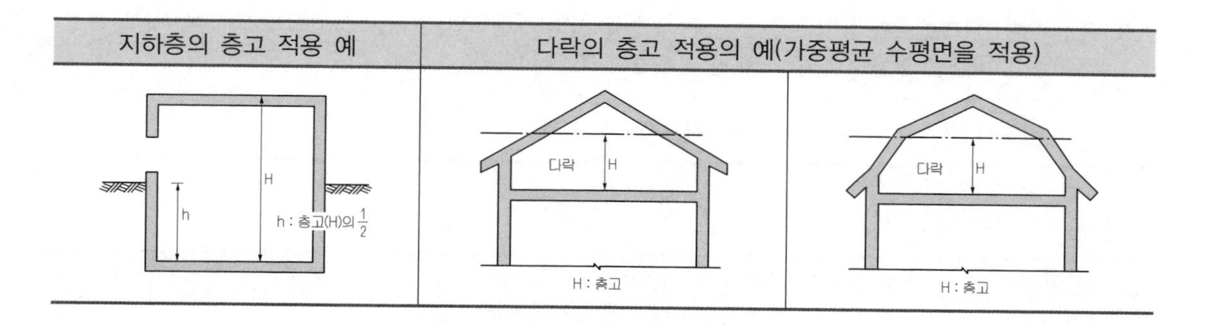

【참고】 층고산정 예시[건축물 면적, 높이 등 세부 산정기준(국토교통부 고시 제2021-1422호, 2021.12.30.)]

아래층 바닥면에서 위층 바닥면으로 마감면이 아닌 구조체를 기준으로 산정

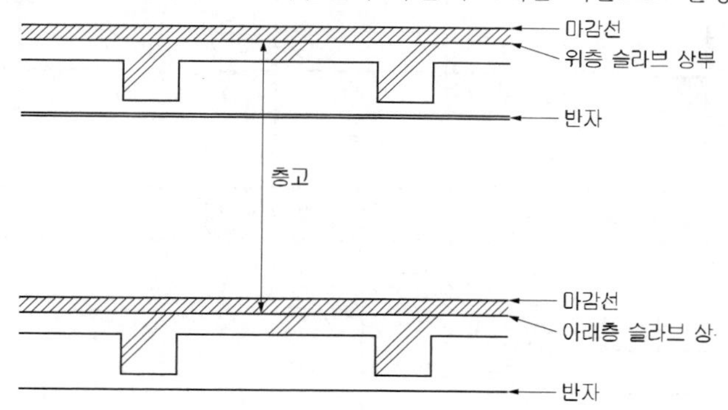

[9] 층수 (영 제119조제1항제9호)

「건축법」에서의 층수는 지상층만으로 산정한다. 지하층은 건축물의 전체규모를 말할 때, 지상·지하를 구분하여 말하며, 옥상부분은 건축면적의 1/8 이하일 때 층수에 산입하지 아니한다. 반면에 옥상부분이 상식적인 판단이상으로 규모가 큰 것(건축면적의 1/8 초과)은 다른 용도로 전용가능성이 있다고 보아, 층수와 높이 등에 포함시킨다.

【1】 층수산정의 원칙

1. 지상층만으로 산정(지하층은 제외)

2. 부분에 따라 그 층수를 달리하는 경우-가장 많은 층수로 산정

3. 옥상부분 : 건축면적의 1/8을 넘는 경우 층수에 산입(「주택법」 제16조제1항의 규정에 의한 사업계획승인 대상인 공동주택 중 세대별 전용면적 85㎡ 이하인 경우에는 1/6)

4. 층의 구분이 명확하지 않을 때 : 4m마다 1개층으로 산정

【2】 층수산정의 예

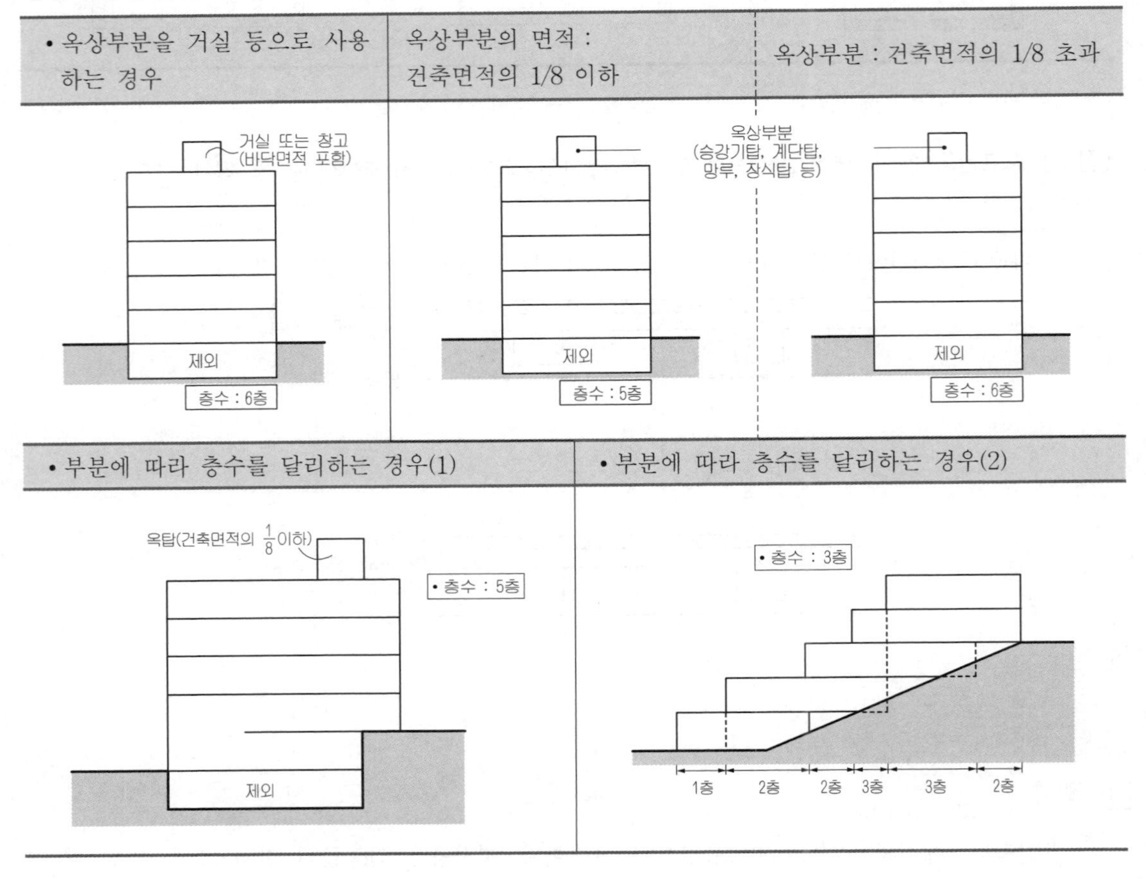

10 지하층의 지표면 산정 (영 제119조제1항제10호)

> **영 제119조 【면적·높이 등의 산정방법】 ①**
> 10. 지하층의 지표면 : 법 제2조제1항제5호에 따른 지하층의 지표면은 각 층의 주위가 접하는 각 지표면 부분의 높이를 그 지표면 부분의 수평거리에 따라 가중평균한 높이의 수평면을 지표면으로 산정한다.

【참고】 [2 - 5 - 【2】 '지하층의 지표면 산정' 해설 참조]

■ 지하층의 지표면 산정 예시

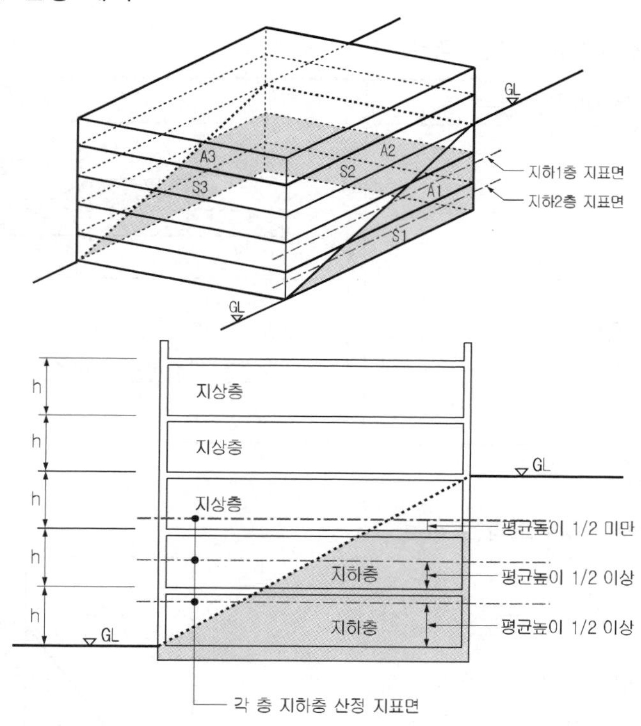

11 지표면 산정 (영 제119조제2항)

> **영 제119조 【면적·높이 등의 산정방법】**
> ② 제1항 각 호(제10호는 제외한다)에 따른 기준에 따라 건축물의 면적·높이 및 층수 등을 산정할 때 지표면에 고저차가 있는 경우에는 건축물의 주위가 접하는 각 지표면 부분의 높이를 그 지표면부분의 수평거리에 따라 가중평균한 높이의 수평면을 지표면으로 본다. 이 경우 그 고저차가 3미터를 넘는 경우에는 그 고저차 3미터이내의 부분마다 그 지표면을 정한다.

해설
- 면적 · 높이 · 층수산정의 규정적용시 지표면에 고저차가 있을 때의 지표면의 기준은 건축물의 주위가 접하는 각 지표면부분의 높이를 해당 지표면부분의 수평거리에 따라 가중평균한 수평면으로 한다.(지하층의 지표면 산정의 경우 제외)
- 고저차가 3m를 넘는 때에는 해당 고저차 3m 이내의 부분마다 그 기준을 정한다.

■ 지표면에 고저차가 있는 경우

지표면에 고저차가 있을 때(지하층의 지표면 산정 제외)의 지표면의 기준은 건축물의 주위가 접하는 각 지표면부분의 높이를 그 지표면부분의 수평거리에 따라 가중평균한 높이의 수평면으로 한다.

$$\text{가중평균한 수평면} = \frac{\text{건축물의 주위가 접하는 각 지표면부분의 면적의 합}}{\text{지표면 부분의 수평거리의 합}}$$

【1】 지표면의 고저차가 3m 이내인 경우

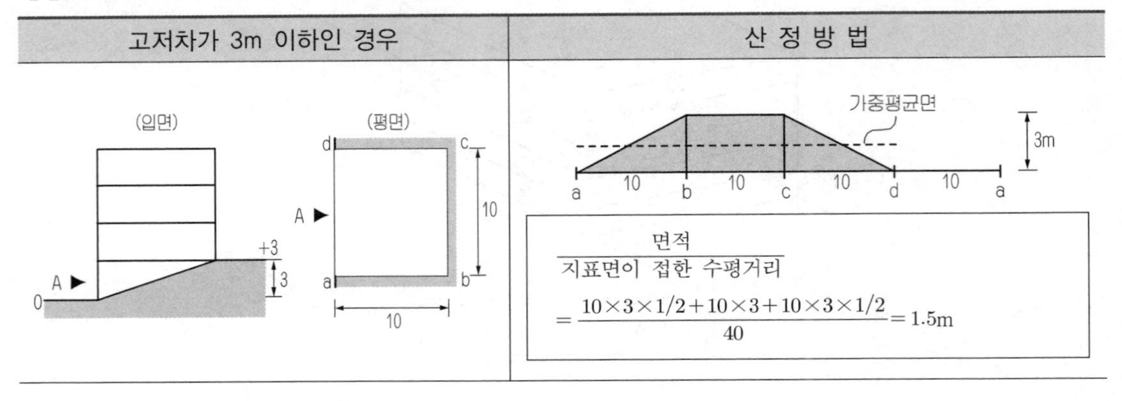

【2】 지표면의 고저차가 3m 초과인 경우

• 고저차가 3m를 넘는 경우 그 고저차 3m 이내의 부분마다 그 지표면을 정한다.

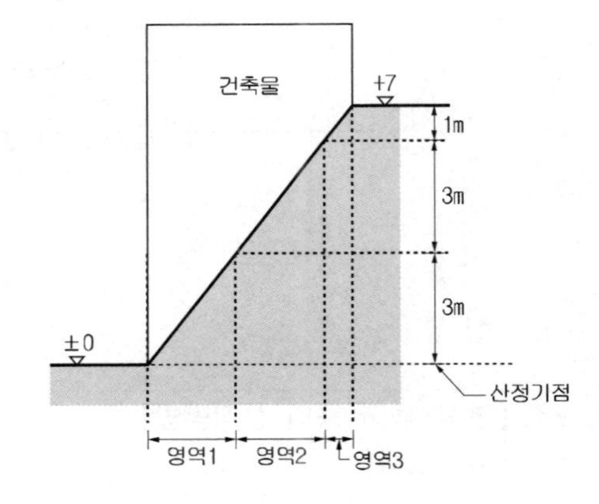

12 수평투영면적의 산정방법(영 제119조제4항)

• 옥상부분의 높이산정(시행령 제2조제1항제5호 다목)의 경우와

• 옥상부분의 층수산정(시행령 제2조제1항제9호)의 경우 수평투영면적의 산정방법은 건축면적의 산정방법에 따른다.

■ 그림해설

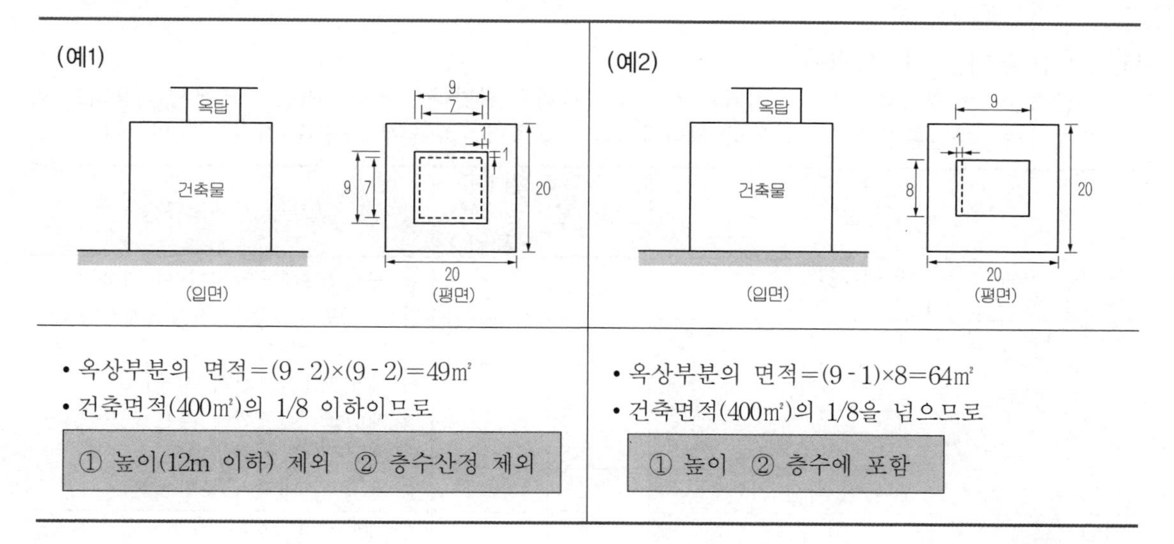

(예1)	(예2)
• 옥상부분의 면적=(9-2)×(9-2)=49m² • 건축면적(400m²)의 1/8 이하이므로 ① 높이(12m 이하) 제외 ② 층수산정 제외	• 옥상부분의 면적=(9-1)×8=64m² • 건축면적(400m²)의 1/8을 넘으므로 ① 높이 ② 층수에 포함

영 제119조【면적 등의 산정방법】

⑤ 국토교통부장관은 제1항부터 제4항까지에서 규정한 건축물의 면적, 높이 및 층수 등의 산정방법에 관한 구체적인 적용사례 및 적용방법 등을 작성하여 공개할 수 있다. 〈신설 2021.5.4.〉

【참고】「건축물 면적, 높이 등 세부 산정기준」(국토교통부 고시 제2021-1422호, 2021.12.30.)

4 적용제외 (법 제3조)

1 「건축법」의 적용구분

「건축법」은 원칙적으로 도시지역과 같이 건축행위가 활발하게 행하여지는 지역에서 적용되는 법으로 농림, 자연환경보전지역 등의 지역에서는 「건축법」의 일부 규정을 적용하지 않는다.

<table>
<tr><th colspan="3">구 분</th><th>전부적용</th><th>일부규정적용제외</th><th>일부적용제외규정</th></tr>
<tr><td colspan="3">① 도시지역 및 지구단위계획구역
【참고1】, 【참고2】</td><td>○</td><td></td><td rowspan="5">법 제44조 [대지와 도로의 관계]
법 제45조 [도로의 지정·폐지 또는 변경]
법 제46조 [건축선의 지정]
법 제47조 [건축선에 따른 건축제한]
법 제51조 [방화지구안의 건축물]
법 제57조 [대지의 분할제한]</td></tr>
<tr><td rowspan="4">② 위 ①외의 지역</td><td rowspan="3">동 또는 읍의 지역</td><td>일반지역</td><td>○</td><td></td></tr>
<tr><td>인구 500인 이상의 섬</td><td>○</td><td></td></tr>
<tr><td>인구 500인 미만의 섬</td><td></td><td>○</td></tr>
<tr><td colspan="2">동 또는 읍이 아닌 지역</td><td></td><td>○</td></tr>
<tr><td colspan="3">③「국토의 계획 및 이용에 관한 법률」 제47조 제7항 규정에 따른 건축물이나 공작물을 도시·군계획시설로 결정된 도로의 예정지 안에 건축하는 경우</td><td></td><td>○</td><td>법 제45조 [도로의 지정·폐지 또는 변경]
법 제46조 [건축선의 지정]
법 제47조 [건축선에 따른 건축제한]</td></tr>
</table>

【참고1】 국토의 용도구분 (「국토의 계획 및 이용에 관한 법률」 제6조, 제7조)

국토는 토지의 이용실태 및 특성, 장래의 토지이용방향 등을 고려하여 다음과 같은 용도지역으로 구분한다. 또한, 국가 또는 지방자치단체는 용도지역의 효율적인 이용 및 관리를 위하여 해당 용도지역에 관한 개발·정비 및 보전에 필요한 조치를 강구하여야 한다.

지 역	내 용	관리의무
도시지역	인구와 산업이 밀집되어 있거나 밀집이 예상되어 해당 지역에 대하여 체계적인 개발·정비·관리·보전 등이 필요한 지역	이 법 또는 관계법률이 정하는 바에 따라 해당 지역이 체계적이고 효율적으로 개발·정비·보전될 수 있도록 미리 계획을 수립하고 이를 시행하여야 함
관리지역	도시지역의 인구와 산업을 수용하기 위하여 도시지역에 준하여 체계적으로 관리하거나 농림업의 진흥, 자연환경 또는 산림의 보전을 위하여 농림지역 또는 자연환경보전지역에 준하여 관리가 필요한 지역	이 법 또는 관계법률이 정하는 바에 따라 필요한 보전조치를 취하고 개발이 필요한 지역에 대하여는 계획적인 이용과 개발을 도모하여야 함
농림지역	도시지역에 속하지 아니하는 농지법에 따른 농업진흥지역 또는 산림법에 따른 보전임지 등으로서 농림업의 진흥과 산림의 보전을 위하여 필요한 지역	이 법 또는 관계법률이 정하는 바에 따라 농림업의 진흥과 산림의 보전·육성에 필요한 조사와 대책을 마련하여야 함
자연환경보전지역	자연환경·수자원·해안·생태계·상수원 및 문화재의 보전과 수산자원의 보호·육성 등을 위하여 필요한 지역	이 법 또는 관계법률이 정하는 바에 따라 환경오염방지, 자연환경·수질·수자원·해안·생태계 및 문화재의 보전과 수산자원의 보호·육성을 위하여 필요한 조사와 대책을 마련하여야 함

【참고2】 지구단위계획구역

① "지구단위계획"은 도시·군계획 수립 대상지역의 일부에 대하여 토지 이용을 합리화하고 그 기능을 증진시키며 미관을 개선하고 양호한 환경을 확보하며, 그 지역을 체계적·계획적으로 관리하기 위하여 수립하는 도시·군관리계획을 말함.

② 지구단위계획구역 및 지구단위계획은 도시·군관리계획으로 결정함.

③ 국토교통부장관 또는 시・도지사, 시장 또는 군수는 다음에 해당하는 지역의 전부 또는 일부에 대하여 지구단위계획구역을 지정할 수 있다.

1. 용도지구, 2. 도시개발구역, 3. 정비구역, 4.택지개발지구, 5.대지조성사업지구, 6. 산업단지 및 준산업단지, 7. 관광단지 및 관광특구, 8. 개발제한구역 등에서 계획적인 개발 또는 관리가 필요한 지역 등

2 적용 제외

아래의 건축물은 건축물로는 정의되지만 고증에 따른 복원, 원형의 보존 및 관리의 효율성을 기하기 위하여 「건축법」 적용에서 제외한다.

건축물 구분	내 용
1. 지정문화재, 임시지정문화재	• 「문화재보호법」에 따라 지정된 것
지정문화유산, 임시지정문화유산	• 「문화유산의 보존 및 활용에 관한 법률」에 따라 지정된 것 <시행 2024.3.22.>
천연기념물등, 임시지정천연기념물, 임시지정명승, 임시지정시・도자연유산	• 「자연유산의 보존 및 활용에 관한 법률」에 따라 지정된 것 <시행 2024.5.17>
2. 철도 또는 궤도의 선로 부지안에 있는 시설	• 운전보안시설 • 철도 선로의 위나 아래를 가로지르는 보행시설 • 플랫폼 • 해당 철도 또는 궤도사업용 급수·급탄 및 급유 시설
3. 고속도로 통행료 징수시설	-
4. 컨테이너를 이용한 간이창고	• 「산업집적활성화 및 공장설립에 관한 법률」에 따른 공장의 용도로만 사용되는 건축물의 대지에 설치하는 것으로서 이동이 쉬운 것
5. 하천구역 내의 수문조작실	• 「하천법」에 따른 하천구역 내의 시설

5 적용의 완화 (법 제5조) (영 제6조)

1 적용의 완화

수면위의 건축물 등 특수한 환경 및 용도의 건축물은 일반적인 「건축법」의 규정을 적용하지 어려운 경우가 발생하므로 건축관계자의 요청에 의하여 심의를 거쳐 법규정내용을 완화받을 수 있다.

【1】 적용의 완화

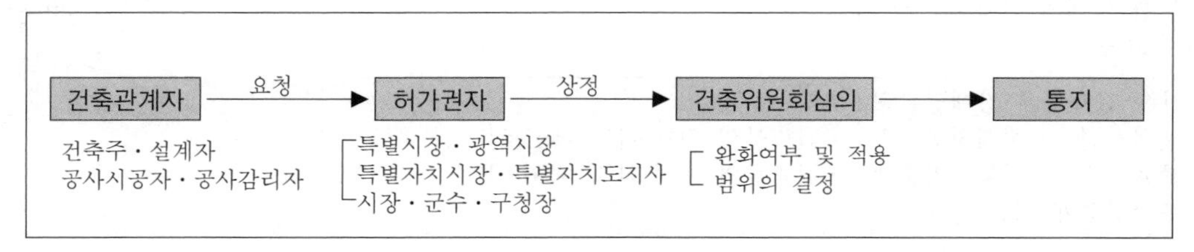

【2】 적용완화대상 및 내용

적용대상	완화할 수 있는 규정	완화 및 적용범위 결정 기준
1. 수면위에 건축하는 건축물 등 대지의 범위를 설정하기 곤란한 경우	• 대지의 안전 등[법 제40조] • 토지굴착부분에 대한 조치 등[법 제41조] • 대지안의 조경[법 제42조] • 공개 공지 등의 확보[법 제43조] • 대지와 도로의 관계[법 제44조] • 도로의 지정·폐지 또는 변경[법 제45조] • 건축선의 지정[법 제46조] • 건축선에 따른 건축제한[법 제47조] • 건축물의 건폐율[법 제55조] • 건축물의 용적률[법 제56조] • 대지의 분할제한[법 제57조] • 건축물의 높이제한[법 제60조] • 일조 등의 확보를 위한 건축물의 높이제한[법 제61조]	①공공의 이익을 해치지 아니하고, 주변의 대지 및 건축물에 지나친 불이익을 주지 아니할 것 ②도시의 미관이나 환경을 지나치게 해치지 아니할 것
2. 거실이 없는 통신시설 및 기계·설비시설	• 대지와 도로와의 관계[법 제44조] • 도로의 지정·폐지 또는 변경[법 제45조] • 건축선의 지정[법 제46조]	
3. ▪ 31층 이상의 건축물(건축물 전부가 공동주택인 경우 제외) ▪ 발전소·제철소·첨단업종 제조시설·운동시설 등 특수용도 건축물	• 공개 공지 등의 확보[법 제43조] • 건축물의 피난시설 및 용도제한 등[법 제49조] • 건축물의 내화구조와 방화벽[법 제50조] • 방화지구안의 건축물[법 제51조] • 건축물의 내부 마감재료[법 제52조] • 건축설비기준 등[법 제62조] • 승강기[법 제64조] • 관계전문기술자[법 제67조] • 기술적 기준[법 제68조]	
4. 전통사찰, 전통한옥 등 전통문화의 보존을 위하여 시·도의 건축조례로 정하는 지역의 건축물	• 도로의 정의[법 제2조제1항제11호] • 대지와 도로의 관계[법 제44조] • 건축선의 지정[법 제46조]	
5. ▪ 경사진 대지에 계단식으로 건축하는 공동주택으로서 지면에서 직접 각 세대가 있는 층으로의 출입이 가능하고 위층 세대가 아래층 세대의 지붕을 정원 등으로 활용하는 것이 가능한 형태의 건축물 ▪ 초고층 건축물	• 건축물의 건폐율[법 제55조]	
6. 기존 건축물에 장애인관련 편의시설을 설치하면 건폐율 및 용적률 기준에 부적합하게 되는 경우	• 건축물의 건폐율[법 제55조] • 건축물의 용적률[법 제56조]	

<table>
<tr>
<td>7. 도시지역 및 지구단위계획 구역 외의 지역 중 동이나 읍에 해당하는 지역에 건축하는 건축물로서 건축조례로 정하는 건축물</td>
<td>• 도로의 정의[법 제2조제1항제11호]
• 대지와 도로의 관계[법 제44조]</td>
<td rowspan="2">①공공의 이익을 해치지 아니하고, 주변의 대지 및 건축물에 지나친 불이익을 주지 아니할 것
②도시의 미관이나 환경을 지나치게 해치지 아니할 것</td>
</tr>
<tr>
<td>8. ▪ 조화롭고 창의적인 건축을 통하여 아름다운 도시경관을 창출한다고 허가권자가 인정하는 건축물
▪ 「주택법」에 따른 도시형 생활주택(아파트, 연립주택 제외)</td>
<td>• 건축물의 높이제한[법 제60조]
• 일조 등의 확보를 위한 건축물의 높이제한 [법 제61조]</td>
</tr>
<tr>
<td>9. 「공공주택 특별법」에 따른 공공주택</td>
<td>• 일조 등의 확보를 위한 건축물의 높이제한 [법 제61조제2항]</td>
<td>• 위 ①② 기준에 적합할 것
• 기준이 완화되는 범위는 외벽의 중심선에서 발코니 끝부분까지의 길이 중 1.5m를 초과하는 발코니 부분에 한정될 것. (완화되는 범위는 최대 1m로 제한하며, 완화되는 부분에 창호를 설치 금지)</td>
</tr>
<tr>
<td>10. 리모델링 건축물
▪ 사용승인을 받은 후 15년 이상되어 리모델링이 필요한 건축물
▪ 리모델링 활성화 구역의 건축물
▪ 기존 건축물을 건축[1]하거나 대수선하는 경우로서 일정 요건[2]을 갖춘 건축물</td>
<td>• 대지안의 조경[법 제42조]
• 공개 공지 등의 확보[법 제43조]
• 건축선의 지정[법 제46조]
• 건축물의 건폐율[법 제55조]
• 건축물의 용적률[법 제56조]
• 대지안의 공지[법 제58조]
• 건축물의 높이제한[법 제60조]
• 일조 등의 확보를 위한 건축물의 높이제한[법 제61조제2항]</td>
<td>• 위 ①② 기준에 적합할 것
• 증축은 기능향상 등을 고려하여 국토교통부령으로 정하는 규모와 범위[3](규칙 제2조의5 참조)에서 할 것
• 사업계획승인 대상 공동주택의 리모델링은 세대수를 늘리거나 복리시설을 분양하기 위한 것이 아닐 것</td>
</tr>
<tr>
<td>11. 방재지구 · 붕괴위험지역의 대지에 건축하는 건축물로서 재해예방을 위한 조치가 필요한 경우</td>
<td>• 건축물의 건폐율[법 제55조]
• 건축물의 용적률[법 제56조]
• 건축물의 높이제한[법 제60조]
• 일조 등의 확보를 위한 건축물의 높이제한[법 제61조]</td>
<td>• 위 ①② 기준에 적합할 것
• 해당 지역에 적용되는 기준의 140/100 이하의 범위에서 건축조례로 정하는 비율을 적용할 것</td>
</tr>
<tr>
<td>12. 다음 공동주택에 주민공동시설을 설치하는 경우
▪ 사업계획 승인 대상 공동주택
▪ 상업, 준주거지역에서 건축허가 받은 200세대 이상 300세대 미만 공동주택
▪ 건축허가 받은 도시형 생활주택</td>
<td>• 건축물의 용적률[법 제56조]</td>
<td>• 위 ①② 기준에 적합할 것
• 해당 지역용적률에 주민공동시설에 해당하는 용적률을 가산한 범위에서 건축조례로 정하는 용적률을 적용할 것</td>
</tr>
<tr>
<td>13. 건축협정을 체결하여 건축물의 건축·대수선 또는 리모델링을 하려는 경우</td>
<td>• 건축물의 건폐율[법 제55조]
• 건축물의 용적률[법 제56조]</td>
<td>• 위 ①② 기준에 적합할 것
• 건축협정구역 안에서 연접한 둘 이상의 대지에서 건축허가를 동시에 신청하는 경우 둘 이상의 대지를 하나의 대지로 보아 적용할 것</td>
</tr>
</table>

※ 위 적용대상 10.의 1), 2), 3)

1) 건축 : 증축, 일부 개축 또는 일부 재축으로 한정

2) 건축하거나 대수선하는 경우 모두 갖춰야할 요건

① 기존 건축물이 건축 또는 대수선 당시의 법령상 건축물 전체에 대하여 다음의 확인 또는 확인 서류 제출을 하여야 하는 건축물에 해당하지 아니할 것

1. 2009.7. 16. 대통령령 제21629호 건축법 시행령 일부개정령으로 개정되기 전의 제32조에 따른 지진에 대한 안전여부의 확인
2. 2009.7. 16. 대통령령 제21629호 건축법 시행령 일부개정령으로 개정된 이후부터 2014.11.28. 대통령령 제25786호 건축법 시행령 일부개정령으로 개정되기 전까지의 제32조에 따른 구조 안전의 확인
3. 2014.11.28. 대통령령 제25786호 건축법 시행령 일부개정령으로 개정된 이후의 제32조에 따른 구조 안전의 확인 서류 제출

② 기존 건축물을 건축 또는 대수선하기 전과 후의 건축물 전체에 대한 구조 안전의 확인 서류를 제출할 것.

예외 기존 건축물을 일부 재축하는 경우 재축 후의 건축물에 대한 구조 안전의 확인 서류만 제출

3) 국토교통부령으로 정하는 규모 및 범위(규칙 제2조의5)

① 증축의 규모

구 분	규 모	
1. 연면적의 증가	1) 공동주택이 아닌 건축물로서 「주택법」상의 소형 주택으로의 용도변경을 위해 증축되는 건축물 및 공동주택	건축위원회의 심의에서 정한 범위 이내일 것.
	2) 그 외의 건축물:	기존 건축물 연면적 합계의 1/10(리모델링 활성화구역:3/10)의 범위에서 건축위원회의 심의에서 정한 범위 이내일 것
2. 층수 및 높이의 증가	건축위원회 심의에서 정한 범위 이내일 것.	
3. 「주택법」상의 사업계획승인 대상 공동주택 세대수의 증가	1.에 따라 증축 가능한 연면적의 범위에서 기존 세대수의 15/100를 상한으로 건축위원회 심의에서 정한 범위 이내일 것	

② 증축할 수 있는 범위

구 분	범 위
1. 공동주택	1) 승강기·계단 및 복도 2) 각 세대 내의 노대·화장실·창고 및 거실 3) 「주택법」에 따른 부대시설 4) 「주택법」에 따른 복리시설 5) 기존 공동주택의 높이·층수 또는 세대수
2. 그 외의 건축물	1) 승강기·계단 및 주차시설 2) 노인 및 장애인 등을 위한 편의시설 3) 외부벽체 4) 통신시설·기계설비·화장실·정화조 및 오수처리시설 5) 기존 건축물의 높이 및 층수 6) 거실

6 건축위원회(법 제4조)(영 제5조~제5조의6)(규칙 제2조~제2조의3)

건축위원회는 「건축법」 및 조례의 시행에 관한 사항과 건축물의 건축등과 관련된 분쟁의 조정 또는 재정에 관한 사항 등을 조사・심의・조정 또는 재정하기 위하여 국토교통부에 중앙건축위원회, 특별시·광역시·도·특별자치도 및 시·군·구(자치구)에 지방건축위원회를 둔다.

건축위원회의 위원은 관계공무원과 건축에 관한 전문가들로 구성되어, 효율적이고 합리적인 법의 집행을 수행하기 위한 심의 등을 행한다.

2014.11.28.일자로 시행되는 개정법령에서 건축위원회 심의의 공정성과 투명성을 높이기 위하여 건축위원회의 재심의 및 회의록 공개 제도를 신설하고, 건축 민원 행정에 대한 국민 만족도 제고와 건축 분쟁의 원활한 조정을 위하여, 지방자치단체 소관 건축위원회에 건축민원전문위원회를 두어 질의민원을 심의하도록 하며, 국토교통부 소관 건축위원회에는 건축분쟁전문위원회를 두어 분쟁민원의 심의・조정을 담당하도록 하였다.

1 중앙건축위원회

【1】 중앙건축위원회의 설치

국토교통부에 설치

【2】 위원회의 구성

① 위원장 및 부위원장 각 1명을 포함하여 70명 이내의 위원으로 구성
② 중앙건축위원회의 위원은 관계 공무원과 건축에 관한 학식 또는 경험이 풍부한 사람 중에서 국토교통부장관이 임명하거나 위촉
③ 중앙건축위원회의 위원장과 부위원장은 위원 중에서 국토교통부장관이 임명하거나 위촉
④ 공무원이 아닌 위원의 임기 : 2년(한 차례만 연임가능)

【3】 위원의 제척, 해임 등

(1) 제척 및 회피

위원이 다음의 경우 중앙건축위원회의 심의·의결에서 제척(除斥)된다.

① 위원 또는 그 배우자나 배우자이었던 사람이 해당 안건의 당사자(당사자가 법인·단체 등인 경우 그 임원을 포함)가 되거나 그 안건의 당사자와 공동권리자 또는 공동의무자인 경우
② 위원이 해당 안건의 당사자와 친족이거나 친족이었던 경우
③ 위원이 해당 안건에 대하여 자문, 연구, 용역(하도급을 포함한다), 감정 또는 조사를 한 경우
④ 위원이나 위원이 속한 법인·단체 등이 해당 안건의 당사자의 대리인이거나 대리인이었던 경우
⑤ 위원이 임원 또는 직원으로 재직하고 있거나 최근 3년 내에 재직하였던 기업 등이 해당 안건에 관하여 자문, 연구, 용역(하도급을 포함한다), 감정 또는 조사를 한 경우
⑥ 해당 안건의 당사자는 위원에게 공정한 심의·의결을 기대하기 어려운 사정이 있는 경 중앙건축위원회에 기피 신청을 할 수 있고, 중앙건축위원회는 의결로 이를 결정한다. 이 경우 기피 신청의 대상인 위원은 그 의결에 참여하지 못한다.
⑦ 위원이 제척 사유에 해당하는 경우에는 스스로 해당 안건의 심의·의결에서 회피(回避)하여야 한다.

(2) 해임, 해촉

다음에 해당하는 경우 위원을 해임하거나 해촉(解囑)할 수 있다.

① 심신장애로 인하여 직무를 수행할 수 없게 된 경우

② 직무태만, 품위손상이나 그 밖의 사유로 인하여 위원으로 적합하지 아니하다고 인정되는 경우
③ 회피사유에 해당하는 데에도 회피하지 아니한 경우

【4】 회의

① 중앙건축위원회의 위원장은 중앙건축위원회의 회의를 소집하고, 그 의장이 된다.
② 중앙건축위원회의 회의는 구성위원(위원장과 위원장이 회의 시마다 확정하는 위원) 과반수의 출석으로 개의(開議)하고, 출석위원 과반수의 찬성으로 조사·심의·조정 또는 재정(이하 "심의등")을 의결한다.
③ 중앙건축위원회의 위원장은 업무수행을 위하여 필요하다고 인정하는 경우 관계 전문가를 중앙건축위원회의 회의에 출석하게 하여 발언하게 하거나 관계 기관·단체에 대하여 자료를 요구할 수 있다.
④ 중앙건축위원회는 심의신청 접수일부터 30일 이내에 심의를 마쳐야 한다.
- 심의요청서 보완 등 부득이한 사정이 있는 경우 20일의 범위에서 연장가능
⑤ 중앙건축위원회의 회의에 출석한 위원에 대하여는 예산의 범위에서 수당 및 여비를 지급할 수 있다.
⑥ 중앙건축위원회의 심의등 관련 서류는 심의등의 완료 후 2년간 보존하여야 한다.
⑦ 중앙건축위원회에 회의록 작성 등 중앙건축위원회의 사무를 처리하기 위하여 간사를 두되, 간사는 국토교통부의 건축정책업무 담당 과장이 된다.
⑧ 이 규칙에서 규정한 사항 외에 중앙건축위원회의 운영에 필요한 사항은 중앙건축위원회의 의결을 거쳐 위원장이 정한다.

【5】 심의사항 등

(1) 심의사항

① 표준설계도서의 인정에 관한 사항
② 건축물의 건축·대수선·용도변경, 건축설비의 설치 또는 공작물의 축조(이하 "건축물의 건축등"이라 한다)와 관련된 분쟁의 조정 또는 재정에 관한 사항
③ 건축법과 건축법 시행령의 제정·개정 및 시행에 관한 사항
④ 다른 법령에서 중앙건축위원회의 심의를 받도록 한 경우 해당 법령에서 규정한 심의사항
⑤ 그 밖에 국토교통부장관이 중앙건축위원회의 심의가 필요하다고 인정하여 회의에 부치는 사항

(2) 심의의 생략

심의등을 받은 건축물이 다음에 해당하는 경우 심의등을 생략할 수 있다.
① 건축물의 규모를 변경하는 것으로서 다음 요건을 모두 갖춘 경우
- 건축위원회의 심의등의 결과에 위반되지 아니할 것
- 심의등을 받은 건축물의 건축면적, 연면적, 층수 또는 높이 중 어느 하나도 1/10을 넘지 아니하는 범위에서 변경할 것
② 중앙건축위원회의 심의등의 결과를 반영하기 위하여 건축물의 건축등에 관한 사항을 변경하는 경우

(3) 심의결과 통보

국토교통부장관은 중앙건축위원회가 심의등을 의결한 날부터 7일 이내에 심의등을 신청한 자에게 그 심의등의 결과를 서면으로 알려야 한다.

【6】 전문위원회

국토교통부장관, 시・도지사 및 시장・군수・구청장은 건축위원회의 심의등을 효율적으로 수행하기 위하여 필요하면 자신이 설치하는 건축위원회에 전문위원회를 두어 운영할 수 있다.

(1) 건축분쟁전문위원회
- 중앙건축위원회에 설치
- 건축법 제88조 ~ 제103조에 규정되어 있음

(2) 건축민원전문위원회
- 시・도 및 시・군・구에 설치하는 건축위원회에 설치(※ 아래 4 참조)

(3) 분야별 전문위원회
① 중앙건축위원회에 구성되는 전문위원회

1. 구 성	중앙건축위원회의 위원 중 5인 이상 15인 이하의 위원으로 구성
2. 위원장	전문위원회위원 중에서 국토교통부장관이 임명 또는 위촉한 자
3. 운 영	중앙건축위원회의 운영규정(규칙 제2조제1항 및 제2항)을 준용

② 지방건축위원회(시・도 및 시・군・구에 설치되는 건축위원회)에 구성되는 전문위원회
- 구성, 운영 등과 수당 및 여비지급에 관한 사항은 건축조례로 정한다.

③ 분야
1. 건축계획 분야 2. 건축구조 분야 3. 건축설비 분야 4. 건축방재 분야 5. 에너지관리 등 건축환경 분야
6. 건축물 경관 분야(공간환경 분야 포함) 7. 조경 분야 8. 도시계획 및 단지계획 분야
9. 교통 및 정보기술 분야 10. 사회 및 경제 분야 11. 그 밖의 분야

(4) 전문위원회의 심의사항 등
① 전문위원회는 건축위원회가 정하는 사항을 심의한다.
② 전문위원회의 심의등을 거친 사항은 건축위원회의 심의등을 거친 것으로 본다.

2 지방건축위원회

【1】 지방건축위원회의 설치
특별시・광역시・특별자치시・도・특별자치도(이하 “시・도”)・시・군 및 구(자치구)에 설치

【2】 위원회의 구성
① 위원장 및 부위원장 각 1명을 포함하여 25명 이상 150명 이하의 위원으로 성별을 고려하여 구성
② 지방건축위원회의 위원은 다음에 해당하는 사람 중에서 시·도지사 및 시장·군수·구청장이 임명하거나 위촉
1. 도시계획 및 건축 관계 공무원
2. 도시계획 및 건축 등에서 학식과 경험이 풍부한 사람
③ 지방건축위원회의 위원장과 부위원장은 위원 중에서 시·도지사 및 시장·군수·구청장이 임명하거나 위촉

【3】 조례로 정해야 하는 사항(【4】, 【6】의 기준에 따라야 함)
① 지방건축위원회 위원의 임명·위촉·제척·기피·회피·해촉·임기 등에 관한 사항
② 회의 및 소위원회의 구성·운영 및 심의등에 관한 사항
③ 위원의 수당 및 여비 등에 관한 사항

【4】 위원의 임명 · 위촉 기준 및 제척 · 기피 · 회피 · 해촉 · 임기

① 공무원을 위원으로 임명하는 경우 전체 위원 수의 1/4 이하로 할 것
② 공무원이 아닌 위원은 건축 관련 학회 및 협회 등 관련 단체나 기관의 추천 또는 공모절차를 거쳐 위촉할 것
③ 다른 법령에 따라 지방건축위원회의 심의를 하는 경우 해당 분야의 관계 전문가가 그 심의에 위원으로 참석하는 심의위원 수의 1/4 이상이 되게 할 것.(이 경우 필요하면 해당 심의에만 위원으로 참석하는 관계 전문가를 임명, 위촉가능)
④ 위원의 제척·기피·회피·해촉에 관하여는 중앙건축위원회의 규정을 준용할 것
⑤ 공무원이 아닌 위원의 임기는 3년 이내로 하며, 필요시 한 차례만 연임할 수 있게 할 것

【5】 심의사항

① 건축법 또는 건축법 시행령에 따른 조례(해당 지방자치단체의 장이 발의하는 조례만 해당)의 제정·개정 및 시행에 관한 사항
② 건축선(建築線)의 지정에 관한 사항
③ 다중이용 건축물 및 특수구조 건축물의 구조안전에 관한 사항
④ 다른 법령에서 지방건축위원회의 심의를 받도록 규정한 심의사항
⑤ 특별시장 · 광역시장 · 특별자치시장 · 도지사 또는 특별자치도지사(이하 "시 · 도지사") 및 시장 · 군수 · 구청장이 도시 및 건축 환경의 체계적인 관리를 위하여 필요하다고 인정하여 지정 · 공고한 지역에서 건축조례로 정하는 건축물의 건축등에 관한 것으로서 시 · 도지사 및 시장 · 군수 · 구청장이 지방건축위원회의 심의가 필요하다고 인정한 사항. 이 경우 심의 사항은 시 · 도지사 및 시장 · 군수 · 구청장이 건축 계획, 구조 및 설비 등에 대해 심의 기준을 정하여 공고한 사항으로 한정한다.

【6】 심의등에 관한 기준

① 건축위원회와 도시계획위원회가 공동으로 심의한 사항에 대해서는 심의를 생략할 것
② 다중이용 건축물 및 특수구조 건축물의 구조안전에 관한 사항은 착공신고 전에 심의할 것.
예외 안전영향평가 결과가 확정된 경우는 제외
② 위원장은 회의 개최 10일 전까지 회의 안건과 심의에 참여할 위원을 확정하고, 회의 개최 7일 전까지 회의에 부치는 안건을 각 위원에게 알릴 것.
예외 대외적으로 기밀 유지가 필요한 사항이나 그 밖에 부득이한 사유가 있는 경우
③ 위원장은 심의에 참여할 위원을 확정하면 심의등을 신청한 자에게 위원 명단을 알릴 것
④ 회의는 구성위원(위원장과 위원장이 회의 참여를 확정한 위원) 과반수의 출석으로 개의하고, 출석위원 과반수 찬성으로 심의등을 의결하며, 심의등을 신청한 자에게 심의등의 결과를 알릴 것
⑤ 위원장은 업무 수행을 위하여 필요하다고 인정하는 경우에는 관계 전문가를 지방건축위원회의 회의에 출석하게 하여 발언하게 하거나 관계 기관·단체에 자료를 요구할 것
⑥ 건축주·설계자 및 심의등을 신청한 자가 희망하는 경우 회의에 참여하여 해당 안건 등에 대하여 설명할 수 있도록 할 것
⑦ 위 【5】 심의사항 ③~⑤를 심의하는 경우 심의등을 신청한 자에게 간략설계도서(배치도·평면도·입면도·주단면도 및 국토교통부장관이 정하여 고시하는 도서로 한정하며 전자문서로 된 도서를 포함)를 제출하도록 할 것

⑧ 건축구조 분야 등 전문분야에 대해서는 분야별 해당 전문위원회에서 심의하도록 할 것(분야별 전문위원회를 구성한 경우만 해당)

⑨ 지방건축위원회 심의 절차 및 방법 등에 관하여 국토교통부장관이 정하여 고시하는 기준에 따를 것

【7】 심의 절차 등

① 위 【6】 ③~⑤의 대상 건축물을 건축하거나 대수선하려는 자는 허가 신청전 시·도지사 및 시장·군수·구청장에게 건축위원회의 심의를 신청하여야 함

- 제출서류 : 건축위원회 심의(재심의)신청서(별지 제1호서식), 간략설계도서(배치도·평면도·입면도·주단면도 등)

* 특수구조의 건축물의 건축 등의 경우: 구조안전에 관한 심의 및 재심의 신청시 건축위원회 구조 안전 심의(재심의) 신청서에 구조안전 심의 신청 시 첨부서류(별표 1의2)를 첨부(재심의시는 제외)하여 제출

[별표 1의2] **구조 안전 심의 신청 시 첨부서류**(제2조의4제2항 관련)

분야	도서종류	표시하여야 할 사항
1. 건축	가. 건축개요	1) 사업 개요: 위치, 대지면적, 사업기간 등 2) 건축물 개요: 규모(높이, 면적 등), 용도별 면적 및 건폐율, 용적률 등
	나. 배치도	1) 축척 및 방위, 대지에 접한 도로의 길이 및 너비 2) 대지의 종・횡단면도
	다. 평면도	1) 1층 및 기준층 평면도 2) 기둥・벽・창문 등의 위치 3) 방화구획 및 방화문의 위치 4) 복도 및 계단 위치
	라. 단면도	1) 종・횡단면도 2) 건축물 전체높이, 각층의 높이 및 반자높이 등
2. 구조	가. 구조계획서	1) 설계근거기준 2) 하중조건분석 3) 구조재료의 성질 및 특성 4) 구조 형식선정 계획 5) 구조안전 검토
	나. 구조도 및 구조계산서	1) 구조내력상 주요부분 평면 및 단면 2) 내진설계(지진에 대한 안전여부 확인 대상)내용 3) 구조 안전 확인서 4) 주요부분의 상세도면
3. 기타	가. 지질조사서	1) 토질개황 2) 각종 토질시험내용 3) 지내력 산출근거 4) 지하수위 5) 기초에 대한 의견
	나. 시방서	1) 시방내용(표준시방서에 없는 공법인 경우만 해당함) 2) 흙막이 공법 및 도면

② 심의 신청을 받은 시·도지사 또는 시장·군수·구청장은 심의 신청 접수일로부터 30일 이내에 해당 지방건축위원회에 심의 안건을 상정하고, 심의 결과를 심의를 완료한 날로부터 14일 이내에 신청자에게 통보

③ 건축위원회의 심의 결과에 이의가 있는 자는 심의 결과를 통보받은 날부터 1개월 이내에 시·도지사 또는 시장·군수·구청장에게 건축위원회의 재심의 신청 가능(재심의 신청서만 제출)

④ 재심의 신청을 받은 시·도지사 또는 시장·군수·구청장은 신청일로부터 15일 이내에 지방건축위원회의 심의에 참여할 위원을 다시 확정하여 재심의 안건을 상정하고, 재심의 결과를 재심의를 완료한 날부터 14일 이내에 신청한 자에게 통보

【3】 건축위원회 회의록의 공개 등

① 심의 및 재심의 신청한 자가 지방건축위원회의 회의록 공개를 요청하는 경우 건축위원회 심의의 일시·장소·안건·내용·결과 등이 기록된 회의록을 공개하여야 함

예외 심의의 공정성을 침해할 우려가 있다고 인정되는 이름, 주민등록번호, 직위 및 주소 등 특정인임을 식별할 수 있는 정보는 제외

② 지방건축위원회의 심의 결과를 통보한 날부터 6개월까지 공개를 요청한 자에게 열람 또는 사본을 제공하는 방법으로 공개

3 건축민원전문위원회 등

【1】 건축민원전문위원회의 심의 대상

건축물의 건축등과 관련된 다음의 민원[허가권자의 처분이 완료되기 전의 것으로 한정, 이하 "질의민원"]을 심의

① 건축법령의 운영 및 집행에 관한 민원

② 건축물의 건축등과 복합된 사항으로서 제11조제5항 각 호에 해당하는 법률 규정의 운영 및 집행에 관한 민원

③ 건축조례의 운영 및 집행에 관한 민원

④ 그 밖에 관계 건축법령에 따른 처분기준 외의 사항을 요구하는 등 허가권자의 부당한 요구에 따른 민원

【2】 건축민원전문위원회의 구분

① 광역지방 건축민원전문위원회: 시 · 도지사가 설치
- 허가권자나 도지사의 건축허가 또는 사전승인에 대한 질의민원을 심의

② 기초지방 건축민원전문위원회: 시장 · 군수 · 구청장이 설치
- 시장 · 군수 · 구청장의 건축허가 또는 건축신고와 관련한 질의민원을 심의

【3】 질의민원의 심의의 신청

① 질의민원의 심의를 신청하려는 자는 관할 건축민원전문위원회에 심의 신청서를 제출

② 심의의 신청은 다음 사항을 기재한 문서로 신청하여야 하며, 문서에 의할 수 없는 특별한 사정이 있는 경우 구술로 신청

㉠ 신청인의 이름과 주소

㉡ 신청의 취지·이유와 민원신청의 원인이 된 사실내용

㉢ 민원 대상 행정기관의 명칭

㉣ 대리인 또는 대표자의 이름과 주소(위원회 출석, 의견 제시, 결정내용 통지 수령 및 처리결과 통보 수령 등을 위임한 경우만 해당)

③ 건축민원전문위원회는 신청인의 질의민원을 받으면 15일 이내에 심의절차를 마쳐야 함
(다만, 사정이 있으면 건축민원전문위원회의 의결로 15일 이내의 범위에서 기간 연장가능)

【4】 심의를 위한 조사 및 의견 청취

① 건축민원전문위원회는 심의에 필요하다고 인정하면 위원 또는 사무국의 소속 공무원에게 관계 서류를 열람하게 하거나 관계 사업장에 출입하여 조사하게 할 수 있다.

② 건축민원전문위원회는 필요하다고 인정하면 신청인, 허가권자의 업무담당자, 이해관계자 또는 참고인을 위원회에 출석하게 하여 의견을 들을 수 있다.

③ 민원의 심의신청을 받은 건축민원전문위원회는 심의기간 내에 심의하여 심의결정서를 작성하여야 한다.

【5】 심의 결정내용의 처리 등

① 건축민원전문위원회는 민원심의의 결정내용을 지체 없이 신청인 및 해당 허가권자등에게 통지하여야 한다.

② 심의 결정내용을 통지받은 허가권자등은 통지받은 날부터 10일 이내에 그 처리결과를 해당 건축민원전문위원회에 통보하여야 하며, 건축민원전문위원회는 신청인에게 그 내용을 지체 없이 통보하여야 한다.

③ 심의 결정내용을 시장·군수·구청장이 이행하지 아니하는 경우에는 해당 민원인은 시장·군수·구청장이 통보한 처리결과를 첨부하여 광역지방건축민원전문위원회에 심의를 신청할 수 있다.

【6】 사무국

① 건축민원전문위원회의 사무를 처리하기 위하여 위원회에 사무국을 두어야 한다.

② 건축민원전문위원회에는 다음 사무를 나누어 맡도록 심사관을 둔다.

㉠ 건축민원전문위원회의 심의·운영에 관한 사항

㉡ 건축물의 건축등과 관련된 민원처리에 관한 업무지원 사항

㉢ 그 밖에 위원장이 지정하는 사항

③ 위원장은 전문적인 사항을 처리하기 위하여 관계 전문가를 위촉하여 위 ②의 사무를 하게 할 수 있다.

7 기존의 건축물 등에 관한 특례(법 제6조)(영 제6조의2)

1 기존의 건축물 등에 관한 특례

■ 특례적용의 사유 및 범위

적용 사유	적용 범위
• 법령의 제정·개정 • 도시·군관리계획의 결정·변경 또는 행정구역의 변경 • 도시·군계획시설의 설치, 도시개발사업의 시행, 「도로법」에 따른 도로의 설치가 있는 경우 • 「준공미필건축물 정리에 관한 특별조치법」, 「특정건축물정리에 관한 특별조치법」 등에 따른 준공검사필증 또는 사용승인서를 교부받은 사실이 건축물대장에 기재된 경우 • 「도시 및 주거환경정비법」에 의해 주거환경개선사업의 준공인가증을 교부받은 경우 • 「공유토지분할에 관한 특례법」에 의해 토지가 분할된 경우 • 대지의 일부 토지소유권에 대해 「민법」에 따른 소유권 이전등기가 완료된 경우 • 「지적재조사에 관한 특별법」에 따른 지적재조사사업으로 새로운 지적공부가 작성된 경우	1. 기존건축물의 재축하는 경우 2. 증축하거나 개축하고자 하는 부분이 법령등에 적합한 경우 3. 기존건축물의 대지가 도시·군계획시설의 설치 또는 「도로법」에 따른 도로의 설치로 대지의 분할 제한 규정(법 제57조)에 따라 해당 지방자치단체가 정하는 면적에 미달되는 경우로서 그 기존건축물의 연면적 합계의 범위에서 증축하거나 개축하는 경우 4. 기존건축물이 도시·군계획시설 또는 「도로법」에 따른 도로의 설치로 건폐율, 용적률 규정(법 제55조, 제56조)에 부적합하게 된 경우로서 화장실·계단·승강기의 설치 등 그 건축물의 기능유지를 위해 기존 건축물의 연면적 합계의 범위에서 증축하는 경우 5. 기존 한옥을 개축하는 경우 등 6. 건축물 대지의 전부 또는 일부가 「자연재해대책법」에 따른 자연재해위험개선지구에 포함되고 사용승인 후 20년이 지난 기존 건축물을 재해로 인한 피해 예방을 위하여 연면적의 합계 범위에서 개축하는 경우 등
• 「국토의 계획 및 이용에 관한 법률 시행령」의 기존 공장에 대한 특례 등의 규정에 따라 기존 공장을 증축하는 경우	허가권자는 다음 기준을 적용하여 기존공장의 증축을 허가할 수 있음 1. 도시지역에서의 길이 35m 이상인 막다른 도로의 너비기준은 (원칙적으로 6m 이상으로 하여야 하나) 4m 이상으로 한다. 2. 제28조제2항에도 불구하고 연면적 합계가 3,000m² 미만인 기존 공장이 증축으로 3,000m² 이상이 되는 경우 - 해당 대지가 접하여야 하는 도로의 너비: (원칙적으로 6m 이상이어야 하나) 4m 이상으로 함 - 해당 대지가 도로에 접하여야 하는 길이: (원칙적으로 4m 이상이어야 하나) 2m 이상으로 함

2 특수구조 건축물의 특례(법 제6조의2)

【1】 특수구조 건축물의 정의

① 한쪽 끝은 고정되고 다른 끝은 지지(支持)되지 아니한 구조로 된 보·차양 등이 외벽의 중심선으로부터 3m 이상 돌출된 건축물

② 기둥과 기둥 사이의 거리(기둥의 중심선 사이의 거리를 말하며, 기둥이 없는 경우에는 내력벽과 내력벽의 중심선 사이의 거리)가 20m 이상인 건축물

③ 특수한 설계·시공·공법 등이 필요한 건축물로서 국토교통부장관이 정하여 고시하는 구조로 된 건축물 ➡ 【참고】 특수구조 건축물 대상기준(국토교통부 고시 제2018-777호, 2018.12.7.)

【2】 구조안전 확인에 대한 지방건축위원회의 심의

① 특수구조 건축물을 건축하거나 대수선하려는 건축주는 착공신고를 하기 전에 허가권자에게 해당 건축물의 구조 안전에 관하여 지방건축위원회의 심의를 신청하여야 한다. 이 경우 건축주는 설계자로부터 미리 구조 안전 확인을 받아야 한다.

② 신청을 받은 허가권자는 심의(재심의) 신청 접수일부터 15일 이내에 건축구조 분야 전문위원회에 심의 안건을 상정하고, 심의(재심의) 결과를 심의(재심의)를 신청한 자에게 통보하여야 한다.

③ 심의 결과에 이의가 있는 자는 심의 결과를 통보받은 날부터 1개월 이내에 허가권자에게 재심의를 신청할 수 있다.

④ 심의 결과 또는 재심의 결과를 통보받은 건축주는 착공신고를 할 때 그 결과를 반영하여야 한다.

【3】 특수구조 건축물의 특례(다음 규정을 강화 또는 변경 적용 가능)

규정내용	법조항	규정내용	법조항
• 건축위원회	제4조	• 건축물의 사용승인	제22조
• 건축위원회의 건축 심의 등	제4조의2	• 건축물의 설계	제23조
• 건축위원회 회의록의 공개	제4조의3	• 건축시공	제24조
• 건축민원전문위원회	제4조의4	• 건축물의 공사감리	제25조
• 질의민원 심의의 신청	제4조의5	• 건축물의 유지·관리	제35조
• 심의를 위한 조사 및 의견 청취	제4조의6	• 대지의 안전 등	제40조
• 의견의 제시 등	제4조의7	• 토지 굴착 부분에 대한 조치 등	제41조
• 사무국	제4조의8	• 구조내력 등	제48조
• 적용의 완화	제5조	• 건축물 내진등급의 설정	제48조의2
• 기존의 건축물 등에 관한 특례	제6조	• 건축물의 피난시설 및 용도제한 등	제49조
• 통일성을 유지하기 위한 도의 조례	제7조	• 건축물의 내화구조와 방화벽	제50조
• 리모델링에 대비한 특례 등	제8조	• 고층건축물의 피난 및 안전관리	제50조의2
• 다른 법령의 배제	제9조	• 방화지구 안의 건축물	제51조
• 건축허가	제11조	• 건축물의 마감재료	제52조
• 건축신고	제14조	• 실내건축	제52조의2
• 용도변경	제19조	• 복합자재의 품질관리 등	제52조의3
• 착공신고 등	제21조	• 지하층	제53조

• 건축설비기준 등	제62조	• 관계전문기술자	제67조
• 온돌 및 난방설비 등의 시공	제63조	• 기술적 기준	제68조
• 승강기	제64조	• 면적 · 높이 및 층수의 산정	제84조
• 지능형건축물의 인증	제65조의2		

3 부유식 건축물의 특례(법 제6조의3)

【1】 부유식 건축물의 정의

공유수면 위에 고정된 인공대지(건축법상의 "대지"로 봄)를 설치하고 그 위에 설치한 건축물

【2】 부유식 건축물의 특례

규정내용	법조항	적용범위
• 대지의 안전 등	제40조	• 제3항의 오수의 배출 및 처리에 관한 부분만 적용
• 토지 굴착 부분에 대한 조치 등	제41조	• 미적용 *법 제44조: 부유식 건축물의 출입에 지장이 없다고 인정하는 경우에만 적용하지 않음
• 대지의 조경	제42조	
• 공개 공지 등의 확보	제43조	
• 대지와 도로의 관계	제44조*	
• 건축선의 지정	제46조	
• 건축선에 따른 건축제한	제47조	

【참고】 건축조례의 기준 지정

1. 건축조례에서 지역별 특성 등을 고려하여 그 기준을 달리 정한 경우 건축조례의 기준에 따를 것
2. 기준은 법 제40조 ~ 제44조, 제46조, 제47조에 따른 기준의 범위에서 정할 것

4 리모델링에 대비한 특례(법 제8조)(영 제6조의3)

건축물의 노후화 억제 또는 기능향상을 위한 리모델링이 용이한 구조의 공동주택의 건축을 촉진하기 위하여 리모델링이 용이한 구조로 건축허가를 신청하는 경우 건축법의 일부규정을 완화하여 적용할 수 있게 함

■ 특례적용가능 구조 및 완화내용

공동주택의 구조	완화규정 및 내용			비 고
1. 각 세대는 인접한 세대와 수직 또는 수평방향으로 통합하거나 분할할 수 있을 것 2. 구조체에서 건축설비, 내부 마감재료 및 외부 마감재료를 분리할 수 있을 것 3. 개별 세대 안에서 구획된 실의 크기, 개수 또는 위치 등을 변경할 수 있을 것	법 제56조	건축물의 용적률	• 120/100의 범위에서 완화적용가능	• 세부적인 판단기준은 국토교통부장관이 정하여 고시함 • 건축조례에서 지역별 특성 등을 고려하여 그 비율을 강화한 경우 조례가 정하는 기준에 따름
	법 제60조	건축물의 높이제한		
	법 제61조	일조 등의 확보를 위한 건축물의 높이제한		

【참고】 리모델링이 용이한 공동주택 기준 (국토교통부 고시 제2018-774호, 2018.12.7)

8 통일성을 유지하기 위한 도의 조례(법 제7조)

도 단위의 법적용에 있어서 통일성을 유지할 필요가 있는 경우에 아래의 규정을 시·군의 조례로 정하지 않고 도의 조례로 정할 수 있음

■ 도의 조례로 정할 수 있는 규정 내용

규정내용(지방자치조례 → 도의조례)	
• 적용의 완화(법 제5조제3항)	• 대지의 조경(법 제42조)
• 기존의 건축물 등에 관한 특례(법 제6조)	• 대지의 분할 제한(법 제57조제1항)
• 건축허가 등의 수수료(법 제17조제2항)	• 대지 안의 공지(법 제58조)
• 가설건축물(법 제20조 제2항제3호)	• 일조 등의 확보를 위한 건축물의 높이제한(법 제61조)
• 현장조사·검사 및 확인업무의 대행(법 제27조제3항)	-

9 다른 법령의 배제(법 제9조)

법 제9조【다른 법령의 배제】

① 건축물의 건축등을 위하여 지하를 굴착하는 경우에는 「민법」 제244조제1항을 적용하지 아니한다. 다만, 필요한 안전조치를 하여 위해(危害)를 방지하여야 한다.

② 건축물에 딸린 개인하수처리시설에 관한 설계의 경우에는 「하수도법」 제38조를 적용하지 아니한다.

해설 다른 법령의 배제 규정

행위내용	목 적	배제되는 법의 규정 및 내용
• 지하를 굴착하는 경우 (필요한 안전조치를 하여 위해를 방지하여야 함)	• 건축물의 건축 등을 위함	「민법」 제244조(지하시설 등에 대한 제한) ① 우물을 파거나 용수, 하수 또는 오물등을 저치할 지하시설을 하는 때에는 경계로부터 2미터이상의 거리를 두어야 하며 저수지, 구거 또는 지하실공사에는 경계로부터 그 깊이의 반이상의 거리를 두어야 한다.
• 개인하수 처리시설의 설계의 경우	• 건축물에 딸린 시설로 사용하기 위함	「하수도법」 제38조 (개인하수처리시설의 설계·시공) ① 개인하수처리시설을 설치 또는 변경하려는 자는 다음 각 호의 어느 하나에 해당하는 자에게 개인하수처리시설을 설계·시공하도록 하여야 한다. 1. 제51조제1항에 따라 개인하수처리시설을 설계·시공하는 영업의 등록을 한 자 2. 「가축분뇨의 관리 및 이용에 관한 법률」 제34조에 따라 처리시설 설계·시공업의 등록을 한 자 3. 「건설산업기본법」 제9조제1항 본문에 따라 건설업의 등록을 한 자 중 대통령령으로 정하는 업종의 등록을 한 자 4. 「환경기술 및 환경산업 지원법」 제15조에 따른 환경전문공사업 중 대통령령으로 정하는 분야의 등록을 한 자 5. 삭제 <2021.1.5> ② 제1항에도 불구하고 다음 각 호의 어느 하나에 해당하는 경우에는 제1항 각 호에 해당하지 아니하는 자가 개인하수처리시설을 설치하거나 변경할 수 있다. 1. 하수처리에 관한 연구를 목적으로 개인하수처리시설을 설치 또는 변경하는 경우 2. 국내에서 처리기술상 일반화되어 있지 아니한 하수처리방법을 이용하는 경우로서 시험용 시설(국공립 시험기관 또는 대학부설 연구소, 그 밖에 환경부장관이 인정하는 연구·시험기관의 시험을 거친 경우로 한정한다)을 설치하는 경우 3. 제52조제1항에 따라 개인하수처리시설제조업의 등록을 한 자가 자신이 제조한 개인하수처리시설을 직접 설치 또는 변경하는 경우

2

건축물의 건축

1장 총칙에서는 「건축법」의 규정내용, 목적과 용어의 정의 및 면적·높이 등의 산정방법에 관하여 설명하였다. 이에 관한 내용의 정확한 이해는 「건축법」의 올바른 해석의 근본이 된다.

2장에서는 건축물의 설계, 건축허가(신고), 시공·감리 및 사용승인의 과정을 설명하고, 관련법과의 관계규정 등을 정리하였다.
건축물은 건축허가 등의 건축물의 건축에 관한 규정을 통하여 비로소 실체화 될 수 있다. 건축물의 건축에 관한 내용은 크게 설계, 시공·감리, 사용승인 및 유지관리(「건축법」 제3장 ➡ 「건축물관리법」으로 이관/시행 2020.5.1.)로 구분된다.

구분	건축물의 건축																
	설계·허가(신고)							시공·감리					사용승인·유지관리				
규정내용	설계자규제	사전결정	사전승인	건축허가	건축신고	가설건축물	해체·멸실 신고※	착공신고	시공자규제	허용오차	공사감리	공사완료	조사·검사업무의 대행	사용승인	건축물대장	용도변경	유지관리 ※

※ 「건축물관리법」 제정으로 「건축법」에서 삭제되어 이관 됨(2020.5.1. 시행)

1 설 계 (법 제23조) (영 제18조)

건축물의 설계는 건축사가 자기책임하에 건축물의 설계도서를 「건축법」 및 기타 관계법령의 규정에 적합하고, 안전 · 기능 · 미관 및 환경에 지장이 없도록 작성하여야 한다.
한편, 표준설계도서에 의한 건축물, 특수공법을 적용한 건축물, 바닥면적의 합계가 85㎡ 미만의 증축·개축·재축 등과 신고대상 가설건축물로서 건축조례로 정하는 것은 건축사의 설계에 의하지 않고도 예외가 인정된다.

1 설 계

건축사 설계 대상	예 외
다음 건축물의 건축등을 위한 설계 ① 건축허가 대상 건축물 ② 건축신고 대상 건축물 ③ 허가 대상 가설건축물 ④ 「주택법」에 따른 리모델링을 하는 건축물 ⑤ 바닥면적의 합계 500㎡ 이상인 허가대상 용도변경 설계	① 바닥면적의 합계가 85㎡ 미만의 증축·개축 또는 재축 ② 연면적이 200㎡ 미만이고 층수가 3층 미만인 건축물의 대수선 ③ 국토교통부장관이 작성하거나 인정하는 표준설계도서에 따라 건축하는 건축물 ④ 특수한 공법을 적용한 설계도서에 따라 건축하는 건축물 ⑤ 읍 · 면지역(시장 · 군수가 지역계획 또는 도시 · 군계획에 지장이 있다고 인정하여 지정 · 공고한 구역은 제외)에서 건축하는 건축물 중 연면적이 200㎡ 이하인 창고 및 농막(「농지법」에 따른 농막)과 연면적 400㎡ 이하인 축사, 작물재배사, 종묘배양시설, 화초 및 분재 등의 온실 ⑥ 신고대상 가설건축물로서 건축조례로 정하는 가설건축물

설계도서	• 공사용 도면 • 구조계산서 • 시방서 • 건축설비 관계서류 • 토질 및 지질 관계서류 등

■ 설계도서의 작성 - 설계자는 설계도서 작성의 경우
① 이 법 및 이 법의 규정에 의한 명령이나 처분, 기타 관계법령에 적합하게,
② 안전, 기능, 미관에 지장이 없도록 하며,
③ 건축물의 설계도서 작성기준(국토교통부고시 제2016-1025호, 2016.12.30.)에 따라,
설계도서를 작성하여야 한다.

예외 해당 건축물의 공법 등이 특수한 경우로서 건축위원회의 심의를 거친 경우

■ 서명날인
설계도서를 작성한 설계자는 설계가 「건축법」과 「건축법」에 따른 명령이나 처분 및 그 밖의 관계법령에 맞게 작성되었는지를 확인한 후 설계도서에 서명날인하여야 한다.

■ 건축주와의 계약
건축관계자 상호간의 책임에 관한 내용 및 범위는 건축주와 설계자, 건축주와 공사시공자, 건축주와 공사감리자 사이의 계약으로 정함

【관련 질의회신】

도면, 시방서 등의 내용이 서로 다른 경우 우선 순위

건교부 건축기획팀-1960, 2006.3.30

질의 설계도서 중 설계도면, 시방서, 계약내역서에 표시된 자재가 각각 다른 경우 어느 것을 우선하여 적용하는지
회신 건축법 제19조제2항의 규정에 의한 설계도서작성기준(건설교통부 고시 제2003-11호, 2003.1.24) 제9호에 의하면 설계도서·법령해석·감리자의 지시 등이 서로 일치하지 아니하는 경우에 있어 계약으로 그 적용의 우선순위를 정하지 아니한 때에는 ①공사시방서 ②설계도면 ③전문시방서 ④표준시방서 ⑤산출내역서 ⑥승인된 상세시공도면 ⑦관계법령의 유권해석 ⑧감리자의 지시사항의 순서를 원칙으로 하는 것임 (* 법 제19조 ⇒ 제23조, 2008.3.2.)

2 건축에 관한 입지 및 규모의 사전결정 (법 제10조) (규칙 제4조, 제5조)

건축허가 대상 건축물을 건축하고자 하는 자는 건축허가 신청전에 허가권자에게 해당 건축물을 해당 대지에 건축하는 것이 허용되는 지의 여부에 대해 사전결정을 신청할 수 있게 하였다.

【1】 사전결정의 신청

대 상	시 기	내 용	비 고
건축허가대상 건축물	건축허가 신청전	① 해당 대지에 신청하는 것이 이 법이나 관계 법령에서 허용되는지의 여부 ② 이 법 또는 관계 법령에 따른 건축기준 및 건축제한, 그 완화에 관한 사항 등을 고려하여 해당 대지에 건축 가능한 건축물의 규모 ③ 건축허가를 받기 위하여 신청자가 고려하여야 할 사항	사전결정신청자는 -건축위원회심의와 -교통영향평가서의 검토를 동시에 신청할 수 있음

■ 신청 건축물의 대지면적이 소규모 환경영향평가 대상사업(「환경영향평가법」 제43조)인 경우, 환경부장관 또는 지방환경관서의 장과 소규모 환경영향평가에 관한 협의를 하여야 함

【2】 신청서류

사전결정을 신청하는 자는 다음의 신청서 및 관련도서를 허가권자에게 제출하여야 함

1. 사전결정신청서(규칙 별지 제1호의2서식)
2. 간략설계도서(규칙 제2조의3)
   - 사전결정과 동시에 건축위원회의 심의를 신청하는 경우만 해당
3. 교통영향분석·개선대책의 검토를 위한 서류
   - 사전결정신청과 동시에 교통영향분석·개선대책의 검토를 신청하는 경우만 해당
4. 사전환경성검토를 위한 서류
   - 사전환경성검토 협의 대상인 경우만 해당
5. 허가를 받거나 신고 또는 협의를 하기 위하여 해당법령에서 제출하도록 한 서류
6. 건축계획서 및 배치도(규칙 별표 2 참조)

<table>
<tr><th>도서의 종류</th><th colspan="2">내 용</th></tr>
<tr><td>건축
계획서</td><td>1. 개요(위치·대지면적 등)
2. 지역·지구 및 도시계획사항
3. 건축물의 규모(건축면적·연면적·높이·층수 등)
4. 건축물의 용도별 면적</td><td>5. 주차장규모
6. 에너지절약계획서(해당건축물에 한한다)
7. 노인 및 장애인 등을 위한 편의시설 설치계획서(관계법령에 의하여 설치의무가 있는 경우에 한한다)</td></tr>
<tr><td>배치도</td><td>1. 축척 및 방위
2. 대지에 접한 도로의 길이 및 너비
3. 대지의 종·횡단면도</td><td>4. 건축선 및 대지경계선으로부터 건축물까지의 거리
5. 주차동선 및 옥외주차계획
6. 공개공지 및 조경계획</td></tr>
</table>

【3】 사전결정의 통지

① 허가권자는 입지 및 건축물의 규모·용도 등을 사전결정한 후 사전결정서(별지 제1호의3서식)를 사전결정일부터 15일 이내에 신청자에게 송부하여야 함

② 사전결정서에는 법·영 또는 해당지방자치단체의 건축조례 등에의 적합여부와 관계법률의 허가·신고 또는 협의 여부를 표시하여야 함

【4】 사전결정시 허가를 받거나 신고 또는 협의한 것으로 보는 법규정 및 의견 제출 기간

관 련 법	법 조 항	내 용
1. 국토의 계획 및 이용에 관한 법률	제56조	개발행위 허가
2. 산지관리법 (보전산지인 경우 도시지역만 해당)	제14조 제15조 제15조의2	산지전용허가 산지전용신고 산지일시사용허가·신고
3. 농지법	제34조 제35조 제43조	농지전용허가 ·협의 농지전용신고 농지전용허가의 특례
4. 하천법	제33조	하천점용허가 등

① 허가권자가 위 내용이 포함된 사전결정을 하려면 미리 관계 행정기관의 장과 협의하여야 하며, 관계 행정기관의 장은 요청받은 날부터 15일 이내에 의견을 제출하여야 한다.

② 관계 행정기관의 장이 위 ①에서 정한 기간내에 의견을 제출하지 아니하면 협의가 이루어진 것으로 본다.

【5】 사전결정의 효력상실

사전결정신청자는 사전결정을 통지 받은 날부터 2년이내에 건축허가를 신청하지 아니하는 경우에는 사전결정의 효력이 상실됨

3 건축허가 (법 제11조)(영 제8조, 제9조, 제9조의2)(규칙 제6조, 제7조)

"허가"는 행정행위로서 법령에 의한 상대적 제한·금지를 특정한 경우에 해제하여 적법하게 그 사실행위 또는 법률행위를 할 수 있게 하는 것이다. 그러므로 「건축법」에 의한 건축허가를 받는 것은 건축행위에 있어서 가장 기본적이고, 중요한 절차이다. 여기에서는 건축허가(신고)에 관한 대상행위, 대상구역 및 절차에 관하여 정리하였다.

■ 허가진행 절차

내용		신청		처리
건축물의 건축, 대수선	→	건축주 – 허가권자	→	검토 및 심사 – 현장조사·검사 – 허가서의 교부

【1】 건축허가 대상 및 허가권자

① 대상 : 건축물의 건축 또는 대수선 행위

② 허가권자 : 특별시장·광역시장·특별자치시장·특별자치도지사 또는 시장·군수·구청장

【2】 대형건축물의 건축허가(1) – 특별시장·광역시장의 허가

대상구역	대상규모	허가권자	예외
특별시·광역시	•21층 이상 건축물 •연면적의 합계가 10만㎡ 이상인 건축물 •연면적의 3/10 이상 증축하여 – 층수가 21층 이상으로 되거나 – 연면적의 합계가 10만㎡ 이상으로 되는 건축물	특별시장·광역시장	•공장 •창고 •지방건축위원회의 심의를 거친 건축물(특별시 및 광역시 지방건축위원회의 심의대상 건축물에 한정하며, 초고층건축물은 제외)

【3】 대형건축물의 건축허가(2) – 도지사의 사전승인

대상구역	대상건축물	허가권자
시·군의 구역	① 위 【2】의 대상건축물(위 【2】의 예외대상 건축물과 도시환경, 광역교통 등을 고려하여 해당 도의 조례로 정하는 건축물 제외) 【참고1】 ② 자연환경이나 수질보호를 위하여 도지사가 지정·공고한 구역에 건축하는 3층 이상 또는 연면적의 합계가 1,000㎡ 이상인 건축물로서 다음에 해당하는 것 【참고2】 1. 공동주택 2. 제2종 근린생활시설(일반음식점만 해당) 3. 업무시설(일반업무시설만 해당) 4. 숙박시설 5. 위락시설 ③ 주거환경이나 교육환경 등 주변환경을 보호하기 위해 필요하다고 인정하여 도지사가 지정·공고하는 구역에 건축하는 위락시설 및 숙박시설의 건축물 【참고2】	시장·군수 (시장·군수는 미리 도지사의 승인[1)2)]을 얻어야 함)

1) 시장·군수는 허가신청일로부터 15일 이내에 건축계획서 및 기본설계도서를 도지사에게 제출하여야 함
2) 승인권자는 승인요청을 받은 날부터 50일 이내에 승인여부를 시장·군수에게 통보하여야 함 (건축물의 규모가 큰 경우 등 불가피한 경우 30일 범위내에서 그 기간을 연장할 수 있음)

※ 【참고1】【참고2】는 사전승인신청시 필요한 서류에 대한 구분으로 【6】의 관련 내용 참조

【4】 건축허가시의 확인 사항 및 허가의 거부 〈시행 2024.3.27〉

① 허가권자는 건축허가를 하고자 하는 때에 한국건축규정의 준수 여부를 확인하여야 한다.

② 다음 경우에는 이 법이나 다른 법률에도 불구하고 건축위원회의 심의를 거쳐 건축허가를 하지 아니할 수 있다.

- 위락시설이나 숙박시설의 건축 허가시 건축물의 용도·규모 또는 형태가 주거환경이나 교육환경 등 주변환경을 고려할 때 부적합하다고 인정되는 경우
- 방재지구, 자연재해위험개선지구 등 상습적 침수 또는 침수우려 지역(→대통령령으로 정하는 지역)에서 지하층 등에 주거용 사용이나(→일부 공간에) 거실 설치가 부적합하다고 인정되는 경우

【5】 공동주택의 경우 건축허가 또는 사업계획승인

구 분	공동주택의 규모	주상복합건축물(상업지역, 준주거지역내)	기타지역의 주상복합건축물
「건축법」의 건축허가	30세대* 미만	• 지역 : 상업지역(유통상업지역제외), 준주거지역 • 세대수 : 300세대 미만 • 주택의 규모 : 세대당 297㎡이하(주거전용면적기준) • 건축물의 연면적에 대한 주택연면적 합계의 비율이 90%미만	30세대* 미만
「주택법」의 사업계획승인	30세대* 이상	• 300세대 이상인 경우(주택비율무관) 또는 • 300세대 미만으로서 연면적에 대한 주택연면적 합계의 비율이 90%이상	30세대* 이상

* 1) 리모델링의 경우 증가하는 세대수가 30세대 이상
  2) 다음 조건을 모두 갖춘 단지형 연립주택, 단지형 다세대주택은 50세대 이상
    - 세대별 주거전용면적이 30㎡ 이상일 것, 해당 주택단지 진입도로 폭이 6m 이상일 것
  3) 주거환경개선사업 또는 주거환경관리사업을 시행하기 위한 정비구역에서 건설하는 공동주택은 50세대 이상

【6】 건축허가 신청서의 제출 (법 제11조제3항)

(1) 건축물의 건축·대수선 허가 또는 가설건축물의 건축허가를 받으려는 자는 건축·대수선·용도변경 (변경)허가신청서(별지 제1호의4서식)에 다음의 설계도서와 건축허가 의제 관계 법령에서 의무화하고 있는 신청서 및 구비서류를 첨부하여 허가권자(특별시장·광역시장·특별자치시장·특별자치도지사 또는 시장·군수·구청장)에게 제출(전자문서로 제출하는 것 포함)하여야 한다.

예외 국토교통부장관이 관계 행정기관의 장과 협의하여 구조도 및 구조계산서는 착공신고 전까지 제출 제출할 수 있다.

(2) 변경허가를 받으려는 자는 위 (1)의 건축·대수선·용도변경 (변경)허가 신청서에 변경하려는 부분에 대한 변경 전·후의 설계도서와 아래(▪첨부도서)에서 정하는 관계 서류 중 변경이 있는 서류를 첨부하여 허가권자에게 제출(전자문서로 제출하는 것 포함)해야 한다.

(3) 위 (1), (2)의 경우 허가권자는 행정정보의 공동이용을 통해 건축할 대지의 소유에 관한 권리를 증명하는 서류(아래 ① 2.) 중 토지등기사항증명서를 확인해야 한다.

■ 첨부도서

① 대지 관련 서류

1. 건축할 대지의 범위에 관한 서류
2. 건축할 대지의 소유에 관한 권리를 증명하는 서류

예외 다음의 경우 그에 따른 서류로 갈음할 수 있음

구 분	서 류
㉠ 건축할 대지에 포함된 국유지 또는 공유지	허가권자가 해당 토지의 관리청과 협의하여 그 관리청이 해당 토지를 건축주에게 매각하거나 양여할 것을 확인한 서류
㉡ 집합건물의 공용부분을 변경하는 경우	「집합건물의 소유 및 관리에 관한 법률」에 따른 결의가 있었음을 증명하는 서류
㉢ 분양을 목적으로 하는 공동주택의 건축	대지의 소유에 관한 권리를 증명하는 서류(다만, 주택과 주택외의 시설을 동일 건축물로 건축하는 허가를 받아 30세대 이상으로 건설·공급하는 경우 대지의 소유권에 관한 사항은 「주택법」을 준용)

3. 건축주가 대지의 소유권을 미확보하였으나 사용할 수 있는 권원을 확보한 경우 이를 증명하는 서류
4. 건축주가 건축허가를 받아 주택과 주택 외의 시설을 동일 건축물로 건축하기 위하여 「주택법」 제21조(대지의 소유권확보 등)를 준용한 대지 소유 등의 권리 관계를 증명한 경우(「주택법」에 따른 사업계획승인 대상 호수 이상 건설하는 경우로 한정)
5. 건축하려는 대지에 포함된 국유지 또는 공유지에 대하여 허가권자가 해당 토지의 관리청이 해당 토지를 건축주에게 매각하거나 양여할 것을 확인한 경우
6. 건축주가 집합건물의 공용부분을 변경하기 위하여 「집합건물의 소유 및 관리에 관한 법률」에 따른 공용부분의 변경에 관한 결의가 있었음을 증명한 경우
7. 건축주가 집합건물을 재건축하기 위하여 「집합건물의 소유 및 관리에 관한 법률」에 따른 재건축 결의가 있었음을 증명한 경우
8. 건축주가 건축물의 노후화 또는 구조안전 문제 등 다음의 사유<1>로 건축물을 신축·개축·재축 및 리모델링을 하기 위하여 건축물 및 해당 대지의 공유자 수의 80/100 이상의 동의를 얻고 동의한 공유자의 지분 합계가 전체 지분의 80/100 이상인 경우 다음의 서류<2>

<1> 사유

㉠ 급수·배수·오수 설비 등의 설비 또는 지붕·벽 등의 노후화나 손상으로 그 기능 유지가 곤란할 것으로 우려되는 경우
㉡ 건축물의 노후화로 내구성에 영향을 주는 기능적 결함이나 구조적 결함이 있는 경우
㉢ 건축물이 훼손되거나 일부가 멸실되어 붕괴 등 그 밖의 안전사고가 우려되는 경우
㉣ 천재지변이나 그 밖의 재해로 붕괴되어 다시 신축하거나 재축하려는 경우

<2> 서류

<table>
<tr><td>㉠ 건축물 및 해당 대지 공유자 수의 80/100 이상 서면동의서</td><td>▪ 공유자가 자필로 서명하는 서면동의의 방법으로 하며, 주민등록증, 여권 등 신원을 확인할 수 있는 신분증명서의 사본을 첨부
▪ 공유자가 해외에 장기체류하거나 법인인 경우 등 불가피한 사유가 있다고 허가권자가 인정하는 경우 공유자가 인감도장을 날인하거나 서명한 서면동의서에 해당 인감증명서나 본인서명사실확인서 또는 전자본인서명확인서의 발급증을 첨부하는 방법으로 가능</td></tr>
<tr><td colspan="2">㉡ ㉠에 따라 동의한 공유자의 지분 합계가 전체 지분의 80/100 이상임을 증명하는 서류</td></tr>
<tr><td colspan="2">㉢ 위 <1>의 각 사유에 해당함을 증명하는 서류</td></tr>
<tr><td colspan="2">㉣ 해당 건축물의 개요</td></tr>
</table>

※ 위 <1> 사유에 대한 현지조사

- 허가권자는 건축주가 공유자의 80/100 이상의 동의요건을 갖추어 건축허가 신청을 한 경우 위 <1> 사유 중 ㉠~㉢을 확인하기 위해 현지조사를 하여야 한다.

- 필요시 건축주에게 다음의 자로부터 안전진단을 받고 그 결과를 제출하도록 할 수 있다.
  - 건축사
  - 「기술사법」에 따라 등록한 건축구조기술사
  - 「시설물의 안전 및 유지관리에 관한 특별법」에 따라 등록한 건축분야 안전진단전문기관

② 사전결정서

- 건축에 관한 입지 및 규모의 사전결정서를 받은 경우만 해당

③ 허가신청에 필요한 설계도서(규칙 별표2 중 다음의 서류)

도서의 종류	내 용	예외적용
건축 계획서	1. 개요(위치·대지면적 등) 2. 지역·지구 및 도시계획사항 3. 건축물의 규모(건축면적·연면적·높이·층수 등) 4. 건축물의 용도별 면적 5. 주차장규모 6. 에너지절약계획서(해당건축물에 한한다) 7. 노인 및 장애인 등을 위한 편의시설 설치계획서 (관계법령에 의하여 설치의무가 있는 경우에 한한다)	1. 사전결정(법 제10조)을 받은 경우 : 좌측의 표에서 건축계획서와 배치도 제외 2. 표준설계도서(법 제23조 제4항)에 따라 건축하는 경우 : 건축계획서 및 배치도만 제출 3. 방위산업시설의 건축허가를 받고자 하는 경우: 건축 관계 법령에 적합한지 여부에 관한 설계자의 확인으로 관계 서류를 갈음할 수 있다. ■ 설계도서의 도서의 축척은 임의로 한다.
배치도	1. 축척 및 방위 2. 대지에 접한 도로의 길이 및 너비 3. 대지의 종·횡단면도 4. 건축선 및 대지경계선으로부터 건축물까지의 거리 5. 주차동선 및 옥외주차계획 6. 공개공지 및 조경계획	
평면도	1. 1층 및 기준층 평면도 2. 기둥·벽·창문 등의 위치 3. 방화구획 및 방화문의 위치 4. 복도 및 계단의 위치 5. 승강기의 위치	
입면도	1. 2면 이상의 입면계획 2. 외부마감재료 3. 간판 및 건물번호판의 설치계획(크기·위치)	
단면도	1. 종 · 횡 단면도 2. 건축물의 높이, 각층의 높이 및 반자높이	
구조도 (구조안전 확인 또는 내진설계 대상건축물)	1. 구조내력상 주요한 부분의 평면 및 단면 2. 주요부분의 상세도면 3. 구조안전확인서	
구조계산서 (구조안전 확인 또는 내진설계 대상 건축물)	1. 구조계산서 목록표(총괄표, 구조계획서, 설계하중, 주요 구조도, 배근도 등) 2. 구조내력상 주요한 부분의 응력 및 단면 산정 과정 3. 내진설계의 내용(지진에 대한 안전 여부 확인 대상 건축물)	
소방설비도	「화재예방, 소방시설설치 · 유지 및 안전관리에 관한 법률」에 따라 소방관서의 장의 동의를 얻어야 하는 건축물의 해당소방 관련 설비	

④ 허가 등을 받거나 신고를 하기 위하여 해당 법령(법 제11조제5항 각 호)에서 제출하도록 의무화하고 있는 신청서 및 구비서류(해당사항이 있는 경우로 한정)

⑤ 결합건축협정서(해당사항이 있는 경우로 한정)...별지 제27호의 서식

【참고1】 대형건축물의 건축허가 사전승인 신청 및 건축물 안전영향평가 의뢰시 제출도서의 종류

(제7조제1항제1호 및 제9조의2제1항 관련, 별표3)

[시장·군수가 도지사에게 제출]

1. 건축계획서

분야	도서종류	표시하여야 할 사항
건축	설계설명서	• 공사개요 : 위치·대지면적·공사기간·공사금액 등 • 사전조사사항 : 지반고·기후·동결심도·수용인원·상하수와 주변지역을 포함한 지질 및 지형, 인구, 교통, 지역, 지구, 토지이용현황, 시설물현황 등 • 건축계획 : 배치·평면·입면계획·동선계획·개략 조경계획·주차계획 및 교통처리계획 등 • 시공방법 • 개략공정계획 • 주요설비계획 • 주요자재 사용계획 • 기타 필요한 사항
	구조계획서	• 설계근거기준 • 구조재료의 성질 및 특성 • 하중조건분석 적용 • 구조의 형식선정계획 • 각부 구조계획 • 건축구조성능(단열·내화·차음·진동장애 등) • 구조안전검토
	지질조사서	• 토질개황 • 각종 토질시험내용 • 지내력 산출근거 • 지하수위면 • 기초에 대한 의견
	시방서	• 시방내용(국토교통부장관이 작성한 표준시방서에 없는 공법인 경우에 한한다)

2. 기본설계도서

분야	도서종류	표시하여야 할 사항
건축	투시도 또는 투시도 사진	색채사용
	평면도(주요층, 기준층)	1. 각실의 용도 및 면적 2. 기둥·벽·창문 등의 위치 3. 방화구획 및 방화문의 위치 4. 복도·직통계단·피난계단 또는 특별피난계단의 위치 및 치수 5. 비상용승강기·승용승강기의 위치 및 치수 6. 가설건축물의 규모
	2면 이상의 입면도	1. 축척 2. 외벽의 마감재료
	2면 이상의 단면도	1. 축척 2. 건축물의 높이, 각층의 높이 및 반자높이
	내외 마감표	벽 및 반자의 마감재의 종류
	주차장 평면도	1. 축척 및 방위 2. 주차장 면적 3. 도로·통로 및 출입구의 위치

설비	건축설비도	1. 비상용승강기 · 승용승강기 · 에스컬레이터 · 난방설비 · 환기설비 기타 건축설비의 설비계획 2. 비상조명장치 · 통신설비 · 기타 전기설비설치계획
	소방설비도	옥내소화전설비 · 스프링클러설비 · 각종 소화설비 · 옥외소화전설비 · 동력소방펌프설비 · 자동 화재탐지설비 · 전기화재경보기 · 화재속보설비와 유도등 기타 유도표시소화용수의 위치 및 수량 · 배연설비 · 연결살수설비 · 비상콘센트설비의 설치계획
	상 · 하수도 계통도	상 · 하수도의 연결관계, 수조의 위치, 급 · 배수 등

【참고 2】 수질환경 등의 보호관련 건축허가 사전승인 신청시 제출도서의 종류(규칙 제7조제1항, 별표3의2)
[시장·군수가 도지사에게 제출]

1. 건축계획서

분야	도서종류	표시하여야 할 사항
건축	설계설명서	• 공사개요 : 위치 · 대지면적 · 공사기간 · 착공예정일 • 사전조사사항 : 지역 · 지구, 지반높이, 상하수도, 토지이용현황, 주변현황 • 건축계획 : 배치 · 평면 · 입면 · 주차계획 • 개략공정계획 • 주요설비계획

2. 기본설계도서

분야	도서종류	표시하여야 할 사항
건축	투시도 또는 투시도 사진	색채사용
	평면도(주요층, 기준층)	1. 각실의 용도 및 면적 2. 기둥 · 벽 · 창문 등의 위치
	2면 이상의 입면도	1. 축척 2. 외벽의 마감재료
	2면 이상의 단면도	1. 축척 2. 건축물의 높이, 각층의 높이 및 반자높이
	내외마감표	벽 및 반자의 마감재의 종류
	주차장 평면도	1. 주차장 면적 2. 도로 · 통로 및 출입구의 위치
설비	건축설비도	1. 난방설비 · 환기설비 그 밖의 건축설비의 설비계획 2. 비상조명장치 · 통신설비설치계획
	상 · 하수도 계통도	상 · 하수도의 연결관계, 저수조의 위치, 급 · 배수 등

【7】 건축허가로서 관계법령 등의 허가를 받거나 신고를 한 것으로 보는 경우

관련법	조 항	내 용
1. 건축법	제20조제2항	공사용 가설건축물의 축조신고
	제83조	공작물의 축조신고
2. 국토의 계획 및 이용에 관한 법률	제56조	개발행위의 허가
	제86조제5항	도시계획시설사업의 시행자 지정
	제88조제2항	실시계획의 작성 및 인가
3. 산지관리법	제14조	산지전용허가(보전산지인 경우 도시지역에 한함)
	제15조	산지전용신고(보전산지인 경우 도시지역에 한함)
	제15조의2	산지일시사용허가・신고(보전산지인 경우 도시지역에 한함)
4. 사도법	제4조	사도(私道)개설허가
5. 농지법	제34조	농지의 전용허가·협의
	제35조	농지전용신고
	제43조	농지전용허가의 특례
6. 도로법	제36조	도로관리청이 아닌 자에 대한 도로공사 시행의 허가
	제52조제1항	도로와 다른 시설의 연결 허가
	제61조	도로의 점용 허가
7. 하천법	제33조	하천점용 등의 허가
8. 하수도법	제27조	배수설비의 설치신고
	제34조제2항	개인하수처리시설의 설치신고
9. 수도법	제38조제1항	수도사업자가 지방자치단체인 경우 그 지방자치단체 조례에 따른 상수도 공급신청
10. 전기안전관리법	제8조	자가용전기설비 공사계획의 인가 또는 신고
11. 물환경보전법	제33조	수질오염물질 배출시설 설치의 허가나 신고
12. 대기환경보전법	제23조	대기오염물질 배출시설 설치의 허가나 신고
13. 소음 · 진동관리법	제8조	소음·진동 배출시설 설치의 허가나 신고
14. 가축분뇨의 관리 및 이용에 관한 법률	제11조	배출시설 설치의 허가나 신고
15. 자연공원법	제23조	공원구역에서의 행위허가
16. 도시공원 및 녹지 등에 관한 법률	제24조	도시공원의 점용허가
17. 토양환경보전법	제12조	특정토양 오염관리 대상시설의 신고
18. 수산자원관리법	제52조제2항	허가대상행위의 허가
19. 초지법	제23조	초지전용의 허가 및 신고

※ 공장의 경우 건축허가를 받게되면 「산업집적활성화 및 공장설립에 관한 법률」 제13조의2(인・허가등의 의제) 및 제14조(공장의 건축허가)에 따라 관련 법률의 인・허가 등을 받은 것으로 봄.

■ 일괄처리절차

① 허가권자는 일괄처리에 해당하는 사항(앞 【7】)이 다른 행정기관의 권한에 속하면 그 행정기관의 장과 미리 협의하여야 한다.

② 협의를 요청받은 행정기관의 장은 요청받은 날로부터 15일 이내에 의견을 제출하여야 하며, 협의 요청일 부터 15일 이내에 의견 미제출시 협의가 이루어진 것으로 본다.

③ 의견제출시 관계행정기관의 장은 처리기준(법 제11조제8항)이 아닌 사유를 이유로 협의를 거부할 수 없다.

【8】 건축허가서의 발급

① 허가권자는 허가 또는 변경허가를 하였으면 건축·대수선·용도변경 허가서(별지 제2호서식)를 신청인에게 발급하여야 한다.

② 허가권자는 건축·대수선·용도변경 허가서를 교부하는 때에는 건축·대수선·용도변경(신고)대장(별지 제3호서식)을 건축물의 용도별 및 월별로 작성·관리해야 한다.

③ ②의 대장은 전자적 처리가 불가능한 특별한 사유가 없으면 전자적 처리가 가능한 방법으로 작성 · 관리해야 한다.

【9】 확인대상법령 처리기준의 통보

① 건축허가시 확인대상법령(법 제8조제5항)과 일괄처리대상(법 제12조제1항)의 관계 법령을 관장하는 중앙행정기관의 장은 그 처리기준을 국토교통부장관에게 통보하여야 함

② 국토교통부장관은 관계 중앙행정기관의 장에게 그 처리기준을 통보 받았을 때에는 이를 통합하여 고시하여야 함 ⇨ 한국건축규정(국토교통부고시 제2023-144호, 2023.3.20) 참조

【10】 건축허가 취소 및 심의 효력상실

사 유	허가의 취소 등	취소의 예외적용
① 허가를 받은 자가 허가일로부터 2년* 이내에 공사에 착수하지 않는 경우 * 「산업집적활성화 및 공장설립에 관한 법률」 제13조에 따라 공장의 신설·증설 또는 업종변경의 승인을 받은 공장: 3년	허가권자가 허가를 취소하여야 함	정당한 사유가 인정되는 경우 1년의 범위에서 공사의 착수기간을 연장가능
② 허가일로부터 위 ①의 기간 이내에 공사에 착수하였으나 공사의 완료가 불가능하다고 인정되는 경우	허가권자가 허가를 취소하여야 함	-
③ 착공신고 전에 경매 또는 공매 등으로 건축주가 대지의 소유권을 상실한 때부터 6개월이 지난 이후 공사의 착수가 불가능하다고 판단되는 경우	허가권자가 허가를 취소하여야 함	-
④ 건축위원회의 심의를 받은 자가 심의 결과를 통지 받은 날부터 2년 이내에 건축허가 미신청시	심의의 효력이 상실됨	-

【관련 질의회신】

건축허가 유효기간의 산정기점(최초 허가일)

건교부 건축기획팀-595, 2005.10.6

질의 건축허가를 받고 1년이 경과하여 연장을 하려고 하는 바, 설계변경을 하면 변경허가를 받은 날부터 다시 착공기한이 연장될 수 있는지 여부

회신 건축법 제8조제8항의 규정에서 "허가를 받은 날"이라 함은 동법 제8조제1항의 규정에 의한 당초 허가일로서 동법 제10조의 변경허가일과는 관계가 없는 것임(※ 법 제8조, 제10조→ 제11조, 제16조, 2008.3.21, 개정)

건축허가 취소시 의제 관련 사항의 취소 여부

국토해양부 민원마당 FAQ 2010.11.30

질의 「건축법」 제8조 제8항에 의하여 건축허가를 받은 후 당해 건축허가를 취소할 경우 건축허가 시 의제처리된 모든 사항이 동시에 취소되는지 여부

회신 「건축법」 제8조의 규정에 의하여 의제처리된 사안의 경우 형식적인 허가는 '건축허가'로서 하나만 존재하는 것이고, 건축허가가 취소된 경우 다시 건축허가가 없었던 상태로 환원되는 것으로 당해 건축허가(의제처리된 사항 포함)의 효력은 소멸되는 것임 (* 법 제8조 ⇒ 제11조, 2008.3.21. 개정)

4 건축복합민원 일괄협의회 (법 제12조) (영 제10조)

【1】 건축복합민원 일괄협의회의 개최

허가권자는 허가를 하고자 하는 경우 해당 용도·규모 또는 형태의 건축물을 건축하고자 하는 대지에 건축하는 것이 아래사항에 적합여부의 확인 및 처리하기 위하여 협의회를 개최하여야 함

1. 허가대상 건축물의 관계 법령의 적합한 지의 여부를 확인
2. 사전결정시의 허가·신고 또는 협의 사항의 처리(법 제10조제6항, 제7항)
3. 건축허가시 관련법령에 의한 인·허가등의 의제조항 처리(법 제11조제5항 각 호, 제6항)

【2】 개최시기

① 허가권자는 건축복합민원 일괄협의회의 회의를 사전결정 신청일 또는 건축허가 신청일부터 10일 이내에 개최하여야 한다.

② 허가권자는 협의회의 회의 개최 3일 전까지 협의회의 회의 개최 사실을 관계행정기관 및 관계부서에 통보하여야 한다.

【3】 관계공무원의 참석

위 【1】의 내용에 따라 확인이 요구되는 법령의 관계 행정기관의 장은 소속공무원을 건축복합민원 일괄협의회에 참석하게 하여야 한다.

【4】 의견제출

① 협의회의 회의에 참석하는 관계공무원은 협의회의 회의에서 관계법령에 관한 의견을 발표하여야 한다.

② 사전결정 또는 건축허가의 관계행정기관 및 관계부서는 그 협의회의 회의를 개최한 날부터 5일 이내에 동의 또는 부동의 의견을 허가권자에게 제출하여야 한다.

【5】 건축복합민원 일괄협의회의 관계법령규정 적합여부의 확인

관련법	조 항	내 용
1. 국토의 계획 및 이용에 관한 법률	제54조	지구단위계획구역안에서의 건축 등
	제56조	개발행위의 허가
	제57조	개발행위허가의 절차
	제58조	개발행위허가의 기준
	제59조	개발행위에 대한 도시계획위원회의 심의
	제60조	개발행위허가의 이행담보 등
	제61조	관련 인·허가 등의 의제
	제62조	준공검사
	제76조	용도지역 및 용도지구안에서의 건축물의 건축제한 등
	제77조	용도지역안에서의 건폐율
	제78조	용도지역안에서의 용적률
	제79조	용도지역 미지정 또는 미세분 지역에서의 행위제한
	제80조	개발제한구역안에서의 행위제한 등
	제81조	시가화조정구역안에서의 행위제한 등
	제82조	기존 건축물에 대한 특례
2. 군사기지 및 군사시설보호법	제13조	행정기관의 처분에 관한 협의 등
3. 자연공원법	제23조	행위허가
4. 수도권정비계획법	제7조	과밀억제권역 안에서의 행위제한
	제8조	성장관리권역 안에서의 행위제한
	제9조	자연보전구역 안에서의 행위제한
5. 택지개발촉진법	제6조	행위제한 등
6. 도시공원 및 녹지 등에 관한 법률	제24조	도시공원의 점용허가
	제38조	녹지의 점용허가등
7. 공항시설법	제34조	장애물의 제한등
8. 교육환경 보호에 관한 법률	제9조	교육환경보호구역에서의 금지행위 등
9. 산지관리법	제8조	산지에서의 구역 등의 지정 등
	제10조	산지전용·일시사용제한지역에서의 행위제한
	제12조	보전산지에서의 행위제한
	제14조	산지전용허가
	제18조	산지전용허가 기준 등
10. 산림자원의 조성 및 관리에 관한 법률	제36조	입목벌채등의 허가 및 신고 등
11. 산림보호법	제9조	산림보호구역에서의 행위 제한
12. 도로법	제40조	접도구역의 지정 및 관리
	제61조	도로의 점용 허가
13. 주차장법	제19조	부설주차장의 설치
	제19조의2	부설주차장 설치계획서
	제19조의4	부설주차장의 용도변경금지등

14. 환경정책기본법	제38조	특별종합대책의 수립
15. 자연환경보전법	제15조	생태·경관보전지역에서의 행위제한 등
16. 수도법	제7조	상수원보호구역 지정 등
17. 도시교통정비 촉진법	제34조	자동차의 운행제한
	제36조	교통유발부담금의 부과·징수
18. 문화재보호법	제34조	허가사항
19. 전통사찰보존 및 지원에 관한 법률	제10조	전통사찰 역사문화보존구역의 지정
20. 개발제한구역의 지정 및 관리에 관한 특별조치법	제11조제1항 (각호외의 부분 단서)	개발제한 구역에서의 행위제한
	제13조	존속중인 건축물 등에 대한 특례
	제15조	취락지구에 대한 특례
21. 농지법	제32조	용도구역에서의 행위제한
	제34조	농지의 전용허가 · 협의
22. 고도 보존 및 육성에 관한 특별법	제11조	지정지구내 행위의 제한
23. 소방시설 설치 및 관리에 관한 법률	제6조	건축허가등의 동의 등

5 건축공사현장 안전관리예치금 등 (법 제13조) (영 제10조의2) (규칙 제9조)

허가권자는 연면적 1천㎡ 이상인 건축물로서 건축조례로 정하는 건축물에 대하여 착공신고를 하는 건축주에게 장기간 건축공사현장이 방치되는 것에 대비하여 미리 미관개선 및 안전관리에 필요한 예치금을 건축공사비의 1% 범위에서 예치하게 할 수 있도록 규정하고 있음

【1】 안전관리 예치금 예치 대상

연면적 1,000㎡ 이상인 건축물(「주택보증기금법」에 따른 주택도시보증공사가 분양보증을 한 건축물, 「건축물의 분양에 관한 법률」에 따른 분양보증이나 신탁계약을 체결한 건축물 제외)로서 해당 지방자치단체의 조례로 정하는 건축물

【2】 예치금의 범위 :

공사현장이 장기간 방치되는 것에 대비한 미관개선과 안전관리에 필요한 비용
- 건축공사비의 1% 범위
- 보험회사의 보증보험증권, 은행이 발행한 지급보증서, 공제조합이 발행한 채무액 등의 지급 보증서, 상장증권, 주택도시보증공사 발행 보증서등도 인정

【3】 예치금의 사용

① 허가권자는 공사현장의 방치로 도시미관의 저해와 안전에 위해할 경우 건축허가를 받은 자에게 공사현장의 미관과 안전관리를 위하여 안전울타리 설치 등 안전조치, 공사재개 또는 해체 등 정비를 명할 수 있다.

② 개선명령을 받은 자가 개선을 하지 아니하면 예치금을 사용하여 대집행할 수 있다. 이때 이미 납부한 예치금보다 대집행 비용이 많을 경우 차액을 추가 징수할 수 있다.

【4】 긴급시의 조치

허가권자는 공사 중단 기간이 2년을 경과한 경우등 방치되는 공사현장의 안전관리가 긴급할 경우 건축주에게 서면 고지한 후 예치금을 사용하여 다음의 조치를 할 수 있다.

① 공사현장 안전울타리의 설치
② 대지 및 건축물의 붕괴 방지 조치
③ 공사현장의 미관 개선을 위한 조경 또는 시설물 등의 설치
④ 그 밖에 공사현장의 미관 개선 또는 대지 및 건축물에 대한 안전관리 개선 조치가 필요하여 건축조례로 정하는 사항

6 건축물 안전영향평가(법 제13조의2)

초고층 건축물 등 대통령령으로 정하는 건축물에 대하여 건축허가 전에 국토교통부장관이 지정 한 공공기관에서 구조 및 인접 대지의 안전성에 대한 종합적인 검토 및 평가를 하도록 기준을 신설하고 평가결과를 공개하도록 함(2016.2.3.신설)

【1】 안전영향평가의 실시

(1) 실시자 : 허가권자

(2) 평가대상건축물

1. 초고층 건축물	-
2. 연면적*이 10만 ㎡ 이상이고, 16층 이상인 건축물	* 하나의 대지에 둘 이상의 건축물을 건축하는 경우 각각의 건축물의 연면적

(3) 평가시기 : 건축허가 전

(4) 평가 내용 : 건축물의 구조, 지반 및 풍환경(風環境) 등이 건축물의 구조안전과 인접 대지의 안전에 미치는 영향 등을 평가(이하 "안전영향평가")

【2】 안전영향평가의 의뢰

(1) 의뢰자 : 위 평가대상 건축물을 건축하려는 자

(2) 허가권자에게 의뢰시 제출 서류

1. 건축계획서 및 기본설계도서 등 국토교통부령으로 정하는 도서(시행규칙 별표 3* 참조)
2. 인접 대지에 설치된 상수도·하수도 등 국토교통부장관이 정하여 고시하는 지하시설물의 현황도
3. 그 밖에 국토교통부장관이 정하여 고시하는 자료

* [별표 3] 대형건축물의 건축허가 사전승인신청 및 건축물 안전영향평가 의뢰시 제출도서의 종류

【3】 안전영향평가기관

(1) 국토교통부장관이 「공공기관의 운영에 관한 법률」 제4조에 따른 공공기관으로서 건축 관련 업무를 수행하는 기관 중에서 지정하여 고시한다.

【참고】 건축물 안전영향평가 세부기준[국토교통부고시 제2021-1382호, 2021.12.23.] 제2조

안전영향평가기관	근거 법령
1. 국토안전관리원	「국토안전관리원법」
2. 한국건설기술연구원	「과학기술분야 정부출연연구기관 등의 설립·운영 및 육성에 관한 법률」 제8조
3. 한국토지주택공사	「한국토지주택공사법」
4. 한국부동산원	「한국부동산원법」

(2) 안전영향평가기관이 검토해야할 항목

1. 해당 건축물에 적용된 설계 기준 및 하중의 적정성
2. 해당 건축물의 하중저항시스템의 해석 및 설계의 적정성
3. 지반조사 방법 및 지내력(地耐力) 산정결과의 적정성
4. 굴착공사에 따른 지하수위 변화 및 지반 안전성에 관한 사항
5. 그 밖에 건축물의 안전영향평가를 위하여 국토교통부장관이 필요하다고 인정하는 사항

【참고】 안전영향평가를 실시하여야 하는 건축물이 다른 법률에 따라 구조안전과 인접 대지의 안전에 미치는 영향 등을 평가받은 경우 안전영향평가의 해당 항목을 평가 받은 것으로 본다.

(3) 평가결과의 보고 등

① 안전영향평가기관은 안전영향평가를 의뢰받은 날부터 30일 이내에 안전영향평가 결과를 허가권자에게 제출하여야 한다. (예외) 부득이한 경우 20일의 범위에서 그 기간을 한 차례만 연장가능

② 안전영향평가 의뢰자가 보완하는 기간 및 공휴일·토요일은 위 기간의 산정에서 제외한다.

③ 허가권자는 안전영향평가 결과를 제출받은 경우 지체 없이 의뢰자에게 그 내용을 통보하여야 한다.

【4】 평가결과의 건축위원회 심의 등

(1) 안전영향평가 결과는 건축위원회의 심의를 거쳐 확정한다. 이 경우 건축위원회의 심의를 받아야 하는 건축물은 건축위원회 심의에 안전영향평가 결과를 포함하여 심의할 수 있다.

(2) 안전영향평가 대상 건축물의 건축주는 건축허가 신청 시 제출하여야 하는 도서에 안전영향평가 결과를 반영하여야 하며, 건축물의 계획상 반영이 곤란하다고 판단되는 경우에는 그 근거 자료를 첨부하여 허가권자에게 건축위원회의 재심의를 요청할 수 있다.

(3) 허가권자는 위 (1), (2)의 심의 결과 및 안전영향평가 내용을 지방자치단체의 공보에 즉시 공개하여야 한다.

(4) 안전영향평가의 비용은 의뢰자가 부담한다.

(5) 위 규정 내용 외에 안전영향평가에 관하여 필요한 사항은 국토교통부장관이 정하여 고시한다.

【참고】 건축물 안전영향평가 세부기준[국토교통부고시 제2021-1382호, 2021.12.23.]

7 건축신고 (법 제14조) (영 제11조) (규칙 제12조)

소규모 증·개축, 소규모 건축물의 대수선 행위, 농·수산업을 영위하기 위하여 필요한 소규모 주택·축사 등은 건축신고로서 건축허가를 대신할 수 있도록 행정상의 절차를 간소화하였다.
또한, 건축신고 대상 건축물의 경우 감리에 대한 제한규정도 규정하고 있지 않다.
대수선의 경우 건축신고 대상은 연면적이 200㎡ 미만이고 3층 미만 건축물인 소형 건축물만을 대상으로 하였으나, 대형건축물에 있어서도 주요구조부의 해체가 수반되지 않는 대수선의 경우는 건축물의 규모와 관련없이 건축신고로 처리하도록 개정되었다.

【1】 건축신고 절차

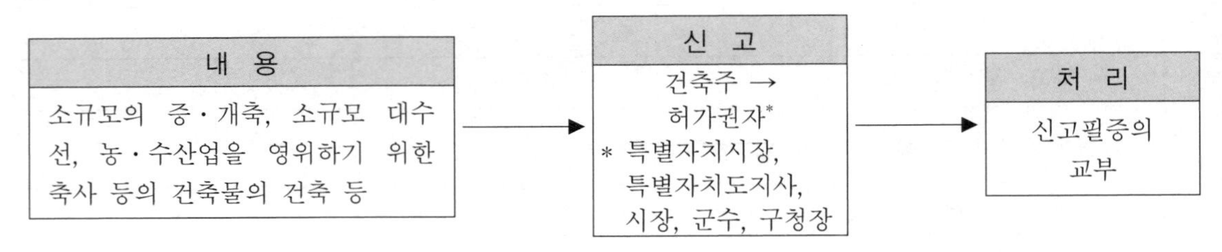

【2】 건축신고 대상

구분	내 용		비 고
대상	1. 바닥면적 85㎡ 이내의 증축·개축·재축		3층 이상 건축물인 경우 바닥면적의 합계가 건축물 연면적의 1/10 이내인 경우로 한정
	2. 관리지역·농림지역 또는 자연환경보존지역내의 연면적 200㎡ 미만이고 3층 미만인 건축물의 건축		지구단위계획구역, 방재재구, 붕괴위험지역에서의 건축 제외
	3. 대수선(연면적 200㎡ 미만이고 3층 미만인 건축물만 해당)		-
	4. 주요구조부의 해체가 없는 다음의 대수선 ① 내력벽 면적 30㎡ 이상 수선 ② 기둥·보·지붕틀 각각 3개 이상 수선 ③ 방화벽 또는 방화구획을 위한 바닥 또는 벽의 수선 ④ 주계단·피난계단·특별피난계단의 수선		-
	5. 연면적의 합계가 100㎡ 이하인 건축물		-
	6. 높이 3m이하의 범위에서의 증축하는 건축물		-
	7. 표준설계도서에 의하여 건축하는 건축물		건축조례로 정함
	8. 공장[1](2층 이하로서 연면적 합계 500㎡ 이하)	공업지역	「국토의 계획 및 이용에 관한 법률」
		지구단위계획구역(산업·유통형만 해당)	
		산업단지	「산업입지 및 개발에 관한 법률」
	9. 읍·면지역의 건축물(농업·수산업을 경영하기 위한 것)	• 연면적 200㎡ 이하 - 창고	특별자치도지사 또는 시장·군수가 지역계획 또는 도시·군계획에 지장이 있다고 인정하여 지정·공고한 구역 제외
		• 연면적 400㎡ 이하 - 축사, 작물재배사, 종묘배양시설, 화초 및 분재 등의 온실	
관계서류	1. 건축·대수선·용도변경 (변경)신고서		별지 제6호서식
	2. 배치도·층별 평면도·입면도·단면도 ① 연면적의 합계가 100㎡를 초과하는 단독주택의 경우 -건축계획서·배치도·평면도·입면도·단면도·구조도* ② 표준설계도서에 따라 건축하는 경우 -건축계획서·배치도		* 구조도(좌측 칸)의 경우 구조내력상 주요한 부분의 평면 및 단면을 표시한 것만 해당

	③ 사전결정을 받은 경우 -평면도	
	3. 허가나 신고를 위해 해당법령에서 제출하도록 의무화하고 있는 신청서 및 구비서류	해당사항이 있는 경우에 한함
	4. 건축할 대지의 범위에 관한 서류	-
	5. 건축할 대지의 소유 또는 그 사용에 관한 권리 증명 서류	건축허가의 경우와 동일(규칙 제6조제1항제1호의2 가목, 나목)
	6. 구조안전을 확인해야 하는 건축·대수선의 경우 (구조도·구조계산서)	* 소규모건축구조기준[2]에 따라 설계한 소규모건축물의 경우 구조도만 해당

■ 특별자치시장·특별자치도지사 또는 시장·군수·구청장은 건축·대수선·용도변경 (변경)신고서(별지 제6호서식)를 받은 때에는 그 기재내용을 확인한 후 그 신고의 내용에 따라 건축·대수선·용도변경 신고필증(별지 제7호서식)을 신고인에게 교부하여야 함

1) 제2종 근린생활시설 중 제조업소 등 물품의 제조·가공을 위한 시설(시행령 별표 1 제4호너목)을 포함

2) 소규모건축구조기준[국토교통부고시 제2023-786호, 2012.12.19./시행 2023.12.25., 폐지]

【3】 신고수리 여부 등의 통지

통지의무자가 건축신고 접수 등 다음의 통지 사유 발생시 민원인에게 통지하여야 함.

<table>
<tr><th>통지의무자</th><th colspan="2">통지 기한</th><th>통지 내용</th></tr>
<tr><td rowspan="3">특별자치시장·특별자치도지사·시장·군수·구청장</td><td>1. 일반적인 건축신고의 경우</td><td>신고를 받은 날부터 5일 이내</td><td rowspan="2">·신고수리 여부
·민원 처리 관련 법령에 따른 처리기간의 연장 여부</td></tr>
<tr><td rowspan="2">2. 이 법 또는 다른 법령에 따라 심의, 동의, 협의, 확인 등이 필요한 경우</td><td>신고를 받은 날부터 20일 이내</td></tr>
<tr><td>신고를 받은 날부터 5일 이내</td><td>2.의 내용과 통지기한</td></tr>
</table>

【4】 신고의 효력 상실 등

① 건축신고를 한 자가 신고일부터 1년 이내에 공사에 착수하지 아니하면 그 신고의 효력은 없어진다.

예외 건축주의 요청에 따라 허가권자가 정당한 사유가 있다고 인정하면 1년의 범위에서 착수기한 연장 가능

② 특별자치시장·특별자치도지사·시장·군수 또는 구청장은 신고를 하려는 자에게 서류를 제출하는데 도움을 줄 수 있는 건축사사무소, 건축지도원 및 건축기술자 등에 대한 정보를 충분히 제공하여야 한다.

8 가설건축물 (법 제20조) (영 제15조) (규칙 제13조)

건축물은 일반적으로 장기간 존치되는 것으로 영구적인 건축물의 의미가 있다. 이에 반하여 가설건축물은 시간을 정하여 사용하는 일시적인 건축물이라 하겠다. 이러한 가설건축물을 도시·군계획시설 또는 도시·군계획시설예정지에 건축하는 경우 도시·군계획 시행상의 차질 및 불법적인 사례의 발생을 방지하기 위하여 구조, 존치기간 등이 제한되고, 반드시 허가를 받아야 한다.

그러나 특정목적을 가진 가설건축물[(예) 재해복구, 흥행, 전람회, 공사용 가설건축물 등]은 신고로서 축조할 수 있도록 하였다.

또한, 가설건축물은 임시건축물이기 때문에 「건축법」 규정의 적용이 일부 제외된다. 가설건축물은 건축허가신청 또는 축조신고 접수시 가설건축물관리대장에 기재·관리하도록 하고 있다.

【1】 허가대상 가설건축물

① 대상

도시 · 군계획시설 또는 도시 · 군계획시설 예정지에 건축하려는 가설건축물

② 허가기준

다음 사항에 적합하면 특별자치시장·특별자치도지사 또는 시장 · 군수 · 구청장은 가설건축물의 건축을 허가하여야 함

구 분	내 용
관 계 법	「국토의 계획 및 이용에 관한 법률」 제64조에 위배되지 않을 것
층 수	4층 이상이 아닐 것
구 조*	철근콘크리트조 또는 철골철근콘크리트조가 아닐 것
존치기간*	3년 이내일 것(단, 도시 · 군계획사업이 시행될 때까지 그 기간을 연장가능)
설 비*	전기 · 수도 · 가스 등 새로운 간선공급설비의 설치를 필요로 하지 아니할 것
용 도*	공동주택 · 판매시설 · 운수시설 등 분양을 목적으로 하는 건축하는 건축물이 아닐 것
기 타	그 밖에 이 법 또는 다른 법령에 따른 제한규정을 위반하지 아니할 것

* 이 기준의 범위에서 조례로 정하는 바를 따를 것

③ 가설건축물 관리대장의 기재 · 관리 : 특별자치시장 · 특별자치도지사 또는 시장 · 군수 · 구청장은 가설건축물의 건축을 허가한 경우 가설건축물 관리대장(별지 제10호서식)에 이를 기재하고 관리하여야 함

④ 건축법 적용제외

대 상		제외 내용	법조항
도시 · 군계획시설 또는 도시 · 군계획시설예정지에 건축하는 가설건축물	일반적인 경우	• 건축물대장	법 제38조
	시장의 공지 또는 도로에 설치하는 차양시설	• 건축선의 지정	법 제46조
		• 건축물의 건폐율	법 제55조
	도시계획 예정 도로에 건축하는 경우	• 도로의 지정 · 폐지 또는 변경	법 제45조
		• 건축선의 지정	법 제46조
		• 건축선에 따른 건축제한	법 제47조

⑤ 제출서류 : 건축물의 건축허가신청의 경우와 동일함

【2】 신고대상 가설건축물

재해복구 · 흥행 · 전람회 · 공사용 가설건축물 등 다음의 가설건축물을 축조하고자 하는 자는 그 존치기간을 정하여 특별자치시장 · 특별자치도지사 또는 시장 · 군수 · 구청장에게 신고한 후 착공하여야 한다.

① 대상

1. 재해가 발생한 구역 또는 그 인접구역으로서 특별자치시장 · 특별자치도지사 또는 시장·군수·구청장이 지정하는 구역에서 일시사용을 위하여 건축하는 것
2. 특별자치시장 · 특별자치도지사 또는 시장·군수·구청장이 도시미관이나 교통소통에 지장이 없다고 인정하는 가설전람회장, 농 · 수 · 축산물 직거래용 가설점포, 그 밖에 이와 비슷한 것
3. 공사에 필요한 규모의 공사용 가설건축물 및 공작물
4. 전시를 위한 견본주택이나 그 밖에 이와 비슷한 것

5. 특별자치시장・특별자치도지사 또는 시장·군수·구청장이 도로변 등의 미관정비를 위하여 지정·공고하는 구역에서 축조하는 가설점포(물건 등의 판매를 목적으로 하는 것)로서 안전·방화 및 위생에 지장이 없는 것
6. 조립식 구조로 된 경비용으로 쓰는 가설건축물로서 연면적이 10㎡ 이하인 것
7. 조립식 경량구조로 된 외벽이 없는 임시 자동차 차고
8. 컨테이너 또는 이와 비슷한 것으로 된 가설건축물로서 임시사무실·임시창고 또는 임시숙소로 사용되는 것(건축물의 옥상에 건축하는 것은 제외. 다만, 2009.7.1~2015.6.30까지 공장 옥상에 축조하는 것 포함)
9. 도시지역 중 주거지역·상업지역 또는 공업지역에 설치하는 농업·어업용 비닐하우스로서 연면적이 100㎡ 이상인 것
10. 연면적이 100㎡ 이상인 간이축사용, 가축분뇨처리용, 가축운동용, 가축의 비가림용 비닐하우스 또는 천막(벽 또는 지붕이 합성수지 재질로 된 것 포함)구조 건축물
11. 농업·어업용 고정식 온실 및 간이작업장, 가축양육실
12. 물품저장용, 간이포장용, 간이수선작업용 등으로 쓰기 위하여 공장에 설치하는 공장 또는 창고시설에 설치하거나 인접 대지에 설치하는 천막(벽 또는 지붕이 합성수지 재질로 된 것 포함), 그 밖에 이와 비슷한 것
13. 유원지, 종합휴양업 사업지역 등에서 한시적인 관광·문화행사 등을 목적으로 천막 또는 경량구조로 설치하는 것
14. 야외전시시설 및 촬영시설
15. 야외흡연실 용도로 쓰는 가설건축물로서 연면적이 50㎡ 이하인 것
16. 그 밖에 제1호부터 제14호까지의 규정에 해당하는 것과 비슷한 것으로서 건축조례로 정하는 건축물

② 가설건축물 신고수리 여부 등의 통지(건축신고시 신고수리 통지 의무규정을 준용함)
⇨ 7 - 【3】 참조

③ 신고대상 가설건축물[전시를 위한 견본주택 등(위 ①의 4호) 제외]의 건축법 적용제외

내 용	법조항	내 용	법조항
건축물의 공사감리	법 제25조	복합자재의 품질관리 등	법 제52조의3
건축물대장	법 제38조	지하층	법 제53조
등기촉탁	법 제39조	건축물의 범죄예방	법 제53조의2
대지의 안전 등	법 제40조	건축물의 대지가 지역・지구 또는 구역에 걸치는 경우의 조치	법 제54조
토지 굴착 부분에 대한 조치 등	법 제41조		
대지의 조경	법 제42조	건축물의 건폐율	법 제55조
대지와 도로의 관계	법 제44조	건축물의 용적률	법 제56조
도로의 지정・폐지 또는 변경	법 제45조	대지의 분할 제한	법 제57조
건축선의 지정	법 제46조	대지 안의 공지	법 제58조
건축선에 따른 건축제한	법 제47조	건축물의 높이제한	법 제60조
구조내력 등	법 제48조[1)]	일조 등의 확보를 위한 건축물의 높이제한	법 제61조[3)]
건축물 내진등급의 설정	법 제48조의2	건축설비기준 등	법 제62조
건축물의 피난시설 및 용도제한 등	법 제49조[2)]	승강기	법 제64조
건축물의 내화구조 및 방화벽	법 제50조	관계전문기술자	법 제67조
고층건축물의 피난 및 안전관리	법 제50조의2	기술적 기준	법 제68조
방화지구 안의 건축물	법 제51조	용도지역 및 용도지구에서의 건축물의 건축 제한 등	국토의 계획 및 이용에 관한 법률 제76조
건축물의 내부 마감재료	법 제52조		
실내건축	법 제52조의2		

※ 앞 표 1), 2), 3)의 규정은 다음의 경우에만 적용하지 않는다.

1), 2)의 규정을 적용하지 않는 경우
a. 1층 또는 2층인 가설건축물*을 건축하는 경우
* 위 ①의 2.와 14.의 경우에는 1층인 가설건축물만 해당
b. 3층 이상인 가설건축물*을 건축하는 경우로서 지방건축위원회의 심의 결과 구조 및 피난에 관한 안전성이 인정된 경우
* 위 ①의 2.와 14.의 경우에는 2층 이상인 가설건축물
3)의 규정을 적용하지 않는 경우
- 정북방향으로 접하고 있는 대지의 소유자와 합의한 경우

④ 신고대상 가설건축물 중 전시를 위한 견본주택 등(위 ①의 4호)의 건축법 적용제외

내 용	법조항	내 용	법조항
건축물의 공사감리	법 제25조	건축물의 건폐율	법 제55조
건축물대장	법 제38조	건축물의 용적률	법 제56조
등기촉탁	법 제39조	대지의 분할 제한	법 제57조
대지의 조경	법 제42조	건축물의 높이제한	법 제60조
도로의 지정·폐지 또는 변경	법 제45조	일조 등의 확보를 위한 건축물의 높이제한	법 제61조
고층건축물의 피난 및 안전관리	법 제50조의2	기술적 기준	법 제68조
건축물의 대지가 지역·지구 또는 구역에 걸치는 경우의 조치	법 제54조	용도지역 및 용도지구에서의 건축물의 건축 제한 등	국토의 계획 및 이용에 관한 법률 제76조

⑤ 가설건축물 건축허가를 받거나 축조신고를 하려는 자는 다음의 서류를 특별자치시장·특별자치도지사 또는 시장·군수·구청장에게 다음의 서류를 제출하여야 함
1. 가설건축물 건축허가신청서 또는 가설건축물 축조신고서
2. 배치도
3. 평면도
4. 대지사용승낙서(다른 사람이 소유한 대지인 경우만 해당)
※ 건축물의 허가신청시 건축물의 건축에 관한 사항과 함께 공사용 가설건축물에 관한 사항을 제출한 경우 가설건축물 축조신고서의 제출은 생략함
⑥ 특별자치시장·특별자치도지사 또는 시장·군수·구청장은 가설건축물 건축허가신청서 또는 가설건축물 축조신고서를 받은 때에는 그 기재내용 확인 후 가설건축물 건축허가서 또는 가설건축물 축조신고필증(별지 제9호서식)을 신청인 또는 신고인에 주어야 함
⑦ 가설건축물 관리대장에 기재·관리 : 시장·군수·구청장은 가설건축물의 축조신고를 수리한 경우 가설건축물 관리대장(별지 제10호서식)에 이를 기재하고 관리하여야 함
⑧ 신고대상 가설건축물의 존치기간은 3년 이내로 함
(존치기간의 연장이 필요한 경우: 횟수별 3년의 범위에서 가설건축물별로 건축조례로 정하는 횟수만큼 존치기간 연장 가능)
예외 공사용 가설건축물 및 공작물의 경우 해당 공사의 완료일까지의 기간으로 함

【3】 가설건축물의 허가 및 신고 접수시 관계 행정기관장과의 사전 협의

① 가설건축물의 건축허가 신청 또는 축조신고를 받은 때 다른 법령에 따른 제한 규정의 확인 필요시 관계 행정기관의 장과 미리 협의하여야 함.

② 협의 요청을 받은 관계 행정기관의 장은 요청일부터 15일 이내에 의견을 제출하여야 함.
예외 협의 요청일부터 15일 이내에 의견 미제출시 협의된 것으로 인정

【4】 가설건축물의 존치기간 연장

① 특별자치시장・특별자치도지사 또는 시장・군수・구청장은 존치기간 만료일 30일 전까지 해당 가설건축물의 건축주에게 다음사항을 알려야 한다.

1. 존치기간 만료일
2. 존치기간 연장 가능 여부
3. 존치기간이 연장될 수 있다는 사실(공장에 설치된 가설건축물과 농림지역에 설치한 농업・어업용 고정식 온실 및 간이작업장, 가축양육실에 한정)

② 존치기간을 연장하려는 건축주는 다음의 구분에 따라 특별자치시장·특별자치도지사 또는 시장·군수·구청장에게 가설건축물 존치기간 연장신고서(별지 제11호서식)를 제출하여야 함.

1. 허가 대상 가설건축물: 존치기간 만료일 14일 전까지 허가 신청
2. 신고 대상 가설건축물: 존치기간 만료일 7일 전까지 신고

※ 존치기간 연장허가신청 또는 존치기간 연장신고에 관하여는 가설건축물 건축허가, 축조신고에 관한 규정을 준용함.(건축허가→존치기간 연장허가, 축조신고→존치기간 연장신고로 봄)

③ 공장에 설치한 가설건축물 등의 존치기간 연장

다음 요건을 모두 충족하는 가설건축물의 건축주가 위 ②의 기간까지 허가권자에게 존치기간의 연장을 원하지 않는다는 사실을 통지하지 않은 경우 기존과 동일한 기간(아래 ㉢의 경우 도시・군계획시설사업 시행 전까지의 기간으로 한정)으로 연장한 것으로 인정함

1. 다음 어느 하나에 해당하는 가설건축물일 것
   ㉠ 공장에 설치한 가설건축물
   ㉡ 농림지역에 설치한 신고대상 가설건축물 중 농업·어업용 고정식 온실 및 간이작업장, 가축양육실
   ㉢ 도시・군계획시설 예정지에 설치한 가설건축물 <신설 2021.1.8.>
2. 존치기간 연장이 가능한 가설건축물일 것

④ 특별자치시장・특별자치도지사 또는 시장・군수・구청장은 연장신청서를 받은 경우 그 기재내용을 확인 후 가설건축물존치기간연장신고필증(별지 제12호서식)을 발급하여야 함

⑤ 특별자치시장・특별자치도지사 또는 시장・군수・구청장은 가설건축물이 법령에 부적합 경우 가설건축물관리대장에 위반일자와 위반 내용 및 원인을 적어야 함

【5】 가설건축물 비교(허가 및 신고 대상)

구 분	허가대상 가설건축물	신고대상 가설건축물
대 상	• 도시 · 군계획시설 또는 도시 · 군계획시설 예정지에 설치하는 건축물(도시 · 군계획사업의 지장이 없는 범위 내)	• 재해복구 · 흥행, 전람회 · 공사용가설건축물 등 제한된 용도의 건축물
건축법적용 제외	• 법 적용시 일반건축물과 동일하게 준용 예외 • 일반: 법 제38조 • 차양시설: 법 제46조, 제55조 • 예정도로안의 건축물: 법 제45조, 제46조, 제47조	• 법 제25조, 제38조~제42조, 제44조~제47조, 제48조, 제48조의2, 제49조, 제50조, 제50조의2, 제51조, 제52조, 제52조의2, 제52조의4, 제53조, 제53조의2, 제54조~제58조, 제60조~제62조, 제64조, 제67조, 제68조, 「국토의 계획 및 이용에 관한 법률」 제76조
용 도	• 용도제한은 없음 지역 · 지구 건축제한에 적합하여야 함	• 법에서 정한 제한된 용도
신청서류 (제출도서)	1. 건축 · 대수선 · 용도변경허가신청서 2. 대지 범위, 소유 및 사용권 증명서류 3. 건축계획서 4. 배치도 5. 평면도 6. 입면도 7. 단면도 8. 구조도 9. 구조계산서 10. 소방설비도 11. 토지굴착 및 옹벽도	1. 가설건축물 축조신고서 2. 배치도 3. 평면도 4. 대지사용승낙서(타인소유대지인 경우) ※ 공사용 가설건축물의 경우 신고서 제출 생략 가능
존치기간의 연장	• 도시 · 군계획사업이 시행될 때까지 그 기간의 연장 가능 • 존치기간 만료일 14일 전까지 허가 신청 • 가설건축물 존치기간 연장신고서(전자문서로 된 신고서 포함) 제출	• 존치기간 만료일 7일 전까지 신고 • 가설건축물 존치기간 연장신고서(전자문서로 된 신고서 포함) 제출
기 타	• 특별자치시장 · 특별자치도지사 또는 시장 · 군수 · 구청장은 가설건축물의 건축허가신청, 축조신고를 접수한 경우 가설건축물관리대장에 기재 · 관리하여야 함 • 가설건축물 소유자나 이해관계자는 가설건축물 관리대장을 열람할 수 있음	

9 건축주와의 계약 등(법 제15조)

법 제15조【건축주와의 계약 등】

① 건축관계자는 건축물이 설계도서에 따라 이 법과 이 법에 따른 명령이나 처분, 그 밖의 관계 법령에 맞게 건축되도록 업무를 성실히 수행하여야 하며, 서로 위법하거나 부당한 일을 하도록 강요하거나 이와 관련하여 어떠한 불이익도 주어서는 아니 된다.

② 건축관계자 간의 책임에 관한 내용과 그 범위는 이 법에서 규정한 것 외에는 건축주와 설계자, 건축주와 공사시공자, 건축주와 공사감리자 간의 계약으로 정한다.

③ 국토교통부장관은 제2항에 따른 계약의 체결에 필요한 표준계약서를 작성하여 보급하고 활용하게 하거나 「건축사법」 제31조에 따른 건축사협회(이하 "건축사협회"라 한다), 「건설산업기본법」 제50조에 따른 건설업자단체로 하여금 표준계약서를 작성하여 보급하고 활용하게 할 수 있다. 〈개정 2019.4.30.〉

건축물의 건축 등에 있어 건축관계자(건축주 - 설계자, 건축주 - 공사시공자, 건축주 - 공사감리자) 사이의 분쟁을 줄이며, 상호간 책임한계를 명확히 하기 위해 「건축법」 이외의 공사 및 감리에 관한 내용을 계약으로 정하고 건설업자단체가 작성한 표준계약서를 활용할 수 있도록 하였다.

【참고】 건축공사표준계약서(국토교통부고시 제2016-193호, 2016.4.8.)
건축물의 설계 표준계약서(국토교통부고시 제2019-970호, 2019.12.31.)
건축물의 공사감리 표준계약서(국토교통부고시 제2019-971호, 2019.12.31.)
민간건설공사 표준도급계약서(국토교통부고시 제2021-1122호, 2021.9.30.)

10 허가·신고사항의 변경 등(법 제16조)(영 제12조)

허가나 신고사항의 변경은 허가 또는 신고를 한 건축물이 설계 및 시공조건의 변경 등 부득이한 경우, 변경허가(신고)를 받아 변경할 수 있도록 하고 있다. 원칙적으로 변경사항의 발생시 변경전 허가권자의 허가를 받거나 특별자치시장·특별자치도지사 또는 시장·군수·구청장에게 신고한 후 공사 등을 계속할 수 있으나, 경미한 사항의 경우 공사중단 등의 불편을 없애기 위해 사용승인시 일괄 신고할 수 있도록 하였다.

또한, 허가 또는 신고시 관계법의 허가, 신고 등의 사항은 건축허가시의 관계법 의제규정(법 제11조제5항, 6항)을 따르도록 하였다.(신설 2011.5.30.)

【1】 허가·신고사항의 변경

구 분	내 용		비 고
허가를 받아야 하는 경우	• 바닥면적의 합계가 85㎡를 초과하는 부분	신축, 증축, 개축에 해당하는 변경	신축·증축·개축·재축·이전·대수선 또는 용도변경에 해당하지 아니하는 사항은 예외
신고를 하여야 하는 경우	• 위 사항 이외의 경우	–	
	• 건축신고대상 건축물(법 제14조제1항제2호, 제5호)	변경후의 연면적이 신고대상 규모인 변경	
	• 건축주·설계자·공사시공자·공사감리자를 변경하는 경우	–	
사용승인 신청시 일괄신고	① 변경되는 부분의 바닥면적의 합계가 50㎡ 이하인 경우	건축물의 동수나 층수를 변경하지 않는 경우에 한함	④ 및 ⑤ 규정에 따른 범위의 변경 및 건축신고대상이 건축허가대상으로 되는 변경이 아닌 것에 한함
	② 변경되는 부분의 연면적의 합계가 1/10 이하인 경우	건축물의 동수나 층수를 변경하지 않은 경우(연면적이 5,000㎡ 이상인 건축물은 각 층의 바닥면적이 50㎡ 이하의 범위에서 변경되는 경우만 해당)에 한함	④ 및 ⑤ 규정에 따른 범위의 변경에 한함
	③ 대수선에 해당하는 경우	–	–
	④ 변경되는 부분의 높이가 1m 이하이거나, 전체높이의 1/10 이하인 경우	건축물의 층수를 변경하지 아니하는 경우에 한함	①, ② 및 ⑤규정에 따른 범위의 변경에 한함
	⑤ 변경되는 부분의 위치가 1m 이내에서 변경되는 경우	–	①, ② 및 ④규정에 따른 범위의 변경에 한함

【2】 변경허가 및 신고시 관련 규정의 준용

<table>
<tr><th>구 분</th><th>내 용</th><th>준용 규정</th></tr>
<tr><td rowspan="2">허가사항의 변경</td><td>• 건축허가를 받으면 관련 법령에 따른 허가, 신고 등을 받은 것으로 보는 것</td><td>건축법 제11조 제5항</td></tr>
<tr><td>• 허가, 신고 등이 관련 법령에 따른 다른 행정기관의 권한에 속하는 경우 허가권자가 미리 협의하여야 하는 것 등</td><td>건축법 제11조 제6항</td></tr>
<tr><td rowspan="2">신고사항의 변경신고</td><td>• 건축신고시 관련법령에 따른 허가, 신고 등을 받은 것으로 보는 것 등</td><td>건축법 제11조 제5항, 제6항</td></tr>
<tr><td>• 건축신고 접수시 신고수리 여부 등을 5일 이내에 통지하여야 하는 것 등</td><td>건축법 제14조 제3항, 제4항</td></tr>
</table>

11 건축관계자 변경신고 (규칙 제11조)

<table>
<tr><th colspan="2">내 용</th><th>신고자</th><th>기 타</th></tr>
<tr><td rowspan="3">① 건축 또는 대수선에 관한 허가를 받거나 신고한 자의 변동사항</td><td>• 허가 또는 신고대상 건축물을 양도한 경우</td><td>양수인</td><td rowspan="4">• 신고자는 허가권자에게 그 사실이 발생한 날로부터 7일 이내에 건축관계자변경신고서(별지 제4호서식)를 제출(변경전 건축주의 명의변경동의서 또는 권리관계의 변경사실을 증명할 수 있는 서류 첨부)
- 공사시공자 및 공사감리자의 변경은 변경한 날로부터 7일이내에 신고
• 허가권자는 신고내용검토 후 신고인에게 건축관계자 변경신고필증(별지 제5호서식)을 교부</td></tr>
<tr><td>• 허가를 받거나 신고를 한 건축주가 사망한 경우</td><td>상속인</td></tr>
<tr><td>• 허가를 받거나 신고를 한 법인이 다른 법인과 합병을 한 경우</td><td>법인(합병 후 존속되거나, 합병에 의해 설립되는)</td></tr>
<tr><td colspan="2">② 설계자, 공사시공자, 공사감리자의 변경</td><td>건축주</td></tr>
</table>

12 건축허가 수수료 (법 제17조) (규칙 제10조)

법 제17조 【건축허가 등의 수수료】

① 제11조, 제14조, 제16조, 제19조, 제20조 및 제83조에 따라 허가를 신청하거나 신고를 하는 자는 허가권자나 신고수리자에게 수수료를 납부하여야 한다.

② 제1항에 따른 수수료는 국토교통부령으로 정하는 범위에서 해당 지방자치단체의 조례로 정한다.

[별표4] 건축허가 수수료의 범위(규칙 제10조 관련)

연면적 합계		금 액(원)	
		이 상	이 하
200㎡ 미만	단독주택	2,700	4,000
	기타	6,700	9,400
200㎡ 이상 1천㎡ 미만	단독주택	4,000	6,000
	기타	14,000	20,000
1천㎡ 이상 5천㎡ 미만		34,000	54,000
5천㎡ 이상 1만㎡ 미만		68,000	100,000
1만㎡ 이상 3만㎡ 미만		135,000	200,000
3만㎡ 이상 10만㎡ 미만		270,000	410,000
10만㎡ 이상 30만㎡ 미만		540,000	810,000
30만㎡ 이상		1,080,000	1,620,000

※ 설계변경의 경우에는 변경하는 부분의 면적에 따라 적용한다.

13 공유지분의 매도청구 등(법 제17조의2,3)

공유지분자의 건축물을 신축·개축·재축 및 리모델링하는 경우 공유지분자의 수 및 공유지분의 80% 이상의 동의를 얻은 경우 대지 소유권을 인정하고 매도청구가 가능하도록 하는 등의 규정을 신설함(2016.1.19.)

【1】 건축허가 신청시 소유권 확보 예외 사유(법 제11조제11항제2호, 시행령 제9조의2)

① 건축허가를 받으려는 자는 해당 대지의 소유권을 확보하여야 하나 노후화 또는 구조안전 문제 등 다음의 사유로 건축물을 신축·개축·재축 및 리모델링을 하기 위하여 건축물 및 해당 대지의 공유자 수의 80/100 이상의 동의를 얻고 동의한 공유자의 지분 합계가 전체 지분의 80/100 이상인 경우 허가 신청이 가능함

1. 급수·배수·오수 설비 등의 설비 또는 지붕·벽 등의 노후화나 손상으로 그 기능 유지가 곤란할 것으로 우려되는 경우
2. 건축물의 노후화로 내구성에 영향을 주는 기능적 결함이나 구조적 결함이 있는 경우
3. 건축물이 훼손되거나 일부가 멸실되어 붕괴 등 그 밖의 안전사고가 우려되는 경우
4. 천재지변이나 그 밖의 재해로 붕괴되어 다시 신축하거나 재축하려는 경우

② 허가권자는 건축주가 위의 1.~3.에 해당하는 사유로 80% 동의요건을 갖춘 경우 그 사유 해당여부를 확인하기 위하여 현지조사를 하여야 함

③ 허가권자는 필요한 경우 건축주에게 다음에 해당하는 자로부터 안전진단을 받고 그 결과를 제출하도록 할 수 있음

1. 건축사
2.「기술사법」에 따라 등록한 건축구조기술사(이하 "건축구조기술사"라 한다)
3.「시설물의 안전관리에 관한 특별법」 에 따라 등록한 건축 분야 안전진단전문기관

【2】 매도청구 등

① 공유지분자 중 동의하지 아니한 공유자에게 그 공유지분을 시가(市價)로 매도할 것을 청구할 수 있으며, 매도청구 전 3개월 이상 협의를 하여야 한다.

② 매도청구에 관하여는 「집합건물의 소유 및 관리에 관한 법률」 제48조를 준용한다. 이 경우 구분소유권 및 대지사용권은 매도청구의 대상이 되는 대지 또는 건축물의 공유지분으로 봄

【3】 소유자를 확인하기 곤란한 공유지분 등에 대한 처분

① 해당 건축물 또는 대지의 공유자가 거주하는 곳을 확인하기가 현저히 곤란한 경우 전국적으로 배포되는 둘 이상의 일간신문에 두 차례 이상 공고하고, 공고한 날부터 30일 이상이 지났을 때에는 매도청구 대상이 되는 건축물 또는 대지로 봄

② 건축주는 매도청구 대상 공유지분의 감정평가액에 해당하는 금액을 법원에 공탁(供託)하고 착공할 수 있음. 이 경우 허가권자가 추천하는 감정평가법인등 2명 이상이 평가한 금액을 산술평균하여 감정평가액을 산정함

14 건축허가의 제한 등 (법 제18조)

건축허가의 제한규정은 민주주의와 경제체제의 기본이 되는 국민의 사유재산권을 제한하는 것이므로 불가피한 경우 극히, 제한적으로 행해져야 한다. 따라서 법규정에서는 제한권자의 제한 내용, 목적, 기간 등을 상세히 명시하도록 하였고, 특별시장 · 광역시장 · 도지사의 제한내용이 과도한 경우 허가제한을 해제할 수 있는 근거를 명시하고 있다.

■ 건축허가의 제한

제한권자	제한요인	제한내용	세부규정	기타
국토교통부 장관	• 국토관리상 특히 필요하다고 인정하는 경우 • 주무장관이 국방, 문화재 보존[2] · 환경보전, 국민경제상 특히 필요하다고 인정한 경우	허가권자의 건축허가나 허가를 받은 건축물의 착공 제한[1]	• 제한의 목적을 상세히 할 것 • 제한기간은 2년 이내로 하되, 1회에 한하여 1년 이내의 범위에서 그 제한기간을 연장 할 수 있다. • 대상구역의 위치, 면적, 구역경계 등 상세하게 할 것 • 대상건축물의 용도를 상세하게 할 것	• 허가권자는 통보받은 제한내용을 지체없이 공고 • 과도한 제한조치의 경우 국토교통부장관은 특별시장·광역시장·도지사의 허가제한조치의 해제를 명할 수 있다.
특별시장 · 광역시장 · 도지사	• 지역계획, 도시 · 군계획상 특히 필요하다고 인정한 경우	시장 · 군수 · 구청장의 건축허가나 허가를 받은 건축물의 착공 제한[1]		

1) 건축허가나 건축허가를 받은 건축물의 착공을 제한하려는 경우 주민의견을 청취한 후 건축위원회의 심의를 거쳐야 한다.

2) 「국가유산기본법」 제3조에 따른 국가유산의 보존 <개정 2023.5.16./시행 2024.5.17>

2 건축시공 등(법 제21조)

1 착공신고 등

착공신고는 건축공사를 시작하기 위해 선행되어야 할 사항으로 건축주가 공사시공자와 공사감리자를 정하여, 착공신고서에 함께 서명하여 허가권자에게 신고하여야 한다. 또한 공사계약서, 감리계약서 사본도 함께 제출하여 분쟁시의 근거자료로 활용토록 하고 있다.

■ 착공신고 등

구 분	내 용	비 고
대상	1. 건축허가 대상(법 제11조) 2. 건축신고대상(법 제14조) 3. 가설건축물 축조허가 대상(법 제20조제1항)	• 신고대상 가설건축물, 용도변경의 경우 예외 • 「건축물관리법」에 따라 건축물의 해체 허가, 신고시 착공예정일을 기재한 경우 제외 • 건축주는 착공신고를 할 때에 해당공사가 「산업안전보건법」에 따른 건설재해예방전문지도기관의 지도대상일 경우 기술지도계약서 사본을 첨부하여야 함
의무자 및 시기	건축주가 공사착수 전 허가권자에게 공사계획을 신고	
첨부서류 및 도서	건축공사의 착공신고는 별지 제13호서식의 착공신고서(전자문서로 된 신고서를 포함)에 다음의 서류 및 도서를 첨부하여야 함 1. 건축관계자 상호간의 계약서 사본(해당 사항이 있는 경우) 2. 첨부서류 및 도서: 앞 규칙 별표 4의2 (착공에 필요한 설계도서*) 참조 *건축허가 또는 신고를 할 때 제출한 경우 제출하지 않으며, 변경사항이 있는 경우 변경사항을 반영한 설계도서 제출 3. 감리 계약서(해당 사항이 있는 경우) 4. 「건축사법 시행령」 제21조제2항에 따라 제출받은 보험증서 또는 공제증서의 사본	
절차 등	1. 공사계획을 신고하거나 변경신고 하는 경우 해당 공사감리자 및 공사시공자가 신고서에 함께 서명 2. 건축주는 공사착수시기를 연기하고자 하는 경우 착공연기신청서(별지 제14호서식)를 허가권자에게 제출 3. 허가권자는 착공신고서 또는 착공연기신청서를 접수한 때에는 착공신고필증(별지 제15호서식), 착공연기확인서(별지 제16호서식)를 신고인이나 신청인에 교부 4. 허가권자는 신고를 받은 날부터 3일 이내에 신고수리 여부 또는 민원 처리 관련 법령에 따른 처리기간의 연장 여부를 신고인에게 통지하여야 한다.(3일 이내에 통지하지 아니하면 다음 날에 신고를 수리한 것으로 본다.) 5. 허가권자는 가스, 전기·통신, 상·하수도 등 지하매설물에 영향을 줄 우려가 있는 토지굴착공사를 수반하는 건축물의 착공신고가 있는 경우, 해당 지하매설물의 관리기관에 토지굴착공사에 관한 사항을 통보하여야 함	
기타	시공자 규제(법 제21조제3항) - 「건설산업기본법」 제41조	

【참고1】 착공신고에 필요한 설계도서(시행규칙 별표 4의2) 〈개정 2021.8.27〉

분야	도서의 종류	내 용
1. 건축	가. 도면 목록표	공종 구분해서 분류 작성
	나. 안내도	방위, 도로, 대지주변 지물의 정보 수록
	다. 개요서	1) 개요(위치 · 대지면적 등) 2) 지역 · 지구 및 도시계획사항 3) 건축물의 규모(건축면적 · 연면적 · 높이 · 층수 등) 4) 건축물의 용도별 면적 5) 주차장 규모
	라. 구적도	대지면적에 대한 기술
	마. 마감재료표	바닥, 벽, 천정 등 실내 마감재료 및 외벽 마감재료(외벽에 설치하는 단열재를 포함한다)의 성능, 품명, 규격, 재질, 질감 및 색상 등의 구체적 표기
	바. 배치도	축척 및 방위, 건축선, 대지경계선 및 대지가 정하는 도로의 위치와 폭, 건축선 및 대지경계선으로부터 건축물까지의 거리, 신청 건물과 기존 건물과의 관계, 대지의 고저차, 부대시설물과의 관계
	사. 주차계획도	1) 법정 주차대수와 주차 확보대수의 대비표, 주차배치도 및 차량 동선도 차량진출입 관련 위치 및 구조 2) 옥외 및 지하 주차장 도면
	아. 각 층 및 지붕 평면도	1) 기둥 · 벽 · 창문 등의 위치 및 복도, 계단, 승강기 위치 2) 방화구획 계획(방화문, 자동방화셔터, 내화충전구조 및 방화댐퍼의 설치 계획을 포함한다)
	자. 입면도(2면 이상)	1) 주요 내외벽, 중심선 또는 마감선 치수, 외벽마감재료 2) 건축자재 성능 및 품명, 규격, 재질, 질감, 색상 등의 구체적 표기 3) 간판 및 건물번호판의 설치계획(크기 · 위치)
	차. 단면도(종 · 횡단면도)	1) 건축물 최고높이, 각 층의 높이, 반자높이 2) 천정 안 배관 공간, 계단 등의 관계를 표현 3) 방화구획 계획(방화문, 자동방화셔터, 내화충전구조 및 방화댐퍼의 설치 계획을 포함한다)
	카. 수직동선상세도	1) 코아(Core) 상세도(코아 안의 각종 설비관련 시설물의 위치) 2) 계단 평면 · 단면 상세도 3) 주차경사로 평면 · 단면 상세도
	타. 부분상세도	1) 지상층 외벽 평면 · 입면 · 단면도 2) 지하층 부분 단면 상세도
	파. 창호도(창문 도면)	창호 일람표, 창호 평면도, 창호 상세도, 창호 입면도
	하. 건축설비도	냉방 · 난방설비, 위생설비, 환경설비, 정화조, 승강설비 등 건축설비
	거. 방화구획 상세도	방화문, 자동방화셔터, 내화충전구조, 방화댐퍼 설치부분 상세도
	너. 외벽 마감재료의 단면 상세도	외벽의 마감재료(외벽에 설치하는 단열재를 포함한다)의 종류별 단면 상세도(법 제52조제2항에 따른 건축물만 해당한다)
2. 일반	가. 시방서	1) 시방내용(국토교통부장관이 작성한 표준시방서에 없는 공법인 경우만 해당한다) 2) 흙막이공법 및 도면
3. 구조	가. 도면 목록표	
	나. 기초 일람표	
	다. 구조 평면 · 입면 · 단면도(구조 안전 확인 대상 건축물)	1) 구조내력상 주요한 부분의 평면 및 단면 2) 주요부분의 상세도면(배근상세, 접합상세, 배근 시 주의사항 표기) 3) 구조안전확인서
	라. 구조가구도	골조의 단면 상태를 표현하는 도면으로 골조의 상호 연관관계를 표현

	마. 앵커(Anchor)배치도 및 베이스 플레이트(Base Plate) 설치도	
	바. 기둥 일람표	
	사. 보 일람표	
	아. 슬래브(Slab) 일람표	
	자. 옹벽 일람표	
	차. 계단배근 일람표	
	카. 주심도	
4. 기계	가. 도면 목록표	
	나. 장비일람표	규격, 수량을 상세히 기록
	다. 장비배치도	기계실, 공조실 등의 장비배치방안 계획
	라. 계통도	공조배관 설비, 덕트(Duct) 설비, 위생 설비 등 계통도
	마. 기준층 및 주요층 기구 평면도	공조배관 설비, 덕트 설비, 위생 설비 등 평면도
	바. 저수조 및 고가수조	저수조 및 고가수조의 설치기준을 표시
	사. 도시가스 인입 확인	도시가스 인입지역에 한해서 조사 및 확인
5. 전기	가. 도면 목록표	
	나. 배치도	옥외조명 설비 평면도
	다. 계통도	1) 전력 계통도
		2) 조명 계통도
	라. 평면도	조명 평면도
6. 통신	가. 도면 목록표	
	나. 배치도	옥외 CCTV설비와 옥외방송 평면도
	다. 계통도	1) 구내통신선로설비 계통도
		2) 방송공동수신설비 계통도
		3) 이동통신 구내선로설비 계통도
		4) CCTV설비 계통도
	라. 평면도	1) 구내통신선로설비 평면도
		2) 방송공동수신설비 평면도
		3) 이동통신 구내선로설비 평면도
		4) CCTV설비 평면도
7. 토목	가. 도면 목록표	
	나. 각종 평면도	주요시설물 계획
	다. 토지굴착 및 옹벽도	1) 지하매설구조물 현황 2) 흙막이 구조(지하 2층 이상의 지하층을 설치하는 경우 또는 지하 1층을 설치하는 경우로서 법 제27조에 따른 건축허가 현장조사·검사 또는 확인시 굴착으로 인하여 인접대지 석축 및 건축물 등에 영향이 있어 조치가 필요하다고 인정된 경우만 해당한다) 3) 단면상세 4) 옹벽구조
	라. 대지 종·횡단면도	
	마. 포장계획 평면·단면도	
	바. 우수·오수 배수처리 평면·종단면도	

	사. 상하수 계통도	우수·오수 배수처리 구조물 위치 및 상세도, 공공하수도와의 연결방법, 상수도 인입계획, 정화조의 위치
	아. 지반조사 보고서	시추조사 결과, 지반분류, 지반반력계수 등 구조설계를 위한 지반자료(주변 건축물의 지반조사 결과를 적용하여 별도의 지반조사가 필요 없는 경우, 「건축물의 구조기준 등에 관한 규칙」에 따른 소규모건축물로 지반을 최저 등급으로 가정한 경우, 지반조사를 할 수 없는 경우 등 허가권자가 인정하는 경우에는 지반조사 보고서를 제출하지 않을 수 있다.
8. 조경	가. 도면 목록표	
	나. 조경 배치도	법정 면적과 계획면적의 대비, 조경계획 및 식재 상세도
	다. 식재 평면도	
	라. 단면도	

비고 : 법 제21조에 따라 착공신고하려는 건축물의 공사와 관련 없는 설계도서는 제출하지 않는다.

【참고2】 건축물 시공자의 제한(「건설산업기본법」 제41조)

법 제41조【건설공사 시공자의 제한】

① 다음 각 호의 어느 하나에 해당하는 건축물의 건축 또는 대수선(大修繕)에 관한 건설공사(제9조제1항 단서에 따른 경미한 건설공사는 제외한다. 이하 이 조에서 같다)는 건설사업자가 하여야 한다. 다만, 다음 각 호 외의 건설공사와 농업용, 축산업용 건축물 등 대통령령으로 정하는 건축물의 건설공사는 건축주가 직접 시공하거나 건설사업자에게 도급하여야 한다. <개정 2019.4.30>

1. 연면적이 200제곱미터를 초과하는 건축물
2. 연면적이 200제곱미터 이하인 건축물로서 다음 각 목의 어느 하나에 해당하는 경우
   가. 「건축법」에 따른 공동주택
   나. 「건축법」에 따른 단독주택 중 다중주택, 다가구주택, 공관, 그 밖에 대통령령으로 정하는 경우
   다. 주거용 외의 건축물로서 은 사람이 이용하는 건축물 중 학교, 병원 등 대통령령으로 정하는 건축물

3., 4. 삭제 <2017.12.26>

② 다중이 이용하는 시설물로서 다음 각 호의 어느 하나에 해당하는 새로운 시설물의 설치에 관한 건설공사는 건설사업자가 시공하여야 한다. <개정 2019.4.30>

1. 「체육시설의 설치 · 이용에 관한 법률」에 따른 체육시설 중 대통령령이 정하는 체육시설
2. 도시공원 및 녹지 등에 관한 법률」에 따른 도시공원 또는 도시공원 안에 설치되는 공원시설로서 대통령령이 정하는 시설물
3. 자연공원법」에 따른 자연공원 안에 설치되는 공원시설 중 대통령령이 정하는 시설물
4. 「관광진흥법」에 따른 유기시설 중 대통령령이 정하는 시설물

2 건축시공 (법 제24조) (규칙 제18조)

【1】 성실시공의무 등

① 공사시공자는 건축주와의 계약에 따라 성실하게 공사를 수행하여야 함

② 「건축법」 및 그 밖의 관계 법령에 맞게 건축하여 건축주에게 인도하여야 함

【2】 설계도서의 비치

공사시공자는 건축물(건축허가나 용도변경 허가 대상만 해당)의 공사현장에 설계도서를 갖추어야 함

【3】 설계변경의 요청

공사시공자는 다음의 경우 건축주 및 공사감리자의 동의를 얻어 서면으로 설계자에게 설계변경요청 할 수 있다.

① 설계도서가 「건축법」 과 이 법에 따른 명령이나 처분, 그 밖의 관계 법령의 규정에 맞지 않은 경우

② 설계도서가 공사의 여건상 불합리하다고 인정되는 경우

【4】 상세시공도면의 작성

공사시공자는 다음의 경우 상세시공도면을 작성하여 공사를 하여야 한다. 이 경우 공사감리자의 확인을 받아야 한다.

① 공사시공자가 당해 공사를 함에 있어 필요하다고 인정하는 경우

② 공사감리자로부터 상세시공도면의 요청을 받은 경우

【5】 건축허가표지판의 설치

공사시공자는 건축허가나 용도변경의 허가가 필요한 건축물의 건축공사를 착수한 경우에는 공사현장에 건축허가표지판을 설치하여야 함

【6】 현장관리인의 지정 및 업무

(1) 현장관리인의 지정

1. 대상 건축물	「건설산업기본법」 에 따라 건설사업자가 건설공사를 하여야 하는 건축물에 해당하지 아니하는 건축물
2. 지정	건축주는 공사 현장의 공정 및 안전을 관리하기 위하여 건설기술인 1명을 현장관리인으로 지정할 것

(2) 현장관리인의 업무

1. 건축물 및 대지가 이 법 또는 관계 법령에 적합하도록 건축주를 지원하는 업무
2. 건축물의 위치와 규격 등이 설계도서에 따라 적정하게 시공되는 지에 대한 확인・관리
3. 시공계획 및 설계 변경에 관한 사항 검토 등 공정관리에 관한 업무
4. 안전시설의 적정 설치 및 안전기준 준수 여부의 점검・관리
5. 그 밖에 건축주와 계약으로 정하는 업무
6. 건축주의 승낙을 받지 아니하고는 정당한 사유 없이 그 공사 현장 이탈 금지

【7】 공사시공자의 공정 사진 및 동영상 촬영 의무

(1) 촬영 의무 대상

1. 다중이용 건축물	-
2. 특수구조 건축물	-
3. 건축물의 하층부가 필로티나 그 밖에 이와 비슷한 구조*로서 상층부와 다른 구조형식으로 설계된 건축물(이하 "필로티형식 건축물") 중 3층 이상인 건축물	* 벽면적의 1/2 이상이 그 층의 바닥면에서 위층 바닥 아래면까지 공간으로 된 것만 해당

(2) 촬영 시기 : 감리중간보고서의 제출 대상 공정

1) 다중이용 건축물

구 조	공 정
1. 철근콘크리트조·철골철근콘크리트조·조적조·보강콘크리트블럭조	① 기초공사 시 철근배치를 완료한 경우
	② 지붕슬래브배근을 완료한 경우
	③ 지상 5개 층마다 상부 슬래브배근을 완료한 경우
2. 철골조	① 기초공사 시 철근배치를 완료한 경우
	② 지붕철골 조립을 완료한 경우
	③ 지상 3개 층마다 또는 높이 20m마다 주요구조부의 조립을 완료한 경우
3. 위 1, 2 외의 구조	기초공사에서 거푸집 또는 주춧돌의 설치를 완료한 경우

2) 특수구조 건축물

1. 매 층마다 상부 슬래브배근을 완료한 경우
2. 매 층마다 주요구조부의 조립을 완료한 경우

3) 3층 이상의 필로티형식 건축물

1. 기초공사 시 철근배치를 완료한 경우	-
2. 건축물 상층부의 하중이 상층부와 다른 구조형식의 하층부로 전달되는 우측란 ①, ② 부재(部材)의 철근배치를 완료한 경우	① 기둥 또는 벽체 중 하나
	② 보 또는 슬래브 중 하나

(3) 촬영결과의 보관 및 제출

① 의무자 : 공사시공자

② 해당진도에 다다른 때마다 촬영한 사진 및 동영상을 디지털파일 형태로 가공·처리하여 보관

③ 해당 사진 및 동영상을 디스크 등 전자저장매체 또는 정보통신망을 통하여 공사감리자에게 제출

(4) 공사감리자 및 건축주의 조치 등

① 사진 및 동영상을 제출받은 공사감리자는 그 내용의 적정성을 검토한 후 건축주에게 감리중간보고서 및 감리완료보고서를 제출할 때 해당 사진 및 동영상을 함께 제출

② 사진 및 동영상을 제출받은 건축주는 허가권자에게 감리중간보고서 및 감리완료보고서를 제출할 때 해당 사진 및 동영상을 함께 제출

③ 위 규정내용 외에 필요한 사항은 국토교통부장관이 정하여 고시

【참고】 건축공사 감리세부기준(국토교통부고시 제2020-1011호, 2020.12.24)

【8】 공사현장의 위해방지조치 (법 제28조) (영 제21조)

법 제28조【공사현장의 위해 방지 등】

① 건축물의 공사시공자는 대통령령으로 정하는 바에 따라 공사현장의 위해를 방지하기 위하여 필요한 조치를 하여야 한다.

② 허가권자는 건축물의 공사와 관련하여 건축관계자간 분쟁상담 등의 필요한 조치를 하여야 한다.

영 제21조【공사현장의 위해 방지】
건축물의 시공 또는 철거에 따른 유해 · 위험의 방지에 관한 사항은 산업안전보건에 관한 법령에서 정하는 바에 따른다. [전문개정 2008.10.29]

【9】허용오차 (법 제26조) (규칙 제20조)

허용오차는 대지의 측량과 건축물의 공사 중 의도되지 않게 부득이하게 발생하는 오차를 수용하기 위한 규정으로서, 공사시작부터 허용오차의 범위를 의도적으로 고려해서는 안된다.

또한, 대지와 관련된 허용오차와 건축물과 관련된 허용오차가 동시에 적용되는 경우, 모든 경우를 동시에 충족시켜야 적법하게 인정된다.

【참고】건축허용오차(규칙 제20조 관련, 별표5)

1. 대지관련 건축기준

항 목	허용되는 오차의 범위
건축선의 후퇴거리	3% 이내
인접대지 경계선과의 거리	3% 이내
인접건축물과의 거리	3% 이내
건폐율	0. 5% 이내(건축면적 5㎡를 초과할 수 없다)
용적률	1% 이내(연면적 30㎡를 초과할 수 없다)

2. 건축물관련 건축기준

항 목	허용되는 오차의 범위
건축물 높이	2% 이내(1m를 초과할 수 없다)
평면길이	2% 이내(건축물 전체길이는 1미터를 초과할 수 없고, 벽으로 구획된 각실의 경우에는 10%를 초과할 수 없다)
출구너비	2% 이내
반자높이	2% 이내
벽체두께	3% 이내
바닥판두께	3% 이내

3 건축물의 공사감리 (법 제25조) (영 제19조) (규칙 제19조)

건축허가를 받은 건축물은 원칙적으로 계약에 의해 건축사를 공사감리자로 정하여야 할 의무가 있다. 이는 전문가인 건축사로 하여금 시공자의 시공과정을 감독·관리하게 함으로써 불법건축물을 방지하고 보다 양질의 건축물을 생산하게 하여 건축법의 목적인 공공복리증진에 기여할 수 있도록 하는 조치라 하겠다.

건축법상의 감리규정은 감리대상, 감리종류, 감리원의 자격과 감리업무내용 등의 규정이 있다.

1 공사감리 업무내용

1. 공사시공자가 설계도서에 따라 적합하게 시공하는지 여부의 확인
2. 공사시공자가 사용하는 건축자재가 관계법령에 따른 기준에 적합한 건축자재인지 여부의 확인
3. 건축물 및 대지가 이 법 및 관계 법령에 적합하도록 공사시공자 및 건축주를 지도
4. 시공계획 및 공사관리의 적정여부 확인
5. 공사현장에서의 안전관리의 지도
6. 공정표의 검토
7. 상세시공도면의 검토·확인
8. 구조물의 위치와 규격의 적정여부의 검토·확인
9. 품질시험의 실시여부 및 시험성과의 검토·확인
10. 설계변경의 적정여부의 검토·확인
11. 건축공사의 하도급과 관련된 다음의 확인 ① 수급인(하수급인을 포함)이 시공자격을 갖춘 건설사업자에게 건축공사를 하도급했는지에 대한 확인 ② 수급인(하수급인을 포함)이 공사현장에 건설기술인을 배치했는지에 대한 확인
11. 기타 공사감리계약으로 정하는 사항

2 감리대상·감리자의 자격·감리시기 및 방법

【1】 공사감리 대상, 종류 및 감리자의 자격 등

건축주는 아래 표의 건축물을 건축하는 경우 건축사 등을 공사감리자로 지정하여 공사감리를 하게 하여야 한다.

감리 종류 및 대상	감리자 자격	감리자 배치 및 감리방법 등
1. 일반공사감리 ① 건축허가대상 건축물의 건축 ② 사용승인후 15년 이상된 건축물의 리모델링 ③ 리모델링 활성화 구역안 건축물의 리모델링	건축사	• 수시 및 필요한 때 공사현장에서 감리업무 수행 <공통내용> • 감리업무내용(※앞 해설 참조) • 건축주에게 감리내용을 보고 -감리중간보고 -감리완료보고
2. 상주공사감리 ① 바닥면적의 합계 5천m² 이상인 건축공사(축사 또는 작물 재배사의 건축공사는 제외) ② 연속된 5개 층(지하층 포함) 이상으로서 바닥면적의 합계가 3천m² 이상인 건축공사 ③ 아파트(30세대 미만) 건축공사 ④ 준다중이용 건축물 건축공사	건축사	• 건축분야의 건축사보 1인 이상을 전체공사기간동안 공사현장에 배치하여 감리업무수행 • 토목·전기·기계분야 건축사보 1인 이상이 각 분야별 해당공사 기간동안 공사현장에서 감리업무 수행 <공통내용> 위와 같음

3. 다중이용 건축물의 공사감리 ① 바닥면적의 합계가 5천㎡ 이상인 다음 용도의 건축물 • 문화 및 집회시설(전시장 및 동·식물원 제외) • 종교시설 • 판매시설 • 운수시설 중 여객자동차터미널 • 의료시설 중 종합병원 • 숙박시설 중 관광숙박시설 ② 16층 이상인 건축물	• 「건설기술 진흥법」에 따른 건설엔지니어링사업자 • 건축사(「건설기술 진흥법」에 따른 건설사업관리기술인 배치시)	• 건설엔지니어링사업자는 해당공사의 규모 및 공종에 적합하다고 인정하는 건설기술인을 건설사업관리 업무에 배치 • 건설엔지니어링사업자는 시공 단계의 건설사업관리기술인을 상주기술인과 기술지원기술인로 구분하여 배치 <공통내용> 위와 같음. • 건설사업관리의 업무범위 및 업무내용은 「건설기술 진흥법」에 따름

【참고】 공사감리자의 자격

공사시공자 본인이나 「독점규제 및 공정거래에 관한 법률」에 따른 계열회사는 공사감리자가 될 수 없다.

【2】 건축사보의 자격 및 배치 등

(1) 상주공사감리 건축사보의 자격

자 격	관련 규정
① 건축사보(건축사 사무소에 소속되어 있는 사람)	「건축사법」 제2조제2호(건축사보의 정의)
② 기술사사무소 또는 건설엔지니어링사업자 등에 소속되어 있는 사람으로서 - 해당 분야 기술계 자격을 취득한 사람 - 건설사업관리를 수행할 자격이 있는 사람	「기술사법」 제6조 「건축사법」 제23조제9항 「국가기술자격법」 「건설기술 진흥법 시행령」 제4조
■ 건축사보는 해당 분야의 건축공사의 설계·시공·시험·검사·공사감독 또는 감리업무 등에 2년 이상 종사한 경력이 있는 사람이어야 함	

(2) 토목공사 감리현장의 건축사보의 배치

① 대상	- 깊이 10m 이상의 토지 굴착공사 - 높이 5m 이상의 옹벽 등의 공사	산업단지*에서 바닥면적 합계가 2,000㎡ 이하인 공장을 건축하는 경우 제외
② 건축사보의 배치	건축 또는 토목 분야의 건축사보 1명 이상을 해당 공사기간 동안 공사현장에서 감리업무를 수행	

■ 건축사보는 건축공사의 시공·공사감독 또는 감리업무 등에 2년 이상 종사한 경력이 있는 사람이어야 함

*「산업집적활성화 및 공장설립에 관한 법률」 제2조제14호에 따른 산업단지

(3) 마감재료 설치공사 감리현장의 건축사보의 배치 〈신설 2021.8.10.〉

① 대상	다음 용도 건축물의 마감재료 설치공사* 감리 ㉠ 공장 ㉡ 창고시설 ㉢ 자동차관련 시설 ㉣ 위험물 저장 및 처리 시설(자가난방과 자가발전 등의 용도 포함)
② 건축사보의 배치	건축 또는 안전관리 분야의 건축사보 1명 이상이 마감재료 설치공사기간 동안 그 공사현장에서 감리업무를 수행

■ 건축사보는 건축공사의 설계·시공·시험·검사·공사감독 또는 감리업무 등에 2년 이상 종사한 경력이 있는 사람이어야 함

* 불연재료·준불연재료 또는 난연재료가 아닌 단열재를 사용하는 경우로서 해당 단열재가 외기(外氣)에 노출되는 공사

(4) 건축사보의 감리업무 수행

건축사보에게 감리업무[앞 (1)~(3)]를 수행하게 하는 경우 다른 공사현장이나 공정의 감리업무를 수행하고 있지 않는 건축사보가 감리업무를 수행하게 해야 한다.

(5) 건축사보 배치현황 제출 등

공사현장에 건축사보를 두는 공사감리자는 다음의 기간에 건축사보 배치현황을 허가권자에게 제출해야 한다.

1) 배치현황 제출 기한

구 분	내 용
① 최초로 건축사보를 배치하는 경우	착공 예정일부터 7일
② 건축사보의 배치가 변경된 경우	변경된 날부터 7일
③ 건축사보가 철수한 경우	철수한 날부터 7일

2) 배치현황 제출 서류(건축사보의 철수의 경우 ②, ③ 제외)

① 건축공사 건축사보 배치 현황 제출(별지 제22호의2서식)

② 예정공정표(건축주의 확인을 받은 것) 및 분야별 건축사보 배치계획

③ 건축사보의 경력, 자격 및 소속을 증명하는 서류

3) 건축사보의 이중 배치 여부의 확인

공사감리자는 공사현장에 배치되는 건축사보(배치기간을 변경하거나 철수하는 경우의 건축사보는 제외)로부터 배치기간 및 다른 공사현장이나 공정에 이중으로 배치되었는지 여부를 확인받은 후 해당 건축사보의 서명·날인을 받아야 한다.

(6) 건축사보 배치현황을 제출 받은 후의 조치〈시행 2024.3.13.〉

1) 허가권자는 공사감리자로부터 건축사보 배치현황을 받으면 지체 없이 그 배치현황(→건축사보가 이중으로 배치되어 있는지 여부 등 다음의 내용을 확인한 후 행정정보 공동이용센터를 통해 그 배치현황)을 대한건축사협회에 보내야 함

① (5) 2) ②, ③ 첨부서류의 내용이 영 제19조(공사감리) ②, ⑤, ⑥, ⑦의 규정에 적합한지 여부

② 건축사보가 영 제19조(공사감리) ②, ⑤, ⑥, ⑦의 규정에 따른 건축공사 현장에 이중으로 배치되어 있는지 여부

2) 대한건축사협회는 건축사보 배치현황을 관리하여야 하며, 이중배치 등을 발견(→확인)한 경우 지체 없이 그 사실 등을 관계 시·도지사(→시·도지사, 허가권자 및 그 밖에 다음의 자)에게 알려야 함

①「주택법」에 따른 주택건설사업 사업계획승인권자(이하 "주택건설사업계획승인권자")

②「건설기술진흥법 시행규칙」에 따른 건설엔지니어링 실적관리 수탁기관(이하 "건설엔지니어링 실적관리 수탁기관")

(7) 대한건축사협회의 건축사보 이중배치의 확인〈시행 2024.3.13.〉

대한건축사협회는 다음의 자료를 활용하여 건축사보가 공사현장에 이중으로 배치되어 있는지 여부를 확인한다.

① 건축사보 배치현황 자료
② 국토교통부장관이 정하는 바에 따라 주택건설사업계획승인권자로부터 받은 감리원 배치자료
③ 국토교통부장관이 정하는 바에 따라 건설엔지니어링 실적관리 수탁기관으로부터 받은 건설엔지니어링 참여 기술인의 현황 자료

3 허가권자가 공사감리자를 지정하는 소규모 건축물(법 제25조제2항)(영 제19조의2)(규칙 제19조의3,4)

【1】 허가권자가 공사감리자를 지정하는 소규모 건축물

허가권자는 다음 건축물의 공사감리자를 해당건축물의 설계에 참여하지 않은 자 중에서 지정한다.

(1) 건설사업자의 의무시공 대상 건축물[1]에 해당하지 않는 소규모 건축물[2]로서 건축주가 직접 시공하는 건축물

1) 건설사업자의 의무시공 대상 건축물(건축 또는 대수선 공사)

1. 연면적 200㎡ 초과 건축물		
2. 연면적 200㎡ 이하 건축물	■ 주거용 건축물	■ 주거용 외의 건축물
	- 공동주택 - 단독주택 중 다중주택, 다가구주택, 공관 - 단독주택의 형태를 갖춘 가정어린이집 · 공동생활가정 · 지역아동센터 및 노인복지시설(노인복지주택은 제외)	- 학교, 어린이집, 유치원, - 특수교육기관 및 장애인평생교육시설 - 평생교육시설, 학원 - 유흥주점, 숙박시설, 다중생활시설 - 병원, 업무시설 - 관광숙박시설, 관광객 이용 시설중 전문휴양시설 · 종합휴양시설 및 관광공연장

2) 소규모 건축물 중 다음의 경우는 제외한다.

① 단독주택(별표1 제1호가목)

② 농업·임업·축산업 또는 어업용으로 설치하는 창고·저장고·작업장·퇴비사·축사·양어장 및 그 밖에 이와 유사한 용도의 건축물

③ 해당 건축물의 건설공사가 「건설산업기본법 시행령」에 따른 경미한 건설공사 【참고】인 경우

【참고】 경미한 건설공사(「건설산업기본법 시행령」 제8조제1항)

1. 종합공사를 시공하는 업종과 그 업종별 업무내용에 해당하는 건설공사	1건 공사의 공사예정금액이 5,000만원미만
2. 전문공사를 시공하는 업종과 그 업종별 업무내용에 해당하는 건설공사	공사예정금액이 1,500만원미만
3. 조립 · 해체하여 이동이 용이한 기계설비 등의 설치공사	당해 기계설비 등을 제작하거나 공급하는 자가 직접 설치하는 경우에 한함

(2) 주택으로 사용하는 다음의 건축물

① 아파트
② 연립주택
③ 다세대주택
④ 다중주택
⑤ 다가구주택
⑥ ①~⑤에 해당하는 건축물과 그 외의 건축물이 하나의 건축물로 복합된 건축물

【2】 공사감리자의 지정 절차 등

(1) 건축사 명부의 작성 및 관리

시·도지사는 공사감리자를 지정하기 위하여 다음의 자를 대상으로 모집공고를 거쳐 건축사사무소의 개설신고를 한 건축사의 명부를 작성하고 관리하여야 한다.
이 경우 시·도지사는 미리 관할 시장·군수·구청장과 협의하여야 한다.

구 분	근거 규정	대 상
1. 다중이용 건축물	「건축사법」 제23조제1항	건축사사무소의 개설신고를 한 건축사
	「건설기술 진흥법」	건설엔지니어링사업자
2. 그 밖의 경우	「건축사법」 제23조제1항	건축사사무소의 개설신고를 한 건축사

(2) 공사감리자의 지정 신청

건축주는 착공신고를 하기 전에 허가권자에게 공사감리자 지정신청서(별지 제22호의3서식)를 허가권자에게 제출하여야 한다.

(3) 공사감리자의 지정 통보

허가권자는 신청서를 받은 날부터 7일 이내에 건축사 명부에서 공사감리자를 지정한 후 공사감리자 지정통보서(별지 제22호의4서식)를 건축주에게 송부하여야 한다.

(4) 감리계약의 체결

건축주는 지정통보서를 받으면 해당 공사감리자와 감리 계약을 체결하여야 하며, 공사감리자의 귀책사유로 감리 계약이 체결되지 아니하는 경우를 제외하고는 지정된 공사감리자를 변경할 수 없다.

(5) 감리비의 확인

① 건축주는 착공신고 시 감리비용이 명시된 감리 계약서를 허가권자에게 제출해야 한다.

② 건축주는 사용승인 신청 시 감리용역 계약내용에 따라 감리비용을 지급해야 하며, 허가권자는 감리 계약서에 따라 감리비용이 지급되었는지 확인 후 사용승인을 하여야 한다.

(6) 설계자의 건축과정 참여

① 건축주는 설계자의 설계의도가 구현되도록 해당 건축물 설계자를 건축과정에 참여시켜야 한다. 이 경우 「건축서비스산업 진흥법」 제22조(설계의도 구현) 규정을 준용한다.

② 건축주는 착공신고를 하는 때에 다음 서류를 허가권자에게 제출하여야 한다.

- 설계자의 건축과정 참여에 관한 계획서
- 건축주와 설계자와의 계약서

(7) 세부사항과 감리비용 등의 지정

① 공사감리자 모집공고, 명부작성 방법 및 공사감리자 지정 방법 등에 관한 세부적인 사항은 시·도의 조례로 정한다.

② 감리비용에 관한 기준을 해당 지방자치단체의 조례로 정할 수 있다.

【3】 건축물 설계자의 공사감리자 지정

① 건축주가 국토교통부령으로 정하는 바에 따라 허가권자에게 신청하는 경우 해당 건축물을 설계한 자를 공사감리자로 지정할 수 있다.

대 상	요 건	관련 규정
1. 신기술*을 적용하여 설계한 건축물	* 건축물의 주요구조부 및 주요구조부에 사용하는 마감재료에 적용하는 신기술을 적용하여 설계한 건축물	「건설기술 진흥법」 제14조
2. 역량 있는 건축사*가 설계한 건축물	* 건축주가 허가권자에게 공사감리 지정을 신청한 날부터 최근 10년간 우측 규정에 해당하는 설계공모 또는 대회에서 당선되거나 최우수 건축 작품으로 수상한 실적이 있는 건축사	「건축서비스산업 진흥법」 제13조제4항, 「건축서비스산업 진흥법 시행령」 제11조제1항
3. 설계공모를 통하여 설계한 건축물		

② 해당 건축물을 설계한 자를 공사감리자로 지정하여 줄 것을 신청하려는 건축주는 '허가권자가 지정하는 감리대상 건축물 제외 신청서(제22호의5서식)'에 다음 서류 중 어느 하나를 첨부하여 허가권자에게 제출해야 한다.

<table>
<tr><td colspan="2">1. 신기술을 보유한 자가 신기술을 적용하여 설계하였음을 증명하는 서류(① 표1.)</td></tr>
<tr><td colspan="2">2. 역량있는 건축사임을 증명하는 서류(① 표2.)</td></tr>
<tr><td rowspan="5">3. 설계공모를 통하여 설계한 건축물임을 증명하는 서류로서 우측 내용이 포함된 서류</td><td>· 설계공모 방법</td></tr>
<tr><td>· 설계공모 등의 시행공고일 및 공고 매체</td></tr>
<tr><td>· 설계지침서</td></tr>
<tr><td>· 심사위원의 구성 및 운영</td></tr>
<tr><td>· 공모안 제출 설계자 명단 및 공모안별 설계 개요</td></tr>
</table>

③ 허가권자는 신청서를 받으면 제출한 서류에 대하여 관계 기관에 사실을 조회할 수 있다.

④ 허가권자는 사실 조회 결과 제출서류가 거짓으로 판명된 경우 건축주에게 그 사실을 알려야 하며, 건축주는 통보받은 날부터 3일 이내에 이의를 제기할 수 있다.

⑤ 허가권자는 신청서를 받은 날부터 7일 이내에 건축주에게 그 결과를 서면으로 알려야 한다.

4 상세시공도면의 작성요청(법 제25조제5항)

연면적의 합계가 5,000㎡ 이상의 건축공사에 있어 공사감리자가 필요하다고 인정하는 경우에는 공사시공자에게 상세시공도면을 작성하도록 요청할 수 있다.

5 감리보고서 등의 작성 등(법 제25조제6항)

【1】 감리일지, 감리보고서 등의 작성 및 제출

<table>
<tr><th>작성자</th><th>구 분</th><th>내 용</th><th>제 출</th></tr>
<tr><td rowspan="2">감리자</td><td>감리일지
(별지 제21호서식)</td><td>감리기간동안 감리일지 기록 · 유지</td><td>–</td></tr>
<tr><td>감리중간보고서
(별지 제22호서식)</td><td>공사의 공정이 다음에 다다른 경우(하나의 대지에 2 이상의 건축물을 건축하는 경우 각각의 건축물의 공사를 말함)
1. 철골철근콘크리트조 · 철근콘크리트조 · 조적조 · 보강콘크리트블럭조
① 기초공사 시 철근배치를 완료한 경우
② 지붕슬래브배근을 완료한 경우
③ 지상 5개층 마다 상부 슬래브배근을 완료한 경우
2. 철골조
① 기초공사 시 철근배치를 완료한 경우
② 지붕철골 조립을 완료한 경우
③ 지상 3개층마다 또는 높이 20m마다 주요구조부의 조립을 완료한 경우
3. 기타의 구조
- 기초공사시 거푸집 또는 주춧돌의 설치를 완료한 경우</td><td>• 감리자가 건축주에게 제출
• 건축주는 허가권자에게 제출
① 감리중간보고서 : 감리자에게 받은 때
② 감리완료보고서: 사용승인 신청할 때
• 감리보고서 제출 시 첨부서류*: 아래 참조</td></tr>
</table>

		4. 위 1.~3.의 건축물이 3층 이상의 필로티형식 건축물인 경우 ① 해당 건축물의 구조에 따라 위 1.~3.에 해당되는 경우 ② 건축물 상층부의 하중이 상층부와 다른 구조형식의 하층부로 전달되는 다음에 해당하는 부재(部材)의 철근배치를 완료한 경우 ㉠ 기둥 또는 벽체 중 하나 ㉡ 보 또는 슬래브 중 하나	
	감리완료보고서 (별지 제22호서식)	공사를 완료한 때 감리보고서를 작성제출	
	위법건축공사 보고서 (별지 제20호서식)	건축공사기간 중 발견한 위법사항에 관하여 시정·재시공 또는 공사중지의 요청에 공사시공자가 따르지 아니하는 경우	감리자가 허가권자에게 제출

* 감리보고서 제출시 첨부 서류
  1. 건축공사감리 점검표
  2. 공사감리일지(별지 제21호서식)
  3. 공사추진 실적 및 설계변경 종합
  4. 품질시험성과 총괄표
  5. 산업표준인증을 받은 자재 및 국토교통부장관이 인정한 자재의 사용 총괄표
  6. 공사현장 사진 및 동영상(대상 건축물만 해당)
  7. 공사감리자가 제출한 의견 및 자료(제출한 의견 및 자료가 있는 경우만 해당)

【2】 감리원 일치 여부에 대한 허가권자의 확인

감리중간보고서·감리완료보고서를 제출받은 허가권자는 공사감리일지에 서명·날인한 감리원과 건축사보 배치현황이 일치하는지 여부를 확인해야 한다.

6 감리행위의 종료

【1】 적법하게 건축하는 경우

- 감리일지를 기록·유지하여야 하며
- 감리중간보고서, 감리완료보고서를 건축주에게 제출함으로서 감리 종료

【2】 위법사항의 발견시의 조치

공사감리 시 「건축법」과 이 법에 따른 명령이나 처분 그 밖에 관계법령에 위반된 사항을 발견하거나, 공사시공자가 설계도서대로 공사를 하지 아니하는 경우

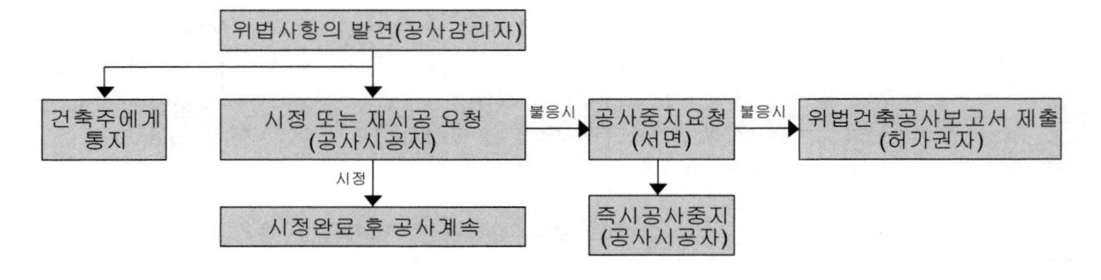

■ 위법사항 발견시에는

① 공사시공자가 시공이나 재시공의 과정을 거쳐 적법하게 완료되는 경우
② 시정이나 재시공 요청을 받은 후에 따르지 않는 경우
③ 공사중지 요청을 받은 후 공사를 계속하는 경우에 있어

①의 경우는 감리중간보고서, 감리완료보고서를 건축주에게 제출 후 공사감리 종료
②, ③의 경우는 명시기간이 만료되는 날부터 7일 이내에 위법건축공사보고서를 허가권자에게 제출함으로서 공사감리를 종료

4 건축관계자등에 대한 업무제한(법 제25조의2)

【1】 업무제한

허가권자는 건축관계자등(설계자, 공사시공자, 공사감리자 및 관계전문기술자)이 대지안전 및 토지굴착 규정 등을 위반하거나 중대한 과실로 건축물의 기초 및 주요구조부에 중대한 손괴를 일으켜 사람을 사망하게 한 경우 등에는 이 법에 의한 업무를 수행할 수 없도록 업무정지 등을 명할 수 있다.

① 사망사고시의 업무제한

대상 건축물	위반발생 기간	위반 법규정	위반 및 피해내용	처분 내용
1. 다중이용 건축물 2. 준다중이용 건축물	착공신고 시부터 하자담보 책임 기간	대지의 안전 등(법 제40조) 토지굴착부분에 대한 조치 (법 제41조) 구조내력 등(법 제48조) 건축물의 내화구조와 방화벽(법 제50조) 방화지구안의 건축물(법 제51조)	좌측규정을 위반하거나 중대한 과실로 건축물의 기초 및 주요구조부에 중대한 손괴를 일으켜 사람을 사망하게 한 경우	1년 이내 업무정지

② 재산상 피해 발생시의 업무제한

위반 법규정	위반 및 피해내용	처분내용
대지의 안전 등(법 제40조) 토지굴착부분에 대한 조치 (법 제41조) 구조내력 등(법 제48조) 건축물의 피난시설 및 용도제한 등(법 제49조) 건축물의 내화구조와 방화벽(법 제50조) 고층건축물의 피난 및 안전관리(법 제50조의2) 방화지구안의 건축물(법 제51조) 건축물의 마감재료(법 제52조) 건축자재의 품질관리 등(법 제52조의4)	좌측 규정을 위반하여 건축물의 기초 및 주요구조부에 중대한 손괴를 일으켜 대통령령으로 정하는 규모 이상의 재산상의 피해가 발생한 경우 ※ 위 ①에 해당하는 위반행위 제외	· 최초발생시 : 업무정지일부터 6개월 · 2년이내 동일현장에서 재발생시:다시 업무정지받은 날부터 1년 * 위 기간 이내의 범위에서 다중이용건축물, 준다중이용건축물에 대한 업무정지를 명할 수 있다.

③ 가설시설물 붕괴 등 피해 발생시의 업무제한

위반 법규정	위반 및 피해내용	처분내용
대지의 안전 등(법 제40조) 토지굴착부분에 대한 조치 (법 제41조) 구조내력 등(법 제48조) 건축물의 피난시설 및 용도제한 등(법 제49조) 건축물의 내화구조와 방화벽(법 제50조) 고층건축물의 피난 및 안전관리(법 제50조의2) 방화지구안의 건축물(법 제51조) 건축물의 마감재료(법 제52조) 건축자재의 품질관리 등(법 제52조의4)	좌측 규정을 위반하거나 공사현장의 위해 방지 등(법 제28조)을 위반하여 가설시설물이 붕괴된 경우 ※ 위 ①, ②에 해당하는 위반행위 제외	기간을 정하여 시정을 명하거나 필요한 지시를 할 수 있음

④ 위 ③의 처분내용 미 이행시의 조치
허가권자는 시정명령에도 특별한 이유 없이 이행하지 아니한 경우 다음의 기간 범위에서 업무를 수행할 수 없도록 업무정지를 명할 수 있다.

1. 최초의 위반행위가 발생하여 허가권자가 지정한 시정기간 동안 특별한 사유 없이 시정하지 아니하는 경우	업무정지일부터 3개월
2. 2년 이내에 제3항에 따른 위반행위가 동일한 현장에서 2차례 발생한 경우	업무정지일부터 3개월
3. 2년 이내에 제3항에 따른 위반행위가 동일한 현장에서 3차례 발생한 경우	업무정지일부터 1년

⑤ 과징금의 부과
허가권자는 위 ④의 업무정지처분을 갈음하여 다음의 구분에 따라 건축관계자등에게 과징금을 부과할 수 있다.

1. ④ 1., 2.에 해당하는 경우	3억원 이하
2. ④ 3.에 해당하는 경우	10억원 이하

【2】 처분 전 계약 또는 착수한 업무의 계속 수행 등
① 건축관계자등은 위 【1】의 ①, ②, ④의 업무정지처분 받기 전에 계약을 체결하였거나 관계 법령에 따라 허가, 인가 등을 받아 착수한 업무는 사용승인을 받은 때까지 계속 수행할 수 있다.
② 위 조치들은 그 소속 법인 또는 단체에게도 동일하게 적용한다.
예외 소속 법인 또는 단체가 위반행위를 방지하기 위하여 해당 업무에 관하여 상당한 주의와 감독을 게을리하지 은 경우
③ 위 조치는 관계 법률에 따라 건축허가를 의제하는 경우의 건축관계자등에게 동일하게 적용한다.

【3】 조치내용의 통보
① 위 조치를 한 경우 국토교통부장관에게 통보하여야 한다.
② 국토교통부장관은 통보된 사항을 종합관리하고, 허가권자가 해당 건축관계자등과 그 소속 법인 또는 단체를 알 수 있도록 다음의 사항을 전자정보처리 시스템에 게시하는 방법으로 공개하여야 한다.

1. 위 【1】의 조치를 받은 조치대상자[주1)]의 이름, 주소 및 자격번호[주2)] 주1) 설계자, 공사시공자, 공사감리자, 관계전문기술자(위 【2】에 따라 동일한 조치를 한 경우 법인 또는 단체를 포함) 주2) 법인 또는 단체는 그 명칭, 사무소 또는 사업소의 소재지, 대표자의 이름 및 법인 등록번호
2. 조치대상자에 대한 조치의 사유
3. 조치대상자에 대한 조치 내용 및 일시
4. 그 밖에 국토교통부장관이 필요하다고 인정하는 사항

【4】 청문

건축관계자등, 소속 법인 또는 단체에 대한 업무정지처분을 하려는 경우에는 청문을 하여야 한다.

5 사용승인 등 (법 제22조) (영 제17조) (규칙 제16조, 제17조)

1 건축물의 사용승인

【1】 건축물의 사용승인

건축주가 허가권자에게 사용승인신청서(별지 제17호서식)에 다음 대상별 도서를 첨부하여 신청

대 상	사용승인 신청시 첨부서류	사용승인서의 교부
1. 공사감리자를 지정해야 하는 다음 건축물 - 건축허가대상 건축물 - 허가대상 가설건축물 - 사용승인을 얻은 후 15년 이상 경과된 리모델링 건축물 - 리모델링 활성화구역안의 건축물	공사감리완료보고서	신청서를 받은 날부터 7일 이내에 사용승인을 위한 현장검사를 실시후 교부
2. 건축허가, 신고 및 변경사항의 허가, 신고를 한 도서에 변경이 있는 경우	설계변경사항이 반영된 최종 공사완료도서	
3. 건축신고를 하여 건축한 건축물	배치 및 평면이 표시된 현황도면	
4.「액화석유가스의 안전관리 및 사업법」에 따라 액화석유가스의 사용시설에 대한 완성검사를 받아야 할 건축물	액화석유가스 완성검사 증명서	
5. 내진능력을 공개하여야 하는 건축물	건축구조기술사가 날인한 근거자료	
6. 숙박시설 중 생활숙박시설(30실 이상이거나 영업장 면적이 해당 건축물 연면적의 1/3 이상인 것으로 한정)	관련규정 위반시 제재처분에 관한 사항을 확인했다고 서명 또는 날인한 생활숙박시설관련 확인서(「건축물의 분양에 관한 법률 시행규칙」 별지 제2호의2서식) 사본	
7. 사용승인·준공검사 또는 등록신청 등을 받거나 하기 위하여 해당 법령에서 제출하도록 의무화하고 있는 신청서 및 첨부서류(해당 사항이 있는 경우)		

8. 감리비용을 지불하였음을 증명하는 서류(해당 사항이 있는 경우)

- 하나의 대지에 2이상의 건축물을 건축하는 경우, 동별공사를 완료한 경우를 포함
- 건축주는 원칙적으로 사용승인을 얻은 후에 그 건축물을 사용하거나 사용하게 할 수 있다.
  (단, 기간내에 사용승인서를 교부하지 않거나, 임시사용승인의 경우 제외)
- 건축조례로 정하는 건축물은 사용승인을 위한 검사를 실시하지 아니하고 사용승인서를 교부할 수 있다.

【2】 사용승인을 위한 검사의 내용

1. 사용승인을 신청한 건축물이 「건축법」에 따라 허가 또는 신고한 설계도서대로 시공되었는지의 여부
2. 감리완료보고서, 공사완료도서 등의 서류 및 도서가 적합하게 작성되었는지의 여부

【3】 사용승인의 의제처리

건축주가 사용승인을 얻은 경우 아래 규정에 의한 준공검사를 받거나 등록 신청한 것으로 본다.

내 용	관 련 법 규
1. 배수설비의 준공검사	「하수도법」 제27조
2. 개인하수처리시설의 준공검사	「하수도법」 제37조
3. 지적공부의 변동사항 등록신청	「공간정보의 구축 및 관리 등에 관한 법률」 제64조
4. 승강기 완성검사	「승강기 안전관리법」 제28조
5. 보일러 설치검사	「에너지이용 합리화법」 제39조
6. 전기설비의 사용전검사	「전기안전관리법」 제9조
7. 정보통신공사의 사용전검사	「정보통신공사업법」 제36조
8. 도로점용공사의 준공확인	「도로법」 제62조제2항
9. 개발 행위의 준공검사	「국토의 계획 및 이용에 관한 법률」 제62조
10. 도시・군계획시설사업의 준공검사	「국토의 계획 및 이용에 관한 법률」 제98조
11. 수질오염물질 배출시설의 가동개시의 신고	「물환경보전법」 제37조
12. 대기오염물질 배출시설의 가동개시의 신고	「대기환경보전법」 제30조

■ 허가권자는 위사항의 경우 관계행정기관의 장과 미리 협의하여야 함

【4】 건축물 대장 기재통지(법 제22조제6항)

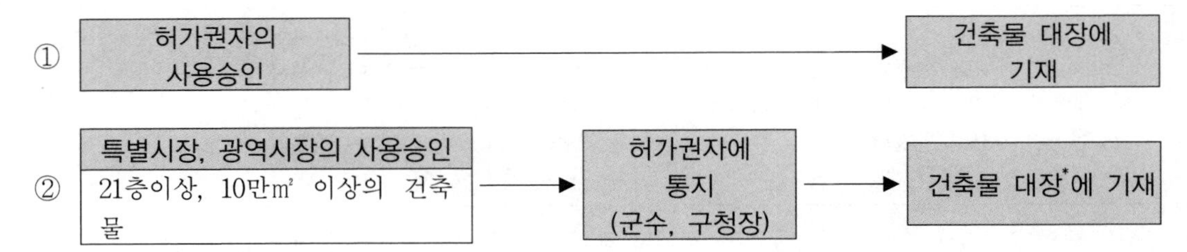

* 건축물대장에는 설계자, 주요 공사의 시공자【참고】, 공사감리자를 적어야 한다.

【참고】 주요 공사의 시공자

1. 「건설산업기본법」 제9조에 따라 <u>종합공사 또는 전문공사</u>를 시공하는 업종을 등록한 자로서 발주자로부터 건설공사를 도급받은 건설사업자
2. 「전기공사업법」·「소방시설공사업법」 또는 「정보통신공사업법」에 따라 공사를 수행하는 시공자

③ 허가(신고)대상 가설건축물은 가설건축물관리대장에 기재·관리한다.

【5】 임시사용승인

<table>
<tr><th>구 분</th><th colspan="4">내 용</th></tr>
<tr><td>대 상</td><td colspan="4">• 사용승인서를 받기 전에 공사가 완료된 부분
• 식수 등 조경에 필요한 조치를 하기에 부적합한 시기에 건축공사가 완료된 건축물</td></tr>
<tr><td>기 간</td><td colspan="4">• 2년 이내(다만, 허가권자는 대형건축물 또는 암반공사 등으로 인하여 공사기간이 긴 건축물에 대하여는 그 기간을 연장할 수 있음)</td></tr>
<tr><td>신 청</td><td colspan="4">• 건축주가 임시사용승인신청서를 허가권자에게 제출</td></tr>
<tr><td rowspan="19">적법여부의 확인</td><th>내 용</th><th>법규정</th><th>내 용</th><th>법규정</th></tr>
<tr><td>대지의 안전등</td><td>법 제40조</td><td>건축자재의 품질관리 등</td><td>법 제52조의4</td></tr>
<tr><td>토지 굴착 부분에 대한 조치 등</td><td>법 제41조</td><td>지하층</td><td>법 제53조</td></tr>
<tr><td>대지안의 조경</td><td>법 제42조</td><td>건축물의 범죄예방</td><td>법 제53조의2</td></tr>
<tr><td>공개 공지 등의 확보</td><td>법 제43조</td><td rowspan="2">건축물의 대지가 지역·지구 또는구역에 걸치는 경우의 조치</td><td rowspan="2">법 제54조</td></tr>
<tr><td>대지와 도로의 관계</td><td>법 제44조</td></tr>
<tr><td>도로의 지정·폐지 또는 변경</td><td>법 제45조</td><td>건축물의 건폐율</td><td>법 제55조</td></tr>
<tr><td>건축선의 지정</td><td>법 제46조</td><td>건축물의 용적률</td><td>법 제56조</td></tr>
<tr><td>건축선에 따른 건축제한</td><td>법 제47조</td><td>대지의 분할 제한</td><td>법 제57조</td></tr>
<tr><td>구조내력 등</td><td>법 제48조</td><td>대지 안의 공지</td><td>법 제58조</td></tr>
<tr><td>건축물 내진등급의 설정</td><td>법 제48조의2</td><td>건축물의 높이 제한</td><td>법 제60조</td></tr>
<tr><td>건축물의 내진능력 공개</td><td>법 제48조의3</td><td rowspan="2">일조 등의 확보를 위한 건축물의 높이 제한</td><td rowspan="2">법 제61조</td></tr>
<tr><td>부속건축물의 설치와 관리</td><td>법 제48조의4</td></tr>
<tr><td>건축물의 피난시설 및 용도제한 등</td><td>법 제49조</td><td>건축설비기준 등</td><td>법 제62조</td></tr>
<tr><td>건축물의 내화구조와 방화벽</td><td>법 제50조</td><td>승강기</td><td>법 제64조</td></tr>
<tr><td>고층건축물의 피난 및 안전관리</td><td>법 제50조의2</td><td>관계전문기술자</td><td>법 제67조</td></tr>
<tr><td>방화지구 안의 건축물</td><td>법 제51조</td><td>기술적 기준</td><td>법 제68조</td></tr>
<tr><td>건축물의 마감재료</td><td>법 제52조</td><td rowspan="2">특별건축구역 건축물의 검사 등</td><td rowspan="2">법 제77조</td></tr>
<tr><td>실내건축</td><td>법 제52조의2</td></tr>
<tr><td>승 인</td><td colspan="4">• 신청받은 날부터 7일 이내에 임시사용승인서를 신청인에게 교부</td></tr>
</table>

2 현장조사·검사 및 확인업무의 대행 (법 제27조) (영 제20조) (규칙 제21조)

건축물에 관한 조사·검사 및 확인업무는 공무원이 처리 및 확인하여야 할 사항이다. 이는 공무원의 업무과중을 경감시키는 측면과 주민의 편익증진의 측면에서 전문가인 건축사로 하여금 업무를 대행하게 하여 불법건축물을 방지하고 건축물의 질을 높이기 위함이다. 업무대행자의 업무범위와 업무대행절차 등은 지방자치단체의 조례로 정하며, 건축허가, 건축신고에 관한 조사·검사 및 확인업무를 제외한 사용승인 및 임시사용승인을 위한 조사·검사 및 확인업무는 해당 건축물의 설계·감리자 이외의 건축사로 하여금 업무를 대행하도록 하였다.

【1】 대상

- 건축조례로 정하는 건축물

【2】 대행업무의 내용

① 건축허가와 관련된 현장조사·검사 및 확인업무
② 건축신고와 관련된 현장조사·검사 및 확인업무
③ 사용승인과 관련된 현장조사·검사 및 확인업무
④ 임시사용승인과 관련된 현장조사·검사 및 확인업무

【3】 대행자

-위 ②, ③의 경우

1. 해당 건축물의 설계자 또는 공사감리자가 아닌 건축사일 것
2. 건축주의 추천을 받지 아니하고 허가권자가 직접 선정할 것

【4】 업무대행건축사의 명부 작성·관리 등

① 시·도지사는 업무대행건축사의 명부를 모집공고를 거쳐 작성·관리해야 한다.
  - 이 경우 시·도지사는 미리 관할 시장·군수·구청장과 협의해야 한다.
② 허가권자는 명부에서 업무대행 건축사를 지정해야 한다.
③ 업무대행건축사 모집공고, 명부 작성·관리 및 지정에 필요한 사항은 시·도의 조례로 정한다.

【5】 보고

업무대행자는 ① 건축허가조사 및 검사조서(별지 제23호 서식)
② 사용승인조사 및 검사조서(별지 제24호 서식)를 허가권자에 보고

【6】 건축허가서 또는 사용승인서의 교부

① 허가권자는 업무대행자가 적합한 것으로 작성한 건축허가조사 및 검사조서 또는 사용승인조사 및 검사조서를 받은 때에는 지체 없이 건축허가서 또는 사용승인서를 교부하여야 한다.
② 건축허가를 할 때 도지사의 승인이 필요한 건축물인 경우 미리 도지사의 승인을 받아 건축허가서를 발급하여야 한다.

【7】 수수료의 지급

허가권자는 현장조사·검사 및 확인업무를 대행하는 자에게 「엔지니어링기술 진흥법」에 따라 산업통산자원부장관이 고시하는 엔지니어링사업 대가기준의 범위에서 건축조례로 정하는 수수료를 지급하여야 함

3 용도변경 (법 제19조) (영 제14조) (규칙 제12조의2)

건축물의 용도변경은 건축물의 건축과는 달리, 사용승인을 받은 건축물의 사용용도를 변경하는 행위이다. 이에 종전의 「건축법」에서는 행정절차의 간소화 측면에서 신고제로 운용하여 왔으나, 현행 법령에서는

① 허가대상
② 신고대상
③ 건축물대장 기재사항 변경 신청대상
④ 건축물대장 기재사항 변경 신청없이 용도변경가능 대상

으로 구분하여 시행하고 있다.

【1】 건축물의 용도변경은 변경하려는 용도의 건축기준에 맞게 하여야 한다.

【2】 용도변경을 위한 9개시설군[상위군(1)으로부터 하위군(9)순으로 정렬]

용도변경시설군	각 시설군별 건축물의 용도
1. 자동차 관련 시설군	자동차 관련 시설
2. 산업 등 시설군	가. 운수시설 나. 창고시설 다. 공장 라. 위험물저장 및 처리시설 마. 자원순환 관련 시설 바. 묘지관련시설 사. 장례시설
3. 전기통신시설군	가. 방송통신시설 나. 발전시설
4. 문화집회시설군	가. 문화 및 집회시설 나. 종교시설 다. 위락시설 라. 관광휴게시설
5. 영업시설군	가. 판매시설 나. 운동시설 다. 숙박시설 라. 제2종근린생활시설 중 다중생활시설
6. 교육 및 복지시설군	가. 의료시설 나. 교육연구시설 다. 노유자시설 라. 수련시설 마. 야영장시설
7. 근린생활시설군	가. 제1종근린생활시설 나. 제2종근린생활시설(다중생활시설 제외)
8. 주거업무시설군	가. 단독주택 나. 공동주택 다. 업무시설 라. 교정시설 마. 국방・군사시설
9. 그 밖의 시설군	동물 및 식물관련시설

【3】 허가대상 용도변경

① 대상 : 건축물의 용도를 상위군 용도로 변경하는 경우

② 제출서류 : 1. 건축・대수선・용도변경 (변경)허가 신청서(별지 제1호의4서식)
2. 용도를 변경하려는 층의 변경 후의 평면도(변경 전의 평면도의 확인은 허가권자가 행정정보의 공동이용을 통해 건축물대장의 확인 등의 방법으로 확인)
3. 용도변경에 따라 변경되는 내화・방화・피난 또는 건축설비에 관한 사항을 표시한 도서

※ 용도변경의 변경허가를 받으려는 자는 건축·대수선·용도변경 (변경)허가 신청서에 변경 전·후의 설계도서를 첨부하여 특별자치시장·특별자치도지사 또는 시장·군수·구청장에게 제출해야 한다.

【4】 신고대상 용도변경

① 대상 : 건축물의 용도를 하위군 용도로 변경하는 경우

② 제출서류 : 1. 건축・대수선・용도변경 (변경)신고서(별지 제6호서식)
2. 용도를 변경하려는 층의 변경 후의 평면도(변경 전의 평면도의 확인은 허가권자가 행정정보의 공동이용을 통해 건축물대장의 확인 등의 방법으로 확인)
3. 용도변경에 따라 변경되는 내화・방화・피난 또는 건축설비에 관한 사항을 표시한 도서

※ 용도변경의 변경신고를 하려는 자는 건축·대수선·용도변경 (변경)신고서에 변경 전·후의 설계도서를 첨부하여 특별자치시장·특별자치도지사 또는 시장·군수·구청장에게 제출해야 한다.

【5】 건축물대장 건축물대장 기재내용의 변경신청 대상

- 같은 시설군내에서 용도를 변경하고자 하는 경우

【6】 건축물대장 기재내용의 변경신청 없이 용도변경이 가능한 대상

① 용도별 건축물의 종류(영 별표1)의 같은 호에 속하는 건축물 상호간의 용도변경
② 「국토의 계획 및 이용에 관한 법률」 등에서 정하는 용도제한에 적합한 범위에서 제1종 근린생활시설과 제2종 근린생활시설 상호 간의 용도변경

예외 다음 용도로의 변경은 위 【5】 의 규정을 적용한다.

별표1의 호	목	세부용도
3. 제1종 근린생활시설	다.	목욕장
	라.	의원, 치과의원, 한의원, 침술원, 접골원(接骨院), 조산원, 안마원, 산후조리원 등 주민의 진료·치료 등을 위한 시설
4. 제2종 근린생활시설	가.	공연장(극장, 영화관, 연예장, 음악당, 서커스장, 비디오물감상실, 비디오물소극장 등)으로서 바닥면적의 합계가 500㎡ 미만인 것
	사.	소년게임제공업소, 복합유통게임제공업소, 인터넷컴퓨터게임시설제공업소 등 게임 관련 시설로서 바닥면적의 합계가 500㎡ 미만인 것
	카.	학원(자동차학원·무도학원 및 정보통신기술을 활용하여 원격으로 교습하는 것 제외), 교습소(자동차교습·무도교습 및 정보통신기술을 활용하여 원격으로 교습하는 것 제외), 직업훈련소(운전·정비 관련 직업훈련소는 제외)로서 바닥면적의 합계가 500㎡ 미만인 것
	파.	골프연습장, 놀이형시설
	더.	단란주점으로서 바닥면적의 합계가 150㎡ 미만인 것
	러.	안마시술소, 노래연습장
7. 판매시설	다.2)	청소년게임제공업의 시설, 일반게임제공업의 시설, 인터넷컴퓨터게임시설제공업의 시설 및 복합유통게임제공업의 시설로서 제2종 근린생활시설에 해당하지 아니하는 것
15. 숙박시설	가.	생활숙박시설
16. 위락시설	가.	단란주점으로서 제2종 근린생활시설에 해당하지 아니하는 것
	나.	유흥주점이나 그 밖에 이와 비슷한 것

【7】 용도변경면적에 따른 준용규정

용도변경 구분	용도변경부분 바닥면적의 합계	건축법 준용규정	예 외
허가 및 신고 대상	100㎡ 이상	(제22조) 건축물의 사용승인	용도변경 부분의 바닥면적 합계가 500㎡ 미만으로 대수선을 수반하지 아니하는 경우
허가 대상	500㎡ 이상	(제23조) 건축물의 건축사 설계	1층인 축사를 공장으로 용도변경하는 경우(증축·개축 또는 대수선이 수반되지 아니하고 구조안전·피난 등에 지장이 없는 경우)

【8】 허가서 등의 발급 등

① 특별자치시장·특별자치도지사 또는 시장·군수·구청장은 건축·대수선·용도변경 (변경)허가 신청서를 받은 경우 관계법령에 적합한지 확인 후 건축·대수선·용도변경 허가서(별지 제2호서식)를 용도변경의 허가 또는 변경허가를 신청한 자에게 발급하여야 함

② 특별자치시장·특별자치도지사 또는 시장·군수·구청장은 건축·대수선·용도변경 (변경)신고서를 받은 때에는 그 기재내용 확인 후 건축·대수선·용도변경 신고필증(별지 제7호서식)을 신고인에게 발급하여야 함

③ 건축·대수선·용도변경 허가서 및 건축·대수선·용도변경 신고필증의 발급의 경우 규칙 제8조제3항(건축·대수선·용도변경 허가(신고)대장을 건축물의 용도별 및 월별로 작성·관리) 및 제4항(대장의 전자적 처리가 가능한 방법으로 작성·관리)의 규정을 준용함

④ 기존의 건축물의 대지가 법령의 제정·개정이나 기존 건축물의 특례(영 제6조의2제1항)의 사유로 인하여 법령 등에 부적합하게 된 경우 건축조례로 정하는 바에 따라 용도변경할 수 있음

【9】 용도변경시의 준용규정

법조항	내 용	법조항	내 용
제3조	적용 제외	제27조	현장조사·검사 및 확인업무의 대행
제5조	적용의 완화	제29조	공용건축물에 대한 특례
제6조	기존의 건축물 등에 관한 특례	제38조	건축물대장
제7조	통일성을 유지하기 위한 도의 조례	제42조	대지안의 조경
제11조(2항~9항)	건축허가	제43조	공개 공지 등의 확보
제12조	건축복합민원 일괄협의회	제44조	대지와 도로의 관계
제14조	건축신고	제48조	구조내력 등
제15조	건축주와의 계약 등	제48조의2	건축물 내진등급의 설정
제16조	허가와 신고사항의 변경	제48조의3	건축물의 내진능력 공개
제18조	건축허가 제한 등	제48조의4	부속구조물의 설치 및 관리
제20조	가설건축물	제49조	건축물의 피난시설 및 용도제한 등

제50조	건축물의 내화구조와 방화벽	제55조	건축물의 건폐율
제50조의2	고층건축물의 피난 및 안전관리	제56조	건축물의 용적률
제51조	방화지구 안의 건축물	제58조	대지 안의 공지
제52조	건축물의 마감재료	제60조	건축물의 높이 제한
제52조의2	실내건축	제61조	일조 등의 확보를 위한 건축물의 높이 제한
제67조	관계전문기술자	제62조	건축설비기준 등
제68조	기술적 기준	제64조	승강기
제78조	감독	제82조	권한의 위임과 위탁
제79조	위반 건축물 등에 대한 조치 등	제83조	옹벽 등의 공작물에의 준용
제80조	이행강제금	제84조	면적 · 높이 및 층수의 산정
제80조의2	이행강제금 부과에 관한 특례	제85조	「행정대집행법」의 적용의 특례
제81조	기존의 건축물에 대한 안전점검 및 시정명령 등	제86조	청문
제81조의2	빈집 정비	제87조	보고와 검사 등
제53조	지하층	녹색건축물 조성 지원법 제15조	건축물에 대한 효율적인 에너지 관리와 녹색건축물 건축의 활성화
제53조의2	건축물의 범죄예방		
제54조	대지가 지역·지구 또는 구역에 걸치는 경우의 조치	국토계획법* 제54조	지구단위계획구역에서의 건축 등 *국토의 계획 및 이용에 관한 법률

【10】 복수 용도의 인정

① 건축주는 건축물의 용도를 복수로 하여 건축허가, 건축신고 및 용도변경(허가·신고 또는 건축물 대장 기재내용의 변경) 신청을 할 수 있다

① 이 법 및 관계 법령에 정한 건축기준과 입지기준 등에 모두 적합한 경우에 한정하여 복수 용도를 허용할 수 있다.

② 복수 용도는 같은 시설군 내에서 허용할 수 있다.

③ 허가권자는 지방건축위원회의 심의를 거쳐 다른 시설군의 용도간의 복수 용도를 허용할 수 있다.

4 공용건축물에 대한 특례 (법 제29조) (영 제22조) (규칙 제22조)

국가 또는 지방자치단체가 건축물을 건축 · 대수선 · 용도변경 또는 가설건축물을 건축하거나 공작물을 축조하고자 하는 경우 미리 건축물의 소재지를 관할하는 허가권자와 협의로서 허가를 받거나 신고를 한 것으로 본다. 국가나 지방자치단체가 건축하는 것일지라도 건축물이므로 「건축법」의 모든 규정을 적용받아야 한다.

【1】 대상

국가나 지방자치단체가 행하는 건축물의 건축 · 대수선 · 용도변경 또는 가설건축물의 건축 · 공작물의 축조

【2】 허가·신고

국가 또는 지방자치단체가 건축물 소재지 관할 허가권자와 협의로서 허가 · 신고에 준함

【3】 관계서류의 제출

건축공사를 시행하는 행정기관의 장 또는 그 위임을 받은 자가 공사착수전 설계도서와 관계서류를 허가권자에게 제출함(국가안보상 중요하거나, 국가기밀에 속하는 건축물을 건축하는 경우 설계도서의 제출을 생략할 수 있음)

－허가권자는 심사 후 결과를 통지(전자문서에 의한 통지 포함)하여야 함

【4】 공사완료

협의한 건축물의 공사가 완료된 경우 다음의 관계서류를 첨부하여 지체없이 허가권자에게 통보

1. 사용승인신청서(현황 도면 첨부) : 별지 제17호서식
2. 사용승인조사 및 검사조서 : 별지 제24호서식

【5】 특례규정 정리

법 조 항	내 용
법 제11조 또는 법 제14조	건축허가 및 신고
법 제22조제1항	사용승인 신청
법 제22조제2항	사용승인서 교부
법 제22조제3항	사용승인 미필시의 건축물 사용금지

【6】 구분지상권의 대지 인정

국가나 지방자치단체가 소유한 대지의 지상 또는 지하 여유공간에 구분지상권을 설정하여 주민편의시설 등 다음 시설을 설치하고자 하는 경우

시 설	제한사항 등
1. 제1종 근린생활시설	-
2. 제2종 근린생활시설	총포판매소, 장의사, 다중생활시설, 제조업소, 단란주점, 안마시술소 및 노래연습장은 제외
3. 문화 및 집회시설	공연장 및 전시장으로 한정
4. 의료시설	-
5. 교육연구시설	-
6. 노유자시설	-
7. 운동시설	-
8. 업무시설	오피스텔은 제외

① 허가권자는 구분지상권자를 건축주로 보고 구분지상권이 설정된 부분을 건축법상의 대지로 보아 건축허가를 할 수 있다.

② 구분지상권 설정의 대상 및 범위, 기간 등은 「국유재산법」 및 「공유재산 및 물품 관리법」에 적합하여야 한다.

5 건축통계 등(법 제30조)

법 제30조【건축통계 등】

① 허가권자는 다음 각 호의 사항(이하 "건축통계"라 한다)을 국토교통부령으로 정하는 바에 따라 국토교통부장관이나 시ㆍ도지사에게 보고하여야 한다.

1. 제11조에 따른 건축허가 현황
2. 제14조에 따른 건축신고 현황
3. 제19조에 따른 용도변경허가 및 신고 현황
4. 제21조에 따른 착공신고 현황
5. 제22조에 따른 사용승인 현황
6. 그 밖에 대통령령으로 정하는 사항

② 건축통계의 작성 등에 필요한 사항은 국토교통부령으로 정한다.

허가권자로 하여금 건축허가・건축신고・착공신고・용도변경・사용승인 현황 등을 건설교통부장관 또는 시・도지사에게 보고하도록 하며 건축관련 전반적인 현황을 통계 처리함으로서 건축행정의 효율적인 관리가 이루어질 수 있도록 함

6 건축행정 전산화(법 제31조)

- 허가권자는 다음 사항에 대한 신청서・신고서・첨부서류・통지・보고 등을 디스켓・디스크 또는 정보통신망 등으로 제출하게 할 수 있음

법조항	내 용	법조항	내 용
법 제10조	건축관련 입지와 규모의 사전결정	법 제22조	건축물의 사용승인
법 제11조	건축허가	법 제25조	건축물의 공사감리
법 제14조	건축신고	법 제29조	공용건축물에 대한 특례
법 제16조	허가와 신고사항의 변경	법 제30조	건축통계 등
법 제19조	용도변경	법 제36조	건축물의 철거 등의 신고
법 제19조의2	복수 용도의 인정	법 제38조	건축물 대장
법 제20조	가설건축물	법 제83조	옹벽 등의 공작물에의 준용
법 제21조	착공신고 등	법 제92조	조정 등의 신청

7 건축허가 업무 등의 전산처리 등(법 제32조)(영 제22조의2)(규칙 제22조의2)

법 제32조【건축허가 업무 등의 전산처리 등】

① 허가권자는 건축허가 업무 등의 효율적인 처리를 위하여 국토교통부령으로 정하는 바에 따라 전자정보처리 시스템을 이용하여 이 법에 규정된 업무를 처리할 수 있다.

② 제1항에 따른 전자정보처리 시스템에 따라 처리된 자료(이하 "전산자료"라 한다)를 이용

하려는 자는 대통령령으로 정하는 바에 따라 관계 중앙행정기관의 장의 심사를 거쳐 다음 각 호의 구분에 따라 국토교통부장관, 시 · 도지사 또는 시장 · 군수 · 구청장의 승인을 받아야 한다. 다만, 지방자치단체의 장이 승인을 신청하는 경우에는 관계 중앙행정기관의 장의 심사를 받지 아니한다. 〈개정 2022.6.10./시행 2023.6.11.〉

1. 전국 단위의 전산자료: 국토교통부장관
2. 특별시 · 광역시 · 특별자치시 · 도 · 특별자치도(이하 "시 · 도"라 한다) 단위의 전산자료: 시 · 도지사
3. 시·군 또는 (자치구를 말한다. 이하 같다) 단위의 전산자료: 시장·군수·구청장

③ 국토교통부장관, 시·도지사 또는 시장·군수·구청장이 제2항에 따른 승인신청을 받은 경우에는 건축허가 업무 등의 효율적인 처리에 지장이 없고 대통령령으로 정하는 건축주 등의 개인정보 보호기준을 위반하지 아니한다고 인정되는 경우에만 승인할 수 있다. 이 경우 용도를 한정하여 승인할 수 있다.

④ 제2항 및 제3항에도 불구하고 건축물의 소유자가 본인 소유의 건축물에 대한 소유 정보를 신청하거나 건축물의 소유자가 사망하여 그 상속인이 피상속인의 건축물에 대한 소유 정보를 신청하는 경우에는 승인 및 심사를 받지 아니할 수 있다. 〈신설 2017.10.24.〉

⑤ 제2항에 따른 승인을 받아 전산자료를 이용하려는 자는 사용료를 내야 한다. 〈개정 2017.10.24.〉

⑥ 제1항부터 제5항까지의 규정에 따른 전자정보처리 시스템의 운영에 관한 사항, 전산자료의 이용 대상 범위와 심사기준, 승인절차, 사용료 등에 관하여 필요한 사항은 대통령령으로 정한다. 〈개정 2017.10.24.〉

허가권자는 건축허가 업무 등의 효율적인 처리를 위하여 전자정보처리 시스템을 이용하여 이 법에 규정된 업무를 처리할 수 있다. 전자정보처리 시스템에 따라 처리된 자료를 이용하려는 자는 관계 중앙행정기관의 장의 심사를 거쳐 국토교통부장관, 시·도지사 또는 시장·군수·구청장의 승인을 받아야 한다.

【참고】 건축행정시스템 운영규정(국토교통부훈령 제1369호, 2021.2.18.)

8 전산자료의 이용자에 대한 지도 · 감독(법 제33조)(영 제22조의3)

법 제33조 【전산자료의 이용자에 대한 지도 · 감독】

① 국토교통부장관, 시·도지사 또는 시장·군수·구청장은 개인정보의 보호 및 전산자료의 이용목적 외 사용 방지 등을 위하여 필요하다고 인정되면 전산자료의 보유 또는 관리 등에 관한 사항에 관하여 제32조에 따라 전산자료를 이용하는 자를 지도 · 감독할 수 있다. 〈개정 2019.8.20.〉

② 제1항에 따른 지도 · 감독의 대상 및 절차 등에 관하여 필요한 사항은 대통령령으로 정한다.

국토교통부장관, 시·도지사 또는 시장·군수·구청장은 필요하다고 인정되면 전산자료의 보유 또는 관리 등에 관한 사항에 관하여 전산자료를 이용하는 자를 지도·감독할 수 있다.

9 건축종합민원실의 설치(법 제34조)(영 제22조의4)

특별자치시장·특별자치도지사 또는 시장·군수·구청장은 건축허가 등과 관련하여 신속한 업무처리 등 주민의 편익을 위하여 건축에 관한 종합민원실을 설치·운영하도록 함

■건축종합민원실의 업무내용

1. 사용승인에 관한 업무(법 제22조)
2. 건축사가 현장조사·검사 및 확인업무를 대행하는 건축물의 건축허가·사용승인 및 임시사용승인에 관한 업무(법 제27조제1항)
3. 건축물대장의 작성 및 관리에 관한 업무
4. 복합민원의 처리에 관한 업무
5. 건축허가, 건축신고 또는 용도변경에 관한 상담 업무
6. 건축관계자 사이의 분쟁에 관한 상담
7. 그 밖에 특별자치도지사 또는 시장·군수·구청장이 주민의 편익을 위하여 필요하다고 인정하는 업무

3

건축물의 구조·재료 및 피난·방화 기준

1 건축물의 구조 등(법 제48조)(법 제48조의2)(법 제48조의3)(법 제48조의4)(법 제67조)

1 구조안전의 확인 등(법 제48조)(영 제32조)(구조규칙 제4장)

건축물은 생활하기에 편리하고 쾌적하게 계획되어야 한다. 이러한 계획적인 점 못지않게 건축물의 안전, 즉 구조에 관한 사항도 매우 중요하다. 구조가 바탕이 되지 않은 계획·설계는 건축물의 균열·붕괴 등 많은 위험요소를 내포하게 된다. 이에 건축물의 구조에 관한 사항을 「건축물의 구조기준 등에 관한 규칙」, 「건축구조기준」 등에서 규정하고 있다. 이러한 규정에 따라 건축사는 설계 시 건축물에 대한 구조안전을 확인하여야 하며, 대규모 건축물, 특수구조 건축물, 다중이용건축물 및 준다중이용건축물 등의 건축물에 있어서는 건축구조기술사의 협력을 받아 구조안전에 만전을 기하여야 한다.

【1】 구조내력

건축물은 고정하중·적재하중·적설하중·풍압·지진 그 밖에 진동 및 충격 등에 대하여 안전한 구조를 가져야 한다.

【2】 구조안전의 확인 등

① 건축물을 건축하거나 대수선하는 경우 해당 건축물의 설계자(건축사)는 「건축물의 구조기준 등에 관한 규칙」(이후 "구조규칙"), 「건축구조기준」에 따라 구조의 안전을 확인하여야 한다.

② 지방자치단체의 장은 구조 안전 확인 대상 건축물에 대하여 허가 등을 하는 경우 내진(耐震)성능 확보 여부를 확인하여야 한다.

【3】 구조안전 확인 서류의 제출

① 위 규정에 따라 구조 안전을 확인한 건축물 중 다음 건축물의 건축주는 설계자로부터 구조 안전의 확인 서류를 받아 착공신고 시 허가권자에게 제출하여야 한다.

예외 표준설계도서에 따라 건축하는 건축물은 제외

층수 (목구조건축물[1])	연면적[2] (목구조건축물)	높이	처마높이	기둥과 기둥 사이의 거리[3]	중요도가 높은 건축물[4]	국가적 문화유산[5]	특수구조 건축물	주택
2층 이상 (3층 이상)	200㎡ 이상 (500㎡ 이상)	13m 이상	9m 이상	10m 이상	중요도 특, 1 해당 건축물[4]	연면적 합계 5,000㎡ 이상	3m 이상 돌출차양 등[6]	단독주택, 공동주택

1) 목구조 건축물 : 주요구조부인 기둥과 보를 설치하는 건축물로서 그 기둥과 보가 목재인 건축물
2) 창고, 축사, 작물 재배사는 제외
3) 기둥의 중심선 사이의 거리를 말하며, 기둥이 없는 경우 내력벽과 내력벽 사이의 거리
4) 건축물의 용도 및 규모를 고려한 중요도 특, 중요도 1에 해당하는 건축물(5 【참고2】 참조)
5) 국가적 문화유산으로 보존가치가 있는 박물관・기념관 그 밖에 이와 유사한 것으로서 연면적의 합계 5,000㎡ 이상인 건축물
6) 특수구조 건축물 중
- 한쪽 끝은 고정되고 다른 끝은 지지(支持)되지 아니한 구조로 된 보·차양 등이 외벽(외벽이 없는 경우 외곽 기둥)의 중심선으로부터 3m 이상 돌출된 건축물
- 특수한 설계·시공·공법 등이 필요한 건축물로서 국토교통부장관이 정하여 고시하는 구조로 된 건축물 ⇨ 특수구조 건축물 대상기준[국토교통부고시 제2018-777호, 2018.12.7.]

② 구조안전 확인 서류의 구분
㉠ 6층 이상 건축물 : 별지 제1호서식(구조안전 및 내진설계 확인서)
㉡ 소규모 건축물* : 별지 제2호서식 또는 제3호서식(구조안전 및 내진설계 확인서)
* 2층 이하의 건축물로서 위 【3】 ①의 어느 하나에도 해당하지 않는 건축물
㉢ 위 ㉠, ㉡ 외의 건축물 : 별지 제2호서식(구조안전 및 내진설계 확인서)
㉣ 기존 건축물*1을 건축 또는 대수선시 건축주는 적용의 완화*2를 요청할 때 구조 안전의 확인 서류를 허가권자에게 제출하여야 한다.(*1.시행령 제6조제1항다목, *2.법 제5조제1항 참조)

【4】 공사단계의 구조안전 확인
① 확인자 : 공사감리자
② 검토 및 확인 시기 : 건축물의 착공신고 또는 실제 착공일 전까지
③ 검토 및 확인 내용
- 구조부재와 관련된 상세시공도면의 적정 여부
- 구조계산서 및 구조설계도서에 적합 여부

2 건축물 내진등급의 설정(법 제48조의2)(구조규칙 제60조)

법 제48조의2【건축물 내진등급의 설정】
① 국토교통부장관은 지진으로부터 건축물의 구조 안전을 확보하기 위하여 건축물의 용도, 규모 및 설계구조의 중요도에 따라 내진등급(耐震等級)을 설정하여야 한다.
② 제1항에 따른 내진등급을 설정하기 위한 내진등급기준 등 필요한 사항은 국토교통부령으로 정한다.
[본조신설 2013.7.16.]

구조규칙 제60조【건축물의 내진등급기준】
법 제48조의2제2항에 따른 건축물의 내진등급기준은 별표 12와 같다.
[본조신설 2014.2.7.]

[별표12] 건축물의 내진등급기준(제60조 관련)<신설 2014.2.7.>

건축물의 내진등급	건축물의 중요도	중요도계수(IE)
특	별표 11에 따른 중요도 특	1.5
I	별표 11에 따른 중요도 1	1.2
II	별표 11에 따른 중요도 2 및 3	1.0

3 건축물의 내진능력 공개(법 제48조의3)(영 제32조의2)(구조규칙 제60조의2)

【1】 내진능력 공개 대상 건축물

다음 건축물을 건축하고자 하는 자는 사용승인을 받는 즉시 건축물이 지진 발생 시에 견딜 수 있는 능력(이하 "내진능력"이라 한다)을 공개하여야 한다.

① 2층[목구조 건축물: 3층] 이상인 건축물
② 연면적 200㎡[목구조 건축물: 500㎡] 이상인 건축물
③ 높이가 13m 이상인 건축물
④ 처마높이가 9m 이상인 건축물
⑤ 기둥과 기둥 사이의 거리가 10m 이상인 건축물
⑥ 건축물의 용도 및 규모를 고려한 중요도가 높은 건축물로서 국토교통부령으로 정하는 건축물
⑦ 국가적 문화유산으로 보존할 가치가 있는 건축물로서 국토교통부령으로 정하는 것
⑧ 한쪽 끝은 고정되고 다른 끝은 지지(支持)되지 아니한 구조로 된 보·차양 등이 외벽(외벽이 없는 경우 외곽 기둥)의 중심선으로부터 3m 이상 돌출된 건축물
⑨ 특수한 설계·시공·공법 등이 필요한 건축물로서 국토교통부장관이 정하여 고시하는 구조로 된 건축물 ⇨ 특수구조 건축물 대상기준 [국토교통부고시 제2018-777호, 2018.12.7.] 참조
⑩ 단독주택 및 공동주택

【2】 내진능력 공개 제외 대상 건축물

구조안전확인대상이 아니거나 내진능력 산정이 곤란한 건축물로서 다음의 건축물은 내진능력을 공개하지 않는다.

① 창고, 축사, 작물 재배사 및 표준설계도서에 따라 건축하는 건축물로서 위 【1】 표의 ①, ③~⑩의 어느 하나에도 해당하지 아니하는 건축물
② 소규모건축구조기준을 적용한 건축물
⇨ 소규모건축구조기준 [국토교통부고시 제2019-595호, 2019.10.29.] 참조

【3】 사용승인 신청시 내진능력의 제출 등

① 내진능력 공개대상 건축물의 사용승인 신청자는 내진능력을 신청서에 적어 제출해야 한다.

② 내진능력 산정시 구조기술사의 날인 근거자료를 함께 제출해야 한다.

⇨ **내진능력 산정 기준** [구조규칙 별표 13] **참조**

③ 내진능력의 공개는 건축물대장에 기재하는 방법으로 한다.

4 부속구조물의 설치 및 관리(법 제48조의4)

법 제48조의4【부속구조물의 설치 및 관리】

건축관계자, 소유자 및 관리자는 건축물의 부속구조물을 설계 · 시공 및 유지 · 관리 등을 고려하여 국토교통부령으로 정하는 기준에 따라 설치 · 관리하여야 한다.

[본조신설 2016.2.3.]

법 제2조【정의】①

21. "부속구조물"이란 건축물의 안전 · 기능 · 환경 등을 향상시키기 위하여 건축물에 추가적으로 설치하는 환기시설물 등 대통령령으로 정하는 구조물을 말한다.

영 제2조【정의】①

19. 법 제2조제1항제21호에서 "환기시설물 등 대통령령으로 정하는 구조물"이란 급기(給氣) 및 배기(排氣)를 위한 건축 구조물의 개구부(開口部)인 환기구를 말한다.

※ 관련내용은 제4장 4-3 환기구의 안전기준 참조

5 관계전문기술자와의 협력(법 제67조)(영 제91조의3)(규칙 제36조의2)(구조규칙 제61조)

【1】 관계전문기술사와의 협력

(1) 설계자 및 공사감리자는 다음의 내용에 의한 설계 및 공사감리를 함에 있어 관계전문기술자의 협력을 받아야 한다.

내 용	대지의 안전, 건축물의 구조상 안전, 부속구조물 및 건축설비의 설치 등을 위한 설계 및 공사감리			
세부관련 규정	법조항	내 용	법조항	내 용
	법제40조	대지의 안전 등	법제50조	건축물의 내화구조와 방화벽
	법제41조	토지 굴착부분에 대한 조치 등	법제50조의2	고층건축물의 피난 및 안전관리
	법제48조	구조내력 등	법제51조	방화지구 안의 건축물
	법제48조의2	건축물 내진등급의 설정	법제52조	건축물의 내부 마감재료
	법제48조의3	건축물의 내진능력 공개	법제62조	건축설비기준 등
	법제48조의4	부속건축물의 설치 및 관리	법제64조	승강기
	법제49조	건축물의 피난시설 및 용도제한 등	녹색건축물조성지원법 제15조	건축물에 대한 효율적인 에너지 관리와 녹색건축물 조성의 활성화

관계전문 기술자의 협력	1. 안전상 필요하다고 인정하는 경우 2. 관계법령이 정하는 경우 3. 설계계약 또는 감리계약에 따라 건축주가 요청하는 경우
관계전문 기술자의 업무수행	관계전문기술자는 건축물이 이 법 및 이 법에 따른 명령이나 처분, 그 밖의 관계 법령에 맞고 안전·기능 및 미관에 지장이 없도록 업무를 수행하여야 한다.

(2) 관계전문기술자의 자격

자 격	근거 법규정	비 고
1. 기술사사무소를 개설등록한 자	「기술사법」 제6조	「기술사법」 제2조제2호의 벌칙을 받은 후 2년 미경과자는 제외
2. 건설엔지니어링사업자로 등록한 자	「건설기술 진흥법」 제26조	
3. 엔지니어링사업자의 신고를 한 자	「엔지니어링산업 진흥법」 제21조	
4. 설계업 및 감리업으로 등록한 자	「전력기술관리법」 제14조	

【2】 건축구조기술사와의 협력

다음 건축물을 건축하거나 대수선하는 설계자는 구조의 안전을 확인하는 경우 건축구조기술사의 협력을 받아야 함

① 6층 이상인 건축물

② 특수구조 건축물

■ 특수구조 건축물(영 제2조항제18호)

- 한쪽 끝은 고정되고 다른 끝은 지지되지 아니한 구조로 된 보·차양 등이 외벽의 중심선으로부터 3m 이상 돌출된 건축물
- 기둥과 기둥 사이의 거리가 20m 이상인 건축물
- 특수한 설계·시공·공법 등이 필요한 건축물로서 국토교통부장관이 정하여 고시하는 구조로 된 건축물

③ 다중이용 건축물, 준다중이용 건축물 및 3층 이상의 필로티형식 건축물

■ 다중이용건축물(영 제2조항제17호)

- 다음 용도에 쓰이는 바닥면적의 합계 5,000㎡이상인 건축물
  - 문화 및 집회시설(동물원 및 식물원 제외), 종교시설, 판매시설, 운수시설 중 여객용 시설, 의료시설 중 종합병원, 숙박시설 중 관광숙박시설
- 16층 이상인 건축물

■ 준다중이용건축물(영 제2조항제17호의2)

- 다중이용건축물 외의 건축물로서 다음 용도에 쓰이는 바닥면적의 합계 1,000㎡이상인 건축물
  - 문화 및 집회시설(동물원 및 식물원 제외), 종교시설, 판매시설, 운수시설 중 여객용 시설, 의료시설 중 종합병원, 숙박시설 중 관광숙박시설
  - 교육연구시설, 노유자시설, 운동시설, 위락시설, 관광휴게시설, 장례시설

④ 지진구역1의 중요도 (특)에 해당하는 건축물

【참고1】 지진구역의 구분

구조규칙 별표10 (지진구역 및 지진계수)

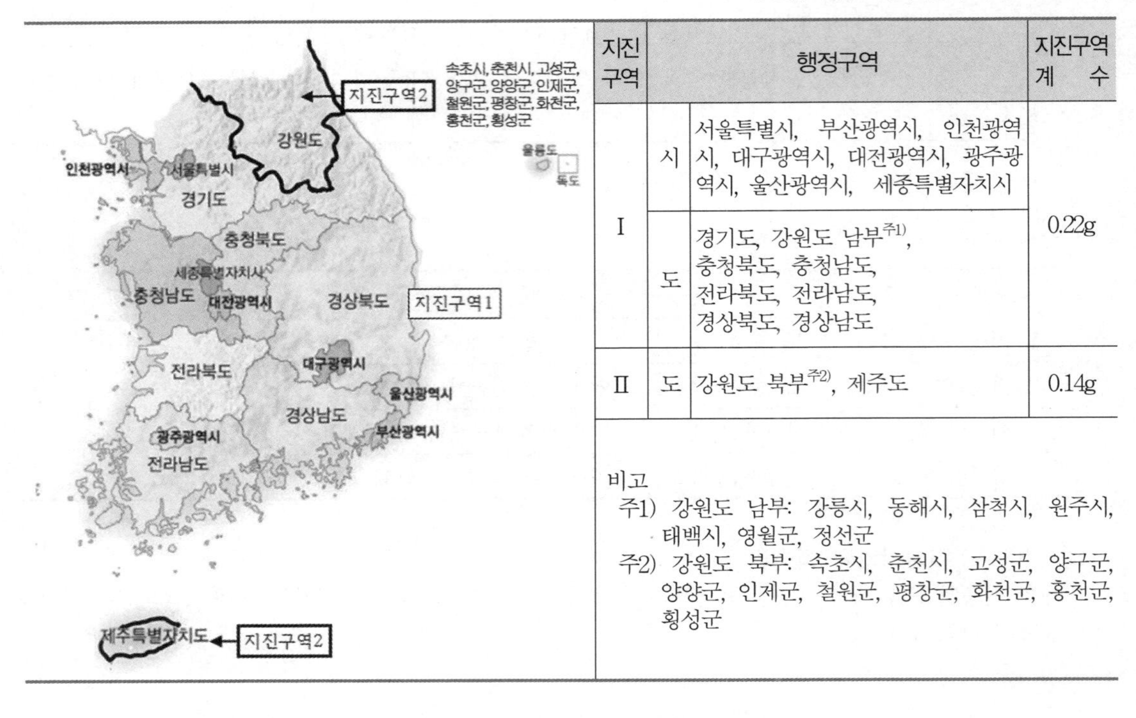

지진구역	행정구역		지진구역계수
I	시	서울특별시, 부산광역시, 인천광역시, 대구광역시, 대전광역시, 광주광역시, 울산광역시, 세종특별자치시	0.22g
	도	경기도, 강원도 남부[주1], 충청북도, 충청남도, 전라북도, 전라남도, 경상북도, 경상남도	
II	도	강원도 북부[주2], 제주도	0.14g

비고
주1) 강원도 남부: 강릉시, 동해시, 삼척시, 원주시, 태백시, 영월군, 정선군
주2) 강원도 북부: 속초시, 춘천시, 고성군, 양구군, 양양군, 인제군, 철원군, 평창군, 화천군, 홍천군, 횡성군

【참고2】 중요도에 의한 건축물의 분류(지진에 대한 안전여부 확인대상)

구조규칙 별표11(중요도 및 중요계수)

중요도	특	1	2	3
건축물의 용도 및 규모	1. 연면적 1,000㎡이상인 위험물 저장 및 처리 시설 · 국가 또는 지방자치단체의 청사 · 외국공관 · 소방서 · 발전소 · 방송국 · 전신전화국 · 국가 또는 지방자치단체의 데이터센터 2. 종합병원, 수술시설이나 응급시설이 있는 병원	1. 연면적 1,000㎡ 미만인 위험물 저장 및 처리시설 · 국가 또는 지방자치단체의 청사 · 외국공관 · 소방서 · 발전소 · 방송국 · 전신전화국 · 중요도(특)에 해당하지 않는 데이터센터 2. 연면적 5,000㎡ 이상인 공연장 · 집회장 · 관람장 · 전시장 · 운동시설 · 판매시설 · 운수시설(화물터미널과 집배송시설은 제외함) 3. 아동관련시설 · 노인복지시설 · 사회복지시설 · 근로복지시설 4. 5층 이상인 숙박시설 · 오피스텔 · 기숙사 · 아파트 · 교정시설 5. 학교 6. 수술시설과 응급시설 모두 없는 병원, 기타 연면적 1,000㎡ 이상인 의료시설로서 중요도(특)에 해당하지 않는 건축물	1. 중요도(특), (1), (3)에 해당하지 않는 건축물	1. 농업시설물, 소규모창고 2. 가설구조물
중요도계수	1.5	1.2	1.0	1.0

비고 중요도(특)에 해당하는 데이터센터는 국가 또는 지방자치단체가 구축이나 운영에 관한 권한 또는 업무를 위임 · 위탁한 데이터센터를 포함한다.

【3】 토목 분야 기술사 등과의 협력

설계자 및 공사감리자는 다음 공사를 수반하는 건축물의 경우 토목분야 기술사 또는 국토개발 분야의 지질 및 기반 기술사의 협력을 받아야 함

① 대상
- 깊이 10m 이상의 토지굴착공사
- 높이 5m 이상의 옹벽 등의 공사

② 협력사항
- 지질조사
- 토공사의 설계 및 감리
- 흙막이벽·옹벽설치등에 관한 위해방지 및 기타 필요한 사항

【4】 설비분야 관계전문기술자와의 협력

☞ 제4장. 건축설비 해설 참조

【5】 관계전문기술자와의 협력

① 설계자 및 공사감리자가 협력을 받아야 하는 경우

1. 안전상 필요하다고 인정하는 경우
2. 관계 법령이 정하는 경우
3. 설계계약 또는 감리계약에 따라 건축주가 요청하는 경우

② 공사감리자가 협력을 받아야 하는 경우

대상건축물	대상 공정 (구조)	대상 공정 (공정)	관계전문기술자
1. 특수구조 건축물, 고층건축물	• 철근콘크리트조 • 철골철근콘크리트조 • 조적조 • 보강콘크리트블럭조	가. 기초공사 시 철근배치를 완료한 경우	건축구조기술사
		나. 지붕슬래브배근을 완료한 경우	
		다. 지상 5개 층마다 상부 슬래브배근을 완료한 경우	
	• 철골조	가. 기초공사 시 철근배치를 완료한 경우	
		나. 지붕철골 조립을 완료한 경우	
		다. 지상 3개 층마다 또는 높이 20m마다 주요구조부의 조립을 완료한 경우	
2. 3층 이상인 필로티형식 건축물	• 건축물 상층부의 하중이 상층부와 다른 구조형식의 하층부로 전달되는 우측란의 어느 하나에 해당하는 부재(部材)의 철근배치를 완료한 경우	가. 기둥 또는 벽체 중 하나	건축구조 분야의 특급 또는 고급기술자의 자격요건을 갖춘 소속 기술자
		나. 보 또는 슬래브 중 하나	

【6】 관계전문기술자의 서명·날인

설계자 및 공사감리자에 협력한 관계전문기술자는 공사 현장을 확인하고, 다음의 경우 설계도서 등에 서명·날인하여야 한다.

① 관계전문기술자가 작성한 설계도서 - 설계자와 함께 서명·날인

② 감리중간보고서 및 감리완료보고서 - 공사감리자와 함께 서명·날인

③ 구조기술사가 건축구조기준 등에 따라 구조 안전의 확인에 관하여 설계자에게 협력한 건축물의 구조도 등 구조 관련 서류 - 설계자와 함께 서명·날인

2 건축물의 피난시설(법 제49조)

일정규모 이상의 건축물은 많은 사람을 수용하므로 화재 등 재해발생시 큰 피해를 받을 수 있으므로 피난시설의 설치는 매우 중요시된다. 피난시설은 건축물 내부에서 안전지대로 이르기까지의 경로 즉,

건축물 내부(거실) ➡ 출입구 ➡ 복도 ➡ 계단 ➡ 복도 ➡ 출구 ➡ 건축물 외부

위와 같은 경로를 따라 안전지대로 대피할 수 있어야 한다. 따라서 법 규정에서는 복도, 계단(직통계단, 피난계단, 특별피난 계단 등)의 설치 및 구조, 출입구에 관한 규정, 계단이나 출구까지의 보행거리 등의 피난규정을 규정하고, 「건축물의 피난·방화구조 등의 기준에 관한 규칙」(이하 "피난·방화규칙")을 정해 건축물의 안전·위생·방화 등을 확보할 수 있도록 하고 있다.

또한, 고층건축물의 재난발생시 안전한 피난을 위해 피난안전구역을 설치하거나 대피공간을 확보한 계단을 설치하도록 하는 등 고층건축물에 대한 피난 및 안전관리에 대한 규정이 신설되었다. (건축법 제50조의2, 2011.9.16 신설)

■ 피난규정의 적용 예(영 제44조)

건축물의 건축에서 아래 규정의 적용시 건축물이 내화구조의 바닥 또는 벽(창문·출입구 기타 개구부가 없는 경우)으로 구획되어 있는 경우에는 그 구획된 각 부분을 별개의 건축물로 본다.

법조항(시행령)	내 용	그 림 해 설
제34조	직통계단의 설치	내화구조의 벽(개구부가 없는 경우) A B 내화구조의 바닥 ■ A, B는 별개의 건축물로 본다.
제35조	피난계단의 설치	
제36조	옥외피난계단의 설치	
제37조	지하층과 피난층 사이의 개방공간 설치	
제38조	관람실 등으로부터의 출구 설치	
제39조	건축물 바깥쪽으로의 출구 설치	
제40조	옥상광장 등의 설치	
제41조	대지안의 피난 및 소화에 필요한 통로의 설치	
제48조	계단·복도 및 출입구의 설치	

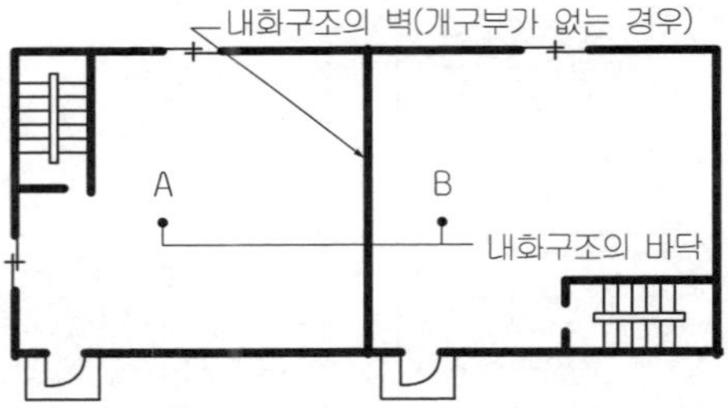

1 계단 및 복도의 설치 (영 제48조)

【1】 계단 및 복도 규정의 적용대상

연면적 200㎡를 초과하는 건축물에 설치하는 계단 및 복도

【2】 계단 각부의 치수기준

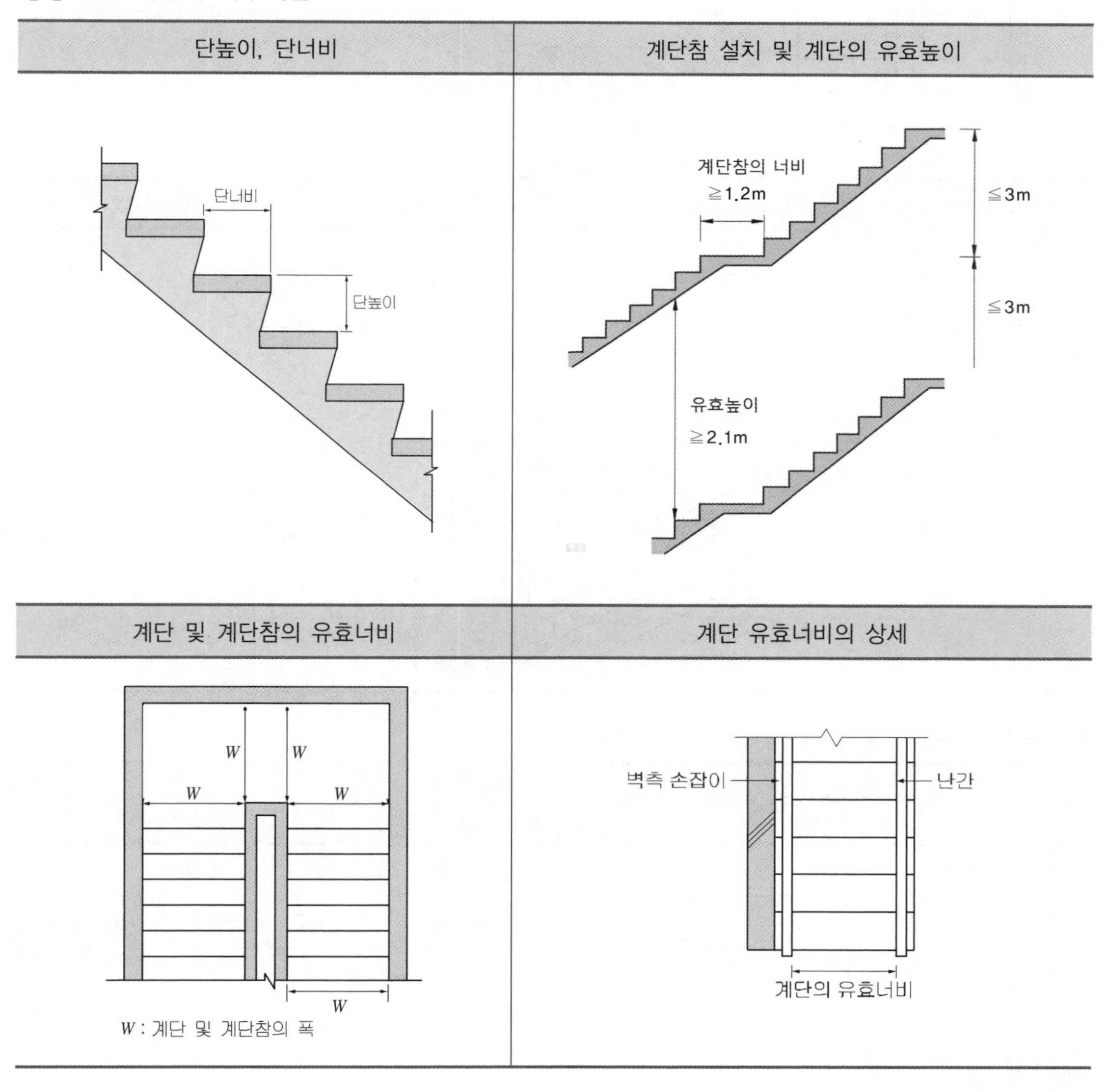

계단폭, 돌음계단의 치수측정	계단에 대체되는 경사로
	• 기울기는 1 : 8이하 • 표면을 거친면으로 하거나 미끄러지지 않는 재료로 마감

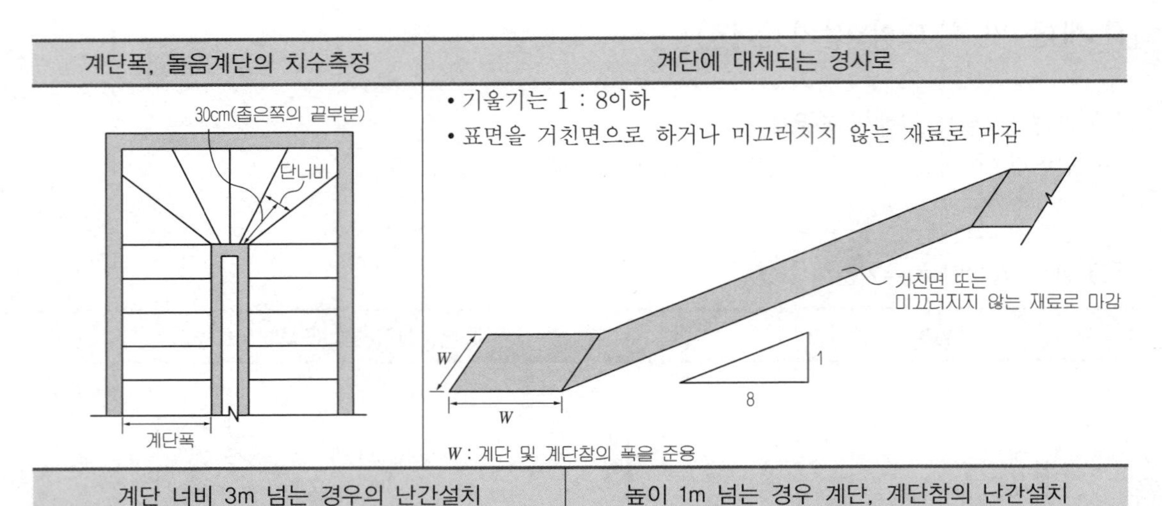

계단 너비 3m 넘는 경우의 난간설치	높이 1m 넘는 경우 계단, 계단참의 난간설치
• 계단 중간에 3m 이내마다 난간설치 • 계단 단높이 15cm 이하, 단너비 30cm 이하의 경우 난간설치 제외	• 양옆에 난간(벽 또는 이에 대치되는 것 포함) 설치

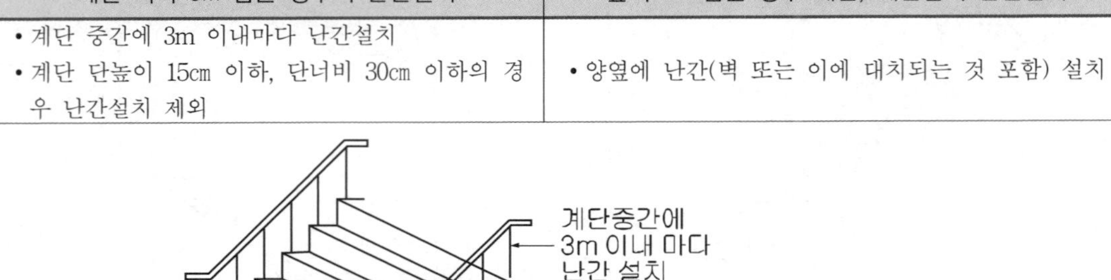

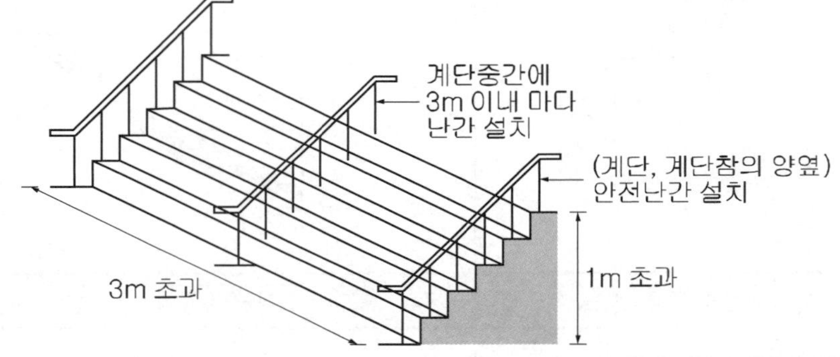

【3】 용도별 계단각부의 치수(피난 · 방화규칙 제15조)

	건축물의 용도·규모 등			계단·계단참 유효너비 (옥내계단에 한정)	단높이	단너비	기 타
1	• 초등학교			150cm이상	16cm이하	26cm이상	※돌음계단의 단너비 : 좁은 너비의 끝부분으로부터 30cm 위치에서 측정 *상부층 중 피난층이 있는 경우 그 아래층
2	• 중 · 고등학교			150cm이상	18cm이하	26cm이상	
3	• 문화 및 집회시설(공연장, 집회장 및 관람장에 한함) • 판매시설 • 기타 이와 유사한 것			120cm이상	–	–	
4	1~3 외의 계단	지상층 계단	바로 위층부터 최상층*까지 거실 바닥면적의 합계가 200㎡ 이상	120cm이상	–	–	
		지하층 계단	지하층 거실 바닥면적의 합계가 100㎡ 이상				
5	• 기타의 계단			60cm이상	–	–	

6	피난층 또는 지상으로 통하는 준초고층 건축물의 직통계단	• 공동주택	120㎝이상	－	－	※이 기준 충족 시 준초고층건축물의 피난안전구역의 설치 배제 가능함
		• 공동주택이 아닌 건축물	150㎝이상			

■ 「산업안전보건법」에 의한 작업장에 설치하는 계단인 경우에는 「산업안전보건기준에 관한 규칙」에서 정한 구조로 한다.

【4】 아동·노약자 및 신체장애인에 대한 배려

구 분	내 용	
용 도	• 공동주택(기숙사 제외) • 제1종 근린생활시설 • 제2종 근린생활시설 • 문화 및 집회시설 • 종교시설 • 판매시설 • 운수시설 • 의료시설 • 노유자시설 • 업무시설 • 숙박시설 • 위락시설 • 관광휴게시설	
대 상	• 주계단 • 피난계단 • 특별피난계단	
부 위	• 계단에 설치하는 난간 및 바닥	원형 타원형 손잡이 3.2~3.8cm 벽에서 5cm이상 계단으로부터 높이: 85cm
구 조	• 아동의 이용에 안전하고 • 노약자 및 신체장애인의 이용에 편리한 구조 • 양쪽에 벽등이 있어 난간이 없는 경우 손잡이 설치	
손잡이의 설치기준 (우측 그림 참조)	• 최대지름이 3.2㎝ 이상 3.8㎝ 이하인 원형 또는 타원형으로 할 것 • 손잡이는 벽 등으로부터 5㎝ 이상 떨어지도록 하고, 계단으로부터의 높이는 85㎝가 되도록 할 것 • 계단이 끝나는 수평부분에서의 손잡이는 바깥쪽으로 30㎝ 이상 나오도록 할 것	

【5】 특정용도의 계단에 있어서의 적용제외

승강기기계실용 계단, 망루용 계단 등 특수한 용도에만 쓰이는 계단은 앞의 계단 등의 규정을 적용하지 아니한다.

【6】 복도의 너비 및 설치기준

(1) 복도의 유효너비

구 분	복도의 너비	
	양옆에 거실이 있는 복도	그 밖의 복도
유치원·초등학교·중학교·고등학교	2.4m 이상	1.8m 이상
공동주택·오피스텔	1.8m 이상	1.2m 이상
해당층 거실의 바닥면적합계가 200㎡이상인 경우	1.5m 이상 (의료시설의 복도 : 1.8m 이상)	1.2m 이상

(2) 근린생활시설 등을 준주택으로 용도변경하는 경우 복도의 유효너비

<1>용도의 건축물을 <2>준주택으로 용도변경하려는 경우 <3> 요건을 모두 갖추면 복도의 양옆에 거실이 있는 복도의 유효너비를 1.5m 이상으로 할 수 있다.

〈1〉 용도변경 전 용도	〈2〉 용도변경 후 용도(준주택)	양옆에 거실이 있는 복도의 유효너비
• 제1종 근린생활시설 • 제2종 근린생활시설 • 노유자시설 • 수련시설 • 업무시설 • 숙박시설	• 기숙사 • 다중생활시설(제2종 근린생활시설 중) • 다중생활시설(숙박시설 중) • 노인복지주택(노인복지시설 중) • 오피스텔	1.5m 이상 *위 (1)의 규정의 완화 적용

〈3〉 완화 규정의 적용 요건
1. 용도변경의 목적이 해당 건축물을 공공매입임대주택으로 공급하려는 공공주택사업자에게 매도하려는 것일 것
2. 둘 이상의 직통계단이 지상까지 직접 연결되어 있을 것
3. 건축물의 내부에서 계단실로 통하는 출입구의 유효너비가 0.9m 이상일 것
4. 위 3.의 출입구에는 60분+ 방화문을 피난하려는 방향으로 열리도록 설치하되, 해당 방화문은 항상 닫힌 상태를 유지하거나 화재로 인한 연기나 불꽃을 감지하여 자동으로 닫히는 구조일 것 예외 연기나 불꽃을 감지 작동방식으로 할 수 없는 경우 온도를 감지하여 자동으로 닫히는 구조도 가능

(3) 관람실 또는 집회실과 접하는 복도의 유효너비

대 상	해당 층 해당용도의 바닥면적의 합계	복도의 유효너비
• 문화 및 집회시설(공연장 · 집회장 · 관람장 · 전시장) • 종교시설(종교집회장) • 노유자시설(아동관련시설, 노인복지시설) • 수련시설(생활권 수련시설) • 위락시설(유흥주점) • 장례식장	500㎡ 미만	1.5m 이상
	500㎡ 이상~1천㎡미만	1.8m 이상
	1천㎡ 이상	2.4m 이상

(4) 공연장의 개별관람실의 복도

1. 각 층에 설치된 개별관람실*의 복도 (* 바닥면적이 300㎡ 이상인 것에 한정함)	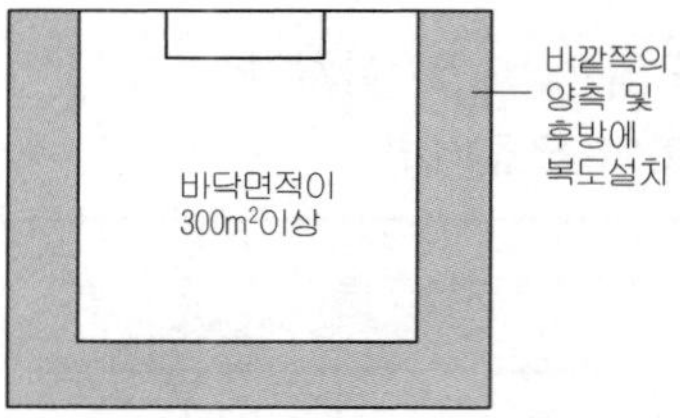 바닥면적이 $300m^2$이상 바깥쪽의 양측 및 후방에 복도설치
2. 하나의 층에 개별관람실*을 2개소 이상 연속하여 설치하는 경우 (* 바닥면적이 300㎡ 미만인 경우에 한정함)	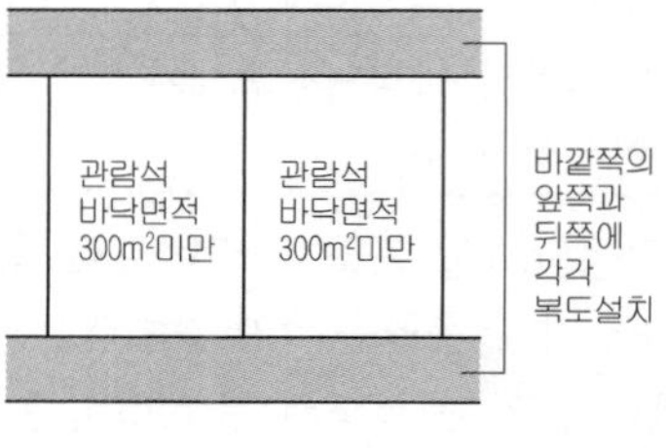 관람석 바닥면적 $300m^2$미만 관람석 바닥면적 $300m^2$미만 바깥쪽의 앞쪽과 뒤쪽에 각각 복도설치

2 직통계단의 설치 (영 제34조)

직통계단은 피난층(또는 초고층 건축물과 준초고층 건축물의 피난안전구역)까지, 직접 이르는 계단으로 화재 등의 재해발생시 신속한 피난의 주경로가 된다. 그렇기 때문에 일정 규모 이상의 건축물에서는 전층에 걸친 직통계단은 2개소 이상 설치하여 피난의 효율성을 높이도록 규정하고 있다. 직통계단은 피난시 유효하지만 구조제한을 받지 않으며, 고층부와 저층부에 연결된 직통계단은 피난계단·특별피난계단의 구조로 하여 안전에 대비하고자 하였다.

■ 피난층

정 의	도해(직접 지상으로 통하는 출입구가 있는 층의 경우)
• 직접 지상으로 통하는 출입구가 있는 층 • 초고층 건축물과 준초고층 건축물의 피난안전구역	피난층, G.L

■ 직통계단

직통계단이란 건축물의 피난층 외의 층에서 피난층 또는 지상으로 통하는 계단을 말한다.
- 피난상 계단·계단참 등이 연속적으로 연결되어 피난의 경로가 명확히 구분되어야 한다.

【1】 보행거리(거실의 각 부분에서 가장 가까운 거리에 있는 1개소의 직통계단까지의 거리)

(1) 보행거리의 산정

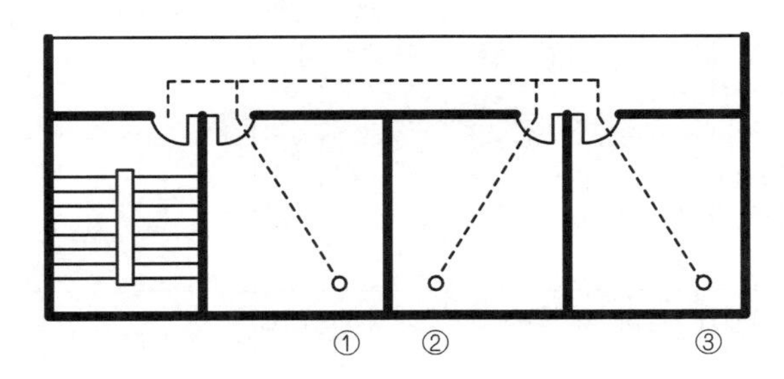

(2) 보행거리의 기준

층의 구분			일반층(거실 → 직통계단)	
주요구조부[1]			내화구조 또는 불연재료	기타(원칙)
용도	일반용도		50m 이하	30m 이하
	공동주택	15층이하	50m 이하	30m 이하
		16층이상	40m 이하[2]	30m 이하
설비			자동식 소화설비[3]	기타(원칙)

용도	반도체 및 디스플레이 패널 제조 공장	70m 이하	30m 이하
	위 공장이 무인화 설비된 공장	100m 이하	30m 이하

1) 지하층에 설치하는 것으로서 바닥면적의 합계가 300㎡이상인 공연장 · 집회장 · 관람장 및 전시장은 주요구조부를 내화구조 또는 불연재료로 하더라도 보행거리 완화규정(50m 이하)을 적용하지 아니한다.
2) 층수가 16층 이상인 공동주택의 경우 16층 이상인 층에 대해서 40m
3) 공장의 자동화 생산시설에 설치한 스프링클러 등 자동식 소화설비

【2】 2 이상의 직통계단의 설치대상건축물

(1) 대상건축물

	적 용 용 도	사용층	바닥면적의 합계	실구분	비 고
1	① 공연장·종교집회장(제2종 근린생활시설 중) ② 문화 및 집회시설 (전시장, 동 · 식물원 제외) ③ 종교시설 ④ 주점영업(위락시설 중) ⑤ 장례시설	해당용도로 쓰는 층	200㎡이상 (①의 경우 300㎡ 이상)	그 층에서 해당용도로 쓰는 부분	2이상의 직통계단설치규정에서의 직통계단은 건축물의 모든 층에 걸친 직통계단을 말함 1) 해당용도로 쓰는 바닥면적 합계 300㎡ 이상인 경우만 해당
2	① 다중주택 · 다가구주택(단독주택 중) ② 입원실있는 정신과의원(제1종 근린생활시설 중) ③ 인터넷컴퓨터게임시설제공업소[1] · 학원 · 독서실(제2종 근린생활시설 중) ④ 판매시설 ⑤ 운수시설(여객용 시설만 해당) ⑥ 의료시설(입원실 없는 치과병원 제외) ⑦ 학원(교육연구시설 중) ⑧ 아동관련시설 · 노인복지시설 · 장애인 거주시설 · 장애인 의료재활시설 (노유자시설 중) ⑨ 유스호스텔(수련시설 중) ⑩ 숙박시설	해당 용도로 쓰는 3층 이상의 층	200㎡이상	그 층의 해당 용도로 쓰는 거실 (이하 "거실")	
3	• 공동주택(층당 4세대 이하 제외) • 오피스텔(업무시설 중)	해당 용도로 쓰는 층	300㎡이상	거실	
4	1~3이외의 용도	3층 이상의 층	400㎡이상	거실	
5	용도와 무관	지하층	200㎡이상	거실	

(2) 2개소 이상의 직통계단 설치 기준(피난·방화규칙 제8조)

1. 가장 멀리 위치한 직통계단 2개소의 출입구 간의 가장 가까운 직선거리[*1)]는 건축물 평면의 최대 대각선 거리의 1/2 이상[*2)]으로 할 것
*1) 직통계단 간을 연결하는 복도가 건축물의 다른 부분과 방화구획으로 구획된 경우 출입구 간의 가장 가까운 보행거리

*2) 스프링클러 등 자동식 소화설비를 설치한 경우 1/3 이상

2. 각 직통계단 간에는 각각 거실과 연결된 복도 등 통로를 설치할 것

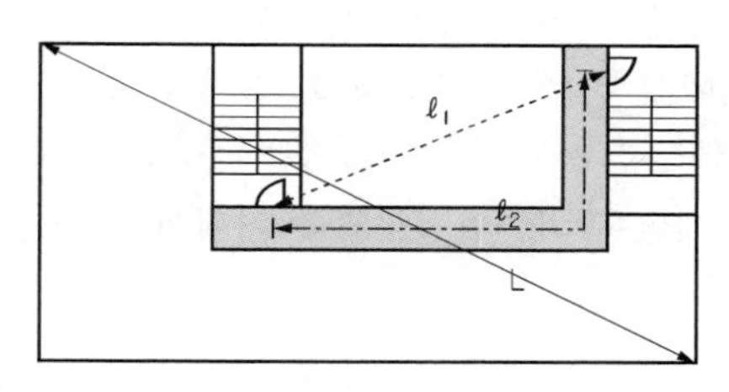

2개소 이상 직통계단 설치의 도해(예)

3 고층건축물의 피난 및 안전관리(법 제50조의2)(영 제34조)(피난규칙 제8조의2)

고층건축물의 화재예방 및 피해경감을 위하여 피난안전구역을 설치하거나 대피공간을 확보한 계단을 설치하도록 하고, 일반 건축물보다 강화된 건축 기준을 적용할 수 있으며,
피난안전구역의 설치와 그 설치기준에 대해서도 규정하고 있다.

【1】 고층건축물의 피난 등

고층건축물에는 피난안전구역을 설치하거나 대피공간을 확보한 계단을 설치하여야 한다.

【2】 강화된 규정의 적용

법조항	내 용	비 고
제48조	구조내력 등	각 법 조항과 관계된 건축법 시행령, 건축물의 구조기준 등에 관한 규칙, 건축물의 피난·방화구조 등의 기준에 관한 규칙 등도 강화하여 적용할 수 있음
제48조의2	건축물 내진등급의 설정	
제48조의3	건축물의 내진능력 공개	
제48조의4	부속구조물의 설치 및 관리	
제49조	건축물의 피난시설 및 용도제한 등	
제50조	건축물의 내화구조와 방화벽	

【3】 피난안전구역의 설치

(1) 피난안전구역

건축물의 피난·안전을 위하여 건축물의 중간층에 설치하는 대피공간

(2) 피난안전구역의 설치

① 초고층 건축물에는 피난층 또는 지상으로 통하는 직통계단과 직접 연결되는 피난안전구역을 지상층으로부터 최대 30개 층마다 1개소 이상을 설치할 것

② 준초고층 건축물에는 피난층 또는 지상으로 통하는 직통계단과 직접 연결되는 피난안전구역을 해당 건축물의 전체 층수의 1/2에 해당하는 상하 5개층 이내에 1개소 이상 설치할 것

예외 다음 기준에 따라 피난층 또는 지상으로 통하는 직통계단을 설치하는 경우

용 도	계단 및 계단참의 유효너비
1. 공동주택	120㎝ 이상
2. 공동주택이 아닌 건축물	150㎝ 이상

(3) 피난안전구역의 규모와 설치기준

① 피난안전구역 규모 등

- 피난안전구역은 해당 건축물의 1개층을 대피공간으로 할 것
- 대피에 장애가 되지 아니하는 범위에서 기계실, 보일러실, 전기실 등 건축설비를 설치하기 위한 공간과 같은 층에 설치 가능(단, 건축설비가 설치되는 공간과 내화구조로 구획)
- 피난안전구역에 연결되는 특별피난계단은 피난안전구역을 거쳐서 상·하층으로 갈 수 있는 구조로 설치

② 피난안전구역의 구조 및 설비 기준

- 피난안전구역의 바로 아래층 및 위층은 「건축물의 에너지절약설계기준」에 적합한 단열재를 설치할 것(아래층은 최상층에 있는 거실의 반자 또는 지붕 기준을 준용하고, 위층은 최하층에 있는 거실의 바닥 기준을 준용할 것)

  ⇨ 건축물의 에너지절약설계기준(국토교통부고시 제2023-104호, 2023.2.28.) 참조
- 내부마감재료 : 불연재료
- 건축물의 내부에서 피난안전구역으로 통하는 계단 : 특별피난계단
- 비상용 승강기 : 피난안전구역에서 승하차 할 수 있는 구조
- 식수공급을 위한 급수전을 1개소 이상 설치
- 예비전원에 의한 조명설비 설치
- 관리사무소 또는 방재센터 등과 긴급연락이 가능한 경보 및 통신시설 설치
- 피난안전구역의 면적산정 기준(별표 1의2)에 따라 산정한 면적 이상일 것【참고】
- 피난안전구역의 높이는 2.1m 이상일 것
- 배연설비(「설비규칙」 제14조)를 설치할 것
- 그 밖에 소방청장이 정하는 소방 등 재난관리를 위한 설비를 갖출 것

【참고】 피난안전구역의 면적 산정기준[피난·방화규칙 별표 1의2]

1. 피난안전구역의 면적은 다음 산식에 따라 산정한다.

(피난안전구역 윗층의 재실자 수 × 0.5) × 0.28㎡

가. 피난안전구역 윗층의 재실자 수는 해당 피난안전구역과 다음 피난안전구역 사이의 용도별 바닥면적을 사용 형태별 재실자 밀도로 나눈 값의 합계를 말한다. 다만, 문화·집회용도 중 벤치형 좌석을 사용하는 공간과 고정좌석을 사용하는 공간은 다음의 구분에 따라 피난안전구역 윗층의 재실자 수를 산정한다.

1) 벤치형 좌석을 사용하는 공간: 좌석길이 / 45.5㎝

2) 고정좌석을 사용하는 공간: 휠체어 공간 수 + 고정좌석 수

나. 피난안전구역 설치 대상 건축물의 용도에 따른 사용 형태별 재실자 밀도는 다음 표와 같다.

용 도	사용 형태별	재실자 밀도
문화·집회	고정좌석을 사용하지 않는 공간	0.45
	고정좌석이 아닌 의자를 사용하는 공간	1.29
	벤치형 좌석을 사용하는 공간	-

	고정좌석을 사용하는 공간		-
	무대		1.40
	게임제공업 등의 공간		1.02
운동	운동시설		4.60
교육	도서관	서고	9.30
		열람실	4.60
	학교 및 학원	교실	1.90
보육	보호시설		3.30
의료	입원치료구역		22.3
	수면구역		11.1
교정	교정시설 및 보호관찰소 등		11.1
주거	호텔 등 숙박시설		18.6
	공동주택		18.6
업무	업무시설, 운수시설 및 관련 시설		9.30
판매	지하층 및 1층		2.80
	그 외의 층		5.60
	배송공간		27.9
저장	창고, 자동차 관련 시설		46.5
산업	공장		9.30
	제조업 시설		18.6

※ 계단실, 승강로, 복도 및 화장실은 사용 형태별 재실자 밀도의 산정에서 제외하고, 취사장·조리장의 사용 형태별 재실자 밀도는 9.30으로 본다.

2. 피난안전구역 설치 대상 용도에 대한 「건축법 시행령」 별표 1에 따른 용도별 건축물의 종류는 다음 표와 같다.

용도	용도별 건축물
문화·집회	문화 및 집회시설(공연장·집회장·관람장·전시장만 해당한다), 종교시설, 위락시설, 제1종 근린생활시설 및 제2종 근린생활시설 중 휴게음식점·제과점·일반음식점 등 음식·음료를 제공하는 시설, 제2종 근린생활시설 중 공연장·종교집회장·게임제공업 시설, 그 밖에 이와 비슷한 문화·집회시설
운동	운동시설, 제1종 근린생활시설 및 제2종 근린생활시설 중 운동시설
교육	교육연구시설, 수련시설, 자동차 관련 시설 중 운전학원 및 정비학원, 제2종 근린생활시설 중 학원·직업훈련소·독서실, 그 밖에 이와 비슷한 교육시설
보육	노유자시설, 제1종 근린생활시설 중 지역아동센터
의료	의료시설, 제1종 근린생활시설 중 의원, 치과의원, 한의원, 침술원, 접골원(接骨院), 조산원 및 안마원
교정	교정 및 군사시설

주거	공동주택 및 숙박시설
업무	업무시설, 운수시설, 제1종 근린생활시설과 제2종 근린생활시설 중 지역자치센터・파출소・사무소・이용원・미용원・목욕장・세탁소・기원・사진관・표구점, 그 밖에 이와 비슷한 업무시설
판매	판매시설(게임제공업 시설 등은 제외한다), 제1종 근린생활시설 중 수퍼마켓과 일용품 등의 소매점
저장	창고시설, 자동차 관련 시설(운전학원 및 정비학원은 제외한다)
산업	공장, 제2종 근린생활시설 중 제조업 시설

【4】 피난 용도의 표시

(1) 피난안전구역
① 출입구 상부 벽 또는 측벽의 눈에 잘 띄는 곳에 '피난안전구역' 문자를 적은 표시판을 설치할 것
② 출입구 측벽의 눈에 잘 띄는 곳에 '해당 공간의 목적과 용도, 다른 용도로 사용하지 아니할 것'을 안내하는 내용을 적은 표시판을 설치할 것

(2) 특별피난계단의 계단실 및 그 부속실, 피난계단의 계단실 및 피난용 승강기 승강장
① 출입구 측벽의 눈에 잘 띄는 곳에 '해당 공간의 목적과 용도, 다른 용도로 사용하지 아니할 것'을 안내하는 내용을 적은 표시판을 설치할 것
② 해당 건축물에 피난안전구역이 있는 경우 표시판에 피난안전구역이 있는 층을 적을 것

(3) 대피공간
출입문에 해당 공간이 화재 등의 경우 '대피장소이므로 물건적치 등 다른 용도로 사용하지 아니할 것'을 안내하는 내용을 적은 표시판을 설치할 것

4 피난계단의 설치 (영 제35조, 제36조)

직통계단은 피난층까지 직접 이르는 계단으로서 면적에 따른 설치개소(2개소 이상)의 규정외에 별도의 구조제한 등의 규정이 없다. 반면에 일정규모 이상의 건축물은 수직적(지상, 지하)으로 많은 사람들이 공간을 이용하고 있으므로, 화재 등 재해발생시 큰 피해가 우려된다. 따라서, 사람들이 안전지대로 대피할 수 있는 경로로서의 직통계단을 피난계단・특별피난계단의 구조로 하여 재해시 안전을 확보하도록 규정하고 있다. 또한 좁은 공간에 많은 사람들이 밀집되어 있는 집회장 등에 있어서는 옥외피난계단을 별도로 설치하도록 규정하고 있다.

【1】 피난계단의 설치

구 분	대상층	바닥면적	직통계단의 구조		피난계단·특별피난계단의 예외규정 (【2】, 【3】 해설참조)
			피난계단	특별피난계단	
일반 용도	지하2층	–	가능	가능	■ 건축물의 주요구조부가 내화구조 또는 불연재료의 경우로서 1. 5층 이상의 층의 바닥면적의 합계가 200㎡ 이하인 경우
	지하3층 이하의 층	400㎡ 미만의 층	가능	가능	

		400㎡ 이상의 층	불가	가능	2. 5층 이상의 층의 바닥면적 매 200㎡ 마다 방화구획이 되어 있는 경우 - 피난·특별피난계단 설치제외 ■ 5층이상 또는 지하2층 이하의 층에 설치하는 계단으로서 그 층의 용도가 판매시설의 용도에 쓰이는 것은 직통계단 중 1개소 이상을 특별피난계단으로 설치 - 계단구조의 강화(특별피난계단의 구조로) ■ 5층 이상의 층으로서 문화 및 집회시설 중 전시장 또는 동·식물원, 판매시설, 운수시설(여객용 시설만 해당), 운동시설, 위락시설, 관광휴게시설(다중이 이용하는 시설만 해당) 또는 수련시설 중 생활권 수련시설의 용도에 쓰이는 층에는 직통계단 외에 그 층의 해당 용도에 쓰는 바닥면적의 합계가 2,000㎡를 넘는 경우 그 넘는 2,000㎡ 이내마다 1개소의 피난계단 또는 특별피난계단을 별도 설치할 것 (4층 이하의 층에는 쓰이지 않아야 함) ※ 각층 면적의 합계가 아님에 주의 * 갓복도식 공동주택 : 각 층의 계단실 및 승강기에서 각 세대로 통하는 복도의 한쪽 면이 외기에 개방된 구조의 공동주택
	지상5층 이상의 층	–	가능	가능	
	지상11층 이상의 층	400㎡ 미만의 층	가능	가능	
		400㎡ 이상의 층	불가	가능	
공동주택 (갓복도* 제외)	15층 이하의 층	–	가능	가능	
	16층 이상의 층	400㎡ 미만의 층	가능	가능	
		400㎡ 이상의 층	불가	가능	

【2】 적용제외의 경우(건축물의 주요구조부가 내화구조 또는 불연재료인 경우)

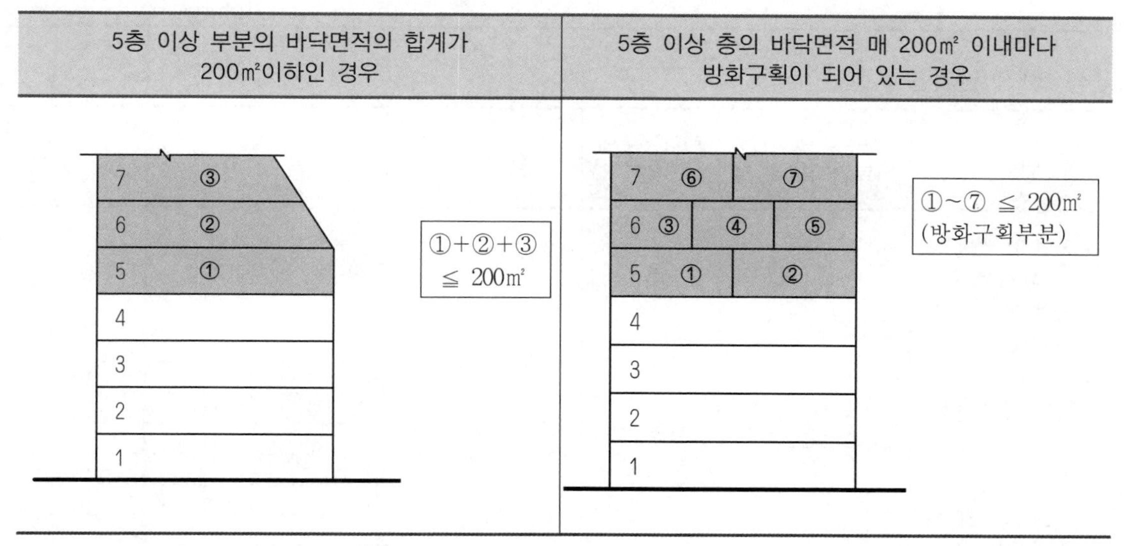

【3】 설치완화·설치강화의 경우

설치완화(공동주택의 경우)			설치강화(추가설치 경우)	
갓복도식	갓복도식 이외		5층 이상의 층, 지하2층 이하의 층(판매시설의 용도)	5층 이상의 층으로서 문화 및 집회시설 등으로 쓰이는 것으로서 그 층의 해당용도 바닥면적의 합계가 2천m²를 넘는 경우
	15층 이하	16층 이상		
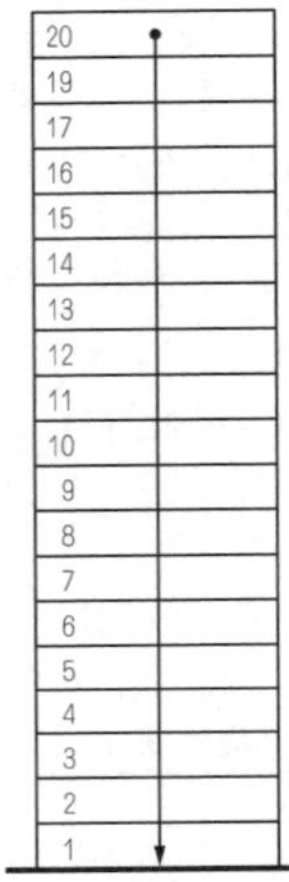 피난계단의 구조	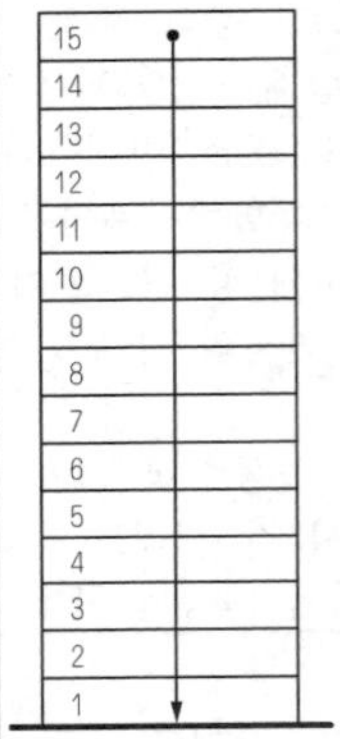 피난계단	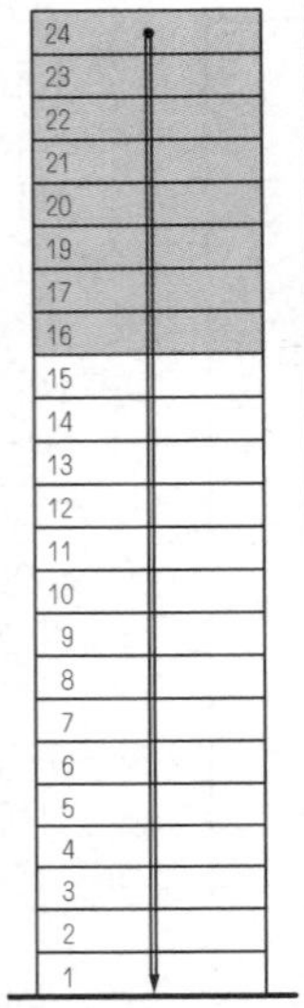 특별피난계단	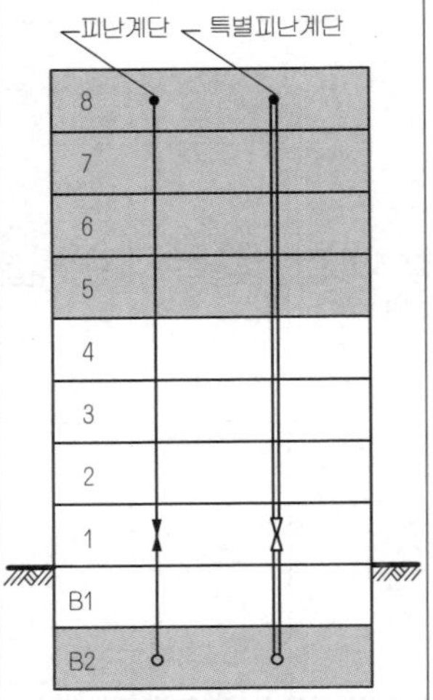 피난계단 특별피난계단 1개소이상을 특별피난계단으로	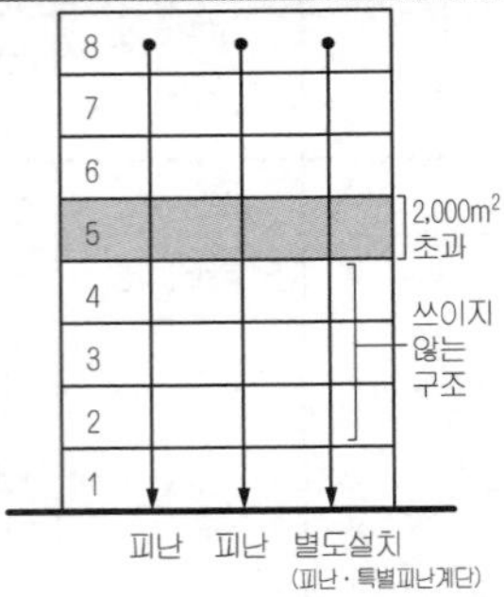 2,000m² 초과 쓰이지 않는 구조 피난 피난 별도설치 (피난·특별피난계단) • 그 넘는 매 2천m² 이내마다 1개소의 피난 또는 특별피난계단을 설치 • 별도설치의 피난 또는 특별피난계단은 4층 이하의 부분은 쓰이지 않는 구조로 하여야 함 • 판매시설의 경우는 1개소이상을 특별피난계단으로 하는 규정을 만족하여야 함

【4】 옥외피난계단의 설치

대 상	해당 층의 거실 바닥면적의 합계	해당용도의 층	설 치	상 세
• 공연장(제2종 근린생활시설 중) • 공연장(문화 및 집회시설 중) • 주점영업 (위락시설 중)	300m² 이상	3층 이상의 층 (피난층 제외)	옥외피난계단의 별도설치 (규정에 따른 직통계단외에)	• 피난층을 제외한 3층 이상인 층 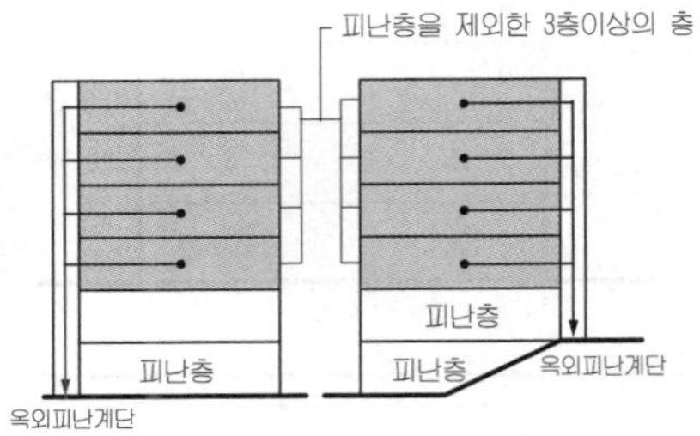 피난층을 제외한 3층이상의 층 피난층 옥외피난계단
• 집회장(문화 및 집회시설 중)	1,000m² 이상			

5 피난계단 및 특별피난계단의 구조(피난·방화 제9조)

피난계단이나 특별피난계단은 화재 등 재해 발생시 안전한 피난을 유도하기 위한 직통계단으로, 여기서는 피난 및 특별피난계단의 구조(내화구조), 마감재료(불연재료), 배연설비, 출입구(60+방화문, 60분방화문, 30분 방화문) 및 조명설비 등에 대해서 규정하고 있다.

【1】 피난계단

피난계단의 구조	세 부 규 정	
옥내 피난계단 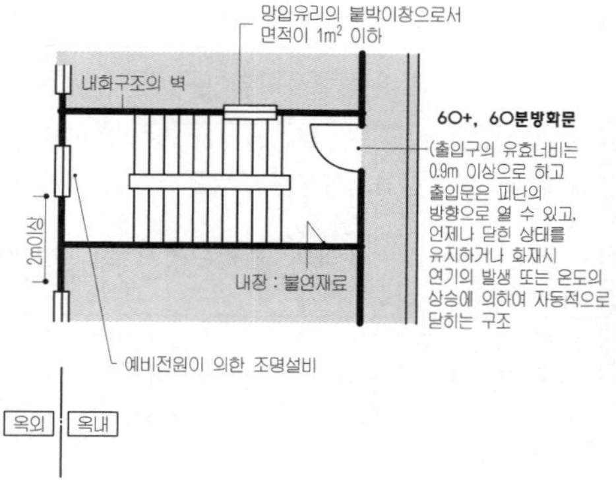 망입유리의 붙박이창으로서 면적이 $1m^2$ 이하 내화구조의 벽 60+, 60분방화문 (출입구의 유효너비는 0.9m 이상으로 하고 출입문은 피난의 방향으로 열 수 있고, 언제나 닫힌 상태를 유지하거나 화재시 연기의 발생 또는 온도의 상승에 의하여 자동적으로 닫히는 구조 2m이상 내장 : 불연재료 예비전원이 의한 조명설비 옥외 옥내	계단실의 벽	내화구조로 할 것[창문, 출입구, 기타 개구부(이하 "창문등") 제외]
	계단실의 실내마감	불연재료로 할 것(바닥 및 반자 등 실내에 면한 모든 부분을 말함)
	계단실의 채광	예비전원에 의한 조명설비를 할 것
	옥외에 접하는 창문 등	해당 건축물의 다른 부분에 설치하는 창문등으로부터 2m이상의 거리를 두고 설치(망이 들어있는 붙박이창으로서 면적이 각각 $1m^2$ 이하인 것 제외)
	내부와 면하는 계단실의 창	망이 들어 있는 유리의 붙박이창으로서 그 면적을 각각 $1m^2$ 이하로 할 것(출입구 제외)
	계단실의 출입구	60+방화문 또는 60분방화문을 설치할 것(출입구의 유효너비는 0.9m 이상으로 하고, 출입문은 피난의 방향으로 열 수 있고, 언제나 닫힌 상태를 유지하거나 화재시 연기 또는 불꽃을 감지하여 자동적으로 닫히는 구조로 해야 하고, 할 수 없을 경우 온도감지로 자동적으로 닫히는 구조로 할 수 있음)
	계단의 구조	내화구조로 하고 피난층 또는 지상까지 직접 연결되도록 할 것
옥외 피난계단 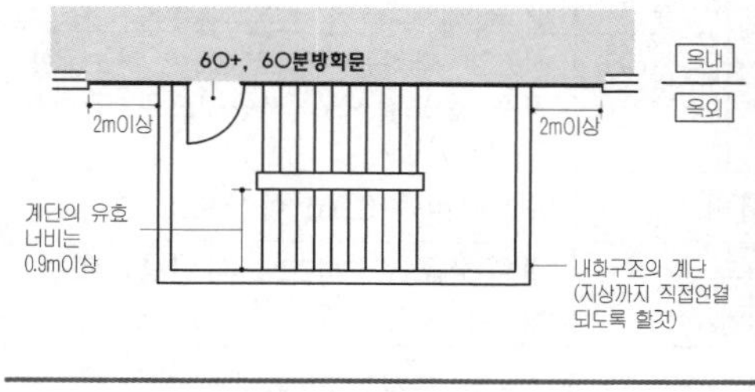 60+, 60분방화문 옥내 옥외 2m이상 2m이상 계단의 유효너비는 0.9m이상 내화구조의 계단(지상까지 직접연결되도록 할것)	계단의 위치	계단으로 통하는 출입구외의 창문등(망이 들어있는 유리의 붙박이창으로서 그 면적이 각각 $1m^2$ 이하인 것 제외)으로부터 2m 이상의 거리를 두고 설치
	계단실의 출입구	60+방화문 또는 60분방화문을 설치할 것
	계단의 유효너비	0.9m 이상으로 할 것
	계단의 구조	내화구조로 하고 지상까지 직접연결 되도록 할 것

- □ 피난계단은 돌음계단으로 해서는 안된다.
- □ 옥상광장을 설치해야 하는 건축물의 피난계단·특별피난계단은 해당 건축물의 옥상으로 통하도록 설치해야 한다. 이 경우 옥상으로 통하는 출입문은 피난방향으로 열리는 구조로서 피난시 이용에 장애가 없어야 한다.

※ 옥상광장의 설치 – 5층 이상인 층이 제2종 근린생활시설 중 공연장·종교집회장·인터넷컴퓨터게임시설제공업소(해당 용도 바닥면적의 합계가 각각 $300m^2$ 이상인 경우만 해당), 문화 및 집회시설(전시장 및 동·식물원 제외), 종교시설, 판매시설, 위락시설 중 주점영업 또는 장례식장의 용도에 쓰이는 경우

【2】 특별피난계단

특별피난계단의 구조

노대가 설치된 경우

2m이상(망입유리의 붙박이창으로 1m² 이하인 것 제외)
60+, 60분, 30분 방화문 (유효너비 0.9m이상)
망입유리의 붙박이창으로 면적 1m²이하인 것
노대
내화구조의 벽
불연재료로 마감
60+, 60분방화문(유효너비 0.9m이상)
옥외
옥내

창문(면적 1㎡ 이상으로서 외부로 열 수 있는 것)이 있는 부속실(면적 3㎡ 이상)이 설치된 경우

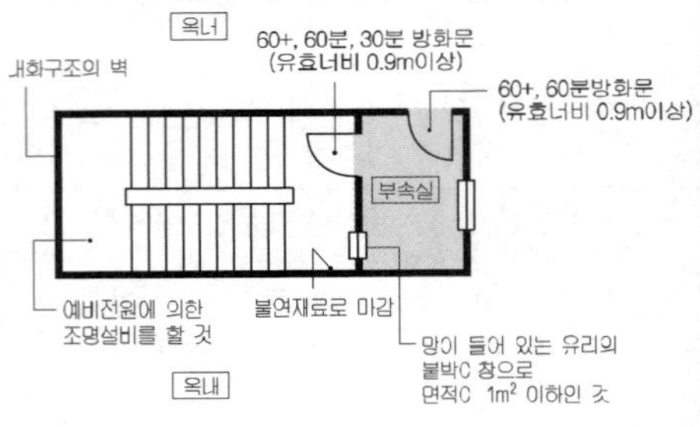

배연설비가 있는 부속실(면적 3㎡이상)이 설치된 경우

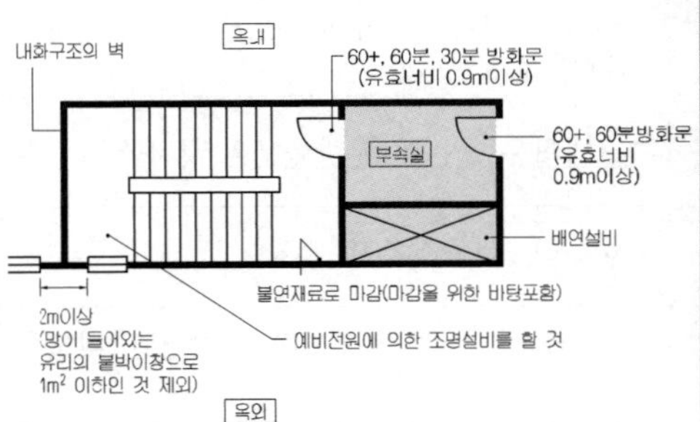

세부 공통 규정

구분		내용
①부속실 등의 설치		건축물의 내부와 계단실은 • 노대를 통해 연결하거나 • 부속실을 통해 연결할 것
② 부속실의 구조		• 외부를 향해 열 수 있는 면적 1㎡ 이상의 창문(바닥으로부터 1m 이상의 높이에 설치한 것에 한함)이 있거나, • 배연설비가 있을 것
③ 계단실·노대 및 부속실의 벽		창문등을 제외하고는 내화구조의 벽으로 각각 구획할 것 -공동주택에 있어서 부속실과 비상용승강기의 승강장을 겸용하는 경우의 그 부속실 또는 승강장을 포함
④계단실 및 부속실의 마감		실내에 접하는 부분의 마감(마감을 위한 바탕포함)을 불연재료로 할 것 -바닥 및 반자 등 실내에 면한 모든 부분을 말함
⑤ 계단실의 채광		예비전원에 의한 조명설비를 할 것
⑥ 옥외에 접하는 창문등(계단실, 노대, 부속실에 설치)		계단실·노대 또는 부속실외에 해당 건축물의 다른 부분에 설치하는 창문등으로부터 2m이상의 거리를 두고 설치할 것 -망이 들어있는 유리의 붙박이창으로서 면적이 각각 1㎡ 이하인 것을 제외
⑦ 계단실의 실내측의 창		노대 또는 부속실에 접하는 부분외에는 건축물의 내부와 접하는 창문등을 설치하지 아니할 것
⑧ 노대 또는 부속실에 면하는 창		망이 들어 있는 유리의 붙박이창으로서 그 면적을 각각 1㎡ 이하로 할 것 -출입구 제외
⑨ 노대 및 부속실의 실내측의 창		계단실외의 건축물의 내부와 접하는 창문등을 설치하지 아니할 것 -출입구 제외
⑩ 출입구에 설치하는문	건축물 내부에서 노대, 부속실로	60+방화문 또는 60분방화문을 설치할 것
	노대, 부속실에서 계단실로	60+방화문, 60분방화문 또는 30분 방화문을 설치할 것 (언제나 닫힌 상태를 유지하거나 화재시 연기 또는 불꽃을 감지하여 자동적으로 닫히는 구조로 해야 하고, 할 수 없을 경우 온도감지로 자동적으로 닫히는 구조로 할 수 있음)
⑪ 출입구의 너비		유효너비는 0.9m 이상으로 할 것
⑫ 계단의 구조		내화구조로 하고, 피난층 또는 지상까지 직접 연결되도록 할 것

□ 특별피난계단은 돌음계단으로 해서는 안된다.

□ 옥상광장을 설치해야 하는 건축물의 피난계단·특별피난계단은 해당 건축물의 옥상으로 통하도록 설치해야 한다. 이 경우 옥상으로 통하는 출입문은 피난방향으로 열리는 구조로서 피난시 이용에 장애가 없어야 한다.

6 지하층과 피난층 사이 개방공간의 설치 및 관람실 등으로부터의 출구의 설치(영 제37조, 제38조)

공연장 등의 시설은 다른 용도의 건축물에 비하여, 동일면적의 공간에 많은 인원을 수용하고 있다. 따라서 재해발생시 매우 큰 위험요소를 안고 있다. 법규정에서는 지하층과 피난층 사이에 개방공간의 설치, 출입문, 복도, 비상구 등의 규정을 두어 위험을 사전에 예방하고자 하였다.

【1】 지하층과 피난층 사이 개방공간의 설치

대 상	내 용	세부사항
바닥면적의 합계가 3,000㎡ 이상인 공연장 · 집회장 · 관람장 또는 전시장을 지하층에 설치하는 경우	천장이 개방된 외부공간을 설치	지하층 각 층에서 건축물 밖으로 피난하여 옥외계단 또는 경사로 등을 이용하여 피난층으로 대피할 수 있도록 함

【2】 관람실 등으로부터의 출구 설치

대 상	해당층의 용도	출구의 형식
1. 제2종 근린생활시설 중 공연장*·종교집회장* 2. 문화 및 집회시설(전시장 및 동 · 식물원 제외) 3. 종교시설 4. 위락시설 5. 장례시설	• 관람실 · 집회실로 사용되는 부분	안여닫이 금지

* 해당 용도로 쓰는 바닥면적의 합계가 300㎡ 이상인 경우만 해당

【3】 관람실 등으로부터 바깥쪽으로의 출구로 쓰이는 문

– 안여닫이 금지

【4】 문화 및 집회시설 중 공연장 개별관람실 출구의 설치기준

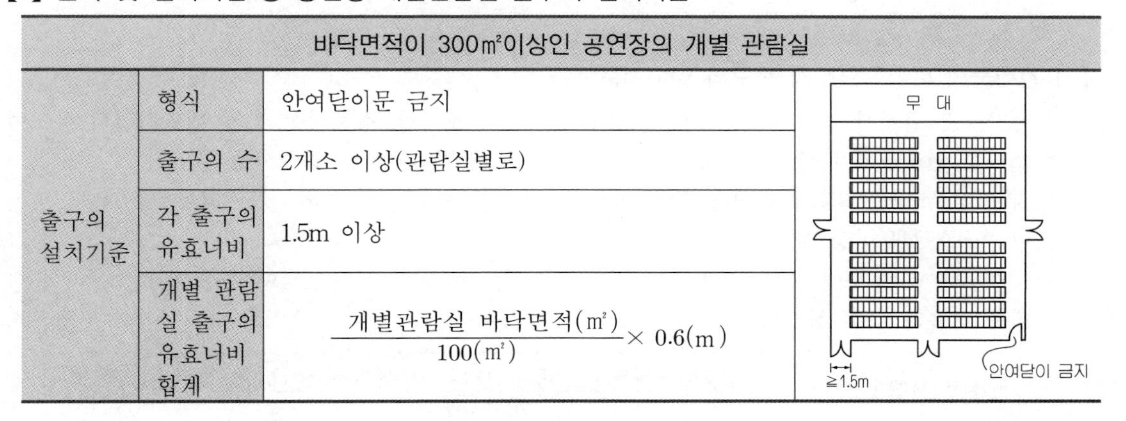

바닥면적이 300㎡이상인 공연장의 개별 관람실		
출구의 설치기준	형식	안여닫이문 금지
	출구의 수	2개소 이상(관람실별로)
	각 출구의 유효너비	1.5m 이상
	개별 관람실 출구의 유효너비 합계	$\frac{\text{개별관람실 바닥면적(m}^2\text{)}}{100(\text{m}^2)} \times 0.6(\text{m})$

7 건축물 바깥쪽으로의 출구의 설치 (영 제39조)

피난시의 건축물내부에 있어서는 피난층이 피난경로의 마지막 부분이라 할 수 있으나, 보다 안전지대인 옥외까지 안전하게 피난할 수 있어야 한다. 이에 피난층에 있어서의 옥외로의 출구까지의 보행거리, 공연장의 보조출구의 설치, 출구의 구조, 다중이용시설에서의 경사로 설치 등의 제한규정을 두고 있다.

【1】 피난층에서의 보행거리

대 상			피난층에서의 보행거리			
			계단 → 옥외출구		거실 → 옥외출구	
			내화구조 또는 불연재료 (주요구조부)	기타	내화구조 또는 불연재료	기타
건축물의 용도	1. 제2종 근린생활시설*(공연장·종교집회장·인터넷컴퓨터게임시설제공업소) 2. 문화 및 집회시설 (전시장 및 동·식물원 제외) 3. 종교시설 4. 판매시설 5. 국가 또는 지방자치단체의 청사(업무시설 중) 6. 위락시설 7. 연면적 5,000㎡ 이상인 창고시설 8. 학교(교육연구시설 중) 9. 장례시설 10. 승강기 설치대상 건축물		50m 이하	30m 이하	100m 이하	60m 이하
	공동주택	15층 이하	50m 이하	30m 이하	100m 이하	60m 이하
		16층 이상	40m 이하	30m 이하	80m 이하	60m 이하

* 제2종 근린생활시설 중 공연장·종교집회장은 해당 용도 바닥면적의 합계가 각각 300㎡ 이상인 경우만 해당

【2】 건축물의 바깥쪽으로의 출구의 설치기준

① 문화 및 집회시설(전시장 및 동·식물원 제외), 종교시설, 장례시설 또는 위락시설의 용도에 쓰이는 건축물의 바깥쪽으로의 출구로 쓰이는 문은 안여닫이로 하여서는 안됨

② 관람실의 바닥면적의 합계가 300㎡이상인 집회장·공연장은 주된 출구 외에 보조출구 또는 비상구를 2개 이상 설치해야 함.

③ 판매시설의 용도에 쓰이는 피난층에 설치하는 건축물의 바깥쪽으로의 출구의 유효너비의 합계는 다음과 같이 산정함

$$\text{유효너비의 합계} \geq \frac{\text{해당용도에 쓰이는 바닥면적이 최대인 층의 면적}(m^2)}{100\,(m^2)} \times 0.6(m)$$

④ 위 【1】 용도의 건축물의 바깥쪽으로 나가는 출입문에 유리를 사용하는 경우 안전유리를 사용할 것

8 회전문의 설치기준(영 제39조)(피난·방화 제12조)

■ 회전문의 설치기준(피난 · 방화규칙 제12조)

피난·방화규칙 제12조【회전문의 설치기준】

영 제39조제2항의 규정에 의하여 건축물의 출입구에 설치하는 회전문은 다음 각 호의 기준에 적합하여야 한다.

1. 계단이나 에스컬레이터로부터 2미터이상의 거리를 둘 것
2. 회전문과 문틀사이 및 바닥사이는 다음 각 목에서 정하는 간격을 확보하고 틈 사이를 고무와 고무펠트의 조합체 등을 사용하여 신체나 물건 등에 손상이 없도록 할 것
   가. 회전문과 문틀 사이는 5센티미터 이상
   나. 회전문과 바닥사이는 3센티미터 이하
3. 출입에 지장이 없도록 일정한 방향으로 회전하는 구조로 할 것
4. 회전문의 중심축에서 회전문과 문틀사이의 간격을 포함한 회전문날개 끝부분까지의 길이는 140센티미터 이상이 되도록 할 것
5. 회전문의 회전속도는 분당회전수가 8회를 넘지 아니하도록 할 것
6. 자동회전문은 충격이 가하여지거나 사용자가 위험한 위치에 있는 경우에는 전자감지장치 등을 사용하여 정지하는 구조로 할 것

회전문의 설치기준의 도해

9 경사로의 설치 (피난·방화 제11조제5항)

【1】 다음 건축물의 피난층 또는 피난층의 승강장으로부터 건축물의 바깥쪽에 이르는 통로에는 경사로를 설치하여야 한다.

	대 상	세 부 용 도
1	제1종 근린생활시설 (동일한 건축물에서 해당 용도에 쓰이는 바닥면적의 합계가 1,000㎡ 미만인 것)	지역자치센터·파출소·지구대·소방서·우체국·방송국·보건소·공공도서관·지역건강보험조합 기타 이와 유사한 것
2	제1종 근린생활시설 (면적 제한없음)	마을회관·마을공동작업소·마을공동구판장·변전소·양수장·정수장·대피소·공중화장실 기타 이와 유사한 것
3	판매시설, 운수시설 (연면적 5,000㎡ 이상)	–
4	교육연구시설	학교
5	업무시설	국가 또는 지방자치단체의 청사, 외국공관의 건축물 (제1종 근린생활시설에 해당하지 아니하는 것)
6	승강기를 설치하여야 하는 건축물	–

【2】 경사로의 기준

1. 경사도는 1:8을 넘지 않을 것
2. 표면을 거친 면이나 미끄러지지 아니하는 재료로 마감할 것
3. 경사로의 직선 및 굴절부분의 유효너비는 「장애인·노인·임산부등의 편의증진 보장에 관한 법률」의 기준에 적합할 것

10 옥상광장 등의 설치 (영 제40조)(피난·방화 제13조)

화재 등 재해발생시 건축물의 상부에 있어서는 피난층으로 대피하기 어려운 경우가 있다. 이 경우 특정용도의 건축물에는 옥상광장을 두어 대피할 수 있도록 하였다.
대형건축물에는 평지붕인 경우 헬리포트나 인명구조공간을 설치하도록 하였고, 경사지붕의 경우는 경사지붕 아래에 대피공간을 설치하도록 하는 등 보다 큰 재해를 방지하고자 하였으며, 또한 옥상 대피시 안전을 고려하여 난간높이 등을 규정하고 있다.

■ 옥상광장 등의 설치

구분	적용부분 및 대상		제한내용	상 세
1. 난간	• 옥상광장 • 2층 이상의 층에 있는 노대등 • 그 밖에 이와 유사한 것		• 주위에 높이 1.2m 이상의 난간 설치 ※ 옥상, 노대 등에 출입할 수 없는 구조의 경우 예외	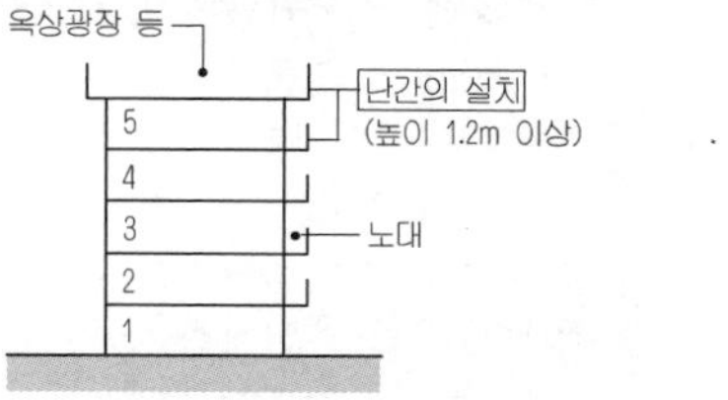 옥상광장 등 난간의 설치 (높이 1.2m 이상) 노대 5 4 3 2 1
2. 옥상 광장	• 5층 이상의 층이 다음의 용도에 쓰이는 경우 ① 공연장·종교집회장·인터넷 컴퓨터게임시설제공업소 (제2종 근린생활시설 중) ② 문화 및 집회시설(전시장 및 동·식물원 제외) ③ 종교시설 ④ 판매시설 ⑤ 주점영업(위락시설 중) ⑥ 장례시설		• 옥상에 피난의 용도로 쓰이는 광장 설치 *①의 경우 해당 용도 바닥면적의 합계가 각각 300㎡ 이상인 경우만 해당	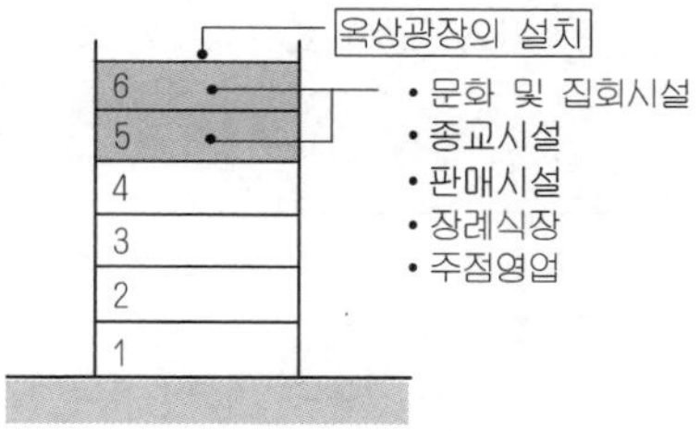 옥상광장의 설치 • 문화 및 집회시설 • 종교시설 • 판매시설 • 장례식장 • 주점영업 6 5 4 3 2 1
3.옥상 출입문 자동개 폐장치	• 위 2. 옥상광장 설치대상 • 피난용도 광장을 옥상에 설치하는 다음 건축물 ① 다중이용 건축물 ② 연면적 1천㎡ 이상인 공동주택		• 옥상으로 통하는 출입문에 성능인증[1] 및 제품검사[2]를 받은 비상문자동개폐장치[3]를 설치해야 한다.	1), 2) 「소방시설 설치 및 관리에 관한 법률」 제40조제1항 또는 제2항 3) 화재 등 비상시에 소방시스템과 연동되어 잠김 상태가 자동으로 풀리는 장치
4. 헬리포트 및 대피공간 설치대상	층수가 11층 이상으로서 11층 이상 부분의 바닥면적의 합계가 1만㎡ 이상인 건축물	평지붕	㉠ 건축물의 옥상에 헬리포트 설치 ㉡ 헬리콥터를 통한 인명구조공간 설치	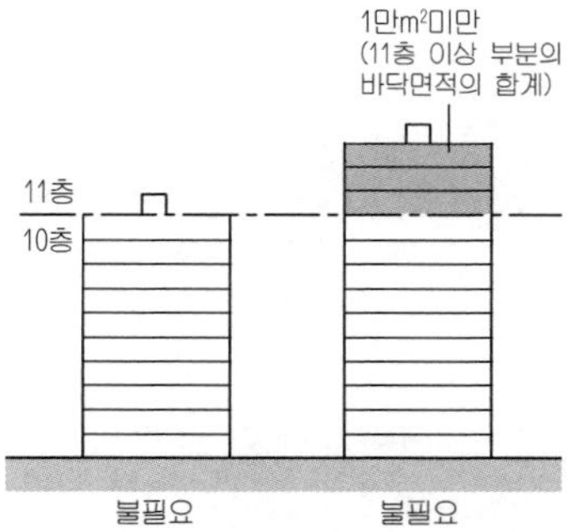 1만m²미만 (11층 이상 부분의 바닥면적의 합계) 11층 10층 불필요 불필요
		경사지붕	㉢ 경사지붕 아래에 대피공간 설치	

5. 헬리포트, 대피공간 등의 설치기준

① 헬리포트 설치기준

㉠ 헬리포트의 길이와 너비는 각각 22m 이상으로 할 것
㉡ 옥상바닥의 길이와 너비가 22m 이하인 경우 각각 15m까지 감축할 수 있음
㉢ 헬리포트의 중심으로 반경 12m 이내에는 이착륙에 방해되는 건축물, 공작물, 조경시설 또는 난간 등의 설치금지
㉣ 헬리포트 중앙부분에는 지름 8m의 Ⓗ표시를 백색으로 할 것
㉤ 선의 굵기(백색으로 표시)
- 38cm - 주위한계선, H표시
- 60cm - ○표시 부분

㉥ 헬리포트로 통하는 출입문에는 비상문자동개폐장치(위 3.참조)를 설치할 것

② 인명구조공간 설치기준

㉠ 직경 10m 이상의 구조공간 확보
㉡ 구조활동에 장애가 되는 건축물, 공작물 또는 난간 설치 금지
㉢ 구조공간의 표시 및 설치기준은 위 ㉣~㉥을 준용

③ 대피공간 설치기준

㉠ 대피공간의 면적 : 지붕 수평투영면적의 1/10 이상
㉡ 특별피난계단 또는 피난계단과 연결되도록 할 것
㉢ 출입구·창문을 제외한 부분은 다른 부분과 내화구조의 바닥 및 벽으로 구획할 것
㉣ 출입구 : 유효너비 0.9m 이상, 비상문자동개폐장치가 설치된 60+방화문 또는 60분방화문 설치할 것
㉤ 내부마감재료 : 불연재료
㉥ 예비전원으로 작동하는 조명설비
㉦ 관리사무소 등과 긴급 연락이 가능한 통신시설 설치

■ 헬리포트의 도해

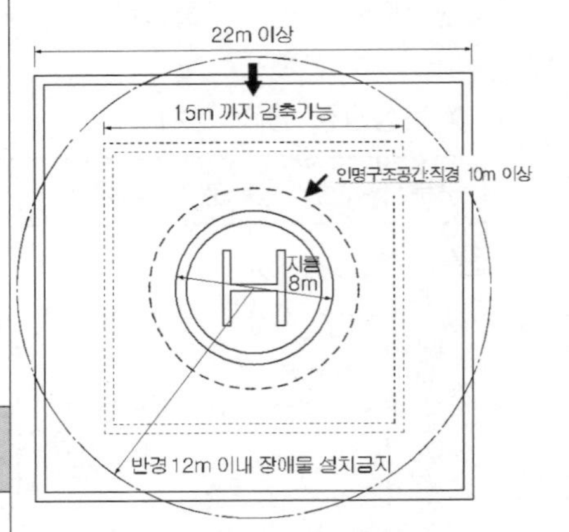

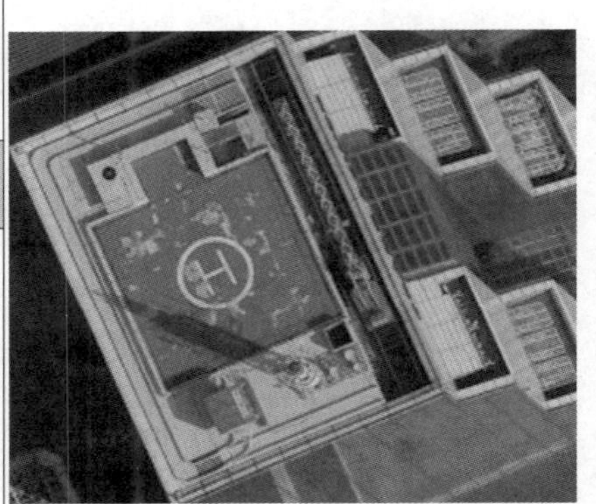

헬리포트 예(무역회관_Daum 지도)

11 대지 안의 피난 및 소화에 필요한 통로 설치 (영 제41조)

【1】 통로의 설치기준

대 상	설치 기준	내 용
1. 단독주택	유효너비 0.9m 이상	통로는 1. 주된 출구와 2. 지상으로 통하는 피난계단 및 특별피난계단으로부터 도로 또는 공지*로 통하여야 함. * 공원, 광장, 그 밖에 이와 비슷한 것으로서 피난 및 소화를 위하여 해당 대지의 출입에 지장이 없는 것
2. 바닥면적의 합계가 500㎡ 이상인 ① 문화 및 집회시설 ② 종교시설 ③ 의료시설 ④ 위락시설 ⑤ 장례시설	유효너비 3m 이상	
3. 그 밖의 용도의 건축물	유효너비 1.5m 이상	
■ 필로티 내 통로의 길이 2m이상인 경우: 피난 및 소화활동에 지장이 없도록 자동차 진입억제용 말뚝 등 통로보호시설을 설치하거나 단차를 둘 것		

【2】 소화에 필요한 통로의 확보

대지안의 모든 다중이용 건축물, 준다중이용 건축물 또는 11층 이상인 건축물에 소방자동차의 접근이 가능한 통로를 설치할 것.

예외 모든 다중이용 건축물, 준다중이용 건축물과 11층 이상인 건축물이 소방자동차의 접근이 가능한 도로 또는 공지에 직접 접하여 건축되는 경우로서 소방자동차의 접근이 가능한 도로 또는 공지에 직접 접하여 소방활동이 가능한 경우

12 피난시설 등의 유지·관리에 대한 기술지원(법 제49조의2)

법 제49조의2【피난시설 등의 유지 · 관리에 대한 기술지원】
국가 또는 지방자치단체는 건축물의 소유자나 관리자에게 제49조제1항 및 제2항에 따른 피난시설 등의 설치, 개량 · 보수 등 유지 · 관리에 대한 기술지원을 할 수 있다.
[본조신설 2018.8.14.]

13 거실 관련기준 (영 제50조～제52조)(피난·방화 제16조～제18조)

건축물에서 가장 중요한 공간은 사용자가 장시간 사용하는 거실이라 할 수 있다. 따라서 건축법에서는 거실의 쾌적환경의 조성을 위한 규정을 두어 일조, 채광, 통풍, 환기 등의 쾌적도를 높이고자 하였다. 또한 목조건축물의 방습규정과 물을 다량으로 사용하는 욕실 · 조리장 등의 바닥, 벽에 있어서는 내수재료 사용규정을 두고 있다.

【1】 거실의 반자높이

건축물의 용도*	소요실의 면적	반자높이	적용제외
1. 일반용도	–	2.1m 이상	–
2. 문화 및 집회시설 (전시장, 동·식물원 제외) 3. 종교시설 4. 장례시설 5. 유흥주점(위락시설 중)	관람실 또는 집회실로서 바닥면적이 200㎡ 이상인 것	4m 이상(노대아래 부분은 2.7m 이상)	기계환기장치를 설치하는 경우

* 예외 공장, 창고시설, 위험물 저장 및 처리시설, 동물 및 식물 관련 시설, 자원순환 관련 시설 또는 묘지 관련시설은 적용 제외

(1) 거실의 반자높이(일반)

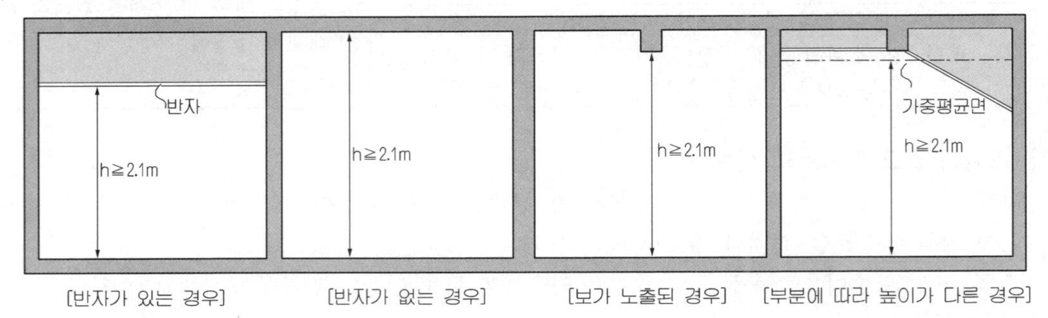

[반자가 있는 경우] [반자가 없는 경우] [보가 노출된 경우] [부분에 따라 높이가 다른 경우]

(2) 문화 및 집회시설 등의 관람실 또는 집회실의 반자높이

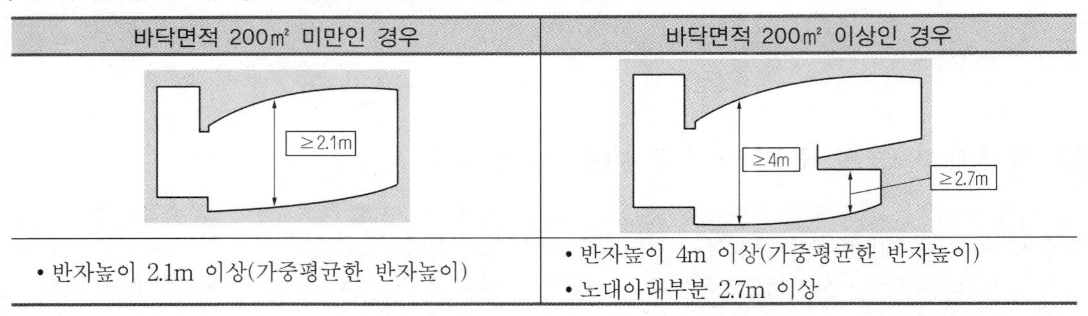

바닥면적 200㎡ 미만인 경우	바닥면적 200㎡ 이상인 경우
• 반자높이 2.1m 이상(가중평균한 반자높이)	• 반자높이 4m 이상(가중평균한 반자높이) • 노대아래부분 2.7m 이상

【2】 거실의 채광·환기

구분	건축물의 용도	대상부분	창문등의 면적	적용제외	비 고
채광	1. 단독주택 2. 공동주택 3. 학교	거실 거실 교실	• 그 거실 바닥면적의 1/10 이상	거실의 용도에 따라 아래 [별표]에서 정한 조도이상의 조명장치를 설치하는 경우	채광 및 환기의 규정 적용시 수시로 개방할 수 있는 미닫이로 구획된 2개의 거실은 이를 1개의 거실로 봄
환기	4. 의료시설 5. 숙박시설	병실 객실	• 그 거실 바닥면적의 1/20 이상	기계환기장치 및 중앙관리방식의 공기조화 설비설치의 경우	

【별표】 거실의 용도에 따른 조도기준(피난·방화규칙 제17조제1항 관련)

거실의 용도부분 \ 조도구분		바닥에서 85㎝의 높이에 있는 수평면의 조도(룩스)
1. 거주	독서 · 식사 · 조리	150
	기타	70
2. 집무	설계 · 제도 · 계산	700
	일반사무	300
	기타	150
3. 작업	검사 · 시험 · 정밀검사 · 수술	700
	일반작업 · 제조 · 판매	300
	포장 · 세척	150
	기타	70
4. 집회	회의	300
	집회	150
	공연 · 관람	70
5. 오락	오락일반	150
	기타	30
6. 기타		1~5 중 가장 유사한 용도에 관한 기준을 적용한다.

【3】 거실의 방습

내 용		규제사항	기 타
최하층의 거실바닥의 높이 (바닥이 목조인 경우)		• 지표면으로부터 45㎝이상 설치	• 지표면을 콘크리트바닥으로 설치하는 등 방습을 위한 조치를 하는 경우 예외
욕실 · 조리장의 바닥 등	• 제1종 근린생활시설 중 - 목욕장의 욕실 - 휴게음식점 조리장 - 제과점 조리장	• 욕실 · 조리장의 바닥과 • 그 바닥으로부터 높이 1m까지의 안쪽벽의 마감은 - 내수재료로 해야 함	-
	• 제2종 근린생활시설 중 - 일반음식점 조리장 - 휴게음식점 조리장 - 제과점 조리장 • 숙박시설의 욕실		

■ 거실의 방습

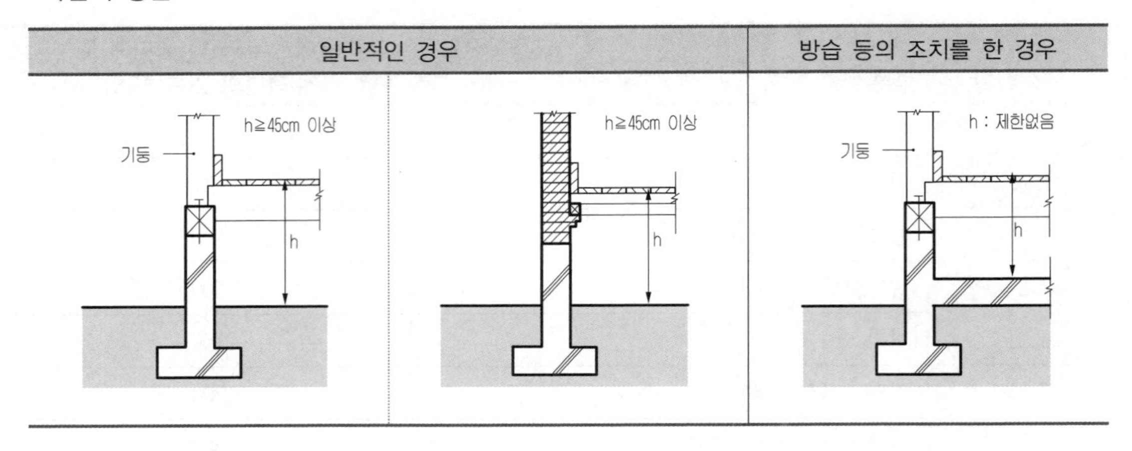

【4】 오피스텔 거실 창문의 안전시설

오피스텔에 거실 바닥으로부터 높이 1.2m 이하 부분에 여닫을 수 있는 창문을 설치하는 경우 높이 1.2m 이상의 난간이나 그 밖에 이와 유사한 추락방지를 위한 안전시설을 설치하여야 함

【5】 거실의 배연설비

설치 대상 용도	건축물의 규모	설치장소	기 타
• 제2종 근린생활시설 중 공연장, 종교집회장, 인터넷컴퓨터게임시설제공업소* 및 다중생활시설 • 문화 및 집회시설 • 종교시설 • 판매시설 • 운수시설 • 운동시설 • 업무시설 • 숙박시설 • 위락시설 • 관광휴게시설 • 장례시설 • 교육연구시설 중 연구소 • 수련시설 중 유스호스텔 • 의료시설(요양병원 및 정신병원 제외) • 노유자시설 중 아동 관련 시설 · 노인복지시설 (노인요양시설 제외)	6층 이상 건축물	대상건축물의 거실	피난층 거실은 제외
• 의료시설중 요양병원 및 정신병원 • 노유자시설 중 노인요양시설·장애인 거주시설 및 장애인 의료재활시설 • 제1종 근린생활시설 중 산후조리원<시행 2021.4.9.>	건축물 층수와 무관		

* 공연장, 종교집회장 및 인터넷컴퓨터게임시설제공업소는 해당 용도로 쓰는 바닥면적의 합계가 각각 300㎡ 이상인 경우만 해당

【참고】 배연설비(설비규칙 제14조)-제4장 건축설비 해설 참조

14 소방관 진입창 및 식별표시의 설치(법 제49조제3항)(영 제51조제4항)(피난·방화 제18조의2)

【1】 소방관 진입창 등의 설치 대상

대 상	건축물의 11층 이하의 층
예 외	① 4층 이상의 층에 대피공간을 설치한 아파트 ② 10층 이상의 공동주택으로 승용승강기를 비상용승강기로 설치한 아파트(「주택건설기준 등에 관한 규정」 제15조제2항)

【2】 소방관 진입창 등의 설치 기준

위 대상 건축물에 소방관이 진입할 수 있는 창을 설치하고, 외부에서 주야간에 식별할 수 있는 표시를 다음 설치기준 모두 충족하도록 설치하여야 한다.

<table>
<tr><th>설치기준</th><th colspan="2">세부내용</th></tr>
<tr><td>1. 2층 이상 11층 이하인 층에 각각 1개소 이상 설치할 것</td><td colspan="2">▪ 소방관이 진입할 수 있는 창의 가운데에서 벽면 끝까지의 수평거리가 40m 이상인 경우:
40m 이내마다 소방관이 진입할 수 있는 창을 추가 설치</td></tr>
<tr><td colspan="3">2. 소방차 진입로 또는 소방차 진입이 가능한 공터에 면할 것</td></tr>
<tr><td colspan="3">3. 창문의 가운데에 지름 20㎝ 이상의 역삼각형을 야간에도 알아볼 수 있도록 빛 반사 등으로 붉은색으로 표시할 것</td></tr>
<tr><td colspan="3">4. 창문의 한쪽 모서리에 타격지점을 지름 3㎝ 이상의 원형으로 표시할 것</td></tr>
<tr><td rowspan="2">5. 창문의 규격</td><td>① 크기</td><td>폭 90㎝ 이상,
높이 1.2m 이상</td></tr>
<tr><td>② 실내 바닥면으로부터 창의 아랫부분까지의 높이</td><td>80㎝ 이내</td></tr>
<tr><td rowspan="3">6. 우측의 어느 하나에 해당하는 유리를 사용할 것</td><td>① 플로트판유리</td><td>두께 6㎜ 이하</td></tr>
<tr><td>② 강화유리 또는 배강도유리</td><td>두께 5㎜ 이하</td></tr>
<tr><td>③ 위 ①, ②로 구성된 이중 유리</td><td>두께 24㎜ 이하</td></tr>
</table>

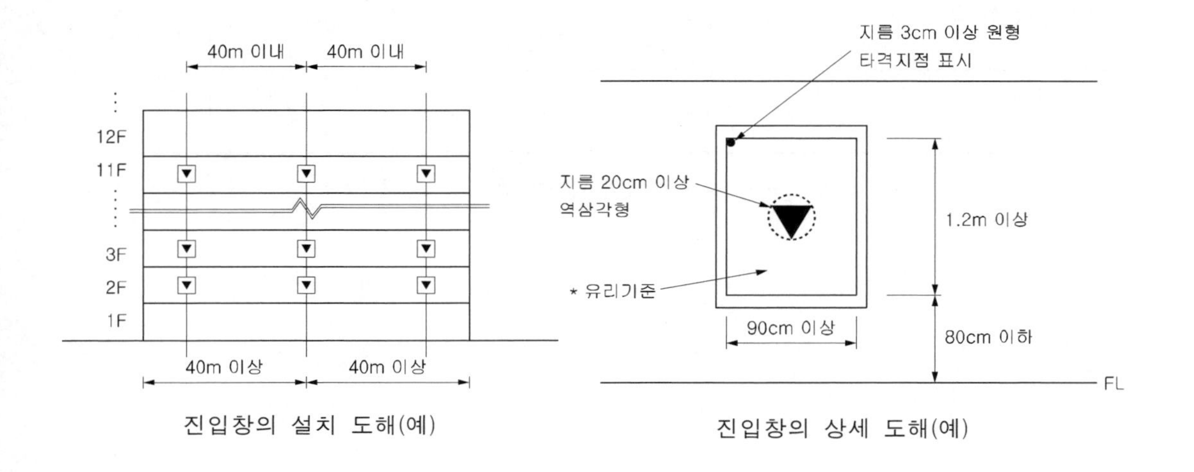

진입창의 설치 도해(예)

진입창의 상세 도해(예)

3 건축물의 방화 및 방화구획 등

화재발생시 건축물에 거주하는 인명의 보호가 매우 중요하다. 이러한 점에서 「건축법」에서는 건축물의 피난·방화에 관한 사항이 매우 상세하게 규정되어 있다. (“피난·방화규칙”에서 규정) 방화에 관한 이러한 세부규정들을 적용하기 위해서는 화재의 진전과정과 함께 관련 규정을 이해하는 것이 좋다.

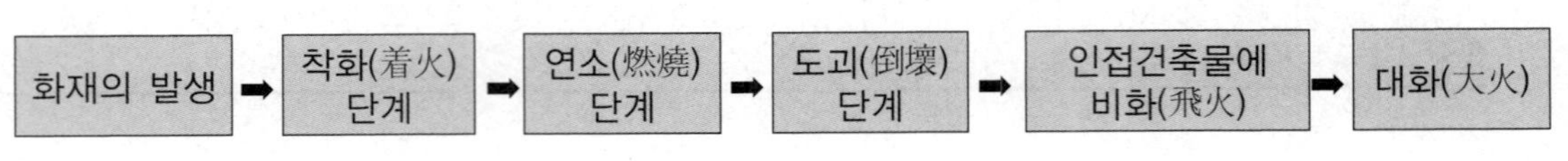

[화재의 진전단계]

■ 방지규정

화재발생단계 및 방지		제한규정	법조항	비고
착화단계 -벽 및 반자로의 불이 번짐	착화억제	마감재료의 제한	법 제52조 영 제61조	개체규정
		굴뚝규제	영 제40조 피난·방화규칙 제20조	
연소단계 -불이 번지는 공간이 확대됨	연소억제	방화구획	법 제49조제2항 영 제46조	
		방화벽	법 제50조제2항 영 제57조	
		경계벽·칸막이벽	법 제49조제2항 영 제53조	
도괴단계 -건축물이 붕괴	도괴방지	주요구조부의 내화구조	법 제50조 영 제56조	
인접건축물로의 연소	연소확대방지	연소의 우려가 있는 부분의 조치 -방화구조(내화구조), 방화문 등	피난·방화규칙 제23조	집단규정 (방화지구 지정)
대화단계 -주변지역으로 번짐	대화방지	모든 건축물의 내화구조화	법 제50조제1항 영 제56조	

※ 피난·방화규칙은 「건축물의 피난·방화구조 등의 기준에 관한 규칙」을 말함.

1 방화에 장애가 되는 용도의 제한 (영 제47조)

【1】 용도제한의 원칙

공동주택등의 시설과 위락시설등의 시설은 같은 건축물에 함께 설치할 수 없다.

공동주택등	위락시설등
1. 공동주택 2. 의료시설 3. 아동관련시설 4. 노인복지시설 5. 장례시설 6. 제1종 근린생활시설(산후조리원만 해당)	1. 위락시설 2. 위험물저장 및 처리시설 3. 공장 4. 자동차 관련 시설(정비공장만 해당)

예외 다음의 경우 같은 건축물에 함께 설치할 수 있다.

구 분	공동주택등과 위락시설등의 시설기준
1. 기숙사와 공장이 같은 건축물에 있는 경우 2. 중심상업지역·일반상업지역 또는 근린상업지역안에서 「도시 및 주거환경정비법」에 의한 재개발사업을 시행하는 경우 3. 공동주택과 위락시설이 같은 초고층 건축물에 있는 경우(사생활을 보호하고 방범·방화 등 주거 안전을 보장하며 소음·악취 등으로부터 주거환경을 보호할 수 있도록 주택의 출입구·계단 및 승강기 등을 주택 외의 시설과 분리된 구조로 할 것) 4. 「산업집적활성화 및 공장설립에 관한 법률」에 따른 지식산업센터와 「영유아보육법」에 따른 직장어린이집이 같은 건축물에 있는 경우	1. 출입구간의 보행거리 : 30m 이상 되도록 설치 2. 내화구조로 된 바닥 및 벽으로 구획하여 서로 차단할 것(출입통로 포함) 3. 서로 이웃하지 않게 배치할 것 4. 건축물의 주요구조부 : 내화구조로 할 것 5. · 거실의 벽 및 반자가 실내에 면하는 부분의 마감주) : 불연재료·준불연재료·난연재료 · 주된 복도·계단 등 통로의 벽 및 반자가 실내에 면하는 부분 의 마감주) : 불연재료·준불연재료 주) 반자돌림대·창대 그 밖에 이와 유사한 것 제외

【2】 용도제한의 강화

다음 A용도와 B용도는 같은 건축물에 함께 설치할 수 없다.

A 용도	B 용도
1. 노유자시설 중 아동 관련 시설 또는 노인복지시설	판매시설 중 도매시장 또는 소매시장
2. 단독주택(다중주택, 다가구주택), 공동주택, 제1종 근린생활시설 중 조산원 또는 산후조리원	제2종 근린생활시설 중 다중생활시설

2 방화구획 (영 제46조)

【1】 방화구획

(1) 방화구획 설치 대상

주요구조부가 내화구조 또는 불연재료로 된 건축물로서
연면적이 1,000㎡ 넘는 것

(2) 방화구획 구획 방법

- 내화구조의 바닥, 벽과
- 60+방화문, 60분방화문 또는 자동방화셔터*로 구획

* 아래 고시 기준에 적합하고, 비차열 1시간 이상의 내화성능을 확보할 것
【참고】 건축자재등 품질인정 및 관리기준(국토교통부고시 제2023-24호, 2023.1.9)

구분	내 용		자동식소화설비 설치의 경우(스프링클러 등)	구획방법 도해
면적구획	10층 이하의 층	바닥면적 1,000㎡ 이내마다 구획	바닥면적 3,000㎡ 이내마다 구획	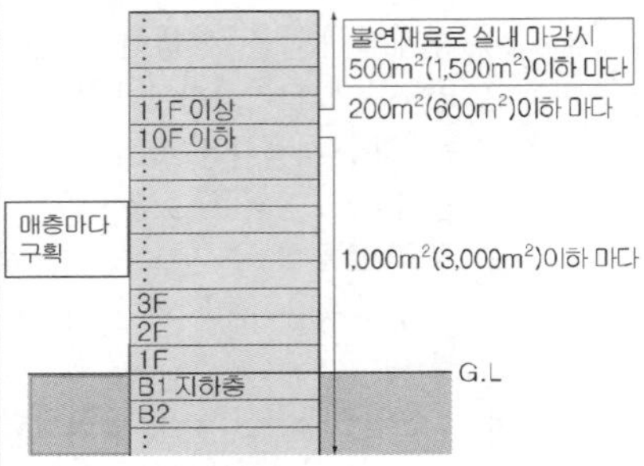 불연재료로 실내 마감시 500m²(1,500m²)이하 마다 200m²(600m²)이하 마다 11F 이상 10F 이하 매층마다 구획 1,000m²(3,000m²)이하 마다 3F 2F 1F B1 지하층 B2 G.L ※( )는 자동식소화설비 설치의 경우
층별구획	모든 층	매층마다 구획 (지하 1층에서 지상으로 직접 연결하는 경사로 부위 제외)	–	
고층면적구획	11층 이상의 층 *( )는 벽 및 반자의 실내 부분의 마감을 불연재료로 한 경우	바닥면적 200㎡(500㎡) 이내마다 구획	바닥면적 600㎡(1,500㎡) 이내마다 구획	
필로티등*	주차장으로 사용하는 부분	건축물의 다른 부분과 구획	* 벽면적의 1/2 이상이 그 층의 바닥면에서 위층 바닥 아래면까지 공간으로 된 것만 해당	

(3) 방화구획 적용 완화 대상

다음에 해당하는 건축물의 부분에는 위의 사항을 적용하지 않거나, 그 사용에 지장이 없는 범위에서 완화하여 적용할 수 있다.

① 문화 및 집회시설(동ㆍ식물원 제외), 종교시설, 운동시설 또는 장례시설의 용도로 쓰는 거실로서 시선 및 활동공간의 확보를 위하여 불가피한 부분

② 물품의 제조·가공·보관 및 운반 등(보관은 제외)에 필요한 고정식 대형 기기(器機) 또는 설비의 설치를 위하여 불가피한 부분[지하층인 경우 지하층의 외벽 한쪽 면(지하층의 바닥면에서 지상층 바닥 아래면까지의 외벽 면적 중 1/4 이상이 되는 면) 전체가 건물 밖으로 개방되어 보행과 자동차의 진입ㆍ출입이 가능한 경우로 한정]

③ 계단실·복도 또는 승강기의 승강장 및 승강로로서 그 건축물의 다른 부분과 방화구획으로 구획된 부분. 예외 해당 부분에 위치하는 설비배관 등이 바닥을 관통하는 부분은 제외

④ 건축물의 최상층 또는 피난층으로서 대규모 회의장 · 강당 · 스카이라운지 · 로비 또는 피난안전구역 등의 용도에 쓰는 부분으로서 그 용도로 사용하기 위하여 불가피한 부분

⑤ 복층형 공동주택의 세대별 층간 바닥부분

⑥ 주요구조부가 내화구조 또는 불연재료로 된 주차장

⑦ 단독주택, 동물 및 식물 관련 시설 또는 국방 · 군사시설(집회, 체육, 창고 등의 용도로 사용되는 시설만 해당)로 쓰는 건축물

⑧ 건축물의 1층과 2층의 일부를 동일한 용도로 사용하며 그 건축물의 다른 부분과 방화구획으로 구획된 부분(바닥면적의 합계가 500㎡ 이하인 경우로 한정)

방화구획용 자동방화셔터 및 갑종방화문의 설치 예

(4) 방화구획부분의 조치

① 방화구획으로 사용하는 60+방화문 또는 60분방화문은 언제나 닫힌 상태를 유지하거나 화재로 인한 연기 또는 불꽃을 감지하여 자동적으로 닫히는 구조로 할 것(연기 또는 불꽃을 감지하여 자동적으로 닫히는 구조로 할 수 없는 경우 온도를 감지하여 자동적으로 닫히는 구조로 할 수 있다)

② 외벽과 바닥 사이에 틈이 생긴 때나 급수관·배전관 그 밖의 관이 방화구획으로 되어 있는 부분을 관통하여 방화구획에 틈이 생긴 때에는 피난 · 방화규칙 별표 1 제1호에 따른 내화시간(내화채움성능이 인정된 구조로 메워지는 구성 부재에 적용되는 내화시간을 말함) 이상 견딜 수 있는 내화채움성능이 인정된 구조로 메울 것

③ 환기 · 난방 또는 냉방시설의 풍도가 방화구획을 관통하는 경우 그 관통부분 또는 이에 근접한 부분에 다음의 기준에 적합한 댐퍼를 설치.

예외 반도체공장건축물로서 방화구획을 관통하는 풍도의 주위에 스프링클러헤드를 설치하는 경우 제외

■ 방화구획 관통부의 댐퍼 설치기준
㉠ 화재로 인한 연기 또는 불꽃을 감지하여 자동적으로 닫히는 구조로 할 것. 예외 주방 등 연기가 항상 발생 부분은 온도를 감지하여 자동적으로 닫히는 구조 가능
㉡ 국토교통부장관이 정하여 고시하는 비차열(非遮熱) 성능 및 방연성능 등의 기준에 적합할 것

④ 자동방화셔터는 다음의 요건을 모두 갖출 것. 이 경우 자동방화셔터의 구조 및 성능기준 등에 관한 세부사항은 국토교통부장관이 정하여 고시한다.

【참고】 건축자재등 품질인정 및 관리기준(국토교통부고시 제2023-24호, 2023.1.9)

■ 자동방화셔터의 충족 요건(피난규칙 제14조)
㉠ 피난이 가능한 60분+ 방화문 또는 60분 방화문으로부터 3m 이내에 별도로 설치할 것
㉡ 전동방식이나 수동방식으로 개폐할 수 있을 것
㉢ 불꽃감지기 또는 연기감지기 중 하나와 열감지기를 설치할 것
㉣ 불꽃이나 연기를 감지한 경우 일부 폐쇄되는 구조일 것
㉤ 열을 감지한 경우 완전 폐쇄되는 구조일 것

⑤ 건축물 일부의 주요구조부를 내화구조로 하거나 건축물의 일부에 위 (3)에 따라 완화하여 적용한 경우 내화구조로 한 부분 또는 완화 적용한 부분과 그 밖의 부분을 방화구획으로 구획할 것

■ 방화구획 부분의 상세구조

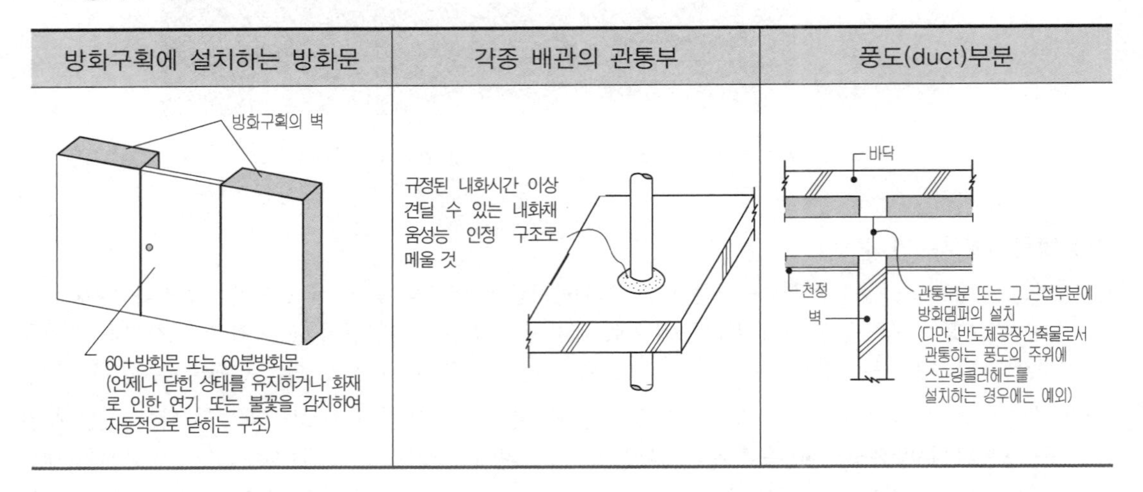

【2】 아파트의 대피공간 설치

공동주택 중 아파트로서 4층 이상의 층의 각 세대가 2개 이상의 직통계단을 사용할 수 없는 경우 발코니(발코니의 외부에 접하는 경우 포함)에 인접세대와 공동으로 또는 각 세대별로 대피공간을 설치해야 한다. 이 경우 인접 세대와 공동으로 설치하는 대피공간은 인접 세대를 통하여 2개 이상의 직통계단을 쓸 수 있는 위치에 우선 설치되어야 한다.

구 분	대피공간의 설치	대피공간의 구조 (발코니 등의 구조변경절차 및 설치기준 제3조)
1. 인접세대와 공동설치	① 대피공간은 바깥의 공기와 접할 것 ② 대피공간은 실내의 다른 부분과 방화구획으로 구획할 것 ③ 대피공간으로 통하는 출입문에는 60분+ 방화문을 설치할 것 ④ 바닥면적 3㎡ 이상(각 세대당 1.5㎡ 이상)	① 대피공간은 채광방향과 관계없이 거실 각 부분에서 접근이 용이한 장소에 설치하여야 하며, 출입구에 설치하는 갑종방화문은 거실쪽에서만 열 수 있는 구조로서 대피공간을 향해 열리는 밖여닫이로 하여야 함. ② 대피공간은 1시간 이상의 내화성능을 갖는 내화구조의 벽으로 구획되어야 하며, 벽・천장 및 바닥의 내부마감재료는 준불연재료 또는 불연재료를 사용하여야 함. ③ 대피공간에 창호를 설치하는 경우 폭 0.7m, 높이 1m 이상은 반드시 개폐가능하여야 하며, 비상시 외부의 도움을 받는 경우 피난에 장애가 없는 구조로 설치하여야 함. ④ 대피공간에는 정전에 대비해 휴대용 손전등을 비치하거나 비상전원이 연결된 조명설비가 설치되어야 함. ⑤ 대피공간은 대피에 지장이 없도록 시공·유지관리되어야 하며, 보일러실 또는 창고 등 대피에 장애가 되는 공간으로 사용하지 말 것. 예외 에어컨 실외기 등 냉방설비의 배기장치를 대피공간에 설치하는 경우 불연재료로 구획하고, 구획된 면적은 대피공간 바닥면적 산정시 제외할 것
2. 개별설치	① 위 ①~③의 요건을 모두 만족하여야 함 ② 각 세대별 바닥면적 2㎡ 이상	

예외 대피공간설치 제외의 경우

1. 발코니와 인접 세대와의 경계벽이 파괴하기 쉬운 경량구조 등인 경우
2. 발코니의_경계벽에 피난구를 설치한 경우
3. 발코니 바닥에 다음과 같은 하향식 피난구를 설치한 경우
   - 하향식 피난구(덮개, 사다리, 승강식피난기 및 경보시스템 포함)의 설치기준
     ① 피난구 덮개(덮개와 사다리, 승강식피난기 또는 경보시스템이 일체형으로 구성된 경우 그 사다리, 승강식피난기 또는 경보시스템을 포함) : 품질시험 결과 비차열 1시간 이상 내화성능 확보
     ② 피난구의 유효개구부 규격 : 직경 60㎝ 이상
     ③ 상층・하층간 피난구의 수평거리 : 15㎝ 이상 떨어져 있을 것
     ④ 아래층에서는 바로 윗층의 피난구를 열수 없는 구조
     ⑤ 사다리의 길이 : 아래층 바닥면에서 50㎝ 이하까지 내려오도록 설치
     ⑥ 덮개 개방시 건축물관리시스템을 통하여 경보음이 울리는 구조
     ⑦ 예비전원에 의한 조명설비
4. 국토교통부장관이 대피공간과 동일하거나 그 이상의 성능이 있다고 인정하여 고시하는 구조 또는 시설(이하 "대체시설")을 갖춘 경우. 이 경우 대체시설 성능에 대해 미리 한국건설기술연구원의 기술검토를 받은 후 고시해야 함

⇨ 아파트 대피공간 대체시설 인정 고시(국토교통부고시 제2015-390호, 2015.6.24.) 참조
다음 그림은 위 고시 인정 설계도서 p.5

【3】 요양병원 등의 대피공간 설치

(1) 대상용도 : 요양병원, 정신병원, 노인요양시설(「노인복지법」 제34조제1항제1호), 장애인 거주시설 및 장애인 의료재활시설

(2) 설치 : 위 용도의 피난층 외의 층에 다음 시설을 설치하여야 함.

1. 각 층마다 별도로 방화구획된 대피공간
2. 거실에 접하여 설치된 노대등
3. 계단을 이용하지 않고 건물 외부의 지상으로 통하는 경사로 또는 인접 건축물로 피난할 수 있도록 설치하는 연결복도 또는 연결통로

【4】 대규모 창고시설 등의 완화 규정 적용시 설비의 추가 설치

(1) 대상: 물품의 제조·가공·보관 및 운반 등(보관은 제외)에 필요한 고정식 대형 기기(器機) 또는 설비의 설치를 위하여 불가피한 부분.

※ 지하층인 경우 지하층의 외벽 한쪽 면(지하층의 바닥면에서 지상층 바닥 아래면까지의 외벽 면적 중 1/4 이상이 되는 면) 전체가 건물 밖으로 개방되어 보행과 자동차의 진입·출입이 가능한 경우로 한정

(2) 조치내용: 방화구획 설치 규정을 적용하지 않거나 완화 적용 부분에 다음 설비를 추가 설치할 것

1. 개구부	소방청장이 정하여 고시하는 화재안전기준(이하 "화재안전기준")을 충족하는 설비로서 수막(水幕)을 형성하여 화재확산을 방지하는 설비
2. 개구부 외의 부분	화재안전기준을 충족하는 설비로서 화재를 조기에 진화할 수 있도록 설계된 스프링클러

3 대규모 건축물의 방화벽(법 제50조제2항)(영 제57조)(피난·방화 제21조, 제22조)

주요구조부가 내화구조 또는 불연재료로 된 대형건축물은 방화구획으로서 불의 확산을 최소화 하고 있다. 방화벽의 설치규정은 주요구조부가 내화구조 또는 불연재료가 아닌 대규모 건축물에 있어서의 불의 확산을 방지하는 규정이다.

【1】 방화벽의 설치 등

설치 대상	연면적 1,000㎡ 이상인 건축물 예외 1. 주요구조부가 내화구조이거나 불연재료인 건축물 2. 영 제56조제1항제6호 단서의 건축물 (내화구조로 하지 않아도 되는 건축물/단독주택 등) 3. 내부설비의 구조상 방화벽으로 구획할 수 없는 창고시설	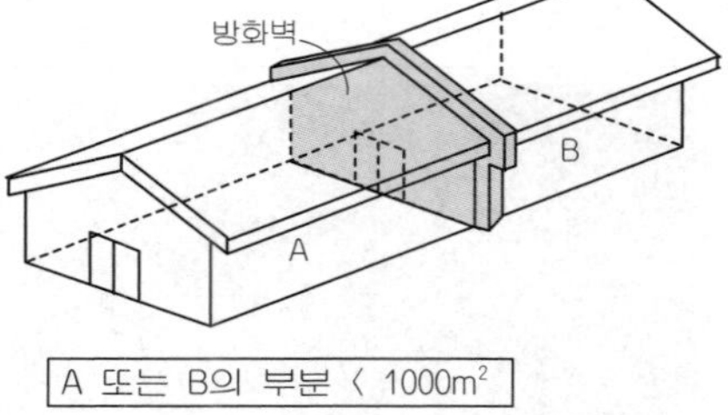 방화벽 A B A 또는 B의 부분 < 1000m²
설치 기준	방화벽으로 구획 -각 구획의 바닥면적의 합계가 1,000㎡미만으로 설치	

구분	항목	내용
방화벽의 상세규정	방화벽의 구조	내화구조로 홀로 설 수 있는 구조일 것
	방화벽의 돌출	방화벽의 양쪽끝과 위쪽 끝을 건축물의 외벽면 및 지붕면으로부터 0.5m 이상 튀어나오게 할 것
	방화벽에 설치하는 출입문	출입문의 너비 및 높이는 각각 2.5m 이하로 하고 해당 출입문은 60+방화문 또는 60분 방화문을 설치할 것
	피난·방화규칙 제14조제2항(방화구획의 설치기준/방화문, 관통부, 댐퍼설치)의 규정은 방화벽의 구조에 관하여 이를 준용함	

0.5m이상 돌출
방화벽
지붕면
외벽면
≤2.5m
0.5m이상
≤2.5m
개구부에는 60+, 60분 방화문 설치

【2】 대규모 목조건축물

대 상	부 위	구조 등 제한규정
연면적 1,000㎡ 이상인 목조건축물	• 외벽 및 처마 밑의 연소할 우려가 있는 부분	• 방화구조
	• 지붕	• 불연재료

■ 연소할 우려가 있는 부분

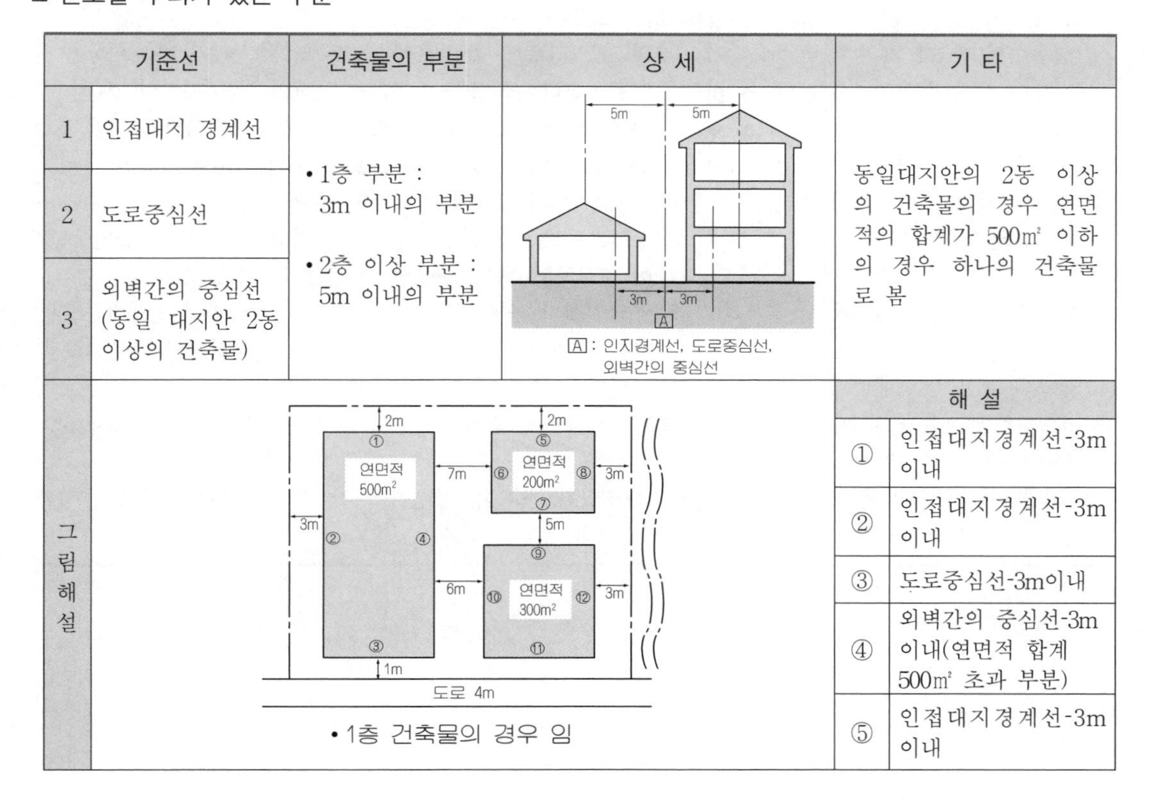

기준선		건축물의 부분	상 세	기 타
1	인접대지 경계선	• 1층 부분 : 3m 이내의 부분 • 2층 이상 부분 : 5m 이내의 부분	5m 5m 3m 3m A A : 인지경계선, 도로중심선, 외벽간의 중심선	동일대지안의 2동 이상의 건축물의 경우 연면적의 합계가 500㎡ 이하의 경우 하나의 건축물로 봄
2	도로중심선			
3	외벽간의 중심선 (동일 대지안 2동 이상의 건축물)			

그림해설

• 1층 건축물의 경우 임

해 설	
①	인접대지경계선-3m 이내
②	인접대지경계선-3m 이내
③	도로중심선-3m이내
④	외벽간의 중심선-3m 이내(연면적 합계 500㎡ 초과 부분)
⑤	인접대지경계선-3m 이내

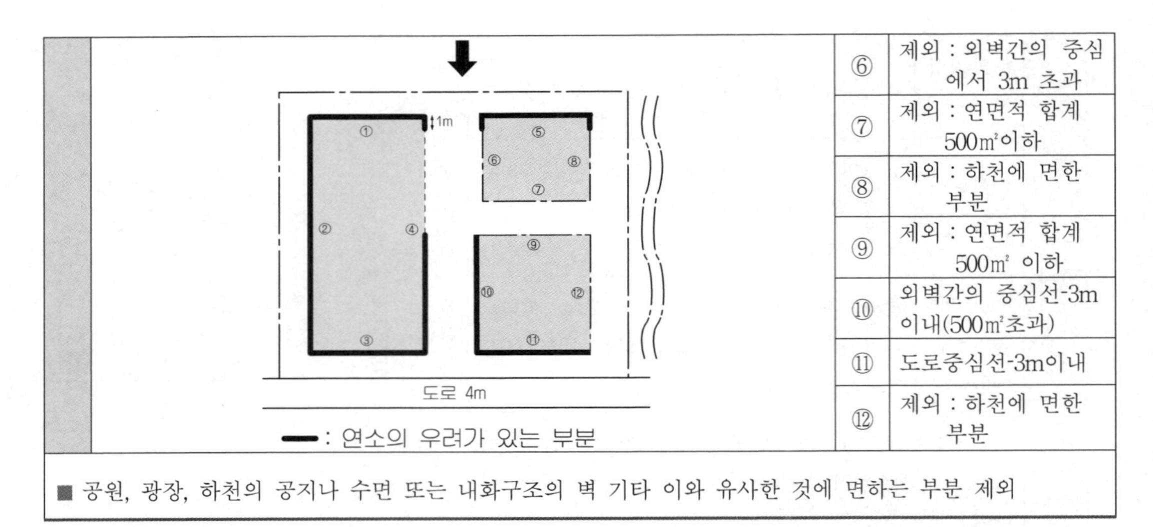

⑥	제외 : 외벽간의 중심에서 3m 초과
⑦	제외 : 연면적 합계 500㎡이하
⑧	제외 : 하천에 면한 부분
⑨	제외 : 연면적 합계 500㎡ 이하
⑩	외벽간의 중심선-3m 이내(500㎡초과)
⑪	도로중심선-3m이내
⑫	제외 : 하천에 면한 부분

■ 공원, 광장, 하천의 공지나 수면 또는 내화구조의 벽 기타 이와 유사한 것에 면하는 부분 제외

4 경계벽 등의 설치(법 제49조제4항)(영 제53조)

대상 경계벽	구조제한	차음상 유효한 구조 등
1. 단독주택 중 다가구주택의 각 가구 간 경계벽 2. 공동주택(기숙사 제외)의 각 세대 간 경계벽 3. 노유자시설 중 노인복지주택의 각 세대 간 경계벽 4. 노유자시설 중 노인요양시설의 호실 간 경계벽 5. 기숙사의 침실 간 경계벽 6. 의료시설의 병실 간 경계벽 7. 숙박시설의 객실 간 경계벽 8. 학교의 교실 간 경계벽 9. 제2종근린생활시설 중 다중생활시설의 각 호실 간 경계벽 10. 제1종근린생활시설 중 산후조리원의 각 경계벽*	내화구조로 하고 지붕밑 또는 바로 위층 바닥판까지 닿게 하여야 함	• 경계벽은 소리를 차단하는데 장애가 되는 부분이 없는 다음의 구조로 하여야 함. 1. 철근콘크리트조·철골철근콘크리트조로서 두께가 10㎝ 이상인 것 2. 무근콘크리트조 또는 석조로서 두께가 10㎝ 이상인 것 - 시멘트모르타르·회반죽 또는 석고플라스터의 바름두께 포함 3. 콘크리트블록조 또는 벽돌조로서 두께가 19㎝ 이상인 것 4. 1~3 이외의 것으로서 국토교통부장관이 고시하는 기준에 따라 국토교통부장관이 지정하는 자 또는 한국건설기술연구원장이 실시하는 품질시험에서 그 성능이 확인된 것 5. 한국건설기술연구원장이 정한 인정기준에 따라 인정하는 것 - 다가구주택 및 공동주택의 세대간의 경계벽인 경우 「주택건설기준 등에 관한 규정」에 따름. **관계법** 세대간의 경계벽 등(「주택건설기준 등에 관한 규정」 제14조) * 임산부실간 경계벽, 신생아실 간 경계벽, 임산부실과 신생아실 간 경계벽

■ 차음구조 상세

구조별 벽의구분	철근콘크리트조 철골철근콘크리트조	PC판(조립식 주택부재인 콘크리트판)	무근콘크리트조 석조	콘크리트블록조 벽돌조	기타구조	비 고
칸막이벽	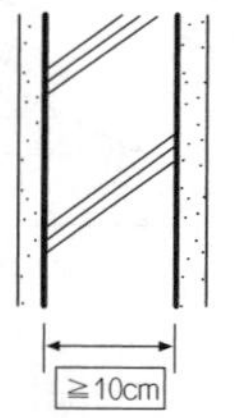 ≥10cm • 바름두께 제외	규정없음	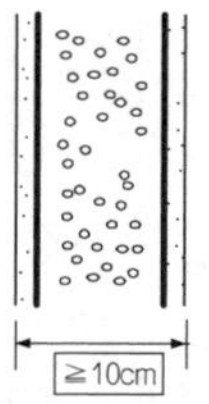 ≥10cm • 바름두께 포함	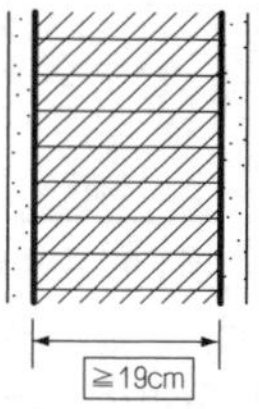 ≥19cm • 바름두께 제외	• 국토교통부장관이 고시하는 기준에 따라 국토교통부장관이 지정하는 자 또는 한국건설기술연구원장이 실시하는 품질시험에 그 성능이 확인된 것	■ 경계벽은 내화구조로 하고 지붕밑 또는 바로 위층의 바닥판까지 닿게 하여야 함 ■ 경계벽은 소리를 차단하는데 장애가 되는 부분이 없는 구조로 하여야 함 ■ 이 표의 바름두께는 시멘모르타르, 회반죽, 석고플라스터 등의 재료임
경계벽 (주택건설기준등에 관한 규정 제14조)	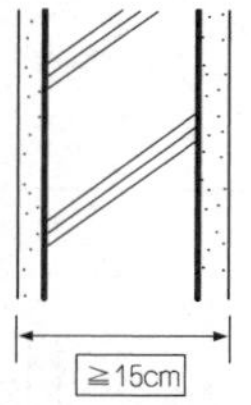 ≥15cm • 바름두께 포함	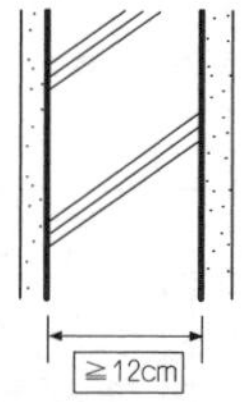 ≥12cm • 바름두께 제외	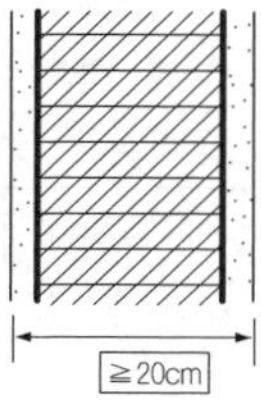 ≥20cm • 바름두께 포함		• 국토교통부장관이 정하여 고시하는 기준에 따라 한국건설기술연구원장이 차음성능을 인정하여 지정하는 구조	

【참고】 벽체의 차음구조 인정 및 관리기준 (국토교통부고시 제2018-776호, 2018.12.7.)

【2】 소음방지 층간 바닥의 구조

대상 건축물	구조기준
1. 단독주택 중 다가구주택 2. 공동주택(「주택법」에 따른 사업승인대상 제외) 3. 업무시설 중 오피스텔 4. 제2종 근린생활시설 중 다중생활시설 5. 숙박시설 중 다중생활시설	• 경량충격음(비교적 가볍고 딱딱한 충격에 의한 바닥충격음)과 중량충격음(무겁고 부드러운 충격에 의한 바닥충격음)을 차단할 수 있는 구조로 할 것 • 가구·세대 등 간 소음방지를 위한 바닥의 세부 기준은 국토교통부장관이 정하여 고시함 【참고】 소음방지를 위한 층간 바닥충격음 차단 구조*기준(국토교통부고시 제2018-585호, 2018.9.21.) * 바닥충격음 차단구조: 「주택법」에 따라 바닥충격음 차단구조의 성능등급을 인정하는 기관의 장이 차단구조의 성능(중량충격음 50데시벨 이하, 경량충격음 58 데시벨 이하)을 확인하여 인정한 바닥구조

5 침수 방지시설 (법 제49조제5항) (피난·방화규칙 제19조의2)

대상 지구	대상 건축물	침수 방지시설
자연재해위험개선지구 중 침수위험지구	국가·지방자치단체 또는 공공기관이 건축하는 건축물	1. 건축물의 1층 전체를 필로티(건축물을 사용하기 위한 경비실, 계단실, 승강기실, 그 밖에 이와 비슷한 것 포함) 구조로 할 것 2. 차수판(遮水板) 3. 역류방지 밸브

6 건축물에 설치하는 굴뚝(영 제54조)

구 분	굴뚝의 부분	내용 및 그림해설	
굴뚝일반 (금속제 굴뚝 포함)	• 옥상 돌출부	① 굴뚝의 옥상돌출부는 지붕면으로부터 수직거리 1m 이상으로 할 것	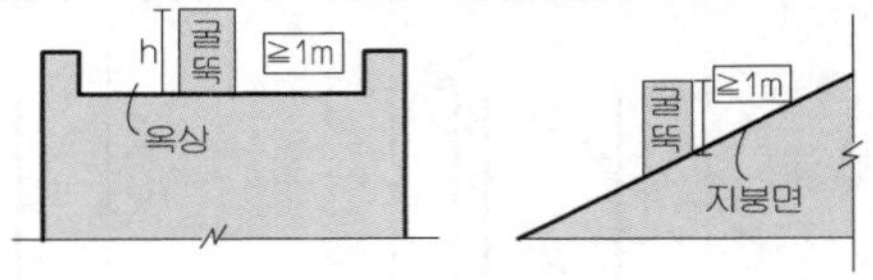
		② ①을 만족하는 이외에 용마루, 계단탑, 옥탑 등이 있는 건축물에 있어서 굴뚝의 주위에 연기의 배출을 방해하는 장애물이 있는 경우 그 굴뚝의 상단을 용마루, 계단탑, 옥탑 등보다 높게 하여야 함	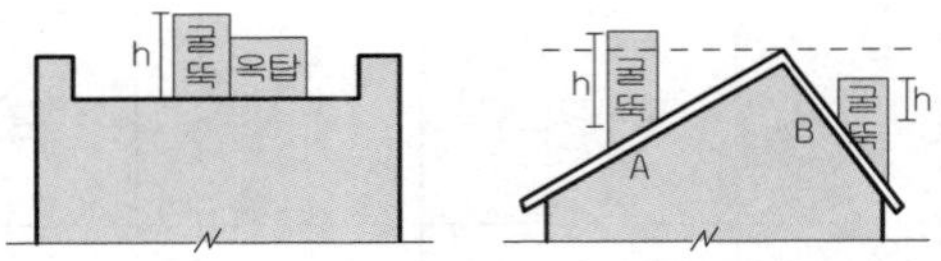 • h≥옥탑의 높이 • 굴뚝 B의 경우는 위법
	• 굴뚝의 상단으로서 수평거리 1m이내에 다른 건축물이 있는 경우	• 굴뚝의 높이는 그 건축물의 처마로부터 1m 이상 높게 할 것	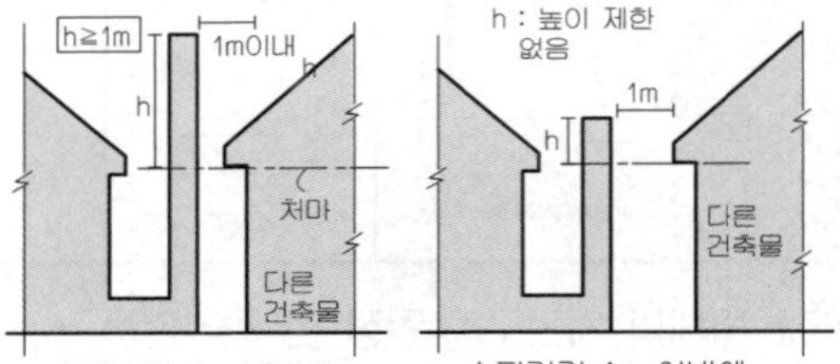 • 수평거리 1m 이내에 건축물이 있는 경우 • 수평거리 1m 이내에 건축물이 없는 경우
금속제 굴뚝	• 건축물의 지붕속 반자위 및 가장 아래 바닥밑에 있는 굴뚝의 부분	• 금속이외의 불연재료로 덮을 것	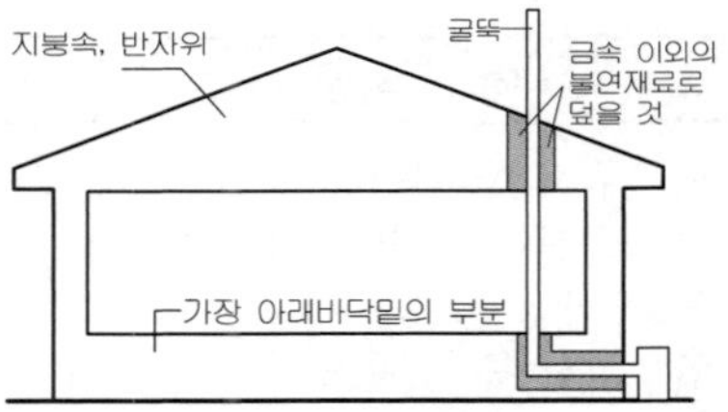
	• 목재, 가연재료와 접하는 부분	① 목재 기타 가연재료로부터 15㎝ 이상 떨어져 설치	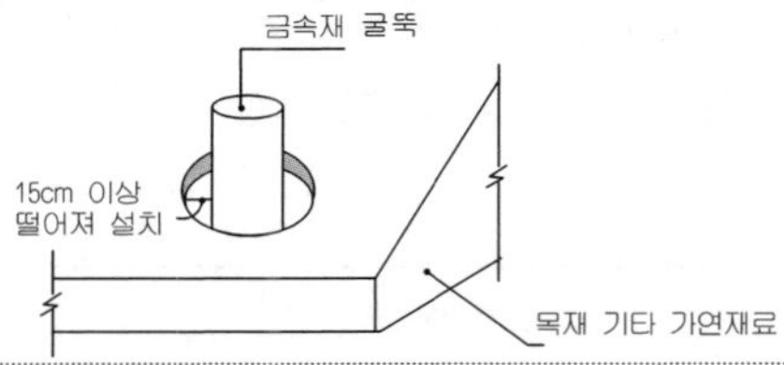
		② 두께 10㎝ 이상인 금속외의 불연재료로 덮을 것	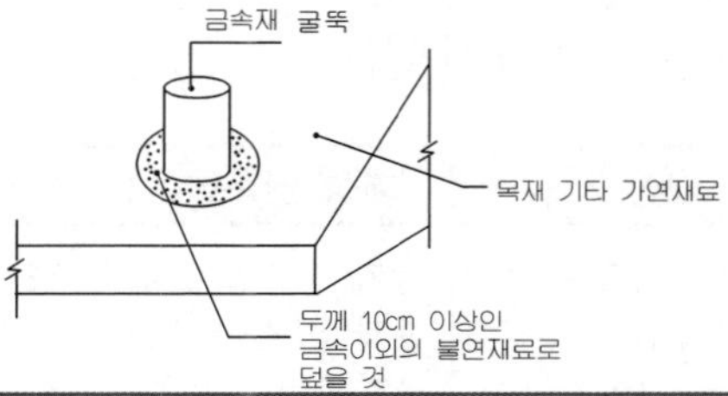

7 창문 등의 차면시설 (영 제55조)

영 제55조【창문 등의 차면시설】
인접 대지경계선으로부터 직선거리 2미터 이내에 이웃 주택의 내부가 보이는 창문 등을 설치하는 경우에는 차면시설(遮面施設)을 설치하여야 한다.

차면시설 설치의 예

8 건축물의 내화구조(법 제50조 제1항)(영 제56조)

【1】 주요구조부 및 지붕을 내화구조로 하여야 하는 건축물

<table>
<tr><th colspan="2">건축물의 용도</th><th>해당용도의 바닥면적의 합계</th><th>3층 이상 건축물 또는 지하층 있는 건축물</th><th>기 타</th></tr>
<tr><td>1</td><td>① 공연장·종교집회장
(제2종 근린생활시설 중)
② 문화 및 집회시설
(전시장 및 동·식물원 제외)
③ 종교시설
④ 주점영업(위락시설 중)
⑤ 장례시설</td><td>관람석 또는 집회실의 바닥면적의 합계가 200㎡(①은 300㎡) 이상*
*옥외관람석은 1,000㎡ 이상</td><td rowspan="4">• 바닥면적에 관계없이 내화구조로 함
• 2층 이하인 건축물인 경우 지하층 부분만 해당

예외 다음 용도는 제외
① 단독주택(다중주택 및 다가구주택 제외)
② 동물 및 식물관련시설
③ 발전시설(발전소의 부속용도로 쓰는 시설 제외)
④ 교도소·소년원
⑤ 묘지 관련 시설(화장시설 및 동물화장시설 제외)
⑥ 철강 관련 업종의 공장 중 제어실로 사용하기 위하여 연면적 50㎡ 이하로 증축하는 부분</td><td>–</td></tr>
<tr><td>2</td><td>① 전시장 또는 동·식물원
(문화 및 집회시설 중)
② 판매시설
③ 운수시설
④ 체육관·강당(교육연구시설에 설치)
⑤ 수련시설
⑥ 체육관·운동장(운동시설 중)
⑦ 위락시설(주점영업 제외)
⑧ 창고시설
⑨ 위험물저장 및 처리시설
⑩ 자동차 관련 시설
⑪ 방송국·전신전화국·촬영소
(방송통신시설 중)
⑫ 화장시설·동물화장시설(묘지관련시설 중)
⑬ 관광휴게시설</td><td>500㎡ 이상</td><td>–</td></tr>
<tr><td>3</td><td>• 공장</td><td>2,000㎡ 이상</td><td>화재의 위험이 적은 공장으로서 국토교통부령이 정하는 공장 제외(피난·방화규칙 제20조의2 별표2의 업종의 공장으로서 주요구조부가 불연재료로 되어 있는 2층 이하의 공장)</td></tr>
<tr><td>4</td><td>건축물의 2층이 다음의 용도로 사용하는 것
① 다중주택·다가구주택(단독주택 중)
② 공동주택
③ 제1종 근린생활시설(의료의 용도에 쓰는 시설만 해당)
④ 다중생활시설
(제2종 근린생활시설 중)
⑤ 의료시설
⑥ 아동관련시설·노인복지시설
(노유자시설 중)
⑦ 유스호스텔(수련시설 중)
⑧ 오피스텔(업무시설 중)
⑨ 숙박시설
⑩ 장례시설</td><td>400㎡ 이상</td><td>–</td></tr>
</table>

■ 연면적이 50㎡ 이하인 단층 부속건축물로서 외벽 및 처마 밑면을 방화구조로 한 것은 제외
■ 무대 바닥 제외
■ 막구조의 건축물은 주요구조부에만 내화구조로 할 수 있음

【2】 내화구조의 정의(영 제2조)(피난·방화 제3조)

영 제2조【정의】

7. "내화구조(耐火構造)"란 화재에 견딜 수 있는 성능을 가진 구조로서 국토교통부령으로 정하는 기준에 적합한 구조를 말한다.

■ 내화구조의 성능기준(제3조8호 관련, 피난·방화규칙 별표1)

1. 일반기준

(단위 : 시간)

용도		구성 부재		벽						보·기둥	바닥	지붕·지붕틀
				외벽			내벽					
				내력벽	비내력벽		내력벽	비내력벽				
용도구분		용도규모 층수/최고 높이(m)			연소 우려가 있는 부분	연소 우려가 없는 부분		간막이벽	승강기·계단실의 수직벽			
일반시설	제1종 근린생활시설, 제2종 근린생활시설, 문화 및 집회시설, 종교시설, 판매시설, 운수시설, 교육연구시설, 노유자시설, 수련시설, 운동시설, 업무시설, 위락시설, 자동차 관련 시설(정비공장 제외), 동물 및 식물 관련 시설, 교정 및 군사 시설, 방송통신시설, 발전시설, 묘지 관련 시설, 관광 휴게시설, 장례시설	12/50	초과	3	1	0.5	3	2	2	3	2	1
			이하	2	1	0.5	2	1.5	1.5	2	2	0.5
		4/20 이하		1	1	0.5	1	1	1	1	1	0.5
주거시설	단독주택, 공동주택, 숙박시설, 의료시설	12/50	초과	2	1	0.5	2	2	2	3	2	1
			이하	2	1	0.5	2	1	1	2	2	0.5
		4/20 이하		1	1	0.5	1	1	1	1	1	0.5
산업시설	공장, 창고시설, 위험물 저장 및 처리시설, 자동차 관련 시설 중 정비공장, 자연순환 관련 시설	12/50	초과	2	1.5	0.5	2	1.5	1.5	3	2	1
			이하	2	1	0.5	2	1	1	2	2	0.5
		4/20 이하		1	1	0.5	1	1	1	1	1	0.5

2. 적용기준

가. 용도

1) 건축물이 하나 이상의 용도로 사용될 경우 위 표의 용도구분에 따른 기준 중 가장 높은 내화시간의 용도를 적용한다.

2) 건축물의 부분별 높이 또는 층수가 다를 경우 최고 높이 또는 최고 층수를 기준으로 제1호에 따른 구성 부재별 내화시간을 건축물 전체에 동일하게 적용한다.

3) 용도규모에서 건축물의 층수와 높이의 산정은 「건축법 시행령」 제119조에 따른다. 다만, 승강기탑, 계단탑, 망루, 장식탑, 옥탑 그 밖에 이와 유사한 부분은 건축물의 높이와 층수의 산정에서 제외한다.

나. 구성 부재

1) 외벽 중 비내력벽으로서 연소우려가 있는 부분은 제22조제2항에 따른 부분을 말한다.

2) 외벽 중 비내력벽으로서 연소우려가 없는 부분은 제22조제2항에 따른 부분을 제외한 부분을 말한다.

3) 내벽 중 비내력벽인 간막이벽은 건축법령에 따라 내화구조로 해야 하는 벽을 말한다.

다. 그 밖의 기준

1) 화재의 위험이 적은 제철·제강공장 등으로서 품질확보를 위해 불가피한 경우에는 지방건축위원회의 심의를 받아 주요구조부의 내화시간을 완화하여 적용할 수 있다.

2) 외벽의 내화성능 시험은 건축물 내부면을 가열하는 것으로 한다.

■ 내화구조 상세

구분	철근콘크리트조 철골철근콘크리트조	철골조		철재로 보강된 콘크리트블록조, 벽돌조, 석조	기타구조
		피복재	피복두께		
벽	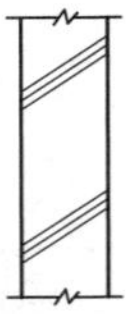 두께≥10cm	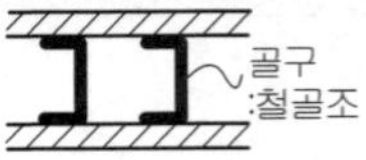 골구:철골조		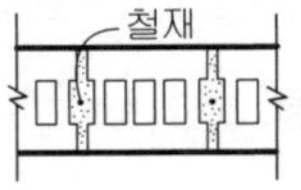 철재 철재로 보강된 콘크리트블록조, 벽돌조 또는 석조-철재보강 덮은 두께 ≥5cm	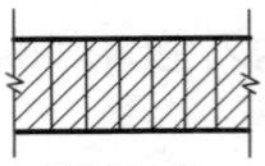 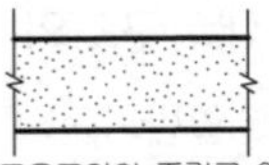 벽돌조≥19cm 고온고압의 증기로 양생된 경량기포콘크리트패널 또는 경량기포 콘크리트 블록 두께≥10cm
		철망모르타르	≥4cm		
		콘크리트블록, 벽돌, 석재	≥5cm		
외벽 중 비내력벽	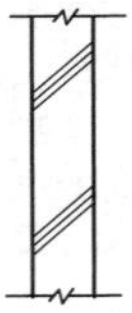 두께≥7cm	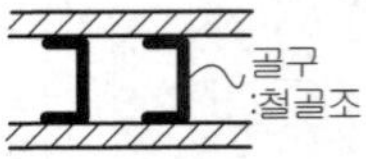 골구:철골조		철재로 보강된 콘크리트블록조, 벽돌조 또는 석조로서 철재에 덮은 콘크리트블록 등의 두께 ≥ 4cm	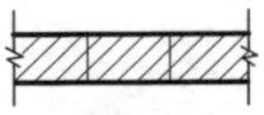 무근콘크리트, 콘크리트블록조, 벽돌조 또는 석조 두께≥7cm
		철망모르타르	≥3cm		
		콘크리트블록, 벽돌또는석재	≥4cm		
기둥 (작은 지름이 25cm 이상인 것)	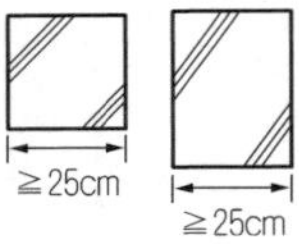 ≥25cm ≥25cm	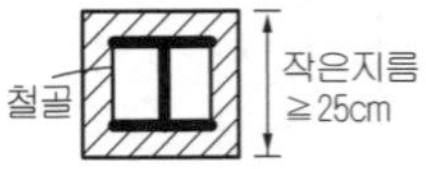 철골 작은지름 ≥25cm		–	고강도 콘크리트(50MPa이상)의 경우 고강도 콘크리트 내화성능 관리기준에 적합할 것
		철망모르타르	≥6cm		
		철망모르타르/경량골재사용	≥5cm		
		콘크리트블록, 벽돌, 석재	≥7cm		
		콘크리트	≥5cm		
바닥	 두께≥10cm	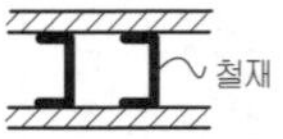 철재		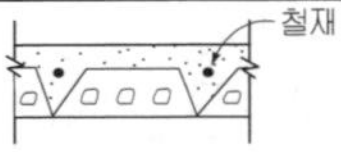 철재 철재로 보강된 콘크리트블록조, 벽돌조 또는 석조로서 철재에 덮은 콘크리트블록 등의 두께 ≥ 5cm	–
		철망모르타르	≥5cm		
		콘크리트	≥5cm		
보 (지붕틀 포함)	치수규제없음	철골		–	철골조 지붕틀 반자없음 H H≥4m / 불연재료의 반자 H H≥4m 고강도 콘크리트(50MPa이상)의 경우 고강도 콘크리트 내화성능 관리기준에 적합할 것
		철망모르타르	≥6cm		
		철망모르타르(경량골재사용)	≥5cm		
		콘크리트	≥5cm		

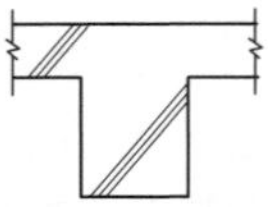

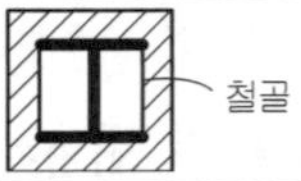

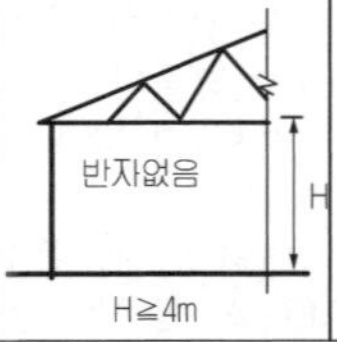

지붕	치수규제 없음	• 철재로 보강된 유리블록 • 망입유리*로 된 것	철재로 보강된 콘크리트 블록조, 벽돌조 또는 석조 덮은 두께 제한없음	*망입유리: 두꺼운 판유리에 철망 넣은 것
계단	치수규제없음	철골조계단	철재로 보강된 콘크리트 블록조, 벽돌조 또는 석조 덮은 두께 제한없음	무근콘크리트조, 콘크리트블록조, 벽돌조, 석조 치수 제한없음

■ 이 표에서 철망모르타르는 그 바름바탕을 불연재료로 한 것에 한정함
■ 국토교통부장관이 정하여 고시하는 방법에 따라 품질을 시험한 결과 「피난・방화규칙」 별표1에 따른 성능기준에 적합할 것
■ 한국건설기술연구원장이 인정기준에 따라 인정하는 것 등도 내화구조로 인정됨

9 방화구조(영 제2조제8호)(피난·방화규칙 제4조)

영 제2조【정의】
8. "방화구조(防火構造)"란 화염의 확산을 막을 수 있는 성능을 가진 구조로서 국토교통부령으로 정하는 기준에 적합한 구조를 말한다.

해설 방화구조는 내화구조보다 방화에 대한 성능이 약한 구조로서 연소방지의 역할을 한다.

■ 방화구조 상세

구분	구 조	마감바탕	마 감
1	철망, 모르타르, ≥2.0cm	철망	모르타르
2	시멘트모르타르・회반죽, ≥2.5cm, 석고판	석고판	시멘트모르타르 또는 회반죽
3	타일, ≥2.5cm, 시멘트모르타르	시멘트모르타르	타일
4	흙, 외 또는 산자, 흙	심벽 (외 또는 산자)	흙으로 맞벽치기
5	■ 「산업표준화법」에 따른 한국산업표준(이하 "한국산업표준")에 따라 시험한 결과 방화2급 이상에 해당하는 것		

4 방화지구 안의 건축물 (법 제51조) (영 제58조) (피난·방화규칙 제23조)

방화지구는 도시의 화재위험을 예방하기 위하여 필요한 구역으로서 많은 건축물이 밀집된 도심 등에 지정하는 지구이다. 이러한 방화지구에서는 화재시 인접건축물로의 연소확대에 의하여 큰 화재로 진전될 우려가 있으므로, 지구내의 모든 건축물을 내화구조로 하게 하였고, 간판 · 광고탑 및 인접대지경계선에 접하는 연소할 우려가 있는 개구부의 조치도 규정하여 안전에 대비하고 있다.

【1】 방화지구에서의 건축물

구분	내 용		구조 및 재료	그림상세해설
원칙	건축물의 주요구조부와 지붕·외벽		내화구조	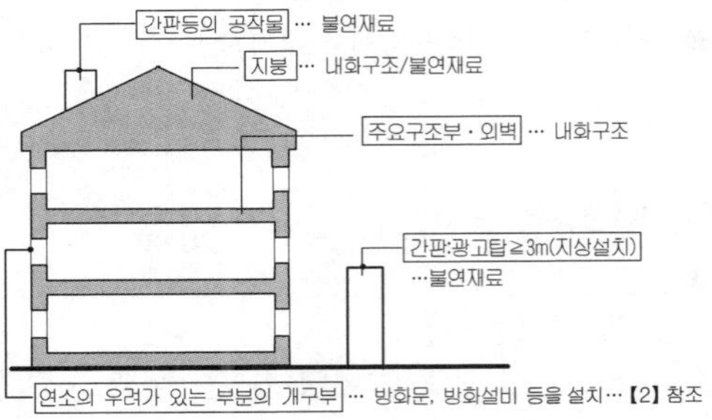 간판등의 공작물 … 불연재료 지붕 … 내화구조/불연재료 주요구조부 · 외벽 … 내화구조 간판·광고탑≥3m(지상설치) …불연재료 연소의 우려가 있는 부분의 개구부 … 방화문, 방화설비 등을 설치…【2】참조
	지붕(내화구조가 아닌 것)		불연재료	
	간판 · 광고탑 등의 공작물	지붕위에 설치	불연재료	
		지상에 설치(높이 3m 이상인 경우)		
	• 외벽의 창문 등으로서 연소의 우려가 있는 부분		60+, 60분방화문 · 방화설비	
예외	• 연면적 30㎡ 미만인 단층 부속건축물로서 외벽 및 처마면이 내화구조 또는 불연재료로 된 것			방화지구내의 원칙에서 제외
	• 도매시장의 용도에 쓰이는 건축물로서 그 주요구조부가 불연재료로 된 것			

【참고】 방화지구(「국토의 계획 및 이용에 관한 법률」 제37조)
- 화재의 위험을 예방하기 위하여 필요한 지구
- 국토교통부장관, 시 · 도지사 또는 대도시 시장이 도시 · 군관리계획으로 지정함

【2】 방화지구 안의 외벽의 개구부에 대한 조치

방화지구 내 건축물의 인접대지경계선에 접하는 외벽에 설치하는 창문등으로서 연소할 우려가 있는 부분에 다음의 방화설비를 설치해야 한다.

1. 60+방화문 또는 60분방화문
2. 창문 등에 설치하는 드렌처(소방법령이 정하는 기준에 적합한 것)
3. 내화구조나 불연재료로 된 벽 · 담장 등 이와 유사한 방화설비
4. 환기구멍에 설치하는 불연재료로 된 방화커버 또는 그물눈이 2㎜ 이하인 금속망

【참고】 방화지구 내·외에 걸칠 때의 경우

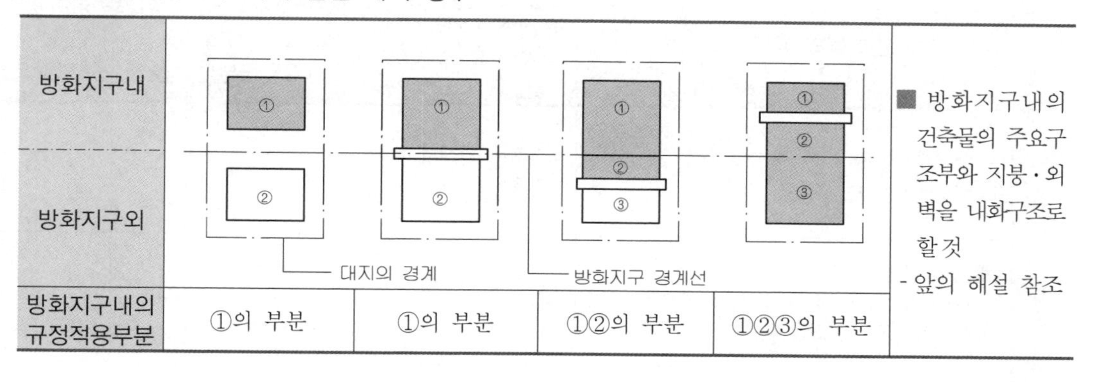

방화지구내의 규정적용부분	①의 부분	①의 부분	①②의 부분	①②③의 부분

5 건축물의 마감재료 (법 제52조) (영 제61조) (피난·방화규칙 제24조, 제24조의2)

화재발생시 불의 확산을 방지하는 것이 화재초기에 매우 중요하다.

따라서 많은 사람들이 이용하는 일정규모 이상의 건축물에 있어서는 연소방지 및 화재진전을 억제하기 위하여 내부마감재료를 불연·준불연·난연재료 등 불에 타지 않는 성능의 재료를 사용하게 하였고, 피난로, 지하층의 거실 및 문화 및 집회시설 등에 있어서는 제한규정을 강화하여 불연·준불연재료만을 사용하게 하였다.

또한, 화재 발생시 그 피해가 막대할 것으로 예상되는 상업지역의 문화 및 집회시설 등 건축물 과 공장 및 6층 이상의 건축물 등의 경우 외벽으로의 화재 확산을 방지를 위해 외벽 마감재료를 불연·준불연재료만을 사용하도록 규제하였다.

1 용도별 건축물의 내부 마감재료의 제한

다음 용도 및 규모의 건축물의 벽, 반자, 지붕(반자가 없는 경우) 등 내부의 마감재료(복합자재의 경우 심재 포함)[1)]는 방화에 지장이 없는 재료로 하되, 실내공기질 유지기준 및 권고기준 【참고1,2】을 고려하고 관계 중앙행정기관의 장과 협의하여 국토교통부령으로 정하는 기준에 따라야 함.

예외1 주요구조부가 내화구조 또는 불연재료로 된 건축물로서 그 거실의 바닥면적[2)] 200㎡이내마다 방화구획되어 있는 건축물(7호 건축물은 제외)

예외2 벽 및 반자의 실내에 접하는 부분 중 반자돌림대·창대 기타 이와 유사한 것은 마감재료 규정 적용을 제외함

	건축물의 용도	해당 용도의 거실의 바닥면적[2]의 합계	적용구분 (벽 및 반자의 실내측 부분)	내부 마감재료		
				불연	준불연	난연
1	① 다중주택 · 다가구주택(단독주택 중) ② 공동주택[3]	면적에 관계없이 적용	거실	○	○	○
			통로 등[4] (복도, 계단)	○	○	×
2	(제2종 근린생활시설 중) 공연장·종교집회장·인터넷컴퓨터게임시설제공업소·학원·독서실·당구장·다중생활시설	면적에 관계없이 적용	거실	○	○	○
			통로	○	○	×
3	① 발전시설 ② 방송국·촬영소(방송통신시설 중)	면적에 관계없이 적용	거실	○	○	○
			통로	○	○	×
4	① 공장 ② 창고시설 ③ 자동차 관련 시설 ④ 위험물 저장 및 처리 시설(자가 난방, 자가발전 등의 용도로 쓰는 시설 포함)	면적에 관계없이 적용	거실[5]	○	○	○
			통로	○	○	×
5	5층 이상의 건축물	500㎡이상	거실	○	○	○
			통로	○	○	×
6	① 문화 및 집회시설 ② 종교시설 ③ 판매시설 ④ 운수시설 ⑤ 의료시설 ⑥ 교육연구시설 중 학교·학원 ⑦ 노유자시설 ⑧ 수련시설 ⑨ 업무시설 중 오피스텔 ⑩ 숙박시설 ⑪ 위락시설 ⑫ 장례시설	면적에 관계없이 적용	거실	○	○	×
			통로	○	○	×
7	다중이용업의 용도로 쓰는 건축물(「다중이용업소의 안전관리에 관한 특별법 시행령」 제2조) **관계법1**	면적에 관계없이 적용	거실	○	○	○
			통로	○	○	×
8	1~8의 용도에 쓰이는 거실 등을 지하층 또는 지하의 공작물에 설치하는 경우 그 거실(출입문 및 문틀 포함)	면적에 관계없이 적용	거실	○	○	×
			통로	○	○	×

1) 내부 마감재료 : 건축물 내부의 천장 · 반자 · 벽(경계벽 포함) · 기둥 등에 부착되는 마감재료
다만,「다중이용업소의 안전관리에 관한 특별법 시행령」 제3조에 따른 실내장식물을 제외 **관계법1**
2) 거실 바닥면적산정시 스프링클러 등 자동식 소화설비를 설치한 부분의 바닥면적은 제외함
3) 공동주택에는「실내공기질관리법」 **관계법2** 에 따라 환경부장관이 고시한 오염물질방출 건축자재 사용 금지
4) 통로 등: · 거실에서 지상으로 통하는 주된 복도 · 계단, 그 밖의 벽 및 반자의 실내에 접하는 부분
· 강판과 심재(心材)로 이루어진 복합자재를 마감재료로 사용하는 부분
5) 4호의 거실의 실내에 접하는 부분의 마감재료에 단열재를 포함
※ 4호 건축물에서 단열재를 불연, 준불연, 난연재료의 사용이 곤란하여 지방건축위원회의 심의를 거친 경우 다른 재료로 사용할 수 있다.

【참고1】 실내공기질 유지기준 및 권고기준(「실내공기질관리법 시행규칙」 별표2, 3)

[별표 2] 실내공기질 유지기준(제3조 관련) <개정 2020.4.3>

오염물질 항목 / 다중이용시설	미세먼지 (PM-10) ($\mu g/m^3$)	미세먼지 (PM-2.5) ($\mu g/m^3$)	이산화탄소 (ppm)	폼알데하이드 ($\mu g/m^3$)	총부유세균 (CFU/m^3)	일산화탄소 (ppm)
가. 지하역사, 지하도상가, 철도역사의 대합실, 여객자동차터미널의 대합실, 항만시설 중 대합실, 공항시설 중 여객터미널, 도서관·박물관 및 미술관, 대규모 점포, 장례식장, 영화상영관, 학원, 전시시설, 인터넷컴퓨터게임시설제공업의 영업시설, 목욕장업의 영업시설	100 이하	50 이하	1,000 이하	100 이하	-	10 이하
나. 의료기관, 산후조리원, 노인요양시설, 어린이집, 실내 어린이놀이시설	75 이하	35 이하		80 이하	800 이하	
다. 실내주차장	200 이하	-		100 이하	-	25 이하
라. 실내 체육시설, 실내 공연장, 업무시설, 둘 이상의 용도에 사용되는 건축물	200 이하	-	-	-	-	-

비고:

1. 도서관, 영화상영관, 학원, 인터넷컴퓨터게임시설제공업 영업시설 중 자연환기가 불가능하여 자연환기설비 또는 기계환기설비를 이용하는 경우에는 이산화탄소의 기준을 1,500ppm 이하로 한다.
2. 실내 체육시설, 실내 공연장, 업무시설 또는 둘 이상의 용도에 사용되는 건축물로서 실내 미세먼지(PM-10)의 농도가) 200$\mu g/m^3$에 근접하여 기준을 초과할 우려가 있는 경우에는 실내공기질의 유지를 위하여 다음 각 목의 실내공기정화시설(덕트) 및 설비를 교체 또는 청소하여야 한다.
   가. 공기정화기와 이에 연결된 급·배기관(급·배기구를 포함한다)
   나. 중앙집중식 냉·난방시설의 급·배기구
   다. 실내공기의 단순배기관
   라. 화장실용 배기관
   마. 조리용 배기관

[별표 3] 실내공기질 권고기준(제4조 관련) <개정 2020.4.3.>

오염물질 항목 / 다중이용시설	이산화질소 (ppm)	라돈 (Bq/m^3)	총휘발성유기화합물 ($\mu g/m^3$)	곰팡이 (CFU/m^3)
가. 지하역사, 지하도상가, 철도역사의 대합실, 여객자동차터미널의 대합실, 항만시설 중 대합실, 공항시설 중 여객터미널, 도서관·박물관 및 미술관, 대규모점포, 장례식장, 영화상영관, 학원, 전시시설, 인터넷컴퓨터게임시설제공업의 영업시설, 목욕장업의 영업시설	0.1 이하	148 이하	500 이하	-
나. 의료기관, 산후조리원, 노인요양시설, 어린이집, 실내 어린이놀이시설	0.05 이하		400 이하	500 이하
다. 실내주차장	0.30 이하		1,000 이하	-

【참고2】 소규모 공장용도 건축물의 내부마감재료(적용제외의 경우)

<table>
<tr><th>구 분</th><th>내 용</th></tr>
<tr><td>1. 화재위험이 적은 공장용도로 사용</td><td>피난·방화규칙 별표 3의 용도[1](공장의 일부 또는 전체를 기숙사 및 구내식당의 용도로 사용하는 건축물은 제외)</td></tr>
<tr><td>2. 화재시 대피가능한 출구를 갖출 것</td><td>건축물 내부의 각 부분으로부터 가장 가까운 거리에 있는 출구 기준
-보행거리 30m 이내
-유효너비 1.5m 이상</td></tr>
<tr><td>3. 복합자재[2]를 내부마감재료로 사용하는 경우 품질기준[3]에 적합할 것</td><td>2) 복합자재의 기준
-불연성인 재료와 불연성이 아닌 재료가 복합된 자재로서
-외부의 양면(철판, 알루미늄, 콘크리트박판 등의 재료로 이루어진 것)과 심재(心材)로 구성된 것
3) 품질기준: 한국산업표준에서 정하는 다음의 요건을 갖춘 것
① 강판 : ㉠ 두께:0.5㎜ 이상(도금 이후 도장 전 두께)
㉡ 앞면 도장 횟수 : 2회 이상
㉢ 도금 부착량 : 종류별 다음 기준에 적합할 것
▪용융 아연 도금 강판: 180g/㎡ 이상일 것
▪용융 아연 알루미늄 마그네슘 합금 도금 강판: 90g/㎡ 이상일 것
▪용융 55% 알루미늄 아연 마그네슘 합금 도금 강판: 90g/㎡ 이상일 것
▪용융 55% 알루미늄 아연 합금 도금 강판: 90g/㎡ 이상일 것
▪그 밖의 도금: 국토교통부장관이 정하여 고시하는 기준에 적합할 것
② 심재 : ㉠ 발포 폴리스티렌 단열재로서 비드보온판 4호 이상인 것
㉡ 경질 폴리우레탄 폼 단열재로서 보온판 2종2호 이상인 것
㉢ 밖의 심재는 불연재료·준불연재료 또는 난연재료인 것</td></tr>
</table>

2 건축물의 외벽 마감재료의 제한

【1】 방화에 지장없는 재료의 사용

다음 건축물의 외벽에 사용하는 마감재료(두 가지 이상의 재료로 제작된 자재의 경우 각 재료를 포함)는 방화에 지장이 없는 재료로 하여야 한다.

<table>
<tr><th colspan="2">(1) 대상 건축물의 종류 등</th><th>(2) 외벽 마감재료</th><th>(3) 5층 이하이면서 22m 미만 건축물</th></tr>
<tr><td rowspan="2">1. 상업지역(근린상업지역 제외)의 건축물</td><td>• 제1종 근린생활시설, 제2종 근린생활시설, 문화 및 집회시설, 종교시설, 판매시설, 의료시설, 교육연구시설, 노유자시설, 운동시설 및 위락시설로 쓰는 바닥면적의 합계 2,000㎡ 이상인 건축물</td><td rowspan="4">① 불연재료 또는 준불연재료를 마감재료[2]로 사용
② 화재 확산 방지구조 기준 【참고2】 에 적합하게 마감재료를 설치하면 난연재료[3] 허용</td><td rowspan="2">① 난연재료[3] 허용
② 화재확산방지구조에 적합한 경우 난연성능 없는 재료[3]도 허용</td></tr>
<tr><td>• 공장(화재 위험이 적은 공장[1] 제외)에서 6m 이내에 위치한 건축물</td></tr>
<tr><td colspan="2">2. 의료시설, 교육연구시설, 노유자시설, 수련시설의 용도로 쓰는 건축물</td><td>-</td></tr>
<tr><td colspan="2">3. 3층 이상 또는 높이 9m 이상인 건축물</td><td>위 ①, ②와 같음</td></tr>
<tr><td colspan="2">4. 1층의 전부 또는 일부를 필로티 구조로 설치하여 주차장으로 쓰는 건축물의 외벽* 중 1층과 2층 부분
* 필로티 구조의 외기에 면하는 천장 및 벽체 포함</td><td>① 불연재료 또는 준불연재료
② 난연성능 시험[3] 결과 ①에 해당하는 경우 난연재료를 단열재로 사용 가능</td><td>-</td></tr>
<tr><td colspan="2">5. 앞 1의 표 4.에 해당하는 건축물
① 공장 ② 창고시설 ③ 자동차 관련 시설 ④ 위험물 저장 및 처리 시설(자가 난방, 자가발전 등의 용도로 쓰는 시설 포함)</td><td></td><td>위 ①, ②와 같음</td></tr>
</table>

1) 화재위험이 적은 공장 : 피난·방화규칙 별표3 【참고1】의 업종에 해당하는 공장(공장의 일부 또는 전체를 기숙사 및 구내식당으로 사용하는 건축물은 제외)
2) 단열재, 도장 등 코팅재료 및 그 밖에 마감재료를 구성하는 모든 재료를 포함
3) 강판과 심재로 이루어진 복합자재가 아닌 것으로 한정

※ [1] 강판과 심재로 이루어진 복합자재의 마감재료 요건

<table>
<tr><td colspan="3">■ 다음 요건을 모두 갖출 것</td></tr>
<tr><td colspan="3">1. 강판과 심재 전체를 하나로 보아 실물모형시험*1을 한 결과가 기준*2을 충족할 것</td></tr>
<tr><td rowspan="7">2. 강판:
우측 모든 기준 충족</td><td colspan="2">가. 두께[도금 이후 도장(塗裝) 전 두께]: 0.5㎜ 이상</td></tr>
<tr><td colspan="2">나. 앞면 도장 횟수: 2회 이상</td></tr>
<tr><td rowspan="5">다. 도금의 부착량: 도금의 종류에 따라 우측란의 어느 하나에 해당할 것. 이 경우 도금의 종류는 한국산업표준에 따름</td><td>1) 용융 아연 도금 강판: 180g/㎡ 이상</td></tr>
<tr><td>2) 용융 아연 알루미늄 마그네슘 합금 도금 강판: 90g/㎡ 이상</td></tr>
<tr><td>3) 용융 55% 알루미늄 아연 마그네슘 합금 도금 강판: 90g/㎡ 이상</td></tr>
<tr><td>4) 용융 55% 알루미늄 아연 합금 도금 강판: 90g/㎡ 이상</td></tr>
<tr><td>5) 그 밖의 도금: 국토교통부장관이 정하여 고시하는 기준*2 이상</td></tr>
<tr><td rowspan="2">3. 심재:
강판을 제거한 심재가 우측 어느 하나에 해당할 것</td><td colspan="2">가. 한국산업표준에 따른 그라스울 보온판 또는 미네랄울 보온판으로서 기준*2에 적합한 것</td></tr>
<tr><td colspan="2">나. 불연재료 또는 준불연재료인 것</td></tr>
</table>

※ [2] 2 이상의 재료로 제작된 마감재료 요건[위 표의 (2), (3)]

<table>
<tr><td>■ 다음 요건을 모두 갖출 것</td></tr>
<tr><td>1. 마감재료를 구성하는 재료 전체를 하나로 보아 실물모형시험*1을 한 결과가 기준*2을 충족할 것</td></tr>
<tr><td>2. 마감재료를 구성하는 각각의 재료에 대하여 난연성능을 시험한 결과가 기준*2을 충족할 것
예외 불연재료 사이에 다른 재료(두께 5㎜ 이하만 해당)를 부착하여 제작한 재료의 경우 전체를 하나의 재료로 보고 난연성능을 시험할 수 있으며, 불연재료에 0.1㎜ 이하의 두께로 도장을 한 재료의 경우 불연재료의 성능기준을 충족한 것으로 보고 난연성능 시험의 생략 가능</td></tr>
</table>

위 ※ [1], [2]에서

*1 실물모형시험 : 실제 시공될 건축물의 구조와 유사한 모형으로 시험하는 것

*2 기준 : 건축자재등 품질인정 및 관리기준(국토교통부 고시 제2023-24호, 2023.1.9)

【참고】 화재 확산 방지구조 기준(건축자재등 품질인정 및 관리기준 제31조)

제31조 【화재 확산 방지구조】

① 규칙 제24조제6항에서 "국토교통부장관이 정하여 고시하는 화재 확산 방지구조"는 수직 화재확산 방지를 위하여 외벽마감재와 외벽마감재 지지구조 사이의 공간(별표 9에서 "화재확산방지재료" 부분)을 다음 각 호 중 하나에 해당하는 재료로 매 층마다 최소 높이 400㎜ 이상 밀실하게 채운 것을 말한다.

1. 한국산업표준 KS F 3504(석고 보드 제품)에서 정하는 12.5mm 이상의 방화 석고 보드
2. 한국산업표준 KS L 5509(석고 시멘트판)에서 정하는 석고 시멘트판 6mm 이상인 것 또는 KS L 5114(섬유강화 시멘트판)에서 정하는 6mm 이상의 평형 시멘트판인 것
3. 한국산업표준 KS L 9102(인조 광물섬유 단열재)에서 정하는 미네랄울 보온판 2호 이상인 것
4. 한국산업표준 KS F 2257-8(건축 부재의 내화 시험 방법－수직 비내력 구획 부재의 성능 조건)에 따라 내화성능 시험한 결과 15분의 차염성능 및 이면온도가 120K 이상 상승하지 않는 재료

② 제1항에도 불구하고 영 제61조제2항제1호 및 제3호에 해당하는 건축물로서 5층 이하이면서 높이 22미터 미만인 건축물의 경우에는 화재확산방지구조를 매 두 개 층마다 설치할 수 있다.

[별표9] **화재 확산 방지구조의 예** [제31조 관련]

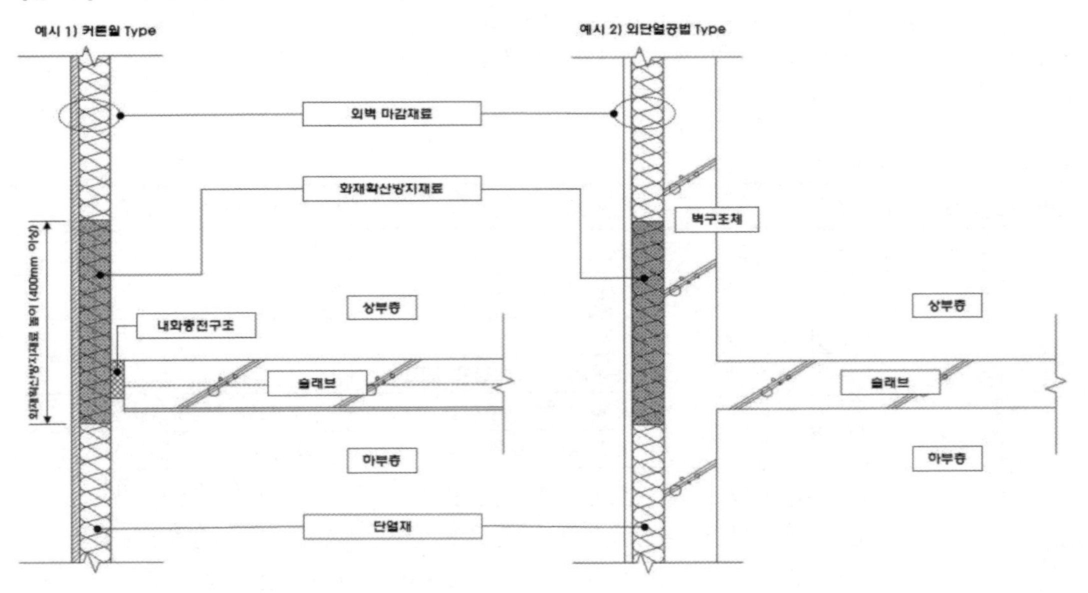

【2】 용도변경시의 예외 적용

건축물대장 기재내용 변경신청없이 용도변경이 가능한 대상(「건축법 시행령」 별표1의 같은 호 내에서의 용도변경) 중 예외적으로 용도변경시 기재내용 변경을 신청해야 하는 대상(아래 표)의 경우로서 스프링클러 또는 간이 스크링클러의 헤드가 창문등에서 60㎝ 이내에 설치되어 건축물 내부가 화재로부터 방호되는 경우 앞 【1】 의 마감재료에 대한 규정을 적용하지 않을 수 있다.

별표1의 호	목	세부용도
3. 제1종 근린생활시설	다.	목욕장
	라.	의원, 치과의원, 한의원, 침술원, 접골원(接骨院), 조산원, 안마원, 산후조리원 등 주민의 진료·치료 등을 위한 시설
4. 제2종 근린생활시설	가.	공연장(극장, 영화관, 연예장, 음악당, 서커스장, 비디오물감상실, 비디오물소극장 등)으로서 바닥면적의 합계가 500㎡ 미만인 것
	사.	소년게임제공업소, 복합유통게임제공업소, 인터넷컴퓨터게임시설제공업소 등 게임 관련 시설로서 바닥면적의 합계가 500㎡ 미만인 것
	카.	학원(자동차학원·무도학원 및 정보통신기술을 활용하여 원격으로 교습하는 것 제외), 교습소(자동차교습·무도교습 및 정보통신기술을 활용하여 원격으로 교습하는 것 제외), 직업훈련소(운전·정비 관련 직업훈련소는 제외)로서 바닥면적의 합계가 500㎡ 미만인 것
	파.	골프연습장, 놀이형시설
	더.	단란주점으로서 바닥면적의 합계가 150㎡ 미만인 것
	러.	안마시술소, 노래연습장
7. 판매시설	다.2)	청소년게임제공업의 시설, 일반게임제공업의 시설, 인터넷컴퓨터게임시설제공업의 시설 및 복합유통게임제공업의 시설로서 제2종 근린생활시설에 해당하지 않는 것
16. 위락시설	가.	단란주점으로서 제2종 근린생활시설에 해당하지 않는 것
	나.	유흥주점이나 그 밖에 이와 비슷한 것

3 욕실 등 바닥 마감재료의 제한

욕실, 화장실, 목욕장 등의 바닥 마감재료는 미끄럼을 방지할 수 있도록 국토교통부 기준에 적합하여야 한다.

4 외벽 창호의 기준(법 제52조제4항)

다음 용도 및 규모에 해당하는 건축물 외벽에 설치되는 창호(窓戶)는 방화에 지장이 없도록 인접 대지와의 이격거리를 고려하여 방화성능 등이 국토교통부령으로 정하는 기준에 적합하여야 한다.

<table>
<tr><td rowspan="2">1. 상업지역(근린상업지역 제외)의 건축물</td><td>• 제1종 근린생활시설, 제2종 근린생활시설, 문화 및 집회시설, 종교시설, 판매시설, 의료시설, 교육연구시설, 노유자시설, 운동시설 및 위락시설로 쓰는 바닥면적의 합계 2,000㎡ 이상인 건축물</td><td rowspan="6">■ 인접대지경계선에 접하는 외벽에 설치하는 창호(窓戶)와 인접대지경계선 간의 거리가 1.5m 이내인 경우 해당 창호는 방화유리창*으로 설치해야 한다.
예외 스프링클러 또는 간이 스프링클러의 헤드가 창호로부터 60㎝ 이내에 설치되어 건축물 내부가 화재로부터 방호되는 경우</td></tr>
<tr><td>• 공장(화재 위험이 적은 공장 제외)에서 6m 이내에 위치한 건축물</td></tr>
<tr><td colspan="2">2. 의료시설, 교육연구시설, 노유자시설, 수련시설의 용도로 쓰는 건축물</td></tr>
<tr><td colspan="2">3. 3층 이상 또는 높이 9m 이상인 건축물</td></tr>
<tr><td colspan="2">4. 1층의 전부 또는 일부를 필로티 구조로 설치하여 주차장으로 쓰는 건축물</td></tr>
<tr><td colspan="2">5. 다음 용도의 건축물
① 공장 ② 창고시설 ③ 자동차 관련 시설
④ 위험물 저장 및 처리 시설(자가 난방, 자가발전 등의 용도로 쓰는 시설 포함)</td></tr>
</table>

* 한국산업표준 KS F 2845(유리구획 부분의 내화 시험방법)에 규정된 방법에 따라 시험한 결과 비차열 20분 이상의 성능이 있는 것

5 불연재료·준불연재료·난연재료 등

구 분	정 의	한국산업규격이 정하는 바에 의한 시험결과	기 타
불연재료	불에 타지 아니하는 성질을 가진 재료로서 콘크리트, 석재, 벽돌·기와, 철강, 알루미늄, 유리, 시멘트모르타르, 회 및 기타 이와 유사한 것	질량감소율 등이 국토교통부장관이 정하여 고시하는 불연재료의 성능기준을 충족하는 것	• 시멘트모르타르 또는 회 등의 미장재를 사용하는 경우 건축공사 표준시방서에서 정한 두께이상인 경우에 한함 • 불연성재료가 아닌 재료가 복합으로 구성된 경우 제외
준불연재료	불연재료에 준하는 성질을 가진 재료	가스 유해성, 열방출량 등이 국토교통부장관이 정하여 고시하는 준불연재료의 성능기준을 충족하는 것	—
난연재료	불에 잘 타지 아니하는 성질을 가진 재료	가스 유해성, 열방출량 등이 국토교통부장관이 정하여 고시하는 난연재료의 성능기준을 충족하는 것	—
내수재료	벽돌, 자연석, 인조석, 콘크리트, 아스팔트, 도자기질재료, 유리 기타 이와 유사한 내수성의 건축재료	—	—

6 실내건축(법 제52조의2)(영 제61조의2)(규칙 제26조의5)

다중이용 건축물 등 건축물의 내부 공간을 구획하거나 내장재 또는 장식물을 설치하는 경우 방화에 지장이 없고 사용자의 안전에 문제가 없는 구조 및 재료로 시공하도록 하는 실내건축에 대한 규정이 신설되었다.(2014.5.28. 건축법 개정)

【1】 대상

① 다중이용 건축물

② 「건축물의 분양에 관한 법률」 제3조에 따른 건축물(건축허가 대상 중 사용승인 전 분양하는 다음의 건축물)
- 분양하는 부분의 바닥면적이 3,000㎡ 이상인 건축물
- 30실 이상인 오피스텔(일반업무시설), 생활숙박시설
- 주택 외의 시설과 주택을 동일 건축물로 짓는 건축물 중 주택 외 용도의 바닥면적의 합계가 3,000㎡ 이상인 것
- 바닥면적의 합계가 3,000㎡ 이상으로서 임대 후 분양전환을 조건으로 임대하는 것

③ 칸막이를 구획하는 제1종 근린생활시설[1)]과 제2종 근린생활시설[2)] 중 다음 용도의 건축물(칸막이로 거실의 일부를 가로로 구획하거나 가로 및 세로로 구획하는 경우만 해당)
- ▪ 휴게음식점, 제과점 등 음료·차(茶)·음식·빵·떡·과자 등을 조리하거나 제조하여 판매하는 시설
  1) 바닥면적의 합계가 300㎡ 미만인 것
  2) 바닥면적의 합계가 300㎡ 이상인 것

【2】 실내건축의 구조·시공방법 등의 기준

(1) 위 【1】의 ①, ②의 건축물

▪ 다음 기준을 모두 충족할 것
① 실내에 설치하는 칸막이는 피난에 지장이 없고, 구조적으로 안전할 것
② 실내에 설치하는 벽, 천장, 바닥 및 반자틀(노출된 경우에 한정)은 방화에 지장이 없는 재료를 사용 할 것
③ 바닥 마감재료는 미끄럼을 방지할 수 있는 재료를 사용할 것
④ 실내에 설치하는 난간, 창호 및 출입문은 방화에 지장이 없고, 구조적으로 안전할 것
⑤ 실내에 설치하는 전기·가스·급수(給水)·배수(排水)·환기시설은 누수·누전 등 안전사고가 없는 재료를 사용하고, 구조적으로 안전할 것
⑥ 실내의 돌출부 등에는 충돌, 끼임 등 안전사고를 방지할 수 있는 완충재료를 사용할 것

(2) 위 【1】의 ③의 건축물

▪ 다음 기준을 모두 충족할 것
① 거실을 구획하는 칸막이는 주요구조부와 분리·해체 등이 쉬운 구조로 할 것
② 거실을 구획하는 칸막이는 피난에 지장이 없고, 구조적으로 안전할 것. - 이 경우 「건축사법」에 따라 등록한 건축사 또는 「기술사법」에 따라 등록한 건축구조기술사의 구조안전에 관한 확인을 받아야 한다.
③ 거실을 구획하는 칸막이의 마감재료는 방화에 지장이 없는 재료를 사용할 것
④ 구획하는 부분에 추락, 누수, 누전, 끼임 등의 안전사고를 방지할 수 있는 안전조치를 할 것

(3) 실내건축의 구조·시공방법 등에 관한 세부 사항은 국토교통부장관이 정하여 고시한다.

【참고】 실내건축의 구조 · 시공방법 등에 관한 기준(국토교통부고시 제2020-742호, 2020.10.22.)

【3】 실내건축 설치의 검사

특별자치시장·특별자치도지사 또는 시장·군수·구청장은 실내건축이 적정하게 설치 및 시공되었는지를 검사하여야 한다. 이 경우 검사 대상 건축물과 주기는 건축조례로 정한다.

7 건축자재(법 제52조의3, 4)

1 건축자재의 제조 및 유통관리(법 제52조의3)(영 제61조의3, 4)(규칙 제27조)

【1】 건축자재의 제조 및 유통 관리

① 제조업자 및 유통업자의 의무

제조업자 및 유통업자는 건축물의 안전과 기능 등에 지장을 주지 않도록 건축자재를 제조·보관 및 유통하여야 한다.

② 공사현장의 확인 및 필요 자료의 요구 등

국토교통부장관, 시·도지사 및 시장·군수·구청장은 건축물의 구조 및 재료의 기준 등이 공사현장에서 준수되고 있는지를 확인하기 위하여 다음 행위를 할 수 있다.

1. 제조업자 및 유통업자에게 필요한 자료의 제출을 요구
2. 건축공사장, 제조업자의 제조현장 및 유통업자의 유통장소 등의 점검
3. 필요한 경우 시료를 채취하여 성능 확인 시험

③ 위법사실 확인시의 조치

1. 국토교통부장관, 시·도지사 및 시장·군수·구청장은 위 ②의 점검을 통하여 위법 사실을 확인한 경우 해당 건축관계자 및 제조업자·유통업자에게 위법 사실을 통보하고, 공사중단, 사용중단, 영업정지 요청 등 다음 구분에 따른에 조치를 취할 수 있다.
2. 조치 내용

조치대상	조치 내용	
가. 건축관계자	▪ 해당 건축자재를 사용하여 시공한 부분이 있는 경우	시공부분의 시정, 해당 공정에 대한 공사 중단 및 해당 건축자재의 사용 중단 명령
	▪ 해당 건축자재가 공사현장에 반입 및 보관되어 있는 경우	해당 건축자재의 사용 중단 명령
나. 제조업자 및 유통업자	관계 행정기관의 장에게 관계 법률에 따른 해당 제조업자 및 유통업자에 대한 영업정지 등의 요청	

④ 조치계획의 보고 등

1. 건축관계자 및 제조업자·유통업자는 위법 사실을 통보받거나 조치 명령을 받은 경우 그 날부터 7일 이내에 조치계획을 수립하여 국토교통부장관, 시·도지사 및 시장·군수·구청장에게 제출하여야 한다.

2. 국토교통부장관, 시·도지사 및 시장·군수·구청장은 조치계획(위 표 1. 가. 명령에 따른 조치계획만 해당)에 따른 개선조치가 이루어졌다고 인정되면 공사 중단 명령을 해제하여야 한다.

【2】 점검 업무의 대행 등

① 위법 사실의 점검업무 대행 전문기관

국토교통부장관, 시·도지사, 시장·군수·구청장은 점검업무를 다음의 전문기관으로 하여금 대행하게 할 수 있다.

대행전문기관	근거법규정
1. 한국건설기술연구원	「과학기술분야 정부출연연구기관 등의 설립·운영 및 육성에 관한 법률」 제8조
2. 국토안전관리원	「국토안전관리원법」
3. 한국토지주택공사	「한국토지주택공사법」
4. 건설엔지니어링사업자로서 건축 관련 품질시험의 수행능력이 국토교통부장관이 정하여 고시하는 기준에 해당하는 자	「건설기술 진흥법」
5. 인정받은 시험·검사기관	「국가표준기본법」 제23조
5. 그 밖에 점검업무를 수행할 수 있다고 인정하여 국토교통부장관이 지정하여 고시하는 기관	-

② 점검 권한 증표의 제시

위법 사실의 점검업무를 대행하는 기관의 직원은 그 권한을 나타내는 증표를 지니고 관계인에게 내보여야 한다.

【3】 건축자재 제조 및 유통에 관한 위법 사실의 점검 절차 등

① 점검 계획의 수립

국토교통부장관, 시·도지사 및 시장·군수·구청장은 위법 사실을 점검하려는 경우 점검계획을 수립하여야 한다.

② 점검 계획의 포함사항

1. 점검대상	
2. 점검항목	가. 건축물의 설계도서와의 적합성 나. 건축자재 제조현장에서의 자재의 품질과 기준의 적합성 다. 건축자재 유통장소에서의 자재의 품질과 기준의 적합성 라. 건축공사장에 반입 또는 사용된 건축자재의 품질과 기준의 적합성 마. 건축자재의 제조현장, 유통장소, 건축공사장에서 시료를 채취하는 경우 채취된 시료의 품질과 기준의 적합성
3. 그 밖에 점검을 위하여 필요하다고 인정하는 사항	

③ 자료제출의 요구

국토교통부장관, 시·도지사 및 시장·군수·구청장은 점검 대상자에게 다음의 자료를 제출하도록 요구할 수 있다.

1. 건축자재의 시험성적서 및 납품확인서 등 건축자재의 품질을 확인할 수 있는 서류	
2. 해당 건축물의 설계도서	* 해당 건축물의 허가권자가 아닌 자만 요구 가능
3. 그 밖에 해당 건축자재의 점검을 위하여 필요하다고 인정하는 자료	

④ 점검결과의 보고

점검업무를 대행하는 전문기관은 점검 완료 후 해당 결과를 14일 이내에 점검을 대행하게 한 국토교통부장관, 시·도지사 또는 시장·군수·구청장에게 보고하여야 한다.

⑤ 조치의 통보 등

1. 시·도지사 또는 시장·군수·구청장은 점검에 대한 조치를 한 경우 그 사실을 국토교통부장관에게 통보하여야 한다.
2. 국토교통부장관은 점검 항목 및 자료제출에 관한 세부적인 사항을 정하여 고시할 수 있다.

2 건축자재의 품질관리(법 제52조의4)(영 제62조, 제63조)(피난·방화 제24조의 3, 4)

【1】 건축자재 품질관리서의 제출

복합자재*, 마감재료, 방화문 등 건축자재의 제조업자, 유통업자, 공사시공자 및 공사감리자는 품질관리서를 허가권자에게 제출하여야 한다.

* 불연재료인 양면 철판, 석재, 콘크리트 또는 이와 유사한 재료와 불연재료가 아닌 심재(心材)로 구성된 것

【2】 품질관리서의 제출 절차

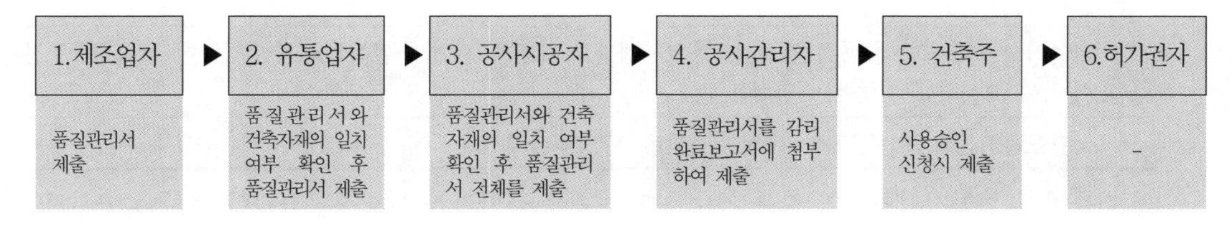

【3】 품질관리서 대장의 제출 절차

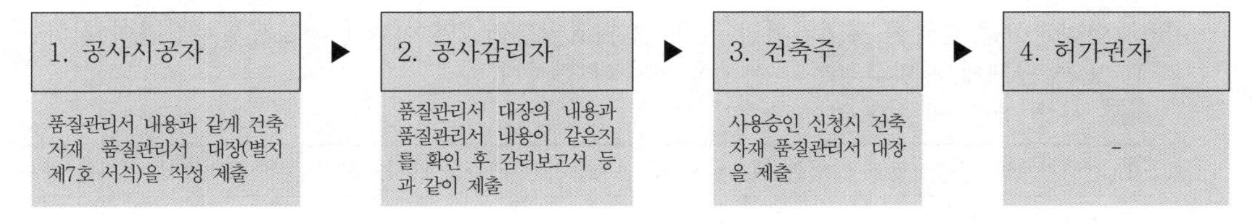

【4】 제출대상 건축자재의 종류 및 품질관리서의 첨부 서류

종류		서식	첨부서류
1. 복합자재		복합자재 품질관리서 (별지 제1호서식)	가. 난연성능이 표시된 복합자재(심재로 한정) 시험성적서(품질인정 받은 경우 품질인정서) 사본 나. 강판의 두께, 도금 종류 및 도금 부착량이 표시된 강판생산업체의 품질검사증명서 사본 다. 실물모형시험 결과가 표시된 복합자재 시험성적서(품질인정 받은 경우 품질인정서) 사본
2. 건축물의 외벽에 사용하는 마감재료로서 단열재		외벽 단열재 품질관리서 (별지 제2호서식)	가. 난연성능이 표시된 단열재(둘 이상의 재료로 제작된 경우 각각 제출) 시험성적서 사본 나. 실물모형시험 결과가 표시된 단열재 시험성적서(외벽의 마감재료가 둘 이상의 재료로 제작된 경우만 첨부) 사본
3. 60분+, 60분, 30분 방화문		방화문 품질관리서 (별지 제3호서식)	연기, 불꽃 및 열을 차단할 수 있는 성능이 표시된 방화문 시험성적서 사본
4. 방화구획을 구성하는 우측란의 자재 등	내화구조	내화구조 품질관리서 (별지 제3호의2서식)	내화성능 시간이 표시된 시험성적서 사본
	자동방화셔터	자동방화셔터 품질관리서(별지 제4호서식)	연기 및 불꽃을 차단할 수 있는 성능이 표시된 자동방화셔터 시험성적서(품질인정 받은 경우 품질인정서) 사본
	내화채움성능이 인정된 구조	내화채움성능 품질관리서(별지 제5호서식)	연기, 불꽃 및 열을 차단할 수 있는 성능이 표시된 내화채움구조 시험성적서(품질인정 받은 경우 품질인정서) 사본
	방화댐퍼	방화댐퍼 품질관리서 (별지 제6호서식)	한국산업규격에서 정하는 방화댐퍼의 방연시험방법에 적합한 것을 증명하는 시험성적서 사본

【5】 건축자재의 성능시험

① 건축자재의 제조업자, 유통업자는 한국건설기술연구원 등 다음의 시험기관에 건축자재의 성능시험을 의뢰하여야 한다.

1. 한국건설기술연구원
2. 「건설기술 진흥법」에 따른 건설기술용역사업자로서 건축 관련 품질시험의 수행능력이 국토교통부장관이 정하여 고시하는 기준에 해당하는 자
3. 「국가표준기본법」 제23조에 따라 인정받은 시험·검사기관

② 건축자재 성능시험기관의 장은 건축자재의 종류에 따라 국토교통부장관이 정하여 고시하는 사항을 포함한 시험성적서(이하 "시험성적서")를 성능시험을 의뢰한 제조업자 및 유통업자에게 발급해야 한다.

③ 시험성적서를 발급한 시험기관의 장은 그 발급일부터 7일 이내에 국토교통부장관이 정하는 기관 또는 단체에 시험성적서의 사본을 제출해야 한다.

예외 사본 제출 의무가 없는 경우

1. 건축자재의 성능시험을 의뢰한 제조업자 및 유통업자가 건축물에 사용하지 않을 목적으로 의뢰한 경우
2. 법에서 정하는 성능에 미달하여 건축물에 사용할 수 없는 경우

④ 시험성적서를 발급받은 건축자재의 제조업자 및 유통업자는 시험성적서를 발급받은 날부터 1개월 이내에 성능시험을 의뢰한 건축자재의 종류, 용도, 색상, 재질 및 규격을 기관 또는 단체에 통보해야 한다. * 위 ③의 예외 에 해당하는 경우 제외

【6】 건축자재의 품질관리 정보 공개 등

① 성능시험을 수행하는 시험기관의 장은 성능시험 결과 등 건축자재의 품질관리에 필요한 정보를 기관 또는 단체에 제공하거나 공개하여야 한다.

② 정보를 제공받은 기관 또는 단체는 해당 건축자재의 정보에 대한 다음 사항을 해당 기관 또는 단체의 홈페이지 등에 게시하여 일반인이 알 수 있도록 하여야 한다.

1. 시험성적서의 사본
2. 제조업자 및 유통업자로부터 통보받은 건축자재의 종류, 용도, 색상, 재질 및 규격

③ 기관 또는 단체는 정보 공개의 실적을 국토교통부장관에게 분기별로 보고해야 한다.

④ 건축자재 중 건축물의 외벽에 사용하는 마감재료로서 단열재는 국토교통부장관이 고시하는 기준에 따라 해당 건축자재에 대한 정보를 표면에 표시하여야 한다.

⑤ 복합자재에 대한 난연성분 분석시험, 난연성능기준, 시험수수료 등 필요한 사항은 국토교통부령으로 정한다.

3 건축자재등의 품질인정(법 제52조의5)(영 제63조의2)(피난·방화 제24조의 6,7)

【1】 건축자재등의 품질인정

다음의 건축자재등<1>은 방화성능, 품질관리 등 아래<2>의 기준에 따라 품질이 적합하다고 인정받아야 한다.

<1> 건축자재등

1. 강판과 단열재로 이루어진 복합자재
2. 주요구조부가 내화구조 또는 불연재료로 된 건축물의 방화구획에 사용되는 다음의 건축자재와 내화구조 가. 자동방화셔터 나. 내화채움성능이 인정된 구조
3. 60분+, 60분, 30분 방화문
4. 그 밖에 건축물의 안전·화재예방 등을 위하여 품질인정이 필요한 건축자재와 내화구조로서 피난·방화규칙 제3조제8호부터 제10호까지의 규정에 따른 내화구조

<2> 건축자재등의 품질인정 기준

1. 신청자의 제조현장을 확인한 결과 품질인정 또는 품질인정 유효기간의 연장을 신청한 자가 다음 각 목의 사항을 준수하고 있을 것 가. 품질인정 또는 품질인정 유효기간의 연장 신청 시 신청자가 제출한 아래의 기준(유효기간 연장 신청의 경우 인정받은 기준) 1) 원재료·완제품에 대한 품질관리기준 2) 제조공정 관리 기준 3) 제조·검사 장비의 교정기준 나. 건축자재등에 대한 로트번호 부여
2. 건축자재등에 대한 시험 결과 건축자재등이 다음의 구분에 따른 품질기준을 충족할 것 가. 강판과 단열재로 이루어진 복합자재(위 〈1〉의 1.): 제24조에 따른 난연성능 나. 자동방화셔터(위 〈1〉의 2.가): 자동방화셔터 설치기준 다. 내화채움성능이 인정된 구조(위 〈1〉의 2.나): 내화시간(내화채움성능이 인정된 구조로

메워지는 구성 부재에 적용되는 내화시간) 기준
라. 방화문(위 〈1〉의 3.): 연기, 불꽃 및 열 차단 시간
마. 내화구조(위 〈1〉의 4.): 별표 1에 따른 내화시간 성능기준

3. 그 밖에 국토교통부장관이 정하여 고시하는 품질인정과 관련된 기준을 충족할 것

【2】 인정된 자재의 사용 등

건축관계자등은 【1】에 따라 품질인정을 받은 건축자재등만 사용하고, 인정받은 내용대로 제조·유통·시공하여야 한다.

4 건축자재등의 품질인정기관의 지정·운영 등(법 제52조의6)(영 제63조의3 ~ 5)(피난·방화 제24조의8,9)

【1】 건축자재등의 품질인정기관의 지정

국토교통부장관은 건축 관련 업무를 수행하는 「공공기관의 운영에 관한 법률」 제4조에 따른 공공기관으로서 한국건설기술연구원을 건축자재등 품질인정기관으로 지정할 수 있다.

【2】 건축자재등의 품질인정기관의 수수료 징수

건축자재등 품질인정기관은 건축자재등에 대한 품질인정 업무를 수행하며, 품질인정을 신청한 자에 대하여 다음에서 정하는 바에 따라 수수료를 받을 수 있다.

① 수수료의 종류 및 수수료(「피난·방화규칙」 별표4 참조)

② 품질인정 또는 품질인정 유효기간의 연장 신청자의 수수료 납부 시기

1. 수수료 중 기본비용 및 추가비용	품질인정 또는 품질인정 유효기간 연장 신청시
2. 수수료 중 출장비용 및 자문비용	한국건설기술연구원장이 고지하는 납부시기

③ 수수료의 반환

한국건설기술연구원장은 다음의 경우 납부된 수수료의 전부 또는 일부를 반환해야 한다.

1. 수수료 중 기본비용 및 추가비용 품질인정 또는 품질인정 유효기간 연장 신청시
2. 신청을 반려한 경우
3. 수수료를 과오납(過誤納)한 경우

④ 수수료의 납부·반환 방법 및 반환 금액 등 수수료의 납부 및 반환에 필요한 세부사항은 국토교통부장관이 정하여 고시한다.

【3】 품질인정자재등의 인정 취소

건축자재등 품질인정기관은 품질인정자재등이 다음에 해당하면 그 인정을 취소할 수 있다. (제1호의 경우는 그 인정을 취소하여야 함)

1. 거짓이나 그 밖의 부정한 방법으로 인정받은 경우
2. 인정받은 내용과 다르게 제조·유통·시공하는 경우
3. 품질인정자재등이 국토교통부장관이 정하여 고시하는 품질관리기준에 적합하지 아니한 경우
4. 인정의 유효기간을 연장하기 위한 시험결과를 제출하지 아니한 경우

【4】 품질인정자재등의 제조업자 등에 대한 점검

① 건축자재등 품질인정기관은 건축자재등의 품질 유지 · 관리 의무가 준수되고 있는지 확인하기 위하여 한국건설기술연구원장은 매년 1회 이상 법 건축자재 시험기관의 시험장소, 제조업자의 제조현장, 유통업자의 유통장소 및 건축공사장을 점검해야 한다.

② 한국건설기술연구원장은 제조현장 등 점검시 확인사항.

1. 시험기관이 품질인정자재등과 관련하여 작성한 원시 데이터, 시험체 제작 및 확인 기록
2. 품질인정자재등의 품질인정 유효기간 및 품질인정표시
3. 제조업자가 작성한 납품확인서 및 품질관리서
4. 건축공사장에서의 시공 현황을 확인할 수 있는 다음 서류 ㉠ 품질인정자재등의 세부 인정내용 ㉡ 설계도서 및 작업설명서 ㉢ 건축공사 감리에 관한 서류 ㉣ 그 밖에 시공 현황을 확인할 수 있는 서류로서 국토교통부장관이 정하여 고시하는 서류

③ 점검의 세부 절차 및 방법은 국토교통부장관이 정하여 고시한다.

【5】 건축자재등 품질·유지관리 의무 위반에 대한 조치

① 건축자재등 품질인정기관은 점검 결과 위법 사실을 발견한 경우 국토교통부장관에게 그 사실을 통보하여야 한다.

② 국토교통부장관은 통보를 받은 경우 품질인정자재등의 제조업자, 유통업자 및 건축관계자등에게 위법 사실을 통보해야 하며, 제조업자등에게 다음의 구분에 따른 조치를 할 수 있다.

의무 위반자	위반내용	조치내용
1. 건축관계자등	㉠ 품질인정자재등을 사용하지 않거나 인정받은 내용대로 시공하지 않은 부분이 있는 경우	· 시공부분의 시정, 해당 공정에 대한 공사 중단 명령 · 품질인정을 받지 않은 건축자재등의 사용 중단 명령
	㉡ 품질인정을 받지 않은 건축자재등이 공사현장에 반입되어 있거나 보관되어 있는 경우	· 해당 건축자재등의 사용 중단 명령
2. 제조업자, 유통업자	-	· 관계 기관에 대한 관계 법률에 따른 영업정지 등의 요청

③ 제조업자등은 위법 사실을 통보받거나 위 표 1.의 명령을 받은 경우 그 날부터 7일 이내에 조치계획을 수립하여 국토교통부장관에게 제출하여야 한다.

④ 국토교통부장관은 ② 에 따른 조치계획(위 표 1.의 조치계획만 해당)에 따른 개선조치가 이루어졌다고 인정되면 공사 중단 명령을 해제하여야 한다.

【6】 제조업자등에 대한 자료요청 등

① 건축자재등 품질인정기관은 건축자재등의 품질관리 상태 확인 등을 위하여 제조업자, 유통업자, 건축관계자등에 대하여 건축자재등의 생산 및 판매실적, 시공현장별 시공실적 등 다음의 자료를 요청할 수 있다.

1. 건축자재등 및 품질인정자재등의 생산 및 판매 실적
2. 시공현장별 건축자재등 및 품질인정자재등의 시공 실적
3. 품질관리서
4. 그 밖에 제조공정에 관한 기록 등 품질인정자재등에 대한 품질관리의 적정성을 확인할 수 있는 자료로서 국토교통부장관이 정하여 고시하는 자료

② 그 밖에 건축자재등 품질인정기관이 건축자재등의 품질인정을 운영하기 위한 인정절차, 품질관리 등 필요한 사항은 국토교통부장관이 정하여 고시한다.

8 건축물의 범죄예방(법 제53조의2)(영 제63조의6)

아파트, 소매점 등의 건축물에 대해 범죄를 예방하고 안전한 생활환경을 조성하기 목적으로 건축물, 건축설비 및 대지에 관하여 국토교통부장관이 정하여 고시하는 범죄예방 기준에 따라 건축하도록 하는 규정이 신설되었다.(2014.5.28. 건축법 개정)

【1】 대상 건축물

① 다가구주택, 아파트, 연립주택 및 다세대주택	
② 제1종 근린생활시설 중 일용품을 판매하는 소매점	⑥ 노유자시설
③ 제2종 근린생활시설 중 다중생활시설	⑦ 수련시설
④ 문화 및 집회시설(동·식물원 제외)	⑧ 업무시설 중 오피스텔
⑤ 교육연구시설(연구소 및 도서관 제외)	⑨ 숙박시설 중 다중생활시설

【2】 범죄예방 기준의 적용

① 위 범죄예방대상 건축물은 범죄예방 기준에 따라 건축하여야 한다.

② 국토교통부장관은 범죄를 예방하고 안전한 생활환경을 조성하기 위하여 건축물, 건축설비 및 대지에 관한 범죄예방 기준을 정하여 고시할 수 있다.

【참고】 범죄예방 건축기준(국토교통부고시 제2021-930호, 2021.7.1)

9 방화문(영 제64조)(피난규칙 제26조)

■ 방화문의 구조

영 제64조【방화문의 구조】

① 방화문은 다음 각 호와 같이 구분한다.

1. 60분+ 방화문: 연기 및 불꽃을 차단할 수 있는 시간이 60분 이상이고, 열을 차단할 수 있는 시간이 30분 이상인 방화문
2. 60분 방화문: 연기 및 불꽃을 차단할 수 있는 시간이 60분 이상인 방화문
3. 30분 방화문: 연기 및 불꽃을 차단할 수 있는 시간이 30분 이상 60분 미만인 방화문

② 제1항 각 호의 구분에 따른 방화문 인정 기준은 국토교통부령으로 정한다.

[전문개정 2020.10.8.]

피난규칙 제26조【방화문의 구조】

영 제64조제1항에 따른 방화문은 한국건설기술연구원장이 국토교통부장관이 정하여 고시하는 바에 따라 품질을 시험한 결과 영 제64조제1항 각 호의 기준에 따른 성능을 확보한 것이어야 한다. 〈개정 2021.12.23〉

1. 삭제 〈2021.12.23.〉
2. 삭제 〈2021.12.23.〉

[전문개정 2021.3.26.]

해설 기존의 갑종방화문과 을종방화문을 성능확인 별로 쉽게 구분할 수 있도록, 60분 방화문과 30분 방화문으로 개정되었다. 또한, 60분 방화문에 30분 이상의 열 차단 성능을 추가한 60분+ 방화문도 규정하여 아파트 대피공간 등에 사용하도록 규정하고 있다.

【참고】 건축자재등 품질인정 및 관리기준(국토교통부고시 제2023-24호, 2023.1.9.)

10 지하층(법 제53조)(피난규칙 제25조)

지하층은 전시에 대피호로서의 의무공간확보의 규정이었으나, 현재에는 필요시 건축주의 의사에 따라 설치할 수 있도록 규정하고 있다. 또한 설치시 지하층의 구조 · 피난에 대한 규정에 따르도록 하여 안전을 확보할 수 있게 하고 있다.

■ 거실의 지하층 설치 제한 〈개정 2023.12.26./시행 2024.3.27.〉

1. 대상 : 단독주택, 공동주택 등 대통령령이 정하는 건축물
2. 예외 : 다음 특성을 고려하여 건축조례로 정하는 경우

① 침수위험 정도를 비롯한 지역적 특성
② 피난 및 대피 가능성
③ 그 밖에 주거의 안전과 관련된 사항

1 지하층의 구조 및 설비기준

해당 지하층의 바닥면적		규정내용	그림상세
1	거실바닥면적 50㎡ 이상인 층	직통계단 외에 피난층 또는 지상으로 통하는 비상탈출구 및 환기통 설치 **예외** -직통계단이 2 이상 설치된 경우 -주택인 경우	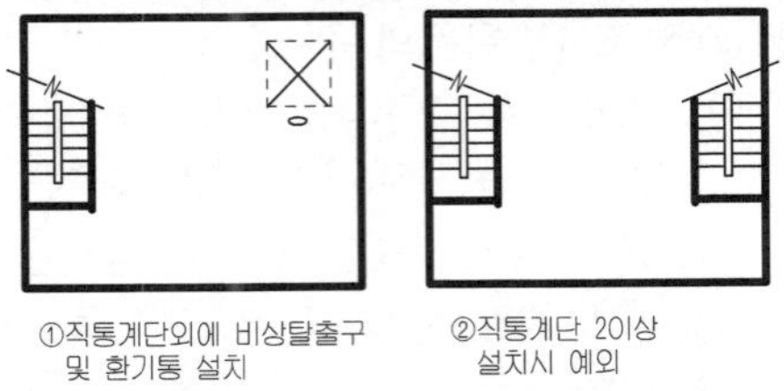 ①직통계단외에 비상탈출구 및 환기통 설치 ②직통계단 2이상 설치시 예외
2	바닥면적 1,000㎡ 이상인 층	방화구획부분마다 피난계단 또는 특별피난계단을 1개소 이상 설치	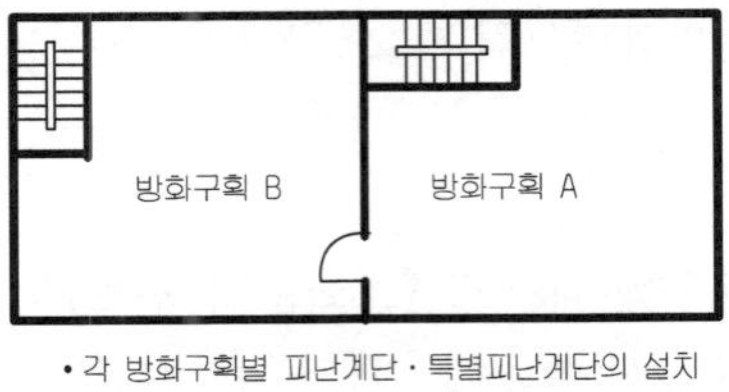 방화구획 B 방화구획 A • 각 방화구획별 피난계단 · 특별피난계단의 설치
3	거실바닥면적 합계 1,000㎡ 이상인 층	환기설비의 설치	—
4	바닥면적 300㎡ 이상인 층	식수공급을 위한 급수전 1개소 이상 설치	—

■ 제2종 근린생활시설 중 공연장 · 단란주점 · 당구장 · 노래연습장, 문화 및 집회시설 중 예식장 · 공연장, 수련시설 중 생활권수련시설, · 자연권수련시설, 숙박시설 중 여관 · 여인숙, 위락시설 중 단란주점 · 유흥주점 또는 「다중이용업소의 안전관리에 관한 특별법 시행령」 제2조에 따른 다중이용업의 용도에 쓰이는 층으로서 그 층의 거실의 바닥면적의 합계가 50㎡ 이상인 건축물에는 직통계단을 2개소 이상 설치할 것

2 비상탈출구의 기준 예외 주택의 경우 제외

비상탈출구		
비상탈출구 크기 0.75m×1.5m 이상 통로유효폭 0.75m 이상 출입구 비상탈출구 표시 3m 이상 지하층 바닥 1.2m 이상시 사다리 발판 폭 20cm 이상	1	0.75m×1.5m이상-비상탈출구의 크기 (유효너비)×(유효높이)
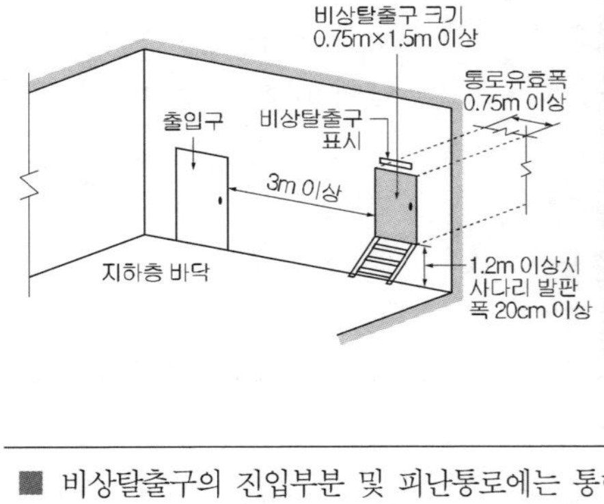	2	비상탈출구의 문은 피난의 방향으로 열리도록 하고 실내에서 항상 열 수 있는 구조로 하며, 내부 및 외부에는 비상탈출구의 표시를 할 것
	3	출입구로부터 3m 이상 떨어진 곳에 설치
	4	지하층 바닥으로부터 탈출구의 아랫부분까지의 높이가 1.2m 이상되는 경우 벽체에 사다리를 설치할 것(발판의 너비 20㎝ 이상)
	5	피난층 또는 지상으로 통하는 복도나 직통계단에 직접 접하거나 통로 등으로 연결될 수 있도록 설치하여야 하며, 피난층 또는 지상으로 통하는 복도나 직통계단까지 이르는 피난통로의 유효너비는 0.75m 이상으로 하고 피난통로의 실내에 접하는 부분의 마감과 그 바탕은 불연재료로 할 것

■ 비상탈출구의 진입부분 및 피난통로에는 통행에 지장이 있는 물건을 방치하거나 시설물을 설치하지 아니할 것
■ 비상탈출구의 유도등과 피난통로의 비상조명등의 설치는 소방법령이 정하는 바에 의할 것

4

건축물의 설비 등

1 건축설비 기준 등(법 제62조)(영 제87조)(설비규칙 제1조, 제20조의2)

법 제62조【건축설비 기준 등】
건축설비의 설치 및 구조에 관한 기준과 설계 및 공사감리에 관하여 필요한 사항은 대통령령으로 정한다.

영 제87조【건축설비의 원칙】
① 건축설비는 건축물의 안전·방화, 위생, 에너지 및 정보통신의 합리적 이용에 지장이 없도록 설치하여야 하고, 배관피트 및 닥트의 단면적과 수선구의 크기를 해당 설비의 수선에 지장이 없도록 하는 등 설비의 유지·관리가 쉽게 설치하여야 한다.
② 건축물에 설치하는 급수·배수·냉방·난방·환기·피뢰 등 건축설비의 설치에 관한 기술적 기준은 국토교통부령으로 정하되, 에너지 이용 합리화와 관련한 건축설비의 기술적 기준에 관하여는 산업통상자원부장관과 협의하여 정한다.
③ 건축물에 설치하여야 하는 장애인 관련 시설 및 설비는 「장애인·노인·임산부 등의 편의증진보장에 관한 법률」 제14조에 따라 작성하여 보급하는 편의시설 상세표준도에 따른다.
④ 건축물에는 방송수신에 지장이 없도록 공동시청 안테나, 유선방송 수신시설, 위성방송 수신설비, 에프엠(FM)라디오방송 수신설비 또는 방송 공동수신설비를 설치할 수 있다. 다만, 다음 각 호의 건축물에는 방송 공동수신설비를 설치하여야 한다.
1. 공동주택
2. 바닥면적의 합계가 5천제곱미터 이상으로서 업무시설이나 숙박시설의 용도로 쓰는 건축물
⑤ 제4항에 따른 방송 수신설비의 설치기준은 과학기술정보통신부장관이 정하여 고시하는 바에 따른다. 〈개정 2017.7.26.〉
⑥ 연면적이 500제곱미터 이상인 건축물의 대지에는 국토교통부령으로 정하는 바에 따라 「전기사업법」 제2조제2호에 따른 전기사업자가 전기를 배전(配電)하는 데 필요한 전기설비를 설치할 수 있는 공간을 확보하여야 한다.
⑦ 해풍이나 염분 등으로 인하여 건축물의 재료 및 기계설비 등에 조기 부식과 같은 피해 발생이 우려되는 지역에서는 해당 지방자치단체는 이를 방지하기 위하여 다음 각 호의 사항을 조례로 정할 수 있다.

1. 해풍이나 염분 등에 대한 내구성 설계기준
2. 해풍이나 염분 등에 대한 내구성 허용기준
3. 그 밖에 해풍이나 염분 등에 따른 피해를 막기 위하여 필요한 사항

⑧ 건축물에 설치하여야 하는 우편수취함은 「우편법」 제37조의2의 기준에 따른다. 〈신설 2014.10.14.〉

■ 건축물의 설비기준 등에 관한 규칙

설비규칙 제1조【목적】

이 규칙은 「건축법」 제62조, 제64조, 제67조 및 제68조와 같은 법 시행령 제51조제2항, 제87조, 제89조, 제90조 및 제91조의3에 따른 건축설비의 설치에 관한 기술적 기준 등에 필요한 사항을 규정함을 목적으로 한다. 〈개정 2015.7.9.〉

설비규칙 제20조의2【전기설비 설치공간 기준】

영 제87조제6항에 따른 건축물에 전기를 배전(配電)하려는 경우에는 별표 3의3에 따른 공간을 확보하여야 한다.

해설 건축물은 기능적으로 편리하여야 하며, 구조적으로 안전하여야 한다. 또한 건축물 사용의 편리성을 높이기 위해 건축설비의 적절한 선택・관리도 매우 중요하다. 오늘날의 건축물은 고층화, 공간의 대형화가 되고 있고, 이에 따라 건축설비의 중요성 또한 매우 크게 대두되고 있다. 이에 건축법령에서도 「건축물의 설비기준 등에 관한 규칙」 (이하 "설비규칙")을 별도로 규정하고, 피난 및 방화에 관해서도 매우 중요하게 운용되고 있다.

1 규정내용

① 건축설비의 설치 및 구조에 관한 기준

② 건축설비의 설계 및 공사감리에 관하여 필요한 사항

2 건축설비 설치의 원칙

원 칙	1. 건축설비는 건축물의 안전·방화, 위생, 에너지 및 정보통신의 합리적 이용에 지장이 없도록 설치하여야 함. - 배관피트 및 닥트의 단면적과 수선구의 크기를 해당 설비의 수선에 지장이 없도록 하는 등 설비의 유지·관리가 쉽게 설치하여야 함.
	2. 급수·배수·냉방·난방·환기·피뢰 등 건축설비의 설치에 관한 기술적 기준은 국토교통부령으로 정함. - 에너지 이용 합리화와 관련한 건축설비의 기술적 기준에 관하여는 산업통상자원부장관과 협의하여 정함.
	3. 건축물에 설치하는 장애인 관련 시설 및 설비는「장애인・노인・임산부등의 편의증진보장에 관한 법률」에 따라 작성하여 보급하는 편의시설 상세표준도에 따른다.
	4. 건축물에는 방송수신에 지장이 없도록 공동시청 안테나, 유선방송 수신시설, 위성방송 수신설비, 에프엠(FM)라디오방송 수신설비 또는 방송 공동수신설비를 설치할 수 있다. - 방송 수신설비의 설치기준은 과학기술정보통신부장관이 정하여 고시하는 바에 따른다.
	5. 연면적 500㎡ 이상인 건축물의 대지에는 국토교통부령으로 정하는 바에 따라 배전(配電)하는 데 필요한 전기설비를 설치할 수 있는 공간을 확보할 것

	6. 해풍이나 염분 등으로 인하여 건축물의 재료 및 기계설비 등에 조기 부식과 같은 피해 발생이 우려되는 지역에서는 해당 지방자치단체는 이를 방지하기 위하여 다음 각 호의 사항을 조례로 정할 수 있다. ① 해풍이나 염분 등에 대한 내구성 설계기준 ② 해풍이나 염분 등에 대한 내구성 허용기준 ③ 그 밖에 해풍이나 염분 등에 따른 피해를 막기 위하여 필요한 사항
	7. 우편수취함은 「우편법」 의 기준에 따른다.

	내 용	세부사항(「건축법」과 「건축법 시행령」의 설비관련규정)		
설비규칙	■ 「건축법」 및 「건축법 시행령」 규정에 의한 건축설비의 설치에 관한 기술적 기준	건축법	제49조	건축물의 피난시설 및 용도제한 등
			제62조	건축설비기준 등
			제64조	승강기
			제67조	관계전문기술자
			제68조	기술적 기준
		건축법 시행령	제51조제2항	거실의 배연설비
			제87조	건축설비 설치의 원칙
			제89조	승용 승강기의 설치
			제90조	비상용 승강기의 설치
	*'피난용승강기의 설치'에 대한 기준은 피난·방화 규칙에서 정함		제91조	피난용 승강기의 설치*
			제91조의3	관계전문기술자와의 협력

3 방송·통신 및 전기 관련 설비 등

【1】 방송 공동수신설비 등

다음 건축물은 방송 공동수신설비기준에 따른 설비를 할 것

① 공동주택

② 바닥면적의 합계가 5,000㎡ 이상으로서 업무시설이나 숙박시설의 용도로 쓰는 건축물

【참고1】 방송 공동수신설비의 설치기준(과학기술정보통신부고시 제2018-1호, 2018.1.19.)

제1조 【목적】

이 기준은 「건축법 시행령」 제87조와 「주택건설기준 등에 관한 규정」 제42조에 따라 건축물에 설치하는 방송 공동수신설비의 설치기준 등을 규정함을 목적으로 한다.

제2조 【용어】

① 이 기준에서 사용하는 용어의 뜻은 다음과 같다.

1. "방송 공동수신설비"란 방송 공동수신 안테나 시설과 종합유선방송 구내전송선로설비를 말한다.
2. "방송 공동수신 안테나 시설"이란 지상파텔레비전방송, 위성방송 및 에프엠(FM)라디오방송을 공동으로 수신하기 위하여 설치하는 수신안테나 · 선로 · 관로 · 증폭기 및 분배기 등과 그 부속설비를 말한다.

【참고2】 통신실의 면적확보 규정(「방송통신설비의 기술기준에 관한 규정」 제19조)

영 제19조【구내통신실의 면적확보】

「전기통신사업법」 제69조제2항에 따른 전기통신회선설비와의 접속을 위한 면적기준은 다음 각 호와 같다. <개정 2017.4.25., 2022.12.6>

1. 업무용건축물에는 국선·국선단자함 또는 국선배선반과 초고속통신망장비, 이동통신망장비 등 각종 구내통신선로설비 및 구내용 이동통신설비를 설치하기 위한 공간으로서 다음 각 목의 구분에 따라 집중구내통신실과 층구내통신실을 확보하여야 한다.
   가. 집중구내통신실: 별표 2에 따른 면적확보 기준을 충족할 것
   나. 층구내통신실: 각 층별로 별표 2에 따른 면적확보 기준을 충족할 것
2. 주거용건축물 중 공동주택 및 준주택오피스텔에는 별표 3에 따른 면적확보 기준을 충족하는 집중구내통신실을 확보해야 한다.
3. 하나의 건축물에 업무용건축물과 주거용건축물 중 공동주택 및 준주택오피스텔이 복합된 건축물에는 각각 별표 2 및 별표 3에 따른 면적확보 기준을 충족하는 집중구내통신실을 용도별로 각각 분리된 공간에 확보해야 하며, 업무용건축물에 해당하는 부분에는 별표 2에 따른 면적확보 기준을 충족하는 층구내통신실을 확보해야 한다. 다만, 업무용건축물에 해당하는 부분의 연면적이 500제곱미터 미만인 건축물로서 다음 각 목의 요건을 모두 충족하는 경우에는 집중구내통신실을 용도별로 분리하지 고 통합된 공간에 확보할 수 있다
   가. 집중구내통신실의 면적이 별표 2와 별표 3에 따른 면적확보 기준을 합산한 면적 이상일 것
   나. 집중구내통신실이 해당 용도별 전기통신회선설비와의 접속기능을 원활히 수행할 수 있을 것

[별표 2] 업무용 건축물의 구내통신실면적확보 기준<개정 2017.4.25>

건축물 규모	확보대상	확보면적
1. 6층 이상이고 연면적 5천제곱미터 이상인 업무용 건축물	가. 집중구내통신실	10.2제곱미터 이상으로 1개소 이상
	나. 층구내통신실	1) 각 층별 전용면적이 1천제곱미터 이상인 경우에는 각 층별로 10.2제곱미터 이상으로 1개소 이상 2) 각 층별 전용면적이 800제곱미터 이상인 경우에는 각 층별로 8.4제곱미터 이상으로 1개소 이상 3) 각 층별 전용면적이 500제곱미터 이상인 경우에는 각 층별로 6.6제곱미터 이상으로 1개소 이상 4) 각 층별 전용면적이 500제곱미터 미만인 경우에는 각 층별로 5.4제곱미터 이상으로 1개소 이상
2. 제1항 외의 업무용 건축물	집중구내통신실	건축물의 연면적이 500제곱미터 이상인 경우 10.2제곱미터 이상으로 1개소 이상. 다만, 500제곱미터 미만인 경우는 5.4제곱미터 이상으로 1개소 이상

비고 1. 같은 층에 집중구내통신실과 층구내통신실을 확보하여야 하는 경우에는 집중구내통신실만을 확보할 수 있다.
2. 층별 전용면적이 500제곱미터 미만인 경우로서 각 층별로 통신실을 확보하기가 곤란한 경우에는 하나의 층구내통신실에 2개층 이상의 통신설비를 통합하여 수용할 수 있다. 이 경우 층구내통신실 확보면적은 통합 수용된 각 층의 전용면적을 합하여 위 표 제1호 중 층구내통신실의 확보면적란의 기준을 적용한다.
3. 같은 층에 층구내통신실을 2개소 이상으로 분리 설치하려는 경우에는 층구내통신실의 면적은 최소 5.4제곱미터 이상이어야 한다.
4. 집중구내통신실은 외부환경에 영향이 적은 지상에 확보되어야 한다. 다만, 부득이한 사유로 지상확보가 곤란한 경우에는 침수우려가 없고 습기가 차지 아니하는 지하층에 설치할 수 있다.
5. 집중구내통신실에는 조명시설과 통신장비전용의 전원설비를 갖추어야 한다.
6. 각 통신실의 면적은 벽이나 기둥 등을 제외한 면적으로 한다.
7. 집중구내통신실의 출입구에는 잠금장치를 설치하여야 한다.

[별표 3] 공동주택 및 준주택오피스텔의 구내통신실면적확보 기준<개정 2022.12.6>

구 분	확보면적
1. 50세대 이상 500세대 이하 단지	10제곱미터 이상으로 1개소
2. 500세대 초과 1,000세대 이하 단지	15제곱미터 이상으로 1개소
3. 1,000세대 초과 1,500세대 이하 단지	20제곱미터 이상으로 1개소
4. 1,500세대 초과 단지	25제곱미터 이상으로 1개소

비고 1. 집중구내통신실은 외부환경에 영향이 적은 지상에 확보되어야 한다. 다만, 부득이한 사유로 지상 확보가 곤란한 경우에는 침수우려가 없고 습기가 차지 아니하는 지하층에 설치할 수 있다.
2. 집중구내통신실에는 조명시설과 통신장비전용의 전원설비를 구비하여야 한다.
3. 각 통신실의 면적은 벽이나 기둥 등을 제외한 면적으로 한다.
4. 집중구내통신실의 출입구에는 잠금장치를 설치하여야 한다.

【2】 전기설비설치용 공간의 확보

연면적 500㎡ 이상인 건축물의 대지에는 국토교통부령으로 정하는 바에 따라 「전기사업법」에 따른 전기사업자가 전기를 배전(配電)하는 데 필요한 전기설비를 설치할 수 있는 공간 【참고】을 확보할 것

【참고】 전기설비 설치공간 확보기준(설비규칙 별표 3의3)

수전전압	전력수전 용량	확보면적
특고압 또는 고압	100㎾ 이상	가로 2.8m, 세로 2.8m
저압	75㎾ 이상 ~ 150㎾ 미만	가로 2.5m, 세로 2.8m
	150㎾ 이상 ~ 200㎾ 미만	가로 2.8m, 세로 2.8m
	200㎾ 이상 ~ 300㎾ 미만	가로 2.8m, 세로 4.6m
	300㎾ 이상	가로 2.8m 이상, 세로 4.6m 이상

비고 1. "저압", "고압" 및 "특고압"의 정의는 각각 「전기사업법 시행규칙」 제2조제8호, 제9호 및 제10호에 따른다.
2. 전기설비 설치공간은 배관, 맨홀 등을 땅속에 설치하는데 지장이 없고 전기사업자의 전기설비 설치, 보수, 점검 및 조작 등 유지관리가 용이한 장소이어야 한다.
3. 전기설비 설치공간은 해당 건축물 외부의 대지상에 확보하여야 한다. 다만, 외부 지상공간이 좁아서 그 공간확보가 불가능한 경우에는 침수우려가 없고 습기가 차지 아니하는 건축물의 내부에 공간을 확보할 수 있다.
4. 수전전압이 저압이고 전력수전 용량이 300㎾ 이상인 경우 등 건축물의 전력수전 여건상 필요하다고 인정되는 경우에는 상기 표를 기준으로 건축주와 전기사업자가 협의하여 확보면적을 따로 정할 수 있다.
5. 수전전압이 저압이고 전력수전 용량이 150㎾ 미만이 경우로서 공중으로 전력을 공급받는 경우에는 전기설비 설치공간을 확보하지 않을 수 있다.

【3】 우편수취함의 설치기준은 「우편법」 기준에 따른다.

2 개별난방설비 등 (영 제87조제2항) (설비규칙 제13조)

영 제87조【건축설비의 원칙】
② 건축물에 설치하는 급수 · 배수 · 냉방 · 난방 · 환기 · 피뢰 등 건축설비의 설치에 관한 기술적 기준은 국토교통부령으로 정하되, 에너지 이용 합리화와 관련한 건축설비의 기술적 기준에 관하여는 지식경제부장관과 협의하여 정한다.

설비규칙 제13조【개별난방설비】
① 영 제87조제2항의 규정에 의하여 공동주택과 오피스텔의 난방설비를 개별난방방식으로 하는 경우에는 다음 각호의 기준에 적합하여야 한다. 〈개정 2017.12.4〉
1. 보일러는 거실외의 곳에 설치하되, 보일러를 설치하는 곳과 거실사이의 경계벽은 출입구를 제외하고는 내화구조의 벽으로 구획할 것
2. 보일러실의 윗부분에는 그 면적이 0.5제곱미터 이상인 환기창을 설치하고, 보일러실의 윗부분과 아랫부분에는 각각 지름 10센티미터 이상의 공기흡입구 및 배기구를 항상 열려있는 상태로 바깥공기에 접하도록 설치할 것. 다만, 전기보일러의 경우에는 그러하지 아니하다.
3. 삭제 〈1999.5.11〉
4. 보일러실과 거실사이의 출입구는 그 출입구가 닫힌 경우에는 보일러가스가 거실에 들어갈 수 없는 구조로 할 것
5. 기름보일러를 설치하는 경우에는 기름저장소를 보일러실외의 다른 곳에 설치할 것
6. 오피스텔의 경우에는 난방구획을 방화구획으로 구획할 것
7. 보일러의 연도는 내화구조로서 공동연도로 설치할 것
② 가스보일러에 의한 난방설비를 설치하고 가스를 중앙집중공급방식으로 공급하는 경우에는 제1항의 규정에 불구하고 가스관계법령이 정하는 기준에 의하되, 오피스텔의 경우에는 난방구획마다 내화구조로 된 벽 · 바닥과 갑종방화문으로 된 출입문으로 구획하여야 한다.

1 공동주택과 오피스텔의 난방설비를 개별난방방식으로 하는 경우의 기준

구 분	설 치 내 용	그 림 해 설
1. 보일러의 위치	• 보일러실의 위치는 거실 이외의 곳에 설치 • 보일러실과 거실의 경계벽은 내화구조의 벽으로 구획(출입구 제외)	거실 / 보일러 / 환기창 / 환기구 (상하각각 지름 10cm 이상) / 옥외 / 출입문 [평면] 거실 / 환기창 / 환기구 / 옥외 / 환기구 / 보일러 [단면]
2. 보일러실의 환기창	• 환기창 : 0.5㎡ 이상으로 하고 윗부분에 설치 • 환기구 : 상 · 하부분에 각각 지름 10cm 이상의 공기흡입구 및 배기구 설치(항상 개방된 상태로 외기에 접하도록 설치) – 전기보일러의 경우 예외	
3. 보일러실의 출입구	• 거실과 출입구는 가스가 거실에 들어갈 수 없는 구조일 것(출입구가 닫힌 경우)	
4. 기름보일러	• 기름저장소는 보일러실 외에 다른 곳에 설치할 것	
5. 보일러의 연도	• 보일러의 연도는 내화구조로서 공동연도로 설치할 것	
6. 오피스텔	• 난방구획을 방화구획으로 구획	

2 가스를 중앙집중공급방식으로 공급받는 가스보일러에 의한 난방설비 설치의 경우

－가스관계 법령이 정하는 기준에 의함.

－오피스텔의 경우 난방구획마다 내화구조의 벽 및 바닥과 60+방화문 또는 60분 방화문으로 구획

3 일산화탄소 가스누설경보기의 설치 권장

허가권자는 개별 보일러를 설치하는 건축물의 경우 소방청장이 정하여 고시하는 기준*에 따라 일산화탄소 경보기를 설치하도록 권장할 수 있다.

* 가스누설경보기의 화재안전 성능기준(NFPC 206, 소방청고시 제2022-50호) 및 기술기준(NFTC 206호, 소방청공고 제2022-227호) 참조

3 온돌의 설치기준(영 제87조제2항)(설비규칙 제12조)

법 제63조【온돌 및 난방설비 등의 시공】

삭제 〈2015.5.18.〉

※ 온돌 등 시공 방법 등 난방설비 기준은 이미 일반화되어 규제의 실효성이 없으므로, 이를 폐지하고(2015.5.18. 개정), 설비규칙에서 온돌의 설치기준은 제4조에서 제12조로 이동하여 유지함

영 제87조【건축설비의 원칙】

② 건축물에 설치하는 급수 · 배수 · 냉방 · 난방 · 환기 · 피뢰 등 건축설비의 설치에 관한 기술적 기준은 국토교통부령으로 정하되, 에너지 이용 합리화와 관련한 건축설비의 기술적 기준에 관하여는 산업통상자원부장관과 협의하여 정한다.

설비규칙 제12조【온돌의 설치기준】

① 영 제87조제2항에 따라 건축물에 온돌을 설치하는 경우에는 그 구조상 열에너지가 효율적으로 관리되고 화재의 위험을 방지하기 위하여 별표 1의7의 기준에 적합하여야 한다. 〈개정 2015.7.9.〉

② 제1항에 따라 건축물에 온돌을 시공하는 자는 시공을 끝낸 후 별지 제2호서식의 온돌 설치확인서를 공사감리자에게 제출하여야 한다. 다만, 제3조제2항에 따른 건축설비설치확인서를 제출한 경우와 공사감리자가 직접 온돌의 설치를 확인한 경우에는 그러하지 아니하다. 〈개정 2015.7.9.〉

[제4조에서 이동 〈2015.7.9.〉]

해설 온돌을 설치하는 경우에는 그 구조상 열에너지가 효율적으로 관리되고 화재의 위험을 방지하기 위하여 온돌의 설치기준[별표1의7]에 적합하게 시공하여야 한다. 또한 설치가 끝난 후 시공자는 온돌설치확인서를 공사감리자에게 제출하여야 한다.

【별표1】 온돌 설치기준(설비규칙 제12조제1항 관련)〈개정 2015.7.9〉

1. 온수온돌

가. 온수온돌이란 보일러 또는 그 밖의 열원으로부터 생성된 온수를 바닥에 설치된 배관을 통하여 흐르게 하여 난방을 하는 방식을 말한다.

나. 온수온돌은 바탕층, 단열층, 채움층, 배관층(방열관을 포함한다) 및 마감층 등으로 구성된다.

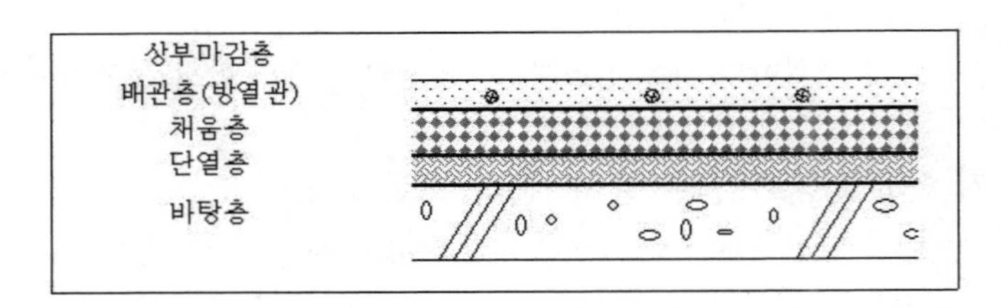

1) 바탕층이란 온돌이 설치되는 건축물의 최하층 또는 중간층의 바닥을 말한다.
2) 단열층이란 온수온돌의 배관층에서 방출되는 열이 바탕층 아래로 손실되는 것을 방지하기 위하여 배관층과 바탕층 사이에 단열재를 설치하는 층을 말한다.
3) 채움층이란 온돌구조의 높이 조정, 차음성능 향상, 보조적인 단열기능 등을 위하여 배관층과 단열층 사이에 완충재 등을 설치하는 층을 말한다.
4) 배관층이란 단열층 또는 채움층 위에 방열관을 설치하는 층을 말한다.
5) 방열관이란 열을 발산하는 온수를 순환시키기 위하여 배관층에 설치하는 온수배관을 말한다.
6) 마감층이란 배관층 위에 시멘트, 모르타르, 미장 등을 설치하거나 마루재, 장판 등 최종 마감재를 설치하는 층을 말한다.

다. 온수온돌의 설치 기준

1) 단열층은 「녹색건축물 조성 지원법」 제15조제1항에 따라 국토교통부장관이 고시하는 기준에 적합하여야 하며, 바닥난방을 위한 열이 바탕층 아래 및 측벽으로 손실되는 것을 막을 수 있도록 단열재를 방열관과 바탕층 사이에 설치하여야 한다. 다만, 바탕층의 축열을 직접 이용하는 심야전기이용 온돌(「한국전력공사법」에 따른 한국전력공사의 심야전력이용기기 승인을 받은 것만 해당하며, 이하 "심야전기이용 온돌"이라 한다)의 경우에는 단열재를 바탕층 아래에 설치할 수 있다.
2) 배관층과 바탕층 사이의 열저항은 층간 바닥인 경우에는 해당 바닥에 요구되는 열관류저항의 60% 이상이어야 하고, 최하층 바닥인 경우에는 해당 바닥에 요구되는 열관류저항이 70% 이상이어야 한다. 다만, 심야전기이용 온돌의 경우에는 그러하지 아니하다.
3) 단열재는 내열성 및 내구성이 있어야 하며 단열층 위의 적재하중 및 고정하중에 버틸 수 있는 강도를 가지거나 그러한 구조로 설치되어야 한다.
4) 바탕층이 지면에 접하는 경우에는 바탕층 아래와 주변 벽면에 높이 10센티미터 이상의 방수처리를 하여야 하며, 단열재의 윗부분에 방습처리를 하여야 한다.
5) 방열관은 잘 부식되지 아니하고 열에 견딜 수 있어야 하며, 바닥의 표면온도가 균일하도록 설치하여야 한다.
6) 배관층은 방열관에서 방출된 열이 마감층 부위로 최대한 균일하게 전달될 수 있는 높이와 구조를 갖추어야 한다.
7) 마감층은 수평이 되도록 설치하여야 하며, 바닥의 균열을 방지하기 위하여 충분하게 양생하거나 건조시켜 마감재의 뒤틀림이나 변형이 없도록 하여야 한다.
8) 한국산업표준에 따른 조립식 온수온돌판을 사용하여 온수온돌을 시공하는 경우에는 1)부터 7)까지의 규정을 적용하지 아니한다.
9) 국토교통부장관은 1)부터 7)까지에서 규정한 것 외에 온수온돌의 설치에 관하여 필요한 사항을 정하여 고시할 수 있다.

2. 구들온돌

가. 구들온돌이란 연탄 또는 그 밖의 가연물질이 연소할 때 발생하는 연기와 연소열에 의하여 가열된 공기를 바닥 하부로 통과시켜 난방을 하는 방식을 말한다.

나. 구들온돌은 아궁이, 환기구, 공기흡입구, 고래, 굴뚝 및 굴뚝목 등으로 구성된다.

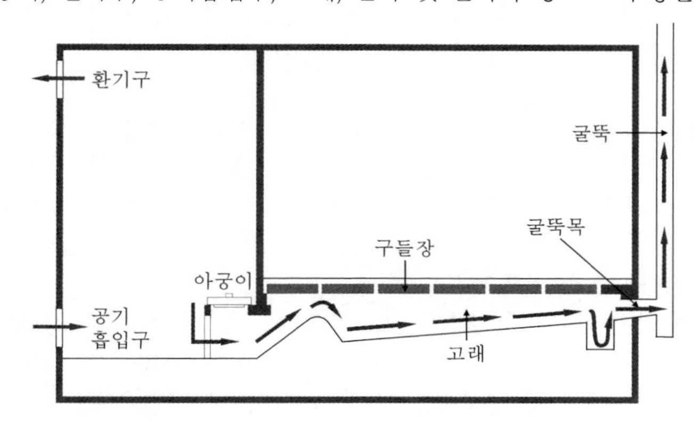

1) 아궁이란 연탄이나 목재 등 가연물질의 연소를 통하여 열을 발생시키는 부위를 말한다.
2) 온돌환기구란 아궁이가 설치되는 공간에서 연탄 등 가연물질의 연소를 통하여 발생하는 가스를 원활하게 배출하기 위한 통로를 말한다.
3) 공기흡입구란 아궁이가 설치되는 공간에서 연탄 등 가연물질의 연소에 필요한 공기를 외부에서 공급받기 위한 통로를 말한다.
4) 고래란 아궁이에서 발생한 연소가스 및 가열된 공기가 굴뚝으로 배출되기 전에 구들 아래에서 최대한 균일하게 흐르도록 하기 위하여 설치된 통로를 말한다.
5) 굴뚝이란 고래를 통하여 구들 아래를 통과한 연소가스 및 가열된 공기를 외부로 원활하게 배출하기 위한 장치를 말한다.
6) 굴뚝목이란 고래에서 굴뚝으로 연결되는 입구 및 그 주변부를 말한다.

다. 구들온돌의 설치 기준

1) 연탄아궁이가 있는 곳은 연탄가스를 원활하게 배출할 수 있도록 그 바닥면적의 10분의 1이상에 해당하는 면적의 환기용 구멍 또는 환기설비를 설치하여야 하며, 외기에 접하는 벽체의 아랫부분에는 연탄의 연소를 촉진하기 위하여 지름 10센티미터 이상 20센티미터 이하의 공기흡입구를 설치하여야 한다.
2) 고래바닥은 연탄가스를 원활하게 배출할 수 있도록 높이/수평거리가 1/5 이상이 되도록 하여야 한다.
3) 부뚜막식 연탄아궁이에 고래로 연기를 유도하기 위하여 유도관을 설치하는 경우에는 20도 이상 45도 이하의 경사를 두어야 한다.
4) 굴뚝의 단면적은 150제곱센티미터 이상으로 하여야 하며, 굴뚝목의 단면적은 굴뚝의 단면적보다 크게 하여야 한다.
5) 연탄식 구들온돌이 아닌 전통 방법에 의한 구들을 설치할 경우에는 1)부터 4)까지의 규정을 적용하지 아니한다.
6) 국토교통부장관은 1)부터 5)까지에서 규정한 것 외에 구들온돌의 설치에 관하여 필요한 사항을 정하여 고시할 수 있다.

4 공동주택 및 다중이용시설의 환기설비기준 등 (영 제87조제2항) (설비규칙 제11조, 제11조의2)

영 제87조【건축설비의 원칙】

② 건축물에 설치하는 급수 · 배수 · 냉방 · 난방 · 환기 · 피뢰 등 건축설비의 설치에 관한 기술적 기준은 국토교통부령으로 정하되, 에너지 이용 합리화와 관련한 건축설비의 기술적 기준에 관하여는 산업통상자원부장관과 협의하여 정한다.

설비규칙 제11조【공동주택 및 다중이용시설의 환기설비 기준 등】

① 영 제87조제2항의 규정에 따라 신축 또는 리모델링하는 다음 각 호의 어느 하나에 해당하는 주택 또는 건축물(이하 "신축공동주택등"이라 한다)은 시간당 0.5회 이상의 환기가 이루어질 수 있도록 자연환기설비 또는 기계환기설비를 설치하여야 한다. 〈개정 2020.4.9.〉

1. 30세대 이상의 공동주택
2. 주택을 주택 외의 시설과 동일건축물로 건축하는 경우로서 주택이 30세대 이상인 건축물

② 신축공동주택등에 자연환기설비를 설치하는 경우에는 자연환기설비가 제1항에 따른 환기횟수를 충족하는지에 대하여 「건축법」 제4조에 따른 지방건축위원회의 심의를 받아야 한다. 다만, 신축공동주택등에 「산업표준화법」에 따른 한국산업표준(이하 "한국산업표준"이라 한다)의 자연환기설비 환기성능 시험방법(KSF 2921)에 따라 성능시험을 거친 자연환기설비를 별표 1의3에 따른 자연환기설비 설치 길이 이상으로 설치하는 경우는 제외한다.

③ 신축공동주택등에 자연환기설비 또는 기계환기설비를 설치하는 경우에는 별표 1의4 또는 별표 1의5의 기준에 적합하여야 한다.

④ 특별시장・광역시장・특별자치시장・특별자치도지사 또는 시장・군수・구청장(자치구의 구청장을 말하며, 이하 "허가권자"라 한다)은 30세대 미만인 공동주택과 주택을 주택 외의 시설과 동일 건축물로 건축하는 경우로서 주택이 30세대 미만인 건축물 및 단독주택에 대해 시간당 0.5회 이상의 환기가 이루어질 수 있도록 자연환기설비 또는 기계환기설비의 설치를 권장할 수 있다. 〈신설 2020.4.9.〉

⑤ 다중이용시설을 신축하는 경우에 기계환기설비를 설치하여야 하는 다중이용시설 및 각 시설의 필요 환기량은 별표 1의6과 같으며, 설치하여야 하는 기계환기설비의 구조 및 설치는 다음 각 호의 기준에 적합하여야 한다. 〈개정 2020.4.9.〉

1. 다중이용시설의 기계환기설비 용량기준은 시설이용 인원 당 환기량을 원칙으로 산정할 것
2. 기계환기설비는 다중이용시설로 공급되는 공기의 분포를 최대한 균등하게 하여 실내 기류의 편차가 최소화될 수 있도록 할 것
3. 공기공급체계・공기배출체계 또는 공기흡입구・배기구 등에 설치되는 송풍기는 외부의 기류로 인하여 송풍능력이 떨어지는 구조가 아닐 것
4. 바깥공기를 공급하는 공기공급체계 또는 공기흡입구는 입자형・가스형 오염물질의 제거・여과장치 등 외부로부터 오염물질이 유입되는 것을 최대한 차단할 수 있는 설비를 갖추어야 하며, 제거・여과장치 등의 청소 및 교환 등 유지관리가 쉬운 구조일 것
5. 공기배출체계 및 배기구는 배출되는 공기가 공기공급체계 및 공기흡입구로 직접 들어가지 아니하는 위치에 설치할 것
6. 기계환기설비를 구성하는 설비・기기・장치 및 제품 등의 효율과 성능 등을 판정하는데 있어 이 규칙에서 정하지 아니한 사항에 대하여는 해당항목에 대한 한국산업표준에 적합할 것

설비규칙 제11조의2【환기구의 안전 기준】

① 영 제87조제2항에 따라 환기구[건축물의 환기설비에 부속된 급기(給氣) 및 배기(排氣)를

위한 건축구조물의 개구부(開口部)를 말한다. 이하 같다]는 보행자 및 건축물 이용자의 안전이 확보되도록 바닥으로부터 2미터 이상의 높이에 설치해야 한다. 다만, 다음 각 호의 어느 하나에 해당하는 경우에는 예외로 한다. 〈개정 2021.8.27〉

1. 환기구를 벽면에 설치하는 등 사람이 올라설 수 없는 구조로 설치하는 경우. 이 경우 배기를 위한 환기구는 배출되는 공기가 보행자 및 건축물 이용자에게 직접 닿지 아니하도록 설치되어야 한다.
2. 안전울타리 또는 조경 등을 이용하여 접근을 차단하는 구조로 하는 경우

② 모든 환기구에는 국토교통부장관이 정하여 고시하는 강도(強度) 이상의 덮개와 덮개 걸침턱 등 추락방지시설을 설치하여야 한다.

[본조신설 2015.7.9.]

[별표 1의3] 자연환기설비 설치 길이 산정방법 및 설치 기준(설비규칙 제11조제2항 관련) 〈개정 2021.8.27〉

1. 설치 대상 세대의 체적 계산
   - 필요한 환기횟수를 만족시킬 수 있는 환기량을 산정하기 위하여, 자연환기설비를 설치하고자 하는 공동주택 단위세대의 전체 및 실별 체적을 계산한다.
2. 단위세대 전체와 실별 설치길이 계산식 설치기준
   - 자연환기설비의 단위세대 전체 및 실별 설치길이는 한국산업규격의 자연환기설비 환기성능 시험방법(KSF 2921)에서 규정하고 있는 자연환기설비의 환기량 측정장치에 의한 평가 결과를 이용하여 다음 식에 따라 계산된 설치길이 L값 이상으로 설치하여야 하며, 세대 및 실 특성별 가중치가 고려되어야 한다.

$$L = \frac{V \times N}{Q_{ref}} \times F$$

여기에서,

L : 세대 전체 또는 실별 설치길이(유효 개구부길이 기준, m)

V : 세대 전체 또는 실 체적(m^3)

N : 필요 환기횟수(0.5회/h)

Q_{ref} : 자연환기설비의 환기량 측정장치에 의해 평가된 기준 압력차 (2Pa)에서의 환기량(m^3/h · m)

F : 세대 및 실 특성별 가중치**

비고

* 일반적으로 창틀에 접합되는 부분(endcap)과 실제로 공기유입이 이루어지는 개구부 부분으로 구성되는 자연환기설비에서, 유효 개구부길이(설치길이)는 창틀과 결합되는 부분을 제외한 실제 개구부 부분을 기준으로 계산한다.

** 주동형태 및 단위세대의 설계조건을 고려한 세대 및 실 특성별 가중치는 다음과 같다.

구분	조건	가중치
세대 조건	1면이 외부에 면하는 경우	1.5
	2면이 외부에 평행하게 면하는 경우	1
	2면이 외부에 평행하지 않게 면하는 경우	1.2
	3면 이상이 외부에 면하는 경우	1
실 조건	대상 실이 외부에 직접 면하는 경우	1
	대상 실이 외부에 직접 면하지 않는 경우	1.5

단, 세대조건과 실 조건이 겹치는 경우에는 가중치가 높은 쪽을 적용하는 것을 원칙으로 한다.

*** 일방향으로 길게 설치하는 형태가 아닌 원형, 사각형 등에는 상기의 계산식을 적용할 수 없으며, 지방건축위원회의 심의를 거쳐야 한다.

[별표 1의4] 신축공동주택등의 자연환기설비 설치 기준(제11조제3항 관련)

제11조제1항에 따라 신축공동주택등에 설치되는 자연환기설비의 설계·시공 및 성능평가방법은 다음 각 호의 기준에 적합하여야 한다.

1. 세대에 설치되는 자연환기설비는 세대 내의 모든 실에 바깥공기를 최대한 균일하게 공급할 수 있도록 설치되어야 한다.
2. 세대의 환기량 조절을 위하여 자연환기설비는 환기량을 조절할 수 있는 체계를 갖추어야 하고, 최대개방 상태에서의 환기량을 기준으로 별표 1의5에 따른 설치길이 이상으로 설치되어야 한다.
3. 자연환기설비는 순간적인 외부 바람 및 실내외 압력차의 증가로 인하여 발생할 수 있는 과도한 바깥공기의 유입 등 바깥공기의 변동에 의한 영향을 최소화할 수 있는 구조와 형태를 갖추어야 한다.
4. 자연환기설비의 각 부분의 재료는 충분한 내구성 및 강도를 유지하여 작동되는 동안 구조 및 성능에 변형이 없어야 하며, 표면결로 및 바깥공기의 직접적인 유입으로 인하여 발생할 수 있는 불쾌감(콜드드래프트 등)을 방지할 수 있는 재료와 구조를 갖추어야 한다.
5. 자연환기설비는 다음 각 목의 요건을 모두 갖춘 공기여과기를 갖춰야 한다.
   가. 도입되는 바깥공기에 포함되어 있는 입자형·가스형 오염물질을 제거 또는 여과하는 성능이 일정 수준 이상일 것
   나. 한국산업표준(KS B 6141)에 따른 입자 포집률이 질량법으로 측정하여 70퍼센트 이상일 것
   다. 청소 또는 교환이 쉬운 구조일 것
6. 자연환기설비를 구성하는 설비·기기·장치 및 제품 등의 효율과 성능 등을 판정함에 있어 이 규칙에서 정하지 아니한 사항에 대하여는 해당 항목에 대한 한국산업규격에 적합하여야 한다.
7. 자연환기설비를 지속적으로 작동시키는 경우에도 대상 공간의 사용에 지장을 주지 아니하는 위치에 설치되어야 한다.
8. 한국산업규격(KS B 2921)의 시험조건하에서 자연환기설비로 인하여 발생하는 소음은 대표길이 1미터(수직 또는 수평 하단)에서 측정하여 40dB 이하가 되어야 한다.
9. 자연환기설비는 가능한 외부의 오염물질이 유입되지 않는 위치에 설치되어야 하고, 화재 등 유사시 안전에 대비할 수 있는 구조와 성능이 확보되어야 한다.
10. 실내로 도입되는 바깥공기를 예열할 수 있는 기능을 갖는 자연환기설비는 최대한 에너지 절약적인 구조와 형태를 가져야 한다.
11. 자연환기설비는 주요 부분의 정기적인 점검 및 정비 등 유지관리가 쉬운 체계로 구성하여야 하고, 제품의 사양 및 시방서에 유지관리 관련 내용을 명시하여야 하며, 유지관리 관련 내용이 수록된 사용자 설명서를 제시하여야 한다.
12. 자연환기설비는 설치되는 실의 바닥부터 수직으로 1.2미터 이상의 높이에 설치하여야 하며, 2개 이상의 자연환기설비를 상하로 설치하는 경우 1미터 이상의 수직간격을 확보하여야 한다.

[별표1의5] 신축공동주택등의 기계환기설비의 설치기준(설비규칙 제11조제3항 관련)

제11조제1항의 규정에 의한 신축공동주택등의 환기횟수를 확보하기 위하여 설치되는 기계환기설비의 설계·시공 및 성능평가방법은 다음 각 호의 기준에 적합하여야 한다.

1. 기계환기설비의 환기기준은 시간당 실내공기 교환횟수(환기설비에 의한 최종공기흡입구에서 세대의 실내로 공급되는 시간당 총 체적 풍량을 실내 총체적으로 나눈 환기횟수를 말한다)로 표시하여야 한다.
2. 하나의 기계환기설비로 세대 내 2 이상의 실에 바깥공기를 공급할 경우의 필요환기량은 각 실에 필요한 환기량의 합계 이상이 되도록 하여야 한다.
3. 세대의 환기량 조절을 위하여 환기설비의 정격풍량을 최소·적정·최대의 3단계 또는 그 이상으로 조절할 수 있는 체계를 갖추어야 하고, 적정 단계의 필요 환기량은 신축공동주택등의 세대를 시간당 0.7회로 환기할 수 있는 풍량을 확보하여야 한다.
4. 공기공급체계 또는 공기배출체계는 부분적 손실 등 모든 압력 손실의 합계를 고려하여 계산한 공기공급능력 또는 공기배출능력이 제11조제1항의 환기기준을 확보할 수 있도록 하여야 한다.
5. 기계환기설비는 신축공동주택등의 모든 세대가 제11조제1항의 규정에 의한 환기횟수를 만족시킬 수 있도록 24시간 가동할 수 있어야 한다.

6. 기계환기설비의 각 부분의 재료는 충분한 내구성 및 강도를 유지하여 작동되는 동안 구조 및 성능에 변형이 없도록 하여야 한다.
7. 기계환기 설비는 다음 각 목의 어느 하나에 해당되는 체계를 갖추어야 한다.
   가. 바깥공기를 공급하는 송풍기와 실내공기를 배출하는 송풍기가 결합된 환기체계
   나. 바깥공기를 공급하는 송풍기와 실내공기가 배출되는 배기구가 결합된 환기체계
   다. 바깥공기가 도입되는 공기흡입구와 실내공기를 배출하는 송풍기가 결합된 환기체계
8. 바깥공기를 공급하는 공기공급체계 또는 바깥공기가 도입되는 공기흡입구는 입자형 · 가스형 오염물질을 제거 또는 여과하는 일정 수준 이상의 공기여과기 또는 집진기 등을 갖추어야 한다. 이 경우 공기여과기는 한국산업표준(KS B 6141)에서 규정하고 있는 입자 포집률[공기청정장치에서 그것을 통과하는공기 중의 입자를 포집(捕執)하는 효율을 말한다]이 비색법·광산란 적산법으로 측정하는 경우 80퍼센트 이상, 계수법으로 측정하는 경우 40퍼센트 이상인 환기효율을 확보하여야 하고, 수명연장을 위하여 여과기의 전단부에 사전여과장치를 설치하여야 하며, 여과장치 등의 청소 또는 교환이 쉬운 구조이어야 한다. 다만, 제7호다목에 따른 환기체계를 갖춘경우에는 별표 1의4 제5호를 따른다.
9. 기계환기설비를 구성하는 설비 · 기기 · 장치 및 제품 등의 효율 및 성능 등을 판정함에 있어 이 규칙에서 정하지 아니한 사항에 대하여는 해당 항목에 대한 한국산업규격에 적합하여야 한다.
10. 기계환기설비는 환기의 효율을 극대화할 수 있는 위치에 설치하여야 하고, 바깥공기의 변동에 의한 영향을 최소화할 수 있도록 공기흡입구 또는 배기구 등에 완충장치 또는 석쇠형 철망 등을 설치하여야 한다.
11. 기계환기설비는 주방 가스대 위의 공기배출장치, 화장실의 공기배출 송풍기등 급속 환기 설비와 함께 설치할 수 있다.
12. 공기흡입구 및 배기구와 공기공급체계 및 공기배출체계는 기계환기설비를 지속적으로 작동시키는 경우에도 대상 공간의 사용에 지장을 주지 아니하는 위치에 설치되어야 한다.
13. 기계환기설비에서 발생하는 소음의 측정은 한국산업규격(KS B 6361)에 따르는 것을 원칙으로 한다. 측정위치는 대표길이 1미터(수직 또는 수평 하단)에서 측정하여 소음이 40dB 이하가 되어야 하며, 암소음(측정대상인 소음 외에 주변에 존재하는 소음을 말한다)은 보정하여야 한다. 다만, 환기설비 본체(소음원)가 거주공간 외부에 설치될 경우에는 대표길이 1미터(수직 또는 수평 하단)에서 측정하여 50dB 이하가 되거나, 거주공간 내부의 중앙부 바닥으로부터 1.0~1.2미터 높이에서 측정하여 40dB 이하가 되어야 한다.
14. 외부에 면하는 공기흡입구와 배기구는 교차오염을 방지할 수 있도록 1.5미터 이상의 이격거리를 확보하거나, 공기흡입구와 배기구의 방향이 서로 90도 이상 되는 위치에 설치되어야 하고, 화재 등 유사시 안전에 대비할 수 있는 구조와 성능이 확보되어야 한다.
15. 기계환기설비의 에너지 절약을 위하여 열회수형 환기장치를 설치하는 경우에는 한국산업표준(KS B 6879)에 따라 시험한 열회수형 환기장치의 유효환기량이 표시용량의 90퍼센트 이상이어야 하고, 열회수형 환기장치의 안과 밖은 물 맺힘이 발생하는 것을 최소화할 수 있는 구조와 성능을 확보하도록 하여야 한다.
16. 기계환기설비는 송풍기, 열회수형 환기장치, 공기여과기, 공기가 통하는 관, 공기흡입구 및 배기구, 그 밖의 기기 등 주요 부분의 정기적인 검검 및 정비 등 유지관리가 쉬운 체계로 구성되어야 하고, 제품의 사양 및 시방서에 유지관리 관련 내용을 명시하여야 하며, 유지관리 관련 내용이 수록된 사용자 설명서를 제시하여야 한다.
17. 실외의 기상조건에 따라 환기용송풍기 등 기계환기설비를 작동하지 아니하더라도 자연환기와 기계환기가 동시 운용될 수 있는 혼합형 환기설비가 설계도서 등을 근거로 필요 환기량을 확보할 수 있는 것으로 객관적으로 입증되는 경우에는 기계환기설비를 갖춘 것으로 인정할 수 있다. 이 경우 동시에 운용될 수 있는 자연환기설비와 기계환기설비가 제11조제1항의 환기기준을 각각 만족할 수 있어야 한다.
18. 중앙관리방식의 공기조화설비(실내의 온도 · 습도 및 청정도 등을 적정하게 유지하는 역할을 하는 설비를 말한다)가 설치된 경우에는 다음 각 목의 기준에도 적합하여야 한다.
   가. 공기조화설비는 24시간 지속적인 환기가 가능한 것일 것. 다만, 주요 환기설비와 분리된 별도의 환기계통을 병행 설치하여 실내에 존재하는 국소 오염원에서 발생하는 오염물질을 신속히 배출할 수 있는 체계로 구성하는 경우에는 그러하지 아니하다.
   나. 중앙관리방식의 공기조화설비의 제어 및 작동상황을 통제할 수 있는 관리실 또는 기능이 있을 것

【별표1의6】 기계환기설비를 설치해야 하는 다중이용시설 및 각 시설의 필요 환기량

(설비규칙 제11조제5항 관련) 〈개정 2021.8.27.〉

1. 기계환기설비를 설치하여야 하는 다중이용시설

가. 지하시설

1) 모든 지하역사(출입통로 · 대기실 · 승강장 및 환승통로와 이에 딸린 시설을 포함한다)

2) 연면적 2천제곱미터 이상인 지하도상가(지상건물에 딸린 지하층의 시설 및 연속되어 있는 둘 이상의 지하도상가의 연면적 합계가 2천제곱미터 이상인 경우를 포함한다)

나. 문화 및 집회시설

1) 연면적 2천제곱미터 이상인 「건축법 시행령」 별표 1 제5호라목에 따른 전시장(실내 전시장으로 한정한다)

2) 연면적 2천제곱미터 이상인 「건전가정의례의 정착 및 지원에 관한 법률」에 따른 혼인예식장

3) 연면적 1천제곱미터 이상인 「공연법」 제2조제4호에 따른 공연장(실내 공연장으로 한정한다)

4) 관람석 용도로 쓰는 바닥면적이 1천제곱미터 이상인 「체육시설의 설치 · 이용에 관한 법률」 제2조제1호에 따른 체육시설

5) 「영화 및 비디오물의 진흥에 관한 법률」 제2조제10호에 따른 영화상영관

다. 판매시설

1) 「유통산업발전법」 제2조제3호에 따른 대규모점포

2) 연면적 300제곱미터 이상인 「게임산업 진흥에 관한 법률」 제2조제7호에 따른 인터넷컴퓨터게임시설제공업의 영업시설

라. 운수시설

1) 「항만법」 제2조제5호에 따른 항만시설 중 연면적 5천제곱미터 이상인 대기실

2) 「여객자동차 운수사업법」 제2조제5호에 따른 여객자동차터미널 중 연면적 2천제곱미터 이상인 대기실

3) 「철도산업발전기본법」 제3조제2호에 따른 철도시설 중 연면적 2천제곱미터 이상인 대기실

4) 「공항시설법」 제2조제7호에 따른 공항시설 중 연면적 1천5백제곱미터 이상인 여객터미널

마. 의료시설: 연면적이 2천제곱미터 이상이거나 병상 수가 100개 이상인 「의료법」 제3조에 따른 의료기관

바. 교육연구시설

1) 연면적 3천제곱미터 이상인 「도서관법」 제2조제1호에 따른 도서관

2) 연면적 1천제곱미터 이상인 「학원의 설립 · 운영 및 과외교습에 관한 법률」 제2조제1호에 따른 학원

사. 노유자시설

1) 연면적 430제곱미터 이상인 「영유아보육법」 제2조제3호에 따른 어린이집

2) 연면적 1천제곱미터 이상인 「노인복지법」 제34조제1항제1호에 따른 노인요양시설

아. 업무시설: 연면적 3천제곱미터 이상인 「건축법 시행령」 별표 1 제14호에 따른 업무시설

자. 자동차 관련 시설: 연면적 2천제곱미터 이상인 「주차장법」 제2조제1호에 따른 주차장(실내주차장으로 한정하며, 같은 법 제2조제3호에 따른 기계식주차장은 제외한다)

차. 장례식장: 연면적 1천제곱미터 이상인 「장사 등에 관한 법률」 제28조의2제1항 및 제29조에 따른 장례식장(지하에 설치되는 경우로 한정한다)

카. 그 밖의 시설

1) 연면적 1천제곱미터 이상인 「공중위생관리법」 제2조제1항제3호에 따른 목욕장업의 영업시설

2) 연면적 5백제곱미터 이상인 「모자보건법」 제2조제10호에 따른 산후조리원

3) 연면적 430제곱미터 이상인 「어린이놀이시설 안전관리법」 제2조제2호에 따른 어린이놀이시설 중 실내 어린이놀이시설 <신설 2020.4.9.>

2. 각 시설의 필요 환기량

구 분		필요 환기량(m^3/인·h)	비 고
가. 지하시설	1) 지하역사	25이상	
	2) 지하도상가	36이상	매장(상점) 기준
나. 문화 및 집회시설		29이상	
다. 판매시설		29이상	
라. 운수시설		29이상	
마. 의료시설		36이상	
바. 교육연구시설		36이상	
사. 노유자시설		36이상	
아. 업무시설		29이상	
자. 자동차 관련 시설		27이상	
차. 장례식장		36이상	
카. 그 밖의 시설		25이상	

비고 가. 제1호에서 연면적 또는 바닥면적을 산정할 때에는 실내공간에 설치된 시설이 차지하는 연면적 또는 바닥면적을 기준으로 산정한다.
나. 필요 환기량은 예상 이용인원이 가장 높은 시간대를 기준으로 산정한다.
다. 의료시설 중 수술실 등 특수 용도로 사용되는 실(室)의 경우에는 소관 중앙행정기관의 장이 달리 정할 수 있다.
라. 제1호자목의 자동차 관련 시설의 필요 환기량은 단위면적당 환기량(m^3/m^2·h)으로 산정한다.

1 환기설비대상

(1) 신축 또는 리모델링하는 다음 건축물("신축공동주택등")

① 30세대 이상의 공동주택

② 주택을 주택 외의 시설과 동일건축물로 건축하는 경우로서 주택이 30세대 이상인 건축물

(2) 허가권자의 환기설비 권장대상

① 위 (1)의 ①, ②의 건축물로서 30세대 미만인 건축물

② 단독주택

2 환기설비 기준

자연환기설비 또는 기계환기설비를 할 것

① 환기회수 : 시간당 0.5회 이상

② 자연환기설비

㉠ 위 환기횟수에 충족하는지에 대해 지방건축위원회의 심의를 받을 것

㉡ 한국산업규격에 따른 성능평가를 받은 자연환기설비를 별표 1의3에 따른 설치 길이 이상으로 설치하는 경우 지방건축위원회의 심의를 받지 않을 수 있음

㉢ 신축공동주택등 : 별표 1의4의 기준에 적합할 것 【앞 표 참조】

③ 기계환기설비
　㉠ 신축공동주택등 : 별표 1의5의 기준에 적합할 것 【앞 표 참조】
　㉡ 다중이용시설 : 별표 1의6의 기준에 적합할 것 【앞 표 참조】

④ 다중이용시설에 설치하는 기계환기설비의 구조 및 설치기준

1. 다중이용시설의 기계환기설비 용량기준은 시설이용 인원 당 환기량을 원칙으로 산정할 것
2. 기계환기설비는 다중이용시설로 공급되는 공기의 분포를 최대한 균등하게 하여 실내 기류의 편차가 최소화될 수 있도록 할 것
3. 공기공급체계·공기배출체계 또는 공기흡입구·배기구 등에 설치되는 송풍기는 외부의 기류로 인하여 송풍능력이 떨어지는 구조가 아닐 것
4. 바깥공기를 공급하는 공기공급체계 또는 공기흡입구는 입자형·가스형 오염물질의 제거·여과장치 등 외부로부터 오염물질이 유입되는 것을 최대한 차단할 수 있는 설비를 갖추어야 하며, 제거·여과장치 등의 청소 및 교환 등 유지관리가 쉬운 구조일 것
5. 공기배출체계 및 배기구는 배출되는 공기가 공기공급체계 및 공기흡입구로 직접 들어가지 아니하는 위치에 설치할 것
6. 기계환기설비를 구성하는 설비·기기·장치 및 제품 등의 효율과 성능 등을 판정하는데 있어 이 규칙에서 정하지 아니한 사항에 대하여는 해당 항목에 대한 한국산업표준에 적합할 것

【관련 질의회신】

자연환기설비에 의한 환기횟수의 충족 방법

건교부 건축기획팀-1812, 2006.3.23

질의 자연환기설비에 의한 환기횟수는 창호를 닫은 상태로서 충족되어야 하는 것인지

회신 「건축물의 설비기준 등에 관한 규칙」 제11조제1항 및 제2항의 규정에 의한 "자연환기설비"는 외부바람 및 실내외 압력차 등의 자연적인 구동력에 의해 환기횟수를 확보할 수 있도록 설치하는 환기구 또는 환기장치 등의 설비를 말하는 것으로서, 개폐가 가능한 일반적인 창호가 있는 경우 확보하여야 하는 환기횟수는 그 창호를 닫은 상태에서 충족되어야 하는 것임

3 환기구의 안전기준

① **환기구** : 건축물의 환기설비에 부속된 급기(給氣) 및 배기(排氣)를 위한 건축구조물의 개구부(開口部)

② 안전기준

1. 보행자 및 건축물 이용자의 안전이 확보되도록 바닥으로부터 2m 이상의 높이에 설치할 것

예외 1) 환기구를 벽면에 설치하는 등 사람이 올라설 수 없는 구조로 설치하는 경우
　(배기를 위한 환기구는 배출되는 공기가 보행자 및 건축물 이용자에게 직접 닿지 않도록 설치할 것)
　2) 안전울타리 또는 조경 등을 이용하여 접근을 차단하는 구조로 하는 경우

2. 모든 환기구에는 국토교통부장관이 정하여 고시하는 강도(強度) 이상의 덮개와 덮개 걸침턱 등 추락방지시설을 설치하여야 한다.

5 배연설비 (영 제51조제2항) (설비규칙 제14조)

영 제51조【거실의 채광 등】 ① "생략"

② 법 제49조제2항에 따라 다음 각 호의 어느 하나에 해당하는 건축물의 거실(피난층의 거실은 제외한다)에는 배연설비를 해야 한다. 〈개정 2020.10.8.〉

1. 6층 이상인 건축물로서 다음 각 목의 어느 하나에 해당하는 용도로 쓰는 건축물
   가. 제2종 근린생활시설 중 공연장, 종교집회장, 인터넷컴퓨터게임시설제공업소 및 다중생활시설(공연장, 종교집회장 및 인터넷컴퓨터게임시설제공업소는 해당 용도로 쓰는 바닥면적의 합계가 각각 300제곱미터 이상인 경우만 해당한다)
   나. 문화 및 집회시설
   다. 종교시설
   라. 판매시설
   마. 운수시설
   바. 의료시설(요양병원 및 정신병원은 제외한다)
   사. 교육연구시설 중 연구소
   아. 노유자시설 중 아동 관련 시설, 노인복지시설(노인요양시설은 제외한다)
   자. 수련시설 중 유스호스텔
   차. 운동시설
   카. 업무시설
   타. 숙박시설
   파. 위락시설
   하. 관광휴게시설
   거. 장례시설
2. 다음 각 목의 어느 하나에 해당하는 용도로 쓰는 건축물
   가. 의료시설 중 요양병원 및 정신병원
   나. 노유자시설 중 노인요양시설 · 장애인 거주시설 및 장애인 의료재활시설
   다. 제1종 근린생활시설 중 산후조리원

③, ④ "생략"

설비규칙 제14조【배연설비】

① 영 제49조제2항에 따라 배연설비를 설치하여야 하는 건축물에는 다음 각 호의 기준에 적합하게 배연설비를 설치해야 한다. 다만, 피난층인 경우에는 그렇지 다. 〈개정 2020.4.9〉

1. 영 제46조제1항에 따라 건축물이 방화구획으로 구획된 경우에는 그 구획마다 1개소 이상의 배연창을 설치하되, 배연창의 상변과 천장 또는 반자로부터 수직거리가 0.9미터 이내일 것. 다만, 반자높이가 바닥으로부터 3미터 이상인 경우에는 배연창의 하변이 바닥으로부터 2.1미터 이상의 위치에 놓이도록 설치하여야 한다.
2. 배연창의 유효면적은 별표 2의 산정기준에 의하여 산정된 면적이 1제곱미터 이상으로서 그 면적의 합계가 당해 건축물의 바닥면적(영 제46조제1항 또는 제3항의 규정에 의하여 방화구획이 설치된 경우에는 그 구획된 부분의 바닥면적을 말한다)의 100분의 1이상일 것. 이 경우 바닥면적의 산정에 있어서 거실바닥면적의 20분의 1 이상으로 환기창을 설치한 거실의 면적은 이에 산입하지 아니한다.
3. 배연구는 연기감지기 또는 열감지기에 의하여 자동으로 열 수 있는 구조로 하되, 손으로도 열고 닫을 수 있도록 할 것

4. 배연구는 예비전원에 의하여 열 수 있도록 할 것
5. 기계식 배연설비를 하는 경우에는 제1호 내지 제4호의 규정에 불구하고 소방관계법령의 규정에 적합하도록 할 것

② 특별피난계단 및 영 제90조제3항의 규정에 의한 비상용승강기의 승강장에 설치하는 배연설비의 구조는 다음 각호의 기준에 적합하여야 한다.

1. 배연구 및 배연풍도는 불연재료로 하고, 화재가 발생한 경우 원활하게 배연시킬 수 있는 규모로서 외기 또는 평상시에 사용하지 아니하는 굴뚝에 연결할 것
2. 배연구에 설치하는 수동개방장치 또는 자동개방장치(열감지기 또는 연기감지기에 의한 것을 말한다)는 손으로도 열고 닫을 수 있도록 할 것
3. 배연구는 평상시에는 닫힌 상태를 유지하고, 연 경우에는 배연에 의한 기류로 인하여 닫히지 아니하도록 할 것
4. 배연구가 외기에 접하지 아니하는 경우에는 배연기를 설치할 것
5. 배연기는 배연구의 열림에 따라 자동적으로 작동하고, 충분한 공기배출 또는 가압능력이 있을 것
6. 배연기에는 예비전원을 설치할 것
7. 공기유입방식을 급기가압방식 또는 급·배기방식으로 하는 경우에는 제1호 내지 제6호의 규정에 불구하고 소방관계법령의 규정에 적합하게 할 것

1 배연설비

구 분	내 용	설치위치
설치대상	① 6층 이상의 건축물로서 다음의 용도인 것 · 제2종 근린생활시설 중 공연장*, 종교집회장*, 인터넷컴퓨터게임시설제공업소* 및 다중생활시설 · 문화 및 집회시설 · 종교시설 · 판매시설 · 운수시설 · 의료시설(요양병원 및 정신병원 제외) · 교육연구시설 중 연구소 · 노유자시설 중 아동관련시설, 노인복지시설(노인요양시설 제외) · 수련시설 중 유스호스텔 · 운동시설 · 업무시설 · 숙박시설 · 위락시설 · 관광휴게시설 · 장례시설 * 해당 용도로 쓰는 바닥면적의 합계가 각각 300㎡ 이상인 경우만 해당 ② 다음 용도의 건축물(건축물의 층수와 무관) · 의료시설 중 요양병원 및 정신병원 · 노유자시설 중 노인요양시설·장애인 거주시설 및 장애인 의료재활시설 · 제1종 근린생활시설 중 산후조리원	해당용도의 거실에 설치 -피난층의 경우 제외
	③ 특별피난계단, 비상용승강기가 설치된 경우	특별피난계단 및 비상용승강기의 승강장에 설치

2 배연설비의 기준

【1】 거실 설치의 경우

배연구의 설치		그림해설
1. 배연창의 위치	건축물이 방화구획으로 구획된 경우 -방화구획마다 1개소 이상의 배연창을 설치하되 배연창의 상변과 천장 또는 반자로부터 수직거리가 0.9m이내일 것. 다만, 반자높이가 3m이상인 경우 배연창의 하변이 바닥으로부터 2.1m이상의 위치에 놓이도록 설치	천장또는 반자 0.9m이내 배연창의 상변 배연창의 하변 2.1m 이상 3m 이상 [일반적인 경우] [반자높이가 3m 이상인 경우]
2. 배연창의 유효면적[별표2]	1㎡ 이상으로서 그 면적의 합계가 당해 건축물의 바닥면적 1/100 이상일 것(방화구획이 설치된 경우는 구획부분의 바닥면적을 말함) -바닥면적 산정시 거실바닥면적의 1/20이상으로서 환기창을 설치한 거실면적 제외	• 배연창 : 배연창면적 1㎡ 이상으로서 바닥면적 합계의 1/100 이상
3. 배연구의 구조	배연구는 연기감지기 또는 열감지기에 의해 자동적으로 열수 있는 구조로 하되, 손으로도 열고, 닫을 수 있도록 할 것	- 자동식 : 연기감지기, 열감지기를 갖춘 것 - 수동식 : 손으로도 열고 닫을 수 있는 구조
	배연구는 예비전원에 의하여 열 수 있도록 할 것.	

■ 기계식 배연설비를 설치하는 경우에는 소방관계법령의 규정에 적합할 것.

【2】 특별피난계단·비상용 승강기의 승강장에 설치하는 경우

구 분	내 용
1. 배연구·배연풍도	배연구 및 배연풍도는 불연재료로하고 화재가 발생한 경우 원활하게 배연시킬 수 있는 규모로서 외기 또는 평상시에 사용하지 아니하는 굴뚝에 연결한 것
2. 배연구의 개방장치	수동 및 자동개방장치(열감지기 또는 연기감지기에 의한 것)는 손으로도 열고 닫을 수 있도록 할 것
3. 배연구의 개폐상태	평상시 닫힌 상태를 유지하고, 연 경우 배연에 의한 기류로 인하여 닫히지 않도록 할 것
4. 배연기의 설치(배연구가 외기에 접하지 않는 경우)	- 배연구의 열림에 따라 자동적으로 작동하고, 충분한 공기 배출 또는 가압능력이 있을 것 - 배연기에는 예비전원을 설치할 것

■ 공기유압방식을 급기가압방식 또는 급·배기방식으로 하는 경우 위 규정에도 불구하고 소방관계법령의 규정에 적합하게 할 것

[별표2] 배연창의 유효면적 산정기준(설비규칙 제14조제1항제2호관련)

1. 미서기창 : H×l

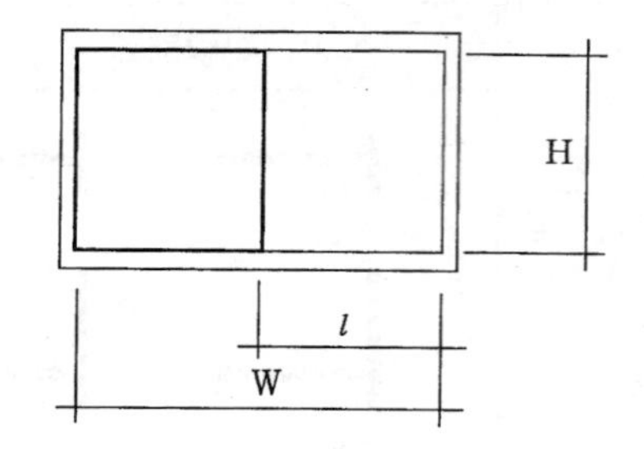

l : 미서기창의 유효폭
H : 창의 유효 높이
W : 창문의 폭

2. Pivot 종축창 : H×l'/2×2

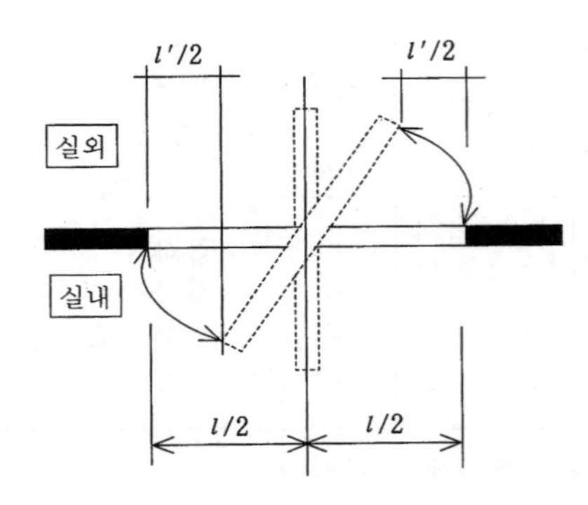

H : 창의 유효 높이
l : 90° 회전시 창호와 직각방향으로 개방된 수평거리
l' : 90° 미만 0° 초과시 창호와 직각방향으로 개방된 수평거리

3. Pivot 횡축창:(W×L_1)+(W×L_2)

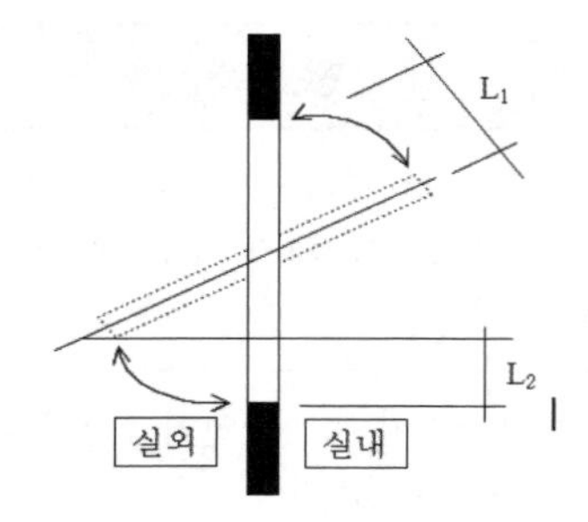

W : 창의 폭
L_1 : 실내측으로 열린 상부창호의 길이방향으로 평행하게 개방된 순거리
L_2 : 실외측으로 열린 하부창호로서 창틀과 평행하게 개방된 순수수평투영거리

4. 들창 : W×l_2

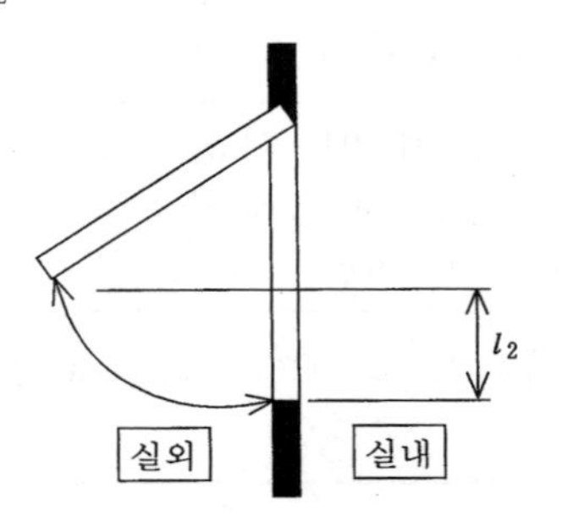

H : 창의 폭
l_2: 창틀과 평행하게 개방된 순수수평투명면적

5. 미들창 : 창이 실외측으로 열리는 경우:$W \times l$
　　　　　창이 실내측으로 열리는 경우:$W \times l_1$
　　　　　(단, 창이 천장(반자)에 근접하는 경우:$W \times l_2$)

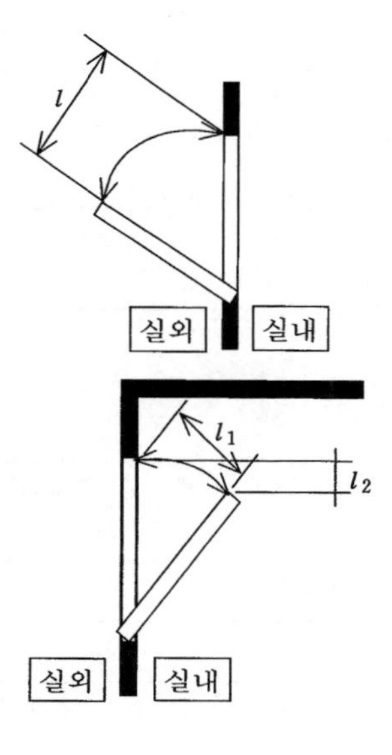

W : 창의 폭
l : 실외측으로 열린 상부창호의 길이방향으로 평행하게 개방된 순거리
l_1 : 실내측으로 열린 상호창호의 길이방향으로 개방된 순거리
l_2 : 창틀과 평행하게 개방된 순수수평투영면적
＊ 창이 천장(또는 반자)에 근접된 경우 창의 상단에서 천장면까지의 거리$\leq l_1$

【관련 질의회신】

배연창의 유효면적 산정

건교부 건축 58070-497, 2003.3.20

질의 높이 1.2미터, 폭 2.0미터(개폐부분 폭 1.0미터)의 미서기형 배연창 2개가 바닥으로부터 천장까지의 높이 2.4미터의 벽체에 설치되어 있는 경우 배연창의 유효면적 산정에 대한 질의

회신 건축물에 설치하는 배연창은 건축물의설비기준등에관한규칙 제14조제1항제1호의 규정에 의하여 배연창의 상변과 천장 또는 반자로부터의 수직거리가 0.9미터이내어야 하는 것이며, 미서기형 배연창은 동규칙 별표2 제1호의 기준에 의하여 유효면적을 산정하는 것이나, 귀 질의의 경우 바닥에서 1미터미만의 높이에 위치한 배연창의 부분은 연기의 원활한 배출을 위하여 유효면적 산정시 제외함이 타당할 것이니, 보다 구체적인 사항은 자세한 설계도서를 갖추어 허가권자에게 문의바람

6 배관설비 (설비규칙 제17조, 제18조)

【1】 건축물에 설치하는 급수, 배수등의 용도로 쓰이는 배관설비의 설치 및 구조

1. 배관설비를 콘크리트에 묻는 경우 부식방지조치를 할 것.(부식의 우려가 있는 재료)
2. 건축물의 주요부분을 관통하여 배관하는 경우 건축물의 구조내력에 지장이 없도록 할 것
3. 승강기의 승강로 안에는 승강기의 운행에 필요한 배관설비 외의 배관설비는 설치하지 아니할 것
4. 압력탱크 및 급탕설비에는 폭발 등의 위험물을 막을수 있는 시설을 할 것

【2】 배수용 배관설비 기준(위 【1】의 기준에 적합한 것)

1. 배출시키는 빗물 또는 오수의 양 및 수질에 따라 그에 적당한 용량 및 경사를 지게하거나 그에 적합한 재질을 사용할 것
2. 배관설비에는 배수트랩·통기관을 설치하는 등 위생에 지장이 없도록 할 것
3. 배관설비의 오수에 접하는 부분은 내수재료를 사용할 것
4. 지하실 등 공공하수도로 자연배수를 할 수 없는 곳에는 배수용량에 맞는 강제배수시설을 설치할 것
5. 우수관과 오수관은 분리하여 배관할 것
6. 콘크리구조체에 배관을 매설하거나 배관이 콘크리트구조체를 관통할 경우에는 구조체에 덧관을 미리 매설하는 등 배관의 부식을 방지하고 그 수선 및 교체가 용이하도록 할 것

【3】 먹는물용 배관의 설치 및 구조 (위 【1】의 기준에 적합할 것)

1. 음용수용 배관설비는 다른 용도의 배관설비와 직접 연결하지 않을 것
2. 급수관 및 수도계량기는 얼어서 깨지지 아니하도록 [별표 3의2]의 규정에 의한 기준에 적합하게 설치할 것 【참고1】
3. 위 2.에서 정한 기준 외에 급수관 및 수도계량기가 얼어서 깨지지 아니하도록 하기 위하여 지역실정에 따라 당해지방자치단체의 조례로 기준을 정한 경우에는 동기준에 적합하게 설치할 것
4. 급수 및 저수탱크는 「수도법 시행규칙」 별표 3의2에 따른 저수조설치기준에 적합한 구조로 할 것 【참고3】

※ 「수도시설의 청소 및 위생관리 등에 관한 규칙」 별표 1의 내용이 「수도법 시행규칙」 별표 3의2으로 이관됨(2012.5.17)

5. 먹는물의 급수관과 지름은 건축물의 용도 및 규모에 적당한 규격이상으로 할 것. 다만, 주거용 건축물은 당해 배관에 의하여 급수되는 가구수 또는 바닥면적의 합계에 따라 [별표 3]의 기준에 적합한 지름의 관으로 배관할 것 【참고2】
6. 먹는물용 급수관은「수도용 자재와 제품의 위생안전기준 인증 등에 관한 규칙」 제2조 및 별표 1에 따른 위생안전기준에 적합한 수도용 자재 및 제품을 사용할 것 【참고4】

※「수도용 자재와 제품의 위생안전기준 인증 등에 관한 규칙」이 제정<2011.5.25.>되어「수도법 시행규칙」에서 제10조 및 별표 4가 삭제되고, 제정된 규칙 제2조 및 별표 1로 이관됨

【참고1】 급수관 및 수도계량기 보호함의 설치기준[별표 3의2]

1. 급수관의 단열재 두께(단위 : ㎜)

설치장소	설계용 외기온도(℃) \ 관경(㎜, 외경)	20미만	20이상~50미만	50이상~70미만	70이상~100미만	100이상
• 외기에 노출된 배관 • 옥상 등 그밖에 우려되는 건축물의 부위	-10미만	200(50)	50(25)	25(25)	25(25)	25(25)
	-5미만 ~ -10	100(50)	40(25)	25(25)	25(25)	25(25)
	0미만 ~ -5	40(25)	25(25)	25(25)	25(25)	25(25)
	0℃이상 유지	20				

① ( )은 기온강하에 따라 자동으로 작동하는 전기 발열선이 설치하는 경우 단열재의 두께를 완화할 수있는 기준

② 단열재의 열전도율은 0.04kcal/㎡·h·℃이하인 것으로 한국산업규격제품을 사용할 것

③ 설계용 외기온도 : 건축물의 에너지 절약설계기준에 따를 것

2. 수도계량기보호함(난방공간내에 설치하는 것을 제외한다.)

① 수도계량기와 지수전 및 역지밸브를 지중 혹은 공동주택의 벽면 내부에 설치하는 경우에는 콘크리트 또는 합성수지제 등의 보호함에 넣어 보호할 것

② 보호함내 옆면 및 뒷면과 전면판에 각각 단열재를 부착할 것(단열재는 밀도가 높고 열전도율이 낮은 것으로 한국산업규격제품을 사용할 것)

③ 보호함의 배관입출구는 단열재 등으로 밀폐하여 냉기의 침입이 없도록 할 것

④ 보온용 단열재와 계량기 사이 공간을 유리섬유 등 보온재로 채울 것

⑤ 보호통과 벽체사이틈을 밀봉재 등으로 채워 냉기의 침투를 방지할 것

【참고2】 주거용 건축물의 급수관의 지름[별표 3]

가구 또는 세대수	1	2·3	4·5	6~8	9~16	17이상
급수관 지름의 최소기준(㎜)	15	20	25	32	40	50

비고 1. 가구 또는 세대의 구분이 불분명한 건축물에 있어서는 주거에 쓰이는 바닥면적의 합계에 따라 다음과 같이 가구수를 산정한다.

① 바닥면적 85㎡이하 : 1가구

② 바닥면적 85㎡초과 150㎡이하 : 3가구

③ 바닥면적 150㎡초과 300㎡이하 : 5가구

④ 바닥면적 300㎡초과 500㎡이하 : 16가구

⑤ 바닥면적 500㎡초과 : 17가구

2. 가압설비등을 설치하여 급수되는 각 기구에서의 압력이 0.7kg/㎠ 이상인 경우에는 위 표의 기준을 적용하지 아니할 수 있다.

【참고3】 저수조설치기준(「수도법 시행규칙」 별표3의2) 〈개정 2022.7.12〉

1. 저수조의 맨홀부분은 건축물(천정 및 보 등)으로부터 100센티미터 이상 떨어져야 하며, 그 밖의 부분은 60센티미터 이상의 간격을 띄울 것

2. 물의 유출구는 유입구의 반대편 밑부분에 설치하되, 바닥의 침전물이 유출되지 아니하도록 저수조의 바닥에서 띄워서 설치하고, 물칸막이 등을 설치하여 저수조 안의 물이 고이지 아니하도록 할 것
3. 각 변의 길이가 90센티미터 이상인 사각형 맨홀 또는 지름이 90센티미터 이상인 원형 맨홀을 1개 이상 설치하여 청소를 위한 사람이나 장비의 출입이 원활하도록 하여야 하고, 맨홀을 통하여 먼지나 그 밖의 이물질이 들어가지 아니하도록 할 것. 다만, 5세제곱미터 이하의 소규모 저수조의 맨홀은 각 변 또는 지름을 60센티미터 이상으로 할 수 있다.
4. 침전찌꺼기의 배출구를 저수조의 맨 밑부분에 설치하고, 저수조의 바닥은 배출구를 향하여 100분의 1 이상의 경사를 두어 설치하는 등 배출이 쉬운 구조로 할 것
5. 5세제곱미터를 초과하는 저수조는 청소 · 위생점검 및 보수 등 유지관리를 위하여 1개의 저수조를 둘 이상의 부분으로 구획하거나 저수조를 2개 이상 설치할 것 〈개정 2022.7.12〉
6. 저수조는 만수 시 최대수압 및 하중 등을 고려하여 충분한 강도를 갖도록 하고, 제5호에 따라 1개의 저수조를 둘 이상의 부분으로 구획하는 경우에는 한쪽의 물을 비웠을 때 수압에 견딜 수 있는 구조일 것 〈신설 2022.7.12〉
7. 저수조의 물이 일정 수준 이상 넘거나 일정 수준 이하로 줄어들 때 울리는 경보장치를 설치하고, 그 수신기는 관리실에 설치할 것
8. 건축물 또는 시설 외부의 땅밑에 저수조를 설치하는 경우에는 분뇨 · 쓰레기 등의 유해물질로부터 5미터 이상 띄워서 설치하여야 하며, 맨홀 주위에 다른 사람이 함부로 접근하지 못하도록 장치할 것. 다만, 부득이하게 저수조를 유해물질로부터 5미터 이상 띄워서 설치하지 못하는 경우에는 저수조의 주위에 차단벽을 설치하여야 한다.
9. 저수조 및 저수조에 설치하는 사다리, 버팀대, 물과 접촉하는 접합부속 등의 재질은 섬유보강플라스틱 · 스테인리스스틸 · 콘크리트 등의 내식성(耐蝕性) 재료를 사용하여야 하며, 콘크리트 저수조는 수질에 영향을 미치지 아니하는 재질로 마감할 것
10. 저수조의 공기정화를 위한 통기관과 물의 수위조절을 위한 월류관(越流管)을 설치하고, 관에는 벌레 등 오염물질이 들어가지 아니하도록 녹이 슬지 아니하는 재질의 세목(細木) 스크린을 설치할 것
11. 저수조의 유입배관에는 단수 후 통수과정에서 들어간 오수나 이물질이 저수조로 들어가는 것을 방지하기 위하여 배수용(排水用) 밸브를 설치할 것
12. 저수조를 설치하는 곳은 분진 등으로 인한 2차 오염을 방지하기 위하여 암 · 석면을 제외한 다른 적절한 자재를 사용할 것
13. 저수조 내부의 높이는 최소 1미터 80센티미터 이상으로 할 것. 다만, 옥상에 설치한 저수조는 제외한다.
14. 저수조의 뚜껑은 잠금장치를 하여야 하고, 출입구 부분은 이물질이 들어가지 는 구조이어야 하며, 측면에 출입구를 설치할 경우에는 점검 및 유지관리가 쉽도록 안전발판을 설치할 것
15. 소화용수가 저수조에 역류되는 것을 방지하기 위한 역류방지장치가 설치되어야 한다.

【참고4】 위생안전기준 인증대상 수도용 자재와 제품의 범위

(「수도용 자재와 제품의 위생안전기준 인증 등에 관한 규칙」 제2조 관련 별표 1)

구 분	인증대상
1. 수도관	가. 주철관류 등 금속관류
	나. 합성수지관류 등 비금속관류
2. 기계 및 계측 · 제어용 자재 및 제품	가. 밸브류 나. 펌프류 다. 수도꼭지류 라. 유량계류 마. 수도미터류
3. 도료(塗料) 등 그 밖의 수도용 자재 및 제품	가. 콘크리트 수조, 강제 수조 및 현장시공에 의한 관 등의 안쪽면에 사용되는 도료 나. 그 밖에 음용(飮用)을 목적으로 정수된 물을 공급하기 위해 사용하거나 설치하는 수도용 자재 및 제품르로서 환경부장관이 정하여 고시하는 자재와 제품

【관련 질의회신】

음용수 배관의 지름기준

건교부 건축 58070-2154, 1996.5.31

질의 가. 건축물의설비기준등에관한규칙 제18조 제6호의 규정에서 "지름의 관"이라 함은
나. 고가수조 급수방식으로 할 경우에도 동규칙 제18조 별표 3 비고란 2의 규정을 적용할 수 있는지

회신 가. 건축물의설비기준등에관한규칙 제18조 제6호의 규정에서 "지름의 관"이라 함은 한국산업규칙에서 명시하고 있는 호칭경(또는 공칭지름)을 말하는 것임
나. 동 규칙 제18조 별표 3 비고란 2의 규정에 의하여 가압설비 등을 설치하여 급수되는 각 기구에서의 압력이 1센티미터당 0.7킬로그램 이상인 경우에는 동표의 기준을 적용하지 아니할 수 있음

7 물막이설비(설비규칙 제17조의2)

설비규칙 제17조2 【물막이설비】

① 다음 각 호의 어느 하나에 해당하는 지역에서 연면적 1만제곱미터 이상의 건축물을 건축하려는 자는 빗물 등의 유입으로 건축물이 침수되지 도록 해당 건축물의 지하층 및 1층의 출입구(주차장의 출입구를 포함한다)에 물막이판 등 해당 건축물의 침수를 방지할 수 있는 설비(이하 "물막이설비"라 한다)를 설치해야 한다. 다만, 허가권자가 침수의 우려가 없다고 인정하는 경우에는 그렇지 다. <개정 2020.4.9., 2021.8.27>

1. 「국토의 계획 및 이용에 관한 법률」 제37조제1항제5호에 따른 방재지구
2. 「자연재해대책법」 제12조제1항에 따른 자연재해위험지구

② 제1항에 따라 설치되는 물막이설비는 다음 각 호의 기준에 적합해야 한다. <개정 2021.8.27>

1. 건축물의 이용 및 피난에 지장이 없는 구조일 것

그 밖에 국토교통부장관이 정하여 고시하는 기준에 적합하게 설치할 것

해설 방재지구와 자연재해위험지구에서 폭우 등으로 빗물이 건축물 안으로 들어와 물에 잠기는 피해를 예방할 수 있도록 연면적 1만㎡ 이상의 대형건축물에 차수설비의 설치를 의무화하도록 차수설비의 규정이 신설되었다.<2012.4.30.> (차수설비⇒물막이설비/개정 2021.8.27.)

■ 차수설비

【1】 대상지역

대상지역	용어의 뜻	관계법규정
① 방재지구	풍수해, 산사태, 지반의 붕괴, 그 밖의 재해를 예방하기 위하여 필요한 지구	「국토의 계획 및 이용에 관한 법률」 제37조제1항제5호
② 자연재해위험지구	시장·군수·구청장은 상습침수지역, 산사태위험지역 등 지형적인 여건 등으로 인하여 재해가 발생할 우려가 있는 지역	「자연재해대책법」 제12조제1항

【2】 대상건축물

- 연면적 1만㎡ 이상의 건축물의 건축

【3】 물막이설비 설치 위치

- 지하층 및 1층의 출입구(주차장 출입구 포함)

【4】 물막이설비의 기준

① 빗물 등의 유입으로 건축물이 침수되지 않도록 물막이판 등을 설치
예외 허가권자가 침수의 우려가 없다고 인정하는 경우
② 건축물의 이용 및 피난에 지장이 없는 구조일 것
③ 기타 국토교통부장관이 정하여 고시하는 기준에 적합할 것

8 피뢰설비 (설비규칙 제20조)

설비규칙 제20조【피뢰설비】
영 제87조제2항에 따라 낙뢰의 우려가 있는 건축물, 높이 20미터 이상의 건축물 또는 영 제118조제1항에 따른 공작물로서 높이 20미터 이상의 공작물(건축물에 영 제118조제1항에 따른 공작물을 설치하여 그 전체 높이가 20미터 이상인 것을 포함한다)에는 다음 각 호의 기준에 적합하게 피뢰설비를 설치해야 한다. 〈개정 2021.8.27〉

1. 피뢰설비는 한국산업표준이 정하는 피뢰레벨 등급에 적합한 피뢰설비일 것. 다만, 위험물 저장 및 처리시설에 설치하는 피뢰설비는 한국산업표준이 정하는 피뢰시스템레벨 II 이상이어야 한다.
2. 돌침은 건축물의 맨 윗부분으로부터 25센티미터 이상 돌출시켜 설치하되, 「건축물의 구조기준 등에 관한 규칙」 제9조에 따른 설계하중에 견딜 수 있는 구조일 것
3. 피뢰설비의 재료는 최소 단면적이 피복이 없는 동선(銅線)을 기준으로 수뢰부, 인하도선 및 접지극은 50제곱밀리미터 이상이거나 이와 동등 이상의 성능을 갖출 것
4. 피뢰설비의 인하도선을 대신하여 철골조의 철골구조물과 철근콘크리트조의 철근구조체 등을 사용하는 경우에는 전기적 연속성이 보장될 것. 이 경우 전기적 연속성이 있다고 판단되기 위하여는 건축물 금속 구조체의 최상단부와 지표레벨 사이의 전기저항이 0.2옴 이하이어야 한다.
5. 측면 낙뢰를 방지하기 위하여 높이가 60미터를 초과하는 건축물 등에는 지면에서 건축물 높이의 5분의 4가 되는 지점부터 최상단부분까지의 측면에 수뢰부를 설치하여야 하며, 지표레벨에서 최상단부의 높이가 150미터를 초과하는 건축물은 120미터 지점부터 최상단부분까지의 측면에 수뢰부를 설치할 것. 다만, 건축물의 외벽이 금속부재(部材)로 마감되고, 금속부재 상호간에 제4호 후단에 적합한 전기적 연속성이 보장되며 피뢰시스템레벨 등급에 적합하게 설치하여 인하도선에 연결한 경우에는 측면 수뢰부가 설치된 것으로 본다.
6. 접지(接地)는 환경오염을 일으킬 수 있는 시공방법이나 화학 첨가물 등을 사용하지 아니할 것
7. 급수·급탕·난방·가스 등을 공급하기 위하여 건축물에 설치하는 금속배관 및 금속재 설비는 전위(電位)가 균등하게 이루어지도록 전기적으로 접속할 것
8. 전기설비의 접지계통과 건축물의 피뢰설비 및 통신설비 등의 접지극을 공용하는 통합접지공사를 하는 경우에는 낙뢰 등으로 인한 과전압으로부터 전기설비 등을 보호하기 위하여 한국산업표준에 적합한 서지보호장치[서지(surge: 전류·전압 등의 과도 파형을 말한다)로부터 각종 설비를 보호하기 위한 장치를 말한다]를 설치할 것
9. 그 밖에 피뢰설비와 관련된 사항은 한국산업규격에 적합하게 설치할 것

해설 낙뢰의 우려가 있는 건축물 또는 높이 20m 이상인 건축물의 경우 재해방지를 위해 피뢰설비를 설치하도록 규정하였으나,
낙뢰로 인한 인명·재산상의 피해를 예방하기 위하여 낙뢰의 우려가 큰 장식탑, 기념탑, 광고탑, 광고판, 철탑 등의 공작물 중 높이 20m 이상인 공작물과 건축물에 설치되어 건축물과 공작물의 전체 높이가 20m 이상인 공작물에도 피뢰설비를 설치하도록 개정(2012.4.20)되었다.

■ 피뢰설비의 구조

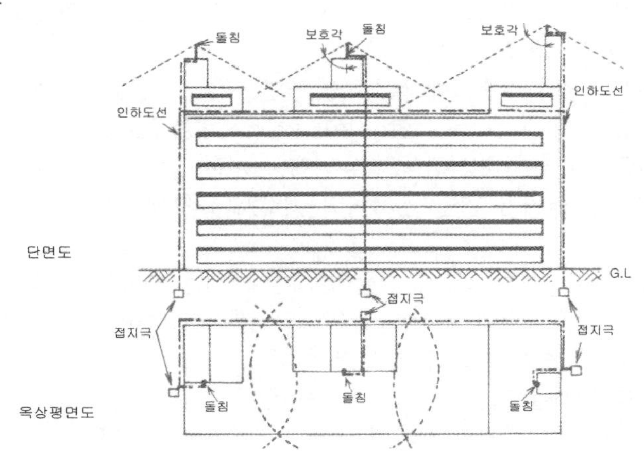

■ 피뢰설비

구 분	내 용		비 고
1. 설치대상	① 낙뢰의 우려가 있는 건축물 ② 높이 20m 이상의 건축물 ③ 높이 20m 이상의 공작물* ④ 건축물에 공작물*을 설치하여 높이가 20m 이상인 것		* 영 제118조제1항에 따른 공작물을 말함
2. 규격	• 한국산업표준이 정하는 피뢰레벨 등급에 적합하게 설치 (위험물 저장 및 처리시설은 피뢰시스템레벨 II 이상으로 설치)		-
3. 돌침의 돌출길이 및 구조	• 건축물의 맨 윗부분으로부터 25cm 이상으로 돌출시켜 설치하되, 설계하중에 견딜 수 있는 구조로 설치		• 건축물의 구조기준 등에 관한 규칙 제9조 참조
4. 피뢰설비의 최소단면적	• 수 뢰 부 • 인하도선 • 접 지 극	50㎟ 이상	• 최소단면적은 피복이 없는 동선을 기준으로 함
5. 측면수뢰부의 설치	• 높이 60m를 초과하는 건축물		• 지면에서 건축물의 높이의 4/5가 되는 지점부터 최상단부분까지의 측면에 설치
	• 지표레벨에서 최상단부까지의 높이가 150m를 초과하는 건축물		• 120m 지점부터 최상단 부분까지 측면에 설치
	예외 건축물 외벽이 금속부재인 경우 금속부재 상호간에 전기적 연속성이 보장되고, 피뢰시스템레벨 등급에 적합하게 설치하여 인하도선에 연결된 경우		

■ 접지는 환경오염을 일으킬 수 있는 시공방법이나 화학첨가물을 사용하지 아니할 것
■ 급수·급탕·난방·가스 등을 공급하기 위하여 건축물에 설치하는 금속배관 및 금속재 설비는 전위가 균등하게 이루어지도록 전기적으로 접속하여야 함
■ 전기설비 접지계통과 건축물의 피뢰설비, 통신설비 등이 접지극을 공유하는 통합접지공사를 하는 경우 낙뢰등의 과전압으로부터 전기설비 등을 보호하기 위해 한국산업표준에 적합한 서지보호장치[서지(surge: 전류·전압 등의 과도 파형을 말한다)로부터 각종 설비를 보호하기 위한 장치]를 설치할 것
■ 그 밖에 피뢰설비와 관련사항은 한국산업표준에 적합하게 설치하여야 함

9 건축물의 냉방설비 등(설비규칙 제23조)

설비규칙 제23조【건축물의 냉방설비 등】

① 삭제 〈1999.5.11〉

② 제2조제3호부터 제6호까지의 규정에 해당하는 건축물 중 산업통상자원부장관이 국토교통부장관과 협의하여 고시하는 건축물에 중앙집중냉방설비를 설치하는 경우에는 산업통상자원부장관이 국토교통부장관과 협의하여 정하는 바에 따라 축냉식 또는 가스를 이용한 중앙집중냉방방식으로 하여야 한다. 〈개정 2013.9.2〉

③ 상업지역 및 주거지역에서 건축물에 설치하는 냉방시설 및 환기시설의 배기구와 배기장치의 설치는 다음 각 호의 기준에 모두 적합하여야 한다. 〈개정 2013.12.27〉

1. 배기구는 도로면으로부터 2미터 이상의 높이에 설치할 것
2. 배기장치에서 나오는 열기가 인근 건축물의 거주자나 보행자에게 직접 닿지 아니하도록 할 것
3. 건축물의 외벽에 배기구 또는 배기장치를 설치할 때에는 외벽 또는 다음 각 목의 기준에 적합한 지지대 등 보호장치와 분리되지 아니하도록 견고하게 연결하여 배기구 또는 배기장치가 떨어지는 것을 방지할 수 있도록 할 것

가. 배기구 또는 배기장치를 지탱할 수 있는 구조일 것

나. 부식을 방지할 수 있는 자재를 사용하거나 도장(塗裝)할 것

[제목개정 2012.4.30]

【1】 축냉식 또는 가스를 이용한 중앙집중냉방방식 대상

- 건축설비분야 관계전문기술자의 협력을 받아야 하는 건축물 중 산업통상자원부장관과 국토교통부장관이 협의하여 고시하는 다음의 건축물

	용 도	해당 용도에 사용되는 바닥면적의 합계
1	• 목욕장(제1종 근린생활시설 중) • 실내 물놀이형 시설(운동시설 중) • 실내수영장(운동시설 중)	1,000㎡ 이상
2	• 기숙사(공동주택 중) • 의료시설 • 유스호스텔(수련시설 중) • 숙박시설	2,000㎡ 이상
3	• 판매시설 등 • 연구소(교육연구시설 중) • 업무시설	3,000㎡ 이상
4	• 문화 및 집회시설(동・식물원 제외) • 종교시설 • 교육연구시설(연구소 제외) • 장례식장	10,000㎡ 이상

【참고】 건축물의 냉방설비에 대한 설치 및 설계기준(산업통상자원부고시 제2021-151호, 2021.10.25.) ⇨ 제2편 참조

【2】 건축물에 설치하는 냉방시설 및 환기시설의 배기구 등의 설치 기준

① 대상 지역 : 상업지역, 주거지역

② 설치 기준(다음 기준에 모두 적합할 것)

- 배기구는 도로면에서 2m 이상 높이에 설치
- 배기장치의 열기가 인근 건축물의 거주자나 보행자에게 직접 닿지 않도록 할 것
- 외벽 배기구 또는 배기장치는 외벽이나 다음 기준에 적합한 지지대 등 보호장치와 분리되지 않도록 견고하게 연결하여 떨어지지 않도록 설치할 것
  - ·배기구 또는 배기장치를 지탱할 수 있는 구조
  - ·부식을 방지할 수 있는 자재를 사용하거나 도장할 것

10 승강기(법 제64조)(영 제89조)(설비규칙 제5조, 제6조)

법 제64조【승강기】

① 건축주는 6층 이상으로서 연면적이 2천제곱미터 이상인 건축물(대통령령으로 정하는 건축물은 제외한다)을 건축하려면 승강기를 설치하여야 한다. 이 경우 승강기의 규모 및 구조는 국토교통부령으로 정한다.

② 높이 31미터를 초과하는 건축물에는 대통령령으로 정하는 바에 따라 제1항에 따른 승강기뿐만 아니라 비상용승강기를 추가로 설치하여야 한다. 다만, 국토교통부령으로 정하는 건축물의 경우에는 그러하지 아니하다.

③ 고층건축물에는 제1항에 따라 건축물에 설치하는 승용승강기 중 1대 이상을 대통령령으로 정하는 바에 따라 피난용승강기로 설치하여야 한다. 〈개정 2018.4.17.〉

1 승용 승강기

영 제89조【승용 승강기의 설치】

법 제64조제1항 전단에서 "대통령령으로 정하는 건축물"이란 층수가 6층인 건축물로서 각 층 거실의 바닥면적 300제곱미터 이내마다 1개소 이상의 직통계단을 설치한 건축물을 말한다.

■ 승용승강기의 설치기준(설비규칙 제5조, 제6조)

설비규칙 제5조【승용승강기의 설치기준】

「건축법」(이하 "법"이라 한다) 제64조제1항에 따라 건축물에 설치하는 승용승강기의 설치기준은 별표 1의2와 같다. 다만, 승용승강기가 설치되어 있는 건축물에 1개층을 증축하는 경우에는 승용승강기의 승강로를 연장하여 설치하지 아니할 수 있다.〈개정 2015.7.9.〉

【별표1의2】 승용승강기의 설치기준(제5조 관련)

건축물의 용도 \ 6층 이상의 거실면적의 합계		3천제곱미터 이하	3천제곱미터 초과
1.	가. 문화 및 집회시설(공연장·집회장 및 관람장만 해당한다) 나. 판매시설 다. 의료시설	2대	2대에 3천제곱미터를 초과하는 2천제곱미터 이내마다 1대의 비율로 가산한 대수

2.	가. 문화 및 집회시설(전시장 및 동·식물원만 해당한다) 나. 업무시설 다. 숙박시설 라. 위락시설	1대	1대에 3천제곱미터를 초과하는 2천제곱미터 이내마다 1대의 비율로 가산한 대수
3.	가. 공동주택 나. 교육연구시설 다. 노유자시설 라. 그 밖의 시설	1대	1대에 3천제곱미터를 초과하는 3천제곱미터 이내마다 1대의 비율로 가산한 대수

비고 :

1. 위 표에 따라 승강기의 대수를 계산할 때 8인승 이상 15인승 이하의 승강기는 1대의 승강기로 보고, 16인승 이상의 승강기는 2대의 승강기로 본다.
2. 건축물의 용도가 복합된 경우 승용승강기의 설치기준은 다음 각 목의 구분에 따른다.
   가. 둘 이상의 건축물의 용도가 위 표에 따른 같은 호에 해당하는 경우: 하나의 용도에 해당하는 건축물로 보아 6층 이상의 거실면적의 총합계를 기준으로 설치하여야 하는 승용승강기 대수를 산정한다.
   나. 둘 이상의 건축물의 용도가 위 표에 따른 둘 이상의 호에 해당하는 경우: 다음의 기준에 따라 산정한 승용승강기 대수 중 적은 대수
      1) 각각의 건축물 용도에 따라 산정한 승용승강기 대수를 합산한 대수. 이 경우 둘 이상의 건축물의 용도가 같은 호에 해당하는 경우에는 가목에 따라 승용승강기 대수를 산정한다.
      2) 각각의 건축물 용도별 6층 이상의 거실 면적을 모두 합산한 면적을 기준으로 각각의 건축물 용도별 승용승강기 설치기준 중 가장 강한 기준을 적용하여 산정한 대수

설비규칙 제6조【승강기의 구조】

법 제64조에 따라 건축물에 설치하는 승강기·에스컬레이터 및 비상용승강기의 구조는 「승강기 안전관리법」이 정하는 바에 의한다.

【1】 승용승강기의 설치

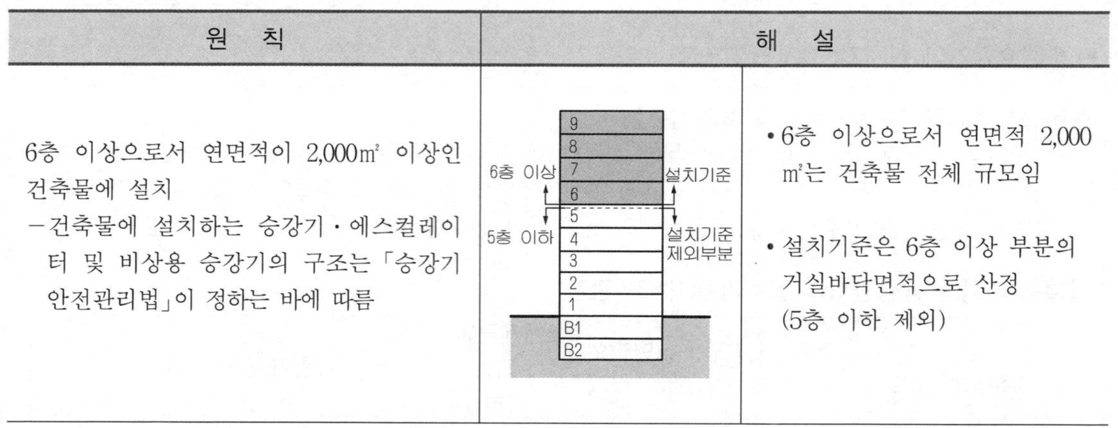

원 칙	해 설	
6층 이상으로서 연면적이 2,000㎡ 이상인 건축물에 설치 -건축물에 설치하는 승강기·에스컬레이터 및 비상용 승강기의 구조는「승강기 안전관리법」이 정하는 바에 따름	(도해)	• 6층 이상으로서 연면적 2,000㎡는 건축물 전체 규모임 • 설치기준은 6층 이상 부분의 거실바닥면적으로 산정 (5층 이하 제외)

■ 층수가 6층인 건축물로서 각 층 바닥면적 300㎡ 이내마다 1개소 이상의 직통계단을 설치한 경우 설치 대상에서 제외

【2】 설치 기준

구분	용도	6층 이상의 거실 바닥면적의 합계(A㎡)		기타
		① 3,000㎡ 이하 (기본대수)	② 3,000㎡ 초과부분 (가산대수)	
1	• 공연장, 집회장, 관람장 • 판매시설 • 의료시설	2대	$\frac{A-3,000m^2}{2,000m^2}$(대)	• ①의 대수와 ②의 대수의 합으로 설치대수 산정(①+②) • 승강기 대수 산정시 8인승 이상 15인승 이하인 경우를 기준으로 하며, 16인승 이상의 경우 2대로 환산함.
2	• 전시장 및 동·식물원 • 업무시설 • 숙박시설 • 위락시설	1대	$\frac{A-3,000m^2}{2,000m^2}$(대)	
3	• 공동주택 • 교육연구시설 • 노유자시설 • 그 밖의 시설	1대	$\frac{A-3,000m^2}{3,000m^2}$(대)	

【3】 복합용도의 경우 대수 산정 방법

① 둘 이상 용도가 위 표의 같은 호에 해당하는 경우:
하나의 용도에 해당하는 건축물로 보아 6층 이상의 거실면적의 총합계를 기준으로 설치하여야 하는 승용승강기 대수 산정

예시1 **6층 이상층이 위락시설 및 업무시설인 복합용도의 건축물로서 용도별 6층 이상층의 거실바닥면적이 다음과 같을 때 승용승강기 산정 대수는?**
· 위락시설 : 6층 이상층의 거실바닥면적 1,000㎡
· 업무시설 : 6층 이상층의 거실바닥면적 1,000㎡

1) 각 용도별 대수산정시 위락시설 1대, 업무시설 1대로 모두 2대이나,
2) 위락시설과 업무시설은 위 설치기준 제2호 용도로 모두 같은 호에 해당하므로 6층 이상의 거실바닥면적의 총합계 2,000㎡를 기준으로 산정하여 1대만 설치하면 된다.

② 둘 이상 용도가 위 표의 둘 이상의 호에 해당하는 경우: 다음의 기준에 따라 산정한 승용승강기 대수 중 적은 대수
1) 각각의 건축물 용도에 따라 산정한 승용승강기 대수를 합산한 대수
 – 둘 이상의 건축물의 용도가 같은 호에 해당하는 경우: ①의 방식으로 산정
2) 각각의 건축물 용도별 6층 이상의 거실 면적을 모두 합산한 면적을 기준으로 각각의 건축물 용도별 승용승강기 설치기준 중 가장 강한 기준을 적용하여 산정한 대수

예시2 **6층 이상층이 판매시설, 위락시설 및 업무시설인 복합용도의 건축물로서 용도별 6층 이상층의 거실바닥면적이 다음과 같을 때 승용승강기 산정 대수는?**
· 판매시설 : 6층 이상층의 거실바닥면적 1,000㎡
· 위락시설 : 6층 이상층의 거실바닥면적 1,000㎡
· 업무시설 : 6층 이상층의 거실바닥면적 1,000㎡

1) 각각의 용도별 산정 대수를 합산한 대수
 – 판매시설 :3,000㎡까지 2대,
 – 위락시설+업무시설 : 같은 용도(합계 2,000㎡)로 보아 =1대 ∴2+1=3대
2) 가장 강한 기준 적용 용도(판매시설)로 산정한 대수
 – 용도별 6층 이상의 거실바닥면적의 총합계=3,000㎡, ∴2대
1),2)중 적은 대수인 2대를 법정 승강기 대수로 한다.

관계법 승강기의 종류(「승강기 안전관리법」 제2조, 시행규칙 제2조)

법 제2조【정의】 이 법에서 사용하는 용어의 뜻은 다음과 같다.
1. "승강기"란 건축물이나 고정된 시설물에 설치되어 일정한 경로에 따라 사람이나 화물을 승강장으로 옮기는 데에 사용되는 설비(「주차장법」에 따른 기계식주차장치 등 대통령령으로 정하는 것은 제외한다)로서 구조나 용도 등의 구분에 따라 대통령령으로 정하는 설비를 말한다.

영 제3조【승강기의 종류】 ① 법 제2조제1호에서 "대통령령으로 정하는 설비"란 다음 각 호의 구분에 따른 설비를 말한다.
1. 엘리베이터: 일정한 수직로 또는 경사로를 따라 위·아래로 움직이는 운반구(運搬具)를 통해 사람이나 화물을 승강장으로 운송시키는 설비
2. 에스컬레이터: 일정한 경사로 또는 수평로를 따라 위·아래 또는 옆으로 움직이는 디딤판을 통해 사람이나 화물을 승강장으로 운송시키는 설비
3. 휠체어리프트: 일정한 수직로 또는 경사로를 따라 위·아래로 움직이는 운반구를 통해 휠체어에 탑승한 장애인 또는 그 밖의 장애인·노인·임산부 등 거동이 불편한 사람을 승강장으로 운송시키는 설비

규칙 제2조【승강기의 종류】 ① 「승강기 안전관리법 시행령」(이하 "영"이라 한다) 제3조제1항 각 호에 따라 구분된 승강기의 구조별 또는 용도별 세부종류는 별표 1과 같다.

[별표 1] 승강기의 구조별 또는 용도별 세부종류(제2조 관련)

1. 구조별 승강기의 세부종류

구분	승강기의 세부종류	분류기준
가. 엘리베이터	1) 전기식 엘리베이터	로프나 체인 등에 매달린 운반구(運搬具)가 구동기에 의해 수직로 또는 경사로를 따라 운행되는 구조의 엘리베이터
	2) 유압식 엘리베이터	운반구 또는 로프나 체인 등에 매달린 운반구가 유압잭에 의해 수직로 또는 경사로를 따라 운행되는 구조의 엘리베이터
나. 에스컬레이터	1) 에스컬레이터	계단형의 발판이 구동기에 의해 경사로를 따라 운행되는 구조의 에스컬레이터
	2) 무빙워크	평면형의 발판이 구동기에 의해 경사로 또는 수평로를 따라 운행되는 구조의 에스컬레이터
다. 휠체어리프트	1) 수직형 휠체어리프트	휠체어의 운반에 적합하게 제작된 운반구(이하 "휠체어운반구"라 한다) 또는 로프나 체인 등에 매달린 휠체어운반구가 구동기나 유압잭에 의해 수직로를 따라 운행되는 구조의 휠체어리프트
	2) 경사형 휠체어리프트	휠체어운반구 또는 로프나 체인 등에 매달린 휠체어운반구가 구동기나 유압잭에 의해 경사로를 따라 운행되는 구조의 휠체어리프트

2. 용도별 승강기의 세부종류

구분	승강기의 세부종류	분류기준
가. 엘리베이터	1) 승객용 엘리베이터	사람의 운송에 적합하게 제조·설치된 엘리베이터
	2) 전망용 엘리베이터	승객용 엘리베이터 중 엘리베이터 내부에서 외부를 전망하기에 적합하게 제조·설치된 엘리베이터
	3) 병원용 엘리베이터	병원의 병상 운반에 적합하게 제조·설치된 엘리베이터로서 평상시에는 승객용 엘리베이터로 사용하는 엘리베이터

	4) 장애인용 엘리베이터	「장애인·노인·임산부 등의 편의증진 보장에 관한 법률」 제2조제1호에 따른 장애인등(이하 "장애인등"이라 한다)의 운송에 적합하게 제조·설치된 엘리베이터로서 평상시에는 승객용 엘리베이터로 사용하는 엘리베이터
	5) 소방구조용 엘리베이터	화재 등 비상시 소방관의 소화활동이나 구조활동에 적합하게 제조·설치된 엘리베이터(「건축법」 제64조제2항 본문 및 「주택건설기준 등에 관한 규정」 제15조제2항에 따른 비상용승강기를 말한다)로서 평상시에는 승객용 엘리베이터로 사용하는 엘리베이터
	6) 피난용 엘리베이터	화재 등 재난 발생 시 거주자의 피난활동에 적합하게 제조·설치된 엘리베이터로서 평상시에는 승객용으로 사용하는 엘리베이터
	7) 주택용 엘리베이터	「건축법 시행령」 별표 1 제1호가목에 따른 단독주택 거주자의 운송에 적합하게 제조·설치된 엘리베이터로서 편도 운행거리가 12미터 이하인 엘리베이터 <개정 2023.7.26>
	8) 승객화물용 엘리베이터	사람의 운송과 화물 운반을 겸용하기에 적합하게 제조·설치된 엘리베이터
	9) 화물용 엘리베이터	화물의 운반에 적합하게 제조·설치된 엘리베이터로서 조작자 또는 화물취급자가 탑승할 수 있는 엘리베이터(적재용량이 300킬로그램 미만인 것은 제외한다)
	10) 자동차용 엘리베이터	운전자가 탑승한 자동차의 운반에 적합하게 제조·설치된 엘리베이터
	11) 소형화물용 엘리베이터 (Dumbwaiter)	음식물이나 서적 등 소형 화물의 운반에 적합하게 제조·설치된 엘리베이터로서 사람의 탑승을 금지하는 엘리베이터(바닥면적이 0.5제곱미터 이하이고, 높이가 0.6미터 이하인 것은 제외한다)
나. 에스컬레이터	1) 승객용 에스컬레이터	사람의 운송에 적합하게 제조·설치된 에스컬레이터
	2) 장애인용 에스컬레이터	장애인등의 운송에 적합하게 제조·설치된 에스컬레이터로서 평상시에는 승객용 에스컬레이터로 사용하는 에스컬레이터
	3) 승객화물용 에스컬레이터	사람의 운송과 화물 운반을 겸용하기에 적합하게 제조·설치된 에스컬레이터
	4) 승객용 무빙워크	사람의 운송에 적합하게 제조·설치된 에스컬레이터
	5) 승객화물용 무빙워크	사람의 운송과 화물의 운반을 겸용하기에 적합하게 제조·설치된 에스컬레이터
다. 휠체어리프트	1) 장애인용 수직형 휠체어리프트	운반구가 수직로를 따라 운행되는 것으로서 장애인등의 운송에 적합하게 제조·설치된 수직형 휠체어리프트
	2) 장애인용 경사형 휠체어리프트	운반구가 경사로를 따라 운행되는 것으로서 장애인등의 운송에 적합하게 제조·설치된 경사형 휠체어리프트

【관련 질의회신】

승용승강기 설치대상 공동주택의 거실면적 산정시 현관·화장실 포함여부

건교부 건축 58070-2298, 1998.6.30

질의 건축법시행령 제89조 및 건축물의 설비기준 등에 관한 규칙 제5조 별표1 승용승강기의 설치기준을 적용함에 있어서 공동주택의 거실면적을 산정할 때 현관·화장실은 제외되는지

회신 건축법시행령 제89조제1항 및 건축물의 설비기준 등에 관한 규칙 제5조 별표1의 규정에 의한 승용승강기를 설치할 때의 거실면적을 산정함에 있어서 공용이 아닌 현관·화장실은 포함되는 것임

2 비상용승강기의 설치 (영 제90조) (설비규칙 제9조, 제10조)

영 제90조【비상용승강기의 설치】

① 법 제64조제2항에 따라 높이 31미터를 넘는 건축물에는 다음 각 호의 기준에 따른 대수 이상의 비상용 승강기(비상용 승강기의 승강장 및 승강로를 포함한다. 이하 이 조에서 같다)를 설치하여야 한다. 다만, 법 제64조제1항에 따라 설치되는 승강기를 비상용 승강기의 구조로 하는 경우에는 그러하지 아니하다.

1. 높이 31미터를 넘는 각 층의 바닥면적 중 최대 바닥면적이 1천500제곱미터 이하인 건축물: 1대 이상
2. 높이 31미터를 넘는 각 층의 바닥면적 중 최대 바닥면적이 1천500제곱미터를 넘는 건축물: 1대에 1천500제곱미터를 넘는 3천 제곱미터 이내마다 1대씩 더한 대수 이상

② 제1항에 따라 2대 이상의 비상용 승강기를 설치하는 경우에는 화재가 났을 때 소화에 지장이 없도록 일정한 간격을 두고 설치하여야 한다.

③ 건축물에 설치하는 비상용 승강기의 구조 등에 관하여 필요한 사항은 국토교통부령으로 정한다.

설비규칙 제9조【비상용승강기를 설치하지 아니할 수 있는 건축물】

법 제64조제2항 단서에서 "국토교통부령이 정하는 건축물"이라 함은 다음 각 호의 건축물을 말한다. 〈개정 2017.12.4〉

1. 높이 31미터를 넘는 각층을 거실외의 용도로 쓰는 건축물
2. 높이 31미터를 넘는 각층의 바닥면적의 합계가 500제곱미터 이하인 건축물
3. 높이 31미터를 넘는 층수가 4개층이하로서 당해 각층의 바닥면적의 합계 200제곱미터(벽 및 반자가 실내에 접하는 부분의 마감을 불연재료로 한 경우에는 500제곱미터)이내마다 방화구획(영 제46조제1항 본문에 따른 방화구획을 말한다. 이하 같다)으로 구획된 건축물

설비규칙 제10조【비상용승강기의 승강장 및 승강로의 구조】

법 제64조제2항에 따른 비상용승강기의 승강장 및 승강로의 구조는 다음 각 호의 기준에 적합하여야 한다.

1. 삭제 〈1996.2.9〉
2. 비상용승강기 승강장의 구조
   가. 승강장의 창문·출입구 기타 개구부를 제외한 부분은 당해 건축물의 다른 부분과 내화구조의 바닥 및 벽으로 구획할 것. 다만, 공동주택의 경우에는 승강장과 특별피난계단(「건축물의 피난·방화구조 등의 기준에 관한 규칙」 제9조의 규정에 의한 특별피난계단을 말한다. 이하 같다)의 부속실과의 겸용부분을 특별피난계단의 계단실과 별도로 구획하는 때에는 승강장을 특별피난계단의 부속실과 겸용할 수 있다.
   나. 승강장은 각층의 내부와 연결될 수 있도록 하되, 그 출입구(승강로의 출입구를 제외한다)에는 갑종방화문을 설치할 것. 다만, 피난층에는 갑종방화문을 설치하지 아니할 수 있다.
   다. 노대 또는 외부를 향하여 열 수 있는 창문이나 제14조제2항의 규정에 의한 배연설비를 설치할 것
   라. 벽 및 반자가 실내에 접하는 부분의 마감재료(마감을 위한 바탕을 포함한다)는 불연재료로 할 것

마. 채광이 되는 창문이 있거나 예비전원에 의한 조명설비를 할 것
바. 승강장의 바닥면적은 비상용승강기 1대에 대하여 6제곱미터 이상으로 할 것. 다만, 옥외에 승강장을 설치하는 경우에는 그러하지 아니하다.
사. 피난층이 있는 승강장의 출입구(승강장이 없는 경우에는 승강로의 출입구)로부터 도로 또는 공지(공원·광장 기타 이와 유사한 것으로서 피난 및 소화를 위한 당해 대지에의 출입에 지장이 없는 것을 말한다)에 이르는 거리가 30미터 이하일 것
아. 승강장 출입구 부근의 잘 보이는 곳에 당해 승강기가 비상용승강기임을 알 수 있는 표지를 할 것
3. 비상용승강기의 승강로의 구조
가. 승강로는 당해 건축물의 다른 부분과 내화구조로 구획할 것
나. 각층으로부터 피난층까지 이르는 승강로를 단일구조로 연결하여 설치할 것

【1】 설치기준

원 칙	설 치 기 준
높이 31m를 초과하는 건축물(승용승강기외에 비상용승강기를 추가 설치) －건축물에 설치하는 승강기·에스컬레이터 및 비상용 승강기의 구조는 「승강기 안전관리법」이 정하는 바에 따름 (그림: 31m)	아래 표 참조

바닥면적*	설치대수
1,500㎡ 이하	1대
1,500㎡ 초과	1대 + $\frac{* \text{바닥면적} - 1,500\text{m}^2}{3,000\text{m}^2}$

*바닥면적은 높이 31m를 넘는 층 중 최대층(1개층) 바닥면적을 말함

■ 승용승강기를 비상용 승강기의 구조로 하는 경우에는 별도설치를 하지 않을 수 있다.
■ 2대 이상의 비상용 승강기를 설치하는 경우에는 화재시 소화에 지장이 없도록 일정한 간격을 두고 설치하여야 한다.

【2】 설치 제외의 경우

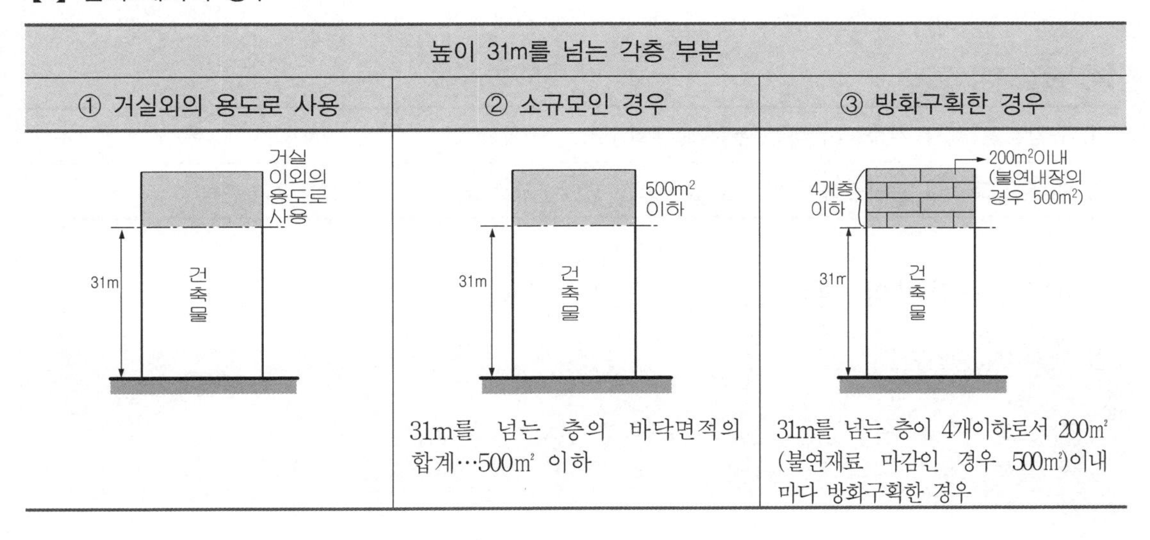

높이 31m를 넘는 각층 부분		
① 거실외의 용도로 사용	② 소규모인 경우	③ 방화구획한 경우
	31m를 넘는 층의 바닥면적의 합계…500㎡ 이하	31m를 넘는 층이 4개이하로서 200㎡(불연재료 마감인 경우 500㎡)이내마다 방화구획한 경우

【3】 승강장의 구조

■ 비상용 승강기의 승강장의 기준

<table>
<tr><th>내 용</th><th>조 치</th><th>구 조</th></tr>
<tr><td>1. 내화성능</td><td>승강장은 당해건축물의 다른 부분과 내화구조의 바닥 및 벽으로 구획
-창문, 출입구 기타 개구부 제외</td><td rowspan="6">■ 비상용 승강기의 승강장 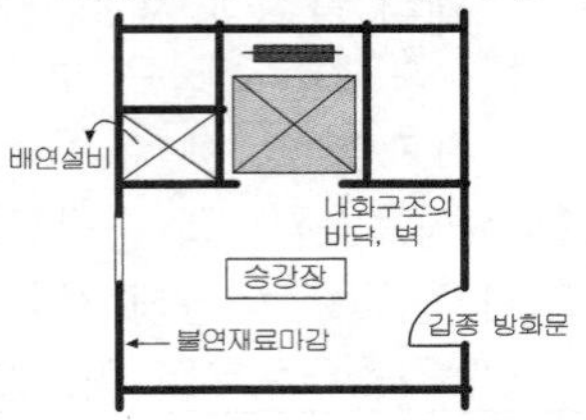
배연설비
내화구조의 바닥, 벽
승강장
갑종 방화문
불연재료마감

■ 공동주택의 경우
특별피난계단
배연설비
승강장
갑종 방화문

• 승강장을 특별피난계단의 부속실과 겸용할 수 있음
- 특별피난계단의 계단실과 별도로 구획하는 경우</td></tr>
<tr><td>2. 각층 내부와의 연결부</td><td>승강장은 각층의 내부와 연결 되도록 하고 그 출입구에는 60+방화문 또는 60분방화문을 설치
예외 피난층에는 설치하지 않을 수 있음</td></tr>
<tr><td>3. 배연설비</td><td>노대 또는 외부를 향하여 열수 있는 창문이나 배연설비의 설치</td></tr>
<tr><td>4. 내부 마감재료</td><td>벽 및 반자의 실내에 면하는 부분(마감 바탕 포함)은 불연재료로 마감</td></tr>
<tr><td>5. 조명설비</td><td>채광이 되는 창문 또는 예비전원에 의한 조명설비 설치</td></tr>
<tr><td>6. 승강장의 바닥면적</td><td>1대에 대하여 6㎡ 이상
-옥외설치시 제외</td></tr>
</table>

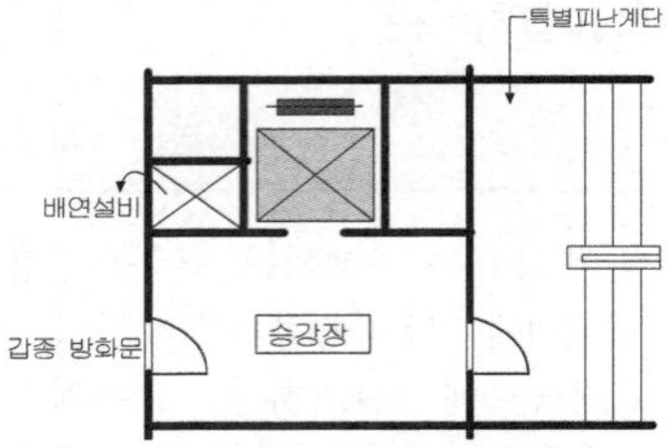

■ 피난층에서의 거리 : 승강장의 출입구로부터 도로 또는 공지에 이르는 거리가 30m 이하일 것

■ 승강장의 출입구 부근의 잘 보이는 곳에 비상용 승강기임을 알 수 있는 표지를 할 것

【4】 승강로의 구조

1. 승강로는 해당 건축물의 다른 부분과 내화구조로 구획할 것
2. 각 층으로부터 피난층까지 이르는 승강로를 단일구조로 연결하여 설치할 것

3 피난용승강기의 설치(법 제64조제3항)(영 제91조)(피난규칙 제30조)

법 제64조 【승강기】

①, ② "생략"

③ 고층건축물에는 제1항에 따라 건축물에 설치하는 승용승강기 중 1대 이상을 대통령령으로 정하는 바에 따라 피난용승강기로 설치하여야 한다. <개정 2018.4.17.>

영 제91조【피난용승강기의 설치】

법 제64조제3항에 따른 피난용승강기(피난용승강기의 승강장 및 승강로를 포함한다. 이하 이 조에서 같다)는 다음 각 호의 기준에 맞게 설치하여야 한다.

1. 승강장의 바닥면적은 승강기 1대당 6제곱미터 이상으로 할 것
2. 각 층으로부터 피난층까지 이르는 승강로를 단일구조로 연결하여 설치할 것
3. 예비전원으로 작동하는 조명설비를 설치할 것
4. 승강장의 출입구 부근의 잘 보이는 곳에 해당 승강기가 피난용승강기임을 알리는 표지를 설치할 것
5. 그 밖에 화재예방 및 피해경감을 위하여 국토교통부령으로 정하는 구조 및 설비 등의 기준에 맞을 것

[본조신설 2018.10.16]

피난규칙 제30조【피난용승강기의 설치기준】

영 제91조제5호에서 "국토교통부령으로 정하는 구조 및 설비 등의 기준"이란 다음 각 호를 말한다. 〈개정 2018.10.18.〉

1. 피난용승강기 승강장의 구조
   가. 승강장의 출입구를 제외한 부분은 해당 건축물의 다른 부분과 내화구조의 바닥 및 벽으로 구획할 것
   나. 승강장은 각 층의 내부와 연결될 수 있도록 하되, 그 출입구에는 갑종방화문을 설치할 것. 이 경우 방화문은 언제나 닫힌 상태를 유지할 수 있는 구조이어야 한다.
   다. 실내에 접하는 부분(바닥 및 반자 등 실내에 면한 모든 부분을 말한다)의 마감(마감을 위한 바탕을 포함한다)은 불연재료로 할 것
   라.~바. 삭제〈2018.10.18〉
   사. 삭제 〈2014.3.5.〉
   아. 「건축물의 설비기준 등에 관한 규칙」 제14조에 따른 배연설비를 설치할 것. 다만, 「소방시설 설치 · 유지 및 안전관리에 법률 시행령」 별표 5 제5호가목에 따른 제연설비를 설치한 경우에는 배연설비를 설치하지 아니할 수 있다.
   자. 삭제 〈2014.3.5.〉
2. 피난용승강기 승강로의 구조
   가. 승강로는 해당 건축물의 다른 부분과 내화구조로 구획할 것
   나. 삭제〈2018.10.18〉
   다. 승강로 상부에 「건축물의 설비기준 등에 관한 규칙」 제14조에 따른 배연설비를 설치할 것
3. 피난용승강기 기계실의 구조
   가. 출입구를 제외한 부분은 해당 건축물의 다른 부분과 내화구조의 바닥 및 벽으로 구획할 것
   나. 출입구에는 갑종방화문을 설치할 것
4. 피난용승강기 전용 예비전원
   가. 정전시 피난용승강기, 기계실, 승강장 및 폐쇄회로 텔레비전 등의 설비를 작동할 수 있는 별도의 예비전원 설비를 설치할 것
   나. 가목에 따른 예비전원은 초고층 건축물의 경우에는 2시간 이상, 준초고층 건축물의 경우에는 1시간 이상 작동이 가능한 용량일 것

다. 상용전원과 예비전원의 공급을 자동 또는 수동으로 전환이 가능한 설비를 갖출 것
라. 전선관 및 배선은 고온에 견딜 수 있는 내열성 자재를 사용하고, 방수조치를 할 것
[본조신설 2012.1.6]

해설 고층건축물 화재 시 신속한 피난을 위하여 승용승강기 중 1대 이상을 피난용승강기로 설치하도록 피난용 승강기 설치 기준 및 구조 규정이 신설되었다. <2012.1.6.>
비상용 승강기의 설치기준과 많은 부분이 유사하나,
① 승강로 상부에 배연설비 설치
② 승강기 기계실의 방화구획
③ 전용 예비전원 확보 등의 규정이 추가되었다.

【관련 질의회신】

비상용승강기의 지하층 설치 여부

국토부 건축기획과-5706, 2008.11.26

질의 지하 1~2층의 지하주차장을 갖춘 23층의 아파트에 비상용 승강기를 지하 1층에서부터 지상 23층까지만 설치하고 지하 2층에는 설치하지 않아도 되는 지 여부

회신 「건축법」 제64조 제2항의 규정에 의하여 높이 31미터를 초과하는 건축물에는 같은 법 시행령 제90조 제1항 각 호의 기준에 의한 대수 이상의 비상용승강기(비상용승강기의 승강장 및 승강로를 포함한다)를 설치토록하고 있음

비상용승강기를 설치하는 건축물의 경우 가능한 한 지하층까지 연결하는 것이 타당하다고 판단하나, 비상용승강기는 화재 발생기 건물 고층부(31미터 초과 부분)의 신속한 소화활동을 위하여 설치토록 한 것으로서 그 설치대상 및 설치대수 기준을 건축물의 높이 및 면적으로 삼고 있을 뿐 아니라,
특히, 공동주택의 지하 주차장(거실 이외의 용도)과 같이 화재발생 위험도가 낮은 곳조차 비상용승강기를 설치할 경우 지하층 승강장에 별도로 배연설비를 설치해야 하는 등 그 필요성에 비해 설치·운영비가 과도하게 들어가게 되는 문제점이 있으므로 동 공동주택의 경우 비상용승강기가 반드시 지하층까지 설치되어야 한다고 판단되지 않음
다만, 최근 건축물의 규모가 커지면서 지하층 층수가 매우 증가되고 있음을 감안하여 우리부에서는 보다 명확한 비상용승강기 설치기준을 마련하여 제도개선을 추진할 예정임

11 지능형 건축물의 인증(법 제65조의2)

법 제65조의2 【지능형 건축물의 인증】

① 국토교통부장관은 지능형건축물[Intelligent Building]의 건축을 활성화하기 위하여 지능형 건축물 인증제도를 실시한다.

② 국토교통부장관은 제1항에 따른 지능형건축물의 인증을 위하여 인증기관을 지정할 수 있다.

③ 지능형건축물의 인증을 받으려는 자는 제2항에 따른 인증기관에 인증을 신청하여야 한다.

④ 국토교통부장관은 건축물을 구성하는 설비 및 각종 기술을 최적으로 통합하여 건축물의 생산성과 설비 운영의 효율성을 극대화할 수 있도록 다음 각 호의 사항을 포함하여 지능형건축물 인증기준을 고시한다.

1. 인증기준 및 절차
2. 인증표시 홍보기준
3. 유효기간
4. 수수료
5. 인증 등급 및 심사기준 등

⑤ 제2항과 제3항에 따른 인증기관의 지정 기준, 지정 절차 및 인증 신청 절차 등에 필요한 사항은 국토교통부령으로 정한다.

⑥ 허가권자는 지능형건축물로 인증을 받은 건축물에 대하여 제42조에 따른 조경설치면적을 100분의 85까지 완화하여 적용할 수 있으며, 제56조 및 제60조에 따른 용적률 및 건축물의 높이를 100분의 115의 범위에서 완화하여 적용할 수 있다.

[본조신설 2011.5.30]

【참고】 지능형건축물의 인증에 관한 규칙(국토교통부령 제413호, 2017.3.31.)

제1조 【목적】

이 규칙은 「건축법」 제65조의2제5항에서 위임된 지능형건축물 인증기관의 지정 기준, 지정 절차 및 인증 신청 절차 등에 관한 사항을 규정함을 목적으로 한다.

제2조 【적용 대상】

지능형건축물 인증대상 건축물은 「건축법」(이하 "법"이라 한다) 제65조의2제4항에 따라 인증기준이 고시된 건축물을 대상으로 한다.

제3조 【인증기관의 지정】

① 국토교통부장관이 법 제65조의2제2항에 따라 인증기관을 지정하려는 경우에는 지정 신청 기간을 정하여 그 기간이 시작되기 3개월 전에 신청 기간 등 인증기관 지정에 관한 사항을 공고하여야 한다.

② 법 제65조의2제2항에 따라 인증기관으로 지정을 받으려는 자는 별지 제1호서식의 지능형건축물 인증기관 지정 신청서에 다음 각 호의 서류를 첨부하여 국토교통부장관에게 제출하여야 한다.

1. 인증업무를 수행할 전담조직 및 업무수행체계에 관한 설명서
2. 제4항에 따른 심사전문인력을 보유하고 있음을 증명하는 서류
3. 인증기관의 인증업무 처리규정
4. 지능형건축물 인증과 관련한 연구 실적 등 인증업무를 수행할 능력을 갖추고 있음을 증명하는 서류

5. 정관(신청인이 법인 또는 법인의 부설기관인 경우만 해당한다)

③ 제2항에 따른 신청을 받은 국토교통부장관은 「전자정부법」 제36조제1항에 따른 행정정보의 공동이용을 통하여 신청인이 법인 또는 법인의 부설기관인 경우 법인 등기사항증명서를, 신청인이 개인인 경우에는 사업자등록증을 확인하여야 한다. 다만, 신청인이 사업자등록증의 확인에 동의하지 아니하는 경우에는 그 사본을 첨부하게 하여야 한다.

④ 인증기관은 별표 1의 전문분야별로 각 2명을 포함하여 12명 이상의 심사전문인력(심사전문인력 가운데 상근인력은 전문분야별로 1명 이상이어야 한다)을 보유하여야 한다. 이 경우 심사전문인력은 다음 각 호의 어느 하나에 해당하는 사람이어야 한다.

1. 해당 전문분야의 박사학위나 건축사 또는 기술사 자격을 취득한 후 3년 이상 해당 업무를 수행한 사람
2. 해당 전문분야의 석사학위를 취득한 후 9년 이상 해당 업무를 수행하거나 학사학위를 취득한 후 12년 이상 해당 업무를 수행한 사람
3. 해당 전문분야의 기사 자격을 취득한 후 10년 이상 해당 업무를 수행한 사람

⑤ 제2항제3호의 인증업무 처리규정에는 다음 각 호의 사항이 포함되어야 한다.

1. 인증심사의 절차 및 방법에 관한 사항
2. 인증심사단 및 인증심의위원회의 구성 · 운영에 관한 사항
3. 인증 결과 통보 및 재심사에 관한 사항
4. 지능형건축물 인증의 취소에 관한 사항
5. 인증심사 결과 등의 보고에 관한 사항
6. 인증수수료 납부방법 및 납부기간에 관한 사항
7. 그 밖에 인증업무 수행에 필요한 사항

⑥ 국토교통부장관은 제2항에 따라 지능형건축물 인증기관 지정 신청서가 제출되면 신청한 자가 인증기관으로서 적합한지를 검토한 후 제13조에 따른 인증운영위원회의 심의를 거쳐 지정한다.

⑦ 국토교통부장관은 제6항에 따라 인증기관으로 지정한 자에게 별지 제2호서식의 지능형건축물 인증기관 지정서를 발급하여야 한다.

⑧ 제7항에 따라 지능형건축물 인증기관 지정서를 발급받은 인증기관의 장은 기관명, 대표자, 건축물 소재지 또는 심사전문인력이 변경된 경우에는 변경된 날부터 30일 이내에 그 변경내용을 증명하는 서류를 국토교통부장관에게 제출하여야 한다.

제4조【인증기관의 비밀보호 의무】

인증기관은 인증 신청대상 건축물의 인증심사업무와 관련하여 알게 된 경영 · 영업상 비밀에 관한 정보를 이해관계인의 서면동의 없이 외부에 공개할 수 없다.

제5조【인증기관 지정의 취소】

① 국토교통부장관은 법 제65조의2제2항에 따라 지정된 인증기관이 다음 각 호의 어느 하나에 해당하면 제13조에 따른 인증운영위원회의 심의를 거쳐 인증기관의 지정을 취소하거나 1년 이내의 기간을 정하여 업무의 전부 또는 일부의 정지를 명할 수 있다. 다만, 제1호에 해당하는 경우에는 지정을 취소하여야 한다.

1. 거짓이나 부정한 방법으로 지정을 받은 경우
2. 정당한 사유 없이 지정받은 날부터 2년 이상 계속하여 인증업무를 수행하지 아니한 경우
3. 제3조제4항에 따른 심사전문인력을 보유하지 아니한 경우
4. 인증의 기준 및 절차를 위반하여 지능형건축물 인증업무를 수행한 경우
5. 정당한 사유 없이 인증심사를 거부한 경우
6. 그 밖에 인증기관으로서의 업무를 수행할 수 없게 된 경우

② 제1항에 따라 인증기관의 지정이 취소되어 인증심사를 수행하기가 어려운 경우에는 다른 인증기관이 업무를 승계할 수 있다.

제6조【인증의 신청】

① 법 제65조의2제3항에 따라 다음 각 호의 어느 하나에 해당하는 자가 지능형건축물의 인증을 받으려는 경우에는 인증을 받기 전에 법 제22조에 따른 사용승인 또는 「주택법」 제49조에 따른 사용검사를 받아야 한다. 다만, 인증 결과에 따라 개별 법령에서 정하는 제도적 · 재정적 지원을 받는 경우에는 그러하지 아니하다. <개정 2016.8.12.>

1. 건축주
2. 건축물 소유자
3. 시공자(건축주나 건축물 소유자가 인증 신청을 동의하는 경우만 해당한다)

② 제1항 각 호의 어느 하나에 해당하는 자(이하 "건축주등"이라 한다)가 지능형건축물의 인증을 받으려면 별지 제3호서식의 지능형건축물 인증 신청서에 다음 각 호의 서류를 첨부하여 인증기관의 장에게 제출하여야 한다.

1. 법 제65조의2제4항에 따른 지능형건축물 인증기준(이하 "인증기준"이라 한다)에 따라 작성한 해당 건축물의 지능형건축물 자체평가서 및 증명자료
2. 설계도면
3. 각 분야 설계설명서
4. 각 분야 시방서(일반 및 특기시방서)
5. 설계 변경 확인서
6. 에너지절약계획서
7. 예비인증서 사본(해당 인증기관 및 다른 인증기관에서 예비인증을 받은 경우만 해당한다)
8. 제1호부터 제6호까지의 서류가 저장된 콤팩트디스크

③ 인증기관은 제2항에 따른 신청을 받은 경우에는 신청서류가 접수된 날부터 40일 이내에 인증을 처리하여야 한다.

④ 인증기관의 장은 인증업무를 수행하면서 불가피한 사유로 처리기간을 연장하여야 할 경우에는 건축주등에게 그 사유를 통보하고 20일의 범위를 정하여 한 차례만 연장할 수 있다.

⑤ 인증기관의 장은 제2항에 따라 건축주등이 제출한 서류의 내용이 미흡하거나 사실과 다를 경우에는 접수된 날부터 20일 이내에 건축주등에게 보완을 요청할 수 있다. 이 경우 건축주등이 제출서류를 보완하는 기간은 제3항의 인증 처리기간에 산입하지 아니한다.

제7조【인증심사】

① 인증기관의 장은 제6조에 따른 인증신청을 받으면 인증심사단을 구성하여 인증기준에 따라 서류심사와 현장실사(現場實査)를 하고, 심사 내용, 심사 점수, 인증 여부 및 인증 등급을 포함한 인증심사 결과서를 작성하여야 한다. 이 경우 인증 등급은 1등급부터 5등급까지로 하고, 그 세부 기준은 국토교통부장관이 별도로 정하여 고시한다.

② 제1항에 따른 인증심사단은 제3조제4항 각 호에 해당하는 심사전문인력으로 구성하되, 별표 1의 전문분야별로 각 1명을 포함하여 6명 이상으로 구성하여야 한다.

③ 인증기관의 장은 제1항에 따른 인증심사 결과서를 작성한 후 인증심의위원회의 심의를 거쳐 인증 여부 및 인증 등급을 결정한다.

④ 제3항에 따른 인증심의위원회는 해당 인증기관에 소속되지 아니한 별표 1의 전문분야별 전문가 각 1명을 포함하여 6명 이상으로 구성하여야 한다. 이 경우 인증심의위원회 위원은 다른 인증기관의 심사전문인력 또는 제13조에 따른 인증운영위원회 위원 1명 이상을 포함시켜야 한다.

제8조【인증서 발급 등】

① 인증기관의 장은 제7조에 따른 인증심사 결과 지능형건축물로 인증을 하는 경우에는 건축주등에게 별지 제4호서식의 지능형건축물 인증서를 발급하고, 별표 2의 인증 명판(認證 名板)을 제공하여야 한다.

② 인증기관의 장은 제1항에 따라 인증서를 발급한 경우에는 인증대상, 인증 날짜, 인증 등급, 인증심사단의 구성원 및 인증심의위원회 위원의 명단을 포함한 인증심사 결과를 국토교통부장관에게 제출하여야 한다.

제9조【인증의 취소】

① 인증기관의 장은 지능형건축물로 인증을 받은 건축물이 다음 각 호의 어느 하나에 해당하면 그 인증을 취소할 수 있다.

1. 인증의 근거나 전제가 되는 주요한 사실이 변경된 경우
2. 인증 신청 및 심사 중 제공된 중요 정보나 문서가 거짓인 것으로 판명된 경우
3. 인증을 받은 건축물의 건축주등이 인증서를 인증기관에 반납한 경우
4. 인증을 받은 건축물의 건축허가 등이 취소된 경우

② 인증기관의 장은 제1항에 따라 인증을 취소한 경우에는 그 내용을 국토교통부장관에게 보고하여야 한다.

제10조【재심사 요청】

제7조에 따른 인증심사 결과나 제9조에 따른 인증취소 결정에 이의가 있는 건축주등은 인증기관의 장에게 재심사를 요청할 수 있다. 이 경우 건축주등은 재심사에 필요한 비용을 인증기관에 추가로 내야 한다.

제11조【예비인증의 신청 등】

① 건축주등은 제6조제1항에도 불구하고 법 제11조, 제14조 또는 제20조제1항에 따른 허가 · 신고 또는 「주택법」 제15조에 따른 사업계획승인을 받은 후 건축물 설계에 반영된 내용을 대상으로 예비인증을 신청할 수 있다. 다만, 예비인증 결과에 따라 개별 법령에서 정하는 제도적 · 재정적 지원을 받는 경우에는 그러하지 아니하다. 〈개정 2016.8.12.〉

② 건축주등이 지능형건축물의 예비인증을 받으려면 별지 제5호서식의 지능형건축물 예비인증 신청서에 다음 각 호의 서류를 첨부하여 인증기관의 장에게 제출하여야 한다.

1. 제6조제2항제1호부터 제4호까지 및 제6호의 서류
2. 제1호의 서류가 저장된 콤팩트디스크

③ 인증기관의 장은 심사 결과 예비인증을 하는 경우에는 별지 제6호서식의 지능형건축물 예비인증서를 신청인에게 발급하여야 한다. 이 경우 신청인이 예비인증을 받은 사실을 광고 등의 목적으로 사용하려면 제8조제1항에 따른 인증(이하 "본인증" 이라 한다)을 받을 경우 그 내용이 달라질 수 있음을 알려야 한다.

④ 제3항에 따른 예비인증 시 제도적 지원을 받은 건축주등은 본인증을 받아야 한다. 이 경우 본인증 등급은 예비인증 등급 이상으로 취득하여야 한다.

⑤ 제1항부터 제4항까지에서 규정한 사항 외에 예비인증의 신청 및 심사 등에 관하여는 제6조제3항부터 제5항까지, 제7조, 제8조제2항 · 제3항, 제9조 및 제10조를 준용한다. 다만, 제7조제1항에 따른 인증심사 중 현장실사는 필요한 경우만 할 수 있다.

제12조【인증을 받은 지능형건축물의 사후관리】

① 지능형건축물로 인증을 받은 건축물의 소유자 또는 관리자는 그 건축물을 인증받은 기준에 맞도록 유지 · 관리하여야 한다.

② 인증기관은 필요한 경우에는 지능형건축물 인증을 받은 건축물의 정상 가동 여부 등을 확인할 수 있다.

③ 건축설비의 안정적 가동, 유지 · 보수 등 인증을 받은 지능형건축물의 사후관리 범위 등의 세부 사항은 국토교통부장관이 따로 정하여 고시한다.

제13조【인증운영위원회 구성 · 운영 등】

① 국토교통부장관은 지능형건축물 인증제도를 효율적으로 운영하기 위하여 인증운영위원회를 구성하여 운영할 수 있다.

② 이 규칙에서 정한 사항 외에 인증운영위원회의 세부 구성 및 운영사항 등 지능형건축물 인증제도의 시행에 관한 사항은 국토교통부장관이 따로 정하여 고시한다.

제14조【규제의 재검토】

국토교통부장관은 제6조제2항에 따른 지능형건축물 인증 신청 시 첨부하여야 하는 서류의 종류에 대하여 2015년 1월 1일을 기준으로 2년마다(매 2년이 되는 해의 1월 1일 전까지를 말한다) 그 타당성을 검토하여 개선 등의 조치를 하여야 한다.

[본조신설 2014.12.31.]

부칙 〈국토교통부령 제413호, 2017.3.31.〉

이 규칙은 공포한 날부터 시행한다.

[별표 1] 전문분야(제3조제4항 관련)

전문분야	해당 세부 분야
건축계획 및 환경	건축계획 및 환경(건축)
기계설비	건축설비(기계)
전기설비	건축설비(전기)
정보통신	정보통신(전자, 통신)
시스템통합	정보통신(전자, 통신)
시설경영관리	건축설비(기계, 전기) / 정보통신(전자, 통신)

[별표 2] 인증 명판(제8조제1항 관련/일부편집)

■ 지능형건축물 인증 명판의 표시 및 규격

<공통사항>

가. 크기: 가로 30cm × 세로 30cm × 두께 1.5cm
나. 재질: 구리판
다. 글씨: 고딕체(부조 양각)
라. 색채
○ 바탕: 구리색
○ 글씨("지능형건축물", "인증마크", "대상 건축물의 명칭", "인증기간" "인증기관의 장": 구리색
마. 둘레: 0.3cm 두께의 구리색 테두리(표지판 바깥 둘레로부터 안쪽으로 0.3cm 띄워서 표시합니다)
※ 명판의 크기 및 재질은 명판이 부착되는 건축물의 특성에 따라 축소·확대하는 등 변경할 수 있습니다.

■ 명판(1등급~5등급/등급표시와 검은별의 개수로 표시, "3,4,5등급"은 생략)

1. 1등급 지능형건축물

지 능 형 건 축 물
1 등 급

★★★★★

대 상 건 축 물 의 명 칭
(201○ . ○. ○. ~ 201○ . ○. ○.)
인 증 기 관 의 장 인

2. 2등급 지능형건축물

지 능 형 건 축 물
2 등 급

★★★★☆

대 상 건 축 물 의 명 칭
(201○. ○. ○. ~ 201○. ○. ○.)
인 증 기 관 의 장 인

해설 국토교통부 지침으로 운영하였던 지능형건축물의 인증제도를 법제화(2011.5.30)하여, 건축물의 생산성과 설비운영의 효율성을 극대화한 지능형 건축물의 건축이 확대될 수 있도록 하였다. 건축법에 인증제도의 근거를 두었으며, 지능형건축물의 인증에 관한 규칙을 별도 제정(2011.11.30)하였고, 지능형건축물의 인증기준을 제정(2011.11.30)하여 운영하고 있다. 지능형건축물로 인증을 받은 건축물의 경우 조경설치면적, 용적률 및 건축물의 높이제한 규정에 있어 완화 적용을 받을 수 있다.

【참고】 지능형건축물의 인증기준(국토교통부고시 제2020-1028호, 2020.12.10.)

12 관계전문기술자 (법 제67조) (영 제91조의3) (규칙 제36조의2) (설비규칙 제2조, 제3조)

1 관계전문기술자의 협력

(1) 설계자 및 공사감리자는 다음의 내용에 의한 설계 및 공사감리를 함에 있어 관계전문기술자의 협력을 받아야 한다.

<table>
<tr><th>내 용</th><td colspan="4">대지의 안전, 건축물의 구조상 안전, 건축설비의 설치 등을 위한 설계 및 공사감리</td></tr>
<tr><th rowspan="8">세부관련 규정</th><th>법조항</th><th>내 용</th><th>법조항</th><th>내 용</th></tr>
<tr><td>법제40조</td><td>대지의 안전 등</td><td>법제51조</td><td>방화지구 안의 건축물</td></tr>
<tr><td>법제41조</td><td>토지 굴착부분에 대한 조치 등</td><td>법제52조</td><td>건축물의 내부 마감재료</td></tr>
<tr><td>법제48조</td><td>구조내력 등</td><td>법제62조</td><td>건축설비기준 등</td></tr>
<tr><td>법제48조의2</td><td>건축물 내진등급의 설정</td><td>법제64조</td><td>승강기</td></tr>
<tr><td>법제49조</td><td>건축물의 피난시설 및 용도제한 등</td><td rowspan="3">녹색건축물 조성 지원법 제15조</td><td rowspan="3">건축물에 대한 효율적인 에너지 관리와 녹색건축물 건축의 활성화</td></tr>
<tr><td>법제50조</td><td>건축물의 내화구조와 방화벽</td></tr>
<tr><td>법제50조의2</td><td>고층건축물의 피난 및 안전관리</td></tr>
<tr><th>관계전문 기술자의 협력</th><td colspan="4">1. 안전상 필요하다고 인정하는 경우
2. 관계법령이 정하는 경우
3. 설계계약 또는 감리계약에 의하여 건축주가 요청하는 경우</td></tr>
<tr><th>관계전문 기술자의 업무수행</th><td colspan="4">관계전문기술자는 건축물이 이 법 및 이 법에 따른 명령이나 처분, 그 밖의 관계 법령에 맞고 안전·기능 및 미관에 지장이 없도록 업무를 수행하여야 한다.</td></tr>
</table>

(2) 관계전문기술자의 자격

<table>
<tr><th>자 격</th><th>근거 법규정</th><th>비 고</th></tr>
<tr><td>1. 기술사사무소를 개설등록한 자</td><td>「기술사법」 제6조</td><td rowspan="4">「기술사법」 제21조 제2호의 벌칙을 받은 후 2년이 지나지 않은 자는 제외</td></tr>
<tr><td>2. 건설엔지니어링업자로 등록한 자</td><td>「건설기술 진흥법」 제26조</td></tr>
<tr><td>3. 엔지니어링사업자의 신고를 한 자</td><td>「엔지니어링산업 진흥법」 제21조</td></tr>
<tr><td>4. 설계업 및 감리업으로 등록한 자</td><td>「전력기술관리법」 제14조</td></tr>
</table>

2 건축설비관련기술사의 협력

다음에 관한 부속구조물 및 건축설비의 설치 등을 위한 건축물의 설계 및 공사감리를 할 때 설계자 및 공사감리자는 건축설비 분야별 관계전문기술자의 협력을 받아야 한다.

<table>
<tr><th rowspan="2">대상</th><td colspan="2">1. 연면적 10,000㎡ 이상인 건축물(창고시설 제외한 모든 용도 해당)</td></tr>
<tr><td>2. 에너지를 대량으로 소비하는 건축물</td><td>① 냉동냉장시설・항온항습시설(온도와 습도를 일정하게 유지시키는 특수설비가 설치된 시설) 또는 특수청정시설(세균 또는 먼지 등을 제거하는 특수설비가 설치된 시설)로서 당해용도에 사용되는 바닥면적의 합계가 500㎡ 이상인 건축물</td></tr>
</table>

<table>
<tr><td rowspan="5"></td><td colspan="2" rowspan="5"></td><td>② 아파트 및 연립주택</td></tr>
<tr><td>③ 목욕장, 실내 물놀이형 시설, 실내 수영장으로서 해당 용도에 사용되는 바닥면적의 합계 500㎡ 이상</td></tr>
<tr><td>④ 기숙사, 의료시설, 유스호스텔, 숙박시설로서 해당 용도에 사용되는 바닥면적의 합계 2,000㎡ 이상</td></tr>
<tr><td>⑤ 판매시설, 연구소, 업무시설로서 해당 용도에 사용되는 바닥면적의 합계 3,000㎡ 이상</td></tr>
<tr><td>⑥ 문화 및 집회시설(동·식물원 제외), 종교시설, 장례식장, 교육연구시설(연구소 제외) 등으로서 바닥면적의 합계 10,000㎡ 이상</td></tr>
<tr><td rowspan="4">관계전문
기 술 자</td><td>구분</td><td>기술자격</td><td>설비분야</td></tr>
<tr><td>1. 전기</td><td>건축전기설비기술사
발송배전기술사</td><td>전기, 승강기(전기분야만 해당) 및 피뢰침</td></tr>
<tr><td>2. 기계</td><td>건축기계설비기술사
공조냉동기계기술사</td><td>급수·배수(配水)·배수(排水)·환기·난방·소화(消火)·배연(排煙)· 오물처리의 설비 및 승강기(기계분야만 해당)</td></tr>
<tr><td>3. 가스</td><td>건축기계설비기술사
공조냉동기계기술사
가스기술사</td><td>가스설비</td></tr>
<tr><td>서명
날인</td><td colspan="3">■ 설계자 및 공사감리자에게 협력한 기술사는 설계자 및 공사감리자가 작성한 설계도서 또는 감리중간보고서 및 감리완료보고서에 함께 서명·날인하여야 함.</td></tr>
<tr><td>협력
사항</td><td colspan="3">■ 건축물에 전기·승강기·피뢰침·가스·급수·배수(配水)·배수(排水)·환기·난방·소화·배연 및 오물처리설비를 설치하는 경우에는 건축사가 해당 건축물의 설계를 총괄하고, 기술사가 건축사와 협력하여 설계를 하여야 함.
■ 건축물에 건축설비를 설치한 경우에는 기술사가 그 설치상태를 확인한 후 건축주 및 공사감리자에게 건축설비설치확인서(설비규칙 별지 제1호서식)를 제출하여야 함.</td></tr>
</table>

3 건축구조기술사의 협력 【제3장 참조】

4 토목분야기술사의 협력 【제3장 참조】

【관련 질의회신】

소방분야 관계전문기술자의 감리보고서 서명 · 날인 여부

건교부 건축과-4721, 2005.8.17

질의 공사감리에 참여한 소방분야 관계전문기술자가 감리보고서에 서명·날인을 하여야 하는지

회신 건축법 시행령 제91조의3제4항의 규정에 의하면 설계자 및 공사감리자는 안전상 필요하다고 인정하는 경우, 관계법령이 정하는 경우 및 설계계약 또는 감리계약에 의하여 건축주가 요청하는 경우에는 관계전문기술자의 협력을 받아야 하며, 이 경우 협력한 관계전문기술자는 동조제5항의 규정에 의하여 설계도서 또는 감리중간보고서 및 감리완료보고서에 설계자 또는 공사감리자와 함께 서명·날인하도록 규정하고 있으나 다른 법령에 의한 공사감리자와 이 법의 규정에 의하여 설계자 또는 공사감리자에게 협력한 관계전문기술자는 구별하여야 하는 것임

13 기술적 기준(법 第68조)

법 제68조【기술적 기준】

① 제40조, 제41조, 제48조부터 제50조까지, 제50조의2, 제51조, 제52조, 제52조의2, 제62조 및 제64조에 따른 대지의 안전, 건축물의 구조상의 안전, 건축설비 등에 관한 기술적 기준은 이 법에서 특별히 규정한 경우 외에는 국토교통부령으로 정하되, 이에 따른 세부기준이 필요하면 국토교통부장관이 세부기준을 정하거나 국토교통부장관이 지정하는 연구기관(시험기관·검사기관을 포함한다), 학술단체, 그 밖의 관련 전문기관 또는 단체가 국토교통부장관의 승인을 받아 정할 수 있다. 〈개정 2014.1.14, 2014.5.28〉

② 국토교통부장관은 제1항에 따라 세부기준을 정하거나 승인을 하려면 미리 건축위원회의 심의를 거쳐야 한다.

③ 국토교통부장관은 제1항에 따라 세부기준을 정하거나 승인을 한 경우 이를 고시하여야 한다.

④ 국토교통부장관은 제1항에 따른 기술적 기준 및 세부기준을 적용하기 어려운 건축설비에 관한 기술·제품이 개발된 경우, 개발한 자의 신청을 받아 그 기술·제품을 평가하여 신규성·진보성 및 현장 적용성이 있다고 판단하는 경우에는 대통령령으로 정하는 바에 따라 설치 등을 위한 기준을 건축위원회의 심의를 거쳐 인정할 수 있다. 〈신설 2020.4.7.〉

【1】 국토교통부령으로 정할 기술적 기준

<table>
<tr><td>내 용</td><td colspan="2">• 법 제40조(대지의 안전 등)
• 법 제41조(토지 굴착 부분에 대한 조치 등)
• 법 제48조(구조내력 등)
• 법 제48조의2(건축물 내진등급의 설정)
• 법 제48조의3(건축물의 내진능력 공개)
• 법 제48조의4(부속구조물의 설치 및 관리)
• 법 제49조(건축물의 피난시설 및 용도제한 등)
• 법 제50조(건축물의 내화구조와 방화벽)
• 법 제50조의2(고층건축물의 피난 및 안전관리)
• 법 제51조(방화지구 안의 건축물)
• 법 제52조(건축물의 마감재료)
• 법 제52조의2(실내건축)
• 법 제62조(건축설비기준 등)
• 법 제64조(승강기)에 따른
대지의 안전, 건축물의 구조상 안전, 건축설비 등에 관한 기술적 기준</td></tr>
<tr><td>기술적 기준의 규정</td><td colspan="2">국토교통부령으로 정함.</td></tr>
<tr><td>세부기준의 규정</td><td>• 국토교통부장관이 정하거나
• 국토교통부장관이 지정하는 연구기관(시험기관·검사기관을 포함), 학술단체 그 밖의 관련전문기관 또는 단체가 국토교통부장관의 승인을 받아 정할 수 있음.</td><td>■ 국토교통부장관은 세부기준을 정하거나 승인을 하고자 할 때에는 미리 건축위원회의 심의를 거쳐야 함.
■ 국토교통부장관은 세부기준을 정하거나 승인을 한 경우에는 이를 고시하여야 함.</td></tr>
</table>

【2】 신기술 · 신제품인 건축설비의 기술적 기준

① 국토교통부장관은 위 규정으로는 기술적 기준 및 세부기준을 적용하기 어려운 건축설비에 관한 기술・제품이 개발된 경우, 개발한 자의 신청을 받아 그 기술・제품을 평가하여 신규성・진보성 및 현장 적용성이 있다고 판단하는 경우 아래 절차에 따라 설치 등을 위한 기준을 건축위원회의 심의를 거쳐 인정할 수 있다.

■ 건축설비의 기술적 기준 인정 절차	
1. 신청	기술적 기준을 인정받으려는 자는 서류(※)를 국토교통부장관에게 제출해야 한다.
2. 검토	국토교통부장관은 서류를 제출받으면 한국건설기술연구원에 그 기술・제품이 신규성・진보성 및 현장 적용성이 있는지 여부에 대해 검토를 요청할 수 있다.
3. 심의와 인정	국토교통부장관은 기술적 기준의 인정 요청을 받은 기술・제품이 신규성・진보성 및 현장 적용성이 있다고 판단되면 그 기술적 기준을 중앙건축위원회의 심의를 거쳐 인정할 수 있다.
4. 유효기간 지정	국토교통부장관은 기술적 기준을 인정할 때 5년의 범위에서 유효기간을 정할 수 있다. (유효기간은 국토교통부령으로 정하는 바에 따라 연장 가능)
5. 고시	국토교통부장관은 기술적 기준을 인정하면 그 기준과 유효기간을 관보에 고시하고, 인터넷 홈페이지에 게재해야 한다.

※ 제출서류

<table>
<tr><td colspan="4">● 신기술・신제품인 건축설비의 기술적 기준 인정 신청서(별지 제27호의2서식)와 아래의 첨부서류
* 아래 서류는 있는 경우에만 첨부</td></tr>
<tr><td colspan="4">1. 신기술・신제품인 건축설비의 구체적인 내용・기능과 해당 건축설비의 신규성・진보성 및 현장 적용성에 관한 내용을 적은 서류</td></tr>
<tr><td rowspan="7">2. 신기술・신제품인 건축설비와 관련된 우측란의 증서・서류 등의 사본</td><td>종류</td><td colspan="2">근거법령</td></tr>
<tr><td>① 신기술 지정증서</td><td colspan="2">「건설기술 진흥법 시행령」 제33조제1항</td></tr>
<tr><td>② 특허증</td><td colspan="2">「특허법」 제86조</td></tr>
<tr><td>③ 신기술 인증서</td><td rowspan="3">「산업기술혁신 촉진법 시행령」</td><td>제18조제6항</td></tr>
<tr><td>④ 신기술적용제품 확인서</td><td>제18조의4제2항</td></tr>
<tr><td>⑤ 신제품 인증서</td><td>제18조제6항</td></tr>
<tr><td>⑥ 그 밖에 다른 법령에 따라 발급받은 증서・서류 등</td><td colspan="2">-</td></tr>
<tr><td colspan="2">3. 한국산업표준 중 인정을 신청하는 신기술・신제품인 건축설비와 관련된 부분</td><td colspan="2">「산업표준화법」 제12조</td></tr>
<tr><td colspan="4">4. 국제표준화기구(ISO)에서 정한 내용 중 인정을 신청하는 신기술・신제품인 건축설비와 관련된 부분</td></tr>
<tr><td colspan="4">5. 그 밖에 신기술・신제품인 건축설비의 기술적 기준 인정에 필요한 서류로서 국토교통부장관이 정하여 고시하는 서류</td></tr>
</table>

② 앞 ①에서 정한 사항 외에 건축설비 기술・제품의 평가 및 그 기술적 기준 인정에 관하여 필요한 세부 사항은 국토교통부장관이 정하여 고시할 수 있다.

【3】 인정받은 기준의 유효기간 연장

① 기술적 기준에 대한 인정을 받은 자가 유효기간을 연장받으려는 경우 유효기간 만료일의 6개월 전까지 신기술・신제품인 건축설비의 기술적 기준 유효기간 연장 신청서(별지 제27호의2서식)를 국토교통부장관에게 제출해야 한다.

② 유효기간을 연장하는 경우 5년의 범위에서 연장할 수 있다.

14 건축물 구조 및 재료 등에 관한 기준의 관리(법 제68조의3)

【1】 건축모니터링 대상 규정

법조항	내 용	법조항	내 용
법제48조	구조내력 등	법제51조	방화지구 안의 건축물
법제48조의2	건축물 내진등급의 설정	법제52조	건축물의 내부 마감재료
법제49조	건축물의 피난시설 및 용도제한 등	법제52조의2	실내건축
법제50조	건축물의 내화구조와 방화벽	법제52조의4	건축자재의 품질관리 등
법제50조의2	고층건축물의 피난 및 안전관리	법제53조	지하층

【2】 건축물 구조 및 재료 등에 관한 기준의 관리

① 국토교통부장관은 기후 변화나 건축기술의 변화 등에 따라 건축물의 구조 및 재료 등에 관한 기준이 적정한지를 검토하는 모니터링을 3년마다 실시하여야 한다.

② 국토교통부장관은 다음의 인력과 조직을 갖춘 전문기관을 지정하여 건축모니터링을 하게 할 수 있다.

- 인력 : 건축분야 기사 이상의 자격을 갖춘 인력 5명 이상
- 조직 : 건축모니터링을 수행할 수 있는 전담조직

기출문제 및 예상문제

갑종방화문▶60+방화문 또는 60분방화문
을종방화문▶30분방화문으로 개정됨
(건축법 시행령 개정 시행/2021.8.7.)

1장 총론

1. 용어

1) 건축물, 공작물 등

1. 다음 중 높이가 6m인 공작물을 축조하는 경우 시장 등에게 신고하지 않고 축조 가능한 것은? (설비산업기사 1999.8)※현행규정에 맞게 변경함

㉮ 장식탑 ㉯ 광고탑
㉰ 기념탑 ㉱ 굴뚝

2. 건축법령상 고층건축물의 정의로 옳은 것은? (설비산업기사 2018.9, 설비기사 2023.3)

㉮ 층수가 30층 이상거나 높이가 90m 이상인 건축물
㉯ 층수가 30층 이상거나 높이가 120m 이상인 건축물
㉰ 층수가 50층 이상거나 높이가 150m 이상인 건축물
㉱ 층수가 50층 이상거나 높이가 200m 이상인 건축물

3. 건축법령상 초고층 건축물의 정의로 알맞은 것은? (설비산업기사 2012.3)

㉮ 층수가 50층 이상이거나 높이가 150m 이상인 건축물
㉯ 층수가 50층 이상이거나 높이가 200m 이상인 건축물
㉰ 층수가 55층 이상이거나 높이가 150m 이상인 건축물
㉱ 층수가 55층 이상이거나 높이가 200m 이상인 건축물

2) 용도

① 단독주택

4. 건축법령상 단독주택에 속하지 않는 것은?(설비산업기사 2013.5, 2018.9)

㉮ 공관 ㉯ 다중주택
㉰ 다세대주택 ㉱ 다가구주택

5. 다음 중 다중주택이 갖추어야 할 요건으로 옳지 않은 것은? (설비산업기사 2009.8, 2019.4) ※현행규정에 맞게 변경함

㉮ 19세대 이하가 거주할 수 있는 것
㉯ 독립된 주거의 형태를 갖추지 아니한 것
㉰ 1개동의 주택으로쓰이는 바닥면적의 합계가 660제곱미터 이하일 것
㉱ 학생 또는 직장인 등 여러 사람이 장기간 거주할 수 있는 구조로 되어 있는 것

② 공동주택

6. 건축법령상 공동주택에 해당하지 않는 것은? (설비산업기사 2003.8, 2005.9, 설비기사 2021.5, 2022.9, 2023.5)

㉮ 다가구 주택 ㉯ 다세대 주택
㉰ 연립 주택 ㉱ 기숙사

7. 건축법령상 다음과 같이 정의되는 주택의 종류는?(설비산업기사 2018.3, 설비기사 2020.6, 2022.3)

주택으로 쓰는 1개 동의 바닥면적 합계가 660m² 이하이고, 층수가 4개 층 이하인 주택

㉮ 다중주택 ㉯ 연립주택
㉰ 다가구주택 ㉱ 다세대주택

해답 1. ㉱ 2. ㉱ 3. ㉯ 4. ㉰ 5. ㉮ 6. ㉮ 7. ㉱

8. 건축법령상 다세대주택의 정의로 옳은 것은?(설비산업기사 2018.4)

① 주택으로 쓰는 1개 동의 바닥면적 합계가 330㎡ 이하이고, 층수가 4개 층 이하인 주택
㉯ 주택으로 쓰는 1개 동의 바닥면적 합계가 330㎡ 초과하고, 층수가 4개 층 이하인 주택
㉰ 주택으로 쓰는 1개 동의 바닥면적 합계가 660㎡ 이하이고, 층수가 4개 층 이하인 주택
㉱ 주택으로 쓰는 1개 동의 바닥면적 합계가 660㎡ 초과하고, 층수가 4개 층 이하인 주택

9. 건축법령에 따른 아파트의 정의로 알맞은 것은?(설비산업기사 2017.5, 설비기사 2020.8)

㉮ 주택으로 쓰는 층수가 5개층 이상인 주택
㉯ 주택으로 쓰는 층수가 6개층 이상인 주택
㉰ 주택으로 쓰는 1개 동의 바닥면적 합계가 660㎡를 초과하고, 층수가 5개 층 이상인 주택
㉱ 주택으로 쓰는 1개 동의 바닥면적 합계가 660㎡를 초과하고, 층수가 6개 층 이상인 주택

10. 건축법령상 아파트는 주택으로 쓰는 층수가 최소 몇 개층 이상인 주택을 말하는가?(설비산업기사 2013.9, 2014.9, 설비기사 2019.3)

㉮ 3개 층　　㉯ 5개 층
㉰ 7개 층　　㉱ 10개 층

11. 건축법령상 다음과 같이 정의되는 건축물의 종류는?(설비산업기사 2015.5, 2016.5, 2017.3, 2023.9, 설비기사 2019.9)

주택으로 쓰는 1개 동의 바닥면적(2개 이상의 동을 지하주차장으로 연결하는 경우에는 각각의 동으로 본다.) 합계가 660㎡를 초과하고, 층수가 4개층 이하인 주택

㉮ 다중주택　　㉯ 연립주택
㉰ 다가구주택　　㉱ 다세대주택

③ 제1종 근린생활시설

12. 건축법령상 제1종 근린생활시설에 속하지 않는 것은?(설비산업기사 2011.5, 2014.5)

㉮ 치과의원　　㉯ 변전소
㉰ 일반음식점　　㉱ 공중화장실

13. 건축법령상 제1종 근린생활시설에 속하지 않는 것은? (설비산업기사 2013.3, 설비기사 2019.4)

㉮ 한의원　　㉯ 마을회관
㉰ 산후조리원　　㉱ 일반음식점

④ 제2종 근린생활시설

14. 건축법령상 제2종 근린생활시설에 속하지 않는 것은?(설비산업기사 2016.10)

㉮ 독서실　　㉯ 한의원
㉰ 동물병원　　㉱ 일반음식점

15. 건축법상 제2종 근린생활시설로 볼 수 없는 것은?(설비기사 2001.3)

㉮ 장의사　　㉯ 노래연습장
㉰ 동물병원　　㉱ 목욕장

⑤ 문화 및 집회시설

16. 건축법령상 문화 및 집회시설에 속하지 않는 것은?(설비산업기사 2019.9, 2023.5)

㉮ 기념관　　㉯ 박람회장
㉰ 종교집회장　　㉱ 산업전시장

⑥ 의료시설

17. 건축법령상 의료시설에 속하지 않는 것은?(설비산업기사 2009.8, 2015.9, 2019.3, 2020.8, 설비기사 2023.9)

㉮ 한의원　　㉯ 한방병원
㉰ 치과병원　　㉱ 요양병원

해답 8. ㉰ 9. ㉮ 10. ㉯ 11. ㉯ 12. ㉰ 13. ㉱ 14. ㉯ 15. ㉱ 16. ㉰ 17. ㉮

⑦ 숙박시설

18. 다음 건축물의 용도분류중 숙박시설에 해당 되지 않는 것은? (설비산업기사 1999.10, 2010.8)

㉮ 수상관광호텔 ㉯ 휴양콘도미니엄
㉰ 가족호텔 ㉱ 유스호스텔

19. 다음중 건축물을 용도별로 분류할 때 관광숙박시설에 해당되지 않는 것은? (설비기사 2004.3)

㉮ 유스호스텔 ㉯ 휴양콘도미니엄
㉰ 한국전통호텔 ㉱ 수상관광호텔

20. 건축법령상 숙박시설에 속하지 않는 것은? (설비산업기사 2014.3, 2020.8)

㉮ 호스텔 ㉯ 유스호스텔
㉰ 의료관광호텔 ㉱ 휴양콘도미니엄

⑧ 교육연구시설

21. 다음 중 건축물 용도분류상 교육연구시설에 해당 되지 않는 것은? (설비산업기사 2003.5)

㉮ 자동차학원 ㉯ 도서관
㉰ 연수원 ㉱ 직업훈련소

22. 다음 중 건축물 용도분류상 교육연구시설에 해당되지 않는 것은?(설비산업기사 2005.5)

㉮ 자동차학원 ㉯ 유스호스텔
㉰ 연수원 ㉱ 직업훈련소

⑨ 위락시설

23. 건축법령상 위락시설에 속하지 않는 것은? (설비산업기사 1999.10, 2016.3)

㉮ 무도장
㉯ 유흥주점
㉰ 카지노영업소
㉱ 휴양 콘도미니엄

⑨ 기타(복합문제)

24. 건축법령상 의료시설에 속하는 것은?(설비기사 2023.9)

㉮ 한의원
㉯ 요양병원
㉰ 치과의원
㉱ 동물병원

25. 건축법령상 용도에 따른 건축물의 종류가 옳지 않은 것은?(설비산업기사 2017.9)

㉮ 공동주택 – 다세대주택
㉯ 숙박시설 - 유스호스텔
㉰ 제1종 근린생활시설 – 한의원
㉱ 제2종 근린생활시설 – 일반음식점

26. 건축물의 용도분류에서 서로 관련이 없는 것은?(설비기사 2000.3)

㉮ 기숙사 : 공동주택
㉯ 지역자치센터 : 제1종 근린생활시설
㉰ 장례식장 : 의료시설
㉱ 여객자동차터미널 : 자동차 관련시설

27. 건축법령상 운수시설에 속하지 않는 것은? (설비산업기사 2015.5)

㉮ 주차장
㉯ 항만시설
㉰ 공항시설
㉱ 여객자동차터미널

28. 건축물의 용도분류가 잘못된 것은? (설비산업기사 2002.5)

㉮ 제1종 근린생활시설 – 목욕장
㉯ 위락시설 – 카지노업소
㉰ 숙박시설 – 휴양콘도미니엄
㉱ 제2종 근린생활시설 - 공중화장실

해답 18. ㉱ 19. ㉮ 20. ㉯ 21. ㉮ 22. ㉮, ㉯ 23. ㉱ 24. ㉯ 25. ㉯ 26. ㉰, ㉱ 27. ㉮ 28. ㉱

29. 건축법상 용도분류의 관계가 옳지 않은 것은? (설비산업기사 2002.9)

㉮ 위락시설, 무도학원
㉯ 문화 및 집회시설, 수족관
㉰ 제1종 근린생활시설, 변전소
㉱ 자원순환 관련 시설, 폐차장

30. 다음 중 건축물의 용도분류에 맞는 것은? (설비기사 2002.3)

㉮ 우체국 – 제2종 근린생활시설
㉯ 제실 – 문화 및 집회시설
㉰ 기숙사 – 공동주택
㉱ 장례식장 - 의료시설

31. 다음 건축물의 용도 분류상 관계가 잘못된 것은? (설비기사 2003.3, 2005.9, 2021.9)

㉮ 제2종근린생활시설–노래연습장
㉯ 동물 및 식물관련시설–동물원
㉰ 제1종 근린생활시설–치과의원
㉱ 숙박시설–휴양콘도미니엄

32. 건축법령상 용도에 해당하는 건축물의 연결이 옳지 않은 것은? (설비산업기사 2012.8)

㉮ 위락시설 – 카지노영업소
㉯ 숙박시설 – 휴양콘도미니엄
㉰ 제1종 근린생활시설 – 목욕장
㉱ 제2종 근린생활시설 - 마을회관

3) 건축설비

33. 건축법의 건축설비로서 옳지 않은 것은? (설비기사 1999.8)

㉮ 오물처리의 설비
㉯ 유선방송수신시설
㉰ 소화설비
㉱ 기계식 주차시설

34. 건축법의 건축설비로서 옳은 것은? (설비기사 1999.4)(설비산업기사 1999.4)

㉮ 전산정보처리시설
㉯ 유선방송수신시설
㉰ 무선방송수신시설
㉱ 기계식 주차시설

35. 건축법의 정의에서 건축설비에 해당되지 않는 것은? (설비기사 2003.5, 2005.9)

㉮ 국기게양대
㉯ 유선방송수신시설
㉰ 오물처리설비
㉱ 비상방송설비

36. 건축법상 건축물에 설치하는 건축설비에 해당하지 않는 것은? (설비산업기사 2004.3)

㉮ 굴뚝
㉯ 차고
㉰ 피뢰침
㉱ 국기게양대

4) 지하층

37. 다음 중 건축법상 지하층의 정의로 맞는 것은? (설비기사 2002.3)

㉮ 건축물의 바닥이 지표면 아래에 있는 층으로서 그 바닥으로부터 지표면까지의 평균높이가 당해 층높이의 1/2 이상인 것
㉯ 건축물의 바닥이 지표면 아래에 있는 층으로서 그 바닥으로부터 최고 지표면까지의 높이가 당해 층높이의 1/2 이상인 것
㉰ 건축물의 바닥이 지표면 아래에 있는 층으로서 그 바닥으로부터 최고 지표면까지의 높이가 당해 반자높이의 1/2 이상인 것
㉱ 건축물의 바닥이 지표면 아래에 있는 층으로서 그 바닥으로부터 지표면까지의 평균높이가 당해 반자높이의 1/2 이상인 것

해답 29. ㉱ 30. ㉰ 31. ㉯ 32. ㉱ 33. ㉱ 34. ㉯ 35. ㉱ 36. ㉯ 37. ㉮

38. "지하층" 이라 함은 건축물의 바닥이 지표면 아래에 있는 층으로서 그 바닥으로부터 지표면까지의 평균높이가 당해층 높이의 얼마 이상인 것을 말하는가? (설비기사 2000.3, 2006.9)

㉮ 층높이의 1/4 ㉯ 층높이의 3/4
㉰ 층높이의 1/2 ㉱ 층높이의 2/3

39. 다음은 건축법령상 지하층의 정의이다. ( ) 안에 알맞은 것은? (설비산업기사 2013.9, 2014.9, 2016.5, 설비기사 2019.4, 2022.3)

지하층이란 건축물의 바닥이 지표면 아래에 있는 층으로서 바닥에서 지표면까지 평균높이가 해당 층 높이의 ( ) 이상인 것을 말한다.

㉮ 2분의 1 ㉯ 3분의 1
㉰ 3분의 2 ㉱ 4분의 3

5) 거실

40. 건축법의 거실에 대한 용어 정의에 따른 설명 중 틀린 것은? (설비기사 2003.5)

㉮ 건축물 안에서 거주 및 집무로 사용되는 방
㉯ 건축물 안에서 작업 및 집회로 사용되는 방
㉰ 건축물 안에서 오락으로 사용되는 방
㉱ 건축물 안에서 화장실로 사용되는 방

41. 다음 중에서 건축법상 거실에 속하는 것은? (설비기사 2003.3)

㉮ 갱의실 ㉯ 계단
㉰ 복도 ㉱ 부엌

6) 주요구조부

42. 건축법령상 건축물의 주요구조부에 속하지 않는 것은? (설비산업기사 2003.5, 2020.8)

㉮ 기둥 ㉯ 바닥
㉰ 주계단 ㉱ 작은 보

43. 다음 중 건축법령상 건축물의 주요구조부에 속하지 않는 것은? (설비산업기사 2018.4)

㉮ 보 ㉯ 차양
㉰ 바닥 ㉱ 지붕틀

44. 건축법령상 주요구조부에 속하지 않는 것은?(설비산업기사 2018.3)

㉮ 보 ㉯ 바닥
㉰ 지붕틀 ㉱ 옥외 계단

45. 건축법상 주요구조부에 해당하는 것은? (설비산업기사 2003.8)

㉮ 지붕틀 ㉯ 사이기둥
㉰ 작은보 ㉱ 옥외계단

46. 다음 중 건축법상 주요구조부에 해당하는 것은? (설비산업기사 2011.3)

㉮ 주계단 ㉯ 작은 보
㉰ 사이 기둥 ㉱ 최하층 바닥

47. 건축법령상 주요구조부에 속하지 않는 것은? (설비산업기사 2016.5)

㉮ 바닥 ㉯ 지붕틀
㉰ 내력벽 ㉱ 옥외계단

48. 다음 중 건축법령상 건축물의 주요구조부에 속하지 않는 것은? (설비산업기사 2005.3, 2013.3, 2013.9, 2014.9)

㉮ 기초 ㉯ 바닥
㉰ 보 ㉱ 지붕틀

해답 38. ㉰ 39. ㉮ 40. ㉱ 41. ㉱ 42. ㉱ 43. ㉯ 44. ㉱ 45. ㉮ 46. ㉮ 47. ㉱ 48. ㉮

7) 건축

49. 다음 중 "건축"의 정의에서 가장 옳지 않은 것은? (설비기사 2000.3)

㉮ 신축은 기존 건축물이 해체 또는 멸실된 대지에 새로이 건축물을 축조하는 행위이다.
㉯ 증축은 기존 건축물이 있는 대지에 건축물의 건축면적을 증가시키는 행위이다.
㉰ 개축은 기존 건축물의 전부 또는 일부를 해체하고 그 대지안에 종전과 동일한 규모의 범위 안에서 건축물을 다시 축조하는 행위이다.
㉱ 이전은 건축물의 주요구조부를 해체하고 동일한 대지안의 다른 위치로 옮기는 행위이다.

50. 다음 중 건축법령상 건축에 속하지 않는 것은?(설비산업기사 2019.9)

㉮ 증축 ㉯ 개축
㉰ 재축 ㉱ 대수선

51. 건축법상 건축에 해당하는 것은? (설비산업기사 2012.5)

㉮ 이전 ㉯ 설계
㉰ 대수선 ㉱ 리모델링

52. 다음 중 신축에 해당되지 않는 것은? (설비산업기사 2003.5)

㉮ 건축물이 없는 대지에 새로이 건축물을 축조하는 것
㉯ 기존건축물이 있는 대지 안에서 건축물의 높이를 증가시키는 것
㉰ 화재로 기존 건축물이 멸실된 대지에 종전의 기존건축물보다 더 크게 다시 축조하는 것
㉱ 기존 건축물을 해체하여 멸실하고 그 대지 안에 종전의 기존건축물보다 더 크게 다시 축조하는 것

53. 다음은 신축에 대한 설명이다. 잘못된 것은? (설비산업기사 2003.8, 2005.9)

㉮ 건축물이 없는 대지에 새로이 건축물을 축조하는 행위
㉯ 기존건축물이 해체 또는 멸실된 대지에 새로이 건축물을 축조하는 행위
㉰ 기존건축물의 전부 또는 일부를 해체하고 당해 대지안에 종전과 동일한 규모의 범위안에서 건축물을 다시 축조하는 행위
㉱ 부속건축물만 있는 대지에 새로이 주된 건축물을 축조하는 행위

54. 건축법령상 다음과 같이 정의되는 용어는? (설비산업기사 2017.3)

기존 건축물이 있는 대지에서 건축물의 건축면적, 연면적, 층수 또는 높이를 늘리는 것

㉮ 증축 ㉯ 개축
㉰ 재축 ㉱ 대수선

55. 건축법령상 다음과 같이 정의되는 것은? (설비산업기사 2013.3)

건축물이 천재지변이나 그 밖의 재해로 멸실된 경우 그 대지에 종전과 같은 규모의 범위에서 다시 축조하는 것

㉮ 신축 ㉯ 증축
㉰ 재축 ㉱ 개축

56. 기존 건축물을 해체하여 건축물이 없는 대지 안에 종전의 규모의 범위를 초과하여 새로 건축물을 축조하는 건축행위는? (설비산업기사 2011.5)

㉮ 신축 ㉯ 증축
㉰ 개축 ㉱ 재축

해답 49. ㉱ 50. ㉱ 51. ㉮ 52. ㉯ 53. ㉰ 54. ㉮ 55. ㉰ 56. ㉮

57. 기존 건축물이 재난으로 인하여 멸실된 대지 안에 종전의 기존 건축물 규모의 범위를 초과하여 다시 축조하는 건축행위는? (설비산업기사 2014.3, 2017.5, 2023.3)

㉮ 신축 ㉯ 증축
㉰ 개축 ㉱ 대수선

8) 대수선, 리모델링

58. 다음 건축물의 부분 중 3개 이상을 수선 또는 변경하면 대수선에 해당하는 부분으로 옳지 않은 것은? (설비산업기사 1999.8, 2002.5)

㉮ 보 ㉯ 기둥
㉰ 내력벽 ㉱ 지붕틀

59. 다음 행위 중 대수선에 속하지 않는 것은? (설비기사 2021.9)

㉮ 다세대주택의 세대 간 경계벽을 증설 또는 해체하는 것
㉯ 기둥 2개를 수선 또는 변경하는 것
㉰ 내력벽을 증설 또는 해체하는 것
㉱ 주계단·피난계단 또는 특별피난계단을 수선 또는 변경하는 것

60. 다음 중 대수선의 행위가 아닌 것은?(설비산업기사 2006.3)

㉮ 방화벽을 20㎡를 수선 또는 변경하는 것
㉯ 미관지구안에서 건축물의 담장을 변경하는 것
㉰ 목조건물의 기둥 1개와 보 3개를 수선 또는 변경하는 것
㉱ 내력벽의 벽면적을 20㎡을 수선 또는 변경하는 것

61. 건축설비를 설치 또는 변경하면서 아래와 같은 건축물 공사를 한 경우 대수선이 아닌 것은? (설비산업기사 2004.5)

㉮ 내력벽의 벽면적을 20제곱미터를 변경하는 것
㉯ 주계단을 해체하여 수선 또는 변경하는 것
㉰ 미관지구안에서 건축물의 외부형태를 변경하는 것
㉱ 방화벽을 10제곱미터를 해체하여 수선하는 것

62. 다음 중 대수선의 범위에 해당하는 것은? (설비산업기사 2005.3)

㉮ 보 3개를 수선 또는 변경하는 것
㉯ 기둥 2개와 보 2개를 수선 또는 변경하는 것
㉰ 내력벽의 벽면적을 20㎡를 수선 또는 변경하는 것
㉱ 지붕틀 2개를 수선 또는 변경하는 것

63. 건축법령상 다음과 같이 정의되는 용어는? (설비산업기사 2017.9, 설비기사 2022.4)

건축물의 노후화를 억제하거나 기능 향상 등을 위하여 대수선하거나 건축물의 일부를 증축 또는 개축하는 행위를 말한다.

㉮ 재축 ㉯ 리빌딩
㉰ 리모델링 ㉱ 리노베이션

64. 다음 중 대수선의 범위에 속하지 않는 것은? (설비기사 1999.8, 2005.3)(설비산업기사 2016.5)

㉮ 기둥 3개를 수선 또는 변경하는 것
㉯ 특별피난계단을 증설 또는 해체 하는 것
㉰ 미관지구 안에서 건축물의 담장을 변경하는 것
㉱ 내력벽의 벽면적 20㎡를 수선 또는 변경하는 것

9) 내화구조

65. 철근콘크리트조이면 두께에 관계없이 내화구조로 인정되는 것은? (설비산업기사 2003.5)

㉮ 벽, 기둥
㉯ 보, 지붕
㉰ 기둥, 바닥
㉱ 계단, 외벽중 비내력벽

해답 57. ㉮ 58. ㉰ 59. ㉯ 60. ㉱ 61. ㉮ 62. ㉮ 63. ㉰ 64. ㉱ 65. ㉯

66. 다음 중 철근콘크리트조로서 두께가 10cm 이상인 경우에만 내화구조에 속하는 것은?(설비산업기사 2018.9, 2023.5)

㉮ 보 ㉯ 바닥
㉰ 지붕 ㉱ 계단

67. 철근콘크리트조로서 두께와 상관없이 내화구조에 속하는 것은?(설비산업기사 2013.9, 2014.9, 2017.5, 설비기사 2023.9)

㉮ 내력벽 ㉯ 바닥
㉰ 지붕 ㉱ 외벽 중 비내력벽

68. 철근콘크리트조인 경우 조건없이 내화구조로 보는 것은? (설비산업기사 2012.5)

㉮ 보 ㉯ 벽
㉰ 기둥 ㉱ 외벽 중 비내력벽

69. 철골조로서 피복두께와 상관없이 내화구조로 인정되는 것은?(설비산업기사 2015.3)

㉮ 계단 ㉯ 기둥
㉰ 바닥 ㉱ 내력벽

70. 다음 중 건축법상 내화구조로 볼 수 없는 것은? (설비기사 2005.9)

㉮ 철근콘크리트조로 된 보
㉯ 무근콘크리트조로 된 계단
㉰ 철재로 보강된 유리블록으로 된 지붕
㉱ 철골로 된 기둥

71. 내화구조의 기둥은 그 작은 지름이 몇 cm 이상이어야 하는가? (설비기사 2005.5, 설비산업기사 2005.5)

㉮ 20cm ㉯ 25cm
㉰ 30cm ㉱ 36cm

72. 내화구조에 속하지 않는 것은?(단, 바닥의 경우)(설비산업기사 2017.3)

㉮ 철근콘크리트조로서 두께가 10cm인 것
㉯ 무근콘크리트조로서 두께가 10cm인 것
㉰ 철골철근콘크리트조로서 두께가 10cm인 것
㉱ 철재의 양면을 두께 5cm의 철망모르타르로 덮은 것

73. 건축 법령상 내화구조로 인정될 수 없는 것은? (설비산업기사 2002.9)

㉮ 철근콘크리트조 외벽(비내력벽)의 경우 두께가 7cm 이상인 것
㉯ 벽돌조로 벽의 두께가 17cm 이상인 것
㉰ 철근콘크리트조 바닥의 경우 두께가 10cm 이상인 것
㉱ 철재로 보강된 유리블록의 지붕

74. 건축법상 내화구조로 볼 수 없는 것은? (설비산업기사 2003.3)

㉮ 벽돌조로서 두께가 15cm인 벽
㉯ 기둥의 작은 지름이 25cm인 철근콘크리트 기둥
㉰ 철재로 보강된 유리블록 지붕
㉱ 철골조 계단

75. 다음 중 건축법상 내화구조의 기준으로 옳은 것은? (설비기사 2003.8)

㉮ 철근콘크리트조의 벽으로 두께가 10센티미터인 것
㉯ 외벽 중 철근콘크리트조의 비내력벽으로 두께 5센티미터인 것
㉰ 철근콘크리트조 바닥으로 두께 8센티미터인 것
㉱ 철근콘크리트조 기둥으로 그 작은 지름이 20센티미터인 것

해답 66. ㉯ 67. ㉰ 68. ㉮ 69. ㉮ 70. ㉱ 71. ㉯ 72. ㉯ 73. ㉯ 74. ㉮ 75. ㉮

76. 건축관련법상 내화구조의 기준에 적합한 벽은? (설비산업기사 2005.5)

㉮ 철근콘크리트조로서 두께가 8센티미터인 것
㉯ 벽돌조로서 두께가 19센티미터인 것
㉰ 철근콘크리트조로서 외벽 중 비내력벽의 경우 두께가 5센티미터인 것
㉱ 무근콘크리트조로서 외벽 중 비내력벽의 경우 두께가 5센티미터인 것

77. 다음 중 내화구조에 해당하지 않는 것은? (설비기사 2004.9, 2006.5)

㉮ 두께가 10cm인 철근콘크리트조의 벽
㉯ 작은 지름이 20cm인 철근콘크리트조의 기둥
㉰ 두께가 10cm인 철근콘크리트조의 바닥
㉱ 철근콘크리트조의 보

78. 다음 중 내화구조로 볼 수 없는 것은? (설비산업기사 2006.9)

㉮ 벽돌조로서 두께가 19cm인 벽
㉯ 철근콘크리트조 지붕
㉰ 철골을 두께 3cm의 콘크리트로 덮은 기둥
㉱ 철골철근콘크리트조 계단

79. 건축물의 피난·방화구조 등의 기준에 관한 규칙상 내화구조에 속하지 않는 것은?(설비산업기사 2011.5, 2018.3)

㉮ 철골조 계단
㉯ 벽돌조로서 두께가 19cm인 벽
㉰ 철근콘크리트조로서 두께가 8m인 바닥
㉱ 작은 지름이 25cm인 철근콘크리트조 기둥

80. 내화구조에 속하지 않는 것은? (설비산업기사 2011.3)

㉮ 심벽에 흙으로 맞벽치기 한 벽
㉯ 벽돌조로서 두께가 19cm 이상인 벽
㉰ 철근콘크리트조로서 두께가 10cm 이상인 바닥
㉱ 철근콘크리트조 또는 철골철근콘크리트조의 지붕

81. 철골조의 내화구조 기준 중 틀린 것은? (설비기사 1999.4)

㉮ 벽의 양면을 두께 4cm 이상의 철망모르타르로 덮은 것
㉯ 기둥을 두께 6cm 이상의 철망모르타르로 덮은 것
㉰ 보를 두께 5cm 이상의 철망모르타르로 덮은 것
㉱ 벽의 양면을 두께 5cm 이상의 석재로 덮은 것

82. 기둥의 경우(작은지름 25cm 이상)철골을 내화구조 기준에 만족하기 위해서는 최소 몇 센티미터 이상을 콘크리트로 덮어야 하는가? (설비기사 2006.3)

㉮ 3cm ㉯ 5cm
㉰ 7cm ㉱ 10cm

83. 다음 중 건축법령상 내화구조에 속하지 않는 것은? (설비산업기사 2013.5)

㉮ 벽돌조로서 두께가 19cm인 벽
㉯ 두께가 8cm인 철근콘크리트조 벽
㉰ 작은 지름이 25cm인 철근콘크리트조 기둥
㉱ 골구를 철골조로 하고 그 양면을 두께 5cm의 석재로 덮은 벽

10) 방화구조

84. 다음 중 방화구조에 속하는 것은?(설비산업기사 2003.3, 2017.5)

㉮ 심벽에 흙으로 맞벽치기한 것
㉯ 철망모르타르로서 그 바름두께가 1.5cm인 것
㉰ 시멘트모르타르위에 타일을 붙인 것으로서 그 두께의 합계가 2cm인 것
㉱ 석고판 위에 시멘트모르타르를 바른 것으로서 그 두께의 합계가 2cm인 것

해답 76. ㉯ 77. ㉯ 78. ㉰ 79. ㉰ 80. ㉮ 81. ㉰ 82. ㉯ 83. ㉯ 84. ㉮

85. 다음 중 방화구조가 아닌 것은?(설비산업기사 2018.4)

㉮ 심벽에 흙으로 맞벽치기한 것
㉯ 철망모르타르로서 그 바름두께가 2cm인 것
㉰ 시멘트모르타르위에 타일을 붙인 것으로서 그 두께의 합계가 2cm인 것
㉱ 석고판위에 시멘트모르타르를 바른 것으로서 그 두께의 합계가 2.5cm인 것

86. 다음 중 방화구조로 적합한 것은? (설비산업기사 2004.9)※현행 규정에 맞게 변경함

㉮ 두께 2.5cm이상의 암면보온판위에 석면시멘트판을 붙인 것
㉯ 심벽에 흙으로 맞벽치기한 것
㉰ 두께 1.2cm 이상의 석고판위에 석면시멘트판을 붙인 것
㉱ 시멘트모르타르 위에 타일을 붙인 것으로서 그 두께의 합계가 2cm 이상인 것

87. 다음 중 방화구조에 속하지 않는 것은? (설비산업기사 2015.3, 2016.3, 2017.9, 설비기사 2006.3, 2021.9)

㉮ 심벽에 흙으로 맞벽치기한 것
㉯ 철망모르타르로서 그 바름두께가 2cm인 것
㉰ 시멘트모르타르위에 타일을 붙인 것으로서 그 두께의 합계가 3cm인 것
㉱ 석고판위에 시멘트모르타르를 바른 것으로서 그 두께의 합계가 2cm인 것

88. 방화구조의 기준으로 옳은 것은? (설비산업기사 2002.5)

㉮ 철망모르타르로서 그 바름두께가 1.5cm 이상인 것
㉯ 시멘트모르타르 위에 타일을 붙인 것으로서 그 두께의 합계가 2.5cm 이상인 것
㉰ 두께 1.2cm 이상의 석고판 위에 석면시멘트판을 붙인 것
㉱ 두께 2.5cm 이상의 암면보온판 위에 석면시멘트판을 붙인 것

11) 기타

89. 다음 중 건축법에 규정되어 있지 아니한 용어는? (설비기사 2003.3)

㉮ 내수재료 ㉯ 방수재료
㉰ 방화구조 ㉱ 난연재료

90. 건축법령상 다음과 같이 정의되는 용어는? (설비산업기사 2018.4, 2019.3)

건축물의 실내를 안전하고 쾌적하며 효율적으로 사용하기 위하여 내부 공간을 칸막이로 구획하거나 벽지, 천장재, 바닥재, 유리 등 대통령령으로 정하는 재료 또는 장식물을 설치하는 것

㉮ 실내건축 ㉯ 실내장식
㉰ 리모델링 ㉱ 실내디자인

91. 건축법령상 다중이용 건축물에 속하지 않는 것은?(단, 층수가 16층 미만인 경우)(설비산업기사 2014.3, 설비기사 2020.6, 2022.4)

㉮ 문화 및 집회시설 중 전시장의 용도로 쓰는 바닥면적의 합계가 5000㎡이상인 건축물
㉯ 종교시설의 용도로 쓰는 바닥면적의 합계가 5000㎡이상인 건축물
㉰ 판매시설의 용도로 쓰는 바닥면적의 합계가 5000㎡이상인 건축물
㉱ 업무시설의 용도로 쓰는 바닥면적의 합계가 5000㎡이상인 건축물

92. 건축법령상 다중이용 건축물에 속하지 않는 것은? (단, 16층 미만의 건축물로 해당 용도로 쓰는 바닥면적의 합계가 5000㎡이상인 건축물의 경우) (설비산업기사 2015.5, 설비기사 2019.4, 2019.9, 2020.9, 2021.5)

㉮ 업무시설 ㉯ 종교시설
㉰ 판매시설 ㉱ 숙박시설 중 관광숙박시설

해답 85. ㉰ 86. ㉯ 87. ㉱ 88. ㉯ 89. ㉯ 90. ㉮ 91. ㉱ 92. ㉮

93. 건축법령상 다중이용건축물에 속하지 않는 것은?(설비기사 2022.9)

㉮ 층수가 16층인 판매시설
㉯ 층수가 20층인 관광숙박시설
㉰ 종합병원으로 쓰는 바닥면적의 합계가 3,000m²인 건축물
㉱ 종교시설로 쓰는 바닥면적의 합계가 5,000m²인 건축물

94. 다음 중 준다중이용 건축물에 속하지 않는 것은? (단, 해당 용도로 쓰는 바닥면적의 합계가 1,000m²인 건축물의 경우)(설비기사 2023.9)

㉮ 종교시설 ㉯ 판매시설
㉰ 위락시설 ㉱ 수련시설

95. 건축법령에 따른 용어의 정의가 옳지 않은 것은?(설비산업기사 2014.5, 2023.3)

㉮ 준초고층 건축물이란 고층건축물 중 초고층 건축물이 아닌 것을 말한다.
㉯ 건축이란 건축물을 신축, 증축, 개축, 재축하거나 건축물을 이전하는 것을 말한다.
㉰ 대수선이란 건축물의 노후화를 억제하거나 기능 향상등을 위하여 증축하는 행위를 말한다.
㉱ 지하층이란 건축물의 바닥이 지표면 아래에 있는 층으로서 바닥에서 지표면까지 평균 높이가 해당 층 높이의 2분의 1 이상인 것을 말한다.

96. 건축법령상 다음과 같이 정의되는 용어는?(설비산업기사 2015.3)

건축물의 내부와 내부를 연결하는 완충공간으로서 전망이나 휴식 등의 목적으로 건축물 외벽에 접하여 부가적으로 설치되는 공간

㉮ 복도 ㉯ 테라스
㉰ 발코니 ㉱ 부속용도

97. 건축법상 다음과 같이 정의되는 용어는?(설비산업기사 2016.10)

자기의 책임으로 이 법으로 정하는 바에 따라 건축물, 건축설비 또는 공작물이 설계도서의 내용대로 시공되는지를 확인하고, 품질관리 · 공사관리 · 안전관리 등에 대하여 지도 · 감독하는 자

㉮ 건축주 ㉯ 설계자
㉰ 공사감리자 ㉱ 공사시공자

2. 면적, 높이 등 산정

1) 건축면적

98. 외벽이 이중벽으로 된 태양열 주택의 건축면적 산정기준이 되는 외벽의 중심선은 외벽중 어느 것인가? (설비기사 1999.4)

㉮ 외측벽의 중심선
㉯ 공간부분의 중심선
㉰ 내측 내력벽의 중심선
㉱ 공간부분과 외측벽을 합한 두께의 중심선

99. 태양열을 이용하는 주택의 건축면적 산정방법 기준으로 옳은 것은? (설비기사 2003.3, 2006.9)

㉮ 외벽 중 외측벽의 중심선
㉯ 외벽 중 공간부분의 중심선
㉰ 외벽 중 내측 내력벽의 중심선
㉱ 외측벽을 합한 두께의 중심선

100. 태양열을 주된 에너지원으로 이용하는 주택 건축면적의 산정 기준이 되는 기준은? (설비기사 1999.8, 2004.3, 2005.9)

㉮ 건축물의 외측벽의 중심선
㉯ 건축물의 외벽중 공간부분의 중심선
㉰ 건축물의 외벽중 내측 내력벽의 중심선
㉱ 건축물의 외벽중 공간부분과 외측벽을 합한 두께의 중심선

해답 93. ㉰ 94. ㉱ 95. ㉰ 96. ㉰ 97. ㉰ 98. ㉰ 99. ㉰ 100. ㉰

2) 바닥면적

101. 다음 중 바닥면적에 산입되는 시설물은? (설비기사 2003.3)

㉮ 사무소의 지상층 조경시설
㉯ 아파트의 승강기탑
㉰ 학교 외벽의 중심선에서 1.5m 돌출한 노대
㉱ 연립주택의 층고 1.4m의 다락

102. 지상층에 기계실을 설치했을 경우 바닥면적에 산입되지 않는 건축물은? (설비산업기사 2003. 3, 2005.9)

㉮ 사무소 ㉯ 학교
㉰ 병원 ㉱ 아파트

103. 다음 사항 중 건축법상의 내용으로 옳지 않은 것은? (설비기사 2002.3, 2005.5)

㉮ 지하층은 건축물의 층수에 산입하지 아니한다.
㉯ 용적률 산정시 지상층의 주차용(당해 건축물의 부속용도인 경우)으로 사용되는 면적은 연면적에서 제외한다.
㉰ 공동주택으로서 지상층에 설치하는 탁아소의 경우에는 당해 부분의 면적을 바닥면적에 산입하지 아니한다.
㉱ 태양열을 주된 에너지원으로 이용하는 주택의 건축면적은 건축물의 외벽 중 내측 내력벽의 중심선을 기준으로 한다.

3) 용적률

104. 용적률에 대한 다음 설명 중 틀린 것은? (설비산업기사 1999.10)

㉮ 건축면적에 대한 연면적의 비율이다.
㉯ 지하층 면적은 용적률 산정시 제외된다.
㉰ 지상층 면적 중 주차용도로 쓰이는 부분의 면적은 용적률 산정시 제외된다.
㉱ 준도시지역의 용적률은 200% 이하이다.

4) 건축물의 높이

105. 다음 중 조건에 따라 건축물의 높이에 산입되는 것은? (설비기사 1999.10)

㉮ 방화벽의 옥상돌출부
㉯ 굴뚝
㉰ 지붕마루장식
㉱ 난간벽

5) 반자높이

106. 그림과 같은 단면을 가진 거실의 반자 높이로서 맞는 것은? (설비기사 2006.5)

㉮ 3.0m
㉯ 2.8m
㉰ 2.75m
㉱ 2.5m

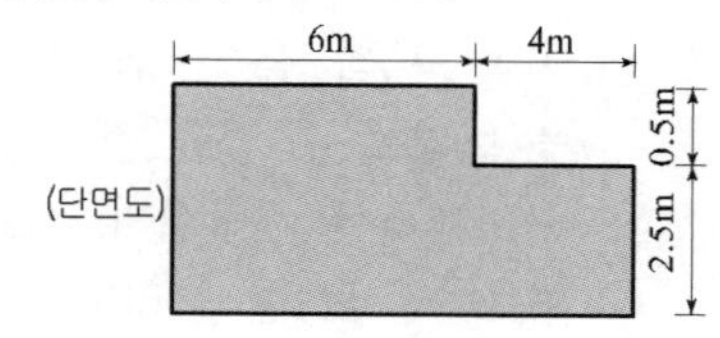

3. 건축위원회 등

107. 지방건축위원회에서 구조안전에 관한 사항을 심의하는 용도가 아닌 것은? (설비기사 2000.3, 2005.3)

㉮ 판매시설
㉯ 종합병원
㉰ 관광휴게시설
㉱ 관광숙박시설

108. 건축법령상 시, 군, 구에 두는 건축위원회의 심의 사항에 속하지 않는 것은? (설비산업기사 2014.5 2020.6)

㉮ 건축선의 지정에 관한 사항
㉯ 층수가 16층인 건축물의 건축에 관한 사항
㉰ 건축물의 건축등과 관련된 분쟁의 조정 또는 재정에 관한 사항
㉱ 판매시설로서 해당 용도에 쓰는 바닥면적의 합계가 5000㎡인 건축물의 건축에 관한 사항

해답 101. ㉮ 102. ㉱ 103. ㉰ 104. ㉮, ㉱ 105. ㉱ 106. ㉯ 107. ㉰ 108. ㉰

109. 건축법령상 시·군·구에 두는 건축위원회의 심의 사항에 속하지 않는 것은?(설비산업기사 2023.9)

㉮ 건축선의 지정에 관한 사항
㉯ 다중이용 건축물의 구조안전에 관한 사항
㉰ 특수구조 건축물의 구조안전에 관한 사항
㉱ 건축물의 건축등과 관련된 분쟁의 조정 또는 재정에 관한 사항

110. 공동주택에서 리모델링이 쉬운 구조에 관한 기준 내용으로 옳지 않은 것은?(설비산업기사 2018.3)

㉮ 공동주택의 층수, 건축면적 또는 연면적을 변경할 수 있을 것
㉯ 구조체에서 건축설비, 내부 마감재료 및 외부마감재료를 분리할 수 있을 것
㉰ 개별 세대 안에서 구획된 실(室)의 크기, 개수 또는 위치 등을 변경할 수 있을 것
㉱ 각 세대는 인접한 세대와 수직 또는 수평 방향으로 통합하거나 분할할 수 있을 것

2장 건축물의 건축

1. 건축허가, 건축신고

111. 건축물을 특별시나 광역시에 건축하고자 하는 경우 특별시장이나 광역시장의 허가를 받아야 하는 대상 건축물의 규모 기준으로 옳은 것은?(설비산업기사 2016.10, 2018.9, 설비기사 2023.5)

㉮ 층수가 15층 이상이거나 연면적의 합계가 50,000㎡ 이상인 건축물
㉯ 층수가 15층 이상이거나 연면적의 합계가 100,000㎡ 이상인 건축물
㉰ 층수가 21층 이상이거나 연면적의 합계가 50,000㎡ 이상인 건축물
㉱ 층수가 21층 이상이거나 연면적의 합계가 100,000㎡ 이상인 건축물

112. 특별시나 광역시에 건축물을 건축하는 경우, 특별시장 또는 광역시장의 허가를 받아야 하는 건축물의 층수 기준은? (설비산업기사 2012.5, 2015.5, 2015.9, 설비기사 2019.9, 2021.3)

㉮ 층수가 10층 이상인 건축물
㉯ 층수가 15층 이상인 건축물
㉰ 층수가 21층 이상인 건축물
㉱ 층수가 31층 이상인 건축물

113. 다음은 건축법상 건축허가에 관한 기준 내용이다. (　　)안에 알맞은 것은?(설비산업기사 2019.9, 2023.3, 설비기사 2020.8)

> 건축물을 건축하거나 대수선하려는 자는 특별자치시장·특별자치도지사 또는 시장·군수·구청 장의 허가를 받아야 한다. 다만, (　　) 이상의 건축물 등 대통령령으로 정하는 용도 및 규모의 건축물을 특별시나 광역시에 건축하려면 특별시장이나 광역시장의 허가를 받아야 한다.

㉮ 10층　　㉯ 16층
㉰ 21층　　㉱ 41층

114. 특별시나 광역시에 건축하는 경우, 특별시장이나 광역시장의 허가를 받아야 하는 대상 건축물의 연면적 기준은?(설비산업기사 2017.9, 2019.3, 설비기사 2023.3, 2023.9)

㉮ 연면적의 합계가 1만 제곱미터 이상인 건축물
㉯ 연면적의 합계가 5만 제곱미터 이상인 건축물
㉰ 연면적의 합계가 10만 제곱미터 이상인 건축물
㉱ 연면적의 합계가 20만 제곱미터 이상인 건축물

115. 건축시 특별시장 또는 광역시장의 허가를 받아야 하는 건축물의 층수 및 연면적 기준은?(설비기사 2022.9)

㉮ 층수가 21층 이상이거나 연면적의 합계가 5만 제곱미터 이상인 건축물
㉯ 층수가 21층 이상이거나 연면적의 합계가 10만 제곱미터 이상인 건축물

해답 109. ㉱ 110. ㉮ 111. ㉱ 112. ㉰ 113. ㉰ 114. ㉰ 115. ㉯

㉰ 층수가 31층 이상이거나 연면적의 합계가 5만 제곱미터 이상인 건축물
㉱ 층수가 31층 이상이거나 연면적의 합계가 10만 제곱미터 이상인 건축물

116. 건축허가신청에 필요한 설계도서 중 건축계획서에 표시하여야 할 사항으로 옳지 않은 것은? (설비산업기사 2013.3)

㉮ 주차장 규모
㉯ 건축물의 규모
㉰ 건축물의 용도별 면적
㉱ 공개공지 및 조경계획

117. 건축허가신청에 필요한 설계도서에 해당하는 것은? (설비산업기사 2011.3, 2013.9, 2014.9)
※ 현행규정에 맞게 변경함

㉮ 배치도
㉯ 시방서
㉰ 조감도
㉱ 실내마감도

118. 건축법령상 건축허가신청에 필요한 설계도서에 속하지 않는 것은? (설비산업기사 2016.10 2020 6, 2023.5)

㉮ 투시도
㉯ 배치도
㉰ 소방설비도
㉱ 건축계획서

119. 대형건축물의 건축허가 사전승인신청 시 제출 도서의 종류 중 기본설계도서에 속하지 않는 것은?(설비기사 2023.3)

㉮ 투시도
㉯ 구조계획서
㉰ 내외마감표
㉱ 주차장평면도

120. 건축물을 건축하려는 경우, 허가 대상 건축물이라 하더라도 특별자치시장·특별자치도지사 또는 시장·군수·구청장에게 국토교통부령으로 정하는 바에 따라 신고를 하면 건축허가를 받은 것으로 보는 건축물의 연면적 기준은?(설비산업기사 2019.4)

㉮ 연면적의 합계가 100㎡ 이하인 건축물
㉯ 연면적의 합계가 200㎡ 이하인 건축물
㉰ 연면적의 합계가 300㎡ 이하인 건축물
㉱ 연면적의 합계가 500㎡ 이하인 건축물

121. 허가 대상 건축물이라 하더라도 미리 특별자치 시장·특별자치도지사 또는 시장·군수·구청장에게 국토교통부령으로 정하는 바에 따라 신고를 하면 건축허가를 받은 것으로 보는 경우에 속하지 않는 것은?(단, 3층 미만의 건축물인 경우) (설비산업기사 2017.5)

㉮ 바닥면적의 합계가 85㎡이내의 신축
㉯ 바닥면적의 합계가 85㎡이내의 증축
㉰ 바닥면적의 합계가 85㎡이내의 개축
㉱ 바닥면적의 합계가 85㎡이내의 재축

122. 허가 대상 건축물이라 하더라도 미리 특별자치시장·특별자치도지사 또는 시장·군수·구청장에게 신고를 하면 건축허가를 받은 것으로 보는 건축물의 대수선 기준은?(설비산업기사 2023.9)

㉮ 연면적이 $200m^2$ 미만이고 3층 미만인 건축물의 대수선
㉯ 연면적이 $200m^2$ 미만이고 5층 미만인 건축물의 대수선
㉰ 연면적이 $300m^2$ 미만이고 3층 미만인 건축물의 대수선
㉱ 연면적이 $300m^2$ 미만이고 5층 미만인 건축물의 대수선

해답 116. ㉱ 117. ㉮ 118. ㉮ 119. ㉯ 120. ㉮ 121. ㉮ 122. ㉮

123. 다음은 허가 대상 건축물이라 하더라도 미리 특별자치시장·특별자치도지사 또는 시장·군수·구청장에게 국토교통부령으로 정하는 바에 따라 신고를 하면 건축허가를 받은 것으로 보는 경우에 관한 기준 내용이다. ( )안에 알맞은 것은?(설비산업기사 2018.4)

바닥 면적의 합계가 ( ) 이내의 증축·개축 또는 재축. 다만, 3층 이상 건축물인 경우에는 증축·개축 또는 재축하려는 부분의 바닥면적의 합계가 건축물 연면적의 10분의 1 이내인 경우로 한정한다.

㉮ 30㎡ ㉯ 50㎡
㉰ 85㎡ ㉱ 100㎡

124. 건축 허가권자는 허가를 받은 자가 허가를 받은 날부터 2년 이내에 공사에 착수하지 아니한 경우 얼마의 범위에서 공사의 착수기간을 연장할 수 있는가?(단, 정당한 사유가 있다고 인정되는 경우) (설비산업기사 2011.3, 2023.5)

㉮ 1년 ㉯ 18개월
㉰ 2년 ㉱ 30개월

2. 가설건축물

125. 도시계획시설 또는 도시계획시설예정지에서 건축을 허가할 수 있는 가설건축물의 기준으로 적합하지 아니한 것은? (설비기사 1999.10, 설비산업기사 1999.8)

㉮ 층수는 2층 이하일 것
㉯ 존치기간은 원칙적으로 3년 이내일 것
㉰ 철근콘크리트 또는 철골철근콘크리트구조가 아닐 것
㉱ 공동주택, 판매시설 등으로서 분양을 목적으로 건축하는 건축물이 아닐 것

126. 시장 · 군수 · 구청장이 도시계획시설 또는 도시계획시설예정지에 건축을 허가할 수 있는 가설건축물의 기준으로 옳지 아니한 것은? (설비산업기사 2004.9)

㉮ 3층 이하일 것
㉯ 존치기간은 3년 이내일 것
㉰ 조적조 또는 철근콘크리트조가 아닐 것
㉱ 전기 · 수도 · 가스 등 새로운 간선공급설비의 설치를 요하지 아니할 것

127. 다음 중 가설건축물의 기준으로 옳지 않은 것은? (설비기사 2003.5, 2005.3)

㉮ 철근콘크리트조 또는 철골철근콘크리트조가 아닐 것
㉯ 존치기간은 3년 이내일 것
㉰ 3층 이하일 것
㉱ 전기 · 수도 · 가스 등 새로운 간선공급설비의 설치를 요할 것

128. 다음 중 시장 · 군수 · 구청장에게 신고하면 규모에 관계없이 축조할 수 있는 가설건축물로 옳지 아니한 것은? (설비기사 2004.5)

㉮ 농업용 고정식온실
㉯ 전시를 위한 견본주택
㉰ 공장안에 설치하는 창고용 천막
㉱ 조립식구조로 된 경비용에 쓰이는 가설건축물

3. 건축시공(허용오차)

129. 다음 중 건축물 관련 건축기준의 허용오차 범위가 3% 이내인 것은? (설비산업기사 2003.8, 2005.5, 2010.5, 2019.9, 2020.8, 2023.9)

㉮ 출구너비 ㉯ 벽체두께
㉰ 평면길이 ㉱ 건축물 높이

130. 건축물의 높이기준이 60m인 건축물이 있다. 건축물 높이에 대한 최대 허용 오차는?(설비산업기사 2013.3, 설비기사 2021.9)

㉮ 0.6m ㉯ 0.9m
㉰ 1.0m ㉱ 1.2m

131. 허용되는 오차의 범위가 가장 작은 대지관련 건축기준은? (설비기사 2002.3)

㉮ 건폐율
㉯ 용적률
㉰ 건축선의 후퇴거리
㉱ 인접건축물과의 거리

해답 123. ㉰ 124. ㉮ 125. ㉮ 126. ㉰ 127. ㉱ 128. ㉱ 129. ㉯ 130. ㉰ 131. ㉮

132. 대지관련 건축기준 허용오차에서 용적률의 경우 연면적이 5,000㎡일 때 건축허용오차는 몇 ㎡까지인가? (설비기사 2006.5)

㉮ 25㎡ ㉯ 30㎡
㉰ 50㎡ ㉱ 100㎡

133. 다음 중 건축물관련 건축기준의 허용되는 오차의 범위(%)가 가장 큰 것은?(설비기사 2022.9, 2023.5)

㉮ 평면길이 ㉯ 출구너비
㉰ 반자높이 ㉱ 바닥판두께

4. 공사감리

134. 공사감리자가 공사시공자로 하여금 상세시공도면을 작성하도록 요청할 수 있는 건축공사의 연면적 기준으로 옳은 것은? (설비기사 1999.8, 2004.5, 2006.5, 2020.8)

㉮ 1500㎡ 이상 ㉯ 3000㎡ 이상
㉰ 5000㎡ 이상 ㉱ 10000㎡ 이상

135. 건축법령상 공사감리자가 수행하여야 하는 감리 업무에 속하지 않는 것은?(설비산업기사 2017.5)

㉮ 설계변경의 적정여부의 검토·확인
㉯ 공정표 및 상세시공도면의 작성·확인
㉰ 시공계획 및 공사관리의 적정여부의 확인
㉱ 품질시험의 실시여부 및 시험성과의 검토·확인

136. 공사감리자가 공사 시공자에게 상세시공도면을 작성하도록 요청할 수 있는 건축공사 기준으로 옳은 것은? (설비산업기사 2005.5, 2012.3, 2017.3, 설비기사 2022.4)

㉮ 연면적의 합계가 1,000㎡이상인 건축공사
㉯ 연면적의 합계가 2,000㎡이상인 건축공사
㉰ 연면적의 합계가 3,000㎡이상인 건축공사
㉱ 연면적의 합계가 5,000㎡이상인 건축공사

137. 공사감리자가 허가권자에게 위법건축공사보고서를 제출하여야 하는 시기는 시정 등을 요청한 때에 명시한 시정기간이 만료되는 날부터 몇 일 이내인가? (설비기사 2004.5)

㉮ 5일 ㉯ 7일
㉰ 10일 ㉱ 15일

138. 철근콘크리트 건축물 공사시 공사감리자가 감리중간보고서를 작성해야 하는 시기에 해당되지 않는 것은? (설비기사 2004.5)

㉮ 기초공사시 철근배치를 완료한 때
㉯ 지붕슬래브 배근을 완료한 때
㉰ 5층 이상 건축물인 경우 5개층마다 상부 슬래브배근을 완료한 때
㉱ 지하층공사시 지하층 바닥 슬래브배근을 완료한 때

5. 사용승인, 용도변경

139. 건축물의 일부를 완공하여 임시로 사용하고자 할 때 임시 사용승인의 기간은 몇 년 이내를 원칙으로 하는가? (설비산업기사 2010.5, 2019.4)

㉮ 1년 ㉯ 2년
㉰ 3년 ㉱ 4년

140. 건축물의 용도변경시 건축법규정에서 건축사에 의한 설계를 적용하는 경우 바닥면적의 합계가 얼마 이상인가? (설비기사 2003.8)

㉮ 100㎡ ㉯ 300㎡
㉰ 500㎡ ㉱ 1,000㎡

141. 용도변경을 위한 시설군의 분류에 속하지 아니하는 것은? (설비기사 2005.9)※ 현행규정에 맞게 변경함

㉮ 문화 및 집회시설군
㉯ 영업시설군
㉰ 자원순환 시설군
㉱ 산업 등의 시설군

해답 132. ㉯ 133. ㉱ 134. ㉰ 135. ㉯ 136. ㉱ 137. ㉯ 138. ㉱ 139. ㉯ 140. ㉰ 141. ㉰

142. 건축물의 용도변경과 관련된 시설군 중 영업 시설군의 세부 용도에 속하지 않는 것은?(설비산업기사 2017.9, 2017.3)

㉮ 판매시설
㉯ 운동시설
㉰ 업무시설
㉱ 숙박시설

143. 건축물의 용도변경과 관련된 시설군 중 주거 업무시설군에 속하지 않는 것은?(설비산업기사 2019.4)

㉮ 공동주택
㉯ 업무시설
㉰ 노유자시설
㉱ 교정 및 군사시설

144. 용도변경과 관련된 시설군 중 문화집회시설군에 해당하지 않는 것은? (설비산업기사 2012.8)

㉮ 종교시설
㉯ 위락시설
㉰ 운동시설
㉱ 관광휴게시설

145. 다음 중 신고 대상에 속하는 용도변경은?(설비산업기사 2019.3)

㉮ 위락시설에서 판매시설로의 용도변경
㉯ 수련시설에서 숙박시설로의 용도변경
㉰ 의료시설에서 장례시설로의 용도변경
㉱ 업무시설에서 교육연구시설로의 용도변경

146. 다음 중 신고대상에 속하는 건축물의 용도변경은?(설비산업기사 2018.3)

㉮ 운동시설에서 수련시설로의 용도변경
㉯ 숙박시설에서 종교시설로의 용도변경
㉰ 위락시설에서 방송통신시설로의 용도변경
㉱ 운수시설에서 자동차 관련 시설로의 용도변경

147. 다음 중 허가 대상에 속하는 용도변경은?(설비산업기사 2016.10)

㉮ 전기통신시설군 → 영업시설군으로 변경
㉯ 근린생활시설군 → 그 밖의 시설군으로 변경
㉰ 교육 및 복지시설군 → 근린생활시설군으로 변경
㉱ 주거업무시설군 → 문화 및 집회시설군으로 변경

148. 건축물의 용도변경시 허가 대상에 속하는 것은?(설비기사 2023.3)

㉮ 위락시설에서 발전시설로의 용도변경
㉯ 교육연구시설에서 업무시설로의 용도변경
㉰ 문화 및 집회시설에서 판매시설로의 용도변경
㉱ 제1종 근린생활시설에서 업무시설로의 용도변경

3장 구조, 재료

1. 구조의 안전

149. 구조안전의 확인대상 건축물 기준이 아닌 것은? (설비기사 2000.3)※ 현행규정에 맞게 변경함

㉮ 층수가 3층 이상인 건축물
㉯ 처마높이가 9m인 건축물
㉰ 높이가 13m인 건축물
㉱ 연면적이 200㎡인 건축물

150. 건축물의 설계자가 건축구조기술사의 협력을 받아 건축물에 대한 구조의 안전을 확인하여야 하는 대상 건축물 기준에 해당하지 않는 것은?(단, 국토교통부령으로 따로 정하는 건축물의 경우는 고려하지 않는다.) (설비산업기사 2012.3, 2012.8, 설비기사 2023.3)

㉮ 기둥과 기둥 사이의 거리가 10m인 건축물
㉯ 지상층수가 20층인 건축물
㉰ 다중이용 건축물
㉱ 필로티형식의 6층 건축물

해답 142. ㉰ 143. ㉰ 144. ㉰ 145. ㉮ 146. ㉮ 147. ㉱ 148. ㉮ 149. ㉮ 150. ㉮

151. 건축물에 대한 구조의 안전을 확인하는 경우, 건축구조 기술사의 협력을 받아야 하는 대상 건축을 기준으로 옳지 않은 것은?(설비산업기사 2023.3)

㉮ 다중이용건축물
㉯ 6층 이상인 건축물
㉰ 기둥과 기둥 사이의 거리가 10m 이상인 건축물
㉱ 한쪽 끝은 고정되고 다른 끝은 지지되지 아니한 구조로 된 차양 등이 외벽의 중심선으로부터 3m 이상 돌출된 건축물

152. 구조계산에 의한 구조안전 확인을 해야 할 대상건축물과 관계가 없는 것은? (설비산업기사 2004.3)
※ 현행규정에 맞게 변경함

㉮ 건축물의 층수
㉯ 건축물의 연면적 합계
㉰ 건축물의 높이
㉱ 건축물의 기둥과 기둥 사이의 거리

153. 건축물을 건축하거나 대수선하는 경우 국토교통부령으로 정하는 구조기준 등에 따라 그 구조의 안전을 확인하여야 하는 대상 건축물에 속하지 않는 것은? (설비산업기사 1999.4, 2010.3, 2011.5, 2011.8, 2012.5, 2013.5)

㉮ 층수가 3층인 건축물
㉯ 높이가 12m인 건축물
㉰ 처마높이가 10m인 건축물
㉱ 기둥과 기둥사이의 거리가 10m인 건축물

154. 건축물을 건축하는 경우 국토교통부령으로 정하는 구조 기준 등에 따라 그 구조의 안전을 확인하여야 하는 대상 건축물에 속하지 않는 것은? (설비산업기사 2014.5)

㉮ 층수가 3층인 건축물
㉯ 높이가 14m인 건축물
㉰ 처마높이가 9m인 건축물
㉱ 기둥과 기둥 사이의 거리가 9m인 건축물

155. 건축물을 건축할 경우 구조기준 및 구조계산에 따라 구조안전을 확인하지 않아도 되는 것은? (설비기사 2003.3, 2005.3, 설비산업기사 1999.8, 2005.3, 2006.3)

㉮ 연면적 1,500㎡인 철근콘크리트조의 건축물
㉯ 건축물 높이가 15m인 2층 건축물
㉰ 층수가 3층 이상인 건축물
㉱ 기둥과 기둥사이의 거리가 9m인 공장 건축물

2. 피난시설

1) 계단, 복도, 보행거리 등

156. 연면적이 최소 몇 ㎡를 초과하는 건축물에 설치하는 계단 및 복도는 국토교통부령이 정하는 기준에 적합하게 설치하여야 하는가? (설비기사 2006.9)

㉮ 200㎡ ㉯ 250㎡
㉰ 300㎡ ㉱ 400㎡

157. 계단의 설치기준에 따른 돌음계단의 단너비 측정 위치는? (설비산업기사 2012.8)

㉮ 좁은 너비의 끝부분으로부터 30cm의 위치
㉯ 좁은 너비의 끝부분으로부터 5cm의 위치
㉰ 넓은 너비의 끝부분으로부터 30cm의 위치
㉱ 넓은 너비의 끝부분으로부터 50cm의 위치

158. 연면적 200m^2를 초과하는 건축물에서 계단을 대체하여 설치하는 경사로의 경사도는 최대 얼마를 넘지 않도록 하여야 하는가? (설비산업기사 2010.3, 2013.5, 2023.9)

㉮ 1:6 ㉯ 1:8 ㉰ 1:10 ㉱ 1:12

159. 계단의 설치에 관한 기준 내용으로 옳지 않은 것은?(설비기사 2021.5)

㉮ 중학교의 계단인 경우, 단너비는 26cm 이상으로 한다.
㉯ 초등학교의 계단인 경우, 단너비는 26cm 이상으로 한다.

해답 151. ㉰ 152. ㉯ 153. ㉯ 154. ㉱ 155. ㉱ 156. ㉮ 157. ㉮ 158. ㉯ 159. ㉰

㉰ 판매시설 중 상점인 경우, 계단 및 계단참의 유효너비는 90cm 이상으로 한다.
㉱ 문화 및 집회시설 중 공연장의 경우, 계단 및 계단참의 유효너비는 120cm 이상으로 한다.

160. 연면적 200㎡를 초과하는 건축물에 설치하는 계단에 관한 기준 내용으로 옳지 않은 것은? (설비산업기사 2012.3, 설비기사 2019.3)

㉮ 높이가 3m를 넘는 계단에는 높이 3m 이내마다 너비 1.2m 이상의 계단참을 설치할 것
㉯ 문화 및 집회시설 중 공연장에 쓰이는 건축물의 계단의 경우, 계단 및 계단참의 너비를 120cm 이상으로 할 것
㉰ 높이가 1m를 넘는 계단 및 계단참의 양옆에는 난간(벽 또는 이에 대치되는 것들 포함)을 설치할 것
㉱ 계단의 유효높이(계단의 바닥 마감면부터 상부 구조체의 하부 마감면까지의 연직방향의 높이)는 1.8m 이상으로 할 것

161. 연면적 200㎡를 초과하는 건축물에 설치하는 계단의 설치 기준으로 옳은 것은? (설비기사 2023.9)

㉮ 계단을 대체하여 설치하는 경사로는 그 경사로가 1 : 8을 넘어야 하며, 표면을 거친 면으로 미끄러지지 아니하는 재료로 마감하여야 한다.
㉯ 모든 공동주택의 주계단, 피난계단 또는 특별피난계단에 설치하는 난간 및 바닥은 아동의 이용에 안전하고 노약자 및 신체장애인의 이용에 편리한 구조로 하여야 한다.
㉰ 업무시설의 주계단, 피난계단 또는 특별피난계단에 설치하는 난간 손잡이는 벽 등으로부터 5cm 이상 떨어지도록 하고, 계단으로부터의 높이는 85cm가 되도록 한다.
㉱ 돌음계단의 단너비는 그 넓은 너비의 끝부분으로부터 30cm의 위치에서 측정한다.

162. 연면적 200㎡를 초과하는 건축물에 설치하는 계단의 설치에 관한 기준으로 옳지 않은 것은?(설비산업기사 2020.6)

㉮ 중학교 계단의 단너비는 20cm 이상이어야 한다.
㉯ 초등학교 계단이 단높이는 16cm 이하이어야 한다.
㉰ 고등학교 계단의 유효너비는 150cm 이상이어야 한다.
㉱ 높이가 3m를 넘는 계단에는 높이 3m 이내마다 유효너비 120cm 이상의 계단참을 설치하여야 한다.

163. 연면적 200㎡를 초과하는 건축물에 설치하는 계단에 관한 기준 내용으로 옳지 않은 것은? (설비산업기사 2011.5 2020.6, 2023.5)

㉮ 초등학교의 옥내계단인 경우에는 계단 및 계단참의 너비는 1.2m 이상으로 하여야 한다.
㉯ 높이가 3m를 넘는 계단에는 높이 3m 이내마다 너비 1.2m 이상의 계단참을 설치하여야 한다.
㉰ 단높이가 15cm 이하이고, 단너비가 30cm 이상인 계단에는 계단의 중간에 난간을 설치하지 않아도 된다.
㉱ 높이가 1m를 넘는 계단 및 계단참의 양옆에는 난간(벽 또는 이에 대치되는 것을 포함)을 설치하여야 한다.

164. 계단의 양쪽에 벽 등이 있어 난간이 없는 경우에는 반드시 손잡이를 설치하여야 할 건축물의 용도가 아닌 것은? (설비산업기사 2005.5)

㉮ 업무시설 ㉯ 숙박시설
㉰ 위락시설 ㉱ 운동시설

165. 계단 양쪽에 벽 등이 있어 난간이 없는 경우에 손잡이를 설치하여야 할 건축물의 용도가 아닌 것은? (설비산업기사 2005.9)

㉮ 관광휴게시설 ㉯ 위락시설
㉰ 업무시설 ㉱ 자동차관련시설

해답 160. ㉱ 161. ㉰ 162.㉮ 163. ㉮ 164. ㉱ 165. ㉱

166. 건축물의 주계단에서 설치하는 난간을 아동의 이용에 안전하고 노약자 또는 신체 장애인의 이용에 편리한 구조로 하지 않아도 되는 시설은 어느 것인가? (설비산업기사 2006.3)

㉮ 문화 및 집회시설
㉯ 판매시설
㉰ 위락시설
㉱ 공동주택 중 기숙사

167. 건축물의 주계단 · 피난계단 또는 특별피난계단에 설치하는 난간 및 바닥을 아동의 이용에 안전하고 노약자 및 신체장애인의 이용에 편리한 구조로 하여야 하는 대상 건축물에 속하지 않는 것은?(설비산업기사 2019.9)

㉮ 판매시설
㉯ 위락시설
㉰ 문화 및 집회시설
㉱ 공동주택 중 기숙사

168. 연면적 200㎡를 초과하는 공동주택에 설치하는 복도의 유효너비는 최소 얼마 이상으로 하여야 하는가? (설비산업기사 2012.3)

㉮ 1.2m ㉯ 1.5m
㉰ 1.8m ㉱ 2.4m

169. 연면적이 200제곱미터를 초과하는 공동주택에 설치하는 복도의 유효너비는 최소 얼마 이상으로 하여야 하는가?(단, 양옆에 거실이 있는 복도의 경우) (설비산업기사 2011.8, 설비기사 2020.6)

㉮ 1.2m ㉯ 1.8m
㉰ 2.4m ㉱ 3.0m

170. 연면적 200㎡를 초과하는 초등학교에 설치하는 복도의 유효너비는 최소 얼마 이상이어야 하는가?(단, 양옆에 거실이 있는 복도) (설비산업기사 2016.5, 2017.9, 2023.3, 설비기사 2021.9)

㉮ 1.2m ㉯ 1.5m
㉰ 1.8m ㉱ 2.4m

171. 연면적 $200m^2$를 초과하는 건축물에 설치하는 복도의 유효너비 기준으로 옳은 것은? (단, 양옆에 거실이 있는 복도)(설비기사 2023.5)

㉮ 유치원 : 1.8m 이상
㉯ 중학교 : 1.8m 이상
㉰ 초등학교 : 1.8m 이상
㉱ 오피스텔 : 1.8m 이상

172. 다음은 지하층과 피난층 사이의 개방공간 설치에 관한 기준 내용이다. ( )안에 알맞은 것은? (설비산업기사 2011.3, 2012.3, 2015.3, 2020.6, 설비기사 2019.4, 2019.9, 2022.9)

> 바닥면적의 합계가 ( ) 이상인 공연장 집회장 관람장 또는 전시장을 지하층에 설치하는 경우에는 각 실에 있는 자가 지하층 각 층에서 건축물 밖으로 피난하여 옥외 계단 또는 경사로 등을 이용하여 피난층으로 대피할 수 있도록 천장이 개방된 외부 공간을 설치하여야 한다.

㉮ 1,000㎡ ㉯ 3,000㎡
㉰ 5,000㎡ ㉱ 10,000㎡

2) 직통계단

173. 피난층 또는 지상으로 통하는 직통계단을 2개소 이상 설치해야 하는 지하층의 거실 바닥면적 기준은? (설비산업기사 1999.8, 2002.9)

㉮ 200㎡이상 ㉯ 300㎡이상
㉰ 400㎡이상 ㉱ 500㎡이상

174. 지하층으로서 그 층 거실의 바닥면적의 합계가 최소 얼마 이상인 경우 피난층 또는 지상으로 통하는 직통계단을 2개소 이상 설치하여야 하는가? (설비산업기사 2013.9, 2014.9)

㉮ 100㎡ ㉯ 200㎡
㉰ 300㎡ ㉱ 400㎡

해답 166. ㉱ 167. ㉱ 168. ㉮ 169. ㉯ 170 ㉱ 171. ㉱ 172. ㉯ 173. ㉮ 174. ㉯

3) 보행거리

175. 다음은 직통계단의 설치와 관련된 기준 내용이다. ( )안에 알맞은 것은? (설비산업기사 2009.8, 2011.5, 2013.9, 2014.9)

건축물의 피난층 외의 층에서는 피난층 또는 지상으로 통하는 직통계단을 거실의 각 부분으로부터 계단(거실로부터 가장 가까운 거리에 있는 계단을 말한다)에 이르는 보행거리가 ( ) 이하가 되도록 설치하여야 한다.

㉮ 10m ㉯ 20m
㉰ 30m ㉱ 40m

176. 주요구조부가 철근콘크리트이고 층수가 20층인 아파트에서 거실 각 부분으로부터 직통계단에 이르는 보행거리는 얼마 이하여야 하는가? (설비산업기사 2002.5)

㉮ 20m ㉯ 30m
㉰ 40m ㉱ 50m

4) 피난계단, 특별피난계단, 피난안전구역 등

① 피난계단

177. 건축물의 3층 이상인 층으로서 직통계단 외에 그 층으로부터 지상으로 통하는 옥외피난계단을 따로 설치하여야 하는 대상에 속하지 않는 것은? (단, 피난층이 아닌 경우) (설비산업기사 2011.5, 2023.5)

㉮ 위락시설 중 주점영업의 용도로 쓰는 층으로서 그 층 거실의 바닥면적의 합계가 300m²인 것
㉯ 문화 및 집회시설 중 공연장의 용도로 쓰는 층으로서 그 층 거실의 바닥면적의 합계가 300m²인 것
㉰ 문화 및 집회시설 중 관람장의 용도로 쓰는 층으로서 그 층 거실의 바닥면적의 합계가 1,000m²인 것
㉱ 문화 및 집회시설 중 집회장의 용도로 쓰는 층으로서 그 층 거실의 바닥면적의 합계가 1,000m²인 것

178. 건축물의 바깥쪽에 설치하는 피난계단의 구조에 관한 기술 중 틀린 것은? (설비기사 2006.9, 2020.8, 2020.9)

㉮ 계단은 그 계단으로 통하는 출입구와의 창문 등으로부터 1m 이상의 거리를 두고 설치할 것
㉯ 건축물의 내부에서 계단으로 통하는 출입구에는 갑종방화문을 설치할 것
㉰ 계단의 유효너비는 0.9m 이상으로 할 것
㉱ 계단은 내화구조로 하고 지상까지 직접 연결되도록 할 것

179. 건축물의 바깥쪽에 설치하는 피난계단의 유효너비는 최소 얼마 이상으로 하여야 하는가?(설비산업기사 2019.4)

㉮ 0.7m ㉯ 0.8m
㉰ 0.9m ㉱ 1.0m

180. 건축물의 바깥쪽에 설치하는 피난계단의 구조에 관한 기준 내용으로 옳지 않은 것은?(설비산업기사 2012.5, 2018.4, 2023.9)

㉮ 계단의 유효너비는 0.9m 이상으로 할 것
㉯ 계단실에는 예비전원에 의한 조명설비를 할 것
㉰ 계단은 내화구조로 하고 지상까지 직접 연결되도록 할 것
㉱ 건축물의 내부에서 계단으로 통하는 출입구에는 60+방화문 또는 60분방화문을 설치할 것

181. 건축물 내부에 설치하는 피난계단의 구조에 대한 설명 중 잘못된 것은? (설비산업기사 2002.9)

㉮ 계단실은 창문·출입구 기타 개구부를 제외한 당해 건축물의 다른 부분과 내화구조의 벽으로 구획할 것
㉯ 계단은 내화구조로 하고 피난층 또는 지상까지 직접 연결되도록 할 것

해답 175. ㉰ 176. ㉰ 177. ㉰ 178. ㉮ 179. ㉰ 180. ㉯ 181. ㉱

㉰ 계단실에는 채광이 될 수 있는 창문 등을 설치하거나 예비전원에 의한 조명설비를 할 것
㉱ 계단실 및 반자의 실내에 접하는 부분의 마감(마감을 위한 바탕을 포함)은 난연재료로 할 것

182. 옥내에 있는 계단 및 계단참의 유효너비를 최소 120cm 이상으로 하여야 하는 것은?(단, 연면적 200㎡를 초과하는 건축물의 경우)(설비산업기사 2013.3, 2019.3)

㉮ 중학교의 계단
㉯ 초등학교의 계단
㉰ 고등학교의 계단
㉱ 판매시설의 계단

183. 건축물의 내부에 설치하는 피난계단의 구조에 관한 기준내용으로 옳지 않는 것은? (설비산업기사 2011.8)

㉮ 계단실 및 반자의 실내에 접하는 부분의 마감은 난연재료로 할 것
㉯ 계단은 내화구조로 하고 피난층 또는 지상까지 직접 연결되도록 할 것
㉰ 건축물의 내부에서 계단실로 통하는 출입구의 유효너비는 0.9m 이상으로 할 것
㉱ 계단실은 창문·출입구 기타 개구부를 제외한 당해 건축물의 다른 부분과 내화구조의 벽으로 구획할 것

184. 건축물의 내부에 설치하는 피난계단의 구조에 관한 기준내용으로 옳지 않은 것은? (설비산업기사 2010.8, 2013.3)

㉮ 계단실에는 예비전원에 의한 조명설비를 할 것
㉯ 계단실의 실내에 접하는 부분의 마감은 난연재료로 할 것
㉰ 건축물의 내부에서 계단실로 통하는 출입구의 유효너비는 0.9미터 이상으로 할 것
㉱ 건축물의 다른 부분과 내화구조의 벽으로 구획할 것

② 특별피난계단

185. 건축물의 5층 이상의 층에 설치하는 직통계단에서 그 중 1개소 이상을 특별피난계단으로 설치하여야 하는 당해 층의 용도로 옳은 것은? (설비기사 1999.4, 2005.3, 2006.9)

㉮ 판매시설 중 도매시장
㉯ 숙박시설 중 호텔
㉰ 위락시설 중 무도장
㉱ 업무시설 중 사무소

186. 직통계단으로서 특별피난계단으로 설치하여야 하는 대상은? (설비기사 2006.5)

㉮ 바닥면적이 400㎡인 지하3층 계단
㉯ 바닥면적이 300㎡인 지하 2층의 사무소 계단
㉰ 15층 갓복도식 아파트 계단
㉱ 5층의 사무소 건축 계단

187. 지하층과 지상층의 각각의 바닥면적이 500제곱미터인 건축물에 특별피난계단을 설치하지 아니할 수 있는 경우는? (설비기사 2004.5)

㉮ 11층인 사무소
㉯ 16층인 오피스텔
㉰ 20층인 갓복도식 아파트
㉱ 지하 3층인 백화점

188. 피난층 또는 지상으로 통하는 직통계단을 특별피난계단의 구조로 해야 하는 공동주택의 층은? (설비기사 1999.10, 설비산업기사 1999.8, 2004.3)

㉮ 10층 이상의 층
㉯ 11층 이상의 층
㉰ 15층 이상의 층
㉱ 16층 이상의 층

해답 182. ㉱ 183. ㉮ 184. ㉯ 185. ㉮ 186. ㉮ 187. ㉰ 188. ㉱

189. 피난층 또는 지상으로 통하는 직통계단을 반드시 특별피난계단으로 해야 하는 경우가 아닌 것은? (설비기사 2003.3)

㉮ 갓복도식 공동주택을 제외한 건축물의 11층 이상의 층
㉯ 공동주택의 경우 16층 이상의 층
㉰ 바닥면적이 500㎡인 지하 3층
㉱ 지하 6층으로 바닥면적이 300㎡인 층

190. 다음은 피난계단의 설치에 관한 기준 내용이다. ( )안에 알맞은 것은?(단, 갓복도식 공동주택이 아닌 경우) (설비산업기사 2014.5)

공동주택의 ( ) 이상인 층(바닥면적이 400제곱미터 미만인 층은 제외한다)으로부터 피난층 또는 지상으로 통하는 직통계단은 특별피난계단으로 설치하여야 한다.

㉮ 6층 ㉯ 11층
㉰ 16층 ㉱ 21층

191. 특별피난계단의 구조에 관한 기준 내용으로 옳지 않은 것은? (설비산업기사 2015.9, 설비기사 2023.5)

㉮ 출입구의 유효너비는 0.9m 이상으로 하고 피난의 방향으로 열 수 있을 것
㉯ 계단실에는 노대 또는 부속실에 접하는 부분 외에는 건축물의 내부와 접하는 창문 등을 설치하지 아니할 것
㉰ 계단은 내화구조로 하되, 피난층 또는 지상까지 직접 연결되도록 할 것
㉱ 건축물의 내부에서 노대 또는 부속실로 통하는 출입구에는 60+방화문, 60분방화문 또는 30분방화문을 설치할 것

192. 다음 중 특별피난계단의 구조의 설명 중 옳지 않은 것은? (설비기사 2004.3, 2005.5, 2021.9)

㉮ 계단실 및 부속실의 실내에 접하는 부분의 마감은 불연 재료 또는 준불연재료로 할 것
㉯ 계단실에는 예비전원에 의한 조명설비를 할 것
㉰ 계단실의 노대 또는 부속실에 접하는 창문 등은 망이 들어 있는 유리의 붙박이창으로서 그 면적을 각각 1제곱미터 이하로 할 것
㉱ 계단실에는 노대 또는 부속실에 접하는 부분 외에는 건축물의 내부와 접하는 창문 등을 설치하지 아니할 것

193. 특별피난계단의 구조에 관한 기준 내용으로 옳지 않은 것은?(설비기사 2022.9)

㉮ 계단실 및 부속실의 실내에 접하는 부분은 불연재료로 할 것
㉯ 계단은 내화구조로 하되, 피난층 또는 지상까지 직접 연결되도록 할 것
㉰ 출입구의 유효너비는 최소 1.2m 이상으로 하고 피난의 방향으로 열 수 있을 것
㉱ 노대 및 부속실에는 계단실외의 건축물의 내부와 접하는 창문등(출입구를 제외)을 설치하지 아니할 것

③ 피난안전구역, 대피공간 등

194. 공동주택 중 아파트로서 4층 이상인 층의 각 세대가 2개 이상의 직통계단을 사용할 수 없는 경우에는 발코니에 대피공간을 설치하여야 하는데, 다음 중 이러한 대피공간이 갖추어야 할 요건으로 옳지 않은 것은?(설비산업기사 2017.3, 설비기사 2019.4, 2023.5)

㉮ 대피공간은 바깥의 공기와 접하지 않을 것
㉯ 대피공간은 실내의 다른 부분과 방화구획으로 구획될 것

해답 189. ㉮ 190. ㉰ 191. ㉱ 192. ㉮ 193. ㉰ 194. ㉮

㉰ 대피공간의 바닥면적은 각 세대별로 설치하는 경우에는 2㎡ 이상일 것
㉱ 대피공간의 바닥면적은 인접 세대와 공동으로 설치하는 경우에는 최소 3㎡ 이상일 것

195. 건축물의 피난 · 안전을 위하여 초고층 건축물 중간층에 설치하는 대피공간인 피난안전구역의 높이는 최소 얼마 이상이어야 하는가? (설비산업기사 2018.3)

㉮ 1.8m ㉯ 2.1m
㉰ 2.4m ㉱ 4.0m

196. 다음은 초고층건축물에 설치하는 대피공간인 피난안전구역에 관한 기준 내용이다. ( ) 안에 알맞은 것은?(설비산업기사 2013.5, 2016.5, 2018.4, 2023.3, 설비기사 2020.6, 2021.9, 2023.9)

초고층 건축물에는 피난층 또는 지상으로 통하는 직통계단과 직접 연결되는 피난안전구역을 지상층으로부터 최대 ( )개 층마다 1개소 이상 설치하여야 한다.

㉮ 10 ㉯ 20
㉰ 30 ㉱ 40

197. 피난안전구역의 설치에 관한 기준 내용으로 옳지 않은 것은?(설비산업기사 2017.3, 설비기사 2019.4)

㉮ 피난안전구역의 높이는 1.8m 이상일 것
㉯ 피난안전구역의 내부마감재료는 불연재료로 설치할 것
㉰ 비상용 승강기는 피난안전구역에서 승하차할 수 있는 구조로 설치할 것
㉱ 건축물의 내부에서 피난안전구역으로 통하는 계단은 특별피난계단의 구조로 설치할 것

5) 관람실 등에서의 출구

198. 건축물의 관람실 또는 집회실로부터 바깥쪽으로의 출구로 쓰이는 문을 안여닫이로 해도 되는 용도는? (설비기사 2019.9)

㉮ 장례시설
㉯ 위락시설
㉰ 종교시설
㉱ 문화 및 집회시설 중 전시장

199. 건축물의 바깥쪽으로 나가는 출구를 안여닫이로 하여서는 안되는 건축물에 속하지 않는 것은? (설비산업기사 2015.9, 2019.9)

㉮ 종교시설
㉯ 위락시설
㉰ 문화 및 집회시설 중 전시장
㉱ 문화 및 집회시설 중 공연장

200. 문화 및 집회시설 중 공연장의 개별관람실의 바닥면적이 400m^{2}인 경우, 이 개별관람실에 설치하여야 하는 출구의 유효너비 합계는 최소 얼마 이상으로 하여야 하는가? (설비기사 2023.3)

㉮ 1.5m 이상
㉯ 1.8m 이상
㉰ 2.4m 이상
㉱ 3.0m 이상

201. 문화 및 집회시설 중 공연장의 개별관람실의 바닥면적이 1,000m^{2}인 경우, 개별관람실 출구의 유효너비 합계는 최소 얼마 이상으로 하여야 하는가?(설비기사 2023.9)

㉮ 3m ㉯ 4m
㉰ 5m ㉱ 6m

해답 195. ㉯ 196. ㉰ 197. ㉮ 198. ㉱ 199. ㉰ 200. ㉱ 201. ㉱

202. 공연장의 개별관람실 바닥면적이 300㎡인 경우 출구의 수는? (단, 각 출구의 유효너비는 2m 이다.) (설비기사 2004.9)

㉮ 없음 ㉯ 1개
㉰ 2개 ㉱ 3개

203. 문화 및 집회시설 중 공연장의 개별관람실의 출구에 관한 기준 내용으로 옳지 않은 것은?(단, 개별관람실의 바닥면적이 $300m^2$ 이상인 경우)(설비산업기사 2017.3, 2018.3, 설비기사 2022.3)

㉮ 관람실별로 2개소 이상 설치할 것
㉯ 각 출구의 유효너비는 1.5m 이상일 것
㉰ 개별관람실으로부터 바깥쪽으로의 출구로 쓰이는 문은 안여닫이로 하지 않을 것
㉱ 개별 관람실 출구의 유효너비의 합계는 최소 3.6m 이상으로 할 것

204. 문화 및 집회시설중 공연장의 개별관람실 바닥면적이 300㎡이상일 때의 법적 기준으로 옳지 않은 것은?(설비기사 2003.5, 2005.3, 2020.8, 2021.5)

㉮ 영화관의 관람실으로부터 바깥쪽으로의 출구로 쓰이는 문은 안여닫이로 하여서는 아니된다.
㉯ 관람실별로 출구는 2개소 이상 설치해야 한다.
㉰ 각 출구의 유효너비는 1.2m 이상으로 해야 한다.
㉱ 개별 관람실 출구의 유효너비의 합계는 개별 관람실 바닥면적 100㎡마다 0.6m의 비율로 산정한 너비 이상으로 하여야 한다.

205. 문화 및 집회시설 중 공연장의 개별관람실의 바닥면적이 600㎡인 경우, 관람실에 설치하여야 하는 출구의 최소개수는?(단, 각 출구의 유효너비가 1.5m인 경우) (설비산업기사 2013.5)

㉮ 2개 ㉯ 3개
㉰ 4개 ㉱ 5개

206. 문화 및 집회시설 중 공연장의 개별관람실의 바닥면적이 1,500㎡인 경우, 이 개별관람실의 출구는 최소 몇 개소 이상 설치하여야 하는가?(단, 각 출구의 유효너비가 3m이다)(설비산업기사 2017.9, 설비기사 2019.9)

㉮ 2개소 ㉯ 3개소
㉰ 4개소 ㉱ 5개소

207. 문화 및 집회시설 중 공연장의 개별관람실의 바닥면적이 1,000㎡인 경우, 개별관람실의 출구는 최소 몇 개소 이상 설치하여야 하는가?(단, 출구의 유효너비는 1.5m로 한다) (설비산업기사 2011.3, 설비기사 2019.3, 2022.4)

㉮ 2개소 ㉯ 3개소
㉰ 4개소 ㉱ 5개소

208. 각 층별 관람실의 바닥면적이 1,500㎡인 영화관의 출구의 폭을 3m로 했을 경우 확보해야 할 출구수는? (설비기사 2001.3)

㉮ 2개소 ㉯ 3개소
㉰ 5개소 ㉱ 7개소

209. 문화 및 집회시설 중 공연장의 개별관람실의 바닥면적이 2,000㎡일 경우, 각 출구의 유효너비를 1.8m로 한다면, 설치하여야 하는 관람실의 출구의 최소 개수는? (설비산업기사 2010.3, 2012.3)

㉮ 5개 ㉯ 6개
㉰ 7개 ㉱ 8개

210. 공연장의 개별 관람실의 바깥쪽에는 그 양쪽 및 뒤쪽에 각각 복도를 설치하여야 하는 바닥면적의 기준은? (설비산업기사 2003.5, 설비기사 2005.5)

㉮ 개별 관람실 바닥면적이 200㎡이상
㉯ 개별 관람실 바닥면적이 300㎡이상
㉰ 개별 관람실 연면적이 500㎡이상
㉱ 개별 관람실 연면적이 1,000㎡이상

해답 202. ㉰ 203.㉱ 204. ㉰ 205. ㉯ 206. ㉯ 207. ㉰ 208. ㉯ 209. ㉰ 210. ㉯

211. 문화 및 집회시설 중 공연장의 관람실과 접하는 복도의 최소 유효너비는? (단, 당해 층의 바닥면적의 합계가 1,200㎡인 경우) (설비산업기사 2009.8)

㉮ 1.5m ㉯ 1.8m
㉰ 2.4m ㉱ 2.7m

212. 문화 및 집회시설 중 공연장의 관람실과 접하는 복도의 유효너비는 최소 얼마 이상이어야 하는가? (단, 당해 층의 바닥면적의 합계가 700㎡인 경우) (설비산업기사 2015.3)

㉮ 1.5m ㉯ 1.8m
㉰ 2.4m ㉱ 2.7m

213. 문화 및 집회시설 중 공연장의 개별관람실의 각 출구의 유효너비는 최소 얼마 이상으로 하여야 하는가?(단, 바닥면적이 300㎡ 이상인 경우) (설비산업기사 2015.9, 2016.10, 2019.3)

㉮ 1m ㉯ 1.5m
㉰ 2m ㉱ 2.5m

6) 회전문

214. 에스컬레이터는 건축물의 출입구에 설치하는 회전문으로부터 최소 얼마 이상의 거리를 두어야 하는가? (설비기사 2004.5, 2005.5, 2006.3, 설비산업기사 2002.5,2003.3, 2004.3, 2013.9, 2019.4)

㉮ 2m ㉯ 4m
㉰ 6m ㉱ 8m

215. 건축물의 출입구에 회전문을 설치하는 경우 계단이나 에스컬레이터로부터 최소 얼마 이상의 거리를 두고 설치하여야 하는가? (설비산업기사 2014.3, 2014.9, 2016.3, 설비기사 2020.6)

㉮ 1m ㉯ 1.2m
㉰ 1.5m ㉱ 2m

216. 건축물의 출입구에 설치하는 회전문의 구조에 대한 설명으로 옳지 않은 것은?(설비기사 2023.9)

㉮ 계단이나 에스컬레이터로부터 2미터 이상의 거리를 둘 것
㉯ 틈 사이를 고무와 고무펠트의 조합체 등을 사용하여 신체나 물건 등에 손상이 없도록 할 것
㉰ 출입에 지장이 없도록 일정한 방향으로 회전하는 구조로 할 것
㉱ 회전문의 회전속도는 분당회전수가 10회를 넘지 아니하도록 할 것

217. 건축물의 출입구에 설치하는 회전문에 관한 기준 내용으로 옳지 않은 것은? (설비산업기사 2011.8, 설비기사 2020.8, 2021.3, 2022.9)

㉮ 계단이나 에스컬레이터로부터 2m 이상의 거리를 둘 것
㉯ 출입에 지장이 없도록 일정한 방향으로 회전하는 구조로 할 것
㉰ 회전문의 회전속도는 분당회전수가 15회를 넘지 아니하도록 할 것
㉱ 회전문의 중심축에서 회전문과 문틀 사이의 간격을 포함한 회전문날개 끝부분까지의 길이는 140cm 이상이 되도록 할 것

218. 건축물의 출입구에 설치하는 회전문에 관한 기준으로 옳지 않은 것은?(설비산업기사 2018.3, 2020.6)

㉮ 계단으로부터 2m 이상의 거리를 둘 것
㉯ 에스컬레이터로부터 1.5m 이상의 거리를 둘 것
㉰ 회전문의 회전속도는 분당회전수가 8회를 넘지 아니하도록 할 것
㉱ 출입에 지장이 없도록 일정한 방향으로 회전하는 구조로 할 것

해답 211. ㉰ 212. ㉯ 213. ㉯ 214. ㉮ 215. ㉱ 216. ㉱ 217. ㉰ 218. ㉯

219. 건축물의 출입구에 설치하는 회전문에 관한 기준 내용으로 옳은 것은?(설비기사 2023.3)

㉮ 계단이나 에스컬레이터로부터 1m 이상의 거리를 둘 것
㉯ 출입에 지장이 없도록 일정한 방향으로 회전하는 구조로 할 것
㉰ 회전문의 회전속도는 분당회전수가 10회를 넘지 아니하도록 할 것
㉱ 회전문의 중심축에서 회전문과 문틀 사이의 간격을 포함한 회전문날개 끝부분까지의 길이는 120cm 이상이 되도록 할 것

7) 옥상광장 등

① 난간

220. 건축법상 옥상광장 또는 2층 이상인 층에 있는 노대 등에 설치하는 난간의 높이는? (설비기사 2004.5)

㉮ 높이 0.8m 이상일 것
㉯ 높이 0.9m 이상일 것
㉰ 높이 1.0m 이상일 것
㉱ 높이 1.2m 이상일 것

221. 다음은 옥상광장 등의 설치에 관한 기준 내용이다. ( )안에 알맞은 것은?(설비산업기사 2015.5, 2017.9)

옥상광장 또는 2층 이상인 층에 있는 노대나 그 밖에 이와 비슷한 것의 주위에는 높이 ( ) 이상의 난간을 설치하여야 한다. 다만, 그 노대 등에 출입할 수 없는 구조인 경우에는 그러하지 아니하다.

㉮ 0.9m ㉯ 1.2m
㉰ 1.5m ㉱ 1.8m

② 옥상광장

222. 옥상광장의 설치의무시설이 아닌 것은? (설비산업기사 1999.4)

㉮ 전시시설 ㉯ 유흥주점
㉰ 장례식장 ㉱ 종교집회장

223. 다음의 옥상광장 등의 설치에 관한 기준 내용 중 ( ) 안에 속하지 않는 건축물의 용도는? (설비산업기사 2011.8, 2015.3, 2020.8)

5층 이상인 층이 ( )의 용도로 쓰는 경우에는 피난용도로 쓸 수 있는 광장을 옥상에 설치하여야 한다.

㉮ 종교시설 ㉯ 의료시설
㉰ 장례식장 ㉱ 판매시설

224. 5층 이상의 층을 다음의 용도로 사용하는 건축물 중 옥상 광장을 설치하여야 하는 것은? (설비산업기사 2003.8, 2005.9)

㉮ 종교시설 중 종교집회장
㉯ 의료시설 중 병원
㉰ 위락시설 중 무도학원
㉱ 운수시설 중 공항시설

225. 피난 용도로 쓸 수 있는 광장을 옥상에 설치하여야 하는 경우에 해당되지 않는 것은? (설비산업기사 2013.9, 2014.9, 2019.9, 2023.9)

㉮ 5층 이상인 층이 판매시설의 용도로 쓰는 경우
㉯ 5층 이상인 층이 종교시설의 용도로 쓰는 경우
㉰ 5층 이상인 층이 위락시설 중 주점영업의 용도로 쓰는 경우
㉱ 5층 이상인 층이 문화 및 집회시설 중 전시장의 용도로 쓰는 경우

226. 다음 중 피난 용도로 쓸 수 있는 광장을 옥상에 설치하여야 하는 대상 건축물은? (설비산업기사 2014.3)

㉮ 5층 이상인 층이 판매시설의 용도로 사용되는 건축물
㉯ 5층 이상인 층이 공동주택의 용도로 사용되는 건축물
㉰ 5층 이상인 층이 의료시설 중 병원의 용도로 사용되는 건축물
㉱ 5층 이상인 층이 위락시설 중 무도학원의 용도로 사용되는 건축물

해답 219. ㉯ 220. ㉱ 221. ㉯ 222. ㉮ 223. ㉯ 224. ㉮ 225. ㉱ 226. ㉮

227. 다음 중 피난용도로 쓸 수 있는 광장을 옥상에 설치하여야 하는 대상 건축물은?(설비산업기사 2018.9)

㉮ 5층 이상인 층이 판매시설의 용도로 사용되는 건축물
㉯ 5층 이상인 층이 공동주택의 용도로 사용되는 건축물
㉰ 5층 이상인 층이 업무시설의 용도로 사용되는 건축물
㉱ 5층 이상인 층이 의료시설의 용도로 사용되는 건축물

③ 헬리포트, 대피공간

228. 헬리포트의 설치기준 내용에 관한 기술 중 옳지 않은 것은? (설비기사 2006.3, 설비기사 2003.8)

㉮ 헬리포트의 길이와 너비는 각각 22m 이상으로 할 것
㉯ 헬리포트의 주위한계선은 백색으로 하되, 그 선의 너비는 38cm로 할 것
㉰ 층수가 10층 이하인 건축물은 규모에 관계없이 헬리포트의 설치대상이 아님
㉱ 헬리포트의 중심으로부터 반경 15m 이내에는 헬리콥터의 이·착륙에 장애가 되는 건축물·공작물 또는 난간 등을 설치하지 아니할 것

229. 건축물의 지붕을 평지붕으로 하는 경우 건축물의 옥상에 헬리포트를 설치하거나 헬리콥터를 통하여 인명 등을 구조할 수 있는 공간을 확보 하여야 하는 대상 건축물 기준으로 옳은 것은?(설비기사 2023.5)

㉮ 층수가 6층 이상인 건축물로서 6층 이상인 층의 바닥면적의 합계가 5,000m^2 이상인 건축물
㉯ 층수가 6층 이상인 건축물로서 6층 이상인 층의 바닥면적의 합계가 10,000m^2 이상인 건축물
㉰ 층수가 11층 이상인 건축물로서 11층 이상인 층의 바닥면적의 합계가 5,000m^2 이상인 건축물
㉱ 층수가 11층 이상인 건축물로서 11층 이상인 층의 바닥면적의 합계가 10,000m^2 이상인 건축물

230. 건축물에 설치하는 헬리포트에 관한 기준 내용으로 옳지 않은 것은? (설비산업기사 2011.8, 2017.9, 설비기사 2023.9)

㉮ 헬리포트의 중앙부분에는 지름 8m의 Ⓗ 표지를 백색으로 할 것
㉯ 헬리포트의 주위한계선은 백색으로 하되, 그 선의 너비는 38cm로 할 것
㉰ 헬리포트의 길이와 너비는 각각 25m 이상으로 할 것
㉱ 헬리포트의 중심으로부터 반경 12m 이내에는 헬리콥터의 이·착륙에 장애가 되는 건축물, 공작물, 조경시설 또는 난간 등을 설치하지 아니할 것

231. 건축물의 경사지붕 아래에 설치하는 대피공간에 관한 기준 내용으로 옳지 않은 것은?(설비산업기사 2015.5, 2020.8, 설비기사 2022.4)

㉮ 특별피난계단 또는 피난계단과 연결되도록 할 것
㉯ 출입구는 유효너비 최소 1.2m 이상으로 할 것
㉰ 관리사무소 등과 긴급 연락이 가능한 통신 시설을 설치할 것
㉱ 대피공간의 면적은 지붕 수평투영면적의 10분의 1 이상일 것

해답 227. ㉮ 228. ㉱ 229. ㉱ 230. ㉰ 231. ㉯

232. 헬리포트의 설치에 관한 기준 내용으로 옳은 것은?(설비기사 2022.9)

㉮ 헬리포트의 길이와 너비는 각각 9m 이상으로 한다.
㉯ 헬리포트의 중앙부분에는 지름 6m의 "ⓗ"표지를 황색으로 한다.
㉰ 헬리포트의 주위한계선은 백색으로 하되, 그 선의 너비는 38cm로 한다.
㉱ 헬리포트의 중심으로부터 반경 15m 이내에는 이·착륙에 장애가 되는 건축물·공작물 또는 난간을 설치하지 아니한다.

8) 건축물 바깥쪽으로의 출구

233. 다음은 건축물의 바깥쪽으로의 출구의 설치에 관한 기준 내용이다. ( )안에 알맞은 것은?(설비산업기사 2012.8, 2015.5, 2018.9, 2023.3)

> 판매시설의 용도에 쓰이는 피난층에 설치하는 건축물의 바깥쪽으로의 출구의 유효너비의 합계는 해당 용도에 쓰이는 바닥면적이 최대인 층에 있어서의 해당 용도의 바닥면적 100㎡마다 ( )의 비율로 산정한 너비 이상으로 하여야 한다.

㉮ 0.6m ㉯ 1.2m
㉰ 1.5m ㉱ 1.8m

234. 지상 5층, 지하 2층인 도매시장의 각층 바닥면적이 1,000㎡일 때 피난층에서의 건축물 바깥쪽으로의 출구의 유효너비를 2m로 할 경우 출구의 개수는? (설비기사 2004.3, 2004.5)

㉮ 3개 ㉯ 4개
㉰ 5개 ㉱ 6개

235. 판매시설 중 소매시장의 용도에 쓰이는 바닥면적이 최대인 층이 600㎡일 때 피난층에 설치하는 건축물의 바깥쪽으로의 출구의 유효너비 합계는 최소 얼마 이상으로 하여야 하는가? (설비산업기사 2004.3, 2006.9)

㉮ 2.4m ㉯ 3.0m
㉰ 3.6m ㉱ 4.2m

236. 건축물의 피난층 또는 승강장으로부터 건축물의 바깥쪽에 이르는 통로에 경사로를 설치하여야 할 판매시설의 최소 연면적은? (설비산업기사 2004.9, 2006.3)

㉮ 2,000㎡
㉯ 3,000㎡
㉰ 5,000㎡
㉱ 6,000㎡

9) 거실관련 기준 등

① 반자높이

237. 거실의 반자높이에 관한 설명 중 틀린 것은? (설비기사 2002.3)

㉮ 거실의 반자는 그 높이를 2.1m 이상으로 하여야 한다.
㉯ 건축물의 관람실 또는 집회실로서 그 바닥면적이 200㎡인 것의 반자높이는 4m 이상이어야 한다.
㉰ 관람실 면적이 200㎡인 관람실의 노대 아랫부분의 높이는 2.7m 이상이어야 한다.
㉱ 의료시설 중 장례식장으로서 바닥면적이 200㎡인 것의 반자높이는 3m 이상이어야 한다.

238. 공동주택의 거실에 설치하는 반자의 높이는 최소 얼마 이상이어야 하는가? (설비산업기사 2006.9, 2009.8, 2011.8, 2017.3, 2023.5)

㉮ 1.8m ㉯ 2.1m
㉰ 2.4m ㉱ 4.0m

239. 업무시설의 거실에 설치하는 반자의 높이는 최소 얼마 이상이어야 하는가? (설비산업기사 2016.5)

㉮ 1.8m ㉯ 2.1m
㉰ 2.4m ㉱ 2.7m

해답 232. ㉰ 233. ㉮ 234. ㉮ 235. ㉰ 236. ㉰ 237. ㉱ 238. ㉯ 239. ㉯

240. 장례식장의 용도에 쓰이는 건축물의 집회실로서 그 바닥 면적이 200㎡인 경우 반자의 높이는 최소 얼마 이상이어야 하는가? (단, 기계환기장치를 설치하지 않은 경우) (설비산업기사 2013.3, 2016.10, 설비기사 2019.4, 2019.9, 2022.3)

㉮ 2.1m ㉯ 2.4m
㉰ 2.7m ㉱ 4.0m

241. 문화 및 집회시설 중 공연장의 용도에 쓰이는 건축물의 관람실에 설치하는 반자의 높이는 최소 얼마 이상이어야 하는가?(단, 관람실의 바닥면적은 300㎡이며, 기계환기장치를 설치하지 않는 경우) (설비산업기사 2014.5)

㉮ 2.1m ㉯ 2.7m
㉰ 3.5m ㉱ 4m

242. 다음의 ( ) 안에 해당되지 않는 건축물의 용도는? (설비산업기사 2013.5)

> ( )의 용도에 쓰이는 건축물의 관람실 또는 집회실로서 그 바닥면적이 200제곱미터 이상인 것의 반자의 높이는 4미터 이상이어야 한다. 다만, 기계환기장치를 설치하는 경우에는 그러하지 아니하다.

㉮ 장례식장
㉯ 종교시설
㉰ 위락시설 중 유흥주점
㉱ 문화 및 집회시설 중 전시장

243. 다음의 거실반자 높이에 관한 내용 중 ( ) 안에 들어갈 수 있는 것은?(설비기사 2022.9)

> ( )의 용도에 쓰이는 건축물의 관람석 또는 집회실로서 그 바닥면적이 200m² 이상인 것의 반자의 높이는 4m 이상이어야 한다.

㉮ 문화 및 집회시설 중 전시장
㉯ 문화 및 집회시설 중 동물원
㉰ 공동주택 중 아파트
㉱ 위락시설 중 주점영업

244. 반자높이를 4m 이상으로 하여야 하는 대상에 속하지 않는 것은?(단, 기계환기장치를 설치하지 않은 경우) (설비산업기사 2015.9, 2020.8, 설비기사 2023.3)

㉮ 종교시설의 용도에 쓰이는 건축물의 집회실로서 그 바닥면적이 200m²인 것
㉯ 장례식장의 용도에 쓰이는 건축물의 집회실로서 그 바닥면적이 200m²인 것
㉰ 판매시설의 용도에 쓰이는 건축물의 집회실로서 그 바닥면적이 200m²인 것
㉱ 문화 및 집회시설 중 공연장의 용도에 쓰이는 건축물의 관람석으로서 그 바닥면적이 200m²인 것

② 채광 및 환기

245. 국토교통부령으로 정하는 기준에 따라 채광 및 환기를 위한 창문등이나 설비를 설치하여야 하는 대상에 속하지 않는 것은?(설비산업기사 2017.3, 2017.9, 2023.9)

㉮ 공동주택의 거실
㉯ 의료시설의 병실
㉰ 종교시설의 집회실
㉱ 교육연구시설 중 학교의 교실

246. 거실의 채광 및 환기에 관한 규정 중 틀린 것은? (설비기사 2005.3, 설비산업기사 2005.5)

㉮ 숙박시설 객실의 환기용 창문은 거실 바닥면적의 1/20 이상 설치하여야 한다.
㉯ 수시로 개방할 수 있는 미닫이로 구획된 2개의 거실은 채광 및 환기를 위한 면적 산정시 1개의 거실로 본다.
㉰ 학교 교실의 채광용 창문은 거실바닥면적의 1/10 이상 설치하여야 한다.
㉱ 거실의 회의용도로 사용시 바닥에서 85cm의 높이에 있는 수평면의 조도는 150룩스이다.

해답 240. ㉱ 241. ㉱ 242. ㉱ 243. ㉱ 244. ㉰ 245. ㉰ 246. ㉱

247. 거실의 창 기타의 개구부로서 채광을 위한 부분의 면적은 그 거실의 바닥면적의 얼마 이상이어야 하는가? (설비산업기사 2004.3)

㉮ 1/2 ㉯ 1/10
㉰ 1/20 ㉱ 1/50

248. 채광을 위하여 단독주택의 거실에 설치하는 창문등의 면적은 그 거실의 바닥면적의 최소 얼마 이상이어야 하는가?(단, 거실의 용도에 따라 규정된 조도 이상의 조명장치를 설치하지 않은 경우)(설비산업기사 2018.4)

㉮ 5분의 1 ㉯ 10분의 1
㉰ 20분의 1 ㉱ 30분의 1

249. 공동주택의 거실에서 채광을 위하여 설치하는 창문등의 면적은 그 거실의 바닥면적의 최소 얼마 이상이어야 하는가?(단, 거실의 용도에 따른 조도 기준 이상의 조명장치를 설치하지 않은 경우)(설비산업기사 2019.9)

㉮ 5분의 1 ㉯ 10분의 1
㉰ 20분의 1 ㉱ 30분의 1

250. 다음은 공동주택 거실의 환기에 관한 기준 내용이다. ( )안에 알맞은 것은? (설비산업기사 2015.9)

환기를 위하여 거실에 설치하는 창문등의 면적은 그 거실의 바닥면적의 ( ) 이상이어야한다. 다만, 기계환기장치 및 중앙관리방식의 공기조화설비를 설치하는 경우에는 그러하지 아니하다.

㉮ 10분의 1 ㉯ 15분의 1
㉰ 20분의 1 ㉱ 30분의 1

251. 의료시설의 병실의 환기를 위하여 거실에 설치하는 창문 등의 면적은 그 거실의 바닥면적의 얼마 이상이어야 하는가? (설비산업기사 2004.9)

㉮ 1/10 이상 ㉯ 1/20 이상
㉰ 1/30 이상 ㉱ 1/50 이상

252. 의료시설의 병실의 면적을 40㎡로 할 경우에 설치하여야 할 최소 환기용 창문면적은? (설비산업기사 2006.9)

㉮ 2㎡ ㉯ 4㎡
㉰ 10㎡ ㉱ 20㎡

253. 중학교 교실의 바닥면적이 80㎡일 경우 자연환기 면적은 얼마를 확보해야 하는가? (설비산업기사 2002.5, 2005.3)

㉮ 2㎡이상 ㉯ 4㎡이상
㉰ 8㎡이상 ㉱ 16㎡이상

254. 환기를 위하여 교육연구시설 중 학교의 교실에 설치하는 창문 등의 면적은 그 교실 바닥면적의 최소 얼마 이상이어야 하는가?(단, 기계환기장치 및 중앙관리방식의 공기조화 설비를 설치하지 않은 경우)(설비산업기사 2017.5)

㉮ 1/10 이상 ㉯ 1/20 이상
㉰ 1/30 이상 ㉱ 1/40 이상

255. 바닥면적이 100㎡인 초등학교 교실에 채광을 위하여 설치하는 창문등의 면적은 최소 얼마 이상이어야 하는가?(단, 거실의 용도에 따른 조도기준 이상의 조명장치를 설치하지 않은 경우) (설비산업기사 2002.9, 2012.5, 2019.4, 설비기사 2021.3)

㉮ 5㎡ ㉯ 10㎡
㉰ 20㎡ ㉱ 50㎡

256. 바닥면적이 800㎡인 공동주택의 거실에 환기를 위해 설치하여야 하는 창문등의 최소 면적은?(단, 기계환기장치 및 중앙관리방식의 공기조화설비를 설치하지 않은 경우) (설비산업기사 2014.3)

㉮ 10㎡ ㉯ 20㎡
㉰ 40㎡ ㉱ 80㎡

해답 247. ㉯ 248. ㉯ 249. ㉯ 250. ㉰ 251. ㉯ 252. ㉮ 253. ㉯ 254. ㉯ 255. ㉯ 256. ㉰

257. 거실의 용도에 따른 조도기준으로 옳지 않은 것은? (설비기사 2003.3, 2006.3)

㉮ 독서, 식사, 조리 - 150룩스 이상
㉯ 설계, 제도, 계산 - 500룩스 이상
㉰ 검사, 수술, 시험 - 700룩스 이상
㉱ 오락일반 - 150룩스 이상

258. 거실의 용도에 따른 조도 기준으로 틀린 것은? (설비기사 2003.8)

㉮ 조리 용도시 150룩스
㉯ 포장 용도시 150룩스
㉰ 계산 용도시 300룩스
㉱ 판매 용도시 300룩스

259. 건축법에서 거실 용도에 따른 조도기준으로 옳지 않은 것은? (설비산업기사 2005.3)

㉮ 독서 - 150룩스
㉯ 일반사무 - 300룩스
㉰ 수술 - 700룩스
㉱ 오락일반 - 300룩스

260. 다음 중 거실의 용도에 따른 조도기준이 가장 높은 것은?(단, 건축물의 피난·방화구조 등의 기준에 관한 규칙에 따른 조도기준) (산업기사 2016.5, 2023.3)

㉮ 거주(식사) ㉯ 작업(제조)
㉰ 집무(계산) ㉱ 집회(회의)

261. 다음 중 거실의 용도에 따른 조도기준이 다른 하나는? (설비산업기사 2004.9)

㉮ 독서 ㉯ 일반사무
㉰ 제조 ㉱ 회의

③ 내수재료

262. 숙박시설에서 욕실의 안벽 마감은 바닥으로부터 몇 미터 높이까지 내수재료로 하여야 하는가? (설비기사 2001.9, 2005.3, 설비산업기사 2012.8)

㉮ 1 ㉯ 1.2
㉰ 1.4 ㉱ 1.6

263. 제1종 근린생활시설의 휴게음식점의 조리장은 바닥으로부터 높이 몇 m까지 내수재료로 안벽마감을 하여야 하는가? (설비산업기사 2003.5)

㉮ 0.9m ㉯ 1.0m
㉰ 1.1m ㉱ 1.5m

264. 다음은 거실등의 방습에 관한 기준 내용이다. ( )안에 알맞은 것은? (설비산업기사 2016.3, 2019.4, 2023.5)

숙박시설의 욕실의 바닥과 그 바닥으로부터 높이 ( )까지의 안벽의 마감은 이를 내수재료로 하여야 한다.

㉮ 0.5m ㉯ 1m
㉰ 1.2m ㉱ 1.5m

265. 거실의 바닥으로부터 높이 1m까지는 내수재료로 안벽마감을 하여야 하는 대상건축물이 아닌 것은? (설비산업기사 2005.5, 설비기사 2001.3, 2003.5, 2020.8)

㉮ 단독주택의 욕실
㉯ 제1종 근린생활시설중 휴게음식점의 조리장
㉰ 제2종 근린생활시설중 휴게음식점의 조리장
㉱ 제2종 근린생활시설중 일반음식점의 조리장

266. 욕실 또는 조리장의 바닥과 그 바닥으로부터 높이 1m까지의 안벽의 마감을 내수재료로 하여야 하는 대상에 속하지 않는 것은?(설비산업기사 2013.9, 2014.9, 설비기사 2019.9, 2020.9)

㉮ 숙박시설의 욕실
㉯ 아파트의 욕실

해답 257. ㉯ 258. ㉰ 259. ㉱ 260. ㉰ 261. ㉮ 262. ㉮ 263. ㉯ 264. ㉯ 265. ㉮ 266. ㉯

㉰ 제1종 근린생활시설 중 목욕장의 욕실
㉱ 제1종 근린생활시설 중 휴게음식점의 조리장

3. 방화 및 방화구획

1) 방화구획, 방화문

267. 다음 중 방화에 장애가 되는 용도의 제한과 관련하여 같은 건축물에 함께 설치할 수 없는 것은? (설비산업기사 2020.6)

㉮ 기숙사와 오피스텔
㉯ 위락시설과 공연장
㉰ 아동관련시설과 노인복지시설
㉱ 공동주택과 제2종 근린생활시설 중 다중생활시설

268. 내화구조 또는 불연재료로 된 건축물로서 연면적이 1,000m²를 넘는 건축물의 방화구획 설치의 기준은? (설비기사 2001.9)

㉮ 층수
㉯ 대지면적
㉰ 건축물의 용도
㉱ 건축면적

269. 다음 중 건축법상 방화구획의 설치기준에 대한 설명으로 옳지 않은 것은? (설비기사 2001.3, 2005.5, 2006.9)※ 현행규정에 맞게 변경함

㉮ 10층 이하의 층은 바닥면적 1천제곱미터 이내마다 구획할 것
㉯ 매층마다 구획할 것
㉰ 11층 이상의 층은 바닥면적 200제곱미터 이내마다 구획할 것
㉱ 11층 이상의 층으로 벽 및 반자의 실내에 접하는 부분의 마감을 불연재료로 한 경우에는 바닥면적 600제곱미터 이내마다 구획할 것

270. 방화구획의 설치기준 내용으로 옳은 것은? (단, 스프링클러 기타 이와 유사한 자동식 소화설비를 설치한 경우) (설비산업기사 2010.3, 2011.8, 2012.3) ※ 현행규정에 맞게 변경함

㉮ 매층마다 구획할 것.
㉯ 지하층은 바닥면적 200m²이내마다 구획할 것
㉰ 8층 이상의 층은 바닥면적 1000m²이내마다 구획할 것
㉱ 10층 이하의 층은 바닥면적 5000m²이내마다 구획할 것

271. 건축물에 설치하는 방화구획의 설치기준 내용으로 옳지 않은 것은? (설비산업기사 1999.4, 2011.3)

㉮ 2층 이상의 층과 지하층은 층마다 구획할 것
㉯ 10층 이하의 층은 바닥면적 1천제곱미터 이내마다 구획할 것
㉰ 11층 이상의 층은 바닥면적 200제곱미터 이내마다 구획할 것
㉱ 스프링클러설비를 설치한 경우, 10층 이하의 층은 바닥면적 3천제곱미터 이내마다 구획할 것

272. 방화구획을 설치하여야 하는 건축물이 있다. 이 건축물 11층에 적용되는 방화구획 설치기준으로 옳은 것은?(단, 실내의 마감을 불연재료로 하고 스프링클러설비를 설치한 경우) (설비산업기사 2014.3)

㉮ 바닥면적 200m²이내마다 구획할 것
㉯ 바닥면적 500m²이내마다 구획할 것
㉰ 바닥면적 600m²이내마다 구획할 것
㉱ 바닥면적 1500m²이내마다 구획할 것

해답 267. ㉱ 268. ㉮ 269. ㉱ 270. ㉮ 271. ㉮ 272. ㉱

273. 다음은 방화문의 구조에 관한 기준 내용이다. ( )안에 알맞은 것은?(설비기사 2023.3)

60+방화문은 국토교통부장관이 정하여 고시하는 시험기준에 따라 시험한 결과 각각 비차열 (㉠) 이상 및 비차열 (㉡) 이상의 성능이 확보되어야 한다.

㉮ ㉠ 20분, ㉡ 10분
㉯ ㉠ 40분, ㉡ 20분
㉰ ㉠ 1시간, ㉡ 30분
㉱ ㉠ 2시간, ㉡ 1시간

274. 환기·난방 또는 냉방시설의 풍도가 방화구획을 관통하는 경우에 그 관통부분 또는 이에 근접한 부분에 설치하는 댐퍼는 철제로서 철판의 두께가 최소 얼마 이상이어야 하는가?(설비산업기사 2015.3)

㉮ 1mm　　㉯ 1.5mm
㉰ 2mm　　㉱ 2.5mm

2) 방화벽

275. 다음 중 방화벽의 구조 기준으로 옳지 않은 것은? (설비산업기사 2002.5, 2003.3, 2011.3, 2019.9, 설비기사 2019.4)

㉮ 내화구조로서 홀로 설 수 있는 구조일 것
㉯ 방화벽에 설치하는 출입문에는 갑종방화문을 설치할 것
㉰ 방화벽에 설치하는 출입문의 너비 및 높이는 각각 3m 이하로 할 것
㉱ 방화벽의 양쪽 끝과 윗쪽 끝을 건축물의 외벽면 및 지붕면으로부터 0.5m 이상 튀어 나오게 할 것

276. 다음의 방화벽의 구조에 관한 기준 내용 중 ( )안에 알맞은 것은? (설비산업기사 2011.5)

방화벽에 설치하는 출입문의 너비 및 높이는 각각 ( ) 이하로 하고, 해당 출입문에는 갑종방화문을 설치할 것

㉮ 1.2m　　㉯ 1.5m
㉰ 2.1m　　㉱ 2.5m

3) 경계벽(차음구조)

277. 다음 건축물 중 경계벽을 설치하지 않아도 되는 것은? (설비기사 2005.3)

㉮ 기숙사의 침실
㉯ 의료시설의 병실
㉰ 학교의 교실
㉱ 오피스텔의 거실

278. 건축물에 설치하는 경계벽을 내화구조로 하고, 지붕 밑 또는 바로 윗층의 바닥판까지 닿게 하여야 하는 대상에 속하지 않는 것은? (설비산업기사 2011.8)

㉮ 숙박시설의 객실 간 경계벽
㉯ 공동주택 중 아파트의 각 실간 경계벽
㉰ 교육연구시설 중 학교의 교실 간 경계벽
㉱ 단독주택 중 다가구주택의 각 가구간 경계벽

279. 소리를 차단하는데 장애가 되는 부분이 없도록 그 구조를 갖추어야 하는 대상 경계벽에 속하지 않는 것은?(설비산업기사 2018.3, 설비기사 2022.3, 2022.4, 2023.5)

㉮ 기숙사의 침실 간 경계벽
㉯ 의료시설의 병실 간 경계벽
㉰ 업무시설의 사무실 간 경계벽
㉱ 교육연구시설 중 학교의 교실 간 경계벽

280. 건축물에 설치하는 경계벽을 내화구조로 하고, 지붕 밑 또는 바로 윗층의 바닥판까지 닿게 하여야 하는 대상에 속하지 않는 것은? (설비산업기사 2013.5)

㉮ 사무소의 사무실 간 경계벽
㉯ 공동주택 중 기숙사의 침실 간 경계벽
㉰ 교육연구시설 중 학교의 교실 간 경계벽
㉱ 단독주택 중 다가구주택의 각 가구 간 경계벽

해답 273. ㉰ 274. ㉯ 275. ㉰ 276. ㉱ 277. ㉱ 278. ㉯ 279. ㉰ 280. ㉮

281. 다음 중 내화구조로 설치하여야 하는 대상에 속하지 않는 것은? (설비산업기사 2009.8)

㉮ 숙박시설의 객실 간 경계벽
㉯ 기숙사의 침실 간 경계벽
㉰ 업무시설 중 사무실 간 경계벽
㉱ 의료시설의 병실 간 경계벽

282. 건축법상 경계벽의 설치와 구조에 관한 사항 중 틀린 것은? (설비산업기사 2003.8, 2005.9)

㉮ 기숙사의 각 세대간 경계벽은 건설교통부령이 정한 기준에 적합해야 한다.
㉯ 경계벽은 지붕 밑 또는 바로 윗층의 바닥판까지 닿게 한다.
㉰ 무근콘크리트조로서 차음구조 기준은 바름재료의 두께를 포함하여 두께 10cm 이상이다.
㉱ 철골철근콘크리트조로서 차음구조 기준은 두께 10cm 이상이다.

283. 건축관련법에서 경계벽의 구조기준으로 옳은 것은? (설비기사 1999.4, 2004.5, 2006.5)

㉮ 철근콘크리트조로서 두께가 12센티미터 이상인 것
㉯ 석조로서 두께가 12센티미터 이상인 것
㉰ 무근콘크리트조로서 두께가 8센티미터 이상의 것
㉱ 벽돌조로서 두께가 19센티미터 이상인 것

284. 교육연구시설 중 학교의 교실 간 소음 방지를 위해 설치하는 경계벽의 구조로 옳지 않은 것은? (설비산업기사 2006.3, 설비기사 2019.4, 2020.9)

㉮ 철근콘크리트조로서 두께가 12cm 인 것
㉯ 콘크리트블록조로서 두께가 15cm 인 것
㉰ 무근콘크리트조로서 두께가 15cm 인 것
㉱ 석조로서 두께가 15cm 인 것

4) 차면시설

285. 다음의 창문 등의 차면시설의 설치에 관한 기준 내용 중 ( ) 안에 알맞은 것은? (설비산업기사 2005.5, 설비기사 2021.3)

> 인접대지경계선으로부터 직선거리 (　　) 이내에 이웃 주택의 내부가 보이는 창문 등을 설치하는 경우에는 차면시설을 설치하여야 한다.

㉮ 1m　　㉯ 2m
㉰ 3m　　㉱ 4m

5) 굴뚝

286. 건축물에 설치하는 굴뚝에 관한 기준 중 가장 부적합한 것은? (설비산업기사 2002.9)

㉮ 굴뚝의 옥상돌출부는 지붕면으로부터의 수직거리를 0.5m 이상으로 할 것
㉯ 굴뚝의 상단으로부터 수평거리 1m 이내에 다른 건축물이 있는 경우에는 그 건축물의 처마보다 1m 이상 높게 할 것
㉰ 금속제 굴뚝으로서 건축물의 지붕속·반자위 및 가장 아랫바닥 밑에 있는 굴뚝의 부분은 금속외의 불연재료로 덮을 것
㉱ 금속제 굴뚝은 목재 기타 가연재료로부터 15cm이상 떨어져서 설치할 것

287. 건축물에 설치하는 굴뚝에 관한 기술 중 옳지 않은 것은? (설비기사 2001.3, 2003.3, 2021.5)

㉮ 굴뚝의 옥상 돌출부는 지붕면으로부터의 수직거리를 1m 이상으로 할 것
㉯ 굴뚝의 옥상 돌출부는 지붕면으로부터의 수직 거리를 1m 이상으로 할 것
㉰ 금속제 굴뚝으로서 건축물의 지붕속·반자위 및 가장 아랫바닥 밑에 있는 굴뚝의 부분은 금속외의 불연재료로 덮을 것
㉱ 금속제 굴뚝은 목재 기타 가연재료로 부터 10cm이상 떨어져서 설치할 것

해답 281. ㉰ 282. ㉮ 283. ㉱ 284. ㉯ 285. ㉯ 286. ㉮ 287. ㉱

288. 건축물에 설치하는 굴뚝의 옥상 돌출부는 지붕면으로부터의 수직거리를 최소 얼마 이상으로 하여야 하는가? (설비산업기사 2003.5, 2013.5, 2014.5, 2016.3, 2019.3, 설비기사 2021.3)

㉮ 0.5m 이상
㉯ 0.7m 이상
㉰ 0.9m 이상
㉱ 1.0m 이상

289. 다음은 건축물에 설치하는 굴뚝과 관련된 기준 내용이다. ( ) 안에 알맞은 것은?(설비산업기사 2023.9)

> 굴뚝의 옥상 돌출부는 지붕면으로부터의 수직거리를 ( ) 이상으로 할 것. 다만, 용마루·계단탑·옥탑 등이 있는 건축물에 있어서 굴뚝의 주위에 연기의 배출을 방해하는 장애물이 있는 경우에는 그 굴뚝의 상단을 용마루·계단탑·옥탑 등 보다 높게 한다.

㉮ 0.5m ㉯ 1m
㉰ 1.5m ㉱ 1.5m

6) 주요구조부를 내화구조로 해야 하는 건축물

290. 주요구조부를 내화구조로 하여야 하는 대상 건축물에 속하지 않는 것은?(설비산업기사 2017.5, 설비기사 2021.9)

㉮ 종교시설의 용도로 쓰는 건축물로서 집회실의 바닥면적의 합계가 200㎡인 건축물
㉯ 판매시설의 용도로 쓰는 건축물로서 그 용도로 쓰는 바닥면적의 합계가 500㎡인 건축물
㉰ 운수시설의 용도로 쓰는 건축물로서 그 용도로 쓰는 바닥면적의 합계가 500㎡인 건축물
㉱ 문화 및 집회시설 중 전시장의 용도로 쓰는 건축물로서 그 용도로 쓰는 바닥면적의 합계가 200㎡인 건축물

291. 다음 중 주요구조부를 내화구조로 하여야 하는 대상 건축물 기준으로 옳지 않은 것은?(설비산업기사 2018.9, 설비기사 2020.9)

㉮ 종교시설의 용도로 쓰이는 건축물로서 집회실의 바닥면적의 합계가 200㎡인 건축물
㉯ 판매시설의 용도로 쓰는 건축물로서 그 용도로 쓰는 바닥면적의 합계가 400㎡인 건축물
㉰ 공장의 용도로 쓰는 건축물로서 그 용도로 쓰는 바닥면적의 합계가 1,000㎡인 건축물
㉱ 장례시설의 용도로 쓰는 건축물로서 그 용도로 쓰는 바닥면적의 합계가 200㎡인 건축물

292. 다음 중 주요구조부를 내화구조로 하여야 하는 대상 건축물에 속하지 않는 것은?(설비산업기사 2018.4)

㉮ 종교시설의 용도로 쓰는 건축물로서 집회실의 바닥면적의 합계가 200㎡인 건축물
㉯ 장례시설의 용도로 쓰는 건축물로서 집회실의 바닥면적의 합계가 200㎡인 건축물
㉰ 판매시설의 용도로 쓰는 건축물로서 그 용도로 쓰는 바닥면적의 합계가 200㎡인 건축물
㉱ 문화 및 집회시설 중 공연장의 용도로 쓰는 건축물로서 관람실의 바닥면적의 합계가 200㎡인 건축물

293. 주요구조부를 내화구조를 하여야 하는 기준으로 옳지 않은 것은? (설비산업기사 2003.5, 2006.9)

㉮ 화장장으로 그 용도에 쓰이는 바닥면적의 합계가 500㎡이상인 건축물
㉯ 의료시설로 그 용도에 쓰이는 바닥면적의 합계가 500㎡이상인 건축물

해답 288. ㉱ 289. ㉯ 290. ㉱ 291. ㉰ 292. ㉰ 293. ㉯

㉰ 전시장으로 그 용도에 쓰이는 바닥면적의 합계가 500㎡이상인 건축물
㉱ 오피스텔로 그 용도에 쓰이는 바닥면적의 합계가 400㎡이상인 건축물

294. 주요구조부를 내화구조로 하여야 하는 건축물은? (설비산업기사 2016.5)
㉮ 종교시설의 용도로 쓰는 건축물로서 집회실의 바닥면적의 합계가 100㎡인 건축물
㉯ 창고시설의 용도로 쓰는 건축물로서 그 용도로 쓰는 바닥면적의 합계가 300㎡인 건축물
㉰ 공장의 용도로 쓰는 건축물로서 그 용도로 쓰는 바닥면적의 합계가 1500㎡인 건축물
㉱ 위험물저장 및 처리시설의 용도로 쓰는 건축물로서 그 용도로 쓰는 바닥면적의 합계가 500㎡인 건축물

4. 지하층 구조 및 설비

1) 지하층

295. 지하층의 구조기준에 대한 사항으로 옳은 것은? (설비기사 2004.9)
㉮ 거실의 바닥면적의 합계가 1,000㎡이상인 층에는 환기설비를 설치할 것
㉯ 지하층의 바닥면적이 500㎡이상인 층에는 식수공급을 위한 급수전을 1개소 이상 설치할 것
㉰ 바닥면적이 500㎡이상인 층에는 피난층 또는 지상으로 통하는 직통계단을 방화구획으로 구획되는 각 부분마다 1개소이상 설치할 것
㉱ 바닥면적이 100㎡이상인 층에는 직통계단 외에 피난층 또는 지상으로 통하는 비상탈출구 및 환기통을 설치할 것

296. 건축법에 의해 건축물에 설치하는 지하층의 구조 및 설비에 관한 기준 내용으로 옳지 않은 것은?(설비산업기사 2002.5, 설비기사 2004.3, 2006.9, 2020.6, 2023.3)
㉮ 거실의 바닥면적의 합계가 1000㎡이상인 층에는 환기설비를 할 것
㉯ 지하층의 바닥면적이 300㎡이상인 층에는 식수공급을 위한 급수전을 1개소 이상 설치할 것
㉰ 거실의 바닥면적이 30㎡이상인 층에는 직통 계단외에 피난층 또는 지상으로 통하는 비상 탈출구 및 환기통을 설치할 것
㉱ 바닥면적이 1000㎡이상인 층에는 피난층 또는 지상으로 봉하는 직통계단을 방화구획으로 구획되는 각 부분마다 1개소 이상 설치할 것

297. 건축물에 설치하는 지하층의 구조 및 설비에 관한 기준 내용으로 옳지 않은 것은? (설비산업기사 2016.3)
㉮ 거실의 바닥면적의 합계가 1000㎡이상인 층에는 환기설비를 설치할 것
㉯ 지하층의 바닥면적이 300㎡이상인 층에는 식수공급을 위한 급수전을 1개소 이상 설치할 것
㉰ 지하층의 비상탈출구의 유효너비는 0.75m 이상으로 하고, 유효높이 1.5m 이상으로 할 것
㉱ 바닥면적이 1000㎡이상인 층에는 피난층 또는 지상으로 통하는 직통계단을 방화구획으로 구획되는 각 부분마다 1개소 이상 설치하되, 이를 반드시 특별피난계단의 구조로 할 것

해답 294. ㉱ 295. ㉮ 296. ㉰ 297. ㉱

298. 건축물에 설치하는 지하층의 구조 및 설비에 관한 기준 내용으로 옳지 않은 것은? (설비산업기사 2014.3)

㉮ 비상탈출구는 출입구로부터 3m이상 떨어진 곳에 설치할 것
㉯ 비상탈출구의 유효너비는 0.75m 이상, 유효높이는 1.5m 이상으로 할 것
㉰ 거실바닥면적의 합계가 1000㎡이상인 층에는 환기설비를 설치할 것
㉱ 바닥면적이 300㎡이상인 층에는 식수공급을 위한 급수전을 최소 2개소 이상 설치 할 것

299. 건축물이 설치하는 지하층의 구조 및 설비 기준에 의하면 거실 바닥면적의 합계 기준으로 얼마 이상인 층에 환기설비를 설치하도록 되어 있는가? (설비기사 2001.9, 2004.9, 2006.5, 설비산업기사 2003.5)

㉮ 200㎡이상
㉯ 500㎡이상
㉰ 1,000㎡이상
㉱ 2,000㎡이상

300. 지하층의 바닥면적 기준으로 얼마 이상인 층에는 식수공급을 위한 급수전을 1개소 이상 설치하여야 하는가? (설비산업기사 2004.3, 2006.3)

㉮ 200제곱미터 ㉯ 300제곱미터
㉰ 400제곱미터 ㉱ 500제곱미터

301. 지하층의 구조와 관련된 기준에서 거실의 바닥면적의 합계로 설치기준을 정하는 것은? (설비산업기사 2010.3)

㉮ 환기설비
㉯ 식수공급을 위한 급수전
㉰ 피난계단 또는 특별피난계단
㉱ 비상탈출구 및 환기통 설치

302. 다음은 건축물에 설치하는 지하층의 구조 및 설비에 관한 기준 내용이다. ( ) 안에 알맞은 것은? (설비산업기사 2013.3)

거실의 바닥면적의 합계가 ( ) 이상인 층에는 환기설비를 설치할 것

㉮ 500㎡ ㉯ 1,000㎡
㉰ 1,500㎡ ㉱ 2,000㎡

2) 비상탈출구

303. 지하층의 비상탈출구에 관한 설명이 잘못된 것은? (설비기사 2004.5, 설비산업기사 2004.5, 2020.8)

㉮ 비상탈출구의 유효높이는 1.5m 이상으로 할 것
㉯ 비상탈출구의 유효너비는 0.75m 이상으로 할 것
㉰ 비상탈출구의 문은 피난방향으로 열리도록 할 것
㉱ 비상탈출구는 출입구로부터 2m 이상 떨어진 곳에 설치할 것

304. 건축물의 지하층에 설치하는 비상탈출구에 관한 기준 내용으로 옳지 않은 것은? (단, 주택이 아닌 경우)(설비산업기사 2019.3, 2023.5, 설비기사 2022.3)

㉮ 비상탈출구는 출입구로부터 2m 이상 떨어진 곳에 설치할 것
㉯ 비상탈출구의 유효너비는 0.75m 이상으로 하고, 유효높이는 1.5m 이상으로 할 것
㉰ 비상탈출구의 문은 피난방향으로 열리도록 하고, 실내에서 항상 열 수 있는 구조로 할 것
㉱ 비상탈출구는 피난층 또는 지상으로 통하는 복도나 직통계단에 직접 접하거나 통로 등으로 연결될 수 있도록 설치할 것

해답 298. ㉱ 299. ㉰ 300. ㉯ 301. ㉮ 302. ㉯ 303. ㉱ 304. ㉮

305. 건축물에 설치하는 지하층의 비상탈출구에 관한 기준 내용으로 옳지 않은 것은?(설비산업기사 2017.5, 설비기사 2022.9)

㉮ 비상탈출구의 유효너비는 0.75m 이상으로 할 것

㉯ 비상탈출구의 문은 피난방향으로 열리도록 할 것

㉰ 비상탈출구는 출입구로부터 3m 이상 떨어진 곳에 설치할 것

㉱ 비상탈출구에서 피난층 또는 지상으로 통하는 복도나 직통계단까지 이르는 피난통로의 유효 너비는 최소 0.9m 이상으로 할 것

306. 다음은 건축물의 피난·방화구조 등의 기준에 관한 규칙중 지하층의 비상탈출구에 관한 내용이다. 유효너비와 유효높이로 적합한 것은? (설비기사 2003.8, 2003.5, 2006.3)

㉮ 유효너비 0.5m 이상, 유효높이 1.75m 이상

㉯ 유효너비 0.75m 이상, 유효높이 1.5m 이상

㉰ 유효너비 1.5m 이상, 유효높이 0.75m 이상

㉱ 유효너비 1.75m 이상, 유효높이 0.5m 이상

307. 건축물에서 피난층 또는 지상으로 통하는 지하층 비상탈출구의 최소 유효너비 기준은? (단, 주택이 아님)(설비기사 2023.5)

㉮ 0.6m 이상

㉯ 0.75m 이상

㉰ 1m 이상

㉱ 1.2m 이상

308. 거실의 바닥면적이 50㎡를 넘는 지하층에 1개소의 직통계단과 지상으로 통하는 비상탈출구 및 환기통을 설치하려고 한다. 이 경우 비상탈출구의 구조기준으로 부적합한 것은? (설비산업기사 2004.3)

㉮ 비상탈출구의 문은 실내에서 항상 열수 있는 구조로 할 것

㉯ 비상탈출구의 유효너비는 0.75m 이상으로 할 것

㉰ 비상탈출구는 출입구로부터 3m 이상 떨어진 곳에 설치할 것

㉱ 비상탈출구에서 피난층 또는 지상으로 통하는 복도 또는 직통계단까지 이르는 피난통로의 유효너비는 1.2m 이상으로 할 것

4장 건축설비

1. 건축설비의 원칙

309. 다음은 건축법령상 건축설비 설치의 원칙에 관한 기준 내용이다. ( )안에 알맞은 것은?(설비산업기사 2016.3, 2017.9, 2018.3, 2023.3, 설비기사 2019.3, 2022.4)

> 건축물에 설치하는 급수·배수·냉방·난방·환기·피뢰 등 건축설비의 설치에 관한 기술적 기준은 (㉠)으로 정하되, 에너지 이용 합리화와 관련한 건축설비의 기술적 기준에 관하여는 (㉡)과 협의하여 정한다.

㉮ ㉠ 국토교통부령,
㉡ 기획재정부장관

㉯ ㉠ 국토교통부령,
㉡ 산업통상자원부장관

㉰ ㉠ 산업통상자원부령,
㉡ 국토교통부장관

㉱ ㉠ 산업통상자원부령,
㉡ 기획재정부장관

해답 305. ㉱ 306. ㉯ 307. ㉯ 308. ㉱ 309. ㉮

310. 다음은 건축설비 설치의 원칙에 관한 기준 내용이다. ( )안에 알맞은 것은?(설비산업기사 2018.4, 2019.3, 2023.5)

연면적이 ( ) 이상인 건축물의 대지에는 국토교통부령으로 정하는 바에 따라 「전기사업법」 제2조제2호에 따른 전기사업자가 전기를 배전(配電)하는데 필요한 전기설비를 설치할 수 있는 공간을 확보하여야 한다.

㉮ 100㎡
㉯ 200㎡
㉰ 500㎡
㉱ 1,000㎡

2. 개별난방설비 등

311. 방송 공동수신설비를 설치하여야 하는 대상 건축물에 속하지 않는 것은?(설비기사 2020.9)

㉮ 아파트
㉯ 연립주택
㉰ 다가구주택
㉱ 다세대주택

312. 공동주택과 오피스텔의 난방설빙비를 개별난방방식으로 하는 경우에 관한 기준 내용으로 옳지 않은 것은? (설비기사 2002.3, 2004.3, 설비산업기사 2020.6)

㉮ 보일러실의 윗부분에는 그 면적이 0.5㎡ 이상인 환기창을 설치할 것
㉯ 보일러의 연도는 내화구조로서 공동연도로 설치할 것
㉰ 기름보일러를 설치하는 경우에는 기름저장소를 보일러실외의 다른 곳에 설치할 것
㉱ 보일러를 설치하는 곳과 거실 사이의 경계벽은 출입구를 제외하고는 방화구조의 벽으로 구획할 것

313. 오피스텔의 난방설비를 개별난방방식으로 하는 경우에 관한 기준 내용으로 옳지 않은 것은?(설비산업기사 2003.5, 2005.9, 2011.3, 2017.9, 2018.4, 2018.9, 2023.9)

㉮ 난방구획을 방화구획으로 구획할 것
㉯ 보일러의 연도는 내화구조로서 개별연도로 설치할 것
㉰ 가스보일러인 경우, 보일러실의 윗부분에는 그 면적이 0.5㎡이상인 환기창을 설치할 것
㉱ 보일러는 거실외의 곳에 설치하되, 보일러를 설치하는 곳과 거실사이의 경계벽은 출입구를 제외하고는 내화구조의 벽으로 구획할 것

314. 공동주택과 오피스텔의 난방설비를 개별난방방식으로 하는 경우에 관한 기준 내용으로 옳지 않은 것은?(설비산업기사 2019.3)

㉮ 보일러는 거실외의 곳에 설치할 것
㉯ 보일러의 연도는 내화구조로서 공동연도로 설치할 것
㉰ 오피스텔의 경우에는 난방구획을 방화구획으로 구획할 것
㉱ 전기보일러를 사용하는 경우, 보일러실의 윗부분에는 면적이 0.5㎡이상인 환기창을 설치할 것

315. 공동주택과 오피스텔의 난방설비를 개별난방 방식으로 하는 경우에 관한 기준 내용으로 옳지 않은 것은?(설비산업기사 2019.9)

㉮ 보일러는 거실외의 곳에 설치할 것
㉯ 오피스텔의 경우에는 난방구획을 방화구획으로 구획할 것
㉰ 보일러를 설치하는 곳과 거실사이의 경계벽은 출입구를 제외하고는 내화구조의 벽으로 구획할 것
㉱ 보일러실의 아랫부분에는 지름 5㎝ 이상의 배기구를 항상 열려 있는 상태로 바깥공기에 접하도록 설치할 것

해답 310. ㉰ 311. ㉰ 312. ㉱ 313. ㉯ 314. ㉱ 315. ㉱

316. 오피스텔의 난방설비를 개별난방방식으로 하는 경우에 관한 기준 내용으로 옳지 않은 것은? (설비산업기사 2013.3)

㉮ 보일러의 연도는 내화구조로서 공동연도로 설치할 것
㉯ 난방구획마다 내화구조로 된 벽·바닥과 갑종방화문으로 된 출입문으로 구획할 것
㉰ 공기흡입구 및 배기구는 항상 닫혀진 상태로 바깥공기와 접하지 않도록 설치할 것
㉱ 보일러를 설치하는 곳과 거실사이의 경계벽은 출입구를 제외하고 내화구조의 벽으로 구획할 것

317. 공동주택과 오피스텔의 개별난방방식으로 할 경우 기준으로 옳지 않은 것은? (설비산업기사 2005.3, 2006.9)

㉮ 보일러는 거실 외의 곳에 설치한다.
㉯ 보일러실의 윗부분에는 그 면적이 0.5제곱미터 이상의 환기창을 설치한다.
㉰ 보일러실의 아랫부분에는 지름 8센티미터 이상의 배기구를 항상 열려있는 상태로 바깥공기에 접하도록 설치한다.
㉱ 보일러의 연도는 내화구조로서 공동연도로 설치한다.

318. 공동주택과 오피스텔의 난방설비를 개별난방 방식으로 하는 경우에 관한 기준 내용으로 옳지 않은 것은?(설비산업기사 2018.3, 설비기사 2021.3)

㉮ 보일러의 연도는 내화구조로서 공동연도로 설치할 것
㉯ 오피스텔의 경우에는 난방구획을 방화구획으로 구획할 것
㉰ 보일러실의 윗부분에는 그 면적이 0.5㎡ 이상인 환기창을 설치할 것
㉱ 보일러실의 윗부분과 아랫부분에는 공기흡입구 및 배기구를 항상 닫혀있도록 설치할 것

319. 공동주택과 오피스텔의 난방설비를 개별난방방식으로 하는 경우에 관한 기준 내용으로 옳지 않은 것은? (단, 가스보일러에 의한 난방설비가 아닌 경우) (설비산업기사 2012.5)

㉮ 보일러는 거실 외의 곳에 설치할 것
㉯ 보일러실의 윗부분에는 그 면적이 0.5㎡이상인 환기창을 설치할 것
㉰ 보일러를 설치하는 곳과 거실 사이의 경계벽은 차음구조의 벽으로 구획할 것
㉱ 오피스텔의 경우에는 난방구획마다 내화구조로 된 벽·바닥과 갑종방화문으로 된 출입문으로 구획할 것

320. 난방설비시 개별난방방식으로 하는 경우 건축물의 설비기준 등에 관한 규칙에서 규정된 내용으로 적용해야 하는 건축물은? (설비산업기사 2003.8)

㉮ 숙박시설 ㉯ 학교
㉰ 병원 ㉱ 오피스텔

321. 개별난방설비에서 보일러실의 윗부분에는 몇 ㎡이상인 환기창을 설치하여야 하는가? (설비산업기사 1999.10)

㉮ 0.2㎡ ㉯ 0.5㎡
㉰ 0.7㎡ ㉱ 1.0㎡

322. 공동주택과 오피스텔의 난방설비를 개별난방 방식으로 하는 경우에 대한 기준 내용으로 옳은 것은?(설비기사 2021.9)

㉮ 보일러실의 연도는 방화구조로서 개별연도로 설치할 것
㉯ 보일러실의 윗부분과 아랫부분에는 지름 5cm이상의 공기흡입구 및 배기구를 설치할 것
㉰ 보일러를 설치하는 곳과 거실사이의 경계벽은 출입구를 제외하고는 내화구조의 벽으로 구획할 것
㉱ 전기보일러를 사용하는 경우, 보일러실의 윗부분에는 그 면적이 1㎡�이상인 환기창을 설치할 것

해답 316. ㉰ 317. ㉰ 318. ㉱ 319. ㉰ 320. ㉱ 321. ㉯ 322. ㉰

323. 다음은 공동주택과 오피스텔의 난방설비를 개별난방방식으로 하는 경우의 기준으로 옳지 않은 것은? (설비산업기사 2003.3)

㉮ 보일러는 거실 외의 곳에 설치할 것
㉯ 보일러실의 윗부분에는 그 면적이 0.5㎡이상인 환기창을 설치할 것
㉰ 보일러실 윗부분에는 지름 10cm 이상의 공기흡입구를 항상 열려있는 상태로 바깥 공기에 접하도록 설치할 것
㉱ 보일러실 아랫부분에는 지름 5cm 이상의 배기구를 항상 열려있는 상태로 바깥공기에 접하도록 설치할 것

324. 건축법상 공동주택과 오피스텔의 난방설비를 개별난방방식으로 하는 경우 기준에 적합한 것은? (설비기사 2003.5)

㉮ 보일러는 거실 외의 곳에 설치한다.
㉯ 기름보일러를 설치하는 경우 따로 기름저장소를 둘 필요는 없다.
㉰ 오피스텔의 경우에는 난방구획마다 난연구조로 된 벽으로 구획한다.
㉱ 보일러의 연도는 개별연도로 설치한다.

325. 온수온돌의 구성에 관한 설명으로 옳지 않은 것은?(설비산업기사 2015.3)

㉮ 바탕층이란 온돌이 설치되는 건축물의 최하층 또는 중간층의 바닥을 말한다.
㉯ 배관층이란 단열층 또는 채움층 위에 방열관을 설치하는 층을 말한다.
㉰ 마감층이란 배관층 위에 시멘트, 모르타르, 미장 등을 설치하거나 마루재, 장판 등 최종 마감재를 설치하는 층을 말한다.
㉱ 채움층이란 온수온돌의 배관층에서 방출되는 열이 바탕층 아래로 손실되는 것을 방지하기 위하여 배관층과 바탕층 사이에 단열재를 설치하는 층을 말한다.

3. 환기설비

326. 기계환기설비를 설치하여야 하는 다중이용시설 중 판매시설의 필요 환기량 기준은? (설비산업기사 2017.3)

㉮ $25m^3$/인·h 이상
㉯ $27m^3$/인·h 이상
㉰ $29m^3$/인·h 이상
㉱ $36m^3$/인·h 이상

327. 다음은 다중이용시설을 신축하는 경우 기계환기설비를 설치하여야 하는 대상 다중이용시설에 관한 기준 내용이다. ( )안에 알맞은 것은?(설비산업기사 2019.4)

의료시설: 연면적이 (㉠) 이상이거나 병상수가 (㉡) 이상인 [의료법] 제3조에 따른 의료기관

㉮ ㉠ 1000㎡, ㉡ 100개
㉯ ㉠ 1000㎡, ㉡ 200개
㉰ ㉠ 2000㎡, ㉡ 100개
㉱ ㉠ 2000㎡, ㉡ 200개

328. 다음의 공동주택의 환기설비기준에 관한 내용 중 ()안에 알맞은 것은?(설비기사 2022.4)

신축 또는 리모델링하는 30세대 이상의 공동주택은 시간당 ( ) 이상의 환기가 이루어질 수 있도록 자연환기설비 또는 기계환기설비를 설치하여야 한다.

㉮ 0.5회 ㉯ 1.0회 ㉰ 1.2회 ㉱ 1.5회

329. 신축 또는 리모델링하는 공동주택은 시간당 최소 몇 회 이상의 환기가 이루어질 수 있도록 자연환기설비 또는 기계환기설비를 설치해야 하는가? (단, 30세대 이상의 공동주택의 경우)(설비산업기사 2015.5, 2019.9, 설비기사 2023.5)

㉮ 0.3회 ㉯ 0.5회
㉰ 0.7회 ㉱ 1.0회

해답 323. ㉱ 324. ㉮ 325. ㉱ 326. ㉰ 327. ㉰ 328. ㉮ 329. ㉯

330. 신축 또는 리모델링을 하는 경우, 시간당 0.5회 이상의 환기가 이루어질 수 있도록 자연환기설비 또는 기계환기설비를 설치하여야 하는 공동주택의 세대수 기준은?(설비기사 2022.9, 2023.3)

㉮ 20세대
㉯ 30세대
㉰ 50세대
㉱ 100세대

4. 배연설비

331. 다음 건축물 중 건축법상 배연설비를 하지 않아도 되는 건축물은? (설비산업기사 2004.3)

㉮ 6층의 영화관
㉯ 6층의 호텔
㉰ 7층의 교회
㉱ 7층의 대학 강의동

332. 6층 이상인 건축물로서 건축물의 거실(피난층의 거실 제외)에 국토교통부령으로 정하는 기준에 따라 배연설비를 하여야 하는 대상 건축물에 속하지 않는 것은?(설비산업기사 2019.4, 2023.3)

㉮ 운동시설
㉯ 종교시설
㉰ 제1종 근린생활시설
㉱ 교육연구시설 중 연구소

333. 건축물의 거실(피난층의 거실 제외)에 국토교통부령으로 정하는 기준에 따라 배연설비를 하여야 하는 대상 건축물에 속하지 않는 것은?(단, 6층 이상인 건축물의 경우) (설비산업기사 2010.3, 2011.5, 2019.3, 2019.9)

㉮ 종교시설
㉯ 판매시설
㉰ 운동시설
㉱ 공동주택

334. 6층 이상인 건축물로서 건축물의 거실에 국토교통부령으로 정하는 기준에 따라 배연설비를 설치하여야 하는 대상 건축물에 속하지 않는 것은?(단, 피난층이 아닌 경우) (설비산업기사 2014.5, 설비기사 2023.9)

㉮ 종교시설
㉯ 운수시설
㉰ 의료시설
㉱ 공동주택

335. 건축물의 거실(피난층의 거실은 제외)에 국토교통부령으로 정하는 기준에 따라 배연설비를 설치하여야 하는 대상 건축물에 속하지 않는 것은? (산업기사 2016.3)

㉮ 6층 이상인 건축물로서 업무시설의 용도로 쓰는 건축물
㉯ 6층 이상인 건축물로서 창고시설의 용도로 쓰는 건축물
㉰ 6층 이상인 건축물로서 판매시설의 용도로 쓰는 건축물
㉱ 6층 이상인 건축물로서 문화 및 집회시설의 용도로 쓰는 건축물

336. 건축관련법상 배연설비 설치의 기준에 적합한 것은? (설비산업기사 2004.5)

㉮ 배연창의 설치는 배연창의 상변과 천장 또는 반자로부터 수직거리가 0.8미터 이내일 것
㉯ 배연구는 손으로 열고 닫지 못하도록 할 것
㉰ 배연구는 예비전원이 아닌 전원에 의하여 열 수 있도록 할 것
㉱ 배연구는 열감지기에 의해 자동으로 열 수 있는 구조로 할 것

해답 330. ㉯ 331. ㉱ 332. ㉰ 333. ㉱ 334. ㉱ 335. ㉯ 336. ㉱

337. 다음 중 배연설비의 설치기준으로 틀린 것은? (설비기사 2004.9, 2006.3)

㉮ 배연창은 배연창의 상변과 천장 또는 반자로부터 수직거리가 90cm 이내에 설치할 것
㉯ 반자높이가 바닥으로부터 3m 이상인 경우에는 배연창의 하변의 바닥으로부터 2.1m 이상의 위치에 놓이도록 설치할 것
㉰ 배연구는 손으로도 열고 닫을 수 있도록 할 것
㉱ 배연창의 유효면적은 0.5㎡이상으로서 그 면적의 합계가 당해 건축물의 바닥면적의 1/100 이상일 것

338. 다음 중 배연설비에 대한 설명으로 옳은 것은? (설비산업기사 2006.3)

㉮ 비상용승강장의 배연구는 준불연재료로 하고 외기나 굴뚝에 연결한다.
㉯ 배연구의 유효면적은 바닥면적의 1/100 이상이면 된다.
㉰ 배연구는 손으로 열고 닫을 수 없도록 한다.
㉱ 배연설비를 설치해야 하는 건축물은 층수가 6층 이상이어야 한다.

339. 배연설비의 구조등에 관한 설명으로 맞지 않은 것은? (설비산업기사 1999.4)

㉮ 방화구획이 되어 있는 배연구를 바닥에서 1m 이상의 높이에 둔다.
㉯ 거실바닥면적의 1/20 미만으로 환기창을 설치한 거실바닥면적은 배연구의 유효면적 산정을 위한 바닥면적은 산입하지 아니한다.
㉰ 기계식 배연설비를 설치하는 경우에는 소방관계법령에 적합하여야 한다.
㉱ 6층 이상의 종교집회장 및 연구소의 거실에는 배연설비를 설치하여야 한다.

340. 배연설비에 관한 사항 중 틀린 것은? (설비기사 2002.3)

㉮ 8층 규모 업무시설의 피난층인 경우에는 배연설비가 필요하다.
㉯ 방화구획이 설치된 경우에는 그 구획마다 1개소 이상의 배연구를 바닥에서 1m 이상 높이에 설치한다.
㉰ 배연구는 예비전원에 의하여 열 수 있도록 한다.
㉱ 배연구는 손으로도 열고 닫을 수 있어야 한다.

341. 7층의 유스호스텔 배연설비에 관한 사항 중 틀린 것은? (설비기사 2003. 3)

㉮ 배연창의 유효면적은 1㎡이상이거나 건축물의 바닥면적의 1/100 이상으로 한다.
㉯ 배연구는 손으로도 열고 닫을 수 있어야 한다.
㉰ 방화구획이 설치된 경우에는 그 구획마다 1개소 이상의 배연창을 설치하여야 한다.
㉱ 배연구는 예비전원에 의해 열 수 있도록 한다.

342. 배연설비의 설치에 관한 기준 내용으로 옳지 않은 것은? (설비산업기사 2014.5, 2020.6, 2023.5, 설비기사 2020.8, 2020.9)

㉮ 배연창의 유효면적은 2㎡ 이상으로 할 것
㉯ 배연구는 예비전원에 의하여 열 수 있도록 할 것
㉰ 배연구는 연기감지기 또는 열감지기에 의하여 자동으로 열 수 있는 구조로 할 것
㉱ 건축물이 방화구획으로 구획된 경우에는 그 구획마다 1개소 이상의 배연창을 설치할 것

해답 337. ㉱ 338. ㉱ 339. ㉮, ㉯ 340. ㉮, ㉯ 341. ㉮ 342. ㉮

343. 배연설비의 설치에 관한 기준 내용으로 옳은 것은?(설비산업기사 2017.5)

㉮ 배연구는 손으로 열고 닫지 못하도록 할 것
㉯ 배연창의 유효면적은 0.5㎡이상으로 할 것
㉰ 배연창의 상변과 천장 또는 반자로부터 수직 거리가 0.5m 이내일 것
㉱ 배연구는 열감지기 또는 연기감지기에 의해 자동으로 열 수 있는 구조로 할 것

344. 6층 이상인 건축물로서 문화 및 집회시설인 경우 배연설비에서 배연창의 유효면적은? (설비기사 1999.8)

㉮ 0.5㎡이상
㉯ 1㎡이상
㉰ 1.5㎡이상
㉱ 2㎡이상

345. 다음은 배연설비의 설치에 관한 기준 내용이다. ( ) 안에 알맞은 것은? (설비산업기사 2010.8, 2014.3)

건축물에 방화구획이 설치된 경우에는 그 구획마다 1개소 이상의 배연창을 설치하되, 배연창의 상변과 천장 또는 반자로부터 수직거리가 ( ) 이내일 것

㉮ 0.5m ㉯ 0.6m
㉰ 0.9m ㉱ 1.2m

346. 건축법령상 배연설비의 구조기준에서 건축물에 방화구획이 설치된 경우 그 구획마다 1개소 이상의 배연창을 설치하되 반자높이가 바닥으로부터 3미터 이상인 경우에는 배연창의 하변이 바닥으로부터 얼마이상의 위치에 놓이도록 설치하여야 하는가? (설비기사 2005.5)

㉮ 0.9m 이상
㉯ 1.2m 이상
㉰ 1.8m 이상
㉱ 2.1m 이상

347. 특별피난계단에 설치하여야 하는 배연설비의 구조에 관한 기준으로 옳지 않은 것은? (설비기사 2021.9)

㉮ 배연구 및 배연풍도는 불연재료로 할 것
㉯ 배연구는 평상시에는 닫힌 상태를 유지할 것
㉰ 배연구는 평상시에 사용하는 굴뚝에 연결할 것
㉱ 배연기는 배연구의 열림에 따라 자동적으로 작동될 것

348. 비상용승강기에 설치하는 배연설비의 구조에 관한 기준 내용으로 옳지 않은 것은? (설비기사 2019.3)

㉮ 배연구 및 배연풍도는 불연재료로 할 것
㉯ 배연구가 외기에 접하지 아니하는 경우에는 배연구를 설치할 것
㉰ 배연구에 설치하는 수동개방장치 또는 자동개방장치는 손으로도 닫을 수 있도록 할 것
㉱ 배연구는 평상시에는 열린 상태를 유지하고, 배연에 의한 기류로 인하여 닫히지 않도록 할 것

349.. 특별피난계단에 설치하는 배연설비의 구조에 관한 기준 내용으로 옳지 않은 것은?(설비기사 2022.3)

㉮ 배연구 및 배연풍도는 불연재료로 할 것
㉯ 배연구가 외기에 접하지 아니하는 경우네는 배연기를 설치할 것
㉰ 배연구에 설치하는 수동개방장치 또는 자동개방장치는 손으로도 열고 닫을 수 있도록 할 것
㉱ 배연구는 평상시에는 닫힌 상태를 유지하고 연 경우에는 배연의 의한 기류로인하여 닫히도록 할 것

해답 343. ㉱ 344. ㉯ 345. ㉰ 346. ㉱ 347. ㉰ 348. ㉱ 349. ㉱

5. 피뢰설비 등

350. 건축물의 설비기준 등에 관한 규칙에 따라 피뢰설비를 설치하여야 하는 대상 건축물의 높이 기준은?(설비산업기사 2012.5, 2015.9, 2016.10, 2017.3, 2017.9, 2019.4, 2023.3, 설비기사 2020.9, 2022.3, 2023.3)

㉮ 20m 이상 ㉯ 24m 이상
㉰ 27m 이상 ㉱ 31m 이상

351. 건축물의 설비기준 등에 관한 규칙에 따라 피뢰설비를 설치하여야 하는 대상 건축물의 높이 기준은?(설비산업기사 2018.9)

㉮ 높이 10m 이상인 건축물
㉯ 높이 20m 이상인 건축물
㉰ 높이 30m 이상인 건축물
㉱ 높이 50m 이상인 건축물

352. 방송 공동수신설비를 설치하여야 하는 대상 건축물에 속하지 않는 것은? (설비산업기사 2015.9)

㉮ 공동주택
㉯ 바닥면적의 합계가 5000m²으로서 판매시설의 용도로 쓰는 건축물
㉰ 바닥면적의 합계가 5000m²으로서 업무시설의 용도로 쓰는 건축물
㉱ 바닥면적의 합계가 5000m²으로서 숙박시설의 용도로 쓰는 건축물

353. 숙박시설의 용도로 쓰는 건축물로서 방송 공동수신설비를 설치하여야 하는 건축물의 바닥면적 기준은?(설비산업기사 2018.9)

㉮ 바닥면적의 합계가 1,000m² 이상인 건축물
㉯ 바닥면적의 합계가 2,000m² 이상인 건축물
㉰ 바닥면적의 합계가 5,000m² 이상인 건축물
㉱ 바닥면적의 합계가 10,000m² 이상인 건축물

354. 상업지역 및 주거지역에서 건축물에 설치하는 냉방시설 및 환기시설의 배기구는 도로면으로 부터 최소 얼마 이상의 높이에 설치하여야 하는가? (설비산업기사 2016.10, 2019.3, 2019.9, 2023.5, 설비기사 2020.6, 2023.3)

㉮ 1m ㉯ 1.5m
㉰ 1.8m ㉱ 2m

6. 승강기

1) 승용승강기

355. 건축법상 승용승강기를 설치하여야 하는 대상건축물의 원칙적인 기준은? (설비산업기사 2003.8)

㉮ 건축물의 용도와 거실바닥면적
㉯ 층수와 연면적
㉰ 층수와 거실바닥면적의 합계
㉱ 건축물의 용도와 연면적

356. 승용승강기 설치 대상 건축물에서 승용승강기 설치대수의 산정 요소로만 나열된 것은? (설비산업기사 2016.5, 2018.9)

㉮ 건축물의 용도, 6층 이상의 거실면적의 합계
㉯ 건축물의 층수, 6층 이상의 거실면적의 합계
㉰ 건축물의 용도, 6층 이상의 바닥면적의 합계
㉱ 건축물의 층수, 6층 이상의 바닥면적의 합계

357. 승강기를 설치하여야 하는 대상 건축물 기준으로 옳은 것은? (설비산업기사 2011.3, 2013.5, 2023.5)

㉮ 5층 이상으로서 연면적이 1,000m²이상인 건축물
㉯ 5층 이상으로서 연면적이 2,000m²이상인 건축물
㉰ 6층 이상으로서 연면적이 1,000m²이상인 건축물
㉱ 6층 이상으로서 연면적이 2,000m²이상인 건축물

해답 350. ㉮ 351. ㉯ 352. ㉯ 353. ㉰ 354. ㉱ 355. ㉯ 356. ㉮ 357. ㉱

358. 다음 승강기의 설치에 관한 기준 내용이다. 밑줄 친 대통령령으로 정하는 건축물의 기준 내용으로 옳은 것은?(설비산업기사 2019.4, 2023.9)

건축주는 6층 이상으로 연면적이 2,000m² 이상인 건축물(대통령령으로 정하는 건축물은 제외한다.)을 건축하려면 승강기를 설치하여야 한다.

㉮ 층수가 6층인 건축물로서 각 층 거실의 바닥 면적 300m² 이내마다 1개소 이상의 직통계단을 설치한 건축물
㉯ 층수가 6층인 건축물로서 각 층 거실의 바닥 면적 500m² 이내마다 1개소 이상의 직통계단을 설치한 건축물
㉰ 연면적이 2000m²인 건축물로서 각 층 거실의 바닥 면적 300m² 이내마다 1개소 이상의 직통계단을 설치한 건축물
㉱ 연면적이 2000m²인 건축물로서 각 층 거실의 바닥 면적 500m² 이내마다 1개소 이상의 직통계단을 설치한 건축물

359. 각 층별 바닥면적이 3,000m²이고 그 중 거실면적이 2,200m²인 10층의 병원건축물에 필요한 승용승강기는 16인승을 기준으로 최소 몇 대가 필요한가? (설비기사 2005.3)

㉮ 3대 ㉯ 4대
㉰ 5대 ㉱ 6대

360. 연면적이 10,000m²이고 층수가 10층인 백화점에 설치하여야 하는 승용승강기의 최소 대수는?(단, 각 층의 거실면적은 600m²이며, 15인승 승강기를 설치하는 경우)(설비산업기사 2017.5)

㉮ 1대 ㉯ 2대
㉰ 3대 ㉱ 4대

361. 문화 및 집회시설 중 공연장으로서 6층 이상의 거실면적의 합계가 8,000m²인 건축물에 설치해야 하는 승용승강기의 최소 대수는? (단, 8인승 승강기의 경우) (설비산업기사 2011.5)

㉮ 3대 ㉯ 4대
㉰ 5대 ㉱ 6대

362. 6층 이상의 거실면적의 합계가 8,000m²인 업무시설에 설치하여야 하는 승용승강기의 최소 대수는?(단, 8인승 승강기의 경우)(설비기사 2004.3, 설비산업기사 2015.5, 2019.3, 2020.8)

㉮ 3대 ㉯ 4대
㉰ 5대 ㉱ 6대

363. 6층 이상의 거실면적의 합계가 20,000m²인 업무시설에 설치하여야 하는 승용승강기의 최소 대수는?(단, 16인승 승용승강기를 설치하는 경우) (산업기사 2016.10)

㉮ 3대 ㉯ 4대
㉰ 5대 ㉱ 6대

364. 6층 이상의 거실 면적의 합계가 10,000m²인 업무시설에 설치하여야 하는 승용승강기의 최소 대수는?(단, 15인승 승강기의 경우) (설비산업기사 2018.3)

㉮ 4대 ㉯ 5대
㉰ 6대 ㉱ 7대

365. 6층 이상의 거실면적의 합계가 20,000m²인 15층 아파트에 설치하여야 할 승용승강기의 최소 대수는?(단, 12인승 승용승강기의 경우)(설비산업기사 2019.4)

㉮ 5대 ㉯ 6대
㉰ 7대 ㉱ 8대

해답 358. ㉮ 359. ㉮ 360. ㉯ 361. ㉰ 362. ㉯ 363. ㉰ 364. ㉯ 365. ㉰

366. 층수가 10층이고, 각 층의 거실면적이 1,000㎡인 업무시설에 설치하여야 하는 승용 승강기의 최소 대수는?(단, 8인승 승강기의 경우)(설비산업기사 2017.9)

㉮ 1대 ㉯ 2대
㉰ 3대 ㉱ 4대

367. 층수가 10층이고, 각 층의 거실면적이 1000㎡인 업무시설에 설치하여야 하는 승용승강기의 최소 대수는?(단, 16인승 승강기인 경우) (설비산업기사 2010.8, 2011.8, 2019.9)

㉮ 1대 ㉯ 2대
㉰ 3대 ㉱ 4대

368. 층수가 7층이며, 각 층의 거실면적이 $3,000m^2$인 문화 및 집회시설 중 전시장에 설치하여야 하는 승용승강기의 최소 대수는? (단, 15인승 승용승강기의 경우) (설비기사 2013.5)

㉮ 1대 ㉯ 2대
㉰ 3대 ㉱ 4대

369. 각 층의 거실면적이 $1500m^2$이고, 층수가 11층인 업무시설에 설치하여야 하는 승용승강기의 최소 대수는?(단, 15인승 승강기의 경우) (설비산업기사 2017.3)

㉮ 1대 ㉯ 2대
㉰ 3대 ㉱ 4대

370. 지하 2층, 지상 10층인 유스호스텔로 각층 거실 면적이 공히 1,000㎡인 경우의 승용승강기 대수는? (설비기사 2005.5)

㉮ 16인승 1대
㉯ 8인승 3대
㉰ 16인승 2대
㉱ 8인승 5대

371. 각 층의 거실면적이 3000㎡이며 층수가 12층인 호텔 건축물에 설치하여야 하는 승용승강기의 최소 대수는?(단, 24인승 승강기를 설치하는 경우)(설비기사 2022.3)

㉮ 3대 ㉯ 4대
㉰ 5대 ㉱ 6대

372. 6층 이상의 거실면적의 합계가 10,000㎡인 병원에 설치하여야 하는 승용승강기의 최소 대수는?(단, 8인승 승용승강기의 경우) (설비산업기사 2013.9, 2014.9, 2016.3)

㉮ 4대 ㉯ 5대
㉰ 6대 ㉱ 7대

373. 지하 1층, 지상 10층인 교육연구시설로 각 층 거실 면적이 공히 1,000㎡인 경우의 승용승강기 대수는? (설비산업기사 2004.9)

㉮ 8인승 1대
㉯ 15인승 2대
㉰ 8인승 3대
㉱ 15인승 4대

374. 각 층의 거실면적이 각각 2000㎡이며 층수가 8층인 백화점에 설치하여야 하는 승용승강기의 최소 대수는?(단, 15인승 승강기의 경우)(설비기사 2022.4)

㉮ 2대 ㉯ 3대
㉰ 4대 ㉱ 5대

375. 다음 건축물의 용도 중 6층 이상의 거실면적의 합계가 3000㎡인 경우 설치하여야 하는 승용승강기의 설치대수가 가장 적은 것은?(단, 8인승 승강기의 경우)(설비기사 2021.3)

㉮ 의료시설 ㉯ 판매시설
㉰ 숙박시설 ㉱ 문화 및 집회시설 중 공연장

해답 366. ㉯ 367. ㉮ 368. ㉰ 369. ㉱ 370. ㉮ 371. ㉰ 372. ㉰ 373. ㉯ 374. ㉰ 375. ㉰

376. 다음 건축물 중 건축 시 설치하여야 하는 승용승강기의 최소 대수가 가장 많은 것은?(단, 6층 이상의 거실면적의 합계가 7,000㎡이며, 15인승 승용승강기의 경우)(설비산업기사 2018.4, 2023.3)

㉮ 판매시설
㉯ 업무시설
㉰ 숙박시설
㉱ 위락시설

377. 다음 중 6층 이상의 거실면적의 합계가 2,500㎡일 때 설치하여야 하는 승용승강기의 최소 대수가 가장 많은 건축물의 용도는?(단, 15인승 승강기일 경우) (설비산업기사 2015.9)

㉮ 공동주택
㉯ 위락시설
㉰ 업무시설
㉱ 의료시설

378. 6층 이상의 거실면적의 합계가 3,000m^2인 경우, 승용 승강기를 최소 2대 이상 설치하여야 하는 건축물은?(단, 8인승 승강기의 경우) (설비산업기사 2014.3, 2020.6, 설비기사 2019.9, 2023.3)

㉮ 업무시설
㉯ 숙박시설
㉰ 판매시설
㉱ 교육연구시설

379. 승용승강기 설치대상 건축물로서의 6층 이상의 거실면적의 합계가 6,000m^2인 경우, 승용승강기의 최소 설치대수가 가장 많은 것부터 적은 순으로 올바르게 나열된 것은?(단, 8인승 승강기의 경우)(설비기사 2023.9)

㉮ 병원 > 숙박시설 > 공동주택
㉯ 공연장 > 위락시설 > 도매시장
㉰ 집회장 > 공동주택 > 업무시설
㉱ 공동주택 > 관람장 > 위락시설

380. 다음 중 6층 이상의 거실면적의 합계가 6,000㎡인 경우, 설치하여야 하는 승용승강기의 최소 대수가 가장 많은 건축물의 용도는?(단, 8인승 승용승강기의 경우) (설비산업기사 2014.5, 설비기사 2020.9)

㉮ 업무시설
㉯ 숙박시설
㉰ 문화 및 집회시설 중 전시장
㉱ 문화 및 집회시설 중 공연장

381. 다음과 같은 병원에 설치하여야 하는 승용승강기의 최소 대수는?(설비산업기사 2015.3)

- 층수 : 11층
- 각 층의 바닥면적 : 3,000㎡
- 각 층의 거실면적 : 2,500㎡
- 15인승 승강기 설치

㉮ 4대 ㉯ 5대
㉰ 8대 ㉱ 9대

2) 비상용 승강기, 피난용 승강기

382. 다음 건축물 중 비상용 승강기를 설치하여야 하는 것은? (설비산업기사 2002.5, 2002.9)

㉮ 높이 31미터를 넘는 층수가 4개층 이하로서 당해 각층의 바닥면적의 합계 200제곱미터 이내마다 방화구획으로 구획한 건축물
㉯ 높이 31미터를 넘는 층수가 4개층 이하로서 벽 및 반자가 실내에 접하는 부분의 마감을 불연재료로 한 경우 당해 각층의 바닥면적의 합계 600제곱미터 이내마다 방화구획으로 구획한 건축물
㉰ 높이 31미터를 넘는 각 층을 거실 외의 용도로 쓰는 건축물
㉱ 높이 31미터를 넘는 각 층의 바닥면적의 합계가 500제곱미터 이하인 건축물

해답 376. ㉮ 377. ㉱ 378. ㉰ 379. ㉮ 380. ㉱ 381. ㉰ 382. ㉯

383. 비상용 승강기를 설치하여야 하는 건축물의 높이 기준은? (설비산업기사 2014.3, 2017.5, 2020.8)

㉮ 25m를 넘는 건축물
㉯ 31m를 넘는 건축물
㉰ 41m를 넘는 건축물
㉱ 55m를 넘는 건축물

384. 높이 31m를 넘는 각 층의 바닥면적이 각각 5,000㎡인 사무소 건축물에 설치하여야 하는 비상용 승강기의 최소 대수는? (설비산업기사 2015.9, 2023.5)

㉮ 1대 ㉯ 2대
㉰ 3대 ㉱ 4대

385. 지하 3층, 지상 12층인 호텔로 각층 바닥면적이 공히 4,000㎡이며 각층의 층고는 공히 4m씩으로 G. L은 1층 바닥 높이와 같다. 이 호텔에 필요한 최소한의 비상용 승강기 대수는? (설비기사 2003.8)

㉮ 1대 ㉯ 2대 ㉰ 3대 ㉱ 4대

386. 높이 31m를 넘는 각 층의 바닥면적 중 최대 바닥면적이 6,000㎡일 때, 설치하여야 하는 비상용 승강기의 최소 설치 대수는? (설비산업기사 2009.8, 2012.3, 설비기사 2019.3)

㉮ 2대 ㉯ 3대 ㉰ 4대 ㉱ 5대

387. 높이 31m 넘는 각 층의 바닥면적 중 최대 바닥 면적이 3,000㎡인 사무소 건축에 원칙적으로 설치하여야 하는 비상용 승강기의 최소 대수는?(설비산업기사 2013.5, 2020.8)

㉮ 1대 ㉯ 2대 ㉰ 3대 ㉱ 4대

388. 비상용승강기의 승강장의 바닥면적은 비상용 승강기 1대에 대하여 최소 얼마 이상으로 하여야 하는가? (단, 승강장을 옥내에 설치하는 경우)(설비산업기사 1999.10, 2004.5, 2017.3, 2020.6, 2023.3, 설비기사 2019.4, 2022.4)

㉮ 3㎡ ㉯ 6㎡ ㉰ 9㎡ ㉱ 12㎡

389. 비상용 승강기의 승강장 및 승강로의 구조에 관한 기준 내용으로 옳지 않은 것은? (설비기사 2019.3)

㉮ 채광이 되는 창문이 있을 것
㉯ 벽 및 반자가 실내에 접하는 부분의 마감재료는 불연재료로 할 것
㉰ 노대 또는 외부를 향하여 열 수 있는 창문이나 배연설비를 설치할 것
㉱ 옥외에 승강장을 설치하는 경우, 승강장의 바닥면적은 비상용 승강기 1대에 대하여 6㎡ 이상으로 할 것

390. 비상용 승강기의 승강장 및 승강로의 구조에 관한 기준 내용으로 옳지 않는 것은? (설비산업기사 2014.5, 2023.9)

㉮ 채광이 되는 창문이 있거나 예비전원에 의한 조명설비를 할 것
㉯ 벽 및 반자가 실내에 접하는 부분의 마감재료는 불연재료로 할 것
㉰ 승강장의 바닥면적은 비상용승강기 1대에 대하여 최소 5㎡ 이상으로 할 것
㉱ 승강장은 각 층의 내부와 연결될 수 있도록 하되, 그 출입구(승강로의 출입구는 제외)에는 60+방화문 또는 60분방화문을 설치할 것

391. 비상용 승강기의 승강장 및 승강로의 구조에 관한 기준 내용으로 옳지 않은 것은?(설비산업기사 2017.5, 2018.9, 설비기사 2022.9)

㉮ 승강장에는 노대 또는 외부를 향하여 열 수 있는 창문이나 배연설비를 설치할 것
㉯ 승강장의 바닥면적은 비상용승강기 1대에 대하여 $6m^2$ 이상으로 할 것
㉰ 각층으로부터 피난층까지 이르는 승강로를 단일구조로 연결하여 설치 할 것
㉱ 승강장은 각층의 내부와 연결될 수 있도록 하되, 그 출입구에는 60+방화문, 60분방화문 또는 30분방화문을 설치할 것

해답 383. ㉯ 384. ㉰ 385. ㉯ 386. ㉯ 387. ㉯ 388. ㉯ 389. ㉱ 390. ㉰ 391. ㉱

392. 비상용 승강기 승강장의 구조에 관한 기준 내용으로 옳지 않은 것은? (설비산업기사 2003.3, 2010.3)

㉮ 승강장의 바닥면적은 비상용승강기 1대에 대해 6제곱미터 이상으로 할 것
㉯ 피난층에 있는 승강장의 출입구로부터 도로 또는 공지에 이르는 거리가 35미터 이하일 것
㉰ 승강장은 각 층의 내부와 연결될 수 있도록 하되, 그 출입구에는 갑종방화문을 설치할 것
㉱ 벽 및 반자가 실내에 접하는 부분의 마감재료는 불연재료로 할 것

393. 비상용 승강기 승강장 및 승강로의 구조에 관한 기준 내용으로 옳지 않은 것은? (설비산업기사 2012.8)

㉮ 승강장은 각 층의 내부와 연결될 수 있도록 할 것
㉯ 승강로는 당해 건축물의 다른 부분과 내화구조로 구획할 것
㉰ 채광을 위한 창문은 설치하지 않으며, 예비전원에 의한 조명설비를 할 것
㉱ 각층으로부터 피난층까지 이르는 승강로를 단일구조로 연결하여 설치할 것

394. 비상용 승강기의 승강장 구조에 관한 설명으로 옳지 않은 것은? (설비기사 2005.3)

㉮ 승강장의 창문·출입구 기타 개구부를 제외한 부분은 당해 건축물의 다른 부분과 내화구조의 바닥 및 벽으로 구획할 것
㉯ 벽 및 반자가 실내에 접하는 부분의 마감재료는 난연 재료로 할 것
㉰ 승강장의 바닥면적은 비상용승강기 1대에 대하여 6㎡이상으로 할 것
㉱ 승강장은 피난층을 제외한 각층의 내부와 연결될 수 있도록 하되, 그 출입구에는 갑종방화문을 설치할 것

395. 다음은 비상용 승강기 승강장의 구조에 관한 기준 내용이다. ( ) 안에 알맞은 것은? (설비산업기사 2015.3, 설비기사 2021.5, 2023.5)

> 승강장의 바닥면적은 비상용승강기 1대에 대하여 ( ) 이상으로 할 것. 다만, 옥외에 승강장을 설치하는 경우에는 그러하지 아니하다.

㉮ 4㎡ ㉯ 5㎡
㉰ 6㎡ ㉱ 8㎡

396. 피난층이 있는 비상용 승강기 승강장의 출입구로부터 도로 또는 공지에 이르는 거리는 최대 얼마 이하이어야 하는가?(설비산업기사 2012.8, 2016.3, 2018.3, 2023.5)

㉮ 10m ㉯ 20m
㉰ 30m ㉱ 40m

397. 피난용 승강기의 설치에 관한 기준 내용으로 옳지 않은 것은?(설비산업기사 2019.4, 2023.9)

㉮ 예비전원으로 작동하는 조명설비를 설치할 것
㉯ 승강장의 바닥면적은 승강기 1대당 5㎡ 이상으로 할 것
㉰ 각 층으로부터 피난층까지 이르는 승강로를 단일구조로 연결하여 설치할 것
㉱ 승강장의 출입구 부근의 잘 보이는 곳에 해당 승강기가 피난용 승강기임을 알리는 표지를 설치할 것

해답 392. ㉯ 393. ㉰ 394. ㉯ 395. ㉰ 396. ㉰ 397. ㉯

7. 배관설비

1) 배관 일반

398. 건축관련법령상 건축물의 배관설비에 관한 규정으로 옳지 않은 것은? (설비산업기사 2005.3)

㉮ 배관설비를 콘크리트에 묻는 경우 부식의 우려가 있는 재료는 부식방지조치를 할 것
㉯ 승강기의 승강로 안에는 승강기의 운행에 필요한 배관 설비 외에 필요한 경우 기타 배관설비를 설치할 것
㉰ 건축물의 주요부분을 관통하여 배관하는 경우에는 구조 내력에 지장이 없도록 할 것
㉱ 압력탱크 및 급탕설비에는 폭발 등의 위험을 막을 수 있는 시설을 설치할 것

399. 건축법상 건축물에 설치하는 급수·배수 등의 용도로 쓰이는 배관설비에 관한 기준 내용으로 옳지 않은 것은?(설비산업기사 2018.9, 2023.9)

㉮ 배수용 우수관과 오수관은 분리하여 배관할 것
㉯ 건축물의 주요부분을 관통하여 배관하지 아니할 것
㉰ 배수용 배관설비의 오수에 접히는 부분은 내수재료를 사용할 것
㉱ 승강기의 승강로안에는 승강기의 운행에 필요한 배관설비외의 배관설비를 설치하지 아니할 것

400. 건축물에 설치하는 배수용 배관설비의 설치 및 구조 기준에 적합하지 않은 것은? (설비산업기사 2004.9, 2006.3)

㉮ 배수트랩·통기관을 설치하는 등 위생에 지장이 없도록 할 것
㉯ 오수에 접하는 부분은 방수재료를 사용할 것
㉰ 우수관과 오수관은 분리하여 배관할 것
㉱ 콘크리트구조체에 배관을 매설하거나 배관이 콘크리트 구조체를 관통할 경우에는 구조체에 덧관을 미리 매설 하는 등 배관의 부식을 방지하고 그 수선 및 교체가 용이하도록 할 것

401. 건축법상 건축물의 배관설비기준에 적합하지 않는 것은? (설비산업기사 2003.8)

㉮ 배관설비를 콘크리트에 묻는 경우 부식의 우려가 있는 재료는 부식방지조치를 할 것
㉯ 건축물의 주요부분을 관통하여 배관하는 경우에는 건축물의 구조내력에 지장이 없도록 할 것
㉰ 급탕설비에는 폭발 등의 위험을 막을 수 있는 시설을 설치할 것
㉱ 우수관과 오수관은 불가피한 경우가 아니라면 분리하지 않고 배관할 것

2) 음용수 급수배관

402. 건축물에 설치하는 음용수용 배관설비의 설치 및 구조의 기준으로 옳지 않은 것은? (설비산업기사 2004.9)

㉮ 다른 용도의 배관설비와 직접 연결하지 아니할 것
㉯ 승강기의 승강로 안에는 승강기의 운행에 필요한 배관 설비외의 배관설비를 설치할 것
㉰ 급수관 및 수도계량기는 얼어서 깨지지 아니하도록 설치할 것
㉱ 음용수의 급수관의 지름은 건축물의 용도 및 규모에 적정한 규격 이상으로 할 것

403. 건축물에 설치하는 음용수용 배관설비의 설치 및 구조의 설명으로 옳지 않은 것은? (설비기사 2000.3)

㉮ 음용수용 배관설비는 다른 용도의 배관설비와 직접 연결할 것
㉯ 급수관이 얼어서 깨질 우려가 있는 부분에는 얼어 깨짐을 방지할 수 있는 조치를 할 것
㉰ 승강기의 승강로 안에는 승강기의 운행에 필요한 배관설비 외의 배관 설비를 설치하지 아니할 것
㉱ 배관설비를 콘크리트에 묻는 경우 부식의 우려가 있는 재료는 부식 방지조치를 할 것

해답 398. ㉯ 399. ㉯ 400. ㉯ 401. ㉱ 402. ㉯ 403. ㉮

404. 주거용 건축물에 있어서 가구수별 급수관의 지름을 나타낸 것으로 옳지 않은 것은? (설비산업기사 2004.5, 2006.3)

㉮ 1가구 – 15mm 이상
㉯ 3가구 – 20mm 이상
㉰ 7가구 – 25mm 이상
㉱ 12가구 – 40mm 이상

405. 주거용 건축물의 급수관 지름 산정시 가구나 세대의 구분이 불분명한 경우 가구수 산정이 틀린 것은? (설비기사 2003.8)

㉮ 바닥면적 85㎡미만인 경우 1가구로 산정
㉯ 바닥면적 150㎡초과 300㎡이하인 경우 5가구로 산정
㉰ 바닥면적 300㎡초과 500㎡이하인 경우 16가구로 산정
㉱ 바닥면적 500㎡초과시 17가구로 산정

406. 주거용 건축물의 최소 급수관지름에 관한 설명 중 틀린 것은? (설비기사 2004.9, 2006.3)

㉮ 1가구일때 15mm이다.
㉯ 5세대일때 25mm이다.
㉰ 세대의 구분이 불분명하고 주거용 바닥면적이 85㎡이하이면 20mm이다.
㉱ 세대의 구분이 불분명하고 주거용 바닥면적이 500㎡초과시는 50mm이다.

407. 세대수가 10세대인 주거용 건축물에 설치하는 음용수용 급수관의 최소 지름은? (설비산업기사 2004.9, 설비기사 2019.3, 2023.9)

㉮ 30mm ㉯ 40mm
㉰ 50mm ㉱ 60mm

408. 가구수가 20가구인 주거용 건축물에서 음용수용 급수관의 최소지름은? (설비기사 2001.9, 2005.9, 2019.9)

㉮ 25mm ㉯ 32mm
㉰ 40mm ㉱ 50mm

409. 다음 중 17세대의 다세대 주택에 설치하는 음용수용 급수관의 지름은 최소 얼마 이상으로 하여야 하는가? (설비기사 2006.9, 2020.8)

㉮ 20mm ㉯ 30mm
㉰ 40mm ㉱ 50mm

410. 세대수가 4세대인 주거용 건축물의 먹는물용 급수관 지름의 최소 기준은? (설비산업기사 2010.5, 2019.3, 설비기사 2022.4)

㉮ 20mm ㉯ 25mm
㉰ 32mm ㉱ 40mm

411. 바닥면적이 450㎡인 주거용 건축물에 설치하는 음용수급수관의 지름은 최소 얼마 이상이어야 하는가? (설비산업기사 2011.3, 설비기사 2002.3, 2021.5)

㉮ 20mm ㉯ 25mm
㉰ 32mm ㉱ 40mm

412. 주거에 쓰이는 바닥면적의 합계가 250㎡인 주거용 건축물에 배관하여야 한 급수관의 최소 지름은? (설비기사 1999.10)

㉮ 20mm ㉯ 25mm
㉰ 32mm ㉱ 40mm

413. 급수관 외경이 100mm이고, 설계용 외기온도를 영하 5℃로 했을 때 급수관의 단열재 두께는? (단, 단열재의 열전도율은 0.04kcal/㎡·h·℃) (설비기사 2006.5)

㉮ 20mm ㉯ 25mm
㉰ 40mm ㉱ 50mm

해답 404. ㉰ 405. ㉮ 406. ㉰ 407. ㉯ 408. ㉱ 409. ㉱ 410. ㉯ 411. ㉱ 412. ㉯ 413. ㉯

8. 관계전문기술자

414. 건축법상 관계전문기술자의 협력 범위가 아닌 것은? (설비기사 2004.3)

㉮ 다중이용건축물의 구조계산에 의한 구조안전확인

㉯ 깊이 10미터인 토지굴착공사

㉰ 연면적이 1만제곱미터인 중앙집중식난방의 아파트 건축설비의 설계

㉱ 연면적이 3만제곱미터인 창고시설의 건축설비 설계

415. 건축설비관계 전문기술자의 협력을 받아야 하는 것으로 옳은 것은? (설비기사 1999.4)

㉮ 다세대주택에 난방설비를 설치하는 경우

㉯ 연면적이 20,000㎡인 창고의 급·배수설비를 설치하는 경우

㉰ 연면적이 10,000㎡인 집회장에 환기설비를 설치하는 경우

㉱ 에너지를 대량으로 소비하는 모든 건축물에 전기설비를 설치하는 경우

416. 건축물에 급수·배수(配水)·배수(排水), 환기·난방 등의 설비를 설치하는 경우 건축기계설비기술사 또는 공조냉동기계기술사의 협력을 받아야 하는 대상 건축물에 속하지 않는 것은?(설비산업기사 2015.3, 2020.8)

㉮ 아파트

㉯ 다세대주택

㉰ 의료시설로서 해당 용도에 사용되는 바닥면적의 합계가 2000㎡인 건축물

㉱ 숙박시설로서 해당 용도에 사용되는 바닥면적의 합계가 2000㎡인 건축물

417. 급수·배수(配水)·배수(排水)·환기·난방 설비를 건축물에 설치하는 경우 건축기계설비기술사 또는 공조냉동기계기술사의 협력을 받아야 하는 대상 건축물에 속하지 않는 것은? (단, 해당 용도에 사용되는 바닥면적의 합계가 2,000㎡인 건축물)(설비산업기사 2015.5, 2018.3, 2018.4, 2023.3, 2023.9, 설비기사 2023.9)

㉮ 기숙사 ㉯ 판매시설

㉰ 의료시설 ㉱ 숙박시설

418. 급수 · 배수 · 환기 · 난방설비를 설치하는 경우 건축기계설비기술사 또는 공조냉동기계기술사의 협력을 받아야 하는 건축물에 속하지 않는 것은?(설비기사 2020.6, 2021.3)

㉮ 아파트

㉯ 의료시설로서 해당 용도에 사용되는 바닥면적의 합계가 2000㎡인 건축물

㉰ 업무시설로서 해당 용도에 사용되는 바닥면적의 합계가 2000㎡인 건축물

㉱ 숙박시설로서 해당 용도에 사용되는 바닥면적의 합계가 2000㎡인 건축물

419. 건축물에 급수·배수·환기·난방설비를 설치하는 경우, 건축기계설비기술사 또는 공조냉동기계기술사의 협력을 받아야 하는 대상 건축물의 연면적 기준은? (단, 창고시설은 제외) (설비산업기사 2006.9, 2013.9, 2014.9, 설비기사 2019.9, 2021.5, 2022.3, 2022.9, 2023.5)

㉮ 3000㎡이상 ㉯ 5000㎡이상

㉰ 10000㎡이상 ㉱ 20000㎡이상

420. 건축법령에 따라 건축물에 건축설비를 설치한 경우, 해당 분야의 기술사가 그 설치상태를 확인한 후 건축주 및 공사감리자에게 제출하여야 하는 것은?(설비산업기사 2023.3)

㉮ 공사감리일지

㉯ 감리중간보고서

㉰ 감리완료보고서

㉱ 건축설비설치확인서

해답 414. ㉱ 415. ㉰ 416. ㉯ 417. ㉯ 418. ㉰ 419. ㉰ 420. ㉱

9. 지능형 건축물의 인증 등

421. 지능형 건축물의 인증에 관한 설명으로 옳지 않은 것은?(설비기사 2020.8)

㉮ 지능형 건축물 인증기준에는 인증표시 홍보기준, 유효기간 등의 사항이 포함된다.
㉯ 산업통상자원부장관은 지능형 건축물의 인증을 우하여 인증기관을 지정할 수 있다.
㉰ 국토교통부장관은 지능형 건축물의 건축을 활성화하기 위하여 지능형 건축물 인증제도를 실시한다.
㉱ 허가권자는 지능형 건축물로 인증 받은 건축물에 대하여 조경설치면적을 100분의 85까지 완화하여 적용할 수 있다.

해답 421. ㉯

II 편
해 설

에너지 관련 규정 해설

건축물의 에너지절약설계기준
최종개정 2023. 2. 28.

건축물의 냉방설비에 대한 설치 및 설계기준
최종개정 2021. 10. 25.

녹색건축 인증에 관한 규칙
최종개정 2023. 7. 1.

녹색건축 인증 기준
최종개정 2023. 7. 1.

건축물 에너지효율등급 인증 및 제로에너지건축물 인증에 관한 규칙
최종개정 2023. 11. 21.

건축물 에너지효율등급 인증 및 제로에너지건축물 인증 기준
최종개정 2020. 8. 23.

건축물의 에너지절약 설계기준

1 목적(에너지기준 제1조)

【1】 근거 규정 : 「녹색건축물 조성 지원법」 제12조, 제14조, 제14조의2, 제15조, 시행령 제9조, 제10조, 제10조의2, 제11조, 시행규칙 제7조, 제7조의2

【2】 목적

건축물의 효율적인 에너지 관리를 위하여

① 열손실 방지 등 에너지절약 설계에 관한 기준

② 에너지절약계획서 및 설계 검토서 작성기준

③ 녹색건축물의 건축을 활성화하기 위한 건축기준 완화에 관한 사항 등을 정함

관계법 이 기준의 근거 규정

▶ 「녹색건축물 조성 지원법」

법 제12조 【개별 건축물의 에너지 소비 총량 제한】

① 국토교통부장관은 「기후위기 대응을 위한 탄소중립·녹색성장 기본법」 제8조에 따른 건물 부문의 중장기 및 연도별 온실가스 감축 목표의 달성을 위하여 신축 건축물 및 기존 건축물의 에너지 소비 총량을 제한할 수 있다. 〈개정 2021.9.24〉

② 국토교통부장관은 연차별로 건축물 용도에 따른 에너지 소비량 허용기준을 제시하여야 한다.

③ 건축물을 건축하려고 하는 건축주는 해당 건축물의 에너지 소비 총량이 제2항에 따른 허용기준의 이하가 되도록 설계하여야 하며, 건축 허가를 신청할 때에 관련 근거자료를 제출하여야 한다.

④ 기존 건축물의 에너지 소비 총량 관리는 「기후위기 대응을 위한 탄소중립·녹색성장 기본법」 제26조 및 제27조에 따른 온실가스·에너지목표관리에 따른다. 〈개정 2021.9.24.〉

⑤ 신축 건축물의 에너지 소비 총량 제한과 기존 건축물의 온실가스·에너지목표관리에 관하여 필요한 사항은 대통령령으로 정한다.

법 제14조 【에너지 절약계획서 제출】

① 대통령령으로 정하는 건축물의 건축주가 다음 각 호의 어느 하나에 해당하는 신청을 하는 경우에는 대통령령으로 정하는 바에 따라 에너지 절약계획서를 제출하여야 한다. 〈개정 2016.1.19.〉

1. 「건축법」 제11조에 따른 건축허가(대수선은 제외한다)
2. 「건축법」 제19조제2항에 따른 용도변경 허가 또는 신고

3. 「건축법」 제19조제3항에 따른 건축물대장 기재내용 변경

② 제1항에 따라 허가신청 등을 받은 행정기관의 장은 에너지 절약계획서의 적절성 등을 검토하여야 한다. 이 경우 건축주에게 국토교통부령으로 정하는 에너지 관련 전문기관에 에너지 절약계획서의 검토 및 보완을 거치도록 할 수 있다. 〈개정 2014.5.28.〉

③ 제2항에도 불구하고 국토교통부장관이 고시하는 바에 따라 사전확인이 이루어진 에너지 절약계획서를 제출하는 경우에는 에너지 절약계획서의 적절성 등을 검토하지 아니할 수 있다. 〈신설 2016.1.19.〉

④ 국토교통부장관은 제2항에 따른 에너지 절약계획서 검토업무의 원활한 운영을 위하여 국토교통부령으로 정하는 에너지 관련 전문기관 중에서 운영기관을 지정하고 운영 관련 업무를 위임할 수 있다. 〈신설 2016.1.19.〉

⑤ 제2항에 따른 에너지 절약계획서의 검토절차, 제4항에 따른 운영기관의 지정 기준 · 절차와 업무범위 및 그 밖에 검토업무의 운영에 필요한 사항은 국토교통부령으로 정한다. 〈신설 2016.1.19.〉

⑥ 에너지 관련 전문기관은 제2항에 따라 에너지 절약계획서의 검토 및 보완을 하는 경우 건축주로부터 국토교통부령으로 정하는 금액과 절차에 따라 수수료를 받을 수 있다. 〈개정 2016.1.19.〉

법 제14조의2 【건축물의 에너지 소비 절감을 위한 차양 등의 설치】

① 대통령령으로 정하는 건축물을 건축 또는 리모델링하는 경우로서 외벽에 창을 설치하거나 외벽을 유리 등 국토교통부령으로 정하는 재료로 하는 경우 건축주는 에너지효율을 높이기 위하여 국토교통부장관이 고시하는 기준에 따라 일사(日射)의 차단을 위한 차양 등 일사조절장치를 설치하여야 한다.

② 대통령령으로 정하는 건축물을 건축 또는 리모델링하려는 건축주는 에너지 소비 절감 및 효율적인 관리를 위하여 열의 손실을 방지하는 단열재 및 방습층(防濕層), 지능형 계량기, 고효율의 냉방 · 난방 장치 및 조명기구 등 건축설비를 설치하여야 한다. 이 경우 건축설비의 종류, 설치 기준 등은 국토교통부장관이 고시한다.

[본조신설 2014.5.28.]

법 제15조 【건축물에 대한 효율적인 에너지 관리와 녹색건축물 조성의 활성화】

① 국토교통부장관은 건축물에 대한 효율적인 에너지 관리와 녹색건축물 건축의 활성화를 위하여 필요한 설계 · 시공 · 감리 및 유지 · 관리에 관한 기준을 정하여 고시할 수 있다. 〈개정 2013.3.23〉

② 「건축법」 제5조제1항에 따른 허가권자(이하 "허가권자"라 한다)는 녹색건축물의 조성을 활성화하기 위하여 대통령령으로 정하는 기준에 적합한 건축물에 대하여 제14조제1항 또는 제14조의2를 적용하지 아니하거나 다음 각 호의 구분에 따른 범위에서 그 요건을 완화하여 적용할 수 있다. 〈개정 2014.5.28.〉

1. 「건축법」 제56조에 따른 건축물의 용적률: 100분의 115 이하
2. 「건축법」 제60조 및 제61조에 따른 건축물의 높이: 100분의 115 이하

③ 지방자치단체는 제1항에 따른 고시의 범위에서 건축기준 완화 기준 및 재정지원에 관한 사항을 조례로 정할 수 있다.

[제목개정 2014.5.28.]

▶ 「녹색건축물 조성 지원법 시행령」

영 제9조 【개별 건축물의 에너지 소비 총량 제한 등】

① 국토교통부장관은 법 제12조제1항에 따라 신축 건축물 및 기존 건축물의 에너지 소비 총량을 제한하려면 그 적용대상과 허용기준 등을 「건축법」 제4조에 따라 국토교통부에 두는 건축위원

회의 심의를 거쳐 고시하여야 한다. 〈개정 2016.12.30.〉

② 국토교통부장관은 다음 각 호의 어느 하나에 해당하는 자가 신축 또는 관리하고 있는 건축물에 대하여 에너지 소비 총량을 제한하거나 온실가스·에너지목표관리를 위하여 필요하면 해당 건축물에 대한 에너지 소비 총량 제한 기준을 따로 정하여 고시할 수 있다. 〈개정 2022.3.25.〉

1. 중앙행정기관의 장
2. 지방자치단체의 장
3. 「기후위기 대응을 위한 탄소중립·녹색성장 기본법 시행령」 제30조제2항에 따른 공공기관 및 교육기관의 장

영 제10조【에너지 절약계획서 제출 대상 등】

① 법 제14조제1항 각 호 외의 부분에서 "대통령령으로 정하는 건축물"이란 연면적의 합계가 500제곱미터 이상인 건축물을 말한다. 다만, 다음 각 호의 어느 하나에 해당하는 건축물을 건축하려는 건축주는 에너지 절약계획서를 제출하지 아니한다. 〈개정 2016.12.30., 2023.5.15.〉

1. 「건축법 시행령」 별표 1 제1호에 따른 단독주택
2. 문화 및 집회시설 중 동·식물원
3. 「건축법 시행령」 별표 1 제17호부터 제23호까지, 제23호의2 및 제24호부터 제26호까지의 건축물 중 냉방 및 난방 설비를 모두 설치하지 아니하는 건축물
4. 그 밖에 국토교통부장관이 에너지 절약계획서를 첨부할 필요가 없다고 정하여 고시하는 건축물

② 제1항 각 호 외의 부분 본문에 해당하는 건축물을 건축하려는 건축주는 건축허가를 신청하거나 용도변경의 허가신청 또는 신고, 건축물대장 기재내용의 변경 시 국토교통부령으로 정하는 에너지 절약계획서(전자문서로 된 서류를 포함한다)를 「건축법」 제5조제1항에 따른 허가권자(「건축법」 외의 다른 법령에 따라 허가·신고 권한이 다른 행정기관의 장에게 속하는 경우에는 해당 행정기관의 장을 말하며, 이하 "허가권자"라 한다)에게 제출하여야 한다. 〈개정 2016.12.30.〉

영 제10조의2【에너지 소비 절감을 위한 차양 등의 설치 대상 건축물】

법 제14조의2제1항 및 같은 조 제2항 전단에서 "대통령령으로 정하는 건축물"이란 각각 다음 각 호의 기준에 모두 해당하는 건축물을 말한다.

1. 제9조제2항 각 호의 기관이 소유 또는 관리하는 건축물일 것
2. 연면적이 3천제곱미터 이상일 것
3. 용도가 업무시설 또는 「건축법 시행령」 별표 1 제10호에 따른 교육연구시설일 것

영 제11조【녹색건축물 건축의 활성화 대상 건축물 및 완화기준】

① 법 제15조제2항에서 "대통령령으로 정하는 기준에 적합한 건축물"이란 다음 각 호의 어느 하나에 해당하는 건축물을 말한다. 〈개정 2016.12.30〉

1. 법 제15조제1항에 따라 국토교통부장관이 정하여 고시하는 설계·시공·감리 및 유지·관리에 관한 기준에 맞게 설계된 건축물
2. 법 제16조에 따라 녹색건축의 인증을 받은 건축물
3. 법 제17조에 따라 건축물의 에너지효율등급 인증을 받은 건축물

3의2. 법 제17조에 따라 제로에너지건축물 인증을 받은 건축물 〈신설 2016.12.30〉

4. 법 제24조제1항에 따른 녹색건축물 조성 시범사업 대상으로 지정된 건축물
5. 건축물의 신축공사를 위한 골조공사에 국토교통부장관이 고시하는 재활용 건축자재를 100분의 15 이상 사용한 건축물

② 국토교통부장관은 제1항 각 호의 어느 하나에 해당하는 건축물에 대하여 허가권자가 제15조제2항에 따라 법 제14조제1항 또는 제14조의2를 적용하지 아니하거나 건축물의 용적률 및 높이 등을 완화하여 적용하기 위한 세부기준을 정하여 고시할 수 있다. 〈개정 2015.5.28.〉

▶ 「녹색건축물 조성 지원법 시행규칙」

규칙 제7조【에너지 절약계획서 등】

① 영 제10조제2항에서 "국토교통부령으로 정하는 에너지 절약계획서"란 다음 각 호의 서류를 첨부한 별지 제1호서식의 에너지 절약계획서를 말한다. 〈개정 2013.3.23〉

1. 국토교통부장관이 고시하는 건축물의 에너지 절약 설계기준에 따른 에너지 절약 설계 검토서
2. 설계도면, 설계설명서 및 계산서 등 건축물의 에너지 절약계획서의 내용을 증명할 수 있는 서류(건축, 기계설비, 전기설비 및 신·재생에너지 설비 부문과 관련된 것으로 한정한다)

② 법 제14조제2항 후단에서 "국토교통부령으로 정하는 에너지 관련 전문기관"이란 다음 각 호의 기관(이하 "에너지 절약계획서 검토기관"이라 한다)을 말한다. 〈개정 2018.1.18〉

1. 「에너지이용 합리화법」 제45조에 따른 한국에너지공단(이하 "한국에너지공단"이라 한다)
2. 「시설물의 안전 및 유지관리에 관한 특별법」 제45조에 따른 한국시설안전공단
3. 「한국감정원법」에 따른 한국감정원(이하 "한국감정원"이라 한다)
4. 그 밖에 국토교통부장관이 에너지 절약계획서의 검토업무를 수행할 인력, 조직, 예산 및 시설 등을 갖추었다고 인정하여 고시하는 기관 또는 단체

③ 에너지 절약계획서 검토기관은 법 제14조제2항 후단에 따라 허가권자(「건축법」 제5조제1항에 따른 건축허가권자를 말하며, 「건축법」 외의 다른 법령에 따라 허가·신고 권한이 다른 행정기관의 장에게 속하는 경우에는 해당 행정기관의 장을 말한다. 이하 같다)로부터 에너지 절약계획서의 검토 요청을 받은 경우에는 제7항에 따른 수수료가 납부된 날부터 10일 이내에 검토를 완료하고 그 결과를 지체 없이 허가권자에게 제출하여야 한다. 이 경우 건축주가 보완하는 기간 및 공휴일·토요일은 검토기간에서 제외한다. 〈개정 2017.1.20.〉

④ 법 제14조제4항에서 "국토교통부령으로 정하는 에너지 관련 전문기관"이란 법 제23조에 따른 녹색건축센터인 에너지 절약계획서 검토기관을 말한다. 〈신설 2017.1.20.〉

⑤ 국토교통부장관은 법 제14조제4항에 따라 에너지 절약계획서 검토업무 운영기관(이하 "에너지 절약계획서 검토업무 운영기관"이라 한다)을 지정하거나 그 지정을 취소한 경우에는 그 사실을 관보에 고시하여야 한다. 〈신설 2017.1.20.〉

⑥ 에너지 절약계획서 검토업무 운영기관은 다음 각 호의 업무를 수행한다. 〈신설 2017.1.20.〉

1. 법 제15조제1항에 따른 건축물의 에너지절약 설계기준 관련 조사·연구 및 개발에 관한 업무
2. 법 제15조제1항에 따른 건축물의 에너지절약 설계기준 관련 홍보·교육 및 컨설팅에 관한 업무
3. 에너지 절약계획서 작성·검토·이행 등 제도 운영 및 개선에 관한 업무
4. 에너지 절약계획서 검토 관련 프로그램 개발 및 관리에 관한 업무
5. 에너지 절약계획서 검토 관련 통계자료 활용 및 분석에 관한 업무
6. 에너지 절약계획서 검토기관별 검토현황 관리 및 보고에 관한 업무
7. 에너지 절약계획서 검토기관 점검 등 제1호부터 제6호까지에서 규정한 사항 외에 국토교통부장관이 요청하는 업무

⑦ 법 제14조제6항에 따른 에너지 절약계획서 검토 수수료는 별표 1과 같다. 〈개정 2017.1.20.〉

⑧ 제3항 및 제7항에 따른 에너지 절약계획서의 검토 및 보완 기간과 검토 수수료에 관한 세부적인 사항은 국토교통부장관이 정하여 고시한다. 〈개정 2017.1.20.〉

규칙 제7조의2【차양 등의 설치가 필요한 외벽 등의 재료】

법 제14조의2제1항에서 "국토교통부령으로 정하는 재료"란 채광(採光)을 위한 유리 또는 플라스틱을 말한다. [본조신설 2015.5.29.]

2 건축물의 열손실 방지 등(에너지기준 제2조)

[1] 에너지 합리화를 위한 조치

건축물을 건축, 대수선, 용도변경 및 건축물대장의 기재내용을 변경하는 경우 다음 기준에 의한 열손실 방지 등의 에너지이용합리화를 위한 조치를 하여야 한다.

【1】 단열조치 사항의 준수

1. 단열조치 등을 하여야 하는 건축물 부위
   ① 거실의 외벽
   ② 최상층에 있는 거실의 반자 또는 지붕
   ③ 최하층에 있는 거실의 바닥
   ④ 바닥난방을 하는 층간 바닥
   ⑤ 거실의 창 및 문 등
2. 준수사항
   ① 위 1.에는 [별표1]의 열관류율 기준 또는 [별표3]의 단열재 두께 기준을 준수할 것
   ② 단열조치 일반사항 등은 건축부문 의무사항(이 기준 제6조)을 따를 것

【2】 에너지의 합리적 이용

건축물의 배치·구조 및 설비 등의 설계를 하는 경우에는 에너지가 합리적으로 이용될 수 있도록 한다.

[2] 규정의 적용제외

【1】 앞 [1] 규정의 적용 제외

열손실의 변동이 없는 증축, 대수선, 용도변경 및 건축물대장의 기재내용을 변경하는 경우 관련 조치를 하지 않을 수 있다.

예외 종전의 규정으로 적용예외 대상이었으나 조치대상으로 용도변경 또는 건축물대장 기재내용의 변경의 경우 관련 조치를 하여야 한다.

【2】 다음에 해당하는 건축물 또는 공간은 위 [1] 【1】 1.의 규정을 적용하지 아니할 수 있다.

1. 창고 · 차고 · 기계실 등으로서 거실의 용도로 사용하지 아니하고, 냉방 또는 난방 설비를 설치하지 아니하는 건축물 또는 공간
2. 냉방 또는 난방 설비를 설치하지 아니하고 용도 특성상 건축물 내부를 외기에 개방시켜 사용하는 등 열손실 방지조치를 하여도 에너지절약의 효과가 없는 건축물 또는 공간

예외 냉방 또는 난방 설비를 설치할 계획이 있는 건축물 또는 공간에 대해서는 위 [1] 【1】 1.의 단열조치 규정을 적용할 것

2. 「건축법 시행령」 별표1 발전시설에 해당하는 건축물 중 「원자력 안전법」 제10조 및 제20조에 따라 허가를 받는 건축물

3 에너지절약계획서 제출(녹색건축법시행령 제10조)(에너지기준 제3조)

1 적용대상 건축물

연면적 합계 500㎡ 이상인 건축물의 경우 건축허가 등의 신청시 에너지절약계획서를 첨부하여야 한다.

【1】 에너지절약계획서 제출 예외대상

1. 단독주택
2. 문화 및 집회시설 중 동·식물원
3. 다음 건축물 중 냉방 및 난방 설비를 모두 설치하지 아니하는 건축물

조건	건축물의 용도	
① 냉방 및 난방 설비를 모두 설치하지 아니하는 건축물	「녹색건축물 조성 지원법 시행령」에서 규정한 시설	공장, 창고시설, 위험물 저장 및 처리 시설, 자동차 관련 시설, 동물 및 식물 관련 시설, 자원순환 관련 시설, 교정시설, 국방·군사 시설, 방송통신시설, 발전시설, 묘지 관련 시설
② 냉방 또는 난방 설비를 설치하지 아니하는 건축물	이 기준에서 규정한 시설	제1종 근린생활시설 아목[변전소, 도시가스배관시설, 통신용시설(바닥면적 합계 1,000㎡ 미만인 것)정수장, 양수장 등 주민의 생활에 필요한 에너지공급·통신서비스제공이나 급수·배수와 관련된 시설], 운동시설, 위락시설, 관광 휴게시설

4. 「주택법」에 따른 사업계획 승인을 받아 건설하는 주택으로 「에너지절약형 친환경주택의 건설기준」에 적합한 건축물
5. 위 3., 4.의 건축물 중 냉난방 설비를 설치하고 냉난방 열원을 공급하는 대상의 연면적 합계가 500㎡ 미만 경우

【2】 '연면적 합계'의 계산 방법

1. 같은 대지에 모든 바닥면적을 합하여 계산
2. 주거[1)]와 비주거[2)]는 구분하여 계산

※ 주1) 주거 : 난방 및 냉난방시설을 한 공동주택
 주2) 비주거 : 주거 이외의 건축물(기숙사 포함)

3. 증축이나 용도변경, 건축물대장의 기재내용을 변경하는 경우 이 기준을 해당 부분에만 적용가능
4. 연면적의 합계 500㎡ 미만으로 허가를 받거나 신고한 후 「건축법」 제16조에 따라 허가와 신고사항을 변경하는 경우 당초 허가 또는 신고 면적에 변경되는 면적을 합하여 계산
5. 열손실방지 등의 에너지이용합리화를 위한 조치를 하지 않아도 되는 건축물 또는 공간, 주차장, 기계실 면적은 제외

2 제출시기

1. 건축물을 건축허가(대수선 제외) 신청시
2. 용도변경의 허가 신청 또는 신고시
3. 건축물대장의 기재내용 변경시

3 에너지 절약계획서 사전확인 등(에너지기준 제3조의2)

1. 에너지절약계획서를 제출하여야 하는 자는 신청 전 허가권자에게 사전확인을 신청할 수 있다.
2. 사전확인 신청자는 에너지절약계획서(별지 제1호서식)를 신청구분 사전확인란에 표시하여 제출하여야 한다.
3. 허가권자는 신청을 받으면 에너지절약계획서 관련도서 등을 검토한 후 사전확인 결과를 사전확인 신청자에게 알려야 한다.
4. 허가권자는 에너지절약계획서를 검토하는 경우 에너지 관련 전문기관에 에너지절약계획서의 검토 및 보완을 거치도록 할 수 있으며, 이 경우 에너지절약계획서 검토 수수료는 규칙 별표 1과 같다.
5. 사전확인 결과가 판정기준에 적합한 경우 사전확인이 이루어진 것으로 보며, 에너지절약계획서의 적절성 등을 검토하지 아니할 수 있다. **예외** 사전확인 결과 중 에너지절약계획 설계 검토서의 항목별 평가결과에 변동이 있을 경우에는 검토하여야 함
6. 사전확인의 유효기간은 사전확인 결과를 통지받은 날로부터 1개월이며, 이 유효기간이 경과된 경우 에너지절약계획서의 적절성 등을 검토 면제 규정의 적용을 받지 아니한다.

4 적용예외(에너지기준 제4조)

■ **다음의 경우 이 기준의 전체 또는 일부를 적용하지 않을 수 있다.**

구 분	예외 규정
1. 지방건축위원회 또는 관련 전문 연구기관 등에서 심의를 거친 결과, 새로운 기술이 적용되거나 연간 단위면적당 에너지소비총량에 근거하여 설계됨으로써 에너지절약 성능이 있는 것으로 인정되는 건축물의 경우	제15조(에너지성능 지표의 판정)
2. 건축물 에너지 효율등급 1+등급 이상(공공기관의 경우 1++등급 이상)을 취득한 경우	제15조(에너지성능 지표의 판정) 제21조(건축물의 에너지 소요량 평가대상 및 에너지소요량 평가서의 판정)
3. 제로에너지건축물 인증을 취득한 경우	에너지절약계획 설계 검토서(별지 제1호서식) 제출 생략 가능
4. 건축물의 기능·설계조건 또는 시공 여건상의 특수성 등으로 인하여 이 기준의 적용이 불합리한 것으로 지방건축위원회가 심의를 거쳐 인정하는 경우 * 지방건축위원회의 심의 시 건축물 에너지 관련 전문인력 1인 이상을 참여시켜 의견을 들어야 함	이 기준의 해당 규정
5. 건축물을 증축, 용도변경, 건축물대장의 기재내용을 변경하는 경우 **예외** 별동으로 건축물을 증축하는 경우와 기존 건축물 연면적의 50/100 이상을 증축하면서 해당 증축 연면적의 합계가 2,000 ㎡ 이상인 경우	제15조(에너지성능 지표의 판정)
6. 허가 또는 신고대상을 같은 대지 내 주거 또는 비주거로 구분한 연면적의 합계가 500㎡ 이상, 2,000㎡ 미만인 건축물 중 개별 동의 연면적의 합계가 500㎡ 미만인 개별동의 경우	제15조(에너지성능 지표의 판정) 제21조(건축물의 에너지 소요량 평가대상 및 에너지소요량 평가서의 판정)

7. 열손실의 변동이 없는 증축, 용도변경 및 건축물대장의 기재내용을 변경하는 경우 **예외** 종전에 열손실방지 등의 조치 예외대상이었으나 조치대상으로 용도변경 또는 건축물대장 기재내용의 변경의 경우	에너지절약 설계 검토서(별지 제1호서식)를 제출하지 아니할 수 있다.
8. 「건축법」 제16조에 따라 허가와 신고사항을 변경하는 경우	변경부분에 대해서만 에너지절약계획서 및 에너지절약 설계 검토서를 제출할 수 있다.
9. 에너지 소요량 평가서 제출 대상 건축물이 제21조제2항의 판정기준을 만족하는 경우	제15조(에너지성능 지표의 판정)

5 용어의 정의(에너지기준 제5조)

1. 의무사항	건축물을 건축하는 건축주와 설계자 등이 건축물의 설계시 필수적으로 적용해야 하는 사항
2. 권장사항	건축물을 건축하는 건축주와 설계자 등이 건축물의 설계시 선택적으로 적용이 가능한 사항
3. 건축물에너지 효율등급 인증	국토교통부와 산업통상자원부의 공동부령인 「건축물의 에너지효율등급 및 제로에너지건축물 인증에 관한 규칙」에 따라 인증을 받는 것
4. 제로에너지 건축물 인증	국토교통부와 산업통상자원부의 공동부령인 「건축물의 에너지효율등급 및 제로에너지건축물 인증에 관한 규칙」에 따라 제로에너지건축물 인증을 받는 것
5. 녹색건축인증	국토교통부와 환경부의 공동부령인 「녹색건축의 인증에 관한 규칙」에 따라 인증을 받는 것
6. 고효율제품	산업통상자원부 고시「고효율에너지기자재 보급촉진에 관한 규정」에 따라 인증서를 교부받은 제품과 산업통상자원부 고시 「효율관리기자재 운용규정」에 따른 에너지소비효율 1등급 제품 또는 동 고시에서 고효율로 정한 제품
7. 완화기준	「건축법」, 「국토의 계획 및 이용에 관한 법률」및「지방자치단체 조례」등에서 정하는 건축물의 용적률 및 높이제한 기준을 적용함에 있어 완화 적용할 수 있는 비율을 정한 기준
8. 예비인증	건축물의 완공 전에 설계도서 등으로 인증기관에서 건축물 에너지 효율등급 인증, 제로에너지건축물 인증, 녹색건축인증을 받는 것
9. 본인증	신청건물의 완공 후에 최종설계도서 및 현장 확인을 거쳐 최종적으로 인증기관에서 건축물 에너지 효율등급 인증, 녹색건축인증을 받는 것
10. 신·재생에너지	「신에너지 및 재생에너지 개발·이용·보급촉진법」에서 규정하는 것
11. 공공기관	산업통상자원부고시 「공공기관 에너지이용합리화 추진에 관한 규정」에서 정한 기관
12. 전자식 원격검침계량기	에너지사용량을 전자식으로 계측하여 에너지 관리자가 실시간으로 모니터링하고 기록할 수 있도록 하는 장치

13. 건축물에너지관리시스템 (BEMS)	「녹색건축물 조성 지원법」 제6조의2제2항에서 규정하는 것
14. 에너지요구량	건축물의 냉방, 난방, 급탕, 조명부문에서 표준 설정 조건을 유지하기 위하여 해당 건축물에서 필요로 하는 에너지량
15. 에너지소요량	에너지요구량을 만족시키기 위하여 건축물의 냉방, 난방, 급탕, 조명, 환기 부문의 설비기기에 사용되는 에너지량
16. 1차에너지	연료의 채취, 가공, 운송, 변환, 공급 등의 과정에서의 손실분을 포함한 에너지를 말하며, 에너지원별 1차에너지 환산계수는 "건축물 에너지효율등급 인증 및 제로에너지건축물 인증 제도 운영규정"에 따른다.
17. 시험성적서	「적합성평가 관리 등에 관한 법률」 제2조제10호다목에 해당하는 성적서로 동법에 따라 발급·관리되는 것

6 건축부문 설계기준(에너지기준 제6조~제7조)

1 건축부문 용어의 정의(에너지기준 제5조)

【1】 외기와 접하는 건축물 부위 관련

1. 거실	건축물 안에서 거주(단위 세대 내 욕실·화장실·현관 포함)·집무·작업·집회·오락 기타 이와 유사한 목적을 위하여 사용되는 방을 말하나, 특별히 이 기준에서는 거실이 아닌 냉방 또는 난방공간 또한 거실에 포함
2. 외피	거실 또는 거실 외 공간을 둘러싸고 있는 벽·지붕·바닥·창 및 문 등으로서 외기에 직접 면하는 부위
3. 거실의 외벽	거실의 벽 중 외기에 직접 또는 간접 면하는 부위 ※ 복합용도 건축물인 경우 : 해당 용도로 사용하는 공간이 다른 용도로 사용하는 공간과 접하는 부위를 외벽으로 볼 수 있음
4. 최하층에 있는 거실의 바닥	최하층(지하층 포함)으로서 거실인 경우의 바닥과 기타 층으로서 거실의 바닥 부위가 외기에 직접 또는 간접적으로 면한 부위 ※ 복합용도 건축물인 경우 : 다른 용도로 사용하는 공간과 접하는 부위를 최하층에 있는 거실의 바닥으로 볼 수 있음
5 최상층에 있는 거실의 반자 또는 지붕	① 최상층으로서 거실인 경우의 반자 또는 지붕 ② 기타 층으로서 거실의 반자 또는 지붕 부위가 외기에 직접 또는 간접적으로 면한 부위 ※ 복합용도 건축물인 경우 : 다른 용도로 사용하는 공간과 접하는 부위를 최상층에 있는 거실의 반자 또는 지붕으로 볼 수 있음
6. 외기에 직접 면하는 부위	바깥쪽이 외기이거나 외기가 직접 통하는 공간에 면한 부위
7. 외기에 간접 면하는 부위	① 외기가 직접 통하지 아니하는 비난방 공간(지붕 또는 반자, 벽체, 바닥 구조의 일부로 구성되는 내부 공기층은 제외)에 접한 부위 ② 외기가 직접 통하는 구조이나 실내공기의 배기를 목적으로 설치하는 샤프트 등에 면한 부위 ③ 지면 또는 토양에 면한 부위

【참고】 외기에 직접 면하는 부위와 간접 면하는 부위의 판단 예시(국토부 해설서 내용 중)

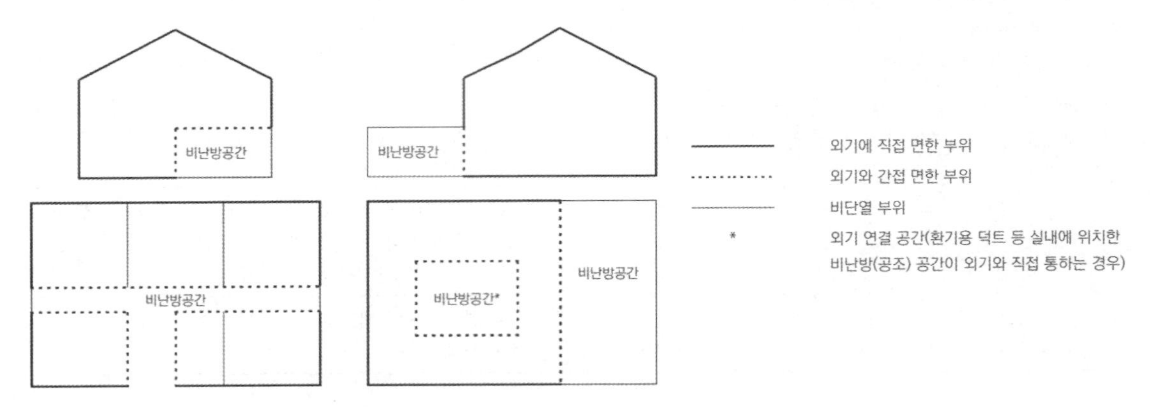

【2】 외벽 및 개구부의 단열, 방습, 방풍 관련 등

1. 방풍구조	출입구에서 실내외 공기 교환에 의한 열출입을 방지할 목적으로 설치하는 방풍실 또는 회전문 등을 설치한 방식
2. 기밀성 창 기밀성 문	창 및 문으로서 고효율인정제품 또는 한국산업규격(KS) F 2292 규정에 의하여 기밀성 등급에 따른 기밀성이 1~5등급(통기량 5㎥/h·㎡ 미만)인 것
3. 외단열	건축물 각 부위의 단열에서 단열재를 구조체의 외기측에 설치하는 단열방법으로서 모서리 부위를 포함하여 시공하는 등 열교를 차단한 경우를 말하며, 외단열 설치비율은 외기에 직접 또는 간접으로 면하는 부위로서 단열시공이 되는 외벽면적(창 및 문 제외)에 대한 외단열 시공 면적비율을 말함.
4. 방습층	습한 공기가 구조체에 침투하여 결로발생의 위험이 높아지는 것을 방지하기 위해 설치하는 투습도가 24시간당 30g/㎡ 이하 또는 투습계수 0.28g/㎡·h·㎜Hg 이하의 투습저항을 가진 층을 말함(시험방법은 한국산업규격 KS T 1305 방습포장재료의 투습도 시험방법 또는 KS F 2607 건축 재료의 투습성 측정 방법에서 정하는 바에 따름) 예외 단열재 또는 단열재의 내측에 사용되는 마감재가 방습층으로서 요구되는 성능을 가지는 경우 그 재료를 방습층으로 볼 수 있음
5. 평균열관류율	지붕(천창 등 투명 외피부위 포함하지 않음), 바닥, 외벽(창 및 문 포함) 등의 열관류율 계산에 있어 세부 부위별로 열관류율값이 다를 경우 이를 면적으로 가중평균하여 나타낸 것. ※ 평균열관류율은 중심선치수를 기준으로 계산
6. 별표1 창 및 문의 열관류율 값	유리와 창틀(또는 문틀)을 포함한 평균 열관류율
7. 투광부	창, 문면적의 50% 이상이 투과체로 구성된 문, 유리블럭, 플라스틱패널 등과 같이 투과재료로 구성되며, 외기에 접하여 채광이 가능한 부위
8. 태양열취득률 (SHGC)	입사된 태양열에 대하여 실내로 유입된 태양열취득의 비율
9. 일사조절장치	태양열의 실내 유입을 조절하기 위한 차양, 구조체 또는 태양열취득률이 낮은 유리를 말함 * 차양: (설치위치에 따라) 외부 차양과 내부 차양 그리고 유리간 차양으로 구분 (가동여부에 따라) 고정형과 가동형으로 나눌 수 있음

【참고】 일사조절장치의 예시(국토교통부 해설서 발췌)

[가동형 외부차양] [자동제어 내부차양]

2 건축부문의 의무사항(에너지기준 제6조)

열손실방지 조치 대상 건축물의 건축주와 설계자 등은 다음의 건축부문의 설계기준을 따라야 한다.

【1】 단열조치 일반사항

1. 외기에 직접 또는 간접으로 면하는 거실의 각 부위에는 2에서 정하는 바에 따라 건축물의 열손실방지 조치를 하여야 한다.

   예외 다음 부위에 대해서는 열손실방지 조치를 하지 않아도 됨

   ① 지표면 아래 2m를 초과하여 위치한 지하 부위(공동주택의 거실 부위는 제외)로서 이중벽의 설치 등 하계 표면결로 방지 조치를 한 경우

   ② 지면 및 토양에 접한 바닥 부위로서 난방공간의 외벽 내표면까지의 모든 수평거리가 10m를 초과하는 바닥부위

   ③ 외기에 간접 면하는 부위로서 당해 부위가 면한 비난방공간의 외기에 직접 또는 간접 면하는 부위를 [별표1]에 준하여 단열조치하는 경우

   ④ 공동주택의 층간바닥(최하층 제외) 중 바닥난방을 하지 않는 현관 및 욕실의 바닥부위

   ⑤ 방풍구조(외벽제외) 또는 바닥면적 150㎡ 이하의 개별 점포의 출입문

   ⑥ 동물 및 식물 관련 시설 중 작물재배사 또는 온실 등 지표면을 바닥으로 사용하는 공간의 바닥부위

   ⑦ 소방관진입창(단, 아래 규정*을 만족하는 최소 설치 개소로 한정)

   > *「건축물의 피난 · 방화구조 등의 기준에 관한 규칙」 제18조의2제1호
   > 2층 이상 11층 이하인 층에 각각 1개소 이상 설치할 것(이 경우 소방관이 진입할 수 있는 창의 가운데에서 벽면 끝까지의 수평거리가 40m 이상인 경우 40m 이내마다 소방관이 진입할 수 있는 창을 추가 설치)

2. 단열조치를 하여야 하는 부위의 열관류율이 위치 또는 구조상의 특성에 의하여 일정하지 않는 경우에는 해당 부위의 평균 열관류율값을 면적가중 계산에 의하여 구한다.

3. 단열조치를 하여야 하는 부위에 대하여는 다음에 정하는 방법에 따라 단열기준에 적합한지를 판단할 수 있다.

   ① 이 기준 [별표3]의 지역별 · 부위별 · 단열재 등급별 허용 두께 이상으로 설치하는 경우(단열재의 등급 분류는 [별표2]에 따름) 적합한 것으로 본다.

② 해당 벽・바닥・지붕 등의 부위별 전체 구성재료와 동일한 시료에 대하여 KS F2277(건축용 구성재의 단열성 측정방법)에 의한 열저항 또는 열관류율 측정값(시험성적서의 값)이 [별표1]의 부위별 열관류율에 만족하는 경우에는 적합한 것으로 보며, 시료의 공기층(단열재 내부의 공기층 포함) 두께와 동일하면서 기타 구성재료의 두께가 시료보다 증가한 경우와 공기층을 제외한 시료에 대한 측정값이 기준에 만족하고 시료 내부에 공기층을 추가하는 경우에도 적합한 것으로 본다. 단, 공기층이 포함된 경우 시공 시에 공기층 두께를 동일하게 유지하여야 한다.

③ 구성재료의 열전도율 값으로 열관류율을 계산한 결과가 [별표1]의 부위별 열관류율 기준을 만족하는 경우 적합한 것으로 본다.(단, 각 재료의 열전도율 값은 한국산업규격 또는 시험성적서의 값을 사용하고, 표면열전달저항 및 중공층의 열저항은 이 기준 [별표5] 및 [별표6]에서 제시하는 값을 사용)

④ 창 및 문의 경우 KS F 2278(창호의 단열성 시험 방법)에 의한 시험성적서 또는 [별표4]에 의한 열관류율값 또는 산업통상자원부고시 「효율관리기자재 운용규정」에 따른 창 세트의 열관류율 표시값 또는 ISO 15099에 따라 계산된 창 및 문의 열관류율 값이 별표1의 열관류율 기준 기준을 만족하는 경우 적합한 것으로 본다.

⑤ 열관류율 또는 열관류저항의 계산결과는 소수점 3자리로 맺음을 하여 적합 여부를 판정한다.(소수점 4째 자리에서 반올림)

4. [별표1] 건축물부위의 열관류율 산정을 위한 단열재의 열전도율 값은 한국산업규격 KS L 9016 보온재의 열전도율 측정방법에 따른 국가공인시험기관의 KOLAS 인정마크가 표시된 시험성적서에 의한 값을 사용하되 열전도율 시험을 위한 시료의 평균온도는 20±5℃로 한다.

5. 수평면과 이루는 각이 70°를 초과하는 경사지붕은 [별표1]에 따른 외벽의 열관류율을 적용할 수 있다.

6. 바닥난방을 하는 공간의 하부가 바닥난방을 하지 않는 공간일 경우에는 당해 바닥난방을 하는 바닥부위는 [별표1]의 최하층에 있는 거실의 바닥으로 보며 외기에 간접 면하는 경우의 열관류율 기준을 만족하여야한다.

【참고】 건축물 부위의 도해 및 지역구분

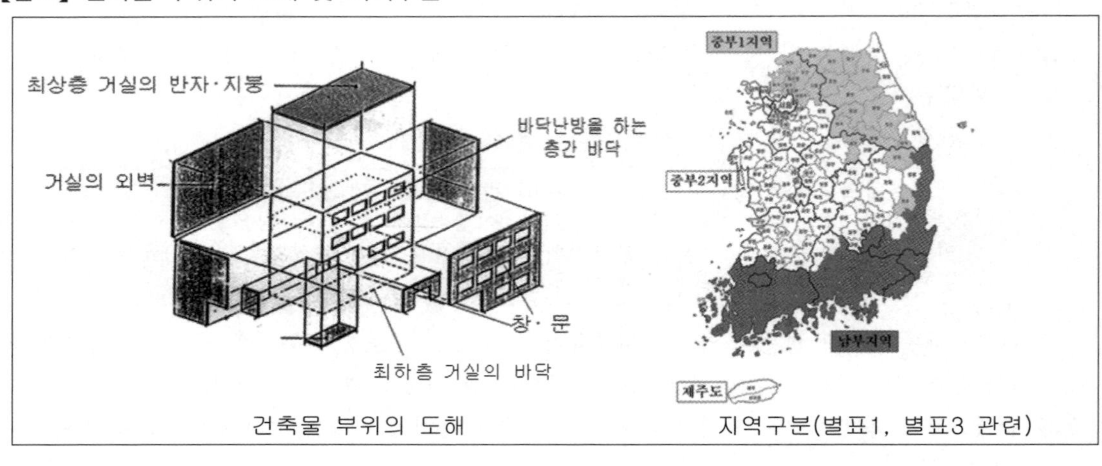

건축물 부위의 도해 지역구분(별표1, 별표3 관련)

[별표 1] 지역별 건축물부위의 열관류율표

(단위 : W/㎡·K)

<table>
<tr><th colspan="4">지역
건축물의 부위</th><th>중부1지역[1)]</th><th>중부2지역[2)]</th><th>남부지역[3)]</th><th>제주도</th></tr>
<tr><td rowspan="4">거실의 외벽</td><td rowspan="2">외기에 직접 면하는 경우</td><td colspan="2">공동주택</td><td>0.150 이하</td><td>0.170 이하</td><td>0.220 이하</td><td>0.290 이하</td></tr>
<tr><td colspan="2">공동주택 외</td><td>0.170 이하</td><td>0.240 이하</td><td>0.320 이하</td><td>0.410 이하</td></tr>
<tr><td rowspan="2">외기에 간접 면하는 경우</td><td colspan="2">공동주택</td><td>0.210 이하</td><td>0.240 이하</td><td>0.310 이하</td><td>0.410 이하</td></tr>
<tr><td colspan="2">공동주택 외</td><td>0.240 이하</td><td>0.340 이하</td><td>0.450 이하</td><td>0.560 이하</td></tr>
<tr><td rowspan="2">최상층에 있는 거실의 반자 또는 지붕</td><td colspan="3">외기에 직접 면하는 경우</td><td colspan="2">0.150 이하</td><td>0.180 이하</td><td>0.250 이하</td></tr>
<tr><td colspan="3">외기에 간접 면하는 경우</td><td colspan="2">0.210 이하</td><td>0.260 이하</td><td>0.350 이하</td></tr>
<tr><td rowspan="4">최하층에 있는 거실의 바닥</td><td rowspan="2">외기에 직접 면하는 경우</td><td colspan="2">바닥난방인 경우</td><td>0.150 이하</td><td>0.170 이하</td><td>0.220 이하</td><td>0.290 이하</td></tr>
<tr><td colspan="2">바닥난방이 아닌 경우</td><td>0.170 이하</td><td>0.200 이하</td><td>0.250 이하</td><td>0.330 이하</td></tr>
<tr><td rowspan="2">외기에 간접 면하는 경우</td><td colspan="2">바닥난방인 경우</td><td>0.210 이하</td><td>0.240 이하</td><td>0.310 이하</td><td>0.410 이하</td></tr>
<tr><td colspan="2">바닥난방이 아닌 경우</td><td>0.240 이하</td><td>0.290 이하</td><td>0.350 이하</td><td>0.470 이하</td></tr>
<tr><td colspan="4">바닥난방인 층간바닥</td><td colspan="4">0.810 이하</td></tr>
<tr><td rowspan="6">창 및 문</td><td rowspan="3">외기에 직접 면하는 경우</td><td colspan="2">공동주택</td><td>0.900 이하</td><td>1.000 이하</td><td>1.200 이하</td><td>1.600 이하</td></tr>
<tr><td rowspan="2">공동주택 외</td><td>창</td><td>1.300 이하</td><td rowspan="2">1.500 이하</td><td rowspan="2">1.800 이하</td><td rowspan="2">2.200 이하</td></tr>
<tr><td>문</td><td>1.500 이하</td></tr>
<tr><td rowspan="3">외기에 간접 면하는 경우</td><td colspan="2">공동주택</td><td>1.300 이하</td><td>1.500 이하</td><td>1.700 이하</td><td>2.000 이하</td></tr>
<tr><td rowspan="2">공동주택 외</td><td>창</td><td>1.600 이하</td><td rowspan="2">1.900 이하</td><td rowspan="2">2.200 이하</td><td rowspan="2">2.800 이하</td></tr>
<tr><td>문</td><td>1.900 이하</td></tr>
<tr><td rowspan="2">공동주택 세대현관문 및 방화문</td><td colspan="3">외기에 직접 면하는 경우 및 방화문</td><td colspan="4">1.400 이하</td></tr>
<tr><td colspan="3">외기에 간접 면하는 경우</td><td colspan="4">1.800 이하</td></tr>
</table>

비 고

1) 중부1지역 : 강원도(고성, 속초, 양양, 강릉, 동해, 삼척 제외), 경기도(연천, 포천, 가평, 남양주, 의정부, 양주, 동두천, 파주), 충청북도(제천), 경상북도(봉화, 청송)

2) 중부2지역 : 서울특별시, 대전광역시, 세종특별자치시, 인천광역시, 강원도(고성, 속초, 양양, 강릉, 동해, 삼척), 경기도(연천, 포천, 가평, 남양주, 의정부, 양주, 동두천, 파주 제외), 충청북도(제천 제외), 충청남도, 경상북도(봉화, 청송, 울진, 영덕, 포항, 경주, 청도, 경산 제외), 전라북도, 경상남도(거창, 함양)

3) 남부지역 : 부산광역시, 대구광역시, 울산광역시, 광주광역시, 전라남도, 경상북도(울진, 영덕, 포항, 경주, 청도, 경산), 경상남도(거창, 함양 제외)

[별표 2] 단열재의 등급분류

등급분류	열전도율의 범위 (KS L 9016에 의한 20±5℃ 시험조건에서 열전도율)		관련 표준	단열재 종류
	W/mK	㎉/mh℃		
가	0.034 이하	0.029 이하	KS M 3808	- 압출법보온판 특호, 1호, 2호, 3호 - 비드법보온판 2종 1호, 2호, 3호, 4호
			KS M 3809	- 경질우레탄폼보온판 1종 1호, 2호, 3호 및 2종 1호, 2호, 3호
			KS L 9102	- 그라스울 보온판 48K, 64K, 80K, 96K, 120K
			KS M ISO 4898	- 페놀 폼 Ⅰ종A, Ⅱ종A
			KS M 3871-1	- 분무식 중밀도 폴리우레탄 폼 1종(A, B), 2종(A, B)
			KS F 5660	- 폴리에스테르 흡음 단열재 1급
			기타 단열재로서 열전도율이 0.034 W/mK (0.029 ㎉/mh℃)이하인 경우	
나	0.035~0.040	0.030~0.034	KS M 3808	- 비드법보온판 1종 1호, 2호, 3호
			KS L 9102	- 미네랄울 보온판 1호, 2호, 3호 - 그라스울 보온판 24K, 32K, 40K
			KS M ISO 4898	- 페놀 폼 Ⅰ종B, Ⅱ종B, Ⅲ종A
			KS M 3871-1	- 분무식 중밀도 폴리우레탄 폼 1종(C)
			KS F 5660	- 폴리에스테르 흡음 단열재 2급
			기타 단열재로서 열전도율이 0.035~0.040 W/mK (0.030~ 0.034 ㎉/mh℃)이하인 경우	
다	0.041~0.046	0.035~0.039	KS M 3808	- 비드법보온판 1종 4호
			KS F 5660	- 폴리에스테르 흡음 단열재 3급
			기타 단열재로서 열전도율이 0.041~0.046 W/mK (0.035~0.039 ㎉/mh℃)이하인 경우	
라	0.047~0.051	0.040~0.044	기타 단열재로서 열전도율이 0.047~0.051 W/mK (0.040~0.044 ㎉/mh℃)이하인 경우	

※ 단열재의 등급분류는 단열재의 열전도율의 범위에 따라 등급을 분류한다.

[별표 3] 단열재의 두께

[중부1지역]

(단위 : mm)

건축물의 부위 \ 단열재의 등급			단열재 등급별 허용 두께			
			가	나	다	라
거실의 외벽	외기에 직접 면하는 경우	공동주택	220	255	295	325
		공동주택 외	190	225	260	285
	외기에 간접 면하는 경우	공동주택	150	180	205	225
		공동주택 외	130	155	175	195
최상층에 있는 거실의 반자 또는 지붕	외기에 직접 면하는 경우		220	260	295	330
	외기에 간접 면하는 경우		155	180	205	230
최하층에 있는 거실의 바닥	외기에 직접 면하는 경우	바닥난방인 경우	215	250	290	320
		바닥난방이 아닌 경우	195	230	265	290
	외기에 간접 면하는 경우	바닥난방인 경우	145	170	195	220
		바닥난방이 아닌 경우	135	155	180	200
바닥난방인 층간바닥			30	35	45	50

[중부2지역]

(단위 : mm)

건축물의 부위 \ 단열재의 등급			단열재 등급별 허용 두께			
			가	나	다	라
거실의 외벽	외기에 직접 면하는 경우	공동주택	190	225	260	285
		공동주택 외	135	155	180	200
	외기에 간접 면하는 경우	공동주택	130	155	175	195
		공동주택 외	90	105	120	135
최상층에 있는 거실의 반자 또는 지붕	외기에 직접 면하는 경우		220	260	295	330
	외기에 간접 면하는 경우		155	180	205	230
최하층에 있는 거실의 바닥	외기에 직접 면하는 경우	바닥난방인 경우	190	220	255	280
		바닥난방이 아닌 경우	165	195	220	245
	외기에 간접 면하는 경우	바닥난방인 경우	125	150	170	185
		바닥난방이 아닌 경우	110	125	145	160
바닥난방인 층간바닥			30	35	45	50

[남부지역]

(단위 : mm)

<table>
<tr><th colspan="3" rowspan="2">단열재의 등급
건축물의 부위</th><th colspan="4">단열재 등급별 허용 두께</th></tr>
<tr><th>가</th><th>나</th><th>다</th><th>라</th></tr>
<tr><td rowspan="4">거실의 외벽</td><td rowspan="2">외기에 직접 면하는 경우</td><td>공동주택</td><td>145</td><td>170</td><td>200</td><td>220</td></tr>
<tr><td>공동주택 외</td><td>100</td><td>115</td><td>130</td><td>145</td></tr>
<tr><td rowspan="2">외기에 간접 면하는 경우</td><td>공동주택</td><td>100</td><td>115</td><td>135</td><td>150</td></tr>
<tr><td>공동주택 외</td><td>65</td><td>75</td><td>90</td><td>95</td></tr>
<tr><td rowspan="2">최상층에 있는 거실의 반자 또는 지붕</td><td colspan="2">외기에 직접 면하는 경우</td><td>180</td><td>215</td><td>245</td><td>270</td></tr>
<tr><td colspan="2">외기에 간접 면하는 경우</td><td>120</td><td>145</td><td>165</td><td>180</td></tr>
<tr><td rowspan="4">최하층에 있는 거실의 바닥</td><td rowspan="2">외기에 직접 면하는 경우</td><td>바닥난방인 경우</td><td>140</td><td>165</td><td>190</td><td>210</td></tr>
<tr><td>바닥난방이 아닌 경우</td><td>130</td><td>155</td><td>175</td><td>195</td></tr>
<tr><td rowspan="2">외기에 간접 면하는 경우</td><td>바닥난방인 경우</td><td>95</td><td>110</td><td>125</td><td>140</td></tr>
<tr><td>바닥난방이 아닌 경우</td><td>90</td><td>105</td><td>120</td><td>130</td></tr>
<tr><td colspan="3">바닥난방인 층간바닥</td><td>30</td><td>35</td><td>45</td><td>50</td></tr>
</table>

[제주도]

(단위 : mm)

<table>
<tr><th colspan="3" rowspan="2">단열재의 등급
건축물의 부위</th><th colspan="4">단열재 등급별 허용 두께</th></tr>
<tr><th>가</th><th>나</th><th>다</th><th>라</th></tr>
<tr><td rowspan="4">거실의 외벽</td><td rowspan="2">외기에 직접 면하는 경우</td><td>공동주택</td><td>110</td><td>130</td><td>145</td><td>165</td></tr>
<tr><td>공동주택 외</td><td>75</td><td>90</td><td>100</td><td>110</td></tr>
<tr><td rowspan="2">외기에 간접 면하는 경우</td><td>공동주택</td><td>75</td><td>85</td><td>100</td><td>110</td></tr>
<tr><td>공동주택 외</td><td>50</td><td>60</td><td>70</td><td>75</td></tr>
<tr><td rowspan="2">최상층에 있는 거실의 반자 또는 지붕</td><td colspan="2">외기에 직접 면하는 경우</td><td>130</td><td>150</td><td>175</td><td>190</td></tr>
<tr><td colspan="2">외기에 간접 면하는 경우</td><td>90</td><td>105</td><td>120</td><td>130</td></tr>
<tr><td rowspan="4">최하층에 있는 거실의 바닥</td><td rowspan="2">외기에 직접 면하는 경우</td><td>바닥난방인 경우</td><td>105</td><td>125</td><td>140</td><td>155</td></tr>
<tr><td>바닥난방이 아닌 경우</td><td>100</td><td>115</td><td>130</td><td>145</td></tr>
<tr><td rowspan="2">외기에 간접 면하는 경우</td><td>바닥난방인 경우</td><td>65</td><td>80</td><td>90</td><td>100</td></tr>
<tr><td>바닥난방이 아닌 경우</td><td>65</td><td>75</td><td>85</td><td>95</td></tr>
<tr><td colspan="3">바닥난방인 층간바닥</td><td>30</td><td>35</td><td>45</td><td>50</td></tr>
</table>

비 고

1) 중부1지역 : 강원도(고성, 속초, 양양, 강릉, 동해, 삼척 제외), 경기도(연천, 포천, 가평, 남양주, 의정부, 양주, 동두천, 파주), 충청북도(제천), 경상북도(봉화, 청송)

2) 중부2지역 : 서울특별시, 대전광역시, 세종특별자치시, 인천광역시, 강원도(고성, 속초, 양양, 강릉, 동해, 삼척), 경기도(연천, 포천, 가평, 남양주, 의정부, 양주, 동두천, 파주 제외), 충청북도(제천 제외), 충청남도, 경상북도(봉화, 청송, 울진, 영덕, 포항, 경주, 청도, 경산 제외), 전라북도, 경상남도(거창, 함양)

3) 남부지역 : 부산광역시, 대구광역시, 울산광역시, 광주광역시, 전라남도, 경상북도(울진, 영덕, 포항, 경주, 청도, 경산), 경상남도(거창, 함양 제외)

[별표 4] 창 및 문의 단열성능

[단위 : W/㎡·K]

창 및 문의 종류			창틀 및 문틀의 종류별 열관류율								
			금속재						플라스틱 또는 목재		
			열교차단재[1]미적용			열교차단재 적용					
유리의 공기층 두께[mm]			6	12	16 이상	6	12	16 이상	6	12	16 이상
창	복층창	일반복층창[2]	4.0	3.7	3.6	3.7	3.4	3.3	3.1	2.8	2.7
		로이유리(하드코팅)	3.6	3.1	2.9	3.3	2.8	2.6	2.7	2.3	2.1
		로이유리(소프트코팅)	3.5	2.9	2.7	3.2	2.6	2.4	2.6	2.1	1.9
		아르곤 주입	3.8	3.6	3.5	3.5	3.3	3.2	2.9	2.7	2.6
		아르곤 주입+로이유리(하드코팅)	3.3	2.9	2.8	3.0	2.6	2.5	2.5	2.1	2.0
		아르곤 주입+로이유리(소프트코팅)	3.2	2.7	2.6	2.9	2.4	2.3	2.3	1.9	1.8
	삼중창	일반삼중창[2]	3.2	2.9	2.8	2.9	2.6	2.5	2.4	2.1	2.0
		로이유리(하드코팅)	2.9	2.4	2.3	2.6	2.1	2.0	2.1	1.7	1.6
		로이유리(소프트코팅)	2.8	2.3	2.2	2.5	2.0	1.9	2.0	1.6	1.5
		아르곤 주입	3.1	2.8	2.7	2.8	2.5	2.4	2.2	2.0	1.9
		아르곤 주입+로이유리(하드코팅)	2.6	2.3	2.2	2.3	2.0	1.9	1.9	1.6	1.5
		아르곤 주입+로이유리(소프트코팅)	2.5	2.2	2.1	2.2	1.9	1.8	1.8	1.5	1.4
	사중창	일반사중창[2]	2.8	2.5	2.4	2.5	2.2	2.1	2.1	1.8	1.7
		로이유리(하드코팅)	2.5	2.1	2.0	2.2	1.8	1.7	1.8	1.5	1.4
		로이유리(소프트코팅)	2.4	2.0	1.9	2.1	1.7	1.6	1.7	1.4	1.3
		아르곤 주입	2.7	2.5	2.4	2.4	2.2	2.1	1.9	1.7	1.6
		아르곤 주입+로이유리(하드코팅)	2.3	2.0	1.9	2.0	1.7	1.6	1.6	1.4	1.3
		아르곤 주입+로이유리(소프트코팅)	2.2	1.9	1.8	1.9	1.6	1.5	1.5	1.3	1.2
	단창		6.6			6.10			5.30		
문	일반문	단열 두께 20㎜ 미만	2.70			2.60			2.40		
		단열 두께 20㎜ 이상	1.80			1.70			1.60		
	유리문	단창문 유리비율[3] 50%미만	4.20			4.00			3.70		
		단창문 유리비율 50%이상	5.50			5.20			4.70		
		복층창문 유리비율 50%미만	3.20	3.10	3.00	3.00	2.90	2.80	2.70	2.60	2.50
		복층창문 유리비율 50%이상	3.80	3.50	3.40	3.30	3.10	3.00	3.00	2.80	2.70

주1) 열교차단재 : 열교 차단재라 함은 창 및 문의 금속프레임 외부 및 내부 사이에 설치되는 폴리염화비닐 등 단열성을 가진 재료로서 외부로의 열흐름을 차단할 수 있는 재료를 말한다.

주2) 복층창은 단창+단창, 삼중창은 단창+복층창, 사중창은 복층창+복층창을 포함한다.

주3) 문의 유리비율은 문 및 문틀을 포함한 면적에 대한 유리면적의 비율을 말한다.

주4) 창 및 문을 구성하는 각 유리의 공기층 두께가 서로 다를 경우 그 중 최소 공기층 두께를 해당 창 및 문의 공기층 두께로 인정하며, 단창+단창, 단창+복층창의 공기층 두께는 6mm로 인정한다.

주5) 창 및 문을 구성하는 각 유리의 창틀 및 문틀이 서로 다를 경우에는 열관류율이 높은 값을 인정한다.

주6) 복층창, 삼중창, 사중창의 경우 한면만 로이유리를 사용한 경우, 로이유리를 적용한 것으로 인정한다.

주7) 삼중창, 사중창의 경우 하나의 창 및 문에 아르곤을 주입한 경우, 아르곤을 적용한 것으로 인정한다.

[별표 5] 열관류율 계산 시 적용되는 실내 및 실외측 표면 열전달저항

열전달저항 / 건물 부위	실내표면열전달저항Ri [단위: ㎡ · K/W] (괄호안은 ㎡ · h · ℃/kcal)	실외표면열전달저항Ro [단위: ㎡ · K/W] (괄호안은 ㎡ · h · ℃/kcal)	
		외기에 간접 면하는 경우	외기에 직접 면하는 경우
거실의 외벽 (측벽 및 창, 문 포함)	0.11(0.13)	0.11(0.13)	0.043(0.050)
최하층에 있는 거실 바닥	0.086(0.10)	0.15(0.17)	0.043(0.050)
최상층에 있는 거실의 반자 또는 지붕	0.086(0.10)	0.086(0.10)	0.043(0.050)
공동주택의 층간 바닥	0.086(0.10)	-	-

[별표 6] 열관류율 계산시 적용되는 중공층의 열저항

공기층의 종류	공기층의 두께 da(cm)	공기층의 열저항 Ra [단위: ㎡ · K/W] (괄호안은 ㎡ · h · ℃/kcal)
(1) 공장생산된 기밀제품	2 cm 이하	0.086×da(cm) (0.10×da(cm))
	2 cm 초과	0.17 (0.20)
(2) 현장시공 등	1 cm 이하	0.086×da(cm) (0.10×da(cm))
	1 cm 초과	0.086 (0.10)
(3) 중공층 내부에 반사형 단열재가 설치된 경우	방사율 0.5이하 : (1) 또는 (2)에서 계산된 열저항의 1.5배 방사율 0.1이하 : (1) 또는 (2)에서 계산된 열저항의 2.0배	

【2】 에너지 성능지표의 건축부문 1번 항목 배점 0.6

에너지절약계획서 및 설계 검토서 제출대상 건축물은 별지 제1호 서식의 에너지 성능지표의 건축부문 1번 항목 배점을 0.6점 이상 획득하여야 한다.

【참고】 에너지절약계획 설계 검토서(별지 제1호 서식) 에너지 성능지표 건축부분 1번 항목

2. 에너지성능지표주1)

항 목	기본배점 (a) 비주거 대형 (3,000㎡ 이상)	기본배점 (a) 비주거 소형 (500~3,000㎡ 미만)	기본배점 (a) 주거 주택 1	기본배점 (a) 주거 주택 2		배점 (b) 1점	0.9점	0.8점	0.7점	0.6점	평점 (a*b)	근거
1. 외벽의 평균 열관류율 Ue(W/㎡K) 주2) 주3) (창 및 문을 포함)	21	34			중부1	0.380미만	0.380-0.430미만	0.430-0.480미만	0.480-0.630미만	0.530-0.580미만		
					중부2	0.490미만	0.490-0.560미만	0.560-0.620미만	0.620-0.680미만	0.680-0.740미만		
					남부	0.620미만	0.620-0.690미만	0.690-0.760미만	0.760-0.840미만	0.840-0.910미만		
					제주	0.770미만	0.770-0.860미만	0.860-0.960미만	0.960-1.040미만	1.040-1.130미만		
			31	28	중부1	0.300미만	0.300-0.340미만	0.340-0.380미만	0.380-0.410미만	0.410-0.450미만		
					중부2	0.340미만	0.340-0.380미만	0.380-0.420미만	0.420-0.460미만	0.460-0.500미만		
					남부	0.420미만	0.420-0.470미만	0.470-0.510미만	0.510-0.560미만	0.560-0.610미만		
					제주	0.550미만	0.550-0.620미만	0.620-0.680미만	0.680-0.750미만	0.750-0.810미만		

* 주택 1 : 난방(개별난방, 중앙집중식 난방, 지역난방)적용 공동주택
주택 2 : 주택 1 + 중앙집중식 냉방적용 공동주택

주1) 에너지성능지표에서 각 항목에 적용되는 설비 또는 제품의 성능이 일정하지 않을 경우에는 각 성능을 용량 또는 설치 면적에 대하여 가중평균한 값을 적용한다. 또한 각 항목에 대상 설비 또는 제품이 "또는"으로 연결되어 2개 이상 해당될 경우에는 그 중 하나만 해당되어도 배점은 인정된다.

주2) 평균열관류율의 단위는 W/㎡·K를 사용하며, 이를 kcal/㎡·h·℃로 환산할 경우에는 다음의 환산 기준을 적용한다.

1 [W/㎡·K] = 0.86 [kcal/㎡·h·℃]

주3) "평균열관류율"이라 함은 거실부위의 지붕(천창 등 투명 외피부위를 포함하지 않는다.), 바닥, 외벽(창을 포함한다) 등의 열관류율 계산에 있어 세부 부위별로 열관류율값이 다를 경우 이를 평균하여 나타낸 것을 말하며, 계산방법은 다음과 같다.

[에너지성능지표에서의 평균 열관류율의 계산법]

건축물의 구분	계 산 법
거실의 외벽(창포함)(Ue)	Ue = [Σ(방위별 외벽의 열관류율 ×방위별 외벽 면적) + Σ(방위별 창 및 문의 열관류율 × 방위별 창 및 문의 면적)] / (Σ방위별 외벽 면적 + Σ방위별 창 및 문의 면적)
최상층에 있는 거실의 반자 또는 지붕 (Ur)	Ur = Σ(지붕 부위별 열관류율 ×부위별 면적) / (Σ지붕 부위별 면적) ☜ 천창 등 투명 외피부위는 포함하지 않음
최하층에 있는 거실의 바닥 (Uf)	Uf = Σ(최하층 거실의 바닥 부위별 열관류율 ×부위별 면적) / (Σ최하층 거실의 바닥 부위별 면적)

※ 외벽, 지붕 및 최하층 거실 바닥의 평균열관류율이란 거실 또는 난방 공간의 외기에 직접 또는 간접 면하는 각 부위들의 열관류율을 면적가중 평균하여 산출한 값을 말한다.

※ 평균 열관류율 계산에 있어서 외기에 간접적으로 면한 부위에 대해서는 적용된 열관류율 값에 외벽, 지붕, 바닥부위는 0.7을 곱하고, 창 및 문부위는 0.8을 곱하여 평균 열관류율의 계산에 사용하며, 이 기준 제6조 제1호에 의하여 단열조치를 아니하여도 되는 부위와 공동주택의 이웃세대와 면하는 세대간벽(거실의 외벽으로 계산가능)의 열관류율은 별표1의 해당 부위의 외기에 직접 면하는 경우의 열관류율을 적용한다.

※ 평균 열관류율 계산에 있어서 복합용도의 건축물 등이 수직 또는 수평적으로 용도가 분리되어 당해 용도 건축물의 최상층 거실 상부 또는 최하층 거실 바닥부위 및 다른 용도의 공간과 면한 벽체 부위가 외기에 직접 또는 간접으로 면하지 않는 부위일 경우의 열관류율은 0으로 적용한다.

【3】 바닥난방에서 단열재의 설치

바닥난방 부위에 설치되는 단열재는 바닥난방의 열이 슬래브 하부로 손실되는 것을 막을 수 있도록 온수배관(전기난방인 경우는 발열선) 하부와 슬래브 사이에 설치되는 구성 재료의 열저항의 합계는 해당 바닥에 요구되는 총열관류저항([별표1]에서 제시되는 열관류율의 역수)의 60% 이상이 되어야 한다.

예외 바닥난방을 하는 욕실 및 현관부위와 슬래브의 축열을 직접 이용하는 심야전기이용 온돌 등(한국전력의 심야전력이용기기 승인을 받은 것에 한한다)의 경우에는 단열재의 위치가 그러하지 않을 수 있다.

【4】 기밀 및 결로방지 등을 위한 조치

1. 벽체 내표면 및 내부에서의 결로를 방지하고 단열재의 성능 저하를 방지하기 위하여 단열조치를 하여야 하는 부위(창 및 문 및 난방공간 사이의 층간 바닥 제외)에는 방습층을 단열재의 실내측에 설치하여야 한다.
2. 방습층 및 단열재가 이어지는 부위 및 단부는 이음 및 단부를 통한 투습을 방지할 수 있도록 다음과 같이 조치하여야 한다.
   ① 단열재의 이음부는 최대한 밀착하여 시공하거나, 2장을 엇갈리게 시공하여 이음부를 통한 단열성능 저하가 최소화될 수 있도록 조치할 것
   ② 방습층으로 알루미늄박 또는 플라스틱계 필름 등을 사용할 경우의 이음부는 100 ㎜ 이상 중첩하고 내습성 테이프, 접착제 등으로 기밀하게 마감할 것

③ 단열부위가 만나는 모서리 부위는 방습층 및 단열재가 이어짐이 없이 시공하거나 이어질 경우 이음부를 통한 단열성능 저하가 최소화되도록 하며, 알루미늄박 또는 플라스틱계 필름 등을 사용할 경우의 모서리 이음부는 150㎜이상 중첩되게 시공하고 내습성 테이프, 접착제 등으로 기밀하게 마감할 것

④ 방습층의 단부는 단부를 통한 투습이 발생하지 않도록 내습성 테이프, 접착제 등으로 기밀하게 마감할 것

3. 건축물 외피 단열부위의 접합부, 틈 등은 밀폐될 수 있도록 코킹과 가스켓 등을 사용하여 기밀하게 처리하여야 한다.
4. 외기에 직접 면하고 1층 또는 지상으로 연결된 출입문은 방풍구조로 하여야 한다.

   예외 다음의 경우는 방풍구조로 하지 않을 수 있다.

   ① 바닥면적 300㎡ 이하의 개별 점포의 출입문
   ② 주택의 출입문(기숙사 제외)
   ③ 사람의 통행을 주목적으로 하지 않는 출입문
   ④ 너비 1.2m 이하의 출입문
5. 방풍구조를 설치하여야 하는 출입문에서 회전문과 일반문이 같이 설치되어진 경우, 일반문 부위는 방풍실 구조의 이중문을 설치하여야 한다.
6. 건축물의 거실의 창이 외기에 직접 면하는 부위인 경우에는 기밀성 창을 설치하여야 한다.

【5】 공공건축물 등의 배점

공공건축물을 건축 또는 리모델링하는 경우 에너지성능지표 건축부문 7번 항목 배점을 0.6점 이상 획득하여야 한다.

예외 ① 건축물 에너지효율 1++등급 이상 또는 제로에너지건축물 인증을 취득한 경우
② 단위면적당 1차 에너지소요량의 합계가 적합할 경우

3 건축부문의 권장사항(에너지기준 제7조)

에너지절약계획서 제출대상 건축물의 건축주와 설계자 등은 다음에서 정하는 사항을 10 【3】(에너지성능지표의 판정)의 규정에 적합하도록 선택적으로 채택할 수 있다.

【1】 배치계획

1. 건축물은 대지의 향, 일조 및 주풍향 등을 고려하여 배치하며, 남향 또는 남동향 배치를 한다.
2. 공동주택은 인동간격을 넓게 하여 저층부의 태양열 취득을 최대한 증대시킨다.

【2】 평면계획

1. 거실의 층고 및 반자 높이는 실의 용도와 기능에 지장을 주지 않는 범위 내에서 가능한 낮게 한다.
2. 건축물의 체적에 대한 외피면적의 비 또는 연면적에 대한 외피면적의 비는 가능한 작게 한다.
3. 실의 냉난방 설정온도, 사용스케줄 등을 고려하여 에너지절약적 조닝계획을 한다.

【3】 단열계획

1. 건축물 용도 및 규모를 고려하여 건축물 외벽, 천장 및 바닥으로의 열손실이 최소화되도록 설계한다.
2. 외벽부위는 외단열로 시공한다.
3. 외피의 모서리 부분은 열교가 발생하지 않도록 단열재를 연속적으로 설치하고, 기타 열교부위는 별표11의 외피 열교부위별 선형 열관류율 기준에 따라 충분히 단열되도록 한다.
4. 건물의 창 및 문은 가능한 작게 설계하고, 특히 열손실이 많은 북측 거실의 창 및 문의 면적은 최소화한다.
5. 발코니 확장을 하는 공동주택이나 창 및 문의 면적이 큰 건물에는 단열성이 우수한 로이(Low-E) 복층창이나 삼중창 이상의 단열성능을 갖는 창을 설치한다.
6. 태양열 유입에 의한 냉·난방부하를 저감할 수 있도록 일사조절장치, 태양열취득률(SHGC), 창 및 문의 면적비 등을 고려한 설계를 한다. 건축물 외부에 일사조절장치를 설치하는 경우에는 비, 바람, 눈, 고드름 등의 낙하 및 화재 등의 사고에 대비하여 안전성을 검토하고 주변 건축물에 빛반사에 의한 피해 영향을 고려하여야 한다.
7. 건물 옥상에는 조경을 하여 최상층 지붕의 열저항을 높이고, 옥상면에 직접 도달하는 일사를 차단하여 냉방부하를 감소시킨다.

【4】 기밀계획

1. 틈새바람에 의한 열손실을 방지하기 위하여 외기에 직접 또는 간접으로 면하는 거실 부위에는 기밀성 창 및 문을 사용한다.
2. 공동주택의 외기에 접하는 주동의 출입구와 각 세대의 현관은 방풍구조로 한다.
3. 기밀성을 높이기 위하여 외기에 직접 면한 거실의 창 및 문 등 개구부 둘레를 기밀테이프 등을 활용하여 외기가 침입하지 못하도록 기밀하게 처리한다.

【5】 자연채광계획

자연채광을 적극적으로 이용할 수 있도록 계획한다. 특히 학교의 교실, 문화 및 집회시설의 공용부분(복도, 화장실, 휴게실, 로비 등)은 1면 이상 자연채광이 가능하도록 한다.

7 기계설비부문 설계기준(에너지기준 제8조, 제9조)

1 기계설비부문 용어의 정의(에너지기준 제5조)

1. 위험률	냉(난)방기간 동안 또는 연간 총시간에 대한 온도출현분포 중에서 가장 높은(낮은) 온도쪽으로부터 총시간의 일정 비율에 해당하는 온도를 제외시키는 비율
2. 효율	설비기기에 공급된 에너지에 대하여 출력된 유효에너지의 비
3. 열원설비	에너지를 이용하여 열을 발생시키는 설비
4. 대수분할운전	기기를 여러 대 설치하여 부하상태에 따라 최적 운전상태를 유지할 수 있도록 기기를 조합하여 운전하는 방식

5. 비례제어운전	기기의 출력값과 목표값의 편차에 비례하여 입력량을 조절하여 최적운전상태를 유지할 수 있도록 운전하는 방식
6. 심야전기를 이용한 축열·축냉시스템	심야시간에 전기를 이용하여 열을 저장하였다가 이를 난방, 온수, 냉방 등의 용도로 이용하는 설비로서 한국전력공사에서 심야전력기기로 인정한 것
7. 열회수형환기장치	난방 또는 냉방을 하는 장소의 환기장치로 실내의 공기를 배출할 때 급기되는 공기와 열교환하는 구조를 가진 것으로서 고효율인증제품 또는 KS B 6879(열회수형 환기장치) 부속서 B에서 정하는 시험방법에 따른 열교환효율과 에너지계수의 최소 기준 이상의 성능을 가진 것
8. 이코노마이저시스템	중간기 또는 동계에 발생하는 냉방부하를 실내기준온도 보다 낮은 도입 외기에 의하여 제거 또는 감소시키는 시스템
9. 중앙집중식 냉·난방설비	건축물의 전부 또는 냉난방 면적의 60% 이상을 냉방 또는 난방함에 있어 해당 공간에 순환펌프, 증기난방설비 등을 이용하여 열원 등을 공급하는 설비 **예외** 산업통상자원부 고시 「효율관리기자재 운용규정」에서 정한 가정용 가스보일러는 개별 난방설비로 간주함
10. TAB	Testing(시험), Adjusting(조정), Balancing(평가)의 약어로 건물내의 모든 설비시스템이 설계에서 의도한 기능을 발휘하도록 점검 및 조정하는 것
11. 커미셔닝	효율적인 건축 기계설비 시스템의 성능 확보를 위해 설계 단계부터 공사완료에 이르기까지 전 과정에 걸쳐 건축주의 요구에 부합되도록 모든 시스템의 계획, 설계, 시공, 성능시험 등을 확인하고 최종 유지 관리자에게 제공하여 입주 후 건축주의 요구를 충족할 수 있도록 운전성능 유지 여부를 검증하고 문서화하는 과정

2 기계부문의 의무사항(에너지기준 제8조)

에너지절약계획서 제출대상 건축물의 건축주와 설계자 등은 다음에 정하는 기계부문의 설계기준을 따라야 한다.

【1】 설계용 외기조건

난방 및 냉방설비의 용량계산을 위한 외기조건

1. 냉방기 및 난방기를 분리한 온도출현분포를 사용할 경우 : 각 지역별 위험률 2.5%
2. 연간 총시간에 대한 온도출현 분포를 사용할 경우 : 각 지역별 위험률 1%
3. [별표7]에서 정한 외기온·습도를 사용
4. [별표7] 이외의 지역인 경우 : 상기 위험율을 기준으로 하여 가장 유사한 기후조건을 갖는 지역의 값을 사용 **예외** 지역난방공급방식을 채택할 경우 : 산업통상자원부 고시 「집단에너지시설의 기술기준」에 의하여 용량계산 가능)

[별표 7] 냉·난방설비의 용량계산을 위한 설계 외기온·습도 기준

구분 / 도시명	냉방		난방	
	건구온도(℃)	습구온도(℃)	건구온도(℃)	상대습도(%)
서 울	31.2	25.5	-11.3	63
인 천	30.1	25.0	-10.4	58
수 원	31.2	25.5	-12.4	70
춘 천	31.6	25.2	-14.7	77
강 릉	31.6	25.1	-7.9	42
대 전	32.3	25.5	-10.3	71
청 주	32.5	25.8	-12.1	76
전 주	32.4	25.8	- 8.7	72
서 산	31.1	25.8	- 9.6	78
광 주	31.8	26.0	- 6.6	70
대 구	33.3	25.8	- 7.6	61
부 산	30.7	26.2	- 5.3	46
진 주	31.6	26.3	- 8.4	76
울 산	32.2	26.8	- 7.0	70
포 항	32.5	26.0	- 6.4	41
목 포	31.1	26.3	- 4.7	75
제 주	30.9	26.3	0.1	70

【2】 열원설비 및 반송설비

1. 공동주택에 중앙집중식 난방설비(집단에너지사업법에 의한 지역난방공급방식을 포함)를 설치하는 경우 「주택건설기준등에관한규정」 제37조의 규정에 적합한 조치를 할 것
2. 펌프는 한국산업규격(KS B 6318, 7501, 7505등) 표시인증제품 또는 KS규격에서 정해진 효율 이상의 제품을 설치할 것
3. 기기배관 및 덕트는 국토교통부에서 정하는 「국가건설기준 기계설비공사 표준시방서」의 보온두께 이상 또는 그 이상의 열저항을 갖도록 단열조치를 할 것

   예외 건축물내 벽체 또는 바닥의 매립 배관

【3】 에너지성능지표의 기계부문 11번 항목 배점 0.6

「공공기관 에너지이용합리화 추진에 관한 규정」 제10조 적용대상 건축물(각 공공기관에서 연면적 1,000㎡ 이상의 건축물을 신축하거나 연면적 1,000㎡ 이상을 증축하는 경우 또는 냉방설비를 전면 개체할 경우)은 별지 제1호 서식 에너지성능지표의 기계부문 11번 항목 배점을 0.6점 이상 획득해야 한다.

【참고】 에너지성능지표의 기계부분 11번(별지 제1호 서식)

	항 목	기본배점 (a)				배점 (b)					평점 (a*b)	근거
		비주거		주거								
		대형 (3,000㎡ 이상)	소형 (500~3,000㎡ 미만)	주택 1	주택 2	1점	0.9점	0.8점	0.7점	0.6점		
부문	10. 축냉식 전기냉방, 가스 및 유류이용 냉방, 지역냉방, 소형열병합 냉방 적용, 신재생에너지 이용 냉방 적용(냉방용량 담당 비율, %)	2	1	-	1	100	90~100미만	80~90미만	70~80미만	60~70미만		
	11. 전체 급탕용 보일러 용량에 대한 우수한 효율설비 용량 비율 (단, 우수한 효율설비의 급탕용 보일러는 고효율에너지기자재 또는 에너지소비효율1등급 설비인 경우에만 배점)	2	2	2	2	80이상	70~80미만	60~70미만	50~60미만	50미만		

【4】 에너지성능지표의 기계부문 1번 및 2번 항목 배점 0.9

공공건축물을 건축 또는 리모델링하는 경우 별지 제1호 서식 2.에너지 성능지표의 기계부문 1번 및 2번 항목 배점을 0.9점 이상 획득하여야 한다.

항목			기본배점 (a)				배점 (b)					평점 (a*b)	근거
			비주거		주거								
			대형 (3,000m² 이상)	소형 (500~3,000m² 미만)	주택 1	주택 2	1점	0.9점	0.8점	0.7점	0.6점		
1.난방설비 주8) (효율%)	기름 보일러		7	6	9	6	93이상	90~93미만	87~90미만	84~87미만	84미만		
	가스 보일러	중앙난방방식					90이상	86~90미만	84~86미만	82~84미만	82미만		
		개별난방방식					1등급 제품	-	-	-	그 외 또는 미설치		
	기타 난방설비						고효율 인증제품, (신재생 인증제품)	에너지 소비효율 1등급제품	-	-	그 외 또는 미설치		
2.냉방설비	원심식(성적계수, COP)		6	2	-	2	5.18이상	4.51~5.18미만	3.96~4.51미만	3.52~3.96미만	3.52미만		
	흡수식 (성적계수, COP)	①1중효용					0.75이상	0.73~0.75미만	0.7~0.73미만	0.65~0.7미만	0.65미만		
		②2중효용 ③3중효용 ④냉온수기					1.2이상	1.1~1.2미만	1.0~1.1미만	0.9~1.0미만	0.9미만		
	기타 냉방설비						고효율 인증제품, (신재생 인증제품)	에너지 소비효율 1등급제품	-	-	그 외 또는 미설치		

3 기계부문의 권장사항(에너지기준 제9조)

에너지절약계획서 제출대상 건축물의 건축주와 설계자 등은 다음에서 정하는 사항을 **10** 【3】(에너지성능지표의 판정)의 규정에 적합하도록 선택적으로 채택할 수 있다.

【1】 설계용 실내온도 조건

난방 및 냉방설비의 용량계산을 위한 설계기준 실내온도는 난방의 경우 20℃, 냉방의 경우 28℃를 기준으로 하되(목욕장 및 수영장은 제외) 각 건축물 용도 및 개별 실의 특성에 따라 [별표8]에서 제시된 범위를 참고하여 설비의 용량이 과다해지지 않도록 할 것

[별표 8] 냉 · 난방장치의 용량계산을 위한 실내 온·습도 기준

구분 / 지역	난방	냉방	
	건구온도(℃)	건구온도(℃)	상대습도(%)
공동주택	20~22	26~28	50~60
학교(교실)	20~22	26~28	50~60
병원(병실)	21~23	26~28	50~60
관람집회시설(객석)	20~22	26~28	50~60
숙박시설(객실)	20~24	26~28	50~60
판매시설	18~21	26~28	50~60
사무소	20~23	26~28	50~60
목욕장	26~29	26~29	50~75
수영장	27~30	27~30	50~70

【2】 열원설비

1. 열원설비는 부분부하 및 전부하 운전효율이 좋은 것을 선정한다.
2. 난방기기, 냉방기기, 냉동기, 송풍기, 펌프 등은 부하조건에 따라 최고의 성능을 유지할 수 있도록 대수분할 또는 비례제어운전이 되도록 한다.
3. 난방기기, 냉방기기, 급탕기기는 고효율제품 또는 이와 동등 이상의 효율을 가진 제품을 설치한다.
4. 보일러의 배출수·폐열·응축수 및 공조기의 폐열, 생활배수 등의 폐열을 회수하기 위한 열회수설비를 설치한다. 폐열회수를 위한 열회수설비를 설치할 때에는 중간기에 대비한 바이패스(by-pass)설비를 설치한다.
5. 냉방기기는 전력피크 부하를 줄일 수 있도록 하여야 하며, 상황에 따라 심야전기를 이용한 축열·축냉시스템, 가스 및 유류를 이용한 냉방설비, 집단에너지를 이용한 지역냉방방식, 소형열병합발전을 이용한 냉방방식, 신·재생에너지를 이용한 냉방방식을 채택한다.

【3】 공조설비

1. 중간기 등에 외기도입에 의하여 냉방부하를 감소시키는 경우에는 실내 공기질을 저하시키지 않는 범위 내에서 이코노마이저시스템 등 외기냉방시스템을 적용한다.
   예외 외기냉방시스템의 적용이 건축물의 총에너지비용을 감소시킬 수 없는 경우
2. 공기조화기 팬은 부하변동에 따른 풍량제어가 가능하도록 가변익축류방식, 흡입베인제어방식, 가변속제어방식 등 에너지절약적 제어방식을 채택한다.

【4】 반송설비

1. 냉방 또는 난방 순환수 펌프, 냉각수 순환 펌프는 운전효율을 증대시키기 위해 가능한 한 대수제어 또는 가변속제어방식을 채택하여 부하상태에 따라 최적 운전상태가 유지될 수 있도록 한다.
2. 급수용 펌프 또는 급수가압펌프의 전동기에는 가변속제어방식 등 에너지절약적 제어방식을 채택한다.
3. 열원설비 및 공조용의 송풍기, 펌프는 효율이 높은 것을 채택한다.

【5】 환기 및 제어설비

1. 환기를 통한 에너지손실 저감을 위해 성능이 우수한 열회수형환기장치를 설치한다.
2. 기계환기설비를 사용하여야 하는 지하주차장의 환기용 팬은 대수제어 또는 풍량조절(가변익, 가변속도), 일산화탄소(CO)의 농도에 의한 자동(on-off)제어 등의 에너지절약적 제어방식을 도입한다.
3. 건축물의 효율적인 기계설비 운영을 위해 TAB 또는 커미셔닝을 실시한다.
4. 에너지 사용설비는 에너지절약 및 에너지이용 효율의 향상을 위하여 컴퓨터에 의한 자동제어시스템 또는 네트워킹이 가능한 현장제어장치 등을 사용한 에너지제어시스템을 채택하거나, 분산제어 시스템으로서 각 설비별 에너지제어 시스템에 개방형 통신기술을 채택하여 설비별 제어 시스템간 에너지관리 데이터의 호환과 집중제어가 가능하도록 한다.

8 전기설비부문 설계기준 등(에너지기준 제10조, 제11조)

1 전기설비부문 용어의 정의(에너지기준 제5조)

1. 역률개선용커패시터 (콘덴서)	역률을 개선하기 위하여 변압기 또는 전동기 등에 병렬로 설치하는 커패시터
2. 전압강하	인입전압(또는 변압기 2차전압)과 부하측전압과의 차를 말하며 저항이나 인덕턴스에 흐르는 전류에 의하여 강하하는 전압
3. 조도자동조절조명기구	인체 또는 주위 밝기를 감지하여 자동으로 조명등을 점멸하거나 조도를 자동 조절할 수 있는 센서장치 또는 그 센서를 부착한 등기구
4. 수용률	부하설비 용량 합계에 대한 최대 수용전력의 백분율
5. 최대수요전력	수용가에서 일정 기간중 사용한 전력의 최대치
6. 최대수요전력제어설비	수용가에서 피크전력의 억제, 전력 부하의 평준화 등을 위하여 최대수요전력을 자동제어할 수 있는 설비
7. 가변속제어기(인버터)	정지형 전력변환기로서 전동기의 가변속운전을 위하여 설치하는 설비
8. 변압기 대수제어	변압기를 여러 대 설치하여 부하상태에 따라 필요한 운전대수를 자동 또는 수동으로 제어하는 방식
9. 대기전력자동차단장치	산업통상자원부고시 「대기전력저감프로그램운용규정」에 의하여 대기전력저감 우수제품으로 등록된 대기전력자동차단콘센트, 대기전력자동차단스위치
10. 자동절전멀티탭	산업통상자원부고시 「대기전력저감프로그램운용규정」에 의하여 대기전력저감 우수제품으로 등록된 자동절전멀티탭
11. 일괄소등스위치	층 및 구역 단위(세대 단위)로 설치되어 조명등(센서등 및 비상등 제외 가능)을 일괄적으로 끌 수 있는 스위치
12. 회생제동장치	승강기가 균형추보다 무거운 상태로 하강(또는 반대의 경우)할 때 모터는 순간적으로 발전기로 동작하게 되며, 이 때 생산되는 전력을 다른 회로에서 전원으로 활용하는 방식으로 전력소비를 절감하는 장치
13. 간선	인입구에서 분기과전류차단기에 이르는 배선으로서 분기회로의 분기점에서 전원측의 부분

2 전기부문의 의무사항(에너지기준 제10조)

에너지절약계획서 제출대상 건축물의 건축주와 설계자 등은 다음에서 정하는 전기부문의 설계기준을 따라야 한다.

【1】 수변전설비

변압기를 신설 또는 교체하는 경우에는 고효율제품으로 설치할 것

【2】 간선 및 동력설비

1. 전동기에는 기본공급약관 시행세칙 별표6에 따른 역률개선용커패시터(콘덴서)를 전동기별로 설치할 것 예외 소방설비용 전동기 및 인버터 설치 전동기
2. 간선의 전압강하는 한국전기설비규정을 따를 것

【3】 조명설비

1. 조명기기 중 안정기내장형램프, 형광램프, 형광램프용안정기를 채택할 때에는 산업통상자원부 고시 「효율관리기자재 운용규정」에 따른 최저소비효율기준을 만족하는 제품을 사용하고, 유도등 및 주차장 조명기기는 고효율제품에 해당하는 LED 조명을 설치할 것
2. 공동주택 각 세대내의 현관 및 숙박시설의 객실 내부입구, 계단실의 조명기구는 인체감지점멸형 또는 일정시간 후에 자동 소등되는 조도자동조절조명기구를 채택할 것
3. 조명기구는 필요에 따라 부분조명이 가능하도록 점멸회로를 구분하여 설치하여야 하며, 일사광이 들어오는 창측의 전등군은 부분점멸이 가능하도록 설치한다. 예외 공동주택
4. 공동주택의 효율적인 조명에너지 관리를 위하여 세대별로 일괄적 소등이 가능한 일괄소등스위치를 설치할 것 예외 전용면적 60㎡ 이하인 주택

【4】 에너지성능지표 전기설비부문 8번 항목 배점 0.6

공공건축물을 건축 또는 리모델링하는 경우 에너지성능지표 전기설비부문 8번 항목 배점을 0.6점 이상 획득하여야 한다.

【5】 에너지성능지표 전기설비부문 8번 항목 배점 1

「공공기관 에너지이용합리화 추진에 관한 규정」 제6조제4항의 규정을 적용받는 건축물의 경우에는 에너지성능지표 전기설비부문 8번 항목 배점을 1점 획득하여야 한다.

3 전기부문의 권장사항(에너지기준 제11조)

에너지절약계획서 제출대상 건축물의 건축주와 설계자 등은 다음에서 정하는 사항을 10 【3】 (에너지성능지표의 판정)의 규정에 적합하도록 선택적으로 채택할 수 있다.

【1】 수변전설비

1. 변전설비는 부하의 특성, 수용율, 장래의 부하증가에 따른 여유율, 운전조건, 배전방식을 고려하여 용량 산정
2. 부하특성, 부하종류, 계절부하 등을 고려하여 변압기의 운전대수제어가 가능하도록 뱅크 구성
3. 수전전압 25kV이하의 수전설비에서는 변압기의 무부하손실을 줄이기 위하여 충분한 안전성이 확보된다면 직접강압방식을 채택하며 건축물의 규모, 부하특성, 부하용량, 간선손실, 전압강하 등을 고려하여 손실을 최소화할 수 있는 변압방식 채택
4. 전력을 효율적으로 이용하고 최대수용전력을 합리적으로 관리하기 위하여 최대수요전력 제어설비 채택
5. 역률개선용커패시터(콘덴서)를 집합 설치하는 경우에는 역률자동조절장치 설치
6. 건축물의 사용자가 합리적으로 전력을 절감할 수 있도록 층별 및 임대 구획별로 전력량계 설치

【2】 조명설비

1. 옥외등은 고효율제품인 LED 조명을 사용하고, 옥외등의 조명회로는 격등 점등(또는 조도조절 기능) 및 자동점멸기에 의한 점멸이 가능하도록 한다.
2. 공동주택의 지하주차장에 자연채광용 개구부가 설치되는 경우에는 주위 밝기를 감지하여 전등군별로 자동 점멸되거나 스케줄제어가 가능하도록 하여 조명전력이 효과적으로 절감될 수 있도록 한다.
3. LED 조명기구는 고효율제품을 설치한다.
4. KS A 3011에 의한 작업면 표준조도를 확보하고 효율적인 조명설계에 의한 전력에너지를 절약한다.
5. 효율적인 조명에너지 관리를 위하여 층별 또는 구역별로 일괄 소등이 가능한 일괄소등스위치를 설치한다.

【3】 제어설비

1. 여러 대의 승강기가 설치되는 경우에는 군관리 운행방식을 채택한다.
2. 팬코일유닛이 설치되는 경우에는 전원의 방위별, 실의 용도별 통합제어가 가능하도록 한다.
3. 수변전설비는 종합감시제어 및 기록이 가능한 자동제어설비를 채택한다.
4. 실내 조명설비는 군별 또는 회로별로 자동제어가 가능하도록 한다.
5. 승강기에 회생제동장치를 설치한다.
6. 사용하지 않는 기기에서 소비하는 대기전력을 저감하기 위해 대기전력자동차단장치를 설치한다.

【4】 건축물에너지관리시스템

건축물에너지관리시스템(BEMS)이 설치되는 경우 별표12의 설치기준에 따라 센서·계측장비, 분석소프트웨어 등이 포함되도록 한다.

9 신·재생에너지설비부문 설계기준(에너지기준 제12조)

【1】 신·재생에너지 설비부문의 의무사항 (에너지기준 제12조)

에너지절약계획서 제출대상 건축물에 신·재생에너지설비를 설치하는 경우 「신에너지 및 재생에너지 개발·이용·보급 촉진법」에 따른 산업통상자원부 고시 「신·재생에너지 설비의 지원 등에 관한 규정」을 따라야 한다.

【2】 신·재생에너지 설비부문의 권장사항 (에너지기준 제12조의2)

에너지절약계획서 제출대상 건축물의 건축주와 설계자 등은 난방, 냉방, 급탕 및 조명에너지 공급설계 시 신·재생에너지를 **10** 【3】 (에너지성능지표의 판정)의 규정에 적합하도록 선택적으로 채택할 수 있다.

10 에너지절약계획서 및 설계 검토서 작성기준 등(에너지기준 제13조~제15조)

【1】 에너지절약계획서 및 설계 검토서 작성 (에너지기준 제13조)

1. 에너지절약 설계 검토서는 별지 제1호 서식에 따라 에너지절약설계기준 의무사항 및 에너지성능지표, 건축물 에너지소요량 평가서로 구분된다.
2. 에너지절약계획서를 제출하는 자는 에너지절약계획서 및 설계 검토서(에너지절약설계기준 의무사항 및 에너지성능지표, 건축물 에너지소요량 평가서)의 판정자료를 제시(전자문서로 제출 포함)하여야 한다.
3. 자료를 제시할 수 없는 경우 부득이 당해 건축사 및 설계에 협력하는 해당분야 기술사(기계 및 전기)가 서명・날인한 설치예정확인서로 대체할 수 있다.

【2】 에너지절약설계기준 의무사항의 판정 (에너지기준 제14조)

에너지절약설계기준 의무사항은 전 항목 채택 시 적합한 것으로 본다.

【3】 에너지성능지표 검토서의 판정(에너지기준 제15조)

1. 에너지성능지표는 평점합계가 65점 이상일 경우 적합한 것으로 본다.
2. 공공기관이 신축하는 건축물(별동으로 증축하는 건축물 포함)은 에너지성능지표는 평점합계가 74점 이상일 경우 적합한 것으로 본다.
3. 에너지성능지표의 각 항목에 대한 배점의 판단은 에너지절약계획서 제출자가 제시한 설계도면 및 자료에 의하여 판정하며, 판정 자료가 제시되지 않을 경우에는 적용되지 않은 것으로 간주한다.

【4】 복합용도 건축물의 에너지절약계획서 및 설계 검토서 작성방법 등(에너지기준 제23조)

1. 에너지절약계획서 및 설계 검토서를 제출하여야 하는 건축물 중 비주거와 주거용도가 복합되는 건축물의 경우에는 해당 용도별로 에너지절약계획서 및 설계 검토서를 제출하여야 한다.
2. 다수의 동이 있는 경우에는 동별로 에너지절약계획서 및 설계 검토서를 제출하는 것을 원칙으로 한다.(다만, 공동주택의 주거용도는 하나의 단지로 작성)
3. 설비 및 기기, 장치, 제품 등의 효율・성능 등의 판정 방법에 있어 본 기준에서 별도로 제시되지 않는 것은 해당 항목에 대한 한국산업규격(KS)을 따르도록 한다.
4. 기숙사, 오피스텔은 [별표1] 및 [별표3]의 공동주택 외의 단열기준을 준수할 수 있으며, 별지 제1호서식의 에너지성능지표 작성 시, 기본배점에서 비주거를 적용한다.

【5】 에너지절약계획서 및 설계검토서의 이행(에너지기준 제24조)

1. 허가권자는 건축주가 에너지절약계획서 및 설계 검토서의 작성내용을 이행하도록 허가조건에 포함하여 허가한다.
2. 작성책임자(건축주 또는 감리자)는 건축물의 사용승인을 신청하는 경우 별지 제3호 서식 에너지절약계획 이행 검토서를 첨부하여 신청하여야 한다.

【6】 에너지절약계획 설계 검토서 항목 추가(에너지기준 제25조)

국토교통부장관은 에너지절약계획 설계 검토서의 건축, 기계, 전기, 신재생부분의 항목 추가를 위하여 수요조사를 실시하고, 자문위원회의 심의를 거쳐 반영 여부를 결정할 수 있다.

【7】 운영규정(에너지기준 제26조)

에너지 절약계획서 검토업무 운영기관의 장은 에너지절약계획서 및 에너지절약계획 설계 검토서의 작성·검토 업무의 효율화를 위하여 필요한 때에는 이 기준에 저촉되지 않는 범위 안에서 운영규정을 제정하여 운영할 수 있다.

11 건축기준의 완화적용(에너지기준 제16조~제20조)

【1】 완화대상

<table>
<tr><th>대상</th><th>완화</th></tr>
<tr><td>1. 에너지절약설계기준에 맞게 설계된 건축물</td><td rowspan="6">① 「녹색건축법」 제14조제1항[1] 미적용 하거나,
② 「녹색건축법」 제14조의2[2] 미적용 또는,
③ 「녹색건축법 시행령」에서 규정한 범위 이내에서 완화
- 건축물의 용적률: 15%
- 건축물의 높이: 15%</td></tr>
<tr><td>2. 녹색건축의 인증을 받은 건축물</td></tr>
<tr><td>3. 건축물의 에너지효율등급 인증을 받은 건축물</td></tr>
<tr><td>4. 제로에너지건축물 인증을 받은 건축물</td></tr>
<tr><td>5. 녹색건축물 조성 시범사업 대상으로 지정된 건축물</td></tr>
<tr><td>6. 건축물의 신축공사를 위한 골조공사에 국토교통부장관이 고시하는 재활용 건축자재를 15%이상 사용한 건축물</td></tr>
</table>

1) 건축허가(대수선 제외), 용도변경 허가 또는 신고, 건축물대장 기재내용 변경 시 에너지 절약계획서 제출 의무

2) 건축물의 에너지 소비 절감을 위한 차양 등의 설치 의무

【2】 세부 완화기준[별표9] 〈개정 2023.2.28.〉

건축주가 건축기준의 완화적용을 신청하는 경우에 한해서 적용한다.

1) 녹색건축 인증에 따른 건축기준 완화비율(영 제11조제1항제2호 관련)

최대완화비율	완화조건	비고
6%	녹색건축 최우수 등급	
3%	녹색건축 우수 등급	

2) 건축물 에너지효율등급 및 제로에너지건축물 인증에 따른 건축기준 완화비율(영 제11조제1항제3호 및 제3의2호 관련)

최대완화비율	완화조건	비고
15%	제로에너지건축물 1등급	
14%	제로에너지건축물 2등급	
13%	제로에너지건축물 3등급	
12%	제로에너지건축물 4등급	
11%	제로에너지건축물 5등급	
6%	건축물 에너지효율 1++등급	
3%	건축물 에너지효율 1+등급	

3) 녹색건축물 조성 시범사업 대상으로 지정된 건축물(영 제11조제1항제4호 관련)

최대완화비율	완화조건	비고
10%	녹색건축물 조성 시범사업	

4) 신축공사를 위한 골조공사에 재활용 건축자재를 사용한 건축물(영 제11조제1항제5호 관련)
- 이 경우 「재활용 건축자재의 활용기준」 제4조제2항에 따른다.

비고

1) 완화기준을 중첩 적용받고자 하는 건축물의 신청인은 법 제15조제2항에 따른 범위를 초과하여 신청할 수 없다.

2) 이 외 중첩 적용 최대한도와 관련된 사항은 「국토의 계획 및 이용에 관한 법률」 제78조제7항 및 「건축법」 제60조제4항에 따른다.

【3】 완화기준의 적용방법(에너지기준 제17조)

완화기준의 적용은 당해 용도구역 및 용도지역에 지방자치단체 조례에서 정한 최대 용적률의 제한 기준, 조경면적 기준, 건축물 최대높이의 제한 기준에 대하여 다음의 방법에 따라 적용한다.

① 용적률 적용방법
「법 및 조례에서 정하는 기준 용적률」 × [1 + 완화기준]

② 건축물 높이제한 적용방법
「법 및 조례에서 정하는 건축물의 최고높이」 × [1 + 완화기준]

【4】 완화기준의 신청 등(에너지기준 제18조)

1. 완화기준을 적용받고자 하는 자(이하 "신청인"이라 한다)는 건축허가 또는 사업계획승인 신청 시 허가권자에게 완화기준 적용 신청서 및 관계 서류를 첨부하여 제출하여야 한다.
2. 이미 건축허가를 받은 건축물의 건축주 또는 사업주체도 허가변경을 통하여 완화기준 적용 신청을 할 수 있다.
3. 신청인의 자격은 건축주 또는 사업주체로 한다.
4. 완화기준의 신청을 받은 허가권자는 신청내용의 적합성을 <u>지방건축위원회 심의를 통해</u> 검토하고, 신청자가 신청내용을 이행하도록 허가조건에 명시하여 허가하여야 한다.

【5】 인증의 취득(에너지기준 제19조)

1. 신청인이 인증에 의해 완화기준을 적용받고자 하는 경우에는 인증기관으로부터 예비인증을 받아야 한다.
2. 완화기준을 적용받은 건축주 또는 사업주체는 건축물의 사용승인 신청 이전에 본인증을 취득하여 사용승인 신청 시 허가권자에게 인증서 사본을 제출하여야 한다. 단, 본인증의 등급은 예비인증 등급 이상으로 취득하여야 한다.

【6】 이행여부 확인(에너지기준 제20조)

1. 인증취득을 통해 완화기준을 적용받은 경우에는 본인증서를 제출하는 것으로 이행한 것으로 본다.
2. 이행여부 확인결과 건축주가 본인증서를 제출하지 않은 경우 허가권자는 사용승인을 거부할 수 있으며, 완화적용을 받기 이전의 해당 기준에 맞게 건축하도록 명할 수 있다.

12 건축물 에너지 소비 총량제(에너지기준 제21조, 제22조)

【1】 건축물 에너지 소비량의 평가대상 및 에너지소요량 평가서의 판정(에너지기준 제21조)

1. 신축 또는 별동으로 증축하는 경우로서 다음에 해당하는 건축물은 1차 에너지소요량 등을 평가하여 별지 제1호 서식에 따른 건축물 에너지소요량 평가서를 제출하여야 한다.
   ① 업무시설 중 연면적의 합계가 3,000㎡ 이상인 건축물
   ② 교육연구시설 중 연면적의 합계가 3,000㎡ 이상인 건축물
2. 건축물의 에너지소요량 평가서는 단위면적당 1차 에너지소요량의 합계가 200 kWh/㎡년 미만(공공기관 건축물 140 kWh/㎡년 미만)일 경우 적합한 것으로 본다.

【2】 건축물 에너지 소비량의 평가방법(에너지기준 제22조)

건축물 에너지소요량은 ISO 52016 등 국제규격에 따라 난방, 냉방, 급탕, 조명, 환기 등에 대해 종합적으로 평가하도록 제작된 프로그램에 따라 산출된 연간 단위면적당 1차 에너지소요량 등으로 평가한다.

【3】 연간 1차 에너지 소요량 평가기준(별표 10)

구분	산식
단위면적당 에너지 요구량	$= \frac{\text{난방에너지요구량}}{\text{난방에너지가 요구되는 공간의 바닥면적}} + \frac{\text{냉방에너지요구량}}{\text{냉방에너지가 요구되는 공간의 바닥면적}} + \frac{\text{급탕에너지요구량}}{\text{급탕에너지가 요구되는 공간의 바닥면적}} + \frac{\text{조명에너지요구량}}{\text{조명에너지가 요구되는 공간의 바닥면적}}$
단위면적당 에너지 소요량	$= \frac{\text{난방에너지소요량}}{\text{난방에너지가 요구되는 공간의 바닥면적}} + \frac{\text{냉방에너지소요량}}{\text{냉방에너지가 요구되는 공간의 바닥면적}} + \frac{\text{급탕에너지소요량}}{\text{급탕에너지가 요구되는 공간의 바닥면적}} + \frac{\text{조명에너지소요량}}{\text{조명에너지가 요구되는 공간의 바닥면적}} + \frac{\text{환기에너지소요량}}{\text{환기에너지가 요구되는 공간의 바닥면적}}$
단위면적당 1차 에너지소요량	= 단위면적당 에너지소요량 × 1차 에너지 환산계수
※ 에너지 소요량	= 해당 건축물에 설치된 난방, 냉방, 급탕, 조명, 환기시스템에서 소요되는 에너지량

※ 에너지 소비 총량제 판정 기준이 되는 1차 에너지소요량은 용도 등에 따른 보정계수를 반영한 결과

2

건축물의 냉방설비에 대한 설치 및 설계기준

1 목적

이 고시는 에너지이용합리화를 위하여 건축물의 냉방설비에 대한 설치 및 설계기준과 이의 시행에 필요한 사항을 정함을 목적으로 한다.

2 적용범위

다음 대상건축물 중 신축, 개축, 재축 또는 별동으로 증축하는 건축물의 냉방설비에 대하여 적용한다.

대상 건축물(용도)	규모(해당용도 바닥면적 합계)
1. 제1종 근린생활시설 중 목욕장, 운동시설 중 실내수영장·물놀이형 시설	1,000㎡ 이상
2. 공동주택 중 기숙사, 의료시설, 유스호스텔, 숙박시설	2,000㎡ 이상
3. 판매시설, 교육연구시설 중 연구소, 업무시설	3,000㎡ 이상
4. 문화 및 집회시설(동·식물원 제외), 종교시설, 교육연구시설(연구소 제외), 장례식장	10,000㎡ 이상

3 용어의 정의

1 축냉식 전기냉방설비

심야시간에 전기를 이용하여 축냉재(물, 얼음 또는 포접화합물과 공융염 등의 상변화물질)에 냉열을 저장하였다가 이를 심야시간 이외의 시간(이하 "그 밖의 시간")에 냉방에 이용하는 설비로서 이러한 냉열을 저장하는 설비(이하 "축열조")·냉동기·브라인펌프·냉각수펌프 또는 냉각탑 등의 부대설비(제6호의 규정에 의한 축열조 2차측 설비는 제외)를 포함하며, 다음과 같이 구분한다.

1. 빙축열식 냉방설비	심야시간에 얼음을 제조하여 축열조에 저장하였다가 그 밖의 시간에 이를 녹여 냉방에 이용하는 냉방설비
2. 수축열식 냉방설비	심야시간에 물을 냉각시켜 축열조에 저장하였다가 그 밖의 시간에 이를 냉방에 이용하는 냉방설비
3. 잠열축열식 냉방설비	포접화합물(Clathrate)이나 공융염(Eutectic Salt) 등의 상변화물질을 심야시간에 냉각시켜 동결한 후 그 밖의 시간에 이를 녹여 냉방에 이용하는 냉방설비

2 축냉방식 등

1. 축냉방식	그 밖의 시간에 필요하여 냉방에 이용하는 열량(이하 "냉방열량")의 전부를 심야시간에 생산하여 축열조에 저장하였다가 이를 이용(이하 "전체축냉")하거나 냉방열량의 일부를 심야시간에 생산하여 축열조에 저장하였다가 이를 이용(이하 "부분축냉")하는 냉방방식
2. 축열율	통계적으로 연중 최대냉방부하를 갖는 날을 기준으로 그 밖의 시간에 필요한 냉방열량 중에서 이용이 가능한 냉열량이 차지하는 비율을 말하며 백분율(%)로 표시 $\text{축열율}(\%) = \frac{\text{이용이 가능한 냉열량}(Kcal)}{\text{그밖의 시간에 필요한 냉방열량}(Kcal)} \times 100$

3 냉방방식 등

1. 이용이 가능한 냉열량	축열조에 저장된 냉열량 중에서 열손실 등을 차감하고 실제로 냉방에 이용할 수 있는 열량
2. 가스를 이용한 냉방방식	가스(유류포함)를 사용하는 흡수식 냉동기 및 냉·온수기, 액화석유가스 또는 도시가스를 연료로 사용하는 가스엔진을 구동하여 증기압축식 냉동사이클의 압축기를 구동하는 히트펌프식 냉·난방기(이하 "가스피트펌프")
3. 지역냉방방식	「집단에너지사업법」에 의거 집단에너지사업허가를 받은 자가 공급하는 집단에너지를 주열원으로 사용하는 흡수식냉동기를 이용한 냉방방식과 지역냉수를 이용한 냉방방식
4. 신재생에너지를 이용한 냉방방식	「신에너지 및 재생에너지 개발·이용·보급 촉진법」 제2조에 의해 정의된 신재생에너지를 이용한 냉방방식 【참고】
5. 소형 열병합을 이용한 냉방방식	소형 열병합발전을 이용하여 전기를 생산하고, 폐열을 활용하여 냉방 등을 하는 설비
6. 2차측 설비	저장된 냉열을 냉방에 이용할 경우에만 가동되는 냉수순환펌프, 공조용 순환펌프 등의 설비
7. 심야시간	23:00부터 익일 09:00까지 ※ 한국전력공사에서 규정하는 심야시간이 변경될 경우는 위 시간이 변경됨

【참고】 「신에너지 및 재생에너지 개발 · 이용 · 보급 촉진법」 제2조(정의)

1. "신에너지"란 기존의 화석연료를 변환시켜 이용하거나 수소·산소 등의 화학 반응을 통하여 전기 또는 열을 이용하는 에너지로서 다음 각 목의 어느 하나에 해당하는 것을 말한다.
   가. 수소에너지
   나. 연료전지
   다. 석탄을 액화·가스화한 에너지 및 중질잔사유(重質殘渣油)를 가스화한 에너지로서 대통령령으로 정하는 기준 및 범위에 해당하는 에너지
   라. 그 밖에 석유·석탄·원자력 또는 천연가스가 아닌 에너지로서 대통령령으로 정하는 에너지
2. "재생에너지"란 햇빛·물·지열(地熱)·강수(降水)·생물유기체 등을 포함하는 재생 가능한 에너지를 변환시켜 이용하는 에너지로서 다음 각 목의 어느 하나에 해당하는 것을 말한다.
   가. 태양에너지
   나. 풍력

다. 수력
라. 해양에너지
마. 지열에너지
바. 생물자원을 변환시켜 이용하는 바이오에너지로서 대통령령으로 정하는 기준 및 범위에 해당하는 에너지
사. 폐기물에너지(비재생폐기물로부터 생산된 것은 제외한다)로서 대통령령으로 정하는 기준 및 범위에 해당하는 에너지
아. 그 밖에 석유·석탄·원자력 또는 천연가스가 아닌 에너지로서 대통령령으로 정하는 에너지
3. "신에너지 및 재생에너지 설비"(이하 "신·재생에너지 설비"라 한다)란 신에너지 및 재생에너지(이하 "신·재생에너지"라 한다)를 생산 또는 이용하거나 신·재생에너지의 전력계통 연계조건을 개선하기 위한 설비로서 산업통상자원부령으로 정하는 것을 말한다.

4 냉방설비의 설치기준

1 냉방설비의 설치대상 및 설비규모

「건축물의 설비기준 등에 관한 규칙」의 건축물의 냉방설비 규정(동 규칙 제23조제2항)에 따라 이 기준 적용대상(앞의 2)에 해당하는 건축물에 중앙집중 냉방설비를 설치할 때에는 해당 건축물에 소요되는 주간 최대 냉방부하의 60% 이상을 심야전기를 이용한 축냉식, 가스를 이용한 냉방방식, 집단에너지사업허가를 받은 자로부터 공급되는 집단에너지를 이용한 지역냉방방식, 소형 열병합발전을 이용한 냉방방식, 신재생에너지를 이용한 냉방방식, 그 밖에 전기를 사용하지 아니한 냉방방식의 냉방설비로 수용하여야 한다.

예외 「도시철도법」에 의해 설치하는 지하철역사 등 산업통상자원부장관이 필요하다고 인정하는 건축물

2 축냉식 전기냉방의 설치

축냉식 전기냉방으로 설치할 때에는 축열률 40% 이상인 축냉방식으로 설치하여야 한다.

5 냉방설비의 설계기준

1 축냉식 냉방설비의 설계기준[별표1]

구분	설계기준
1. 냉동기	① 냉동기는 "고압가스 안전관리법 시행규칙" 제8조 별표7의 규정에 따른 "냉동제조의 시설기준 및 기술기준"에 적합하여야 한다. ② 냉동기의 용량은 제4조에 근거하여 결정한다. ③ 부분축냉방식의 경우에는 냉동기가 축냉운전과 방냉운전 또는 냉동기와 축열조의 동시운전이 반복적으로 수행하는데 아무런 지장이 없어야 한다.
2. 축열조	① 축열조는 축냉 및 방냉운전을 반복적으로 수행하는데 적합한 재질의 축냉재를 사용해야 하며, 내부청소가 용이하고 부식되지 않는 재질을 사용하거나 방청 및 방식처리를 하여야 한다.

	② 축열조의 용량은 제5조에 근거하여 근거하여 결정한다. ③ 축열조는 내부 또는 외부의 응력에 충분히 견딜 수 있는 구조이어야 한다. ④ 축열조를 여러 개로 조립하여 설치하는 경우에는 관리 또는 운전이 용이하도록 설계하여야 한다. ⑤ 축열조는 보온을 철저히 하여 열손실과 결로를 방지해야 하며, 맨홀 등 점검을 위한 부분은 해체와 조립이 용이하도록 하여야 한다.
3. 열교환기	① 열교환기는 시간당 최대냉방열량을 처리할 수 있는 용량이상으로 설치하여야 한다. ② 열교환기는 보온을 철저히 하여 열손실과 결로를 방지하여야 하며, 점검을 위한 부분은 해체와 조립이 용이하도록 하여야 한다.
4. 자동제어설비	자동제어설비는 축냉운전, 방냉운전 또는 냉동기와 축열조를 동시에 이용하여 냉방운전이 가능한 기능을 갖추어야 하고, 필요할 경우 수동조작이 가능하도록 하여야 하며 감시기능 등을 갖추어야 한다.

2 가스를 이용한 냉방설비의 설계기준 [별표2]

구분	설계기준
가. 흡수식 냉동기 및 냉·온수기	① 흡수식 냉동기 및 냉·온수기는 “KS B 6271 흡수식 냉동기”를 참조하여 설계한다. ② 흡수식 냉동기 및 냉·온수기의 용량은 제4조에 근거하여 결정한다.
나. 가스히트펌프	① 가스히트펌프는 “고압가스 안전관리법 시행규칙” 제9조 별표 11에 따른 “냉동기 제조의 시설기준 및 기술기준”에 적합하여야 한다. ② 가스히트펌프의 용량은 제4조에 근거하여 결정한다.

3 냉방설비에 대한 운전실적점검

냉방용 전력수요의 첨두부하를 극소화하기 위하여 지식경제부장관은 필요하다고 인정되는 기간(연중 10일 이내)에 산업통상자원부장관이 정하는 공공기관 등으로 하여금 축냉식 전기냉방설비의 운전실적 등을 점검하게 할 수 있다.

4 적용제외

산업통상자원부장관은 축냉식 전기냉방설비 및 가스를 이용한 냉방설비에 관한 국산화 기술개발의 촉진을 위하여 필요하다고 인정하는 경우 위 1, 2의 일부 규정을 적용하지 않을 수 있다.

5 운영세칙

이 고시에 정한 것 이외에 이 고시의 운영에 필요한 세부사항은 산업통상자원부장관이 따로 정한다.

3

녹색건축 인증에 관한 규칙

1 목적(규칙 제1조)

【1】 근거 규정 : 「녹색건축물 조성 지원법」 제16조제6항

【2】 목적

1. 규칙의 목적 : 「녹색건축물 조성 지원법」 제16조제6항에 따라 녹색건축 인증 대상 건축물의 종류, 인증기준 및 인증절차, 인증유효기간, 수수료, 인증기관 및 운영기관의 지정 기준, 지정 절차, 업무범위, 인증받은 건축물에 대한 점검이나 실태조사 및 인증 결과의 표시 방법에 관하여 위임된 사항과 그 시행에 필요한 사항을 규정
2. 인증 기준의 목적 : 「녹색건축 인증에 관한 규칙」 제6조제2항, 제8조제1항, 제9조의2, 제10조제2항, 제11조제2항, 제12조제5항, 제14조제1항·제2항·제4항, 제15조제4항에서 위임한 사항 등을 규정

관계법 이 규칙의 근거 규정

▶ 「녹색건축물 조성 지원법」

법 제16조【녹색건축의 인증】

① 국토교통부장관은 지속가능한 개발의 실현과 자원절약형이고 자연친화적인 건축물의 건축을 유도하기 위하여 녹색건축 인증제를 시행한다.

② 국토교통부장관은 제1항에 따른 녹색건축 인증제를 시행하기 위하여 운영기관 및 인증기관을 지정하고 녹색건축 인증 업무를 위임할 수 있다.

③ 국토교통부장관은 제2항에 따른 인증기관의 인증 업무를 주기적으로 점검하고 관리·감독하여야 하며, 그 결과를 인증기관의 재지정 시 고려할 수 있다. 〈신설 2019.4.30.〉

④ 녹색건축의 인증을 받으려는 자는 제2항에 따른 인증기관에 인증을 신청하여야 한다. 〈개정 2019.4.30.〉

⑤ 제2항에 따른 인증기관은 제4항에 따라 녹색건축의 인증을 신청한 자로부터 수수료를 받을 수 있다. 〈신설 2019.4.30.〉

⑥ 제1항에 따른 녹색건축 인증제의 운영과 관련하여 다음 각 호의 사항에 대하여는 국토교통부와 환경부의 공동부령으로 정한다. 〈개정 2019.4.30.〉

1. 인증 대상 건축물의 종류
2. 인증기준 및 인증절차
3. 인증유효기간
4. 수수료
5. 인증기관 및 운영기관의 지정 기준, 지정 절차 및 업무범위
6. 인증받은 건축물에 대한 점검이나 실태조사
7. 인증 결과의 표시 방법

⑦ 대통령령으로 정하는 건축물을 건축 또는 리모델링하는 건축주는 해당 건축물에 대하여 녹색건축의 인증을 받아 그 결과를 표시하고, 「건축법」 제22조에 따라 건축물의 사용승인을 신청할 때 관련 서류를 첨부하여야 한다. 이 경우 사용승인을 한 허가권자는 「건축법」 제38조에 따른 건축물대장에 해당 사항을 지체 없이 적어야 한다. <개정 2019.4.30.>

2 적용대상(규칙 제2조)

「건축법」 제2조제1항제2호에 따른 건축물

예외 군부대주둔지 내의 국방·군사시설은 제외

3 운영기관의 지정 등(규칙 제3조)

① 국토교통부장관은 녹색건축센터로 지정된 기관 중에서 운영기관을 지정하여 관보에 고시하여야 한다.

② 국토교통부장관은 제1항에 따라 운영기관을 지정하려는 경우 환경부장관과 협의하여야 한다.

③ 운영기관 수행 업무

1. 인증관리시스템의 운영에 관한 업무
2. 인증기관의 심사 결과 검토에 관한 업무
3. 인증제도의 홍보, 교육, 컨설팅, 조사·연구 및 개발 등에 관한 업무
4. 인증제도의 개선 및 활성화를 위한 업무
5. 심사전문인력의 교육, 관리 및 감독에 관한 업무
6. 인증 관련 통계 분석 및 활용에 관한 업무
7. 인증제도의 운영과 관련하여 국토교통부장관 또는 환경부장관이 요청하는 업무

④ 운영기관의 장은 다음 표의 시기까지 운영기관의 사업내용을 국토교통부장관과 환경부장관에게 각각 보고하여야 한다.

1. 전년도 사업추진 실적과 그 해의 사업계획: 매년 1월 31일까지
2. 분기별 인증 현황: 매 분기 말일을 기준으로 다음 달 15일까지

⑤ 운영기관의 장은 인증심의위원회의 후보단을 구성하고 관리하여야 한다.

⑥ 운영기관의 장은 인증기관에 지정의 취소 등의 처분사유가 있다고 인정하면 국토교통부장관에게 알려야 한다.

4 인증기관의 지정(규칙 제4조)

【1】 인증기관 지정 공고

국토교통부장관은 법 제16조제2항에 따라 인증기관을 지정하려는 경우에는 환경부장관과 협의하여 지정 신청 기간을 정하고, 그 기간이 시작되는 날의 3개월 전까지 신청 기간 등 인증기관 지정에 관한 사항을 공고하여야 한다.

【2】 인증기관의 지정 요건(다음 요건을 모두 갖춰야 함)

1. 인증업무를 수행할 전담조직을 구성하고 업무수행체계를 수립할 것

2. [별표 1]의 전문분야(이하 "해당 전문분야") 중 5개 이상의 분야에서 각 분야별로 다음에 해당하는 1명 이상의 사람을 상근(常勤) 심사전문인력으로 보유할 것
① 해당 전문분야의 기술사 자격을 취득한 사람
② 해당 전문분야의 기사 자격을 취득한 후 7년 이상 해당 업무를 수행한 사람
③ 해당 전문분야의 박사학위를 취득한 후 1년 이상 해당 업무를 수행한 사람
④ 해당 전문분야의 석사학위를 취득한 후 6년 이상 해당 업무를 수행한 사람
⑤ 해당 전문분야의 학사학위를 취득한 후 8년 이상 해당 업무를 수행한 사람

3. 다음 사항이 포함된 인증업무 처리규정을 마련할 것
① 녹색건축 인증 심사의 절차 및 방법
② 인증심사단 및 인증심의위원회의 구성·운영
③ 녹색건축 인증 결과의 통보 및 재심사
④ 녹색건축 인증을 받은 건축물의 인증 취소
⑤ 녹색건축 인증 결과 등의 보고
⑥ 녹색건축 인증 수수료의 납부방법 및 납부기간
⑦ 녹색건축 인증 결과의 검증방법
⑧ 그 밖에 녹색건축 인증업무 수행에 필요한 내용

[별표 1] 전문분야

전문분야	해당 세부분야
토지이용 및 교통	단지계획, 교통계획, 교통공학, 건축계획 또는 도시계획
에너지 및 환경오염	에너지, 전기공학, 건축환경, 건축설비, 대기환경, 폐기물처리 또는 기계공학
재료 및 자원	건축시공 및 재료, 재료공학, 자원공학 또는 건축구조
물순환관리	수공학, 상하수도공학, 수질환경, 건축환경 또는 건축설비
유지관리	건축계획, 건설관리, 건축설비 또는 건축시공 및 재료
생태환경	건축계획, 생태건축, 조경 또는 생물학
실내환경	온열환경, 소음·진동, 빛환경, 실내공기환경, 건축계획, 건축환경 또는 건축설비

【3】 인증기관의 지정 신청

인증기관으로 지정을 받으려는 자는 신청 기간 내에 다음 신청서와 서류(전자문서 포함)를 국토교통부장관에게 제출해야 한다.

1. 별지 제1호서식의 녹색건축 인증기관 지정신청서(전자문서로 된 신청서 포함)
2. 인증업무를 수행할 전담조직 및 업무수행체계에 관한 설명서
3. 위 표 2.의 심사전문인력을 보유하고 있음을 증명하는 서류
4. 위 표 3.의 인증업무 처리규정

【4】 사업등록증의 확인

인증기관 지정 신청을 받은 국토교통부장관은 「전자정부법」 에 따른 행정정보의 공동이용을 통하여 신청인의 법인 등기사항증명서(법인인 경우만 해당) 또는 사업자등록증(개인인 경우만 해당)을 확인해야 한다. **예외** 신청인이 사업등록증을 확인하는 데 동의하지 않는 경우: 해당 서류의 사본을 제출하도록 해야 한다.

【5】 인증기관의 지정·고시

국토교통부장관은 녹색건축 인증기관 지정신청서가 제출되면 해당 신청인이 인증기관으로 적합한지를 환경부장관과 협의하여 검토한 후 인증운영위원회의 심의를 거쳐 지정·고시한다.

5 인증기관 지정서의 발급 및 인증기관 지정의 갱신 등(규칙 제5조)

【1】 인증기관 지정서의 발급

① 국토교통부장관은 인증기관으로 지정받은 자에게 별지 제2호서식의 녹색건축 인증기관 지정서를 발급하여야 한다.

② 인증기관 지정의 유효기간은 녹색건축 인증기관 지정서를 발급한 날부터 5년으로 한다.

【2】 인증기관 지정의 갱신 등

① 국토교통부장관은 환경부장관과 협의한 후 인증운영위원회의 심의를 거쳐 지정의 유효기간을 5년마다 갱신할 수 있다. 이 경우 갱신기간은 갱신할 때마다 5년을 초과할 수 없다.

② 녹색건축 인증기관 지정서를 발급받은 인증기관의 장은 다음에 해당하는 사항이 변경되었을 때에는 그 변경된 날부터 30일 이내에 변경된 내용을 증명하는 서류를 운영기관의 장에게 제출하여야 한다.

1. 기관명	2. 기관의 대표자	3. 건축물의 소재지	4. 심사전문인력

③ 운영기관의 장은 2.의 변경 내용을 증명하는 서류를 받으면 그 내용을 국토교통부장관과 환경부장관에게 각각 보고하여야 한다.

④ 국토교통부장관은 환경부장관과 협의하여 법 제19조(인증기관 지정의 취소 등) 각 호의 사항을 점검할 수 있으며, 이를 위하여 인증기관의 장에게 관련 자료의 제출을 요구할 수 있다. 이 경우 자료 제출을 요구받은 인증기관의 장은 특별한 사유가 없으면 이에 따라야 한다.

6 인증 신청 등(규칙 제6조)

【1】 녹색건축 인증 신청

다음에 해당하는 자(이하 "건축주등")는 녹색건축 인증을 신청할 수 있다.

1. 건축주
2. 건축물 소유자
3. 사업주체 또는 시공자(건축주나 건축물 소유자가 인증 신청에 동의하는 경우에만 해당)

【2】 녹색건축 인증의 신청

① 인증을 신청하려는 건축주등은 다음 신청서와 서류(전자문서 포함)를 인증관리시스템을 통해 인증기관의 장에게 제출해야 한다.

1. 제3호서식의 녹색건축 인증·인증 유효기간 연장 신청서(전자문서로 된 신청서 포함)
2. 국토교통부장관과 환경부장관이 정하여 공동으로 고시하는 녹색건축 자체평가서*
3. 녹색건축 자체평가서에 포함된 내용이 사실임을 증명할 수 있는 서류

② 제출서류에는 설계자와 관계전문기술자(건축, 기계, 전기)의 날인이 포함되어야 한다.

③ 자체평가서는 [별표 11]에 따른 자체평가서 작성요령에 따라 작성하며, [별표 1]~[별표 7]까지에 따라 운영세칙에서 정하는 제출서류를 포함하여야 한다.

* 녹색건축 자체평가서 작성 요령(「녹색건축 인증 기준」 [별표 11])

[별표 11] 자체평가서 작성요령 (제2조 관련)

1. 일반사항

1) 녹색건축 자체평가자

건축주등은 녹색건축 자체평가자를 평가서에 명시하여야 한다.

2) 현장조사

건축주등은 인증항목 중에서 그 성질상 항목의 예측·분석 등을 위하여 현장조사 등이 필요한 항목에 대하여는 현장조사를 실시하여 자체평가서를 작성해야 한다.

2 작성방법

1) 자체평가서 구성

① 자체평가서는 본문과 부록(첨부)으로 구분하여 작성한다.

② 본문은 예상 평점, 평점산출근거, 제출서류 및 근거자료, 자체인증등급 산정표 등이 포함되어야 한다.

③ 부록은 제출서류 및 근거자료를 보완하기 위해 추가로 도면, 계산서, 도표, 사진, 그림 등을 활용하여 작성토록 한다.

2) 자체평가서 제출

신청자가 제출하여야 하는 자체평가서는 원본이어야 하며, 건축주등도 1부 이상을 보관해야 한다. (디지털자료로 제출 가능)

3) 현장조사

① 현장조사는 현지조사를 원칙으로 하되, 불가피하게 문헌 또는 그 밖의 시청각 기록 자료에 의한 조사를 실시하게 되는 경우에는 가장 최근의 자료를 인용하고 본문의 해당내용 하단에 인용문헌

또는 그 출처를 표기하여야 한다.
② 현장조사의 기간 및 횟수 등은 대상건축물의 환경성능을 객관적으로 예측·분석할 수 있도록 대상건축물의 특성, 지역의 환경적 특성 등을 고려하여 정한다.
4) 비밀에 관한 사항
평가서의 내용 중 비밀(대외비 포함)로 분류되어야 할 사항은 별책으로 분리, 작성할 수 있다.

【3】 인증의 처리 기한

① 인증기관의 장은 신청서와 신청서류가 접수된 날부터 40일 이내에 인증을 처리하여야 한다.
예외 단독주택(30세대 미만인 경우만 해당)인 경우 20일 이내
② 인증기관의 장은 인증 처리 기간 이내에 부득이한 사유로 인증을 처리할 수 없는 경우 건축주등에게 그 사유를 통보하고 20일의 범위에서 인증 심사 기간을 한 차례만 연장할 수 있다.
③ 인증 처리 기간에 공휴일과 토요일은 제외한다.(【4】 포함)

【4】 서류 보완 요청 및 신청의 반려

① 인증기관의 장은 건축주등이 제출한 서류의 내용이 불충분하거나 사실과 다른 경우 서류가 접수된 날부터 20일 이내에 건축주등에게 보완을 요청할 수 있다. 이 경우 건축주등이 제출서류를 보완하는 기간은 인증처리 기간에 산입하지 않는다.
② 인증기관의 장은 건축주등이 보완 요청 기간 안에 보완을 하지 않은 경우 등에는 신청을 반려할 수 있다. 이 경우 반려기준 및 절차 등 필요한 사항은 국토교통부장관과 환경부장관이 공동으로 정하여 고시한다.
③ 보완을 요청받은 건축주등은 보완 요청일로부터 30일 이내에 보완을 완료하여야 한다. 건축주등은 설계변경 등 부득이한 사유로 기간 내 보완이 어려운 경우에는 10일의 범위에서 기간 연장을 신청할 수 있다.

7 인증 심사 등(규칙 제7조, 제7조의2)

【1】 인증심사결과서의 작성

① 인증기관의 장은 인증 신청을 받으면 심사전문인력으로 인증심사단을 구성하여 인증기준에 따라 서류심사와 현장실사를 하고, 심사 내용, 점수, 인증 여부 및 인증 등급을 포함한 인증심사결과서를 작성해야 한다.
② 인증심사단의 구성
인증심사단은 해당 전문분야 중 5개 이상의 분야에서 각 분야별로 1명 이상의 심사전문인력으로 구성한다. **예외** 단독주택 및 그린리모델링에 대한 인증인 경우 해당 전문분야 중 2개 이상의 분야에서 각 분야별로 1명 이상의 심사전문인력으로 인증심사단을 구성할 수 있다.

【2】 인증 여부 및 등급의 결정

① 인증심사결과서를 작성한 인증기관의 장은 인증심의위원회의 심의를 거쳐 인증 여부 및 인증 등급을 결정한다. **예외** 다음의 경우 인증심의위원회의 심의를 생략할 수 있다.

1. 단독주택에 대하여 인증을 신청한 경우
2. 그린리모델링 인증 용도로 인증을 신청한 경우

② 인증심의위원회의 구성

인증심의위원회는 후보단에 속해 있는 사람으로서 해당 전문분야 중 4개 이상의 분야에서 각 분야별로 1명 이상의 전문가로 구성한다. 이 경우 인증심의위원회의 위원은 해당 인증기관에 소속된 사람이 아니어야 하며, 다른 인증기관의 심사전문인력을 1명 이상 포함해야 한다.

【3】 인증심의위원회 위원(이하 "위원")의 제척·기피·회피

① 위원이 다음에 해당하는 경우 인증심의위원회의 심의에서 제척(除斥)된다.

1. 위원 또는 그 배우자나 배우자이었던 사람이 해당 안건의 당사자가 되거나 그 안건의 당사자와 공동권리자 또는 공동의무자인 경우
2. 위원이 해당 안건의 당사자와 친족이거나 친족이었던 경우
3. 위원이 해당 안건에 대하여 자문, 연구, 용역(하도급을 포함한다), 감정 또는 조사를 한 경우
4. 위원이나 위원이 속한 법인·단체 등이 해당 안건의 당사자의 대리인이거나 대리인이었던 경우
5. 위원이 임원 또는 직원으로 재직하고 있거나 최근 3년 내에 재직하였던 기업 등이 해당 안건에 관하여 자문, 연구, 용역(하도급을 포함), 감정 또는 조사를 한 경우

② 해당 안건의 당사자는 위원에게 공정한 심의를 기대하기 어려운 사정이 있는 경우 인증심의위원회에 기피 신청을 할 수 있으며, 인증심의위원회는 의결로 이를 결정한다. 이 경우 기피 신청의 대상인 위원은 그 의결에 참여하지 못한다.

③ 위원이 제척 사유에 해당하는 경우 스스로 해당 안건의 심의에서 회피(回避)하여야 한다.

8 인증 기준 등(규칙 제8조)

① 녹색건축 인증은 해당 전문분야별로 국토교통부장관과 환경부장관이 공동으로 정하여 고시하는 인증기준*에 따라 부여된 종합점수를 기준으로 심사하여야 한다.

* 인증기준은 「건축법」에 따른 사용승인 또는 「주택법」에 따른 사용검사를 받은 날부터 5년이 지난 건축물과 그 밖의 건축물로 구분하여 정할 수 있다.

② 녹색건축 인증 등급은 최우수(그린1등급), 우수(그린2등급), 우량(그린3등급) 또는 일반(그린4등급)으로 한다.

③ 인증기관의 장은 녹색건축물 전문인력 양성을 위해 지정된 전문기관에서 운영하는 일정한 교육과정을 이수한 사람이 인증대상 건축물의 설계에 참여한 경우 또는 혁신적인 설계방식을 도입한 경우 등 녹색건축 관련 기술의 발전을 위하여 필요하다고 인정하는 경우에는 국토교통부장관과 환경부장관이 공동으로 정하여 고시하는 바에 따라 가산점을 부여할 수 있다.

④ 인증기준은 신축건축물 종류별 인증심사기준{[별표 1]~ [별표 3]}과 기존 건축물 종류별 인증심사기준{[별표 4]~[별표 7]}에 따라 평가한다.[녹색 건축 인증 기준(이하 "기준") 제3조]

⑤ 2개 이상의 용도가 있는 복합건축물에 대하여는 각 용도별로 인증심사기준에 따라 평가하고, 최종 인증점수는 [별표 8]의 복합건축물 인증등급 산정표에 따라 각 용도별 바닥면적을 가중평균하

여 산출한다. **예외** 주택을 주택외 시설과 동일건축물로 건축하는 300세대이상의 공동주택일 경우(공동주택성능등급 인증서 발급을 위해 녹색건축 인증을 신청하는 경우로 한정) [별표 1]의 공동주택 인증심사기준에 따라 평가하고, 공동주택성능등급 인증서를 발급할 수 있다. (기준 제3조)

⑥ 2개 이상의 용도가 있는 복합건축물에 대하여 건축주등이 원하는 경우 건축물의 용도별로 심사하여 인증서를 발급할 수 있으며, 어느 하나의 용도가 공동주택인 경우에는 공동주택성능등급 인증서도 녹색건축 인증서와 함께 발급할 수 있다. 이 경우 건축주등은 인증결과를 광고 등에 활용시 인증 받은 용도를 모두 공개하여야 한다. (기준 제3조)

⑦ 하나의 대지에 2이상의 건축물을 신축하는 경우 또는 건축물이 있는 대지에 기존 건축물과 떨어져 증축하는 경우에는 녹색건축 인증대상 건축물 주변에 가상의 대지경계선을 설정하여 건축물 외부환경 관련 항목에 대하여 평가할 수 있으며, 그 외 항목은 동일하게 평가한다. 이 경우 가상의 대지 경계선은 해당 건축물의 용적률에 근거하여 설정하며, 가상의 대지 경계선은 건축주등이 제시할 수 있다. (기준 제3조)

⑧ 인증신청 건축물은 각 인증심사기준의 필수항목 점수를 반드시 취득하여야 한다. **예외** 인증신청 건축물이 「녹색건축물 조성 지원법」에 따른 에너지 절약계획서 제출대상이 아닌 경우 에너지성능 항목에 한하여 그러하지 아니한다. (기준 제3조)

⑨ 국내법이 적용되지 않는 지역에서의 건축 등 특수한 상황으로 인하여 인증기준 적용이 불합리하다고 국토교통부장관이 인정하는 경우에는 인증운영위원회의 심의를 거쳐 인증기준을 변경하여 적용할 수 있다. 이 경우 건축주등은 인증기준을 변경하여 적용하고자 하는 사항을 작성하여 운영기관의 장에게 요청하여야 한다.(기준 제3조)

⑩ 인증기준의 인증등급은 [별표 8](인증등급 산정표), [별표 9](전문분야별 가중치), [별표 10](인증등급별 점수기준)에 따라 산출하여 부여한다.(기준 제3조) ☞ 기준 부록 참조

⑪ 규칙 제8조제3항(교육과정 이수자가 인증대상 건축물의 설계에 참여하는 등)에 따른 가산점은 [별표 1]~[별표 5]까지의 인증심사기준에 따른다.(기준 제3조)

⑫ 운영기관의 장은 국토교통부장관과 환경부장관의 승인을 받아 인증심사 세부기준을 운영세칙에서 정할 수 있다.(기준 제3조)

⑬ 인증 유효기간 연장의 경우 최초 1회에 한하여 기존 녹색건축 인증 취득 시의 인증기준으로 심사할 수 있다.(기준 제3조)

9 인증서 발급 및 인증의 유효기간 등(규칙 제9조, 제9조의2)

【1】 인증명판의 발급 및 제작

① 인증기관의 장은 녹색건축 인증을 할 때에는 건축주등에게 별지 제4호서식의 녹색건축 인증서와 [별표 2]에 따라 제작된 인증명판(認證名板)을 발급하여야 한다. 이 경우 법 제16조제5항 및 영 제11조의3에 따른 건축물의 건축주등은 인증명판을 건축물 현관 및 로비 등 공공이 볼 수 있는 장소에 게시하여야 한다.

② 녹색건축 인증을 받은 건축물의 건축주등은 자체적으로 별표 2에 따라 인증명판을 제작하여 활용할 수 있다.

[별표 2] 인증 명판(1. 최우수의 경우)

1. 최우수(그린1등급) 녹색건축 인증 명판의 표시 및 규격

[한글판] [영문판]

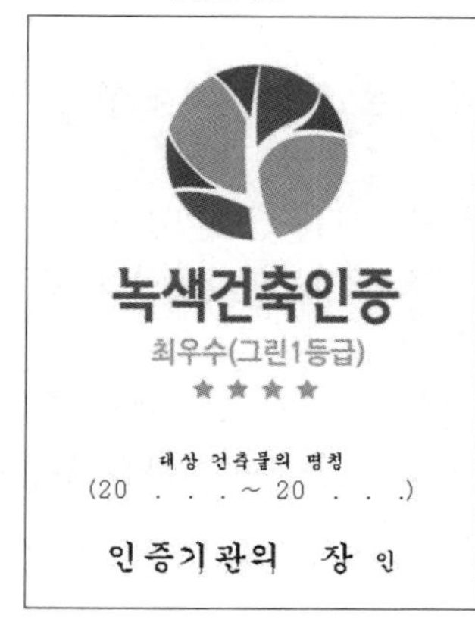

【2】 인증의 유효기간 등

① 녹색건축 인증의 유효기간은 제1항에 따라 녹색건축 인증서를 발급한 날부터 5년으로 한다.

② 인증기관의 장은 인증서를 발급했을 때에는 인증 대상, 인증 날짜, 인증 등급 및 인증심사단과 인증심사위원회의 구성원 명단을 포함한 인증 심사 결과를 운영기관의 장에게 제출하고, 인증심사결과서를 인증관리시스템에 등록해야 한다.

【3】 인증의 유효기간의 연장

① 인증서를 발급받은 건축주등은 인증 유효기간의 만료일 180일 전부터 만료일까지 유효기간의 연장을 신청할 수 있다.

② 유효기간의 연장 신청을 받은 인증기관의 장은 국토교통부장관과 환경부장관이 공동으로 정하여 고시하는 기준에 적합하다고 인정되면 유효기간을 연장할 수 있다. 이 경우 연장된 유효기간은 유효기간의 만료일 다음 날부터 5년으로 한다.

③ 유효기간의 연장 신청·심사 및 인증서의 발급 등에 관하여는 각각 제6조(인증 신청 등), 제7조제1항(인증 여부 및 등급 결정) 및 제9조(인증서 발급 및 인증의 유효기간 등)를 준용한다.

④ 인증심사단은 해당 전문분야 중 2개 이상의 분야에서 각 분야별로 1명 이상의 심사전문인력으로 구성한다.

⑤ 인증심사결과서를 작성한 인증기관의 장은 인증 여부 및 인증 등급을 결정하기 위하여 필요하면 인증심의위원회의 심의를 거칠 수 있다. 이 경우 인증심의위원회의 구성에 관하여는 제7조제4항(인증심의위원회 구성)을 준용한다.

10 재심사 요청 등(규칙 제10조)

① 인증 또는 인증 유효기간의 연장 심사 결과나 인증 취소 결정에 이의가 있는 건축주등은 인증기관의 장에게 재심사를 요청할 수 있다.

② 재심사 결과 통보, 인증서 재발급 등 재심사에 따른 세부 절차에 관한 사항은 국토교통부장관과 환경부장관이 정하여 공동으로 고시한다.

③ 재심사 요청을 하는 건축주등은 재심사 요청 사유서를 인증기관의 장에게 제출하여야 하며, 재심사에 따른 세부절차 등에 관하여는 규칙 제6조제3항부터 제5항까지, 제7조제1항·제2항, 제8조, 법 제20조를 준용한다.(기준 제4조)

④ 재심사 결과에 따라 인증서를 재발급할 경우에는 기존에 발급된 인증은 취소된다.(기준 제4조)

⑤ 재심사를 수행한 인증기관의 장은 재심사에 대한 전반적인 사항을 운영기관의 장에게 보고하여야 한다.(기준 제4조)

11 예비인증의 신청 등(규칙 제11조)

【1】 녹색건축 예비인증 신청

건축주등은 녹색건축 인증에 앞서 건축물 설계도서에 반영된 내용만을 대상으로 녹색건축 예비인증(이하 “예비인증”)을 신청할 수 있다.

【2】 신청서류의 제출

① 건축주등은 녹색건축 예비인증을 받으려면 다음 신청서 등 서류(전자문서 포함)를 인증관리시스템을 통해 인증기관의 장에게 제출해야 한다.

1. 제5호서식의 녹색건축 예비인증 신청서(전자문서로 된 신청서 포함)
2. 국토교통부장관과 환경부장관이 정하여 공동으로 고시하는 녹색건축 자체평가서
3. 녹색건축 자체평가서에 포함된 내용이 사실임을 증명할 수 있는 서류

② 자체평가서의 작성요령 및 제출서류는 6 【2】 3. 을 준용한다.

【3】 예비인증서의 발급 등

① 인증기관의 장은 심사 결과 예비인증을 하는 경우 별지 제6호서식의 녹색건축 예비인증서(「주택건설기준 등에 관한 규칙」 에 따른 공동주택성능등급 인증서 포함. 이하 같다)를 건축주등에게 발급하여야 한다. 이 경우 건축주등이 예비인증을 받은 사실을 광고 등의 목적으로 사용하려면 본인증(건축주등에게 인증명판 발급하는 인증)을 받을 경우 그 내용이 달라질 수 있음을 알려야 한다.

② 예비인증을 받은 건축주등은 본인증을 받아야 한다. 이 경우 예비인증을 받아 제도적·재정적 지원을 받은 건축주등은 예비인증 등급 이상의 본인증을 받아야 한다.

③ 예비인증의 유효기간

녹색건축 예비인증서를 발급한 날부터 사용승인일 또는 사용검사일까지로 한다.

예외 사용승인 또는 사용검사 전에 녹색건축 인증서를 발급받은 경우: 해당 인증서 발급일까지

【4】 관련규정의 준용

【1】 ~ 【3】 에서 규정한 사항 외에 예비인증의 신청 및 평가 등에 관하여는 다음 규정을 준용한다.

준용규정	내용	준용규정	내용
1. 규칙 제6조③~⑥	인증처리 기한, 보완 등	4. 규칙 제9조④	인증서 발급시 조치사항
2. 규칙 제7조	인증 심사 등	5. 규칙 제10조	재심사 요청 등
3. 규칙 제8조	인증기준 등	6. 「녹색건축법」 제20조	인증의 취소

예외 제7조제1항 및 제2항에 따른 인증 심사 중 현장실사 및 인증심의위원회의 심의는 필요한 경우에만 할 수 있다.

12 인증을 받은 건축물에 대한 점검 및 실태조사(규칙 제12조)

① 녹색건축 인증을 받은 건축물의 소유자 또는 관리자는 그 건축물을 인증받은 기준에 맞도록 유지·관리하여야 한다.

② 인증기관의 장은 제1항에 따른 유지·관리 실태 파악을 위하여 녹색건축과 관련된 건축현황 등 필요한 자료를 건축물의 소유자 또는 관리자에게 요청할 수 있다.

③ 인증기관의 장은 필요한 경우에는 녹색건축 인증을 받은 건축물의 정상 가동 여부 등을 확인할 수 있다.

④ 인증기관의 장이 녹색건축 등급 인증을 받은 건축물의 정상 가동 여부를 확인할 경우에는 국토교통부장관과 환경부장관의 승인을 받아야 한다.(기준 제6조)

⑤ 인증기관의 장은 녹색건축 인증을 신청하거나 인증을 받은 건축물에 대하여 자체평가서 및 인증 신청시 제출한 서류 등 인증취득에 관한 정보를 건축주등의 서면동의 없이 외부에 공개하여서는 아니 된다. 다만, 인증받은 건축물의 전문분야별 총점은 공개할 수 있다.

⑥ 녹색건축 인증을 받은 건축물에 대한 점검 및 실태조사 범위는 다음과 같다.(기준 제6조)

1. 유지관리 및 생태환경 현황 등의 조사
2. 에너지사용량 및 물사용량 등의 조사
3. 국토교통부장관 또는 환경부장관이 요청하는 사항

13 인증운영위원회(규칙 제15조~제17조)

【1】 인증운영위원회의 구성·운영 등

① 국토교통부장관과 환경부장관은 녹색건축 인증제도를 효율적으로 운영하기 위하여 국토교통부장관이 환경부장관과 협의하여 정하는 기준에 따라 인증운영위원회를 구성하여 운영할 수 있다.

② 인증운영위원회 심의 사항

1. 인증기관의 지정 및 지정의 유효기간 갱신에 관한 사항
2. 인증기관 지정의 취소 및 업무정지에 관한 사항
3. 인증 심사 기준의 제정·개정에 관한 사항
4. 그 밖에 녹색건축 인증제의 운영과 관련된 중요사항

③ 국토교통부장관과 환경부장관은 인증운영위원회의 운영을 운영기관에 위탁할 수 있다.

④ ①, ②에서 규정한 사항 외에 인증운영위원회의 세부 구성 및 운영 등에 관한 사항은 국토교통부장관과 환경부장관이 정하여 공동으로 고시한다.

【2】 인증운영위원회 위원의 제척·기피·회피

제7조의2(인증위원회 위원의 제척 · 기피 · 회피) 규정을 준용한다.

【3】 인증운영위원회 위원의 해임 및 해촉

국토교통부장관과 환경부장관은 인증운영위원회의 위원이 다음에 해당하는 경우 해당 위원을 해임 또는 해촉(解囑)할 수 있다.

1. 심신장애로 인하여 직무를 수행할 수 없게 된 경우
2. 직무와 관련된 비위사실이 있는 경우
3. 직무 태만, 품위 손상이나 그 밖의 사유로 인하여 위원으로 적합하지 아니하다고 인정되는 경우
4. 위원의 제척사유 중 하나에 해당하는 데에도 불구하고 회피하지 아니한 경우
5. 위원 스스로 직무를 수행하는 것이 곤란하다고 의사를 밝히는 경우

건축물 에너지효율등급 인증 및 제로에너지건축물 인증 규칙

1 목적(규칙 제1조)

【1】 근거 규정 : 「녹색건축물 조성 지원법」 제17조제5항, 같은 법 시행령 제12조제1항

【2】 목적

① 규칙의 목적 : 「녹색건축물 조성 지원법」 제17조제5항 및 같은 법 시행령 제12조제1항에서 위임된 건축물 에너지효율등급 인증 및 제로에너지건축물 인증 대상 건축물의 종류 및 인증기준, 인증기관 및 운영기관의 지정, 인증받은 건축물에 대한 점검 및 건축물에너지평가사의 업무범위 등에 관한 사항과 그 시행에 필요한 사항을 규정

② 인증 기준의 목적 : 「건축물 에너지효율등급 인증 및 제로에너지건축물 인증에 관한 규칙」 제2조, 제6조제8항·제9항, 제8조제3항, 제10조제2항, 제13조제1항·제2항·제5항 및 제14조제4항에서 위임한 사항 등을 규정

관계법 이 규칙의 근거 규정

▶ 「녹색건축물 조성 지원법」

법 제17조 【건축물의 에너지효율등급 인증 및 제로에너지건축물 인증】

① 국토교통부장관은 에너지성능이 높은 건축물을 확대하고, 건축물의 효과적인 에너지관리를 위하여 건축물 에너지효율등급 인증제 및 제로에너지건축물 인증제를 시행한다. 〈개정 2016.1.19.〉

② 국토교통부장관은 제1항에 따른 건축물 에너지효율등급 인증제 및 제로에너지건축물 인증제를 시행하기 위하여 운영기관 및 인증기관을 지정하고, 건축물 에너지효율등급 인증 및 제로에너지건축물 인증 업무를 위임할 수 있다. 〈개정 2016.1.19.〉

③ 건축물 에너지효율등급 인증을 받으려는 자는 대통령령으로 정하는 건축물의 용도 및 규모에 따라 제2항에 따른 인증기관에게 신청하여야 하며, 인증평가 업무는 인증기관에 소속되거나 등록된 건축물에너지평가사가 수행하여야 한다. 〈개정 2014.5.28.〉

④ 제3항의 인증평가 결과가 국토교통부와 산업통상자원부의 공동부령으로 정하는 기준 이상인 건축물에 대하여 제로에너지건축물 인증을 받으려는 자는 제2항에 따른 인증기관에 신청하여야 한다. 〈신설 2016.1.19.〉

⑤ 제1항에 따른 건축물 에너지효율등급 인증제 및 제로에너지건축물 인증제의 운영과 관련하여 다음 각 호의 사항에 대하여는 국토교통부와 산업통상자원부의 공동부령으로 정한다. 〈개정 2016.1.19.〉

1. 인증 대상 건축물의 종류
2. 인증기준 및 인증절차
3. 인증유효기간
4. 수수료
5. 인증기관 및 운영기관의 지정 기준, 지정 절차 및 업무범위
6. 인증받은 건축물에 대한 점검이나 실태조사
7. 인증 결과의 표시 방법
8. 인증평가에 대한 건축물에너지평가사의 업무범위

⑥ 대통령령으로 정하는 건축물을 건축 또는 리모델링하려는 건축주는 해당 건축물에 대하여 에너지효율등급 인증 또는 제로에너지건축물 인증을 받아 그 결과를 표시하고, 「건축법」 제22조에 따라 건축물의 사용승인을 신청할 때 관련 서류를 첨부하여야 한다. 이 경우 사용승인을 한 허가권자는 「건축법」 제38조에 따른 건축물대장에 해당 사항을 지체 없이 적어야 한다. 〈개정 2019.4.30.〉

▶ 「녹색건축물 조성 지원법 시행령」

영 제12조【건축물의 에너지효율등급 인증 및 제로에너지건축물 인증 대상 건축물 등】

① 법 제17조제3항에서 "대통령령으로 정하는 건축물의 용도 및 규모"란 다음 각 호의 용도 등을 말한다. 〈개정 2016.12.30.〉

1. 「건축법 시행령」 별표 1 제2호가목부터 다목까지의 공동주택(이하 "공동주택"이라 한다)
2. 업무시설
3. 그 밖에 법 제17조제5항제1호에 따라 국토교통부와 산업통상자원부의 공동부령으로 정하는 건축물

② 법 제17조제6항 전단에서 "대통령령으로 정하는 건축물"이란 다음 각 호의 기준에 모두 해당하는 건축물을 말한다. 〈개정 2016.12.30.〉

1. 제9조제2항 각 호의 기관이 소유 또는 관리하는 건축물일 것
2. 신축·재축 또는 증축하는 건축물일 것. 다만, 증축의 경우에는 기존 건축물의 대지에 별개의 건축물로 증축하는 경우로 한정한다.
3. 연면적이 3천제곱미터 이상일 것
4. 법 제14조제1항에 따른 에너지 절약계획서 제출 대상일 것
5. 법 제17조제5항제1호에 따라 국토교통부와 산업통상자원부의 공동부령으로 정하는 건축물에 해당할 것

【참고1】 건축물 에너지효율등급 인증 및 제로에너지건축물 인증에 관한 규칙 ➡ 부록 참조
(국토교통부령 제1274호, 2023.11.21)

【참고2】 건축물 에너지효율등급 인증 및 제로에너지건축물 인증 기준 ➡ 부록 참조
(국토교통부고시 제2023-911호, 2023.12.29.)

2 적용대상(규칙 제2조)

【1】 시행령에서 정하는 사항

1. 공동주택	① 다세대 주택 ② 연립주택 ③ 아파트
2. 업무시설	-
3. 규칙으로 위임한 건축물	국토교통부와 산업통상자원부의 공동부령으로 정하는 건축물 【2】

【2】 규칙에서 정하는 사항

■ 적용 대상 건축물(「건축법 시행령」 별표 1 각 호에 따른 건축물)
1. 단독주택, 2. 공동주택, 3. 제1종 근린생활시설, 4. 제2종 근린생활시설, 5. 문화 및 집회시설, 6. 종교시설, 7. 판매시설, 8. 운수시설, 9. 의료시설, 10. 교육연구시설, 11. 노유자시설, 12. 수련시설, 13. 운동시설, 14. 업무시설, 15. 숙박시설, 16. 위락시설, 17. 공장, 18. 창고시설, 19. 위험물 저장 및 처리 시설, 20. 자동차 관련 시설, 21. 동물 및 식물 관련 시설, 22. 자원순환 관련 시설, 23. 교정시설 24. 군사·국방 시설, 25. 방송통신시설, 26. 발전시설, 27. 묘지 관련 시설, 28. 관광 휴게시설, 29. 장례시설, 30. 야영장 시설

예외 표의 건축물 중 3. ~ 13., 15.~30. 용도의 건축물 중 국토교통부장관과 산업통상자원부장관이 공동으로 고시하는 실내 냉방·난방 온도 설정조건*으로 인증 평가가 불가능한 건축물 또는 이에 해당하는 공간이 전체 연면적의 50/100 이상을 차지하는 건축물은 제외

* 건축물 에너지효율등급 인증 평가에 적용되는 실내 냉방·난방 온도 설정조건은 아래와 같다.(기준 [별표 3])

구 분	실내온도
냉 방	26℃
난 방	20℃

3 운영기관의 지정 등(규칙 제3조)

① 국토교통부장관은 녹색건축센터로 지정된 기관 중에서 건축물 에너지효율등급 인증제 운영기관 및 제로에너지건축물 인증제 운영기관을 지정하여 관보에 고시하여야 한다.

② 국토교통부장관은 운영기관을 지정하려는 경우 산업통상자원부장관과 협의하여야 한다.

③ 운영기관의 수행 업무

1. 인증업무를 수행하는 인력(이하 "인증업무인력")의 교육, 관리 및 감독에 관한 업무
2. 인증관리시스템의 운영에 관한 업무
3. 인증기관의 평가·사후관리 및 감독에 관한 업무
4. 인증제도의 홍보, 교육, 컨설팅, 조사·연구 및 개발 등에 관한 업무
5. 인증제도의 개선 및 활성화를 위한 업무

6. 인증절차 및 기준 관리 등 제도 운영에 관한 업무
7. 인증 관련 통계 분석 및 활용에 관한 업무
8. 인증제도의 운영과 관련하여 국토교통부장관 또는 산업통상자원부장관이 요청하는 업무
9. 그 밖에 인증제도의 운영에 필요한 업무로서 국토교통부장관이 산업통상자원부장관과 협의하여 인정하는 업무

④ 운영기관의 장은 다음 각 호의 구분에 따른 시기까지 운영기관의 사업내용을 국토교통부장관과 산업통상자원부장관에게 각각 보고하여야 한다.

1. 전년도 사업추진 실적과 그 해의 사업계획	매년 1월 31일까지
2. 분기별 인증 현황	매 분기 말일을 기준으로 다음 달 15일까지

⑤ 운영기관의 장은 인증기관에 지정의 취소 등의 처분사유가 있다고 인정하면 국토교통부장관에게 알려야 한다.

4 인증기관의 지정(규칙 제4조)

① 국토교통부장관은 건축물 에너지효율등급 인증기관을 지정하려는 경우 산업통상자원부장관과 협의하여 지정 신청 기간을 정하고, 그 기간이 시작되는 날의 3개월 전까지 신청 기간 등 인증기관 지정에 관한 사항을 공고하여야 한다.

② 건축물 에너지효율등급 인증기관으로 지정을 받으려는 자는 ①의 신청 기간에 건축물 에너지효율등급 인증기관 지정 신청서와 서류(전자문서 포함)를 국토교통부장관에게 제출해야 한다.

1. 건축물 에너지효율등급 인증기관 지정 신청서(별지 제1호서식, 전자문서로 된 신청서 포함)
2. 인증업무를 수행할 전담조직 및 업무수행체계에 관한 설명서
3. 인증업무인력을 보유하고 있음을 증명하는 서류
4. 인증기관의 인증업무 처리규정[주)]
5. 인증업무를 수행할 능력을 갖추고 있음을 증명하는 서류

주) 인증업무 처리규정에 포함 사항

1. 건축물 에너지효율등급 인증 평가의 절차 및 방법에 관한 사항
2. 건축물 에너지효율등급 인증 결과의 통보 및 재평가에 관한 사항
3. 건축물 에너지효율등급 인증을 받은 건축물의 인증 취소에 관한 사항
4. 건축물 에너지효율등급 인증 결과 등의 보고에 관한 사항
5. 건축물 에너지효율등급 인증 수수료 납부방법 및 납부기간에 관한 사항
6. 건축물 에너지효율등급 인증 결과의 검증방법에 관한 사항
7. 그 밖에 건축물 에너지효율등급 인증업무 수행에 필요한 사항

③ 인증기관 지정 신청을 받은 국토교통부장관은 「전자정부법」 에 따른 행정정보의 공동이용을 통하여 신청인의 법인 등기사항증명서(법인만 해당) 또는 사업자등록증(개인만 해당)을 확인하여야 한다. **예외** 신청인이 사업등록증을 확인하는 데 동의하지 아니하는 경우: 해당 서류의 사본을 제출하도록 하여야 함

④ 건축물 에너지효율등급 인증기관은 건축물의 에너지효율등급 인증에 관한 상근(常勤) 인증업무 인력을 5명 이상 보유하여야 한다.

■ 상근 인증업무 인력의 자격
1. 3개월 이상의 실무교육을 받은 건축물에너지평가사
2. 건축사 자격을 취득한 후 3년 이상 해당 업무를 수행한 사람
3. 건축, 설비, 에너지 분야(이하 “해당 전문분야”)의 기술사 자격을 취득한 후 3년 이상 해당 업무를 수행한 사람
4. 해당 전문분야의 기사 자격을 취득한 후 5년 이상 해당 업무를 수행한 사람
5. 해당 전문분야의 박사학위를 취득한 후 3년 이상 해당 업무를 수행한 사람
6. 해당 전문분야의 석사학위를 취득한 후 5년 이상 해당 업무를 수행한 사람
7. 해당 전문분야의 학사학위를 취득한 후 7년 이상 해당 업무를 수행한 사람
8. 해당 전문분야에서 10년 이상 해당 업무를 수행한 사람

⑤ 국토교통부장관은 건축물 에너지효율등급 인증기관 지정 신청서가 제출되면 해당 신청인이 인증기관으로 적합한지를 산업통상자원부장관과 협의하여 검토한 후 건축물 에너지등급 인증운영위원회의 심의를 거쳐 지정·고시한다.

⑥ 제로에너지건축물 인증기관은 ⑤에 따라 지정·고시된 건축물 에너지효율등급 인증기관 중에서 국토교통부장관이 산업통상자원부장관과 협의하여 지정·고시한다.

⑦ 제로에너지건축물 인증기관은 다음 사항을 갖춰야 한다. 이 경우 다음 각 호의 사항은 건축물 에너지효율등급 인증기관으로서 갖춰야 하는 전담조직·업무수행체계, 상근 인증업무인력 및 인증업무 처리규정과 중복되어서는 안 된다.

항목	비고
1. 인증업무를 수행할 전담조직 및 업무수행체계	* “건축물 에너지효율등급 인증”은 “제로에너지건축물 인증”으로 본다.
2. 3명 이상의 상근 인증업무인력(인증업무인력의 자격: ④를 준용)*	
3. 인증업무 처리규정(인증업무 처리규정에 포함 사항: ② 주) 사항을 준용)*	

5 인증기관 지정서의 발급 및 인증기관 지정의 갱신 등(규칙 제5조)

① 국토교통부장관은 인증기관으로 지정받은 자에게 별지 제2호서식 또는 별지 제2호의2서식의 인증기관 지정서를 발급하여야 한다.

② 인증기관 지정의 유효기간은 인증기관 지정서를 발급한 날부터 5년으로 한다

③ 국토교통부장관은 산업통상자원부장관과의 협의를 거쳐 지정의 유효기간을 5년마다 5년의 범위에서 갱신할 수 있다. 이 경우 건축물 에너지효율등급 인증기관에 대해서는 산업통상자원부장관

과의 협의 후에 건축물 에너지등급 인증운영위원회의 심의를 거쳐야 한다.

④ 인증기관 지정서를 발급받은 인증기관의 장은 다음에 해당하는 사항이 변경되었을 때에는 그 변경된 날부터 30일 이내에 변경된 내용을 증명하는 서류를 해당 인증제 운영기관의 장에게 제출하여야 한다.

1. 기관명 및 기관의 대표자	2. 건축물의 소재지	3. 상근 인증업무인력

⑤ 운영기관의 장은 ④의 제출받은 서류가 사실과 부합하는지를 확인하여 이상이 있을 경우 그 내용을 국토교통부장관과 산업통상자원부장관에게 각각 보고하여야 한다.

⑥ 국토교통부장관은 산업통상자원부장관과 협의하여 인증기관 지정의 취소 등의 사유를 점검할 수 있으며, 이를 위하여 인증기관의 장에게 관련 자료의 제출을 요구할 수 있다. 이 경우 자료 제출을 요구받은 인증기관의 장은 특별한 사유가 없으면 이에 따라야 한다.

6 인증 신청 등(규칙 제6조)

① 제로에너지건축물 인증 기준 : 건축물 에너지효율등급이 1++ 등급 이상인 건축물

② 인증 신청자(이하 “건축주등”)

1. 건축주	2. 건축물 소유자
3. 사업주체 또는 시공자(건축주나 건축물 소유자가 인증 신청에 동의하는 경우에만 해당)	

③ 건축주등은 인증관리시스템을 통하여 다음의 구분에 따라 해당 인증기관의 장에게 신청서를 제출하여야 한다.

1. 건축물 에너지효율등급 인증을 신청하는 경우 : 별지 제3호서식에 따른 신청서 및 다음의 서류
① 공사가 완료되어 이를 반영한 건축·기계·전기·신에너지 및 재생에너지(「신에너지 및 재생에너지 개발·이용·보급 촉진법」에 따른 신에너지 및 재생에너지) 관련 최종 설계도면
② 건축물 부위별 성능내역서
③ 건물 전개도
④ 장비용량 계산서
⑤ 조명밀도 계산서
⑥ 관련 자재·기기·설비 등의 성능을 증명할 수 있는 서류
⑦ 설계변경 확인서 및 설명서
⑧ 건축물 에너지효율등급 예비인증서 사본(예비인증을 받은 경우만 해당한다)
⑨ ①~⑧ 서류 외에 건축물 에너지효율등급 평가를 위하여 건축물 에너지효율등급 인증제 운영기관의 장이 필요하다고 정하여 공고하는 서류

2. 제로에너지건축물 인증을 신청하는 경우: 별지 제3호의2서식에 따른 신청서 및 다음의 서류
① 1++등급 이상의 건축물 에너지효율등급 인증서 사본
② 건축물에너지관리시스템(법 제6조의2제2항에 따른 건축물에너지관리시스템) 또는 전자식 원격검침계량기 설치도서
③ 제로에너지건축물 예비인증서 사본(예비인증을 받은 경우만 해당)
④ ①~③ 서류 외에 제로에너지건축물 인증 평가를 위하여 제로에너지건축물 인증제 운영기관의 장이 필요하다고 정하여 공고하는 서류

3. 건축물 에너지효율등급 인증 및 제로에너지건축물 인증을 동시에 신청하는 경우: 별지 제3호서식에 따른 신청서 및 다음의 서류
① 1.의 각 서류
② 2.의 ②~④의 서류

④ 신청서에 첨부하여 제출하는 서류(인증서 사본 및 예비인증서 사본은 제외)에는 설계자 및 관계전문기술자가 날인을 하여야 한다.

예외 다음에 해당하는 경우 그 사유서를 첨부하여 「건축법」 에 따른 감리자 또는 건축주의 날인으로 설계자 또는 관계전문기술자의 날인을 대체할 수 있으며, 제2호의 경우 인증기관의 장은 변경내용을 허가권자에게 통보하여야 한다.

1. 관계전문기술자의 협력을 받아야 하는 건축물에 해당하지 아니하는 경우
2. 첨부서류의 내용이 「건축법」에 따른 사용승인 후 변경된 경우
3. 인증기관의 평가·사후관리 및 감독에 관한 업무

⑤ 인증기관의 장은 인증 신청을 받은 날부터 다음 각 호의 구분에 따른 기간 내에 인증을 처리하여야 한다.

구 분	처리기간	비 고
1. 건축물 에너지효율등급 인증의 경우	50일	단독주택 및 공동주택의 경우 40일
2. 제로에너지건축물 인증의 경우	30일	에너지효율등급과 제로에너지 인증을 동시에 신청한 경우 1++등급 이상의 건축물 에너지효율등급 인증서가 발급된 날부터 기산

⑥ 인증기관의 장은 ⑤의 기간 내에 부득이한 사유로 인증을 처리할 수 없는 경우 건축주등에게 그 사유를 통보하고 20일의 범위에서 인증 평가 기간을 한 차례만 연장할 수 있다.

⑦ 인증신청의 보완 등

㉠ 인증기관의 장은 건축주등이 제출한 서류의 내용이 미흡하거나 사실과 다른 경우 건축주등에게 보완을 요청할 수 있다. 이 경우 건축주등이 제출서류를 보완하는 기간은 ⑤의 처리 기간에 산입하지 아니한다. 또한, 공휴일은 처리 기간 등에서 제외한다.

㉡ 보완을 요청받은 건축주등은 보완 요청일로부터 30일 이내에 보완을 완료하여야 한다.

㉢ 건축주등이 부득이한 사유로 기간 내 보완이 어려운 경우에는 10일의 범위에서 보완기간을 한 차례 연장할 수 있다.

⑧ 인증신청의 반려 등

㉠ 인증기관의 장은 건축주등이 보완 요청 기간 안에 보완을 하지 아니한 경우 등에는 신청을 반려할 수 있다. 이 경우 반려 기준 및 절차 등 필요한 사항은 국토교통부장관과 산업통상자원부장관이 정하여 공동으로 고시한다.

㉡ 인증기관의 장은 다음에 해당하는 경우 그 사유를 명시하여 인증을 신청한 건축주등에게 인증 신청을 반려하여야 한다.

* 인증신청 반려 사항
1. 규칙 제2조(인증신청 보완 등)에 따른 적용대상이 아닌 경우
2. 인증관리시스템을 통한 앞 ③(인증신청) 및 규칙 제11조제2항(예비인증신청)에 따른 인증신청 서류를 제출하지 아니한 경우
3. 보완기간 내에 보완을 완료하지 아니한 경우
4. 건축물 에너지효율등급 인증을 신청한 건축주등이 인증 수수료를 신청일로부터 20일 이내에 납부하지 아니한 경우

⑨ 건축물 에너지효율등급 인증 또는 제로에너지건축물 인증을 받은 건축물의 소유자는 필요한 경우 인증 유효기간이 만료되기 90일 전까지 같은 건축물에 대하여 재인증을 신청할 수 있다. 이 경우 평가 절차 등 필요한 사항은 국토교통부장관과 산업통상자원부장관이 정하여 공동으로 고시한다.

7 인증 평가 등(규칙 제7조)

① 인증기관의 장은 제6조에 따른 인증 신청을 받으면 인증 기준에 따라 도서평가와 현장실사(現場實査)를 하고, 인증 신청 건축물에 대한 인증 평가서를 작성하여야 한다.

② 인증기관의 장은 인증 평가서 결과에 따라 인증 여부 및 인증 등급을 결정한다.

③ 인증기관의 장은 사용승인 또는 사용검사를 받은 날부터 3년이 지난 건축물에 대해서 건축물 에너지효율등급 인증을 하려는 경우 건축주등에게 건축물 에너지효율 개선방안을 제공하여야 한다.

8 인증 기준 등(규칙 제8조)

① 건축물 에너지효율등급 인증 및 제로에너지건축물 인증은 다음의 구분에 따른 사항을 기준으로 평가하여야 한다.

1. 건축물 에너지효율등급 인증: 난방, 냉방, 급탕(給湯), 조명 및 환기 등에 대한 1차 에너지 소요량
2. 제로에너지건축물 인증
① 건축물 에너지효율등급 성능수준
② 신에너지 및 재생에너지를 활용한 에너지자립도
③ 건축물에너지관리시스템 또는 전자식 원격검침계량기 설치 여부

② 건축물 에너지효율등급 인증 및 제로에너지건축물 인증의 등급은 다음 각 호의 구분에 따른다.

1. 건축물 에너지효율등급 인증	1+++등급부터 7등급까지의 10개 등급
2. 제로에너지건축물 인증	1등급부터 5등급까지의 5개 등급

③ ①, ②의 인증 기준 및 인증 등급의 세부 기준은 국토교통부장관과 산업통상자원부장관이 정하여 공동으로 고시한다.(기준 제4조)

㉠ 인증 기준 : 인증 신청당시의 기준을 적용

1. 건축물 에너지효율등급 인증	별표 1, ISO ISO 52016 등 국제규격에 따라 난방, 냉방(냉방설비가 설치되지 않은 주거용 건물은 제외), 급탕, 조명, 환기 등에 대해 종합적으로 평가하도록 제작된 프로그램으로 산출된 연간 단위면적당 1차 에너지소요량
2. 제로에너지건축물 인증	별표 1의2

[별표 1] 건축물 에너지효율등급 인증 기준 <개정 2023.12.29.>

1. 단위면적당 에너지 소요량

$$= \frac{\text{난방에너지소요량}}{\text{난방에너지가 요구되는 공간의 바닥면적}} + \frac{\text{냉방에너지소요량}}{\text{냉방에너지가 요구되는 공간의 바닥면적}} + \frac{\text{급탕에너지소요량}}{\text{급탕에너지가 요구되는 공간의 바닥면적}} + \frac{\text{조명에너지소요량}}{\text{조명에너지가 요구되는 공간의 바닥면적}} + \frac{\text{환기에너지소요량}}{\text{환기에너지가 요구되는 공간의 바닥면적}}$$

2. 냉방설비가 없는 주거용 건축물(단독주택 및 기숙사를 제외한 공동주택)의 경우는 냉방 평가 항목을 제외
3. 단위면적당 1차에너지소요량 = 단위면적당 에너지소요량 × 1차에너지환산계수*

* 제10조에 따라 운영기관의 장이 운영세칙으로 정하는 에너지원별 환산계수

4. 신재생에너지생산량은 에너지소요량에 반영되어 효율등급 평가에 포함

[별표 1의2] 제로에너지건축물 인증 기준<개정 2018.11.15., 2023.12.29.>

1. [별표 2]에 따른 건축물 에너지효율등급 인증등급 1++ 이상
2. [별표 2의2]에 따른 에너지자립률 20% 이상

가. $\text{에너지자립률}(\%) = \frac{\text{단위면적당 1차에너지생산량}}{\text{단위면적당 1차에너지소비량}} \times 100$

나. 단위면적당 1차에너지 생산량(kWh/㎡ · 년)
= 대지 내 단위면적당 1차에너지 순 생산량 + (대지 외 단위면적당 1차에너지 순 생산량 × 보정계수)
1) 대지 내 단위면적당 1차에너지 순 생산량
= Σ[(신 · 재생에너지 생산량 － 신 · 재생에너지 생산에 필요한 에너지소비량) × 1차에너지 환산계수] ÷ 평가면적
2) 대지 외 단위면적당 1차에너지 순 생산량
= Σ[(신 · 재생에너지 생산량 － 신 · 재생에너지 생산에 필요한 에너지소비량) × 1차에너지 환산계수] ÷ 평가면적
3) 보정계수

대지 내 에너지자립률	~10% 미만	10% 이상~ 15% 미만	15% 이상~ 20% 미만	20% 이상~
대지 외 생산량 가중치	0.7	0.8	0.9	1.0

※ 대지 내 에너지자립률 산정 시 단위면적당 1차 에너지생산량은 대지 내 단위면적당 1차 에너지 순 생산량만을 고려한다.

다. 단위면적당 1차에너지 소비량(kWh/㎡ · 년)
= Σ[(별표1에 따른 단위면적당 1차에너지 소요량 + 단위면적당 1차에너지 생산량)]

3. 건축물에너지관리시스템 또는 전자식 원격검침계량기 설치 확인

「건축물의 에너지절약 설계기준」 의[별지 제1호 서식] 2.에너지성능지표 중 전기설비부문 8. 건축물에너지관리시스템(BEMS) 또는 건축물에 상시 공급되는 모든 에너지원별 전자식 원격검침계량기 설치 여부

주) 1. 1차에너지 환산계수 : 제10조에 따라 운영기관의 장이 운영세칙으로 정하는 에너지원별 환산계수
2. 평가면적 : [별표 1] '단위면적당 에너지 소요량' 에 따른 난방 · 냉방 · 급탕 · 조명 · 환기 에너지가 요구되는 공간의 바닥면적의 합
3. 냉방설비가 없는 주거용 건축물(단독주택 및 기숙사를 제외한 공동주택)의 경우 냉방평가 항목을 제외
4. 「녹색건축물 조성 지원법」 제15조 및 시행령 제11조에 따른 건축기준 완화 시 대지 내 단위면적당 1차에너지 순 생산량만을 고려한 에너지자립률을 기준으로 적용한다.

ⓛ 인증 등급의 세부 기준

[별표 2] 건축물 에너지효율등급 인증등급

등급	주거용 건축물 연간 단위면적당 1차에너지소요량 (kWh/㎡ · 년)	주거용 이외의 건축물 연간 단위면적당 1차에너지소요량 (kWh/㎡ · 년)
1+++	60 미만	80 미만
1++	60 이상 90 미만	80 이상 140 미만
1+	90 이상 120 미만	140 이상 200 미만
1	120 이상 150 미만	200 이상 260 미만
2	150 이상 190 미만	260 이상 320 미만
3	190 이상 230 미만	320 이상 380 미만
4	230 이상 270 미만	380 이상 450 미만
5	270 이상 320 미만	450 이상 520 미만
6	320 이상 370 미만	520 이상 610 미만
7	370 이상 420 미만	610 이상 700 미만

※ 주거용 건축물 : 단독주택 및 공동주택(기숙사 제외)
※ 비주거용 건축물 : 주거용 건축물을 제외한 건축물

※ 등외 등급을 받은 건축물의 인증은 등외로 표기한다.
※ 등급산정의 기준이 되는 1차에너지소요량은 용도별 보정계수를 반영한 결과이다.

[별표 2의2] 제로에너지건축물 인증등급

ZEB 등급	에너지 자립률
1 등급	에너지자립률 100% 이상
2 등급	에너지자립률 80% 이상 ~ 100% 미만
3 등급	에너지자립률 60% 이상 ~ 80% 미만
4 등급	에너지자립률 40% 이상 ~ 60% 미만
5 등급	에너지자립률 20프 이상 ~ 40% 미만

㉢ 하나의 대지에 둘 이상의 건축물이 있는 경우에 각각의 건축물에 대하여 별도로 인증을 받을 수 있다.

9 인증서 발급 및 인증의 유효기간 등(규칙 제9조)

① 건축물 에너지효율등급 인증기관의 장 또는 제로에너지건축물 인증기관의 장은 평가가 완료되어 인증을 할 때에는 건축물 에너지효율등급 인증서(별지 제4호서식) 또는 제로에너지건축물 인증서(별지 제4호의2서식)를 건축주등에게 발급하고, 인증 평가서 등 평가 관련 서류와 함께 인증관리시스템에 인증 사실을 등록하여야 한다.

② 건축주등은 인증명판이 필요하면 제작(별표 1, 1의2 참조)하여 활용할 수 있으며, 건축물의 건축주등은 인증명판을 건축물 현관 또는 로비 등 공공이 볼 수 있는 장소에 게시하여야 한다.

■ 인증명판(별표 1, 1의2)

③ 건축물 에너지효율등급 인증 및 제로에너지건축물 인증의 유효기간

1. 건축물 에너지효율등급 인증	10년
2. 제로에너지건축물 인증	인증받은 날부터 해당 건축물에 대한 1++등급 이상의 건축물 에너지효율등급 인증 유효기간 만료일까지의 기간

④ 인증기관의 장은 인증서를 발급하였을 때에는 인증 대상, 인증 날짜, 인증 등급을 포함한 인증 결과를 해당 인증제 운영기관의 장에게 제출하여야 한다.

⑤ 운영기관의 장은 에너지성능이 높은 건축물의 보급을 확대하기 위하여 인증평가 관련 정보를 분석하여 통계적으로 활용할 수 있으며, 인증 관련 정보를 공개할 수 있다.

10 재평가 요청 등(규칙 제10조)

① 제7조에 따른 인증 평가 결과나 법 제20조제1항에 따른 인증 취소 결정에 이의가 있는 건축주등은 인증서 발급일 또는 인증 취소일부터 90일 이내에 인증기관의 장에게 재평가를 요청할 수 있다.

② 재평가 결과 통보, 인증서 재발급 등 재평가에 따른 세부 절차에 관한 사항은 국토교통부장관과 산업통상자원부장관이 정하여 공동으로 고시한다.(기준 제5조)

㉠ 재인증 및 재평가의 준용 규정

<table>
<tr><th colspan="2">재인증, 재평가</th><th>준용규정</th></tr>
<tr><td>1. 규칙 제6조⑨</td><td>유효기간 만료 후 재인증</td><td rowspan="2">1. 규칙 제6조⑤~⑧(기간내 인증 처리, 평가기간의 연장, 보완 요청, 신청 반려)
2. 규칙 제7조①,②(인증평가서 작성, 인증 여부 및 등급 결정)
3. 규칙 제8조(인증 기준 등)
6. 「녹색건축법」 제20조(인증의 취소)</td></tr>
<tr><td>2. 규칙 제10조①</td><td>인증 평가 결과, 취소 결정에 대한 재평가</td></tr>
</table>

㉡ 재평가를 요청하는 건축주등은 재평가 요청 사유서를 해당 인증기관의 장에게 제출하여야 한다.

㉢ 인증기관의 장은 건축주등이 기존에 발급된 인증서를 반납하였는지 확인한 후 재인증 또는 재평가에 따른 인증서를 발급하여야 한다.

㉣ 재평가를 수행한 인증기관의 장은 재평가에 대한 전반적인 사항을 해당 인증제 운영기관의 장에게 보고하여야 한다.

11 예비인증의 신청 등(규칙 제11조)

① 건축주등은 본인증에 앞서 설계도서에 반영된 내용만을 대상으로 예비인증을 신청할 수 있다.

② 예비인증을 신청하려는 건축주등은 인증관리시스템을 통하여 다음의 구분에 따라 해당 인증기관의 장에게 신청서를 제출하여야 한다.

1. 건축물 에너지효율등급 예비인증을 신청하는 경우 : 별지 제5호서식에 따른 신청서 및 다음의 서류
① 건축·기계·전기·신에너지 및 재생에너지 관련 설계도면
② 건축물 부위별 성능내역서
③ 건물 전개도
④ 장비용량 계산서
⑤ 조명밀도 계산서
⑥ 관련 자재·기기·설비 등의 성능을 증명할 수 있는 서류
⑦ 건축물 에너지효율등급 평가를 위하여 건축물 에너지효율등급 인증제 운영기관의 장이 필요하다고 정하여 공고하는 서류

2. 제로에너지건축물 예비인증을 신청하는 경우: 별지 제5호의2서식에 따른 신청서 및 다음의 서류
① 1++등급 이상의 건축물 에너지효율등급 인증서 또는 예비인증서 사본
② 건축물에너지관리시스템(법 제6조의2제2항에 따른 건축물에너지관리시스템) 또는 전자식 원격검침계량기 설치도서
③ 제로에너지건축물 인증 평가를 위하여 제로에너지건축물 인증제 운영기관의 장이 필요하다고 정하여 공고하는 서류

3. 건축물 에너지효율등급 인증 및 제로에너지건축물 예비인증을 동시에 신청하는 경우: 별지 제5호서식의 신청서 및 다음의 서류
① 1.의 각 서류
② 2.의 ②, ③의 서류

③ 인증기관의 장은 평가 결과 예비인증을 하는 경우 예비인증서를 건축주등에게 발급하여야 한다. 이 경우 건축주등이 예비인증을 받은 사실을 광고 등의 목적으로 사용하려면 본인증을 받을 경우 그 내용이 달라질 수 있음을 알려야 한다.

④ 예비인증을 받은 건축주등은 본인증을 받아야 한다. 이 경우 예비인증을 받아 제도적·재정적 지원을 받은 건축주등은 예비인증 등급 이상의 본인증을 받아야 한다.

⑤ 예비인증의 유효기간은 예비인증서를 발급한 날부터 사용승인일 또는 사용검사일까지로 한다.

⑥ 예비인증의 신청 및 평가 등에 관하여는 다음 규정을 준용한다.

준용규정	내용	준용규정	내용
1. 규칙 제6조④~⑧	설계자 날인, 처리기한,보완 등	4. 규칙 제9조④	인증결과의 제출
2. 규칙 제7조①*, ②	평가서작성, 인증 여부 및 등급 결정 등	5. 규칙 제10조	재평가 요청 등
3. 규칙 제8조	인증기준 등	6. 「녹색건축법」 제20조	인증의 취소

예외 * 제7조제1항에 따른 인증 심사 중 현장실사는 하지 않는다.

12 건축물에너지평가사의 업무범위(규칙 제11조의2)

실무교육을 받은 건축물에너지평가사는 다음 각 호의 업무를 수행한다.

수행 업무	근거 규정
1. 도서평가, 현장실사, 인증 평가서 작성 및 건축물 에너지효율 개선방안 작성	규칙 제7조
2. 예비인증 평가	규칙 제11조⑥

13 인증을 받은 건축물에 대한 점검 및 실태조사(규칙 제12조)

① 건축물 에너지효율등급 인증 또는 제로에너지건축물 인증을 받은 건축물의 소유자 또는 관리자는 그 건축물을 인증받은 기준에 맞도록 유지·관리하여야 한다.

② 건축물 에너지효율등급 인증제 운영기관의 장 또는 제로에너지건축물 인증제 운영기관의 장은 인증받은 건축물의 성능점검 또는 유지·관리 실태 파악을 위하여 에너지사용량 등 필요한 자료를 해당 건축물의 소유자 또는 관리자에게 요청할 수 있다. 이 경우 건축물의 소유자 또는 관리자는 특별한 사유가 없으면 그 요청에 따라야 한다.

14 인증운영위원회의 구성·운영 등(규칙 제12조)

① 국토교통부장관과 산업통상자원부장관은 건축물 에너지효율등급 인증제 및 제로에너지건축물 인증제를 효율적으로 운영하기 위하여 국토교통부장관이 산업통상자원부장관과 협의하여 정하는 기준에 따라 건축물 에너지등급 인증운영위원회(이하 "인증운영위원회")를 구성하여 운영할 수 있다.

② 인증운영위원회의 심의사항

1. 건축물 에너지효율등급 인증기관 및 제로에너지건축물 인증기관의 지정과 지정의 유효기간 연장에 관한 사항
2. 건축물 에너지효율등급 인증기관 및 제로에너지건축물 인증기관 지정의 취소와 업무정지에 관한 사항
3. 건축물 에너지효율등급 인증 및 제로에너지건축물 인증 평가기준의 제정·개정에 관한 사항
4. 1.~3.외에 건축물 에너지효율등급 인증제도 및 제로에너지건축물 인증제도의 운영과 관련된 중요사항

③ 국토교통부장관과 산업통상자원부장관은 인증운영위원회의 운영을 인증제 운영기관에 위탁할 수 있다.

④ ①,② 규정 사항 외에 인증운영위원회의 세부 구성 및 운영 등에 관한 사항은 국토교통부장관과 산업통상자원부장관이 정하여 공동으로 고시한다.(기준 제8조, 제9조)

⑤ 위원회의 구성(기준 제8조)

1. 위원회는 위원장 1명을 포함한 20명 이내의 위원으로 구성한다.

2. 위원장과 위원의 임기는 2년으로 한다. 다만, 공무원인 위원은 보직의 재임기간으로 한다.

3. 위원장은 2년마다 교대로 국토교통부장관과 산업통상자원부장관이 소속 고위공무원중 지명한 사람으로 한다. 다만, 운영기관에 운영을 위탁한 경우에는 운영기관의 임원으로 할 수 있다.

4. 위원은 다음에 해당하는 사람으로서, 국토교통부장관과 산업통상자원부장관이 추천한 전문가가 동수가 되도록 구성한다.

① 관련분야의 직무를 담당하는 중앙행정기관의 소속 공무원
② 7년 이상 건축물 에너지 관련 연구경력이 있는 대학부교수 이상인 사람
③ 7년 이상 건축물 에너지 관련 연구경력이 있는 책임연구원 이상인 사람
④ 기업에서 10년 이상 건축물 에너지 관련 분야에 근무한 부서장 이상인 사람
⑤ 그밖에 ①~④와 동등 이상의 자격이 있다고 국토교통부장관 또는 산업통상자원부장관이 인정하는 사람

⑥ 위원회의 운영(기준 제9조)

1. 위원회의 회의는 재적위원 과반수의 출석으로 개최하고 출석위원 과반수의 찬성으로 의결하되, 가부 동수인 경우에는 부결된 것으로 본다.

2. 심의안건과 이해관계가 있는 위원은 해당 위원회 참석대상에서 제외하며, 위원회에 참석한 위원에 대하여는 수당 및 여비를 지급할 수 있다.

3. 국토교통부장관과 산업통상자원부장관은 법 및 이 규정에서 정한 사항 외에 인증제도의 시행과 관련된 사항은 협의하여 수행한다.

4. 위원은 다음에 해당하는 사람으로서, 국토교통부장관과 산업통상자원부장관이 추천한 전문가가 동수가 되도록 구성한다.

⑦ 운영세칙(기준 제10조)

운영기관의 장은 인증제도 활성화를 위한 사업의 효율적 수행을 위하여 필요한 때에는 이 규정에 저촉되지 않는 범위 안에서 시행세칙을 제정하여 운영할 수 있다.

기출문제 및 예상문제

※건축물의 에너지절약 설계기준 등의 개정 시행으로 교재 해설, 부록의 원문을 확인바랍니다.

제1장 에너지절약설계기준

1. 건축부문

1. 건축물의 에너지절약 설계기준에 따른 용어의 정의가 옳지 않은 것은? (설비산업기사 2012.8, 2016.10)

㉮ 거실의 외벽이라 함은 거실의 벽 중 외기에 직접 또는 간접 면하는 부위를 말한다.
㉯ 외피라 함은 거실 또는 거실 외 공간을 둘러싸고 있는 벽 · 지붕 · 바닥 · 창 및 문 등으로서 외기에 직접 또는 간접 면하는 부위를 말한다.
㉰ 방풍구조라 함은 출입구에서 실내외 공기 교환에 의한 열출입을 방지할 목적으로 설치하는 방풍실 또는 회전문 등을 설치한 방식을 말한다.
㉱ 투광부라 함은 창, 문면적의 50% 이상이 투과체로 구성된 문, 유리블럭, 플라스틱패널 등과 같이 투과재료로 구성되며, 외기에 접하여 채광이 가능한 부위를 말한다.

2. 건축물의 에너지절약 설계기준에서 사용되는 용어의 정의가 옳지 않은 것은?(설비산업기사 2008.3, 2010.8, 2016.5, 2017.5)

㉮ 거실의 외벽이라 함은 거실의 벽 중 외기에 직접 면하는 부위만을 말한다.
㉯ 외기에 직접 면하는 부위라 함은 바깥쪽이 외기이거나 외기가 직접 통하는 공간에 면한 부위를 말한다.
㉰ 외피라 함은 거실 또는 거실 외 공간을 둘러싸고 있는 벽·지붕·바닥·창 및 문 등으로서 외기에 직접 면하는 부위를 말한다.
㉱ 방풍구조라 함은 출입구에서 실내외 공기 교환에 의한 열출입을 방지할 목적으로 설치하는 방풍실 또는 회전문 등을 설치한 방식을 말한다.

3. 건축물의 에너지절약 설계기준에 따른 용어의 정의가 옳지 않은 것은? (산업기사 2016.3)

㉮ 태양열취득률(SHGC)이라 함은 입사된 태양열에 대하여 실내로 유입된 태양열취득의 비율을 말한다.
㉯ 투광부라 함은 창, 문면적의 30% 이상이 투과체로 구성된 문, 유리블럭, 플라스틱패널 등과 같이 투과재료로 구성되며, 외기에 접하여 채광이 가능한 부위를 말한다.
㉰ 야간단열장치라 함은 창의 야간 열손실을 방지할 목적으로 설치하는 단열셔터, 단열덧문으로서 총열관류저항(열관류율의 역수)이 0.4㎡ · K/W 이상인 것을 말한다.
㉱ 차양장치라 함은 태양열의 실내 유입을 저감하기 위한 목적으로 설치하는 장치로서 설치위치에 따라 외부 차양과 내부 차양 그리고 유리간 사이 차양으로 구분된다.

4. 건축물의 에너지절약설계기준에 따른 용어의 정의가 옳지 않은 것은?(설비산업기사 2019.3)

㉮ 일사조절장치라 함은 태양열의 실내 유입을 조절하기 위한 목적으로 설치하는 장치를 말한다.
㉯ 태양열취득률(SHGC)이라 함은 입사된 태양열에 대하여 실내로 유입된 태양열취득의 비율을 말한다.
㉰ 투광부라 함은 창, 문면적의 30% 이상이 투과체로 구성된 문, 유리블럭, 플라스틱패널 등과 같이 투과재료로 구성되며, 외기에 접하여 채광이 가능한 부위를 말한다.
㉱ 야간단열장치라 함은 창의 야간 열손실을 방지할 목적으로 설치하는 단열셔터, 단열덧문으로서 총열관류저항(열관류율의 역수)이 0.4㎡·K/W 이상인 것을 말한다.

해답 1. ㉯ 2. ㉮ 3. ㉯, ㉰(삭제된 규정임), ㉱(삭제된 규정임) 4. ㉰, ㉱(삭제된 규정임)

5. 다음은 건축물의 에너지절약설계기준에 따른 방습층의 정의이다. (　) 안에 알맞은 것은?(설비기사 2022.9)

> "방습층"이라 함은 습한 공기가 구조체에 침투하여 결로발생의 위험이 높아지는 것을 방지하기 위해 설치하는 투습도가 24시간당 (　　) 이하 또는 투습계수 $0.28g/m^2 \cdot h \cdot mmHg$ 이하의 투습저항을 가진 층을 말한다.

㉮ $10g/m^2$
㉯ $20g/m^2$
㉰ $30g/m^2$
㉱ $40g/m^2$

6. 건축물의 열손실 방지를 위한 조치가 가장 강화된 건축물의 부위는? (설비산업기사 2010.5)

㉮ 거실의 외벽
㉯ 공동주택의 측벽
㉰ 최하층에 있는 거실의 바닥
㉱ 최상층에 있는 거실의 반자

7. 다음 중 건축물의 부위별 열관류율 기준이 가장 작은 부위는?(단, 중부 지역의 경우) (산업기사 2016.5)

㉮ 바닥난방인 충간 바닥
㉯ 외기에 직접 면하는 거실의 외벽
㉰ 외기에 직접 면하는 최하층에 있는 거실의 바닥
㉱ 외기에 직접 면하는 최상층에 있는 거실의 반자

8. 다음 중 외기에 면하고 1층 또는 지상으로 연결된 출입문을 방풍구조로 하지 않아도 되는 것은?(단, 사람의 통행을 주목적으로 하며, 너비가 1.2m를 초과하는 출입문의 경우) (설비기사 2021.9)

㉮ 호텔의 출입문
㉯ 아파트의 출입문
㉰ 공기조화를 하는 업무시설의 출입문
㉱ 바닥면적의 합계가 500㎡인 상점의 주출입문

9. 건축물의 에너지절약설계기준상 외기에 직접 면하고 1층 또는 지상으로 연결된 출입문 중 방풍구조로 하지 않을 수 있는 출입문의 너비 기준은?(설비산업기사 2015.5)

㉮ 1.2m 이하　㉯ 1.5m 이하
㉰ 1.8m 이하　㉱ 2.1m 이하

10. 외기에 직접 면하고 1층 또는 지상으로 연결된 출입문을 방풍구조로 하지 않아도 되는 경우에 관한 기준 내용으로 옳지 않은 것은?(설비기사 2019.4, 2020.8, 2023.3, 2023.9)

㉮ 기숙사의 출입문
㉯ 너비 1.5m 이하의 출입문
㉰ 바닥면적 300㎡ 이하의 개별 점포의 출입문
㉱ 사람의 통행을 주목적으로 하지 않는 출입문

11. 다음은 건축물의 에너지절약설계기준상 기밀 또는 결로방지 등을 위한 조치에 관한 내용이다. 밑줄 친 각 호의 내용으로 옳지 않은 것은? (설비산업기사 2012.3, 2023.5)

> 외기에 직접 면하고 1층 또는 지상으로 연결된 출입문은 방풍구조를 하여야 한다. 다만, <u>다음 각 호</u>에 해당하는 경우에는 그러하지 않을 수 있다.

㉮ 공동주택의 출입문
㉯ 너비 1.5m 이하의 출입문
㉰ 사람의 통행을 주목적으로 하지 않는 출입문
㉱ 바닥면적 300㎡ 이하의 개별 점포의 출입문

12. 건축물의 에너지절약 설계기준에 따른 건축부분의 권장사항으로 옳지 않은 것은? (설비산업기사 2012.5, 2020.8)

㉮ 외벽 부위는 외단열로 시공한다.
㉯ 공동주택은 인동간격을 좁게 하여 저층부의 일사 수열량을 증대시킨다.
㉰ 건축물의 체적에 대한 외피면적의 비 또는 연면적에 대한 외피면적의 비는 가능한 작게 한다.
㉱ 거실의 층고 및 반자 높이는 실의 용도와 기능에 지장을 주지 않는 범위 내에서 가능한 낮게 한다.

해답 5. ㉰ 6. ㉱ 7. ㉱ 8. ㉯ 9. ㉮ 10. ㉯ 11. ㉯ 12. ㉯

13. 건축물의 에너지절약 설계기준에 따른 건축부문의 권장사항으로 옳지 않은 것은?(설비산업기사 2011.5, 2013.9, 2014.9, 2016.3, 2017.3)

㉮ 외벽 부위는 외단열로 시공한다.
㉯ 공동주택은 인동간격을 넓게 하여 저층부의 일사 수열량을 증대시킨다.
㉰ 건축물의 체적에 대한 외피면적의 비 또는 연면적에 대한 외피면적의 비는 가능한 크게 한다.
㉱ 건물의 창 및 문은 가능한 작게 설계하고, 특히 열손실이 많은 북측 거실의 창 및 문의 면적은 최소화한다.

14. 건축물의 에너지절약설계기준에 따른 건축부문의 권장사항으로 옳지 않은 것은?(설비산업기사 2012.3, 2015.3, 2018.3)

㉮ 외벽 부위는 외단열로 시공한다.
㉯ 건축물은 대지의 향, 일조 및 주풍향 등을 고려하여 배치하며, 남향 또는 남동향 배치를 한다.
㉰ 건물의 창 및 문은 가능한 작게 설계하고, 특히 열손실이 많은 북측 거실의 창 및 문의 면적은 최소화한다.
㉱ 거실의 층고 및 반자 높이는 실의 용도와 기능에 지장을 주지 않는 범위 내에서 가능한 높게 한다.

15. 건축물의 에너지절약설계기준에 따른 건축부문의 권장사항으로 옳지 않은 것은? (설비기사 2022.9)

㉮ 건축물은 대지의 향, 일조 및 주풍향 등을 고려하여 배치하며, 남향 또는 남동향 배치를 한다.
㉯ 거실의 층고 및 반자 높이는 실의 용도와 기능에 지장을 주지 않는 범위 내에서 가능한 낮게 한다.
㉰ 공동주택의 외기에 접하는 주동의 출입구와 각 세대의 현관은 방풍구조로 한다.
㉱ 건축물의 체적에 의한 외피면적의 비 또는 연면적에 대한 외피면적의 비는 가능한 크게 한다.

16. 건축물의 에너지절약 설계기준에 따른 건축부문의 권장사항으로 옳지 않은 것은? (설비산업기사 2013.5, 2019.3, 2023.9, 설비기사 2019.9, 2020.9, 2023.5)

㉮ 공동주택은 인동간격을 넓게 하여 저층부의 일사 수열량을 증대시킨다.
㉯ 건축물의 체적에 대한 외피면적의 비 또는 연면적에 대한 외피면적의 비는 가능한 작게 한다.
㉰ 거실의 층고 및 반자 높이는 실의 용도와 기능에 지장을 주지 않는 범위 내에서 가능한 높게 한다.
㉱ 건물 옥상에는 조경을 하여 최상층 지붕의 열저항을 높이고, 옥상면에 직접 도달하는 일사를 차단하여 냉방부하를 감소시킨다.

2. 기계부문

17. 건축물의 에너지절약설계기준에 따른 용어의 정의가 옳지 않은 것은?(설비산업기사 2023.3)

㉮ "효율"이라 함은 설비기기에 공급된 에너지에 대하여 출력된 유효에너지의 비를 말한다.
㉯ "태양열취득률(SHGC)"이라 함은 입사된 태양열에 대하여 실내로 유입된 태양열취득의 비율을 말한다.
㉰ "비례제어운전"이라 함은 기기를 여러 대 설치하여 부하상태에 따라 최적 운전상태를 유지할 수 있도록 기기를 조합하여 운전하는 방식을 말한다.
㉱ "이코노마이저시스템"이라 함은 중간기 또는 동계에 발생하는 냉방부하를 실내 엔탈피보다 낮은 도입 외기에 의하여 제거 또는 감소시키는 시스템을 말한다.

해답 13. ㉰ 14. ㉱ 15. ㉱ 16. ㉰ 17. ㉰

18. 다음은 건축물의 에너지절약설계기준에 따른 기계부분의 의무사항 내용이다. ( )안에 알맞은 것은?(설비산업기사 2015.5)

난방 및 냉방설비의 용량계산을 위한 외기조건은 각 지역별로 위험율 (㉠)(냉방기 및 난방기를 분리한 온도출현분포를 사용할 경우) 또는 (㉡) (연간 총시간에 대한 온도 출현 분포를 사용할 경우)로 하거나 별표7에서 정한 외기온·습도를 사용한다.

㉮ ㉠ 1% ㉡1.5%
㉯ ㉠ 1.5% ㉡ 1%
㉰ ㉠ 1% ㉡ 2.5%
㉱ ㉠ 2.5% ㉡ 1%

19. 건축물의 에너지절약설계기준에 따른 기계부문의 권장사항으로 옳지 않은 것은? (설비산업기사 2012.5, 설비기사 2022.3)

㉮ 열원설비는 부분부하 및 전부하 운전효율이 좋은 것을 선정한다.
㉯ 냉방설비의 용량계산을 위한 설계기준 실내온도는 28℃를 기준으로 한다.
㉰ 난방설비의 용량계산을 위한 설계기준 실내온도는 22℃를 기준으로 한다.
㉱ 위생설비 급탕용 저탕조의 설계온도는 55℃이하로 하고 필요한 경우에는 부스터히터 등으로 승온하여 사용한다.

20. 건축물의 에너지절약설계기준상 중간기 또는 동계에 발생하는 냉방부하를 실내기준온도보다 낮은 도입 외기에 의하여 제거 또는 감소시키는 시스템으로 정의되는 것은? (설비산업기사 2011.8)

㉮ 지열시스템
㉯ 태양광발전시스템
㉰ 이코노마이저시스템
㉱ 설비형태양열시스템

21. 건축물의 에너지절약 설계기준상 다음과 같이 정의되는 용어는? (설비산업기사 2010.3, 2016.5, 2018.9)

중간기 또는 동계에 발생하는 냉방부하를 실내기준온도보다 낮은 도입 외기에 의하여 제거 또는 감소시키는 시스템

㉮ 변풍량제어시스템
㉯ 이코노마이저시스템
㉰ 비례제어운전시스템
㉱ 대수분할운전시스템

22. 다음은 건축물의 에너지절약 설계기준에 따른 용어의 정의이다. ( ) 안에 알맞은 것은? (설비산업기사 2009.3, 2012.8, 2014.5, 2018.3)

중앙집중식 냉방 또는 난방설비라 함은 건축물의 전부 또는 냉난방 면적의 ( ) 이상을 냉방 또는 난방함에 있어 해당 공간에 순환펌프, 증기난방설비 등을 이용하여 열원 등을 공급하는 설비를 말한다. 단, 산업통상자원부 고시 「효율관리기자재 운용규정」에서 정한 가정용 가스보일러는 개별 난방설비로 간주한다.

㉮ 40% ㉯ 50%
㉰ 60% ㉱ 70%

23. 건축물의 에너지절약 설계기준상 다음과 같이 정의되는 용어는?(설비산업기사 2016.3, 2017.3, 2019.4, 2019.9)

냉(난)방기간 동안 또는 연간 총시간에 대한 온도출현분포중에서 가장 높은(낮은) 온도쪽으로부터 총시간의 일정 비율에 해당하는 온도를 제외시키는 비율

㉮ 위험률 ㉯ 온도율
㉰ 부분부하율 ㉱ 최대부하율

해답 18. ㉱ 19. ㉰ 20. ㉰ 21. ㉯ 22. ㉰ 23. ㉮

24. 다음 중 건축물의 에너지절약을 위한 권장 사항으로 부적합한 것은? (설비기사 2007.5)

㉮ 급탕용 저탕조의 설계온도를 70℃ 이상으로 한다.
㉯ 폐열회수형 환기장치를 설치한다.
㉰ 급수용펌프에 가변속 제어방식을 채택한다.
㉱ 이코노마이저시스템을 적용한다.

25. 에너지 절약을 위한 일반건축물의 설계용 냉난방 실내온도 권장기준으로 적합한 것은? (설비산업기사 2007.8, 2011.3)

㉮ 난방 18℃, 냉방 26℃
㉯ 난방 20℃, 냉방 28℃
㉰ 난방 22℃, 냉방 26℃
㉱ 난방 24℃, 냉방 24℃

3. 판정기준

26. 다음은 건축물의 에너지절약설계기준에 따른 에너지성능지표의 판정에 관한 기준 내용이다. ( )안에 알맞은 것은?(설비산업기사 2018.9)

> 에너지성능지표는 평점합계가 ( ) 이상일 경우 적합한 것으로 본다. 다만, 공공기관이 신축하는 건축물(별동이나 증축하는 건축물을 포함한다)은 74점 이상일 경우 적합한 것으로 본다.

㉮ 65점　　㉯ 72점
㉰ 84점　　㉱ 90점

27. 에너지절약계획서 작성에 따른 에너지성능지표 검토서의 적합판정으로 맞는 것은? (설비기사 2007.9) ※현행 규정에 맞게 변경함

㉮ 평점합계 60점 이상
㉯ 평점합계 65점 이상
㉰ 평점합계 70점 이상
㉱ 평점합계 80점 이상

28. 건축물의 에너지절약설계기준상 에너지성능지표 검토서는 에너지성능지표검토서의 평점합계가 최소 몇 점 이상일 경우 적합한 것으로 보는가? (단, 공공기관이 신축하거나 별동으로 증축하는 건축물이 아닌 경우) (설비산업기사 2013.3)
※ 현행 규정에 맞게 변경함

㉮ 65점　　㉯ 70점
㉰ 80점　　㉱ 90점

제2장 냉방설비 설계기준

29. 건축물의 냉방설비에 대한 설치 및 설계기준상 통계적으로 연중 최대냉방부하를 갖는 날을 기준으로 기타시간에 필요한 냉방열량 중에서 이용이 가능한 냉열량이 차지하는 비율로 정의되는 것은? (설비산업기사 2012.8, 2014.3)

㉮ 축열률　　㉯ 냉방률
㉰ 수용률　　㉱ 이용률

30. 건축물의 냉방설비에 대한 설치 및 설계기준상 포접화합물(Clathrate)이나 공융염(Eutectic Salt) 등의 상변화물질을 심야시간에 냉각시켜 동결한 후 그 밖의 시간에 이를 녹여 냉방에 이용하는 냉방설비로 정의되는 것은?(설비산업기사 2023.3)

㉮ 빙축열식 냉방설비
㉯ 수축열식 냉방설비
㉰ 물질축열식 냉방설비
㉱ 잠열축열식 냉방설비

31. 다음은 건축물의 냉방설비에 대한 설치 및 설계기준에 따른 축열률의 정의이다. ( )안에 알맞은 것은? (설비산업기사 2013.3, 2014.5, 2017.5, 2020.6)

> 축열률이라 함은 통계적으로 ( )을 기준으로 기타 시간에 필요한 냉방열량 중에서 이용이 가능한 냉열량이 차지하는 비율을 말하며 백분율(%)로 표시한다.

㉮ 연중 최소냉방부하를 갖는 날
㉯ 연중 최대냉방부하를 갖는 날

해답　24. ㉮　25. ㉯　26. ㉮　27. ㉯　28. ㉮　29. ㉮　30. ㉱　31. ㉯

㉰ 연중 최소냉방부하를 갖는 달
㉱ 연중 최대냉방부하를 갖는 달

32. 건축물의 냉방설비에 대한 설치 및 설계기준상 다음과 같이 정의되는 용어는?(설비산업기사 2015.5, 2016.10, 2023.5)

통계적으로 연중 최대냉방부하를 갖는 날을 기준으로 그 밖의 시간에 필요한 냉방열량 중에서 이용이 가능한 냉열량이 차지하는 비율을 말하며 백분율(%)로 표시한다.

㉮ 축열률　㉯ 냉방률
㉰ 수용률　㉱ 이용률

33. 건축물의 냉방설비에 대한 설치 및 설계기준상 심야시간에 얼음을 제조하여 축열조에 저장하였다가 기타시간에 이를 녹여 냉방에 이용하는 냉방설비로 정의되는 것은? (설비산업기사 2008.9)

㉮ 빙축열식 냉방설비
㉯ 수축열식 냉방설비
㉰ 잠열축열식 냉방설비
㉱ 전체축냉방식

34. 축냉식 전기냉방설비의 설계기준 내용으로 옳지 않은 것은? (설비산업기사 2010.5, 2011.5, 2012.5, 2020.8)

㉮ 축열조는 보온을 철저히 하여 열손실과 결로를 방지해야 한다.
㉯ 열교환기는 시간당 최대냉방열량을 처리할 수 있는 용량 이하로 설치하여야 한다.
㉰ 자동제어설비는 필요할 경우 수동조작이 가능하도록 하여야 하며 감시기능 등을 갖추어야 한다.
㉱ 축열조는 축냉 및 방냉운전을 반복적으로 수행하는데 적합한 재질의 축냉재를 사용하여야 한다.

35. 축냉식 전기냉방설비의 설계기준 내용으로 옳지 않은 것은? (설비산업기사 2014.9, 2016.5, 2019.9)

㉮ 축열조는 보온을 철저히 하여 열손실과 결로를 방지해야 한다.
㉯ 열교환기에서 점검을 위한 부분은 해체와 조립이 용이하도록 하여야 한다.
㉰ 열교환기는 시간당 최대냉방열량을 처리할 수 있는 용량이상으로 설치하여야 한다.
㉱ 자동제어설비는 수동조작을 할 수 없도록 하여야 하며 감시기능 등을 갖추어야 한다.

36. 일정 규모 이상인 시설물에 중앙집중냉방설비를 설치하고자 하는 경우 축냉식 또는 가스를 이용한 중앙집중 냉방방식을 설치하도록 규정하고 있다. 이 때 축냉식 또는 가스를 이용한 중앙집중냉방방식의 수용 용량으로 가장 적합한 것은? (설비산업기사 2007.8, 2010.8)

㉮ 주간최대냉방부하의 60% 이상
㉯ 주간최대냉방부하의 55% 이상
㉰ 주간최대냉방부하의 50% 이상
㉱ 주간최대냉방부하의 45% 이상

37. 연면적이 2000㎡인 숙박시설에 중앙집중냉방설비를 설치하고자 하는 경우, 해당 건축물에 소요되는 주간 최대냉방부하의 최소 얼마 이상을 수용할 수 있는 용량의 축냉식 또는 가스를 이용한 중앙집중 냉방방식으로 설치하여야 하는가? (설비산업기사 2014.3)

㉮ 45% 이상　㉯ 50% 이상
㉰ 55% 이상　㉱ 60% 이상

38. 건축물의 냉방설비에 대한 설치 및 설계기준상 다음과 같이 정의되는 것은?(설비산업기사 2015.3)

저장된 냉열을 냉방에 이용할 경우에만 가동되는 냉수순환펌프, 공조용 순환펌프 등의 설비

㉮ 1차측 설비　㉯ 2차측 설비
㉰ 부분축냉설비　㉱ 전체축냉설비

해답 32. ㉮ 33. ㉮ 34. ㉯ 35. ㉱ 36. ㉮ 37. ㉱ 38. ㉯

39. 건축물의 냉방설비에 대한 설치 및 설계기준에 정의된 심야시간은? (설비산업기사 2015.9)

㉮ 21:00부터 다음 날 09:00까지
㉯ 22:00부터 다음 날 09:00까지
㉰ 23:00부터 다음 날 09:00까지
㉱ 24:00부터 다음 날 09:00까지

40. 축냉식 전기냉방설비의 설계기준 내용으로 옳지 않은 것은?(설비기사 2021.5, 2023.5)

㉮ 열교환기는 시간당 최소냉방열량을 처리할 수 있는 용량 이상으로 설치하여야 한다.
㉯ 자동제어설비는 축냉운전, 방냉운전 또는 냉동기와 축열조를 동시에 이용하여 냉방운전이 가능한 기능을 갖추어야 한다.
㉰ 축열조는 보온을 철저히 하여 열손실과 결로를 방지해야 하며, 맨홀 등 점검을 위한 부분은 해체와 조립이 용이하도록 사용하여야 한다.
㉱ 부분축냉방식의 경우에는 냉동기가 축냉운전 과 방냉운전 또는 냉동기와 축열조의 동시운전이 반복적으로 수행하는데 아무런 지장이 없어야 한다.

41. 축냉식 전기냉방설비의 설계기준 내용으로 옳지 않은 것은?(설비산업기사 2023.9)

㉮ 축열조는 보온을 철저히 하여 열손실과 결로를 방지해야 한다.
㉯ 열교환기에서 점검을 위한 부분은 해체와 조립이 용이하도록 하여야 한다.
㉰ 열교환기는 시간당 최대냉방열량을 처리할 수 있는 용량 이상으로 설치하여야 한다.
㉱ 자동제어설비는 수동조작을 할 수 없도록 하여야 하며 감시기능 등을 갖추어야 한다.

42. 건축물의 냉방설비에 대한 설치 및 설계기준에 정의된 축냉식 전기냉방설비의 구분에 속하지 않는 것은?(설비기사 2020.8)

㉮ 지열식 냉방설비 ㉯ 수축열식 냉방설비
㉰ 빙축열식 냉방설비 ㉱ 잠열축열식 냉방설비

43. 건축물의 냉방설비에 대한 설치 및 설계기준상 다음과 같이 정의되는 것은?(설비기사 2022.3, 2023.3)

포접화합물(Clathrate)이나 공융염(Eutectic Salt) 등의 상변화물질을 심야시간에 냉각시켜 동결한 후 그 밖의 시간에 이를 녹여 냉방에 이용하는 냉방설비

㉮ 빙축열식 냉방설비
㉯ 빙축열식 냉방설비
㉰ 잠열축열식 냉방설비
㉱ 현열축열식 냉방설비

제3장 녹색건축물 인증에 관한 규칙

44. 녹색건축물 인증기관의 장은 신청서와 신청서류가 접수된 날부터 며칠 이내에 인증을 처리하여야 하는가?(설비산업기사 2023.5)

㉮ 20일 ㉯ 30일
㉰ 40일 ㉱ 60일

45. 녹색건축물 인증 등급에서 우량등급은?(설비산업기사 2023.3)

㉮ 그린1등급 ㉯ 그린2등급
㉰ 그린3등급 ㉱ 그린4등급

46. 녹색건축 인증의 유효기간으로 옳은 것은?(설비기사 2023.9)

㉮ 녹색건축 인증서를 발급한 날부터 3년
㉯ 녹색건축 인증서를 발급한 날부터 5년
㉰ 녹색건축 인증서를 발급한 날부터 10년
㉱ 녹색건축 인증서를 발급한 날부터 15년

해답 39. ㉰ 40. ㉮ 41. ㉱ 42. ㉮ 43. ㉰ 44. ㉰ 45. ㉰ 46. ㉯

제4장 에너지효율등급 등 인증 규칙

47. 다음은 건축물 에너지효율등급 인증에 관한 내용이다. ( )안에 해당되는 내용은?(설비산업기사 2023.3)

> 건축물 에너지효율등급 인증기관의 장은 사용승인 또는 사용검사를 받은 날부터 ( ) 이 지난 건축물에 대해서 건축물 에너지효율등급 인증을 하려는 경우에는 건축주등에게 건축물 에너지효율 개선방안을 제공하여야 한다.

㉮ 2년 ㉯ 3년
㉰ 5년 ㉱ 10년

48. 건축물 에너지효율등급 인증 등급의 구분 등급수는?(설비산업기사 2023.5)

㉮ 3개 등급 ㉯ 5개 등급
㉰ 7개 등급 ㉱ 10개 등급

49. 녹색건축물 조성지원법에서 정하고 있는 건축물 에너지효율등급 인증대상 건축물로 틀린 것은?(설비산업기사 2023.9)

㉮ 업무시설
㉯ 기숙사
㉰ 냉방면적이 400m^2 이상인 판매시설
㉱ 연립주택

50. 건축물 에너지효율등급 인증기관 지정의 유효기간은?(설비산업기사 2023.9)

㉮ 지정서를 발급한 날부터 3년
㉯ 지정서를 발급한 날부터 5년
㉰ 지정서를 발급한 날부터 7년
㉱ 지정서를 발급한 날부터 10년

제5장 지능형 건축물 인증 규칙

※ 건축법의 해설편 또는 부록의 내용 참조바랍니다.

51. 지능형 건축물의 인증에 관한 설명으로 옳지 않은 것은?(설비산업기사 2023.3)

㉮ 지능형 건축물 인증기준에는 인증표시 홍보기준, 유효기간 등의 사항이 포함된다.
㉯ 산업통상자원부장관은 지능형 건축물의 인증을 위하여 인증기관을 지정할 수 있다.
㉰ 국토교통부장관은 지능형 건축물의 건축을 활성화하기 위하여 지능형 건축물 인증제도를 실시한다.
㉱ 허가권자는 지능형 건축물로 인증 받은 건축물에 대하여 조경설치면적을 100분의 85까지 완화하여 적용할 수 있다.

52. 다음 중 지능형 건축물로 인증을 받은 경우 건축법 완화적용에 해당되지 않는 것은?(설비산업기사 2023.5)

㉮ 조경설치 면적 ㉯ 용적률
㉰ 건폐율 ㉱ 건축물의 높이

53. 지능형 건축물의 인증에 관한 설명으로 옳지 않은 것은?(설비산업기사 2023.9)

㉮ 지능형 건축물 인증기준에는 인증표시 홍보기준, 유효기간 등의 사항이 포함된다.
㉯ 산업통상자원부장관은 지능형 건축물의 인증을 위하여 인증기관을 지정할 수 있다.
㉰ 국토교통부장관은 지능형 건축물의 건축을 활성화하기 위하여 지능형 건축물 인증제도를 실시한다.
㉱ 허가권자는 지능형 건축물로 인증 받은 건축물에 대하여 조경설치면적을 100분의 85까지 완화하여 적용할 수 있다.

해답 47. ㉯ 48. ㉱ 49. ㉰ 50. ㉯ 51. ㉯ 52. ㉰ 53. ㉯

소방시설 설치 및 관리에 관한 법률 해설

III 편 해설

소방시설 설치 및 관리에 관한 법률
최종개정 2023. 1. 3.

소방시설 설치 및 관리에 관한 법률 시행령
최종개정 2023. 3. 7.

소방시설 설치 및 관리에 관한 법률 시행규칙
최종개정 2023. 4. 19.

총 칙

1 목적(법 제1조)

이 법은 특정소방대상물 등에 설치하여야 하는 소방시설등의 설치·관리와 소방용품 성능관리에 필요한 사항을 규정함으로써 국민의 생명·신체 및 재산을 보호하고 공공의 안전과 복리 증진에 이바지함을 목적으로 한다.

2 용어의 정의(법 제2조)

[1] 소방시설(영 별표1)

소화설비, 경보설비, 피난구조설비, 소화용수설비 그 밖에 소화활동설비로서 그 종류는 다음과 같다.

소방시설의 종류	설비의 종류
1. 소화설비 : 물 그 밖의 소화약제를 사용하여 소화하는 기계·기구 또는 설비로서 다음에 해당하는 것	가. 소화기구 1) 소화기 2) 간이소화용구: 에어로졸식 소화용구, 투척용 소화용구, 소공간용 소화용구 및 소화약제 외의 것을 이용한 간이소화용구 3) 자동확산소화기
	나. 자동소화장치 1) 주거용 주방자동소화장치 2) 상업용 주방자동소화장치 3) 캐비닛형 자동소화장치 4) 가스자동소화장치 5) 분말자동소화장치 6) 고체에어로졸자동소화장치
	다. 옥내소화전설비[호스릴(hose reel)옥내소화전설비 포함]
	라. 스프링클러설비등 1) 스프링클러설비 2) 간이스프링클러설비(캐비닛형 간이스프링클러설비를 포함) 3) 화재조기진압용 스프링클러설비
	마. 물분무등소화설비

* 다른 원소와 화학 반응을 일으키기 어려운 기체. 이하 같다.	1) 물 분무 소화설비 2) 미분무소화설비 3) 포소화설비 4) 이산화탄소소화설비 5) 할론소화설비 6) 할로겐화합물 및 불활성기체* 소화설비 7) 분말소화설비 8) 강화액소화설비 9) 고체에어로졸소화설비
	바. 옥외소화전설비
2. 경보설비 : 화재발생 사실을 통보하는 기계·기구 또는 설비로서 다음에 해당하는 것	가. 단독경보형 감지기 나. 비상경보설비 1) 비상벨설비 2) 자동식사이렌설비 다. 자동화재탐지설비 라. 시각경보기 마. 화재알림설비 바. 비상방송설비 사. 자동화재속보설비 아. 통합감시시설 자. 누전경보기 차. 가스누설경보기
3. 피난구조설비 : 화재가 발생할 경우 피난하기 위하여 사용하는 기구 또는 설비로서 다음에 해당하는 것	가. 피난기구 1) 피난사다리 2) 구조대 3) 완강기 4) 간이완강기 5) 그밖에 화재안전기준으로 정하는 것 나. 인명구조기구 1) 방열복, 방화복(안전모, 보호장갑 및 안전화 포함) 2) 공기호흡기 3) 인공소생기 다. 유도등 1) 피난유도선 2) 피난구유도등 3) 통로유도등 4) 객석유도등 5) 유도표지 라. 비상조명등 및 휴대용비상조명등
4. 소화용수설비 : 화재를 진압하는데 필요한 물을 공급하거나 저장하는 설비로서 다음에 해당하는 것	가. 상수도소화용수설비 나. 소화수조·저수조, 그 밖의 소화용수설비
5. 소화활동설비 : 화재를 진압하거나 인명구조 활동을 위하여 사용하는 설비로서 다음에 해당하는 것	가. 제연설비 나. 연결송수관설비 다. 연결살수설비 라. 비상콘센트설비 마. 무선통신보조설비 바. 연소방지설비

[2] 소방시설등

소방시설과 비상구(非常口), 방화문 및 자동방화셔터를 말한다.

3 특정소방대상물(영 별표2)

건축물 등의 규모·용도 및 수용인원 등을 고려하여 소방시설을 설치하여야 하는 소방대상물로서 그 분류는 다음과 같다.

【1】 공동주택 〈시행 2024.12.1.〉

가. 아파트등	주택으로 쓰이는 층수가 5층 이상인 주택
나. 연립주택	주택으로 쓰는 1개 동의 바닥면적(2개 이상의 동을 지하주차장으로 연결하는 경우 각각의 동으로 봄) 합계가 660㎡를 초과하고, 층수가 4개 층 이하인 주택
다. 다세대주택	주택으로 쓰는 1개 동의 바닥면적(2개 이상의 동을 지하주차장으로 연결하는 경우 각각의 동으로 봄) 합계가 660㎡ 이하이고, 층수가 4개 층 이하인 주택
라. 기숙사	학교 또는 공장 등의 학생 또는 종업원 등을 위하여 쓰는 것으로서 1개 동의 공동취사시설 이용 세대 수가 전체의 50퍼센트 이상인 것(학생복지주택 및 공공매입임대주택 중 독립된 주거의 형태를 갖추지 않은 것 포함)

【2】 근린생활시설

구 분		같은 건축물[1)]에 해당 용도로 쓰는 바닥면적의 합계
가. 수퍼마켓과 일용품(식품, 잡화, 의류, 완구, 서적, 건축자재, 의약품, 의료기기 등) 등의 소매점		1,000㎡ 미만인 것
나. 휴게음식점, 제과점, 일반음식점, 기원(棋院), 노래연습장 및 단란주점*		* 150㎡ 미만인 것
다. 이용원, 미용원, 목욕장 및 세탁소(공장에 부설된 것과 관계법에 의한 공해, 소음 등의 배출시설의 설치허가 또는 신고의 대상인 것은 제외)		-
라. 의원, 치과의원, 한의원, 침술원, 접골원(接骨院), 조산원, 산후조리원 및 안마원(안마시술소 포함)		-
마. 탁구장, 테니스장, 체육도장, 체력단련장, 에어로빅장, 볼링장, 당구장, 실내낚시터, 골프연습장, 물놀이형 시설(안전성검사 대상 물놀이형 시설을 말함) 및 그 밖에 이와 비슷한 것		500㎡ 미만인 것
바. • 공연장(극장, 영화상영관, 연예장, 음악당, 서커스장, 비디오물감상실업의 시설, 비디오물소극장업의 시설, 그 밖에 이와 비슷한 것) • 종교집회장(교회, 성당, 사찰, 기도원, 수도원, 수녀원, 제실(祭室), 사당, 그 밖에 이와 비슷한 것)		300㎡ 미만인 것
사. 금융업소, 사무소, 부동산중개업소, 결혼상담소 등 소개업소, 출판사, 서점 및 그 밖에 이와 비슷한 것		500㎡ 미만인 것
아. 제조업소, 수리점, 그 밖에 이와 비슷한 것으로 「대기환경보전법」 등에 따른 공해, 소음 등의 배출시설의 설치허가 또는 신고를 요하지 아니하는 것		500㎡ 미만인 것
자. 청소년게임제공업 및 일반게임제공업의 시설, 인터넷컴퓨터게임시설제공업의 시설, 복합유통게임제공업의 시설		500㎡ 미만인 것
차.	• 사진관, 표구점, 독서실, 장의사, 동물병원, 총포판매소 등	-
	• 학원(자동차학원 및 무도학원 제외) • 고시원 (독립된 주거형태가 아닌 것)	500㎡ 미만인 것
카. 의약품 판매소, 의료기기 판매소 및 자동차영업소		1,000㎡ 미만인 것

1) 같은 건축물 : 하나의 대지에 2동 이상의 건축물이 있는 경우 이를 같은 건축물로 봄

【3】 문화 및 집회시설

구분	내용	비고
가. 공연장		근린생활시설에 해당하지 않는 것
나. 집회장	예식장, 공회당, 회의장, 마권(馬券) 장외 발매소, 마권 전화투표소, 그 밖에 이와 비슷한 것	근린생활시설에 해당하지 않는 것
다. 관람장	• 경마장, 경륜장, 경정장, 자동차 경기장, 그 밖에 이와 비슷한 것	-
	• 체육관, 운동장	관람석의 바닥면적 합계가 1,000㎡ 이상인 것
라. 전시장	박물관, 미술관, 과학관, 문화관, 체험관, 기념관, 산업전시장, 박람회장, 견본주택 그 밖에 이와 비슷한 것	-
마. 동·식물원	동물원, 식물원, 수족관, 그 밖에 이와 비슷한 것	-

【4】 종교시설

구분	비고
가. 종교집회장	근린생활시설에 해당하지 않는 것
나. 종교집회장에 설치하는 봉안당(奉安堂)	-

【5】 판매시설

구분	내용	비고	
가. 도매시장	농수산물도매시장, 농수산물공판장 등	도매시장 안에 있는 근린생활시설을 포함	
나. 소매시장	시장, 대규모점포 등	소매시장 안에 있는 근린생활시설을 포함	
다. 전통시장	「전통시장 및 상점가 육성을 위한 특별법」에 따른 전통시장(노점형시장 제외)	전통시장 안에 있는 근린생활시설을 포함	
라. 상점	【2】 가목에 해당하는 용도(소매점 등)	1,000㎡ 이상인 것	상점 안에 있는 근린생활시설을 포함
	【2】 자목에 해당하는 용도 (청소년게임제공업 시설 등)	500㎡ 이상인 것	

【6】 운수시설

구분	비고
가. 여객자동차터미널	
나. 철도 및 도시철도 시설	정비창 등 관련시설 포함
다. 공항시설	항공관제탑 포함
라. 항만시설 및 종합여객시설	

【7】 의료시설

구분	내용
가. 병원	종합병원, 병원, 치과병원, 한방병원, 요양병원
나. 격리병원	전염병원, 마약진료소, 그 밖에 이와 비슷한 것
다. 정신의료기관	
라. 「장애인복지법」에 따른 장애인 의료재활시설	

【8】 교육연구시설

가. 학교	• 초등학교·중학교·고등학교·특수학교	교사[1], 체육관, 급식시설, 합숙소[2]
	• 대학, 대학교, 그 밖에 이에 준하는 각종 학교	교사[1], 합숙소[2]
나. 교육원	연수원, 그 밖에 이와 비슷한 것을 포함	
다. 직업훈련소		
라. 학원	근린생활시설에 해당하는 것과 자동차운전학원·정비학원 및 무도학원 제외	
마. 연구소	연구소에 준하는 시험소와 계량계측소 포함	
바. 도서관		

1) 교사(校舍): 교실·도서실 등 교수·학습활동에 직접 또는 간접적으로 필요한 시설물을 말하되, 병설유치원으로 사용되는 부분은 제외함

2) 합숙소: 학교의 운동부, 기능선수 등이 집단으로 숙식하는 장소를 말함

【9】 노유자시설

가. 노인 관련 시설	노인주거복지시설, 노인의료복지시설, 노인여가복지시설, 주·야간보호서비스나 단기보호서비스를 제공하는 재가노인복지시설, 노인보호전문기관, 노인일자리지원기관, 학대피해노인 전용쉼터, 그 밖에 이와 비슷한 것
나. 아동 관련 시설	아동복지시설·어린이집·유치원(학교의 교사 중 병설유치원으로 사용되는 부분을 포함), 그 밖에 이와 비슷한 것
다. 장애인 관련 시설	장애인 거주시설·장애인 지역사회재활시설(장애인 심부름센터, 한국수어통역센터, 점자도서 및 녹음서 출판시설 등 제외)·장애인직업재활시설, 그 밖에 이와 비슷한 것
라. 정신질환자 관련 시설	정신재활시설(생산품판매시설은 제외), 정신요양시설, 그 밖에 이와 비슷한 것
마. 노숙인 관련 시설: 「노숙인 등의 복지 및 자립지원에 관한 법률」에 따른 노숙인복지시설(노숙인일시보호시설, 노숙인자활시설, 노숙인재활시설, 노숙인요양시설 및 쪽방삼당소만 해당), 노숙인종합지원센터 및 그 밖에 이와 비슷한 것	
바. 위 가.~마. 에서 규정한 것 외에 「사회복지사업법」에 따른 사회복지시설 중 결핵환자 또는 한센인 요양시설 등 다른 용도로 분류되지 않는 것	

【10】 수련시설

가. 생활권 수련시설	청소년수련관, 청소년문화의집, 청소년특화시설, 그 밖에 이와 비슷한 것
나. 자연권 수련시설	청소년수련원, 청소년야영장, 그 밖에 이와 비슷한 것
다. 유스호스텔	

【11】 운동시설

가. 탁구장, 체육도장, 테니스장, 체력단련장, 에어로빅장, 볼링장, 당구장, 실내낚시터, 골프연습장, 물놀이형 시설, 그 밖에 이와 비슷한 것		근린생활시설에 해당하지 않는 것
나. 체육관		관람석이 없거나 관람석의 바닥면적이 1,000㎡ 미만인 것
다. 운동장	육상장, 구기장, 볼링장, 수영장, 스케이트장, 롤러스케이트장, 승마장, 사격장, 궁도장, 골프장 등과 이에 딸린 건축물	관람석이 없거나 관람석의 바닥면적이 1,000㎡ 미만인 것

【12】 업무시설

가. 공공업무시설	국가 또는 지방자치단체의 청사와 외국공관의 건축물	근린생활시설에 해당하지 않는 것
나. 일반업무시설	금융업소, 사무소, 신문사, 오피스텔*, 그 밖에 이와 비슷한 것	근린생활시설에 해당하지 않는 것
다. 주민차치센터(동사무소), 경찰서, 지구대, 파출소, 소방서, 119안전센터, 우체국, 보건소, 공공도서관, 국민건강보험공단, 그 밖에 이와 비슷한 용도로 사용하는 것		
라. 마을회관, 마을공동작업소, 마을공동구판장, 그 밖에 이와 유사한 용도로 사용되는 것		
아. 변전소, 양수장, 정수장, 대피소, 공중화장실, 그 밖에 이와 유사한 용도로 사용되는 것		

* 오피스텔 : 업무를 주로 하며, 분양하거나 임대하는 구획 중 일부의 구획에서 숙식을 할 수 있도록 한 건축물로서 국토교통부장관이 고시하는 기준에 적합한 것[오피스텔 건축기준 (국토교통부 고시 제2021-1227호)참조]

【13】 숙박시설

가. 일반형 숙박시설	「공중위생관리법 시행령」에 따른 숙박업(일반): 손님이 잠을 자고 머물 수 있도록 시설(취사시설 제외) 및 설비 등의 서비스를 제공하는 영업
나. 생활형 숙박시설	「공중위생관리법 시행령」에 따른 숙박업(생활): 손님이 잠을 자고 머물 수 있도록 시설(취사시설 포함) 및 설비 등의 서비스를 제공하는 영업
다. 고시원	근린생활시설에 해당하는 것은 제외
라. 가.~다.의 시설과 비슷한 것	

【14】 위락시설

가. 단란주점	근린생활시설에 해당하지 않는 것
나. 유흥주점, 그 밖에 이와 비슷한 것	-
다.「관광진흥법」에 따른 유원시설업(遊園施設業)의 시설, 그 밖에 이와 비슷한 시설*	*근린생활시설에 해당하는 것은 제외
라. 무도장 및 무도학원	
마. 카지노영업소	

【15】 공장

물품의 제조·가공(세탁·염색·도장(塗裝)·표백·재봉·건조·인쇄 등을 포함) 또는 수리에 계속적으로 이용되는 건축물로서 근린생활시설, 위험물저장 및 처리시설, 항공기 및 자동차 관련 시설, 자원순환 관련 시설, 묘지관련시설 등으로 따로 분류되지 않는 것

【16】 창고시설

가. 창고(물품저장시설로 냉장·냉동창고 포함)	위험물저장 및 처리시설 또는 그 부속용도에 해당하는 것은 제외
나. 하역장	
다. 물류터미널	
라. 집배송시설	

【17】 위험물 저장 및 처리시설

<table>
<tr><td colspan="4">가. 제조소등</td></tr>
<tr><td rowspan="5">나. 가스시설</td><td rowspan="5">산소 또는 가연성 가스를 제조·저장 또는 취급하는 시설 중 지상에 노출된 산소 또는 가연성가스 탱크의 저장용량의 합계가 100톤 이상이거나 저장용량이 30톤 이상인 탱크가 있는 가스시설</td><td rowspan="2">1) 가스제조시설</td><td>(가)「고압가스 안전관리법」에 따른 고압가스의 제조허가를 받아야 하는 시설</td></tr>
<tr><td>(나)「도시가스사업법」에 따른 도시가스사업 허가를 받아야 하는 시설</td></tr>
<tr><td rowspan="2">2) 가스저장시설</td><td>(가)「고압가스 안전관리법」에 따른 고압가스저장소의 설치허가를 받아야 하는 시설</td></tr>
<tr><td>(나)「액화석유가스의 안전관리 및 사업법」에 따른 액화석유가스 저장소의 설치허가를 받아야 하는 시설</td></tr>
<tr><td>3) 가스취급시설</td><td>「액화석유가스의 안전관리 및 사업법」에 따른 액화석유가스 충전사업 또는 액화석유가스 집단공급사업의 허가를 받아야 하는 시설</td></tr>
</table>

【18】 항공기 및 자동차 관련 시설(건설기계 관련 시설 포함)

가. 항공기격납고	
나. 차고, 주차용 건축물, 철골 조립식 주차시설(바닥면이 조립식이 아닌 것 포함), 기계장치에 의한 주차시설	
다. 세차장	라. 폐차장
마. 자동차 검사장	바. 자동차 매매장
사. 자동차 정비공장	아. 운전학원·정비학원
자. 다음의 건축물을 제외한 건축물의 내부(필로티와 건축물 지하를 포함)에 설치된 주차장 1)「건축법 시행령」 별표 1 제1호에 따른 단독주택 2)「건축법 시행령」 별표 1 제2호에 따른 공동주택 중 50세대 미만인 연립주택 또는 50세대 미만인 다세대주택	
차.「여객자동차 운수사업법」,「화물자동차 운수사업법」,「건설기계관리법」에 따른 차고 및 주기장(駐機場)	

【19】 동물 및 식물 관련 시설

가. 축사[부화장(孵化場) 포함]		마. 작물 재배사
나. 가축시설	가축용 운동시설, 인공수정센터, 관리사, 가축용 창고, 가축시장, 동물검역소, 실험동물 사육시설 그 밖에 이와 비슷한 것	바. 종묘배양시설
다. 도축장		사. 화초 및 분재 등의 온실
라. 도계장		아. 식물과 관련된 마.~사.의 시설과 비슷한 것(동·식물원을 제외)

【20】 자원순환 관련시설

가. 하수 등 처리시설	라. 폐기물처분시설
나. 고물상	마. 폐기물감량화시설
다. 폐기물재활용시설	

【21】 교정 및 군사시설

가. 보호감호소, 교도소, 구치소 및 그 지소	마. 「출입국관리법」에 따른 보호시설
나. 보호관찰소, 갱생보호시설, 그 밖에 범죄자의 갱생 · 보호 · 교육 · 보건 등의 용도로 쓰는 시설	바. 「경찰직무대행법」에 따른 유치장
다. 치료감호시설	사. 국방 · 군사시설(「국방 · 군사시설 사업에 관한 법률」 제2조제1호가목부터 마목까지의 시설을 말함)
라. 소년원 및 소년분류심사원	

【22】 방송통신촬영시설

가. 방송국(방송프로그램 제작시설 및 송신·수신·중계시설 포함)	
나. 전신전화국	라. 통신용 시설
다. 촬영소	마. 가.~라.와 비슷한 것

【23】 발전시설

가. 원자력발전소	라. 풍력발전소
나. 화력발전소	마. 전기저장시설[20킬로와트시(kWh)를 초과하는 리튬 · 나트륨 · 레독스플로우 계열의 이차전지를 이용한 전기저장장치의 시설]
다. 수력발전소(조력발전소 포함)	바. 가.~마.와 비슷한 것(집단에너지 공급시설 포함)

【24】 묘지 관련 시설

가. 화장시설
나. 봉안당(종교집회장에 설치되는 봉안당은 제외)
다. 묘지와 자연장지에 부수되는 건축물
라. 동물화장시설, 동물건조장(乾燥葬)시설 및 동물 전용의 납골시설

【25】 관광 휴게시설

가. 야외음악당	라. 관망탑
나. 야외극장	마. 휴게소
다. 어린이회관	바. 공원·유원지 또는 관광지에 부수되는 건축물

【26】 장례시설

가. 장례식장[의료시설의 부수시설(「의료법」에 따른 의료기관의 종류에 따른 시설)은 제외함]
나. 동물 전용의 장례식장

【27】 지하가

지하의 인공구조물 안에 설치되어 있는 상점, 사무실, 그 밖에 이와 비슷한 시설이 연속하여 지하도에 면하여 설치된 것과 그 지하도를 합한 것	가. 지하상가
	나. 터널 : 차량(궤도차량용 제외) 등의 통행을 목적으로 지하, 해저 또는 산을 뚫어서 만든 것

【28】 지하구

가. 전력·통신용의 전선이나 가스·냉난방용의 배관 또는 이와 비슷한 것을 집합수용하기 위하여 설치한 지하 인공구조물로서 사람이 점검 또는 보수를 하기 위하여 출입이 가능한 것 중 우측란에 해당하는 것	1) 전력 또는 통신사업용 지하 인공구조물로서 전력구(케이블 접속부가 없는 경우 제외) 또는 통신구 방식으로 설치된 것
	2) 1)외의 지하 인공구조물로서 폭이 1.8m 이상이고 높이가 2m 이상이며 길이가 50m 이상인 것
나. 「국토의 계획 및 이용에 관한 법률」에 따른 공동구	

【29】 문화재

「문화재보호법」에 따라 문화재로 지정된 건축물

【30】 복합건축물

가. 하나의 건축물이 위 【1】 ~ 【27】 중 2 이상의 용도로 사용되는 것

예외 다음 경우는 복합건축물로 보지 않는다.

1. 관계법령에서 주된 용도의 부수시설로서 그 설치를 의무화하고 있는 용도 또는 시설
2. 「주택법」에 따라 주택 안에 부대시설 또는 복리시설이 설치되는 특정소방대상물
3. 건축물의 주된 용도의 기능에 필수적인 용도로서 다음의 어느 하나에 해당하는 용도
   ① 건축물의 설비(전기저장시설 포함), 대피 또는 위생을 위한 용도, 그 밖에 이와 비슷한 시설의 용도
   ② 사무, 작업, 집회, 물품저장 또는 주차를 위한 용도, 그 밖에 이와 비슷한 시설의 용도
   ③ 구내식당, 구내세탁소, 구내운동시설 등 종업원후생복리시설(기숙사 제외) 또는 구내소각시설의 용도, 그밖에 이와 비슷한 시설의 용도

나. 하나의 건축물이 근린생활시설, 판매시설, 업무시설, 숙박시설 또는 위락시설의 용도와 주택의 용도로 함께 사용되는 것

※ 특정소방대상물 분류를 위한 참고사항

1. 구획된 부분을 각각 별개의 특정소방대상물로 보는 경우

내화구조로 된 하나의 특정소방대상물이 개구부 및 연소 확대 우려가 없는 내화구조의 바닥과 벽으로 구획되어 있는 경우 그 구획된 부분을 각각 별개의 특정소방대상물로 본다.

예외 성능위주설계를 해야 하는 범위를 정할 때에는 하나의 특정소방대상물로 봄

2. 2이상의 특정소방대상물을 하나의 소방대상물로 보는 경우

2 이상의 특정소방대상물이 다음 표의 각목에 해당되는 구조의 복도 또는 통로(이하 "연결통로") 연결된 경우에는 이를 하나의 소방대상물로 본다.

<table>
<tr><td rowspan="2">가. 내화구조로 된 연결통로가 다음의 어느 하나에 해당되는 경우</td><td>(1) 벽이 없는 구조*로서 그 길이가 6m 이하인 경우
* 벽 높이가 바닥에서 천장 높이의 1/2 미만</td></tr>
<tr><td>(2) 벽이 있는 구조*로서 그 길이가 10m 이하인 경우
* 벽 높이가 바닥에서 천장 높이의 1/2 이상</td></tr>
<tr><td colspan="2">나. 내화구조가 아닌 연결통로로 연결된 경우</td></tr>
<tr><td colspan="2">다. 콘베이어로 연결되거나 플랜트설비의 배관 등으로 연결되어 있는 경우</td></tr>
<tr><td colspan="2">라. 지하보도, 지하상가, 지하가로 연결된 경우</td></tr>
<tr><td colspan="2">마. 자동방화셔터 또는 60분+ 방화문이 설치되지 않은 피트(전기설비 또는 배관설비 등이 설치되는 공간)로 연결된 경우</td></tr>
<tr><td colspan="2">바. 지하구로 연결된 경우</td></tr>
</table>

3. 연결통로 등에 의해 연결된 소방대상물을 별개의 소방대상물로 보는 경우

위 2의 규정에 불구하고 연결통로 또는 지하구와 소방대상물의 양쪽에 다음 각 목 중 어느 하나에 적합한 경우에는 별개의 소방대상물로 본다.

가. 화재 시 경보설비 또는 자동소화설비의 작동과 연동하여 자동으로 닫히는 자동방화셔터 또는 60분+ 방화문이 설치된 경우
나. 화재시 자동으로 방수되는 방식의 드렌쳐설비 또는 개방형 스프링클러헤드가 설치된 경우

4. 특정소방대상물의 지하층을 지하가로 보는 경우

위 【1】 ~ 【30】 까지의 특정소방대상물의 지하층이 지하가와 연결되어 있는 경우 해당 지하층의 부분을 지하가로 본다.

예외 다음 지하가와 연결되는 지하층에 지하층 또는 지하가에 설치된 자동방화셔터 또는 60분 + 방화문이 화재 시 경보설비 또는 자동소화설비의 작동과 연동하여 자동으로 닫히는 구조이거나 그 윗부분에 드렌처설비가 설치된 경우에는 지하가로 보지 않는다.

4 화재안전성능

화재를 예방하고 화재발생 시 피해를 최소화하기 위하여 소방대상물의 재료, 공간 및 설비 등에 요구되는 안전성능을 말한다.

5 성능위주설계

건축물 등의 재료, 공간, 이용자, 화재 특성 등을 종합적으로 고려하여 공학적 방법으로 화재 위험성을 평가하고 그 결과에 따라 화재안전성능이 확보될 수 있도록 특정소방대상물을 설계하는 것을 말한다.

6 화재안전기준

소방시설 설치 및 관리를 위한 다음의 기준을 말한다.

1. 성능기준	화재안전 확보를 위하여 재료, 공간 및 설비 등에 요구되는 안전성능으로서 소방청장이 고시로 정하는 기준
2. 기술기준	1.의 성능기준을 충족하는 상세한 규격, 특정한 수치 및 시험방법 등에 관한 기준으로서 행정안전부령으로 정하는 절차에 따라 소방청장의 승인을 받은 기준

7 소방용품 [영 별표 3]

소방시설등을 구성하거나 소방용으로 사용되는 제품 또는 기기로서 다음의 것을 말한다.

1. 소화설비를 구성하는 제품 또는 기기
   가. 소화기구(위 1-[별표 1]의 1.-가.) : 소화약제 외의 것을 이용한 간이소화용구는 제외)
   나. 자동소화장치(위 1-[별표 1]의 1.-나.)
   다. 소화설비를 구성하는 소화전, 관창(菅槍), 소방호스, 스프링클러헤드, 기동용 수압개폐장치, 유수제어밸브 및 가스관선택밸브
2. 경보설비를 구성하는 제품 또는 기기
   가. 누전경보기 및 가스누설경보기
   나. 경보설비를 구성하는 발신기, 수신기, 중계기, 감지기 및 음향장치(경종만 해당)
3. 피난구조설비를 구성하는 제품 또는 기기
   가. 피난사다리, 구조대, 완강기(지지대 포함) 및 간이완강기(지지대 포함)
   나. 공기호흡기(충전기 포함)
   다. 피난구유도등, 통로유도등, 객석유도등 및 예비 전원이 내장된 비상조명등
4. 소화용으로 사용하는 제품 또는 기기
   가. 소화약제(위 1-[별표 1]의 1.-나.-2) 와 3)의 자동소화장치와 마-3)~9)의 소화설비용만 해당)
   나. 방염제(방염액 · 방염도료 및 방염성물질을 말한다)
5. 그 밖에 행정안전부령으로 정하는 소방 관련 제품 또는 기기

8 무창층

지상층 중 다음의 요건을 모두 갖춘 개구부*1 면적의 합계가 해당 층 바닥면적*2 의 1/30 이하가 되는 층을 말한다.

(1) 개구부의 크기가 지름 50cm 이상의 원이 통과할 수 있을 것
(2) 해당 층의 바닥면으로부터 개구부 밑부분까지의 높이가 1.2m 이내일 것
(3) 개구부는 도로 또는 차량이 진입할 수 있는 빈터를 향할 것
(4) 화재시 건축물로부터 쉽게 피난할 수 있도록 창살이나 그 밖의 장애물이 설치되지 않을 것
(5) 내부 또는 외부에서 쉽게 부수거나 열 수 있을 것

*1 개구부 : 건축물에서 채광·환기·통풍 또는 출입 등을 위하여 만든 창·출입구 기타 이와 비슷한 것을 말함
*2 바닥면적 : 「건축법시행령」 제119조제1항제3호의 규정에 의함

9 피난층

곧바로 지상으로 갈 수 있는 출입구가 있는 층을 말한다.

10 소방대상물, 관계지역, 관계인 (소방기본법 제2조)

【1】 소방대상물

건축물, 차량, 선박(「선박법」에 따른 선박으로서 항구에 매어둔 선박만 해당), 선박 건조 구조물, 산림, 그 밖의 인공 구조물 또는 물건을 말한다.

【2】 관계지역

소방대상물이 있는 장소 및 그 이웃 지역으로서 화재의 예방·경계·진압, 구조·구급 등의 활동에 필요한 지역을 말한다.

【3】 관계인

소방대상물의 소유자·관리자 또는 점유자를 말한다.

11 기타

이 법에서 사용하는 용어의 뜻은 위에서 규정하는 것을 제외하고는 「소방기본법」, 「화재의 예방 및 안전관리에 관한 법률」, 「소방시설공사업법」, 「위험물안전관리법」 및 「건축법」에서 정하는 바에 따른다.

3 국가 및 지방자치단체의 책무 (법 제3조)

(1) 국가와 지방자치단체는 소방시설등의 설치·관리와 소방용품의 품질 향상 등을 위하여 필요한 정책을 수립하고 시행하여야 한다.

(2) 국가와 지방자치단체는 새로운 소방 기술·기준의 개발 및 조사·연구, 전문인력 양성 등 필요한 노력을 하여야 한다.

(3) 국가와 지방자치단체는 위 (1) 및 (2)에 따른 정책을 수립·시행하는 데 있어 필요한 행정적·재정적 지원을 하여야 한다.

4 관계인의 의무 (법 제4조)

(1) 관계인은 소방시설등의 기능과 성능을 보전·향상시키고 이용자의 편의와 안전성을 높이기 위하여 노력하여야 한다.

(2) 관계인은 매년 소방시설등의 관리에 필요한 재원을 확보하도록 노력하여야 한다.

(3) 관계인은 국가 및 지방자치단체의 소방시설등의 설치 및 관리 활동에 적극 협조하여야 한다.

(4) 관계인 중 점유자는 소유자 및 관리자의 소방시설등 관리 업무에 적극 협조하여야 한다.

5 다른 법률과의 관계 (법 제5조)

특정소방대상물 가운데 「위험물안전관리법」에 따른 위험물 제조소등의 안전관리와 위험물 제조소등에 설치하는 소방시설등의 설치기준에 관하여는 「위험물안전관리법」에서 정하는 바에 따른다.

6 기술기준의 제정·개정 절차 (규칙 제2조)

(1) 국립소방연구원장은 화재안전기준 중 기술기준(이하 "기술기준")을 제정·개정하려는 경우 제정안·개정안을 작성하여 중앙소방기술심의위원회(이하 "중앙위원회")의 심의·의결을 거쳐야 한다. 이 경우 제정안·개정안의 작성을 위해 소방 관련 기관·단체 및 개인 등의 의견을 수렴할 수 있다.

(2) 국립소방연구원장은 중앙위원회의 심의·의결을 거쳐 다음 각 호의 사항이 포함된 승인신청서를 소방청장에게 제출해야 한다.

1. 기술기준의 제정안 또는 개정안
2. 기술기준의 제정 또는 개정 이유
3. 기술기준의 심의 경과 및 결과

(3) 승인신청서를 제출받은 소방청장은 제정안 또는 개정안이 화재안전기준 중 성능기준 등을 충족하는지를 검토하여 승인 여부를 결정하고 국립소방연구원장에게 통보해야 한다.

(4) 승인을 통보받은 국립소방연구원장은 승인받은 기술기준을 관보에 게재하고, 국립소방연구원 인터넷 홈페이지를 통해 공개해야 한다.

(5) 규정한 사항 외에 기술기준의 제정·개정을 위하여 필요한 사항은 국립소방연구원장이 정한다.

2

소방시설등의 설치 · 관리 및 방염

1 건축허가 등의 동의 등(법 제6조 ~ 제11조)

건축물 등의 신축·증축·개축·재축(再築)·이전·용도변경 또는 대수선(大修繕)의 허가·협의 및 사용승인(이하 "건축허가등"이라 함)의 권한이 있는 행정기관은 건축허가등을 할 때 미리 그 건축물 등의 시공지(施工地) 또는 소재지를 관할하는 소방본부장이나 소방서장의 동의를 받아야 한다.

1 건축허가 등의 동의 등(법 제6조)

[1] 동의를 요하는 행위

건축허가등"의 동의 요구는 다음 각 호의 권한이 있는 행정기관이 동의대상물의 시공지 또는 소재지를 관할하는 소방본부장 또는 소방서장에게 해야 한다.

법 조 항		내 용
1. 「건축법」	제11조	건축허가
	제29조 제2항	공용건축물에 대한 특례(협의)
2. 「주택법」	제15조	사업계획의 승인
	제49조	사용검사
3. 「학교시설사업 촉진법」	제4조	학교시설사업시행계획의 승인
	제13조	사용승인
4. 「고압가스안전관리법」	제4조	고압가스의 제조허가
5. 「도시가스사업법」	제3조	사업의 허가
6. 「액화석유가스의 안전관리 및 사업법」	제5조	사업의 허가
	제6조	허가의 기준
7. 「전기안전관리법」	제8조	자가용전기설비의 공사계획의 인가
8. 「전기사업법」	제61조	전기사업용전기설비의 공사계획에 대한 인가
9. 「국토의 계획 및 이용에 관한 법률」	제88조 제2항	도시 · 군계획시설사업 실시계획 인가

【2】 동의대상물의 범위 (영 제7조①)

건축허가등을 할 때 행정기관이 미리 소방본부장 또는 소방서장의 동의를 받아야 하는 건축물 등의 범위는 다음과 같다.

구분	용 도	연면적*
1. 건축물이나 시설	가. 학교시설	100㎡ 이상
	나. 노유자(老幼者) 시설 및 수련시설	200㎡ 이상
	다. 정신의료기관(입원실이 없는 정신건강의학과 의원은 제외), 장애인 의료재활시설	300㎡ 이상
	라. 기타	400㎡ 이상
2. 지하층 또는 무창층이 있는 건축물	가. 바닥면적이 150㎡ 이상인 층이 있는 것	
	나. 공연장의 경우 바닥면적이 100㎡ 이상인 층이 있는 것	
3. 차고·주차장 또는 주차용도로로 사용되는 시설	가. 차고 · 주차장으로 사용되는 바닥면적이 200㎡ 이상인 층이 있는 건축물이나 주차시설	
	나. 승강기 등 기계장치에 의한 주차시설로서 자동차 20대 이상을 주차할 수 있는 시설	
4. 층수**	6층 이상인 건축물	
5. 항공기 격납고, 관망탑, 항공관제탑, 방송용 송수신탑		
6. 특정소방대상물 중 의원(입원실이 있는 것) · 조산원 · 산후조리원, 위험물 저장 및 처리시설, 발전시설 중 풍력발전소 · 전기저장시설, 지하구(地下溝)		
7. 위 1.-나.에 해당하지 않는 노유자 시설 중 다음에 해당하는 시설. 예외 아래 가.2) 및 나.~바.의 시설 중 「건축법 시행령」 별표 1의 단독주택 또는 공동주택에 설치되는 시설은 제외 가. 노인 관련 시설 중 다음에 해당하는 시설 1) 「노인복지법」에 따른 노인주거복지시설 · 노인의료복지시설 및 재가노인복지시설 2) 「노인복지법」에 따른 학대피해노인 전용쉼터 나. 「아동복지법」에 따른 아동복지시설(아동상담소, 아동전용시설 및 지역아동센터는 제외) 다. 「장애인복지법」에 따른 장애인 거주시설 라. 정신질환자 관련 시설(공동생활가정을 제외한 재활훈련시설과 종합시설 중 24시간 주거를 제공하지 않는 시설은 제외) 마. 노숙인 관련 시설 중 노숙인자활시설, 노숙인재활시설 및 노숙인요양시설 바. 결핵환자나 한센인이 24시간 생활하는 노유자시설		
8. 「의료법」에 따른 요양병원 예외 의료재활시설은 제외		
9. 공장 또는 창고시설로서 「화재의 예방 및 안전관리에 관한 법률 시행령」 별표 2에서 정하는 수량의 750배 이상의 특수가연물을 저장 · 취급하는 것		
10. 가스시설로서 지상에 노출된 탱크의 저장용량의 합계가 100톤 이상인 것		

* 「건축법 시행령」에 따라 산정된 면적, ** 「건축법 시행령」에 따라 산정된 층수

【3】 동의대상에서의 제외 (영 제7조②)

다음의 특정소방대상물은 소방본부장 또는 서방서장의 건축허가등의 동의 대상에서 제외된다.

1. 특정소방대상물에 설치되는 소화기구, 자동소화장치, 누전경보기, 단독경보형감지기, 가스누설경보기 및 피난구조설비(비상조명등은 제외)가 화재안전기준에 적합한 경우 해당 특정소방대상물
2. 건축물의 증축 또는 용도변경으로 인하여 해당 특정소방대상물에 추가로 소방시설이 설치되지 않는 경우 해당 특정소방대상물
3. 소방시설공사의 착공신고 대상에 해당하지 않는 경우 해당 특정소방대상물

【4】 동의요구 및 회신 절차

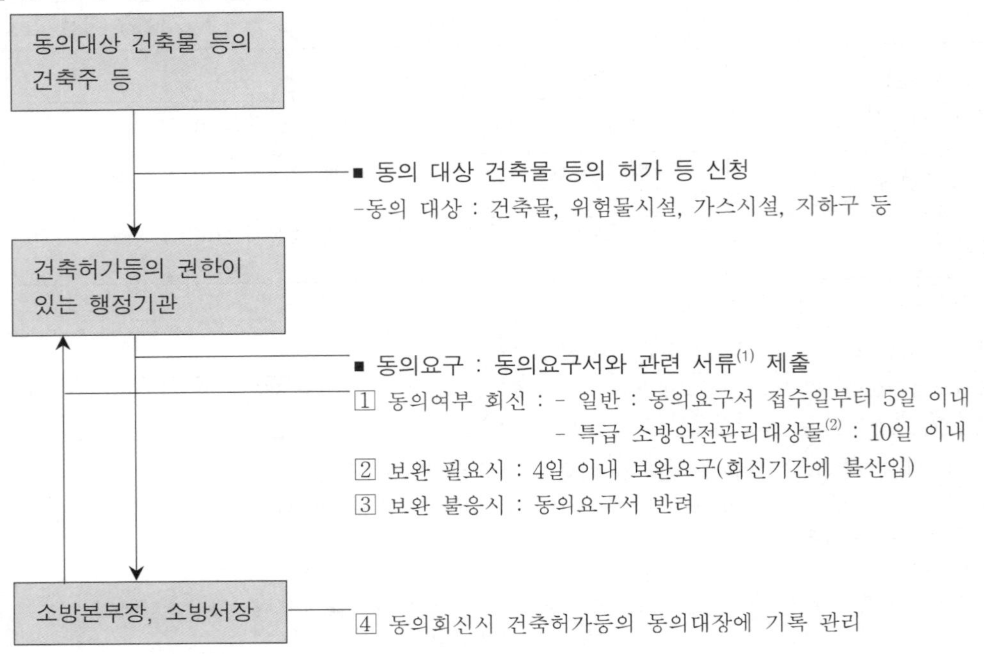

(1) 제출 서류(전자문서 포함)

① 동의요구서(전자문서로 된 요구서 포함)

② 건축허가 등을 확인할 수 있는 서류의 사본

- 건축허가신청서, 건축허가서, 건축·대수선·용도변경신고서 등

* 동의 요구를 받은 담당 공무원은 특별한 사정이 있는 경우를 제외하고는 행정정보의 공동이용을 통하여 건축허가서를 확인함으로써 첨부서류의 제출을 갈음할 수 있다.

③ 설계도서

1. 건축물 설계도서*	1) 건축물 개요 및 배치도
	2) 주단면도 및 입면도(立面圖: 물체를 정면에서 본 대로 그린 그림. 이하 같다)
	3) 층별 평면도(용도별 기준층 평면도를 포함. 이하 같다)
	4) 방화구획도(창호도를 포함한다)
	5) 실내·실외 마감재료표
	6) 소방자동차 진입 동선도 및 부서 공간 위치도(조경계획 포함)

2. 소방시설 설계도서	1) 소방시설(기계 · 전기 분야 시설)의 계통도(시설별 계산서 포함)
	2) 소방시설별 층별 평면도*
	3) 실내장식물 방염대상물품 설치 계획(「건축법」 제52조에 따른 건축물의 마감재료는 제외)
	4) 소방시설의 내진설계 계통도 및 기준층 평면도(내진 시방서 및 계산서 등 세부 내용이 포함된 상세 설계도면은 제외)*

* 소방시설공사 착공신고 대상에 해당되는 경우에만 제출

④ 소방시설 설치계획표

⑤ 임시소방시설 설치계획서(설치시기 · 위치 · 종류 · 방법 등 임시소방시설의 설치와 관련된 세부 사항을 포함)

⑥ 「소방시설공사업법」에 따라 등록한 소방시설설계업등록증, 소방시설을 설계한 기술인력의 기술자격증 사본

⑦ 「소방시설공사업법」에 따라 체결한 소방시설설계 계약서 사본

(2) 동의여부 회신 기간 10일 이내인 특정소방대상물(특급 소방안전관리대상물)

① 50층 이상(지하층 제외)이거나 지상으로부터 높이가 200m 이상인 특정소방대상물

② 30층 이상(지하층 포함)이거나 지상으로부터 높이가 120m 이상인 특정소방대상물(아파트는 제외)

③ 위 ②에 해당하지 아니하는 특정소방대상물로서 연면적이 10만㎡ 이상인 특정소방대상물(아파트는 제외)

(3) 건축허가등의 동의를 요구한 기관이 그 건축허가등을 취소했을 때 취소한 날부터 7일 이내에 건축물 등의 시공지 또는 소재지를 관할하는 소방본부장 또는 소방서장에게 그 사실을 통보해야 한다.

2 건축물 등의 신고 및 사용승인 등의 조치

(1) 건축물 등의 대수선·증축·개축·재축 · 용도변경 또는 대수선의 신고를 수리(受理)할 권한이 있는 행정기관은 그 신고의 수리하면 그 건축물 등의 시공지 또는 소재지를 관할하는 소방본부장이나 소방서장에게 지체 없이 그 사실을 알려야 한다.

(2) 건축허가등의 권한이 있는 행정기관과 신고를 수리할 권한이 있는 행정기관은 건축허가등의 동의를 받거나 신고를 수리한 사실을 알릴 때 관할 소방본부장이나 소방서장에게 건축허가등을 하거나 신고를 수리할 때 건축허가 등을 받으려는 자 또는 신고를 한 자가 제출한 설계도서 중 건축물의 내부구조를 알 수 있는 설계도면을 제출하여야 한다.

예외 국가안보상 중요하거나 국가기밀에 속하는 건축물을 건축하는 경우로서 관계 법령에 따라 행정기관이 설계도면을 확보할 수 없는 경우에는 그러하지 아니하다.

(3) 소방본부장 또는 소방서장은 건축물 등의 건축허가등에 대한 동의를 요구받은 경우 해당 건축물 등이 다음 사항을 따르고 있는지를 검토하여 행정안전부령으로 정하는 기간 내에 해당 행정기관에 동의 여부를 알려야 한다.

1. 이 법 또는 이 법에 따른 명령
2. 「소방기본법」에 따른 소방자동차 전용구역의 설치

(4) 소방본부장 또는 소방서장은 건축허가등의 동의 여부를 알릴 경우에는 원활한 소방활동 및 건축물 등의 화재안전성능을 확보하기 위하여 필요한 다음 사항에 대한 검토 자료 또는 의견서를 첨부할 수 있다.

필요 사항	근거 규정
1. 피난시설, 방화구획(防火區劃)	「건축법」 제49조제1항 및 제2항
2. 소방관 진입창	「건축법」 제49조제3항
3. 방화벽, 마감재료 등(이하 "방화시설")	「건축법」 제50조, 제50조의2, 제51조, 제52조, 제52조의2 및 제53조
4. 소방자동차의 접근이 가능한 통로의 설치	-
5. 승강기의 설치	「건축법」 제64조 「주택건설기준 등에 관한 규정」 제15조
6. 주택단지 안 도로의 설치	「주택건설기준 등에 관한 규정」 제26조
7. 옥상광장, 비상문자동개폐장치 또는 헬리포트의 설치	「건축법 시행령」 제40조제2항~제4항
8. 그 밖에 소방본부장 또는 소방서장이 소화활동 및 피난을 위해 필요하다고 인정하는 사항	

(5) 사용승인에 대한 동의를 할 때에는 소방시설공사의 완공검사증명서를 발급하는 것으로 동의를 갈음할 수 있다. 이 경우 건축허가등의 권한이 있는 행정기관은 소방시설공사의 완공검사증명서를 확인하여야 한다.

(6) 다른 법령에 따른 인가・허가 또는 신고 등[건축허가등과 위 (1)에 따른 신고는 제외하며, 이하 "인허가등"]의 시설기준에 소방시설등의 설치・관리 등에 관한 사항이 포함되어 있는 경우 해당 인허가등의 권한이 있는 행정기관은 인허가등을 할 때 미리 그 시설의 소재지를 관할하는 소방본부장이나 소방서장에게 그 시설이 이 법 또는 이 법에 따른 명령을 따르고 있는지를 확인하여 줄 것을 요청할 수 있다. 이 경우 요청을 받은 소방본부장 또는 소방서장은 7일 이내에 확인 결과를 알려야 한다.

[3] 전산시스템 구축 및 운영(법 제7조의2)

(1) 소방청장, 소방본부장 또는 소방서장은 위 [4]-(2)에 따라 제출받은 설계도면의 체계적인 관리 및 공유를 위하여 전산시스템을 구축・운영하여야 한다.

(2) 소방청장, 소방본부장 또는 소방서장은 전산시스템의 구축・운영에 필요한 자료의 제출 또는 정보의 제공을 관계 행정기관의 장에게 요청할 수 있다. 이 경우 자료의 제출이나 정보의 제공을 요청받은 관계 행정기관의 장은 정당한 사유가 없으면 이에 따라야 한다.

2 소방시설의 내진설계기준 (법 제7조)(영 제8조)

「지진·화산재해대책법 시행령」에 해당하는 특정소방대상물에 옥내소화전설비, 스프링클러설비 및 물분무등소화설비를 설치하려는 자는 지진이 발생할 경우 소방시설이 정상적으로 작동될 수 있도록 소방청장이 정하는 내진설계기준에 맞게 소방시설을 설치하여야 한다.

관계법 「지진·화산재해대책법 시행령」 제10조

① 법 제14조제1항 각 호 외의 부분에서 "대통령령으로 정하는 시설"이란 다음 각 호의 시설을 말한다. <개정 2022.6.14>

1. 「건축법 시행령」 제32조제2항 각 호에 해당하는 건축물
2. 「공유수면 관리 및 매립에 관한 법률」과 「방조제관리법」 등 관계 법령에 따라 국가에서 설치·관리하고 있는 배수갑문 및 방조제
3. 「공항시설법」 제2조제7호에 따른 공항시설
4. 「하천법」 제7조제2항에 따른 국가하천의 수문 중 환경부장관이 정하여 고시한 수문
5. 「농어촌정비법」 제2조제6호에 따른 저수지 중 총저수용량 50만톤 이상이고 제방 높이 15미터 이상인 저수지와 총저수용량 2,000만톤 이상인 저수지
6. 「댐건설·관리 및 주변지역지원 등에 관한 법률」에 따른 다목적댐
7. 「댐건설·관리 및 주변지역지원 등에 관한 법률」외에 다른 법령에 따른 댐 중 생활·공업 및 농업용수의 저장, 발전, 홍수 조절 등의 용도로 이용하기 위한 높이 15미터 이상인 댐 및 그 부속시설
8. 「도로법 시행령」 제2조제2호에 따른 교량·터널
9. 「도시가스사업법」 제2조제5호에 따른 가스공급시설 및 「고압가스 안전관리법」 제4조제4항에 따른 고압가스의 제조·저장 및 판매의 시설과 「액화석유가스의 안전관리 및 사업법」 제5조제4항의 기준에 따른 액화저장탱크, 지지구조물, 기초 및 배관
10. 「도시철도법」 제2조제3호에 따른 도시철도시설 중 역사(驛舍), 본선박스, 다리
11. 「산업안전보건법」 제83조에 따라 고용노동부장관이 유해하거나 위험한 기계·기구 및 설비에 대한 안전인증기준을 정하여 고시한 시설
12. 「석유 및 석유대체연료 사업법」에 따른 석유정제시설, 석유비축시설, 석유저장시설, 「액화석유가스의 안전관리 및 사업법 시행령」 제8조에 따른 액화석유가스 저장시설 및 같은 영 제11조의 비축의무를 위한 저장시설
13. 「송유관 안전관리법」 제2조제2호에 따른 송유관
14. 「물환경보전법 시행령」 제61조제1호에 따른 산업단지 공공폐수처리시설
15. 「수도법」 제3조제17호에 따른 수도시설
16. 「어촌·어항법」 제2조제5호에 따른 어항시설
17. 「원자력안전법」 제2조제20호 및 같은 법 시행령 제10조에 따른 원자력이용시설 중 원자로 및 관계시설, 핵연료주기시설, 사용후핵연료 중간저장시설, 방사성폐기물의 영구처분시설, 방사성폐기물의 처리 및 저장시설
18. 「전기사업법」 제2조에 따른 발전용 수력설비·화력설비, 송전설비, 변전설비 및 배전설비
19. 「철도산업발전 기본법」 제3조제2호 및 「철도의 건설 및 유지관리에 관한 법률」 제2조제6호에 따른 철도시설 중 다리, 터널 및 역사
20. 「폐기물관리법」 제2조제8호에 따른 폐기물처리시설
21. 「하수도법」 제2조제9호에 따른 공공하수처리시설
22. 「항만법」 제2조제5호에 따른 항만시설
23. 「국토의 계획 및 이용에 관한 법률」 제2조제9호에 따른 공동구
24. 「학교시설사업 촉진법」 제2조제1호 및 같은 법 시행령 제1조의2에 따른 학교시설 중 교사(校舍), 체육관, 기숙사, 급식시설 및 강당

25. 「궤도운송법」에 따른 궤도
26. 「관광진흥법」 제3조제1항제6호에 따른 유기시설(遊技施設) 및 유기기구(遊技機具)
27. 「의료법」 제3조에 따른 종합병원, 병원 및 요양병원
28. 「물류시설의 개발 및 운영에 관한 법률」 제2조제2호에 따른 물류터미널
29. 「집단에너지사업법」 제2조제6호에 따른 공급시설 중 열수송관
30. 제2항에 해당하는 시설

② 법 제14조제1항제32호에서 "대통령령으로 정하는 시설"이란 「방송통신발전 기본법」 제2조제3호에 따른 방송통신설비 중에서 「방송통신설비의 기술기준에 관한 규정」 제22조제2항에 따라 기준을 정한 설비를 말한다. 〈개정 2018.12.4.〉

3 성능위주설계 등 (법 제8조, 제9조)(영 제9조)(규칙 제4조~제13조)

1 성능위주설계 (법 제8조)

연면적・높이・층수 등이 일정 규모 이상인 특정소방대상물(신축하는 것만 해당)에 소방시설을 설치하려는 자는 성능위주설계를 하여야 한다.

【1】 성능위주설계 대상

1. 연면적 20만m² 이상인 특정소방대상물(아파트등은 제외)
2. 50층 이상(지하층 제외)이거나 지상으로부터 높이가 200m 이상인 아파트등
3. 30층 이상(지하층 포함)이거나 지상으로부터 높이가 120m 이상인 특정소방대상물(아파트등은 제외)
4. 연면적 3만m² 이상인 특정소방대상물로서 ㉠ 철도 및 도시철도 시설 ㉡ 공항시설
5. 창고시설 중 연면적 10만m² 이상인 것 또는 지하층의 층수가 2개 층 이상이고 지하층의 바닥면적의 합계가 3만m² 이상인 것
6. 하나의 건축물에 「영화 및 비디오물의 진흥에 관한 법률」에 따른 영화상영관이 10개 이상인 특정소방대상물
7. 「초고층 및 지하연계 복합건축물 재난관리에 관한 특별법」에 따른 지하연계 복합건축물에 해당하는 특정소방대상물
8. 터널 중 수저(水底)터널 또는 길이가 5천m 이상인 것

【2】 성능위주설계의 신고

(1) 소방시설을 설치하려는 자가 성능위주설계를 한 경우 「건축법」에 따른 건축허가 신청 전에 해당 특정소방대상물의 시공지 또는 소재지를 관할하는 소방서장에게 신고하여야 한다. 해당 특정소방대상물의 연면적・높이・층수의 변경(「건축법」에 따른 경미한 변경 제외) 사유로 신고한 성능위주설계를 변경하려는 경우에도 또한 같다.

(2) 건축허가 신청 전 소방서장에게 제출할 서류

* 다음 서류에는 사전검토 결과에 따라 보완된 내용을 포함해야 하며, 사전검토 신청 시 제출한 서류와 동일한 내용의 서류는 제외한다.

1. 성능위주설계 사전검토 신청서(별지 제2호서식, 전자문서로 된 신고서 포함)
2. 다음 각 목의 사항이 포함된 설계도서 가. 건축물의 개요(위치, 구조, 규모, 용도) 나. 부지 및 도로의 설치 계획(소방차량 진입 동선 포함) 다. 화재안전성능의 확보 계획 라. 성능위주설계 요소에 대한 성능평가(화재 및 피난 모의실험 결과 포함) 마. 성능위주설계 적용으로 인한 화재안전성능 비교표 바. 다음의 건축물 설계도면 1) 주단면도 및 입면도 2) 층별 평면도 및 창호도 3) 실내·실외 마감재료표 4) 방화구획도(화재 확대 방지계획 포함) 5) 건축물의 구조 설계에 따른 피난계획 및 피난 동선도 사. 소방시설의 설치계획 및 설계 설명서 아. 다음의 소방시설 설계도면 1) 소방시설 계통도 및 층별 평면도 2) 소화용수설비 및 연결송수구 설치 위치 평면도 3) 종합방재실 설치 및 운영계획 4) 상용전원 및 비상전원의 설치계획 5) 소방시설의 내진설계 계통도 및 기준층 평면도(내진 시방서 및 계산서 등 세부 내용이 포함된 상세 설계도면은 제외한다) 자. 소방시설에 대한 전기부하 및 소화펌프 등 용량계산서
3. 「소방시설공사업법 시행령」 별표 1의2에 따른 성능위주설계를 할 수 있는 자의 자격·기술인력을 확인할 수 있는 서류
4. 「소방시설공사업법」 제21조 및 제21조의3제2항에 따라 체결한 성능위주설계 계약서 사본

(3) 소방서장은 성능위주설계 신고서를 받은 경우 성능위주설계 대상 및 자격 여부 등을 확인하고, 첨부서류의 보완이 필요한 경우에는 7일 이내의 기간을 정하여 성능위주설계를 한 자에게 보완을 요청할 수 있다.

(4) 소방서장은 신고 또는 변경신고를 받은 경우 그 내용을 검토하여 이 법에 적합하면 신고를 수리하여야 한다.

(5) 성능위주설계의 신고 또는 변경신고를 하려는 자는 해당 특정소방대상물이 「건축법」에 따른 건축위원회의 심의를 받아야 하는 건축물인 경우 그 심의를 신청하기 전에 성능위주설계의 기본설계도서(基本設計圖書) 등에 대해서 소방서장의 사전검토를 받아야 한다.

(6) 소방서장은 성능위주설계의 신고, 변경신고 또는 사전검토 신청을 받은 경우 소방청 또는 관할 소방본부에 설치된 성능위주설계평가단의 검토·평가를 거쳐야 한다. 다만, 소방서장은 신기술·신공법 등 검토·평가에 고도의 기술이 필요한 경우 중앙소방기술심의위원회에 심의를 요청할 수 있다.

(7) 소방서장은 검토·평가 결과 성능위주설계의 수정 또는 보완이 필요하다고 인정되는 경우 성능위주설계를 한 자에게 그 수정 또는 보완을 요청할 수 있으며, 수정 또는 보완 요청을 받은 자는 정당한 사유가 없으면 그 요청에 따라야 한다.

(8) 위 (1)~(7)의 규정 사항 외에 성능위주설계의 신고, 변경신고 및 사전검토의 절차·방법 등에 필요한 사항과 성능위주설계의 기준은 【7】을 참고할 것

【3】 신고된 성능위주설계에 대한 검토·평가(규칙 제5조)

(1) 성능위주설계의 신고를 받은 소방서장은 필요한 경우 같은 조 제2항에 따른 보완 절차를 거쳐 소방청장 또는 관할 소방본부장에게 성능위주설계 평가단(이하 "평가단")의 검토·평가를 요청해야 한다.

(2) 소방청장 또는 소방본부장은 요청을 받은 날부터 20일 이내에 평가단의 심의·의결을 거쳐 해당 건축물의 성능위주설계를 검토·평가하고, 성능위주설계 검토·평가 결과서(별지 제3호서식)를 작성하여 관할 소방서장에게 지체 없이 통보해야 한다.

(3) 성능위주설계 신고를 받은 소방서장은 신기술·신공법 등 검토·평가에 고도의 기술이 필요한 경우에는 중앙위원회에 심의를 요청할 수 있다.

(4) 중앙위원회는 제3항에 따라 요청된 사항에 대하여 20일 이내에 심의·의결을 거쳐 별지 제3호서식의 성능위주설계 검토·평가 결과서를 작성하고 관할 소방서장에게 지체 없이 통보해야 한다.

(5) 성능위주설계 검토·평가 결과서를 통보받은 소방서장은 성능위주설계 신고를 한 자에게 별표 1에 따라 수리 여부를 통보해야 한다.

【4】 성능위주설계의 변경신고(규칙 제6조)

(1) 변경신고 대상 : 특정소방대상물의 연면적·높이·층수의 변경이 있는 경우(「건축법」에 따른 경미한 변경 제외)

(2) 성능위주설계를 한 자는 해당 성능위주설계를 한 특정소방대상물이 (1)에 해당하는 경우 성능위주설계 변경 신고서(별지 제4호서식, 전자문서로 된 신고서 포함)에 성능위주설계의 신고시 제출 서류(전자문서 포함, 변경되는 부분만 해당)를 첨부하여 관할 소방서장에게 신고해야 한다.

(3) 성능위주설계의 변경신고에 대한 검토·평가, 수리 여부 결정 및 통보에 관하여는 【3】 (2)~(5)의 규정을 준용한다. 이 경우 (2)~(4) 중 "20일 이내"는 각각 "14일 이내"로 본다.

【5】 성능위주설계의 사전검토 신청(규칙 제7조)

(1) 성능위주설계를 한 자는 건축위원회의 심의를 받아야 하는 건축물인 경우에는 그 심의를 신청하기 전에 성능위주설계 사전검토 신청서(별지 제5호서식, 전자문서로 된 신청서 포함)에 다음의 서류(전자문서 포함)를 첨부하여 관할 소방서장에게 사전검토를 신청해야 한다.

(2) 사전검토 신청시 제출 서류

1. 성능위주설계 사전검토 신청서(별지 제5호서식, 전자문서로 된 신고서 포함)
2. 건축물의 개요(위치, 구조, 규모, 용도)
3. 부지 및 도로의 설치 계획(소방차량 진입 동선을 포함한다)
4. 화재안전성능의 확보 계획
5. 화재 및 피난 모의실험 결과
6. 다음 각 목의 건축물 설계도면 가. 주단면도 및 입면도 나. 층별 평면도 및 창호도 다. 실내·실외 마감재료표 라. 방화구획도(화재 확대 방지계획을 포함한다) 마. 건축물의 구조 설계에 따른 피난계획 및 피난 동선도
7. 소방시설 설치계획 및 설계 설명서(소방시설 기계·전기 분야의 기본계통도를 포함한다)

8. 「소방시설공사업법 시행령」 별표 1의2에 따른 성능위주설계를 할 수 있는 자의 자격·기술인력을 확인할 수 있는 서류
9. 「소방시설공사업법」 제21조 및 제21조의3제2항에 따라 체결한 성능위주설계 계약서 사본

(3) 소방서장은 성능위주설계 사전검토 신청서를 받은 경우 성능위주설계 대상 및 자격 여부 등을 확인하고, 첨부서류의 보완이 필요한 경우에는 7일 이내의 기간을 정하여 성능위주설계를 한 자에게 보완을 요청할 수 있다.

【6】 사전검토가 신청된 성능위주설계에 대한 검토·평가(규칙 제8조)

(1) 사전검토의 신청을 받은 소방서장은 필요한 경우 보완 절차를 거쳐 소방청장 또는 관할 소방본부장에게 평가단의 검토·평가를 요청해야 한다.

(2) 검토·평가를 요청받은 소방청장 또는 소방본부장은 평가단의 심의·의결을 거쳐 해당 건축물의 성능위주설계를 검토·평가하고, 성능위주설계 사전검토 결과서(별지 제6호서식)를 작성하여 관할 소방서장에게 지체 없이 통보해야 한다.

(3) 성능위주설계 사전검토의 신청을 받은 소방서장은 신기술·신공법 등 검토·평가에 고도의 기술이 필요한 경우에는 중앙위원회에 심의를 요청할 수 있다.

(4) 중앙위원회는 (3)에 따라 요청된 사항에 대하여 심의를 거쳐 성능위주설계 사전검토 결과서(별지 제6호서식)를 작성하고, 관할 소방서장에게 지체 없이 통보해야 한다.

(5) 성능위주설계 사전검토 결과서를 통보받은 소방서장은 성능위주설계 사전검토를 신청한 자 및 건축위원회에 그 결과를 지체 없이 통보해야 한다.

【7】 성능위주설계 기준(규칙 제9조)

(1) 성능위주설계의 기준은 다음 각 호와 같다.

1. 소방자동차 진입(통로) 동선 및 소방관 진입 경로 확보
2. 화재·피난 모의실험을 통한 화재위험성 및 피난안전성 검증
3. 건축물의 규모와 특성을 고려한 최적의 소방시설 설치
4. 소화수 공급시스템 최적화를 통한 화재피해 최소화 방안 마련
5. 특별피난계단을 포함한 피난경로의 안전성 확보
6. 건축물의 용도별 방화구획의 적정성
7. 침수 등 재난상황을 포함한 지하층 안전확보 방안 마련

(2) 성능위주설계의 세부 기준은 소방청장이 정한다.

2 성능위주설계평가단 (법 제9조)

【1】 성능위주설계평가단(법 제9조)

(1) 성능위주설계에 대한 전문적·기술적인 검토 및 평가를 위하여 소방청 또는 소방본부에 성능위주설계 평가단(이하 "평가단")을 둔다.

(2) 평가단에 소속되거나 소속되었던 사람은 평가단의 업무를 수행하면서 알게 된 비밀을 이 법에서 정한 목적 외의 용도로 사용하거나 다른 사람 또는 기관에 제공하거나 누설하여서는 안 된다.

(3) 평가단의 구성 및 운영 등에 필요한 사항은 행정안전부령으로 정한다.

【2】 평가단의 구성(규칙 제10조)

(1) 평가단은 평가단장을 포함하여 50명 이내의 평가단원으로 성별을 고려하여 구성한다.

(2) 평가단장은 화재예방 업무를 담당하는 부서의 장 또는 제3항에 따라 임명 또는 위촉된 평가단원 중에서 학식·경험·전문성 등을 종합적으로 고려하여 소방청장 또는 소방본부장이 임명하거나 위촉한다.

(3) 평가단원은 다음 표에 해당하는 사람 중에서 소방청장 또는 관할 소방본부장이 임명하거나 위촉한다. 예외 관할 소방서의 해당 업무 담당 과장은 당연직 평가단원으로 한다.

구분	내용
1. 소방공무원 중 우측란에 해당하는 사람	가. 소방기술사 나. 소방시설관리사 다. 다음의 자격을 갖춘 사람으로서 중앙소방학교에서 실시하는 성능위주설계 관련 교육과정을 이수한 사람 1) 소방설비기사 이상의 자격을 가진 사람으로서 건축허가등의 동의 업무를 1년 이상 담당한 사람 2) 건축 또는 소방 관련 석사 이상의 학위를 취득한 사람으로서 건축허가등의 동의 업무를 1년 이상 담당한 사람
2. 건축 분야 및 소방방재 분야 전문가 중 우측란에 해당하는 사람	가. 위원회 위원 또는 지방소방기술심의위원회 위원 나.「고등교육법」 제2조에 따른 학교 또는 이에 준하는 학교나 공인된 연구기관에서 부교수 이상의 직(職) 또는 이에 상당하는 직에 있거나 있었던 사람으로서 화재안전 또는 관련 법령이나 정책에 전문성이 있는 사람 다. 소방기술사 라. 소방시설관리사 마. 건축계획, 건축구조 또는 도시계획과 관련된 업종에 종사하는 사람으로서 건축사 또는 건축구조기술사 자격을 취득한 사람 바.「소방시설공사업법」에 따른 특급감리원 자격을 취득한 사람으로 소방공사 현장 감리업무를 10년 이상 수행한 사람

【3】 평가단의 운영(규칙 제11조)

(1) 평가단의 회의

① 구성 : 평가단장과 평가단장이 회의마다 지명하는 6명 이상 8명 이하의 평가단원으로 구성·운영

② 의결 : 과반수의 출석으로 개의(開議)하고 출석 평가단원 과반수의 찬성으로 의결

③ 성능위주설계의 변경신고에 대한 심의·의결을 하는 경우: 건축물의 성능위주설계를 검토·평가한 평가단원 중 5명 이상으로 평가단을 구성·운영할 수 있음

(2) 평가단의 회의에 참석한 평가단원에게는 예산의 범위에서 수당, 여비, 그 밖에 필요한 경비를 지급할 수 있다. 예외 소방공무원인 평가단원이 소관 업무와 관련하여 평가단의 회의에 참석하는 경우

(3) 평가단의 운영에 필요한 세부적인 사항은 소방청장 또는 관할 소방본부장이 정한다.

【4】 평가단원의 제척·기피·회피(규칙 제12조)

(1) 평가단원이 평가단의 심의·의결에서 제척(除斥)되는 경우

1. 평가단원 또는 그 배우자나 배우자였던 사람이 해당 안건의 당사자*가 되거나 그 안건의 당사자와 공동권리자 또는 공동의무자인 경우
2. 평가단원이 해당 안건의 당사자*와 친족인 경우
3. 평가단원이 해당 안건에 관하여 증언, 진술, 자문, 연구, 용역 또는 감정을 한 경우
4. 평가단원이나 평가단원이 속한 법인·단체 등이 해당 안건의 당사자의 대리인이거나 대리인이었던 경우

* 당사자가 법인·단체 등인 경우 그 임원을 포함

(2) 당사자는 (1)의 제척사유가 있거나 평가단원에게 공정한 심의·의결을 기대하기 어려운 사정이 있는 경우 평가단에 기피신청을 할 수 있고, 평가단은 의결로 기피 여부를 결정한다. 이 경우 기피 신청의 대상인 평가단원은 그 의결에 참여하지 못한다.

(3) 평가단원이 (1)의 제척사유에 해당하는 경우 스스로 해당 안건의 심의·의결에서 회피(回避)해야 한다.

【5】 평가단원의 해임·해촉(규칙 제12조)

소방청장 또는 관할 소방본부장은 평가단원이 다음에 해당하는 경우 해당 평가단원을 해임하거나 해촉(解囑)할 수 있다.

1. 심신장애로 직무를 수행할 수 없게 된 경우
2. 직무와 관련된 비위사실이 있는 경우
3. 직무태만, 품위손상이나 그 밖의 사유로 평가단원으로 적합하지 않다고 인정되는 경우
4. 【4】 (1)의 제척사유에 해당하는데도 불구하고 회피하지 않은 경우
5. 평가단원 스스로 직무를 수행하기 어렵다는 의사를 밝히는 경우

4 주택에 설치하는 소방시설 등 (법 제10조, 제11조)(영 제10조)(규칙 제14조)

1 주택에 설치하는 소방시설 (법 제10조)(영 제10조)

(1) 다음의 주택의 소유자는 소화기 및 단독경보형 감지기(이하 "주택용소방시설")를 설치하여야 한다.

① 「건축법」에 따른 단독주택 : 단독주택, 공관, 다중주택, 다가구주택

② 「건축법」에 따른 공동주택(아파트 및 기숙사는 제외) : 연립주택, 다세대주택

(2) 국가 및 지방자치단체는 주택용 소방시설의 설치 및 국민의 자율적인 안전관리를 촉진하기 위하여 필요한 시책을 마련하여야 한다.

(3) 주택용 소방시설의 설치기준 및 자율적인 안전관리 등에 관한 사항은 특별시·광역시·특별자치시·도 또는 특별자치도(이하 "시·도")의 조례로 정한다.

> **조례** 「서울특별시 주택의 소방시설 설치조례」 제5조 【주택용 소방시설의 종류 및 기준】
>
> 주택에 설치하는 소방시설은 다음 기준에 의한다. 〈개정 2017.5.18.〉
>
> 1. 소화기구는 세대별, 층별 적응성 있는 능력단위 2단위 이상의 소화기를 1개 이상 설치하되, 주택의 각 부분으로부터 1개의 소화기까지의 보행거리가 20m 이내가 되도록 배치하여야 한다.
> 2. 단독경보형감지기는 구획된 실마다 1개 이상 설치한다. 이 경우 구획된 실이라 함은 주택 내부의 침실, 거실, 주방 등 거주자가 사용할 수 있는 공간을 벽 또는 칸막이 등으로 구획된 공간을 말한다. 다만 거실 내부를 벽 또는 칸막이 등으로 구획한 공간이 없는 경우에는 내부 전체공간을 하나의 구획된 공간으로 본다.

2 자동차에 설치 또는 비치하는 소화기 (법 제11조)(규칙 제14조) 〈시행 2024.12.1〉

(1) 「자동차관리법」에 따른 자동차 중 다음에 해당하는 자동차를 제작·조립·수입·판매하려는 자 또는 해당 자동차의 소유자는 차량용 소화기를 설치하거나 비치하여야 한다.

1. 5인승 이상의 승용자동차	3. 화물자동차
2. 승합자동차	4. 특수자동차

(2) 차량용 소화기의 설치 또는 비치 기준은 시행규칙 별표2와 같다.

규칙 「소방시설 설치 및 관리에 관한 법률 시행규칙」 별표2

차량용 소화기의 설치 또는 비치 기준

자동차에는 법 제37조제5항에 따라 형식승인을 받은 차량용 소화기를 다음 각 호의 기준에 따라 설치 또는 비치해야 한다.

1. 승용자동차: 법 제37조제5항에 따른 능력단위(이하 "능력단위"라 한다) 1 이상의 소화기 1개 이상을 사용하기 쉬운 곳에 설치 또는 비치한다.
2. 승합자동차
   가. 경형승합자동차: 능력단위 1 이상의 소화기 1개 이상을 사용하기 쉬운 곳에 설치 또는 비치한다.
   나. 승차정원 15인 이하: 능력단위 2 이상인 소화기 1개 이상 또는 능력단위 1 이상인 소화기 2개 이상을 설치한다. 이 경우 승차정원 11인 이상 승합자동차는 운전석 또는 운전석과 옆으로 나란한 좌석 주위에 1개 이상을 설치한다.
   다. 승차정원 16인 이상 35인 이하: 능력단위 2 이상인 소화기 2개 이상을 설치한다. 이 경우 승차정원 23인을 초과하는 승합자동차로서 너비 2.3미터를 초과하는 경우에는 운전자 좌석 부근에 가로 600밀리미터, 세로 200밀리미터 이상의 공간을 확보하고 1개 이상의 소화기를 설치한다.
   라. 승차정원 36인 이상: 능력단위 3 이상인 소화기 1개 이상 및 능력단위 2 이상인 소화기 1개 이상을 설치한다. 다만, 2층 대형승합자동차의 경우에는 위층 차실에 능력단위 3 이상인 소화기 1개 이상을 추가 설치한다.
3. 화물자동차(피견인자동차는 제외한다) 및 특수자동차
   가. 중형 이하: 능력단위 1 이상인 소화기 1개 이상을 사용하기 쉬운 곳에 설치한다.
   나. 대형 이상: 능력단위 2 이상인 소화기 1개 이상 또는 능력단위 1 이상인 소화기 2개 이상을 사용하기 쉬운 곳에 설치한다.
4. 「위험물안전관리법 시행령」 제3조에 따른 지정수량 이상의 위험물 또는 「고압가스 안전관리법 시행령」 제2조에 따라 고압가스를 운송하는 특수자동차(피견인자동차를 연결한 경우에는 이를 연결한 견인자동차를 포함한다): 「위험물안전관리법 시행규칙」 제41조 및 별표 17 제3호나목 중 이동탱크저장소 자동차용소화기의 설치기준란에 해당하는 능력단위와 수량 이상을 설치한다.

(3) 국토교통부장관은 「자동차관리법」에 따른 자동차검사 시 차량용 소화기의 설치 또는 비치 여부 등을 확인하여야 하며, 그 결과를 매년 12월 31일까지 소방청장에게 통보하여야 한다.

5 특정소방대상물에 설치하는 소방시설의 관리 등(법 제12조 ~ 제19조)

[1] 특정소방대상물에 설치하는 소방시설의 관리 등(법 제12조)

(1) 특정소방대상물의 관계인은 [2]의 소방시설을 화재안전기준에 따라 설치・관리하여야 한다. 이 경우 장애인등*이 사용하는 소방시설(경보설비 및 피난구조설비를 말함)은 [2] 2. 경보설비, 3. 피난구조설비에 따라 장애인등에 적합하게 설치・관리하여야 한다.

*장애인등: 장애인・노인・임산부 등 일상생활에서 이동, 시설 이용 및 정보 접근 등에 불편을 느끼는 사람(「장애인・노인・임산부 등의 편의증진 보장에 관한 법률」 제2조제1호)

(2) 소방본부장 또는 소방서장은 소방시설이 화재안전기준에 따라 설치 또는 유지·관리되어 있지 아니한 때에는 그 특정소방대상물의 관계인에게 필요한 조치를 명할 수 있다.

(3) 특정소방대상물의 관계인은 (1)에 따라 소방시설을 설치・관리하는 경우 화재 시 소방시설의 기능과 성능에 지장을 줄 수 있는 폐쇄(잠금 포함. 이하 같다)・차단 등의 행위를 하여서는 아니 된다. 예외 소방시설의 점검・정비를 위하여 필요한 경우 폐쇄・차단은 할 수 있다.

(4) 소방청장은 (3) 예외 에 따라 특정소방대상물의 관계인이 소방시설의 점검・정비를 위하여 폐쇄・차단을 하는 경우 안전을 확보하기 위하여 필요한 행동요령에 관한 지침을 마련하여 고시하여야 한다. ⇨ 소방시설 폐쇄·차단 시 행동요령 등에 관한 고시 [소방청고시 제2023-37호, 2023.9.8., 제정]

2 소방시설의 종류 (영 제11조)

특정소방대상물의 관계인이 특정소방대상물에 설치・관리해야 하는 소방시설의 종류는 아래[별표 4]와 같다.

소방시설의 종 류	소방시설 적용기준
1. 소화설비	가. 화재안전기준에 따라 소화기구를 설치하여야 하는 특정소방대상물 1) 연면적 33㎡ 이상인 것. 예외 노유자 시설: 투척용 소화용구 등을 화재안전기준에 따라 산정된 소화기 수량의 1/2 이상으로 설치 가능 2) 1)에 해당하지 않는 시설로서 가스시설, 발전시설 중 전기저장시설 및 문화재 3) 터널 4) 지하구
	나. 자동소화장치를 설치해야 하는 특정소방대상물 다음 특정소방대상물 중 후드 및 덕트가 설치된 주방이 있는 특정소방대상물로 한다. 이 경우 해당 주방에 자동소화장치를 설치해야 한다. 1) 주거용 주방자동소화장치를 설치해야 하는 것: 아파트등 및 오피스텔의 모든 층 2) 상업용 주방자동소화장치를 설치해야 하는 것 가) 판매시설 중 「유통산업발전법」 제2조제3호에 해당하는 대규모점포에 입점해 있는 일반음식점 나) 「식품위생법」 제2조제12호에 따른 집단급식소 3) 캐비닛형 자동소화장치, 가스자동소화장치, 분말자동소화장치 또는 고체에어로졸자동소화장치를 설치해야 하는 것: 화재안전기준에서 정하는 장소
	다. 옥내소화전설비를 설치하여야 하는 특정소방대상물 예외 위험물 저장 및 처리 시설 중 가스시설, 지하구 및 업무시설 중 무인변전소(방재실 등에서 스프링클러설비 또는 물분무등소화설비를 원격으로 조정할 수 있는 무인변전소로 한정한다)는 제외 1) 다음의 어느 하나에 해당하는 경우에는 모든 층 가) 연면적 3천㎡ 이상인 것(지하가 중 터널은 제외한다) 나) 지하층·무창층(축사는 제외한다)으로서 600㎡ 이상인 층이 있는 것 다) 층수가 4층 이상인 것 중 바닥면적이 600㎡ 이상인 층이 있는 것 2) 1)에 해당하지 않는 근린생활시설, 판매시설, 운수시설, 의료시설, 노유자 시설, 업무시설, 숙박시설, 위락시설, 공장, 창고시설, 항공기 및 자동차 관련 시설, 교정 및 군사시설 중 국방·군사시설, 방송통신시설, 발전시설, 장례시설 또는 복합건축물로서 다음의 어느 하나에 해당하는 경우에는 모든 층

가) 연면적 1,500㎡ 이상인 것
나) 지하층·무창층으로서 바닥면적이 300㎡ 이상인 층이 있는 것
다) 층수가 4층 이상인 것 중 바닥면적이 300㎡ 이상인 층이 있는 것
3) 건축물의 옥상에 설치된 차고·주차장으로서 사용되는 면적이 200㎡ 이상인 경우 해당 부분
4) 지하가 중 터널로서 다음에 해당하는 터널
가) 길이가 1,000m 이상인 터널
나) 예상교통량, 경사도 등 터널의 특성을 고려하여 옥내소화전설비를 설치해야 하는 터널
5) 1) 및 2)에 해당하지 않는 공장 또는 창고시설로서 「화재의 예방 및 안전관리에 관한 법률 시행령」 별표 2에서 정하는 수량의 750배 이상의 특수가연물을 저장·취급하는 것

1. 소화설비

라. 스프링클러설비를 설치하여야 하는 특정소방대상물

예외 위험물 저장 및 처리 시설 중 가스시설 또는 지하구는 제외
1) 층수가 6층 이상인 특정소방대상물의 경우 모든 층.
예외 다음에 해당하는 경우 제외
가) 주택 관련 법령에 따라 기존의 아파트등을 리모델링하는 경우로서 건축물의 연면적 및 층의 높이가 변경되지 않는 경우. 이 경우 해당 아파트등의 사용검사 당시의 소방시설의 설치에 관한 대통령령 또는 화재안전기준을 적용한다.
나) 스프링클러설비가 없는 기존의 특정소방대상물을 용도변경하는 경우.
예외 2)부터 6)까지 및 9)부터 12)까지의 규정에 해당하는 특정소방대상물로 용도변경하는 경우 해당 규정에 따라 스프링클러설비 설치
2) 기숙사(교육연구시설·수련시설 내에 있는 학생 수용을 위한 것) 또는 복합건축물로서 연면적 5천㎡ 이상인 경우 모든 층
3) 문화 및 집회시설(동·식물원은 제외한다), 종교시설(주요구조부가 목조인 것은 제외), 운동시설(물놀이형 시설 및 바닥이 불연재료이고 관람석이 없는 운동시설은 제외)로서 다음에 해당하는 경우 모든 층
가) 수용인원이 100명 이상인 것
나) 영화상영관의 용도로 쓰이는 층의 바닥면적이 지하층 또는 무창층인 경우에는 500㎡ 이상, 그 밖의 층의 경우에는 1,000㎡ 이상인 것
다) 무대부가 지하층·무창층 또는 4층 이상의 층에 있는 경우에는 무대부의 면적이 300㎡ 이상인 것
라) 무대부가 다) 외의 층에 있는 경우에는 무대부의 면적이 500㎡ 이상인 것
4) 판매시설, 운수시설 및 창고시설(물류터미널로 한정)로서 바닥면적의 합계가 5천㎡ 이상이거나 수용인원이 500명 이상인 경우 모든 층
5) 다음에 해당하는 용도로 사용되는 시설의 바닥면적의 합계가 600㎡ 이상인 것은 모든 층
가) 의료시설 중 정신의료기관
나) 의료시설 중 종합병원, 병원, 치과병원, 한방병원 및 요양병원
다) 노유자시설
라) 숙박이 가능한 수련시설
바) 숙박시설
6) 창고시설(물류터미널은 제외)로서 바닥면적 합계가 5천㎡ 이상인 경우 모든 층
7) 특정소방대상물의 지하층·무창층(축사는 제외) 또는 층수가 4층 이상인 층으로서 바닥면적이 1,000㎡ 이상인 층이 있는 경우에는 해당 층
8) 랙식 창고(rack warehouse): 랙(물건을 수납할 수 있는 선반이나 이와 비슷한 것. 이하 같다)을 갖춘 것으로서 천장 또는 반자(반자가 없는 경우 지붕의 옥내에 면하는 부분)의 높이가 10m를 초과하고, 랙이 설치된 층의 바닥면적의 합계가 1,500㎡ 이상인 경우 모든 층
9) 공장 또는 창고시설로서 다음의 시설
가) 「화재의 예방 및 안전관리에 관한 법률 시행령」 별표 2에서 정하는 수량의 1,000 배

1. 소화설비	이상의 특수가연물을 저장·취급하는 시설 나) 「원자력안전법 시행령」 제2조제1호에 따른 중·저준위방사성폐기물(이하 "중·저준위방사성폐기물")의 저장시설 중 소화수를 수집·처리하는 설비가 있는 저장시설 10) 지붕 또는 외벽이 불연재료가 아니거나 내화구조가 아닌 공장 또는 창고시설로서 다음에 해당하는 것 가) 창고시설(물류터미널로 한정) 중 4)에 해당하지 않는 것으로서 바닥면적의 합계가 2,500㎡ 이상이거나 수용인원이 250명 이상인 경우 모든 층 나) 창고시설(물류터미널은 제외) 중 6)에 해당하지 않는 것으로서 바닥면적의 합계가 2,500㎡ 이상인 경우에는 모든 층 다) 공장 또는 창고시설 중 7)에 해당하지 않는 것으로서 지하층·무창층 또는 층수가 4층 이상인 것 중 바닥면적이 500㎡ 이상인 경우 모든 층 라) 랙식 창고 중 8)에 해당하지 않는 것으로서 바닥면적의 합계가 750㎡ 이상인 경우 모든 층 마) 공장 또는 창고시설 중 9)가)에 해당하지 않는 것으로서 「화재의 예방 및 안전관리에 관한 법률 시행령」 별표 2에서 정하는 수량의 500배 이상의 특수가연물을 저장·취급하는 시설 11) 교정 및 군사시설 중 다음에 해당하는 경우 해당 장소 가) 보호감호소, 교도소, 구치소 및 그 지소, 보호관찰소, 갱생보호시설, 치료감호시설, 소년원 및 소년분류심사원의 수용거실 나) 「출입국관리법」 제52조제2항에 따른 보호시설(외국인보호소의 경우 보호대상자의 생활공간으로 한정. 이하 같다)로 사용하는 부분 **예외** 보호시설이 임차건물에 있는 경우는 제외 다) 「경찰관 직무집행법」 제9조에 따른 유치장 12) 지하가(터널은 제외)로서 연면적 1,000㎡ 이상인 것 13) 발전시설 중 전기저장시설 14) 1)부터 13)까지의 특정소방대상물에 부속된 보일러실 또는 연결통로 등
	마. 간이스프링클러설비를 설치하여야 하는 특정소방대상물 1) 공동주택 중 연립주택 및 다세대주택(연립주택 및 다세대주택에 설치하는 간이스프링클러설비는 화재안전기준에 따른 주택전용 간이스프링클러설비를 설치) 2) 근린생활시설 중 다음에 해당하는 것 가) 근린생활시설로 사용하는 부분의 바닥면적 합계가 1,000㎡ 이상인 것은 모든 층 나) 의원, 치과의원 및 한의원으로서 입원실이 있는 시설 다) 조산원 및 산후조리원으로서 연면적 600㎡ 미만인 시설 3) 의료시설 중 다음에 해당하는 시설 가) 종합병원, 병원, 치과병원, 한방병원 및 요양병원(의료재활시설은 제외)으로 사용되는 바닥면적의 합계가 600㎡ 미만인 시설 나) 정신의료기관 또는 의료재활시설로 사용되는 바닥면적의 합계가 300㎡ 이상 600㎡ 미만인 시설 다) 정신의료기관 또는 의료재활시설로 사용되는 바닥면적의 합계가 300㎡ 미만이고, 창살(철재·플라스틱 또는 목재 등으로 사람의 탈출 등을 막기 위하여 설치한 것을 말하며, 화재 시 자동으로 열리는 구조로 되어 있는 창살은 제외)이 설치된 시설 4) 교육연구시설 내에 합숙소로서 연면적 100㎡ 이상인 경우에는 모든 층 5) 노유자시설로서 다음에 해당하는 시설 가) 제7조제1항제7호 각 목에 따른 시설[같은 호 가목2) 및 같은 호 나목부터 바목까지의 시설 중 단독주택 또는 공동주택에 설치되는 시설은 제외하며, 이하 "노유자 생활시설")

	나) 가)에 해당하지 않는 노유자 시설로 해당 시설로 사용하는 바닥면적의 합계가 300㎡ 이상 600㎡ 미만인 시설 다) 가)에 해당하지 않는 노유자시설로 해당 시설로 사용하는 바닥면적의 합계가 300㎡ 미만이고, 창살(철재·플라스틱 또는 목재 등으로 사람의 탈출 등을 막기 위하여 설치한 것을 말하며, 화재 시 자동으로 열리는 구조로 되어 있는 창살은 제외)이 설치된 시설 6) 숙박시설로 사용되는 바닥면적의 합계가 300㎡ 이상 600㎡ 미만인 시설 7) 건물을 임차하여 「출입국관리법」 제52조제2항에 따른 보호시설로 사용하는 부분 8) 복합건축물(별표 2 제30호나목의 복합건축물만 해당)로서 연면적 1,000㎡ 이상인 것은 모든 층
1. 소화설비	바. 물분무등소화설비를 설치하여야 하는 특정소방대상물 예외 위험물 저장 및 처리 시설 중 가스시설 또는 지하구는 제외 1) 항공기 및 자동차 관련 시설 중 항공기 격납고 2) 차고, 주차용 건축물 또는 철골 조립식 주차시설. 이 경우 연면적 800㎡ 이상인 것만 해당 3) 건축물의 내부에 설치된 차고·주차장으로서 차고 또는 주차의 용도로 사용되는 면적이 200㎡ 이상인 경우 해당 부분(50세대 미만 연립주택 및 다세대주택은 제외) 4) 기계장치에 의한 주차시설을 이용하여 20대 이상의 차량을 주차할 수 있는 시설 5) 특정소방대상물에 설치된 전기실·발전실·변전실(가연성 절연유를 사용하지 않는 변압기·전류차단기 등의 전기기기와 가연성 피복을 사용하지 않은 전선 및 케이블만을 설치한 전기실·발전실 및 변전실은 제외)·축전지실·통신기기실 또는 전산실, 그 밖에 이와 비슷한 것으로서 바닥면적이 300㎡ 이상인 것[하나의 방화구획 내에 둘 이상의 실(室)이 설치되어 있는 경우 이를 하나의 실로 보아 바닥면적을 산정] 예외 내화구조로 된 공정제어실 내에 설치된 주조정실로서 양압시설(외부 오염 공기 침투를 차단하고 내부의 나쁜 공기가 자연스럽게 외부로 흐를 수 있도록 한 시설)이 설치되고 전기기기에 220V 이하인 저전압이 사용되며 종업원이 24시간 상주하는 곳은 제외 6) 소화수를 수집·처리하는 설비가 설치되어 있지 않은 중·저준위방사성폐기물의 저장시설. ▶ 이산화탄소소화설비, 할론소화설비 또는 할로겐화합물 및 불활성기체 소화설비를 설치 7) 지하가 중 예상 교통량, 경사도 등 터널의 특성을 고려하여 물분무소화설비를 설치해야 하는 터널 ▶ 물분무소화설비를 설치 8) 문화재 중 「문화재보호법」 에 따른 지정문화재로서 소방청장이 문화재청장과 협의하여 정하는 것
	사. 옥외소화전설비를 설치하여야 하는 특정소방대상물 예외 아파트등, 위험물 저장 및 처리 시설 중 가스시설, 지하구 또는 지하가 중 터널은 제외 1) 지상 1층 및 2층의 바닥면적의 합계가 9,000㎡ 이상인 것. ※ 이 경우 같은 구(區) 내의 둘 이상의 특정소방대상물이 행정안전부령으로 정하는 연소(延燒) 우려가 있는 구조인 경우[㉠ 건축물대장의 건축물 현황도에 표시된 대지경계선 안에 둘 이상의 건축물이 있는 경우 ㉡ 각각의 건축물이 다른 건축물의 외벽으로부터 수평거리가 1층의 경우에는 6m 이하, 2층 이상의 층의 경우에는 10m 이하인 경우 ㉢ 개구부가 다른 건축물을 향하여 설치되어 있는 경우] 이를 하나의 특정소방대상물로 본다. 2) 문화재 중 「문화재보호법」에 따라 보물 또는 국보로 지정된 목조건축물 3) 1)에 해당하지 않는 공장 또는 창고시설로서 「화재의 예방 및 안전관리에 관한 법률 시행령」 별표 2에서 정하는 수량의 750배 이상의 특수가연물을 저장·취급하는 것

소방시설의 종 류	소방시설 적용기준
2. 경보설비	가. 단독경보형 감지기를 설치해야 하는 특정소방대상물 1) 교육연구시설 내에 있는 기숙사 또는 합숙소로서 연면적 2,000㎡ 미만인 것 2) 수련시설 내에 있는 기숙사 또는 합숙소로서 연면적 2,000㎡ 미만인 것 3) 다목7)에 해당하지 않는 수련시설(숙박시설이 있는 것만 해당) 4) 연면적 400㎡ 미만의 유치원 5) 공동주택 중 연립주택 및 다세대주택(연동형 감지기로 설치)
	나. 비상경보설비를 설치해야 하는 특정소방대상물 예외 모래·석재 등 불연재료 공장 및 창고시설, 위험물 저장 및 처리 시설 중 가스시설, 사람이 거주하지 않거나 벽이 없는 축사 등 동물 및 식물 관련 시설 및 지하구는 제외 1) 연면적 400㎡ 이상인 것은 모든 층 2) 지하층 또는 무창층의 바닥면적이 150㎡(공연장의 경우 100㎡) 이상인 것은 모든 층 3) 지하가 중 터널로서 길이가 500m 이상인 것 4) 50명 이상의 근로자가 작업하는 옥내 작업장
	다. 자동화재탐지설비를 설치해야 하는 특정소방대상물 1) 공동주택 중 아파트등·기숙사 및 숙박시설의 경우에는 모든 층 2) 층수가 6층 이상인 건축물의 경우에는 모든 층 3) 근린생활시설(목욕장은 제외), 의료시설(정신의료기관 및 요양병원은 제외), 위락시설, 장례시설 및 복합건축물로서 연면적 600㎡ 이상인 경우에는 모든 층 4) 근린생활시설 중 목욕장, 문화 및 집회시설, 종교시설, 판매시설, 운수시설, 운동시설, 업무시설, 공장, 창고시설, 위험물 저장 및 처리 시설, 항공기 및 자동차 관련 시설, 교정 및 군사시설 중 국방·군사시설, 방송통신시설, 발전시설, 관광 휴게시설, 지하가(터널은 제외)로서 연면적 1,000㎡ 이상인 경우에는 모든 층 5) 교육연구시설(교육시설 내에 있는 기숙사 및 합숙소 포함), 수련시설(수련시설 내에 있는 기숙사 및 합숙소를 포함하며, 숙박시설이 있는 수련시설은 제외), 동물 및 식물 관련 시설(기둥과 지붕만으로 구성되어 외부와 기류가 통하는 장소는 제외), 자원순환 관련 시설, 교정 및 군사시설(국방·군사시설은 제외) 또는 묘지 관련 시설로서 연면적 2,000㎡ 이상인 경우 모든 층 6) 노유자 생활시설의 경우에는 모든 층 7) 6)에 해당하지 않는 노유자 시설로서 연면적 400㎡ 이상인 노유자 시설 및 숙박시설이 있는 수련시설로서 수용인원 100명 이상인 경우 모든 층 8) 의료시설 중 정신의료기관 또는 요양병원으로서 다음에 해당하는 시설 가) 요양병원(의료재활시설은 제외) 나) 정신의료기관 또는 의료재활시설로 사용되는 바닥면적의 합계가 300㎡ 이상인 시설 다) 정신의료기관 또는 의료재활시설로 사용되는 바닥면적의 합계가 300㎡ 미만이고, 창살(철재·플라스틱 또는 목재 등으로 사람의 탈출 등을 막기 위하여 설치한 것을 말하며, 화재 시 자동으로 열리는 구조로 되어 있는 창살은 제외)이 설치된 시설 9) 판매시설 중 전통시장 10) 지하가 중 터널로서 길이가 1,000m 이상인 것 11) 지하구 12) 3)에 해당하지 않는 근린생활시설 중 조산원 및 산후조리원 13) 4)에 해당하지 않는 공장 및 창고시설로서 「화재의 예방 및 안전관리에 관한 법률 시행령」 별표 2에서 정하는 수량의 500배 이상의 특수가연물을 저장·취급하는 것 14) 4)에 해당하지 않는 발전시설 중 전기저장시설

	라. 시각경보기를 설치해야 하는 특정소방대상물 ※ 다목 자동화재탐지설비를 설치해야 하는 특정소방대상물 중 다음에 해당하는 것 1) 근린생활시설, 문화 및 집회시설, 종교시설, 판매시설, 운수시설, 의료시설, 노유자 시설 2) 운동시설, 업무시설, 숙박시설, 위락시설, 창고시설 중 물류터미널, 발전시설 및 장례시설 3) 교육연구시설 중 도서관, 방송통신시설 중 방송국 4) 지하가 중 지하상가
	마. 화재알림설비를 설치해야 하는 특정소방대상물: 판매시설 중 전통시장
	바. 비상방송설비를 설치해야 하는 특정소방대상물 예외 위험물 저장 및 처리 시설 중 가스시설, 사람이 거주하지 않거나 벽이 없는 축사 등 동물 및 식물 관련 시설, 지하가 중 터널 및 지하구는 제외 1) 연면적 3,500m² 이상인 것은 모든 층 2) 지하층을 제외한 층수가 11층 이상인 것은 모든 층 3) 지하층의 층수가 3층 이상인 것은 모든 층
2. 경보설비	사. 자동화재속보설비를 설치해야 하는 특정소방대상물 예외 방재실 등 화재 수신기가 설치된 장소에 24시간 화재를 감시할 수 있는 사람이 근무하고 있는 경우 자동화재속보설비를 설치하지 않을 수 있다. 1) 노유자 생활시설 2) 노유자 시설로서 바닥면적이 500m² 이상인 층이 있는 것 3) 수련시설(숙박시설이 있는 것만 해당)로서 바닥면적이 500m² 이상인 층이 있는 것 4) 문화재 중 「문화재보호법」에 따라 보물 또는 국보로 지정된 목조건축물 5) 근린생활시설 중 다음의 어느 하나에 해당하는 시설 가) 의원, 치과의원 및 한의원으로서 입원실이 있는 시설 나) 조산원 및 산후조리원 6) 의료시설 중 다음의 어느 하나에 해당하는 것 가) 종합병원, 병원, 치과병원, 한방병원 및 요양병원(의료재활시설은 제외) 나) 정신병원 및 의료재활시설로 사용되는 바닥면적의 합계가 500m² 이상인 층이 있는 것 7) 판매시설 중 전통시장
	아. 통합감시시설을 설치해야 하는 특정소방대상물: 지하구
	자. 누전경보기 계약전류용량(같은 건축물에 계약 종류가 다른 전기가 공급되는 경우 그 중 최대계약전류용량)이 100A를 초과하는 특정소방대상물(내화구조가 아닌 건축물로서 벽·바닥 또는 반자의 전부나 일부를 불연재료 또는 준불연재료가 아닌 재료에 철망을 넣어 만든 것만 해당)에 설치 예외 위험물 저장 및 처리 시설 중 가스시설, 지하가 중 터널 및 지하구의 경우 그렇지 않다.
	차. 가스누설경보기를 설치해야 하는 특정소방대상물(가스시설이 설치된 경우만 해당) 1) 문화 및 집회시설, 종교시설, 판매시설, 운수시설, 의료시설, 노유자 시설 2) 수련시설, 운동시설, 숙박시설, 창고시설 중 물류터미널, 장례시설

소방시설의 종 류	소방시설 적용기준
3. 피난구조 설비	가. 피난기구: 특정소방대상물의 모든 층에 화재안전기준에 적합한 것으로 설치해야 한다. 예외 피난층, 지상 1층, 지상 2층(노유자시설 중 피난층이 아닌 지상 1층과 피난층이 아닌 지상 2층은 제외) 및 층수가 11층 이상인 층과 위험물 저장 및 처리시설 중 가스시설, 지하가 중 터널 또는 지하구의 경우 그렇지 않다.

3. 피난구조 설비	나. 인명구조기구를 설치해야 하는 특정소방대상물 1) 방열복 또는 방화복(안전모, 보호장갑 및 안전화를 포함한다), 인공소생기 및 공기호흡기를 설치해야 하는 특정소방대상물: 지하층을 포함하는 층수가 7층 이상인 것 중 관광호텔 용도로 사용하는 층 2) 방열복 또는 방화복(안전모, 보호장갑 및 안전화를 포함한다) 및 공기호흡기를 설치해야 하는 특정소방대상물: 지하층을 포함하는 층수가 5층 이상인 것 중 병원 용도로 사용하는 층 3) 공기호흡기를 설치해야 하는 특정소방대상물은 다음의 어느 하나에 해당하는 것으로 한다. 가) 수용인원 100명 이상인 문화 및 집회시설 중 영화상영관 나) 판매시설 중 대규모점포 다) 운수시설 중 지하역사 라) 지하가 중 지하상가 마) 제1호바목 및 화재안전기준에 따라 이산화탄소소화설비(호스릴이산화탄소소화설비는 제외)를 설치해야 하는 특정소방대상물
	다. 유도등을 설치해야 하는 특정소방대상물 1) 피난구유도등, 통로유도등 및 유도표지는 특정소방대상물에 설치 예외 다음에 해당하는 경우는 제외 가) 동물 및 식물 관련 시설 중 축사로서 가축을 직접 가두어 사육하는 부분 나) 지하가 중 터널 2) 객석유도등 가) 유흥주점영업시설(「식품위생법 시행령」의 유흥주점영업 중 손님이 춤을 출 수 있는 무대가 설치된 카바레, 나이트클럽 또는 그 밖에 이와 비슷한 영업시설만 해당) 나) 문화 및 집회시설 다) 종교시설 라) 운동시설
	라. 비상조명등을 설치해야 하는 특정소방대상물 예외 창고시설 중 창고 및 하역장, 위험물 저장 및 처리 시설 중 가스시설 및 사람이 거주하지 않거나 벽이 없는 축사 등 동물 및 식물 관련 시설은 제외 1) 지하층을 포함하는 층수가 5층 이상인 건축물로서 연면적 3,000㎡ 이상인 경우 모든 층 2) 1)에 해당하지 않는 특정소방대상물로서 그 지하층 또는 무창층의 바닥면적이 450㎡ 이상인 경우 해당 층 3) 지하가 중 터널로서 그 길이가 500m 이상인 것
	마. 휴대용 비상조명등을 설치해야 하는 특정소방대상물 1) 숙박시설 2) 수용인원 100명 이상의 영화상영관, 판매시설 중 대규모점포, 철도 및 도시철도 시설 중 지하역사, 지하가 중 지하상가

소방시설의 종 류	소방시설 적용기준
4. 소화용수 설비	상수도소화용수설비를 설치하여야 하는 특정소방대상물 ※ 상수도소화용수설비를 설치하여야 하는 특정소방대상물의 대지 경계선으로부터 180m 이내에 지름 75㎜ 이상인 상수도용 배수관이 설치되지 않은 지역의 경우: 화재안전기준에 따른 소화수조 또는 저수조를 설치해야 한다. 가. 연면적 5,000㎡ 이상인 것 예외 위험물 저장 및 처리 시설 중 가스시설, 지하가 중 터널 또는 지하구 제외 나. 가스시설로서 지상에 노출된 탱크의 저장용량의 합계가 100톤 이상인 것

<table>
<tr><th>소방시설의 종 류</th><th>소방시설 적용기준</th></tr>
<tr><td rowspan="6">5. 소화활동 설비</td><td>가. 제연설비를 설치하여야 하는 특정소방대상물
1) 문화 및 집회시설, 종교시설, 운동시설 중 무대부의 바닥면적이 200㎡ 이상인 경우에는 해당 무대부
2) 문화 및 집회시설 중 영화상영관으로서 수용인원 100명 이상인 경우에는 해당 영화상영관
3) 지하층이나 무창층에 설치된 근린생활시설, 판매시설, 운수시설, 숙박시설, 위락시설, 의료시설, 노유자 시설 또는 창고시설(물류터미널로 한정한다)로서 해당 용도로 사용되는 바닥면적의 합계가 1,000㎡ 이상인 경우 해당 부분
4) 운수시설 중 시외버스정류장, 철도 및 도시철도 시설, 공항시설 및 항만시설의 대기실 또는 휴게시설로서 지하층 또는 무창층의 바닥면적이 1,000㎡ 이상인 경우에는 모든 층
5) 지하가(터널은 제외한다)로서 연면적 1,000㎡ 이상인 것
6) 지하가 중 예상 교통량, 경사도 등 터널의 특성을 고려하여 제연설비를 설치해야 하는 터널
7) 특정소방대상물(갓복도형 아파트등은 제외한다)에 부설된 특별피난계단, 비상용 승강기의 승강장 또는 피난용 승강기의 승강장</td></tr>
<tr><td>나. 연결송수관설비를 설치하여야 하는 특정소방대상물
예외 위험물 저장 및 처리 시설 중 가스시설 및 지하구는 제외
1) 층수가 5층 이상으로서 연면적 6,000㎡ 이상인 경우 모든 층
2) 1)에 해당하지 않는 특정소방대상물로서 지하층을 포함하는 층수가 7층 이상인 경우 모든 층
3) 1) 및 2)에 해당하지 않는 특정소방대상물로서 지하층의 층수가 3층 이상이고 지하층의 바닥면적의 합계가 1,000㎡ 이상인 경우 모든 층
4) 지하가 중 터널로서 길이가 1,000m 이상인 것</td></tr>
<tr><td>다. 연결살수설비를 설치하여야 하는 특정소방대상물 예외 지하구는 제외
1) 판매시설, 운수시설, 창고시설 중 물류터미널로서 해당 용도로 사용되는 부분의 바닥면적의 합계가 1,000㎡ 이상인 경우 해당 시설
2) 지하층(피난층으로 주된 출입구가 도로와 접한 경우는 제외한다)으로서 바닥면적의 합계가 150㎡ 이상인 경우 지하층의 모든 층. 예외 「주택법 시행령」에 따른 국민주택규모 이하인 아파트등의 지하층(대피시설로 사용하는 것만 해당)과 교육연구시설 중 학교의 지하층의 경우 700㎡ 이상인 것으로 한다.
3) 가스시설 중 지상에 노출된 탱크의 용량이 30톤 이상인 탱크시설
4) 1) 및 2)의 특정소방대상물에 부속된 연결통로</td></tr>
<tr><td>라. 비상콘센트설비를 설치하여야 하는 특정소방대상물
예외 위험물 저장 및 처리 시설 중 가스시설 및 지하구는 제외
1) 층수가 11층 이상인 특정소방대상물의 경우에는 11층 이상의 층
2) 지하층의 층수가 3층 이상이고 지하층의 바닥면적의 합계가 1,000㎡ 이상인 것은 지하층의 모든 층
3) 지하가 중 터널로서 길이가 500m 이상인 것</td></tr>
<tr><td>마. 무선통신보조설비를 설치하여야 하는 특정소방대상물
예외 위험물 저장 및 처리 시설 중 가스시설은 제외
1) 지하가(터널은 제외한다)로서 연면적 1,000㎡ 이상인 것
2) 지하층의 바닥면적의 합계가 3,000㎡ 이상인 것 또는 지하층의 층수가 3층 이상이고 지하층의 바닥면적의 합계가 1,000㎡ 이상인 것은 지하층의 모든 층
3) 지하가 중 터널로서 길이가 500m 이상인 것
4) 지하구 중 공동구
5) 층수가 30층 이상인 것으로서 16층 이상 부분의 모든 층</td></tr>
<tr><td>바. 연소방지설비
지하구(전력 또는 통신사업용인 것만 해당)에 설치</td></tr>
</table>

비고

1. [별표 2] 【1】~【27】 중 어느 하나에 해당하는 시설(이하 이 표에서 "근린생활시설등")의 소방시설 설치기준이 복합건축물의 소방시설 설치기준보다 강화된 경우 복합건축물 안에 있는 해당 근린생활시설등에 대해서는 그 근린생활시설등의 소방시설 설치기준을 적용한다.
2. 원자력발전소 중 원자로 및 관계시설에 설치하는 소방시설에 대해서는 「원자력안전법」 에 따른 허가기준에 따라 설치한다.
3. 특정소방대상물의 관계인은 내진설계 대상 특정소방대상물 및 성능위주설계 대상 특정소방대상물에 설치·관리해야 하는 소방시설에 대해서는 소방시설의 내진설계기준 및 성능위주설계의 기준에 맞게 설치·관리해야 한다.

3 소방시설정보관리시스템 구축·운영 대상 등(영 제12조)

(1) 소방청장, 소방본부장 또는 소방서장은 소방시설의 작동정보 등을 실시간으로 수집·분석할 수 있는 시스템(이하 "소방시설정보관리시스템")을 구축·운영할 수 있다.

(2) 소방시설정보관리시스템의 구축·운영 대상

① 「화재의 예방 및 안전관리에 관한 법률」 에 따른 소방안전관리대상물 중 다음의 특정소방대상물로 한다.

1. 문화 및 집회시설	2. 종교시설	3. 판매시설	4. 의료시설	5. 노유자 시설
6. 숙박이 가능한 수련시설	7. 업무시설	8. 숙박시설	9. 공장	10. 창고시설
11. 위험물 저장 및 처리 시설	12. 지하가(地下街)	13. 지하구		
14. 그 밖에 소방청장, 소방본부장 또는 소방서장이 소방안전관리의 취약성과 화재위험성을 고려하여 필요하다고 인정하는 특정소방대상물				

② 관계인은 소방청장, 소방본부장 또는 소방서장이 소방시설정보관리시스템을 구축·운영하려는 경우 특별한 사정이 없으면 이에 협조해야 한다.

(3) 소방청장, 소방본부장 또는 소방서장은 작동정보를 해당 특정소방대상물의 관계인에게 통보하여야 한다.

4 소방시설정보관리시스템 운영방법 및 통보 절차 등(규칙 제15조)

(1) 소방청장, 소방본부장 또는 소방서장은 소방시설정보관리시스템으로 수집되는 소방시설의 작동정보 등을 분석하여 해당 특정소방대상물의 관계인에게 해당 소방시설의 정상적인 작동에 필요한 사항과 관리 방법 등 개선사항에 관한 정보를 제공할 수 있다.

(2) 소방청장, 소방본부장 또는 소방서장은 소방시설정보관리시스템을 통하여 소방시설의 고장 등 비정상적인 작동정보를 수집한 경우 해당 특정소방대상물의 관계인에게 그 사실을 알려주어야 한다.

(3) 소방청장, 소방본부장 또는 소방서장은 소방시설정보관리시스템의 체계적·효율적·전문적인 운영을 위해 전담인력을 둘 수 있다.

(4) (1)~(3) 외에 소방시설정보관리시스템의 운영방법 및 통보 절차 등에 관하여 필요한 세부 사항은 소방청장이 정한다.

6 소방시설기준 적용의 특례(법 제13조)(영 제13조 ~ 제15조)

1 강화된 소방시설기준의 적용(영 제13조)

(1) 변경전 기준의 적용

소방본부장이나 소방서장은 대통령령 또는 화재안전기준이 변경되어 그 기준이 강화되는 경우 기존의 특정소방대상물(건축물의 신축·개축·재축·이전 및 대수선 중인 특정소방대상물을 포함)의 소방시설에 대하여는 변경 전의 대통령령 또는 화재안전기준을 적용한다.

(2) 강화된 기준의 적용

다음에 해당하는 소방시설의 경우 대통령령 또는 화재안전기준의 변경으로 강화된 기준을 적용할 수 있다.

1. 소화기구· 비상경보설비· 자동화재탐지설비·자동화재속보설비 및 피난구조설비

2. 다음의 특정소방대상물에 설치하는 오른쪽 란의 소방시설

㉠ 「국토의 계획 및 이용에 관한 법률」에 따른 공동구	소화기, 자동소화장치, 자동화재탐지설비, 통합감시시설, 유도등 및 연소방지설비
㉡ 전력 또는 통신사업용 지하구	소화기, 자동소화장치, 자동화재탐지설비, 통합감시시설, 유도등 및 연소방지설비
㉢ 노유자(老幼者) 시설	간이스프링클러설비, 자동화재탐지설비 및 단독경보형 감지기
㉣ 의료시설	스프링클러설비, 간이스프링클러설비, 자동화재탐지설비 및 자동화재속보설비

2 유사한 소방시설의 설치 면제의 기준(영 제14조)

소방본부장 또는 소방서장은 특정소방대상물에 설치하여야 하는 소방시설 가운데 기능과 성능이 유사한 물분무소화설비·간이스프링클러설비·비상경보설비 및 비상방송설비 등의 소방시설 경우 다음의 기준(시행령-[별표 5])에 따라 그 설치를 면제할 수 있다.

설치가 면제되는 소방시설	설치가 면제되는 기준
1. 자동소화장치	자동소화장치(주거용 주방자동소화장치 및 상업용 주방자동소화장치는 제외)를 설치해야 하는 특정소방대상물에 물분무등소화설비를 화재안전기준에 적합하게 설치한 경우에는 그 설비의 유효범위(해당 소방시설이 화재를 감지·소화 또는 경보할 수 있는 부분을 말한다. 이하 같다)에서 설치가 면제된다.
2. 옥내소화전설비	소방본부장 또는 소방서장이 옥내소화전설비의 설치가 곤란하다고 인정하는 경우로서 호스릴 방식의 미분무소화설비 또는 옥외소화전설비를 화재안전기준에 적합하게 설치한 경우에는 그 설비의 유효범위에서 설치가 면제된다.
3. 스프링클러설비	가. 스프링클러설비를 설치해야 하는 특정소방대상물(발전시설 중 전기저장시설은 제외한다)에 적응성 있는 자동소화장치 또는 물분무등소화설비를 화재안전기준에 적합하게 설치한 경우에는 그 설비의 유효범위에서 설치가 면제된다. 나. 스프링클러설비를 설치해야 하는 전기저장시설에 소화설비를 소방청장이 정하여 고시하는 방법에 따라 설치한 경우에는 그 설비의 유효범위에서 설치가 면제된다.

4. 간이스프링클러 설비	간이스프링클러설비를 설치해야 하는 특정소방대상물에 스프링클러설비, 물분무소화설비 또는 미분무소화설비를 화재안전기준에 적합하게 설치한 경우에는 그 설비의 유효범위에서 설치가 면제된다.
5. 물분무등소화설비	물분무등소화설비를 설치해야 하는 차고·주차장에 스프링클러설비를 화재안전기준에 적합하게 설치한 경우에는 그 설비의 유효범위에서 설치가 면제된다.
6. 옥외소화전설비	옥외소화전설비를 설치해야 하는 문화재인 목조건축물에 상수도소화용수설비를 화재안전기준에서 정하는 방수압력·방수량·옥외소화전함 및 호스의 기준에 적합하게 설치한 경우에는 설치가 면제된다.
7. 비상경보설비	비상경보설비를 설치해야 할 특정소방대상물에 단독경보형 감지기를 2개 이상의 단독경보형 감지기와 연동하여 설치한 경우에는 그 설비의 유효범위에서 설치가 면제된다.
8. 비상경보설비 또는 단독경보형 감지기	비상경보설비 또는 단독경보형 감지기를 설치해야 하는 특정소방대상물에 자동화재탐지설비 또는 화재알림설비를 화재안전기준에 적합하게 설치한 경우에는 그 설비의 유효범위에서 설치가 면제된다.
9. 자동화재탐지설비	자동화재탐지설비의 기능(감지·수신·경보기능을 말한다)과 성능을 가진 화재알림설비, 스프링클러설비 또는 물분무등소화설비를 화재안전기준에 적합하게 설치한 경우에는 그 설비의 유효범위에서 설치가 면제된다.
10. 화재알림설비	화재알림설비를 설치해야 하는 특정소방대상물에 자동화재탐지설비를 화재안전기준에 적합하게 설치한 경우에는 그 설비의 유효범위에서 설치가 면제된다.
11. 비상방송설비	비상방송설비를 설치해야 하는 특정소방대상물에 자동화재탐지설비 또는 비상경보설비와 같은 수준 이상의 음향을 발하는 장치를 부설한 방송설비를 화재안전기준에 적합하게 설치한 경우에는 그 설비의 유효범위에서 설치가 면제된다.
12. 자동화재속보 설비	자동화재속보설비를 설치해야 하는 특정소방대상물에 화재알림설비를 화재안전기준에 적합하게 설치한 경우에는 그 설비의 유효범위에서 설치가 면제된다.
13. 누전경보기	누전경보기를 설치해야 하는 특정소방대상물 또는 그 부분에 아크경보기(옥내 배전선로의 단선이나 선로 손상 등으로 인하여 발생하는 아크를 감지하고 경보하는 장치를 말한다) 또는 전기 관련 법령에 따른 지락차단장치를 설치한 경우에는 그 설비의 유효범위에서 설치가 면제된다.
14. 피난구조설비	피난구조설비를 설치해야 하는 특정소방대상물에 그 위치·구조 또는 설비의 상황에 따라 피난상 지장이 없다고 인정되는 경우에는 화재안전기준에서 정하는 바에 따라 설치가 면제된다.
15. 비상조명등	비상조명등을 설치해야 하는 특정소방대상물에 피난구유도등 또는 통로유도등을 화재안전기준에 적합하게 설치한 경우에는 그 유도등의 유효범위에서 설치가 면제된다.
16. 상수도소화용수 설비	가. 상수도소화용수설비를 설치해야 하는 특정소방대상물의 각 부분으로부터 수평거리 140m 이내에 공공의 소방을 위한 소화전이 화재안전기준에 적합하게 설치되어 있는 경우에는 설치가 면제된다. 나. 소방본부장 또는 소방서장이 상수도소화용수설비의 설치가 곤란하다고 인정하는 경우로서 화재안전기준에 적합한 소화수조 또는 저수조가 설치되어 있거나 이를 설치하는 경우에는 그 설비의 유효범위에서 설치가 면제된다.
17. 제연설비	가. 제연설비를 설치해야 하는 특정소방대상물[별표 4 제5호가목6)은 제외한다]에 다음의 어느 하나에 해당하는 설비를 설치한 경우에는 설치가 면제된다. 1) 공기조화설비를 화재안전기준의 제연설비기준에 적합하게 설치하고 공기조화설비가 화재 시 제연설비기능으로 자동전환되는 구조로 설치되어 있는 경우 2) 직접 외부 공기와 통하는 배출구의 면적의 합계가 해당 제연구역[제연경계(제연설비의 일부인 천장을 포함한다)에 의하여 구획된 건축물 내의 공간을 말한다] 바닥면적의 100

	분의 1 이상이고, 배출구부터 각 부분까지의 수평거리가 30m 이내이며, 공기유입구가 화재안전기준에 적합하게(외부 공기를 직접 자연 유입할 경우에 유입구의 크기는 배출구의 크기 이상이어야 한다) 설치되어 있는 경우 나. 별표 4 제5호가목6)에 따라 제연설비를 설치해야 하는 특정소방대상물 중 노대(露臺)와 연결된 특별피난계단, 노대가 설치된 비상용 승강기의 승강장 또는 「건축법 시행령」 제91조제5호의 기준에 따라 배연설비가 설치된 피난용 승강기의 승강장에는 설치가 면제된다.
18. 연결송수관설비	연결송수관설비를 설치해야 하는 소방대상물에 옥외에 연결송수구 및 옥내에 방수구가 부설된 옥내소화전설비, 스프링클러설비, 간이스프링클러설비 또는 연결살수설비를 화재안전기준에 적합하게 설치한 경우에는 그 설비의 유효범위에서 설치가 면제된다. 다만, 지표면에서 최상층 방수구의 높이가 70m 이상인 경우에는 설치해야 한다.
19. 연결살수설비	가. 연결살수설비를 설치해야 하는 특정소방대상물에 송수구를 부설한 스프링클러설비, 간이스프링클러설비, 물분무소화설비 또는 미분무소화설비를 화재안전기준에 적합하게 설치한 경우에는 그 설비의 유효범위에서 설치가 면제된다. 나. 가스 관계 법령에 따라 설치되는 물분무장치 등에 소방대가 사용할 수 있는 연결송수구가 설치되거나 물분무장치 등에 6시간 이상 공급할 수 있는 수원(水源)이 확보된 경우에는 설치가 면제된다.
20. 무선통신보조설비	무선통신보조설비를 설치해야 하는 특정소방대상물에 이동통신 구내 중계기 선로설비 또는 무선이동중계기(「전파법」 제58조의2에 따른 적합성평가를 받은 제품만 해당한다) 등을 화재안전기준의 무선통신보조설비기준에 적합하게 설치한 경우에는 설치가 면제된다.
21. 연소방지설비	연소방지설비를 설치해야 하는 특정소방대상물에 스프링클러설비, 물분무소화설비 또는 미분무소화설비를 화재안전기준에 적합하게 설치한 경우에는 그 설비의 유효범위에서 설치가 면제된다.

3 특정소방대상물의 증축 또는 용도변경 시의 소방시설기준 적용의 특례(영 제15조)

(1) 증축

① 소방본부장 또는 소방서장은 특정소방대상물이 증축되는 경우 기존 부분을 포함한 특정소방대상물의 전체에 대하여 증축 당시의 소방시설의 설치에 관한 대통령령 또는 화재안전기준을 적용해야 한다.

② 증축 당시의 기준을 적용하지 않는 경우

1. 기존 부분과 증축 부분이 내화구조(耐火構造)로 된 바닥과 벽으로 구획된 경우
2. 기존부분과 증축부분이 「건축법시행령」에 따른 자동방화셔터 또는 60분+ 방화문으로 구획되어 있는 경우
3. 자동차 생산공장 등 화재위험이 낮은 특정소방대상물 내부에 연면적 33㎡이하의 직원휴게실을 증축하는 경우
4. 자동차 생산공장 등 화재위험이 낮은 특정소방대상물에 캐노피(기둥으로 받치거나 매달아 놓은 덮개를 말하며, 3면 이상에 벽이 없는 구조)를 설치하는 경우

(2) 용도변경

① 소방본부장 또는 소방서장은 특정소방대상물이 용도변경되는 경우에는 용도변경되는 부분에 대해서만 용도변경 당시의 소방시설의 설치에 관한 대통령령 또는 화재안전기준을 적용한다.

② 특정소방대상물 전체에 대하여 용도변경 전의 기준을 적용하는 경우

1. 특정소방대상물의 구조・설비가 화재연소 확대 요인이 적어지거나 피난 또는 화재진압 활동이 쉬워지도록 변경되는 경우
2. 용도변경으로 인하여 천장・바닥・벽 등에 고정되어 있는 가연성 물질의 양이 줄어드는 경우

4 소방시설을 설치하지 않을 수 있는 특정소방대상물의 범위(영 제16조)

(1) 화재위험도가 낮거나 화재안전기준을 적용하기 어려운 특정소방대상물들은 소방시설을 설치하지 않을 수 있다. 소방시설을 설치하지 아니할 수 있는 특정소방대상물 및 소방시설의 범위는 다음[별표 6]과 같다.

구 분	특정소방대상물	설치하지 않을 수 있는 소방시설
1. 화재위험도가 낮은 특정소방대상물	석재·불연성금속·불연성 건축재료 등의 가공 공장·기계조립공장·주물공장 또는 불연성 물품을 저장하는 창고	옥외소화전 및 연결살수설비
2. 화재안전기준을 적용하기 어려운 특정소방대상물	펄프공장의 작업장・음료수공장의 세정 또는 충전하는 작업장 그 밖에 이와 비슷한 용도로 사용하는 것	스프링클러설비, 상수도소화용수설비 및 연결살수설비
	정수장, 수영장, 목욕장, 농예·축산·어류양식용 시설 그 밖에 이와 비슷한 용도로 사용되는 것	자동화재탐지설비, 상수도소화용수설비 및 연결살수설비
3. 화재안전기준을 다르게 적용해야 하는 특수한 용도 또는 구조를 가진 특정소방대상물	원자력발전소, 중・저준위 방사성폐기물의 저장시설	연결송수관설비 및 연결살수설비
4.「위험물 안전관리법」에 따른 자체소방대가 설치된 특정소방대상물	자체소방대가 설치된 위험물 제조소등에 부속된 사무실	옥내소화전설비, 소화용수설비, 연결살수설비 및 연결송수관설비

(2) 위 (1)의 어느 하나에 해당하는 특정소방대상물에 구조 및 원리 등에서 공법이 특수한 설계로 인정된 소방시설을 설치하는 경우 중앙소방기술심의위원회의 심의를 거쳐 화재안전기준을 적용하지 않을 수 있다.

7 특정소방대상물별로 설치하여야 하는 소방시설의 정비 등(법 제14조)(법 제17조)(규칙 제18조)

【1】 소방시설의 정비 등

(1) 소방시설을 정할 때에는 특정소방대상물의 규모・용도 및 수용인원 등을 고려하여야 한다.

(2) 소방청장은 건축 환경 및 화재위험특성 변화사항을 효과적으로 반영할 수 있도록 위 (1)에 따른 소방시설 규정을 3년에 1회 이상 정비하여야 한다.

(3) 소방청장은 다음의 연구과제에 대하여 건축 환경 및 화재위험특성 변화 추세를 체계적으로 연구하여 위 (2)에 따른 정비를 위한 개선방안을 마련하여야 한다.

1. 공모과제	공모에 의하여 심의·선정된 과제
2. 지정과제	소방청장이 필요하다고 인정하여 발굴·기획하고, 주관 연구기관 및 주관 연구책임자를 지정하는 과제

(4) 위 (3)에 따른 연구의 수행 등에 필요한 사항은 행정안전부령으로 정한다.

【2】 수용인원 산정 방법(법 제17조 [별표7])

1. 숙박시설이 있는 특정소방대상물
가. 침대가 있는 숙박시설: 해당 특정소방물의 종사자 수에 침대 수(2인용 침대는 2개로 산정)를 합한 수
나. 침대가 없는 숙박시설: 해당 특정소방대상물의 종사자 수에 숙박시설 바닥면적의 합계를 3㎡로 나누어 얻은 수를 합한 수
2. 위 1. 외의 특정소방대상물
가. 강의실·교무실·상담실·실습실·휴게실 용도로 쓰는 특정소방대상물: 해당 용도로 사용하는 바닥면적의 합계를 1.9㎡로 나누어 얻은 수
나. 강당, 문화 및 집회시설, 운동시설, 종교시설: 해당 용도로 사용하는 바닥면적의 합계를 4.6㎡로 나누어 얻은 수(관람석이 있는 경우 고정식 의자를 설치한 부분은 그 부분의 의자 수로 하고, 긴 의자의 경우에는 의자의 정면너비를 0.45m로 나누어 얻은 수로 한다)
다. 그 밖의 특정소방대상물: 해당 용도로 사용하는 바닥면적의 합계를 3㎡로 나누어 얻은 수

[비고]
1. 위 표에서 바닥면적을 산정할 때에는 복도(「건축법 시행령」에 따른 준불연재료 이상의 것을 사용하여 바닥에서 천장까지 벽으로 구획한 것을 말한다), 계단 및 화장실의 바닥면적을 포함하지 않는다.
2. 계산 결과 소수점 이하의 수는 반올림한다.

8 건설 현장의 임시소방시설의 설치 및 관리 (법 제15조)(영 제18조)

(1) 공사시공자는 특정소방대상물의 신축·증축·개축·재축·이전·용도변경·대수선 또는 설비 설치 등을 위한 공사 현장에서 인화성(引火性) 물품을 취급하는 작업 등 대통령령으로 정하는 작업(이하"화재위험작업")을 하기 전에 설치 및 철거가 쉬운 화재대비시설(이하"임시소방시설")을 설치하고 관리하여야 한다.

① 화재위험작업의 종류 (영 제15조의5)

1. 인화성·가연성·폭발성 물질을 취급하거나 가연성 가스를 발생시키는 작업
2. 용접·용단(금속·유리·플라스틱 따위를 녹여서 절단하는 일) 등 불꽃을 발생시키거나 화기(火氣)를 취급하는 작업
3. 전열기구, 가열전선 등 열을 발생시키는 기구를 취급하는 작업
4. 알루미늄, 마그네슘 등을 취급하여 폭발성 부유분진(공기 중에 떠다니는 미세한 입자를 말한다)을 발생시킬 수 있는 작업
5. 그 밖에 위 1.~ 4.까지와 비슷한 작업으로 소방청장이 정하여 고시하는 작업

② 공사 현장에 설치하여야 하는 설치 및 철거가 쉬운 임시소방시설의 종류와 임시소방시설을 설치하여야 하는 공사의 종류 및 규모는 시행령 [별표 8] 제1호 및 제2호와 같다.

[별표 8] 임시소방시설의 종류와 설치기준 등(제18조제2항 관련)
1. 임시소방시설의 종류
가. 소화기
나. 간이소화장치: 물을 방사(放射)하여 화재를 진화할 수 있는 장치로서 소방청장이 정하는 성능을 갖추고 있을 것
다. 비상경보장치: 화재가 발생한 경우 주변에 있는 작업자에게 화재사실을 알릴 수 있는 장치로서 소방청장이 정하는 성능을 갖추고 있을 것
라. 가스누설경보기: 가연성 가스가 누설되거나 발생된 경우 이를 탐지하여 경보하는 장치로서 법 제37조에 따른 형식승인 및 제품검사를 받은 것 〈시행 2023.7.1〉
마. 간이피난유도선: 화재가 발생한 경우 피난구 방향을 안내할 수 있는 장치로서 소방청장이 정하는 성능을 갖추고 있을 것
바. 비상조명등: 화재가 발생한 경우 안전하고 원활한 피난활동을 할 수 있도록 자동 점등되는 조명장치로서 소방청장이 정하는 성능을 갖추고 있을 것 〈시행 2023.7.1〉
사. 방화포: 용접·용단 등의 작업 시 발생하는 불티로부터 가연물이 점화되는 것을 방지해주는 천 또는 불연성 물품으로서 소방청장이 정하는 성능을 갖추고 있을 것 〈시행 2023.7.1〉
2. 임시소방시설을 설치해야 하는 공사의 종류와 규모
가. 소화기: 제6조제1항에 따라 소방본부장 또는 소방서장의 동의를 받아야 하는 특정소방대상물의 신축·증축·개축·재축·이전·용도변경 또는 대수선 등을 위한 공사 중 법 제15조제1항에 따른 화재위험작업의 현장(이하 이 표에서 "화재위험작업현장"이라 한다)에 설치한다.
나. 간이소화장치: 다음의 어느 하나에 해당하는 공사의 화재위험작업현장에 설치한다.
1) 연면적 3천㎡ 이상
2) 지하층, 무창층 또는 4층 이상의 층. 이 경우 해당 층의 바닥면적이 600㎡ 이상인 경우만 해당한다.
다. 비상경보장치: 다음의 어느 하나에 해당하는 공사의 화재위험작업현장에 설치한다.
1) 연면적 400㎡ 이상
2) 지하층 또는 무창층. 이 경우 해당 층의 바닥면적이 150㎡ 이상인 경우만 해당한다.
라. 가스누설경보기: 바닥면적이 150㎡ 이상인 지하층 또는 무창층의 화재위험작업현장에 설치한다. 〈시행 2023.7.1〉
마. 간이피난유도선: 바닥면적이 150㎡ 이상인 지하층 또는 무창층의 화재위험작업현장에 설치한다.
바. 비상조명등: 바닥면적이 150㎡ 이상인 지하층 또는 무창층의 화재위험작업현장에 설치한다. 〈시행 2023.7.1.〉
사. 방화포: 용접·용단 작업이 진행되는 화재위험작업현장에 설치한다. 〈시행 2023.7.1〉

(2) 위 (1)에도 불구하고 소방시설공사업자가 화재위험작업 현장에 소방시설 중 임시소방시설과 기능 및 성능이 유사한 것으로서 다음에 해당하는 소방시설[별표 8 제3호] 을 화재안전기준에 맞게 설치 및 관리하고 있는 경우에는 공사시공자가 임시소방시설을 설치하고 관리한 것으로 본다.

[별표 8] 임시소방시설의 종류와 설치기준 등(제18조제3항 관련)
3. 임시소방시설과 기능 및 성능이 유사한 소방시설로서 임시소방시설을 설치한 것으로 보는 소방시설
가. 간이소화장치를 설치한 것으로 보는 소방시설: **소방청장이 정하여 고시하는 기준에 맞는 소화기(연결송수관설비의 방수구 인근에 설치한 경우로 한정한다) 또는 옥내소화전설비**
나. 비상경보장치를 설치한 것으로 보는 소방시설: 비상방송설비 또는 자동화재탐지설비
다. 간이피난유도선을 설치한 것으로 보는 소방시설: 피난유도선, 피난구유도등, 통로유도등 또는 비상조명등

(3) 소방본부장 또는 소방서장은 위 (1)이나 (2)에 따라 임시소방시설 또는 소방시설이 설치 또는 유지·관리되지 않을 때에는 해당 공사시공자에게 필요한 조치를 명할 수 있다.

(4) 임시소방시설을 설치하여야 하는 공사의 종류와 규모, 임시소방시설의 종류 등에 필요한 사항은 대통령령으로 정하고, 임시소방시설의 설치 및 관리 기준은 소방청장이 정하여 고시한다.
【참고】 건설현장의 화재안전기준(NFPC 606)(소방청고시 제2023-23호, 2023.6.28., 전부개정)

9 피난시설·방화구획 및 방화시설의 관리 (법 제16조)

(1) 금지행위
특정소방대상물의 관계인은 「건축법」에 따른 피난시설·방화구획과 방화벽, 내부 마감재료 등 방화시설에 대하여 다음에 해당하는 행위를 해서는 않된다.

1. 피난시설, 방화구획 및 방화시설을 폐쇄하거나 훼손하는 등의 행위
2. 피난시설, 방화구획 및 방화시설의 주위에 물건을 쌓아두거나 장애물을 설치하는 행위
3. 피난시설, 방화구획 및 방화시설의 용도에 장애를 주거나 「소방기본법」에 따른 소방활동에 지장을 주는 행위
4. 그 밖에 피난시설, 방화구획 및 방화시설을 변경하는 행위

관계법 피난시설, 방화구획 등(「건축법」 제49조)

법 제49조【건축물의 피난시설 및 용도제한 등】
① 대통령령으로 정하는 용도 및 규모의 건축물과 그 대지에는 국토교통부령으로 정하는 바에 따라 복도, 계단, 출입구, 그 밖의 피난시설과 저수조(貯水槽), 대지 안의 피난과 소화에 필요한 통로를 설치하여야 한다. <개정 2018.4.17.>
② 대통령령으로 정하는 용도 및 규모의 건축물의 안전·위생 및 방화(防火) 등을 위하여 필요한 용도 및 구조의 제한, 방화구획(防火區劃), 화장실의 구조, 계단·출입구, 거실의 반자 높이, 거실의 채광·환기, 배연설비와 바닥의 방습 등에 관하여 필요한 사항은 국토교통부령으로 정한다. 다만, 대규모 창고시설 등 대통령령으로 정하는 용도 및 규모의 건축물에 대해서는 방화구획 등 화재 안전에 필요한 사항을 국토교통부령으로 별도로 정할 수 있다. <개정 2021.10.19.>
③ 대통령령으로 정하는 건축물은 국토교통부령으로 정하는 기준에 따라 소방관이 진입할 수 있는 창을 설치하고, 외부에서 주야간에 식별할 수 있는 표시를 하여야 한다. <신설 2019.4.23.>
④ 대통령령으로 정하는 용도 및 규모의 건축물에 대하여 가구·세대 등 간 소음 방지를 위하여 국토교통부령으로 정하는 바에 따라 경계벽 및 바닥을 설치하여야 한다. <신설 2014. 5. 28., 2019. 4. 23.>
⑤ 「자연재해대책법」 제12조제1항에 따른 자연재해위험개선지구 중 침수위험지구에 국가·지방자치단체 또는 「공공기관의 운영에 관한 법률」 제4조제1항에 따른 공공기관이 건축하는 건축물은 침수방지 및 방수를 위하여 다음 각 호의 기준에 따라야 한다. <신설 2015. 1. 6., 2019. 4. 23.>
1. 건축물의 1층 전체를 필로티(건축물을 사용하기 위한 경비실, 계단실, 승강기실, 그 밖에 이와 비슷한 것을 포함한다) 구조로 할 것
2. 국토교통부령으로 정하는 침수 방지시설을 설치할 것

(2) 금지행위시의 조치
소방본부장이나 소방서장은 특정소방대상물의 관계인이 위의 금지행위를 한 경우에는 피난시설, 방화구획 및 방화시설의 관리를 위하여 필요한 조치를 명할 수 있다.

10 소방용품의 내용연수 등 (법 제17조)(영 제19조)

(1) 특정소방대상물의 관계인은 내용연수가 경과한 소방용품을 교체하여야 한다.
 ① 내용연수를 설정해야 하는 소방용품: 분말형태의 소화약제를 사용하는 소화기
 ② ①의 소방용품의 내용연수: 10년

(2) 위 (1)에도 불구하고 행정안전부령으로 정하는 절차 및 방법 등에 따라 소방용품의 성능을 확인 받은 경우에는 그 사용기한을 연장할 수 있다.

11 소방기술심의위원회 등(법 제18조, 제19조)

1 중앙기술심의위원회 (영 제20조)

(1) 심의사항

다음 사항을 심의하기 위하여 소방청에 중앙소방기술심의위원회(이하 "중앙위원회")를 둔다.

1. 화재안전기준에 관한 사항
2. 소방시설의 구조 및 원리 등에서 공법이 특수한 설계 및 시공에 관한 사항
3. 소방시설의 설계 및 공사감리의 방법에 관한 사항
4. 소방시설공사의 하자를 판단하는 기준에 관한 사항
5. 신기술·신공법 등 검토·평가에 고도의 기술이 필요한 경우로서 중앙위원회에 심의를 요청한 사항
6. 연면적 10만㎡ 이상의 특정소방대상물에 설치된 소방시설의 설계·시공·감리의 하자 유무에 관한 사항
7. 새로운 소방시설과 소방용품 등의 도입 여부에 관한 사항
8. 그 밖에 소방기술과 관련하여 소방청장이 소방기술심의위원회의 심의에 부치는 사항

(2) 구성 및 회의 등
 ① 위원장을 포함하여 60명 이내의 위원으로 성별을 고려하여 구성한다.
 ② 중앙위원회의 회의는 위원장과 위원장이 회의마다 지정하는 6명 이상 12명 이하의 위원으로 구성한다.
 ③ 중앙위원회는 분야별 소위원회를 구성·운영할 수 있다.

(3) 위원의 임명·위촉
 ① 중앙위원회의 위원은 과장급 직위 이상의 소방공무원과 다음에 해당하는 사람 중에서 소방청장이 임명하거나 성별을 고려하여 위촉한다.

1. 소방기술사
2. 석사 이상의 소방 관련 학위를 소지한 사람
3. 소방시설관리사
4. 소방 관련 법인·단체에서 소방 관련 업무에 5년 이상 종사한 사람
5. 소방공무원 교육기관, 대학교 또는 연구소에서 소방과 관련된 교육이나 연구에 5년 이상 종사한 사람

 ② 중앙위원회의 위원장은 소방청장이 해당 위원 중에서 위촉한다.
 ③ 중앙위원회 위원 중 위촉위원의 임기는 2년으로 하되, 한 차례만 연임할 수 있다.

(4) 위원장 및 위원의 직무

① 중앙위원회의 위원장은 위원회의 회의를 소집하고 그 의장이 된다.

② 위원장이 부득이한 사유로 직무를 수행할 수 없을 때에는 위원장이 지정한 위원이 그 직무를 대리한다.

2 지방기술심의위원회 (영 제18조 [별표7])

(1) 심의사항

다음 사항을 심의하기 위하여 특별시·광역시·특별자치시·도 및 특별자치도에 지방소방기술심의위원회(이하 "지방위원회")를 둔다.

1. 소방시설에 하자가 있는지의 판단에 관한 사항
2. 연면적 10만㎡ 미만의 특정소방대상물에 설치된 소방시설의 설계·시공·감리의 하자 유무에 관한 사항
3. 소방본부장 또는 소방서장이 화재안전기준 또는 위험물 제조소등의 시설기준 또는 화재안전기준의 적용에 관하여 기술검토를 요청하는 사항
4. 그 밖에 소방기술과 관련하여 시·도지사가 심의에 부치는 사항

(2) 구성

위원장을 포함하여 5명 이상 9명 이하의 위원으로 구성한다.

(3) 위원의 임명·위촉

① 해당 시·도 소속 소방공무원과 다음에 해당하는 사람 중에서 시·도지사가 임명하거나 성별을 고려하여 위촉한다.

1. 소방기술사
2. 석사 이상의 소방 관련 학위를 소지한 사람
3. 소방시설관리사
4. 소방 관련 법인·단체에서 소방 관련 업무에 5년 이상 종사한 사람
5. 소방공무원 교육기관, 대학교 또는 연구소에서 소방과 관련된 교육이나 연구에 5년 이상 종사한 사람

② 지방위원회의 위원장은 시·도지사가 해당 위원 중에서 위촉한다.

③ 지방위원회의 위원 중 위촉위원의 임기는 2년으로 하되, 한 차례만 연임할 수 있다.

(4) 위원장 및 위원의 직무

① 지방위원회의 위원장은 위원회의 회의를 소집하고 그 의장이 된다.

② 위원장이 부득이한 사유로 직무를 수행할 수 없을 때에는 위원장이 지정한 위원이 그 직무를 대리한다.

3 화재안전기준의 관리·운영(법 제19조)(영 제29조)

소방청장은 화재안전기준을 효율적으로 관리 · 운영하기 위하여 다음의 업무를 수행하여야 한다.

1. 화재안전기준의 제정 · 개정 및 운영
2. 화재안전기준의 연구 · 개발 및 보급
3. 화재안전기준의 검증 및 평가
4. 화재안전기준의 정보체계 구축
5. 화재안전기준에 대한 교육 및 홍보
6. 국외 화재안전기준의 제도 · 정책 동향 조사 · 분석
7. 화재안전기준 발전을 위한 국제협력
8. 화재안전기준에 대한 자문
9. 화재안전기준에 대한 해설서 제작 및 보급
10. 화재안전에 관한 국외 신기술 · 신제품의 조사 · 분석
11. 그 밖에 화재안전기준의 발전을 위하여 소방청장이 필요하다고 인정하는 사항

12 소방대상물의 방염 등(법 제20조)(영 제30조)

(1) 방염대상 특정소방대상물에 실내장식 등의 목적으로 설치 또는 부착하는 물품으로서 대통령령으로 정하는 물품(이하 "방염대상물품")은 방염성능기준 이상의 것으로 설치하여야 한다.

(2) 소방본부장이나 소방서장은 방염대상물품이 방염성능기준에 미치지 못하거나 방염성능검사를 받지 않은 것이면 특정소방대상물의 관계인에게 방염대상물품을 제거하도록 하거나 방염성능검사를 받도록 하는 등 필요한 조치를 명할 수 있다.

1 방염대상물품을 설치해야하는 특정소방대상물(영 제30조)

1. 근린생활시설 중 의원, 조산원, 산후조리원, 체력단련장, 공연장 및 종교집회장
2. 건축물의 옥내에 있는 다음의 시설 가. 문화 및 집회시설 나. 종교시설 다. 운동시설(수영장은 제외)
3. 의료시설
4. 교육연구시설 중 합숙소
5. 노유자시설
6. 숙박이 가능한 수련시설
7. 숙박시설
8. 방송통신시설 중 방송국 및 촬영소
9. 다중이용업소(「다중이용업소의 안전관리에 관한 특별법」에 따른 다중이용업의 영업소)
10. 위 1.~9.에 해당하지 않는 것으로서 11층 이상인 것(아파트등은 제외)

2 방염대상물품 (영 제30조①,③)

【1】 방염대상물품

(1) 제조 또는 가공공정에서 방염처리를 한 다음의 물품

1. 창문에 설치하는 커텐류(블라인드 포함)
2. 카펫
3. 벽지류(두께가 2㎜ 미만인 종이벽지 제외)
4 전시용 합판·목재 또는 섬유판, 무대용 합판·목재 또는 섬유판(합판·목재류의 경우 불가피하게 설치 현장에서 방염처리한 것을 포함)
5. 암막·무대막(영화상영관과 가상체험 체육시설업에 설치하는 스크린 포함)
6. 섬유류 또는 합성수지류 등을 원료로 하여 제작된 소파·의자(단란주점영업, 유흥주점영업 및 노래연습장업의 영업장에 설치하는 것으로 한정)

(2) 건축물 내부의 천장이나 벽에 부착하거나 설치하는 것으로서 다음에 해당하는 것

예외 가구류(옷장, 찬장, 식탁, 식탁용 의자, 사무용 책상, 사무용 의자 및 계산대, 그 밖에 이와 비슷한것)와 너비 10㎝ 이하인 반자돌림대 등과 「건축법」에 따른 내부마감재료는 제외

1. 종이류(두께 2㎜ 이상인 것)·합성수지류 또는 섬유류를 주원료로 한 물품
2. 합판이나 목재
3. 공간을 구획하기 위하여 설치하는 간이 칸막이(접이식 등 이동 가능한 벽체나 천장 또는 반자가 실내에 접하는 부분까지 구획하지 않은 벽체를 말함)
4. 흡음(吸音)을 위하여 설치하는 흡음재(흡음용 커튼 포함)
5. 방음(防音)을 위하여 설치하는 방음재(방음용 커튼 포함)

【2】 방염처리된 물품의 사용 권장

소방본부장 또는 소방서장은 【1】 방염대상물품 외에 다음의 물품은 방염처리된 물품을 사용하도록 권장할 수 있다.

1. 다중이용업소, 의료시설, 노유자시설, 숙박시설 또는 장례식장에서 사용하는 침구류·소파 및 의자
2. 건축물 내부의 천장 또는 벽에 부착하거나 설치하는 가구류

3 방염성능기준 (영 제30조②)

방염성능기준은 다음의 기준에 의하되, 방염대상물품의 종류에 따른 구체적인 방염성능기준은 다음 각 호의 기준의 범위에서 소방청장이 정하여 고시하는 바에 따른다.

1. 버너의 불꽃을 제거한 때부터 불꽃을 올리며 연소하는 상태가 그칠 때까지 시간은 20초 이내일 것
2. 버너의 불꽃을 제거한 때부터 불꽃을 올리지 않고 연소하는 상태가 그칠 때까지 시간은 30초 이내일 것
3. 탄화(炭化)한 면적은 50㎠ 이내, 탄화한 길이는 20㎝ 이내 일 것
4. 불꽃에 의하여 완전히 녹을 때까지 불꽃의 접촉횟수는 3회 이상일 것
5. 소방청장이 정하여 고시한 방법으로 발연량(發煙量)을 측정하는 경우 최대연기밀도는 400 이하일 것

4 방염성능의 검사 (법 제13조)(영 제32조)

(1) 특정소방대상물에 사용하는 방염대상물품은 소방청장이 실시하는 방염성능검사를 받은 것이어야 한다.

(2) 시・도지사가 실시하는 방염성능검사
다음의 방염대상물품의 경우는 특별시장・광역시장・특별자치시장・도지사 또는 특별자치도지사(이하 "시・도지사")가 실시하는 방염성능검사를 받은 것이어야 한다.

1. 전시용 합판・목재 또는 무대용 합판・목재 중 설치 현장에서 방염처리를 하는 합판・목재류
2. 1 【1】 (2)에 따른 방염대상물품 중 설치 현장에서 방염처리를 하는 합판・목재류

(3) 방염처리업의 등록을 한 자는 위 (1), (2)에 따른 방염성능검사를 할 때 거짓 시료(試料)를 제출하여서는 아니 된다.

(4) 방염성능검사의 방법과 검사결과에 따른 합격 표시 등에 관하여 필요한 사항은 행정안전부령으로 정한다.

【참고】 소방용품의 품질관리 등에 관한 규칙(행정안전부령 제406호, 2023.6.23.)

3

소방용품의 품질관리

1 소방용품의 형식승인 등 (법 제37조)(영 제46조)

(1) 소방용품(제1장의 2-4의 소방용품, 이 중 1.나의 자동소화장치 중 상업용 주방자동소화장치는 제외)을 제조하거나 수입하려는 자는 소방청장의 형식승인을 받아야 한다.

예외 연구개발 목적으로 제조하거나 수입하는 소방용품은 제외

(2) 위 (1)에 따른 형식승인을 받으려는 자는 행정안전부령으로 정하는 기준에 따라 형식승인을 위한 시험시설을 갖추고 소방청장의 심사를 받아야 한다.

예외 소방용품을 수입하는 자가 판매를 목적으로 하지 않고 자신의 건축물에 직접 설치하거나 사용하려는 경우 등 행정안전부령으로 정하는 경우에는 시험시설을 갖추지 않을 수 있다.

(3) 위 (1)과 (2)에 따라 형식승인을 받은 자는 그 소방용품에 대하여 소방청장이 실시하는 제품검사를 받아야 한다.

(4) 위 (1)에 따른 형식승인의 방법·절차 등과 위 (3)에 따른 제품검사의 구분·방법·순서·합격표시 등에 필요한 사항은 행정안전부령으로 정한다.

(5) 소방용품의 형상·구조·재질·성분·성능 등 (이하 "형상등"이라 함)의 형식승인 및 제품검사의 기술기준 등에 관한 사항은 소방청장이 정하여 고시한다.

(6) 누구든지 다음의 어느 하나에 해당하는 소방용품을 판매하거나 판매 목적으로 진열하거나 소방시설공사에 사용할 수 없다.

① 형식승인을 받지 아니한 것

② 형상등을 임의로 변경한 것

③ 제품검사를 받지 아니하거나 합격표시를 하지 아니한 것

(7) 소방청장, 소방본부장 또는 소방서장은 위 (6)을 위반한 소방용품에 대하여는 그 제조자·수입자·판매자 또는 시공자에게 수거·폐기 또는 교체 등 행정안전부령으로 정하는 필요한 조치를 명할 수 있다.

(8) 소방청장은 소방용품의 작동기능, 제조방법, 부품 등이 위 (5)에 따라 소방청장이 고시하는 형식승인 및 제품검사의 기술기준에서 정하고 있는 방법이 아닌 새로운 기술이 적용된 제품의 경우에는 관련 전문가의 평가를 거쳐 행정안전부령으로 정하는 바에 따라 위 (4)에 따른 방법 및 절차와 다른 방법 및 절차로 형식승인을 할 수 있으며, 외국의 공인기관으로부터 인정받은 신기술 제품은 형식승인을 위한 시험 중 일부를 생략하여 형식승인을 할 수 있다.

(9) 다음에 해당하는 소방용품의 형식승인 내용에 대하여 공인기관의 평가결과가 있는 경우 형식승인 및 제품검사 시험 중 일부만을 적용하여 형식승인 및 제품검사를 할 수 있다.

1. 「군수품관리법」에 따른 군수품
2. 주한외국공관 또는 주한외국군 부대에서 사용되는 소방용품
3. 외국의 차관이나 국가 간의 협약 등에 의하여 건설되는 공사에 사용되는 소방용품으로서 사전에 합의된 것
4. 그 밖에 특수한 목적으로 사용되는 소방용품으로서 소방청장이 인정하는 것

(10) 하나의 소방용품에 두 가지 이상의 형식승인 사항 또는 형식승인과 성능인증 사항이 결합된 경우에는 두 가지 이상의 형식승인 또는 형식승인과 성능인증 시험을 함께 실시하고 하나의 형식승인을 할 수 있다.

(11) 위 (9) 및 (10)에 따른 형식승인의 방법 및 절차 등에 관하여는 행정안전부령으로 정한다.

2 형식승인의 변경 (법 제38조)

(1) 위 1-(1) 및 (10)에 따른 형식승인을 받은 자가 해당 소방용품에 대하여 형상 등의 일부를 변경하려면 소방청장의 변경승인을 받아야 한다.

(2) 위 (1)에 따른 변경승인의 대상·구분·방법 및 절차 등에 관하여 필요한 사항은 행정안전부령으로 정한다.

3 형식승인의 취소 등 (법 제39조)

(1) 소방청장은 소방용품의 형식승인을 받았거나 제품검사를 받은 자가 다음에 해당할 때에는 행정안전부령으로 정하는 바에 따라 그 형식승인을 취소하거나 6개월 이내의 기간을 정하여 제품검사의 중지를 명할 수 있다. (1, 3, 5의 경우 형식승인을 취소해야 함)

취소나 검사중지 해당 사유	취소대상
1. 거짓이나 그 밖의 부정한 방법으로 형식승인을 받은 경우	○
2. 갖춰야 하는 시험시설의 시설기준에 미달되는 경우	-
3. 거짓이나 그 밖의 부정한 방법으로 제품검사를 받은 경우	○
4. 제품검사 시 기술기준에 미달되는 경우	-
5. 변경승인을 받지 아니하거나 거짓이나 그 밖의 부정한 방법으로 변경승인을 받은 경우	○

(2) 소방용품의 형식승인이 취소된 자는 그 취소된 날부터 2년 이내에는 형식승인이 취소된 동일 품목에 대하여 형식승인을 받을 수 없다.

4 소방용품의 성능인증 등 (법 제40조)

(1) 소방청장은 제조자 또는 수입자 등의 요청이 있는 경우 소방용품에 대하여 성능인증을 할 수 있다.
(2) 위 (1)에 따라 성능인증을 받은 자는 그 소방용품에 대하여 소방청장의 제품검사를 받아야 한다.
(3) 위 (1)에 따른 성능인증의 대상·신청·방법 및 성능인증서 발급에 관한 사항과 위 (2)에 따른 제품검사의 구분·대상·절차·방법·합격표시 및 수수료 등에 관한 사항은 행정안전부령으로 정한다.
(4) 성능인증 및 제품검사의 기술기준 등에 관한 사항은 소방청장이 정하여 고시한다.
(5) 위 (2)에 따른 제품검사에 합격하지 아니한 소방용품에는 성능인증을 받았다는 표시를 하거나 제품검사에 합격하였다는 표시를 하여서는 아니 되며, 제품검사를 받지 아니하거나 합격표시를 하지 아니한 소방용품을 판매 또는 판매 목적으로 진열하거나 소방시설공사에 사용하여서는 아니 된다.
(6) 하나의 소방용품에 성능인증 사항이 두 가지 이상 결합된 경우에는 해당 성능인증 시험을 모두 실시하고 하나의 성능인증을 할 수 있다.
(7) 위 (6)에 따른 성능인증의 방법 및 절차 등에 관하여는 행정안전부령으로 정한다.

5 성능인증의 변경 (법 제41조)

(1) 4(1) 및 (6)에 따른 성능인증을 받은 자가 해당 소방용품에 대하여 형상 등의 일부를 변경하려면 소방청장의 변경인증을 받아야 한다.
(2) 변경인증의 대상・구분・방법 및 절차 등에 필요한 사항은 행정안전부령으로 정한다.

6 성능인증의 취소 등 (법 제42조)

(1) 소방청장은 소방용품의 성능인증을 받았거나 제품검사를 받은 자가 다음에 해당되는 때에는 행정안전부령으로 정하는 바에 따라 해당 소방용품의 성능인증을 취소하거나 6개월 이내의 기간을 정하여 해당 소방용품의 제품검사 중지를 명할 수 있다. (※ 1, 2, 5의 경우 해당 소방용품의 성능인증을 취소해야 한다.)

인증취소나 검사중지 해당 사유	취소대상
1. 거짓이나 그 밖의 부정한 방법으로 성능인증을 받은 경우	○
2. 거짓이나 그 밖의 부정한 방법으로 제품검사를 받은 경우	○
3. 제품검사 시 기술기준에 미달되는 경우	-
4. 제품검사에 합격하지 아니한 소방용품에 성능인증을 받았다는 표시를 하거나 제품검사에 합격하였다는 표시를 한 경우, 제품검사를 받지 아니하거나 합격표시를 하지 아니한 소방용품을 판매 또는 판매 목적으로 진열하거나 소방시설공사에 사용한 경우	-
5. 변경인증을 받지 아니하고 해당 소방용품에 대하여 형상 등의 일부를 변경하거나 거짓이나 그 밖의 부정한 방법으로 변경인증을 받은 경우	○

(2) 위 (1)에 따라 소방용품의 성능인증이 취소된 자는 그 취소된 날부터 2년 이내에 성능인증이 취소된 소방용품과 동일한 품목에 대하여는 성능인증을 받을 수 없다.

7 우수품질 제품에 대한 인증 (법 제43조)

(1) 소방청장은 형식승인의 대상이 되는 소방용품 중 품질이 우수하다고 인정하는 소방용품에 대하여 인증(이하 "우수품질인증")을 할 수 있다.

(2) 우수품질인증을 받으려는 자는 행정안전부령으로 정하는 바에 따라 소방청장에게 신청하여야 한다.

(3) 우수품질인증을 받은 소방용품에는 우수품질인증 표시를 할 수 있다.

(4) 우수품질인증의 유효기간은 5년의 범위에서 행정안전부령으로 정한다.

(5) 소방청장은 다음의 경우 우수품질인증을 취소할 수 있다.
(※ 1의 경우 우수품질인증을 취소하여야 한다.)

■ 우수품질인증을 취소할 수 있는 사유
1. 거짓이나 그 밖의 부정한 방법으로 우수품질인증을 받은 경우
2. 우수품질인증을 받은 제품이 「발명진흥법」에 따른 산업재산권 등 타인의 권리를 침해하였다고 판단되는 경우

(6) 위 (1)~(5)에서 규정한 사항 외에 우수품질인증을 위한 기술기준, 제품의 품질관리 평가, 우수 품질인증의 갱신, 수수료, 인증표시 등 우수품질인증에 관하여 필요한 사항은 행정안전부령으로 정한다.

8 우수품질인증 소방용품에 대한 지원 등 (법 제44조)(영 제47조)

다음에 해당하는 기관 및 단체는 건축물의 신축·증축 및 개축 등으로 소방용품을 변경 또는 신규 비치하여야 하는 경우 우수품질인증 소방용품을 우선 구매·사용하도록 노력하여야 한다.

■ 우수품질인증 소방용품 우선 구매·사용 기관 등
1. 중앙행정기관
2. 지방자치단체
3. 「공공기관의 운영에 관한 법률」에 따른 공공기관(이하 "공공기관")
4. 「지방공기업법」에 따라 설립된 지방공사 및 지방공단
5. 「지방자치단체 출자·출연 기관의 운영에 관한 법률」 에 따른 출자·출연 기관

9 소방용품의 제품검사 후 수집검사 등 (법 제45조)

(1) 소방청장은 소방용품의 품질관리를 위하여 필요하다고 인정할 때에는 유통 중인 소방용품을 수집하여 검사할 수 있다.

(2) 소방청장은 수집검사 결과 행정안전부령으로 정하는 중대한 결함이 있다고 인정되는 소방용품에 대하여는 그 제조자 및 수입자에게 행정안전부령으로 정하는 바에 따라 회수·교환·폐기 또는 판매중지를 명하고, 형식승인 또는 성능인증을 취소할 수 있다.

(3) 소방용품의 회수・교환・폐기 또는 판매중지 명령을 받은 제조자 및 수입자는 해당 소방용품이 이미 판매되어 사용 중인 경우 행정안전부령으로 정하는 바에 따라 구매자에게 그 사실을 알리고 회수 또는 교환 등 필요한 조치를 하여야 한다.

(4) 소방청장은 회수·교환·폐기를 명하거나 형식승인 또는 성능인증을 취소한 때에는 행정안전부령으로 정하는 바에 따라 그 사실을 소방청 홈페이지 등에 공표하여야 한다.

기출문제 및 예상문제

「소방시설 설치 및 관리에 관한 법률」을 「소방시설법」으로 약칭함

1장 총론

1. 용어

1) 소방시설

① 소화설비

1. 다음 중 「소방시설법」상 소방시설 중 소화설비에 해당되는 것은? (설비기사 2006.5)

㉮ 연결송수관설비 ㉯ 옥내소화전설비
㉰ 제연설비 ㉱ 연결살수설비

2. 「소방시설법」상 소방시설 등의 종류에 해당하지 않는 것은? (설비산업기사 2005.5, 2007.3)

㉮ 소화설비 ㉯ 피난구조설비
㉰ 경보설비 ㉱ 방화설비

3. 다음의 소방시설 중 소화설비에 속하지 않는 것은? (설비산업기사 1999.4, 2005.3, 2006.3, 2009.5, 2017.3)

㉮ 포소화설비 ㉯ 연결살수설비
㉰ 옥외소화전설비 ㉱ 스프링클러설비

4. 다음 소방시설 중 소화설비에 속하는 것은? (설비산업기사 2014.3)

㉮ 소화수조 ㉯ 옥외소화전설비
㉰ 연결송수관설비 ㉱ 자동화재탐지설비

② 경보설비

5. 다음의 소방시설 중 경보설비에 속하지 않는 것은? (설비기사 2021.5)

㉮ 통합감시시설 ㉯ 비상콘센트설비
㉰ 자동화재탐지설비 ㉱ 자동화재속보설비

6. 다음의 소방시설 중 경보설비에 속하지 않는 것은?(설비산업기사 2002.5, 2003.8, 2005.5, 2005.9, 2008.3, 2008.5, 2008.9, 2011.3, 2011.5, 2015.3, 2016.5, 2018.3, 설비기사 2003.5, 2007.3, 2019.4, 2022.3, 2023.5)

㉮ 비상방송설비
㉯ 자동화재탐지설비
㉰ 자동화재속보설비
㉱ 무선통신보조설비

7. 다음의 소방시설 중 경보설비에 해당하지 않는 것은? (설비산업기사 2011.8)

㉮ 누전경보기
㉯ 누전차단기
㉰ 자동화재탐지설비
㉱ 자동화재속보설비

③ 피난구조설비

8. 다음 중 피난구조설비에 속하는 것은? (설비기사 2022.4)

㉮ 제연설비
㉯ 비상조명등
㉰ 비상방송설비
㉱ 비상콘센트설비

9. 다음 소방시설 중 피난구조설비에 속하지 않는 것은? (설비기사 2005.5, 2021.3)

㉮ 공기호흡기
㉯ 비상조명등
㉰ 피난유도선
㉱ 비상콘센트

해답 1. ㉯ 2. ㉱ 3. ㉯ 4. ㉯ 5. ㉯ 6. ㉱ 7. ㉯ 8. ㉯ 9. ㉱

10. 소방시설 중 피난구조설비가 아닌 것은? (설비산업기사 2005.5, 2007.3)

㉮ 비상방송설비 ㉯ 비상조명등
㉰ 유도표시 ㉱ 인공소생기

11. 다음의 소방시설 중 피난구조설비에 속하지 않는 것은?(설비기사 2020.8)

㉮ 완강기 ㉯ 인공소생기
㉰ 객석유도등 ㉱ 시각경보기

12. 다음의 소방시설 중 피난구조설비에 속하는 것은? (설비산업기사 2013.3)

㉮ 비상조명등 ㉯ 비상벨설비
㉰ 비상방송설비 ㉱ 무선통신보조설비

13. 다음 소방시설 중 피난구조설비에 해당하지 않는 것은? (설비산업기사 2009.8, 2013.9, 2014.9, 2017.9)

㉮ 완강기 ㉯ 유도등
㉰ 인공소생기 ㉱ 비상콘센트설비

14. 다음의 소방시설 중 피난구조설비에 속하지 않는 것은? (설비산업기사 2017.5)

㉮ 구조대 ㉯ 공기호흡기
㉰ 객석유도등 ㉱ 자동식사이렌설비

④ 소화활동설비

15. 다음의 소방시설 중 소화활동설비에 속하지 않는 것은? (설비산업기사 2002.9, 2016.3, 2016.10, 2018.9, 설비기사 2022.9)

㉮ 제연설비 ㉯ 비상콘센트설비
㉰ 무선통신보조설비 ㉱ 상수도소화용수설비

16. 다음의 소방시설 중 소화활동설비에 속하는 것은?(설비산업기사 2019.3)

㉮ 연결살수설비 ㉯ 옥내소화전설비
㉰ 자동화재탐지설비 ㉱ 상수도소화용수설비

17. 다음의 소방시설 중 소화활동설비에 속하는 것은?(설비산업기사 2020.6)

㉮ 소화기구 ㉯ 비상방송설비
㉰ 옥외수화전설비 ㉱ 비상콘센트설비

18. 다음의 소방시설 중 소화활동설비에 속하지 않는 것은?(설비산업기사 2019.4)

㉮ 제연설비
㉯ 비상콘센트설비
㉰ 자동화재속보설비
㉱ 무선통신보조설비

19. 다음의 소방시설 중 소화활동설비에 속하는 것은? (설비산업기사 2015.9)

㉮ 유도표지 ㉯ 비상방송설비
㉰ 비상콘센트설비 ㉱ 자동확산소화기

20. 다음의 소방시설 중 소화활동설비에 속하지 않는 것은? (설비기사 2005.5, 설비산업기사 2019.9)

㉮ 연소방지설비
㉯ 연결살수설비
㉰ 연결송수관설비
㉱ 자동화재탐지설비

21. 다음의 소방시설 중 소화활동설비에 해당하지 않는 것은? (설비기사 2023.3)

㉮ 제연설비
㉯ 연결살수설비
㉰ 옥외소화전설비
㉱ 무선통신보조설비

22. 다음의 소방시설 중 소화활동설비에 속하지 않는 것은?(설비산업기사 2005.9, 2007.5, 2012.8, 2015.5, 설비기사 2019.3)

㉮ 무선통신보조설비 ㉯ 비상콘센트설비
㉰ 옥내소화전설비 ㉱ 연결송수관설비

해답 10. ㉮ 11. ㉱ 12. ㉮ 13. ㉱ 14. ㉱ 15. ㉱ 16. ㉮ 17. ㉱ 18. ㉰ 19. ㉰ 20. ㉱ 21. ㉰ 22. ㉰

23. 다음의 소방시설 중 소화활동설비에 속하지 않는 것은? (설비기사 2020.9)

㉮ 제연설비　　㉯ 비상방송설비
㉰ 연소방지설비　　㉱ 무선통신보조설비

24. 다음의 소방시설 중 소화활동설비에 해당하지 않는 것은? (설비기사 2005.9, 설비산업기사 2004.9, 2007.3, 2012.3)

㉮ 연소방지설비　　㉯ 스프링클러설비
㉰ 비상콘센트설비　　㉱ 무선통신보조설비

⑤ 기타

25. 「소방시설법」 상 소방시설에 해당되지 않는 것은? (설비산업기사 2002.9)

㉮ 소화설비　　㉯ 구조설비
㉰ 피난구조설비　　㉱ 소화용수설비

26. 소방시설의 종류 및 각각에 해당하는 기계 · 기구 또는 설비의 연결이 잘못 짝지어진 것은?(설비기사 2023.9)

㉮ 소화설비 – 스프링클러설비
㉯ 경보설비 – 자동화재탐지설비
㉰ 피난구조설비 – 방열복, 방화복
㉱ 소화활동설비 – 옥내소화전설비

27. 「소방시설법」 에 따른 소방시설의 종류에 해당되지 않는 것은? (설비산업기사 2014.5)

㉮ 소화설비　　㉯ 피난구조설비
㉰ 경보설비　　㉱ 방화설비

28. 소방시설에 해당되지 않는 것은? (설비산업기사 2004.5)

㉮ 가스누설경보기　　㉯ 누전차단기
㉰ 피난기구　　㉱ 간이스프링클러설비

29. 소화설비 · 경보설비 · 피난구조설비 · 소화용수설비 그 밖에 소화활동설비로서 대통령령이 정하는 것을 무엇이라고 하는가? (설비기사 2005.3, 2007.3)

㉮ 특정소방대상물　　㉯ 소방용기구
㉰ 소방시설　　㉱ 소방시설등

2) 특정소방대상물

30. 다음은 「소방시설법 시행령」 에서 분류하고 있는 특정소방대상물이다. 이 중에서 위락시설에 해당하는 것은? (설비기사 2003.8)

㉮ 음악당　　㉯ 서커스장
㉰ 경마장　　㉱ 무도장

31. 「소방시설법」 상 특정소방대상물에서 위락시설에 속하는 것은? (설비기사 2005.9, 2007.3)

㉮ 무도학원　　㉯ 경마장
㉰ 야외극장　　㉱ 서커스장

32. 다음의 특정소방대상물 중 위락시설에 속하지 않는 것은? (설비산업기사 2015.5)

㉮ 무도장　　㉯ 무도학원
㉰ 안마시술소　　㉱ 카지노영업소

33. 「소방시설법」 에서 자원순환 관련시설에 포함되지 않는 것은? (설비기사 2005.3) ※ 현행규정에 맞게 변경한 문제임

㉮ 분뇨처리시설　　㉯ 전염병원
㉰ 고물상　　㉱ 폐기물처리시설

34. 특정소방대상물 중 어린이회관은 어느 시설에 해당하는가? (설비산업기사 2004.9)

㉮ 관광휴게시설　　㉯ 노유자시설
㉰ 청소년시설　　㉱ 교육연구시설

해답 23. ㉯ 24. ㉯ 25. ㉯ 26. ㉱ 27. ㉱ 28. ㉯ 29. ㉰ 30. ㉱ 31. ㉮ 32. ㉰ 33. ㉯ 34. ㉮

3) 무창층, 피난층

35. 무창층의 용어설명과 가장 관계가 먼 것은? (설비기사 1999.4)

㉮ 지하층
㉯ 개구부 면적의 합계가 그 층의 바닥면적이 1/30 이하가 되는 층
㉰ 그 층의 바닥면으로부터 개구부 밑부분까지의 높이가 1.2m 이내일 것
㉱ 개구부의 크기가 지름 50cm 이상의 원이 내접할 수 있을 것

36. 무창층이라 함은 개구부의 면적의 합계가 해당 층의 바닥 면적의 몇분의 몇 이하를 기준으로 하는가? (설비기사 2006.3, 설비산업기사 2005.5, 2005.9)

㉮ 1/10 이하 ㉯ 1/20 이하
㉰ 1/30 이하 ㉱ 1/40 이하

37. 지상층의 어떤 층의 바닥면적이 300㎡일 경우 소방관련상 무창층으로 인정되는 개구부 면적의 합계 기준은? (설비산업기사 2006.9)

㉮ 15㎡이하 ㉯ 10㎡이하
㉰ 4.5㎡이하 ㉱ 6㎡이하

38. 다음은 무창층에 관한 용어의 정의이다. 밑줄 친 "각 목의 요건"의 내용으로 옳지 않은 것은?(설비산업기사 2011.8, 2012.8, 2013.5, 2014.5, 2019.3, 2020.6, 설비기사 2021.9, 2023.3)

> "무창층"이라 함은 지상층 중 다음 각 목의 요건을 모두 갖춘 개구부의 면적의 합계가 당해 층의 바닥면적의 30분의 1 이하가 되는 층을 말한다.

㉮ 외부에서 쉽게 부수거나 열 수 없을 것
㉯ 도로 또는 차량이 진입할 수 있는 빈터를 향할 것
㉰ 크기는 지름 50cm 이상의 원이 내접할 수 있는 크기일 것
㉱ 해당 층의 바닥면으로부터 개구부 밑부분까지의 높이가 1.2m 이내일 것

39. 지상층 중 어느 한 개의 층의 바닥면적이 900㎡일 경우 무창층으로 인정되기 위한 개구부의 최대 면적 합계는? (설비산업기사 2007.8, 2009.5)

㉮ 45㎡ ㉯ 30㎡
㉰ 22.5㎡ ㉱ 18㎡

40. 「소방시설법」 상 용어의 정의가 옳지 않은 것은? (설비기사 2001.3, 2004.3)

㉮ 관계인이라 함은 소방대상물의 소유자, 관리자 또는 점유자를 말한다.
㉯ 소방시설이라 함은 대통령이 정하는 소화설비, 경보설비, 피난구조설비, 소화용수설비 그 밖의 소화활동상 필요한 설비를 말한다.
㉰ 피난층이라 함은 지상으로 통하는 직통계단이 있는 층을 말한다.
㉱ 관계지역이라 함은 소방대상물이 있는 장소 및 그 이웃 지역으로서 소방상 필요한 지역을 말한다.

41. 「소방시설법」에 따른 용어의 정의에 관한 설명 중 옳지 않은 것은? (설비산업기사 2007.5)

㉮ 소방시설등이라 함은 소방시설과 비상구 그 밖에 관련시설로서 대통령령이 정하는 것을 말한다.(※ 현행규정에 맞게 재구성함)
㉯ 피난층이라 함은 곧바로 지상으로 갈 수 있는 출입구가 있는 층을 말한다.
㉰ 무창층이라 함은 피난층 중 개구부 면적의 합계가 당해층 바닥면적의 1/20 이하가 되는 층을 말한다.
㉱ 비상구라 함은 주된 출입구 외에 화재발생 등 비상시에 건축물 또는 공작물의 내부로부터 지상 기타 안전한 곳으로 피난할 수 있는 가로 75cm, 세로 150cm 이상 크기의 출입구를 말한다.(※ 2007.3.23 시행령에서 삭제됨)

해답 35. ㉮ 36. ㉰ 37. ㉯ 38. ㉮ 39. ㉯ 40. ㉰ 41. ㉰

42. 「소방시설법」에 따른 피난층의 정의로 가장 알맞은 것은? (설비산업기사 1999.10, 2008.9, 2013.3, 2015.3, 2016.5, 2020.8)

㉮ 지상 1층
㉯ 지하와 지상이 연결되는 통로가 있는 층
㉰ 곧바로 지상으로 갈 수 있는 출입구가 있는 층
㉱ 곧바로 무창층으로 갈 수 있는 직통계단이 있는 층

2장 소방시설 설치유지 등

1. 건축허가 등의 동의대상 등

43. 차고·주차장으로 사용하는 층 중 바닥면적이 몇 제곱미터 이상인 층이 있는 것은 소방본부장 또는 소방서장의 건축허가 및 사용승인의 동의대상물이 되는가?(설비산업기사 2002.5, 2004.3)

㉮ 100㎡이상
㉯ 200㎡이상
㉰ 300㎡이상
㉱ 400㎡이상

44. 건축허가 등을 할 때 미리 소방본부장 또는 소방서장의 동의를 받아야 하는 건축물 등의 범위(기준)로 옳지 않은 것은?(설비기사 2022.9)

㉮ 연면적이 $250m^2$ 이상인 정신의료기관
㉯ 연면적이 $200m^2$ 이상인 노유자시설
㉰ 연면적이 $200m^2$ 이상인 수련시설
㉱ 연면적이 $300m^2$ 이상인 장애인 의료재활시설

45. 업무시설로서 건축허가등을 할 때 미리 소방본부장 또는 소방서장의 동의를 받아야 하는 대상 건축물의 연면적 기준은?(설비기사 2019.3, 2023.5)

㉮ 연면적이 200㎡ 이상인 건축물
㉯ 연면적이 400㎡ 이상인 건축물
㉰ 연면적이 600㎡ 이상인 건축물
㉱ 연면적이 800㎡ 이상인 건축물

46. 건축허가 등을 할 때 미리 소방본부장 또는 소방서장의 동의를 받아야 하는 대상 건축물의 층수 기준은?(단, 층수는 건축법령에 따라 산정된 층수를 말한다.)(설비기사 2020.9, 2021.5)

㉮ 3층 이상인 건축물
㉯ 6층 이상인 건축물
㉰ 10층 이상인 건축물
㉱ 12층 이상인 건축물

47. 다음 중 건축허가 등을 함에 있어서 행정기관이 미리 소방본부장 또는 소방서장의 동의를 받아야 하는 건축물 등의 범위에 속하는 것은?(설비산업기사 2007.5, 2016.3)

㉮ 연면적 300㎡인 모든 건축물
㉯ 바닥면적이 100㎡인 지하층이 있는 모든 건축물
㉰ 차고·주차장으로 사용되는 층 중 바닥면적이 200㎡인 층이 있는 시설
㉱ 승강기 등 기계장치에 의한 주차시설로서 자동차 10대를 주차할 수 있는 시설

48. 다음은 건축허가등을 할 때 미리 소방본부장 또는 소방서장의 동의를 받아야 하는 건축물 등의 범위에 관한 기준 내용이다. ( )안에 알맞은 것은?(설비산업기사 2018.4)

차고·주차장으로 사용되는 시설로서 바닥면적이 ( )㎡ 이상인 층이 있는 건축물이나 주차시설

㉮ 100 ㉯ 200
㉰ 300 ㉱ 400

49. 다음은 건축허가등을 할 때 미리 소방본부장 또는 소방서장의 동의를 받아야 하는 건축물 등의 범위에 관한 기준 내용이다. ( )안에 알맞은 것은?(단, 공연장이 아닌 경우)(설비산업기사 2019.9)

지하층 또는 무창층이 있는 건축물로서 바닥 면적이 ( ) 이상인 층이 있는 것

㉮ 100㎡ ㉯ 150㎡
㉰ 200㎡ ㉱ 300㎡

해답 42. ㉰ 43. ㉯ 44. ㉮ 45. ㉯ 46. ㉯ 47. ㉰ 48. ㉯ 49. ㉯

50. 다음 중 건축허가 등을 함에 있어서 미리 소방본부장 또는 소방서장의 동의를 받아야 하는 대상 건축물 등에 속하지 않는 것은?(설비산업기사 2009.8, 2016.5)

㉮ 관망탑
㉯ 항공기 격납고
㉰ 노유자시설 및 수련시설로서 연면적 200㎡인 건축물
㉱ 지하층이 있는 건축물로서 바닥면적이 80㎡인 층이 있는 것

51. 건축허가시 미리 소방본부장 또는 소방서장의 동의를 받아야 하는 건축물의 연면적 기준은?(단, 건축물이 노유자시설인 경우) (설비기사 2020.6)

㉮ 100㎡ 이상 ㉯ 200㎡ 이상
㉰ 300㎡ 이상 ㉱ 400㎡ 이상

52. 건축허가를 할 때 미리 소방본부장 또는 소방서장의 동의를 받아야 하는 대상에 속하지 않는 것은?(설비산업기사 2012.3, 2015.5)

㉮ 항공관제탑
㉯ 연면적이 200㎡인 수련시설
㉰ 지하층이 있는 건축물로서 바닥면적이 50㎡인 층이 있는 것
㉱ 주차장으로 사용되는 시설로서 주차장으로 사용되는 층 중 바닥면적이 200㎡인 층이 있는 시설

53. 다음 중 건축허가 등을 함에 있어서 소방본부장 또는 소방서장의 동의를 받아야 하는 대상물에 속하는 것은? (설비산업기사 2008.3, 2013.5, 2017.3)

㉮ 항공기격납고
㉯ 주차장으로 사용되는 바닥면적이 $100m^2$인 층이 있는 건축물
㉰ 무창층이 있는 건축물로서 바닥면적이 80㎡인 층이 있는 것
㉱ 승강기 등 기계장치에 의한 주차시설로서 자동차 10대를 주차할 수 있는 시설

2. 소화설비

54. 숙박시설이 있는 특정소방대상물의 수용인원 산정 방법으로 옳은 것은? (단, 침대가 있는 숙박시설의 경우)(설비기사 2023.3)

㉮ 숙박시설 바닥면적의 합계를 $3m^2$로 나누어 얻은 수
㉯ 해당 특정소방대상물의 침대수(2인용 침대는 2개로 산정)
㉰ 해당 특정소방대상물의 종사자수에 침대수(2인용 침대는 2개로 산정)를 합한 수
㉱ 해당 특정소방대상물의 종사자수에 숙박시설 바닥면적의 합계를 $3m^2$로 나누어 얻은 수를 합한 수

55. 소화기 또는 간이소화용구를 설치하여야 하는 특정소방대상물에 해당하지 않는 것은? (설비산업기사 2005.3, 2006.9, 2012.3)

㉮ 터널
㉯ 가스시설
㉰ 지정문화재
㉱ 연면적 30㎡인 것

56. 다음은 소화기구를 설치에 관한 내용이다. ( ) 안에 알맞는 것은? (설비기사 2023.9)

각층마다 설치하되, 특정소방대상물의 각 부분으로부터 1개의 소화기까지의 보행거리가 소형소화기의 경우에는 (㉠) 이내, 대형 소화기의 경우에는 (㉡) 이내가 되도록 배치할 것. 다만, 가연성물질이 없는 작업장의 경우에는 작업장의 실정에 맞게 보행거리를 완화하여 배치할 수 있다.

㉮ ㉠ 15m, ㉡ 20m
㉯ ㉠ 20m, ㉡ 15m
㉰ ㉠ 20m, ㉡ 30m
㉱ ㉠ 30m, ㉡ 20m

해답 50. ㉱ 51. ㉯ 52. ㉰ 53. ㉮ 54. ㉰ 55. ㉱ 56. ㉰

57. 화재안전기준에 따라 소화기구를 설치하여야 하는 특정소방대상물의 연면적 기준은? (설비산업기사 2009.5, 2014.3, 2018.9, 설비기사 2020.6)

㉮ 10㎡이상 ㉯ 25㎡이상
㉰ 33㎡이상 ㉱ 45㎡이상

58. 주거용 자동소화장치를 설치하여야 하는 특정소방대상물은? (설비산업기사 2011.5, 2013.3, 설비기사 2021.9, 2023.5)

㉮ 기숙사 ㉯ 아파트등
㉰ 견본주택 ㉱ 휴게음식점

59. 옥내소화전설비를 설치하여야 할 소방대상물은? (설비기사 1999.8)

㉮ 연면적 1,500㎡인 병원
㉯ 연면적 1,000㎡인 백화점
㉮ 연면적 1,000㎡인 호텔
㉮ 연면적 1,000㎡인 공장

60. 판매시설로서 옥내소화전설비를 모든 층에 설치하여야 하는 특정소방대상물의 연면적 기준은?(설비산업기사 2012.5, 설비기사 2021.5)

㉮ 500㎡이상 ㉯ 1,000㎡이상
㉰ 1,500㎡이상 ㉱ 2,000㎡이상

61. 옥내소화전설비를 설치하여야 하는 특정소방대상물의 연면적 기준은? (설비산업기사 2004.3, 2007.8, 2005.9, 2013.9, 2016.5)

㉮ 1,000㎡이상 ㉯ 2,000㎡이상
㉰ 3,000㎡이상 ㉱ 4,000㎡이상

62. 다음 중 옥내소화전설비를 설치하여야 할 소방대상물이 아닌 것은? (설비산업기사 2005.3)

㉮ 연면적이 3,000㎡이상인 것
㉯ 지하층인 층 중 바닥면적이 600㎡이상인 층이 있는 것은 전층
㉰ 무창층인 층 중 바닥면적이 600㎡이상인 층이 있는 것은 전층
㉱ 층수가 4층 이상인 층 중 바닥면적이 500㎡이상인 층이 있는 것은 전층

63. 지하가 중 터널의 경우에 길이가 최소 몇 미터 이상일 때 옥내소화전설비의 설치대상이 되는가? (설비산업기사 1999.4, 2006.9, 2008.3, 2008.9, 2013.5)

㉮ 500m ㉯ 1,000m
㉰ 1,500m ㉱ 2,000m

64. 문화재보호법에 따라 보물 또는 국보로 지정된 목조건축물에 설치해야 하는 소방시설은? (설비기사 2004.9) ※ 현행규정에 맞게 변경함

㉮ 옥내소화전설비
㉯ 스프링클러설비
㉰ 물분무등소화설비
㉱ 옥외소화전설비

65. 지상 1층 및 2층의 바닥면적 합계가 몇 ㎡ 이상의 건축물에 옥외소화전설비를 설치하여야 하는가? (설비산업기사 1999.8, 설비기사 2005.5)
※ 현행규정에 맞게 변경함

㉮ 1,000㎡ ㉯ 1,500㎡
㉰ 3,500㎡ ㉱ 9,000㎡

66. 옥외소화전설비를 설치하여야 하는 특정소방대상물에 속하지 않는 것은? (단, 지상 1층 및 2층의 바닥면적의 합계가 9000㎡□인 경우) (설비기사 2022.4)

㉮ 아파트등
㉯ 종교시설
㉰ 판매시설
㉱ 교육연구시설

해답 57. ㉰ 58. ㉯ 59. ㉮ 60. ㉰ 61. ㉰ 62. ㉱ 63. ㉯ 64. ㉱ 65. ㉱ 66. ㉮

67. 스프링클러를 설치하여야 할 소방대상물로서 옳지 않은 것은? (설비기사 2004.3) ※ 현행규정에 맞게 변경함

㉮ 판매시설로서 바닥면적의 합계가 5,000㎡ 이상인 것은 모든 층에 설치하여야 한다.
㉯ 층수가 6층 이상인 특정소방대상물은 모든 층에 설치하여야 한다.
㉰ 교육연구시설내에 있는 학생용 기숙사로서 연면적이 5,000㎡이상인 것은 모든 층에 설치하여야 한다.
㉱ 복합건축물로서 연면적 3,000㎡이상인 것은 모든 층에 설치하여야 한다.

68. 다음 중 스프링클러설비를 설치해야할 소방대상물 기준으로 틀린 것은? (설비기사 2004.5)

㉮ 지하가로서 연면적 1,000㎡이상인 것
㉯ 노유자시설로서 연면적 600㎡이상인 것은 모든 층
㉰ 지하가중 터널의 길이가 1,000m 이상인 것
㉱ 복합건축물로서 연면적이 5,000㎡이상인 것은 모든 층

69. 다음은 스프링클러설비를 설치하여야 하는 특정소방대상물에 관한 기준 내용이다. ( ) 안에 알맞은 것은? (설비산업기사 2016.3)

판매시설로서 바닥면적의 합계가 (㉠) 이상이거나 수용인원이 (㉡) 이상인 경우에는 모든 층

㉮ ㉠ 2000㎡, ㉡ 300명
㉯ ㉠ 2000㎡, ㉡ 500명
㉰ ㉠ 5000㎡, ㉡ 300명
㉱ ㉠ 5000㎡, ㉡ 500명

70. 판매시설의 경우, 모든 층에 스프링클러설비를 설치하여야 하는 바닥면적 기준으로 옳은 것은?(설비산업기사 2005.5, 2018.3, 설비기사 2019.4, 2020.9)

㉮ 바닥면적의 합계가 1,000㎡ 이상인 경우
㉯ 바닥면적의 합계가 3,000㎡ 이상인 경우
㉰ 바닥면적의 합계가 5,000㎡ 이상인 경우
㉱ 바닥면적의 합계가 10,000㎡ 이상인 경우

71. 특정소방대상물이 문화 및 집회시설인 경우, 모든 층에 스프링클러를 설치하여야 하는 수용인원 기준은?(단, 동식물원은 제외) (설비산업기사 2016.5, 2019.4, 설비기사 2019.3, 2022.3, 2022.4. 2023.5)

㉮ 50명 이상
㉯ 100명 이상
㉰ 150명 이상
㉱ 200명 이상

72. 특정소방대상물이 판매시설인 경우, 모든 층에 스프링클러 설비를 설치하여야 하는 수용인원 기준은? (설비산업기사 2006.3, 2017.3, 설비기사 2020.6)

㉮ 100인 이상
㉯ 200인 이상
㉰ 500인 이상
㉱ 1,000인 이상

73. 다음 중 스프링클러설비를 설치해야 할 소방대상물은? (설비기사 2006.5) ※ 현행규정에 맞게 변경함

㉮ 지하층에 있는 문화 및 집회시설로서 무대부분의 바닥면적이 200㎡인 것
㉯ 백화점으로서 바닥면적의 합계가 4,000㎡인 것
㉰ 지하가(터널을 제외)로서 연면적이 1,500㎡인 것
㉱ 10층인 호텔로서 9층인 경우

해답 67. ㉱ 68. ㉰ 69. ㉱ 70. ㉰ 71. ㉯ 72. ㉰ 73. ㉱

74. 주차용 건축물은 연면적 기준으로 얼마 이상 일 때 물분무등 소화설비를 설치하여야 할 소방대상물이 되는가? (설비기사 1999.10, 2005.9) (설비산업기사 2005.5)

㉮ 500㎡ 이상인 것
㉯ 800㎡ 이상인 것
㉰ 1,000㎡ 이상인 것
㉱ 1,500㎡이상 인 것

75. 물분무등 소화설비를 설치하여야 하는 특정소방대상물의 기준으로 옳지 않은 것은? (설비산업기사 2007.3)

㉮ 항공기격납고
㉯ 주차용건축물로서 연면적 800제곱미터 이상인 것
㉰ 기계장치에 의한 주차시설을 이용하여 10대 이상의 차량을 주차할 수 있는 것
㉱ 건축물 내부에 설치된 차고 또는 주차장으로서 차고 또는 주차의 용도로 사용되는 부분의 바닥면적의 합계가 200제곱미터 이상인 것

76. 특정소방대상물이 주차용 건축물인 경우, 물분무등소화설비를 설치하여야 하는 연면적기준은? (설비산업기사 2016.10)

㉮ 300㎡ 이상 ㉯ 500㎡ 이상
㉰ 800㎡ 이상 ㉱ 1000㎡ 이상

77. 소화설비의 설치기준으로 옳지 않은 것은? (설비산업기사 2008.5) ※ 현행규정에 맞게 변경함

㉮ 아파트에는 주거용 자동소화장치를 설치하여야 한다.
㉯ 지하가 중 터널의 경우 길이가 1,000m인 것은 옥내소화전설비를 설치하여야 한다.
㉰ 복합건축물로서 연면적 5,000㎡인 것은 전층에 스프링클러 설비를 설치하여야 한다.
㉱ 주차용 건축물로서 연면적 600㎡인 것은 물분무등소화설비를 설치하여야 한다.

3. 경보설비

78. 비상경보설비를 설치하여야 하는 소방대상물의 기준으로 옳지 않은 것은? (설비산업기사 2003.5)

㉮ 소방대상물(지하가중 터널 제외) – 연면적 400㎡이상
㉯ 지하층 – 바닥면적 150㎡이상
㉰ 무창층 – 바닥면적 100㎡이상
㉱ 지하가중 터널 – 길이 500m 이상

79. 비상경보설비를 설치하여야 할 특정소방대상물의 기준이 잘못된 것은? (설비기사 2004.9)

㉮ 무창층 – 바닥면적 200㎡이상
㉯ 옥내작업장 – 50인 이상의 근로자가 작업
㉰ 지하층 공연장 – 바닥면적 100㎡이상
㉱ 지하가중 터널 – 길이 500m이상

80. 비상경보설비설치를 하여야 할 소방대상물의 기준이 잘못된 것은? (단, 지하층 및 무창층이 공연장인 경우는 고려하지 않는다.) (설비기사 2005.5, 2022.9)

㉮ 무창층 – 바닥면적이 150㎡이상인 것
㉯ 지하층 – 바닥면적이 150㎡이상인 것
㉰ 옥내작업장–작업근로자수 50인 이상인 것
㉱ 지하가중 터널 – 길이 300m 이상인 것

81. 다음 중 비상경보설비를 설치하여야 하는 특정소방대상물 기준으로 옳은 것은? (설비산업기사 2009.8, 2016.10)

㉮ 15인 이상의 근로자가 작업하는 옥내작업장
㉯ 30인 이상의 근로자가 작업하는 옥내작업장
㉰ 40인 이상의 근로자가 작업하는 옥내작업장
㉱ 50인 이상의 근로자가 작업하는 옥내작업장

해답 74. ㉯ 75. ㉰ 76. ㉰ 77. ㉱ 78. ㉰ 79. ㉮ 80. ㉱ 81. ㉱

82. 비상경보설비를 설치하여야 하는 특정소방대상물의 연면적 기준은?(단, 특정소방대상물이 판매시설인 경우) (설비산업기사 2007.8, 2013.3, 설비기사 2006.3, 2019.9)

㉮ 400㎡ 이상
㉯ 600㎡ 이상
㉰ 1,500㎡ 이상
㉱ 3,500㎡ 이상

83. 비상경보설비를 설치하여야 하는 특정소방대상물 기준으로 옳지 않은 것은? (단, 위험물 저장 및 처리시설 중 가스시설 또는 지하구는 제외) (설비산업기사 2006.3, 2011.8)

㉮ 지하가 중 터널로서 길이가 500m 이상인 것
㉯ 40인 이상의 근로자가 작업하는 옥내작업장
㉰ 지하층의 바닥면적이 150㎡(공연장인 경우 100㎡) 이상인 것
㉱ 연면적이 400㎡이상인 것(지하가 중 터널 또는 사람이 거주하지 않거나 벽이 없는 축사 제외)

84. 근린생활시설·위락시설·숙박시설·의료시설 및 복합건축물은 연면적 몇 제곱미터 이상인 경우에 자동화재탐지설비를 설치하여야 하는가? (설비기사 2003.3)

㉮ 300㎡ ㉯ 500㎡
㉰ 600㎡ ㉱ 1,000㎡

85. 특정소방대상물이 숙박시설인 경우, 자동화재탐지설비를 설치하여야 하는 연면적 기준은?(설비산업기사 2004.5, 2015.3, 2017.9)

㉮ 600㎡이상
㉯ 1,000㎡이상
㉰ 1,500㎡이상
㉱ 2,000㎡이상

86. 자동화재탐지설비를 설치하지 않아도 되는 것은? (설비산업기사 2003.8, 2006.9)

㉮ 1,500㎡의 공동주택
㉯ 600㎡의 의료시설
㉰ 1,500㎡의 학교
㉱ 1,500㎡의 사무소

87. 자동화재탐지설비를 설치하여야 하는 특정소방대상물에 속하지 않는 것은? (설비산업기사 2015.5, 설비기사 2020.8)

㉮ 위락시설로서 연면적 600㎡ 이상인 것
㉯ 숙박시설로서 연면적 600㎡ 이상인 것
㉰ 문화 및 집회시설로서 연면적 1,000㎡ 이상인 것
㉱ 근린생활시설 중 목욕장으로서 연면적 800㎡ 이상인 것

88. 자동화재탐지설비를 설치하여야 할 문화 및 집회시설의 최소 연면적은? (설비기사 2004.5)

㉮ 1,000㎡ ㉯ 2,000㎡
㉰ 3,000㎡ ㉱ 4,000㎡

89. 자동화재탐지설비를 설치하여야 하는 특정소방대상물의 연면적 기준은?(단, 판매시설인 경우) (설비산업기사 2005.3, 2017.5)

㉮ 300㎡이상
㉯ 1,000㎡이상
㉰ 1,200㎡이상
㉱ 2,000㎡이상

90. 자동화재탐지설비를 설치하여야 할 동식물관련시설의 최소연면적은? (설비기사 2006.9)

㉮ 2,000㎡
㉯ 3,000㎡
㉰ 4,000㎡
㉱ 5,000㎡

해답 82. ㉮ 83. ㉯ 84. ㉰ 85. ㉮ 86. ㉰ 87. ㉱ 88. ㉮ 89. ㉯ 90. ㉮

91. 자동화재탐지설비를 설치하여야 할 특정소방대상물의 기준으로 옳지 않은 것은? (설비산업기사 2003.5, 2007.3)

㉮ 의료시설 – 연면적이 600㎡이상
㉯ 아파트 – 연면적이 1,000㎡이상
㉰ 근린생활시설 – 연면적이 500㎡이상
㉱ 위락시설 – 연면적이 600㎡이상

92. 특정소방대상물이 터널인 경우, 자동화재탐지설비를 설치하여야 하는 길이 기준은? (설비산업기사 2011.3)

㉮ 500m ㉯ 1,000m
㉰ 1,500m ㉱ 2,000m

93. 해당 용도에 쓰이는 바닥면적이 500㎡인 층에 자동화재속보설비를 설치하여야 할 소방대상물의 용도는? (설비산업기사 2002.5)

㉮ 숙박시설
㉯ 창고시설
㉰ 노유자시설
㉱ 통신촬영시설

94. 자동화재속보설비 설치대상 건축물의 용도로 옳지 않은 것은? (설비산업기사 2008.5)

㉮ 업무시설 ㉯ 공장 및 창고시설
㉰ 공동주택 ㉱ 노유자시설

95. 다음은 자동화재속보설비를 설치하여야 하는 특정소방대상물에 관한 기준 내용이다. ( ) 안에 알맞은 것은? (설비산업기사 2009.8)

> 업무시설, 공장, 창고시설(사람이 근무하지 아니하는 시간에는 무인경비시스템으로 관리하는 시설만 해당한다)로서 바닥면적이 ( ) 이상인 층이 있는 것

㉮ 500㎡ ㉯ 1,000㎡
㉰ 1,500㎡ ㉱ 2,000㎡

96. 비상방송설비를 설치하여야 하는 특정소방대상물의 연면적 기준은?(설비산업기사 2018.3)

㉮ 1,500m^2 이상
㉯ 2,500m^2 이상
㉰ 3,500m^2 이상
㉱ 4,500m^2 이상

97. 소방시설을 설치하여야 할 소방대상물에 관한 설명 중 틀린 것은? (설비산업기사 2002.5, 2006.3)
※ 현행규정에 맞게 변경함

㉮ 연면적 3,500㎡이상인 건축물에는 비상방송설비를 설치하여야 한다.
㉯ 연면적 500㎡이상인 건축물에는 자동화재탐지설비를 설치하여야 한다.
㉰ 연면적 800㎡이상인 주차용 건축물에는 물분무등소화설비를 설치하여야 한다.
㉱ 연면적 3,000㎡이상인 건축물에는 옥내소화전설비를 설치하여야 한다.

4. 피난구조설비

98. 화재안전기준에 적합한 피난기구를 설치하여야 하는 특정 소방대상물의 층에 해당하는 것은? (설비산업기사 2012.3)

㉮ 피난층 ㉯ 지상 1층
㉰ 지상 2층 ㉱ 지상 8층

99. 소방대상물에 피난구조설비의 피난기구를 설치해야 되는 층은? (설비산업기사 1999.4)

㉮ 피난층 ㉯ 2층
㉰ 7층 ㉱ 11층

100. 병원에서 인공소생기를 제외한 인명구조기구를 설치해야 되는 최소한의 층수는? (설비산업기사 2003.5, 2006.3)

㉮ 3층 ㉯ 5층
㉰ 7층 ㉱ 9층

해답 91. ㉰ 92. ㉯ 93. ㉰ 94. ㉰ 95. ㉰ 96. ㉰ 97. ㉯ 98. ㉱ 99. ㉰ 100. ㉯

101. 특정소방대상물이 병원인 경우, 인명구조기구 중 방열복 및 공기호흡기를 설치하여야 하는 층수 기준은? (설비산업기사 2015.9)

㉮ 지하층을 포하하는 층수가 3층 이상
㉯ 지하층을 포함하는 층수가 5층 이상
㉰ 지하층을 포함하는 층수가 7층 이상
㉱ 지하층을 포함하는 층수가 9층 이상

102. 피난구조설비로서 인명구조기구를 설치해야 되는 것은? (설비기사 2007.9)

㉮ 10층의 사무소
㉯ 15층의 아파트
㉰ 5층의 관광호텔
㉱ 5층의 병원

103. 인명구조기구의 설치와 관계가 있는 건축물의 용도는? (설비산업기사 1999.10)

㉮ 학교
㉯ 기숙사
㉰ 백화점
㉱ 관광호텔

104. 피난구조설비에 관한 기술 중 틀린 것은? (설비기사 1999.4, 2000.3)

㉮ 피난기구는 소방대상물의 피난층·2층 및 층수가 10층 이상인 층을 제외한 모든 층에 설치
㉯ 인명구조기구는 층수가 7층 이상인 관광호텔 및 5층 이상인 병원에 설치
㉰ 피난구유도등·통로유도등 및 유도표지는 모든 특정소방대상물에, 객석유도등은 유흥주점영업과 문화집회 및 운동시설에 설치
㉱ 층수가 5층 이상인 건축물로서 연면적 3,000㎡이상인 것은 비상조명등을 설치

105. 피난구조설비에 관한 기준 내용으로 옳은 것은? (설비산업기사 2003.8, 2008.9, 2013.5)

㉮ 피난기구는 지상1층, 지상2층에는 반드시 설치하여야 한다.
㉯ 인명구조기구는 층수가 5층 이상인 관광호텔에 설치하여야 한다.
㉰ 지하구의 경우에는 피난구유도등 및 통로유도등을 설치하지 않을 수 있다.
㉱ 층수가 5층 이상 또는 연면적 2000㎡ 이상인 건축물에는 비상조명등을 설치하여야 한다.

106. 다음은 비상조명등을 설치하여야 하는 특정소방대상물에 관한 기준 내용이다. ( )안에 알맞은 것은?(단, 창고시설 중 창고 및 하역장, 위험물 저장 및 처리시설 중 가스시설은 제외) (설비산업기사 2005.3, 2006.9, 2009.3, 2015.5)

지하층을 포함하는 층수가 5층 이상인 건축물로서 연면적 ( ) 이상인 것

㉮ 1500㎡
㉯ 2000㎡
㉰ 3000㎡
㉱ 5000㎡

107. 비상조명등을 설치하여야 하는 특정소방대상물의 층수 및 연면적 기준은? (설비산업기사 2014.5)

㉮ 지하층을 포함하는 층수가 5층 이상인 건축물로서 연면적 2000㎡이상인 것
㉯ 지하층을 포함하는 층수가 5층 이상인 건축물로서 연면적 3000㎡이상인 것
㉰ 지하층을 포함하는 층수가 3층 이상인 건축물로서 연면적 2000㎡이상인 것
㉱ 지하층을 포함하는 층수가 3층 이상인 건축물로서 연면적 3000㎡이상인 것

해답 101. ㉯ 102. ㉱ 103. ㉱ 104. ㉮ 105. ㉰ 106. ㉰ 107. ㉯

108. 비상조명등을 설치하여야 하는 특정소방대상물에 해당하는 것은?(설비기사 2023.3)

㉮ 창고시설 중 창고
㉯ 창고시설 중 하역장
㉰ 위험물 저장 및 처리 시설 중 가스시설
㉱ 지하가 중 터널로서 그 길이가 500m 이상인 것

5. 소화용수설비

109. 상수도소화용수설비를 설치하여야 하는 특정 소방대상물의 연면적 기준은?(설비기사 2000.3, 설비산업기사 1999.10, 2005.9, 2014.3, 2014.5, 2015.9)

㉮ 1000m²이상
㉯ 2000m²이상
㉰ 3000m²이상
㉱ 5000m²이상

110. 특정소방대상물이 업무시설인 경우, 상수도소화용수설비를 설치하여야 하는 연면적 기준은? (설비산업기사 2013.9, 2014.9)

㉮ 1000m²이상
㉯ 3000m²이상
㉰ 5000m²이상
㉱ 10000m²이상

6. 소화활동설비

111. 다음중 제연설비를 설치하지 않아도 되는 시설은? (설비기사 2004.5)

㉮ 바닥면적이 300m²인 극장의 무대부
㉯ 바닥면적이 1,500m²인 지하층 판매시설
㉰ 연면적이 1,500m²인 지하가(터널을 제외)
㉱ 25층 갓복도형 아파트의 특별피난 계단

112. 제연설비를 설치하여야 하는 특정소방대상물에 속하지 않는 것은? (설비산업기사 2014.5)

㉮ 지하가(터널은 제외)로서 연면적이 1000m²인 것
㉯ 문화 및 집회시설로서 무대부의 바닥면적이 300m²인 것
㉰ 공항시설의 휴게시설로서 무창층의 바닥면적이 800m²인 것
㉱ 지하층에 설치된 근린생활시설로서 해당 용도로 사용되는 바닥면적의 합계가 1200m²인 것

113. 지하가(터널제외)의 연면적이 최소 몇 제곱미터 이상이면 제연설비를 설치하여야 하는가? (설비기사 2006.9)

㉮ 1,000제곱미터　㉯ 1,500제곱미터
㉰ 2,000제곱미터　㉱ 3,000제곱미터

114. 다음 중 제연설비를 설치하지 않아도 되는 것은? (설비기사 2006.3)

㉮ 문화집회 및 운동시설로서 무대부의 바닥면적이 300m²인 것
㉯ 문화집회 및 운동시설 중 영화상영관으로서 수용인원이 200인(人)인 것
㉰ 지하가중 터널로서 길이가 1,500m인 것
㉱ 25층 갓복도형아파트에 부설된 특별피난계단

115. 제연설비를 설치하여야 하는 특정소방대상물에 속하지 않는 것은? (설비기사 2020.8)

㉮ 지하가(터널은 제외)로서 연면적이 1,000m²인 것
㉯ 문화 및 집회시설로서 무대부의 바닥면적이 150m²인 것

해답 108. ㉱ 109. ㉱ 110. ㉰ 111. ㉱ 112. ㉰ 113. ㉮ 114. ㉱ 115. ㉯

㉰ 문화 및 집회시설 중 영화상영관으로서 수용인원이 100명인 것
㉱ 지하층에 설치된 숙박시설로서 해당 용도로 사용되는 바닥면적의 합계가 1,000㎡인 층

116. 비상콘센트설비를 설치하여야 하는 특정소방대상물 기준으로 옳지 않은 것은?(단, 위험물 저장 및 처리 시설 중 가스시설 또는 지하구는 제외)(설비기사 2021.3)

㉮ 지하가 중 터널로서 길이가 500m 이상인 것
㉯ 층수가 11층 이상인 특정소방대상물의 경우에는 11층 이상의 층
㉰ 판매시설로서 해당 용도로 사용되는 부분의 바닥면적의 합계가 $1000m^2$ 이상인 것
㉱ 지하층의 층수가 3층 이상이고 지하층의 바닥면적의 합계가 $1000m^2$ 이상인 것은 지하층의 모든 층

117. 문화 및 집회시설의 경우, 무대부의 바닥면적이 최소 얼마 이상인 경우 제연설비를 설치하여야 하는가? (설비산업기사 2002.9, 2004.9, 2005.5, 2012.8)

㉮ 33㎡ ㉯ 100㎡
㉰ 200㎡ ㉱ 300㎡

118. 제연설비를 설치하여야 하는 특정소방대상물에 속하지 않는 것은?(설비산업기사 2019.9)

㉮ 지하가(터널 제외)로서 연면적 1000㎡ 이상 인 것
㉯ 종교시설로서 무대부의 바닥면적이 200㎡ 이상인 것
㉰ 문화 및 집회시설로서 무대부의 바닥면적이 150㎡ 이상인 것
㉱ 문화 및 집회시설 중 영화상영관으로서 수용 인원 100명 이상인 것

119. 다음은 제연설비를 설치하여야 하는 특정소방대상물에 관한 기준 내용이다. ( )안에 알맞은 것은? (설비산업기사 2013.9, 2014.9, 2016.3, 2017.9)

문화 및 집회시설로서 무대부의 바닥면적이 ( ) 이상 또는 문화 및 집회시설 중 영화상영관으로서 수용인원 ( ) 이상인 것

㉮ 100㎡, 100명
㉯ 100㎡, 200명
㉰ 200㎡, 100명
㉱ 200㎡, 200명

120. 연결송수관설비를 설치하여야 할 특정소방대상물의 기준으로 옳은 것은? (설비기사 2021.9)

㉮ 층수가 3층 이상으로서 연면적 5,000㎡ 이상인 것
㉯ 층수가 3층 이상으로서 연면적 6,000㎡ 이상인 것
㉰ 층수가 5층 이상으로서 연면적 5,000㎡ 이상인 것
㉱ 층수가 5층 이상으로서 연면적 6,000㎡ 이상인 것

121. 다음은 연결살수설비를 설치하여야 하는 특정 소방대상물에 관한 기준 내용이다. ( )안에 알맞은 것은?(설비산업기사 2019.3)

판매시설, 운수시설, 창고시설 중 물류터미널로서 해당 용도로 사용되는 부분의 바닥면적의 합계가 ( ) 이상인 것

㉮ 300㎡
㉯ 500㎡
㉰ 1,000㎡
㉱ 1,500㎡

해답 116. ㉰ 117. ㉰ 118. ㉰ 119. ㉰ 120. ㉱ 121. ㉰

122. 소화활동설비 중 연결살수설비를 설치하여야 하는 특정소방대상물로 옳은 것은? (설비기사 2001.3)

㉮ 판매시설로서 바닥면적의 합계가 1,000m² 이상인 것
㉯ 층수가 5층 이상으로서 연면적 600m² 이상인 것
㉰ 지하층으로서 바닥면적합계가 100m² 이상인 것
㉱ 가스시설 중 지상에 노출된 탱크의 용량이 20ton 이상인 탱크시설

123. 판매시설로서 해당 용도로 사용되는 부분의 바닥면적의 합계가 최소 얼마 이상인 경우 연결살수설비를 설치하여야 하는가?(설비기사 2004.9, 설비산업기사 2015.3)

㉮ 500m² ㉯ 1,000m²
㉰ 2,000m² ㉱ 3,000m²

7. 소방시설 설치의 예외 등

124. 다음은 특정소방대상물의 소방시설 설치의 면제에 관한 기준 내용이다. ( ) 안에 알맞은 것은? (설비산업기사 2007.5, 2008.3, 2009.3, 2009.5, 2011.3, 2011.5, 2014.3, 2015.3, 2018.9, 2019.3)

스프링클러설비를 설치하여야 하는 특정소방대상물에 ( )를 화재안전기준에 적합하게 설치한 경우에는 그 설비의 유효범위에서 설치가 면제된다.

㉮ 연결살수설비 ㉯ 옥내소화전설비
㉰ 옥외소화전설비 ㉱ 물분무등소화설비

125. 무선통신보조설비를 설치해야 하는 소방대상물에 대체하여 설치할 수 있는 것은? (설비기사 2007.9)

㉮ 비상방송설비
㉯ 자동화재탐지설비
㉰ 자동화재속보설비
㉱ 이동통신구내중계기선로설비

126. 다음은 특정소방대상물의 소방시설 설치의 면제기준 내용이다. ( )안에 알맞은 설비는? (설비산업기사 2013.9, 2014.9, 2015.9, 2016.10, 2017.5, 2020.6, 설비기사 2019.9)

물분무등소화설비를 설치하여야 하는 차고·주차장에 ( )를 화재안전기준에 적합하게 설치한 경우에는 그 설비의 유효범위에서 설치가 면제된다.

㉮ 연결살수설비
㉯ 스프링클러설비
㉰ 옥내소화전설비
㉱ 옥외소화전설비

127. 다음은 특정소방대상물의 소방시설 설치의 면제에 관한 기준 내용이다. ( ) 안에 포함되지 않는 소방시설은?(설비기사 2023.9)

연소방지설비를 설치하여야 하는 특정소방대상물에 ( )를 화재안전기준에 적합하게 설치한 경우에는 그 설비의 유효범위에서 설치가 면제된다.

㉮ 스프링클러설비
㉯ 옥내소화전설비
㉰ 물분무소화설비
㉱ 미분무소화설비

128. 스프링클러설비를 설치하여야 할 소방대상물에 어떤 설비를 설치한 경우에는 그 설비의 유효범위안의 부분에 스프링클러설비의 설치를 면제받을 수 있는가? (설비산업기사 2003.3)

㉮ 물분무등소화설비
㉯ 경보설비
㉰ 피난구조설비
㉱ 소화용수설비

해답 122. ㉮ 123. ㉯ 124. ㉱ 125. ㉱ 126. ㉯ 127. ㉯ 128. ㉮

129. 다음의 소방시설의 내진설계기준과 관련된 내용 중 밑줄 친 "대통령령으로 정하는 소방시설"에 속하지 않는 것은? (설비산업기사 2012.8, 2013.3, 2015.9, 2019.4, 설비기사 2022.3)

> 「지진·화산재해대책법」 제14조제1항 각 호의 시설 중 대통령령으로 정하는 특정소방대상물에 <u>대통령령으로 정하는 소방시설</u>을 설치하려는 자는 지진이 발생할 경우 소방시설이 정상적으로 작동할 수 있도록 소방방재청장이 정하는 내진설계기준에 맞게 소방시설을 설치하여야 한다.

㉮ 옥내소화전설비
㉯ 지동화재탐지설비
㉰ 스프링클러설비
㉱ 물분무등소화설비

130. 대통령령 또는 화재안전기준의 변경으로 그 기준이 강화된 경우, 강화된 기준을 적용하여야 하는 기존의 특정소방대상물의 소방시설에 속하지 않는 것은? (설비산업기사 2011.3)

㉮ 소화기구 ㉯ 비상경보설비
㉰ 스프링클러설비 ㉱ 자동화재속보설비

131. 성능위주설계를 하여야 하는 특정소방대상물의 높이 기준은?(단, 아파트 등은 제외) (설비산업기사 2016.10)

㉮ 30m 이상 ㉯ 50m 이상
㉰ 100m 이상 ㉱ 120m 이상

8. 소방대상물의 방염

132. 커텐 등 방염성능이 있는 것을 사용하지 않아도 되는 장소는? (설비기사 1999.8)※ 현행규정에 맞게 변경한 문제임

㉮ 11층 이상인 아파트
㉯ 종교시설
㉰ 종합병원
㉱ 체력단련장

133. 5층인 여관 건축물에 커텐을 사용하는 경우, 객실이 몇 실 이상일 때 반드시 방염성능이 있는 것을 사용하여야 하는가? (설비기사 2000.3)

㉮ 20실
㉯ 25실
㉰ 30실
㉱ 객실수와 무관하게 적용

134. 방염처리를 하여야 할 특정소방대상물이 아닌 것은? (설비기사 2002.3)※ 현행규정에 맞게 변경한 문제임

㉮ 종합병원 ㉯ 체력단련장
㉰ 숙박시설 ㉱ 수영장

135. 방염성능기준 이상의 실내장식물 등을 설치 하여야 하는 특정소방대상물에 속하는 것은?(설비기사 2020.8)

㉮ 기숙사 ㉯ 판매시설
㉰ 숙박시설 ㉱ 실내수영장

136. 방염성능기준 이상의 실내장식물 등을 설치하여야 하는 특정소방대상물에 속하는 것은? (설비기사 2019.4)

㉮ 층수가 6층인 업무시설
㉯ 층수가 6층인 판매시설
㉰ 층수가 6층인 숙박시설
㉱ 건축물의 옥내에 있는 수영장

137. 다음 중 방염성능기준 이상의 실내장식물 등을 설치하여야 하는 특정소방대상물에 속하지 않는 것은?(설비기사 2022.9)

㉮ 층수가 11층 이상인 것(아파트 제외)
㉯ 통신시설 중 방송국
㉰ 숙박시설
㉱ 옥외 운동시설

해답 129. ㉯ 130. ㉰ 131. ㉰ 132. ㉮ 133. ㉱ 134. ㉱ 135. ㉰ 136. ㉰ 137. ㉱

138. 방염성능기준 이상의 실내장식물 등을 설치하여야 하는 특정소방대상물에 속하지 않는 것은? (설비산업기사 2013.3, 2018.3, 설비기사 2021.5)

㉮ 수영장
㉯ 숙박시설
㉰ 의료시설 중 종합병원
㉱ 방송통신시설 중 방송국

139. 방염성능기준 이상의 실내장식물을 설치하여야 하는 특정소방대상물에 해당하지 않는 것은?(설비기사 2023.9)

㉮ 아파트를 제외한 11층 이상인 건축물
㉯ 옥내에 있는 수영장
㉰ 다중이용업소
㉱ 노유자시설

140. 방염성능기준 이상의 실내장식물 등을 설치하여야 하는 특정소방대상물에 속하지 않는 것은? (단, 층수가 11층 미만인 경우) (설비기사 2022.4)

㉮ 의료시설
㉯ 교육연구시설 중 합숙소
㉰ 숙박이 가능한 수련시설
㉱ 업무시설 중 주민자치센터

141. 다음 중 층수와 관계없이 방염성능기준 이상의 실내장식물 등을 설치하여야 하는 특정소방대상물에 속하지 않는 것은? (설비산업기사 2009.8, 2011.8, 2020.8)

㉮ 기숙사
㉯ 종합병원
㉰ 숙박시설
㉱ 숙박이 가능한 수련시설 체력단련장

142. 다음 중 건축물의 층수와 상관없이 방염성능기준 이상의 실내장식물 등을 설치하여야 하는 특정소방대상물에 속하지 않는 것은?(설비산업기사 2019.3)

㉮ 숙박시설 ㉯ 판매시설
㉰ 노유자시설 ㉱ 의료시설 중 종합병원

143. 방염성능기준 이상의 실내장식물 등을 설치하여야 하는 특정소방대상물에 해당하지 않는 것은? (단, 건축물의 옥내에 있는 시설로 층수가 11층 미만인 것)(설비산업기사 2012.5, 2015.9, 2017.5)

㉮ 종교시설 ㉯ 업무시설
㉰ 문화 및 집회시설 ㉱ 운동시설 중 볼링장

144. 방염성능기준 이상의 실내장식물 등을 설치하여야 하는 특정소방대상물에 속하지 않는 것은?(단, 층수가 10층인 경우) (설비산업기사 2015.3, 2020.6)

㉮ 의료시설
㉯ 업무시설
㉰ 방송통신시설 중 방송국
㉱ 숙박이 가능한 수련시설

145. 소방시설법령에 의하면 특정소방대상물에서 사용하는 방염대상물품은 방염성능이 있는 것으로 하도록 되어 있다. 다음 중 가장 관계가 먼 것은? (설비기사 2002.3)

㉮ 커튼 ㉯ 카페트
㉰ 무대용 합판 ㉱ 소파

146. 다음 중 방염대상물품에 해당하지 않는 것은? (설비산업기사 2007.8, 2009.3)

㉮ 종이벽지
㉯ 창문에 설치하는 커텐류
㉰ 전시용 합판 또는 섬유판
㉱ 무대막

147. 다음 중 방염대상물품에 속하지 않는 것은? (설비산업기사 2014.5)

㉮ 전시용 합판
㉯ 암막, 무대막
㉰ 두께가 3mm인 벽지류
㉱ 창문에 설치하는 커튼류

해답 138. ㉮ 139. ㉯ 140. ㉱ 141. ㉮ 142. ㉯ 143. ㉯ 144. ㉮ 145. ㉱ 146. ㉮ 147. ㉰

148. **방염대상이 되는 특정소방대상물에서 사용되는 방염대상물품이 아닌 것은?** (설비산업기사 2008.3)

㉮ 두께가 3밀리미터인 벽지류로서 종이벽지를 제외한 것
㉯ 창문에 설치하는 커텐류(블라인드를 포함한다.)
㉰ 암막·무대막
㉱ 전시용 합판

149. **특정소방대상물에서 사용하는 방염대상물품의 방염성능 검사를 실시하는 자는?** (설비산업기사 2004.5, 2008.5)(※ 현행 규정에 맞게 변경함)

㉮ 소방서장
㉯ 소방청장
㉰ 소방본부장
㉱ 행정안전부장관

150. **방염대상물품에 요구되는 방염성능기준으로 옳지 않은 것은?** (설비산업기사 2012.8, 2016.3)

㉮ 탄화한 면적은 50cm²이내, 탄화한 길이는 20cm 이내
㉯ 불꽃에 의하여 완전히 녹을 때까지 불꽃의 접촉횟수는 2회 이상
㉰ 버너의 불꽃을 제거한 때부터 불꽃을 올리며 연소하는 상태가 그칠 때까지 시간은 20초 이내
㉱ 버너의 불꽃을 제거한 때부터 불꽃을 올리지 아니하고 연소하는 상태가 그칠 때까지 시간은 30초 이내

151. **방염성능의 기준은 탄화한 면적과 탄화한 길이는 각각 얼마 이내에서 정해질 수 있는가?** (설비산업기사 2004.3)

	탄화면적	탄화한 길이
㉮	50㎠	10㎝
㉯	10㎠	50㎝
㉰	20㎠	50㎝
㉱	50㎠	20㎝

해답 148. ㉮ 149. ㉯ 150. ㉯ 151. ㉱

건축설비관계법령

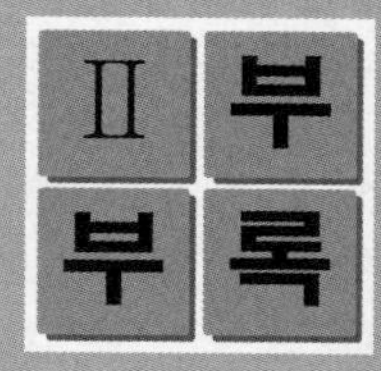

제1편 건축법(1. 건축법 2. 건축법 시행령 3. 건축법 시행규칙)

4. 건축물의 설비기준 등에 관한 규칙
5. 건축물의 피난·방화구조 등의 기준에 관한 규칙

제2편 에너지 관련 규정

6. 건축물의 에너지절약 설계기준
7. 건축물의 냉방설비에 대한 설치 및 설계기준
8. 녹색건축 인증에 관한 규칙
9. 녹색건축 인증기준
10. 건축물 에너지효율등급 인증 및 제로에너지건축물 인증에 관한 규칙
11. 건축물 에너지효율등급 인증 및 제로에너지건축물 인증 기준
12. 지능형 건축물의 인증에 관한 규칙
13. 지능형 건축물 인증기준
14. 기계설비법(14. 법 15. 시행령 16. 시행규칙)

제3편 소방시설 설치 및 관리에 관한 법률(17. 법 18. 시행령 19. 시행규칙)

건 축 법

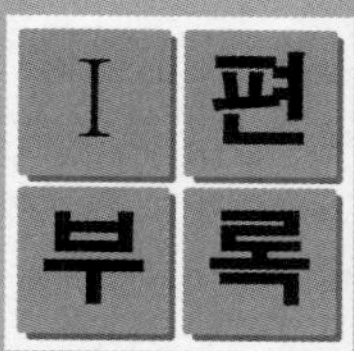

1. 건축법
2. 건축법 시행령
3. 건축법 시행규칙
4. 건축물의 설비기준 등에 관한 규칙
5. 건축물의 피난·방화구조 등의 기준에 관한 규칙

1. 건 축 법

[법률 제19590호 개정 2023.8.8./시행 2024.5.17.]

제　　정 1962. 1.20 법률 제 984호
전문개정 1991. 5.31 법률 제4831호
전부개정 2008. 3.21 법률 제8974호
일부개정 2018. 4.17 법률 제15594호
일부개정 2018. 8.14 법률 제15721호
일부개정 2018.12.18 법률 제15992호
일부개정 2019. 4.23 법률 제16380호
일부개정 2019. 8.20 법률 제16485호
일부개정 2020. 4. 7 법률 제17223호
일부개정 2020.12. 8 법률 제17606호
일부개정 2020.12.22 법률 제17733호
일부개정 2021. 3.16 법률 제17940호
일부개정 2021. 7.27 법률 제18341호
일부개정 2021. 8.10 법률 제18383호
일부개정 2021.10.19 법률 제18508호
일부개정 2022. 2. 3 법률 제18825호
일부개정 2022. 6.10.법률 제18935호
일부개정 2022.11.15.법률 제19045호
타법개정 2023. 3.21.법률 제19251호
타법개정 2023. 5.16.법률 제19409호
타법개정 2023. 8. 8.법률 제19590호

제1장 총 칙

제1조【목적】 이 법은 건축물의 대지·구조·설비 기준 및 용도 등을 정하여 건축물의 안전·기능·환경 및 미관을 향상시킴으로써 공공복리의 증진에 이바지하는 것을 목적으로 한다.

제2조【정의】 ① 이 법에서 사용하는 용어의 뜻은 다음과 같다. <개정 2016.1.19. 2016.2.3., 2017.12.26., 2020.4.7.>

1. "대지(垈地)"란 「공간정보의 구축 및 관리 등에 관한 법률」에 따라 각 필지(筆地)로 나눈 토지를 말한다. 다만, 대통령령으로 정하는 토지는 둘 이상의 필지를 하나의 대지로 하거나 하나 이상의 필지의 일부를 하나의 대지로 할 수 있다.
2. "건축물"이란 토지에 정착(定着)하는 공작물 중 지붕과 기둥 또는 벽이 있는 것과 이에 딸린 시설물, 지하나 고가(高架)의 공작물에 설치하는 사무소·공연장·점포·차고·창고, 그 밖에 대통령령으로 정하는 것을 말한다.
3. "건축물의 용도"란 건축물의 종류를 유사한 구조, 이용 목적 및 형태별로 묶어 분류한 것을 말한다.
4. "건축설비"란 건축물에 설치하는 전기·전화 설비, 초고속 정보통신 설비, 지능형 홈네트워크 설비, 가스·급수·배수(配水)·배수(排水)·환기·난방·냉방·소화(消火)·배연(排煙) 및 오물처리의 설비, 굴뚝, 승강기, 피뢰침, 국기 게양대, 공동시청 안테나, 유선방송 수신시설, 우편함, 저수조(貯水槽), 방범시설, 그 밖에 국토교통부령으로 정하는 설비를 말한다.
5. "지하층"이란 건축물의 바닥이 지표면 아래에 있는 층으로서 바닥에서 지표면까지 평균높이가 해당 층 높이의 2분의 1 이상인 것을 말한다.
6. "거실"이란 건축물 안에서 거주, 집무, 작업, 집회, 오락, 그 밖에 이와 유사한 목적을 위하여 사용되는 방을 말한다.
7. "주요구조부"란 내력벽(耐力壁), 기둥, 바닥, 보, 지붕틀 및 주계단(主階段)을 말한다. 다만, 사이 기둥, 최하층 바닥, 작은 보, 차양, 옥외 계단, 그 밖에 이와 유사한 것으로 건축물의 구조상 중요하지 아니한 부분은 제외한다.
8. "건축"이란 건축물을 신축·증축·개축·재축(再築)하거나 건축물을 이전하는 것을 말한다.

8의2. "결합건축"이란 제56조에 따른 용적률을 개별 대지마다 적용하지 아니하고, 2개 이상의 대지를 대상으로 통합적용하여 건축물을 건축하는 것을 말한다. <신설 2020.4.7.>

9. "대수선"이란 건축물의 기둥, 보, 내력벽, 주계단 등의 구조나 외부 형태를 수선·변경하거나 증설하는 것으로서 대통령령으로 정하는 것을 말한다.
10. "리모델링"이란 건축물의 노후화를 억제하거나 기능 향상 등을 위하여 대수선하거나 건축물의 일부를 증축 또는 개축하는 행위를 말한다.
11. "도로"란 보행과 자동차 통행이 가능한 너비 4미터 이상의 도로(지형적으로 자동차 통행이 불가능한 경우와 막다른 도로의 경우에는 대통령령으로 정하는 구조와 너비의 도로)로서 다음 각 목의 어느 하나에 해당하는 도로나 그 예정도로를 말한다.
   가. 「국토의 계획 및 이용에 관한 법률」, 「도로법」, 「사도법」, 그 밖의 관계 법령에 따라 신설 또는 변경에 관한 고시가 된 도로
   나. 건축허가 또는 신고 시에 특별시장·광역시장·특별자치시장·도지사·특별자치도지사(이하 "시·도지사"라 한다) 또는 시장·군수·구청장(자치구의 구청장을 말한다. 이하 같다)이 위치를 지정하여 공고한 도로
12. "건축주"란 건축물의 건축·대수선·용도변경, 건축설비의 설치 또는 공작물의 축조(이하 "건축물의 건축등"이라 한다) 에 관한 공사를 발주하거나 현장 관리인을 두어 스스로 그 공사를 하는 자를 말

한다.

12의2. "제조업자"란 건축물의 건축·대수선·용도변경, 건축설비의 설치 또는 공작물의 축조 등에 필요한 건축자재를 제조하는 사람을 말한다.

12의3. "유통업자"란 건축물의 건축·대수선·용도변경, 건축설비의 설치 또는 공작물의 축조에 필요한 건축자재를 판매하거나 공사현장에 납품하는 사람을 말한다.

13. "설계자"란 자기의 책임(보조자의 도움을 받는 경우를 포함한다)으로 설계도서를 작성하고 그 설계도서에서 의도하는 바를 해설하며, 지도하고 자문에 응하는 자를 말한다.

14. "설계도서"란 건축물의 건축등에 관한 공사용 도면, 구조 계산서, 시방서(示方書), 그 밖에 국토교통부령으로 정하는 공사에 필요한 서류를 말한다.

15. "공사감리자"란 자기의 책임(보조자의 도움을 받는 경우를 포함한다)으로 이 법으로 정하는 바에 따라 건축물, 건축설비 또는 공작물이 설계도서의 내용대로 시공되는지를 확인하고, 품질관리·공사관리·안전관리 등에 대하여 지도·감독하는 자를 말한다.

16. "공사시공자"란 「건설산업기본법」 제2조제4호에 따른 건설공사를 하는 자를 말한다.

16의2. "건축물의 유지·관리"란 건축물의 소유자나 관리자가 사용 승인된 건축물의 대지·구조·설비 및 용도 등을 지속적으로 유지하기 위하여 건축물이 멸실될 때까지 관리하는 행위를 말한다.

17. "관계전문기술자"란 건축물의 구조·설비 등 건축물과 관련된 전문기술자격을 보유하고 설계와 공사감리에 참여하여 설계자 및 공사감리자와 협력하는 자를 말한다.

18. "특별건축구역"이란 조화롭고 창의적인 건축물의 건축을 통하여 도시경관의 창출, 건설기술 수준향상 및 건축 관련 제도개선을 도모하기 위하여 이 법 또는 관계 법령에 따라 일부 규정을 적용하지 아니하거나 완화 또는 통합하여 적용할 수 있도록 특별히 지정하는 구역을 말한다.

19. "고층건축물"이란 층수가 30층 이상이거나 높이가 120미터 이상인 건축물을 말한다.

20. "실내건축"이란 건축물의 실내를 안전하고 쾌적하며 효율적으로 사용하기 위하여 내부 공간을 칸막이로 구획하거나 벽지, 천장재, 바닥재, 유리 등 대통령령으로 정하는 재료 또는 장식물을 설치하는 것을 말한다.

21. "부속구조물"이란 건축물의 안전·기능·환경 등을 향상시키기 위하여 건축물에 추가적으로 설치하는 환기시설물 등 대통령령으로 정하는 구조물을 말한다.

② 건축물의 용도는 다음과 같이 구분하되, 각 용도에 속하는 건축물의 세부 용도는 대통령령으로 정한다. <개정 2022.11.15.>

1. 단독주택
2. 공동주택
3. 제1종 근린생활시설
4. 제2종 근린생활시설
5. 문화 및 집회시설
6. 종교시설
7. 판매시설
8. 운수시설
9. 의료시설
10. 교육연구시설
11. 노유자(老幼者: 노인 및 어린이)시설
12. 수련시설
13. 운동시설
14. 업무시설
15. 숙박시설
16. 위락(慰樂)시설
17. 공장
18. 창고시설
19. 위험물 저장 및 처리 시설
20. 자동차 관련 시설
21. 동물 및 식물 관련 시설
22. 자원순환 관련 시설
23. 교정(矯正)시설
24. 국방·군사시설
25. 방송통신시설
26. 발전시설
27. 묘지 관련 시설
28. 관광 휴게시설
29. 그 밖에 대통령령으로 정하는 시설

제3조【적용 제외】 ① 다음 각 호의 어느 하나에 해당하는 건축물에는 이 법을 적용하지 아니한다. <개정 2016.1.19., 2019.11.26., 2023.3.21./시행 2024.3.22., 2023.8.8./시행 2024.5.17>

1. 「문화재보호법」에 따른 지정문화재나 임시지정문화재 또는 「자연유산의 보존 및 활용에 관한 법률」에 따라 지정된 명승이나 임시지정명승

→ 1. 「문화유산의 보존 및 활용에 관한 법률」에 따른 지정문화유산이나 임시지정문화유산 또는 「자연유산의 보존 및 활용에 관한 법률」에 따라 지정된 천연기념물등이나 임시지정천연기념물, 임시지

정명승, 임시지정시·도자연유산 <개정 2023.8.8./시행 2024.5.17>

2. 철도나 궤도의 선로 부지(敷地)에 있는 다음 각 목의 시설
   가. 운전보안시설
   나. 철도 선로의 위나 아래를 가로지르는 보행시설
   다. 플랫폼
   라. 해당 철도 또는 궤도사업용 급수(給水)·급탄(給炭) 및 급유(給油) 시설
3. 고속도로 통행료 징수시설
4. 컨테이너를 이용한 간이창고(「산업집적활성화 및 공장설립에 관한 법률」 제2조제1호에 따른 공장의 용도로만 사용되는 건축물의 대지에 설치하는 것으로서 이동이 쉬운 것만 해당된다)
5. 「하천법」에 따른 하천구역 내의 수문조작실

② 「국토의 계획 및 이용에 관한 법률」에 따른 도시지역 및 같은 법 제51조제3항에 따른 지구단위계획구역(이하 "지구단위계획구역"이라 한다) 외의 지역으로서 동이나 읍(동이나 읍에 속하는 섬의 경우에는 인구가 500명 이상인 경우만 해당된다)이 아닌 지역은 제44조부터 제47조까지, 제51조 및 제57조를 적용하지 아니한다. <개정 2014.1.14.>

③ 「국토의 계획 및 이용에 관한 법률」 제47조제7항에 따른 건축물이나 공작물을 도시·군계획시설로 결정된 도로의 예정지에 건축하는 경우에는 제45조부터 제47조까지의 규정을 적용하지 아니한다. <개정 2011.4.14.>

제4조【건축위원회】 ① 국토교통부장관, 시·도지사 및 시장·군수·구청장은 다음 각 호의 사항을 조사·심의·조정 또는 재정(이하 이 조에서 "심의등"이라 한다)하기 위하여 각각 건축위원회를 두어야 한다. <개정 2014.5.28.>

1. 이 법과 조례의 제정·개정 및 시행에 관한 중요 사항
2. 건축물의 건축등과 관련된 분쟁의 조정 또는 재정에 관한 사항. 다만, 시·도지사 및 시장·군수·구청장이 두는 건축위원회는 제외한다.
3. 건축물의 건축등과 관련된 민원에 관한 사항. 다만, 국토교통부장관이 두는 건축위원회는 제외한다.
4. 건축물의 건축 또는 대수선에 관한 사항
5. 다른 법령에서 건축위원회의 심의를 받도록 규정한 사항

② 국토교통부장관, 시·도지사 및 시장·군수·구청장은 건축위원회의 심의등을 효율적으로 수행하기 위하여 필요하면 자신이 설치하는 건축위원회에 다음 각 호의 전문위원회를 두어 운영할 수 있다. <개정 2014.5.28.>

1. 건축분쟁전문위원회(국토교통부에 설치하는 건축위원회에 한정한다)
2. 건축민원전문위원회(시·도 및 시·군·구에 설치하는 건축위원회에 한정한다)
3. 건축계획·건축구조·건축설비 등 분야별 전문위원회

③ 제2항에 따른 전문위원회는 건축위원회가 정하는 사항에 대하여 심의등을 한다. <개정 2014.5.28.>

④ 제3항에 따라 전문위원회의 심의등을 거친 사항은 건축위원회의 심의등을 거친 것으로 본다. <개정 2014.5.28.>

⑤ 제1항에 따른 각 건축위원회의 조직·운영, 그 밖에 필요한 사항은 대통령령으로 정하는 바에 따라 국토교통부령이나 해당 지방자치단체의 조례(자치구의 경우에는 특별시나 광역시의 조례를 말한다. 이하 같다)로 정한다. <개정 2013.3.23.>

제4조의2【건축위원회의 건축 심의 등】 ① 대통령령으로 정하는 건축물을 건축하거나 대수선하려는 자는 국토교통부령으로 정하는 바에 따라 시·도지사 또는 시장·군수·구청장에게 제4조에 따른 건축위원회(이하 "건축위원회"라 한다)의 심의를 신청하여야 한다. <개정 2017.1.17.>

② 제1항에 따라 심의 신청을 받은 시·도지사 또는 시장·군수·구청장은 대통령령으로 정하는 바에 따라 건축위원회에 심의 안건을 상정하고, 심의 결과를 국토교통부령으로 정하는 바에 따라 심의를 신청한 자에게 통보하여야 한다.

③ 제2항에 따른 건축위원회의 심의 결과에 이의가 있는 자는 심의 결과를 통보받은 날부터 1개월 이내에 시·도지사 또는 시장·군수·구청장에게 건축위원회의 재심의를 신청할 수 있다.

④ 제3항에 따른 재심의 신청을 받은 시·도지사 또는 시장·군수·구청장은 그 신청을 받은 날부터 15일 이내에 대통령령으로 정하는 바에 따라 건축위원회에 재심의 안건을 상정하고, 재심의 결과를 국토교통부령으로 정하는 바에 따라 재심의를 신청한 자에게 통보하여야 한다.

[본조신설 2014.5.28.]

제4조의3【건축위원회의 회의록 공개】 시·도지사 또는 시장·군수·구청장은 제4조의2제1항에 따른 심의(같은 조 제3항에 따른 재심의를 포함한다. 이하 이 조에서 같다)를 신청한 자가 요청하는 경우에는 대통령령으로 정하는 바에 따라 건축위원회 심의의 일시·장소·

안건·내용·결과 등이 기록된 회의록을 공개하여야 한다. 다만, 심의의 공정성을 침해할 우려가 있다고 인정되는 이름, 주민등록번호 등 대통령령으로 정하는 개인 식별 정보에 관한 부분의 경우에는 그러하지 아니하다.
[본조신설 2014.5.28.]

제4조의4【건축민원전문위원회】 ① 제4조제2항에 따른 건축민원전문위원회는 건축물의 건축등과 관련된 다음 각 호의 민원[특별시장·광역시장·특별자치시장·특별자치도지사 또는 시장·군수·구청장(이하 "허가권자"라 한다)의 처분이 완료되기 전의 것으로 한정하며, 이하 "질의민원"이라 한다]을 심의하며, 시·도지사가 설치하는 건축민원전문위원회(이하 "광역지방건축민원전문위원회"라 한다)와 시장·군수·구청장이 설치하는 건축민원전문위원회(이하 "기초지방건축민원전문위원회"라 한다)로 구분한다.
1. 건축법령의 운영 및 집행에 관한 민원
2. 건축물의 건축등과 복합된 사항으로서 제11조제5항 각 호에 해당하는 법률 규정의 운영 및 집행에 관한 민원
3. 그 밖에 대통령령으로 정하는 민원

② 광역지방건축민원전문위원회는 허가권자나 도지사(이하 "허가권자등"이라 한다)의 제11조에 따른 건축허가나 사전승인에 대한 질의민원을 심의하고, 기초지방건축민원전문위원회는 시장(행정시의 시장을 포함한다)·군수·구청장의 제11조 및 제14조에 따른 건축허가 또는 건축신고와 관련한 질의민원을 심의한다.
③ 건축민원전문위원회의 구성·회의·운영, 그 밖에 필요한 사항은 해당 지방자치단체의 조례로 정한다.
[본조신설 2014.5.28]

제4조의5【질의민원 심의의 신청】 ① 건축물의 건축등과 관련된 질의민원의 심의를 신청하려는 자는 제4조의4제2항에 따른 관할 건축민원전문위원회에 심의신청서를 제출하여야 한다.
② 제1항에 따른 심의를 신청하고자 하는 자는 다음 각 호의 사항을 기재하여 문서로 신청하여야 한다. 다만, 문서에 의할 수 없는 특별한 사정이 있는 경우에는 구술로 신청할 수 있다.
1. 신청인의 이름과 주소
2. 신청의 취지·이유와 민원신청의 원인이 된 사실내용
3. 그 밖에 행정기관의 명칭 등 대통령령으로 정하는 사항

③ 건축민원전문위원회는 신청인의 질의민원을 받으면 15일 이내에 심의절차를 마쳐야 한다. 다만, 사정이 있으면 건축민원전문위원회의 의결로 15일 이내의 범위에서 기간을 연장할 수 있다.
[본조신설 2014.5.28]

제4조의6【심의를 위한 조사 및 의견 청취】 ① 건축민원전문위원회는 심의에 필요하다고 인정하면 위원 또는 사무국의 소속 공무원에게 관계 서류를 열람하게 하거나 관계 사업장에 출입하여 조사하게 할 수 있다.
② 건축민원전문위원회는 필요하다고 인정하면 신청인, 허가권자의 업무담당자, 이해관계자 또는 참고인을 위원회에 출석하게 하여 의견을 들을 수 있다.
③ 민원의 심의신청을 받은 건축민원전문위원회는 심의기간 내에 심의하여 심의결정서를 작성하여야 한다.
[본조신설 2014.5.28]

제4조의7【의견의 제시 등】 ① 건축민원전문위원회는 질의민원에 대하여 관계 법령, 관계 행정기관의 유권해석, 유사판례와 현장여건 등을 충분히 검토하여 심의의견을 제시할 수 있다.
② 건축민원전문위원회는 민원심의의 결정내용을 지체 없이 신청인 및 해당 허가권자등에게 통지하여야 한다.
③ 제2항에 따라 심의 결정내용을 통지받은 허가권자등은 이를 존중하여야 하며, 통지받은 날부터 10일 이내에 그 처리결과를 해당 건축민원전문위원회에 통보하여야 한다.
④ 제2항에 따른 심의 결정내용을 시장·군수·구청장이 이행하지 아니하는 경우에는 제4조의4제2항에도 불구하고 해당 민원인은 시장·군수·구청장이 통보한 처리결과를 첨부하여 광역지방건축민원전문위원회에 심의를 신청할 수 있다.
⑤ 제3항에 따라 처리결과를 통보받은 건축민원전문위원회는 신청인에게 그 내용을 지체 없이 통보하여야 한다.
[본조신설 2014.5.28]

제4조의8【사무국】 ① 건축민원전문위원회의 사무를 처리하기 위하여 위원회에 사무국을 두어야 한다.
② 건축민원전문위원회에는 다음 각 호의 사무를 나누어 맡도록 심사관을 둔다.
1. 건축민원전문위원회의 심의·운영에 관한 사항
2. 건축물의 건축등과 관련된 민원처리에 관한 업무지원 사항
3. 그 밖에 위원장이 지정하는 사항

③ 건축민원전문위원회의 위원장은 특정 사건에 관

한 전문적인 사항을 처리하기 위하여 관계 전문가를 위촉하여 제2항 각 호의 사무를 하게 할 수 있다.
[본조신설 2014.5.28.]

제5조 【적용의 완화】 ① 건축주, 설계자, 공사시공자 또는 공사감리자(이하 "건축관계자"라 한다)는 업무를 수행할 때 이 법을 적용하는 것이 매우 불합리하다고 인정되는 대지나 건축물로서 대통령령으로 정하는 것에 대하여는 이 법의 기준을 완화하여 적용할 것을 허가권자에게 요청할 수 있다. <개정 2014.5.28>
② 제1항에 따른 요청을 받은 허가권자는 건축위원회의 심의를 거쳐 완화 여부와 적용 범위를 결정하고 그 결과를 신청인에게 알려야 한다. <개정 2014.5.28>
③ 제1항과 제2항에 따른 요청 및 결정의 절차와 그 밖에 필요한 사항은 해당 지방자치단체의 조례로 정한다.

제6조 【기존의 건축물 등에 관한 특례】 허가권자는 법령의 제정·개정이나 그 밖에 대통령령으로 정하는 사유로 대지나 건축물이 이 법에 맞지 아니하게 된 경우에는 대통령령으로 정하는 범위에서 해당 지방자치단체의 조례로 정하는 바에 따라 건축을 허가할 수 있다.

제6조의2 【특수구조 건축물의 특례】 건축물의 구조, 재료, 형식, 공법 등이 특수한 대통령령으로 정하는 건축물(이하 "특수구조 건축물"이라 한다)은 제4조, 제4조의2부터 제4조의8까지, 제5조부터 제9조까지, 제11조, 제14조, 제19조, 제21조부터 제25조까지, 제40조, 제41조, 제48조, 제48조의2, 제49조, 제50조, 제50조의2, 제51조, 제52조, 제52조의2, 제52조의4, 제53조, 제62조부터 제64조까지, 제65조의2, 제67조, 제68조 및 제84조를 적용할 때 대통령령으로 정하는 바에 따라 강화 또는 변경하여 적용할 수 있다. <개정 2019.4.23., 2019.4.30.>
[본조신설 2015.1.6.]

제6조의3 【부유식 건축물의 특례】 ① 「공유수면 관리 및 매립에 관한 법률」 제8조에 따른 공유수면 위에 고정된 인공대지(제2조제1항제1호의 "대지"로 본다)를 설치하고 그 위에 설치한 건축물(이하 "부유식 건축물"이라 한다)은 제40조부터 제44조까지, 제46조 및 제47조를 적용할 때 대통령령으로 정하는 바에 따라 달리 적용할 수 있다.
② 부유식 건축물의 설계, 시공 및 유지관리 등에 대하여 이 법을 적용하기 어려운 경우에는 대통령령으로 정하는 바에 따라 변경하여 적용할 수 있다.
[본조신설 2016.1.19.]

제7조 【통일성을 유지하기 위한 도의 조례】 도(道) 단위로 통일성을 유지할 필요가 있으면 제5조제3항, 제6조, 제17조제2항, 제20조제2항제3호, 제27조제3항, 제42조, 제57조제1항, 제58조 및 제61조에 따라 시·군의 조례로 정하여야 할 사항을 도의 조례로 정할 수 있다. <개정 2015.5.18.>

제8조 【리모델링에 대비한 특례 등】 리모델링이 쉬운 구조의 공동주택의 건축을 촉진하기 위하여 공동주택을 대통령령으로 정하는 구조로 하여 건축허가를 신청하면 제56조, 제60조 및 제61조에 따른 기준을 100분의 120의 범위에서 대통령령으로 정하는 비율로 완화하여 적용할 수 있다.

제9조 【다른 법령의 배제】 ① 건축물의 건축등을 위하여 지하를 굴착하는 경우에는 「민법」 제244조제1항을 적용하지 아니한다. 다만, 필요한 안전조치를 하여 위해(危害)를 방지하여야 한다.
② 건축물에 딸린 개인하수처리시설에 관한 설계의 경우에는 「하수도법」 제38조를 적용하지 아니한다.

제2장 건축물의 건축

제10조 【건축 관련 입지와 규모의 사전결정】 ① 제11조에 따른 건축허가 대상 건축물을 건축하려는 자는 건축허가를 신청하기 전에 허가권자에게 그 건축물의 건축에 관한 다음 각 호의 사항에 대한 사전결정을 신청할 수 있다. <개정 2015.5.18.>
1. 해당 대지에 건축하는 것이 이 법이나 관계 법령에서 허용되는지 여부
2. 이 법 또는 관계 법령에 따른 건축기준 및 건축제한, 그 완화에 관한 사항 등을 고려하여 해당 대지에 건축 가능한 건축물의 규모
3. 건축허가를 받기 위하여 신청자가 고려하여야 할 사항

② 제1항에 따른 사전결정을 신청하는 자(이하 "사전결정신청자"라 한다)는 건축위원회 심의와 「도시교통정비 촉진법」에 따른 교통영향평가서의 검토를 동시에 신청할 수 있다. <개정 2015.7.24.>
③ 허가권자는 제1항에 따라 사전결정이 신청된 건축물의 대지면적이 「환경영향평가법」 제43조에 따른 소규모 환경영향평가 대상사업인 경우 환경부장관이나 지방환경관서의 장과 소규모 환경영향평가에 관한 협의를 하여야 한다. <개정 2011.7.21.>

④ 허가권자는 제1항과 제2항에 따른 신청을 받으면 입지, 건축물의 규모, 용도 등을 사전결정한 후 사전결정 신청자에게 알려야 한다.
⑤ 제1항과 제2항에 따른 신청 절차, 신청 서류, 통지 등에 필요한 사항은 국토교통부령으로 정한다. <개정 2013.3.23.>
⑥ 제4항에 따른 사전결정 통지를 받은 경우에는 다음 각 호의 허가를 받거나 신고 또는 협의를 한 것으로 본다. <개정 2010.5.31.>
1. 「국토의 계획 및 이용에 관한 법률」 제56조에 따른 개발행위허가
2. 「산지관리법」 제14조와 제15조에 따른 산지전용허가와 산지전용신고, 같은 법 제15조의2에 따른 산지일시사용허가·신고. 다만, 보전산지인 경우에는 도시지역만 해당된다.
3. 「농지법」 제34조, 제35조 및 제43조에 따른 농지전용허가·신고 및 협의
4. 「하천법」 제33조에 따른 하천점용허가
⑦ 허가권자는 제6항 각 호의 어느 하나에 해당되는 내용이 포함된 사전결정을 하려면 미리 관계 행정기관의 장과 협의하여야 하며, 협의를 요청받은 관계 행정기관의 장은 요청받은 날부터 15일 이내에 의견을 제출하여야 한다.
⑧ 관계 행정기관의 장이 제7항에서 정한 기간(「민원 처리에 관한 법률」 제20조제2항에 따라 회신기간을 연장한 경우에는 그 연장된 기간을 말한다) 내에 의견을 제출하지 아니하면 협의가 이루어진 것으로 본다. <신설 2018.12.18.>
⑨ 사전결정신청자는 제4항에 따른 사전결정을 통지받은 날부터 2년 이내에 제11조에 따른 건축허가를 신청하여야 하며, 이 기간에 건축허가를 신청하지 아니하면 사전결정의 효력이 상실된다. <개정 2018.12.18.>

제11조 【건축허가】 ① 건축물을 건축하거나 대수선하려는 자는 특별자치시장·특별자치도지사 또는 시장·군수·구청장의 허가를 받아야 한다. 다만, 21층 이상의 건축물 등 대통령령으로 정하는 용도 및 규모의 건축물을 특별시나 광역시에 건축하려면 특별시장이나 광역시장의 허가를 받아야 한다. <개정 2014.1.14.>
② 시장·군수는 제1항에 따라 다음 각 호의 어느 하나에 해당하는 건축물의 건축을 허가하려면 미리 건축계획서와 국토교통부령으로 정하는 건축물의 용도, 규모 및 형태가 표시된 기본설계도서를 첨부하여 도지사의 승인을 받아야 한다. <개정 2014.5.28.>
1. 제1항 단서에 해당하는 건축물. 다만, 도시환경, 광역교통 등을 고려하여 해당 도의 조례로 정하는 건축물은 제외한다.
2. 자연환경이나 수질을 보호하기 위하여 도지사가 지정·공고한 구역에 건축하는 3층 이상 또는 연면적의 합계가 1천제곱미터 이상인 건축물로서 위락시설과 숙박시설 등 대통령령으로 정하는 용도에 해당하는 건축물
3. 주거환경이나 교육환경 등 주변 환경을 보호하기 위하여 필요하다고 인정하여 도지사가 지정·공고한 구역에 건축하는 위락시설 및 숙박시설에 해당하는 건축물
③ 제1항에 따라 허가를 받으려는 자는 허가신청서에 국토교통부령으로 정하는 설계도서와 제5항 각 호에 따른 허가 등을 받거나 신고를 하기 위하여 관계 법령에서 제출하도록 의무화하고 있는 신청서 및 구비서류를 첨부하여 허가권자에게 제출하여야 한다. 다만, 국토교통부장관이 관계 행정기관의 장과 협의하여 국토교통부령으로 정하는 신청서 및 구비서류는 제21조에 따른 착공신고 전까지 제출할 수 있다. <개정 2015.5.18.>
④ 허가권자는 제1항에 따른 건축허가를 하고자 하는 때에 「건축기본법」 제25조에 따른 한국건축규정의 준수 여부를 확인하여야 한다. 다만, 다음 각 호의 어느 하나에 해당하는 경우에는 이 법이나 다른 법률에도 불구하고 건축위원회의 심의를 거쳐 건축허가를 하지 아니할 수 있다. <개정 2015.5.18., 2015.8.11., 2017.4.18.>
1. 위락시설이나 숙박시설에 해당하는 건축물의 건축을 허가하는 경우 해당 대지에 건축하려는 건축물의 용도·규모 또는 형태가 주거환경이나 교육환경 등 주변 환경을 고려할 때 부적합하다고 인정되는 경우
2. 「국토의 계획 및 이용에 관한 법률」 제37조제1항제4호에 따른 방재지구(이하 "방재지구"라 한다) 및 「자연재해대책법」 제12조제1항에 따른 자연재해위험개선지구 등 상습적으로 침수되거나 침수가 우려되는 지역에 건축하려는 건축물에 대하여 지하층 등 일부 공간을 주거용으로 사용하거나 거실을 설치하는 것이 부적합하다고 인정되는 경우
⑤ 제1항에 따른 건축허가를 받으면 다음 각 호의 허가 등을 받거나 신고를 한 것으로 보며, 공장건축물의 경우에는 「산업집적활성화 및 공장설립에 관한 법률」 제13조의2와 제14조에 따라 관련 법률의 인·허가등이나 허가등을 받은 것으로 본다. <개정 2017.1.17., 2020.3.31.>
1. 제20조제3항에 따른 공사용 가설건축물의 축조신고

2. 제83조에 따른 공작물의 축조신고
3. 「국토의 계획 및 이용에 관한 법률」 제56조에 따른 개발행위허가
4. 「국토의 계획 및 이용에 관한 법률」 제86조제5항에 따른 시행자의 지정과 같은 법 제88조제2항에 따른 실시계획의 인가
5. 「산지관리법」 제14조와 제15조에 따른 산지전용허가와 산지전용신고, 같은 법 제15조의2에 따른 산지일시사용허가·신고. 다만, 보전산지인 경우에는 도시지역만 해당된다.
6. 「사도법」 제4조에 따른 사도(私道)개설허가
7. 「농지법」 제34조, 제35조 및 제43조에 따른 농지전용허가·신고 및 협의
8. 「도로법」 제36조에 따른 도로관리청이 아닌 자에 대한 도로공사 시행의 허가, 같은 법 제52조제1항에 따른 도로와 다른 시설의 연결 허가
9. 「도로법」 제61조에 따른 도로의 점용 허가
10. 「하천법」 제33조에 따른 하천점용 등의 허가
11. 「하수도법」 제27조에 따른 배수설비(配水設備)의 설치신고
12. 「하수도법」 제34조제2항에 따른 개인하수처리시설의 설치신고
13. 「수도법」 제38조에 따라 수도사업자가 지방자치단체인 경우 그 지방자치단체가 정한 조례에 따른 상수도 공급신청
14. 「전기안전관리법」 제8조에 따른 자가용전기설비 공사계획의 인가 또는 신고 <개정 2020.3.31>
15. 「물환경보전법」 제33조에 따른 수질오염물질 배출시설 설치의 허가나 신고
16. 「대기환경보전법」 제23조에 따른 대기오염물질 배출시설설치의 허가나 신고
17. 「소음·진동관리법」 제8조에 따른 소음·진동 배출시설 설치의 허가나 신고
18. 「가축분뇨의 관리 및 이용에 관한 법률」 제11조에 따른 배출시설 설치허가나 신고
19. 「자연공원법」 제23조에 따른 행위허가
20. 「도시공원 및 녹지 등에 관한 법률」 제24조에 따른 도시공원의 점용허가
21. 「토양환경보전법」 제12조에 따른 특정토양오염관리대상시설의 신고
22. 「수산자원관리법」 제52조제2항에 따른 행위의 허가
23. 「초지법」 제23조에 따른 초지전용의 허가 및 신고

⑥ 허가권자는 제5항 각 호의 어느 하나에 해당하는 사항이 다른 행정기관의 권한에 속하면 그 행정기관의 장과 미리 협의하여야 하며, 협의 요청을 받은 관계 행정기관의 장은 요청을 받은 날부터 15일 이내에 의견을 제출하여야 한다. 이 경우 관계 행정기관의 장은 제8항에 따른 처리기준이 아닌 사유를 이유로 협의를 거부할 수 없고, 협의 요청을 받은 날부터 15일 이내에 의견을 제출하지 아니하면 협의가 이루어진 것으로 본다. <개정 2017.1.17.>

⑦ 허가권자는 제1항에 따른 허가를 받은 자가 다음 각 호의 어느 하나에 해당하면 허가를 취소하여야 한다. 다만, 제1호에 해당하는 경우로서 정당한 사유가 있다고 인정되면 1년의 범위에서 공사의 착수기간을 연장할 수 있다. <개정 2017.1.17., 2020.6.9.>

1. 허가를 받은 날부터 2년(「산업집적활성화 및 공장설립에 관한 법률」 제13조에 따라 공장의 신설·증설 또는 업종변경의 승인을 받은 공장은 3년) 이내에 공사에 착수하지 아니한 경우
2. 제1호의 기간 이내에 공사에 착수하였으나 공사의 완료가 불가능하다고 인정되는 경우
3. 제21조에 따른 착공신고 전에 경매 또는 공매 등으로 건축주가 대지의 소유권을 상실한 때부터 6개월이 지난 이후 공사의 착수가 불가능하다고 판단되는 경우

⑧ 제5항 각 호의 어느 하나에 해당하는 사항과 제12조제1항의 관계 법령을 관장하는 중앙행정기관의 장은 그 처리기준을 국토교통부장관에게 통보하여야 한다. 처리기준을 변경한 경우에도 또한 같다. <개정 2013.3.23.>

⑨ 국토교통부장관은 제8항에 따라 처리기준을 통보받은 때에는 이를 통합하여 고시하여야 한다. <개정 2013.3.23.>

⑩ 제4조제1항에 따른 건축위원회의 심의를 받은 자가 심의 결과를 통지 받은 날부터 2년 이내에 건축허가를 신청하지 아니하면 건축위원회 심의의 효력이 상실된다. <신설 2011.5.30.>

⑪ 제1항에 따라 건축허가를 받으려는 자는 해당 대지의 소유권을 확보하여야 한다. 다만, 다음 각 호의 어느 하나에 해당하는 경우에는 그러하지 아니하다. <신설 2016.1.19., 2017.1.17., 2021.8.10>

1. 건축주가 대지의 소유권을 확보하지 못하였으나 그 대지를 사용할 수 있는 권원을 확보한 경우. 다만, 분양을 목적으로 하는 공동주택은 제외한다.
2. 건축주가 건축물의 노후화 또는 구조안전 문제 등 대통령령으로 정하는 사유로 건축물을 신축·개축·재축 및 리모델링을 하기 위하여 건축물 및 해

당 대지의 공유자 수의 100분의 80 이상의 동의를 얻고 동의한 공유자의 지분 합계가 전체 지분의 100분의 80 이상인 경우

3. 건축주가 제1항에 따른 건축허가를 받아 주택과 주택 외의 시설을 동일 건축물로 건축하기 위하여 「주택법」 제21조를 준용한 대지 소유 등의 권리관계를 증명한 경우. 다만, 「주택법」 제15조제1항 각 호 외의 부분 본문에 따른 대통령령으로 정하는 호수 이상으로 건설·공급하는 경우에 한정한다.
4. 건축하려는 대지에 포함된 국유지 또는 공유지에 대하여 허가권자가 해당 토지의 관리청이 해당 토지를 건축주에게 매각하거나 양여할 것을 확인한 경우
5. 건축주가 집합건물의 공용부분을 변경하기 위하여 「집합건물의 소유 및 관리에 관한 법률」 제15조제1항에 따른 결의가 있었음을 증명한 경우
6. 건축주가 집합건물을 재건축하기 위하여 「집합건물의 소유 및 관리에 관한 법률」 제47조에 따른 결의가 있었음을 증명한 경우 <신설 2021.8.10>

제12조 【건축복합민원 일괄협의회】 ① 허가권자는 제11조에 따라 허가를 하려면 해당 용도·규모 또는 형태의 건축물을 건축하려는 대지에 건축하는 것이 「국토의 계획 및 이용에 관한 법률」 제54조, 제56조부터 제62조까지 및 제76조부터 제82조까지의 규정과 그 밖에 대통령령으로 정하는 관계 법령의 규정에 맞는지를 확인하고, 제10조제6항 각 호와 같은 조 제7항 또는 제11조제5항 각 호와 같은 조 제6항의 사항을 처리하기 위하여 대통령령으로 정하는 바에 따라 건축복합민원 일괄협의회를 개최하여야 한다.

② 제1항에 따라 확인이 요구되는 법령의 관계 행정기관의 장과 제10조제7항 및 제11조제6항에 따른 관계 행정기관의 장은 소속 공무원을 제1항에 따른 건축복합민원 일괄협의회에 참석하게 하여야 한다.

제13조 【건축 공사현장 안전관리 예치금 등】 ① 제11조에 따라 건축허가를 받은 자는 건축물의 건축공사를 중단하고 장기간 공사현장을 방치할 경우 공사현장의 미관 개선과 안전관리 등 필요한 조치를 하여야 한다.

② 허가권자는 연면적이 1천제곱미터 이상인 건축물(「주택도시기금법」에 따른 주택도시보증공사가 분양보증을 한 건축물, 「건축물의 분양에 관한 법률」 제4조제1항제1호에 따른 분양보증이나 신탁계약을 체결한 건축물은 제외한다)로서 해당 지방자치단체의 조례로 정하는 건축물에 대하여는 제21조에 따른 착공신고를 하는 건축주(「한국토지주택공사법」에 따른 한국토지주택공사 또는 「지방공기업법」에 따라 건축사업을 수행하기 위하여 설립된 지방공사는 제외한다)에게 장기간 건축물의 공사현장이 방치되는 것에 대비하여 미리 미관 개선과 안전관리에 필요한 비용(대통령령으로 정하는 보증서를 포함하며, 이하 "예치금"이라 한다)을 건축공사비의 1퍼센트의 범위에서 예치하게 할 수 있다. <개정 2015.1.6.>

③ 허가권자가 예치금을 반환할 때에는 대통령령으로 정하는 이율로 산정한 이자를 포함하여 반환하여야 한다. 다만, 보증서를 예치한 경우에는 그러하지 아니하다.

④ 제2항에 따른 예치금의 산정·예치 방법, 반환 등에 관하여 필요한 사항은 해당 지방자치단체의 조례로 정한다.

⑤ 허가권자는 공사현장이 방치되어 도시미관을 저해하고 안전을 위해한다고 판단되면 건축허가를 받은 자에게 건축물 공사현장의 미관과 안전관리를 위한 다음 각 호의 개선을 명할 수 있다. <개정 2014.5.28., 2019.4.30., 2020.6.9.>

1. 안전울타리 설치 등 안전조치
2. 공사재개 또는 해체 등 정비

⑥ 허가권자는 제5항에 따른 개선명령을 받은 자가 개선을 하지 아니하면 「행정대집행법」으로 정하는 바에 따라 대집행을 할 수 있다. 이 경우 제2항에 따라 건축주가 예치한 예치금을 행정대집행에 필요한 비용에 사용할 수 있으며, 행정대집행에 필요한 비용이 이미 납부한 예치금보다 많을 때에는 「행정대집행법」 제6조에 따라 그 차액을 추가로 징수할 수 있다.

⑦ 허가권자는 방치되는 공사현장의 안전관리를 위하여 긴급한 필요가 있다고 인정하는 경우에는 대통령령으로 정하는 바에 따라 건축주에게 고지한 후 제2항에 따라 건축주가 예치한 예치금을 사용하여 제5항제1호 중 대통령령으로 정하는 조치를 할 수 있다. <신설 2014.5.28.>

제13조의2 【건축물 안전영향평가】 ① 허가권자는 초고층 건축물 등 대통령령으로 정하는 주요 건축물에 대하여 제11조에 따른 건축허가를 하기 전에 건축물의 구조, 지반 및 풍환경(風環境) 등이 건축물의 구조안전과 인접 대지의 안전에 미치는 영향 등을 평가하는 건축물 안전영향평가(이하 "안전영향평가"라 한다)를 안전영향평가기관에 의뢰하여 실시하여야 한다. <개정 2021.3.16>

② 안전영향평가기관은 국토교통부장관이 「공공기관의 운영에 관한 법률」 제4조에 따른 공공기관으로서 건축 관련 업무를 수행하는 기관 중에서 지정하여 고시한다.
③ 안전영향평가 결과는 건축위원회의 심의를 거쳐 확정한다. 이 경우 제4조의2에 따라 건축위원회의 심의를 받아야 하는 건축물은 건축위원회 심의에 안전영향평가 결과를 포함하여 심의할 수 있다.
④ 안전영향평가 대상 건축물의 건축주는 건축허가 신청 시 제출하여야 하는 도서에 안전영향평가 결과를 반영하여야 하며, 건축물의 계획상 반영이 곤란하다고 판단되는 경우에는 그 근거 자료를 첨부하여 허가권자에게 건축위원회의 재심의를 요청할 수 있다.
⑤ 안전영향평가의 검토 항목과 건축주의 안전영향평가 의뢰, 평가 비용 납부 및 처리 절차 등 그 밖에 필요한 사항은 대통령령으로 정한다.
⑥ 허가권자는 제3항 및 제4항의 심의 결과 및 안전영향평가 내용을 국토교통부령으로 정하는 방법에 따라 즉시 공개하여야 한다.
⑦ 안전영향평가를 실시하여야 하는 건축물이 다른 법률에 따라 구조안전과 인접 대지의 안전에 미치는 영향 등을 평가 받은 경우에는 안전영향평가의 해당 항목을 평가 받은 것으로 본다.
[본조신설 2016.2.3.]

제14조 【건축신고】 ① 제11조에 해당하는 허가 대상 건축물이라 하더라도 다음 각 호의 어느 하나에 해당하는 경우에는 미리 특별자치시장·특별자치도지사 또는 시장·군수·구청장에게 국토교통부령으로 정하는 바에 따라 신고를 하면 건축허가를 받은 것으로 본다. <개정 2014.5.28.>
1. 바닥면적의 합계가 85제곱미터 이내의 증축·개축 또는 재축. 다만, 3층 이상 건축물인 경우에는 증축·개축 또는 재축하려는 부분의 바닥면적의 합계가 건축물 연면적의 10분의 1 이내인 경우로 한정한다.
2. 「국토의 계획 및 이용에 관한 법률」에 따른 관리지역, 농림지역 또는 자연환경보전지역에서 연면적이 200제곱미터 미만이고 3층 미만인 건축물의 건축. 다만, 다음 각 목의 어느 하나에 해당하는 구역에서의 건축은 제외한다.
가. 지구단위계획구역
나. 방재지구 등 재해취약지역으로서 대통령령으로 정하는 구역
3. 연면적이 200제곱미터 미만이고 3층 미만인 건축물의 대수선
4. 주요구조부의 해체가 없는 등 대통령령으로 정하는 대수선
5. 그 밖에 소규모 건축물로서 대통령령으로 정하는 건축물의 건축

② 제1항에 따른 건축신고에 관하여는 제11조제5항 및 제6항을 준용한다. <개정 2014.5.28.>
③ 특별자치시장·특별자치도지사 또는 시장·군수·구청장은 제1항에 따른 신고를 받은 날부터 5일 이내에 신고수리 여부 또는 민원 처리 관련 법령에 따른 처리기간의 연장 여부를 신고인에게 통지하여야 한다. 다만, 이 법 또는 다른 법령에 따라 심의, 동의, 협의, 확인 등이 필요한 경우에는 20일 이내에 통지하여야 한다. <신설 2017.4.18.>
④ 특별자치시장·특별자치도지사 또는 시장·군수·구청장은 제1항에 따른 신고가 제3항 단서에 해당하는 경우에는 신고를 받은 날부터 5일 이내에 신고인에게 그 내용을 통지하여야 한다. <신설 2017.4.18.>
⑤ 제1항에 따라 신고를 한 자가 신고일부터 1년 이내에 공사에 착수하지 아니하면 그 신고의 효력은 없어진다. 다만, 건축주의 요청에 따라 허가권자가 정당한 사유가 있다고 인정하면 1년의 범위에서 착수기한을 연장할 수 있다. <개정 2016.1.19., 2017.4.18>

제15조 【건축주와의 계약 등】 ① 건축관계자는 건축물이 설계도서에 따라 이 법과 이 법에 따른 명령이나 처분, 그 밖의 관계 법령에 맞게 건축되도록 업무를 성실히 수행하여야 하며, 서로 위법하거나 부당한 일을 하도록 강요하거나 이와 관련하여 어떠한 불이익도 주어서는 아니 된다.
② 건축관계자 간의 책임에 관한 내용과 그 범위는 이 법에서 규정한 것 외에는 건축주와 설계자, 건축주와 공사시공자, 건축주와 공사감리자 간의 계약으로 정한다.
③ 국토교통부장관은 제2항에 따른 계약의 체결에 필요한 표준계약서를 작성하여 보급하고 활용하게 하거나 「건축사법」 제31조에 따른 건축사협회(이하 "건축사협회"라 한다), 「건설산업기본법」 제50조에 따른 건설사업자단체로 하여금 표준계약서를 작성하여 보급하고 활용하게 할 수 있다. <개정 2019.4.30.>

제16조 【허가와 신고사항의 변경】 ① 건축주가 제11조나 제14조에 따라 허가를 받았거나 신고한 사항을 변경하려면 변경하기 전에 대통령령으로 정하는 바에 따라 허가권자의 허가를 받거나 특별자치시장·특별자치도지사 또는 시장·군수·구청장에게 신고하여야

한다. 다만, 대통령령으로 정하는 경미한 사항의 변경은 그러하지 아니하다. <개정 2014.1.14.>

② 제1항 본문에 따른 허가나 신고사항 중 대통령령으로 정하는 사항의 변경은 제22조에 따른 사용승인을 신청할 때 허가권자에게 일괄하여 신고할 수 있다.

③ 제1항에 따른 허가 사항의 변경허가에 관하여는 제11조제5항 및 제6항을 준용한다. <개정 2017.4.18.>

④ 제1항에 따른 신고 사항의 변경신고에 관하여는 제11조제5항·제6항 및 제14조제3항·제4항을 준용한다. <신설 2017.4.18.>

제17조 【건축허가 등의 수수료】 ① 제11조, 제14조, 제16조, 제19조, 제20조 및 제83조에 따라 허가를 신청하거나 신고를 하는 자는 허가권자나 신고수리자에게 수수료를 납부하여야 한다.

② 제1항에 따른 수수료는 국토교통부령으로 정하는 범위에서 해당 지방자치단체의 조례로 정한다. <개정 2013.3.23.>

제17조의2 【매도청구 등】 ① 제11조제11항제2호에 따라 건축허가를 받은 건축주는 해당 건축물 또는 대지의 공유자 중 동의하지 아니한 공유자에게 그 공유지분을 시가(市價)로 매도할 것을 청구할 수 있다. 이 경우 매도청구를 하기 전에 매도청구 대상이 되는 공유자와 3개월 이상 협의를 하여야 한다.

② 제1항에 따른 매도청구에 관하여는 「집합건물의 소유 및 관리에 관한 법률」 제48조를 준용한다. 이 경우 구분소유권 및 대지사용권은 매도청구의 대상이 되는 대지 또는 건축물의 공유지분으로 본다.

[본조신설 2016.1.19.]

제17조의3 【소유자를 확인하기 곤란한 공유지분 등에 대한 처분】 ① 제11조제11항제2호에 따라 건축허가를 받은 건축주는 해당 건축물 또는 대지의 공유자가 거주하는 곳을 확인하기가 현저히 곤란한 경우에는 전국적으로 배포되는 둘 이상의 일간신문에 두 차례 이상 공고하고, 공고한 날부터 30일 이상이 지났을 때에는 제17조의2에 따른 매도청구 대상이 되는 건축물 또는 대지로 본다.

② 건축주는 제1항에 따른 매도청구 대상 공유지분의 감정평가액에 해당하는 금액을 법원에 공탁(供託)하고 착공할 수 있다.

③ 제2항에 따른 공유지분의 감정평가액은 허가권자가 추천하는 「감정평가 및 감정평가사에 관한 법률」에 따른 감정평가법인등 2명 이상이 평가한 금액을 산술평균하여 산정한다. <개정 2016.1.19., 2020.4.7.>

[본조신설 2016.1.19.]

제18조 【건축허가 제한 등】 ① 국토교통부장관은 국토관리를 위하여 특히 필요하다고 인정하거나 주무부장관이 국방, 문화재보존(→「국가유산기본법」 제3조에 따른 국가유산의 보존), 환경보전 또는 국민경제를 위하여 특히 필요하다고 인정하여 요청하면 허가권자의 건축허가나 허가를 받은 건축물의 착공을 제한할 수 있다. <개정 2023.5.16./시행 2024.5.17.>

② 특별시장·광역시장·도지사는 지역계획이나 도시·군계획에 특히 필요하다고 인정하면 시장·군수·구청장의 건축허가나 허가를 받은 건축물의 착공을 제한할 수 있다. <개정 2014.1.14.>

③ 국토교통부장관이나 시·도지사는 제1항이나 제2항에 따라 건축허가나 건축허가를 받은 건축물의 착공을 제한하려는 경우에는 「토지이용규제 기본법」 제8조에 따라 주민의견을 청취한 후 건축위원회의 심의를 거쳐야 한다. <신설 2014.5.28.>

④ 제1항이나 제2항에 따라 건축허가나 건축물의 착공을 제한하는 경우 제한기간은 2년 이내로 한다. 다만, 1회에 한하여 1년 이내의 범위에서 제한기간을 연장할 수 있다. <개정 2014.5.28.>

⑤ 국토교통부장관이나 특별시장·광역시장·도지사는 제1항이나 제2항에 따라 건축허가나 건축물의 착공을 제한하는 경우 제한 목적·기간, 대상 건축물의 용도와 대상 구역의 위치·면적·경계 등을 상세하게 정하여 허가권자에게 통보하여야 하며, 통보를 받은 허가권자는 지체 없이 이를 공고하여야 한다. <개정 2014.5.28.>

⑥ 특별시장·광역시장·도지사는 제2항에 따라 시장·군수·구청장의 건축허가나 건축물의 착공을 제한한 경우 즉시 국토교통부장관에게 보고하여야 하며, 보고를 받은 국토교통부장관은 제한 내용이 지나치다고 인정하면 해제를 명할 수 있다. <개정 2014.5.28.>

제19조 【용도변경】 ① 건축물의 용도변경은 변경하려는 용도의 건축기준에 맞게 하여야 한다.

② 제22조에 따라 사용승인을 받은 건축물의 용도를 변경하려는 자는 다음 각 호의 구분에 따라 국토교통부령으로 정하는 바에 따라 특별자치시장·특별자치도지사 또는 시장·군수·구청장의 허가를 받거나 신고를 하여야 한다. <개정 2014.1.14.>

1. 허가 대상: 제4항 각 호의 어느 하나에 해당하는 시설군(施設群)에 속하는 건축물의 용도를 상위군(제4항 각 호의 번호가 용도변경하려는 건축물이 속하는 시설군보다 작은 시설군을 말한다)에 해당하는 용도로 변경하는 경우

2. 신고 대상: 제4항 각 호의 어느 하나에 해당하는 시설군에 속하는 건축물의 용도를 하위군(제4항 각 호의 번호가 용도변경하려는 건축물이 속하는 시설군보다 큰 시설군을 말한다)에 해당하는 용도로 변경하는 경우

③ 제4항에 따른 시설군 중 같은 시설군 안에서 용도를 변경하려는 자는 국토교통부령으로 정하는 바에 따라 특별자치시장·특별자치도지사 또는 시장·군수·구청장에게 건축물대장 기재내용의 변경을 신청하여야 한다. 다만, 대통령령으로 정하는 변경의 경우에는 그러하지 아니하다. <개정 2014.1.14.>

④ 시설군은 다음 각 호와 같고 각 시설군에 속하는 건축물의 세부 용도는 대통령령으로 정한다.

1. 자동차 관련 시설군
2. 산업 등의 시설군
3. 전기통신시설군
4. 문화 및 집회시설군
5. 영업시설군
6. 교육 및 복지시설군
7. 근린생활시설군
8. 주거업무시설군
9. 그 밖의 시설군

⑤ 제2항에 따른 허가나 신고 대상인 경우로서 용도변경하려는 부분의 바닥면적의 합계가 100제곱미터 이상인 경우의 사용승인에 관하여는 제22조를 준용한다. 다만, 용도변경하려는 부분의 바닥면적의 합계가 500제곱미터 미만으로서 대수선에 해당되는 공사를 수반하지 아니하는 경우에는 그러하지 아니하다. <개정 2016.1.19.>

⑥ 제2항에 따른 허가 대상인 경우로서 용도변경하려는 부분의 바닥면적의 합계가 500제곱미터 이상인 용도변경(대통령령으로 정하는 경우는 제외한다)의 설계에 관하여는 제23조를 준용한다.

⑦ 제1항과 제2항에 따른 건축물의 용도변경에 관하여는 제3조, 제5조, 제6조, 제7조, 제11조제2항부터 제9항까지, 제12조, 제14조부터 제16조까지, 제18조, 제20조, 제27조, 제35조, 제38조, 제42조부터 제44조까지, 제48조부터 제50조까지, 제50조의2, 제51조부터 제56조까지, 제58조, 제60조부터 제64조까지, 제67조, 제68조, 제78조부터 제87조까지의 규정과 「녹색건축물 조성 지원법」 제15조 및 「국토의 계획 및 이용에 관한 법률」 제54조를 준용한다. <개정 2014.1.14., 2014.5.28., 2019.4.30.>

제19조의2 **【복수 용도의 인정】** ① 건축주는 건축물의 용도를 복수로 하여 제11조에 따른 건축허가, 제14조에 따른 건축신고 및 제19조에 따른 용도변경 허가·신고 또는 건축물대장 기재내용의 변경 신청을 할 수 있다.

② 허가권자는 제1항에 따라 신청한 복수의 용도가 이 법 및 관계 법령에서 정한 건축기준과 입지기준 등에 모두 적합한 경우에 한정하여 국토교통부령으로 정하는 바에 따라 복수 용도를 허용할 수 있다. <개정 2020.6.9.>

[본조신설 2016.1.19.]

제20조 **【가설건축물】** ① 도시·군계획시설 및 도시·군계획시설예정지에서 가설건축물을 건축하려는 자는 특별자치시장·특별자치도지사 또는 시장·군수·구청장의 허가를 받아야 한다. <개정 2011.4.14., 2014.1.14.>

② 특별자치시장·특별자치도지사 또는 시장·군수·구청장은 해당 가설건축물의 건축이 다음 각 호의 어느 하나에 해당하는 경우가 아니면 제1항에 따른 허가를 하여야 한다. <신설 2014.1.14.>

1. 「국토의 계획 및 이용에 관한 법률」 제64조에 위배되는 경우
2. 4층 이상인 경우
3. 구조, 존치기간, 설치목적 및 다른 시설 설치 필요성 등에 관하여 대통령령으로 정하는 기준의 범위에서 조례로 정하는 바에 따르지 아니한 경우
4. 그 밖에 이 법 또는 다른 법령에 따른 제한규정을 위반하는 경우

③ 제1항에도 불구하고 재해복구, 흥행, 전람회, 공사용 가설건축물 등 대통령령으로 정하는 용도의 가설건축물을 축조하려는 자는 대통령령으로 정하는 존치 기간, 설치 기준 및 절차에 따라 특별자치시장·특별자치도지사 또는 시장·군수·구청장에게 신고한 후 착공하여야 한다. <개정 2014.1.14.>

④ 제3항에 따른 신고에 관하여는 제14조제3항 및 제4항을 준용한다. <신설 2017.4.18>

⑤ 제1항과 제3항에 따른 가설건축물을 건축하거나 축조할 때에는 대통령령으로 정하는 바에 따라 제25조, 제38조부터 제42조까지, 제44조부터 제50조까지, 제50조의2, 제51조부터 제64조까지, 제67조, 제68조와 「녹색건축물 조성 지원법」 제15조 및 「국토의 계획 및 이용에 관한 법률」 제76조 중 일부 규정을 적용하지 아니한다. <개정 2017.4.18>

⑥ 특별자치시장·특별자치도지사 또는 시장·군수·구청장은 제1항부터 제3항까지의 규정에 따라 가설건축물의 건축을 허가하거나 축조신고를 받은 경우 국토교통부령으로 정하는 바에 따라 가설건축물대장에 이를 기재하여 관리하여야 한다. <개정 2017.4.18>

⑦ 제2항 또는 제3항에 따라 가설건축물의 건축허가 신청 또는 축조신고를 받은 때에는 다른 법령에 따른 제한 규정에 대하여 확인이 필요한 경우 관계 행정기관의 장과 미리 협의하여야 하고, 협의 요청을 받은 관계 행정기관의 장은 요청을 받은 날부터 15일 이내에 의견을 제출하여야 한다. 이 경우 관계 행정기관의 장이 협의 요청을 받은 날부터 15일 이내에 의견을 제출하지 아니하면 협의가 이루어진 것으로 본다. <신설 2017.1.17., 2017.4.18>

제21조【착공신고 등】 ① 제11조·제14조 또는 제20조제1항에 따라 허가를 받거나 신고를 한 건축물의 공사를 착수하려는 건축주는 국토교통부령으로 정하는 바에 따라 허가권자에게 공사계획을 신고하여야 한다. <개정 2019.4.30., 2021.7.27.>

② 제1항에 따라 공사계획을 신고하거나 변경신고를 하는 경우 해당 공사감리자(제25조제1항에 따른 공사감리자를 지정한 경우만 해당된다)와 공사시공자가 신고서에 함께 서명하여야 한다.

③ 허가권자는 제1항 본문에 따른 신고를 받은 날부터 3일 이내에 신고수리 여부 또는 민원 처리 관련 법령에 따른 처리기간의 연장 여부를 신고인에게 통지하여야 한다. <신설 2017.4.18.>

④ 허가권자가 제3항에서 정한 기간 내에 신고수리 여부 또는 민원 처리 관련 법령에 따른 처리기간의 연장 여부를 신고인에게 통지하지 아니하면 그 기간이 끝난 날의 다음 날에 신고를 수리한 것으로 본다. <신설 2017.4.18>

⑤ 건축주는 「건설산업기본법」 제41조를 위반하여 건축물의 공사를 하거나 하게 할 수 없다. <개정 2017.4.18>

⑥ 제11조에 따라 허가를 받은 건축물의 건축주는 제1항에 따른 신고를 할 때에는 제15조제2항에 따른 각 계약서의 사본을 첨부하여야 한다. <개정 2017.4.18>

제22조【건축물의 사용승인】 ① 건축주가 제11조·제14조 또는 제20조제1항에 따라 허가를 받았거나 신고를 한 건축물의 건축공사를 완료[하나의 대지에 둘 이상의 건축물을 건축하는 경우 동(棟)별 공사를 완료한 경우를 포함한다]한 후 그 건축물을 사용하려면 제25조제6항에 따라 공사감리자가 작성한 감리완료보고서(같은 조 제1항에 따른 공사감리자를 지정한 경우만 해당된다)와 국토교통부령으로 정하는 공사완료도서를 첨부하여 허가권자에게 사용승인을 신청하여야 한다. <개정 2016.2.3.>

② 허가권자는 제1항에 따른 사용승인신청을 받은 경우 국토교통부령으로 정하는 기간에 다음 각 호의 사항에 대한 검사를 실시하고, 검사에 합격된 건축물에 대하여는 사용승인서를 내주어야 한다. 다만, 해당 지방자치단체의 조례로 정하는 건축물은 사용승인을 위한 검사를 실시하지 아니하고 사용승인서를 내줄 수 있다. <개정 2013.3.23.>

1. 사용승인을 신청한 건축물이 이 법에 따라 허가 또는 신고한 설계도서대로 시공되었는지의 여부
2. 감리완료보고서, 공사완료도서 등의 서류 및 도서가 적합하게 작성되었는지의 여부

③ 건축주는 제2항에 따라 사용승인을 받은 후가 아니면 건축물을 사용하거나 사용하게 할 수 없다. 다만, 다음 각 호의 어느 하나에 해당하는 경우에는 그러하지 아니하다. <개정 2013.3.23.>

1. 허가권자가 제2항에 따른 기간 내에 사용승인서를 교부하지 아니한 경우
2. 사용승인서를 교부받기 전에 공사가 완료된 부분이 건폐율, 용적률, 설비, 피난·방화 등 국토교통부령으로 정하는 기준에 적합한 경우로서 기간을 정하여 대통령령으로 정하는 바에 따라 임시로 사용의 승인을 한 경우

④ 건축주가 제2항에 따른 사용승인을 받은 경우에는 다음 각 호에 따른 사용승인·준공검사 또는 등록신청 등을 받거나 한 것으로 보며, 공장건축물의 경우에는 「산업집적활성화 및 공장설립에 관한 법률」 제14조의2에 따라 관련 법률의 검사 등을 받은 것으로 본다. <개정 2017.1.17., 2018.3.27, 2020.3.31.>

1. 「하수도법」 제27조에 따른 배수설비(排水設備)의 준공검사 및 같은 법 제37조에 따른 개인하수처리시설의 준공검사
2. 「공간정보의 구축 및 관리 등에 관한 법률」 제64조에 따른 지적공부(地籍公簿)의 변동사항 등록신청
3. 「승강기 안전관리법」 제28조에 따른 승강기 설치검사
4. 「에너지이용 합리화법」 제39조에 따른 보일러 설치검사
5. 「전기안전관리법」 제9조)에 따른 전기설비의 사용전검사 <개정 2020.3.31.>
6. 「정보통신공사업법」 제36조에 따른 정보통신공사의 사용전검사
7. 「도로법」 제62조제2항에 따른 도로점용 공사의 준공확인
8. 「국토의 계획 및 이용에 관한 법률」 제62조에

따른 개발 행위의 준공검사

9. 「국토의 계획 및 이용에 관한 법률」 제98조에 따른 도시·군계획시설사업의 준공검사
10. 「물환경보전법」 제37조에 따른 수질오염물질 배출시설의 가동개시의 신고
11. 「대기환경보전법」 제30조에 따른 대기오염물질 배출시설의 가동개시의 신고
12. 삭제 <2009.6.9.>

⑤ 허가권자는 제2항에 따른 사용승인을 하는 경우 제4항 각 호의 어느 하나에 해당하는 내용이 포함되어 있으면 관계 행정기관의 장과 미리 협의하여야 한다.

⑥ 특별시장 또는 광역시장은 제2항에 따라 사용승인을 한 경우 지체 없이 그 사실을 군수 또는 구청장에게 알려서 건축물대장에 적게 하여야 한다. 이 경우 건축물대장에는 설계자, 대통령령으로 정하는 주요 공사의 시공자, 공사감리자를 적어야 한다.

제23조 【건축물의 설계】 ① 제11조제1항에 따라 건축허가를 받아야 하거나 제14조제1항에 따라 건축신고를 하여야 하는 건축물 또는 「주택법」 제66조제1항 또는 제2항에 따른 리모델링을 하는 건축물의 건축등을 위한 설계는 건축사가 아니면 할 수 없다. 다만, 다음 각 호의 어느 하나에 해당하는 경우에는 그러하지 아니하다. <개정 2016.1.19.>

1. 바닥면적의 합계가 85제곱미터 미만인 증축·개축 또는 재축
2. 연면적이 200제곱미터 미만이고 층수가 3층 미만인 건축물의 대수선
3. 그 밖에 건축물의 특수성과 용도 등을 고려하여 대통령령으로 정하는 건축물의 건축등

② 설계자는 건축물이 이 법과 이 법에 따른 명령이나 처분, 그 밖의 관계 법령에 맞고 안전·기능 및 미관에 지장이 없도록 설계하여야 하며, 국토교통부장관이 정하여 고시하는 설계도서 작성기준에 따라 설계도서를 작성하여야 한다. 다만, 해당 건축물의 공법(工法) 등이 특수한 경우로서 국토교통부령으로 정하는 바에 따라 건축위원회의 심의를 거친 때에는 그러하지 아니하다. <개정 2013.3.23.>

③ 제2항에 따라 설계도서를 작성한 설계자는 설계가 이 법과 이 법에 따른 명령이나 처분, 그 밖의 관계 법령에 맞게 작성되었는지를 확인한 후 설계도서에 서명날인하여야 한다.

④ 국토교통부장관이 국토교통부령으로 정하는 바에 따라 작성하거나 인정하는 표준설계도서나 특수한 공법을 적용한 설계도서에 따라 건축물을 건축하는 경우에는 제1항을 적용하지 아니한다. <개정 2013.3.23.>

제24조 【건축시공】 ① 공사시공자는 제15조제2항에 따른 계약대로 성실하게 공사를 수행하여야 하며, 이 법과 이 법에 따른 명령이나 처분, 그 밖의 관계 법령에 맞게 건축물을 건축하여 건축주에게 인도하여야 한다.

② 공사시공자는 건축물(건축허가나 용도변경허가 대상인 것만 해당된다)의 공사현장에 설계도서를 갖추어 두어야 한다.

③ 공사시공자는 설계도서가 이 법과 이 법에 따른 명령이나 처분, 그 밖의 관계 법령에 맞지 아니하거나 공사의 여건상 불합리하다고 인정되면 건축주와 공사감리자의 동의를 받아 서면으로 설계자에게 설계를 변경하도록 요청할 수 있다. 이 경우 설계자는 정당한 사유가 없으면 요청에 따라야 한다.

④ 공사시공자는 공사를 하는 데에 필요하다고 인정하거나 제25조제5항에 따라 공사감리자로부터 상세시공도면을 작성하도록 요청을 받으면 상세시공도면을 작성하여 공사감리자의 확인을 받아야 하며, 이에 따라 공사를 하여야 한다. <개정 2016.2.3.>

⑤ 공사시공자는 건축허가나 용도변경허가가 필요한 건축물의 건축공사를 착수한 경우에는 해당 건축공사의 현장에 국토교통부령으로 정하는 바에 따라 건축허가 표지판을 설치하여야 한다. <개정 2013.3.23.>

⑥ 「건설산업기본법」 제41조제1항 각 호에 해당하지 아니하는 건축물의 건축주는 공사 현장의 공정 및 안전을 관리하기 위하여 같은 법 제2조제15호에 따른 건설기술인 1명을 현장관리인으로 지정하여야 한다. 이 경우 현장관리인은 국토교통부령으로 정하는 바에 따라 공정 및 안전 관리 업무를 수행하여야 하며, 건축주의 승낙을 받지 아니하고는 정당한 사유 없이 그 공사 현장을 이탈하여서는 아니 된다. <신설 2016.2.3., 2018.8.14.>

⑦ 공동주택, 종합병원, 관광숙박시설 등 대통령령으로 정하는 용도 및 규모의 건축물의 공사시공자는 건축주, 공사감리자 및 허가권자가 설계도서에 따라 적정하게 공사되었는지를 확인할 수 있도록 공사의 공정이 대통령령으로 정하는 진도에 다다른 때마다 사진 및 동영상을 촬영하고 보관하여야 한다. 이 경우 촬영 및 보관 등 그 밖에 필요한 사항은 국토교통부령으로 정한다. <신설 2016.2.3.>

제25조 【건축물의 공사감리】 ① 건축주는 대통령령으로 정하는 용도·규모 및 구조의 건축물을 건축하는 경우 건축사나 대통령령으로 정하는 자를 공사감리

자(공사시공자 본인 및 「독점규제 및 공정거래에 관한 법률」 제2조에 따른 계열회사는 제외한다)로 지정하여 공사감리를 하게 하여야 한다. <개정 2016.2.3.>

② 제1항에도 불구하고 「건설산업기본법」 제41조제1항 각 호에 해당하지 아니하는 소규모 건축물로서 건축주가 직접 시공하는 건축물 및 주택으로 사용하는 건축물 중 대통령령으로 정하는 건축물의 경우에는 대통령령으로 정하는 바에 따라 허가권자가 해당 건축물의 설계에 참여하지 아니한 자 중에서 공사감리자를 지정하여야 한다. 다만, 다음 각 호의 어느 하나에 해당하는 건축물의 건축주가 국토교통부령으로 정하는 바에 따라 허가권자에게 신청하는 경우에는 해당 건축물을 설계한 자를 공사감리자로 지정할 수 있다. <신설 2016.2.3., 2018.8.14., 2020.4.7.>

1. 「건설기술 진흥법」 제14조에 따른 신기술 중 대통령령으로 정하는 신기술을 보유한 자가 그 신기술을 적용하여 설계한 건축물
2. 「건축서비스산업 진흥법」 제13조제4항에 따른 역량 있는 건축사로서 대통령령으로 정하는 건축사가 설계한 건축물
3. 설계공모를 통하여 설계한 건축물

③ 공사감리자는 공사감리를 할 때 이 법과 이 법에 따른 명령이나 처분, 그 밖의 관계 법령에 위반된 사항을 발견하거나 공사시공자가 설계도서대로 공사를 하지 아니하면 이를 건축주에게 알린 후 공사시공자에게 시정하거나 재시공하도록 요청하여야 하며, 공사시공자가 시정이나 재시공 요청에 따르지 아니하면 서면으로 그 건축공사를 중지하도록 요청할 수 있다. 이 경우 공사중지를 요청받은 공사시공자는 정당한 사유가 없으면 즉시 공사를 중지하여야 한다. <개정 2016.2.3.>

④ 공사감리자는 제3항에 따라 공사시공자가 시정이나 재시공 요청을 받은 후 이에 따르지 아니하거나 공사중지 요청을 받고도 공사를 계속하면 국토교통부령으로 정하는 바에 따라 이를 허가권자에게 보고하여야 한다. <개정 2016.2.3.>

⑤ 대통령령으로 정하는 용도 또는 규모의 공사의 공사감리자는 필요하다고 인정하면 공사시공자에게 상세시공도면을 작성하도록 요청할 수 있다. <개정 2016.2.3.>

⑥ 공사감리자는 국토교통부령으로 정하는 바에 따라 감리일지를 기록·유지하여야 하고, 공사의 공정(工程)이 대통령령으로 정하는 진도에 다다른 경우에는 감리중간보고서를, 공사를 완료한 경우에는 감리완료보고서를 국토교통부령으로 정하는 바에 따라 각각 작성하여 건축주에게 제출하여야 한다. 이 경우 건축주는 감리중간보고서는 제출받은 때, 감리완료보고서는 제22조에 따른 건축물의 사용승인을 신청할 때 허가권자에게 제출하여야 한다. <개정 2016.2.3., 2020.4.7>

⑦ 건축주나 공사시공자는 제3항과 제4항에 따라 위반사항에 대한 시정이나 재시공을 요청하거나 위반사항을 허가권자에게 보고한 공사감리자에게 이를 이유로 공사감리자의 지정을 취소하거나 보수의 지급을 거부하거나 지연시키는 등 불이익을 주어서는 아니 된다. <개정 2016.2.3.>

⑧ 제1항에 따른 공사감리의 방법 및 범위 등은 건축물의 용도·규모 등에 따라 대통령령으로 정하되, 이에 따른 세부기준이 필요한 경우에는 국토교통부장관이 정하거나 건축사협회로 하여금 국토교통부장관의 승인을 받아 정하도록 할 수 있다. <개정 2016.2.3.>

⑨ 국토교통부장관은 제8항에 따라 세부기준을 정하거나 승인을 한 경우 이를 고시하여야 한다. <개정 2016.2.3.>

⑩ 「주택법」 제15조에 따른 사업계획 승인 대상과 「건설기술 진흥법」 제39조제2항에 따라 건설사업관리를 하게 하는 건축물의 공사감리는 제1항부터 제9항까지 및 제11항부터 제14항까지의 규정에도 불구하고 각각 해당 법령으로 정하는 바에 따른다. <개정 2016.1.19., 2016.2.3., 2018.8.14.>

⑪ 제1항에 따라 건축주가 공사감리자를 지정하거나 제2항에 따라 허가권자가 공사감리자를 지정하는 건축물의 건축주는 제21조에 따른 착공신고를 하는 때에 감리비용이 명시된 감리 계약서를 허가권자에게 제출하여야 하고, 제22조에 따른 사용승인을 신청하는 때에는 감리용역 계약내용에 따라 감리비용을 지급하여야 한다. 이 경우 허가권자는 감리 계약서에 따라 감리비용이 지급되었는지를 확인한 후 사용승인을 하여야 한다. <신설 2016.2.3., 2020.12.22., 2021.7.27>

⑫ 제2항에 따라 허가권자가 공사감리자를 지정하는 건축물의 건축주는 설계자의 설계의도가 구현되도록 해당 건축물의 설계자를 건축과정에 참여시켜야 한다. 이 경우 「건축서비스산업 진흥법」 제22조를 준용한다. <신설 2018.8.14.>

⑬ 제12항에 따라 설계자를 건축과정에 참여시켜야 하는 건축주는 제21조에 따른 착공신고를 하는 때에 해당 계약서 등 대통령령으로 정하는 서류를 허가권자에게 제출하여야 한다. <신설 2018.8.14.>

⑭ 허가권자는 제2항에 따라 허가권자가 공사감리자를 지정하는 경우의 감리비용에 관한 기준을 해당 지방자치단체의 조례로 정할 수 있다. <신설 2016.2.3., 2018.8.14., 2020.12.22.>

제25조의2【건축관계자등에 대한 업무제한】 ① 허가권자는 설계자, 공사시공자, 공사감리자 및 관계전문기술자(이하 "건축관계자등"이라 한다)가 대통령령으로 정하는 주요 건축물에 대하여 제21조에 따른 착공신고 시부터 「건설산업기본법」 제28조에 따른 하자담보책임 기간에 제40조, 제41조, 제48조, 제50조 및 제51조를 위반하거나 중대한 과실로 건축물의 기초 및 주요구조부에 중대한 손괴를 일으켜 사람을 사망하게 한 경우에는 1년 이내의 기간을 정하여 이 법에 의한 업무를 수행할 수 없도록 업무정지를 명할 수 있다.

② 허가권자는 건축관계자등이 제40조, 제41조, 제48조, 제49조, 제50조, 제50조의2, 제51조, 제52조 및 제52조의4를 위반하여 건축물의 기초 및 주요구조부에 중대한 손괴를 일으켜 대통령령으로 정하는 규모 이상의 재산상의 피해가 발생한 경우(제1항에 해당하는 위반행위는 제외한다)에는 다음 각 호에서 정하는 기간 이내의 범위에서 다중이용건축물 등 대통령령으로 정하는 주요 건축물에 대하여 이 법에 의한 업무를 수행할 수 없도록 업무정지를 명할 수 있다. <개정 2019.4.23.>

1. 최초로 위반행위가 발생한 경우: 업무정지일부터 6개월
2. 2년 이내에 동일한 현장에서 위반행위가 다시 발생한 경우: 다시 업무정지를 받는 날부터 1년

③ 허가권자는 건축관계자등이 제40조, 제41조, 제48조, 제49조, 제50조, 제50조의2, 제51조, 제52조 및 제52조의4를 위반한 경우(제1항 및 제2항에 해당하는 위반행위는 제외한다)와 제28조를 위반하여 가설시설물이 붕괴된 경우에는 기간을 정하여 시정을 명하거나 필요한 지시를 할 수 있다. <개정 2019.4.23.>

④ 허가권자는 제3항에 따른 시정명령 등에도 불구하고 특별한 이유 없이 이를 이행하지 아니한 경우에는 다음 각 호에서 정하는 기간 이내의 범위에서 이 법에 의한 업무를 수행할 수 없도록 업무정지를 명할 수 있다.

1. 최초의 위반행위가 발생하여 허가권자가 지정한 시정기간 동안 특별한 사유 없이 시정하지 아니하는 경우: 업무정지일부터 3개월
2. 2년 이내에 제3항에 따른 위반행위가 동일한 현장에서 2차례 발생한 경우: 업무정지일부터 3개월
3. 2년 이내에 제3항에 따른 위반행위가 동일한 현장에서 3차례 발생한 경우: 업무정지일부터 1년

⑤ 허가권자는 제4항에 따른 업무정지처분을 갈음하여 다음 각 호의 구분에 따라 건축관계자등에게 과징금을 부과할 수 있다.

1. 제4항제1호 또는 제2호에 해당하는 경우: 3억원 이하
2. 제4항제3호에 해당하는 경우: 10억원 이하

⑥ 건축관계자등은 제1항, 제2항 또는 제4항에 따른 업무정지처분에도 불구하고 그 처분을 받기 전에 계약을 체결하였거나 관계 법령에 따라 허가, 인가 등을 받아 착수한 업무는 제22조에 따른 사용승인을 받은 때까지 계속 수행할 수 있다.

⑦ 제1항부터 제5항까지에 해당하는 조치는 그 소속 법인 또는 단체에게도 동일하게 적용한다. 다만, 소속 법인 또는 단체가 위반행위를 방지하기 위하여 해당 업무에 관하여 상당한 주의와 감독을 게을리하지 아니한 경우에는 그러하지 아니하다.

⑧ 제1항부터 제5항까지의 조치는 관계 법률에 따라 건축허가를 의제하는 경우의 건축관계자등에게 동일하게 적용한다.

⑨ 허가권자는 제1항부터 제5항까지의 조치를 한 경우 그 내용을 국토교통부장관에게 통보하여야 한다.

⑩ 국토교통부장관은 제9항에 따라 통보된 사항을 종합관리하고, 허가권자가 해당 건축관계자등과 그 소속 법인 또는 단체를 알 수 있도록 국토교통부령으로 정하는 바에 따라 공개하여야 한다.

⑪ 건축관계자등, 소속 법인 또는 단체에 대한 업무정지처분을 하려는 경우에는 청문을 하여야 한다.

[본조신설 2016.2.3.]

제26조【허용 오차】 대지의 측량(「공간정보의 구축 및 관리 등에 관한 법률」에 따른 측량은 제외한다)이나 건축물의 건축 과정에서 부득이하게 발생하는 오차는 이 법을 적용할 때 국토교통부령으로 정하는 범위에서 허용한다. <개정 2014.6.3.>

제27조【현장조사·검사 및 확인업무의 대행】 ① 허가권자는 이 법에 따른 현장조사·검사 및 확인업무를 대통령령으로 정하는 바에 따라 「건축사법」 제23조에 따라 건축사사무소개설신고를 한 자에게 대행하게 할 수 있다. <개정 2014.5.28.>

② 제1항에 따라 업무를 대행하는 자는 현장조사·검사 또는 확인결과를 국토교통부령으로 정하는 바에 따라 허가권자에게 서면으로 보고하여야 한다. <개정 2013.3.23.>

③ 허가권자는 제1항에 따른 자에게 업무를 대행하게 한 경우 국토교통부령으로 정하는 범위에서 해당 지방자치단체의 조례로 정하는 수수료를 지급하여야 한다. <개정 2013.3.23.>

제28조【공사현장의 위해 방지 등】 ① 건축물의 공사시공자는 대통령령으로 정하는 바에 따라 공사현장의 위해를 방지하기 위하여 필요한 조치를 하여야 한다.

② 허가권자는 건축물의 공사와 관련하여 건축관계자간 분쟁상담 등의 필요한 조치를 하여야 한다.

제29조【공용건축물에 대한 특례】 ① 국가나 지방자치단체는 제11조, 제14조, 제19조, 제20조 및 제83조에 따른 건축물을 건축·대수선·용도변경하거나 가설건축물을 건축하거나 공작물을 축조하려는 경우에는 대통령령으로 정하는 바에 따라 미리 건축물의 소재지를 관할하는 허가권자와 협의하여야 한다. <개정 2011.5.30.>

② 국가나 지방자치단체가 제1항에 따라 건축물의 소재지를 관할하는 허가권자와 협의한 경우에는 제11조, 제14조, 제19조, 제20조 및 제83조에 따른 허가를 받았거나 신고한 것으로 본다. <개정 2011.5.30.>

③ 제1항에 따라 협의한 건축물에는 제22조제1항부터 제3항까지의 규정을 적용하지 아니한다. 다만, 건축물의 공사가 끝난 경우에는 지체 없이 허가권자에게 통보하여야 한다.

④ 국가나 지방자치단체가 소유한 대지의 지상 또는 지하 여유공간에 구분지상권을 설정하여 주민편의시설 등 대통령령으로 정하는 시설을 설치하고자 하는 경우 허가권자는 구분지상권자를 건축주로 보고 구분지상권이 설정된 부분을 제2조제1항제1호의 대지로 보아 건축허가를 할 수 있다. 이 경우 구분지상권 설정의 대상 및 범위, 기간 등은 「국유재산법」 및 「공유재산 및 물품 관리법」에 적합하여야 한다. <신설 2016.1.19.>

제30조【건축통계 등】 ① 허가권자는 다음 각 호의 사항(이하 "건축통계"라 한다)을 국토교통부령으로 정하는 바에 따라 국토교통부장관이나 시·도지사에게 보고하여야 한다. <개정 2013.3.23>

1. 제11조에 따른 건축허가 현황
2. 제14조에 따른 건축신고 현황
3. 제19조에 따른 용도변경허가 및 신고 현황
4. 제21조에 따른 착공신고 현황
5. 제22조에 따른 사용승인 현황
6. 그 밖에 대통령령으로 정하는 사항

② 건축통계의 작성 등에 필요한 사항은 국토교통부령으로 정한다. <개정 2013.3.23>

제31조【건축행정 전산화】 ① 국토교통부장관은 이 법에 따른 건축행정 관련 업무를 전산처리하기 위하여 종합적인 계획을 수립·시행할 수 있다. <개정 2013.3.23>

② 허가권자는 제10조, 제11조, 제14조, 제16조, 제19조부터 제22조까지, 제25조, 제30조, 제36조, 제38조, 제83조 및 제92조에 따른 신청서, 신고서, 첨부서류, 통지, 보고 등을 디스켓, 디스크 또는 정보통신망 등으로 제출하게 할 수 있다. <개정 2019.4.30.>

제32조【건축허가 업무 등의 전산처리 등】 ① 허가권자는 건축허가 업무 등의 효율적인 처리를 위하여 국토교통부령으로 정하는 바에 따라 전자정보처리 시스템을 이용하여 이 법에 규정된 업무를 처리할 수 있다. <개정 2013.3.23.>

② 제1항에 따른 전자정보처리 시스템에 따라 처리된 자료(이하 "전산자료"라 한다)를 이용하려는 자는 대통령령으로 정하는 바에 따라 관계 중앙행정기관의 장의 심사를 거쳐 다음 각 호의 구분에 따라 국토교통부장관, 시·도지사 또는 시장·군수·구청장의 승인을 받아야 한다. 다만, 지방자치단체의 장이 승인을 신청하는 경우에는 관계 중앙행정기관의 장의 심사를 받지 아니한다. <개정 2014.1.14., 2022.6.10.>

1. 전국 단위의 전산자료: 국토교통부장관
2. 특별시·광역시·특별자치시·도·특별자치도(이하 "시·도"라 한다) 단위의 전산자료: 시·도지사
3. 시·군 또는 구(자치구를 말한다. 이하 같다) 단위의 전산자료: 시장·군수·구청장

③ 국토교통부장관, 시·도지사 또는 시장·군수·구청장이 제2항에 따른 승인신청을 받은 경우에는 건축허가 업무 등의 효율적인 처리에 지장이 없고 대통령령으로 정하는 건축주 등의 개인정보 보호기준을 위반하지 아니한다고 인정되는 경우에만 승인할 수 있다. 이 경우 용도를 한정하여 승인할 수 있다. <개정 2013.3.23.>

④ 제2항 및 제3항에도 불구하고 건축물의 소유자가 본인 소유의 건축물에 대한 소유 정보를 신청하거나 건축물의 소유자가 사망하여 그 상속인이 피상속인의 건축물에 대한 소유 정보를 신청하는 경우에는 승인 및 심사를 받지 아니할 수 있다. <신설 2017.10.24.>

⑤ 제2항에 따른 승인을 받아 전산자료를 이용하려는 자는 사용료를 내야 한다. <개정 2017.10.24.>

⑥ 제1항부터 제5항까지의 규정에 따른 전자정보처리 시스템의 운영에 관한 사항, 전산자료의 이용 대상 범위와 심사기준, 승인절차, 사용료 등에 관하여 필요한 사항은 대통령령으로 정한다. <개정 2017.10.24.>

제33조 【전산자료의 이용자에 대한 지도·감독】 ① 국토교통부장관, 시·도지사 또는 시장·군수·구청장은 개인정보의 보호 및 전산자료의 이용목적 외 사용 방지 등을 위하여 필요하다고 인정되면 전산자료의 보유 또는 관리 등에 관한 사항에 관하여 제32조에 따라 전산자료를 이용하는 자를 지도·감독할 수 있다. <개정 2019.8.20.>
② 제1항에 따른 지도·감독의 대상 및 절차 등에 관하여 필요한 사항은 대통령령으로 정한다.

제34조 【건축종합민원실의 설치】 특별자치시장·특별자치도지사 또는 시장·군수·구청장은 대통령령으로 정하는 바에 따라 건축허가, 건축신고, 사용승인 등 건축과 관련된 민원을 종합적으로 접수하여 처리할 수 있는 민원실을 설치·운영하여야 한다. <개정 2014.1.14.>

제3장 건축물의 유지와 관리

제35조 삭제 <2019.4.30.>

제35조의2 삭제 <2019.4.30.>

제36조 삭제 <2019.4.30.>

제37조 【건축지도원】 ① 특별자치시장·특별자치도지사 또는 시장·군수·구청장은 이 법 또는 이 법에 따른 명령이나 처분에 위반되는 건축물의 발생을 예방하고 건축물을 적법하게 유지·관리하도록 지도하기 위하여 대통령령으로 정하는 바에 따라 건축지도원을 지정할 수 있다. <개정 2014.1.14.>
② 제1항에 따른 건축지도원의 자격과 업무 범위 등은 대통령령으로 정한다.

제38조 【건축물대장】 ① 특별자치시장·특별자치도지사 또는 시장·군수·구청장은 건축물의 소유·이용 및 유지·관리 상태를 확인하거나 건축정책의 기초 자료로 활용하기 위하여 다음 각 호의 어느 하나에 해당하면 건축물대장에 건축물과 그 대지의 현황 및 국토교통부령으로 정하는 건축물의 구조내력(構造耐力)에 관한 정보를 적어서 보관하고 이를 지속적으로 정비하여야 한다. <개정 2015.1.6., 2017.10.24., 2019.4.30.>
1. 제22조제2항에 따라 사용승인서를 내준 경우
2. 제11조에 따른 건축허가 대상 건축물(제14조에 따른 신고 대상 건축물을 포함한다) 외의 건축물의 공사를 끝낸 후 기재를 요청한 경우
3. 삭제 <2019.4.30.>
4. 그 밖에 대통령령으로 정하는 경우

② 특별자치시장·특별자치도지사 또는 시장·군수·구청장은 건축물대장의 작성·보관 및 정비를 위하여 필요한 자료나 정보의 제공을 중앙행정기관의 장 또는 지방자치단체의 장에게 요청할 수 있다. 이 경우 자료나 정보의 제공을 요청받은 기관의 장은 특별한 사유가 없으면 그 요청에 따라야 한다. <신설 2017.10.24.>
③ 제1항 및 제2항에 따른 건축물대장의 서식, 기재 내용, 기재 절차, 그 밖에 필요한 사항은 국토교통부령으로 정한다. <개정 2017.10.24.>

제39조 【등기촉탁】 ① 특별자치시장·특별자치도지사 또는 시장·군수·구청장은 다음 각 호의 어느 하나에 해당하는 사유로 건축물대장의 기재 내용이 변경되는 경우(제2호의 경우 신규 등록은 제외한다) 관할 등기소에 그 등기를 촉탁하여야 한다. 이 경우 제1호와 제4호의 등기촉탁은 지방자치단체가 자기를 위하여 하는 등기로 본다. <개정 2017.1.17., 2019.4.30.>
1. 지번이나 행정구역의 명칭이 변경된 경우
2. 제22조에 따른 사용승인을 받은 건축물로서 사용승인 내용 중 건축물의 면적·구조·용도 및 층수가 변경된 경우
3. 「건축물관리법」 제30조에 따라 건축물을 해체한 경우
4. 「건축물관리법」 제34조에 따른 건축물의 멸실 후 멸실신고를 한 경우

② 제1항에 따른 등기촉탁의 절차에 관하여 필요한 사항은 국토교통부령으로 정한다. <개정 2013.3.23.>

제4장 건축물의 대지와 도로

제40조 【대지의 안전 등】 ① 대지는 인접한 도로면보다 낮아서는 아니 된다. 다만, 대지의 배수에 지장이 없거나 건축물의 용도상 방습(防濕)의 필요가 없는 경우에는 인접한 도로면보다 낮아도 된다.
② 습한 토지, 물이 나올 우려가 많은 토지, 쓰레기, 그 밖에 이와 유사한 것으로 매립된 토지에 건축물을 건축하는 경우에는 성토(盛土), 지반 개량 등 필요한 조치를 하여야 한다.

③ 대지에는 빗물과 오수를 배출하거나 처리하기 위하여 필요한 하수관, 하수구, 저수탱크, 그 밖에 이와 유사한 시설을 하여야 한다.

④ 손궤(損潰: 무너져 내림)의 우려가 있는 토지에 대지를 조성하려면 국토교통부령으로 정하는 바에 따라 옹벽을 설치하거나 그 밖에 필요한 조치를 하여야 한다. <개정 2013.3.23.>

제41조【토지 굴착 부분에 대한 조치 등】 ① 공사시공자는 대지를 조성하거나 건축공사를 하기 위하여 토지를 굴착·절토(切土)·매립(埋立) 또는 성토 등을 하는 경우 그 변경 부분에는 국토교통부령으로 정하는 바에 따라 공사 중 비탈면 붕괴, 토사 유출 등 위험 발생의 방지, 환경 보존, 그 밖에 필요한 조치를 한 후 해당 공사현장에 그 사실을 게시하여야 한다. <개정 2014.5.28.>

② 허가권자는 제1항을 위반한 자에게 의무이행에 필요한 조치를 명할 수 있다.

제42조【대지의 조경】 ① 면적이 200제곱미터 이상인 대지에 건축을 하는 건축주는 용도지역 및 건축물의 규모에 따라 해당 지방자치단체의 조례로 정하는 기준에 따라 대지에 조경이나 그 밖에 필요한 조치를 하여야 한다. 다만, 조경이 필요하지 아니한 건축물로서 대통령령으로 정하는 건축물에 대하여는 조경 등의 조치를 하지 아니할 수 있으며, 옥상 조경 등 대통령령으로 따로 기준을 정하는 경우에는 그 기준에 따른다.

② 국토교통부장관은 식재(植栽) 기준, 조경 시설물의 종류 및 설치방법, 옥상 조경의 방법 등 조경에 필요한 사항을 정하여 고시할 수 있다. <개정 2013.3.23.>

제43조【공개 공지 등의 확보】 ① 다음 각 호의 어느 하나에 해당하는 지역의 환경을 쾌적하게 조성하기 위하여 대통령령으로 정하는 용도와 규모의 건축물은 일반이 사용할 수 있도록 대통령령으로 정하는 기준에 따라 소규모 휴식시설 등의 공개 공지(空地: 공터) 또는 공개 공간(이하 "공개공지등"이라 한다)을 설치하여야 한다. <개정 2018.8.14., 2019.4.23.>

1. 일반주거지역, 준주거지역
2. 상업지역
3. 준공업지역
4. 특별자치시장·특별자치도지사 또는 시장·군수·구청장이 도시화의 가능성이 크거나 노후 산업단지의 정비가 필요하다고 인정하여 지정·공고하는 지역

② 제1항에 따라 공개공지등을 설치하는 경우에는 제55조, 제56조와 제60조를 대통령령으로 정하는 바에 따라 완화하여 적용할 수 있다. <개정 2019.4.23.>

③ 시·도지사 또는 시장·군수·구청장은 관할 구역 내 공개공지등에 대한 점검 등 유지·관리에 관한 사항을 해당 지방자치단체의 조례로 정할 수 있다. <신설 2019.4.23.>

④ 누구든지 공개공지등에 물건을 쌓아놓거나 출입을 차단하는 시설을 설치하는 등 공개공지등의 활용을 저해하는 행위를 하여서는 아니 된다. <신설 2019.4.23.>

⑤ 제4항에 따라 제한되는 행위의 유형 또는 기준은 대통령령으로 정한다. <신설 2019.4.23.>

제44조【대지와 도로의 관계】 ① 건축물의 대지는 2미터 이상이 도로(자동차만의 통행에 사용되는 도로는 제외한다)에 접하여야 한다. 다만, 다음 각 호의 어느 하나에 해당하면 그러하지 아니하다. <개정 2016.1.19.>

1. 해당 건축물의 출입에 지장이 없다고 인정되는 경우
2. 건축물의 주변에 대통령령으로 정하는 공지가 있는 경우
3. 「농지법」 제2조제1호나목에 따른 농막을 건축하는 경우

② 건축물의 대지가 접하는 도로의 너비, 대지가 도로에 접하는 부분의 길이, 그 밖에 대지와 도로의 관계에 관하여 필요한 사항은 대통령령으로 정하는 바에 따른다.

제45조【도로의 지정·폐지 또는 변경】 ① 허가권자는 제2조제1항제11호나목에 따라 도로의 위치를 지정·공고하려면 국토교통부령으로 정하는 바에 따라 그 도로에 대한 이해관계인의 동의를 받아야 한다. 다만, 다음 각 호의 어느 하나에 해당하면 이해관계인의 동의를 받지 아니하고 건축위원회의 심의를 거쳐 도로를 지정할 수 있다. <개정 2013.3.23.>

1. 허가권자가 이해관계인이 해외에 거주하는 등의 사유로 이해관계인의 동의를 받기가 곤란하다고 인정하는 경우
2. 주민이 오랫 동안 통행로로 이용하고 있는 사실상의 통로로서 해당 지방자치단체의 조례로 정하는 것인 경우

② 허가권자는 제1항에 따라 지정한 도로를 폐지하거나 변경하려면 그 도로에 대한 이해관계인의 동의를 받아야 한다. 그 도로에 편입된 토지의 소유자, 건축주 등이 허가권자에게 제1항에 따라 지정된 도로의 폐지나 변경을 신청하는 경우에도 또한 같다.

③ 허가권자는 제1항과 제2항에 따라 도로를 지정하

거나 변경하면 국토교통부령으로 정하는 바에 따라 도로관리대장에 이를 적어서 관리하여야 한다. <개정 2013.3.23.>

제46조【건축선의 지정】 ① 도로와 접한 부분에 건축물을 건축할 수 있는 선[이하 "건축선(建築線)"이라 한다]은 대지와 도로의 경계선으로 한다. 다만, 제2조제1항제11호에 따른 소요 너비에 못 미치는 너비의 도로인 경우에는 그 중심선으로부터 그 소요 너비의 2분의 1의 수평거리만큼 물러난 선을 건축선으로 하되, 그 도로의 반대쪽에 경사지, 하천, 철도, 선로부지, 그 밖에 이와 유사한 것이 있는 경우에는 그 경사지 등이 있는 쪽의 도로경계선에서 소요 너비에 해당하는 수평거리의 선을 건축선으로 하며, 도로의 모퉁이에서는 대통령령으로 정하는 선을 건축선으로 한다.

② 특별자치시장·특별자치도지사 또는 시장·군수·구청장은 시가지 안에서 건축물의 위치나 환경을 정비하기 위하여 필요하다고 인정하면 제1항에도 불구하고 대통령령으로 정하는 범위에서 건축선을 따로 지정할 수 있다. <개정 2014.1.14.>

③ 특별자치시장·특별자치도지사 또는 시장·군수·구청장은 제2항에 따라 건축선을 지정하면 지체 없이 이를 고시하여야 한다. <개정 2014.1.14.>

제47조【건축선에 따른 건축제한】 ① 건축물과 담장은 건축선의 수직면(垂直面)을 넘어서는 아니 된다. 다만, 지표(地表) 아래 부분은 그러하지 아니하다.

② 도로면으로부터 높이 4.5미터 이하에 있는 출입구, 창문, 그 밖에 이와 유사한 구조물은 열고 닫을 때 건축선의 수직면을 넘지 아니하는 구조로 하여야 한다.

제5장 건축물의 구조 및 재료 등 <개정 2014.5.28.>

제48조【구조내력 등】 ① 건축물은 고정하중, 적재하중(積載荷重), 적설하중(積雪荷重), 풍압(風壓), 지진, 그 밖의 진동 및 충격 등에 대하여 안전한 구조를 가져야 한다.

② 제11조제1항에 따른 건축물을 건축하거나 대수선하는 경우에는 대통령령으로 정하는 바에 따라 구조의 안전을 확인하여야 한다.

③ 지방자치단체의 장은 제2항에 따른 구조 안전 확인 대상 건축물에 대하여 허가 등을 하는 경우 내진(耐震)성능 확보 여부를 확인하여야 한다. <신설 2011.9.16.>

④ 제1항에 따른 구조내력의 기준과 구조 계산의 방법 등에 관하여 필요한 사항은 국토교통부령으로 정한다. <개정 2015.1.6.>

제48조의2【건축물 내진등급의 설정】 ① 국토교통부장관은 지진으로부터 건축물의 구조 안전을 확보하기 위하여 건축물의 용도, 규모 및 설계구조의 중요도에 따라 내진등급(耐震等級)을 설정하여야 한다.

② 제1항에 따른 내진등급을 설정하기 위한 내진등급기준 등 필요한 사항은 국토교통부령으로 정한다.

[본조신설 2013.7.16.]

제48조의3【건축물의 내진능력 공개】 ① 다음 각 호의 어느 하나에 해당하는 건축물을 건축하고자 하는 자는 제22조에 따른 사용승인을 받는 즉시 건축물이 지진 발생 시에 견딜 수 있는 능력(이하 "내진능력"이라 한다)을 공개하여야 한다. 다만, 제48조제2항에 따른 구조안전 확인 대상 건축물이 아니거나 내진능력 산정이 곤란한 건축물로서 대통령령으로 정하는 건축물은 공개하지 아니한다. <개정 2017.12.26.>

1. 층수가 2층[주요구조부인 기둥과 보를 설치하는 건축물로서 그 기둥과 보가 목재인 목구조 건축물(이하 "목구조 건축물"이라 한다)의 경우에는 3층] 이상인 건축물
2. 연면적이 200제곱미터(목구조 건축물의 경우에는 500제곱미터) 이상인 건축물
3. 그 밖에 건축물의 규모와 중요도를 고려하여 대통령령으로 정하는 건축물

② 제1항의 내진능력의 산정 기준과 공개 방법 등 세부사항은 국토교통부령으로 정한다.

[본조신설 2016.1.19.]

제48조의4【부속구조물의 설치 및 관리】 건축관계자, 소유자 및 관리자는 건축물의 부속구조물을 설계·시공 및 유지·관리 등을 고려하여 국토교통부령으로 정하는 기준에 따라 설치·관리하여야 한다.

[본조신설 2016.2.3.]

제49조【건축물의 피난시설 및 용도제한 등】 ① 대통령령으로 정하는 용도 및 규모의 건축물과 그 대지에는 국토교통부령으로 정하는 바에 따라 복도, 계단, 출입구, 그 밖의 피난시설과 저수조(貯水槽), 대지 안의 피난과 소화에 필요한 통로를 설치하여야 한다. <개정 2018.4.17.>

② 대통령령으로 정하는 용도 및 규모의 건축물의 안전·위생 및 방화(防火) 등을 위하여 필요한 용도 및 구조의 제한, 방화구획(防火區劃), 화장실의 구조, 계단·출입구, 거실의 반자 높이, 거실의 채광·환기,

배연설비와 바닥의 방습 등에 관하여 필요한 사항은 국토교통부령으로 정한다. 다만, 대규모 창고시설 등 대통령령으로 정하는 용도 및 규모의 건축물에 대해서는 방화구획 등 화재 안전에 필요한 사항을 국토교통부령으로 별도로 정할 수 있다. <개정 2019.4.23., 2021.10.19.>

③ 대통령령으로 정하는 건축물은 국토교통부령으로 정하는 기준에 따라 소방관이 진입할 수 있는 창을 설치하고, 외부에서 주야간에 식별할 수 있는 표시를 하여야 한다. <신설 2019.4.23.>

④ 대통령령으로 정하는 용도 및 규모의 건축물에 대하여 가구·세대 등 간 소음 방지를 위하여 국토교통부령으로 정하는 바에 따라 경계벽 및 바닥을 설치하여야 한다. <개정 2019.4.23.>

⑤ 「자연재해대책법」 제12조제1항에 따른 자연재해위험개선지구 중 침수위험지구에 국가·지방자치단체 또는 「공공기관의 운영에 관한 법률」 제4조제1항에 따른 공공기관이 건축하는 건축물은 침수 방지 및 방수를 위하여 다음 각 호의 기준에 따라야 한다. <신설 2015.1.6., 2019.4.23.>

1. 건축물의 1층 전체를 필로티(건축물을 사용하기 위한 경비실, 계단실, 승강기실, 그 밖에 이와 비슷한 것을 포함한다) 구조로 할 것
2. 국토교통부령으로 정하는 침수 방지시설을 설치할 것

제49조의2 【피난시설 등의 유지·관리에 대한 기술지원】 국가 또는 지방자치단체는 건축물의 소유자나 관리자에게 제49조제1항 및 제2항에 따른 피난시설 등의 설치, 개량·보수 등 유지·관리에 대한 기술지원을 할 수 있다.

[본조신설 2018.8.14.]

제50조 【건축물의 내화구조와 방화벽】 ① 문화 및 집회시설, 의료시설, 공동주택 등 대통령령으로 정하는 건축물은 국토교통부령으로 정하는 기준에 따라 주요구조부와 지붕을 내화(耐火)구조로 하여야 한다. 다만, 막구조 등 대통령령으로 정하는 구조는 주요구조부에만 내화구조로 할 수 있다. <개정 2018.8.14.>

② 대통령령으로 정하는 용도 및 규모의 건축물은 국토교통부령으로 정하는 기준에 따라 방화벽으로 구획하여야 한다. <개정 2013.3.23.>

제50조의2 【고층건축물의 피난 및 안전관리】 ① 고층건축물에는 대통령령으로 정하는 바에 따라 피난안전구역을 설치하거나 대피공간을 확보한 계단을 설치하여야 한다. 이 경우 피난안전구역의 설치 기준, 계단의 설치 기준과 구조 등에 관하여 필요한 사항은 국토교통부령으로 정한다. <개정 2013.3.23.>

② 고층건축물에 설치된 피난안전구역·피난시설 또는 대피공간에는 국토교통부령으로 정하는 바에 따라 화재 등의 경우에 피난 용도로 사용되는 것임을 표시하여야 한다. <신설 2015.1.6.>

③ 고층건축물의 화재예방 및 피해경감을 위하여 국토교통부령으로 정하는 바에 따라 제48조부터 제50조까지의 기준을 강화하여 적용할 수 있다. <개정 2015.1.6., 2018.4.17.>

[본조신설 2011.9.16.]

제51조 【방화지구 안의 건축물】 ① 「국토의 계획 및 이용에 관한 법률」 제37조제1항제3호에 따른 방화지구(이하 "방화지구"라 한다) 안에서는 건축물의 주요구조부와 지붕·외벽을 내화구조로 하여야 한다. 다만, 대통령령으로 정하는 경우에는 그러하지 아니하다. <개정 2017.4.18., 2018.8.14.>

② 방화지구 안의 공작물로서 간판, 광고탑, 그 밖에 대통령령으로 정하는 공작물 중 건축물의 지붕 위에 설치하는 공작물이나 높이 3미터 이상의 공작물은 주요부를 불연(不燃)재료로 하여야 한다.

③ 방화지구 안의 지붕·방화문 및 인접 대지 경계선에 접하는 외벽은 국토교통부령으로 정하는 구조 및 재료로 하여야 한다. <개정 2013.3.23.>

제52조 【건축물의 마감재료 등】 ① 대통령령으로 정하는 용도 및 규모의 건축물의 벽, 반자, 지붕(반자가 없는 경우에 한정한다) 등 내부의 마감재료[제52조의4제1항의 복합자재의 경우 심재(心材)를 포함한다]는 방화에 지장이 없는 재료로 하되, 「실내공기질 관리법」 제5조 및 제6조에 따른 실내공기질 유지기준 및 권고기준을 고려하고 관계 중앙행정기관의 장과 협의하여 국토교통부령으로 정하는 기준에 따른 것이어야 한다. <개정 2015.1.6., 2015.12.22., 2021.3.16>

② 대통령령으로 정하는 건축물의 외벽에 사용하는 마감재료(두 가지 이상의 재료로 제작된 자재의 경우 각 재료를 포함한다)는 방화에 지장이 없는 재료로 하여야 한다. 이 경우 마감재료의 기준은 국토교통부령으로 정한다. <개정 2021.3.16.>

③ 욕실, 화장실, 목욕장 등의 바닥 마감재료는 미끄럼을 방지할 수 있도록 국토교통부령으로 정하는 기준에 적합하여야 한다. <신설 2013.7.16.>

④ 대통령령으로 정하는 용도 및 규모에 해당하는 건축물 외벽에 설치되는 창호(窓戶)는 방화에 지장이

없도록 인접 대지와의 이격거리를 고려하여 방화성능 등이 국토교통부령으로 정하는 기준에 적합하여야 한다. <신설 2020.12.22.>
[제목개정 2020.12.22.]

제52조의2【실내건축】 ① 대통령령으로 정하는 용도 및 규모에 해당하는 건축물의 실내건축은 방화에 지장이 없고 사용자의 안전에 문제가 없는 구조 및 재료로 시공하여야 한다.
② 실내건축의 구조·시공방법 등에 관한 기준은 국토교통부령으로 정한다.
③ 특별자치시장·특별자치도지사 또는 시장·군수·구청장은 제1항 및 제2항에 따라 실내건축이 적정하게 설치 및 시공되었는지를 검사하여야 한다. 이 경우 검사하는 대상 건축물과 주기(週期)는 건축조례로 정한다.
[본조신설 2014.5.28.]

제52조의3【건축자재의 제조 및 유통 관리】 ① 제조업자 및 유통업자는 건축물의 안전과 기능 등에 지장을 주지 아니하도록 건축자재를 제조·보관 및 유통하여야 한다.
② 국토교통부장관, 시·도지사 및 시장·군수·구청장은 건축물의 구조 및 재료의 기준 등이 공사현장에서 준수되고 있는지를 확인하기 위하여 제조업자 및 유통업자에게 필요한 자료의 제출을 요구하거나 건축공사장, 제조업자의 제조현장 및 유통업자의 유통장소 등을 점검할 수 있으며 필요한 경우에는 시료를 채취하여 성능 확인을 위한 시험을 할 수 있다.
③ 국토교통부장관, 시·도지사 및 시장·군수·구청장은 제2항의 점검을 통하여 위법 사실을 확인한 경우 대통령령으로 정하는 바에 따라 공사 중단, 사용 중단 등의 조치를 하거나 관계 기관에 대하여 관계 법률에 따른 영업정지 등의 요청을 할 수 있다.
④ 국토교통부장관, 시·도지사, 시장·군수·구청장은 제2항의 점검업무를 대통령령으로 정하는 전문기관으로 하여금 대행하게 할 수 있다.
⑤ 제2항에 따른 점검에 관한 절차 등에 관하여 필요한 사항은 국토교통부령으로 정한다.
[본조신설 2016.2.3.][제24조의2에서 이동, 종전 제52조의3은 제52조의4로 이동 <2019.4.23.>]

제52조의4【건축자재의 품질관리 등】 ① 복합자재(불연재료인 양면 철판, 석재, 콘크리트 또는 이와 유사한 재료와 불연재료가 아닌 심재로 구성된 것을 말한다)를 포함한 제52조에 따른 마감재료, 방화문 등 대통령령으로 정하는 건축자재의 제조업자, 유통업자, 공사시공자 및 공사감리자는 국토교통부령으로 정하는 사항을 기재한 품질관리서(이하 "품질관리서"라 한다)를 대통령령으로 정하는 바에 따라 허가권자에게 제출하여야 한다. <개정 2019.4.23., 2021.3.16>
② 제1항에 따른 건축자재의 제조업자, 유통업자는 「과학기술분야 정부출연연구기관 등의 설립·운영 및 육성에 관한 법률」에 따른 한국건설기술연구원 등 대통령령으로 정하는 시험기관에 건축자재의 성능시험을 의뢰하여야 한다. <개정 2019.4.23.>
③ 제2항에 따른 성능시험을 수행하는 시험기관의 장은 성능시험 결과 등 건축자재의 품질관리에 필요한 정보를 국토교통부령으로 정하는 바에 따라 기관 또는 단체에 제공하거나 공개하여야 한다. <신설 2019.4.23.>
④ 제3항에 따라 정보를 제공받은 기관 또는 단체는 해당 건축자재의 정보를 홈페이지 등에 게시하여 일반인이 알 수 있도록 하여야 한다. <신설 2019.4.23.>
⑤ 제1항에 따른 건축자재 중 국토교통부령으로 정하는 단열재는 국토교통부장관이 고시하는 기준에 따라 해당 건축자재에 대한 정보를 표면에 표시하여야 한다. <신설 2019.4.23.>
⑥ 복합자재에 대한 난연성분 분석시험, 난연성능기준, 시험수수료 등 필요한 사항은 국토교통부령으로 정한다. <개정 2019.4.23>
[본조신설 2015.1.6.][제목개정 2019.4.23.][제52조의3에서 이동 <2019.4.23.>]

제52조의5【건축자재등의 품질인정】 ① 방화문, 복합자재 등 대통령령으로 정하는 건축자재와 내화구조(이하 "건축자재등"이라 한다)는 방화성능, 품질관리 등 국토교통부령으로 정하는 기준에 따라 품질이 적합하다고 인정받아야 한다.
② 건축관계자등은 제1항에 따라 품질인정을 받은 건축자재등만 사용하고, 인정받은 내용대로 제조·유통·시공하여야 한다.
[본조신설 2020.12.22..]

제52조의6【건축자재등 품질인정기관의 지정·운영 등】 ① 국토교통부장관은 건축 관련 업무를 수행하는 「공공기관의 운영에 관한 법률」 제4조에 따른 공공기관으로서 대통령령으로 정하는 기관을 품질인정 업무를 수행하는 기관(이하 "건축자재등 품질인정기관"이라 한다)으로 지정할 수 있다.
② 건축자재등 품질인정기관은 제52조의5제1항에 따른 건축자재등에 대한 품질인정 업무를 수행하며, 품질인정을 신청한 자에 대하여 국토교통부령으로

정하는 바에 따라 수수료를 받을 수 있다.

③ 건축자재등 품질인정기관은 제2항에 따라 품질이 적합하다고 인정받은 건축자재등(이하 "품질인정자재등"이라 한다)이 다음 각 호의 어느 하나에 해당하면 그 인정을 취소할 수 있다. 다만, 제1호에 해당하는 경우에는 그 인정을 취소하여야 한다.

1. 거짓이나 그 밖의 부정한 방법으로 인정받은 경우
2. 인정받은 내용과 다르게 제조·유통·시공하는 경우
3. 품질인정자재등이 국토교통부장관이 정하여 고시하는 품질관리기준에 적합하지 아니한 경우
4. 인정의 유효기간을 연장하기 위한 시험결과를 제출하지 아니한 경우

④ 건축자재등 품질인정기관은 제52조의5제2항에 따른 건축자재등의 품질 유지·관리 의무가 준수되고 있는지 확인하기 위하여 국토교통부령으로 정하는 바에 따라 제52조의4에 따른 건축자재 시험기관의 시험장소, 제조업자의 제조현장, 유통업자의 유통장소, 건축공사장 등을 점검하여야 한다.

⑤ 건축자재등 품질인정기관은 제4항에 따른 점검결과 위법 사실을 발견한 경우 국토교통부장관에게 그 사실을 통보하여야 한다. 이 경우 국토교통부장관은 대통령령으로 정하는 바에 따라 공사 중단, 사용중단 등의 조치를 하거나 관계 기관에 대하여 관계 법률에 따른 영업정지 등의 요청을 할 수 있다.

⑥ 건축자재등 품질인정기관은 건축자재등의 품질관리 상태 확인 등을 위하여 대통령령으로 정하는 바에 따라 제조업자, 유통업자, 건축관계자등에 대하여 건축자재등의 생산 및 판매실적, 시공현장별 시공실적 등의 자료를 요청할 수 있다.

⑦ 그 밖에 건축자재등 품질인정기관이 건축자재등의 품질인정을 운영하기 위한 인정절차, 품질관리 등 필요한 사항은 국토교통부장관이 정하여 고시한다.

[본조신설 2020.12.22.]

제53조 【지하층】 건축물에 설치하는 지하층의 구조 및 설비는 국토교통부령으로 정하는 기준에 맞게 하여야 한다. <개정 2013.3.23.>

제53조의2 【건축물의 범죄예방】 ① 국토교통부장관은 범죄를 예방하고 안전한 생활환경을 조성하기 위하여 건축물, 건축설비 및 대지에 관한 범죄예방 기준을 정하여 고시할 수 있다.

② 대통령령으로 정하는 건축물은 제1항의 범죄예방 기준에 따라 건축하여야 한다.

[본조신설 2014.5.28.]

제6장 지역 및 지구의 건축물

제54조 【건축물의 대지가 지역·지구 또는 구역에 걸치는 경우의 조치】 ① 대지가 이 법이나 다른 법률에 따른 지역·지구(녹지지역과 방화지구는 제외한다. 이하 이 조에서 같다) 또는 구역에 걸치는 경우에는 대통령령으로 정하는 바에 따라 그 건축물과 대지의 전부에 대하여 대지의 과반(過半)이 속하는 지역·지구 또는 구역 안의 건축물 및 대지 등에 관한 이 법의 규정을 적용한다. <개정 2017.4.18.>

② 하나의 건축물이 방화지구와 그 밖의 구역에 걸치는 경우에는 그 전부에 대하여 방화지구 안의 건축물에 관한 이 법의 규정을 적용한다. 다만, 건축물의 방화지구에 속한 부분과 그 밖의 구역에 속한 부분의 경계가 방화벽으로 구획되는 경우 그 밖의 구역에 있는 부분에 대하여는 그러하지 아니하다.

③ 대지가 녹지지역과 그 밖의 지역·지구 또는 구역에 걸치는 경우에는 각 지역·지구 또는 구역 안의 건축물과 대지에 관한 이 법의 규정을 적용한다. 다만, 녹지지역 안의 건축물이 방화지구에 걸치는 경우에는 제2항에 따른다. <개정 2017.4.18.>

④ 제1항에도 불구하고 해당 대지의 규모와 그 대지가 속한 용도지역·지구 또는 구역의 성격 등 그 대지에 관한 주변여건상 필요하다고 인정하여 해당 지방자치단체의 조례로 적용방법을 따로 정하는 경우에는 그에 따른다.

제55조 【건축물의 건폐율】 대지면적에 대한 건축면적(대지에 건축물이 둘 이상 있는 경우에는 이들 건축면적의 합계로 한다)의 비율(이하 "건폐율"이라 한다)의 최대한도는 「국토의 계획 및 이용에 관한 법률」 제77조에 따른 건폐율의 기준에 따른다. 다만, 이 법에서 기준을 완화하거나 강화하여 적용하도록 규정한 경우에는 그에 따른다.

제56조 【건축물의 용적률】 대지면적에 대한 연면적(대지에 건축물이 둘 이상 있는 경우에는 이들 연면적의 합계로 한다)의 비율(이하 "용적률"이라 한다)의 최대한도는 「국토의 계획 및 이용에 관한 법률」 제78조에 따른 용적률의 기준에 따른다. 다만, 이 법에서 기준을 완화하거나 강화하여 적용하도록 규정한 경우에는 그에 따른다.

제57조 【대지의 분할 제한】 ① 건축물이 있는 대지는 대통령령으로 정하는 범위에서 해당 지방자치단체의 조례로 정하는 면적에 못 미치게 분할할 수 없다.

② 건축물이 있는 대지는 제44조, 제55조, 제56조, 제58조, 제60조 및 제61조에 따른 기준에 못 미치게 분할할 수 없다.

③ 제1항과 제2항에도 불구하고 제77조의6에 따라 건축협정이 인가된 경우 그 건축협정의 대상이 되는 대지는 분할할 수 있다. <신설 2014.1.14>

제58조【대지 안의 공지】 건축물을 건축하는 경우에는 「국토의 계획 및 이용에 관한 법률」에 따른 용도지역·용도지구, 건축물의 용도 및 규모 등에 따라 건축선 및 인접 대지경계선으로부터 6미터 이내의 범위에서 대통령령으로 정하는 바에 따라 해당 지방자치단체의 조례로 정하는 거리 이상을 띄워야 한다. <개정 2011.5.30.>

제59조【맞벽 건축과 연결복도】 ① 다음 각 호의 어느 하나에 해당하는 경우에는 제58조, 제61조 및 「민법」 제242조를 적용하지 아니한다.

1. 대통령령으로 정하는 지역에서 도시미관 등을 위하여 둘 이상의 건축물 벽을 맞벽(대지경계선으로부터 50센티미터 이내인 경우를 말한다. 이하 같다)으로 하여 건축하는 경우
2. 대통령령으로 정하는 기준에 따라 인근 건축물과 이어지는 연결복도나 연결통로를 설치하는 경우

② 제1항 각 호에 따른 맞벽, 연결복도, 연결통로의 구조·크기 등에 관하여 필요한 사항은 대통령령으로 정한다.

제60조【건축물의 높이 제한】 ① 허가권자는 가로구역[(街路區域): 도로로 둘러싸인 일단(一團)의 지역을 말한다. 이하 같다]을 단위로 하여 대통령령으로 정하는 기준과 절차에 따라 건축물의 높이를 지정·공고할 수 있다. 다만, 특별자치시장·특별자치도지사 또는 시장·군수·구청장은 가로구역의 높이를 완화하여 적용할 필요가 있다고 판단되는 대지에 대하여는 대통령령으로 정하는 바에 따라 건축위원회의 심의를 거쳐 높이를 완화하여 적용할 수 있다. <개정 2014.1.14.>

② 특별시장이나 광역시장은 도시의 관리를 위하여 필요하면 제1항에 따른 가로구역별 건축물의 높이를 특별시나 광역시의 조례로 정할 수 있다. <개정 2014.1.14.>

③ 삭제 <2015.5.18.>

④ 허가권자는 제1항 및 제2항에도 불구하고 일조(日照)·통풍 등 주변 환경 및 도시미관에 미치는 영향이 크지 않다고 인정하는 경우에는 건축위원회의 심의를 거쳐 이 법 및 다른 법률에 따른 가로구역의 높이 완화에 관한 규정을 중첩하여 적용할 수 있다. <신설 2022.2.3.>

제61조【일조 등의 확보를 위한 건축물의 높이 제한】 ① 전용주거지역과 일반주거지역 안에서 건축하는 건축물의 높이는 일조(日照) 등의 확보를 위하여 정북방향(正北方向)의 인접 대지경계선으로부터의 거리에 따라 대통령령으로 정하는 높이 이하로 하여야 한다.

② 다음 각 호의 어느 하나에 해당하는 공동주택(일반상업지역과 중심상업지역에 건축하는 것은 제외한다)은 채광(採光) 등의 확보를 위하여 대통령령으로 정하는 높이 이하로 하여야 한다. <개정 2013.5.10.>

1. 인접 대지경계선 등의 방향으로 채광을 위한 창문 등을 두는 경우
2. 하나의 대지에 두 동(棟) 이상을 건축하는 경우

③ 다음 각 호의 어느 하나에 해당하면 제1항에도 불구하고 건축물의 높이를 정남(正南)방향의 인접 대지경계선으로부터의 거리에 따라 대통령령으로 정하는 높이 이하로 할 수 있다. <개정 2016.1.19., 2017.2.8.>

1. 「택지개발촉진법」 제3조에 따른 택지개발지구인 경우
2. 「주택법」 제15조에 따른 대지조성사업지구인 경우
3. 「지역 개발 및 지원에 관한 법률」 제11조에 따른 지역개발사업구역인 경우
4. 「산업입지 및 개발에 관한 법률」 제6조, 제7조, 제7조의2 및 제8조에 따른 국가산업단지, 일반산업단지, 도시첨단산업단지 및 농공단지인 경우
5. 「도시개발법」 제2조제1항제1호에 따른 도시개발구역인 경우
6. 「도시 및 주거환경정비법」 제8조에 따른 정비구역인 경우
7. 정북방향으로 도로, 공원, 하천 등 건축이 금지된 공지에 접하는 대지인 경우
8. 정북방향으로 접하고 있는 대지의 소유자와 합의한 경우나 그 밖에 대통령령으로 정하는 경우

④ 2층 이하로서 높이가 8미터 이하인 건축물에는 해당 지방자치단체의 조례로 정하는 바에 따라 제1항부터 제3항까지의 규정을 적용하지 아니할 수 있다.

제7장 건축설비

제62조【건축설비기준 등】 건축설비의 설치 및 구조에 관한 기준과 설계 및 공사감리에 관하여 필요한 사

항은 대통령령으로 정한다.

제63조 삭제 <2015.5.18.>

제64조【승강기】 ① 건축주는 6층 이상으로서 연면적이 2천제곱미터 이상인 건축물(대통령령으로 정하는 건축물은 제외한다)을 건축하려면 승강기를 설치하여야 한다. 이 경우 승강기의 규모 및 구조는 국토교통부령으로 정한다. <개정 2013.3.23>

② 높이 31미터를 초과하는 건축물에는 대통령령으로 정하는 바에 따라 제1항에 따른 승강기뿐만 아니라 비상용승강기를 추가로 설치하여야 한다. 다만, 국토교통부령으로 정하는 건축물의 경우에는 그러하지 아니하다. <개정 2013.3.23.>

③ 고층건축물에는 제1항에 따라 건축물에 설치하는 승용승강기 중 1대 이상을 대통령령으로 정하는 바에 따라 피난용승강기로 설치하여야 한다. <신설 2018.4.17.>

제64조의2 삭제 <2014.5.28>

제65조 삭제 <2012.2.22>

제65조의2 【지능형건축물의 인증】 ① 국토교통부장관은 지능형건축물[Intelligent Building]의 건축을 활성화하기 위하여 지능형건축물 인증제도를 실시한다. <개정 2013.3.23.>

② 국토교통부장관은 제1항에 따른 지능형건축물의 인증을 위하여 인증기관을 지정할 수 있다. <개정 2013.3.23.>

③ 지능형건축물의 인증을 받으려는 자는 제2항에 따른 인증기관에 인증을 신청하여야 한다.

④ 국토교통부장관은 건축물을 구성하는 설비 및 각종 기술을 최적으로 통합하여 건축물의 생산성과 설비 운영의 효율성을 극대화할 수 있도록 다음 각 호의 사항을 포함하여 지능형건축물 인증기준을 고시한다. <개정 2013.3.23.>

1. 인증기준 및 절차
2. 인증표시 홍보기준
3. 유효기간
4. 수수료
5. 인증 등급 및 심사기준 등

⑤ 제2항과 제3항에 따른 인증기관의 지정 기준, 지정 절차 및 인증 신청 절차 등에 필요한 사항은 국토교통부령으로 정한다. <개정 2013.3.23.>

⑥ 허가권자는 지능형건축물로 인증을 받은 건축물에 대하여 제42조에 따른 조경설치면적을 100분의 85까지 완화하여 적용할 수 있으며, 제56조 및 제60조에 따른 용적률 및 건축물의 높이를 100분의 115의 범위에서 완화하여 적용할 수 있다.

[본조신설 2011.5.30.]

제66조, 제66조의2 삭제 <2012.2.22>

제67조【관계전문기술자】 ① 설계자와 공사감리자는 제40조, 제41조, 제48조부터 제50조까지, 제50조의2, 제51조, 제52조, 제62조 및 제64조와 「녹색건축물 조성 지원법」 제15조에 따른 대지의 안전, 건축물의 구조상 안전, 부속구조물 및 건축설비의 설치 등을 위한 설계 및 공사감리를 할 때 대통령령으로 정하는 바에 따라 다음 각 호의 어느 하나의 자격을 갖춘 관계전문기술자(「기술사법」 제21조제2호에 따라 벌칙을 받은 후 대통령령으로 정하는 기간이 지나지 아니한 자는 제외한다)의 협력을 받아야 한다. <개정 2016.2.3., 2020.6.9., 2021.3.16>

1. 「기술사법」 제6조에 따라 기술사사무소를 개설등록한 자
2. 「건설기술 진흥법」 제26조에 따라 건설엔지니어링사업자로 등록한 자
3. 「엔지니어링산업 진흥법」 제21조에 따라 엔지니어링사업자의 신고를 한 자
4. 「전력기술관리법」 제14조에 따라 설계업 및 감리업으로 등록한 자

② 관계전문기술자는 건축물이 이 법 및 이 법에 따른 명령이나 처분, 그 밖의 관계 법령에 맞고 안전·기능 및 미관에 지장이 없도록 업무를 수행하여야 한다.

제68조【기술적 기준】 ① 제40조, 제41조, 제48조부터 제50조까지, 제50조의2, 제51조, 제52조, 제52조의2, 제62조 및 제64조에 따른 대지의 안전, 건축물의 구조상의 안전, 건축설비 등에 관한 기술적 기준은 이 법에서 특별히 규정한 경우 외에는 국토교통부령으로 정하되, 이에 따른 세부기준이 필요하면 국토교통부장관이 세부기준을 정하거나 국토교통부장관이 지정하는 연구기관(시험기관·검사기관을 포함한다), 학술단체, 그 밖의 관련 전문기관 또는 단체가 국토교통부장관의 승인을 받아 정할 수 있다. <개정 2014.5.28.>

② 국토교통부장관은 제1항에 따라 세부기준을 정하거나 승인을 하려면 미리 건축위원회의 심의를 거쳐야 한다. <개정 2013.3.23.>

③ 국토교통부장관은 제1항에 따라 세부기준을 정하거나 승인을 한 경우 이를 고시하여야 한다. <개정 2013.3.23.>

④ 국토교통부장관은 제1항에 따른 기술적 기준 및 세부기준을 적용하기 어려운 건축설비에 관한 기술·제품이 개발된 경우, 개발한 자의 신청을 받아 그 기술·제품을 평가하여 신규성·진보성 및 현장 적용성이 있다고 판단하는 경우에는 대통령령으로 정하는 바에 따라 설치 등을 위한 기준을 건축위원회의 심의를 거쳐 인정할 수 있다. <신설 2020.4.7.>

제68조의2 삭제 <2015.8.11>

제68조의3 **【건축물의 구조 및 재료 등에 관한 기준의 관리】** ① 국토교통부장관은 기후 변화나 건축기술의 변화 등에 따라 제48조, 제48조의2, 제49조, 제50조, 제50조의2, 제51조, 제52조, 제52조의2, 제52조의4, 제53조의 건축물의 구조 및 재료 등에 관한 기준이 적정한지를 검토하는 모니터링(이하 이 조에서 "건축모니터링"이라 한다)을 대통령령으로 정하는 기간마다 실시하여야 한다. <개정 2019.4.23>
② 국토교통부장관은 대통령령으로 정하는 전문기관을 지정하여 건축모니터링을 하게 할 수 있다.
[본조신설 2015.1.6.]

제8장 특별건축구역 등<개정 2014.1.14.>

제69조 **【특별건축구역의 지정】** ① 국토교통부장관 또는 시·도지사는 다음 각 호의 구분에 따라 도시나 지역의 일부가 특별건축구역으로 특례 적용이 필요하다고 인정하는 경우에는 특별건축구역을 지정할 수 있다. <개정 2014.1.14.>
1. 국토교통부장관이 지정하는 경우
   가. 국가가 국제행사 등을 개최하는 도시 또는 지역의 사업구역
   나. 관계법령에 따른 국가정책사업으로서 대통령령으로 정하는 사업구역
2. 시·도지사가 지정하는 경우
   가. 지방자치단체가 국제행사 등을 개최하는 도시 또는 지역의 사업구역
   나. 관계법령에 따른 도시개발·도시재정비 및 건축문화 진흥사업으로서 건축물 또는 공간환경을 조성하기 위하여 대통령령으로 정하는 사업구역
   다. 그 밖에 대통령령으로 정하는 도시 또는 지역의 사업구역

② 다음 각 호의 어느 하나에 해당하는 지역·구역 등에 대하여는 제1항에도 불구하고 특별건축구역으로 지정할 수 없다.
1. 「개발제한구역의 지정 및 관리에 관한 특별조치법」에 따른 개발제한구역
2. 「자연공원법」에 따른 자연공원
3. 「도로법」에 따른 접도구역
4. 「산지관리법」에 따른 보전산지
5. 삭제 <2016.2.3.>

③ 국토교통부장관 또는 시·도지사는 특별건축구역으로 지정하고자 하는 지역이 「군사기지 및 군사시설 보호법」에 따른 군사기지 및 군사시설 보호구역에 해당하는 경우에는 국방부장관과 사전에 협의하여야 한다. <신설 2016.2.3.>

제70조 **【특별건축구역의 건축물】** 특별건축구역에서 제73조에 따라 건축기준 등의 특례사항을 적용하여 건축할 수 있는 건축물은 다음 각 호의 어느 하나에 해당되어야 한다.
1. 국가 또는 지방자치단체가 건축하는 건축물
2. 「공공기관의 운영에 관한 법률」 제4조에 따른 공공기관 중 대통령령으로 정하는 공공기관이 건축하는 건축물
3. 그 밖에 대통령령으로 정하는 용도·규모의 건축물로서 도시경관의 창출, 건설기술 수준향상 및 건축 관련 제도개선을 위하여 특례 적용이 필요하다고 허가권자가 인정하는 건축물

제71조 **【특별건축구역의 지정절차 등】** ① 중앙행정기관의 장, 제69조제1항 각 호의 사업구역을 관할하는 시·도지사 또는 시장·군수·구청장(이하 이 장에서 "지정신청기관"이라 한다)은 특별건축구역의 지정이 필요한 경우에는 다음 각 호의 자료를 갖추어 중앙행정기관의 장 또는 시·도지사는 국토교통부장관에게, 시장·군수·구청장은 특별시장·광역시장·도지사에게 각각 특별건축구역의 지정을 신청할 수 있다. <개정 2014.1.14.>
1. 특별건축구역의 위치·범위 및 면적 등에 관한 사항
2. 특별건축구역의 지정 목적 및 필요성
3. 특별건축구역 내 건축물의 규모 및 용도 등에 관한 사항
4. 특별건축구역의 도시·군관리계획에 관한 사항. 이 경우 도시·군관리계획의 세부 내용은 대통령령으로 정한다.
5. 건축물의 설계, 공사감리 및 건축시공 등의 발주방법 등에 관한 사항
6. 제74조에 따라 특별건축구역 전부 또는 일부를 대상으로 통합하여 적용하는 미술작품, 부설주차

장, 공원 등의 시설에 대한 운영관리 계획서. 이 경우 운영관리 계획서의 작성방법, 서식, 내용 등에 관한 사항은 국토교통부령으로 정한다.
7. 그 밖에 특별건축구역의 지정에 필요한 대통령령으로 정하는 사항
② 제1항에 따른 지정신청기관 외의 자는 제1항 각 호의 자료를 갖추어 제69조제1항제2호의 사업구역을 관할하는 시·도지사에게 특별건축구역의 지정을 제안할 수 있다. <신설 2020.4.7.>
③ 제2항에 따른 특별건축구역 지정 제안의 방법 및 절차 등에 관하여 필요한 사항은 대통령령으로 정한다. <신설 2020.4.7.>
④ 국토교통부장관 또는 특별시장·광역시장·도지사는 제1항에 따라 지정신청이 접수된 경우에는 특별건축구역 지정의 필요성, 타당성 및 공공성 등과 피난·방재 등의 사항을 검토하고, 지정 여부를 결정하기 위하여 지정신청을 받은 날부터 30일 이내에 국토교통부장관이 지정신청을 받은 경우에는 국토교통부장관이 두는 건축위원회(이하 "중앙건축위원회"라 한다), 특별시장·광역시장·도지사가 지정신청을 받은 경우에는 각각 특별시장·광역시장·도지사가 두는 건축위원회의 심의를 거쳐야 한다. <개정 2020.4.7.>
⑤ 국토교통부장관 또는 특별시장·광역시장·도지사는 각각 중앙건축위원회 또는 특별시장·광역시장·도지사가 두는 건축위원회의 심의 결과를 고려하여 필요한 경우 특별건축구역의 범위, 도시·군관리계획 등에 관한 사항을 조정할 수 있다. <개정 2020.4.7.>
⑥ 국토교통부장관 또는 시·도지사는 필요한 경우 직권으로 특별건축구역을 지정할 수 있다. 이 경우 제1항 각 호의 자료에 따라 특별건축구역 지정의 필요성, 타당성 및 공공성 등과 피난·방재 등의 사항을 검토하고 각각 중앙건축위원회 또는 시·도지사가 두는 건축위원회의 심의를 거쳐야 한다. <개정 2020.4.7.>
⑦ 국토교통부장관 또는 시·도지사는 특별건축구역을 지정하거나 변경·해제하는 경우에는 대통령령으로 정하는 바에 따라 주요 내용을 관보(시·도지사는 공보)에 고시하고, 국토교통부장관 또는 특별시장·광역시장·도지사는 지정신청기관에 관계 서류의 사본을 송부하여야 한다. <개정 2020.4.7.>
⑧ 제7항에 따라 관계 서류의 사본을 받은 지정신청기관은 관계 서류에 도시·군관리계획의 결정사항이 포함되어 있는 경우에는 「국토의 계획 및 이용에 관한 법률」 제32조에 따라 지형도면의 승인신청 등 필요한 조치를 취하여야 한다. <개정 2020.4.7.>
⑨ 지정신청기관은 특별건축구역 지정 이후 변경이 있는 경우 변경지정을 받아야 한다. 이 경우 변경지정을 받아야 하는 변경의 범위, 변경지정의 절차 등 필요한 사항은 대통령령으로 정한다. <개정 2020.4.7.>
⑩ 국토교통부장관 또는 시·도지사는 다음 각 호의 어느 하나에 해당하는 경우에는 특별건축구역의 전부 또는 일부에 대하여 지정을 해제할 수 있다. 이 경우 국토교통부장관 또는 특별시장·광역시장·도지사는 지정신청기관의 의견을 청취하여야 한다. <개정 2020.4.7.>
1. 지정신청기관의 요청이 있는 경우
2. 거짓이나 그 밖의 부정한 방법으로 지정을 받은 경우
3. 특별건축구역 지정일부터 5년 이내에 특별건축구역 지정목적에 부합하는 건축물의 착공이 이루어지지 아니하는 경우
4. 특별건축구역 지정요건 등을 위반하였으나 시정이 불가능한 경우
⑪ 특별건축구역을 지정하거나 변경한 경우에는 「국토의 계획 및 이용에 관한 법률」 제30조에 따른 도시·군관리계획의 결정(용도지역·지구·구역의 지정 및 변경은 제외한다)이 있는 것으로 본다. <개정 2020.4.7., 2020.6.9.>

제72조 【특별건축구역 내 건축물의 심의 등】 ① 특별건축구역에서 제73조에 따라 건축기준 등의 특례사항을 적용하여 건축허가를 신청하고자 하는 자(이하 이 조에서 "허가신청자"라 한다)는 다음 각 호의 사항이 포함된 특례적용계획서를 첨부하여 제11조에 따라 해당 허가권자에게 건축허가를 신청하여야 한다. 이 경우 특례적용계획서의 작성방법 및 제출서류 등은 국토교통부령으로 정한다. <개정 2013.3.23.>
1. 제5조에 따라 기준을 완화하여 적용할 것을 요청하는 사항
2. 제71조에 따른 특별건축구역의 지정요건에 관한 사항
3. 제73조제1항의 적용배제 특례를 적용한 사유 및 예상효과 등
4. 제73조제2항의 완화적용 특례의 동등 이상의 성능에 대한 증빙내용
5. 건축물의 공사 및 유지·관리 등에 관한 계획
② 제1항에 따른 건축허가는 해당 건축물이 특별건축구역의 지정 목적에 적합한지의 여부와 특례적용

계획서 등 해당 사항에 대하여 제4조제1항에 따라 시·도지사 및 시장·군수·구청장이 설치하는 건축위원회(이하 "지방건축위원회"라 한다)의 심의를 거쳐야 한다.

③ 허가신청자는 제1항에 따른 건축허가 시 「도시교통정비 촉진법」 제16조에 따른 교통영향평가서의 검토를 동시에 진행하고자 하는 경우에는 같은 법 제16조에 따른 교통영향평가서에 관한 서류를 첨부하여 허가권자에게 심의를 신청할 수 있다. <개정 2015.7.24.>

④ 제3항에 따라 교통영향평가서에 대하여 지방건축위원회에서 통합심의한 경우에는 「도시교통정비 촉진법」 제17조에 따른 교통영향평가서의 심의를 한 것으로 본다. <개정 2015.7.24.>

⑤ 제1항 및 제2항에 따라 심의된 내용에 대하여 대통령령으로 정하는 변경사항이 발생한 경우에는 지방건축위원회의 변경심의를 받아야 한다. 이 경우 변경심의는 제1항에서 제3항까지의 규정을 준용한다.

⑥ 국토교통부장관 또는 특별시장·광역시장·도지사는 건축제도의 개선 및 건설기술의 향상을 위하여 허가권자의 의견을 들어 특별건축구역 내에서 제1항 및 제2항에 따라 건축허가를 받은 건축물에 대하여 모니터링(특례를 적용한 건축물에 대하여 해당 건축물의 건축시공, 공사감리, 유지·관리 등의 과정을 검토하고 실제로 건축물에 구현된 기능·미관·환경 등을 분석하여 평가하는 것을 말한다. 이하 이 장에서 같다)을 실시할 수 있다. <개정 2016.2.3.>

⑦ 허가권자는 제1항 및 제2항에 따라 건축허가를 받은 건축물의 특례적용계획서를 심의하는 데에 필요한 국토교통부령으로 정하는 자료를 특별시장·광역시장·특별자치시장·도지사·특별자치도지사는 국토교통부장관에게, 시장·군수·구청장은 특별시장·광역시장·도지사에게 각각 제출하여야 한다. <개정 2016.2.3.>

⑧ 제1항 및 제2항에 따라 건축허가를 받은 「건설기술 진흥법」 제2조제6호에 따른 발주청은 설계의도의 구현, 건축시공 및 공사감리의 모니터링, 그 밖에 발주청이 위탁하는 업무의 수행 등을 위하여 필요한 경우 설계자를 건축허가 이후에도 해당 건축물의 건축에 참여하게 할 수 있다. 이 경우 설계자의 업무내용 및 보수 등에 관하여는 대통령령으로 정한다. <개정 2013.5.22.>

제73조 【관계 법령의 적용 특례】 ① 특별건축구역에 건축하는 건축물에 대하여는 다음 각 호를 적용하지 아니할 수 있다. <개정 2016.1.19., 2016.2.3.>

1. 제42조, 제55조, 제56조, 제58조, 제60조 및 제61조
2. 「주택법」 제35조 중 대통령령으로 정하는 규정

② 특별건축구역에 건축하는 건축물이 제49조, 제50조, 제50조의2, 제51조부터 제53조까지, 제62조 및 제64조와 「녹색건축물 조성 지원법」 제15조에 해당할 때에는 해당 규정에서 요구하는 기준 또는 성능 등을 다른 방법으로 대신할 수 있는 것으로 지방건축위원회가 인정하는 경우에만 해당 규정의 전부 또는 일부를 완화하여 적용할 수 있다. <개정 2014.1.14.>

③ 「소방시설 설치·유지 및 안전관리에 관한 법률」 제9조와 제11조에서 요구하는 기준 또는 성능 등을 대통령령으로 정하는 절차·심의방법 등에 따라 다른 방법으로 대신할 수 있는 경우 전부 또는 일부를 완화하여 적용할 수 있다. <개정 2011.8.4.>

제74조 【통합적용계획의 수립 및 시행】 ① 특별건축구역에서는 다음 각 호의 관계 법령의 규정에 대하여는 개별 건축물마다 적용하지 아니하고 특별건축구역 전부 또는 일부를 대상으로 통합하여 적용할 수 있다. <개정 2014.1.14.>

1. 「문화예술진흥법」 제9조에 따른 건축물에 대한 미술작품의 설치
2. 「주차장법」 제19조에 따른 부설주차장의 설치
3. 「도시공원 및 녹지 등에 관한 법률」에 따른 공원의 설치

② 지정신청기관은 제1항에 따라 관계 법령의 규정을 통합하여 적용하려는 경우에는 특별건축구역 전부 또는 일부에 대하여 미술작품, 부설주차장, 공원 등에 대한 수요를 개별법으로 정한 기준 이상으로 산정하여 파악하고 이용자의 편의성, 쾌적성 및 안전 등을 고려한 통합적용계획을 수립하여야 한다. <개정 2014.1.14.>

③ 지정신청기관이 제2항에 따라 통합적용계획을 수립하는 때에는 해당 구역을 관할하는 허가권자와 협의하여야 하며, 협의요청을 받은 허가권자는 요청받은 날부터 20일 이내에 지정신청기관에게 의견을 제출하여야 한다.

④ 지정신청기관은 도시·군관리계획의 변경을 수반하는 통합적용계획이 수립된 때에는 관련 서류를 「국토의 계획 및 이용에 관한 법률」 제30조에 따른 도시·군관리계획 결정권자에게 송부하여야 하며, 이 경우 해당 도시·군관리계획 결정권자는 특별한 사유가 없으면 도시·군관리계획의 변경에 필요한 조치를 취하여야 한다. <개정 2020.6.9>

제75조 【건축주 등의 의무】 ① 특별건축구역에서 제73

조에 따라 건축기준 등의 적용 특례사항을 적용하여 건축허가를 받은 건축물의 공사감리자, 시공자, 건축주, 소유자 및 관리자는 시공 중이거나 건축물의 사용승인 이후에도 당초 허가를 받은 건축물의 형태, 재료, 색채 등이 원형을 유지하도록 필요한 조치를 하여야 한다. <개정 2012.1.17.>

② 삭제 <2016.2.3.>

제76조 【허가권자 등의 의무】 ① 허가권자는 특별건축구역의 건축물에 대하여 설계자의 창의성·심미성 등의 발휘와 제도개선·기술발전 등이 유도될 수 있도록 노력하여야 한다.

② 허가권자는 제77조제2항에 따른 모니터링 결과를 국토교통부장관 또는 특별시장·광역시장·도지사에게 제출하여야 하며, 국토교통부장관 또는 특별시장·광역시장·도지사는 제77조에 따른 검사 및 모니터링 결과 등을 분석하여 필요한 경우 이 법 또는 관계 법령의 제도개선을 위하여 노력하여야 한다. <개정 2016.2.3.>

제77조 【특별건축구역 건축물의 검사 등】 ① 국토교통부장관 및 허가권자는 특별건축구역의 건축물에 대하여 제87조에 따라 검사를 할 수 있으며, 필요한 경우 제79조에 따라 시정명령 등 필요한 조치를 할 수 있다. <개정 2014.1.14.>

② 국토교통부장관 및 허가권자는 제72조제6항에 따라 모니터링을 실시하는 건축물에 대하여 직접 모니터링을 하거나 분야별 전문가 또는 전문기관에 용역을 의뢰할 수 있다. 이 경우 해당 건축물의 건축주, 소유자 또는 관리자는 특별한 사유가 없으면 모니터링에 필요한 사항에 대하여 협조하여야 한다. <개정 2016.2.3.>

제77조의2 【특별가로구역의 지정】 ① 국토교통부장관 및 허가권자는 도로에 인접한 건축물의 건축을 통한 조화로운 도시경관의 창출을 위하여 이 법 및 관계 법령에 따라 일부 규정을 적용하지 아니하거나 완화하여 적용할 수 있도록 다음 각 호의 어느 하나에 해당하는 지구 또는 구역에서 대통령령으로 정하는 도로에 접한 대지의 일정 구역을 특별가로구역으로 지정할 수 있다. <개정 2017.1.17., 2017.4.18.>

1. 삭제 <2017.4.18.>
2. 경관지구
3. 지구단위계획구역 중 미관유지를 위하여 필요하다고 인정하는 구역

② 국토교통부장관 및 허가권자는 제1항에 따라 특별가로구역을 지정하려는 경우에는 다음 각 호의 자료를 갖추어 국토교통부장관 또는 허가권자가 두는 건축위원회의 심의를 거쳐야 한다.

1. 특별가로구역의 위치·범위 및 면적 등에 관한 사항
2. 특별가로구역의 지정 목적 및 필요성
3. 특별가로구역 내 건축물의 규모 및 용도 등에 관한 사항
4. 그 밖에 특별가로구역의 지정에 필요한 사항으로서 대통령령으로 정하는 사항

③ 국토교통부장관 및 허가권자는 특별가로구역을 지정하거나 변경·해제하는 경우에는 국토교통부령으로 정하는 바에 따라 이를 지역 주민에게 알려야 한다.

[본조신설 2014.1.14.]

제77조의3 【특별가로구역의 관리 및 건축물의 건축기준 적용 특례 등】 ① 국토교통부장관 및 허가권자는 특별가로구역을 효율적으로 관리하기 위하여 국토교통부령으로 정하는 바에 따라 제77조의2제2항 각 호의 지정 내용을 작성하여 관리하여야 한다.

② 특별가로구역의 변경절차 및 해제, 특별가로구역 내 건축물에 관한 건축기준의 적용 등에 관하여는 제71조제9항·제10항(각 호 외의 부분 후단은 제외한다), 제72조제1항부터 제5항까지, 제73조제1항(제77조의2제1항제3호에 해당하는 경우에는 제55조 및 제56조는 제외한다)·제2항, 제75조제1항 및 제77조제1항을 준용한다. 이 경우 "특별건축구역"은 각각 "특별가로구역"으로, "지정신청기관", "국토교통부장관 또는 시·도지사" 및 "국토교통부장관, 시·도지사 및 허가권자"는 각각 "국토교통부장관 및 허가권자"로 본다. <개정 2017.1.17., 2020.4.7.>

③ 특별가로구역 안의 건축물에 대하여 국토교통부장관 또는 허가권자가 배치기준을 따로 정하는 경우에는 제46조 및 「민법」 제242조를 적용하지 아니한다. <신설 2016.1.19.>

[본조신설 2014.1.14.]

제8장의2 건축협정<신설 2014.1.14.>

제77조의4 【건축협정의 체결】 ① 토지 또는 건축물의 소유자, 지상권자 등 대통령령으로 정하는 자(이하 "소유자등"이라 한다)는 전원의 합의로 다음 각 호의 어느 하나에 해당하는 지역 또는 구역에서 건축물의 건축·대수선 또는 리모델링에 관한 협정(이하 "건축협정"이라 한다)을 체결할 수 있다. <개정 2016.2.3., 2017.2.8., 2017.4.18.>

1. 「국토의 계획 및 이용에 관한 법률」 제51조에 따라 지정된 지구단위계획구역
2. 「도시 및 주거환경정비법」 제2조제2호가목에 따른 주거환경개선사업을 시행하기 위하여 같은 법 제8조에 따라 지정·고시된 정비구역
3. 「도시재정비 촉진을 위한 특별법」 제2조제6호에 따른 존치지역
4. 「도시재생 활성화 및 지원에 관한 특별법」 제2조제1항제5호에 따른 도시재생활성화지역
5. 그 밖에 시·도지사 및 시장·군수·구청장(이하 "건축협정인가권자"라 한다)이 도시 및 주거환경개선이 필요하다고 인정하여 해당 지방자치단체의 조례로 정하는 구역

② 제1항 각 호의 지역 또는 구역에서 둘 이상의 토지를 소유한 자가 1인인 경우에도 그 토지 소유자는 해당 토지의 구역을 건축협정 대상 지역으로 하는 건축협정을 정할 수 있다. 이 경우 그 토지 소유자 1인을 건축협정 체결자로 본다.

③ 소유자등은 제1항에 따라 건축협정을 체결(제2항에 따라 토지 소유자 1인이 건축협정을 정하는 경우를 포함한다. 이하 같다)하는 경우에는 다음 각 호의 사항을 준수하여야 한다.
1. 이 법 및 관계 법령을 위반하지 아니할 것
2. 「국토의 계획 및 이용에 관한 법률」 제30조에 따른 도시·군관리계획 및 이 법 제77조의11제1항에 따른 건축물의 건축·대수선 또는 리모델링에 관한 계획을 위반하지 아니할 것

④ 건축협정은 다음 각 호의 사항을 포함하여야 한다.
1. 건축물의 건축·대수선 또는 리모델링에 관한 사항
2. 건축물의 위치·용도·형태 및 부대시설에 관하여 대통령령으로 정하는 사항

⑤ 소유자등이 건축협정을 체결하는 경우에는 건축협정서를 작성하여야 하며, 건축협정서에는 다음 각 호의 사항이 명시되어야 한다.
1. 건축협정의 명칭
2. 건축협정 대상 지역의 위치 및 범위
3. 건축협정의 목적
4. 건축협정의 내용
5. 제1항 및 제2항에 따라 건축협정을 체결하는 자(이하 "협정체결자"라 한다)의 성명, 주소 및 생년월일(법인, 법인 아닌 사단이나 재단 및 외국인의 경우에는 「부동산등기법」 제49조에 따라 부여된 등록번호를 말한다. 이하 제6호에서 같다)
6. 제77조의5제1항에 따른 건축협정운영회가 구성되어 있는 경우에는 그 명칭, 대표자 성명, 주소 및 생년월일
7. 건축협정의 유효기간
8. 건축협정 위반 시 제재에 관한 사항
9. 그 밖에 건축협정에 필요한 사항으로서 해당 지방자치단체의 조례로 정하는 사항

⑥ 제1항제4호에 따라 시·도지사가 필요하다고 인정하여 조례로 구역을 정하려는 때에는 해당 시장·군수·구청장의 의견을 들어야 한다. <신설 2016.2.3.>

[본조신설 2014.1.14.]

제77조의5【건축협정운영회의 설립】 ① 협정체결자는 건축협정서 작성 및 건축협정 관리 등을 위하여 필요한 경우 협정체결자 간의 자율적 기구로서 운영회(이하 "건축협정운영회"라 한다)를 설립할 수 있다.

② 제1항에 따라 건축협정운영회를 설립하려면 협정체결자 과반수의 동의를 받아 건축협정운영회의 대표자를 선임하고, 국토교통부령으로 정하는 바에 따라 건축협정인가권자에게 신고하여야 한다. 다만, 제77조의6에 따른 건축협정 인가 신청 시 건축협정운영회에 관한 사항을 포함한 경우에는 그러하지 아니하다.

[본조신설 2014.1.14.]

제77조의6【건축협정의 인가】 ① 협정체결자 또는 건축협정운영회의 대표자는 건축협정서를 작성하여 국토교통부령으로 정하는 바에 따라 해당 건축협정인가권자의 인가를 받아야 한다. 이 경우 인가신청을 받은 건축협정인가권자는 인가를 하기 전에 건축협정인가권자가 두는 건축위원회의 심의를 거쳐야 한다.

② 제1항에 따른 건축협정 체결 대상 토지가 둘 이상의 특별자치시 또는 시·군·구에 걸치는 경우 건축협정 체결 대상 토지면적의 과반(過半)이 속하는 건축협정인가권자에게 인가를 신청할 수 있다. 이 경우 인가 신청을 받은 건축협정인가권자는 건축협정을 인가하기 전에 다른 특별자치시장 또는 시장·군수·구청장과 협의하여야 한다.

③ 건축협정인가권자는 제1항에 따라 건축협정을 인가하였을 때에는 국토교통부령으로 정하는 바에 따라 그 내용을 공고하여야 한다.

[본조신설 2014.1.14.]

제77조의7【건축협정의 변경】 ① 협정체결자 또는 건축협정운영회의 대표자는 제77조의6제1항에 따라 인가받은 사항을 변경하려면 국토교통부령으로 정하는 바에 따라 변경인가를 받아야 한다. 다만, 대통령령으로 정하는 경미한 사항을 변경하는 경우에는 그러하지 아니하다.

② 제1항에 따른 변경인가에 관하여는 제77조의6을 준용한다.
[본조신설 2014.1.14.]

제77조의8 【건축협정의 관리】 건축협정인가권자는 제77조의6 및 제77조의7에 따라 건축협정을 인가하거나 변경인가하였을 때에는 국토교통부령으로 정하는 바에 따라 건축협정 관리대장을 작성하여 관리하여야 한다.
[본조신설 2014.1.14.]

제77조의9 【건축협정의 폐지】 ① 협정체결자 또는 건축협정운영회의 대표자는 건축협정을 폐지하려는 경우에는 협정체결자 과반수의 동의를 받아 국토교통부령으로 정하는 바에 따라 건축협정인가권자의 인가를 받아야 한다. 다만, 제77조의13에 따른 특례를 적용하여 제21조에 따른 착공신고를 한 경우에는 대통령령으로 정하는 기간이 지난 후에 건축협정의 폐지 인가를 신청할 수 있다. <개정 2015.5.18., 2020.6.9.>
② 제1항에 따른 건축협정의 폐지에 관하여는 제77조의6제3항을 준용한다.
[본조신설 2014.1.14.]

제77조의10 【건축협정의 효력 및 승계】 ① 건축협정이 체결된 지역 또는 구역(이하 "건축협정구역"이라 한다)에서 건축물의 건축·대수선 또는 리모델링을 하거나 그 밖에 대통령령으로 정하는 행위를 하려는 소유자등은 제77조의6 및 제77조의7에 따라 인가·변경인가된 건축협정에 따라야 한다.
② 제77조의6제3항에 따라 건축협정이 공고된 후 건축협정구역에 있는 토지나 건축물 등에 관한 권리를 협정체결자인 소유자등으로부터 이전받거나 설정받은 자는 협정체결자로서의 지위를 승계한다. 다만, 건축협정에서 달리 정한 경우에는 그에 따른다.
[본조신설 2014.1.14.]

제77조의11 【건축협정에 관한 계획 수립 및 지원】 ① 건축협정인가권자는 소유자등이 건축협정을 효율적으로 체결할 수 있도록 건축협정구역에서 건축물의 건축·대수선 또는 리모델링에 관한 계획을 수립할 수 있다.
② 건축협정인가권자는 대통령령으로 정하는 바에 따라 도로 개설 및 정비 등 건축협정구역 안의 주거환경개선을 위한 사업비용의 일부를 지원할 수 있다.
[본조신설 2014.1.14.]

제77조의12 【경관협정과의 관계】 ① 소유자등은 제77조의4에 따라 건축협정을 체결할 때 「경관법」 제19조에 따른 경관협정을 함께 체결하려는 경우에는 「경관법」 제19조제3항·제4항 및 제20조에 관한 사항을 반영하여 건축협정인가권자에게 인가를 신청할 수 있다.
② 제1항에 따른 인가 신청을 받은 건축협정인가권자는 건축협정에 대한 인가를 하기 전에 건축위원회의 심의를 하는 때에 「경관법」 제29조제3항에 따라 경관위원회와 공동으로 하는 심의를 거쳐야 한다.
③ 제2항에 따른 절차를 거쳐 건축협정을 인가받은 경우에는 「경관법」 제21조에 따른 경관협정의 인가를 받은 것으로 본다.
[본조신설 2014.1.14.]

제77조의13 【건축협정에 따른 특례】 ① 제77조의4제1항에 따라 건축협정을 체결하여 제59조제1항제1호에 따라 둘 이상의 건축물 벽을 맞벽으로 하여 건축하려는 경우 맞벽으로 건축하려는 자는 공동으로 제11조에 따른 건축허가를 신청할 수 있다.
② 제1항의 경우에 제17조, 제21조, 제22조 및 제25조에 관하여는 개별 건축물마다 적용하지 아니하고 허가를 신청한 건축물 전부 또는 일부를 대상으로 통합하여 적용할 수 있다.
③ 건축협정의 인가를 받은 건축협정구역에서 연접한 대지에 대하여는 다음 각 호의 관계 법령의 규정을 개별 건축물마다 적용하지 아니하고 건축협정구역의 전부 또는 일부를 대상으로 통합하여 적용할 수 있다. <개정 2015.5.18., 2016.1.19.>
1. 제42조에 따른 대지의 조경
2. 제44조에 따른 대지와 도로와의 관계
3. 삭제 <2016.1.19.>
4. 제53조에 따른 지하층의 설치
5. 제55조에 따른 건폐율
6. 「주차장법」 제19조에 따른 부설주차장의 설치
7. 삭제 <2016.1.19.>
8. 「하수도법」 제34조에 따른 개인하수처리시설의 설치
④ 제3항에 따라 관계 법령의 규정을 적용하려는 경우에는 건축협정구역 전부 또는 일부에 대하여 조경 및 부설주차장에 대한 기준을 이 법 및 「주차장법」에서 정한 기준 이상으로 산정하여 적용하여야 한다.
⑤ 건축협정을 체결하여 둘 이상 건축물의 경계벽을 전체 또는 일부를 공유하여 건축하는 경우에는 제1항부터 제4항까지의 특례를 적용하며, 해당 대지를 하나의 대지로 보아 이 법의 기준을 개별 건축물마다 적용하지 아니하고 허가를 신청한 건축물의 전부 또는 일부를 대상으로 통합하여 적용할 수 있다.

<신설 2016.1.19.>
⑥ 건축협정구역에 건축하는 건축물에 대하여는 제42조, 제55조, 제56조, 제58조, 제60조 및 제61조와 「주택법」 제35조를 대통령령으로 정하는 바에 따라 완화하여 적용할 수 있다. 다만, 제56조를 완화하여 적용하는 경우에는 제4조에 따른 건축위원회의 심의와 「국토의 계획 및 이용에 관한 법률」 제113조에 따른 지방도시계획위원회의 심의를 통합하여 거쳐야 한다. <신설 2016.2.3.>
⑦ 제6항 단서에 따라 통합 심의를 하는 경우 통합 심의의 방법 및 절차 등에 관한 구체적인 사항은 대통령령으로 정한다. <신설 2016.2.3.>
⑧ 제6항 본문에 따른 건축협정구역 내의 건축물에 대한 건축기준의 적용에 관하여는 제72조제1항(제2호 및 제4호는 제외한다)부터 제5항까지를 준용한다. 이 경우 "특별건축구역"은 "건축협정구역"으로 본다. <신설 2016.2.3.>
[본조신설 2014.1.14.]

제77조의14 【건축협정 집중구역 지정 등】 ① 건축협정인가권자는 건축협정의 효율적인 체결을 통한 도시의 기능 및 미관의 증진을 위하여 제77조의4제1항 각 호의 어느 하나에 해당하는 지역 및 구역의 전체 또는 일부를 건축협정 집중구역으로 지정할 수 있다.
② 건축협정인가권자는 제1항에 따라 건축협정 집중구역을 지정하는 경우에는 미리 다음 각 호의 사항에 대하여 건축협정인가권자가 두는 건축위원회의 심의를 거쳐야 한다.
1. 건축협정 집중구역의 위치, 범위 및 면적 등에 관한 사항
2. 건축협정 집중구역의 지정 목적 및 필요성
3. 건축협정 집중구역에서 제77조의4제4항 각 호의 사항 중 건축협정인가권자가 도시의 기능 및 미관 증진을 위하여 세부적으로 규정하는 사항
4. 건축협정 집중구역에서 제77조의13에 따른 건축협정의 특례 적용에 관하여 세부적으로 규정하는 사항

③ 제1항에 따른 건축협정 집중구역의 지정 또는 변경·해제에 관하여는 제77조의6제3항을 준용한다.
④ 건축협정 집중구역 내의 건축협정이 제2항 각 호에 관한 심의내용에 부합하는 경우에는 제77조의6제1항에 따른 건축위원회의 심의를 생략할 수 있다.
[본조신설 2017.4.18.][종전 제77조의14는 제77조의15로 이동 <2017.4.18.>]

제8장의3 결합건축 <신설 2016.1.19.>

제77조의15 【결합건축 대상지】 ① 다음 각 호의 어느 하나에 해당하는 지역에서 대지간의 최단거리가 100미터 이내의 범위에서 대통령령으로 정하는 범위에 있는 2개의 대지의 건축주가 서로 합의한 경우 2개의 대지를 대상으로 결합건축을 할 수 있다. <개정 2017.2.8., 2017.4.18., 2020.4.7.>
1. 「국토의 계획 및 이용에 관한 법률」 제36조에 따라 지정된 상업지역
2. 「역세권의 개발 및 이용에 관한 법률」 제4조에 따라 지정된 역세권개발구역
3. 「도시 및 주거환경정비법」 제2조에 따른 정비구역 중 주거환경개선사업의 시행을 위한 구역
4. 그 밖에 도시 및 주거환경 개선과 효율적인 토지 이용이 필요하다고 대통령령으로 정하는 지역

② 다음 각 호의 어느 하나에 해당하는 경우에는 제1항 각 호의 어느 하나에 해당하는 지역에서 대통령령으로 정하는 범위에 있는 3개 이상 대지의 건축주 등이 서로 합의한 경우 3개 이상의 대지를 대상으로 결합건축을 할 수 있다. <신설 2020.4.7.>
1. 국가·지방자치단체 또는 「공공기관의 운영에 관한 법률」 제4조제1항에 따른 공공기관이 소유 또는 관리하는 건축물과 결합건축하는 경우
2. 「빈집 및 소규모주택 정비에 관한 특례법」 제2조제1항제1호에 따른 빈집 또는 「건축물관리법」 제42조에 따른 빈 건축물을 철거하여 그 대지에 공원, 광장 등 대통령령으로 정하는 시설을 설치하는 경우
3. 그 밖에 대통령령으로 정하는 건축물과 결합건축하는 경우

③ 제1항 및 제2항에도 불구하고 도시경관의 형성, 기반시설 부족 등의 사유로 해당 지방자치단체의 조례로 정하는 지역 안에서는 결합건축을 할 수 없다. <신설 2020.4.7.>
④ 제1항 또는 제2항에 따라 결합건축을 하려는 2개 이상의 대지를 소유한 자가 1명인 경우는 제77조의4제2항을 준용한다. <개정 2020.4.7.>
[본조신설 2016.1.19.][제77조의14에서 이동, 종전 제77조의15는 제77조의16으로 이동 <2017.4.18.>]

제77조의16 【결합건축의 절차】 ① 결합건축을 하고자 하는 건축주는 제11조에 따라 건축허가를 신청하는 때에는 다음 각 호의 사항을 명시한 결합건축협정서를 첨부하여야 하며 국토교통부령으로 정하는 도서

를 제출하여야 한다.
1. 결합건축 대상 대지의 위치 및 용도지역
2. 결합건축협정서를 체결하는 자(이하 "결합건축협정체결자"라 한다)의 성명, 주소 및 생년월일(법인, 법인 아닌 사단이나 재단 및 외국인의 경우에는 「부동산등기법」 제49조에 따라 부여된 등록번호를 말한다)
3. 「국토의 계획 및 이용에 관한 법률」 제78조에 따라 조례로 정한 용적률과 결합건축으로 조정되어 적용되는 대지별 용적률
4. 결합건축 대상 대지별 건축계획서

② 허가권자는 「국토의 계획 및 이용에 관한 법률」 제2조제11호에 따른 도시·군계획사업에 편입된 대지가 있는 경우에는 결합건축을 포함한 건축허가를 아니할 수 있다.

③ 허가권자는 제1항에 따른 건축허가를 하기 전에 건축위원회의 심의를 거쳐야 한다. 다만, 결합건축으로 조정되어 적용되는 대지별 용적률이 「국토의 계획 및 이용에 관한 법률」 제78조에 따라 해당 대지에 적용되는 도시계획조례의 용적률의 100분의 20을 초과하는 경우에는 대통령령으로 정하는 바에 따라 건축위원회 심의와 도시계획위원회 심의를 공동으로 하여 거쳐야 한다.

④ 제1항에 따른 결합건축 대상 대지가 둘 이상의 특별자치시, 특별자치도 및 시·군·구에 걸치는 경우 제77조의6제2항을 준용한다.

[본조신설 2016.1.19.][제77조의15에서 이동, 종전 제77조의16은 제77조의17로 이동 <2017.4.18.>]

제77조의17 【결합건축의 관리】 ① 허가권자는 결합건축을 포함하여 건축허가를 한 경우 국토교통부령으로 정하는 바에 따라 그 내용을 공고하고, 결합건축 관리대장을 작성하여 관리하여야 한다.

② 허가권자는 제77조의15제1항에 따른 결합건축과 관련된 건축물의 사용승인 신청이 있는 경우 해당 결합건축협정서상의 다른 대지에서 착공신고 또는 대통령령으로 정하는 조치가 이행되었는지를 확인한 후 사용승인을 하여야 한다. <개정 2020.4.7.>

③ 허가권자는 결합건축을 허용한 경우 건축물대장에 국토교통부령으로 정하는 바에 따라 결합건축에 관한 내용을 명시하여야 한다.

④ 결합건축협정서에 따른 협정체결 유지기간은 최소 30년으로 한다. 다만, 결합건축협정서의 용적률 기준을 종전대로 환원하여 신축·개축·재축하는 경우에는 그러하지 아니한다.

⑤ 결합건축협정서를 폐지하려는 경우에는 결합건축협정체결자 전원이 동의하여 허가권자에게 신고하여야 하며, 허가권자는 용적률을 이전받은 건축물이 멸실된 것을 확인한 후 결합건축의 폐지를 수리하여야 한다. 이 경우 결합건축 폐지에 관하여는 제1항 및 제3항을 준용한다.

⑥ 결합건축협정의 준수 여부, 효력 및 승계에 대하여는 제77조의4제3항 및 제77조의10을 준용한다. 이 경우 "건축협정"은 각각 "결합건축협정"으로 본다.

[본조신설 2016.1.19.][제77조의16에서 이동<2017.4.18>]

제9장 보칙

제78조 【감독】 ① 국토교통부장관은 시·도지사 또는 시장·군수·구청장이 한 명령이나 처분이 이 법이나 이 법에 따른 명령이나 처분 또는 조례에 위반되거나 부당하다고 인정하면 그 명령 또는 처분의 취소·변경, 그 밖에 필요한 조치를 명할 수 있다. <개정 2013.3.23.>

② 특별시장·광역시장·도지사는 시장·군수·구청장이 한 명령이나 처분이 이 법 또는 이 법에 따른 명령이나 처분 또는 조례에 위반되거나 부당하다고 인정하면 그 명령이나 처분의 취소·변경, 그 밖에 필요한 조치를 명할 수 있다. <개정 2014.1.14.>

③ 시·도지사 또는 시장·군수·구청장이 제1항에 따라 필요한 조치명령을 받으면 그 시정 결과를 국토교통부장관에게 지체 없이 보고하여야 하며, 시장·군수·구청장이 제2항에 따라 필요한 조치명령을 받으면 그 시정 결과를 특별시장·광역시장·도지사에게 지체 없이 보고하여야 한다. <개정 2014.1.14.>

④ 국토교통부장관 및 시·도지사는 건축허가의 적법한 운영, 위법 건축물의 관리 실태 등 건축행정의 건실한 운영을 지도·점검하기 위하여 국토교통부령으로 정하는 바에 따라 매년 지도·점검 계획을 수립·시행하여야 한다. <개정 2013.3.23.>

⑤ 국토교통부장관 및 시·도지사는 제4조의2에 따른 건축위원회의 심의 방법 또는 결과가 이 법 또는 이 법에 따른 명령이나 처분 또는 조례에 위반되거나 부당하다고 인정하면 그 심의 방법 또는 결과의 취소·변경, 그 밖에 필요한 조치를 할 수 있다. 이 경우 심의에 관한 조사·시정명령 및 변경절차 등에 관하여는 대통령령으로 정한다. <신설 2016.1.19.>

제79조 【위반 건축물 등에 대한 조치 등】 ① 허가권자는 이 법 또는 이 법에 따른 명령이나 처분에 위반되는 대지나 건축물에 대하여 이 법에 따른 허가 또는 승인을 취소하거나 그 건축물의 건축주·공사시공

자·현장관리인·소유자·관리자 또는 점유자(이하 "건축주등"이라 한다)에게 공사의 중지를 명하거나 상당한 기간을 정하여 그 건축물의 해체·개축·증축·수선·용도변경·사용금지·사용제한, 그 밖에 필요한 조치를 명할 수 있다. <개정 2019.4.23., 2019.4.30.>

② 허가권자는 제1항에 따라 허가나 승인이 취소된 건축물 또는 제1항에 따른 시정명령을 받고 이행하지 아니한 건축물에 대하여는 다른 법령에 따른 영업이나 그 밖의 행위를 허가·면허·인가·등록·지정 등을 하지 아니하도록 요청할 수 있다. 다만, 허가권자가 기간을 정하여 그 사용 또는 영업, 그 밖의 행위를 허용한 주택과 대통령령으로 정하는 경우에는 그러하지 아니하다. <개정 2014.5.28.>

③ 제2항에 따른 요청을 받은 자는 특별한 이유가 없으면 요청에 따라야 한다.

④ 허가권자는 제1항에 따른 시정명령을 하는 경우 국토교통부령으로 정하는 바에 따라 건축물대장에 위반내용을 적어야 한다. <개정 2016.1.19.>

⑤ 허가권자는 이 법 또는 이 법에 따른 명령이나 처분에 위반되는 대지나 건축물에 대한 실태를 파악하기 위하여 조사를 할 수 있다. <신설 2019.4.23.>

⑥ 제5항에 따른 실태조사의 방법 및 절차에 관한 사항은 대통령령으로 정한다. <신설 2019.4.23.>

제80조【이행강제금】 ① 허가권자는 제79조제1항에 따라 시정명령을 받은 후 시정기간 내에 시정명령을 이행하지 아니한 건축주등에 대하여는 그 시정명령의 이행에 필요한 상당한 이행기한을 정하여 그 기한까지 시정명령을 이행하지 아니하면 다음 각 호의 이행강제금을 부과한다. 다만, 연면적(공동주택의 경우에는 세대 면적을 기준으로 한다)이 60제곱미터 이하인 주거용 건축물과 제2호 중 주거용 건축물로서 대통령령으로 정하는 경우에는 다음 각 호의 어느 하나에 해당하는 금액의 2분의 1의 범위에서 해당 지방자치단체의 조례로 정하는 금액을 부과한다. <개정 2015.8.11., 2019.4.23.>

1. 건축물이 제55조와 제56조에 따른 건폐율이나 용적률을 초과하여 건축된 경우 또는 허가를 받지 아니하거나 신고를 하지 아니하고 건축된 경우에는 「지방세법」에 따라 해당 건축물에 적용되는 1제곱미터의 시가표준액의 100분의 50에 해당하는 금액에 위반면적을 곱한 금액 이하의 범위에서 위반 내용에 따라 대통령령으로 정하는 비율을 곱한 금액
2. 건축물이 제1호 외의 위반 건축물에 해당하는 경우에는 「지방세법」에 따라 그 건축물에 적용되는 시가표준액에 해당하는 금액의 100분의 10의 범위에서 위반내용에 따라 대통령령으로 정하는 금액

② 허가권자는 영리목적을 위한 위반이나 상습적 위반 등 대통령령으로 정하는 경우에 제1항에 따른 금액을 100분의 100의 범위에서 해당 지방자치단체의 조례로 정하는 바에 따라 가중하여야 한다. <신설 2015.8.11., 2019.4.23., 2020.12.8.>

③ 허가권자는 제1항 및 제2항에 따른 이행강제금을 부과하기 전에 제1항 및 제2항에 따른 이행강제금을 부과·징수한다는 뜻을 미리 문서로써 계고(戒告)하여야 한다. <개정 2015.8.11.>

④ 허가권자는 제1항 및 제2항에 따른 이행강제금을 부과하는 경우 금액, 부과 사유, 납부기한, 수납기관, 이의제기 방법 및 이의제기 기관 등을 구체적으로 밝힌 문서로 하여야 한다. <개정 2015.8.11.>

⑤ 허가권자는 최초의 시정명령이 있었던 날을 기준으로 하여 1년에 2회 이내의 범위에서 해당 지방자치단체의 조례로 정하는 횟수만큼 그 시정명령이 이행될 때까지 반복하여 제1항 및 제2항에 따른 이행강제금을 부과·징수할 수 있다. <개정 2015.8.11., 2019.4.23.>

⑥ 허가권자는 제79조제1항에 따라 시정명령을 받은 자가 이를 이행하면 새로운 이행강제금의 부과를 즉시 중지하되, 이미 부과된 이행강제금은 징수하여야 한다. <개정 2015.8.11.>

⑦ 허가권자는 제4항에 따라 이행강제금 부과처분을 받은 자가 이행강제금을 납부기한까지 내지 아니하면 「지방행정제재·부과금의 징수 등에 관한 법률」에 따라 징수한다. <개정 2015.8.11., 2020.3.24>

제80조의2【이행강제금 부과에 관한 특례】 ① 허가권자는 제80조에 따른 이행강제금을 다음 각 호에서 정하는 바에 따라 감경할 수 있다. 다만, 지방자치단체의 조례로 정하는 기간까지 위반내용을 시정하지 아니한 경우는 제외한다.

1. 축사 등 농업용·어업용 시설로서 500제곱미터(「수도권정비계획법」 제2조제1호에 따른 수도권 외의 지역에서는 1천제곱미터) 이하인 경우는 5분의 1을 감경
2. 그 밖에 위반 동기, 위반 범위 및 위반 시기 등을 고려하여 대통령령으로 정하는 경우(제80조제2항에 해당하는 경우는 제외한다)에는 2분의 1의 범위에서 대통령령으로 정하는 비율을 감경

② 허가권자는 법률 제4381호 건축법개정법률의 시행일(1992년 6월 1일을 말한다) 이전에 이 법 또는 이 법에 따른 명령이나 처분을 위반한 주거용 건축

물에 관하여는 대통령령으로 정하는 바에 따라 제80조에 따른 이행강제금을 감경할 수 있다.
[본조신설 2015.8.11.]

제81조 삭제 <2019.4.23.>

제81조의2 삭제 <2019.4.23.>

제81조의3 삭제 <2019.4.23.>

제82조 **【권한의 위임과 위탁】** ① 국토교통부장관은 이 법에 따른 권한의 일부를 대통령령으로 정하는 바에 따라 시·도지사에게 위임할 수 있다. <개정 2013.3.23.>
② 시·도지사는 이 법에 따른 권한의 일부를 대통령령으로 정하는 바에 따라 시장(행정시의 시장을 포함하며, 이하 이 조에서 같다)·군수·구청장에게 위임할 수 있다.
③ 시장·군수·구청장은 이 법에 따른 권한의 일부를 대통령령으로 정하는 바에 따라 구청장(자치구가 아닌 구의 구청장을 말한다)·동장·읍장 또는 면장에게 위임할 수 있다.
④ 국토교통부장관은 제31조제1항과 제32조제1항에 따라 건축허가 업무 등을 효율적으로 처리하기 위하여 구축하는 전자정보처리 시스템의 운영을 대통령령으로 정하는 기관 또는 단체에 위탁할 수 있다. <개정 2013.3.23.>

제83조 **【옹벽 등의 공작물에의 준용】** ① 대지를 조성하기 위한 옹벽, 굴뚝, 광고탑, 고가수조(高架水槽), 지하 대피호, 그 밖에 이와 유사한 것으로서 대통령령으로 정하는 공작물을 축조하려는 자는 대통령령으로 정하는 바에 따라 특별자치시장·특별자치도지사 또는 시장·군수·구청장에게 신고하여야 한다. <개정 2014.1.14.>
② 삭제 <2019.4.30.>
③ 제14조, 제21조 제5항, 제29조, 제40조제4항, 제41조, 제47조, 제48조, 제55조, 제58조, 제60조, 제61조, 제79조, 제84조, 제85조, 제87조와 「국토의 계획 및 이용에 관한 법률」 제76조는 대통령령으로 정하는 바에 따라 제1항의 경우에 준용한다. <개정 2014.5.28., 2017.4.18., 2019.4.30.>

제84조 **【면적·높이 및 층수의 산정】** 건축물의 대지면적, 연면적, 바닥면적, 높이, 처마, 천장, 바닥 및 층수의 산정방법은 대통령령으로 정한다.

제85조 **【「행정대집행법」 적용의 특례】** ① 허가권자는 제11조, 제14조, 제41조와 제79조제1항에 따라 필요한 조치를 할 때 다음 각 호의 어느 하나에 해당하는 경우로서 「행정대집행법」 제3조제1항과 제2항에 따른 절차에 의하면 그 목적을 달성하기 곤란한 때에는 해당 절차를 거치지 아니하고 대집행할 수 있다. <개정 2020.6.9.>
1. 재해가 발생할 위험이 절박한 경우
2. 건축물의 구조 안전상 심각한 문제가 있어 붕괴 등 손괴의 위험이 예상되는 경우
3. 허가권자의 공사중지명령을 받고도 따르지 아니하고 공사를 강행하는 경우
4. 도로통행에 현저하게 지장을 주는 불법건축물인 경우
5. 그 밖에 공공의 안전 및 공익에 매우 저해되어 신속하게 실시할 필요가 있다고 인정되는 경우로서 대통령령으로 정하는 경우

② 제1항에 따른 대집행은 건축물의 관리를 위하여 필요한 최소한도에 그쳐야 한다.
[전문개정 2009.4.1]

제86조 **【청문】** 허가권자는 제79조에 따라 허가나 승인을 취소하려면 청문을 실시하여야 한다.

제87조 **【보고와 검사 등】** ① 국토교통부장관, 시·도지사, 시장·군수·구청장, 그 소속 공무원, 제27조에 따른 업무대행자 또는 제37조에 따른 건축지도원은 건축물의 건축주등, 공사감리자, 공사시공자 또는 관계전문기술자에게 필요한 자료의 제출이나 보고를 요구할 수 있으며, 건축물·대지 또는 건축공사장에 출입하여 그 건축물, 건축설비, 그 밖에 건축공사에 관련되는 물건을 검사하거나 필요한 시험을 할 수 있다. <개정 2016.2.3.>
② 제1항에 따라 검사나 시험을 하는 자는 그 권한을 표시하는 증표를 지니고 이를 관계인에게 내보여야 한다.
③ 허가권자는 건축관계자등과의 계약 내용을 검토할 수 있으며, 검토결과 불공정 또는 불합리한 사항이 있어 부실설계·시공·감리가 될 우려가 있는 경우에는 해당 건축주에게 그 사실을 통보하고 해당 건축물의 건축공사 현장을 특별히 지도·감독하여야 한다. <신설 2016.2.3.>

제87조의2 **【지역건축안전센터 설립】** ① 지방자치단체의 장은 다음 각 호의 업무를 수행하기 위하여 관할 구역에 지역건축안전센터를 설치할 수 있다. <개정 2019.4.30., 2020.4.7., 2020.12.22., 2022.6.10.>
1. 제21조, 제22조, 제27조 및 제87조에 따른 기술적인 사항에 대한 보고·확인·검토·심사 및 점검
1의2. 제11조, 제14조 및 제16조에 따른 허가 또는

신고에 관한 업무
2. 제25조에 따른 공사감리에 대한 관리·감독
3. 삭제 <2019.4.30.>
4. 그 밖에 대통령령으로 정하는 사항
② 제1항에도 불구하고 다음 각 호의 어느 하나에 해당하는 지방자치단체의 장은 관할 구역에 지역건축안전센터를 설치하여야 한다. <신설 2022.6.10.>
1. 시·도
2. 인구 50만명 이상 시·군·구
3. 국토교통부령으로 정하는 바에 따라 산정한 건축허가 면적(직전 5년 동안의 연평균 건축허가 면적을 말한다) 또는 노후건축물 비율이 전국 지방자치단체 중 상위 30퍼센트 이내에 해당하는 인구 50만명 미만 시·군·구
③ 체계적이고 전문적인 업무 수행을 위하여 지역건축안전센터에 「건축사법」 제23조제1항에 따라 신고한 건축사 또는 「기술사법」 제6조제1항에 따라 등록한 기술사 등 전문인력을 배치하여야 한다.
④ 제1항부터 제3항까지의 규정에 따른 지역건축안전센터의 설치·운영 및 전문인력의 자격과 배치기준 등에 필요한 사항은 국토교통부령으로 정한다. <개정 2022.6.10.>
[본조신설 2017.4.18.]

제87조의3【건축안전특별회계의 설치】 ① 시·도지사 또는 시장·군수·구청장은 관할 구역의 지역건축안전센터 설치·운영 등을 지원하기 위하여 건축안전특별회계(이하 "특별회계"라 한다)를 설치할 수 있다.
② 특별회계는 다음 각 호의 재원으로 조성한다. <개정 2020.4.7>
1. 일반회계로부터의 전입금
2. 제17조에 따라 납부되는 건축허가 등의 수수료 중 해당 지방자치단체의 조례로 정하는 비율의 금액
3. 제80조에 따라 부과·징수되는 이행강제금 중 해당 지방자치단체의 조례로 정하는 비율의 금액
4. 제113조에 따라 부과·징수되는 과태료 중 해당 지방자치단체의 조례로 정하는 비율의 금액
5. 그 밖의 수입금
③ 특별회계는 다음 각 호의 용도로 사용한다.
1. 지역건축안전센터의 설치·운영에 필요한 경비
2. 지역건축안전센터의 전문인력 배치에 필요한 인건비
3. 제87조의2제1항 각 호의 업무 수행을 위한 조사·연구비
4. 특별회계의 조성·운용 및 관리를 위하여 필요한 경비
5. 그 밖에 건축물 안전에 관한 기술지원 및 정보제공을 위하여 해당 지방자치단체의 조례로 정하는 사업의 수행에 필요한 비용
[본조신설 2017.4.18.]

제88조【건축분쟁전문위원회】 ① 건축등과 관련된 다음 각 호의 분쟁(「건설산업기본법」 제69조에 따른 조정의 대상이 되는 분쟁은 제외한다. 이하 같다)의 조정(調停) 및 재정(裁定)을 하기 위하여 국토교통부에 건축분쟁전문위원회(이하 "분쟁위원회"라 한다)를 둔다. <개정 2014.5.28.>
1. 건축관계자와 해당 건축물의 건축등으로 피해를 입은 인근주민(이하 "인근주민"이라 한다) 간의 분쟁
2. 관계전문기술자와 인근주민 간의 분
3. 건축관계자와 관계전문기술자 간의 분쟁
4. 건축관계자 간의 분쟁
5. 인근주민 간의 분쟁
6. 관계전문기술자 간의 분쟁
7. 그 밖에 대통령령으로 정하는 사항
② 삭제 <2014.5.28.>
③ 삭제 <2014.5.28.>
[제목개정 2009.4.1.]

제89조【분쟁위원회의 구성】 ① 분쟁위원회는 위원장과 부위원장 각 1명을 포함한 15명 이내의 위원으로 구성한다. <개정 2014.5.28.>
② 분쟁위원회의 위원은 건축이나 법률에 관한 학식과 경험이 풍부한 자로서 다음 각 호의 어느 하나에 해당하는 자 중에서 국토교통부장관이 임명하거나 위촉한다. 이 경우 제4호에 해당하는 자가 2명 이상 포함되어야 한다. <개정 2014.5.28.>
1. 3급 상당 이상의 공무원으로 1년 이상 재직한 자
2. 삭제 <2014.5.28.>
3. 「고등교육법」에 따른 대학에서 건축공학이나 법률학을 가르치는 조교수 이상의 직(職)에 3년 이상 재직한 자
4. 판사, 검사 또는 변호사의 직에 6년 이상 재직한 자
5. 「국가기술자격법」에 따른 건축분야 기술사 또는 「건축사법」 제23조에 따라 건축사사무소개설신고를 하고 건축사로 6년 이상 종사한 자
6. 건설공사나 건설업에 대한 학식과 경험이 풍부한 자로서 그 분야에 15년 이상 종사한 자
③ 삭제 <2014.5.28.>
④ 분쟁위원회의 위원장과 부위원장은 위원 중에서 국

토교통부장관이 위촉한다. <개정 2014.5.28.>
⑤ 공무원이 아닌 위원의 임기는 3년으로 하되, 연임할 수 있으며, 보궐위원의 임기는 전임자의 남은 임기로 한다.
⑥ 분쟁위원회의 회의는 재적위원 과반수의 출석으로 열고 출석위원 과반수의 찬성으로 의결한다. <개정 2014.5.28.>
⑦ 다음 각 호의 어느 하나에 해당하는 자는 분쟁위원회의 위원이 될 수 없다. <개정 2014.5.28.>
1. 피성년후견인, 피한정후견인 또는 파산선고를 받고 복권되지 아니한 자
2. 금고 이상의 실형을 선고받고 그 집행이 끝나거나(집행이 끝난 것으로 보는 경우를 포함한다)되거나 집행이 면제된 날부터 2년이 지나지 아니한 자
3. 법원의 판결이나 법률에 따라 자격이 정지된 자
⑧ 위원의 제척·기피·회피 및 위원회의 운영, 조정등의 거부와 중지 등 그 밖에 필요한 사항은 대통령령으로 정한다. <신설 2014.5.28.>
[제목개정 2014.5.28.]

제90조 삭제 <2014.5.28>

제91조【대리인】 ① 당사자는 다음 각 호에 해당하는 자를 대리인으로 선임할 수 있다.
1. 당사자의 배우자, 직계존·비속 또는 형제자매
2. 당사자인 법인의 임직원
3. 변호사
② 삭제 <2014.5.28>
③ 대리인의 권한은 서면으로 소명하여야 한다.
④ 대리인은 다음 각 호의 행위를 하기 위하여는 당사자의 위임을 받아야 한다.
1. 신청의 철회
2. 조정안의 수락
3. 복대리인의 선임

제92조【조정등의 신청】 ① 건축물의 건축등과 관련된 분쟁의 조정 또는 재정(이하 "조정등"이라 한다)을 신청하려는 자는 분쟁위원회에 조정등의 신청서를 제출하여야 한다. <개정 2014.5.28.>
② 제1항에 따른 조정신청은 해당 사건의 당사자 중 1명 이상이 하며, 재정신청은 해당 사건 당사자 간의 합의로 한다. 다만, 분쟁위원회는 조정신청을 받으면 해당 사건의 모든 당사자에게 조정신청이 접수된 사실을 알려야 한다. <개정 2014.5.28.>
③ 분쟁위원회는 당사자의 조정신청을 받으면 60일 이내에, 재정신청을 받으면 120일 이내에 절차를 마쳐야 한다. 다만, 부득이한 사정이 있으면 분쟁위원회의 의결로 기간을 연장할 수 있다. <개정 2014.5.28.>

제93조【조정등의 신청에 따른 공사중지】 ① 삭제 <2014.5.28.>
② 삭제 <2014.5.28.>
③ 시·도지사 또는 시장·군수·구청장은 위해 방지를 위하여 긴급한 상황이거나 그 밖에 특별한 사유가 없으면 조정등의 신청이 있다는 이유만으로 해당 공사를 중지하게 하여서는 아니 된다.
[제목개정 2014.5.28.]

제94조【조정위원회와 재정위원회】 ① 조정은 3명의 위원으로 구성되는 조정위원회에서 하고, 재정은 5명의 위원으로 구성되는 재정위원회에서 한다.
② 조정위원회의 위원(이하 "조정위원"이라 한다)과 재정위원회의 위원(이하 "재정위원"이라 한다)은 사건마다 분쟁위원회의 위원 중에서 위원장이 지명한다. 이 경우 재정위원회에는 제89조제2항제4호에 해당하는 위원이 1명 이상 포함되어야 한다. <개정 2014.5.28.>
③ 조정위원회와 재정위원회의 회의는 구성원 전원의 출석으로 열고 과반수의 찬성으로 의결한다.

제95조【조정을 위한 조사 및 의견 청취】 ① 조정위원회는 조정에 필요하다고 인정하면 조정위원 또는 사무국의 소속 직원에게 관계 서류를 열람하게 하거나 관계 사업장에 출입하여 조사하게 할 수 있다. <개정 2014.5.28>
② 조정위원회는 필요하다고 인정하면 당사자나 참고인을 조정위원회에 출석하게 하여 의견을 들을 수 있다.
③ 분쟁의 조정신청을 받은 조정위원회는 조정기간 내에 심사하여 조정안을 작성하여야 한다. <개정 2014.5.28>

제96조【조정의 효력】 ① 조정위원회는 제95조제3항에 따라 조정안을 작성하면 지체 없이 각 당사자에게 조정안을 제시하여야 한다.
② 제1항에 따라 조정안을 제시받은 당사자는 제시를 받은 날부터 15일 이내에 수락 여부를 조정위원회에 알려야 한다.
③ 조정위원회는 당사자가 조정안을 수락하면 즉시 조정서를 작성하여야 하며, 조정위원과 각 당사자는 이에 기명날인하여야 한다.
④ 당사자가 제3항에 따라 조정안을 수락하고 조정서에 기명날인하면 조정서의 내용은 재판상 화해와 동일한 효력을 갖는다. 다만, 당사자가 임의로 처분

할 수 없는 사항에 관한 것은 그러하지 아니하다. <개정 2020.12.22.>

제97조 【분쟁의 재정】 ① 재정은 문서로써 하여야 하며, 재정 문서에는 다음 각 호의 사항을 적고 재정위원이 이에 기명날인하여야 한다.

1. 사건번호와 사건명
2. 당사자, 선정대표자, 대표당사자 및 대리인의 주소·성명
3. 주문(主文)
4. 신청 취지
5. 이유
6. 재정 날짜

② 제1항제5호에 따른 이유를 적을 때에는 주문의 내용이 정당하다는 것을 인정할 수 있는 한도에서 당사자의 주장 등을 표시하여야 한다.

③ 재정위원회는 재정을 하면 지체 없이 재정 문서의 정본(正本)을 당사자나 대리인에게 송달하여야 한다.

제98조 【재정을 위한 조사권 등】 ① 재정위원회는 분쟁의 재정을 위하여 필요하다고 인정하면 당사자의 신청이나 직권으로 재정위원 또는 소속 공무원에게 다음 각 호의 행위를 하게 할 수 있다.

1. 당사자나 참고인에 대한 출석 요구, 자문 및 진술 청취
2. 감정인의 출석 및 감정 요구
3. 사건과 관계있는 문서나 물건의 열람·복사·제출 요구 및 유치
4. 사건과 관계있는 장소의 출입· 조사

② 당사자는 제1항에 따른 조사 등에 참여할 수 있다.

③ 재정위원회가 직권으로 제1항에 따른 조사 등을 한 경우에는 그 결과에 대하여 당사자의 의견을 들어야 한다.

④ 재정위원회는 제1항에 따라 당사자나 참고인에게 진술하게 하거나 감정인에게 감정하게 할 때에는 당사자나 참고인 또는 감정인에게 선서를 하도록 하여야 한다.

⑤ 제1항제4호의 경우에 재정위원 또는 소속 공무원은 그 권한을 나타내는 증표를 지니고 이를 관계인에게 내보여야 한다.

제99조 【재정의 효력 등】 재정위원회가 재정을 한 경우 재정 문서의 정본이 당사자에게 송달된 날부터 60일 이내에 당사자 양쪽이나 어느 한쪽으로부터 그 재정의 대상인 건축물의 건축등의 분쟁을 원인으로 하는 소송이 제기되지 아니하거나 그 소송이 철회되면 그 재정 내용은 재판상 화해와 동일한 효력을 갖는다. 다만, 당사자가 임의로 처분할 수 없는 사항에 관한 것은 그러하지 아니하다. <개정 2020.12.22.>

제100조 【시효의 중단】 당사자가 재정에 불복하여 소송을 제기한 경우 시효의 중단과 제소기간을 산정할 때에는 재정신청을 재판상의 청구로 본다. <개정 2020.6.9.>

제101조 【조정 회부】 분쟁위원회는 재정신청이 된 사건을 조정에 회부하는 것이 적합하다고 인정하면 직권으로 직접 조정할 수 있다. <개정 2014.5.28>

제102조 【비용부담】 ① 분쟁의 조정등을 위한 감정·진단·시험 등에 드는 비용은 당사자 간의 합의로 정하는 비율에 따라 당사자가 부담하여야 한다. 다만, 당사자 간에 비용부담에 대하여 합의가 되지 아니하면 조정위원회나 재정위원회에서 부담비율을 정한다.

② 조정위원회나 재정위원회는 필요하다고 인정하면 대통령령으로 정하는 바에 따라 당사자에게 제1항에 따른 비용을 예치하게 할 수 있다.

③ 제1항에 따른 비용의 범위에 관하여는 국토교통부령으로 정한다. <개정 2014.5.28.>

제103조 【분쟁위원회의 운영 및 사무처리 위탁】 ① 국토교통부장관은 분쟁위원회의 운영 및 사무처리를 「국토안전관리원법」에 따른 국토안전관리원(이하 "국토안전관리원"이라 한다)에 위탁할 수 있다. <개정 2017.1.17., 2020.6.9.>

② 분쟁위원회의 운영 및 사무처리를 위한 조직 및 인력 등은 대통령령으로 정한다. <개정 2014.5.28.>

③ 국토교통부장관은 예산의 범위에서 분쟁위원회의 운영 및 사무처리에 필요한 경비를 국토안전관리원에 출연 또는 보조할 수 있다. <개정 2020.6.9.>

제104조 【조정등의 절차】 제88조부터 제103조까지의 규정에서 정한 것 외에 분쟁의 조정등의 방법·절차 등에 관하여 필요한 사항은 대통령령으로 정한다.

제104조의2 【건축위원회의 사무의 정보보호】 건축위원회 또는 관계 행정기관 등은 제4조의5의 민원심의 및 제92조의 분쟁조정 신청과 관련된 정보의 유출로 인하여 신청인과 이해관계인의 이익이 침해되지 아니하도록 노력하여야 한다.
[본조신설 2014.5.28]

제105조 【벌칙 적용 시 공무원 의제】 다음 각 호의 어느 하나에 해당하는 사람은 공무원이 아니더라도 「형법」 제129조부터 제132조까지의 규정과 「특정범죄가중처벌 등에 관한 법률」 제2조와 제3조에 따른 벌칙

을 적용할 때에는 공무원으로 본다. <개정 2016.2.3., 2017.4.18., 2019.4.23., 2022.6.10.>
1. 제4조에 따른 건축위원회의 위원
1의2. 제13조의2제3항에 따라 안전영향평가를 하는 자
1의3. 제52조의3제4항에 따라 건축자재를 점검하는 자
2. 제27조에 따라 현장조사·검사 및 확인업무를 대행하는 사람
3. 제37조에 따른 건축지도원
4. 제82조제4항에 따른 기관 및 단체의 임직원
5. 제87조의2제2항에 따라 지역건축안전센터에 배치된 전문인력 <신설 2017.4.18.>

제10장 벌칙

제106조【벌칙】 ① 제23조, 제24조제1항, 제25조제3항, 제52조의3제1항 및 제52조의5제2항을 위반하여 설계·시공·공사감리 및 유지·관리와 건축자재의 제조 및 유통을 함으로써 건축물이 부실하게 되어 착공 후 「건설산업기본법」 제28조에 따른 하자담보책임 기간에 건축물의 기초와 주요구조부에 중대한 손괴를 일으켜 일반인을 위험에 처하게 한 설계자·감리자·시공자·제조업자·유통업자·관계전문기술자 및 건축주는 10년 이하의 징역에 처한다. <개정 2015.1.6., 2016.2.3., 2019.4.23., 2020.12.22.>
② 제1항의 죄를 범하여 사람을 죽거나 다치게 한 자는 무기징역이나 3년 이상의 징역에 처한다.

제107조【벌칙】 ① 업무상 과실로 제106조제1항의 죄를 범한 자는 5년 이하의 징역이나 금고 또는 5억원 이하의 벌금에 처한다. <개정 2016.2.3.>
② 업무상 과실로 제106조제2항의 죄를 범한 자는 10년 이하의 징역이나 금고 또는 10억원 이하의 벌금에 처한다. <개정 2016.2.3.>

제108조【벌칙】 ① 다음 각 호의 어느 하나에 해당하는 자는 3년 이하의 징역이나 5억원 이하의 벌금에 처한다. <개정 2019.4.23., 2020.12.22.>
1. 도시지역에서 제11조제1항, 제19조제1항 및 제2항, 제47조, 제55조, 제56조, 제58조, 제60조, 제61조 또는 제77조의10을 위반하여 건축물을 건축하거나 대수선 또는 용도변경을 한 건축주 및 공사시공자
2. 제52조제1항 및 제2항에 따른 방화에 지장이 없는 재료를 사용하지 아니한 공사시공자 또는 그 재료 사용에 책임이 있는 설계자나 공사감리자
3. 제52조의3제1항을 위반한 건축자재의 제조업자 및 유통업자
4. 제52조의4제1항을 위반하여 품질관리서를 제출하지 아니하거나 거짓으로 제출한 제조업자, 유통업자, 공사시공자 및 공사감리자
5. 제52조의5제1항을 위반하여 품질인정기준에 적합하지 아니함에도 품질인정을 한 자
② 제1항의 경우 징역과 벌금은 병과(倂科)할 수 있다.

제109조【벌칙】 다음 각 호의 어느 하나에 해당하는 자는 2년 이하의 징역이나 2억원 이하의 벌금에 처한다. <개정 2016.2.3., 2017.4.18.>
1. 제27조제2항에 따른 보고를 거짓으로 한 자
2. 제87조의2제1항제1호에 따른 보고·확인·검토·심사 및 점검을 거짓으로 한 자

제110조【벌칙】 다음 각 호의 어느 하나에 해당하는 자는 2년 이하의 징역 또는 1억원 이하의 벌금에 처한다. <개정 2015.1.6., 2016.1.19., 2016.2.3., 2017.4.18., 2019.4.23., 2019.4.30.>
1. 도시지역 밖에서 제11조제1항, 제19조제1항 및 제2항, 제47조, 제55조, 제56조, 제58조, 제60조, 제61조, 제77조의10을 위반하여 건축물을 건축하거나 대수선 또는 용도변경을 한 건축주 및 공사시공자
1의2. 제13조제5항을 위반한 건축주 및 공사시공자
2. 제16조(변경허가 사항만 해당한다), 제21조제5항, 제22조제3항 또는 제25조제7항을 위반한 건축주 및 공사시공자
3. 제20조제1항에 따른 허가를 받지 아니하거나 제83조에 따른 신고를 하지 아니하고 가설건축물을 건축하거나 공작물을 축조한 건축주 및 공사시공자
4. 다음 각 목의 어느 하나에 해당하는 자
가. 제25조제1항을 위반하여 공사감리자를 지정하지 아니하고 공사를 하게 한 자
나. 제25조제1항을 위반하여 공사시공자 본인 및 계열회사를 공사감리자로 지정한 자
5. 제25조제3항을 위반하여 공사감리자로부터 시정 요청이나 재시공 요청을 받고 이에 따르지 아니하거나 공사 중지의 요청을 받고도 공사를 계속한 공사시공자
6. 제25조제6항을 위반하여 정당한 사유 없이 감리중간보고서나 감리완료보고서를 제출하지 아니하거나 거짓으로 작성하여 제출한 자
6의2. 제27조제2항을 위반하여 현장조사·검사 및 확인 대행 업무를 한 자
7. 삭제 <2019.4.30.>
8. 제40조제4항을 위반한 건축주 및 공사시공자
8의2. 제43조제1항, 제49조, 제50조, 제51조, 제53조,

제58조, 제61조제1항·제2항 또는 제64조를 위반한 건축주, 설계자, 공사시공자 또는 공사감리자
9. 제48조를 위반한 설계자, 공사감리자, 공사시공자 및 제67조에 따른 관계전문기술자
9의2. 제50조의2제1항을 위반한 설계자, 공사감리자 및 공사시공자
9의3. 제48조의4를 위반한 건축주, 설계자, 공사감리자, 공사시공자 및 제67조에 따른 관계전문기술자
10. 삭제 <2019.4.23.>
11. 삭제 <2019.4.23.>
12. 제62조를 위반한 설계자, 공사감리자, 공사시공자 및 제67조에 따른 관계전문기술자

제111조【벌칙】 다음 각 호의 어느 하나에 해당하는 자는 5천만원 이하의 벌금에 처한다. <개정 2016.2.3., 2019.4.23., 2019.4.30.>
1. 제14조, 제16조(변경신고 사항만 해당한다), 제20조제3항, 제21조제1항, 제22조제1항 또는 제83조제1항에 따른 신고 또는 신청을 하지 아니하거나 거짓으로 신고하거나 신청한 자
2. 제24조제3항을 위반하여 설계 변경을 요청받고도 정당한 사유 없이 따르지 아니한 설계자
3. 제24조제4항을 위반하여 공사감리자로부터 상세시공도면을 작성하도록 요청받고도 이를 작성하지 아니하거나 시공도면에 따라 공사하지 아니한 자
3의2. 제24조제6항을 위반하여 현장관리인을 지정하지 아니하거나 착공신고서에 이를 거짓으로 기재한 자
3의3. 삭제 <2019.4.23.>
4. 제28조제1항을 위반한 공사시공자
5. 제41조나 제42조를 위반한 건축주 및 공사시공자
5의2. 제43조제4항을 위반하여 공개공지등의 활용을 저해하는 행위를 한 자
6. 제52조의2를 위반하여 실내건축을 한 건축주 및 공사시공자
6의2. 제52조의4제5항을 위반하여 건축자재에 대한 정보를 표시하지 아니하거나 거짓으로 표시한 자
7. 삭제 <2019.4.30.>
8. 삭제 <2009.2.6.>

제112조【양벌규정】 ① 법인의 대표자, 대리인, 사용인, 그 밖의 종업원이 그 법인의 업무에 관하여 제106조의 위반행위를 하면 행위자를 벌할 뿐만 아니라 그 법인에도 10억원 이하의 벌금에 처한다. 다만, 법인이 그 위반행위를 방지하기 위하여 해당 업무에 관하여 상당한 주의와 감독을 게을리하지 아니한 때에는 그러하지 아니하다.
② 개인의 대리인, 사용인, 그 밖의 종업원이 그 개인의 업무에 관하여 제106조의 위반행위를 하면 행위자를 벌할 뿐만 아니라 그 개인에게도 10억원 이하의 벌금에 처한다. 다만, 개인이 그 위반행위를 방지하기 위하여 해당 업무에 관하여 상당한 주의와 감독을 게을리하지 아니한 때에는 그러하지 아니하다.
③ 법인의 대표자, 대리인, 사용인, 그 밖의 종업원이 그 법인의 업무에 관하여 제107조부터 제111조까지의 규정에 따른 위반행위를 하면 행위자를 벌할 뿐만 아니라 그 법인에도 해당 조문의 벌금형을 과(科)한다. 다만, 법인이 그 위반행위를 방지하기 위하여 해당 업무에 관하여 상당한 주의와 감독을 게을리하지 아니한 때에는 그러하지 아니하다.
④ 개인의 대리인, 사용인, 그 밖의 종업원이 그 개인의 업무에 관하여 제107조부터 제111조까지의 규정에 따른 위반행위를 하면 행위자를 벌할 뿐만 아니라 그 개인에게도 해당 조문의 벌금형을 과한다. 다만, 개인이 그 위반행위를 방지하기 위하여 해당 업무에 관하여 상당한 주의와 감독을 게을리하지 아니한 때에는 그러하지 아니하다.

제113조【과태료】 ① 다음 각 호의 어느 하나에 해당하는 자에게는 200만원 이하의 과태료를 부과한다. <개정 2016.1.19., 2016.2.3., 2017.10.26., 2019.4.23., 2020.12.22.>
1. 제19조제3항에 따른 건축물대장 기재내용의 변경을 신청하지 아니한
2. 제24조제2항을 위반하여 공사현장에 설계도서를 갖추어 두지 아니한 자
3. 제24조제5항을 위반하여 건축허가 표지판을 설치하지 아니한 자
4. 제52조의3제2항 및 제52조의6제4항에 따른 점검을 거부·방해 또는 기피한 자
5. 제48조의3제1항 본문에 따른 공개를 하지 아니한 자
② 다음 각 호의 어느 하나에 해당하는 자에게는 100만원 이하의 과태료를 부과한다. <개정 2014.5.28, 2016.1.19., 2016.2.3., 2019.4.30.>
1. 제25조제4항을 위반하여 보고를 하지 아니한 공사감리자
2. 제27조제2항에 따른 보고를 하지 아니한 자
3., 4. 삭제 <2019.4.30.>
5. 삭제 <2016.2.3.>
6. 제77조제2항을 위반하여 모니터링에 필요한 사항에 협조하지 아니한 건축주, 소유자 또는 관리자
7. 삭제 <2016.1.19.>
8. 제83조제2항에 따른 보고를 하지 아니한 자
9. 제87조제1항에 따른 자료의 제출 또는 보고를 하

지 아니하거나 거짓 자료를 제출하거나 거짓 보고를 한 자

③ 제24조제6항을 위반하여 공정 및 안전 관리 업무를 수행하지 아니하거나 공사 현장을 이탈한 현장관리인에게는 50만원 이하의 과태료를 부과한다. <신설 2016.2.3., 2018.8.14.>

④ 제1항부터 제3항까지에 따른 과태료는 대통령령으로 정하는 바에 따라 국토교통부장관, 시·도지사 또는 시장·군수·구청장이 부과·징수한다. <개정 2016.2.3.>

⑤ 삭제 <2009.2.6.>

부칙 <법률 제15594호, 2018.4.17.>

제1조(시행일) 이 법은 공포 후 6개월이 경과한 날부터 시행한다.

제2조(피난시설 및 승강기에 관한 적용례) 제49조제1항 및 제64조제3항의 개정규정은 이 법 시행 후 건축허가를 신청(건축허가를 신청하기 위하여 제4조에 따른 건축위원회에 심의를 신청한 경우를 포함한다)하거나 건축신고를 하는 경우부터 적용한다.

부칙<법률 제16380호, 2019.4.23.>

제1조(시행일) 이 법은 공포 후 6개월이 경과한 날부터 시행한다. 다만, 제80조제1항·제2항 및 제5항의 개정규정은 공포한 날부터 시행하고, 제79조제1항·제5항 및 제6항의 개정규정은 공포 후 1년이 경과한 날부터 시행한다.

제2조(소방관 진입창에 관한 적용례) 제49조제3항의 개정규정은 이 법 시행 후 최초로 건축허가를 신청하거나 건축신고를 하는 경우부터 적용한다.

제3조(이행강제금 부과에 관한 경과조치) 이 법 시행 전 종전의 규정에 따라 부과되고 있는 이행강제금에 대하여는 제80조제1항·제2항 및 제5항의 개정규정에도 불구하고 종전의 규정에 따른다.

제4조(품질관리서에 관한 경과조치) 이 법 시행 전에 제11조에 따른 건축허가·대수선허가를 신청(제4조의2제1항에 따른 건축위원회에 심의를 신청한 경우를 포함한다)하거나, 제14조에 따른 건축신고·대수선신고, 제19조에 따른 용도변경 허가를 신청(같은 조에 따른 용도변경 신고 및 건축물대장 기재내용의 변경신청을 포함한다)한 경우에는 제52조의4제1항의 개정규정에도 불구하고 종전의 규정에 따른다.

부칙<법률 제16416호, 2019.4.30.> (건축물관리법)

제1조(시행일) 이 법은 공포 후 1년이 경과한 날부터 시행한다.

제2조부터 제6조까지 생략

제7조(다른 법령의 개정) ① 건축법 일부를 다음과 같이 개정한다. <이후 생략>
②부터 ⑦까지 생략

부칙<법률 제16485호, 2019.8.20.>

이 법은 공포한 날부터 시행한다.

부칙<법률 제16596호, 2019.11.26.> (문화재보호법)

제1조(시행일) ① 이 법은 공포 후 6개월이 경과한 날부터 시행한다. <단서 생략>
② 생략

제2조부터 제8조까지 생략

제9조(다른 법령의 개정) ① 건축법 일부를 다음과 같이 개정한다.
제3조제1항제1호 중 "가지정(假指定) 문화재"를 "임시지정문화재"로 한다.
②부터 ⑭까지 생략

제10조 생략

부칙 <법률 제17223호, 2020.4.7.>

제1조(시행일) 이 법은 공포 후 9개월이 경과한 날부터 시행한다. 다만, 제25조제2항 및 제6항의 개정규정은 공포 후 6개월이 경과한 날부터 시행한다.

제2조(공사감리에 관한 적용례) 제25조제2항 및 제6항의 개정규정은 이 법 시행 후 최초로 공사감리자를 지정하는 경우부터 적용한다.

부칙<법률 제17606호, 2020.12.8.>

제1조(시행일) 이 법은 공포 후 6개월이 경과한 날부터 시행한다.

제2조(이행강제금 부과에 관한 적용례) ① 제80조제2항의 개정규정은 이 법 시행 이후 이행강제금을 부과하는 경우부터 적용한다.
② 이 법 시행 후 제80조제2항의 개정규정에 따라 해당 지방자치단체의 조례로 정하도록 한 가중 비율을 정하지 아니한 경우에는 제80조제2항에 따른 기준 가중 비율을 적용한다.

부칙<법률 제17733호, 2020.12.22.>

제1조(시행일) 이 법은 공포 후 6개월이 경과한 날부터 시행한다. 다만, 제52조의5 및 제52조의6의 개정규정은 공포 후 1년이 경과한 날부터 시행하고, 제87조의2제1항의 개정규정은 2022년 1월 1일부터 시행한다.

제2조(건축물의 공사감리에 관한 적용례) 제25조제11항의 개정규정은 이 법 시행 후 제21조에 따른 착공신고를 하는 경우부터 적용한다.

제3조(건축물의 마감재료에 관한 적용례) 제52조제4항의 개정규정은 이 법 시행 후 건축허가를 신청하거나 건축신고를 하는 경우부터 적용한다.

부칙<법률 제17940호, 2021.3.16.>

제1조(시행일) 이 법은 2021년 12월 23일부터 시행한다.

제2조(건축물 내부 및 외벽의 마감재료에 관한 적용례) 제52조제1항 및 제2항의 개정규정은 이 법 시행 후 최초로 건축허가를 신청하거나 건축신고를 하는 경우부터 적용한다.

부칙<법률 제18340호, 2021.7.27.> (건축물관리법)

제1조(시행일) 이 법은 공포 후 3개월이 경과한 날부터 시행한다.

제2조 생략

제3조(다른 법률의 개정) 건축법 일부를 다음과 같이 개정한다.
제21조제1항 단서를 삭제한다.

부칙<법률 제18341호, 2021.7.27.>

이 법은 공포한 날부터 시행한다.

부칙<법률 제18383호, 2021.8.10.>

제1조(시행일) 이 법은 공포 후 3개월이 경과한 날부터 시행한다.

제2조(건축허가에 관한 적용례) 제11조제11항제6호의 개정규정은 이 법 시행 이후 건축허가를 신청하는 경우부터 적용한다.

부칙<법률 제18508호, 2021.10.19.>

제1조(시행일) 이 법은 공포 후 6개월이 경과한 날부터 시행한다.

제2조(대규모 창고시설 등의 방화구획 등에 관한 적용례) 제49조제2항의 개정규정은 이 법 시행 이후 건축허가를 신청(건축허가를 신청하기 위하여 제4조의2에 따라 건축위원회의 심의를 신청하는 경우를 포함한다)하거나 건축신고를 하는 경우부터 적용한다.

부칙<법률 제18825호, 2022.2.3.>

제1조(시행일) 이 법은 공포한 날부터 시행한다.

제2조(가로구역의 높이 완화에 관한 특례 규정의 중첩 적용에 관한 적용례) 제60조제4항의 개정규정은 이 법 시행 당시 건축허가를 신청(건축허가를 신청하기 위하여 제4조의2에 따라 건축위원회의 심의를 신청한 경우를 포함한다)하거나 건축신고를 한 경우(다른 법률에 따라 건축허가 또는 건축신고가 의제되는 허가·결정·인가·협의·승인 등을 신청한 경우를 포함한다)에도 적용한다.

부칙<법률 제18935호, 2022.6.10.>

이 법은 공포 후 1년이 경과한 날부터 시행한다.

부칙<법률 제19045호, 2022.11.15.>

제1조(시행일) 이 법은 공포 후 6개월이 경과한 날부터 시행한다.

제2조(다른 법률의 개정) ① 건축물관리법 일부를 다음과 같이 개정한다.
제11조제1항제2호 중 "교정 및 군사 시설"을 "교정(矯正)시설"로 하고, 같은 항 제3호 및 제4호를 각각 제4호 및 제5호로 하며, 같은 항에 제3호를 다음과

같이 신설한다.
3. 「건축법」 제2조제2항제24호에 따른 국방·군사시설
② 물의 재이용 촉진 및 지원에 관한 법률 일부를 다음과 같이 개정한다.
제9조제1항제2호의2 중 "「건축법」 제2조제2항제25호에 따른"을 "「건축법」 제2조제2항제26호에 따른"으로 한다.
③ 수도법 일부를 다음과 같이 개정한다.
제33조제3항제8호 중 "교정 및 군사 시설"을 "교정(矯正)시설"로 하고, 같은 항 제9호를 제10호로 하며, 같은 항에 제9호를 다음과 같이 신설한다.
9. 국가나 지방자치단체가 설치하는 「건축법」 제2조제2항제24호에 따른 국방·군사시설 중 대통령령으로 정하는 시설

부칙<법률 제19251호, 2023.3.21.>
(자연유산의 보존 및 활용에 관한 법률)

제1조(시행일) 이 법은 공포 후 1년이 경과한 날부터 시행한다.

제2조 부터 제7조까지 생략

제8조(다른 법률의 개정) ①부터 ③까지 생략
④ 건축법 일부를 다음과 같이 개정한다.
제3조제1항제1호 중 "임시지정문화재"를 "임시지정문화재 또는 「자연유산의 보존 및 활용에 관한 법률」에 따라 지정된 명승이나 임시지정명승"으로 한다.
⑤부터 ㊲까지 생략

제9조 생략

부칙<법률 제19409호, 2023.5.16.>
(국가유산기본법)

제1조(시행일) 이 법은 공포 후 1년이 경과한 날부터 시행한다.

제2조 생략

제3조(다른 법률의 개정) ① 건축법 일부를 다음과 같이 개정한다.
제18조제1항 중 "문화재보존"을 "「국가유산기본법」 제3조에 따른 국가유산의 보존"으로 한다.
②부터 ㉖까지 생략

부칙<법률 제19590호, 2023.8.8.>
(문화유산의 보존 및 활용에 관한 법률)

제1조(시행일) 이 법은 2024년 5월 17일부터 시행한다.

제2조 부터 제8조까지 생략

제9조(다른 법률의 개정) ①부터 ④까지 생략
⑤ 법률 제19251호 건축법 일부개정법률 일부를 다음과 같이 개정한다.
제3조제1항제1호를 다음과 같이 한다.
1. 「문화유산의 보존 및 활용에 관한 법률」에 따른 지정문화유산이나 임시지정문화유산 또는 「자연유산의 보존 및 활용에 관한 법률」에 따라 지정된 천연기념물등이나 임시지정천연기념물, 임시지정명승, 임시지정시·도자연유산
⑥부터 ㊿까지 생략

제10조 생략

2. 건축법 시행령

[대통령령 제33717호 일부개정 2023.9.12./
시행 2023.9.12., 2024.3.13., 2024.9.13]

제 정 1962. 4.10 각 령 제 650호
전문개정 1992. 5.30 대통령령 제13655호
전부개정 1992. 5.30 대통령령 제13655호
일부개정 2018. 6.26 대통령령 제29004호
일부개정 2018. 9. 4 대통령령 제29136호
일부개정 2018.10.16 대통령령 제29235호
일부개정 2018.12. 4 대통령령 제29332호
일부개정 2018.12.31 대통령령 제29457호
일부개정 2019. 2.12 대통령령 제29548호
일부개정 2019. 8. 6 대통령령 제30030호
일부개정 2019.10.22 대통령령 제30145호
일부개정 2020. 4.21 대통령령 제30626호
일부개정 2020.10. 8 대통령령 제31100호
일부개정 2020.12.15 대통령령 제31270호
일부개정 2021. 1. 8 대통령령 제31382호
일부개정 2021. 5. 4 대통령령 제31668호
일부개정 2021. 8.10 대통령령 제31941호
일부개정 2021.11. 2 대통령령 제32102호
일부개정 2021.12.21 대통령령 제32241호
타법개정 2021.12.28 대통령령 제32274호
타법개정 2022. 1.18 대통령령 제32344호
타법개정 2022. 2.11 대통령령 제32411호
일부개정 2022. 4.29 대통령령 제32614호
타법개정 2022. 7.26 대통령령 제32825호
타법개정 2022.11.29 대통령령 제33004호
타법개정 2022.12. 6 대통령령 제33023호
일부개정 2023. 2.14 대통령령 제33249호
타법개정 2023. 4.27 대통령령 제33435호
일부개정 2023. 5.15 대통령령 제33466호
일부개정 2023. 9.12 대통령령 제33717호

제1장 총 칙

제1조 【목적】 이 영은 「건축법」에서 위임된 사항과 그 시행에 필요한 사항을 규정함을 목적으로 한다.
[전문개정 2008.10.29]

제2조 【정의】 이 영에서 사용하는 용어의 뜻은 다음과 같다. <개정 2015.9.22., 2016.1.19., 2016.5.17., 2016.6.30., 2016.7.19., 2017.2.3., 2018.9.4, 2020.4.28.>

1. "신축"이란 건축물이 없는 대지(기존 건축물이 철거되거나 멸실된 대지를 포함한다)에 새로 건축물을 축조(築造)하는 것[부속건축물만 있는 대지에 새로 주된 건축물을 축조하는 것을 포함하되, 개축(改築) 또는 재축(再築)하는 것은 제외한다]을 말한다.
2. "증축"이란 기존 건축물이 있는 대지에서 건축물의 건축면적, 연면적, 층수 또는 높이를 늘리는 것을 말한다.
3. "개축"이란 기존 건축물의 전부 또는 일부[내력벽·기둥·보·지붕틀(제16호에 따른 한옥의 경우에는 지붕틀의 범위에서 서까래는 제외한다) 중 셋 이상이 포함되는 경우를 말한다]를 철거하고 그 대지에 종전과 같은 규모의 범위에서 건축물을 다시 축조하는 것을 말한다.
4. "재축"이란 건축물이 천재지변이나 그 밖의 재해(災害)로 멸실된 경우 그 대지에 다음 각 목의 요건을 모두 갖추어 다시 축조하는 것을 말한다.
   가. 연면적 합계는 종전 규모 이하로 할 것
   나. 동(棟)수, 층수 및 높이는 다음의 어느 하나에 해당할 것
      1) 동수, 층수 및 높이가 모두 종전 규모 이하일 것
      2) 동수, 층수 또는 높이의 어느 하나가 종전 규모를 초과하는 경우에는 해당 동수, 층수 및 높이가 「건축법」(이하 "법"이라 한다), 이 영 또는 건축조례(이하 "법령등"이라 한다)에 모두 적합할 것
5. "이전"이란 건축물의 주요구조부를 해체하지 아니하고 같은 대지의 다른 위치로 옮기는 것을 말한다.
6. "내수재료(耐水材料)"란 인조석·콘크리트 등 내수성을 가진 재료로서 국토교통부령으로 정하는 재료를 말한다.
7. "내화구조(耐火構造)"란 화재에 견딜 수 있는 성능을 가진 구조로서 국토교통부령으로 정하는 기준에 적합한 구조를 말한다.
8. "방화구조(防火構造)"란 화염의 확산을 막을 수 있는 성능을 가진 구조로서 국토교통부령으로 정하는 기준에 적합한 구조를 말한다.
9. "난연재료(難燃材料)"란 불에 잘 타지 아니하는 성능을 가진 재료로서 국토교통부령으로 정하는 기준에 적합한 재료를 말한다.
10. "불연재료(不燃材料)"란 불에 타지 아니하는 성질을 가진 재료로서 국토교통부령으로 정하는 기준에 적합한 재료를 말한다.
11. "준불연재료"란 불연재료에 준하는 성질을 가진 재료로서 국토교통부령으로 정하는 기준에 적합한 재료를 말한다.
12. "부속건축물"이란 같은 대지에서 주된 건축물과 분리된 부속용도의 건축물로서 주된 건축물을 이용 또는 관리하는 데에 필요한 건축물을 말한다.
13. "부속용도"란 건축물의 주된 용도의 기능에 필수적인 용도로서 다음 각 목의 어느 하나에 해당하

는 용도를 말한다.
가. 건축물의 설비, 대피, 위생, 그 밖에 이와 비슷한 시설의 용도
나. 사무, 작업, 집회, 물품저장, 주차, 그 밖에 이와 비슷한 시설의 용도
다. 구내식당·직장어린이집·구내운동시설 등 종업원 후생복리시설, 구내소각시설, 그 밖에 이와 비슷한 시설의 용도. 이 경우 다음의 요건을 모두 갖춘 휴게음식점(별표 1 제3호의 제1종 근린생활시설 중 같은 호 나목에 따른 휴게음식점을 말한다)은 구내식당에 포함되는 것으로 본다.
1) 구내식당 내부에 설치할 것
2) 설치면적이 구내식당 전체 면적의 3분의 1 이하로서 50제곱미터 이하일 것
3) 다류(茶類)를 조리·판매하는 휴게음식점일 것
라. 관계 법령에서 주된 용도의 부수시설로 설치할 수 있게 규정하고 있는 시설, 그 밖에 국토교통부장관이 이와 유사하다고 인정하여 고시하는 시설의 용도
14. "발코니"란 건축물의 내부와 외부를 연결하는 완충공간으로서 전망이나 휴식 등의 목적으로 건축물 외벽에 접하여 부가적(附加的)으로 설치되는 공간을 말한다. 이 경우 주택에 설치되는 발코니로서 국토교통부장관이 정하는 기준에 적합한 발코니는 필요에 따라 거실·침실·창고 등의 용도로 사용할 수 있다.
15. "초고층 건축물"이란 층수가 50층 이상이거나 높이가 200미터 이상인 건축물을 말한다.
15의2. "준초고층 건축물"이란 고층건축물 중 초고층 건축물이 아닌 것을 말한다.
16. "한옥"이란 「한옥 등 건축자산의 진흥에 관한 법률」 제2조제2호에 따른 한옥을 말한다.
17. "다중이용 건축물"이란 다음 각 목의 어느 하나에 해당하는 건축물을 말한다.
가. 다음의 어느 하나에 해당하는 용도로 쓰는 바닥면적의 합계가 5천제곱미터 이상인 건축물
1) 문화 및 집회시설(동물원 및 식물원은 제외한다)
2) 종교시설
3) 판매시설
4) 운수시설 중 여객용 시설
5) 의료시설 중 종합병원
6) 숙박시설 중 관광숙박시설
나. 16층 이상인 건축물
17의2. "준다중이용 건축물"이란 다중이용 건축물 외의 건축물로서 다음 각 목의 어느 하나에 해당하는 용도로 쓰는 바닥면적의 합계가 1천제곱미터 이상인 건축물을 말한다.
가. 문화 및 집회시설(동물원 및 식물원은 제외한다)
나. 종교시설
다. 판매시설
라. 운수시설 중 여객용 시설
마. 의료시설 중 종합병원
바. 교육연구시설
사. 노유자시설
아. 운동시설
자. 숙박시설 중 관광숙박시설
차. 위락시설
카. 관광 휴게시설
타. 장례시설
18. "특수구조 건축물"이란 다음 각 목의 어느 하나에 해당하는 건축물을 말한다.
가. 한쪽 끝은 고정되고 다른 끝은 지지(支持)되지 아니한 구조로 된 보·차양 등이 외벽(외벽이 없는 경우에는 외곽 기둥을 말한다)의 중심선으로부터 3미터 이상 돌출된 건축물
나. 기둥과 기둥 사이의 거리(기둥의 중심선 사이의 거리를 말하며, 기둥이 없는 경우에는 내력벽과 내력벽의 중심선 사이의 거리를 말한다. 이하 같다)가 20미터 이상인 건축물
다. 특수한 설계·시공·공법 등이 필요한 건축물로서 국토교통부장관이 정하여 고시하는 구조로 된 건축물
19. 법 제2조제1항제21호에서 "환기시설물 등 대통령령으로 정하는 구조물"이란 급기(給氣) 및 배기(排氣)를 위한 건축 구조물의 개구부(開口部)인 환기구를 말한다.
[전문개정 2008.10.29.]

제3조【대지의 범위】 ① 법 제2조제1항제1호 단서에 따라 둘 이상의 필지를 하나의 대지로 할 수 있는 토지는 다음 각 호와 같다. <개정 2015.6.1., 2016.5.17., 2016.8.11, 2021.1.8.>
1. 하나의 건축물을 두 필지 이상에 걸쳐 건축하는 경우: 그 건축물이 건축되는 각 필지의 토지를 합한 토지
2. 「공간정보의 구축 및 관리 등에 관한 법률」 제80조제3항에 따라 합병이 불가능한 경우 중 다음 각 목의 어느 하나에 해당하는 경우: 그 합병이 불가능한 필지의 토지를 합한 토지. 다만, 토지의 소유자가 서로 다르거나 소유권 외의 권리관계가 서로

다른 경우는 제외한다.

가. 각 필지의 지번부여지역(地番附與地域)이 서로 다른 경우

나. 각 필지의 도면의 축척이 다른 경우

다. 서로 인접하고 있는 필지로서 각 필지의 지반(地盤)이 연속되지 아니한 경우

3. 「국토의 계획 및 이용에 관한 법률」 제2조제7호에 따른 도시·군계획시설(이하 "도시·군계획시설"이라 한다)에 해당하는 건축물을 건축하는 경우: 그 도시·군계획시설이 설치되는 일단(一團)의 토지

4. 「주택법」 제15조에 따른 사업계획승인을 받아 주택과 그 부대시설 및 복리시설을 건축하는 경우: 같은 법 제2조제12호에 따른 주택단지

5. 도로의 지표 아래에 건축하는 건축물의 경우: 특별시장·광역시장·특별자치시장·특별자치도지사·시장·군수 또는 구청장(자치구의 구청장을 말한다. 이하 같다)이 그 건축물이 건축되는 토지로 정하는 토지

6. 법 제22조에 따른 사용승인을 신청할 때 둘 이상의 필지를 하나의 필지로 합칠 것을 조건으로 건축허가를 하는 경우: 그 필지가 합쳐지는 토지. 다만, 토지의 소유자가 서로 다른 경우는 제외한다.

② 법 제2조제1항제1호 단서에 따라 하나 이상의 필지의 일부를 하나의 대지로 할 수 있는 토지는 다음 각 호와 같다. <개정 2012.4.10.>

1. 하나 이상의 필지의 일부에 대하여 도시·군계획시설이 결정·고시된 경우: 그 결정·고시된 부분의 토지
2. 하나 이상의 필지의 일부에 대하여 「농지법」 제34조에 따른 농지전용허가를 받은 경우: 그 허가받은 부분의 토지
3. 하나 이상의 필지의 일부에 대하여 「산지관리법」 제14조에 따른 산지전용허가를 받은 경우: 그 허가받은 부분의 토지
4. 하나 이상의 필지의 일부에 대하여 「국토의 계획 및 이용에 관한 법률」 제56조에 따른 개발행위허가를 받은 경우: 그 허가받은 부분의 토지
5. 법 제22조에 따른 사용승인을 신청할 때 필지를 나눌 것을 조건으로 건축허가를 하는 경우: 그 필지가 나누어지는 토지

[전문개정 2008.10.29.]

제3조의2 【대수선의 범위】 법 제2조제1항제9호에서 "대통령령으로 정하는 것"이란 다음 각 호의 어느 하나에 해당하는 것으로서 증축·개축 또는 재축에 해당하지 아니하는 것을 말한다. <개정 2019.10.22.>

1. 내력벽을 증설 또는 해체하거나 그 벽면적을 30제곱미터 이상 수선 또는 변경하는 것
2. 기둥을 증설 또는 해체하거나 세 개 이상 수선 또는 변경하는 것
3. 보를 증설 또는 해체하거나 세 개 이상 수선 또는 변경하는 것
4. 지붕틀(한옥의 경우에는 지붕틀의 범위에서 서까래는 제외한다)을 증설 또는 해체하거나 세 개 이상 수선 또는 변경하는 것
5. 방화벽 또는 방화구획을 위한 바닥 또는 벽을 증설 또는 해체하거나 수선 또는 변경하는 것
6. 주계단·피난계단 또는 특별피난계단을 증설 또는 해체하거나 수선 또는 변경하는 것
7. 삭제 <2019.10.22.>
8. 다가구주택의 가구 간 경계벽 또는 다세대주택의 세대 간 경계벽을 증설 또는 해체하거나 수선 또는 변경하는 것
9. 건축물의 외벽에 사용하는 마감재료(법 제52조제2항에 따른 마감재료를 말한다)를 증설 또는 해체하거나 벽면적 30제곱미터 이상 수선 또는 변경하는 것

[전문개정 2008.10.29.]

제3조의3 【지형적 조건 등에 따른 도로의 구조와 너비】 법 제2조제1항제11호 각 목 외의 부분에서 "대통령령으로 정하는 구조와 너비의 도로"란 다음 각 호의 어느 하나에 해당하는 도로를 말한다. <개정 2014.10.14.>

1. 특별자치시장·특별자치도지사 또는 시장·군수·구청장이 지형적 조건으로 인하여 차량 통행을 위한 도로의 설치가 곤란하다고 인정하여 그 위치를 지정·공고하는 구간의 너비 3미터 이상(길이가 10미터 미만인 막다른 도로인 경우에는 너비 2미터 이상)인 도로
2. 제1호에 해당하지 아니하는 막다른 도로로서 그 도로의 너비가 그 길이에 따라 각각 다음 표에 정하는 기준 이상인 도로

막다른 도로의 길이	도로의 너비
10미터 미만	2미터
10미터 이상 35미터 미만	3미터
35미만 이상	6미터(도시지역이 아닌 읍·면 지역은 4미터)

[전문개정 2008.10.29.]

제3조의4 【실내건축의 재료 등】 법 제2조제1항제20호에서 "벽지, 천장재, 바닥재, 유리 등 대통령령으로 정하는 재료 또는 장식물"이란 다음 각 호의 재료를

말한다.
1. 벽, 천장, 바닥 및 반자틀의 재료
2. 실내에 설치하는 난간, 창호 및 출입문의 재료
3. 실내에 설치하는 전기·가스·급수(給水), 배수(排水)·환기시설의 재료
4. 실내에 설치하는 충돌·끼임 등 사용자의 안전사고 방지를 위한 시설의 재료

[본조신설 2014.11.28.]

제3조의5 【용도별 건축물의 종류】 법 제2조제2항 각 호의 용도에 속하는 건축물의 종류는 별표 1과 같다.
[전문개정 2008.10.29][제3조의4에서 이동<2014.11.28.>]

제4조 삭제 <2005.7.18>

제5조 【중앙건축위원회의 설치 등】 ① 법 제4조제1항에 따라 국토교통부에 두는 건축위원회(이하 "중앙건축위원회"라 한다)는 다음 각 호의 사항을 조사·심의·조정 또는 재정(이하 "심의등"이라 한다)한다. <개정 2014.11.28>
1. 법 제23조제4항에 따른 표준설계도서의 인정에 관한 사항
2. 건축물의 건축·대수선·용도변경, 건축설비의 설치 또는 공작물의 축조(이하 "건축물의 건축등"이라 한다)와 관련된 분쟁의 조정 또는 재정에 관한 사항
3. 법과 이 영의 제정·개정 및 시행에 관한 중요 사항
4. 다른 법령에서 중앙건축위원회의 심의를 받도록 한 경우 해당 법령에서 규정한 심의사항
5. 그 밖에 국토교통부장관이 중앙건축위원회의 심의가 필요하다고 인정하여 회의에 부치는 사항

② 제1항에 따라 심의등을 받은 건축물이 다음 각 호의 어느 하나에 해당하는 경우에는 해당 건축물의 건축등에 관한 중앙건축위원회의 심의등을 생략할 수 있다.
1. 건축물의 규모를 변경하는 것으로서 다음 각 목의 요건을 모두 갖춘 경우
   가. 건축위원회의 심의등의 결과에 위반되지 아니할 것
   나. 심의등을 받은 건축물의 건축면적, 연면적, 층수 또는 높이 중 어느 하나도 10분의 1을 넘지 아니하는 범위에서 변경할 것
2. 중앙건축위원회의 심의등의 결과를 반영하기 위하여 건축물의 건축등에 관한 사항을 변경하는 경우

③ 중앙건축위원회는 위원장 및 부위원장 각 1명을 포함하여 70명 이내의 위원으로 구성한다.
④ 중앙건축위원회의 위원은 관계 공무원과 건축에 관한 학식 또는 경험이 풍부한 사람 중에서 국토교통부장관이 임명하거나 위촉한다. <개정 2013.3.23>
⑤ 중앙건축위원회의 위원장과 부위원장은 제4항에 따라 임명 또는 위촉된 위원 중에서 국토교통부장관이 임명하거나 위촉한다. <개정 2013.3.23>
⑥ 공무원이 아닌 위원의 임기는 2년으로 하며, 한 차례만 연임할 수 있다.

[전문개정 2012.12.12]

제5조의2 【위원의 제척·기피·회피】 ① 중앙건축위원회의 위원(이하 이 조 및 제5조의3에서 "위원"이라 한다)이 다음 각 호의 어느 하나에 해당하는 경우에는 중앙건축위원회의 심의·의결에서 제척(除斥)된다.
1. 위원 또는 그 배우자나 배우자이었던 사람이 해당 안건의 당사자(당사자가 법인·단체 등인 경우에는 그 임원을 포함한다. 이하 이 호 및 제2호에서 같다)가 되거나 그 안건의 당사자와 공동권리자 또는 공동의무자인 경우
2. 위원이 해당 안건의 당사자와 친족이거나 친족이었던 경우
3. 위원이 해당 안건에 대하여 자문, 연구, 용역(하도급을 포함한다), 감정 또는 조사를 한 경우
4. 위원이나 위원이 속한 법인·단체 등이 해당 안건의 당사자의 대리인이거나 대리인이었던 경우
5. 위원이 임원 또는 직원으로 재직하고 있거나 최근 3년 내에 재직하였던 기업 등이 해당 안건에 관하여 자문, 연구, 용역(하도급을 포함한다), 감정 또는 조사를 한 경우

② 해당 안건의 당사자는 위원에게 공정한 심의·의결을 기대하기 어려운 사정이 있는 경우에는 중앙건축위원회에 기피 신청을 할 수 있고, 중앙건축위원회는 의결로 이를 결정한다. 이 경우 기피 신청의 대상인 위원은 그 의결에 참여하지 못한다.
③ 위원이 제1항 각 호에 따른 제척 사유에 해당하는 경우에는 스스로 해당 안건의 심의·의결에서 회피(回避)하여야 한다.

[본조신설 2012.12.12.]

제5조의3 【위원의 해임·해촉】 국토교통부장관은 위원이 다음 각 호의 어느 하나에 해당하는 경우에는 해당 위원을 해임하거나 해촉(解囑)할 수 있다. <개정 2013.3.23>
1. 심신장애로 인하여 직무를 수행할 수 없게 된 경우
2. 직무태만, 품위손상이나 그 밖의 사유로 인하여 위원으로 적합하지 아니하다고 인정되는 경우
3. 제5조의2제1항 각 호의 어느 하나에 해당하는 데에도 불구하고 회피하지 아니한 경우

[본조신설 2012.12.12.]

제5조의4 【운영세칙】 제5조, 제5조의2 및 제5조의3에서 규정한 사항 외에 중앙건축위원회의 운영에 관한 사항, 수당 및 여비의 지급에 관한 사항은 국토교통부령으로 정한다. <개정 2013.3.23>

[본조신설 2012.12.12.]

제5조의5 【지방건축위원회】 ① 법 제4조제1항에 따라 특별시·광역시·특별자치시·도·특별자치도(이하 "시·도"라 한다) 및 시·군·구(자치구를 말한다. 이하 같다)에 두는 건축위원회(이하 "지방건축위원회"라 한다)는 다음 각 호의 사항에 대한 심의등을 한다. <개정 2016.1.19., 2020.4.21.>

1. 법 제46조제2항에 따른 건축선(建築線)의 지정에 관한 사항
2. 법 또는 이 영에 따른 조례(해당 지방자치단체의 장이 발의하는 조례만 해당한다)의 제정·개정 및 시행에 관한 사항
3. 삭제 <2014.11.11.>
4. 다중이용 건축물 및 특수구조 건축물의 구조안전에 관한 사항
5. 삭제 <2016.1.19.>
6. 삭제 <2020.4.21.>
7. 다른 법령에서 지방건축위원회의 심의를 받도록 한 경우 해당 법령에서 규정한 심의사항
8. 특별시장·광역시장·특별자치시장·도지사 또는 특별자치도지사(이하 "시·도지사"라 한다) 및 시장·군수·구청장이 도시 및 건축 환경의 체계적인 관리를 위하여 필요하다고 인정하여 지정·공고한 지역에서 건축조례로 정하는 건축물의 건축등에 관한 것으로서 시·도지사 및 시장·군수·구청장이 지방건축위원회의 심의가 필요하다고 인정한 사항. 이 경우 심의 사항은 시·도지사 및 시장·군수·구청장이 건축 계획, 구조 및 설비 등에 대해 심의 기준을 정하여 공고한 사항으로 한정한다. <개정 2020.4.21.>

② 제1항에 따라 심의등을 받은 건축물이 제5조제2항 각 호의 어느 하나에 해당하는 경우에는 해당 건축물의 건축등에 관한 지방건축위원회의 심의등을 생략할 수 있다.

③ 제1항에 따른 지방건축위원회는 위원장 및 부위원장 각 1명을 포함하여 25명 이상 150명 이하의 위원으로 성별을 고려하여 구성한다. <개정 2016.1.19.>

④ 지방건축위원회의 위원은 다음 각 호의 어느 하나에 해당하는 사람 중에서 시·도지사 및 시장·군수·구청장이 임명하거나 위촉한다.

1. 도시계획 및 건축 관계 공무원
2. 도시계획 및 건축 등에서 학식과 경험이 풍부한 사람

⑤ 지방건축위원회의 위원장과 부위원장은 제4항에 따라 임명 또는 위촉된 위원 중에서 시·도지사 및 시장·군수·구청장이 임명하거나 위촉한다.

⑥ 지방건축위원회 위원의 임명·위촉·제척·기피·회피·해촉·임기 등에 관한 사항, 회의 및 소위원회의 구성·운영 및 심의등에 관한 사항, 위원의 수당 및 여비 등에 관한 사항은 조례로 정하되, 다음 각 호의 기준에 따라야 한다. <개정 2018.9.4., 2020.4.21>

1. 위원의 임명·위촉 기준 및 제척·기피·회피·해촉·임기
   가. 공무원을 위원으로 임명하는 경우에는 그 수를 전체 위원 수의 4분의 1 이하로 할 것
   나. 공무원이 아닌 위원은 건축 관련 학회 및 협회 등 관련 단체나 기관의 추천 또는 공모절차를 거쳐 위촉할 것
   다. 다른 법령에 따라 지방건축위원회의 심의를 하는 경우에는 해당 분야의 관계 전문가가 그 심의에 위원으로 참석하는 심의위원 수의 4분의 1 이상이 되게 할 것. 이 경우 필요하면 해당 심의에만 위원으로 참석하는 관계 전문가를 임명하거나 위촉할 수 있다.
   라. 위원의 제척·기피·회피·해촉에 관하여는 제5조의2 및 제5조의3을 준용할 것
   마. 공무원이 아닌 위원의 임기는 3년 이내로 하며, 필요한 경우에는 한 차례만 연임할 수 있게 할 것
2. 심의등에 관한 기준
   가. 「국토의 계획 및 이용에 관한 법률」 제30조제3항 단서에 따라 건축위원회와 도시계획위원회가 공동으로 심의한 사항에 대해서는 심의를 생략할 것
   나. 제1항제4호에 관한 사항은 법 제21조에 따른 착공신고 전에 심의할 것. 다만, 법 제13조의2에 따라 안전영향평가 결과가 확정된 경우는 제외한다.
   다. 지방건축위원회의 위원장은 회의 개최 10일 전까지 회의 안건과 심의에 참여할 위원을 확정하고, 회의 개최 7일 전까지 회의에 부치는 안건을 각 위원에게 알릴 것. 다만, 대외적으로 기밀 유지가 필요한 사항이나 그 밖에 부득이한 사유가 있는 경우에는 그러하지 아니하다.
   라. 지방건축위원회의 위원장은 다목에 따라 심의

에 참여할 위원을 확정하면 심의등을 신청한 자에게 위원 명단을 알릴 것

마. 삭제 <2014.11.28.>

바. 지방건축위원회의 회의는 구성위원(위원장과 위원장이 다목에 따라 회의 참여를 확정한 위원을 말한다) 과반수의 출석으로 개의(開議)하고, 출석위원 과반수 찬성으로 심의등을 의결하며, 심의등을 신청한 자에게 심의등의 결과를 알릴 것

사. 지방건축위원회의 위원장은 업무 수행을 위하여 필요하다고 인정하는 경우에는 관계 전문가를 지방건축위원회의 회의에 출석하게 하여 발언하게 하거나 관계 기관·단체에 자료를 요구할 것

아. 건축주·설계자 및 심의등을 신청한 자가 희망하는 경우에는 회의에 참여하여 해당 안건 등에 대하여 설명할 수 있도록 할 것

자. 제1항제4호, 제7호 및 제8호에 따른 사항을 심의하는 경우 심의등을 신청한 자에게 지방건축위원회에 간략설계도서(배치도·평면도 ·입면도·주단면도 및 국토교통부장관이 정하여 고시하는 도서로 한정하며 전자문서로 된 도서를 포함한다)를 제출하도록 할 것

차. 건축구조 분야 등 전문분야에 대해서는 분야별 해당 전문위원회에서 심의하도록 할 것(제5조의6제1항에 따라 분야별 전문위원회를 구성한 경우만 해당한다)

카. 지방건축위원회 심의 절차 및 방법 등에 관하여 국토교통부장관이 정하여 고시하는 기준에 따를 것

[본조신설 2012.12.12.]

제5조의6【전문위원회의 구성 등】① 국토교통부장관, 시·도지사 또는 시장·군수·구청장은 법 제4조제2항에 따라 다음 각 호의 분야별로 전문위원회를 구성·운영할 수 있다. <개정 2013.3.23>

1. 건축계획 분야
2. 건축구조 분야
3. 건축설비 분야
4. 건축방재 분야
5. 에너지관리 등 건축환경 분야
6. 건축물 경관(景觀) 분야(공간환경 분야를 포함한다)
7. 조경 분야
8. 도시계획 및 단지계획 분야
9. 교통 및 정보기술 분야
10. 사회 및 경제 분야
11. 그 밖의 분야

② 제1항에 따른 전문위원회의 구성·운영에 관한 사항, 수당 및 여비 지급에 관한 사항은 국토교통부령 또는 건축조례로 정한다. <개정 2013.3.23>

[본조신설 2012.12.12.]

제5조의7【지방건축위원회의 심의】① 법 제4조의2제1항에서 "대통령령으로 정하는 건축물"이란 제5조의5제1항제4호, 제7호 및 제8호에 따른 심의 대상 건축물을 말한다. <개정 2018.9.4., 2021.5.4>

② 시·도지사 또는 시장·군수·구청장은 법 제4조의2제1항에 따라 건축물을 건축하거나 대수선하려는 자가 지방건축위원회의 심의를 신청한 경우에는 법 제4조의2제2항에 따라 심의 신청 접수일부터 30일 이내에 해당 지방건축위원회에 심의 안건을 상정하여야 한다.

③ 법 제4조의2제3항에 따라 재심의 신청을 받은 시·도지사 또는 시장·군수·구청장은 지방건축위원회의 심의에 참여할 위원을 다시 확정하여 법 제4조의2제4항에 따라 해당 지방건축위원회에 재심의 안건을 상정하여야 한다.

[본조신설 2014.11.28.]

제5조의8【지방건축위원회 회의록의 공개】① 시·도지사 또는 시장·군수·구청장은 법 제4조의3 본문에 따라 법 제4조의2제1항에 따른 심의(같은 조 제3항에 따른 재심의를 포함한다. 이하 이 조에서 같다)를 신청한 자가 지방건축위원회의 회의록 공개를 요청하는 경우에는 지방건축위원회의 심의 결과를 통보한 날부터 6개월까지 공개를 요청한 자에게 열람 또는 사본을 제공하는 방법으로 공개하여야 한다.

② 법 제4조의3 단서에서 "이름, 주민등록번호 등 대통령령으로 정하는 개인 식별 정보"란 이름, 주민등록번호, 직위 및 주소 등 특정인임을 식별할 수 있는 정보를 말한다.

[본조신설 2014.11.28.]

제5조의9【건축민원전문위원회의 심의 대상】① 법 제4조의4제1항제3호에서 "대통령령으로 정하는 민원"이란 다음 각 호의 어느 하나에 해당하는 민원을 말한다.

1. 건축조례의 운영 및 집행에 관한 민원
2. 그 밖에 관계 건축법령에 따른 처분기준 외의 사항을 요구하는 등 허가권자의 부당한 요구에 따른 민원

[본조신설 2014.11.28.]

제5조의10【질의 민원 심의의 신청】① 법 제4조의5제2항 각 호 외의 부분 단서에 따라 구술로 신청한 질

의민원 심의 신청을 접수한 담당 공무원은 신청인이 심의 신청서를 작성할 수 있도록 협조하여야 한다.

② 법 제4조의5제2항제3호에서 "행정기관의 명칭 등 대통령령으로 정하는 사항"이란 다음 각 호의 사항을 말한다.

1. 민원 대상 행정기관의 명칭
2. 대리인 또는 대표자의 이름과 주소(법 제4조의6제2항 및 제4조의7제2항·제5항에 따른 위원회 출석, 의견 제시, 결정내용 통지 수령 및 처리결과 통보 수령 등을 위임한 경우만 해당한다)

[본조신설 2014.11.28.]

제6조 【적용의 완화】 ① 법 제5조제1항에 따라 완화하여 적용하는 건축물 및 기준은 다음 각 호와 같다. <개정 2015.12.28., 2016.7.19., 2016.8.11., 2017.2.3., 2020.5.12.>

1. 수면 위에 건축하는 건축물 등 대지의 범위를 설정하기 곤란한 경우: 법 제40조부터 제47조까지, 법 제55조부터 제57조까지, 법 제60조 및 법 제61조에 따른 기준
2. 거실이 없는 통신시설 및 기계·설비시설인 경우: 법 제44조부터 법 제46조까지의 규정에 따른 기준
3. 31층 이상인 건축물(건축물 전부가 공동주택의 용도로 쓰이는 경우는 제외한다)과 발전소, 제철소, 「산업집적활성화 및 공장설립에 관한 법률 시행령」 별표 1의2 제2호마목에 따라 산업통상자원부령으로 정하는 업종의 제조시설, 운동시설 등 특수용도의 건축물인 경우: 법 제43조, 제49조부터 제52조까지, 제62조, 제64조, 제67조 및 제68조에 따른 기준
4. 전통사찰, 전통한옥 등 전통문화의 보존을 위하여 시·도의 건축조례로 정하는 지역의 건축물인 경우: 법 제2조제1항제11호, 제44조, 제46조 및 제60조제3항에 따른 기준
5. 경사진 대지에 계단식으로 건축하는 공동주택으로서 지면에서 직접 각 세대가 있는 층으로의 출입이 가능하고, 위층 세대가 아래층 세대의 지붕을 정원 등으로 활용하는 것이 가능한 형태의 건축물과 초고층 건축물인 경우: 법 제55조에 따른 기준
6. 다음 각 목의 어느 하나에 해당하는 건축물인 경우: 법 제42조, 제43조, 제46조, 제55조, 제56조, 제58조, 제60조, 제61조제2항에 따른 기준
   가. 허가권자가 리모델링 활성화가 필요하다고 인정하여 지정·공고한 구역(이하 "리모델링 활성화 구역"이라 한다) 안의 건축물
   나. 사용승인을 받은 후 15년 이상이 되어 리모델링이 필요한 건축물
   다. 기존 건축물을 건축(증축, 일부 개축 또는 일부 재축으로 한정한다. 이하 이 목 및 제32조제3항에서 같다)하거나 대수선하는 경우로서 다음의 요건을 모두 갖춘 건축물
      1) 기존 건축물이 건축 또는 대수선 당시의 법령상 건축물 전체에 대하여 다음의 구분에 따른 확인 또는 확인 서류 제출을 하여야 하는 건축물에 해당하지 아니할 것
         가) 2009년 7월 16일 대통령령 제21629호 건축법 시행령 일부개정령으로 개정되기 전의 제32조에 따른 지진에 대한 안전여부의 확인
         나) 2009년 7월 16일 대통령령 제21629호 건축법 시행령 일부개정령으로 개정된 이후부터 2014년 11월 28일 대통령령 제25786호 건축법 시행령 일부개정령으로 개정되기 전까지의 제32조에 따른 구조 안전의 확인
         다) 2014년 11월 28일 대통령령 제25786호 건축법 시행령 일부개정령으로 개정된 이후의 제32조에 따른 구조 안전의 확인 서류 제출
      2) 제32조제3항에 따라 기존 건축물을 건축 또는 대수선하기 전과 후의 건축물 전체에 대한 구조 안전의 확인 서류를 제출할 것. 다만, 기존 건축물을 일부 재축하는 경우에는 재축 후의 건축물에 대한 구조 안전의 확인 서류만 제출한다.
7. 기존 건축물에 「장애인·노인·임산부 등의 편의증진 보장에 관한 법률」 제8조에 따른 편의시설을 설치하면 법 제55조 또는 법 제56조에 따른 기준에 적합하지 아니하게 되는 경우: 법 제55조 및 법 제56조에 따른 기준

7의2. 「국토의 계획 및 이용에 관한 법률」에 따른 도시지역 및 지구단위계획구역 외의 지역 중 동이나 읍에 해당하는 지역에 건축하는 건축물로서 건축조례로 정하는 건축물인 경우: 법 제2조제1항제11호 및 제44조에 따른 기준

8. 다음 각 목의 어느 하나에 해당하는 대지에 건축하는 건축물로서 재해예방을 위한 조치가 필요한 경우: 법 제55조, 법 제56조, 법 제60조 및 법 제61조에 따른 기준
   가. 「국토의 계획 및 이용에 관한 법률」 제37조에 따라 지정된 방재지구(防災地區)
   나. 「급경사지 재해예방에 관한 법률」 제6조에 따라 지정된 붕괴위험지역
9. 조화롭고 창의적인 건축을 통하여 아름다운 도시

경관을 창출한다고 법 제11조에 따른 특별시장·광역시장·특별자치시장·특별자치도지사 또는 시장·군수·구청장(이하 "허가권자"라 한다)가 인정하는 건축물과 「주택법 시행령」 제10조제1항에 따른 도시형 생활주택(아파트는 제외한다)인 경우: 법 제60조 및 제61조에 따른 기준

10. 「공공주택 특별법」 제2조제1호에 따른 공공주택인 경우: 법 제61조제2항에 따른 기준

11. 다음 각 목의 어느 하나에 해당하는 공동주택에 「주택건설 기준 등에 관한 규정」 제2조제3호에 따른 주민공동시설(주택소유자가 공유하는 시설로서 영리를 목적으로 하지 아니하고 주택의 부속용도로 사용하는 시설만 해당하며, 이하 "주민공동시설"이라 한다)을 설치하는 경우: 법 제56조에 따른 기준

가. 「주택법」 제15조에 따라 사업계획 승인을 받아 건축하는 공동주택

나. 상업지역 또는 준주거지역에서 법 제11조에 따라 건축허가를 받아 건축하는 200세대 이상 300세대 미만인 공동주택

다. 법 제11조에 따라 건축허가를 받아 건축하는 「주택법 시행령」 제10조에 따른 도시형 생활주택

12. 법 제77조의4제1항에 따라 건축협정을 체결하여 건축물의 건축·대수선 또는 리모델링을 하려는 경우: 법 제55조 및 제56조에 따른 기준

② 허가권자는 법 제5조제2항에 따라 완화 여부 및 적용 범위를 결정할 때에는 다음 각 호의 기준을 지켜야 한다. <개정 2016.8.11.>

1. 제1항제1호부터 제5호까지, 제7호·제7호의2 및 제9호의 경우

가. 공공의 이익을 해치지 아니하고, 주변의 대지 및 건축물에 지나친 불이익을 주지 아니할 것

나. 도시의 미관이나 환경을 지나치게 해치지 아니할 것

2. 제1항제6호의 경우

가. 제1호 각 목의 기준에 적합할 것

나. 증축은 기능향상 등을 고려하여 국토교통부령으로 정하는 규모와 범위에서 할 것

다. 「주택법」 제15조에 따른 사업계획승인 대상인 공동주택의 리모델링은 복리시설을 분양하기 위한 것이 아닐 것

3. 제1항제8호의 경우

가. 제1호 각 목의 기준에 적합할 것

나. 해당 지역에 적용되는 법 제55조, 법 제56조, 법 제60조 및 법 제61조에 따른 기준을 100분의 140 이하의 범위에서 건축조례로 정하는 비율을 적용할 것

4. 제1항제10호의 경우

가. 제1호 각 목의 기준에 적합할 것

나. 기준이 완화되는 범위는 외벽의 중심선에서 발코니 끝부분까지의 길이 중 1.5미터를 초과하는 발코니 부분에 한정될 것. 이 경우 완화되는 범위는 최대 1미터로 제한하며, 완화되는 부분에 창호를 설치해서는 아니 된다.

5. 제1항제11호의 경우

가. 제1호 각 목의 기준에 적합할 것

나. 법 제56조에 따른 용적률의 기준은 해당 지역에 적용되는 용적률에 주민공동시설에 해당하는 용적률을 가산한 범위에서 건축조례로 정하는 용적률을 적용할 것

6. 제1항제12호의 경우

가. 제1호 각 목의 기준에 적합할 것

나. 법 제55조 및 제56조에 따른 건폐율 또는 용적률의 기준은 법 제77조의4제1항에 따라 건축협정이 체결된 지역 또는 구역(이하 "건축협정구역"이라 한다) 안에서 연접한 둘 이상의 대지에서 건축허가를 동시에 신청하는 경우 둘 이상의 대지를 하나의 대지로 보아 적용할 것

[전문개정 2008.10.29.]

제6조의2【기존의 건축물 등에 대한 특례】 ① 법 제6조에서 "그 밖에 대통령령으로 정하는 사유"란 다음 각 호의 어느 하나에 해당하는 경우를 말한다. <개정 2013.3.23>

1. 도시·군관리계획의 결정·변경 또는 행정구역의 변경이 있는 경우

2. 도시·군관리계획의 설치, 도시개발사업의 시행 또는 「도로법」에 따른 도로의 설치가 있는 경우

3. 그 밖에 제1호 및 제2호와 비슷한 경우로서 국토교통부령으로 정하는 경우

② 허가권자는 기존 건축물 및 대지가 법령의 제정·개정이나 제1항 각 호의 사유로 법령등에 부적합하더라도 다음 각 호의 어느 하나에 해당하는 경우에는 건축을 허가할 수 있다. <개정 2016.1.19., 2016.5.17., 2021.11.2.>

1. 기존 건축물을 재축하는 경우

2. 증축하거나 개축하려는 부분이 법령등에 적합한 경우

3. 기존 건축물의 대지가 도시·군계획시설의 설치 또

는 「도로법」에 따른 도로의 설치로 법 제57조에 따라 해당 지방자치단체가 정하는 면적에 미달되는 경우로서 그 기존 건축물을 연면적 합계의 범위에서 증축하거나 개축하는 경우

4. 기존 건축물이 도시·군계획시설 또는 「도로법」에 따른 도로의 설치로 법 제55조 또는 법 제56조에 부적합하게 된 경우로서 화장실·계단·승강기의 설치 등 그 건축물의 기능을 유지하기 위하여 그 기존 건축물의 연면적 합계의 범위에서 증축하는 경우
5. 법률 제7696호 건축법 일부개정법률 제50조의 개정규정에 따라 최초로 개정한 해당 지방자치단체의 조례 시행일 이전에 건축된 기존 건축물의 건축선 및 인접 대지경계선으로부터의 거리가 그 조례로 정하는 거리에 미달되는 경우로서 그 기존 건축물을 건축 당시의 법령에 위반되지 않는 범위에서 수직으로 증축하는 경우
6. 기존 한옥을 개축하는 경우
7. 건축물 대지의 전부 또는 일부가 「자연재해대책법」 제12조에 따른 자연재해위험개선지구에 포함되고 법 제22조에 따른 사용승인 후 20년이 지난 기존 건축물을 재해로 인한 피해 예방을 위하여 연면적의 합계 범위에서 개축하는 경우

③ 허가권자는 「국토의 계획 및 이용에 관한 법률 시행령」 제84조의2 또는 제93조의3에 따라 기존 공장을 증축하는 경우에는 다음 각 호의 기준을 적용하여 해당 공장(이하 "기존 공장"이라 한다)의 증축을 허가할 수 있다. <신설 2016.1.19., 2022.1.18>

1. 제3조의3제2호에도 불구하고 도시지역에서의 길이 35미터 이상인 막다른 도로의 너비기준은 4미터 이상으로 한다.
2. 제28조제2항에도 불구하고 연면적 합계가 3천제곱미터 미만인 기존 공장이 증축으로 3천제곱미터 이상이 되는 경우 해당 대지가 접하여야 하는 도로의 너비는 4미터 이상으로 하고, 해당 대지가 도로에 접하여야 하는 길이는 2미터 이상으로 한다.

[전문개정 2008.10.29.]

제6조의3【특수구조 건축물 구조 안전의 확인에 관한 특례】 ① 법 제6조의2에서 "대통령령으로 정하는 건축물"이란 제2조제18호에 따른 특수구조 건축물을 말한다.

② 특수구조 건축물을 건축하거나 대수선하려는 건축주는 법 제21조에 따른 착공신고를 하기 전에 국토교통부령으로 정하는 바에 따라 허가권자에게 해당 건축물의 구조 안전에 관하여 지방건축위원회의 심의를 신청하여야 한다. 이 경우 건축주는 설계자로부터 미리 법 제48조제2항에 따른 구조 안전 확인을 받아야 한다.

③ 제2항에 따른 신청을 받은 허가권자는 심의 신청 접수일부터 15일 이내에 제5조의6제1항제2호에 따른 건축구조 분야 전문위원회에 심의 안건을 상정하고, 심의 결과를 심의를 신청한 자에게 통보하여야 한다.

④ 제3항에 따른 심의 결과에 이의가 있는 자는 심의 결과를 통보받은 날부터 1개월 이내에 허가권자에게 재심의를 신청할 수 있다.

⑤ 제3항에 따른 심의 결과 또는 제4항에 따른 재심의 결과를 통보받은 건축주는 법 제21조에 따른 착공신고를 할 때 그 결과를 반영하여야 한다.

⑥ 제3항에 따른 심의 결과의 통보, 제4항에 따른 재심의의 방법 및 결과 통보에 관하여는 법 제4조의2 제2항 및 제4항을 준용한다.

[본조신설 2015.7.6.]

[종전 제6조의3은 제6조의4로 이동 <2015.7.6.>]

제6조의4【부유식 건축물의 특례】 ① 법 제6조의3제1항에 따라 같은 항에 따른 부유식 건축물(이하 "부유식 건축물"이라 한다)에 대해서는 다음 각 호의 구분기준에 따라 법 제40조부터 제44조까지, 제46조 및 제47조를 적용한다.

1. 법 제40조에 따른 대지의 안전 기준의 경우: 같은 조 제3항에 따른 오수의 배출 및 처리에 관한 부분만 적용
2. 법 제41조부터 제44조까지, 제46조 및 제47조의 경우: 미적용. 다만, 법 제44조는 부유식 건축물의 출입에 지장이 없다고 인정하는 경우에만 적용하지 아니한다.

② 제1항에도 불구하고 건축조례에서 지역별 특성 등을 고려하여 그 기준을 달리 정한 경우에는 그 기준에 따른다. 이 경우 그 기준은 법 제40조부터 제44조까지, 제46조 및 제47조에 따른 기준의 범위에서 정하여야 한다.

[본조신설 2016.7.19.]

[종전 제6조의4는 제6조의5로 이동 <2016.7.19.>]

제6조의5【리모델링이 쉬운 구조 등】 ① 법 제8조에서 "대통령령으로 정하는 구조"란 다음 각 호의 요건에 적합한 구조를 말한다. 이 경우 다음 각 호의 요건에 적합한지에 관한 세부적인 판단 기준은 국토교통부장관이 정하여 고시한다. <개정 2013.3.23>

1. 각 세대는 인접한 세대와 수직 또는 수평 방향으로 통합하거나 분할할 수 있을 것
2. 구조체에서 건축설비, 내부 마감재료 및 외부 마

감재료를 분리할 수 있을 것
3. 개별 세대 안에서 구획된 실(室)의 크기, 개수 또는 위치 등을 변경할 수 있을 것
② 법 제8조에서 "대통령령으로 정하는 비율"이란 100분의 120을 말한다. 다만, 건축조례에서 지역별 특성 등을 고려하여 그 비율을 강화한 경우에는 건축조례로 정하는 기준에 따른다.
[전문개정 2008.10.29.][제6조의4에서 이동 <2016.7.19.>]

제2장 건축물의 건축

제7조 삭제 <1995.12.30>

제8조【건축허가】 ① 법 제11조제1항 단서에 따라 특별시장 또는 광역시장의 허가를 받아야 하는 건축물의 건축은 층수가 21층 이상이거나 연면적의 합계가 10만 제곱미터 이상인 건축물의 건축(연면적의 10분의 3 이상을 증축하여 층수가 21층 이상으로 되거나 연면적의 합계가 10만 제곱미터 이상으로 되는 경우를 포함한다)을 말한다. 다만, 다음 각 호의 어느 하나에 해당하는 건축물의 건축은 제외한다. <개정 2014.11.28>
1. 공장
2. 창고
3. 지방건축위원회의 심의를 거친 건축물(특별시 또는 광역시의 건축조례로 정하는 바에 따라 해당 지방건축위원회의 심의사항으로 할 수 있는 건축물에 한정하며, 초고층 건축물은 제외한다)
② 삭제 <2006.5.8>
③ 법 제11조제2항제2호에서 "위락시설과 숙박시설 등 대통령령으로 정하는 용도에 해당하는 건축물"이란 다음 각 호의 건축물을 말한다. <개정 2008.10.29.>
1. 공동주택
2. 제2종 근린생활시설(일반음식점만 해당한다)
3. 업무시설(일반업무시설만 해당한다)
4. 숙박시설
5. 위락시설
④ 삭제 <2006.5.8.>
⑤ 삭제 <2006.5.8.>
⑥ 법 제11조제2항에 따른 승인신청에 필요한 신청서류 및 절차 등에 관하여 필요한 사항은 국토교통부령으로 정한다. <개정 2013.3.23.>

제9조【건축허가 등의 신청】 ① 법 제11조제1항에 따라 건축물의 건축 또는 대수선의 허가를 받으려는 자는 국토교통부령으로 정하는 바에 따라 허가신청서에 관계 서류를 첨부하여 허가권자에게 제출하여야 한다. 다만, 「방위사업법」에 따른 방위산업시설의 건축 또는 대수선의 허가를 받으려는 경우에는 건축 관계 법령에 적합한지 여부에 관한 설계자의 확인으로 관계 서류를 갈음할 수 있다. <개정 2018.9.4.>
② 허가권자는 법 제11조제1항에 따라 허가를 하였으면 국토교통부령으로 정하는 바에 따라 허가서를 신청인에게 발급하여야 한다. <개정 2018.9.4.>
[전문개정 2008.10.29.]

제9조의2【건축허가 신청 시 소유권 확보 예외 사유】 ① 법 제11조제11항제2호에서 "건축물의 노후화 또는 구조안전 문제 등 대통령령으로 정하는 사유"란 건축물이 다음 각 호의 어느 하나에 해당하는 경우를 말한다.
1. 급수·배수·오수 설비 등의 설비 또는 지붕·벽 등의 노후화나 손상으로 그 기능 유지가 곤란할 것으로 우려되는 경우
2. 건축물의 노후화로 내구성에 영향을 주는 기능적 결함이나 구조적 결함이 있는 경우
3. 건축물이 훼손되거나 일부가 멸실되어 붕괴 등 그 밖의 안전사고가 우려되는 경우
4. 천재지변이나 그 밖의 재해로 붕괴되어 다시 신축하거나 재축하려는 경우
② 허가권자는 건축주가 제1항제1호부터 제3호까지의 어느 하나에 해당하는 사유로 법 제11조제11항제2호의 동의요건을 갖추어 같은 조 제1항에 따른 건축허가를 신청한 경우에는 그 사유 해당 여부를 확인하기 위하여 현지조사를 하여야 한다. 이 경우 필요한 경우에는 건축주에게 다음 각 호의 어느 하나에 해당하는 자로부터 안전진단을 받고 그 결과를 제출하도록 할 수 있다. <개정 2018.1.16.>
1. 건축사
2. 「기술사법」 제5조의7에 따라 등록한 건축구조기술사(이하 "건축구조기술사"라 한다)
3. 「시설물의 안전 및 유지관리에 관한 특별법」 제28조제1항에 따라 등록한 건축 분야 안전진단전문기관
[본조신설 2016.7.19.]

제10조【건축복합민원 일괄협의회】 ① 법 제12조제1항에서 "대통령령으로 정하는 관계 법령의 규정"이란 다음 각 호의 규정을 말한다. <개정 2016.5.17., 2017.2.3., 2017.3.29., 2021.5.4., 2022.11.29>
1. 「군사기지 및 군사시설보호법」 제13조
2. 「자연공원법」 제23조

3. 「수도권정비계획법」 제7조부터 제9조까지
4. 「택지개발촉진법」 제6조
5. 「도시공원 및 녹지 등에 관한 법률」 제24조 및 제38조
6. 「공항시설법」 제34조
7. 「교육환경 보호에 관한 법률」 제9조
8. 「산지관리법」 제8조, 제10조, 제12조, 제14조 및 제18조
9. 「산림자원의 조성 및 관리에 관한 법률」 제36조 및 「산림보호법」 제9조
10. 「도로법」 제40조 및 제61조
11. 「주차장법」 제19조, 제19조의2 및 제19조의4
12. 「환경정책기본법」 제38조
13. 「자연환경보전법」 제15조
14. 「수도법」 제7조 및 제15조
15. 「도시교통정비 촉진법」 제34조 및 제36조
16. 「문화재보호법」 제35조
17. 「전통사찰의 보존 및 지원에 관한 법률」 제10조
18. 「개발제한구역의 지정 및 관리에 관한 특별조치법」 제12조제1항, 제13조 및 제15조
19. 「농지법」 제32조 및 제34조
20. 「고도 보존 및 육성에 관한 특별법」 제11조
21. 「소방시설 설치 및 관리에 관한 법률」 제6조

② 허가권자는 법 제12조에 따른 건축복합민원 일괄협의회(이하 "협의회"라 한다)의 회의를 법 제10조제1항에 따른 사전결정 신청일 또는 법 제11조제1항에 따른 건축허가 신청일부터 10일 이내에 개최하여야 한다.

③ 허가권자는 협의회의 회의를 개최하기 3일 전까지 회의의 개최 사실을 관계 행정기관 및 관계 부서에 통보하여야 한다.

④ 협의회의 회의에 참석하는 관계 공무원은 회의에서 관계 법령에 관한 의견을 발표하여야 한다.

⑤ 사전결정 또는 건축허가를 하는 관계 행정기관 및 관계 부서는 그 협의회의 회의를 개최한 날부터 5일 이내에 동의 또는 부동의 의견을 허가권자에게 제출하여야 한다.

⑥ 이 영에서 규정한 사항 외에 협의회의 운영 등에 필요한 사항은 건축조례로 정한다.

[전문개정 2008.10.29.]

제10조의2 【건축 공사현장 안전관리 예치금】 ① 법 제13조제2항에서 "대통령령으로 정하는 보증서"란 다음 각 호의 어느 하나에 해당하는 보증서를 말한다. <개정 2013.3.23>

1. 「보험업법」에 따른 보험회사가 발행한 보증보험증권
2. 「은행법」에 따른 금융기관이 발행한 지급보증서
3. 「건설산업기본법」에 따른 공제조합이 발행한 채무액 등의 지급을 보증하는 보증서
4. 「자본시장과 금융투자업에 관한 법률 시행령」 제192조제2항에 따른 상장증권
5. 그 밖에 국토교통부령으로 정하는 보증서

② 법 제13조제3항 본문에서 "대통령령으로 정하는 이율"이란 법 제13조제2항에 따른 안전관리 예치금을 「국고금관리법 시행령」 제11조에서 정한 금융기관에 예치한 경우의 안전관리 예치금에 대하여 적용하는 이자율을 말한다.

③ 법 제13조제7항에 따라 허가권자는 착공신고 이후 건축 중에 공사가 중단된 건축물로서 공사 중단 기간이 2년을 경과한 경우에는 건축주에게 서면으로 알린 후 법 제13조제2항에 따른 예치금을 사용하여 공사현장의 미관과 안전관리 개선을 위한 다음 각 호의 조치를 할 수 있다. <개정 2021.1.5.>

1. 공사현장 안전울타리의 설치
2. 대지 및 건축물의 붕괴 방지 조치
3. 공사현장의 미관 개선을 위한 조경 또는 시설물 등의 설치
4. 그 밖에 공사현장의 미관 개선 또는 대지 및 건축물에 대한 안전관리 개선 조치가 필요하여 건축조례로 정하는 사항

[전문개정 2008.10.29.]

제10조의3 【건축물 안전영향평가】 ① 법 제13조의2제1항에서 "초고층 건축물 등 대통령령으로 정하는 주요 건축물"이란 다음 각 호의 어느 하나에 해당하는 건축물을 말한다. <개정 2017.10.24.>

1. 초고층 건축물
2. 다음 각 목의 요건을 모두 충족하는 건축물
   가. 연면적(하나의 대지에 둘 이상의 건축물을 건축하는 경우에는 각각의 건축물의 연면적을 말한다)이 10만 제곱미터 이상일 것
   나. 16층 이상일 것

② 제1항 각 호의 건축물을 건축하려는 자는 법 제11조에 따른 건축허가를 신청하기 전에 다음 각 호의 자료를 첨부하여 허가권자에게 법 제13조의2제1항에 따른 건축물 안전영향평가(이하 "안전영향평가"라 한다)를 의뢰하여야 한다.

1. 건축계획서 및 기본설계도서 등 국토교통부령으로 정하는 도서
2. 인접 대지에 설치된 상수도·하수도 등 국토교통부장관이 정하여 고시하는 지하시설물의 현황도
3. 그 밖에 국토교통부장관이 정하여 고시하는 자료

③ 법 제13조의2제1항에 따라 허가권자로부터 안전영향평가를 의뢰받은 기관(같은 조 제2항에 따라 지정·고시된 기관을 말하며, 이하 "안전영향평가기관"이라 한다)은 다음 각 호의 항목을 검토하여야 한다.
1. 해당 건축물에 적용된 설계 기준 및 하중의 적정성
2. 해당 건축물의 하중저항시스템의 해석 및 설계의 적정성
3. 지반조사 방법 및 지내력(地耐力) 산정결과의 적정성
4. 굴착공사에 따른 지하수위 변화 및 지반 안전성에 관한 사항
5. 그 밖에 건축물의 안전영향평가를 위하여 국토교통부장관이 필요하다고 인정하는 사항

④ 안전영향평가기관은 안전영향평가를 의뢰받은 날부터 30일 이내에 안전영향평가 결과를 허가권자에게 제출하여야 한다. 다만, 부득이한 경우에는 20일의 범위에서 그 기간을 한 차례만 연장할 수 있다.

⑤ 제2항에 따라 안전영향평가를 의뢰한 자가 보완하는 기간 및 공휴일·토요일은 제4항에 따른 기간의 산정에서 제외한다.

⑥ 허가권자는 제4항에 따라 안전영향평가 결과를 제출받은 경우에는 지체 없이 제2항에 따라 안전영향평가를 의뢰한 자에게 그 내용을 통보하여야 한다.

⑦ 안전영향평가에 드는 비용은 제2항에 따라 안전영향평가를 의뢰한 자가 부담한다.

⑧ 제1항부터 제7항까지에서 규정한 사항 외에 안전영향평가에 관하여 필요한 사항은 국토교통부장관이 정하여 고시한다.

[본조신설 2017.2.3]

제11조【건축신고】 ① 법 제14조제1항제2호나목에서 "방재지구 등 재해취약지역으로서 대통령령으로 정하는 구역"이란 다음 각 호의 어느 하나에 해당하는 지구 또는 지역을 말한다. <신설 2014.10.14.>
1. 「국토의 계획 및 이용에 관한 법률」 제37조에 따라 지정된 방재지구(防災地區)
2. 「급경사지 재해예방에 관한 법률」 제6조에 따라 지정된 붕괴위험지역

② 법 제14조제1항제4호에서 "주요구조부의 해체가 없는 등 대통령령으로 정하는 대수선"이란 다음 각 호의 어느 하나에 해당하는 대수선을 말한다. <신설 2014.10.14.>
1. 내력벽의 면적을 30제곱미터 이상 수선하는 것
2. 기둥을 세 개 이상 수선하는 것
3. 보를 세 개 이상 수선하는 것
4. 지붕틀을 세 개 이상 수선하는 것
5. 방화벽 또는 방화구획을 위한 바닥 또는 벽을 수선하는 것
6. 주계단·피난계단 또는 특별피난계단을 수선하는 것

③ 법 제14조제1항제5호에서 "대통령령으로 정하는 건축물"이란 다음 각 호의 어느 하나에 해당하는 건축물을 말한다. <개정 2016.6.30.>
1. 연면적의 합계가 100제곱미터 이하인 건축물
2. 건축물의 높이를 3미터 이하의 범위에서 증축하는 건축물
3. 법 제23조제4항에 따른 표준설계도서(이하 "표준설계도서"라 한다)에 따라 건축하는 건축물로서 그 용도 및 규모가 주위환경이나 미관에 지장이 없다고 인정하여 건축조례로 정하는 건축물
4. 「국토의 계획 및 이용에 관한 법률」 제36조제1항제1호다목에 따른 공업지역, 같은 법 제51조제3항에 따른 지구단위계획구역(같은 법 시행령 제48조제10호에 따른 산업·유통형만 해당한다) 및 「산업입지 및 개발에 관한 법률」에 따른 산업단지에서 건축하는 2층 이하인 건축물로서 연면적 합계 500제곱미터 이하인 공장(별표 1 제4호너목에 따른 제조업소 등 물품의 제조·가공을 위한 시설을 포함한다)
5. 농업이나 수산업을 경영하기 위하여 읍·면지역(특별자치시장·특별자치도지사·시장·군수가 지역계획 또는 도시·군계획에 지장이 있다고 지정·공고한 구역은 제외한다)에서 건축하는 연면적 200제곱미터 이하의 창고 및 연면적 400제곱미터 이하의 축사, 작물재배사(作物栽培舍), 종묘배양시설, 화초 및 분재 등의 온실

④ 법 제14조에 따른 건축신고에 관하여는 제9조제1항을 준용한다. <개정 2014.10.14.>

제12조【허가·신고사항의 변경 등】 ① 법 제16조제1항에 따라 허가를 받았거나 신고한 사항을 변경하려면 다음 각 호의 구분에 따라 허가권자의 허가를 받거나 특별자치시장·특별자치도지사 또는 시장·군수·구청장에게 신고하여야 한다. <개정 2017.1.20., 2018.9.4.>
1. 바닥면적의 합계가 85제곱미터를 초과하는 부분에 대한 신축·증축·개축에 해당하는 변경인 경우에는 허가를 받고, 그 밖의 경우에는 신고할 것
2. 법 제14조제1항제2호 또는 제5호에 따라 신고로써 허가를 갈음하는 건축물에 대하여는 변경 후 건축물의 연면적을 각각 신고로써 허가를 갈음할 수 있는 규모에서 변경하는 경우에는 제1호에도 불구하고 신고할 것
3. 건축주·설계자·공사시공자 또는 공사감리자(이하

"건축관계자"라 한다)를 변경하는 경우에는 신고할 것
② 법 제16조제1항 단서에서 "대통령령으로 정하는 경미한 사항의 변경"이란 신축·증축·개축·재축·이전·대수선 또는 용도변경에 해당하지 아니하는 변경을 말한다. <개정 2012.12.12.>
③ 법 제16조제2항에서 "대통령령으로 정하는 사항"이란 다음 각 호의 어느 하나에 해당하는 사항을 말한다. <개정 2016.1.19.>
1. 건축물의 동수나 층수를 변경하지 아니하면서 변경되는 부분의 바닥면적의 합계가 50제곱미터 이하인 경우로서 다음 각 목의 요건을 모두 갖춘 경우
   가. 변경되는 부분의 높이가 1미터 이하이거나 전체 높이의 10분의 1 이하일 것
   나. 허가를 받거나 신고를 하고 건축 중인 부분의 위치 변경범위가 1미터 이내일 것
   다. 법 제14조제1항에 따라 신고를 하면 법 제11조에 따른 건축허가를 받은 것으로 보는 규모에서 건축허가를 받아야 하는 규모로의 변경이 아닐 것
2. 건축물의 동수나 층수를 변경하지 아니하면서 변경되는 부분이 연면적 합계의 10분의 1 이하인 경우(연면적이 5천 제곱미터 이상인 건축물은 각 층의 바닥면적이 50제곱미터 이하의 범위에서 변경되는 경우만 해당한다). 다만, 제4호 본문 및 제5호 본문에 따른 범위의 변경인 경우만 해당한다.
3. 대수선에 해당하는 경우
4. 건축물의 층수를 변경하지 아니하면서 변경되는 부분의 높이가 1미터 이하이거나 전체 높이의 10분의 1 이하인 경우. 다만, 변경되는 부분이 제1호 본문, 제2호 본문 및 제5호 본문에 따른 범위의 변경인 경우만 해당한다.
5. 허가를 받거나 신고를 하고 건축 중인 부분의 위치가 1미터 이내에서 변경되는 경우. 다만, 변경되는 부분이 제1호 본문, 제2호 본문 및 제4호 본문에 따른 범위의 변경인 경우만 해당한다.

④ 제1항에 따른 허가나 신고사항의 변경에 관하여는 제9조를 준용한다. <개정 2018.9.4.>
[전문개정 2008.10.29.]

제13조 삭제 <2005.7.18>

제14조 【용도변경】 ① 삭제 <2006.5.8>
② 삭제 <2006.5.8>
③ 국토교통부장관은 법 제19조제1항에 따른 용도변경을 할 때 적용되는 건축기준을 고시할 수 있다. 이 경우 다른 행정기관의 권한에 속하는 건축기준에 대하여는 미리 관계 행정기관의 장과 협의하여야 한다. <개정 2013.3.23.>
④ 법 제19조제3항 단서에서 "대통령령으로 정하는 변경"이란 다음 각 호의 어느 하나에 해당하는 건축물 상호 간의 용도변경을 말한다. 다만, 별표 1 제3호다목(목욕장만 해당한다)·라목, 같은 표 제4호가목·사목·카목·파목(골프연습장, 놀이형시설만 해당한다)·더목·러목, 같은 표 제7호다목2), 같은 표 제15호가목(생활숙박시설만 해당한다) 및 같은 표 제16호가목·나목에 해당하는 용도로 변경하는 경우는 제외한다. <개정 2019.10.22., 2021.11.2>
1. 별표 1의 같은 호에 속하는 건축물 상호 간의 용도변경
2. 「국토의 계획 및 이용에 관한 법률」이나 그 밖의 관계 법령에서 정하는 용도제한에 적합한 범위에서 제1종 근린생활시설과 제2종 근린생활시설 상호 간의 용도변경

⑤ 법 제19조제4항 각 호의 시설군에 속하는 건축물의 용도는 다음 각 호와 같다. <개정 2016.2.11., 2017.2.3., 2023.5.15.>
1. 자동차 관련 시설군
   자동차 관련 시설
2. 산업 등 시설군
   가. 운수시설
   나. 창고시설
   다. 공장
   라. 위험물저장 및 처리시설
   마. 자원순환 관련 시설
   바. 묘지 관련 시설
   사. 장례시설
3. 전기통신시설군
   가. 방송통신시설
   나. 발전시설
4. 문화집회시설군
   가. 문화 및 집회시설
   나. 종교시설
   다. 위락시설
   라. 관광휴게시설
5. 영업시설군
   가. 판매시설
   나. 운동시설
   다. 숙박시설
   라. 제2종 근린생활시설 중 다중생활시설
6. 교육 및 복지시설군
   가. 의료시설

나. 교육연구시설
다. 노유자시설(老幼者施設)
라. 수련시설
마. 야영장 시설
7. 근린생활시설군
가. 제1종 근린생활시설
나. 제2종 근린생활시설(다중생활시설은 제외한다)
8. 주거업무시설군
가. 단독주택
나. 공동주택
다. 업무시설
라. 교정시설 <개정 2023.5.15>
마. 국방·군사시설 <신설 2023.5.15>
9. 그 밖의 시설군
가. 동물 및 식물 관련 시설
나. 삭제 <2010.12.13.>

⑥ 기존의 건축물 또는 대지가 법령의 제정·개정이나 제6조의2제1항 각 호의 사유로 법령 등에 부적합하게 된 경우에는 건축조례로 정하는 바에 따라 용도변경을 할 수 있다. <개정 2008.10.29.>

⑦ 법 제19조제6항에서 "대통령령으로 정하는 경우"란 1층인 축사를 공장으로 용도변경하는 경우로서 증축·개축 또는 대수선이 수반되지 아니하고 구조안전이나 피난 등에 지장이 없는 경우를 말한다. <개정 2008.10.29.>

[전문개정 1999.4.30.]

제15조【가설건축물】 ① 법 제20조제2항제3호에서 "대통령령으로 정하는 기준"이란 다음 각 호의 기준을 말한다. <개정 2014.10.14.>

1. 철근콘크리트조 또는 철골철근콘크리트조가 아닐 것
2. 존치기간은 3년 이내일 것. 다만, 도시·군계획사업이 시행될 때까지 그 기간을 연장할 수 있다.
3. 전기·수도·가스 등 새로운 간선 공급설비의 설치를 필요로 하지 아니할 것
4. 공동주택·판매시설·운수시설 등으로서 분양을 목적으로 건축하는 건축물이 아닐 것

② 제1항에 따른 가설건축물에 대하여는 법 제38조를 적용하지 아니한다.

③ 제1항에 따른 가설건축물 중 시장의 공지 또는 도로에 설치하는 차양시설에 대하여는 법 제46조 및 법 제55조를 적용하지 아니한다.

④ 제1항에 따른 가설건축물을 도시·군계획 예정 도로에 건축하는 경우에는 법 제45조부터 제47조를 적용하지 아니한다. <개정 2012.4.10.>

⑤ 법 제20조제3항에서 "재해복구, 흥행, 전람회, 공사용 가설건축물 등 대통령령으로 정하는 용도의 가설건축물"이란 다음 각 호의 어느 하나에 해당하는 것을 말한다. <개정 2015.4.24., 2016.1.19., 2016.6.30.>

1. 재해가 발생한 구역 또는 그 인접구역으로서 특별자치시장·특별자치도지사 또는 시장·군수·구청장이 지정하는 구역에서 일시사용을 위하여 건축하는 것
2. 특별자치시장·특별자치도지사 또는 시장·군수·구청장이 도시미관이나 교통소통에 지장이 없다고 인정하는 가설흥행장, 가설전람회장, 농·수·축산물 직거래용 가설점포, 그 밖에 이와 비슷한 것
3. 공사에 필요한 규모의 공사용 가설건축물 및 공작물
4. 전시를 위한 견본주택이나 그 밖에 이와 비슷한 것
5. 특별자치시장·특별자치도지사 또는 시장·군수·구청장이 도로변 등의 미관정비를 위하여 지정·공고하는 구역에서 축조하는 가설점포(물건 등의 판매를 목적으로 하는 것을 말한다)로서 안전·방화 및 위생에 지장이 없는 것
6. 조립식 구조로 된 경비용으로 쓰는 가설건축물로서 연면적이 10제곱미터 이하인 것
7. 조립식 경량구조로 된 외벽이 없는 임시 자동차 차고
8. 컨테이너 또는 이와 비슷한 것으로 된 가설건축물로서 임시사무실·임시창고 또는 임시숙소로 사용되는 것(건축물의 옥상에 축조하는 것은 제외한다. 다만, 2009년 7월 1일부터 2015년 6월 30일까지 및 2016년 7월 1일부터 2019년 6월 30일까지 공장의 옥상에 축조하는 것은 포함한다)
9. 도시지역 중 주거지역·상업지역 또는 공업지역에 설치하는 농업·어업용 비닐하우스로서 연면적이 100제곱미터 이상인 것
10. 연면적이 100제곱미터 이상인 간이축사용, 가축분뇨처리용, 가축운동용, 가축의 비가림용 비닐하우스 또는 천막(벽 또는 지붕이 합성수지 재질로 된 것과 지붕 면적의 2분의 1 이하가 합성강판으로 된 것을 포함한다)구조 건축물
11. 농업·어업용 고정식 온실 및 간이작업장, 가축양육실
12. 물품저장용, 간이포장용, 간이수선작업용 등으로 쓰기 위하여 공장 또는 창고시설에 설치하거나 인접 대지에 설치하는 천막(벽 또는 지붕이 합성수지 재질로 된 것을 포함한다), 그 밖에 이와 비슷한 것
13. 유원지, 종합휴양업 사업지역 등에서 한시적인 관광·문화행사 등을 목적으로 천막 또는 경량구조로 설치하는 것

14. 야외전시시설 및 촬영시설
15. 야외흡연실 용도로 쓰는 가설건축물로서 연면적이 50제곱미터 이하인 것
16. 그 밖에 제1호부터 제14호까지의 규정에 해당하는 것과 비슷한 것으로서 건축조례로 정하는 건축물

⑥ 법 제20조제5항에 따라 가설건축물을 축조하는 경우에는 다음 각 호의 구분에 따라 관련 규정을 적용하지 않는다. <개정 2015.9.22., 2018.9.4., 2019.10.22., 2020.10.8., 2023.9.12.>

1. 제5항 각 호(제4호는 제외한다)의 가설건축물을 축조하는 경우에는 법 제25조, 제38조부터 제42조까지, 제44조부터 제47조까지, 제48조, 제48조의2, 제49조, 제50조, 제50조의2, 제51조, 제52조, 제52조의2, 제52조의4, 제53조, 제53조의2, 제54조부터 제58조까지, 제60조부터 제62조까지, 제64조, 제67조 및 제68조와 「국토의 계획 및 이용에 관한 법률」 제76조를 적용하지 않는다. 다만, 법 제48조, 제49조 및 제61조는 다음 각 목에 따른 경우에만 적용하지 않는다.
   가. 법 제48조 및 제49조를 적용하지 아니하는 경우: 다음의 어느 하나에 해당하는 경우)
      1) 1층 또는 2층인 가설건축물(제5항제2호 및 제14호의 경우에는 1층인 가설건축물만 해당한다)을 건축하는 경우
      2) 3층 이상인 가설건축물(제5항제2호 및 제14호의 경우에는 2층 이상인 가설건축물을 말한다)을 건축하는 경우로서 지방건축위원회의 심의 결과 구조 및 피난에 관한 안전성이 인정된 경우. 다만, 구조 및 피난에 관한 안전성을 인정할 수 있는 서류로서 국토교통부령으로 정하는 서류를 특별자치시장·특별자치도지사 또는 시장·군수·구청장에게 제출하는 경우에는 지방건축위원회의 심의를 생략할 수 있다.
   나. 법 제61조를 적용하지 아니하는 경우: 정북방향으로 접하고 있는 대지의 소유자와 합의한 경우
2. 제5항제4호의 가설건축물을 축조하는 경우에는 법 제25조, 제38조, 제39조, 제42조, 제45조, 제50조의2, 제53조, 제54조부터 제57조까지, 제60조, 제61조 및 제68조와 「국토의 계획 및 이용에 관한 법률」 제76조만을 적용하지 아니한다.

⑦ 법 제20조제3항에 따라 신고해야 하는 가설건축물의 존치기간은 3년 이내로 하며, 존치기간의 연장이 필요한 경우에는 횟수별 3년의 범위에서 제5항 각 호의 가설건축물별로 건축조례로 정하는 횟수만큼 존치기간을 연장할 수 있다. 다만, 제5항제3호의 공사용 가설건축물 및 공작물의 경우에는 해당 공사의 완료일까지의 기간으로 한다. <개정 2021.11.2.>

⑧ 법 제20조제1항 또는 제3항에 따라 가설건축물의 건축허가를 받거나 축조신고를 하려는 자는 국토교통부령으로 정하는 가설건축물 건축허가신청서 또는 가설건축물 축조신고서에 관계 서류를 첨부하여 특별자치시장·특별자치도지사 또는 시장·군수·구청장에게 제출하여야 한다. 다만, 건축물의 건축허가를 신청할 때 건축물의 건축에 관한 사항과 함께 공사용 가설건축물의 건축에 관한 사항을 제출한 경우에는 가설건축물 축조신고서의 제출을 생략한다. <개정 2018.9.4.>

⑨ 제8항 본문에 따라 가설건축물 건축허가신청서 또는 가설건축물 축조신고서를 제출받은 특별자치시장·특별자치도지사 또는 시장·군수·구청장은 그 내용을 확인한 후 신청인 또는 신고인에게 국토교통부령으로 정하는 바에 따라 가설건축물 건축허가서 또는 가설건축물 축조신고필증을 주어야 한다. <개정 2018.9.4.>

⑩ 삭제 <2010.2.18.>

[전문개정 2008.10.29.]

제15조의2【가설건축물의 존치기간 연장】 ① 특별자치시장·특별자치도지사 또는 시장·군수·구청장은 법 제20조에 따른 가설건축물의 존치기간 만료일 30일 전까지 해당 가설건축물의 건축주에게 다음 각 호의 사항을 알려야 한다. <개정 2016.6.30.>

1. 존치기간 만료일
2. 존치기간 연장 가능 여부
3. 제15조의3에 따라 존치기간이 연장될 수 있다는 사실(같은 조 제1호 각 목의 어느 하나에 해당하는 가설건축물에 한정한다)

② 존치기간을 연장하려는 가설건축물의 건축주는 다음 각 호의 구분에 따라 특별자치시장·특별자치도지사 또는 시장·군수·구청장에게 허가를 신청하거나 신고하여야 한다. <개정 2014.10.14.>

1. 허가 대상 가설건축물: 존치기간 만료일 14일 전까지 허가 신청
2. 신고 대상 가설건축물: 존치기간 만료일 7일 전까지 신고

③ 제2항에 따른 존치기간 연장허가신청 또는 존치기간 연장신고에 관하여는 제15조제8항 본문 및 같은 조 제9항을 준용한다. 이 경우 "건축허가"는 "존치기간 연장허가"로, "축조신고"는 "존치기간 연장신

고"로 본다. <신설 2018.9.4.>
[본조신설 2010.2.18.]

제15조의3 【공장에 설치한 가설건축물 등의 존치기간 연장】 제15조의2제2항에도 불구하고 다음 각 호의 요건을 모두 충족하는 가설건축물로서 건축주가 같은 항의 구분에 따른 기간까지 특별자치시장·특별자치도지사 또는 시장·군수·구청장에게 그 존치기간의 연장을 원하지 않는다는 사실을 통지하지 않는 경우에는 기존 가설건축물과 동일한 기간(제1호다목의 경우에는 「국토의 계획 및 이용에 관한 법률」 제2조제10호의 도시·군계획시설사업이 시행되기 전까지의 기간으로 한정한다)으로 존치기간을 연장한 것으로 본다. <개정 2016.6.30., 2021.1.8.>
1. 다음 각 목의 어느 하나에 해당하는 가설건축물일 것
   가. 공장에 설치한 가설건축물
   나. 제15조제5항제11호에 따른 가설건축물(「국토의 계획 및 이용에 관한 법률」 제36조제1항제3호에 따른 농림지역에 설치한 것만 해당한다)
   다. 도시·군계획시설 예정지에 설치한 가설건축물 <신설 2021.1.8.>
2. 존치기간 연장이 가능한 가설건축물일 것
[본조신설 2010.2.18.][제목개정 2016.6.30.]

제16조 삭제 <1995.12.30>

제17조 【건축물의 사용승인】 ① 삭제 <2006.5.8>
② 건축주는 법 제22조제3항제2호에 따라 사용승인서를 받기 전에 공사가 완료된 부분에 대한 임시사용의 승인을 받으려는 경우에는 국토교통부령으로 정하는 바에 따라 임시사용승인신청서를 허가권자에게 제출(전자문서에 의한 제출을 포함한다)하여야 한다. <개정 2013.3.23.>
③ 허가권자는 제2항의 신청서를 접수한 경우에는 공사가 완료된 부분이 법 제22조제3항제2호에 따른 기준에 적합한 경우에만 임시사용을 승인할 수 있으며, 식수 등 조경에 필요한 조치를 하기에 부적합한 시기에 건축공사가 완료된 건축물은 허가권자가 지정하는 시기까지 식수(植樹) 등 조경에 필요한 조치를 할 것을 조건으로 임시사용을 승인할 수 있다. <개정 2008.10.29.>
④ 임시사용승인의 기간은 2년 이내로 한다. 다만, 허가권자는 대형 건축물 또는 암반공사 등으로 인하여 공사기간이 긴 건축물에 대하여는 그 기간을 연장할 수 있다. <개정 2008.10.29.>
⑤ 법 제22조제6항 후단에서 "대통령령으로 정하는 주요 공사의 시공자"란 다음 각 호의 어느 하나에 해당하는 자를 말한다. <개정 2020.2.18., 2023.9.12.>
1. 「건설산업기본법」 제9조에 따라 종합공사 또는 전문공사를 시공하는 업종을 등록한 자로서 발주자로부터 건설공사를 도급받은 건설사업자
2. 「전기공사업법」·「소방시설공사업법」 또는 「정보통신공사업법」에 따라 공사를 수행하는 시공자

제18조 【설계도서의 작성】 법 제23조제1항제3호에서 "대통령령으로 정하는 건축물"이란 다음 각 호의 어느 하나에 해당하는 건축물을 말한다. <개정 2016.6.30.>
1. 읍·면지역(시장 또는 군수가 지역계획 또는 도시·군계획에 지장이 있다고 인정하여 지정·공고한 구역은 제외한다)에서 건축하는 건축물 중 연면적이 200제곱미터 이하인 창고 및 농막(「농지법」에 따른 농막을 말한다)과 연면적 400제곱미터 이하인 축사, 작물재배사, 종묘배양시설, 화초 및 분재 등의 온실
2. 제15조제5항 각 호의 어느 하나에 해당하는 가설건축물로서 건축조례로 정하는 가설건축물
[전문개정 2008.10.29.]

제18조의2 【사진 및 동영상 촬영 대상 건축물 등】 ① 법 제24조제7항 전단에서 "공동주택, 종합병원, 관광숙박시설 등 대통령령으로 정하는 용도 및 규모의 건축물"이란 다음 각 호의 어느 하나에 해당하는 건축물을 말한다. <개정 2018.12.4.>
1. 다중이용 건축물
2. 특수구조 건축물
3. 건축물의 하층부가 필로티나 그 밖에 이와 비슷한 구조(벽면적의 2분의 1 이상이 그 층의 바닥면에서 위층 바닥 아래면까지 공간으로 된 것만 해당한다)로서 상층부와 다른 구조형식으로 설계된 건축물(이하 "필로티형식 건축물"이라 한다) 중 3층 이상인 건축물
② 법 제24조제7항 전단에서 "대통령령으로 정하는 진도에 다다른 때"란 다음 각 호의 구분에 따른 단계에 다다른 경우를 말한다. <개정 2018.12.4., 2019.8.6.>
1. 다중이용 건축물: 제19조제3항제1호부터 제3호까지의 구분에 따른 단계
2. 특수구조 건축물: 다음 각 목의 어느 하나에 해당하는 단계
   가. 매 층마다 상부 슬래브배근을 완료한 경우
   나. 매 층마다 주요구조부의 조립을 완료한 경우

3. 3층 이상의 필로티형식 건축물: 다음 각 목의 어느 하나에 해당하는 단계
   가. 기초공사 시 철근배치를 완료한 경우
   나. 건축물 상층부의 하중이 상층부와 다른 구조형식의 하층부로 전달되는 다음의 어느 하나에 해당하는 부재(部材)의 철근배치를 완료한 경우
      1) 기둥 또는 벽체 중 하나
      2) 보 또는 슬래브 중 하나

[본조신설 2017.2.3][종전 제18조의2는 제18조의3으로 이동]

제19조【공사감리】 ① 법 제25조제1항에 따라 공사감리자를 지정하여 공사감리를 하게 하는 경우에는 다음 각 호의 구분에 따른 자를 공사감리자로 지정하여야 한다. <개정 2018.12.11., 2020.1.7.>

1. 다음 각 목의 어느 하나에 해당하는 경우: 건축사
   가. 법 제11조에 따라 건축허가를 받아야 하는 건축물(법 제14조에 따른 건축신고 대상 건축물은 제외한다)을 건축하는 경우
   나. 제6조제1항제6호에 따른 건축물을 리모델링하는 경우
2. 다중이용 건축물을 건축하는 경우: 「건설기술 진흥법」에 따른 건설기술용역사업자(공사시공자 본인이거나 「독점규제 및 공정거래에 관한 법률」 제2조에 따른 계열회사인 건설기술용역사업자는 제외한다) 또는 건축사(「건설기술 진흥법 시행령」 제60조에 따라 건설사업관리기술인을 배치하는 경우만 해당한다)

② 제1항에 따라 다중이용 건축물의 공사감리자를 지정하는 경우 감리원의 배치기준 및 감리대가는 「건설기술 진흥법」에서 정하는 바에 따른다. <개정 2014.5.22.>

③ 법 제25조제6항에서 "공사의 공정이 대통령령으로 정하는 진도에 다다른 경우"란 공사(하나의 대지에 둘 이상의 건축물을 건축하는 경우에는 각각의 건축물에 대한 공사를 말한다)의 공정이 다음 각 호의 구분에 따른 단계에 다다른 경우를 말한다. <개정 2016.5.17., 2017.2.3., 2019.8.6.>

1. 해당 건축물의 구조가 철근콘크리트조·철골철근콘크리트조·조적조 또는 보강콘크리트블럭조인 경우: 다음 각 목의 어느 하나에 해당하는 단계
   가. 기초공사 시 철근배치를 완료한 경우
   나. 지붕슬래브배근을 완료한 경우
   다. 지상 5개 층마다 상부 슬래브배근을 완료한 경우
2. 해당 건축물의 구조가 철골조인 경우경우: 다음 각 목의 어느 하나에 해당하는 단계
   가. 기초공사 시 철근배치를 완료한 경우
   나. 지붕철골 조립을 완료한 경우
   다. 지상 3개 층마다 또는 높이 20미터마다 주요구조부의 조립을 완료한 경우
3. 해당 건축물의 구조가 제1호 또는 제2호 외의 구조인 경우: 기초공사에서 거푸집 또는 주춧돌의 설치를 완료한 단계
4. 제1호부터 제3호까지에 해당하는 건축물이 3층 이상의 필로티형식 건축물인 경우: 다음 각 목의 어느 하나에 해당하는 단계
   가. 해당 건축물의 구조에 따라 제1호부터 제3호까지의 어느 하나에 해당하는 경우
   나. 제18조의2제2항제3호나목에 해당하는 경우

④ 법 제25조제5항에서 "대통령령으로 정하는 용도 또는 규모의 공사"란 연면적의 합계가 5천 제곱미터 이상인 건축공사를 말한다. <개정 2017.2.3.>

⑤ 공사감리자는 수시로 또는 필요할 때 공사현장에서 감리업무를 수행해야 하며, 다음 각 호의 건축공사를 감리하는 경우에는 「건축사법」 제2조제2호에 따른 건축사보(「기술사법」 제6조에 따른 기술사사무소 또는 「건축사법」 제23조제9항 각 호의 건설기술용역사업자 등에 소속되어 있는 사람으로서 「국가기술자격법」에 따른 해당 분야 기술계 자격을 취득한 사람과 「건설기술 진흥법 시행령」 제4조에 따른 건설사업관리를 수행할 자격이 있는 사람을 포함한다. 이하 같다) 중 건축 분야의 건축사보 한 명 이상을 전체 공사기간 동안, 토목·전기 또는 기계 분야의 건축사보 한 명 이상을 각 분야별 해당 공사기간 동안 각각 공사현장에서 감리업무를 수행하게 해야 한다. 이 경우 건축사보는 해당 분야의 건축공사의 설계·시공·시험·검사·공사감독 또는 감리업무 등에 2년 이상 종사한 경력이 있는 사람이어야 한다. <개정 2015.9.22., 2018.9.4., 2020.1.7., 2020.4.21>

1. 바닥면적의 합계가 5천 제곱미터 이상인 건축공사. 다만, 축사 또는 작물 재배사의 건축공사는 제외한다.
2. 연속된 5개 층(지하층을 포함한다) 이상으로서 바닥면적의 합계가 3천 제곱미터 이상인 건축공사
3. 아파트 건축공사
4. 준다중이용 건축물 건축공사

⑥ 공사감리자는 제5항 각 호에 해당하지 않는 건축공사로서깊이 10미터 이상의 토지 굴착공사 또는 높

이 5미터 이상의 옹벽 등의 공사(「산업집적활성화 및 공장설립에 관한 법률」 제2조제14호에 따른 산업단지에서 바닥면적 합계가 2천제곱미터 이하인 공장을 건축하는 경우는 제외한다)를 감리하는 경우에는 건축사보 중 건축 또는 토목 분야의 건축사보 한 명 이상을 해당 공사기간 동안 공사현장에서 감리업무를 수행하게 해야 한다. 이 경우 건축사보는 건축공사의 시공·공사감독 또는 감리업무 등에 2년 이상 종사한 경력이 있는 사람이어야 한다. <신설 2020.4.21., 2021.8.10., 2023.9.12.>

⑦ 공사감리자는 제61조제1항제4호에 해당하는 건축물의 마감재료 설치공사를 감리하는 경우로서 국토교통부령으로 정하는 경우에는 건축 또는 안전관리 분야의 건축사보 한 명 이상이 마감재료 설치공사기간 동안 그 공사현장에서 감리업무를 수행하게 해야 한다. 이 경우 건축사보는 건축공사의 설계·시공·시험·검사·공사감독 또는 감리업무 등에 2년 이상 종사한 경력이 있는 사람이어야 한다. <신설 2021.8.10.>

⑧ 공사감리자는 제5항부터 제7항까지의 규정에 따라 건축사보로 하여금 감리업무를 수행하게 하는 경우 다른 공사현장이나 공정의 감리업무를 수행하고 있지 않는 건축사보가 감리업무를 수행하게 해야 한다. <신설 2021.8.10.>

⑨ 공사감리자가 수행하여야 하는 감리업무는 다음과 같다. <개정 2020.4.21., 2021.8.10.>

1. 공사시공자가 설계도서에 따라 적합하게 시공하는지 여부의 확인
2. 공사시공자가 사용하는 건축자재가 관계 법령에 따른 기준에 적합한 건축자재인지 여부의 확인
3. 그 밖에 공사감리에 관한 사항으로서 국토교통부령으로 정하는 사항

⑩ 제5항부터 제7항까지의 규정에 따라 공사현장에 건축사보를 두는 공사감리자는 다음 각 호의 구분에 따른 기간에 국토교통부령으로 정하는 바에 따라 건축사보의 배치현황을 허가권자에게 제출해야 한다. <개정 2020.4.21., 2021.8.10.>

1. 최초로 건축사보를 배치하는 경우에는 착공 예정일부터 7일
2. 건축사보의 배치가 변경된 경우에는 변경된 날부터 7일
3. 건축사보가 철수한 경우에는 철수한 날부터 7일

⑪ 허가권자는 제8항에 따라 공사감리자로부터 건축사보의 배치현황을 받으면 지체 없이 그 배치현황(→건축사보가 이중으로 배치되어 있는지 여부 등 국토교통부령으로 정하는 내용을 확인한 후 「전자정부법」 제37조에 따른 행정정보 공동이용센터를 통해 그 배치현황)을 「건축사법」 제31조에 따른 대한건축사협회에 보내야 한다. <개정 2020.4.21., 2021.8.10., 2022.7.26., 2023.9.12./시행 2024.3.13>

⑫ 제9항에 따라 건축사보의 배치현황을 받은 대한건축사협회는 이를 관리하여야 하며, 건축사보가 이중으로 배치된 사실 등을 발견(→확인)한 경우에는 지체 없이 그 사실 등을 관계 시·도지사(→관계 시·도지사, 허가권자 및 그 밖에 국토교통부령으로 정하는 자)에게 알려야 한다. <개정 2020.4.21., 2021.8.10., 2022.7.26., 2023.9.12./시행 2024.3.13>

⑬ 제12항에서 규정한 사항 외에 건축사보의 배치현황 관리 등에 필요한 사항은 국토교통부령으로 정한다. <신설 2023.9.12./시행 2024.3.13>

[전문개정 2008.10.29.]

제19조의2【허가권자가 공사감리자를 지정하는 건축물 등】 ① 법 제25조제2항 각 호 외의 부분 본문에서 "대통령령으로 정하는 건축물"이란 다음 각 호의 건축물을 말한다. <개정 2017.10.24., 2019.2.12.>

1. 「건설산업기본법」 제41조제1항 각 호에 해당하지 아니하는 건축물 중 다음 각 목의 어느 하나에 해당하지 아니하는 건축물
   가. 별표 1 제1호가목의 단독주택
   나. 농업·임업·축산업 또는 어업용으로 설치하는 창고·저장고·작업장·퇴비사·축사·양어장 및 그 밖에 이와 유사한 용도의 건축물
   다. 해당 건축물의 건설공사가 「건설산업기본법 시행령」 제8조제1항 각 호의 어느 하나에 해당하는 경미한 건설공사인 경우
2. 주택으로 사용하는 다음 각 목의 어느 하나에 해당하는 건축물(각 목에 해당하는 건축물과 그 외의 건축물이 하나의 건축물로 복합된 경우를 포함한다)
   가. 아파트
   나. 연립주택
   다. 다세대주택
   라. 다중주택 <신설 2019.2.12.>
   마. 다가구주택 <신설 2019.2.12.>
3. 삭제 <2019.2.12.>

② 시·도지사는 법 제25조제2항 각 호 외의 부분 본문에 따라 공사감리자를 지정하기 위하여 다음 각 호의 구분에 따른 자를 대상으로 모집공고를 거쳐 공사감리자의 명부를 작성하고 관리해야 한다. 이 경우 시·도지사는 미리 관할 시장·군수·구청장과 협의

해야 한다. <개정 2017.2.3., 2020.4.21.>

1. 다중이용 건축물의 경우: 「건축사법」 제23조제1항에 따라 건축사사무소의 개설신고를 한 건축사 및 「건설기술 진흥법」에 따른 건설기술용역사업자
2. 그 밖의 경우: 「건축사법」 제23조제1항에 따라 건축사사무소의 개설신고를 한 건축사

③ 제1항 각 호의 어느 하나에 해당하는 건축물의 건축주는 법 제21조에 따른 착공신고를 하기 전에 국토교통부령으로 정하는 바에 따라 허가권자에게 공사감리자의 지정을 신청하여야 한다.

④ 허가권자는 제2항에 따른 명부에서 공사감리자를 지정하여야 한다.

⑤ 제3항 및 제4항에서 규정한 사항 외에 공사감리자 모집공고, 명부작성 방법 및 공사감리자 지정 방법 등에 관한 세부적인 사항은 시·도의 조례로 정한다.

⑥ 법 제25조제2항제1호에서 "대통령령으로 정하는 신기술"이란 건축물의 주요구조부 및 주요구조부에 사용하는 마감재료에 적용하는 신기술을 말한다. <신설 2020.10.8.>

⑦ 법 제25조제2항제2호에서 "대통령령으로 정하는 건축사"란 건축주가 같은 항 각 호 외의 부분 단서에 따라 허가권자에게 공사감리 지정을 신청한 날부터 최근 10년간 「건축서비스산업 진흥법 시행령」 제11조제1항 각 호의 어느 하나에 해당하는 설계공모 또는 대회에서 당선되거나 최우수 건축 작품으로 수상한 실적이 있는 건축사를 말한다. <신설 2020.10.8.>

⑧ 법 제25조제13항에서 "해당 계약서 등 대통령령으로 정하는 서류"란 다음 각 호의 서류를 말한다. <신설 2019.2.12., 2020.10.8.>

1. 설계자의 건축과정 참여에 관한 계획서
2. 건축주와 설계자와의 계약서

[본조신설 2016.7.19.]

제19조의3【업무제한 대상 건축물 등】 ① 법 제25조의2제1항에서 "대통령령으로 정하는 주요 건축물"이란 다음 각 호의 건축물을 말한다.

1. 다중이용 건축물
2. 준다중이용 건축물

② 법 제25조의2제2항 각 호 외의 부분에서 "대통령령으로 정하는 규모 이상의 재산상의 피해"란 도급 또는 하도급받은 금액의 100분의 10 이상으로서 그 금액이 1억원 이상인 재산상의 피해를 말한다.

③ 법 제25조의2제2항 각 호 외의 부분에서 "다중이용건축물 등 대통령령으로 정하는 주요 건축물"이란 다음 각 호의 건축물을 말한다.

1. 다중이용 건축물
2. 준다중이용 건축물

[본조신설 2017.2.3.]

제20조【현장조사·검사 및 확인업무의 대행】 ① 허가권자는 법 제27조제1항에 따라 건축조례로 정하는 건축물의 건축허가, 건축신고, 사용승인 및 임시사용승인과 관련되는 현장조사·검사 및 확인업무를 건축사로 하여금 대행하게 할 수 있다. 이 경우 허가권자는 건축물의 사용승인 및 임시사용승인과 관련된 현장조사·검사 및 확인업무를 대행할 건축사를 다음 각 호의 기준에 따라 선정하여야 한다. <개정 2014.11.28.>

1. 해당 건축물의 설계자 또는 공사감리자가 아닐 것
2. 건축주의 추천을 받지 아니하고 직접 선정할 것

② 시・도지사는 법 제27조제1항에 따라 현장조사・검사 및 확인업무를 대행하게 하는 건축사(이하 이 조에서 "업무대행건축사"라 한다)의 명부를 모집공고를 거쳐 작성・관리해야 한다. 이 경우 시・도지사는 미리 관할 시장・군수・구청장과 협의해야 한다. <신설 2021.1.8.>

③ 허가권자는 제2항에 따른 명부에서 업무대행건축사를 지정해야 한다. <신설 2021.1.8.>

④ 제2항 및 제3항에 따른 업무대행건축사 모집공고, 명부 작성・관리 및 지정에 필요한 사항은 시・도의 조례로 정한다.. <개정 2021.1.8.>

[전문개정 2008.10.29.]

제21조【공사현장의 위해 방지】 건축물의 시공 또는 해체에 따른 유해·위험의 방지에 관한 사항은 산업안전보건에 관한 법령에서 정하는 바에 따른다. <개정 2020.4.28.>

[전문개정 2008.10.29]

제22조【공용건축물에 대한 특례】 ① 국가 또는 지방자치단체가 법 제29조에 따라 건축물을 건축하려면 해당 건축공사를 시행하는 행정기관의 장 또는 그 위임을 받은 자는 건축공사에 착수하기 전에 그 공사에 관한 설계도서와 국토교통부령으로 정하는 관계 서류를 허가권자에게 제출(전자문서에 의한 제출을 포함한다)하여야 한다. 다만, 국가안보상 중요하거나 국가기밀에 속하는 건축물을 건축하는 경우에는 설계도서의 제출을 생략할 수 있다. <개정 2013.3.23.>

② 허가권자는 제1항 본문에 따라 제출된 설계도서와 관계 서류를 심사한 후 그 결과를 해당 행정기관의 장 또는 그 위임을 받은 자에게 통지(해당 행정기관의 장 또는 그 위임을 받은 자가 원하거나 전자

문서로 제1항에 따른 설계도서 등을 제출한 경우에는 전자문서로 알리는 것을 포함한다)하여야 한다.

③ 국가 또는 지방자치단체는 법 제29조제3항 단서에 따라 건축물의 공사가 완료되었음을 허가권자에게 통보하는 경우에는 국토교통부령으로 정하는 관계 서류를 첨부하여야 한다. <개정 2013.3.23.>

④ 법 제29조제4항 전단에서 "주민편의시설 등 대통령령으로 정하는 시설"이란 다음 각 호의 시설을 말한다. <신설 2016.7.19.>

1. 제1종 근린생활시설
2. 제2종 근린생활시설(총포판매소, 장의사, 다중생활시설, 제조업소, 단란주점, 안마시술소 및 노래연습장은 제외한다)
3. 문화 및 집회시설(공연장 및 전시장으로 한정한다)
4. 의료시설
5. 교육연구시설
6. 노유자시설
7. 운동시설
8. 업무시설(오피스텔은 제외한다)

[전문개정 2008.10.29.]

제22조의2 【건축 허가업무 등의 전산처리 등】 ① 법 제32조제2항 각 호 외의 부분 본문에 따라 같은 조 제1항에 따른 전자정보처리 시스템으로 처리된 자료(이하 "전산자료"라 한다)를 이용하려는 자는 관계 중앙행정기관의 장의 심사를 받기 위하여 다음 각 호의 사항을 적은 신청서를 관계 중앙행정기관의 장에게 제출하여야 한다.

1. 전산자료의 이용 목적 및 근거
2. 전산자료의 범위 및 내용
3. 전산자료를 제공받는 방식
4. 전산자료의 보관방법 및 안전관리대책 등

② 제1항에 따라 전산자료를 이용하려는 자는 전산자료의 이용목적에 맞는 최소한의 범위에서 신청하여야 한다.

③ 제1항에 따른 신청을 받은 관계 중앙행정기관의 장은 다음 각 호의 사항을 심사한 후 신청받은 날부터 15일 이내에 그 심사결과를 신청인에게 알려야 한다.

1. 제1항 각 호의 사항에 대한 타당성·적합성 및 공익성
2. 법 제32조제3항에 따른 개인정보 보호기준에의 적합 여부
3. 전산자료의 이용목적 외 사용방지 대책의 수립 여부

④ 법 제32조제2항에 따라 전산자료 이용의 승인을 받으려는 자는 국토교통부령으로 정하는 건축행정 전산자료 이용승인 신청서에 제3항에 따른 심사결과를 첨부하여 국토교통부장관, 시·도지사 또는 시장·군수·구청장에게 제출하여야 한다. 다만, 중앙행정기관의 장 또는 지방자치단체의 장이 전산자료를 이용하려는 경우에는 전산자료 이용의 근거·목적 및 안전관리대책 등을 적은 문서로 승인을 신청할 수 있다. <개정 2013.3.23>

⑤ 법 제32조제3항 전단에서 "대통령령으로 정하는 건축주 등의 개인정보 보호기준"이란 다음 각 호의 기준을 말한다.

1. 신청한 전산자료는 그 자료에 포함되어 있는 성명·주민등록번호 등의 사항에 따라 특정 개인임을 알 수 있는 정보(해당 정보만으로는 특정개인을 식별할 수 없더라도 다른 정보와 쉽게 결합하여 식별할 수 있는 정보를 포함한다), 그 밖에 개인의 사생활을 침해할 우려가 있는 정보가 아닐 것. 다만, 개인의 동의가 있거나 다른 법률에 근거가 있는 경우에는 이용하게 할 수 있다.
2. 제1호 단서에 따라 개인정보가 포함된 전산자료를 이용하는 경우에는 전산자료의 이용목적 외의 사용 또는 외부로의 누출·분실·도난 등을 방지할 수 있는 안전관리대책이 마련되어 있을 것

⑥ 국토교통부장관, 시·도지사 또는 시장·군수·구청장은 법 제32조제3항에 따라 전산자료의 이용을 승인하였으면 그 승인한 내용을 기록·관리하여야 한다. <개정 2013.3.23>

[전문개정 2008.10.29]

제22조의3 【전산자료의 이용자에 대한 지도·감독의 대상 등】 ① 법 제33조제1항에 따라 전산자료를 이용하는 자에 대하여 그 보유 또는 관리 등에 관한 사항을 지도·감독하는 대상은 다음 각 호의 구분에 따른 전산자료(다른 법령에 따라 제공받은 전산자료를 포함한다)를 이용하는 자로 한다. 다만, 국가 및 지방자치단체는 제외한다. <개정 2013.3.23>

1. 국토교통부장관: 연간 50만 건 이상 전국 단위의 전산자료를 이용하는 자
2. 시·도지사: 연간 10만 건 이상 시·도 단위의 전산자료를 이용하는 자
3. 시장·군수·구청장: 연간 5만 건 이상 시·군·구 단위의 전산자료를 이용하는 자

② 국토교통부장관, 시·도지사 또는 시장·군수·구청장은 법 제33조제1항에 따른 지도·감독을 위하여 필요한 경우에는 제1항에 따른 지도·감독 대상에 해당하는 자에 대하여 다음 각 호의 자료를 제출하도록

요구할 수 있다. <개정 2013.3.23>

1. 전산자료의 이용실태에 관한 자료
2. 전산자료의 이용에 따른 안전관리대책에 관한 자료

③ 제2항에 따라 자료제출을 요구받은 자는 정당한 사유가 있는 경우를 제외하고는 15일 이내에 관련 자료를 제출하여야 한다.

④ 국토교통부장관, 시·도지사 또는 시장·군수·구청장은 법 제33조제1항에 따라 전산자료의 이용실태에 관한 현지조사를 하려면 조사대상자에게 조사 목적·내용, 조사자의 인적사항, 조사 일시 등을 7일 전까지 알려야 한다. <개정 2019.8.6.>

⑤ 국토교통부장관, 시·도지사 또는 시장·군수·구청장은 제4항에 따른 현지조사 결과를 조사대상자에게 알려야 하며, 조사 결과 필요한 경우에는 시정을 요구할 수 있다. <개정 2013.3.23>

[전문개정 2008.10.29]

제22조의4【건축에 관한 종합민원실】 ① 법 제34조에 따라 특별자치시·특별자치도 또는 시·군·구에 설치하는 민원실은 다음 각 호의 업무를 처리한다. <개정 2014.10.14.>

1. 법 제22조에 따른 사용승인에 관한 업무
2. 법 제27조제1항에 따라 건축사가 현장조사·검사 및 확인업무를 대행하는 건축물의 건축허가와 사용승인 및 임시사용승인에 관한 업무
3. 건축물대장의 작성 및 관리에 관한 업무
4. 복합민원의 처리에 관한 업무
5. 건축허가·건축신고 또는 용도변경에 관한 상담 업무
6. 건축관계자 사이의 분쟁에 대한 상담
7. 그 밖에 특별자치시장·특별자치도지사 또는 시장·군수·구청장이 주민의 편익을 위하여 필요하다고 인정하는 업무

② 제1항에 따른 민원실은 민원인의 이용에 편리한 곳에 설치하고, 그 조직 및 기능에 관하여는 특별자치시·특별자치도 또는 시·군·구의 규칙으로 정한다. <개정 2014.10.14.>

[전문개정 2008.10.29]

제3장 건축물의 유지와 관리

제23조 삭제 <2020.4.28.>

제23조의2 삭제 <2020.4.28.>

제23조의3 삭제 <2020.4.28.>

제23조의4 삭제 <2020.4.28.>

제23조의5 삭제 <2020.4.28.>

제23조의6 삭제 <2020.4.28.>

제23조의7 삭제 <2020.4.28.>

제23조의8 삭제 <2019.8.6.>

제24조【건축지도원】 ① 법 제37조에 따른 건축지도원(이하 "건축지도원"이라 한다)은 특별자치시장·특별자치도지사 또는 시장·군수·구청장이 특별자치시·특별자치도 또는 시·군·구에 근무하는 건축직렬의 공무원과 건축에 관한 학식이 풍부한 자로서 건축조례로 정하는 자격을 갖춘 자 중에서 지정한다. <개정 2014.10.14.>

② 건축지도원의 업무는 다음 각 호와 같다.

1. 건축신고를 하고 건축 중에 있는 건축물의 시공 지도와 위법 시공 여부의 확인·지도 및 단속
2. 건축물의 대지, 높이 및 형태, 구조 안전 및 화재 안전, 건축설비 등이 법령등에 적합하게 유지·관리되고 있는지의 확인·지도 및 단속
3. 허가를 받지 아니하거나 신고를 하지 아니하고 건축하거나 용도변경한 건축물의 단속

③ 건축지도원은 제2항의 업무를 수행할 때에는 권한을 나타내는 증표를 지니고 관계인에게 내보여야 한다.

④ 건축지도원의 지정 절차, 보수 기준 등에 관하여 필요한 사항은 건축조례로 정한다.

[전문개정 2008.10.29.]

제25조【건축물대장】 법 제38조제1항제4호에서 "대통령령으로 정하는 경우"란 다음 각 호의 어느 하나에 해당하는 경우를 말한다. <개정 2013.3.23.>

1. 「집합건물의 소유 및 관리에 관한 법률」 제56조 및 제57조에 따른 건축물대장의 신규등록 및 변경등록의 신청이 있는 경우
2. 법 시행일 전에 법령등에 적합하게 건축되고 유지·관리된 건축물의 소유자가 그 건축물의 건축물관리대장이나 그 밖에 이와 비슷한 공부(公簿)를 법 제38조에 따른 건축물대장에 옮겨 적을 것을 신청한 경우
3. 그 밖에 기재내용의 변경 등이 필요한 경우로서 국토교통부령으로 정하는 경우

[전문개정 2008.10.29.]

제4장 건축물의 대지 및 도로

제26조 삭제 <1999.4.30>

제27조【대지의 조경】 ① 법 제42조제1항 단서에 따라 다음 각 호의 어느 하나에 해당하는 건축물에 대하여는 조경 등의 조치를 하지 아니할 수 있다. <개정 2013.3.23.>

1. 녹지지역에 건축하는 건축물
2. 면적 5천 제곱미터 미만인 대지에 건축하는 공장
3. 연면적의 합계가 1천500제곱미터 미만인 공장
4. 「산업집적활성화 및 공장설립에 관한 법률」 제2조제14호에 따른 산업단지의 공장
5. 대지에 염분이 함유되어 있는 경우 또는 건축물 용도의 특성상 조경 등의 조치를 하기가 곤란하거나 조경 등의 조치를 하는 것이 불합리한 경우로서 건축조례로 정하는 건축물
6. 축사
7. 법 제20조제1항에 따른 가설건축물
8. 연면적의 합계가 1천500제곱미터 미만인 물류시설(주거지역 또는 상업지역에 건축하는 것은 제외한다)로서 국토교통부령으로 정하는 것
9. 「국토의 계획 및 이용에 관한 법률」에 따라 지정된 자연환경보전지역·농림지역 또는 관리지역(지구단위계획구역으로 지정된 지역은 제외한다)의 건축물
10. 다음 각 목의 어느 하나에 해당하는 건축물 중 건축조례로 정하는 건축물
   가. 「관광진흥법」 제2조제6호에 따른 관광지 또는 같은 조 제7호에 따른 관광단지에 설치하는 관광시설
   나. 「관광진흥법 시행령」 제2조제1항제3호가목에 따른 전문휴양업의 시설 또는 같은 호 나목에 따른 종합휴양업의 시설
   다. 「국토의 계획 및 이용에 관한 법률 시행령」 제48조제10호에 따른 관광·휴양형 지구단위계획구역에 설치하는 관광시설
   라. 「체육시설의 설치·이용에 관한 법률 시행령」 별표 1에 따른 골프장

② 법 제42조제1항 단서에 따른 조경 등의 조치에 관한 기준은 다음 각 호와 같다. 다만, 건축조례로 다음 각 호의 기준보다 더 완화된 기준을 정한 경우에는 그 기준에 따른다. <개정 2017.3.29., 2019.3.12.>

1. 공장(제1항제2호부터 제4호까지의 규정에 해당하는 공장은 제외한다) 및 물류시설(제1항제8호에 해당하는 물류시설과 주거지역 또는 상업지역에 건축하는 물류시설은 제외한다)
   가. 연면적의 합계가 2천 제곱미터 이상인 경우: 대지면적의 10퍼센트 이상
   나. 연면적의 합계가 1천500 제곱미터 이상 2천 제곱미터 미만인 경우: 대지면적의 5퍼센트 이상
2. 「공항시설법」 제2조제7호에 따른 공항시설: 대지면적(활주로·유도로·계류장·착륙대 등 항공기의 이륙 및 착륙시설로 쓰는 면적은 제외한다)의 10퍼센트 이상
3. 「철도의 건설 및 철도시설 유지관리에 관한 법률」 제2조제1호에 따른 철도 중 역시설: 대지면적(선로·승강장 등 철도운행에 이용되는 시설의 면적은 제외한다)의 10퍼센트 이상
4. 그 밖에 면적 200제곱미터 이상 300제곱미터 미만인 대지에 건축하는 건축물: 대지면적의 10퍼센트 이상

③ 건축물의 옥상에 법 제42조제2항에 따라 국토교통부장관이 고시하는 기준에 따라 조경이나 그 밖에 필요한 조치를 하는 경우에는 옥상부분 조경면적의 3분의 2에 해당하는 면적을 법 제42조제1항에 따른 대지의 조경면적으로 산정할 수 있다. 이 경우 조경면적으로 산정하는 면적은 법 제42조제1항에 따른 조경면적의 100분의 50을 초과할 수 없다. <개정 2013.3.23.>

[전문개정 2008.10.29.]

제27조의2【공개 공지 등의 확보】 ① 법 제43조제1항에 따라 다음 각 호의 어느 하나에 해당하는 건축물의 대지에는 공개 공지 또는 공개 공간(이하 이 조에서 "공개공지등"이라 한다)을 설치해야 한다. 이 경우 공개 공지는 필로티의 구조로 설치할 수 있다. <개정 2019.10.22.>

1. 문화 및 집회시설, 종교시설, 판매시설(「농수산물 유통 및 가격안정에 관한 법률」에 따른 농수산물 유통시설은 제외한다), 운수시설(여객용 시설만 해당한다), 업무시설 및 숙박시설로서 해당 용도로 쓰는 바닥면적의 합계가 5천 제곱미터 이상인 건축물
2. 그 밖에 다중이 이용하는 시설로서 건축조례로 정하는 건축물

② 공개공지등의 면적은 대지면적의 100분의 10 이하의 범위에서 건축조례로 정한다. 이 경우 법 제42조에 따른 조경면적과 「매장문화재 보호 및 조사에 관한 법률」 제14조제1항제1호에 따른 매장문화재의 현지보존 조치 면적을 공개공지등의 면적으로 할 수 있다. <개정 2015.8.3., 2017.6.27.>

③ 제1항에 따라 공개공지등을 설치할 때에는 모든 사람들이 환경친화적으로 편리하게 이용할 수 있도록 긴 의자 또는 조경시설 등 건축조례로 정하는 시설을 설

치해야 한다. <개정 2019.10.22.>

④ 제1항에 따른 건축물(제1항에 따른 건축물과 제1항에 해당되지 아니하는 건축물이 하나의 건축물로 복합된 경우를 포함한다)에 공개공지등을 설치하는 경우에는 법 제43조제2항에 따라 다음 각 호의 범위에서 대지면적에 대한 공개공지등 면적 비율에 따라 법 제56조 및 제60조를 완화하여 적용한다. 다만, 다음 각 호의 범위에서 건축조례로 정한 기준이 완화 비율보다 큰 경우에는 해당 건축조례로 정하는 바에 따른다. <개정 2014.11.11.>

1. 법 제56조에 따른 용적률은 해당 지역에 적용하는 용적률의 1.2배 이하
2. 법 제60조에 따른 높이 제한은 해당 건축물에 적용하는 높이기준의 1.2배 이하

⑤ 제1항에 따른 공개공지등의 설치대상이 아닌 건축물(「주택법」 제15조제1항에 따른 사업계획승인 대상인 공동주택 중 주택 외의 시설과 주택을 동일 건축물로 건축하는 것 외의 공동주택은 제외한다)의 대지에 법 제43조제4항, 이 조 제2항 및 제3항에 적합한 공개 공지를 설치하는 경우에는 제4항을 준용한다. <개정 2016.8.11., 2017.1.20., 2019.10.22.>

⑥ 공개공지등에는 연간 60일 이내의 기간 동안 건축조례로 정하는 바에 따라 주민들을 위한 문화행사를 열거나 판촉활동을 할 수 있다. 다만, 울타리를 설치하는 등 공중이 해당 공개공지등을 이용하는데 지장을 주는 행위를 해서는 아니 된다. <신설 2009.6.30.>

⑦ 법 제43조제4항에 따라 제한되는 행위는 다음 각 호와 같다. <신설 2020.4.21.>

1. 공개공지등의 일정 공간을 점유하여 영업을 하는 행위
2. 공개공지등의 이용에 방해가 되는 행위로서 다음 각 목의 행위
   가. 공개공지등에 제3항에 따른 시설 외의 시설물을 설치하는 행위
   나. 공개공지등에 물건을 쌓아 놓는 행위
3. 울타리나 담장 등의 시설을 설치하거나 출입구를 폐쇄하는 등 공개공지등의 출입을 차단하는 행위
4. 공개공지등과 그에 설치된 편의시설을 훼손하는 행위
5. 그 밖에 제1호부터 제4호까지의 행위와 유사한 행위로서 건축조례로 정하는 행위

[전문개정 2008.10.29.]

제28조 【대지와 도로의 관계】 ① 법 제44조제1항제2호에서 "대통령령으로 정하는 공지"란 광장, 공원, 유원지, 그 밖에 관계 법령에 따라 건축이 금지되고 공중의 통행에 지장이 없는 공지로서 허가권자가 인정한 것을 말한다.

② 법 제44조제2항에 따라 연면적의 합계가 2천 제곱미터(공장인 경우에는 3천 제곱미터) 이상인 건축물(축사, 작물 재배사, 그 밖에 이와 비슷한 건축물로서 건축조례로 정하는 규모의 건축물은 제외한다)의 대지는 너비 6미터 이상의 도로에 4미터 이상 접하여야 한다. <개정 2009.7.16>

[전문개정 2008.10.29]

제29조 삭제 <1999.4.30>

제30조 삭제 <1999.4.30>

제31조 【건축선】 ① 법 제46조제1항에 따라 너비 8미터 미만인 도로의 모퉁이에 위치한 대지의 도로모퉁이 부분의 건축선은 그 대지에 접한 도로경계선의 교차점으로부터 도로경계선에 따라 다음의 표에 따른 거리를 각각 후퇴한 두 점을 연결한 선으로 한다.

(단위: 미터)

도로의 교차각	해당도로의 너비		교차되는 도로의 너비
	6이상 8미만	4이상 6미만	
90° 미만	4	3	6이상 8미만
	3	2	4이상 6미만
90° 이상 120° 미만	3	2	6이상 8미만
	2	2	4이상 6미만

② 특별자치시장·특별자치도지사 또는 시장·군수·구청장은 법 제46조제2항에 따라 「국토의 계획 및 이용에 관한 법률」 제36조제1항제1호에 따른 도시지역에는 4미터 이하의 범위에서 건축선을 따로 지정할 수 있다. <개정 2014.10.14.>

③ 특별자치시장·특별자치도지사 또는 시장·군수·구청장은 제2항에 따라 건축선을 지정하려면 미리 그 내용을 해당 지방자치단체의 공보(公報), 일간신문 또는 인터넷 홈페이지 등에 30일 이상 공고하여야 하며, 공고한 내용에 대하여 의견이 있는 자는 공고기간에 특별자치시장·특별자치도지사 또는 시장·군수·구청장에게 의견을 제출(전자문서에 의한 제출을 포함한다)할 수 있다. <개정 2014.10.14.>

[전문개정 2008.10.29]

제5장 건축물의 구조 및 재료 등 <개정 2014.11.28.>

제32조 【구조 안전의 확인】 ① 법 제48조제2항에 따라 법 제11조제1항에 따른 건축물을 건축하거나 대수선하는 경우 해당 건축물의 설계자는 국토교통부령으로 정하는 구조기준 등에 따라 그 구조의 안전

을 확인하여야 한다. <개정 2014.11.28.>

1.~7. 삭제 <2014.11.28>

② 제1항에 따라 구조 안전을 확인한 건축물 중 다음 각 호의 어느 하나에 해당하는 건축물의 건축주는 해당 건축물의 설계자로부터 구조 안전의 확인 서류를 받아 법 제21조에 따른 착공신고를 하는 때에 그 확인 서류를 허가권자에게 제출하여야 한다. 다만, 표준설계도서에 따라 건축하는 건축물은 제외한다. <개정 2015.9.22., 2017.2.3., 2017.10.24., 2018.12.4.>

1. 층수가 2층[주요구조부인 기둥과 보를 설치하는 건축물로서 그 기둥과 보가 목재인 목구조 건축물(이하 "목구조 건축물"이라 한다)의 경우에는 3층] 이상인 건축물
2. 연면적이 200제곱미터(목구조 건축물의 경우에는 500제곱미터) 이상인 건축물. 다만, 창고, 축사, 작물 재배사는 제외한다.
3. 높이가 13미터 이상인 건축물
4. 처마높이가 9미터 이상인 건축물
5. 기둥과 기둥 사이의 거리가 10미터 이상인 건축물
6. 건축물의 용도 및 규모를 고려한 중요도가 높은 건축물로서 국토교통부령으로 정하는 건축물
7. 국가적 문화유산으로 보존할 가치가 있는 건축물로서 국토교통부령으로 정하는 것
8. 제2조제18호가목 및 다목의 건축물
9. 별표 1 제1호의 단독주택 및 같은 표 제2호의 공동주택 <신설 2017.10.24>

③ 제6조제1항제6호다목에 따라 기존 건축물을 건축 또는 대수선하려는 건축주는 법 제5조제1항에 따라 적용의 완화를 요청할 때 구조 안전의 확인 서류를 허가권자에게 제출하여야 한다. <신설 2017.2.3.>

[전문개정 2008.10.29.]

제32조의2 【건축물의 내진능력 공개】 ① 법 제48조의3 제1항 각 호 외의 부분 단서에서 "대통령령으로 정하는 건축물"이란 다음 각 호의 어느 하나에 해당하는 건축물을 말한다.

1. 창고, 축사, 작물 재배사 및 표준설계도서에 따라 건축하는 건축물로서 제32조제2항제1호 및 제3호부터 제9호까지의 어느 하나에도 해당하지 아니하는 건축물
2. 제32조제1항에 따른 구조기준 중 국토교통부령으로 정하는 소규모건축구조기준을 적용한 건축물

② 법 제48조의3제1항제3호에서 "대통령령으로 정하는 건축물"이란 제32조제2항제3호부터 제9호까지의 어느 하나에 해당하는 건축물을 말한다.

[본조신설 2018.6.26.]

제33조 삭제 <1999.4.30>

제34조 【직통계단의 설치】 ① 건축물의 피난층(직접 지상으로 통하는 출입구가 있는 층 및 제3항과 제4항에 따른 피난안전구역을 말한다. 이하 같다) 외의 층에서는 피난층 또는 지상으로 통하는 직통계단(경사로를 포함한다. 이하 같다)을 거실의 각 부분으로부터 계단(거실로부터 가장 가까운 거리에 있는 1개소의 계단을 말한다)에 이르는 보행거리가 30미터 이하가 되도록 설치해야 한다. 다만, 건축물(지하층에 설치하는 것으로서 바닥면적의 합계가 300제곱미터 이상인 공연장·집회장·관람장 및 전시장은 제외한다)의 주요구조부가 내화구조 또는 불연재료로 된 건축물은 그 보행거리가 50미터(층수가 16층 이상인 공동주택의 경우 16층 이상인 층에 대해서는 40미터) 이하가 되도록 설치할 수 있으며, 자동화 생산시설에 스프링클러 등 자동식 소화설비를 설치한 공장으로서 국토교통부령으로 정하는 공장인 경우에는 그 보행거리가 75미터(무인화 공장인 경우에는 100미터) 이하가 되도록 설치할 수 있다. <개정 2019.8.6., 2020.10.8.>

② 법 제49조제1항에 따라 피난층 외의 층이 다음 각 호의 어느 하나에 해당하는 용도 및 규모의 건축물에는 국토교통부령으로 정하는 기준에 따라 피난층 또는 지상으로 통하는 직통계단을 2개소 이상 설치하여야 한다. <개정 2015.9.22., 2017.2.3.>

1. 제2종 근린생활시설 중 공연장·종교집회장, 문화 및 집회시설(전시장 및 동·식물원은 제외한다), 종교시설, 위락시설 중 주점영업 또는 장례시설의 용도로 쓰는 층으로서 그 층에서 해당 용도로 쓰는 바닥면적의 합계가 200제곱미터(제2종 근린생활시설 중 공연장·종교집회장은 각각 300제곱미터) 이상인 것
2. 단독주택 중 다중주택·다가구주택, 제1종 근린생활시설 중 정신과의원(입원실이 있는 경우로 한정한다), 제2종 근린생활시설 중 인터넷컴퓨터게임시설제공업소(해당 용도로 쓰는 바닥면적의 합계가 300제곱미터 이상인 경우만 해당한다)·학원·독서실, 판매시설, 운수시설(여객용 시설만 해당한다), 의료시설(입원실이 없는 치과병원은 제외한다), 교육연구시설 중 학원, 노유자시설 중 아동 관련 시설·노인복지시설·장애인 거주시설(「장애인복지법」 제58조제1항제1호에 따른 장애인 거주시설 중 국토교통부령으로 정하는 시설을 말한다. 이하 같다) 및 「장애인복지법」 제58조제1항제4호에 따른 장애인 의료재활시설(이하 "장애인 의료재활시설"이

라 한다), 수련시설 중 유스호스텔 또는 숙박시설의 용도로 쓰는 3층 이상의 층으로서 그 층의 해당 용도로 쓰는 거실의 바닥면적의 합계가 200제곱미터 이상인 것
3. 공동주택(층당 4세대 이하인 것은 제외한다) 또는 업무시설 중 오피스텔의 용도로 쓰는 층으로서 그 층의 해당 용도로 쓰는 거실의 바닥면적의 합계가 300제곱미터 이상인 것
4. 제1호부터 제3호까지의 용도로 쓰지 아니하는 3층 이상의 층으로서 그 층 거실의 바닥면적의 합계가 400제곱미터 이상인 것
5. 지하층으로서 그 층 거실의 바닥면적의 합계가 200제곱미터 이상인 것

③ 초고층 건축물에는 피난층 또는 지상으로 통하는 직통계단과 직접 연결되는 피난안전구역(건축물의 피난·안전을 위하여 건축물 중간층에 설치하는 대피공간을 말한다. 이하 같다)을 지상층으로부터 최대 30개 층마다 1개소 이상 설치하여야 한다. <개정 2011.12.30.>

④ 준초고층 건축물에는 피난층 또는 지상으로 통하는 직통계단과 직접 연결되는 피난안전구역을 해당 건축물 전체 층수의 2분의 1에 해당하는 층으로부터 상하 5개층 이내에 1개소 이상 설치하여야 한다. 다만, 국토교통부령으로 정하는 기준에 따라 피난층 또는 지상으로 통하는 직통계단을 설치하는 경우에는 그러하지 아니하다. <개정 2013.3.23.>

⑤ 제3항 및 제4항에 따른 피난안전구역의 규모와 설치기준은 국토교통부령으로 정한다. <개정 2013.3.23.>
[전문개정 2008.10.29.]

제35조【피난계단의 설치】 ① 법 제49조제1항에 따라 5층 이상 또는 지하 2층 이하인 층에 설치하는 직통계단은 국토교통부령으로 정하는 기준에 따라 피난계단 또는 특별피난계단으로 설치하여야 한다. 다만, 건축물의 주요구조부가 내화구조 또는 불연재료로 되어 있는 경우로서 다음 각 호의 어느 하나에 해당하는 경우에는 그러하지 아니하다. <개정 2013.3.23>
1. 5층 이상인 층의 바닥면적의 합계가 200제곱미터 이하인 경우
2. 5층 이상인 층의 바닥면적 200제곱미터 이내마다 방화구획이 되어 있는 경우

② 건축물(갓복도식 공동주택은 제외한다)의 11층(공동주택의 경우에는 16층) 이상인 층(바닥면적이 400제곱미터 미만인 층은 제외한다) 또는 지하 3층 이하인 층(바닥면적이 400제곱미터미만인 층은 제외한다)으로부터 피난층 또는 지상으로 통하는 직통계단은 제1항에도 불구하고 특별피난계단으로 설치하여야 한다. <개정 2008.10.29>

③ 제1항에서 판매시설의 용도로 쓰는 층으로부터의 직통계단은 그 중 1개소 이상을 특별피난계단으로 설치하여야 한다. <개정 2008.10.29>

④ 삭제 <1995.12.30>

⑤ 건축물의 5층 이상인 층으로서 문화 및 집회시설 중 전시장 또는 동·식물원, 판매시설, 운수시설(여객용 시설만 해당한다), 운동시설, 위락시설, 관광휴게시설(다중이 이용하는 시설만 해당한다) 또는 수련시설 중 생활권 수련시설의 용도로 쓰는 층에는 제34조에 따른 직통계단 외에 그 층의 해당 용도로 쓰는 바닥면적의 합계가 2천 제곱미터를 넘는 경우에는 그 넘는 2천 제곱미터 이내마다 1개소의 피난계단 또는 특별피난계단(4층 이하의 층에는 쓰지 아니하는 피난계단 또는 특별피난계단만 해당한다)을 설치하여야 한다. <개정 2009.7.16>

⑥ 삭제 <1999.4.30>

제36조【옥외 피난계단의 설치】 건축물의 3층 이상인 층(피난층은 제외한다)으로서 다음 각 호의 어느 하나에 해당하는 용도로 쓰는 층에는 제34조에 따른 직통계단 외에 그 층으로부터 지상으로 통하는 옥외피난계단을 따로 설치하여야 한다. <개정 2014.3.24.>
1. 제2종 근린생활시설 중 공연장(해당 용도로 쓰는 바닥면적의 합계가 300제곱미터 이상인 경우만 해당한다), 문화 및 집회시설 중 공연장이나 위락시설 중 주점영업의 용도로 쓰는 층으로서 그 층 거실의 바닥면적의 합계가 300제곱미터 이상인 것
2. 문화 및 집회시설 중 집회장의 용도로 쓰는 층으로서 그 층 거실의 바닥면적의 합계가 1천 제곱미터 이상인 것

[전문개정 2008.10.29]

제37조【지하층과 피난층 사이의 개방공간 설치】 바닥면적의 합계가 3천 제곱미터 이상인 공연장·집회장·관람장 또는 전시장을 지하층에 설치하는 경우에는 각 실에 있는 자가 지하층 각 층에서 건축물 밖으로 피난하여 옥외 계단 또는 경사로 등을 이용하여 피난층으로 대피할 수 있도록 천장이 개방된 외부 공간을 설치하여야 한다.
[전문개정 2008.10.29]

제38조【관람실 등으로부터의 출구 설치】 법 제49조제1항에 따라 다음 각 호의 어느 하나에 해당하는 건축물에는 국토교통부령으로 정하는 기준에 따라 관람실 또는 집회실로부터의 출구를 설치해야 한다.

<개정 2017.2.3., 2019.8.6.>

1. 제2종 근린생활시설 중 공연장·종교집회장(해당 용도로 쓰는 바닥면적의 합계가 각각 300제곱미터 이상인 경우만 해당한다)
2. 문화 및 집회시설(전시장 및 동·식물원은 제외한다)
3. 종교시설
4. 위락시설
5. 장례시설

[전문개정 2008.10.29][제목개정 2019.8.6.]

제39조【건축물 바깥쪽으로의 출구 설치】 ① 법 제49조제1항에 따라 다음 각 호의 어느 하나에 해당하는 건축물에는 국토교통부령으로 정하는 기준에 따라 그 건축물로부터 바깥쪽으로 나가는 출구를 설치하여야 한다. <개정 2017.2.3.>

1. 제2종 근린생활시설 중 공연장·종교집회장(해당 용도로 쓰는 바닥면적의 합계가 각각 300제곱미터 이상인 경우만 해당한다)
2. 문화 및 집회시설(전시장 및 동·식물원은 제외한다)
3. 종교시설
4. 판매시설
5. 업무시설 중 국가 또는 지방자치단체의 청사
6. 위락시설
7. 연면적이 5천 제곱미터 이상인 창고시설
8. 교육연구시설 중 학교
9. 장례시설
10. 승강기를 설치하여야 하는 건축물

② 법 제49조제1항에 따라 건축물의 출입구에 설치하는 회전문은 국토교통부령으로 정하는 기준에 적합하여야 한다. <개정 2013.3.23>

[전문개정 2008.10.29]

제40조【옥상광장 등의 설치】 ① 옥상광장 또는 2층 이상인 층에 있는 노대등[노대(露臺)나 그 밖에 이와 비슷한 것을 말한다. 이하 같다]의 주위에는 높이 1.2미터 이상의 난간을 설치하여야 한다. 다만, 그 노대 등에 출입할 수 없는 구조인 경우에는 그러하지 아니하다. <개정 2018.9.4.>

② 5층 이상인 층이 제2종 근린생활시설 중 공연장·종교집회장·인터넷컴퓨터게임시설제공업소(해당 용도로 쓰는 바닥면적의 합계가 각각 300제곱미터 이상인 경우만 해당한다), 문화 및 집회시설(전시장 및 동·식물원은 제외한다), 종교시설, 판매시설, 위락시설 중 주점영업 또는 장례시설의 용도로 쓰는 경우에는 피난 용도로 쓸 수 있는 광장을 옥상에 설치하여야 한다. <개정 2014.3.24., 2017.2.3.>

③ 다음 각 호의 어느 하나에 해당하는 건축물은 옥상으로 통하는 출입문에 「소방시설 설치 및 관리에 관한 법률」 제40조제1항에 따른 성능인증 및 같은 조 제2항에 따른 제품검사를 받은 비상문자동개폐장치(화재 등 비상시에 소방시스템과 연동되어 잠김 상태가 자동으로 풀리는 장치를 말한다)를 설치해야 한다. <신설 2021.1.8., 2022.11.29>

1. 제2항에 따라 피난 용도로 쓸 수 있는 광장을 옥상에 설치해야 하는 건축물
2. 피난 용도로 쓸 수 있는 광장을 옥상에 설치하는 다음 각 목의 건축물
   가. 다중이용 건축물
   나. 연면적 1천제곱미터 이상인 공동주택

④ 층수가 11층 이상인 건축물로서 11층 이상인 층의 바닥면적의 합계가 1만 제곱미터 이상인 건축물의 옥상에는 다음 각 호의 구분에 따른 공간을 확보하여야 한다. <개정 2021.1.8.>

1. 건축물의 지붕을 평지붕으로 하는 경우: 헬리포트를 설치하거나 헬리콥터를 통하여 인명 등을 구조할 수 있는 공간
2. 건축물의 지붕을 경사지붕으로 하는 경우: 경사지붕 아래에 설치하는 대피공간

⑤ 제4항에 따른 헬리포트를 설치하거나 헬리콥터를 통하여 인명 등을 구조할 수 있는 공간 및 경사지붕 아래에 설치하는 대피공간의 설치기준은 국토교통부령으로 정한다. <개정 2021.1.8.>

[전문개정 2008.10.29.]

제41조【대지 안의 피난 및 소화에 필요한 통로 설치】 ① 건축물의 대지 안에는 그 건축물 바깥쪽으로 통하는 주된 출구와 지상으로 통하는 피난계단 및 특별피난계단으로부터 도로 또는 공지(공원, 광장, 그 밖에 이와 비슷한 것으로서 피난 및 소화를 위하여 해당 대지의 출입에 지장이 없는 것을 말한다. 이하 이 조에서 같다)로 통하는 통로를 다음 각 호의 기준에 따라 설치하여야 한다. <개정 2015.9.22., 2016.5.17., 2017.2.3.>

1. 통로의 너비는 다음 각 목의 구분에 따른 기준에 따라 확보할 것
   가. 단독주택: 유효 너비 0.9미터 이상
   나. 바닥면적의 합계가 500제곱미터 이상인 문화 및 집회시설, 종교시설, 의료시설, 위락시설 또는 장례시설: 유효 너비 3미터 이상
   다. 그 밖의 용도로 쓰는 건축물: 유효 너비 1.5미터 이상
2. 필로티 내 통로의 길이가 2미터 이상인 경우에는

피난 및 소화활동에 장애가 발생하지 아니하도록 자동차 진입억제용 말뚝 등 통로 보호시설을 설치하거나 통로에 단차(段差)를 둘 것

② 제1항에도 불구하고 다중이용 건축물, 준다중이용 건축물 또는 층수가 11층 이상인 건축물이 건축되는 대지에는 그 안의 모든 다중이용 건축물, 준다중이용 건축물 또는 층수가 11층 이상인 건축물에 「소방기본법」 제21조에 따른 소방자동차(이하 "소방자동차"라 한다)의 접근이 가능한 통로를 설치하여야 한다. 다만, 모든 다중이용 건축물, 준다중이용 건축물 또는 층수가 11층 이상인 건축물이 소방자동차의 접근이 가능한 도로 또는 공지에 직접 접하여 건축되는 경우로서 소방자동차가 도로 또는 공지에서 직접 소방활동이 가능한 경우에는 그러하지 아니하다. <개정 2015.9.22.>

[전문개정 2008.10.29.]

제42조 삭제 <1999.4.30>

제43조 삭제 <1999.4.30>

제44조 **【피난 규정의 적용례】** 건축물이 창문, 출입구, 그 밖의 개구부(開口部)(이하 "창문등"이라 한다)가 없는 내화구조의 바닥 또는 벽으로 구획되어 있는 경우에는 그 구획된 각 부분을 각각 별개의 건축물로 보아 제34조부터 제41조까지 및 제48조를 적용한다. <개정 2018.9.4>

[전문개정 2008.10.29]

제45조 삭제 <1999.4.30>

제46조 **【방화구획 등의 설치】** ① 법 제49조제2항 본문에 따라 주요구조부가 내화구조 또는 불연재료로 된 건축물로서 연면적이 1천 제곱미터를 넘는 것은 국토교통부령으로 정하는 기준에 따라 다음 각 호의 구조물로 구획(이하 "방화구획"이라 한다)을 해야 한다. 다만, 「원자력안전법」 제2조제8호 및 제10호에 따른 원자로 및 관계시설은 같은 법에서 정하는 바에 따른다. <개정 2019.8.6., 2020.10.8.7, 2022.4.29.>

1. 내화구조로 된 바닥 및 벽
2. 제64조제1호・제2호에 따른 방화문 또는 자동방화셔터(국토교통부령으로 정하는 기준에 적합한 것을 말한다. 이하 같다)

② 다음 각 호에 해당하는 건축물의 부분에는 제1항을 적용하지 않거나 그 사용에 지장이 없는 범위에서 제1항을 완화하여 적용할 수 있다. <개정 2017.2.3., 2019.8.6., 2020.10.8., 2022.4.29., 2023.5.15.>

1. 문화 및 집회시설(동·식물원은 제외한다), 종교시설, 운동시설 또는 장례시설의 용도로 쓰는 거실로서 시선 및 활동공간의 확보를 위하여 불가피한 부분
2. 물품의 제조·가공 및 운반 등(보관은 제외한다)에 필요한 고정식 대형 기기(器機) 또는 설비의 설치를 위하여 불가피한 부분. 다만, 지하층인 경우에는 지하층의 외벽 한쪽 면(지하층의 바닥면에서 지상층 바닥 아래면까지의 외벽 면적 중 4분의 1 이상이 되는 면을 말한다) 전체가 건물 밖으로 개방되어 보행과 자동차의 진입·출입이 가능한 경우로 한정한다.
3. 계단실·복도 또는 승강기의 승강장 및 승강로로서 그 건축물의 다른 부분과 방화구획으로 구획된 부분. 다만, 해당 부분에 위치하는 설비배관 등이 바닥을 관통하는 부분은 제외한다.
4. 건축물의 최상층 또는 피난층으로서 대규모 회의장·강당·스카이라운지·로비 또는 피난안전구역 등의 용도로 쓰는 부분으로서 그 용도로 사용하기 위하여 불가피한 부분
5. 복층형 공동주택의 세대별 층간 바닥 부분
6. 주요구조부가 내화구조 또는 불연재료로 된 주차장
7. 단독주택, 동물 및 식물 관련 시설 또는 국방・군사시설(집회, 체육, 창고 등의 용도로 사용되는 시설만 해당한다)로 쓰는 건축물 <개정 2023.5.15.>
8. 건축물의 1층과 2층의 일부를 동일한 용도로 사용하며 그 건축물의 다른 부분과 방화구획으로 구획된 부분(바닥면적의 합계가 500제곱미터 이하인 경우로 한정한다)

③ 건축물 일부의 주요구조부를 내화구조로 하거나 제2항에 따라 건축물의 일부에 제1항을 완화하여 적용한 경우에는 내화구조로 한 부분 또는 제1항을 완화하여 적용한 부분과 그 밖의 부분을 방화구획으로 구획하여야 한다. <개정 2018.9.4>

④ 공동주택 중 아파트로서 4층 이상인 층의 각 세대가 2개 이상의 직통계단을 사용할 수 없는 경우에는 발코니(발코니의 외부에 접하는 경우를 포함한다)에 인접 세대와 공동으로 또는 각 세대별로 다음 각 호의 요건을 모두 갖춘 대피공간을 하나 이상 설치해야 한다. 이 경우 인접 세대와 공동으로 설치하는 대피공간은 인접 세대를 통하여 2개 이상의 직통계단을 쓸 수 있는 위치에 우선 설치되어야 한다. <개정 2020.10.8., 2023.9.12.>

1. 대피공간은 바깥의 공기와 접할 것
2. 대피공간은 실내의 다른 부분과 방화구획으로 구획될 것
3. 대피공간의 바닥면적은 인접 세대와 공동으로 설

치하는 경우에는 3제곱미터 이상, 각 세대별로 설치하는 경우에는 2제곱미터 이상일 것
4. 대피공간으로 통하는 출입문에는 제64조제1항제1호에 따른 60분+ 방화문을 설치할 것

⑤ 제4항에도 불구하고 아파트의 4층 이상인 층에서 발코니(제4호의 경우에는 발코니의 외부에 접하는 경우를 포함한다)에 다음 각 호의 어느 하나에 해당하는 구조 또는 시설을 갖춘 경우에는 대피공간을 설치하지 않을 수 있다. <개정 2018.9.4., 2021.8.10., 2023.9.12.>
1. 발코니와 인접 세대와의 경계벽이 파괴하기 쉬운 경량구조 등인 경우
2. 발코니의 경계벽에 피난구를 설치한 경우
3. 발코니의 바닥에 국토교통부령으로 정하는 하향식 피난구를 설치한 경우
4. 국토교통부장관이 제4항에 따른 대피공간과 동일하거나 그 이상의 성능이 있다고 인정하여 고시하는 구조 또는 시설(이하 이 호에서 "대체시설"이라 한다)을 갖춘 경우. 이 경우 국토교통부장관은 대체시설의 성능에 대해 미리 「과학기술분야 정부출연연구기관 등의 설립·운영 및 육성에 관한 법률」 제8조제1항에 따라 설립된 한국건설기술연구원(이하 "한국건설기술연구원"이라 한다)의 기술검토를 받은 후 고시해야 한다.

⑥ 요양병원, 정신병원, 「노인복지법」 제34조제1항제1호에 따른 노인요양시설(이하 "노인요양시설"이라 한다), 장애인 거주시설 및 장애인 의료재활시설의 피난층 외의 층에는 다음 각 호의 어느 하나에 해당하는 시설을 설치하여야 한다. <신설 2015.9.22., 2018.9.4.>
1. 각 층마다 별도로 방화구획된 대피공간
2. 거실에 접하여 설치된 노대등
3. 계단을 이용하지 아니하고 건물 외부의 지상으로 통하는 경사로 또는 인접 건축물로 피난할 수 있도록 설치하는 연결복도 또는 연결통로

⑦ 법 제49조제2항 단서에서 "대규모 창고시설 등 대통령령으로 정하는 용도 및 규모의 건축물"이란 제2항제2호에 해당하여 제1항을 적용하지 않거나 완화하여 적용하는 부분이 포함된 창고시설을 말한다. <신설 2022.4.29.>

[전문개정 2008.10.29.][제목개정 2015.9.22.]

제47조【방화에 장애가 되는 용도의 제한】 ① 법 제49조제2항 본문에 따라 의료시설, 노유자시설(아동 관련 시설 및 노인복지시설만 해당한다), 공동주택, 장례식장 또는 제1종 근린생활시설(산후조리원만 해당한다)과 위락시설, 위험물저장 및 처리시설, 공장 또는 자동차 관련 시설(정비공장만 해당한다)은 같은 건축물에 함께 설치할 수 없다. 다만, 다음 각 호에 해당하는 경우로서 국토교통부령으로 정하는 경우에는 같은 건축물에 함께 설치할 수 있다. <개정 2016.1.19., 2016.7.19., 2018.2.9., 2022.4.29.>
1. 공동주택(기숙사만 해당한다)과 공장이 같은 건축물에 있는 경우
2. 중심상업지역·일반상업지역 또는 근린상업지역에서 「도시 및 주거환경정비법」에 따른 재개발사업을 시행하는 경우
3. 공동주택과 위락시설이 같은 초고층 건축물에 있는 경우. 다만, 사생활을 보호하고 방범·방화 등 주거 안전을 보장하며 소음·악취 등으로부터 주거환경을 보호할 수 있도록 주택의 출입구·계단 및 승강기 등을 주택 외의 시설과 분리된 구조로 하여야 한다.
4. 「산업집적활성화 및 공장설립에 관한 법률」 제2조제13호에 따른 지식산업센터와 「영유아보육법」 제10조제4호에 따른 직장어린이집이 같은 건축물에 있는 경우

② 법 제49조제2항 본문에 따라 다음 각 호에 해당하는 용도의 시설은 같은 건축물에 함께 설치할 수 없다. <개정 2014.3.24., 2022.4.29.>
1. 노유자시설 중 아동 관련 시설 또는 노인복지시설과 판매시설 중 도매시장 또는 소매시장
2. 단독주택(다중주택, 다가구주택에 한정한다), 공동주택, 제1종 근린생활시설 중 조산원 또는 산후조리원과 제2종 근린생활시설 중 다중생활시설

[전문개정 2008.10.29.]

제48조【계단·복도 및 출입구의 설치】 ① 법 제49조제2항 본문에 따라 연면적 200제곱미터를 초과하는 건축물에 설치하는 계단 및 복도는 국토교통부령으로 정하는 기준에 적합해야 한다. <개정 2022.4.29.>

② 법 제49조제2항 본문에 따라 제39조제1항 각 호에 해당하는 건축물의 출입구는 국토교통부령으로 정하는 기준에 적합해야 한다. <개정 2022.4.29.>

[전문개정 2008.10.29]

제49조 삭제 <1995.12.30>

제50조【거실반자의 설치】 법 제49조제2항 본문에 따라 공장, 창고시설, 위험물저장 및 처리시설, 동물 및 식물 관련 시설, 자원순환 관련 시설 또는 묘지 관련 시설 외의 용도로 쓰는 건축물 거실의 반자(반자가 없는 경우에는 보 또는 바로 위층의 바닥판의 밑면, 그 밖에 이와 비슷한 것을 말한다)는 국토교통부령

으로 정하는 기준에 적합해야 한다. <개정 2014.3.24., 2022.4.29.>
[전문개정 2008.10.29]

제51조【거실의 채광 등】 ① 법 제49조제2항 본문에 따라 단독주택 및 공동주택의 거실, 교육연구시설 중 학교의 교실, 의료시설의 병실 및 숙박시설의 객실에는 국토교통부령으로 정하는 기준에 따라 채광 및 환기를 위한 창문등이나 설비를 설치해야 한다. <개정 2022.4.29.>
② 법 제49조제2항 본문에 따라 다음 각 호에 해당하는 건축물의 거실(피난층의 거실은 제외한다)에는 배연설비를 해야 한다. <개정 2015.9.22., 2017.2.3., 2019.10.22., 2020.10.8., 2022.4.29.>
1. 6층 이상인 건축물로서 다음 각 목에 해당하는 용도로 쓰는 건축물
 가. 제2종 근린생활시설 중 공연장, 종교집회장, 인터넷컴퓨터게임시설제공업소 및 다중생활시설(공연장, 종교집회장 및 인터넷컴퓨터게임시설제공업소는 해당 용도로 쓰는 바닥면적의 합계가 각각 300제곱미터 이상인 경우만 해당한다)
 나. 문화 및 집회시설
 다. 종교시설
 라. 판매시설
 마. 운수시설
 바. 의료시설(요양병원 및 정신병원은 제외한다)
 사. 교육연구시설 중 연구소
 아. 노유자시설 중 아동 관련 시설, 노인복지시설(노인요양시설은 제외한다)
 자. 수련시설 중 유스호스텔
 차. 운동시설
 카. 업무시설
 타. 숙박시설
 파. 위락시설
 하. 관광휴게시설
 거. 장례시설
2. 다음 각 목에 해당하는 용도로 쓰는 건축물
 가. 의료시설 중 요양병원 및 정신병원
 나. 노유자시설 중 노인요양시설·장애인 거주시설 및 장애인 의료재활시설
 다. 제1종 근린생활시설 중 산후조리원
③ 법 제49조제2항 본문에 따라 오피스텔에 거실 바닥으로부터 높이 1.2미터 이하 부분에 여닫을 수 있는 창문을 설치하는 경우에는 국토교통부령으로 정하는 기준에 따라 추락방지를 위한 안전시설을 설치해야 한다. <개정 2022.4.29.>
④ 법 제49조제3항에 따라 건축물의 11층 이하의 층에는 소방관이 진입할 수 있는 창을 설치하고, 외부에서 주야간에 식별할 수 있는 표시를 해야 한다. 다만, 다음 각 호의 어느 하나에 해당하는 아파트는 제외한다. <개정 2019.10.22.>
1. 제46조제4항 및 제5항에 따라 대피공간 등을 설치한 아파트
2. 「주택건설기준 등에 관한 규정」 제15조제2항에 따라 비상용승강기를 설치한 아파트
[전문개정 2008.10.29.]

제52조【거실 등의 방습】 법 제49조제2항 본문에 따라 다음 각 호에 해당하는 거실·욕실 또는 조리장의 바닥 부분에는 국토교통부령으로 정하는 기준에 따라 방습을 위한 조치를 해야 한다. <개정 2022.4.29.>
1. 건축물의 최하층에 있는 거실(바닥이 목조인 경우만 해당한다)
2. 제1종 근린생활시설 중 목욕장의 욕실과 휴게음식점 및 제과점의 조리장
3. 제2종 근린생활시설 중 일반음식점, 휴게음식점 및 제과점의 조리장과 숙박시설의 욕실
[전문개정 2008.10.29]

제53조【경계벽 등의 설치】 ① 법 제49조제4항에 따라 다음 각 호의 어느 하나에 해당하는 건축물의 경계벽은 국토교통부령으로 정하는 기준에 따라 설치해야 한다. <개정 2014.3.24., 2014.11.28., 2015.9.22., 2019.10.22, 2020.10.8.>
1. 단독주택 중 다가구주택의 각 가구 간 또는 공동주택(기숙사는 제외한다)의 각 세대 간 경계벽(제2조제14호 후단에 따라 거실·침실 등의 용도로 쓰지 아니하는 발코니 부분은 제외한다)
2. 공동주택 중 기숙사의 침실, 의료시설의 병실, 교육연구시설 중 학교의 교실 또는 숙박시설의 객실 간 경계벽
3. 제1종 근린생활시설 중 산후조리원의 다음 각 호의 어느 하나에 해당하는 경계벽
 가. 임산부실 간 경계벽
 나. 신생아실 간 경계벽
 다. 임산부실과 신생아실 간 경계벽
4. 제2종 근린생활시설 중 다중생활시설의 호실 간 경계벽
5. 노유자시설 중 「노인복지법」 제32조제1항제3호에 따른 노인복지주택(이하 "노인복지주택"이라 한다)의 각 세대 간 경계벽
6. 노유자시설 중 노인요양시설의 호실 간 경계벽
② 법 제49조제4항에 따라 다음 각 호의 어느 하나에

해당하는 건축물의 층간바닥(화장실의 바닥은 제외한다)은 국토교통부령으로 정하는 기준에 따라 설치해야 한다. <개정 2016.8.11., 2019.10.22>

1. 단독주택 중 다가구주택
2. 공동주택(「주택법」 제15조에 따른 주택건설사업 계획승인 대상은 제외한다)
3. 업무시설 중 오피스텔
4. 제2종 근린생활시설 중 다중생활시설
5. 숙박시설 중 다중생활시설

[전문개정 2008.10.29.][제목개정 2014.11.28.]

제54조【건축물에 설치하는 굴뚝】 건축물에 설치하는 굴뚝은 국토교통부령으로 정하는 기준에 따라 설치하여야 한다. <개정 2013.3.23>
[전문개정 2008.10.29.]

제55조【창문 등의 차면시설】 인접 대지경계선으로부터 직선거리 2미터 이내에 이웃 주택의 내부가 보이는 창문 등을 설치하는 경우에는 차면시설(遮面施設)을 설치하여야 한다.
[전문개정 2008.10.29]

제56조【건축물의 내화구조】 ① 법 제50조제1항 본문에 따라 다음 각 호의 어느 하나에 해당하는 건축물(제5호에 해당하는 건축물로서 2층 이하인 건축물은 지하층 부분만 해당한다)의 주요구조부와 지붕은 내화구조로 해야 한다. 다만, 연면적이 50제곱미터 이하인 단층의 부속건축물로서 외벽 및 처마 밑면을 방화구조로 한 것과 무대의 바닥은 그렇지 않다. <개정 2017.2.3., 2019.10.22., 2021.1.5.>

1. 제2종 근린생활시설 중 공연장·종교집회장(해당 용도로 쓰는 바닥면적의 합계가 각각 300제곱미터 이상인 경우만 해당한다), 문화 및 집회시설(전시장 및 동·식물원은 제외한다), 종교시설, 위락시설 중 주점영업 및 장례시설의 용도로 쓰는 건축물로서 관람석 또는 집회실의 바닥면적의 합계가 200제곱미터(옥외관람석의 경우에는 1천 제곱미터) 이상인 건축물
2. 문화 및 집회시설 중 전시장 또는 동·식물원, 판매시설, 운수시설, 교육연구시설에 설치하는 체육관·강당, 수련시설, 운동시설 중 체육관·운동장, 위락시설(주점영업의 용도로 쓰는 것은 제외한다), 창고시설, 위험물저장 및 처리시설, 자동차 관련 시설, 방송통신시설 중 방송국·전신전화국·촬영소, 묘지 관련 시설 중 화장시설·동물화장시설 또는 관광휴게시설의 용도로 쓰는 건축물로서 그 용도로 쓰는 바닥면적의 합계가 500제곱미터 이상인 건축물
3. 공장의 용도로 쓰는 건축물로서 그 용도로 쓰는 바닥면적의 합계가 2천 제곱미터 이상인 건축물. 다만, 화재의 위험이 적은 공장으로서 국토교통부령으로 정하는 공장은 제외한다.
4. 건축물의 2층이 단독주택 중 다중주택 및 다가구주택, 공동주택, 제1종 근린생활시설(의료의 용도로 쓰는 시설만 해당한다), 제2종 근린생활시설 중 다중생활시설, 의료시설, 노유자시설 중 아동 관련 시설 및 노인복지시설, 수련시설 중 유스호스텔, 업무시설 중 오피스텔, 숙박시설 또는 장례시설의 용도로 쓰는 건축물로서 그 용도로 쓰는 바닥면적의 합계가 400제곱미터 이상인 건축물
5. 3층 이상인 건축물 및 지하층이 있는 건축물. 다만, 단독주택(다중주택 및 다가구주택은 제외한다), 동물 및 식물 관련 시설, 발전시설(발전소의 부속용도로 쓰는 시설은 제외한다), 교도소·소년원 또는 묘지 관련 시설(화장시설 및 동물화장시설은 제외한다)의 용도로 쓰는 건축물과 철강 관련 업종의 공장 중 제어실로 사용하기 위하여 연면적 50제곱미터 이하로 증축하는 부분은 제외한다.

② 법 제50조제1항 단서에 따라 막구조의 건축물은 주요구조부에만 내화구조로 할 수 있다. <개정 2019.10.22.>
[전문개정 2008.10.29.]

제57조【대규모 건축물의 방화벽 등】 ① 법 제50조제2항에 따라 연면적 1천 제곱미터 이상인 건축물은 방화벽으로 구획하되, 각 구획된 바닥면적의 합계는 1천 제곱미터 미만이어야 한다. 다만, 주요구조부가 내화구조이거나 불연재료인 건축물과 제56조제1항제5호 단서에 따른 건축물 또는 내부설비의 구조상 방화벽으로 구획할 수 없는 창고시설의 경우에는 그러하지 아니하다.
② 제1항에 따른 방화벽의 구조에 관하여 필요한 사항은 국토교통부령으로 정한다. <개정 2013.3.23>
③ 연면적 1천 제곱미터 이상인 목조 건축물의 구조는 국토교통부령으로 정하는 바에 따라 방화구조로 하거나 불연재료로 하여야 한다. <개정 2013.3.23>
[전문개정 2008.10.29]

제58조【방화지구의 건축물】 법 제51조제1항에 따라 그 주요구조부 및 외벽을 내화구조로 하지 아니할 수 있는 건축물은 다음 각 호와 같다.

1. 연면적 30제곱미터 미만인 단층 부속건축물로서 외벽 및 처마면이 내화구조 또는 불연재료로 된 것

2. 도매시장의 용도로 쓰는 건축물로서 그 주요구조부가 불연재료로 된 것
[전문개정 2008.10.29]

제59조 삭제 <1999.4.30>

제60조 삭제 <1999.4.30>

제61조 【건축물의 마감재료】 ① 법 제52조제1항에서 "대통령령으로 정하는 용도 및 규모의 건축물"이란 다음 각 호의 어느 하나에 해당하는 건축물을 말한다. 다만, 제1호, 제1호의2, 제2호부터 제7호까지의 어느 하나에 해당하는 건축물(제8호에 해당하는 건축물은 제외한다)의 주요구조부가 내화구조 또는 불연재료로 되어 있고 그 거실의 바닥면적(스프링클러나 그 밖에 이와 비슷한 자동식 소화설비를 설치한 바닥면적을 뺀 면적으로 한다. 이하 이 조에서 같다) 200제곱미터 이내마다 방화구획이 되어 있는 건축물은 제외한다. <개정 2015.9.22., 2017.2.3., 2019.8.6., 2020.10.8., 2021.8.10.>
1. 단독주택 중 다중주택·다가구주택
1의2. 공동주택
2. 제2종 근린생활시설 중 공연장·종교집회장·인터넷컴퓨터게임시설제공업소·학원·독서실·당구장·다중생활시설의 용도로 쓰는 건축물
3. 발전시설, 방송통신시설(방송국·촬영소의 용도로 쓰는 건축물로 한정한다)
4. 공장, 창고시설, 위험물 저장 및 처리 시설(자가난방과 자가발전 등의 용도로 쓰는 시설을 포함한다), 자동차 관련 시설의 용도로 쓰는 건축물
5. 5층 이상인 층 거실의 바닥면적의 합계가 500제곱미터 이상인 건축물
6. 문화 및 집회시설, 종교시설, 판매시설, 운수시설, 의료시설, 교육연구시설 중 학교·학원, 노유자시설, 수련시설, 업무시설 중 오피스텔, 숙박시설, 위락시설, 장례시설
7. 삭제 <2021.8.10.>
8. 「다중이용업소의 안전관리에 관한 특별법 시행령」 제2조에 따른 다중이용업의 용도로 쓰는 건축물

② 법 제52조제2항에서 "대통령령으로 정하는 건축물"이란 다음 각 호의 건축물을 말한다. <개정 2015.9.22., 2019.8.6., 2021.8.10.>
1. 상업지역(근린상업지역은 제외한다)의 건축물로서 다음 각 목의 어느 하나에 해당하는 것
   가. 제1종 근린생활시설, 제2종 근린생활시설, 문화 및 집회시설, 종교시설, 판매시설, 의료시설, 교육연구시설, 노유자시설, 운동시설 및 위락시설의 용도로 쓰는 건축물로서 그 용도로 쓰는 바닥면적의 합계가 2천제곱미터 이상인 건축물
   나. 공장(국토교통부령으로 정하는 화재 위험이 적은 공장은 제외한다)의 용도로 쓰는 건축물로부터 6미터 이내에 위치한 건축물
2. 의료시설, 교육연구시설, 노유자시설 및 수련시설의 용도로 쓰는 건축물
3. 3층 이상 또는 높이 9미터 이상인 건축물
4. 1층의 전부 또는 일부를 필로티 구조로 설치하여 주차장으로 쓰는 건축물
5. 제1항제4호에 해당하는 건축물

③ 법 제52조제4항에서 "대통령령으로 정하는 용도 및 규모에 해당하는 건축물"이란 제2항 각 호의 건축물을 말한다. <신설 2021.5.4>
[전문개정 2008.10.29.][제목개정 2010.12.13.]

제61조의2 【실내건축】 법 제52조의2제1항에서 "대통령령으로 정하는 용도 및 규모에 해당하는 건축물"이란 다음 각 호의 어느 하나에 해당하는 건축물을 말한다. <개정 2020.4.21.>
1. 다중이용 건축물
2. 「건축물의 분양에 관한 법률」 제3조에 따른 건축물
3. 별표 1 제3호나목 및 같은 표 제4호아목에 따른 건축물(칸막이로 거실의 일부를 가로로 구획하거나 가로 및 세로로 구획하는 경우만 해당한다)
[본조신설 2014.11.28.]

제61조의3 【건축자재 제조 및 유통에 관한 위법 사실의 점검 및 조치】 ① 국토교통부장관, 시·도지사 및 시장·군수·구청장은 법 제52조의3제2항에 따른 점검을 통하여 위법 사실을 확인한 경우에는 같은 조 제3항에 따라 해당 건축관계자 및 제조업자·유통업자에게 위법 사실을 통보해야 하며, 해당 건축관계자 및 제조업자·유통업자에 대하여 다음 각 호의 구분에 따른 조치를 할 수 있다. <개정 2017.1.20., 2019.10.22.>
1. 건축관계자에 대한 조치
   가. 해당 건축자재를 사용하여 시공한 부분이 있는 경우: 시공부분의 시정, 해당 공정에 대한 공사 중단 및 해당 건축자재의 사용 중단 명령
   나. 해당 건축자재가 공사현장에 반입 및 보관되어 있는 경우: 해당 건축자재의 사용 중단 명령
2. 제조업자 및 유통업자에 대한 조치: 관계 행정기관의 장에게 관계 법률에 따른 해당 제조업자 및 유통업자에 대한 영업정지 등의 요청

② 건축관계자 및 제조업자·유통업자는 제1항에 따라 위법 사실을 통보받거나 같은 항 제1호의 명령을 받은 경우에는 그 날부터 7일 이내에 조치계획을 수립하여 국토교통부장관, 시·도지사 및 시장·군수·구청장에게 제출하여야 한다.

③ 국토교통부장관, 시·도지사 및 시장·군수·구청장은 제2항에 따른 조치계획(제1항제1호가목의 명령에 따른 조치계획만 해당한다)에 따른 개선조치가 이루어졌다고 인정되면 공사 중단 명령을 해제하여야 한다.

[본조신설 2016.7.19.][제18조의3에서 이동, 종전 제61조의3은 제63조의2로 이동 <2019.10.22.>]

제61조의4 【위법 사실의 점검업무 대행 전문기관】 ① 법 제52조의3제4항에서 "대통령령으로 정하는 전문기관"이란 다음 각 호의 기관을 말한다. <개정 2018.1.16., 2019.10.22., 2020.12.1., 2021.8.10., 2021.12.21>

1. 한국건설기술연구원
2. 「국토안전관리원법」에 따른 국토안전관리원(이하 "국토안전관리원"이라 한다)
3. 「한국토지주택공사법」에 따른 한국토지주택공사
4. 제63조제2호에 따른 자 및 같은 조 제3호에 따른 시험·검사기관 <신설 2021.12.21.>
5. 그 밖에 점검업무를 수행할 수 있다고 인정하여 국토교통부장관이 지정하여 고시하는 기관

② 법 제52조의3제4항에 따라 위법 사실의 점검업무를 대행하는 기관의 직원은 그 권한을 나타내는 증표를 지니고 관계인에게 내보여야 한다. <개정 2019.10.22.>

[본조신설 2016.7.19.][제18조의4에서 이동, 종전 제61조의4는 제62조로 이동 <2019.10.22.>]

제62조 【건축자재의 품질관리 등】 ① 법 제52조의4제1항에서 "복합자재[불연재료인 양면 철판, 석재, 콘크리트 또는 이와 유사한 재료와 불연재료가 아닌 심재(心材)로 구성된 것을 말한다]를 포함한 제52조에 따른 마감재료, 방화문 등 대통령령으로 정하는 건축자재"란 다음 각 호의 어느 하나에 해당하는 것을 말한다. <개정 2019.10.22., 2020.10.8.>

1. 법 제52조의4제1항에 따른 복합자재
2. 건축물의 외벽에 사용하는 마감재료로서 단열재
3. 제64조제1항제1호부터 제3호까지의 규정에 따른 방화문
4. 그 밖에 방화와 관련된 건축자재로서 국토교통부령으로 정하는 건축자재

② 법 제52조의4제1항에 따른 건축자재의 제조업자는 같은 항에 따른 품질관리서(이하 "품질관리서"라 한다)를 건축자재 유통업자에게 제출해야 하며, 건축자재 유통업자는 품질관리서와 건축자재의 일치 여부 등을 확인하여 품질관리서를 공사시공자에게 전달해야 한다. <신설 2019.10.22.>

③ 제2항에 따라 품질관리서를 제출받은 공사시공자는 품질관리서와 건축자재의 일치 여부를 확인한 후 해당 건축물에서 사용된 건축자재 품질관리서 전체를 공사감리자에게 제출해야 한다. <개정 2019.10.22.>

④ 공사감리자는 제3항에 따라 제출받은 품질관리서를 공사감리완료보고서에 첨부하여 법 제25조제6항에 따라 건축주에게 제출해야 하며, 건축주는 법 제22조에 따른 건축물의 사용승인을 신청할 때에 이를 허가권자에게 제출해야 한다. <개정 2019.10.22.>

[본조신설 2015.9.22.][제목개정 2019.10.22.][제61조의4에서 이동 <2019.10.22.>]

제63조 【건축자재 성능 시험기관】 법 제52조의4제2항에서 "「과학기술분야 정부출연연구기관 등의 설립·운영 및 육성에 관한 법률」에 따른 한국건설기술연구원 등 대통령령으로 정하는 시험기관"이란 다음 각 호의 기관을 말한다. <개정 2020.1.7., 2021.8.10., 2021.9.14>

1. 한국건설기술연구원
2. 「건설기술 진흥법」에 따른 건설엔지니어링사업자로서 건축 관련 품질시험의 수행능력이 국토교통부장관이 정하여 고시하는 기준에 해당하는 자
3. 「국가표준기본법」 제23조에 따라 인정받은 시험·검사기관

[본조신설 2019.10.22.]

제63조의2 【품질인정 대상 건축자재 등】 법 제52조의5제1항에서 "방화문, 복합자재 등 대통령령으로 정하는 건축자재와 내화구조"란 다음 각 호의 건축자재와 내화구조(이하 제63조의4 및 제63조의5에서 "건축자재등"이라 한다)를 말한다.

1. 법 제52조의4제1항에 따른 복합자재 중 국토교통부령으로 정하는 강판과 심재로 이루어진 복합자재
2. 주요구조부가 내화구조 또는 불연재료로 된 건축물의 방화구획에 사용되는 다음 각 목의 건축자재와 내화구조

가. 자동방화셔터

나. 제62조제1항제4호에 따라 국토교통부령으로 정하는 건축자재 중 내화채움성능이 인정된 구조

3. 제64조제1항 각 호의 방화문
4. 그 밖에 건축물의 안전·화재예방 등을 위하여 품질인정이 필요한 건축자재와 내화구조로서 국토

교통부령으로 정하는 건축자재와 내화구조
[본조신설 2021.12.21.][종전 제63조의2는 제63조의6으로 이동 <2021.12.21.>]

제63조의3【건축재재등 품질인정기관】 법 제52조의6제1항에서 "대통령령으로 정하는 기관"이란 한국건설기술연구원을 말한다.
[본조신설 2021.12.21.]

제63조의4【건축자재등 품질 유지·관리 의무 위반에 따른 조치】 ① 국토교통부장관은 법 제52조의6제5항 전단에 따른 통보를 받은 경우 같은 항 후단에 따라 같은 조 제3항에 따른 품질인정자재등(이하 이 조 및 제63조의5에서 "품질인정자재등"이라 한다)의 제조업자, 유통업자 및 법 제25조의2제1항에 따른 건축관계자등(이하 이 조 및 제63조의5에서 "제조업자등"이라 한다)에게 위법 사실을 통보해야 하며, 제조업자등에게 다음 각 호의 구분에 따른 조치를 할 수 있다.
1. 법 제25조의2제1항에 따른 건축관계자등: 다음 각 목의 구분에 따른 조치
가. 품질인정자재등을 사용하지 않거나 인정받은 내용대로 시공하지 않은 부분이 있는 경우: 시공부분의 시정, 해당 공정에 대한 공사 중단과 품질인정을 받지 않은 건축자재등의 사용 중단 명령
나. 품질인정을 받지 않은 건축자재등이 공사현장에 반입되어 있거나 보관되어 있는 경우: 해당 건축자재등의 사용 중단 명령
2. 제조업자 및 유통업자: 관계 기관에 대한 관계 법률에 따른 영업정지 등의 요청
② 제1항에 따른 국토교통부장관의 조치에 관하여는 제61조의3제2항 및 제3항을 준용한다. 이 경우 "건축관계자 및 제조업자·유통업자"는 "제조업자등"으로, "국토교통부장관, 시·도지사 및 시장·군수·구청장"은 "국토교통부장관"으로 본다.
[본조신설 2021.12.21.]

제63조의5【제조업자등에 대한 자료요청】 법 제52조의6제1항 및 이 영 제63조의3에 따라 건축자재등 품질인정기관으로 지정된 한국건설기술연구원은 법 제52조의6제6항에 따라 제조업자등에게 다음 각 호의 자료를 요청할 수 있다.
1. 건축자재등 및 품질인정자재등의 생산 및 판매 실적
2. 시공현장별 건축자재등 및 품질인정자재등의 시공 실적
3. 품질관리서
4. 그 밖에 제조공정에 관한 기록 등 품질인정자재등에 대한 품질관리의 적정성을 확인할 수 있는 자료로서 국토교통부장관이 정하여 고시하는 자료
[본조신설 2021.12.21.]

제63조의6【건축물의 범죄예방】 법 제53조의2제2항에서 "대통령령으로 정하는 건축물"이란 다음 각 호의 어느 하나에 해당하는 건축물을 말한다. <개정 2018.12.31.>
1. 다가구주택, 아파트, 연립주택 및 다세대주택
2. 제1종 근린생활시설 중 일용품을 판매하는 소매점
3. 제2종 근린생활시설 중 다중생활시설
4. 문화 및 집회시설(동·식물원은 제외한다)
5. 교육연구시설(연구소 및 도서관은 제외한다)
6. 노유자시설
7. 수련시설
8. 업무시설 중 오피스텔
9. 숙박시설 중 다중생활시설
[본조신설 2014.11.28.][제61조의2에서 이동 <2021.12.21>]

제64조【방화문의 구조】 ① 방화문은 다음 각 호와 같이 구분한다.
1. 60분+ 방화문: 연기 및 불꽃을 차단할 수 있는 시간이 60분 이상이고, 열을 차단할 수 있는 시간이 30분 이상인 방화문
2. 60분 방화문: 연기 및 불꽃을 차단할 수 있는 시간이 60분 이상인 방화문
3. 30분 방화문: 연기 및 불꽃을 차단할 수 있는 시간이 30분 이상 60분 미만인 방화문
② 제1항 각 호의 구분에 따른 방화문 인정 기준은 국토교통부령으로 정한다.
[전문개정 2020.10.8.]

제6장 지역 및 지구의 건축물

제65조 삭제 <2000.6.27>

제66조, 제67조, 제69조 삭제 <1999.4.30>

제70조 ~ 제72조 삭제 <1999.4.30>

제74조, 제75조 삭제 <1999.4.30>

제68조, 제73조, 제76조 삭제 <2000.6.27>

제77조【건축물의 대지가 지역·지구 또는 구역에 걸치는 경우】 법 제54조제1항에 따라 대지가 지역·지구 또는 구역에 걸치는 경우 그 대지의 과반이 속하는 지역·지구 또는 구역의 건축물 및 대지 등에 관한 규정을 그 대지의 전부에 대하여 적용 받으려는 자

는 해당 대지의 지역·지구 또는 구역별 면적과 적용받으려는 지역·지구 또는 구역에 관한 사항을 허가권자에게 제출(전자문서에 의한 제출을 포함한다)하여야 한다.
[전문개정 2008.10.29]

제78조 삭제 <2002.12.26>

제79조 삭제 <2002.12.26>

제80조 **【건축물이 있는 대지의 분할제한】** 법 제57조제1항에서 "대통령령으로 정하는 범위"란 다음 각 호의 어느 하나에 해당하는 규모 이상을 말한다.
1. 주거지역: 60제곱미터
2. 상업지역: 150제곱미터
3. 공업지역: 150제곱미터
4. 녹지지역: 200제곱미터
5. 제1호부터 제4호까지의 규정에 해당하지 아니하는 지역: 60제곱미터

[전문개정 2008.10.29]

제80조의2 **【대지 안의 공지】** 법 제58조에 따라 건축선(법 제46조제1항에 따른 건축선을 말한다. 이하 같다) 및 인접 대지경계선(대지와 대지 사이에 공원, 철도, 하천, 광장, 공공공지, 녹지, 그 밖에 건축이 허용되지 아니하는 공지가 있는 경우에는 그 반대편의 경계선을 말한다)으로부터 건축물의 각 부분까지 띄어야 하는 거리의 기준은 별표 2와 같다. <개정 2014.10.14.>
[전문개정 2008.10.29]

제81조 **【맞벽건축 및 연결복도】** ① 법 제59조제1항제1호에서 "대통령령으로 정하는 지역"이란 다음 각 호의 어느 하나에 해당하는 지역을 말한다. <개정 2015.9.22.>
1. 상업지역(다중이용 건축물 및 공동주택은 스프링클러나 그 밖에 이와 비슷한 자동식 소화설비를 설치한 경우로 한정한다)
2. 주거지역(건축물 및 토지의 소유자 간 맞벽건축을 합의한 경우에 한정한다)
3. 허가권자가 도시미관 또는 한옥 보전·진흥을 위하여 건축조례로 정하는 구역
4. 건축협정구역

② 삭제 <2006.5.8.>
③ 법 제59조제1항제1호에 따른 맞벽은 다음 각 호의 기준에 적합하여야 한다. <개정 2014.10.14.>
1. 주요구조부가 내화구조일 것
2. 마감재료가 불연재료일 것

④ 제1항에 따른 지역(건축협정구역은 제외한다)에서 맞벽건축을 할 때 맞벽 대상 건축물의 용도, 맞벽 건축물의 수 및 층수 등 맞벽에 필요한 사항은 건축조례로 정한다. <개정 2014.10.14.>
⑤ 법 제59조제1항제2호에서 "대통령령으로 정하는 기준"이란 다음 각 호의 기준을 말한다. <개정 2019.8.6.>
1. 주요구조부가 내화구조일 것
2. 마감재료가 불연재료일 것
3. 밀폐된 구조인 경우 벽면적의 10분의 1 이상에 해당하는 면적의 창문을 설치할 것. 다만, 지하층으로서 환기설비를 설치하는 경우에는 그러하지 아니하다.
4. 너비 및 높이가 각각 5미터 이하일 것. 다만, 허가권자가 건축물의 용도나 규모 등을 고려할 때 원활한 통행을 위하여 필요하다고 인정하면 지방건축위원회의 심의를 거쳐 그 기준을 완화하여 적용할 수 있다.
5. 건축물과 복도 또는 통로의 연결부분에 자동방화셔터 또는 방화문을 설치할 것
6. 연결복도가 설치된 대지 면적의 합계가 「국토의 계획 및 이용에 관한 법률 시행령」 제55조에 따른 개발행위의 최대 규모 이하일 것. 다만, 지구단위계획구역에서는 그러하지 아니하다.

⑥ 법 제59조제1항제2호에 따른 연결복도나 연결통로는 건축사 또는 건축구조기술사로부터 안전에 관한 확인을 받아야 한다. <개정 2016.5.17., 2016.7.19.>
[전문개정 1999.4.30.]

제82조 **【건축물의 높이 제한】** ① 허가권자는 법 제60조제1항에 따라 가로구역별로 건축물의 높이를 지정·공고할 때에는 다음 각 호의 사항을 고려하여야 한다. <개정 2014.10.14.>
1. 도시·군관리계획 등의 토지이용계획
2. 해당 가로구역이 접하는 도로의 너비
3. 해당 가로구역의 상·하수도 등 간선시설의 수용능력
4. 도시미관 및 경관계획
5. 해당 도시의 장래 발전계획

② 허가권자는 제1항에 따라 가로구역별 건축물의 높이를 지정하려면 지방건축위원회의 심의를 거쳐야 한다. 이 경우 주민의 의견청취 절차 등은 「토지이용규제 기본법」 제8조에 따른다. <개정 2014.10.14.>
③ 허가권자는 같은 가로구역에서 건축물의 용도 및 형태에 따라 건축물의 높이를 다르게 정할 수 있다.
④ 법 제60조제1항 단서에 따라 가로구역의 높이를 완화하여 적용하는 경우에 대한 구체적인 완화기준은 제1항 각 호의 사항을 고려하여 건축조례로 정한

다. <개정 2014.10.14.>
[전문개정 2008.10.29.]

제83조 ~ 제85조 삭제 <1999.4.30>

제86조 【일조 등의 확보를 위한 건축물의 높이 제한】
① 전용주거지역이나 일반주거지역에서 건축물을 건축하는 경우에는 법 제61조제1항에 따라 건축물의 각 부분을 정북(正北) 방향으로의 인접 대지경계선으로부터 다음 각 호의 범위에서 건축조례로 정하는 거리 이상을 띄어 건축하여야 한다. <개정 2015.7.6., 2023.9.12>
1. 높이 10미터 이하인 부분: 인접 대지경계선으로부터 1.5미터 이상
2. 높이 10미터를 초과하는 부분: 인접 대지경계선으로부터 해당 건축물 각 부분 높이의 2분의 1 이상
② 다음 각 호의 어느 하나에 해당하는 경우에는 제1항을 적용하지 아니한다. <신설 2015.7.6., 2016.5.17., 2016.7.19., 2017.12.29.>
1. 다음 각 목의 어느 하나에 해당하는 구역 안의 대지 상호간에 건축하는 건축물로서 해당 대지가 너비 20미터 이상의 도로(자동차·보행자·자전거 전용도로를 포함하며, 도로에 공공공지, 녹지, 광장, 그 밖에 건축미관에 지장이 없는 도시·군계획시설이 접한 경우 해당 시설을 포함한다)에 접한 경우
가. 「국토의 계획 및 이용에 관한 법률」 제51조에 따른 지구단위계획구역, 같은 법 제37조제1항제1호에 따른 경관지구
나. 「경관법」 제9조제1항제4호에 따른 중점경관관리구역
다. 법 제77조의2제1항에 따른 특별가로구역
라. 도시미관 향상을 위하여 허가권자가 지정·공고하는 구역
2. 건축협정구역 안에서 대지 상호간에 건축하는 건축물(법 제77조의4제1항에 따른 건축협정에 일정 거리 이상을 띄어 건축하는 내용이 포함된 경우만 해당한다)의 경우
3. 건축물의 정북 방향의 인접 대지가 전용주거지역이나 일반주거지역이 아닌 용도지역에 해당하는 경우
③ 법 제61조제2항에 따라 공동주택은 다음 각 호의 기준을 충족해야 한다. 다만, 채광을 위한 창문 등이 있는 벽면에서 직각 방향으로 인접 대지경계선까지의 수평거리가 1미터 이상으로서 건축조례로 정하는 거리 이상인 다세대주택은 제1호를 적용하지 않는다. <개정 2015.7.6., 2021.11.2>
1. 건축물(기숙사는 제외한다)의 각 부분의 높이는 그 부분으로부터 채광을 위한 창문 등이 있는 벽면에서 직각 방향으로 인접 대지경계선까지의 수평거리의 2배(근린상업지역 또는 준주거지역의 건축물은 4배) 이하로 할 것
2. 같은 대지에서 두 동(棟) 이상의 건축물이 서로 마주보고 있는 경우(한 동의 건축물 각 부분이 서로 마주보고 있는 경우를 포함한다)에 건축물 각 부분 사이의 거리는 다음 각 목의 거리 이상을 띄어 건축할 것. 다만, 그 대지의 모든 세대가 동지(冬至)를 기준으로 9시에서 15시 사이에 2시간 이상을 계속하여 일조(日照)를 확보할 수 있는 거리 이상으로 할 수 있다.
가. 채광을 위한 창문 등이 있는 벽면으로부터 직각방향으로 건축물 각 부분 높이의 0.5배(도시형 생활주택의 경우에는 0.25배) 이상의 범위에서 건축조례로 정하는 거리 이상
나. 가목에도 불구하고 서로 마주보는 건축물(높은 건축물을 중심으로 마주보는 두 동의 축이 시계방향으로 정동에서 정서 방향인 경우만 해당한다)의 주된 개구부(거실과 주된 침실이 있는 부분의 개구부를 말한다)의 방향이 낮은 건축물을 향하는 경우에는 10미터 이상으로서 낮은 건축물 각 부분의 높이의 0.5배(도시형 생활주택의 경우에는 0.25배) 이상의 범위에서 건축조례로 정하는 거리 이상
다. 가목에도 불구하고 건축물과 부대시설 또는 복리시설이 서로 마주보고 있는 경우에는 부대시설 또는 복리시설 각 부분 높이의 1배 이상
라. 채광창(창넓이가 0.5제곱미터 이상인 창을 말한다)이 없는 벽면과 측벽이 마주보는 경우에는 8미터 이상
마. 측벽과 측벽이 마주보는 경우[마주보는 측벽 중 하나의 측벽에 채광을 위한 창문 등이 설치되어 있지 아니한 바닥면적 3제곱미터 이하의 발코니(출입을 위한 개구부를 포함한다)를 설치하는 경우를 포함한다]에는 4미터 이상
3. 제3조제1항제4호에 따른 주택단지에 두 동 이상의 건축물이 법 제2조제1항제11호에 따른 도로를 사이에 두고 서로 마주보고 있는 경우에는 제2호 가목부터 다목까지의 규정을 적용하지 아니하되, 해당 도로의 중심선을 인접 대지경계선으로 보아 제1호를 적용한다.
④ 법 제61조제3항 각 호 외의 부분에서 "대통령령으

로 정하는 높이"란 제1항에 따른 높이의 범위에서 특별자치시장·특별자치도지사 또는 시장·군수·구청장이 정하여 고시하는 높이를 말한다. <개정 2015.7.6.>

⑤ 특별자치시장·특별자치도지사 또는 시장·군수·구청장은 제4항에 따라 건축물의 높이를 고시하려면 국토교통부령으로 정하는 바에 따라 미리 해당 지역주민의 의견을 들어야 한다. 다만, 법 제61조제3항제1호부터 제6호까지의 어느 하나에 해당하는 지역인 경우로서 건축위원회의 심의를 거친 경우에는 그러하지 아니하다. <개정 2015.7.6., 2016.5.17.>

⑥ 제1항부터 제5항까지를 적용할 때 건축물을 건축하려는 대지와 다른 대지 사이에 다음 각 호의 시설 또는 부지가 있는 경우에는 그 반대편의 대지경계선(공동주택은 인접 대지경계선과 그 반대편 대지경계선의 중심선)을 인접 대지경계선으로 한다. <개정 2015.7.6., 2016.5.17.>

1. 공원(「도시공원 및 녹지 등에 관한 법률」 제2조제3호에 따른 도시공원 중 지방건축위원회의 심의를 거쳐 허가권자가 공원의 일조 등을 확보할 필요가 있다고 인정하는 공원은 제외한다), 도로, 철도, 하천, 광장, 공공공지, 녹지, 유수지, 자동차 전용도로, 유원지
2. 다음 각 목에 해당하는 대지
가. 너비(대지경계선에서 가장 가까운 거리를 말한다)가 2미터 이하인 대지
나. 면적이 제80조 각 호에 따른 분할제한 기준 이하인 대지
3. 제1호 및 제2호 외에 건축이 허용되지 아니하는 공지

⑦ 제1항부터 제5항까지의 규정을 적용할 때 건축물(공동주택으로 한정한다)을 건축하려는 하나의 대지 사이에 제6항 각 호의 시설 또는 부지가 있는 경우에는 지방건축위원회의 심의를 거쳐 제6항 각 호의 시설 또는 부지를 기준으로 마주하고 있는 해당 대지의 경계선의 중심선을 인접 대지경계선으로 할 수 있다. <신설 2018.9.4.>

[전문개정 2008.10.29.]

제86조의2 삭제 <2006.5.8>

제7장 건축물의 설비등

제87조【건축설비 설치의 원칙】 ① 건축설비는 건축물의 안전·방화, 위생, 에너지 및 정보통신의 합리적 이용에 지장이 없도록 설치하여야 하고, 배관피트 및 닥트의 단면적과 수선구의 크기를 해당 설비의 수선에 지장이 없도록 하는 등 설비의 유지·관리가 쉽게 설치하여야 한다.

② 건축물에 설치하는 급수·배수·냉방·난방·환기·피뢰 등 건축설비의 설치에 관한 기술적 기준은 국토교통부령으로 정하되, 에너지 이용 합리화와 관련한 건축설비의 기술적 기준에 관하여는 산업통상자원부장관과 협의하여 정한다. <개정 2013.3.23.>

③ 건축물에 설치하여야 하는 장애인 관련 시설 및 설비는 「장애인·노인·임산부 등의 편의증진보장에 관한 법률」 제14조에 따라 작성하여 보급하는 편의시설 상세표준도에 따른다. <개정 2012.12.12.>

④ 건축물에는 방송수신에 지장이 없도록 공동시청 안테나, 유선방송 수신시설, 위성방송 수신설비, 에프엠(FM)라디오방송 수신설비 또는 방송 공동수신설비를 설치할 수 있다. 다만, 다음 각 호의 건축물에는 방송 공동수신설비를 설치하여야 한다. <개정 2012.12.12.>

1. 공동주택
2. 바닥면적의 합계가 5천제곱미터 이상으로서 업무시설이나 숙박시설의 용도로 쓰는 건축물

⑤ 제4항에 따른 방송 수신설비의 설치기준은 과학기술정보통신부장관이 정하여 고시하는 바에 따른다. <개정 2017.7.26.>

⑥ 연면적이 500제곱미터 이상인 건축물의 대지에는 국토교통부령으로 정하는 바에 따라 「전기사업법」 제2조제2호에 따른 전기사업자가 전기를 배전(配電)하는 데 필요한 전기설비를 설치할 수 있는 공간을 확보하여야 한다. <개정 2013.3.23.>

⑦ 해풍이나 염분 등으로 인하여 건축물의 재료 및 기계설비 등에 조기 부식과 같은 피해 발생이 우려되는 지역에서는 해당 지방자치단체는 이를 방지하기 위하여 다음 각 호의 사항을 조례로 정할 수 있다. <신설 2010.2.18.>

1. 해풍이나 염분 등에 대한 내구성 설계기준
2. 해풍이나 염분 등에 대한 내구성 허용기준
3. 그 밖에 해풍이나 염분 등에 따른 피해를 막기 위하여 필요한 사항

⑧ 건축물에 설치하여야 하는 우편수취함은 「우편법」 제37조의2의 기준에 따른다. <신설 2014.10.14.>

[전문개정 2008.10.29.]

제88조 삭제 <1995.12.30>

제89조【승용 승강기의 설치】 법 제64조제1항 전단에서 "대통령령으로 정하는 건축물"이란 층수가 6층인 건축물로서 각 층 거실의 바닥면적 300제곱미터 이내마다

1개소 이상의 직통계단을 설치한 건축물을 말한다.
[전문개정 2008.10.29]

제90조【비상용 승강기의 설치】 ① 법 제64조제2항에 따라 높이 31미터를 넘는 건축물에는 다음 각 호의 기준에 따른 대수 이상의 비상용 승강기(비상용 승강기의 승강장 및 승강로를 포함한다. 이하 이 조에서 같다)를 설치하여야 한다. 다만, 법 제64조제1항에 따라 설치되는 승강기를 비상용 승강기의 구조로 하는 경우에는 그러하지 아니하다.
1. 높이 31미터를 넘는 각 층의 바닥면적 중 최대 바닥면적이 1천500제곱미터 이하인 건축물: 1대 이상
2. 높이 31미터를 넘는 각 층의 바닥면적 중 최대 바닥면적이 1천500제곱미터를 넘는 건축물: 1대에 1천500제곱미터를 넘는 3천 제곱미터 이내마다 1대씩 더한 대수 이상

② 제1항에 따라 2대 이상의 비상용 승강기를 설치하는 경우에는 화재가 났을 때 소화에 지장이 없도록 일정한 간격을 두고 설치하여야 한다.
③ 건축물에 설치하는 비상용 승강기의 구조 등에 관하여 필요한 사항은 국토교통부령으로 정한다. <개정 2013.3.23>
[전문개정 2008.10.29]

제91조【피난용승강기의 설치】 ① 법 제64조제3항에 따른 피난용승강기(피난용승강기의 승강장 및 승강로를 포함한다. 이하 이 조에서 같다)는 다음 각 호의 기준에 맞게 설치하여야 한다.
1. 승강장의 바닥면적은 승강기 1대당 6제곱미터 이상으로 할 것
2. 각 층으로부터 피난층까지 이르는 승강로를 단일구조로 연결하여 설치할 것
3. 예비전원으로 작동하는 조명설비를 설치할 것
4. 승강장의 출입구 부근의 잘 보이는 곳에 해당 승강기가 피난용승강기임을 알리는 표지를 설치할 것
5. 그 밖에 화재예방 및 피해경감을 위하여 국토교통부령으로 정하는 구조 및 설비 등의 기준에 맞을 것

[본조신설 2018.10.16]

제91조의2 삭제 <2013.2.20>

제91조의3【관계전문기술자와의 협력】 ① 다음 각 호의 어느 하나에 해당하는 건축물의 설계자는 제32조제1항에 따라 해당 건축물에 대한 구조의 안전을 확인하는 경우에는 건축구조기술사의 협력을 받아야 한다. <개정 2015.9.22., 2018.12.4>
1. 6층 이상인 건축물
2. 특수구조 건축물
3. 다중이용 건축물
4. 준다중이용 건축물
5. 3층 이상의 필로티형식 건축물
6. 제32조제2항제6호에 해당하는 건축물 중 국토교통부령으로 정하는 건축물

② 연면적 1만제곱미터 이상인 건축물(창고시설은 제외한다) 또는 에너지를 대량으로 소비하는 건축물로서 국토교통부령으로 정하는 건축물에 건축설비를 설치하는 경우에는 국토교통부령으로 정하는 바에 따라 다음 각 호의 구분에 따른 관계전문기술자의 협력을 받아야 한다. <개정 2016.5.17., 2017.5.2.>
1. 전기, 승강기(전기 분야만 해당한다) 및 피뢰침: 「기술사법」에 따라 등록한 건축전기설비기술사 또는 발송배전기술사
2. 급수·배수(配水)·배수(排水)·환기·난방·소화·배연·오물처리 설비 및 승강기(기계 분야만 해당한다): 「기술사법」에 따라 등록한 건축기계설비기술사 또는 공조냉동기계기술사
3. 가스설비: 「기술사법」에 따라 등록한 건축기계설비기술사, 공조냉동기계기술사 또는 가스기술사

③ 깊이 10미터 이상의 토지 굴착공사 또는 높이 5미터 이상의 옹벽 등의 공사를 수반하는 건축물의 설계자 및 공사감리자는 토지 굴착 등에 관하여 국토교통부령으로 정하는 바에 따라 「기술사법」에 따라 등록한 토목 분야 기술사 또는 국토개발 분야의 지질 및 기반 기술사의 협력을 받아야 한다. <개정 2016.5.17.>
④ 설계자 및 공사감리자는 안전상 필요하다고 인정하는 경우, 관계 법령에서 정하는 경우 및 설계계약 또는 감리계약에 따라 건축주가 요청하는 경우에는 관계전문기술자의 협력을 받아야 한다.
⑤ 특수구조 건축물 및 고층건축물의 공사감리자는 제19조제3항제1호 각 목 및 제2호 각 목에 해당하는 공정에 다다를 때 건축구조기술사의 협력을 받아야 한다. <개정 2016.5.17.>
⑥ 3층 이상인 필로티형식 건축물의 공사감리자는 법 제48조에 따른 건축물의 구조상 안전을 위한 공사감리를 할 때 공사가 제18조의2제2항제3호나목에 따른 단계에 다다른 경우마다 법 제67조제1항제1호부터 제3호까지의 규정에 따른 관계전문기술자의 협력을 받아야 한다. 이 경우 관계전문기술자는 「건설기술 진흥법 시행령」 별표 1 제3호라목1)에 따른 건축구조 분야의 특급 또는 고급기술자의 자격요건을 갖춘 소속 기술자로 하여금 업무를 수행하게 할

수 있다. <신설 2018.12.4.>

⑦ 제1항부터 제6항까지의 규정에 따라 설계자 또는 공사감리자에게 협력한 관계전문기술자는 공사 현장을 확인하고, 그가 작성한 설계도서 또는 감리중간보고서 및 감리완료보고서에 설계자 또는 공사감리자와 함께 서명날인하여야 한다. <개정 2018.12.4.>

⑧ 제32조제1항에 따른 구조 안전의 확인에 관하여 설계자에게 협력한 건축구조기술사는 구조의 안전을 확인한 건축물의 구조도 등 구조 관련 서류에 설계자와 함께 서명날인하여야 한다. <개정 2018.12.4.>

⑨ 법 제67조제1항 각 호 외의 부분에서 "대통령령으로 정하는 기간"이란 2년을 말한다. <신설 2016.7.19., 2018.12.4.>

[전문개정 2008.10.29.]

제91조의4【신기술·신제품인 건축설비의 기술적 기준】 ① 법 제68조제4항에 따라 기술적 기준을 인정받으려는 자는 국토교통부령으로 정하는 서류를 국토교통부장관에게 제출해야 한다.

② 한국건설기술연구원에 그 기술·제품이 신규성·진보성 및 현장 적용성이 있는지 여부에 대해 검토를 요청할 수 있다. <개정 2021.8.10.>

③ 국토교통부장관은 제1항에 따라 기술적 기준의 인정 요청을 받은 기술·제품이 신규성·진보성 및 현장 적용성이 있다고 판단되면 그 기술적 기준을 중앙건축위원회의 심의를 거쳐 인정할 수 있다.

④ 국토교통부장관은 제3항에 따라 기술적 기준을 인정할 때 5년의 범위에서 유효기간을 정할 수 있다. 이 경우 유효기간은 국토교통부령으로 정하는 바에 따라 연장할 수 있다.

⑤ 국토교통부장관은 제3항 및 제4항에 따라 기술적 기준을 인정하면 그 기준과 유효기간을 관보에 고시하고, 인터넷 홈페이지에 게재해야 한다.

⑥ 제1항부터 제5항까지에서 정한 사항 외에 법 제68조제4항에 따른 건축설비 기술·제품의 평가 및 그 기술적 기준 인정에 관하여 필요한 세부 사항은 국토교통부장관이 정하여 고시할 수 있다.

[본조신설 2021.1.8.]

제92조【건축모니터링의 운영】 ① 법 제68조의3제1항에서 "대통령령으로 정하는 기간"이란 3년을 말한다.

② 국토교통부장관은 법 제68조의3제2항에 따라 다음 각 호의 인력 및 조직을 갖춘 자를 건축모니터링 전문기관으로 지정할 수 있다.

1. 인력: 「국가기술자격법」에 따른 건축분야 기사 이상의 자격을 갖춘 인력 5명 이상
2. 조직: 건축모니터링을 수행할 수 있는 전담조직

[본조신설 2015.7.6.]

제93조 ~ 제96조 삭제 <1999.4.30>

제97조 삭제 <1997.9.9>

제98조 ~ 제103조 삭제 <1999.4.30>

제104조 삭제<1995.12.30.>

제8장 특별건축구역 등<개정 2014.10.14.>

제105조【특별건축구역의 지정】 ① 법 제69조제1항제1호나목에서 "대통령령으로 정하는 사업구역"이란 다음 각 호의 어느 하나에 해당하는 구역을 말한다. <개정 2015.12.28., 2018.2.27>

1. 「신행정수도 후속대책을 위한 연기·공주지역 행정중심복합도시 건설을 위한 특별법」에 따른 행정중심복합도시의 사업구역
2. 「혁신도시 조성 및 발전에 관한 특별법」에 따른 혁신도시의 사업구역
3. 「경제자유구역의 지정 및 운영에 관한 특별법」 제4조에 따라 지정된 경제자유구역
4. 「택지개발촉진법」에 따른 택지개발사업구역
5. 「공공주택 특별법」 제2조제2호에 따른 공공주택지구
6. 삭제 <2014.10.14.>
7. 「도시개발법」에 따른 도시개발구역
8. 삭제 <2014.10.14.>
9. 삭제 <2014.10.14.>
10. 「아시아문화중심도시 조성에 관한 특별법」에 따른 국립아시아문화전당 건설사업구역
11. 「국토의 계획 및 이용에 관한 법률」 제51조에 따른 지구단위계획구역 중 현상설계(懸賞設計) 등에 따른 창의적 개발을 위한 특별계획구역
12. 삭제 <2014.10.14.>
13. 삭제 <2014.10.14.>

② 법 제69조제1항제2호나목에서 "대통령령으로 정하는 사업구역"이란 다음 각 호의 어느 하나에 해당하는 구역을 말한다. <신설 2014.10.14.>

1. 「경제자유구역의 지정 및 운영에 관한 특별법」 제4조에 따라 지정된 경제자유구역
2. 「택지개발촉진법」에 따른 택지개발사업구역
3. 「도시 및 주거환경정비법」에 따른 정비구역
4. 「도시개발법」에 따른 도시개발구역
5. 「도시재정비 촉진을 위한 특별법」에 따른 재정비촉진구역

6.「제주특별자치도 설치 및 국제자유도시 조성을 위한 특별법」에 따른 국제자유도시의 사업구역
7.「국토의 계획 및 이용에 관한 법률」 제51조에 따른 지구단위계획구역 중 현상설계(懸賞設計) 등에 따른 창의적 개발을 위한 특별계획구역
8.「관광진흥법」 제52조 및 제70조에 따른 관광지, 관광단지 또는 관광특구
9.「지역문화진흥법」 제18조에 따른 문화지구

③ 법 제69조제1항제2호다목에서 "대통령령으로 정하는 도시 또는 지역"이란 다음 각 호의 어느 하나에 해당하는 도시 또는 지역을 말한다. <개정 2014.10.14.>

1. 삭제 <2014.10.14.>
2. 건축문화 진흥을 위하여 국토교통부령으로 정하는 건축물 또는 공간환경을 조성하는 지역

2의2. 주거, 상업, 업무 등 다양한 기능을 결합하는 복합적인 토지 이용을 증진시킬 필요가 있는 지역으로서 다음 각 목의 요건을 모두 갖춘 지역
가. 도시지역일 것
나.「국토의 계획 및 이용에 관한 법률 시행령」 제71조에 따른 용도지역 안에서의 건축제한 적용을 배제할 필요가 있을 것

3. 그 밖에 도시경관의 창출, 건설기술 수준향상 및 건축 관련 제도개선을 도모하기 위하여 특별건축구역으로 지정할 필요가 있다고 시·도지사가 인정하는 도시 또는 지역

[전문개정 2008.10.29.]

제106조【특별건축구역의 건축물】 ① 법 제70조제2호에서 "대통령령으로 정하는 공공기관"이란 다음 각 호의 공공기관을 말한다. <개정 2020.9.10>

1.「한국토지주택공사법」에 따른 한국토지주택공사
2.「한국수자원공사법」에 따른 한국수자원공사
3.「한국도로공사법」에 따른 한국도로공사
4. 삭제 <2009.9.21>
5.「한국철도공사법」에 따른 한국철도공사
6.「국가철도공단법」에 따른 국가철도공단
7.「한국관광공사법」에 따른 한국관광공사
8.「한국농어촌공사 및 농지관리기금법」에 따른 한국농어촌공사

② 법 제70조제3호에서 "대통령령으로 정하는 용도·규모의 건축물"이란 별표 3과 같다.

[전문개정 2008.10.29]

제107조【특별건축구역의 지정 절차 등】 ① 법 제71조제1항제4호에 따른 도시·군관리계획의 세부 내용은 다음 각 호와 같다. <개정 2012.4.10.>

1.「국토의 계획 및 이용에 관한 법률」 제36조부터 제38조까지, 제38조의2, 제39조, 제40조 및 같은 법 시행령 제30조부터 제32조까지의 규정에 따른 용도지역, 용도지구 및 용도구역에 관한 사항
2.「국토의 계획 및 이용에 관한 법률」 제43조에 따라 도시·군관리계획으로 결정되었거나 설치된 도시·군계획시설의 현황 및 도시·군계획시설의 신설·변경 등에 관한 사항
3.「국토의 계획 및 이용에 관한 법률」 제50조부터 제52조까지 및 같은 법 시행령 제43조부터 제47조까지의 규정에 따른 지구단위계획구역의 지정, 지구단위계획의 내용 및 지구단위계획의 수립·변경 등에 관한 사항

② 법 제71조제1항제7호에서 "대통령령으로 정하는 사항"이란 다음 각 호의 사항을 말한다. <개정 2014.10.14.>

1. 특별건축구역의 주변지역에 「국토의 계획 및 이용에 관한 법률」 제43조에 따라 도시·군관리계획으로 결정되었거나 설치된 도시·군계획시설에 관한 사항
2. 특별건축구역의 주변지역에 대한 지구단위계획구역의 지정 및 지구단위계획의 내용 등에 관한 사항

2의2.「건축기본법」 제21조에 따른 건축디자인 기준의 반영에 관한 사항

3.「건축기본법」 제23조에 따라 민간전문가를 위촉한 경우 그에 관한 사항
4. 제105조제3항제2호의2에 따른 복합적인 토지 이용에 관한 사항(제105조제3항제2호의2에 해당하는 지역을 지정하기 위한 신청의 경우로 한정한다)

③ 국토교통부장관 또는 시·도지사는 법 제71조제7항에 따라 특별건축구역을 지정하거나 변경·해제하는 경우에는 다음 각 호의 사항을 즉시 관보(시·도지사의 경우에는 공보)에 고시해야 한다. <개정 2021.1.8.>

1. 지정·변경 또는 해제의 목적
2. 특별건축구역의 위치, 범위 및 면적
3. 특별건축구역 내 건축물의 규모 및 용도 등에 관한 주요 사항
4. 건축물의 설계, 공사감리 및 건축시공 등 발주방법에 관한 사항
5. 도시·군계획시설의 신설·변경 및 지구단위계획의 수립·변경 등에 관한 사항
6. 그 밖에 국토교통부장관 또는 시·도지사가 필요하다고 인정하는 사항

④ 특별건축구역의 지정신청기관이 다음 각 호의 어

느 하나에 해당하여 법 제71조제9항에 따라 특별건축구역의 변경지정을 받으려는 경우에는 국토교통부령으로 정하는 자료를 갖추어 국토교통부장관 또는 특별시장·광역시장·도지사에게 변경지정 신청을 해야 한다. 이 경우 특별건축구역의 변경지정에 관하여는 법 제71조제4항 및 제5항을 준용한다. <개정 2021.1.8.>

1. 특별건축구역의 범위가 10분의 1(특별건축구역의 면적이 10만 제곱미터 미만인 경우에는 20분의 1) 이상 증가하거나 감소하는 경우
2. 특별건축구역의 도시·군관리계획에 관한 사항이 변경되는 경우
3. 건축물의 설계, 공사감리 및 건축시공 등 발주방법이 변경되는 경우
4. 그 밖에 특별건축구역의 지정 목적이 변경되는 등 국토교통부령으로 정하는 경우

⑤ 제1항부터 제4항까지에서 규정한 사항 외에 특별건축구역의 지정에 필요한 세부 사항은 국토교통부장관이 정하여 고시한다. <개정 2013.3.23.>

[전문개정 2008.10.29.]

제107조의2【특별건축구역의 지정 제안 절차 등】① 법 제71조제2항에 따라 특별건축구역 지정을 제안하려는 자는 같은 조 제1항의 자료를 갖추어 시장·군수·구청장에게 의견을 요청할 수 있다.

② 시장·군수·구청장은 제1항에 따라 의견 요청을 받으면 특별건축구역 지정의 필요성, 타당성, 공공성 등과 피난·방재 등의 사항을 검토하여 의견을 통보해야 한다. 이 경우 「건축기본법」 제23조에 따라 시장·군수·구청장이 위촉한 민간전문가의 자문을 받을 수 있다.

③ 법 제71조제2항에 따라 특별건축구역 지정을 제안하려는 자는 시·도지사에게 제안하기 전에 다음 각 호에 해당하는 자의 서면 동의를 받아야 한다. 이 경우 토지소유자의 서면 동의 방법은 국토교통부령으로 정한다.

1. 대상 토지 면적(국유지·공유지의 면적은 제외한다)의 3분의 2 이상에 해당하는 토지소유자
2. 국유지 또는 공유지의 재산관리청(국유지 또는 공유지가 포함되어 있는 경우로 한정한다)

④ 법 제71조제2항에 따라 특별건축구역 지정을 제안하려는 자는 다음 각 호의 서류를 시·도지사에게 제출해야 한다.

1. 법 제71조제1항 각 호의 자료
2. 제2항에 따른 시장·군수·구청장의 의견(의견을 요청한 경우로 한정한다)
3. 제3항에 따른 토지소유자 및 재산관리청의 서면 동의서

⑤ 시·도지사는 제4항에 따른 서류를 받은 날부터 45일 이내에 특별건축구역 지정의 필요성, 타당성, 공공성 등과 피난·방재 등의 사항을 검토하여 특별건축구역 지정여부를 결정해야 한다. 이 경우 관할 시장·군수·구청장의 의견을 청취(제4항제2호의 의견서를 제출받은 경우는 제외한다)한 후 시·도지사가 두는 건축위원회의 심의를 거쳐야 한다.

⑥ 시·도지사는 제5항에 따라 지정여부를 결정한 날부터 14일 이내에 특별건축구역 지정을 제안한 자에게 그 결과를 통보해야 한다.

⑦ 제5항에 따라 지정된 특별건축구역에 대한 변경지정의 제안에 관하여는 제1항부터 제6항까지의 규정을 준용한다.

⑧ 제1항부터 제7항까지에서 규정한 사항 외에 특별건축구역의 지정에 필요한 세부 사항은 국토교통부장관이 정하여 고시한다.

[본조신설 2021.1.8.]

제108조【특별건축구역 내 건축물의 심의 등】① 법 제72조제5항에 따라 지방건축위원회의 변경심의를 받아야 하는 경우는 다음 각 호와 같다. <개정 2013.3.23>

1. 법 제16조에 따라 변경허가를 받아야 하는 경우
2. 법 제19조제2항에 따라 변경허가를 받거나 변경신고를 하여야 하는 경우
3. 건축물 외부의 디자인, 형태 또는 색채를 변경하는 경우
4. 그 밖에 법 제72조제1항 각 호의 사항 중 국토교통부령으로 정하는 사항을 변경하는 경우

② 법 제72조제8항 전단에 따라 설계자가 해당 건축물의 건축에 참여하는 경우 공사시공자 및 공사감리자는 특별한 사유가 있는 경우를 제외하고는 설계자의 자문 의견을 반영하도록 하여야 한다.

③ 법 제72조제8항 후단에 따른 설계자의 업무내용은 다음 각 호와 같다.

1. 법 제72조제6항에 따른 모니터링
2. 설계변경에 대한 자문
3. 건축디자인 및 도시경관 등에 관한 설계의도의 구현을 위한 자문
4. 그 밖에 발주청이 위탁하는 업무

④ 제3항에 따른 설계자의 업무내용에 대한 보수는 「엔지니어링기술 진흥법」 제10조에 따른 엔지니어링사업대가의 기준의 범위에서 국토교통부장관이 정하여 고시한다. <개정 2013.3.23>

⑤ 제1항부터 제4항까지에서 규정한 사항 외에 특별건

축구역 내 건축물의 심의 및 건축허가 이후 해당 건축물의 건축에 대한 설계자의 참여에 관한 세부 사항은 국토교통부장관이 정하여 고시한다. <개정 2013.3.23>
[전문개정 2008.10.29]

제109조 【관계 법령의 적용 특례】 ① 법 제73조제1항제2호에서 "대통령령으로 정하는 규정"이란 「주택건설기준 등에 관한 규정」 제10조, 제13조, 제29조, 제35조, 제37조, 제50조 및 제52조를 말한다. <개정 2013.6.17>
② 허가권자가 법 제73조제3항에 따라 「소방시설설치유지 및 안전관리에 관한 법률」 제9조 및 제11조에 따른 기준 또는 성능 등을 완화하여 적용하려면 「소방시설공사업법」 제30조제2항에 따른 지방소방기술심의위원회의 심의를 거치거나 소방본부장 또는 소방서장과 협의를 하여야 한다.
[전문개정 2008.10.29]

제110조 삭제 <2016.7.19.>

제110조의2 【특별가로구역의 지정】 ① 법 제77조의2제1항에서 "대통령령으로 정하는 도로"란 다음 각 호의 어느 하나에 해당하는 도로를 말한다.
1. 건축선을 후퇴한 대지에 접한 도로로서 허가권자(허가권자가 구청장인 경우에는 특별시장이나 광역시장을 말한다. 이하 이 조에서 같다)가 건축조례로 정하는 도로
2. 허가권자가 리모델링 활성화가 필요하다고 인정하여 지정·공고한 지역 안의 도로
3. 보행자전용도로로서 도시미관 개선을 위하여 허가권자가 건축조례로 정하는 도로
4. 「지역문화진흥법」 제18조에 따른 문화지구 안의 도로
5. 그 밖에 조화로운 도시경관 창출을 위하여 필요하다고 인정하여 국토교통부장관이 고시하거나 허가권자가 건축조례로 정하는 도로
② 법 제77조의2제2항제4호에서 "대통령령으로 정하는 사항"이란 다음 각 호의 사항을 말한다.
1. 특별가로구역에서 이 법 또는 관계 법령의 규정을 적용하지 아니하거나 완화하여 적용하는 경우에 해당 규정과 완화 등의 범위에 관한 사항
2. 건축물의 지붕 및 외벽의 형태나 색채 등에 관한 사항
3. 건축물의 배치, 대지의 출입구 및 조경의 위치에 관한 사항
4. 건축선 후퇴 공간 및 공개공지등의 관리에 관한 사항
5. 그 밖에 특별가로구역의 지정에 필요하다고 인정하여 국토교통부장관이 고시하거나 허가권자가 건축조례로 정하는 사항
[본조신설 2014.10.14.]

제8장의2 건축협정<신설 2014.10.14.>

제110조의3 【건축협정의 체결】 ① 법 제77조의4제1항 각 호 외의 부분에서 "토지 또는 건축물의 소유자, 지상권자 등 대통령령으로 정하는 자"란 다음 각 호의 자를 말한다.
1. 토지 또는 건축물의 소유자(공유자를 포함한다. 이하 이 항에서 같다)
2. 토지 또는 건축물의 지상권자
3. 그 밖에 해당 토지 또는 건축물에 이해관계가 있는 자로서 건축조례로 정하는 자 중 그 토지 또는 건축물 소유자의 동의를 받은 자
② 법 제77조의4제4항제2호에서 "대통령령으로 정하는 사항"이란 다음 각 호의 사항을 말한다.
1. 건축선
2. 건축물 및 건축설비의 위치
3. 건축물의 용도, 높이 및 층수
4. 건축물의 지붕 및 외벽의 형태
5. 건폐율 및 용적률
6. 담장, 대문, 조경, 주차장 등 부대시설의 위치 및 형태
7. 차양시설, 차면시설 등 건축물에 부착하는 시설물의 형태
8. 법 제59조제1항제1호에 따른 맞벽 건축의 구조 및 형태
9. 그 밖에 건축물의 위치, 용도, 형태 또는 부대시설에 관하여 건축조례로 정하는 사항
[본조신설 2014.10.14.]

제110조의4 【건축협정의 폐지 제한 기간】 ① 법 제77조의9제1항 단서에서 "대통령령으로 정하는 기간"이란 착공신고를 한 날부터 20년을 말한다.
② 제1항에도 불구하고 다음 각 호의 요건을 모두 갖춘 경우에는 제1항에 따른 기간이 지난 것으로 본다.
1. 법 제57조제3항에 따라 분할된 대지를 같은 조 제1항 및 제2항의 기준에 적합하게 할 것
2. 법 제77조의13에 따른 특례를 적용받지 아니하는 내용으로 건축협정 변경인가를 받고 그에 따라 건축허가를 받을 것. 다만, 법 제77조의13에 따른 특례적용을 받은 내용대로 사용승인을 받은 경우에는 특례를 적용받지 아니하는 내용으로 건축협정

변경인가를 받고 그에 따라 건축허가를 받은 후 해당 건축물의 사용승인을 받아야 한다.
3. 법 제77조의11제2항에 따라 지원받은 사업비용을 반환할 것
[본조신설 2016.5.17.][종전 제110조의4는 제110조의5로 이동<2016.5.17.>]

제110조의5 【건축협정에 따라야 하는 행위】 법 제77조의10제1항에서 "대통령령으로 정하는 행위"란 제110조의3제2항 각 호의 사항에 관한 행위를 말한다.
[본조신설 2014.10.14.][제110조의4에서 이동, 종전 제110조의5는 제110조의6으로 이동 <2016.5.17.>]

제110조의6 【건축협정에 관한 지원】 법 제77조의4제1항제4호에 따른 건축협정인가권자가 법 제77조의11제2항에 따라 건축협정구역 안의 주거환경개선을 위한 사업비용을 지원하려는 경우에는 법 제77조의4제1항 및 제2항에 따라 건축협정을 체결한 자(이하 "협정체결자"라 한다) 또는 법 제77조의5제1항에 따른 건축협정운영회(이하 "건축협정운영회"라 한다)의 대표자에게 다음 각 호의 사항이 포함된 사업계획서를 요구할 수 있다.
1. 주거환경개선사업의 목표
2. 협정체결자 또는 건축협정운영회 대표자의 성명
3. 주거환경개선사업의 내용 및 추진방법
4. 주거환경개선사업의 비용
5. 그 밖에 건축조례로 정하는 사항
[본조신설 2014.10.14.]
[제110조의5에서 이동 <2016.5.17.>]

제110조의7 【건축협정에 따른 특례】 ① 건축협정구역에서 건축하는 건축물에 대해서는 법 제77조의13제6항에 따라 법 제42조, 제55조, 제56조, 제60조 및 제61조를 다음 각 호의 구분에 따라 완화하여 적용할 수 있다.
1. 법 제42조에 따른 대지의 조경 면적: 대지의 조경을 도로에 면하여 통합적으로 조성하는 건축협정구역에 한정하여 해당 지역에 적용하는 조경 면적 기준의 100분의 20의 범위에서 완화
2. 법 제55조에 따른 건폐율: 해당 지역에 적용하는 건폐율의 100분의 20의 범위에서 완화. 이 경우 「국토의 계획 및 이용에 관한 법률」 제77조에 따른 건폐율의 최대한도를 초과할 수 없다.
3. 법 제56조에 따른 용적률: 해당 지역에 적용하는 용적률의 100분의 20의 범위에서 완화. 이 경우 「국토의 계획 및 이용에 관한 법률」 제78조에 따른 용적률의 최대한도를 초과할 수 없다.
4. 법 제60조에 따른 높이 제한: 너비 6미터 이상의 도로에 접한 건축협정구역에 한정하여 해당 건축물에 적용하는 높이 기준의 100분의 20의 범위에서 완화
5. 법 제61조에 따른 일조 등의 확보를 위한 건축물의 높이 제한: 건축협정구역 안에서 대지 상호간에 건축하는 공동주택에 한정하여 제86조제3항제1호에 따른 기준의 100분의 20의 범위에서 완화

② 허가권자는 법 제77조의13제6항 단서에 따라 법 제4조에 따른 건축위원회의 심의와 「국토의 계획 및 이용에 관한 법률」 제113조에 따른 지방도시계획위원회의 심의를 통합하여 하려는 경우에는 다음 각 호의 기준에 따라 통합심의위원회(이하 "통합심의위원회"라 한다)를 구성하여야 한다.
1. 통합심의위원회 위원은 법 제4조에 따른 건축위원회 및 「국토의 계획 및 이용에 관한 법률」 제113조에 따른 지방도시계획위원회의 위원 중에서 시·도지사 또는 시장·군수·구청장이 임명 또는 위촉할 것
2. 통합심의위원회의 위원 수는 15명 이내로 할 것
3. 통합심의위원회의 위원 중 법 제4조에 따른 건축위원회의 위원이 2분의 1 이상이 되도록 할 것
4. 통합심의위원회의 위원장은 위원 중에서 시·도지사 또는 시장·군수·구청장이 임명 또는 위촉할 것

③ 제2항에 따른 통합심의위원회는 다음 각 호의 사항을 검토한다.
1. 해당 대지의 토지이용 현황 및 용적률 완화 범위의 적정성
2. 건축협정으로 완화되는 용적률이 주변 경관 및 환경에 미치는 영향
[본조신설 2016.7.19.]

제8장의3 결합건축<신설 2016.7.19.>

제111조 【결합건축 대상지】 ① 법 제77조의15제1항 각 호 외의 부분에서 "대통령령으로 정하는 범위에 있는 2개의 대지"란 다음 각 호의 요건을 모두 충족하는 2개의 대지를 말한다. <개정 2019.10.22., 2021.1.8.>
1. 2개의 대지 모두가 법 제77조의15제1항 각 호의 지역 중 동일한 지역에 속할 것
2. 2개의 대지 모두가 너비 12미터 이상인 도로로 둘러싸인 하나의 구역 안에 있을 것. 이 경우 그 구역 안에 너비 12미터 이상인 도로로 둘러싸인 더 작은 구역이 있어서는 아니 된다.

② 법 제77조의15제1항제4호에서 "대통령령으로 정

하는 지역"이란 다음 각 호의 지역을 말한다. <개정 2019.10.22.>
1. 건축협정구역
2. 특별건축구역
3. 리모델링 활성화 구역
4. 「도시재생 활성화 및 지원에 관한 특별법」 제2조제1항제5호에 따른 도시재생활성화지역
5. 「한옥 등 건축자산의 진흥에 관한 법률」 제17조제1항에 따른 건축자산 진흥구역

③ 법 제77조의15제2항 각 호 외의 부분 본문에서 "대통령령으로 정하는 범위에 있는 3개 이상의 대지"란 다음 각 호의 요건을 모두 충족하는 3개 이상의 대지를 말한다. <신설 2021.1.8.>
1. 대지 모두가 법 제77조의15제1항 각 호의 지역 중 같은 지역에 속할 것
2. 모든 대지 간 최단거리가 500미터 이내일 것

④ 법 제77조의15제2항제2호에서 "공원, 광장 등 대통령령으로 정하는 시설"이란 다음 각 호의 어느 하나에 해당하는 시설을 말한다. <신설 2021.1.8.>
1. 공원, 녹지, 광장, 정원, 공지, 주차장, 놀이터 등 공동이용시설
2. 그 밖에 제1호의 시설과 비슷한 것으로서 건축조례로 정하는 시설

⑤ 법 제77조의15제2항제3호에서 "대통령령으로 정하는 건축물"이란 다음 각 호의 건축물을 말한다. <신설 2021.1.8.>
1. 마을회관, 마을공동작업소, 마을도서관, 어린이집 등 공동이용건축물
2. 공동주택 중 「민간임대주택에 관한 특별법」 제2조제1호의 민간임대주택
3. 그 밖에 제1호 및 제2호의 건축물과 비슷한 것으로서 건축조례로 정하는 건축물

[본조신설 2016.7.19.]

제111조의2【건축위원회 및 도시계획위원회의 공동 심의】 허가권자는 법 제77조의16제3항 단서에 따라 건축위원회의 심의와 도시계획위원회의 심의를 공동으로 하려는 경우에는 제110조의7제2항 각 호의 기준에 따라 공동위원회를 구성하여야 한다. <개정 2019.10.22.>

[본조신설 2016.7.19.]

제111조의3【결합건축 건축물의 사용승인】 법 제77조의17제2항에서 "대통령령으로 정하는 조치"란 다음 각 호의 어느 하나에 해당하는 조치를 말한다. <개정 2019.10.22.>
1. 법 제11조제7항 각 호 외의 부분 단서에 따른 공사의 착수기간 연장 신청. 다만, 착공이 지연된 것에 건축주의 귀책사유가 없고 착공 지연에 따른 건축허가 취소의 가능성이 없다고 인정하는 경우로 한정한다.
2. 「국토의 계획 및 이용에 관한 법률」에 따른 도시·군계획시설의 결정

[본조신설 2016.7.19.]

제9장 보칙

제112조【건축위원회 심의 방법 및 결과 조사 등】 ① 국토교통부장관은 법 제78조제5항에 따라 지방건축위원회 심의 방법 또는 결과에 대한 조사가 필요하다고 인정하면 시·도지사 또는 시장·군수·구청장에게 관련 서류를 요구하거나 직접 방문하여 조사를 할 수 있다.

② 시·도지사는 법 제78조제5항에 따라 시장·군수·구청장이 설치하는 지방건축위원회의 심의 방법 또는 결과에 대한 조사가 필요하다고 인정하면 시장·군수·구청장에게 관련 서류를 요구하거나 직접 방문하여 조사를 할 수 있다.

③ 국토교통부장관 및 시·도지사는 제1항 또는 제2항에 따른 조사 과정에서 필요하면 법 제4조의2에 따른 심의의 신청인 및 건축관계자 등의 의견을 들을 수 있다.

[본조신설 2016.7.19.]

제113조【위법·부당한 건축위원회의 심의에 대한 조치】 ① 국토교통부장관 및 시·도지사는 제112조에 따른 조사 및 의견청취 후 건축위원회의 심의 방법 또는 결과가 법 또는 법에 따른 명령이나 처분 또는 조례(이하 이 조에서 "건축법규등"이라 한다)에 위반되거나 부당하다고 인정하면 다음 각 호의 구분에 따라 시·도지사 또는 시장·군수·구청장에게 시정명령을 할 수 있다.
1. 심의대상이 아닌 건축물을 심의하거나 심의내용이 건축법규등에 위반된 경우: 심의결과 취소
2. 건축법규등의 위반은 아니나 심의현황 및 건축여건을 고려하여 특별히 과도한 기준을 적용하거나 이행이 어려운 조건을 제시한 것으로 인정되는 경우: 심의결과 조정 또는 재심의
3. 심의 절차에 문제가 있다고 인정되는 경우: 재심의
4. 건축관계자에게 심의개최 통지를 하지 아니하고 심의를 하거나 건축법규등에서 정한 범위를 넘어 과도한 도서의 제출을 요구한 것으로 인정되는 경

우: 심의절차 및 기준의 개선 권고
② 제1항에 따른 시정명령을 받은 시·도지사 또는 시장·군수·구청장은 특별한 사유가 없으면 이에 따라야 한다. 이 경우 제1항제2호 또는 제3호에 따라 재심의 명령을 받은 경우에는 해당 명령을 받은 날부터 15일 이내에 건축위원회의 심의를 하여야 한다.
③ 시·도지사 또는 시장·군수·구청장은 제1항에 따른 시정명령에 이의가 있는 경우에는 해당 심의에 참여한 위원으로 구성된 지방건축위원회의 심의를 거쳐 국토교통부장관 또는 시·도지사에게 이의신청을 할 수 있다.
④ 제3항에 따라 이의신청을 받은 국토교통부장관 및 시·도지사는 제112조에 따른 조사를 다시 실시한 후 그 결과를 시·도지사 또는 시장·군수·구청장에게 통지하여야 한다.
[본조신설 2016.7.19.]

제114조【위반 건축물에 대한 사용 및 영업행위의 허용 등】 법 제79조제2항 단서에서 "대통령령으로 정하는 경우"란 바닥면적의 합계가 400제곱미터 미만인 축사와 바닥면적의 합계가 400제곱미터 미만인 농업용·임업용·축산업용 및 수산업용 창고를 말한다. <개정 2016.1.19.>
[전문개정 2008.10.29.]

제115조【위반 건축물 등에 대한 실태조사 및 정비】
① 허가권자는 법 제79조제5항에 따른 실태조사를 매년 정기적으로 하며, 위반행위의 예방 또는 확인을 위하여 수시로 실태조사를 할 수 있다.
② 허가권자는 제1항에 따른 조사를 하려는 경우에는 조사 목적·기간·대상 및 방법 등이 포함된 실태조사 계획을 수립해야 한다.
③ 제1항에 따른 조사는 서면 또는 현장조사의 방법으로 실시할 수 있다.
④ 허가권자는 제1항에 따른 조사를 한 경우 법 제79조에 따른 시정조치를 하기 위하여 정비계획을 수립·시행해야 하며, 그 결과를 시·도지사(특별자치시장 및 특별자치도지사는 제외한다)에게 보고해야 한다.
⑤ 허가권자는 위반 건축물의 체계적인 사후 관리와 정비를 위하여 국토교통부령으로 정하는 바에 따라 위반 건축물 관리대장을 작성·관리해야 한다. 이 경우 전자적 처리가 불가능한 특별한 사유가 없으면 법 제32조제1항에 따른 전자정보처리 시스템을 이용하여 작성·관리해야 한다. <개정 2021.11.2>
⑥ 제1항부터 제4항까지에서 규정한 사항 외에 실태조사의 방법·절차에 필요한 세부적인 사항은 건축조례로 정할 수 있다.
[전문개정 2020.4.21.]

제115조의2【이행강제금의 부과 및 징수】 ① 법 제80조제1항 각 호 외의 부분 단서에서 "대통령령으로 정하는 경우"란 다음 각 호의 경우를 말한다. <개정 2020.10.8.>
1. 법 제22조에 따른 사용승인을 받지 아니하고 건축물을 사용한 경우
2. 법 제42조에 따른 대지의 조경에 관한 사항을 위반한 경우
3. 법 제60조에 따른 건축물의 높이 제한을 위반한 경우
4. 법 제61조에 따른 일조 등의 확보를 위한 건축물의 높이 제한을 위반한 경우
5. 그 밖에 법 또는 법에 따른 명령이나 처분을 위반한 경우(별표 15 위반 건축물란의 제1호의2, 제4호부터 제9호까지의 규정에 해당하는 경우는 제외한다)로서 건축조례로 정하는 경우

② 법 제80조제1항제2호에 따른 이행강제금의 산정기준은 별표 15와 같다.
③ 이행강제금의 부과 및 징수 절차는 국토교통부령으로 정한다. <개정 2013.3.23>
[전문개정 2008.10.29]

제115조의3【이행강제금의 탄력적 운영】 ① 법 제80조제1항제1호에서 "대통령령으로 정하는 비율"이란 다음 각 호의 구분에 따른 비율을 말한다. 다만, 건축조례로 다음 각 호의 비율을 낮추어 정할 수 있되, 낮추는 경우에도 그 비율은 100분의 60 이상이어야 한다.
1. 건폐율을 초과하여 건축한 경우: 100분의 80
2. 용적률을 초과하여 건축한 경우: 100분의 90
3. 허가를 받지 아니하고 건축한 경우: 100분의 100
4. 신고를 하지 아니하고 건축한 경우: 100분의 70

② 법 제80조제2항에서 "영리목적을 위한 위반이나 상습적 위반 등 대통령령으로 정하는 경우"란 다음 각 호의 어느 하나에 해당하는 경우를 말한다. 다만, 위반행위 후 소유권이 변경된 경우는 제외한다.
1. 임대 등 영리를 목적으로 법 제19조를 위반하여 용도변경을 한 경우(위반면적이 50제곱미터를 초과하는 경우로 한정한다)
2. 임대 등 영리를 목적으로 허가나 신고 없이 신축 또는 증축한 경우(위반면적이 50제곱미터를 초과하는 경우로 한정한다)
3. 임대 등 영리를 목적으로 허가나 신고 없이 다세

대주택의 세대수 또는 다가구주택의 가구수를 증가시킨 경우(5세대 또는 5가구 이상 증가시킨 경우로 한정한다)

4. 동일인이 최근 3년 내에 2회 이상 법 또는 법에 따른 명령이나 처분을 위반한 경우
5. 제1호부터 제4호까지의 규정과 비슷한 경우로서 건축조례로 정하는 경우

[본조신설 2016.2.11.][종전 제115조의3은 제115조의5로 이동 <2016.2.11.>]

제115조의4【이행강제금의 감경】① 법 제80조의2제1항제2호에서 "대통령령으로 정하는 경우"란 다음 각 호의 어느 하나에 해당하는 경우를 말한다. 다만, 법 제80조제1항 각 호 외의 부분 단서에 해당하는 경우는 제외한다. <개정 2018.9.4>

1. 위반행위 후 소유권이 변경된 경우
2. 임차인이 있어 현실적으로 임대기간 중에 위반내용을 시정하기 어려운 경우(법 제79조제1항에 따른 최초의 시정명령 전에 이미 임대차계약을 체결한 경우로서 해당 계약이 종료되거나 갱신되는 경우는 제외한다) 등 상황의 특수성이 인정되는 경우
3. 위반면적이 30제곱미터 이하인 경우(별표 1 제1호부터 제4호까지의 규정에 따른 건축물로 한정하며, 「집합건물의 소유 및 관리에 관한 법률」의 적용을 받는 집합건축물은 제외한다)
4. 「집합건물의 소유 및 관리에 관한 법률」의 적용을 받는 집합건축물의 구분소유자가 위반한 면적이 5제곱미터 이하인 경우(별표 1 제2호부터 제4호까지의 규정에 따른 건축물로 한정한다)
5. 법 제22조에 따른 사용승인 당시 존재하던 위반사항으로서 사용승인 이후 확인된 경우
6. 법률 제12516호 가축분뇨의 관리 및 이용에 관한 법률 일부개정법률 부칙 제9조에 따라 같은 조 제1항 각 호에 따른 기간(같은 조 제3항에 따른 환경부령으로 정하는 규모 미만의 시설의 경우 같은 항에 따른 환경부령으로 정하는 기한을 말한다) 내에 「가축분뇨의 관리 및 이용에 관한 법률」 제11조에 따른 허가 또는 변경허가를 받거나 신고 또는 변경신고를 하려는 배출시설(처리시설을 포함한다)의 경우

6의2. 법률 제12516호 가축분뇨의 관리 및 이용에 관한 법률 일부개정법률 부칙 제10조의2에 따라 같은 조 제1항에 따른 기한까지 환경부장관이 정하는 바에 따라 허가신청을 하였거나 신고한 배출시설(개 사육시설은 제외하되, 처리시설은 포함한다)의 경우

7. 그 밖에 위반행위의 정도와 위반 동기 및 공중에 미치는 영향 등을 고려하여 감경이 필요한 경우로서 건축조례로 정하는 경우

② 법 제80조의2제1항제2호에서 "대통령령으로 정하는 비율"이란 다음 각 호의 구분에 따른 비율을 말한다. <개정 2018.9.4>

1. 제1항제1호부터 제6호까지 및 제6호의2의 경우: 100분의 50
2. 제1항제7호의 경우: 건축조례로 정하는 비율

③ 법 제80조의2제2항에 따른 이행강제금의 감경 비율은 다음 각 호와 같다.

1. 연면적 85제곱미터 이하 주거용 건축물의 경우: 100분의 80
2. 연면적 85제곱미터 초과 주거용 건축물의 경우: 100분의 60

[본조신설 2016.2.11.]

제115조의5 삭제<2020.4.28>

제116조 삭제<2020.4.28>

제116조의2 삭제<2020.4.28>

제116조의3 삭제<2020.4.28>

제117조【권한의 위임·위탁】① 국토교통부장관은 법 제82조제1항에 따라 법 제69조 및 제71조(제6항은 제외한다)에 따른 특별건축구역의 지정, 변경 및 해제에 관한 권한을 시·도지사에게 위임한다. <개정 2021.1.8.>

② 삭제 <1999.4.30.>

③ 법 제82조제3항에 따라 구청장(자치구가 아닌 구의 구청장을 말한다) 또는 동장·읍장·면장(「지방자치단체의 행정기구와 정원기준 등에 관한 규정」 별표 3 제2호 비고 제2호에 따라 행정안전부장관이 시장·군수·구청장과 협의하여 정하는 동장·읍장·면장으로 한정한다)에게 위임할 수 있는 권한은 다음 각 호와 같다. <개정 2016.2.11., 2017.7.26.>

1. 6층 이하로서 연면적 2천제곱미터 이하인 건축물의 건축·대수선 및 용도변경에 관한 권한
2. 기존 건축물 연면적의 10분의 3 미만의 범위에서 하는 증축에 관한 권한

④ 법 제82조제3항에 따라 동장·읍장 또는 면장에게 위임할 수 있는 권한은 다음 각 호와 같다. <개정 2014.10.14., 2018.9.4.>

1. 법 제14조에 따른 건축물의 건축 및 대수선에 관한 권한
2. 법 제20조제3항에 따른 가설건축물의 축조 및 이

영 제15조의2에 따른 가설건축물의 존치기간 연장에 관한 권한

3. 삭제<2018.9.4.>
4. 법 제83조에 따른 옹벽 등의 공작물 축조에 관한 권한

⑤ 법 제82조제4항에서 "대통령령으로 정하는 기관 또는 단체"란 다음 각 호의 기관 또는 단체 중 국토교통부장관이 정하여 고시하는 기관 또는 단체를 말한다. <개정 2013.11.20.>

1. 「공공기관의 운영에 관한 법률」 제5조에 따른 공기업
2. 「정부출연연구기관 등의 설립·운영 및 육성에 관한 법률」 및 「과학기술분야 정부출연연구기관 등의 설립·운영 및 육성에 관한 법률」에 따른 연구기관

[제목개정 2006.5.8.]

제118조 **【옹벽 등의 공작물에의 준용】** ① 법 제83조제1항에 따라 공작물을 축조(건축물과 분리하여 축조하는 것을 말한다. 이하 이 조에서 같다)할 때 특별자치시장·특별자치도지사 또는 시장·군수·구청장에게 신고를 해야 하는 공작물은 다음 각 호와 같다. <개정 2016.1.19., 2020.12.15.>

1. 높이 6미터를 넘는 굴뚝
2. 삭제 <2020.12.15.>
3. 높이 4미터를 넘는 장식탑, 기념탑, 첨탑, 광고탑, 광고판, 그 밖에 이와 비슷한 것
4. 높이 8미터를 넘는 고가수조나 그 밖에 이와 비슷한 것
5. 높이 2미터를 넘는 옹벽 또는 담장
6. 바닥면적 30제곱미터를 넘는 지하대피호
7. 높이 6미터를 넘는 골프연습장 등의 운동시설을 위한 철탑, 주거지역·상업지역에 설치하는 통신용 철탑, 그 밖에 이와 비슷한 것
8. 높이 8미터(위험을 방지하기 위한 난간의 높이는 제외한다) 이하의 기계식 주차장 및 철골 조립식 주차장(바닥면이 조립식이 아닌 것을 포함한다)으로서 외벽이 없는 것
9. 건축조례로 정하는 제조시설, 저장시설(시멘트사일로를 포함한다), 유희시설, 그 밖에 이와 비슷한 것
10. 건축물의 구조에 심대한 영향을 줄 수 있는 중량물로서 건축조례로 정하는 것
11. 높이 5미터를 넘는 「신에너지 및 재생에너지 개발·이용·보급 촉진법」 제2조제2호가목에 따른 태양에너지를 이용하는 발전설비와 그 밖에 이와 비슷한 것

② 제1항 각 호의 어느 하나에 해당하는 공작물을 축조하려는 자는 공작물 축조신고서와 국토교통부령으로 정하는 설계도서를 특별자치시장·특별자치도지사 또는 시장·군수·구청장에게 제출(전자문서에 의한 제출을 포함한다)하여야 한다. <개정 2014.10.14.>

③ 제1항 각 호의 공작물에 관하여는 법 제83조제3항에 따라 법 제14조, 제21조제5항, 제29조, 제40조제4항, 제41조, 제47조, 제48조, 제55조, 제58조, 제60조, 제61조, 제79조, 제84조, 제85조, 제87조 및 「국토의 계획 및 이용에 관한 법률」 제76조를 준용한다. 다만, 제1항제3호의 공작물로서 「옥외광고물 등의 관리와 옥외광고산업 진흥에 관한 법률」에 따라 허가를 받거나 신고를 한 공작물에 관하여는 법 제14조를 준용하지 않고, 제1항제5호의 공작물에 관하여는 법 제58조를 준용하지 않으며, 제1항제8호의 공작물에 관하여는 법 제55조를 준용하지 않고, 제1항제3호·제8호의 공작물에 대해서만 법 제61조를 준용한다. <개정 2016.7.6., 2020.4.28., 2021.5.4>

④ 제3항 본문에 따라 법 제48조를 준용하는 경우 해당 공작물에 대한 구조 안전 확인의 내용 및 방법 등은 국토교통부령으로 정한다. <신설 2013.11.20.>

⑤ 특별자치시장·특별자치도지사 또는 시장·군수·구청장은 제1항에 따라 공작물 축조신고를 받았으면 국토교통부령으로 정하는 바에 따라 공작물 관리대장에 그 내용을 작성하고 관리하여야 한다. <개정 2014.10.14.>

⑥ 제5항에 따른 공작물 관리대장은 전자적 처리가 불가능한 특별한 사유가 없으면 전자적 처리가 가능한 방법으로 작성하고 관리하여야 한다. <개정 2013.11.20.>

[전문개정 2008.10.29.]

제119조 **【면적 등의 산정방법】** ① 법 제84조에 따라 건축물의 면적·높이 및 층수 등은 다음 각 호의 방법에 따라 산정한다. <개정 2016.1.19., 2016.7.19., 2016.8.11., 2017.5.2., 2017.6.27., 2018.9.4., 2019.10.22., 2020.10.8., 2021.1.8., 2021.5.4., 2021.11.2., 2023.9.12./시행 2024.9.13>

1. 대지면적: 대지의 수평투영면적으로 한다. 다만, 다음 각 목의 어느 하나에 해당하는 면적은 제외한다.
   가. 법 제46조제1항 단서에 따라 대지에 건축선이 정하여진 경우: 그 건축선과 도로 사이의 대지면적
   나. 대지에 도시·군계획시설인 도로·공원 등이 있는 경우: 그 도시·군계획시설에 포함되는 대지

(「국토의 계획 및 이용에 관한 법률」 제47조 제7항에 따라 건축물 또는 공작물을 설치하는 도시·군계획시설의 부지는 제외한다)면적

2. 건축면적: 건축물의 외벽(외벽이 없는 경우에는 외곽 부분의 기둥으로 한다. 이하 이 호에서 같다)의 중심선으로 둘러싸인 부분의 수평투영면적으로 한다. 다만, 다음 각 목의 어느 하나에 해당하는 경우에는 해당 목에서 정하는 기준에 따라 산정한다. <개정 2021.11.2>

가. 처마, 차양, 부연(附椽), 그 밖에 이와 비슷한 것으로서 그 외벽의 중심선으로부터 수평거리 1미터 이상 돌출된 부분이 있는 건축물의 건축면적은 그 돌출된 끝부분으로부터 다음의 구분에 따른 수평거리를 후퇴한 선으로 둘러싸인 부분의 수평투영면적으로 한다.

1) 「전통사찰의 보존 및 지원에 관한 법률」 제2조제1호에 따른 전통사찰: 4미터 이하의 범위에서 외벽의 중심선까지의 거리

2) 사료 투여, 가축 이동 및 가축 분뇨 유출 방지 등을 위하여 처마, 차양, 부연, 그 밖에 이와 비슷한 것이 설치된 축사: 3미터 이하의 범위에서 외벽의 중심선까지의 거리(두 동의 축사가 하나의 차양으로 연결된 경우에는 6미터 이하의 범위에서 축사 양 외벽의 중심선까지의 거리를 말한다)

3) 한옥: 2미터 이하의 범위에서 외벽의 중심선까지의 거리

4) 「환경친화적자동차의 개발 및 보급 촉진에 관한 법률 시행령」 제18조의5에 따른 충전시설(그에 딸린 충전 전용 주차구획을 포함한다)의 설치를 목적으로 처마, 차양, 부연, 그 밖에 이와 비슷한 것이 설치된 공동주택(「주택법」 제15조에 따른 사업계획승인 대상으로 한정한다): 2미터 이하의 범위에서 외벽의 중심선까지의 거리

5) 「신에너지 및 재생에너지 개발·이용·보급 촉진법」 제2조제3호에 따른 신·재생에너지 설비(신·재생에너지를 생산하거나 이용하기 위한 것만 해당한다)를 설치하기 위하여 처마, 차양, 부연, 그 밖에 이와 비슷한 것이 설치된 건축물로서 「녹색건축물 조성 지원법」 제17조에 따른 제로에너지건축물 인증을 받은 건축물: 2미터 이하의 범위에서 외벽의 중심선까지의 거리

6) 「환경친화적 자동차의 개발 및 보급 촉진에 관한 법률」 제2조제9호의 수소연료공급시설을 설치하기 위하여 처마, 차양, 부연 그 밖에 이와 비슷한 것이 설치된 별표 1 제19호가목의 주유소, 같은 호 나목의 액화석유가스 충전소 또는 같은 호 바목의 고압가스 충전소: 2미터 이하의 범위에서 외벽의 중심선까지의 거리 <신설 2021.11.2>

7) 그 밖의 건축물: 1미터

나. 다음의 건축물의 건축면적은 국토교통부령으로 정하는 바에 따라 산정한다.

1) 태양열을 주된 에너지원으로 이용하는 주택

2) 창고 또는 공장 중 물품을 입출고하는 부위의 상부에 한쪽 끝은 고정되고 다른 쪽 끝은 지지되지 않는 구조로 설치된 돌출차양

3) 단열재를 구조체의 외기측에 설치하는 단열공법으로 건축된 건축물

다. 다음의 경우에는 건축면적에 산입하지 않는다.

1) 지표면으로부터 1미터 이하에 있는 부분(창고 중 물품을 입출고하기 위하여 차량을 접안시키는 부분의 경우에는 지표면으로부터 1.5미터 이하에 있는 부분)

2) 「다중이용업소의 안전관리에 관한 특별법 시행령」 제9조에 따라 기존의 다중이용업소(2004년 5월 29일 이전의 것만 해당한다)의 비상구에 연결하여 설치하는 폭 2미터 이하의 옥외 피난계단(기존 건축물에 옥외 피난계단을 설치함으로써 법 제55조에 따른 건폐율의 기준에 적합하지 아니하게 된 경우만 해당한다)

3) 건축물 지상층에 일반인이나 차량이 통행할 수 있도록 설치한 보행통로나 차량통로

4) 지하주차장의 경사로

5) 건축물 지하층의 출입구 상부(출입구 너비에 상당하는 규모의 부분을 말한다)

6) 생활폐기물 보관시설(음식물쓰레기, 의류 등의 수거시설을 말한다. 이하 같다)

7) 「영유아보육법」 제15조에 따른 어린이집(2005년 1월 29일 이전에 설치된 것만 해당한다)의 비상구에 연결하여 설치하는 폭 2미터 이하의 영유아용 대피용 미끄럼대 또는 비상계단(기존 건축물에 영유아용 대피용 미끄럼대 또는 비상계단을 설치함으로써 법 제55조에 따른 건폐율 기준에 적합하지 아니하게 된 경우만 해당한다)

8) 「장애인·노인·임산부 등의 편의증진 보장에 관한 법률 시행령」 별표 2의 기준에 따라 설

치하는 장애인용 승강기, 장애인용 에스컬레이터, 휠체어리프트 또는 경사로

9) 「가축전염병 예방법」 제17조제1항제1호에 따른 소독설비를 갖추기 위하여 같은 호에 따른 가축사육시설(2015년 4월 27일 전에 건축되거나 설치된 가축사육시설로 한정한다)에서 설치하는 시설

10) 「매장문화재 보호 및 조사에 관한 법률 시행령」 제14조제1항제1호 및 제2호에 따른 현지보존 및 이전보존을 위하여 매장문화재 보호 및 전시에 전용되는 부분

11) 「가축분뇨의 관리 및 이용에 관한 법률」 제12조제1항에 따른 처리시설(법률 제12516호 가축분뇨의 관리 및 이용에 관한 법률 일부개정법률 부칙 제9조에 해당하는 배출시설의 처리시설로 한정한다)

12) 「영유아보육법」 제15조에 따른 설치기준에 따라 직통계단 1개소를 갈음하여 건축물의 외부에 설치하는 비상계단(같은 조에 따른 어린이집이 2011년 4월 6일 이전에 설치된 경우로서 기존 건축물에 비상계단을 설치함으로써 법 제55조에 따른 건폐율 기준에 적합하지 않게 된 경우만 해당한다)

3. 바닥면적: 건축물의 각 층 또는 그 일부로서 벽, 기둥, 그 밖에 이와 비슷한 구획의 중심선으로 둘러싸인 부분의 수평투영면적으로 한다. 다만, 다음 각 목의 어느 하나에 해당하는 경우에는 각 목에서 정하는 바에 따른다. <개정 2021.1.8., 2021.5.4., 2023.9.12./시행 2024.9.13>

가. 벽·기둥의 구획이 없는 건축물은 그 지붕 끝부분으로부터 수평거리 1미터를 후퇴한 선으로 둘러싸인 수평투영면적으로 한다.

나. 건축물의 노대등의 바닥은 난간 등의 설치 여부에 관계없이 노대등의 면적(외벽의 중심선으로부터 노대등의 끝부분까지의 면적을 말한다)에서 노대등이 접한 가장 긴 외벽에 접한 길이에 1.5미터를 곱한 값을 뺀 면적을 바닥면적에 산입한다.

다. 필로티나 그 밖에 이와 비슷한 구조(벽면적의 2분의 1 이상이 그 층의 바닥면에서 위층 바닥 아래면까지 공간으로 된 것만 해당한다)의 부분은 그 부분이 공중의 통행이나 차량의 통행 또는 주차에 전용되는 경우와 공동주택의 경우에는 바닥면적에 산입하지 아니한다.

라. 승강기탑(옥상 출입용 승강장을 포함한다), 계단탑, 장식탑, 다락[층고(層高)가 1.5미터(경사진 형태의 지붕인 경우에는 1.8미터) 이하인 것만 해당한다], 건축물의 내부에 설치하는 냉방설비 배기장치 전용 설치공간(각 세대나 실별로 외부 공기에 직접 닿는 곳에 설치하는 경우로서 1제곱미터 이하로 한정한다), 건축물의 외부 또는 내부에 설치하는 굴뚝, 더스트슈트, 설비덕트, 그 밖에 이와 비슷한 것과 옥상·옥외 또는 지하에 설치하는 물탱크, 기름탱크, 냉각탑, 정화조, 도시가스 정압기, 그 밖에 이와 비슷한 것을 설치하기 위한 구조물과 건축물 간에 화물의 이동에 이용되는 컨베이어벨트만을 설치하기 위한 구조물은 바닥면적에 산입하지 않는다. <개정 2021.1.8.>

마. 공동주택으로서 지상층에 설치한 기계실, 전기실, 어린이놀이터, 조경시설 및 생활폐기물 보관시설의 면적은 바닥면적에 산입하지 않는다.

바. 「다중이용업소의 안전관리에 관한 특별법 시행령」 제9조에 따라 기존의 다중이용업소(2004년 5월 29일 이전의 것만 해당한다)의 비상구에 연결하여 설치하는 폭 1.5미터 이하의 옥외 피난계단(기존 건축물에 옥외 피난계단을 설치함으로써 법 제56조에 따른 용적률에 적합하지 아니하게 된 경우만 해당한다)은 바닥면적에 산입하지 아니한다.

사. 제6조제1항제6호에 따른 건축물을 리모델링하는 경우로서 미관 향상, 열의 손실 방지 등을 위하여 외벽에 부가하여 마감재 등을 설치하는 부분은 바닥면적에 산입하지 아니한다.

아. 제1항제2호나목3)의 건축물의 경우에는 단열재가 설치된 외벽 중 내측 내력벽의 중심선을 기준으로 산정한 면적을 바닥면적으로 한다.

자. 「영유아보육법」 제15조에 따른 어린이집(2005년 1월 29일 이전에 설치된 것만 해당한다)의 비상구에 연결하여 설치하는 폭 2미터 이하의 영유아용 대피용 미끄럼대 또는 비상계단의 면적은 바닥면적(기존 건축물에 영유아용 대피용 미끄럼대 또는 비상계단을 설치함으로써 법 제56조에 따른 용적률 기준에 적합하지 아니하게 된 경우만 해당한다)에 산입하지 아니한다.

차. 「장애인·노인·임산부 등의 편의증진 보장에 관한 법률 시행령」 별표 2의 기준에 따라 설치하는 장애인용 승강기, 장애인용 에스컬레이터, 휠체어리프트 또는 경사로는 바닥면적에 산입

하지 아니한다.

카. 「가축전염병 예방법」 제17조제1항제1호에 따른 소독설비를 갖추기 위하여 같은 호에 따른 가축사육시설(2015년 4월 27일 전에 건축되거나 설치된 가축사육시설로 한정한다)에서 설치하는 시설은 바닥면적에 산입하지 아니한다.

타. 「매장문화재 보호 및 조사에 관한 법률」 제14조제1항제1호 및 제2호에 따른 현지보존 및 이전보존을 위하여 매장문화재 보호 및 전시에 전용되는 부분은 바닥면적에 산입하지 아니한다.

파. 「영유아보육법」 제15조에 따른 설치기준에 따라 직통계단 1개소를 갈음하여 건축물의 외부에 설치하는 비상계단의 면적은 바닥면적(같은 조에 따른 어린이집이 2011년 4월 6일 이전에 설치된 경우로서 기존 건축물에 비상계단을 설치함으로써 법 제56조에 따른 용적률 기준에 적합하지 않게 된 경우만 해당한다)에 산입하지 않는다.

하. 지하주차장의 경사로(지상층에서 지하 1층으로 내려가는 부분으로 한정한다)는 바닥면적에 산입하지 않는다. <개정 2021.5.4.>

거. 제46조제4항제3호에 따른 대피공간의 바닥면적은 건축물의 각 층 또는 그 일부로서 벽의 내부선으로 둘러싸인 부분의 수평투영면적으로 한다. <신설 2023.9.12./시행 2024.9.13.>

너. 제46조제5항제3호 또는 제4호에 따른 구조 또는 시설(해당 세대 밖으로 대피할 수 있는 구조 또는 시설만 해당한다)을 같은 조 제4항에 따른 대피공간에 설치하는 경우 또는 같은 조 제5항제4호에 따른 대체시설을 발코니(발코니의 외부에 접하는 경우를 포함한다. 이하 같다)에 설치하는 경우에는 해당 구조 또는 시설이 설치되는 대피공간 또는 발코니의 면적 중 다음의 구분에 따른 면적까지를 바닥면적에 산입하지 않는다. <신설 2023.9.12./시행 2024.9.13.>

1) 인접세대와 공동으로 설치하는 경우: 4제곱미터

2) 각 세대별로 설치하는 경우: 3제곱미터

4. 연면적: 하나의 건축물 각 층의 바닥면적의 합계로 하되, 용적률을 산정할 때에는 다음 각 목에 해당하는 면적은 제외한다. <개정 2021.1.8.>

가. 지하층의 면적

나. 지상층의 주차용(해당 건축물의 부속용도인 경우만 해당한다)으로 쓰는 면적

다. 삭제 <2012.12.12.>

라. 삭제 <2012.12.12.>

마. 제34조제3항 및 제4항에 따라 초고층 건축물과 준초고층 건축물에 설치하는 피난안전구역의 면적

바. 제40조제4항제2호에 따라 건축물의 경사지붕 아래에 설치하는 대피공간의 면적

5. 건축물의 높이: 지표면으로부터 그 건축물의 상단까지의 높이[건축물의 1층 전체에 필로티(건축물을 사용하기 위한 경비실, 계단실, 승강기실, 그 밖에 이와 비슷한 것을 포함한다)가 설치되어 있는 경우에는 법 제60조 및 법 제61조제2항을 적용할 때 필로티의 층고를 제외한 높이]로 한다. 다만, 다음 각 목의 어느 하나에 해당하는 경우에는 각 목에서 정하는 바에 따른다.

가. 법 제60조에 따른 건축물의 높이는 전면도로의 중심선으로부터의 높이로 산정한다. 다만, 전면도로가 다음의 어느 하나에 해당하는 경우에는 그에 따라 산정한다.

1) 건축물의 대지에 접하는 전면도로의 노면에 고저차가 있는 경우에는 그 건축물이 접하는 범위의 전면도로부분의 수평거리에 따라 가중평균한 높이의 수평면을 전면도로면으로 본다.

2) 건축물의 대지의 지표면이 전면도로보다 높은 경우에는 그 고저차의 2분의 1의 높이만큼 올라온 위치에 그 전면도로의 면이 있는 것으로 본다.

나. 법 제61조에 따른 건축물 높이를 산정할 때 건축물 대지의 지표면과 인접 대지의 지표면 간에 고저차가 있는 경우에는 그 지표면의 평균 수평면을 지표면으로 본다. 다만, 법 제61조제2항에 따른 높이를 산정할 때 해당 대지가 인접 대지의 높이보다 낮은 경우에는 해당 대지의 지표면을 지표면으로 보고, 공동주택을 다른 용도와 복합하여 건축하는 경우에는 공동주택의 가장 낮은 부분을 그 건축물의 지표면으로 본다.

다. 건축물의 옥상에 설치되는 승강기탑·계단탑·망루·장식탑·옥탑 등으로서 그 수평투영면적의 합계가 해당 건축물 건축면적의 8분의 1(「주택법」 제15조제1항에 따른 사업계획승인 대상인 공동주택 중 세대별 전용면적이 85제곱미터 이하인 경우에는 6분의 1) 이하인 경우로서 그 부분의 높이가 12미터를 넘는 경우에는 그 넘는 부분만 해당 건축물의 높이에 산입한

다.

라. 지붕마루장식·굴뚝·방화벽의 옥상돌출부나 그 밖에 이와 비슷한 옥상돌출물과 난간벽(그 벽면적의 2분의 1 이상이 공간으로 되어 있는 것만 해당한다)은 그 건축물의 높이에 산입하지 아니한다.

6. 처마높이: 지표면으로부터 건축물의 지붕틀 또는 이와 비슷한 수평재를 지지하는 벽·깔도리 또는 기둥의 상단까지의 높이로 한다.

7. 반자높이: 방의 바닥면으로부터 반자까지의 높이로 한다. 다만, 한 방에서 반자높이가 다른 부분이 있는 경우에는 그 각 부분의 반자면적에 따라 가중평균한 높이로 한다.

8. 층고: 방의 바닥구조체 윗면으로부터 위층 바닥구조체의 윗면까지의 높이로 한다. 다만, 한 방에서 층의 높이가 다른 부분이 있는 경우에는 그 각 부분 높이에 따른 면적에 따라 가중평균한 높이로 한다.

9. 층수: 승강기탑(옥상 출입용 승강장을 포함한다), 계단탑, 망루, 장식탑, 옥탑, 그 밖에 이와 비슷한 건축물의 옥상 부분으로서 그 수평투영면적의 합계가 해당 건축물 건축면적의 8분의 1(「주택법」 제15조제1항에 따른 사업계획승인 대상인 공동주택 중 세대별 전용면적이 85제곱미터 이하인 경우에는 6분의 1) 이하인 것과 지하층은 건축물의 층수에 산입하지 아니하고, 층의 구분이 명확하지 아니한 건축물은 그 건축물의 높이 4미터마다 하나의 층으로 보고 그 층수를 산정하며, 건축물이 부분에 따라 그 층수가 다른 경우에는 그 중 가장 많은 층수를 그 건축물의 층수로 본다.

10. 지하층의 지표면: 법 제2조제1항제5호에 따른 지하층의 지표면은 각 층의 주위가 접하는 각 지표면 부분의 높이를 그 지표면 부분의 수평거리에 따라 가중평균한 높이의 수평면을 지표면으로 산정한다.

② 제1항 각 호(제10호는 제외한다)에 따른 기준에 따라 건축물의 면적·높이 및 층수 등을 산정할 때 지표면에 고저차가 있는 경우에는 건축물의 주위가 접하는 각 지표면 부분의 높이를 그 지표면 부분의 수평거리에 따라 가중평균한 높이의 수평면을 지표면으로 본다. 이 경우 그 고저차가 3미터를 넘는 경우에는 그 고저차 3미터 이내의 부분마다 그 지표면을 정한다.

③ 다음 각 호의 요건을 모두 갖춘 건축물의 건폐율을 산정할 때에는 제1항제2호에도 불구하고 지방건축위원회의 심의를 통해 제2호에 따른 개방 부분의 상부에 해당하는 면적을 건축면적에서 제외할 수 있다. <신설 2020.4.21.>

1. 다음 각 목의 어느 하나에 해당하는 시설로서 해당 용도로 쓰는 바닥면적의 합계가 1천제곱미터 이상일 것

가. 문화 및 집회시설(공연장ㆍ관람장ㆍ전시장만 해당한다)

나. 교육연구시설(학교ㆍ연구소ㆍ도서관만 해당한다)

다. 수련시설 중 생활권 수련시설, 업무시설 중 공공업무시설

2. 지면과 접하는 저층의 일부를 높이 8미터 이상으로 개방하여 보행통로나 공지 등으로 활용할 수 있는 구조ㆍ형태일 것

④ 제1항제5호다목 또는 제1항제9호에 따른 수평투영면적의 산정은 제1항제2호에 따른 건축면적의 산정방법에 따른다. <개정 2020.4.21.>

⑤ 국토교통부장관은 제1항부터 제4항까지에서 규정한 건축물의 면적, 높이 및 층수 등의 산정방법에 관한 구체적인 적용사례 및 적용방법 등을 작성하여 공개할 수 있다. <신설 2021.5.4.>

[전문개정 2008.10.29.]

제119조의2【「행정대집행법」 적용의 특례】 법 제85조제1항제5호에서 "대통령령으로 정하는 경우"란 「대기환경보전법」에 따른 대기오염물질 또는 「물환경보전법」에 따른 수질오염물질을 배출하는 건축물로서 주변 환경을 심각하게 오염시킬 우려가 있는 경우를 말한다. <개정 2019.10.22.>

[본조신설 2009.8.5]

제119조의3【지역건축안전센터의 업무】 법 제87조의2제1항제4호에서 "대통령령으로 정하는 사항"이란 관할 구역 내 건축물의 안전에 관한 사항으로서 해당 지방자치단체의 조례로 정하는 사항을 말한다.

[본조신설 2018.6.26.][종전 제119조의3은 제119조의4로 이동 <2018.6.26.>]

제119조의4【분쟁조정】 ① 법 제88조에 따라 분쟁의 조정 또는 재정(이하 "조정등"이라 한다)을 받으려는 자는 국토교통부령으로 정하는 바에 따라 신청 취지와 신청사건의 내용을 분명하게 밝힌 조정등의 신청서를 국토교통부에 설치된 건축분쟁전문위원회(이하 "분쟁위원회"라 한다)에 제출(전자문서에 의한 제출을 포함한다)하여야 한다. <개정 2014.11.28.>

② 조정위원회는 법 제95조제2항에 따라 당사자나

참고인을 조정위원회에 출석하게 하여 의견을 들으려면 회의 개최 5일 전에 서면(당사자 또는 참고인이 원하는 경우에는 전자문서를 포함한다)으로 출석을 요청하여야 하며, 출석을 요청받은 당사자 또는 참고인은 조정위원회의 회의에 출석할 수 없는 부득이한 사유가 있는 경우에는 미리 서면 또는 전자문서로 의견을 제출할 수 있다.

③ 법 제88조, 제89조 및 제91조부터 제104조까지의 규정에 따른 분쟁의 조정등을 할 때 서류의 송달에 관하여는 「민사소송법」 제174조부터 제197조까지를 준용한다. <개정 2014.11.28.>

④ 조정위원회 또는 재정위원회는 법 제102조제1항에 따라 당사자가 분쟁의 조정등을 위한 감정·진단·시험 등에 드는 비용을 내지 아니한 경우에는 그 분쟁에 대한 조정등을 보류할 수 있다. <개정 2009.8.5.>

⑤ 삭제 <2014.11.28.>

[전문개정 2008.10.29.][제119조의3에서 이동, 종전 제119조의4는 제119조의5으로 이동 <2018.6.26.>]

제119조의5 【선정대표자】 ① 여러 사람이 공동으로 조정등의 당사자가 될 때에는 그 중에서 3명 이하의 대표자를 선정할 수 있다.

② 분쟁위원회는 당사자가 제1항에 따라 대표자를 선정하지 아니한 경우 필요하다고 인정하면 당사자에게 대표자를 선정할 것을 권고할 수 있다. <개정 2014.11.28>

③ 제1항 또는 제2항에 따라 선정된 대표자(이하 "선정대표자"라 한다)는 다른 신청인 또는 피신청인을 위하여 그 사건의 조정등에 관한 모든 행위를 할 수 있다. 다만, 신청을 철회하거나 조정안을 수락하려는 경우에는 서면으로 다른 신청인 또는 피신청인의 동의를 받아야 한다.

④ 대표자가 선정된 경우에는 다른 신청인 또는 피신청인은 그 선정대표자를 통해서만 그 사건에 관한 행위를 할 수 있다.

⑤ 대표자를 선정한 당사자는 필요하다고 인정하면 선정대표자를 해임하거나 변경할 수 있다. 이 경우 당사자는 그 사실을 지체 없이 분쟁위원회에 통지하여야 한다. <개정 2014.11.28>

[전문개정 2008.10.29.][제119조의4에서 이동, 종전 제119조의5는 제119조의6으로 이동 <2018.6.26.>]

제119조의6 【절차의 비공개】 분쟁위원회가 행하는 조정등의 절차는 법 또는 이 영에 특별한 규정이 있는 경우를 제외하고는 공개하지 아니한다. <개정 2014.11.28>

[본조신설 2006.5.8.][제119조의5에서 이동, 종전 제119조의6은 제119조의7로 이동 <2018.6.26.>]

[제119조의4에서 이동 <2009.8.5.>]

제119조의7 【위원의 제척 등】 법 제89조제8항에 따라 분쟁위원회의 위원이 다음 각 호의 어느 하나에 해당하면 그 직무의 집행에서 제외된다.

1. 위원 또는 그 배우자나 배우자였던 자가 해당 분쟁사건(이하 "사건"이라 한다)의 당사자가 되거나 그 사건에 관하여 당사자와 공동권리자 또는 의무자의 관계에 있는 경우
2. 위원이 해당 사건의 당사자와 친족이거나 친족이었던 경우
3. 위원이 해당 사건에 관하여 진술이나 감정을 한 경우
4. 위원이 해당 사건에 당사자의 대리인으로서 관여하였거나 관여한 경우
5. 위원이 해당 사건의 원인이 된 처분이나 부작위에 관여한 경우

② 분쟁위원회는 제척 원인이 있는 경우 직권이나 당사자의 신청에 따라 제척의 결정을 한다.

③ 당사자는 위원에게 공정한 직무집행을 기대하기 어려운 사정이 있으면 분쟁위원회에 기피신청을 할 수 있으며, 분쟁위원회는 기피신청이 타당하다고 인정하면 기피의 결정을 하여야 한다.

④ 위원은 제1항이나 제3항의 사유에 해당하면 스스로 그 사건의 직무집행을 회피할 수 있다.

[본조신설 2014.11.28.][제119조의6에서 이동, 종전 제119조의7은 제119조의8로 이동 <2018.6.26.>]

제119조의8 【조정등의 거부와 중지】 법 제89조제8항에 따라 분쟁위원회는 분쟁의 성질상 분쟁위원회에서 조정등을 하는 것이 맞지 아니하다고 인정하거나 부정한 목적으로 신청하였다고 인정되면 그 조정등을 거부할 수 있다. 이 경우 조정등의 거부 사유를 신청인에게 알려야 한다.

② 분쟁위원회는 신청된 사건의 처리 절차가 진행되는 도중에 한쪽 당사자가 소(訴)를 제기한 경우에는 조정등의 처리를 중지하고 이를 당사자에게 알려야 한다.

[본조신설 2014.11.28.][제119조의7에서 이동, 종전 제119조의8은 제119조의9로 이동 <2018.6.26.>]

제119조의9 【조정등의 배용 예치】 법 제102조제2항에 따라 조정위원회 또는 재정위원회는 조정등을 위한 비용을 예치할 금융기관을 지정하고 예치기간을 정하여 당사자로 하여금 비용을 예치하게 할 수 있다.

[본조신설 2014.11.28.][제119조의8에서 이동, 종전 제

119조의9는 제119조의10으로 이동 <2018.6.26.>]

제119조의10 【분쟁위원회의 운영 및 사무처리】 ① 국토교통부장관은 법 제103조제1항에 따라 분쟁위원회의 운영 및 사무처리를 국토안전관리원에 위탁한다. <개정 2016.7.19., 2020.12.1.>

② 제1항에 따라 위탁을 받은 국토안전관리원은 그 소속으로 분쟁위원회 사무국을 두어야 한다. <개정 2020.12.1.>

[본조신설 2014.11.28.][제119조의9에서 이동, 종전 제119조의10은 제119조의11로 이동 <2018.6.26.>]

제119조의11 【고유식별정보의 처리】 국토교통부장관(법 제82조에 따라 국토교통부장관의 권한을 위임받거나 업무를 위탁받은 자를 포함한다), 시·도지사, 시장, 군수, 구청장(해당 권한이 위임·위탁된 경우에는 그 권한을 위임·위탁받은 자를 포함한다)은 다음 각 호의 사무를 수행하기 위하여 불가피한 경우 「개인정보 보호법 시행령」 제19조에 따른 주민등록번호 또는 외국인등록번호가 포함된 자료를 처리할 수 있다. <개정 2021.1.8.>

1. 법 제11조에 따른 건축허가에 관한 사무
2. 법 제14조에 따른 건축신고에 관한 사무
3. 법 제16조에 따른 허가와 신고사항의 변경에 관한 사무
4. 법 제19조에 따른 용도변경에 관한 사무
5. 법 제20조에 따른 가설건축물의 건축허가 또는 축조신고에 관한 사무
6. 법 제21조에 따른 착공신고에 관한 사무
7. 법 제22조에 따른 건축물의 사용승인에 관한 사무
8. 법 제31조에 따른 건축행정 전산화에 관한 사무
9. 법 제32조에 따른 건축허가 업무 등의 전산처리에 관한 사무
10. 법 제33조에 따른 전산자료의 이용자에 대한 지도·감독에 관한 사무
11. 법 제38조에 따른 건축물대장의 작성·보관에 관한 사무
12. 법 제39조에 따른 등기촉탁에 관한 사무
13. 법 제71조제2항 및 이 영 제107조의2에 따른 특별건축구역의 지정 제안에 관한 사무 <신설 2021.1.8.>

[본조신설 2017.3.27.]

[제119조의10에서 이동 <2018.6.26.>]

제120조 【규제의 재검토】 삭제 <2020.3.3.>

제10장 벌칙 <신설 2013.5.31>

제121조 【과태료의 부과기준】 법 제113조제1항부터 제3항까지의 규정에 따른 과태료의 부과기준은 별표 16과 같다. <개정 2017.2.3.>

[본조신설 2013.5.31.]

부칙<대통령령 제30145호, 2019.10.22.>

제1조(시행일) 이 영은 2019년 10월 24일부터 시행한다. 다만, 다음 각 호의 개정규정은 다음 각 호의 구분에 따른 날부터 시행한다.

1. 제14조제4항의 개정규정: 공포 후 3개월이 경과한 날
2. 제56조제1항 각 호 외의 부분 및 같은 조 제2항의 개정규정: 2020년 8월 15일

제2조(용도변경에 관한 적용례) 제19조제3항제4호의 개정규정은 이 영 시행 이후 법 제11조에 따른 건축허가를 신청(허가를 신청하기 위해 법 제4조의2제1항에 따라 건축위원회에 심의를 신청하는 경우를 포함한다)하거나 법 제14조에 따른 건축신고를 하는 경우부터 적용한다.

제3조(주요구조부 등의 내화구조에 관한 경과조치) 부칙 제1조제2호에 따른 시행일 전에 법 제11조에 따른 건축허가 또는 대수선허가의 신청(건축허가 또는 대수선허가를 신청하기 위해 법 제4조의2제1항에 따라 건축위원회에 심의를 신청한 경우를 포함한다), 법 제14조에 따른 건축신고, 법 제19조에 따른 용도변경 허가의 신청 또는 용도변경 신고를 한 경우에는 제56조제2항의 개정규정에도 불구하고 종전의 규정에 따른다.

부칙<대통령령 제30626호, 2020.4.21.>

제1조(시행일) 이 영은 공포 후 6개월이 경과한 날부터 시행한다. 다만, 제115조의 개정규정은 2020년 4월 24일부터 시행한다.

제2조(공사감리에 관한 적용례) 제19조제6항의 개정규정은 이 영 시행 이후 법 제21조에 따라 착공신고를 하는 경우부터 적용한다.

제3조(실내건축에 관한 적용례) 제61조의2제3호의 개정규정은 이 영 시행 전에 실내건축을 설치·시공한 건축물에 대해서도 적용한다. 이 경우 이 영 시행일부터 1

년 이내에 법 제52조의2제2항에 따른 실내건축의 구조·시공방법 등에 관한 기준에 적합하도록 해야 한다.

제4조(건폐율 산정에 관한 적용례) 제119조제3항의 개정규정은 이 영 시행 이후 법 제11조에 따른 건축허가를 신청(허가를 신청하기 위하여 법 제4조의2제1항에 따라 건축위원회에 심의를 신청하는 경우를 포함한다)하거나 법 제14조에 따른 건축신고를 하는 경우부터 적용한다.

제5조(지방건축위원회 심의에 관한 경과조치) 이 영 시행 전에 법 제4조의2제1항에 따라 지방건축위원회에 심의를 신청한 경우에는 제5조의5제1항제6호, 제8호 및 같은 조 제6항제2호자목의 개정규정에도 불구하고 종전의 규정에 따른다.

부칙<대통령령 제30645호, 2020.4.28.> (건축물관리법 시행령)

제1조(시행일) 이 영은 2020년 5월 1일부터 시행한다.

제2조 생략

제3조(다른 법령의 개정) ① 생략

② 건축법 시행령 일부를 다음과 같이 개정한다.

제2조제1호 및 제3호 중 "철거"를 각각 "해체"로 한다.

제21조 중 "철거"를 "해체"로 한다.

제23조, 제23조의2부터 제23조의7까지, 제115조의5, 제116조, 제116조의2 및 제116조의3을 각각 삭제한다.

제118조제3항 본문 중 "제29조, 제35조제1항"을 "제29조"로, "제79조, 제81조"를 "제79조"로 한다.

별표 15 제3호를 삭제한다.

별표 16 제2호아목, 자목 및 타목을 각각 삭제한다.

③ 및 ④ 생략

제4조 생략

부칙<대통령령 제31100호, 2020.10.8.>

제1조(시행일) 이 영은 2020년 10월 8일부터 시행한다. 다만, 다음 각 호의 개정규정은 각 호의 구분에 따른 날부터 시행한다.

1. 제15조제6항제1호가목, 제46조제2항제3호, 제51조제2항제2호다목 및 제53조제1항제3호부터 제6호까지의 개정규정: 공포 후 6개월이 경과한 날
2. 대통령령 제30030호 건축법 시행령 일부개정령 제46조제1항, 제46조제4항제4호·제5호, 제62조제1항제3호, 제64조의 개정규정 및 부칙 제5조: 2021년 8월 7일
3. 제61조제1항의 개정규정(같은 항 제3호는 제외한다): 공포 후 3개월이 경과한 날

제2조(건축기준 등의 강화에 관한 적용례) 다음 각 호의 개정규정은 각 호의 구분에 따른 시행일 이후 법 제11조에 따른 건축허가의 신청(건축허가를 신청하기 위하여 법 제4조의2제1항에 따라 건축위원회에 심의를 신청하는 경우를 포함한다), 법 제14조에 따른 건축신고 또는 법 제19조에 따른 용도변경 허가(같은 조에 따른 용도변경 신고 또는 건축물대장 기재내용의 변경신청을 포함한다)의 신청을 하는 경우부터 적용한다.

1. 방화문 구분에 관한 대통령령 제30030호 건축법 시행령 일부개정령 제46조제1항, 제46조제4항제4호, 제62조제1항제3호 및 제64조의 개정규정: 부칙 제1조제2호에 따른 시행일
2. 방화구획에 관한 제46조제2항제3호의 개정규정: 부칙 제1조제1호에 따른 시행일
3. 산후조리원에 관한 제51조제2항제2호다목 및 제53조제1항제3호의 개정규정: 부칙 제1조제1호에 따른 시행일
4. 건축물 내부 마감재료에 관한 제61조제1항의 개정규정(같은 항 제3호는 제외한다): 부칙 제1조제3호에 따른 시행일

제3조(가설건축물 축조에 관한 적용례) 제15조제6항제1호가목의 개정규정은 부칙 제1조제1호에 따른 시행일 이후 제15조제5항제2호 또는 제14호에 따른 가설건축물에 대해 법 제20조에 따른 건축허가의 신청 또는 축조신고를 하는 경우부터 적용한다.

제4조(과태료 부과기준에 관한 경과조치) 이 영 시행 전에 받은 과태료 부과처분은 별표 16 제2호라목의 개정규정에 따른 위반행위의 횟수 산정에 포함한다.

제5조(다른 법령의 개정) 화재예방, 소방시설 설치·유지 및 안전관리에 관한 법률 시행령을 다음과 같이 개정한다.

제17조제1항제2호를 다음과 같이 한다.

2. 기존 부분과 증축 부분이 「건축법 시행령」 제46조제1항제2호에 따른 방화문 또는 자동방화셔터로 구획되어 있는 경우

부칙<대통령령 제31270호, 2020.12.15.>

제1조(시행일) 이 영은 공포 후 6개월이 경과한 날부터 시행한다. 다만, 제118조제1항제2호 및 제3호의 개정

규정은 공포 후 3개월이 경과한 날부터 시행한다.

제2조(공작물 축조신고에 관한 적용례) 제118조제1항제2호 및 제3호의 개정규정은 부칙 제1조 단서에 따른 시행일 이후 법 제83조제1항에 따른 공작물 축조신고를 하는 경우부터 적용한다.

제3조(다중주택 및 다중생활시설의 요건에 관한 적용례) 별표 1 제1호나목 및 같은 표 제4호거목의 개정규정은 이 영 시행 이후 법 제11조에 따른 건축허가의 신청(건축허가를 신청하기 위하여 법 제4조의2제1항에 따라 건축위원회에 심의를 신청하는 경우를 포함한다), 법 제14조에 따른 건축신고 또는 법 제19조에 따른 용도변경 허가(같은 조에 따른 용도변경 신고 또는 건축물대장 기재내용의 변경신청을 포함한다)의 신청을 하거나 같은 조 제3항 단서에 따른 용도변경을 하는 경우부터 적용한다.

부칙<대통령령 제31382호, 2021.1.8.>

제1조(시행일) 이 영은 2021년 1월 8일부터 시행한다. 다만, 다음 각 호의 개정규정은 각 호의 구분에 따른 날부터 시행한다.

1. 제20조의 개정규정: 공포 후 6개월이 경과한 날
2. 제40조제3항의 개정규정: 공포 후 3개월이 경과한 날

제2조(가설건축물의 존치기간 연장에 관한 적용례) 제15조의3의 개정규정은 이 영 시행 전에 법 제20조에 따라 건축허가를 받거나 축조신고의 수리가 된 가설건축물에 대해서도 적용한다.

제3조(옥상 출입문 비상문자동개폐장치에 관한 적용례) 제40조제3항의 개정규정은 부칙 제1조제2호에 따른 시행일 이후 법 제11조에 따른 건축허가의 신청(건축허가를 신청하기 위하여 법 제4조의2제1항에 따라 건축위원회에 심의를 신청하는 경우를 포함한다), 법 제14조에 따른 건축신고 또는 법 제19조에 따른 용도변경 허가(같은 조에 따른 용도변경 신고 또는 건축물대장 기재내용의 변경신청을 포함한다)의 신청을 하는 경우부터 적용한다.

제4조(특별건축구역의 특례사항 적용 대상 건축물에 관한 적용례) 별표 3의 개정규정은 이 영 시행 전에 법 제71조에 따라 지정된 특별건축구역에 대해서도 적용한다.

부칙<대통령령 제31668호, 2021.5.4.>

제1조(시행일) 이 영은 공포한 날부터 시행한다. 다만, 제61조제3항의 개정규정은 2021년 6월 23일부터 시행한다.

제2조(건축기준 강화 등에 따른 적용례) 다음 각 호의 개정규정은 각 호의 구분에 따른 날 이후 법 제11조에 따른 건축허가의 신청(건축허가를 신청하기 위하여 법 제4조의2제1항에 따라 건축위원회에 심의를 신청하는 경우를 포함한다), 법 제14조에 따른 건축신고 또는 법 제19조에 따른 용도변경 허가의 신청(같은 조에 따른 용도변경 신고 또는 건축물대장 기재내용의 변경신청을 포함한다)을 하는 경우부터 적용한다.

1. 방화성능을 갖춘 창호를 설치해야 하는 건축물에 관한 제61조제3항의 개정규정: 2021년 6월 23일
2. 제1종 근린생활시설에 관한 별표 1 제3호차목 및 같은 표 제20호자목의 개정규정: 공포한 날
3. 제2종 근린생활시설에 관한 별표 1 제4호너목2)의 개정규정: 공포한 날

부칙<대통령령 제31941호, 2021.8.10.>

제1조(시행일) 이 영은 공포 후 6개월이 경과한 날부터 시행한다. 다만, 제46조제5항제4호의 개정규정은 공포 후 1개월이 경과한 날부터 시행한다.

제2조(마감재료 설치공사에서의 건축사보 배치에 관한 적용례) 제19조제7항의 개정규정은 이 영 시행 이후 다음 각 호의 신청이나 신고를 하는 건축물의 마감재료 설치공사를 감리하는 경우부터 적용한다.

1. 법 제11조에 따른 건축허가(법 제16조에 따른 변경허가 및 변경신고는 제외한다)의 신청(건축허가를 신청하기 위해 법 제4조의2제1항에 따라 건축위원회에 심의를 신청하는 경우를 포함한다)
2. 법 제14조에 따른 건축신고(법 제16조에 따른 변경허가 및 변경신고는 제외한다)
3. 법 제19조에 따른 용도변경 허가의 신청(같은 조에 따른 용도변경 신고 또는 건축물대장 기재내용의 변경신청을 포함한다)

제3조(방화에 지장이 없는 내부 마감재료를 사용해야 하는 건축물에 관한 적용례) 제61조제1항제4호의 개정규정은 이 영 시행 이후 부칙 제2조 각 호에 따른 신청이나 신고를 하는 건축물의 내부 마감재료 설치

공사를 하는 경우부터 적용한다.

제4조(외벽에 방화에 지장이 없는 마감재료를 사용해야 하는 건축물에 관한 적용례) 제61조제2항제5호의 개정규정은 이 영 시행 이후 부칙 제2조 각 호에 따른 신청이나 신고를 하는 건축물의 외벽 마감재료 설치공사를 하는 경우부터 적용한다.

제5조(다른 법령의 개정) 지방세법 시행령 일부를 다음과 같이 개정한다.
제138조제2항제2호마목 중 "「건축법 시행령」 제61조제1항제4호다목에서 규정한" 을 "「건축법」 제52조의4제1항에 따른" 으로 한다.

부칙<대통령령 제32102호, 2021.11.2.>

제1조(시행일) 이 영은 공포한 날부터 시행한다. 다만, 제15조제7항의 개정규정은 공포 후 6개월이 경과한 날부터 시행한다.

제2조(건축면적 산정방법에 관한 적용례) 제119조제1항제2호가목6)의 개정규정은 이 영 시행 이후 다음 각 호의 신청이나 신고를 하는 건축물부터 적용한다.
1. 법 제11조에 따른 건축허가(법 제16조에 따른 변경허가 및 변경신고를 포함한다)의 신청(건축허가를 신청하기 위하여 법 제4조의2제1항에 따라 건축위원회에 심의를 신청하는 경우를 포함한다)
2. 법 제14조에 따른 건축신고(법 제16조에 따른 변경허가 및 변경신고를 포함한다)
3. 법 제19조에 따른 용도변경 허가의 신청(같은 조에 따른 용도변경 신고 또는 건축물대장 기재내용의 변경신청을 포함한다)

제3조(생활숙박시설의 요건에 관한 적용례) 별표 1 제15호가목의 개정규정은 이 영 시행 이후 부칙 제2조 각 호의 신청이나 신고를 하는 생활숙박시설부터 적용한다.

제4조(가설건축물 존치기간 연장에 관한 경과조치) 이 영 시행 전에 법 제20조제3항에 따라 축조신고를 한 가설건축물의 존치기간 연장에 관하여는 제15조제7항의 개정규정에도 불구하고 종전의 규정에 따른다.

제5조(공동주택의 채광 확보 거리에 관한 경과조치) ① 지방자치단체는 이 영 시행일부터 6개월이 되는 날까지 제86조제3항제2호나목의 개정규정에 따라 건축조례를 제정하거나 개정해야 한다.
② 제1항에 따라 건축조례가 제정되거나 개정되기 전까지는 종전의 건축조례를 적용한다.
③ 제1항에 따른 기한까지 건축조례가 제정되거나 개정되지 않은 경우의 공동주택 채광 확보 거리에 관하여는 제86조제3항제2호나목의 개정규정에 따른 거리기준(건축조례로 정하는 거리의 하한을 말한다)을 적용한다.

부칙<대통령령 제32241호, 2021.12.21.>

이 영은 2021년 12월 23일부터 시행한다.

부칙<대통령령 제32344호, 2022.1.18.>
(국토의 계획 및 이용에 관한 법률 시행령)

제1조(시행일) 이 영은 공포한 날부터 시행한다.

제2조(다른 법령의 개정) 건축법 시행령 일부를 다음과 같이 개정한다.
제6조의2제3항 각 호 외의 부분 중 "제93조의2" 를 "제93조의3" 으로 한다.

부칙<대통령령 제32411호, 2022.2.11.>
(주택법 시행령)

제1조(시행일) 이 영은 공포한 날부터 시행한다. <단서 생략>

제2조 생략

제3조(다른 법령의 개정) ① 건축법 시행령 일부를 다음과 같이 개정한다.
별표 1 제2호 각 목 외의 부분 본문 중 "원룸형" 을 "소형" 으로 한다.
② 및 ③ 생략

부칙<대통령령 제32614호, 2022.4.29.>

제1조(시행일) 이 영은 공포한 날부터 시행한다.

제2조(방화구획으로 구획하지 않을 수 있는 건축물의 부분에 관한 경과조치) 다음 각 호에 해당하는 건축물의 부분에 대한 방화구획 설치의무에 관하여는 제46조제2항제2호의 개정규정에도 불구하고 종전의 규정에 따른다.
1. 이 영 시행 전에 법 제11조에 따른 건축허가 또는 대수선허가(법 제16조에 따른 변경허가 및 변경신고를 포함한다)를 받았거나 신청(건축허가 또는 대수선허가를 신청하기 위하여 법 제4조의2제1

항에 따라 건축위원회에 심의를 신청한 경우를 포함한다)한 건축물

2. 이 영 시행 전에 법 제14조에 따라 건축신고(법 제16조에 따른 변경허가 및 변경신고를 포함한다)를 한 건축물
3. 이 영 시행 전에 법 제19조에 따라 용도변경 허가(같은 조에 따른 용도변경 신고 및 건축물대장 기재내용의 변경신청을 포함한다)를 받았거나 신청한 건축물

부칙<대통령령 제32825호, 2022.7.26.>
(건축사법 시행령)

제1조(시행일) 이 영은 2022년 8월 4일부터 시행한다.

제2조 및 제3조 생략

제3조(다른 법령의 개정) ① 및 ② 생략

③ 건축법 시행령 일부를 다음과 같이 개정한다.

제19조제11항 중 "「건축사법」에 따른 건축사협회 중에서 국토교통부장관이 지정하는 건축사협회"를 "「건축사법」 제31조에 따른 대한건축사협회"로 하고, 같은 조 제12항 중 "건축사협회"를 "대한건축사협회"로 한다.

④ 및 ⑤ 생략

부칙<대통령령 제33004호, 2022.11.29.>
(소방시설 설치 및 관리에 관한 법률 시행령)

제1조(시행일) 이 영은 2022년 12월 1일부터 시행한다. <단서 생략>

제2조 부터 제15조까지 생략

제16조(다른 법령의 개정) ① 생략

② 건축법 시행령 일부를 다음과 같이 개정한다.

제10조제1항제21호 중 "「화재예방, 소방시설 설치·유지 및 안전관리에 관한 법률」 제7조"를 "「소방시설 설치 및 관리에 관한 법률」 제6조"로 한다

제40조제3항 중 "「화재예방, 소방시설 설치·유지 및 안전관리에 관한 법률」 제39조제1항"을 "「소방시설 설치 및 관리에 관한 법률」 제40조제1항"으로 한다.

제109조제2항 중 "「화재예방, 소방시설 설치·유지 및 안전관리에 관한 법률」 제9조 및 제11조"를 "「소방시설 설치 및 관리에 관한 법률」 제12조 및 제13조"로 한다.

③부터 ㊴까지 생략

제17조 생략

부칙<대통령령 제33023호, 2022.12.6.>
(도서관법 시행령)

제1조(시행일) 이 영은 2022년 12월 8일부터 시행한다.

제2조 부터 제4조까지 생략

제5조(다른 법령의 개정) ① 생략

② 건축법 시행령 일부를 다음과 같이 개정한다.

별표 1 제1호 각 목 외의 부분 중 "「도서관법」 제2조제4호가목"을 "「도서관법」 제4조제2항제1호가목"으로 한다.

③부터 ㉕까지 생략

제6조 생략

부칙<대통령령 제33249호, 2023.2.14.>

제1조(시행일) 이 영은 공포한 날부터 시행한다.

제2조(기숙사의 요건에 관한 적용례) 별표 1 제2호라목 1)·2) 외의 부분 의 개정규정은 이 영 시행 이후 다음 각 호의 신청이나 신고를 하는 경우부터 적용한다.

1. 법 제11조에 따른 건축허가의 신청(건축허가를 신청하기 위해 법 제4조의2제1항에 따라 건축위원회에 심의를 신청하는 경우를 포함한다)
2. 법 제14조에 따른 건축신고
3. 법 제19조에 따른 용도변경허가의 신청(같은 조에 따른 용도변경신고 또는 건축물대장 기재내용의 변경신청을 포함한다)
4. 제1호부터 제3호까지의 규정에 따른 허가나 신고가 의제되는 다른 법률에 따른 허가·인가·승인 등의 신청 또는 신고

제3조(기존 기숙사 등의 용도분류에 관한 경과조치) ① 이 영 시행 당시 종전의 별표 1 제2호라목에 따른 기숙사에 해당하는 용도의 건축물은 별표 1 제2호라목1)의 개정규정에 따른 일반기숙사에 해당하는 용도의 건축물로 본다.

② 이 영 시행 전에 종전의 별표 1 제2호라목에 따른 기숙사의 용도로 사용하기 위하여 부칙 제2조 각 호의 신청이나 신고를 한 경우에는 별표 1 제2호라목1)의 개정규정에 따른 일반기숙사의 용도로 사용하기 위하여 신청이나 신고를 한 것으로 본다.

부칙<대통령령 제33435호, 2023.4.27.> (동물보호법 시행령)

제1조(시행일) 이 영은 공포한 날부터 시행한다. <단서 생략>

제2조 부터 제7조까지 생략

제8조(다른 법령의 개정) ① 생략
② 건축법 시행령 일부를 다음과 같이 개정한다.
별표 1 제4호차목 중 "「동물보호법」 제32조제1항제6호"를 "「동물보호법」 제73조제1항제2호"로 한다.
③부터 ⑦까지 생략

제9조 생략

부칙<대통령령 제33466호, 2023.5.15.>

제1조(시행일) 이 영은 2023년 5월 16일부터 시행한다.

제2조(기존 교정 및 군사 시설의 용도분류에 관한 경과조치) ① 이 영 시행 당시 종전의 별표 1 제23호(라목은 제외한다)에 따른 교정 및 군사 시설에 해당하는 용도의 건축물은 별표 1 제23호의 개정규정에 따른 교정시설에 해당하는 용도의 건축물로 본다.
② 이 영 시행 당시 종전의 별표 1 제23호라목에 따른 국방·군사시설에 해당하는 용도의 건축물은 별표 1 제23호의2의 개정규정에 따른 국방·군사시설에 해당하는 용도의 건축물로 본다.

제3조(다른 법령의 개정) ① ~ ⑩ 생략

부칙<대통령령 제33717호, 2023.9.12.>

제1조(시행일) 이 영은 공포한 날부터 시행한다. 다만, 다음 각 호의 사항은 각 호의 구분에 따른 날부터 시행한다.
1. 제19조제11항부터 제13항까지의 개정규정: 공포 후 6개월이 경과한 날
2. 제119조제1항제3호거목의 개정규정: 공포 후 1년이 경과한 날

제2조(대피공간의 설치 등에 관한 적용례) 제46조제4항 및 제5항의 개정규정은 이 영 시행 이후 다음 각 호의 신청이나 신고를 하는 경우부터 적용한다.
1. 법 제11조에 따른 건축허가(법 제16조에 따른 변경허가 및 변경신고를 포함한다)의 신청(건축허가를 신청하기 위해 법 제4조의2제1항에 따라 건축위원회에 심의를 신청하는 경우를 포함한다)
2. 법 제14조에 따른 건축신고(법 제16조에 따른 변경허가 및 변경신고를 포함한다)
3. 제1호 및 제2호에 따른 허가나 신고가 의제되는 다른 법률에 따른 허가·인가·승인 등의 신청 또는 신고

제3조(일조 등의 확보를 위한 건축물의 높이 제한에 관한 적용례) 제86조제1항 각 호의 개정규정은 같은 항 각 호 외의 부분에 따른 건축조례가 제정되거나 개정된 이후 부칙 제2조 각 호의 신청이나 신고를 하는 경우부터 적용한다.

제4조(대피공간의 바닥면적 산정 기준에 관한 적용례) 제119조제1항제3호거목의 개정규정은 부칙 제1조제2호에 따른 시행일 이후 다음 각 호의 신청이나 신고를 하는 경우부터 적용한다.
1. 법 제11조에 따른 건축허가(법 제16조에 따른 변경허가 및 변경신고는 제외한다)의 신청(건축허가를 신청하기 위해 법 제4조의2제1항에 따라 건축위원회에 심의를 신청하는 경우를 포함한다)
2. 법 제14조에 따른 건축신고(법 제16조에 따른 변경허가 및 변경신고는 제외한다)
3. 제1호 및 제2호에 따른 허가나 신고가 의제되는 다른 법률에 따른 허가·인가·승인 등의 신청 또는 신고

제5조(바닥면적의 산입 제외에 관한 적용례) 제119조제1항제3호너목의 개정규정은 이 영 시행 이후 부칙 제2조 각 호의 신청이나 신고를 하는 경우부터 적용한다.

제6조(동물병원 등의 용도분류에 관한 적용례) 별표 1 제3호카목 및 같은 표 제4호차목의 개정규정은 이 영 시행 이후 다음 각 호의 신청이나 신고를 하는 경우부터 적용한다.
1. 법 제11조에 따른 건축허가(법 제16조에 따른 변경허가 및 변경신고는 제외한다)의 신청(건축허가를 신청하기 위해 법 제4조의2제1항에 따라 건축위원회에 심의를 신청하는 경우를 포함한다)
2. 법 제14조에 따른 건축신고(법 제16조에 따른 변경허가 및 변경신고는 제외한다)
3. 법 제19조에 따른 용도변경허가의 신청(같은 조에 따른 용도변경신고 또는 건축물대장 기재내용의 변경신청을 포함한다)
4. 제1호 및 제2호에 따른 허가나 신고가 의제되는 다른 법률에 따른 허가·인가·승인 등의 신청 또는 신고

[별표 1] 〈개정 2020.10.8., 2021.5.4., 2021.11.2., 2022.2.11., 2022.12.6., 2023.2.14., 2023.9.12〉

용도별 건축물의 종류(제3조의5 관련)

1. **단독주택**[단독주택의 형태를 갖춘 가정어린이집 · 공동생활가정 · 지역아동센터 · 공동육아나눔터(「아이돌봄 지원법」 제19조에 따른 공동육아나눔터를 말한다. 이하 같다) · 작은도서관(「도서관법」 제4조제2항제1호가목에 따른 작은도서관을 말하며, 해당 주택의 1층에 설치한 경우만 해당한다. 이하 같다) 및 노인복지시설(노인복지주택은 제외한다)을 포함한다] 〈개정 2020.10.8., 2020.12.15., 2021.11.2., 2022.12.6〉
  가. 단독주택
  나. 다중주택: 다음의 요건을 모두 갖춘 주택을 말한다.
    1) 학생 또는 직장인 등 여러 사람이 장기간 거주할 수 있는 구조로 되어 있는 것
    2) 독립된 주거의 형태를 갖추지 않은 것(각 실별로 욕실은 설치할 수 있으나, 취사시설은 설치하지 않은 것을 말한다.)
    3) 1개 동의 주택으로 쓰이는 바닥면적(부설 주차장 면적은 제외한다. 이하 같다)의 합계가 660제곱미터 이하이고 주택으로 쓰는 층수(지하층은 제외한다)가 3개 층 이하일 것. 다만, 1층의 전부 또는 일부를 필로티 구조로 하여 주차장으로 사용하고 나머지 부분을 주택(주거 목적으로 한정한다) 외의 용도로 쓰는 경우에는 해당 층을 주택의 층수에서 제외한다. 〈개정 2021.11.2.〉
    4) 적정한 주거환경을 조성하기 위하여 건축조례로 정하는 실별 최소 면적, 창문의 설치 및 크기 등의 기준에 적합할 것 〈신설 2020.12.15.〉
  다. 다가구주택: 다음의 요건을 모두 갖춘 주택으로서 공동주택에 해당하지 아니하는 것을 말한다.
    1) 주택으로 쓰는 층수(지하층은 제외한다)가 3개 층 이하일 것. 다만, 1층의 전부 또는 일부를 필로티 구조로 하여 주차장으로 사용하고 나머지 부분을 주택(주거 목적으로 한정한다) 외의 용도로 쓰는 경우에는 해당 층을 주택의 층수에서 제외한다. 〈개정 2021.11.2〉
    2) 1개 동의 주택으로 쓰이는 바닥면적의 합계가 660제곱미터 이하일 것
    3) 19세대(대지 내 동별 세대수를 합한 세대를 말한다) 이하가 거주할 수 있을 것
  라. 공관(公館)

2. **공동주택**[공동주택의 형태를 갖춘 가정어린이집 · 공동생활가정 · 지역아동센터 · 공동육아나눔터 · 작은도서관 · 노인복지시설(노인복지주택은 제외한다) 및 「주택법 시행령」 제10조제1항제1호에 따른 소형 주택을 포함한다]. 다만, 가목이나 나목에서 층수를 산정할 때 1층 전부를 필로티 구조로 하여 주차장으로 사용하는 경우에는 필로티 부분을 층수에서 제외하고, 다목에서 층수를 산정할 때 1층의 전부 또는 일부를 필로티 구조로 하여 주차장으로 사용하고 나머지 부분을 주택(주거 목적으로 한정한다) 외의 용도로 쓰는 경우에는 해당 층을 주택의 층수에서 제외하며, 가목부터 라목까지의 규정에서 층수를 산정할 때 지하층을 주택의 층수에서 제외한다. 〈개정 2018.9.4., 2020.10.8., 2021.5.4., 2021.11.2., 2022.2.11., 2023.2.14〉
  가. 아파트: 주택으로 쓰는 층수가 5개 층 이상인 주택
  나. 연립주택: 주택으로 쓰는 1개 동의 바닥면적(2개 이상의 동을 지하주차장으로 연결하는 경우에는 각각의 동으로 본다) 합계가 660제곱미터를 초과하고, 층수가 4개 층 이하인 주택
  다. 다세대주택: 주택으로 쓰는 1개 동의 바닥면적 합계가 660제곱미터 이하이고, 층수가 4개 층 이하인 주택(2개 이상의 동을 지하주차장으로 연결하는 경우에는 각각의 동으로 본다)
  라. 기숙사: 다음의 어느 하나에 해당하는 건축물로서 공간의 구성과 규모 등에 관하여 국토교통부장관이 정하여 고시하는 기준에 적합한 것. 다만, 구분소유된 개별 실(室)은 제외한다.
    1) 일반기숙사: 학교 또는 공장 등의 학생 또는 종업원 등을 위하여 사용하는 것으로서 해당 기숙사의 공동취사시설 이용 세대 수가 전체 세대 수(건축물의 일부를 기숙사로 사용하는 경우에는 기숙사로 사용하는 세대 수로 한다. 이하 같다)의 50퍼센트 이상인 것(「교육기본법」 제27조제2항에 따른 학생복지주택을 포함한다)
    2) 임대형기숙사: 「공공주택 특별법」 제4조에 따른 공공주택사업자 또는 「민간임대주택에 관한 특별법」 제2조제7호에 따른 임대사업자가 임대사업에 사용하는 것으로서 임대 목적으로 제공하는 실이 20실 이상이고 해당 기숙사의 공동취사시설 이용 세대 수가 전체 세대 수의 50퍼센트 이상인 것

3. **제1종 근린생활시설** 〈개정 2018.9.4., 2019.10.22., 2021.5.4., 2023.9.12.〉
가. 식품 · 잡화 · 의류 · 완구 · 서적 · 건축자재 · 의약품 · 의료기기 등 일용품을 판매하는 소매점으로서 같은 건축물(하나의 대지에 두 동 이상의 건축물이 있는 경우에는 이를 같은 건축물로 본다. 이하 같다)에 해당 용도로 쓰는 바닥면적의 합계가 1천 제곱미터 미만인 것
나. 휴게음식점, 제과점 등 음료 · 차(茶) · 음식 · 빵 · 떡 · 과자 등을 조리하거나 제조하여 판매하는 시설(제4호너목 또는 제17호에 해당하는 것은 제외한다)로서 같은 건축물에 해당 용도로 쓰는 바닥면적의 합계가 300제곱미터 미만인 것
다. 이용원, 미용원, 목욕장, 세탁소 등 사람의 위생관리나 의류 등을 세탁 · 수선하는 시설(세탁소의 경우 공장에 부설되는 것과 「대기환경보전법」, 「물환경보전법」 또는 「소음 · 진동관리법」에 따른 배출시설의 설치 허가 또는 신고의 대상인 것은 제외한다)
라. 의원, 치과의원, 한의원, 침술원, 접골원(接骨院), 조산원, 안마원, 산후조리원 등 주민의 진료 · 치료 등을 위한 시설
마. 탁구장, 체육도장으로서 같은 건축물에 해당 용도로 쓰는 바닥면적의 합계가 500제곱미터 미만인 것

바. 지역자치센터, 파출소, 지구대, 소방서, 우체국, 방송국, 보건소, 공공도서관, 건강보험공단 사무소 등 주민의 편의를 위하여 공공업무를 수행하는 시설로서 같은 건축물에 해당 용도로 쓰는 바닥면적의 합계가 1천 제곱미터 미만인 것
사. 마을회관, 마을공동작업소, 마을공동구판장, 공중화장실, 대피소, 지역아동센터(단독주택과 공동주택에 해당하는 것은 제외한다) 등 주민이 공동으로 이용하는 시설
아. 변전소, 도시가스배관시설, 통신용 시설(해당 용도로 쓰는 바닥면적의 합계가 1천제곱미터 미만인 것에 한정한다), 정수장, 양수장 등 주민의 생활에 필요한 에너지공급 · 통신서비스제공이나 급수 · 배수와 관련된 시설
자. 금융업소, 사무소, 부동산중개사무소, 결혼상담소 등 소개업소, 출판사 등 일반업무시설로서 같은 건축물에 해당 용도로 쓰는 바닥면적의 합계가 30제곱미터 미만인 것
차. 전기자동차 충전소(해당 용도로 쓰는 바닥면적의 합계가 1천제곱미터 미만인 것으로 한정한다) 〈신설 2021.5.4.〉
카. 동물병원, 동물미용실 및 「동물보호법」 제73조제1항제2호에 따른 동물위탁관리업을 위한 시설로서 같은 건축물에 해당 용도로 쓰는 바닥면적의 합계가 300제곱미터 미만인 것 〈신설 2023.9.12.〉

4. **제2종 근린생활시설** 〈개정 2019.10.22., 2020.10.8., 2020.12.15, 2021.5.4., 2023.4.27., 2023.9.12.〉
가. 공연장(극장, 영화관, 연예장, 음악당, 서커스장, 비디오물감상실, 비디오물소극장, 그 밖에 이와 비슷한 것을 말한다. 이하 같다)으로서 같은 건축물에 해당 용도로 쓰는 바닥면적의 합계가 500제곱미터 미만인 것
나. 종교집회장[교회, 성당, 사찰, 기도원, 수도원, 수녀원, 제실(祭室), 사당, 그 밖에 이와 비슷한 것을 말한다. 이하 같다]으로서 같은 건축물에 해당 용도로 쓰는 바닥면적의 합계가 500제곱미터 미만인 것
다. 자동차영업소로서 같은 건축물에 해당 용도로 쓰는 바닥면적의 합계가 1천제곱미터 미만인 것
라. 서점(제1종 근린생활시설에 해당하지 않는 것)
마. 총포판매소
바. 사진관, 표구점
사. 청소년게임제공업소, 복합유통게임제공업소, 인터넷컴퓨터게임시설제공업소, 가상현실체험 제공업소, 그 밖에 이와 비슷한 게임 및 체험 관련 시설로서 같은 건축물에 해당 용도로 쓰는 바닥면적의 합계가 500제곱미터 미만인 것 〈개정 2021.5.4〉
아. 휴게음식점, 제과점 등 음료 · 차(茶) · 음식 · 빵 · 떡 · 과자 등을 조리하거나 제조하여 판매하는 시설(너목 또는 제17호에 해당하는 것은 제외한다)로서 같은 건축물에 해당 용도로 쓰는 바닥면적의 합계가 300제곱미터 이상인 것
자. 일반음식점
차. 장의사, 동물병원, 동물미용실, 「동물보호법」 제73조제1항제2호에 따른 동물위탁관리업을 위한 시설, 그 밖에 이와 유사한 것(제1종 근린생활시설에 해당하는 것은 제외한다) 〈개정 2023.4.27., 2023.9.12〉
카. 학원(자동차학원 · 무도학원 및 정보통신기술을 활용하여 원격으로 교습하는 것은 제외한다), 교습소(자동차교습 · 무도교습 및 정보통신기술을 활용하여 원격으로 교습하는 것은 제외한다), 직업훈련소(운전 · 정비 관련 직업훈련소는 제외한다)로서 같은 건축물에 해당 용도로 쓰는 바닥면적의 합계가 500제곱미터 미만인 것
타. 독서실, 기원

파. 테니스장, 체력단련장, 에어로빅장, 볼링장, 당구장, 실내낚시터, 골프연습장, 놀이형시설(「관광진흥법」에 따른 기타유원시설업의 시설을 말한다. 이하 같다) 등 주민의 체육 활동을 위한 시설(제3호마목의 시설은 제외한다)로서 같은 건축물에 해당 용도로 쓰는 바닥면적의 합계가 500제곱미터 미만인 것
하. 금융업소, 사무소, 부동산중개사무소, 결혼상담소 등 소개업소, 출판사 등 일반업무시설로서 같은 건축물에 해당 용도로 쓰는 바닥면적의 합계가 500제곱미터 미만인 것(제1종 근린생활시설에 해당하는 것은 제외한다)
거. 다중생활시설[「다중이용업소의 안전관리에 관한 특별법」에 따른 다중이용업 중 고시원업의 시설로서 국토교통부장관이 고시하는 기준과 그 기준에 위배되지 않는 범위에서 적정한 주거환경을 조성하기 위하여 건축조례로 정하는 실별 최소 면적, 창문의 설치 및 크기 등의 기준에 적합한 것을 말한다. 이하 같다]로서 같은 건축물에 해당 용도로 쓰는 바닥면적의 합계가 500제곱미터 미만인 것
너. 제조업소, 수리점 등 물품의 제조·가공·수리 등을 위한 시설로서 같은 건축물에 해당 용도로 쓰는 바닥면적의 합계가 500제곱미터 미만이고, 다음 요건 중 어느 하나에 해당하는 것
 1) 「대기환경보전법」, 「물환경보전법」 또는 「소음·진동관리법」에 따른 배출시설의 설치 허가 또는 신고의 대상이 아닌 것
 2) 「물환경보전법」 제33조제1항 본문에 따라 폐수배출시설의 설치 허가를 받거나 신고해야 하는 시설로서 발생되는 폐수를 전량 위탁처리하는 것 〈개정 2021.5.4〉
더. 단란주점으로서 같은 건축물에 해당 용도로 쓰는 바닥면적의 합계가 150제곱미터 미만인 것
러. 안마시술소, 노래연습장

5. 문화 및 집회시설
가. 공연장으로서 제2종 근린생활시설에 해당하지 아니하는 것
나. 집회장[예식장, 공회당, 회의장, 마권(馬券) 장외 발매소, 마권 전화투표소, 그 밖에 이와 비슷한 것을 말한다]으로서 제2종 근린생활시설에 해당하지 아니하는 것
다. 관람장(경마장, 경륜장, 경정장, 자동차 경기장, 그 밖에 이와 비슷한 것과 체육관 및 운동장으로서 관람석의 바닥면적의 합계가 1천 제곱미터 이상인 것을 말한다)
라. 전시장(박물관, 미술관, 과학관, 문화관, 체험관, 기념관, 산업전시장, 박람회장, 그 밖에 이와 비슷한 것을 말한다)
마. 동·식물원(동물원, 식물원, 수족관, 그 밖에 이와 비슷한 것을 말한다)

6. 종교시설
가. 종교집회장으로서 제2종 근린생활시설에 해당하지 아니하는 것
나. 종교집회장(제2종 근린생활시설에 해당하지 아니하는 것을 말한다)에 설치하는 봉안당(奉安堂)

7. 판매시설
가. 도매시장(「농수산물유통 및 가격안정에 관한 법률」에 따른 농수산물도매시장, 농수산물공판장, 그 밖에 이와 비슷한 것을 말하며, 그 안에 있는 근린생활시설을 포함한다)
나. 소매시장(「유통산업발전법」 제2조제3호에 따른 대규모 점포 그 밖에 이와 비슷한 것을 말하며, 그 안에 있는 근린생활시설을 포함한다)
다. 상점(그 안에 있는 근린생활시설을 포함한다)으로서 다음의 요건 중 어느 하나에 해당하는 것
 1) 제3호가목에 해당하는 용도(서점은 제외한다)로서 제1종 근린생활시설에 해당하지 아니하는 것
 2) 「게임산업진흥에 관한 법률」 제2조제6호의2가목에 따른 청소년게임제공업의 시설, 같은 호 나목에 따른 일반게임제공업의 시설, 같은 조 제7호에 따른 인터넷컴퓨터게임시설제공업의 시설 및 같은 조 제8호에 따른 복합유통게임제공업의 시설로서 제2종 근린생활시설에 해당하지 아니하는 것

8. 운수시설 〈개정 2018.9.4.〉
가. 여객자동차터미널
나. 철도시설
다. 공항시설
라. 항만시설
마. 그 밖에 가목부터 라목까지의 규정에 따른 시설과 비슷한 시설〈신설 2018.9.4〉

9. **의료시설**
가. 병원(종합병원, 병원, 치과병원, 한방병원, 정신병원 및 요양병원을 말한다)
나. 격리병원(전염병원, 마약진료소, 그 밖에 이와 비슷한 것을 말한다)

10. **교육연구시설**(제2종 근린생활시설에 해당하는 것은 제외한다)
가. 학교(유치원, 초등학교, 중학교, 고등학교, 전문대학, 대학, 대학교, 그 밖에 이에 준하는 각종 학교를 말한다)
나. 교육원(연수원, 그 밖에 이와 비슷한 것을 포함한다)
다. 직업훈련소(운전 및 정비 관련 직업훈련소는 제외한다)
라. 학원(자동차학원 · 무도학원 및 정보통신기술을 활용하여 원격으로 교습하는 것은 제외한다)
마. 연구소(연구소에 준하는 시험소와 계측계량소를 포함한다)
바. 도서관

11. **노유자시설**
가. 아동 관련 시설(어린이집, 아동복지시설, 그 밖에 이와 비슷한 것으로서 단독주택, 공동주택 및 제1종 근린생활시설에 해당하지 아니하는 것을 말한다)
나. 노인복지시설(단독주택과 공동주택에 해당하지 아니하는 것을 말한다)
다. 그 밖에 다른 용도로 분류되지 아니한 사회복지시설 및 근로복지시설

12. **수련시설** 〈개정 2016.2.11〉
가. 생활권 수련시설(「청소년활동진흥법」에 따른 청소년수련관, 청소년문화의집, 청소년특화시설, 그 밖에 이와 비슷한 것을 말한다)
나. 자연권 수련시설(「청소년활동진흥법」에 따른 청소년수련원, 청소년야영장, 그 밖에 이와 비슷한 것을 말한다)
다. 「청소년활동진흥법」에 따른 유스호스텔
라. 「관광진흥법」에 따른 야영장 시설로서 제29호에 해당하지 아니하는 시설

13. **운동시설**
가. 탁구장, 체육도장, 테니스장, 체력단련장, 에어로빅장, 볼링장, 당구장, 실내낚시터, 골프연습장, 놀이형 시설, 그 밖에 이와 비슷한 것으로서 제1종 근린생활시설 및 제2종 근린생활시설에 해당하지 아니하는 것
나. 체육관으로서 관람석이 없거나 관람석의 바닥면적이 1천제곱미터 미만인 것
다. 운동장(육상장, 구기장, 볼링장, 수영장, 스케이트장, 롤러스케이트장, 승마장, 사격장, 궁도장, 골프장 등과 이에 딸린 건축물을 말한다)으로서 관람석이 없거나 관람석의 바닥면적이 1천 제곱미터 미만인 것

14. **업무시설** 〈개정 2016.7.19.〉
가. 공공업무시설: 국가 또는 지방자치단체의 청사와 외국공관의 건축물로서 제1종 근린생활시설에 해당하지 아니하는 것
나. 일반업무시설: 다음 요건을 갖춘 업무시설을 말한다.
1) 금융업소, 사무소, 결혼상담소 등 소개업소, 출판사, 신문사, 그 밖에 이와 비슷한 것으로서 제1종 근린생활시설 및 제2종 근린생활시설에 해당하지 않는 것
2) 오피스텔(업무를 주로 하며, 분양하거나 임대하는 구획 중 일부 구획에서 숙식을 할 수 있도록 한 건축물로서 국토교통부장관이 고시하는 기준에 적합한 것을 말한다)

15. **숙박시설** 〈개정 2021.5.4., 2021.11.2〉
가. 일반숙박시설 및 생활숙박시설(「공중위생관리법」 제3조제1항 전단에 따라 숙박업 신고를 해야 하는 시설로서 국토교통부장관이 정하여 고시하는 요건을 갖춘 시설을 말한다) 〈개정 2021.5.4., 2021.11.2〉
나. 관광숙박시설(관광호텔, 수상관광호텔, 한국전통호텔, 가족호텔, 호스텔, 소형호텔, 의료관광호텔 및 휴양 콘도미니엄)
다. 다중생활시설(제2종 근린생활시설에 해당하지 아니하는 것을 말한다) 〈개정 2014.3.24.〉
라. 그 밖에 가목부터 다목까지의 시설과 비슷한 것

16. 위락시설
가. 단란주점으로서 제2종 근린생활시설에 해당하지 아니하는 것
나. 유흥주점이나 그 밖에 이와 비슷한 것
다. 「관광진흥법」에 따른 유원시설업의 시설, 그 밖에 이와 비슷한 시설(제2종 근린생활시설과 운동시설에 해당하는 것은 제외한다)
라. 삭제 〈2010.2.18〉
마. 무도장, 무도학원
바. 카지노영업소

17. 공장
물품의 제조·가공[염색·도장(塗裝)·표백·재봉·건조·인쇄 등을 포함한다] 또는 수리에 계속적으로 이용되는 건축물로서 제1종 근린생활시설, 제2종 근린생활시설, 위험물저장 및 처리시설, 자동차 관련 시설, 자원순환 관련 시설 등으로 따로 분류되지 아니한 것

18. 창고시설(위험물 저장 및 처리 시설 또는 그 부속용도에 해당하는 것은 제외한다)
가. 창고(물품저장시설로서 「물류정책기본법」에 따른 일반창고와 냉장 및 냉동 창고를 포함한다)
나. 하역장
다. 「물류시설의 개발 및 운영에 관한 법률」에 따른 물류터미널
라. 집배송 시설

19. 위험물 저장 및 처리 시설 〈개정 2018.9.4.〉
「위험물안전관리법」, 「석유 및 석유대체연료 사업법」, 「도시가스사업법」, 「고압가스 안전관리법」, 「액화석유가스의 안전관리 및 사업법」, 「총포·도검·화약류 등 단속법」, 「화학물질 관리법」 등에 따라 설치 또는 영업의 허가를 받아야 하는 건축물로서 다음 각 목의 어느 하나에 해당하는 것. 다만, 자가난방·자가발전, 그 밖에 이와 비슷한 목적으로 쓰는 저장시설은 제외한다.
가. 주유소(기계식 세차설비를 포함한다) 및 석유 판매소
나. 액화석유가스 충전소·판매소·저장소(기계식 세차설비를 포함한다)
다. 위험물 제조소·저장소·취급소
라. 액화가스 취급소·판매소
마. 유독물 보관·저장·판매시설
바. 고압가스 충전소·판매소·저장소
사. 도료류 판매소
아. 도시가스 제조시설
자. 화약류 저장소
차. 그 밖에 가목부터 자목까지의 시설과 비슷한 것

20. 자동차 관련 시설(건설기계 관련 시설을 포함한다) 〈개정 2021.5.4〉
가. 주차장
나. 세차장
다. 폐차장
라. 검사장
마. 매매장
바. 정비공장
사. 운전학원 및 정비학원(운전 및 정비 관련 직업훈련시설을 포함한다)
아. 「여객자동차 운수사업법」, 「화물자동차 운수사업법」 및 「건설기계관리법」에 따른 차고 및 주기장(駐機場)
자. 전기자동차 충전소로서 제1종 근린생활시설에 해당하지 않는 것 〈신설 2021.5.4〉

21. 동물 및 식물 관련 시설 〈개정 2018.9.4.〉
가. 축사[양잠·양봉·양어·양돈·양계·곤충사육 시설 및 부화장 등을 포함한다]
나. 가축시설[가축용 운동시설, 인공수정센터, 관리사(管理舍), 가축용 창고, 가축시장, 동물검역소, 실험동물 사육시설, 그 밖에 이와 비슷한 것을 말한다]

다. 도축장
라. 도계장
마. 작물 재배사
바. 종묘배양시설
사. 화초 및 분재 등의 온실
아. 동물 또는 식물과 관련된 가목부터 사목까지의 시설과 비슷한 것(동 · 식물원은 제외한다)

22. 자원순환 관련 시설 〈개정 2014.3.24.〉
가. 하수 등 처리시설
나. 고물상
다. 폐기물재활용시설
라. 폐기물 처분시설
마. 폐기물감량화시설

23. 교정시설(제1종 근린생활시설에 해당하는 것은 제외한다) 〈개정 2023.5.15〉
가. 교정시설(보호감호소, 구치소 및 교도소를 말한다)
나. 갱생보호시설, 그 밖에 범죄자의 갱생 · 보육 · 교육 · 보건 등의 용도로 쓰는 시설
다. 소년원 및 소년분류심사원
라. 삭제 〈2023.5.15.〉

23의2. 국방 · 군사시설(제1종 근린생활시설에 해당하는 것은 제외한다) 〈신설 2023.5.15〉
「국방 · 군사시설 사업에 관한 법률」에 따른 국방 · 군사시설

24. 방송통신시설(제1종 근린생활시설에 해당하는 것은 제외한다) 〈개정 2018.9.4.〉
가. 방송국(방송프로그램 제작시설 및 송신 · 수신 · 중계시설을 포함한다)
나. 전신전화국
다. 촬영소
라. 통신용 시설
마. 데이터센터
바. 그 밖에 가목부터 마목까지의 시설과 비슷한 것

25. 발전시설
발전소(집단에너지 공급시설을 포함한다)로 사용되는 건축물로서 제1종 근린생활시설에 해당하지 아니하는 것

26. 묘지 관련 시설 〈개정 2017.2.3.〉
가. 화장시설
나. 봉안당(종교시설에 해당하는 것은 제외한다)
다. 묘지와 자연장지에 부수되는 건축물
라. 동물화장시설, 동물건조장(乾燥葬)시설 및 동물 전용의 납골시설 〈신설 2017.2.3〉

27. 관광 휴게시설
가. 야외음악당
나. 야외극장
다. 어린이회관
라. 관망탑
마. 휴게소
바. 공원 · 유원지 또는 관광지에 부수되는 시설

28. 장례시설 〈개정 2017.2.3.〉
가. 장례식장.[의료시설의 부수시설(「의료법」 제36조제1호에 따른 의료기관의 종류에 따른 시설을 말한다)에 해당하는 것은 제외한다]
나. 동물 전용의 장례식장 〈신설 2017.2.3〉

29. 야영장시설 〈신설 2016.2.11.〉

「관광진흥법」에 따른 야영장 시설로서 관리동, 화장실, 샤워실, 대피소, 취사시설 등의 용도로 쓰는 바닥면적의 합계가 300제곱미터 미만인 것

※ 비고 〈개정 2016.7.19., 2018.9.4.〉

1. 제3호 및 제4호에서 "해당 용도로 쓰는 바닥면적"이란 부설 주차장 면적을 제외한 실(實) 사용면적에 공용부분 면적(복도, 계단, 화장실 등의 면적을 말한다)을 비례 배분한 면적을 합한 면적을 말한다.
2. 비고 제1호에 따라 "해당 용도로 쓰는 바닥면적"을 산정할 때 건축물의 내부를 여러 개의 부분으로 구분하여 독립한 건축물로 사용하는 경우에는 그 구분된 면적 단위로 바닥면적을 산정한다. 다만, 다음 각 목에 해당하는 경우에는 각 목에서 정한 기준에 따른다.
   가. 제4호더목에 해당하는 건축물의 경우에는 내부가 여러 개의 부분으로 구분되어 있더라도 해당 용도로 쓰는 바닥면적을 모두 합산하여 산정한다.
   나. 동일인이 둘 이상의 구분된 건축물을 같은 세부 용도로 사용하는 경우에는 연접되어 있지 않더라도 이를 모두 합산하여 산정한다.
   다. 구분 소유자(임차인을 포함한다)가 다른 경우에도 구분된 건축물을 같은 세부 용도로 연계하여 함께 사용하는 경우(통로, 창고 등을 공동으로 활용하는 경우 또는 명칭의 일부를 동일하게 사용하여 홍보하거나 관리하는 경우 등을 말한다)에는 연접되어 있지 않더라도 연계하여 함께 사용하는 바닥면적을 모두 합산하여 산정한다.
3. 「청소년 보호법」 제2조제5호가목8) 및 9)에 따라 여성가족부장관이 고시하는 청소년 출입 · 고용금지업의 영업을 위한 시설은 제1종 근린생활시설 및 제2종 근린생활시설에서 제외하되, 위 표에 따른 다른 용도의 시설로 분류되지 않는 경우에는 제16호에 따른 위락시설로 분류한다.
4. 국토교통부장관은 별표 1 각 호의 용도별 건축물의 종류에 관한 구체적인 범위를 정하여 고시할 수 있다.

[별표 2] 〈개정 2015.9.22, 2016.7.19., 2021.11.2〉

대지의 공지 기준(제80조의2 관련)

1. 건축선으로부터 건축물까지 띄어야 하는 거리

대상 건축물	건축조례에서 정하는 건축기준
가. 해당 용도로 쓰는 바닥면적의 합계가 500제곱미터 이상인 공장(전용공업지역, 일반공업지역 또는 「산업입지 및 개발에 관한 법률」에 따른 산업단지에 건축하는 공장은 제외한다)으로서 건축조례로 정하는 건축물	·준공업지역: 1.5미터 이상 6미터 이하 ·준공업지역 외의 지역: 3미터 이상 6미터 이하
나. 해당 용도로 쓰는 바닥면적의 합계가 500제곱미터 이상인 창고(전용공업지역, 일반공업지역 또는 「산업입지 및 개발에 관한 법률」에 따른 산업단지에 건축하는 창고는 제외한다)로서 건축조례로 정하는 건축물	·준공업지역: 1.5미터 이상 6미터 이하 ·준공업지역 외의 지역: 3미터 이상 6미터 이하
다. 해당 용도로 쓰는 바닥면적의 합계가 1,000제곱미터 이상인 판매시설, 숙박시설(일반숙박시설은 제외한다), 문화 및 집회시설(전시장 및 동·식물원은 제외한다) 및 종교시설	·3미터 이상 6미터 이하
라. 다중이 이용하는 건축물로서 건축조례로 정하는 건축물	·3미터 이상 6미터 이하
마. 공동주택	·아파트: 2미터 이상 6미터 이하 ·연립주택: 2미터 이상 5미터 이하 ·다세대주택: 1미터 이상 4미터 이하
바. 그 밖에 건축조례로 정하는 건축물	·1미터 이상 6미터 이하(한옥의 경우에는 처마선 2미터 이하, 외벽선 1미터 이상 2미터 이하)

2. 인접 대지경계선으로부터 건축물까지 띄어야 하는 거리

대상 건축물	건축조례에서 정하는 건축기준
가. 전용주거지역에 건축하는 건축물(공동주택은 제외한다)	·1미터 이상 6미터 이하(한옥의 경우에는 처마선 2미터 이하, 외벽선 1미터 이상 2미터 이하)
나. 해당 용도로 쓰는 바닥면적의 합계가 500제곱미터 이상인 공장(전용공업지역, 일반공업지역 또는 「산업입지 및 개발에 관한 법률」에 따른 산업단지에 건축하는 공장은 제외한다)으로서 건축조례로 정하는 건축물	·준공업지역: 1미터 이상 6미터 이하 ·준공업지역 외의 지역: 1.5미터 이상 6미터 이하
다. 상업지역이 아닌 지역에 건축하는 건축물로서 해당 용도로 쓰는 바닥면적의 합계가 1,000제곱미터 이상인 판매시설, 숙박시설(일반숙박시설은 제외한다), 문화 및 집회시설(전시장 및 동·식물원은 제외한다) 및 종교시설	·1.5미터 이상 6미터 이하
라. 다중이 이용하는 건축물(상업지역에 건축하는 건축물로서 스프링클러나 그 밖에 이와 비슷한 자동식 소화설비를 설치한 건축물은 제외한다)로서 건축조례로 정하는 건축물	·1.5미터 이상 6미터 이하
마. 공동주택(상업지역에 건축하는 공동주택으로서 스프링클러나 그 밖에 이와 비슷한 자동식 소화설비를 설치한 공동주택은 제외한다)	·아파트: 2미터 이상 6미터 이하 ·연립주택: 1.5미터 이상 5미터 이하 ·다세대주택: 0.5미터 이상 4미터 이하
바. 그 밖에 건축조례로 정하는 건축물	·0.5미터 이상 6미터 이하(한옥의 경우에는 처마선 2미터 이하, 외벽선 1미터 이상 2미터 이하)

※ 비고 〈개정 2021.11.2〉

1) 제1호가목 및 제2호나목에 해당하는 건축물 중 법 제11조에 따른 허가를 받거나 법 제14조에 따른 신고를 하고 2009년 7월 1일부터 2015년 6월 30일까지, 2016년 7월 1일부터 2019년 6월 30일까지 또는 2021년 11월 2일부터 2024년 11월 1일까지 법 제21조에 따른 착공신고를 하는 건축물에 대해서는 건축조례로 정하는 건축기준을 2분의 1로 완화하여 적용한다.
2) 제1호에 해당하는 건축물(별표 1 제1호, 제2호 및 제17호부터 제19호까지의 건축물은 제외한다)이 너비가 20미터 이상인 도로를 포함하여 2개 이상의 도로에 접한 경우로서 너비가 20미터 이상인 도로(도로와 접한 공공공지 및 녹지를 포함한다)면에 접한 건축물에 대해서는 건축선으로부터 건축물까지 띄어야 하는 거리를 적용하지 않는다.
3) 제1호에 따른 건축물의 부속용도에 해당하는 건축물에 대해서는 주된 용도에 적용되는 대지의 공지기준 범위에서 건축조례로 정하는 바에 따라 완화하여 적용할 수 있다. 다만, 최소 0.5미터 이상은 띄어야 한다.

[별표 3] 〈개정 2010.12.13., 2021.1.8〉

특별건축구역의 특례사항 적용 대상 건축물(제106조제2항 관련)

용도	규모(연면적, 세대 또는 동)
1. 문화 및 집회시설, 판매시설, 운수시설, 의료시설, 교육연구시설, 수련시설	2천제곱미터 이상
2. 운동시설, 업무시설, 숙박시설, 관광휴게시설, 방송통신시설	3천제곱미터 이상
3. 종교시설	-
4. 노유자시설	5백제곱미터 이상
5. 공동주택(주거용 외의 용도와 복합된 건축물을 포함한다)	100세대 이상
6. 단독주택 가. 「한옥 등 건축자산의 진흥에 관한 법률」 제2조제2호 또는 제3호의 한옥 또는 한옥건축양식의 단독주택 나. 그 밖의 단독주택	1) 10동 이상 2) 30동 이상
7. 그 밖의 용도	1천제곱미터 이상

비고

1. 위 표의 용도에 해당하는 건축물은 허가권자가 인정하는 비슷한 용도의 건축물을 포함한다.
2. 용도가 복합된 건축물의 경우에는 해당 용도의 연면적 합계가 기준 연면적을 합한 값 이상이어야 한다. 이 경우 공동주택과 주거용 외의 용도가 복합된 건축물의 경우에는 각각 해당 용도의 연면적 또는 세대 기준에 적합하여야 한다.
3. 위 표 제6호가목의 건축물에는 허가권자가 인정하는 범위에서 단독주택 외의 용도로 쓰는 한옥 또는 한옥건축양식의 건축물을 일부 포함할 수 있다. <신설 2021.1.8.>

[별표 4] ~ [별표 14] 삭제 〈2000.6.27〉

[별표 15] <개정 2019.8.6., 2020.4.28., 2020.10.8.>

이행강제금의 산정기준(제115조의2제2항 관련)

위반건축물	해당 법조문	이행강제금의 금액
1. 허가를 받지 않거나 신고를 하지 않고 제3조의2제8호에 따른 증설 또는 해체로 대수선을 한 건축물	법 제11조, 법 제14조	시가표준액의 100분의 10에 해당하는 금액
1호의2. 허가를 받지 아니하거나 신고를 하지 아니하고 용도변경을 한 건축물	법 제19조	허가를 받지 아니하거나 신고를 하지 아니하고 용도변경을 한 부분의 시가표준액의 100분의 10에 해당하는 금액
2. 사용승인을 받지 아니하고 사용 중인 건축물	법 제22조	시가표준액의 100분의 2에 해당하는 금액
3. 대지의 조경에 관한 사항을 위반한 건축물 <신설 2020.10.8.>	법 제42조	시가표준액(조경의무를 위반한 면적에 해당하는 바닥면적의 시가표준액)의 100분의 10에 해당하는 금액
4. 건축선에 적합하지 아니한 건축물	법 제47조	시가표준액의 100분의 10에 해당하는 금액
5. 구조내력기준에 적합하지 아니한 건축물	법 제48조	시가표준액의 100분의 10에 해당하는 금액
6. 피난시설, 건축물의 용도·구조의 제한, 방화구획, 계단, 거실의 반자 높이, 거실의 채광·환기와 바닥의 방습 등이 법령등의 기준에 적합하지 아니한 건축물	법 제49조	시가표준액의 100분의 10에 해당하는 금액
7. 내화구조 및 방화벽이 법령등의 기준에 적합하지 아니한 건축물	법 제50조	시가표준액의 100분의 10에 해당하는 금액
8. 방화지구 안의 건축물에 관한 법령등의 기준에 적합하지 아니한 건축물	법 제51조	시가표준액의 100분의 10에 해당하는 금액
9. 법령등에 적합하지 않은 마감재료를 사용한 건축물	법 제52조	시가표준액의 100분의 10에 해당하는 금액
10. 높이 제한을 위반한 건축물	법 제60조	시가표준액의 100분의 10에 해당하는 금액
11. 일조 등의 확보를 위한 높이제한을 위반한 건축물	법 제61조	시가표준액의 100분의 10에 해당하는 금액
12. 건축설비의 설치·구조에 관한 기준과 그 설계 및 공사감리에 관한 법령 등의 기준을 위반한 건축물	법 제62조	시가표준액의 100분의 10에 해당하는 금액
13. 그 밖에 이 법 또는 이 법에 따른 명령이나 처분을 위반한 건축물		시가표준액의 100분의 3 이하로서 위반행위의 종류에 따라 건축조례로 정하는 금액(건축조례로 규정하지 아니한 경우에는 100분의 3으로 한다)

[별표 16] <개정 2018.6.26., 2019.2.12., 2020.4.28., 2020.10.8., 2021.5.4., 2021.12.21>

과태료의 부과기준(제121조 관련)

1. 일반기준

가. 위반행위의 횟수에 따른 과태료의 가중된 부과기준은 최근 1년간 같은 위반행위로 과태료 부과처분을 받은 경우에 적용한다. 이 경우 기간의 계산은 위반행위에 대하여 과태료 부과처분을 받은 날과 그 처분 후 다시 같은 위반행위를 하여 적발된 날을 기준으로 한다. <개정 2020.10.8.>

나. 과태료 부과 시 위반행위가 둘 이상인 경우에는 부과금액이 많은 과태료를 부과한다.

다. 부과권자는 위반행위의 정도, 동기와 그 결과 등을 고려하여 제2호에 따른 과태료 금액의 2분의 1 범위에서 그 금액을 늘릴 수 있다. 다만, 과태료를 늘려 부과하는 경우에도 법 제113조제1항 및 제2항에 따른 과태료 금액의 상한을 넘을 수 없다.

라. 부과권자는 다음의 어느 하나에 해당하는 경우에는 제2호에 따른 과태료 금액의 2분의 1 범위에서 그 금액을 줄일 수 있다. 다만, 과태료를 체납하고 있는 위반행위자의 경우에는 그 금액을 줄일 수 없으며, 감경 사유가 여러 개 있는 경우라도 감경의 범위는 과태료 금액의 2분의 1을 넘을 수 없다.

1) 삭제 <2020.10.8>
2) 위반행위가 사소한 부주의나 오류 등으로 인한 것으로 인정되는 경우
3) 위반행위자가 법 위반상태를 바로 정정하거나 시정하여 해소한 경우
4) 그 밖에 위반행위의 정도, 동기와 그 결과 등을 고려하여 줄일 필요가 있다고 인정되는 경우

2. 개별기준

(단위: 만원)

위반행위	근거 법조문	과태료 금액		
		1차 위반	2차 위반	3차 이상 위반
가. 법 제19조제3항에 따른 건축물대장 기재내용의 변경을 신청하지 않은 경우	법 제113조 제1항제1호	50	100	200
나. 법 제24조제2항을 위반하여 공사현장에 설계도서를 갖추어 두지 않는 경우	법 제113조 제1항제2호	50	100	200
다. 법 제24조제5항을 위반하여 건축허가 표지판을 설치하지 않는 경우	법 제113조 제1항제3호	50	100	200
라. 법 제24조제6항 후단을 위반하여 공정 및 안전 관리 업무를 수행하지 않거나 공사현장을 이탈한 경우 <개정 2020.10.8.>	법 제113조 제3항	20	30	50
마. 법 제52조의3제2항 및 제52조의6제4항에 따른 점검을 거부·방해 또는 기피한 경우	법 제113조 제1항제4호	50	100	200
바. 공사감리자가 법 제25조제4항을 위반하여 보고를 하지 않는 경우	법 제113조 제2항제1호	30	60	100
사. 법 제27조제2항에 따른 보고를 하지 않는 경우	법 제113조 제2항제2호	30	60	100
아. 삭제 <2020.4.28.>				
자. 삭제 <2020.4.28.>				
차. 법 제48조의3제1항 본문에 따른 공개를 하지 아니한 경우	법 제113조 제1항제5호	50	100	200
카. 건축주, 소유자 또는 관리자가 법 제77조제2항을 위반하여 모니터링에 필요한 사항에 협조하지 않는 경우	법 제113조 제2항제6호	30	60	100
타. 삭제 <2020.4.28.>				
파. 법 제87조제1항에 따른 자료의 제출 또는 보고를 하지 않거나 거짓 자료를 제출하거나 거짓 보고를 한 경우	법 제113조 제2항제9호	30	60	100

3. 건축법 시행규칙

[국토교통부령 제1268호 일부개정 2023.11.1./시행 2023.11.1., 2024.3.13.]

제　　정 1962. 5. 4 경제기획원령 제 11호
전부개정 1982.10.30 건 설 부 령 제340호
전부개정 1992. 6. 1 건설교통부령 제504호
일부개정 2018. 6.15 국토교통부령 제524호
일부개정 2018.11.29 국토교통부령 제562호
일부개정 2019.11.18 국토교통부령 제671호
일부개정 2020.10.28 국토교통부령 제774호
일부개정 2021. 1. 8 국토교통부령 제806호
일부개정 2021. 6.25 국토교통부령 제862호
타법개정 2021. 8.27 국토교통부령 제882호
일부개정 2021.12.31 국토교통부령 제935호
타법개정 2022. 2.11 국토교통부령 제1107호
일부개정 2022.11. 2 국토교통부령 제1158호
일부개정 2023. 6. 9 국토교통부령 제1224호
일부개정 2023.11. 1 국토교통부령 제1268호

제1조 【목적】 이 규칙은 「건축법」 및 「건축법 시행령」에서 위임된 사항과 그 시행에 필요한 사항을 규정함을 목적으로 한다. <개정 2012.12.12>

제1조의2 【설계도서의 범위】 「건축법」(이하 "법"이라 한다) 제2조제14호에서 "그 밖에 국토교통부령으로 정하는 공사에 필요한 서류"란 다음 각 호의 서류를 말한다. <개정 2013.3.23>
1. 건축설비계산 관계서류
2. 토질 및 지질 관계서류
3. 기타 공사에 필요한 서류

제2조 【중앙건축위원회의 운영 등】 ① 법 제4조제1항 및 「건축법 시행령」(이하 "영"이라 한다) 제5조의4에 따라 국토교통부에 두는 건축위원회(이하 "중앙건축위원회"라 한다)의 회의는 다음 각 호에 따라 운영한다. <개정 2016.1.13.>
1. 중앙건축위원회의 위원장은 중앙건축위원회의 회의를 소집하고, 그 의장이 된다.
2. 중앙건축위원회의 회의는 구성위원(위원장과 위원장이 회의 시마다 확정하는 위원을 말한다) 과반수의 출석으로 개의(開議)하고, 출석위원 과반수의 찬성으로 조사·심의·조정 또는 재정(이하 "심의등"이라 한다)을 의결한다.
3. 중앙건축위원회의 위원장은 업무수행을 위하여 필요하다고 인정하는 경우에는 관계 전문가를 중앙건축위원회의 회의에 출석하게 하여 발언하게 하거나 관계 기관·단체에 대하여 자료를 요구할 수 있다.
4. 중앙건축위원회는 심의신청 접수일부터 30일 이내에 심의를 마쳐야 한다. 다만, 심의요청서 보완 등 부득이한 사정이 있는 경우에는 20일의 범위에서 연장할 수 있다.

② 중앙건축위원회의 회의에 출석한 위원에 대하여는 예산의 범위에서 수당 및 여비를 지급할 수 있다. 다만, 공무원인 위원이 그의 소관 업무와 직접적으로 관련하여 출석하는 경우에는 그러하지 아니하다.
③ 중앙건축위원회의 심의등 관련 서류는 심의등의 완료 후 2년간 보존하여야 한다. <신설 2016.1.13.>
④ 중앙건축위원회에 회의록 작성 등 중앙건축위원회의 사무를 처리하기 위하여 간사를 두되, 간사는 국토교통부의 건축정책업무 담당 과장이 된다. <신설 2016.1.13.>
⑤ 이 규칙에서 규정한 사항 외에 중앙건축위원회의 운영에 필요한 사항은 중앙건축위원회의 의결을 거쳐 위원장이 정한다. <개정 2016.1.13.>
[전문개정 2012.12.12.]

제2조의2 【중앙건축위원회의 심의등의 결과 통보】 국토교통부장관은 중앙건축위원회가 심의등을 의결한 날부터 7일 이내에 심의등을 신청한 자에게 그 심의등의 결과를 서면으로 알려야 한다. <개정 2013.3.23.>
[본조신설 2012.12.12][종전 제2조의2는 제2조의3으로 이동<2012.12.12>]

제2조의3 【전문위원회의 구성등】 ① 삭제 <1999.5.11.>
② 법 제4조제2항에 따라 중앙건축위원회에 구성되는 전문위원회(이하 이 조에서 "전문위원회"라 한다)는 중앙건축위원회의 위원 중 5인 이상 15인 이하의 위원으로 구성한다.
③ 전문위원회의 위원장은 전문위원회의 위원중에서 국토교통부장관이 임명 또는 위촉하는 자가 된다. <개정 2013.3.23.>
④ 전문위원회의 운영에 관하여는 제2조제1항 및 제2항을 준용한다. 이 경우 "중앙건축위원회"는 각각 "전문위원회"로 본다. <개정 2012.12.12.>
[제2조의2에서 이동, 종전 제2조의3은 삭제 <2012.12.12.>]

제2조의4 【지방건축위원회 심의 신청 등】 ① 법 제4조의2제1항 및 제3항에 따라 건축물을 건축하거나 대수선하려는 자는 특별시·광역시·특별자치시·도·특별자치도 및 시·군·구(자치구를 말한다. 이하 같다)에 두는 건축위원회(이하 "지방건축위원회"라 한다)의 심의

또는 재심의를 신청하려는 경우에는 별지 제1호서식의 건축위원회 심의(재심의)신청서에 영 제5조의5제6항제2호자목에 따른 간략설계도서를 첨부(심의를 신청하는 경우에 한정한다)하여 제출하여야 한다.

② 영 제6조의3제2항 및 제4항에 따라 구조 안전에 관한 지방건축위원회의 심의 또는 재심의를 신청할 때에는 별지 제1호의5서식의 건축위원회 구조 안전 심의(재심의) 신청서에 별표 1의2에 따른 서류를 첨부(재심의를 신청하는 경우는 제외한다)하여 제출하여야 한다. <신설 2015.7.7.>

③ 법 제4조의2제2항 및 제4항에 따라 특별시장·광역시장·특별자치시장·도지사·특별자치도지사(이하 "시·도지사"라 한다) 또는 시장·군수·구청장(자치구의 구청장을 말한다. 이하 같다)은 지방건축위원회의 심의 또는 재심의를 완료한 날부터 14일 이내에 그 심의 또는 재심의 결과를 심의 또는 재심의를 신청한 자에게 통보하여야 한다. <개정 2015.7.7.>

[본조신설 2014.11.28.][종전 제2조의4는 제2조의5로 이동 <2014.11.28.>]

제2조의5【적용의 완화】 영 제6조제2항제2호나목에서 "국토교통부령으로 정하는 규모 및 범위"란 다음 각 호의 구분에 따른 증축을 말한다. <개정 2016.7.20., 2016.8.12., 2022.2.11>

1. 증축의 규모는 다음 각 목의 기준에 따라야 한다.
   가. 연면적의 증가
      1) 공동주택이 아닌 건축물로서 「주택법 시행령」 제10조제1항제1호에 따른 소형 주택으로의 용도 변경을 위하여 증축되는 건축물 및 공동주택: 건축위원회의 심의에서 정한 범위 이내일 것.
      2) 그 외의 건축물: 기존 건축물 연면적 합계의 10분의 1의 범위에서 건축위원회의 심의에서 정한 범위 이내일 것. 다만, 영 제6조제1항제6호가목에 따른 리모델링 활성화 구역은 기존 건축물의 연면적 합계의 10분의 3의 범위에서 건축위원회 심의에서 정한 범위 이내일 것.
   나. 건축물의 층수 및 높이의 증가: 건축위원회 심의에서 정한 범위 이내일 것.
   다. 「주택법」 제15조에 따른 사업계획승인 대상인 공동주택 세대수의 증가: 가목에 따라 증축 가능한 연면적의 범위에서 기존 세대수의 100분의 15를 상한으로 건축위원회 심의에서 정한 범위 이내일 것
2. 증축할 수 있는 범위는 다음 각 목의 구분에 따른다.
   가. 공동주택
      1) 승강기·계단 및 복도
      2) 각 세대 내의 노대·화장실·창고 및 거실
      3) 「주택법」에 따른 부대시설
      4) 「주택법」에 따른 복리시설
      5) 기존 공동주택의 높이·층수 또는 세대수
   나. 가목 외의 건축물
      1) 승강기·계단 및 주차시설
      2) 노인 및 장애인 등을 위한 편의시설
      3) 외부벽체
      4) 통신시설·기계설비·화장실·정화조 및 오수처리시설
      5) 기존 건축물의 높이 및 층수
      6) 법 제2조제1항제6호에 따른 거실

[전문개정 2010.8.5][제2조의4에서 이동<2014.11.28.>]

제3조【기존건축물에 대한 특례】 영 제6조의2제1항제3호에서 "국토교통부령으로 정하는 경우"란 다음 각 호의 어느 하나에 해당하는 경우를 말한다. <개정 2014.10.15>

1. 법률 제3259호「준공미필건축물 정리에 관한 특별조치법」, 법률 제3533호「특정건축물 정리에 관한 특별조치법」, 법률 제6253호「특정건축물 정리에 관한 특별조치법」, 법률 제7698호 「특정건축물 정리에 관한 특별조치법」 및 법률 제11930호 「특정건축물 정리에 관한 특별조치법」에 따라 준공검사필증 또는 사용승인서를 교부받은 사실이 건축물대장에 기재된 경우
2. 「도시 및 주거환경정비법」에 의한 주거환경개선사업의 준공인가증을 교부받은 경우
3. 「공유토지분할에 관한 특례법」에 의하여 분할된 경우
4. 대지의 일부 토지소유권에 대하여 「민법」 제245조에 따라 소유권이전등기가 완료된 경우
5. 「지적재조사에 관한 특별법」에 따른 지적재조사사업으로 새로운 지적공부가 작성된 경우

제4조【건축에 관한 입지 및 규모의 사전결정신청시 제출서류】 법 제10조제1항 및 제2항에 따른 사전결정을 신청하는 자는 별지 제1호의2서식의 사전결정신청서에 다음 각 호의 도서를 첨부하여 법 제11조제1항에 따른 허가권자(이하 "허가권자"라 한다)에게 제출하여야 한다. <개정 2016.1.13., 2016.1.27.>

1. 영 제5조의5제6항제2호자목에 따라 제출되어야 하는 간략설계도서(법 제10조제2항에 따라 사전결정신청과 동시에 건축위원회의 심의를 신청하는 경우만 해당한다)

2. 「도시교통정비 촉진법」에 따른 교통영향평가서의 검토를 위하여 같은 법에서 제출하도록 한 서류(법 제10조제2항에 따라 사전결정신청과 동시에 교통영향평가서의 검토를 신청하는 경우만 해당됩니다)
3. 「환경정책기본법」에 따른 사전환경성검토를 위하여 같은 법에서 제출하도록 한 서류(법 제10조제1항에 따라 사전결정이 신청된 건축물의 대지면적 등이 「환경정책기본법」에 따른 사전환경성검토 협의대상인 경우만 해당한다)
4. 법 제10조제6항 각 호의 허가를 받거나 신고 또는 협의를 하기 위하여 해당법령에서 제출하도록 한 서류(해당사항이 있는 경우만 해당한다)
5. 별표 2 중 건축계획서(에너지절약계획서, 노인 및 장애인을 위한 편의시설 설치계획서는 제외한다) 및 배치도(조경계획은 제외한다)

제5조 【건축에 관한 입지 및 규모의 사전결정서 등】 ① 허가권자는 법 제10조제4항에 따라 사전결정을 한 후 별지 제1호의3서식의 사전결정서를 사전결정일부터 7일 이내에 사전결정을 신청한 자에게 송부하여야 한다. <개정 2014.11.28.>
②제1항에 따른 사전결정서에는 법·영 또는 해당지방자치단체의 건축에 관한 조례(이하 "건축조례"라 한다) 등(이하 "법령등"이라 한다)에의 적합 여부와 법 제10조제6항에 따른 관계법률의 허가·신고 또는 협의 여부를 표시하여야 한다. <개정 2012.12.12.>

제6조 【건축허가 등의 신청】 ① 법 제11조제1항·제3항, 제20조제1항, 영 제9조제1항 및 제15조제8항에 따라 건축물의 건축·대수선 허가 또는 가설건축물의 건축허가를 받으려는 자는 별지 제1호의4서식의 건축·대수선·용도변경 (변경)허가 신청서에 다음 각 호의 서류를 첨부하여 허가권자에게 제출(전자문서로 제출하는 것을 포함한다)해야 한다. 이 경우 허가권자는 「전자정부법」 제36조제1항에 따른 행정정보의 공동이용(이하 "행정정보의 공동이용"이라 한다)을 통해 제1호의2의 서류 중 토지등기사항증명서를 확인해야 한다. <개정 2015.10.5., 2016.7.20., 2016.8.12., 2017.1.19., 2018.11.29., 2019.11.18., 2021.6.25., 2021.12.31., 2023.6.9>
1. 건축할 대지의 범위에 관한 서류
1의2. 건축할 대지의 소유에 관한 권리를 증명하는 서류. 다만, 다음 각 목의 경우에는 그에 따른 서류로 갈음할 수 있다.
가. 건축할 대지에 포함된 국유지 또는 공유지에 대해서는 허가권자가 해당 토지의 관리청과 협의하여 그 관리청이 해당 토지를 건축주에게 매각하거나 양여할 것을 확인한 서류
나. 집합건물의 공용부분을 변경하는 경우에는 「집합건물의 소유 및 관리에 관한 법률」 제15조제1항에 따른 결의가 있었음을 증명하는 서류
다. 분양을 목적으로 하는 공동주택을 건축하는 경우에는 그 대지의 소유에 관한 권리를 증명하는 서류. 다만, 법 제11조에 따라 주택과 주택 외의 시설을 동일 건축물로 건축하는 건축허가를 받아 「주택법 시행령」 제27조제1항에 따른 호수 또는 세대수 이상으로 건설·공급하는 경우 대지의 소유권에 관한 사항은 「주택법」 제21조를 준용한다.
1의3. 법 제11조제11항제1호에 해당하는 경우에는 건축할 대지를 사용할 수 있는 권원을 확보하였음을 증명하는 서류
1의4. 법 제11조제11항제2호 및 영 제9조의2제1항 각 호의 사유에 해당하는 경우에는 다음 각 목의 서류
가. 건축물 및 해당 대지의 공유자 수의 100분의 80 이상의 서면동의서: 공유자가 자필로 서명하는 서면동의의 방법으로 하며, 주민등록증, 여권 등 신원을 확인할 수 있는 신분증명서의 사본을 첨부해야 한다. 다만, 공유자가 해외에 장기체류하거나 법인인 경우 등 불가피한 사유가 있다고 허가권자가 인정하는 경우에는 공유자가 인감도장을 날인하거나 서명한 서면동의서에 해당 인감증명서나 「본인서명사실 확인 등에 관한 법률」 제2조제3호에 따른 본인서명사실확인서 또는 같은 법 제7조제7항에 따른 전자본인서명확인서의 발급증을 첨부하는 방법으로 할 수 있다. <개정 2023.6.9>
나. 가목에 따라 동의한 공유자의 지분 합계가 전체 지분의 100분의 80 이상임을 증명하는 서류
다. 영 제9조의2제1항 각 호의 어느 하나에 해당함을 증명하는 서류
라. 해당 건축물의 개요
1의5. 제5조에 따른 사전결정서(법 제10조에 따라 건축에 관한 입지 및 규모의 사전결정서를 받은 경우만 해당한다)
2. 별표 2의 설계도서(법 제10조에 따른 사전결정을 받은 경우에는 건축계획서 및 배치도를 제외한다). 다만, 법 제23조제4항에 따른 표준설계도서에 따라 건축하는 경우에는 건축계획서 및 배치도만 해당한다.
3. 법 제11조제5항 각 호에 따른 허가등을 받거나

신고를 하기 위하여 해당 법령에서 제출하도록 의무화하고 있는 신청서 및 구비서류(해당 사항이 있는 경우로 한정한다)

4. 별지 제27호의12서식에 따른 결합건축협정서(해당 사항이 있는 경우로 한정한다) <개정 2021.12.31>

② 법 제11조제3항 단서에서 "국토교통부령으로 정하는 신청서 및 구비서류"란 별표 2의 설계도서 중 구조도 및 구조계산서를 말한다. <신설 2021.6.25.>

③ 법 제16조제1항 및 영 제12조제1항에 따라 변경허가를 받으려는 자는 별지 제1호의4서식의 건축·대수선·용도변경 (변경)허가 신청서에 변경하려는 부분에 대한 변경 전·후의 설계도서와 제1항 각 호에서 정하는 관계 서류 중 변경이 있는 서류를 첨부하여 허가권자에게 제출(전자문서로 제출하는 것을 포함한다)해야 한다. 이 경우 허가권자는 행정정보의 공동이용을 통해 제1항제1호의2의 서류 중 토지등기사항증명서를 확인해야 한다. <신설 2018.11.29, 2019.11.18., 2021.6.25>

④ 삭제 <1999.5.11.>

[제목개정 2018.11.29.]

제7조【건축허가의 사전승인】 ① 법 제11조제2항에 따라 건축허가사전승인 대상건축물의 건축허가에 관한 승인을 받으려는 시장·군수는 허가 신청일부터 15일 이내에 다음 각 호의 구분에 따른 도서를 도지사에게 제출(전자문서로 제출하는 것을 포함한다)하여야 한다. <개정 2016.7.20.>

1. 법 제11조제2항제1호의 경우 : 별표 3의 도서
2. 법 제11조제2항제2호 및 제3호의 경우 : 별표 3의 2의 도서

② 제1항의 규정에 의하여 사전승인의 신청을 받은 도지사는 승인요청을 받은 날부터 50일 이내에 승인여부를 시장·군수에게 통보(전자문서에 의한 통보를 포함한다)하여야 한다. 다만, 건축물의 규모가 큰 경우등 불가피한 경우에는 30일의 범위내에서 그 기간을 연장할 수 있다.

제8조【건축허가서 등】 ① 영 제9조제2항에 따른 건축허가서 및 영 제15조제9항에 따른 가설건축물 건축허가서는 별지 제2호서식과 같다.

② 제6조제3항에 따라 신청을 받은 허가권자가 법 제16조에 따라 변경허가를 한 경우에는 별지 제2호서식의 건축·대수선·용도변경 허가서를 신청인에게 발급해야 한다. <개정 2021.6.25>

③ 허가권자는 제1항 및 제2항에 따라 별지 제2호서식의 건축·대수선·용도변경 허가서를 교부하는 때에는 별지 제3호서식의 건축·대수선·용도변경(신고)대장을 건축물의 용도별 및 월별로 작성·관리해야 한다.

④ 별지 제3호서식의 건축·대수선·용도변경 허가(신고)대장은 전자적 처리가 불가능한 특별한 사유가 없으면 전자적 처리가 가능한 방법으로 작성·관리하여야 한다.

[전문개정 2018.11.29.]

제9조【건축공사현장 안전관리예치금】 영 제10조의2제1항제5호에서 "국토교통부령으로 정하는 보증서"란 「주택도시기금법」 제16조에 따른 주택도시보증공사가 발행하는 보증서를 말한다. <개정 2015.7.1.>

제9조의2【건축물 안전영향평가】 ① 영 제10조의3제2항제1호에서 "건축계획서 및 기본설계도서 등 국토교통부령으로 정하는 도서"란 별표 3의 도서를 말한다.

② 법 제13조의2제6항에서 "국토교통부령으로 정하는 방법"이란 해당 지방자치단체의 공보에 게시하는 방법을 말한다. 이 경우 게시 내용에 「개인정보 보호법」 제2조제1호에 따른 개인정보를 포함하여서는 아니된다.

[본조신설 2017.2.3]

제10조【건축허가 등의 수수료】 ① 법 제11조·제14조·제16조·제19조·제20조 및 제83조에 따라 건축허가를 신청하거나 건축신고를 하는 자는 법 제17조제2항에 따라 별표 4에 따른 금액의 범위에서 건축조례로 정하는 수수료를 내야 한다. 다만, 재해복구를 위한 건축물의 건축 또는 대수선에 있어서는 그렇지 않다. <개정 2022.11.2>

② 제1항 본문에도 불구하고 건축물을 대수선하거나 바닥면적을 산정할 수 없는 공작물을 축조하기 위하여 허가 신청 또는 신고를 하는 경우의 수수료는 대수선의 범위 또는 공작물의 높이 등을 고려하여 건축조례로 따로 정한다.

③ 삭제 <2022.11.2.>

제11조【건축 관계자 변경신고】 ① 법 제11조 및 제14조에 따라 건축 또는 대수선에 관한 허가를 받거나 신고를 한 자가 다음 각 호의 어느 하나에 해당하게 된 경우에는 그 양수인·상속인 또는 합병후 존속하거나 합병에 의하여 설립되는 법인은 그 사실이 발생한 날부터 7일 이내에 별지 제4호서식의 건축관계자변경신고서에 변경 전 건축주의 명의변경동의서 또는 권리관계의 변경사실을 증명할 수 있는 서류를 첨부하여 허가권자에게 제출(전자문서로 제출하는 것을 포함한다)하여야 한다. <개정 2012.12.12.>

1. 허가를 받거나 신고를 한 건축주가 허가 또는 신고 대상 건축물을 양도한 경우

2. 허가를 받거나 신고를 한 건축주가 사망한 경우
3. 허가를 받거나 신고를 한 법인이 다른 법인과 합병을 한 경우

②건축주는 설계자, 공사시공자 또는 공사감리자를 변경한 때에는 그 변경한 날부터 7일 이내에 별지 제4호서식의 건축관계자변경신고서를 허가권자에게 제출(전자문서에 의한 제출을 포함한다)하여야 한다. <개정 2017.1.20.>

③허가권자는 제1항 및 제2항의 규정에 의한 건축관계자변경신고서를 받은 때에는 그 기재내용을 확인한 후 별지 제5호서식의 건축관계자변경신고필증을 신고인에게 교부하여야 한다.

제12조【건축신고】 ① 법 제14조제1항 및 제16조제1항에 따라 건축물의 건축·대수선 또는 설계변경의 신고를 하려는 자는 별지 제6호서식의 건축·대수선·용도변경 (변경)신고서에 다음 각 호의 서류를 첨부하여 특별자치시장·특별자치도지사 또는 시장·군수·구청장에게 제출(전자문서로 제출하는 것을 포함한다)해야 한다. 이 경우 특별자치시장·특별자치도지사 또는 시장·군수·구청장은 행정정보의 공동이용을 통해 제4호의 서류 중 토지등기사항증명서를 확인해야 한다. <개정 2016.1.13., 2018.11.29., 2019.11.18.>

1. 별표 2 중 배치도·평면도(층별로 작성된 것만 해당한다)·입면도 및 단면도. 다만, 다음 각 목의 경우에는 각 목의 구분에 따른 도서를 말한다.
   가. 연면적의 합계가 100제곱미터를 초과하는 영 별표 1 제1호의 단독주택을 건축하는 경우 : 별표 2의 설계도서 중 건축계획서·배치도·평면도·입면도·단면도 및 구조도(구조내력상 주요한 부분의 평면 및 단면을 표시한 것만 해당한다)
   나. 법 제23조제4항에 따른 표준설계도서에 따라 건축하는 경우 : 건축계획서 및 배치도
   다. 법 제10조에 따른 사전결정을 받은 경우 : 평면도
2. 법 제11조제5항 각 호에 따른 허가 등을 받거나 신고를 하기 위하여 해당법령에서 제출하도록 의무화하고 있는 신청서 및 구비서류(해당사항이 있는 경우로 한정한다)
3. 건축할 대지의 범위에 관한 서류
4. 건축할 대지의 소유 또는 사용에 관한 권리를 증명하는 서류. 다만, 건축할 대지에 포함된 국유지·공유지에 대해서는 특별자치시장·특별자치도지사 또는 시장·군수·구청장이 해당 토지의 관리청과 협의하여 그 관리청이 해당 토지를 건축주에게 매각하거나 양여할 것을 확인한 서류로 그 토지의 소유에 관한 권리를 증명하는 서류를 갈음할 수 있으며, 집합건물의 공용부분을 변경하는 경우에는 「집합건물의 소유 및 관리에 관한 법률」 제15조제1항에 따른 결의가 있었음을 증명하는 서류로 갈음할 수 있다. <개정 2018.11.29.>
5. 법 제48조제2항에 따라 구조안전을 확인해야 하는 건축·대수선의 경우: 별표 2에 따른 구조도 및 구조계산서. 다만, 「건축물의 구조기준 등에 관한 규칙」에 따른 소규모건축물로서 국토교통부장관이 고시하는 소규모건축구조기준에 따라 설계한 경우에는 구조도만 해당한다. <신설 2018.11.29.>

② 법 제14조제1항에 따른 신고를 받은 특별자치시장·특별자치도지사 또는 시장·군수·구청장은 해당 건축물을 건축하려는 대지에 재해의 위험이 있다고 인정하는 경우에는 지방건축위원회의 심의를 거쳐 별표 2의 서류 중 이미 제출된 서류를 제외한 나머지 서류를 추가로 제출하도록 요구할 수 있다. <신설 2014.10.15.>

③ 특특별자치시장·특별자치도지사 또는 시장·군수·구청장은 제1항에 따른 건축·대수선·용도변경신고서를 받은 때에는 그 기재내용을 확인한 후 그 신고의 내용에 따라 별지 제7호서식의 건축·대수선·용도변경 신고필증을 신고인에게 교부하여야 한다. <개정 2018.11.29.>

④ 제3항에 따라 건축·대수선·용도변경 신고필증을 발급하는 경우에 관하여는 제8조제3항 및 제4항을 준용한다. <개정 2018.11.29>

⑤ 특별자치시장·특별자치도지사·시장·군수 또는 구청장은 제1항에 따른 신고를 하려는 자에게 같은 항 각 호의 서류를 제출하는데 도움을 줄 수 있는 건축사사무소, 건축지도원 및 건축기술자 등에 대한 정보를 충분히 제공하여야 한다. <개정 2014.10.15.>

제12조의2【용도변경】 ① 법 제19조제2항에 따라 용도변경의 허가를 받으려는 자는 별지 제1호의4서식의 건축·대수선·용도변경 (변경)허가 신청서에, 용도변경의 신고를 하려는 자는 별지 제6호서식의 건축·대수선·용도변경 (변경)신고서에 다음 각 호의 서류를 첨부하여 특별자치시장·특별자치도지사 또는 시장·군수·구청장에게 제출(전자문서로 제출하는 것을 포함한다)하여야 한다. <개정 2016.1.13., 2018.11.29.>

1. 용도를 변경하려는 층의 변경 후의 평면도
2. 용도변경에 따라 변경되는 내화·방화·피난 또는 건축설비에 관한 사항을 표시한 도서

② 허가권자는 제1항에 따른 신청을 받은 경우 용도를 변경하려는 층의 변경 전의 평면도를 확인하기 위해

행정정보의 공동이용을 통해 건축물대장을 확인하거나 법 제32조제1항에 따른 전산자료를 확인해야 한다. 다만, 행정정보의 공동이용 또는 전산자료를 통해 평면도를 확인할 수 없는 경우에는 해당 서류를 제출하도록 해야 한다. <신설 2018.11.29., 2019.11.18.>

③ 법 제16조 및 제19조제7항에 따라 용도변경의 변경허가를 받으려는 자는 별지 제1호의4서식의 건축·대수선·용도변경 (변경)허가 신청서에, 용도변경의 변경신고를 하려는 자는 별지 제6호서식의 건축·대수선·용도변경 (변경)신고서에 변경하려는 부분에 대한 변경 전·후의 설계도서를 첨부하여 특별자치시장·특별자치도지사 또는 시장·군수·구청장에게 제출(전자문서로 제출하는 것을 포함한다)해야 한다. <신설 2018.11.29.>

④ 특별자치시장·특별자치도지사 또는 시장·군수·구청장은 제1항 및 제3항에 따른 건축·대수선·용도변경 (변경)허가 신청서를 받은 경우에는 법 제12조제1항 및 영 제10조제1항에 따른 관계 법령에 적합한지를 확인한 후 별지 제2호서식의 건축·대수선·용도변경 허가서를 용도변경의 허가 또는 변경허가를 신청한 자에게 발급하여야 한다. <개정 2018.11.29.>

⑤ 특별자치시장·특별자치도지사 또는 시장·군수·구청장은 제1항 또는 제3항에 따른 건축·대수선·용도변경 (변경)신고서를 받은 때에는 그 기재내용을 확인한 후 별지 제7호서식의 건축·대수선·용도변경 신고필증을 신고인에게 발급하여야 한다. <개정 2018.11.29.>

⑥ 제8조제3항 및 제4항은 제4항 및 제5항에 따라 건축·대수선·용도변경 허가서 또는 건축·대수선·용도변경 신고필증을 발급하는 경우에 준용한다. <개정 2018.11.29.>

제12조의3【복수 용도의 인정】 ① 법 제19조의2제2항에 따른 복수 용도는 영 제14조제5항 각 호의 같은 시설군 내에서 허용할 수 있다.

② 제1항에도 불구하고 허가권자는 지방건축위원회의 심의를 거쳐 다른 시설군의 용도간의 복수 용도를 허용할 수 있다.

[본조신설 2016.7.20.]

제13조【가설건축물】 ① 법 제20조제3항에 따라 신고하여야 하는 가설건축물을 축조하려는 자는 영 제15조제8항에 따라 별지 제8호서식의 가설건축물 축조신고서(전자문서로 된 신고서를 포함한다)에 배치도·평면도 및 대지사용승낙서(다른 사람이 소유한 대지인 경우만 해당한다)를 첨부하여 특별자치시장·특별자치도지사 또는 시장·군수·구청장에게 제출하여야 한다. <개정 2018.11.29.>

② 영 제15조제9항에 따른 가설건축물 축조 신고필증은 별지 제9호서식에 따른다. <개정 2018.11.29.>

③ 특별자치시장·특별자치도지사 또는 시장·군수·구청장은 법 제20조제1항 또는 제3항에 따라 가설건축물의 건축을 허가하거나 축조신고를 수리한 경우에는 별지 제10호서식의 가설건축물 관리대장에 이를 기재하고 관리하여야 한다. <개정 2018.11.29.>

④ 가설건축물의 소유자나 가설건축물에 대한 이해관계자는 제3항에 따른 가설건축물 관리대장을 열람할 수 있다. <개정 2018.11.29.>

⑤ 영 제15조제7항의 규정에 의하여 가설건축물의 존치기간을 연장하고자 하는 자는 별지 제11호서식의 가설건축물 존치기간 연장신고서(전자문서로 된 신고서를 포함한다)를 특별자치시장·특별자치도지사 또는 시장·군수·구청장에게 제출하여야 한다. <개정 2018.11.29.>

⑥ 특별자치시장·특별자치도지사 또는 시장·군수·구청장은 제5항에 따른 가설건축물 존치기간 연장신고서를 받은 때에는 그 기재내용을 확인한 후 별지 제12호서식의 가설건축물 존치기간 연장 신고필증을 신고인에게 발급하여야 한다. <개정 2018.11.29.>

⑦ 특별자치시장·특별자치도지사 또는 시장·군수·구청장은 가설건축물이 법령에 적합하지 아니하게 된 경우에는 제3항에 따른 가설건축물관리대장의 기타사항란에 다음 각 호의 사항을 표시하고, 제2호의 위반내용이 시정된 경우에는 그 내용을 적어야 한다. <개정 2018.11.29.>

1. 위반일자
2. 내용 및 원인

⑧ 영 제15조제6항제1호가목2) 단서에서 "국토교통부령으로 정하는 서류"란 제1항에 따른 가설건축물 축조신고서에 추가로 첨부하여 제출하는 다음 각 호의 서류를 말한다. <신설 2023.11.1.>

1. 가설건축물의 입면도·단면도·구조도 및 구조계산서
2. 「건축물의 구조기준 등에 관한 규칙」 별지 제2호서식의 구조안전 및 내진설계 확인서
3. 별지 제8호의2서식의 3층 이상인 가설건축물의 피난안전 확인서

제14조【착공신고등】 ① 법 제21조제1항에 따른 건축공사의 착공신고를 하려는 자는 별지 제13호서식의 착공신고서(전자문서로 된 신고서를 포함한다)에 다음 각 호의 서류 및 도서를 첨부하여 허가권자에게 제출해야 한다. <개정 2015.10.5., 2016.7.20., 2018.11.29., 2021.12.31>

1. 법 제15조에 따른 건축관계자 상호간의 계약서 사본(해당사항이 있는 경우로 한정한다)
2. 별표 4의2의 설계도서. 다만, 법 제11조 또는 제14조에 따라 건축허가 또는 신고를 할 때 제출한 경우에는 제출하지 않으며, 변경사항이 있는 경우에는 변경사항을 반영한 설계도서를 제출한다.
3. 법 제25조제11항에 따른 감리 계약서(해당 사항이 있는 경우로 한정한다)
4. 「건축사법 시행령」 제21조제2항에 따라 제출받은 보험증서 또는 공제증서의 사본 <신설 2021.12.31>

② 건축주는 법 제11조제7항 각 호 외의 부분 단서에 따라 공사착수시기를 연기하려는 경우에는 별지 제14호서식의 착공연기신청서(전자문서로 된 신청서를 포함한다)를 허가권자에게 제출하여야 한다.

③ 허가권자는 토지굴착공사를 수반하는 건축물로서 가스, 전기·통신, 상·하수도등 지하매설물에 영향을 줄 우려가 있는 건축물의 착공신고가 있는 경우에는 당해 지하매설물의 관리기관에 토지굴착공사에 관한 사항을 통보하여야 한다.

④ 허가권자는 제1항 및 제2항의 규정에 의한 착공신고서 또는 착공연기신청서를 받은 때에는 별지 제15호서식의 착공신고필증 또는 별지 제16호서식의 착공연기확인서를 신고인 또는 신청인에게 교부하여야 한다.

⑤ 삭제 <2020.10.28.>

⑥ 건축주는 법 제21조제1항에 따른 착공신고를 할 때에 해당 건축공사가 「산업안전보건법」 제73조제1항에 따른 건설재해예방전문지도기관의 지도대상에 해당하는 경우에는 제1항 각 호에 따른 서류 외에 같은 법 시행규칙 별지 제104호서식의 기술지도계약서 사본을 첨부해야 한다. <신설 2016.5.30., 2020.10.28.>

제15조 삭제 <1996.1.18>

제16조【사용승인신청】 ① 법 제22조제1항(법 제19조제5항에 따라 준용되는 경우를 포함한다)에 따라 건축물의 사용승인을 받으려는 자는 별지 제17호서식의 (임시)사용승인 신청서에 다음 각 호의 구분에 따른 도서를 첨부하여 허가권자에게 제출해야 한다. <개정 2016.7.20., 2017.1.20., 2018.11.29., 2021.12.31>

1. 법 제25조제1항에 따른 공사감리자를 지정한 경우 : 공사감리완료보고서
2. 법 제11조, 제14조 또는 제16조에 따라 허가·변경허가를 받았거나 신고·변경신고를 한 도서에 변경이 있는 경우 : 설계변경사항이 반영된 최종 공사완료도서
3. 법 제14조제1항에 따른 신고를 하여 건축한 건축물 : 배치 및 평면이 표시된 현황도면
4. 「액화석유가스의 안전관리 및 사업법」 제27조제2항 본문에 따라 액화석유가스의 사용시설에 대한 완성검사를 받아야 할 건축물인 경우 : 액화석유가스 완성검사 증명서
5. 법 제22조제4항 각 호에 따른 사용승인·준공검사 또는 등록신청 등을 받거나 하기 위하여 해당 법령에서 제출하도록 의무화하고 있는 신청서 및 첨부서류(해당 사항이 있는 경우로 한정한다)
6. 법 제25조제11항에 따라 감리비용을 지불하였음을 증명하는 서류(해당 사항이 있는 경우로 한정한다)
7. 법 제48조의3제1항에 따라 내진능력을 공개하여야 하는 건축물인 경우: 건축구조기술사가 날인한 근거자료(「건축물의 구조기준 등에 관한 규칙」 제60조의2제2항 후단에 해당하는 경우로 한정한다)
8. 사용승인을 신청할 건축물이 영 별표 1 제15호가목에 따른 생활숙박시설(30실 이상이거나 생활숙박시설 영업장의 면적이 해당 건축물 연면적의 3분의 1 이상인 것으로 한정한다)인 경우에는 「건축물의 분양에 관한 법률 시행령」 제9조제1항제9호의3에 따른 내용(분양받은 자가 서명 또는 날인한 「건축물의 분양에 관한 법률 시행규칙」 별지 제2호의2서식의 생활숙박시설 관련 확인서를 포함한다)의 사본 <신설 2021.12.31>

② 제1항에 따른 신청을 받은 허가권자는 해당 건축물이 「액화석유가스의 안전관리 및 사업법」 제44조제2항 본문에 따라 액화석유가스의 사용시설에 대한 완성검사를 받아야 할 건축물인 경우에는 행정정보의 공동이용을 통해 액화석유가스 완성검사 증명서를 확인해야 하며, 신청인이 확인에 동의하지 않은 경우에는 해당 서류를 제출하도록 해야 한다. <신설 2018.11.29.>

③ 허가권자는 제1항에 따른 사용승인신청을 받은 경우에는 법 제22조제2항에 따라 그 신청서를 받은 날부터 7일 이내에 사용승인을 위한 현장검사를 실시하여야 하며, 현장검사에 합격된 건축물에 대하여는 별지 제18호서식의 사용승인서를 신청인에게 발급하여야 한다. <개정 2018.11.29>

제17조【임시사용승인신청등】 ① 영 제17조제2항의 규정에 의한 임시사용승인신청서는 별지 제17호서식에 의한다.

② 영 제17조제3항에 따라 허가권자는 건축물 및 대지의 일부가 법 제40조부터 제50조까지, 제50조의2, 제51조부터 제58조까지, 제60조부터 제62조까지, 제64조, 제67조, 제68조 및 제77조를 위반하여 건축된

경우에는 해당 건축물의 임시사용을 승인하여서는 아니된다. <개정 2012.12.12.>

③허가권자는 제1항의 규정에 의한 임시사용승인신청을 받은 경우에는 당해신청서를 받은 날부터 7일 이내에 별지 제19호서식의 임시사용승인서를 신청인에게 교부하여야 한다.

제17조의2 삭제 <2006.5.12>

제18조 【건축허가표지판】 법 제24조제5항에 따라 공사시공자는 건축물의 규모ㆍ용도ㆍ설계자ㆍ시공자 및 감리자 등을 표시한 건축허가표지판을 주민이 보기 쉽도록 해당건축공사 현장의 주요 출입구에 설치하여야 한다.

제18조의2 【현장관리인의 업무】 현장관리인은 법 제24조제6항 후단에 따라 다음 각 호의 업무를 수행한다.

1. 건축물 및 대지가 이 법 또는 관계 법령에 적합하도록 건축주를 지원하는 업무
2. 건축물의 위치와 규격 등이 설계도서에 따라 적정하게 시공되는 지에 대한 확인ㆍ관리
3. 시공계획 및 설계 변경에 관한 사항 검토 등 공정관리에 관한 업무
4. 안전시설의 적정 설치 및 안전기준 준수 여부의 점검ㆍ관리
5. 그 밖에 건축주와 계약으로 정하는 업무

[본조신설 2020.10.28.][종전 제18조의2는 제18조의3으로 이동<2020.10.28.>]

제18조의3 【사진ㆍ동영상 촬영 및 보관 등】 ① 법 제24조제7항 전단에 따라 사진 및 동영상을 촬영·보관하여야 하는 공사시공자는 영 제18조의2제2항에서 정하는 진도에 다다른 때마다 촬영한 사진 및 동영상을 디지털파일 형태로 가공·처리하여 보관하여야 하며, 해당 사진 및 동영상을 디스크 등 전자저장매체 또는 정보통신망을 통하여 공사감리자에게 제출하여야 한다.

② 제1항에 따라 사진 및 동영상을 제출받은 공사감리자는 그 내용의 적정성을 검토한 후 법 제25조제6항에 따라 건축주에게 감리중간보고서 및 감리완료보고서를 제출할 때 해당 사진 및 동영상을 함께 제출하여야 한다.

③ 제2항에 따라 사진 및 동영상을 제출받은 건축주는 법 제25조제6항에 따라 허가권자에게 감리중간보고서 및 감리완료보고서를 제출할 때 해당 사진 및 동영상을 함께 제출하여야 한다.

④ 제1항부터 제3항까지에서 규정한 사항 외에 사진 및 동영상의 촬영 및 보관 등에 필요한 사항은 국토교통부장관이 정하여 고시한다.

[본조신설 2017.2.3.][제18조의2에서 이동<2020.10.28.>]

제19조 【감리보고서등】 ① 법 제25조제3항에 따라 공사감리자는 건축공사기간중 발견한 위법사항에 관하여 시정·재시공 또는 공사중지의 요청을 하였음에도 불구하고 공사시공자가 이에 따르지 아니하는 경우에는 시정등을 요청할 때에 명시한 기간이 만료되는 날부터 7일 이내에 별지 제20호서식의 위법건축공사보고서를 허가권자에게 제출(전자문서로 제출하는 것을 포함한다)하여야 한다.

② 삭제 <1999.5.11.>

③ 법 제25조제6항에 따른 공사감리일지는 별지 제21호서식에 따른다. <개정 2018.11.29.>

④ 건축주는 법 제25조제6항에 따라 감리중간보고서·감리완료보고서를 제출할 때 별지 제22호서식에 다음 각 호의 서류를 첨부하여 허가권자에게 제출해야 한다. <신설 2018.11.29.>

1. 건축공사감리 점검표
2. 별지 제21호서식의 공사감리일지
3. 공사추진 실적 및 설계변경 종합
4. 품질시험성과 총괄표
5. 「산업표준화법」에 따른 산업표준인증을 받은 자재 및 국토교통부장관이 인정한 자재의 사용 총괄표
6. 공사현장 사진 및 동영상(법 제24조제7항에 따른 건축물만 해당한다)
7. 공사감리자가 제출한 의견 및 자료(제출한 의견 및 자료가 있는 경우만 해당한다)

⑤ 제4항에 따라 감리중간보고서ㆍ감리완료보고서를 제출받은 허가권자는 같은 항 제2호에 따른 공사감리일지에 서명ㆍ날인한 감리원과 영 제19조제10항에 따른 건축사보 배치현황이 일치하는지 여부를 확인해야 한다. <신설 2023.11.1.>

제19조의2 【공사감리업무 등】 ① 공사감리자는 영 제19조제9항3호에 따라 다음 각호의 업무를 수행한다. <개정 2020.10.28., 2021.12.31.>

1. 건축물 및 대지가 이 법 및 관계 법령에 적합하도록 공사시공자 및 건축주를 지도
2. 시공계획 및 공사관리의 적정여부의 확인

2의2. 건축공사의 하도급과 관련된 다음 각 목의 확인 <신설 2021.12.31>

가. 수급인(하수급인을 포함한다. 이하 이 호에서 같다)이 「건설산업기본법」 제16조에 따른 시

공자격을 갖춘 건설사업자에게 건축공사를 하도급했는지에 대한 확인

나. 수급인이 「건설산업기본법」 제40조제1항에 따라 공사현장에 건설기술인을 배치했는지에 대한 확인

3. 공사현장에서의 안전관리의 지도
4. 공정표의 검토
5. 상세시공도면의 검토·확인
6. 구조물의 위치와 규격의 적정여부의 검토·확인
7. 품질시험의 실시여부 및 시험성과의 검토·확인
8. 설계변경의 적정여부의 검토·확인
9. 기타 공사감리계약으로 정하는 사항

② 공사감리자는 영 제19조제10항에 따라 건축사보 배치현황을 제출(제22조의2에 따른 전자정보시스템을 통해 제출하는 것을 말한다)하는 경우에는 별지 제22호의2서식에 다음 각 호의 서류를 첨부(건축사보가 철수하는 경우는 제외한다)해야 한다. 이 경우 공사감리자는 공사현장에 배치되는 건축사보(배치기간을 변경하거나 철수하는 경우의 건축사보는 제외한다)로부터 배치기간 및 다른 공사현장이나 공정에 이중으로 배치되었는지 여부를 확인받은 후 해당 건축사보의 서명·날인을 받아야 한다. <개정 2023.11.1.>

1. 예정공정표(건축주의 확인을 받은 것을 말한다) 및 분야별 건축사보 배치계획
2. 건축사보의 경력, 자격 및 소속을 증명하는 서류

③ 영 제19조제11항에서 "건축사보가 이중으로 배치되어 있는지 여부 등 국토교통부령으로 정하는 내용"이란 다음 각 호의 사항을 말한다. <신설 2023.11.1./시행 2024.3.13.>

1. 제2항 각 호의 내용이 영 제19조제2항 및 제5항부터 제7항까지의 규정에 적합한지 여부
2. 건축사보가 영 제19조제2항 및 제5항부터 제7항까지의 규정에 따른 건축공사 현장에 이중으로 배치되어 있는지 여부

④ 영 제19조제12항에서 "국토교통부령으로 정하는 자"란 다음 각 호의 자를 말한다. <신설 2023.11.1./시행 2024.3.13.>

1. 「주택법」 제15조에 따른 주택건설사업 사업계획승인권자(이하 "주택건설사업계획승인권자"라 한다)
2. 「건설기술진흥법 시행규칙」 제25조제1항에 따른 건설엔지니어링 실적관리 수탁기관(이하 "건설엔지니어링 실적관리 수탁기관"이라 한다)

⑤ 「건축사법」 제31조에 따른 대한건축사협회(이하 "대한건축사협회"라 한다)는 영 제19조제11항에 따라 허가권자로부터 받은 건축사보 배치현황을 전자적 처리가 가능한 방식으로 관리한다. <신설 2023.11.1./시행 2024.3.13.>

⑥ 대한건축사협회는 다음 각 호의 자료를 활용하여 건축사보가 공사현장에 이중으로 배치되어 있는지 여부를 확인한다. <신설 2023.11.1./시행 2024.3.13.>

1. 제5항에 따른 건축사보 배치현황 자료
2. 국토교통부장관이 정하는 바에 따라 주택건설사업계획승인권자로부터 받은 감리원 배치 자료
3. 국토교통부장관이 정하는 바에 따라 건설엔지니어링 실적관리 수탁기관으로부터 받은 건설엔지니어링 참여 기술인의 현황 자료

제19조의3【공사감리자 지정 신청 등】 ① 법 제25조제2항 각 호 외의 부분 본문에 따라 허가권자가 공사감리자를 지정하는 건축물의 건축주는 영 제19조의2제3항에 따라 별지 제22호의3서식의 지정신청서를 허가권자에게 제출하여야 한다.

② 허가권자는 제1항에 따른 신청서를 받은 날부터 7일 이내에 공사감리자를 지정한 후 별지 제22호의4서식의 지정통보서를 건축주에게 송부하여야 한다.

③ 건축주는 제2항에 따라 지정통보서를 받으면 해당 공사감리자와 감리 계약을 체결하여야 하며, 공사감리자의 귀책사유로 감리 계약이 체결되지 아니하는 경우를 제외하고는 지정된 공사감리자를 변경할 수 없다.

[본조신설 2016.7.20.]

제19조의4【허가권자의 공사감리자 지정 제외 신청 절차 등】 ① 법 제25조제2항 각 호 외의 부분 단서에 따라 해당 건축물을 설계한 자를 공사감리자로 지정하여 줄 것을 신청하려는 건축주는 별지 제22호의5서식의 신청서에 다음 각 호의 어느 하나에 해당하는 서류를 첨부하여 허가권자에게 제출해야 한다. <개정 2020.10.28.>

1. 영 제19조의2제6항에 따른 신기술을 보유한 자가 그 신기술을 적용하여 설계했음을 증명하는 서류
2. 영 제19조의2제7항에 따른 건축사임을 증명하는 서류
3. 설계공모를 통하여 설계한 건축물임을 증명하는 서류로서 다음 각 목의 내용이 포함된 서류

가. 설계공모 방법
나. 설계공모 등의 시행공고일 및 공고 매체
다. 설계지침서
라. 심사위원의 구성 및 운영
마. 공모안 제출 설계자 명단 및 공모안별 설계

개요

② 허가권자는 제1항에 따라 신청서를 받으면 제출한 서류에 대하여 관계 기관에 사실을 조회할 수 있다.

③ 허가권자는 제2항에 따른 사실 조회 결과 제출서류가 거짓으로 판명된 경우에는 건축주에게 그 사실을 알려야 한다. 이 경우 건축주는 통보받은 날부터 3일 이내에 이의를 제기할 수 있다.

④ 허가권자는 제1항에 따른 신청서를 받은 날부터 7일 이내에 건축주에게 그 결과를 서면으로 알려야 한다.

[본조신설 2016.7.20.]

제19조의5 【업무제한 대상 건축물 등의 공개】 ① 국토교통부장관은 법 제25조의2제10항에 따라 같은 조 제9항에 따른 통보사항 중 다음 각 호의 사항을 국토교통부 홈페이지 또는 법 제32조제1항에 따른 전자정보처리 시스템에 게시하는 방법으로 공개하여야 한다.

1. 법 제25조의2제1항부터 제5항까지의 조치를 받은 설계자, 공사시공자, 공사감리자 및 관계전문기술자(같은 조 제7항에 따라 소속 법인 또는 단체에 동일한 조치를 한 경우에는 해당 법인 또는 단체를 포함하며, 이하 이 조에서 "조치대상자"라 한다)의 이름, 주소 및 자격번호(법인 또는 단체는 그 명칭, 사무소 또는 사업소의 소재지, 대표자의 이름 및 법인등록번호)
2. 조치대상자에 대한 조치의 사유
3. 조치대상자에 대한 조치 내용 및 일시
4. 그 밖에 국토교통부장관이 필요하다고 인정하는 사항

[본조신설 2017.2.3.]

제20조 【허용오차】 법 제26조에 따른 허용오차의 범위는 별표 5와 같다.

제21조 【현장조사·검사업무의 대행】 ① 법 제27조제2항에 따라 현장조사·검사 또는 확인업무를 대행하는 자는 허가권자에게 별지 제23호서식의 건축허가조사 및 검사조서 또는 별지 제24호서식의 사용승인조사 및 검사조서를 제출하여야 한다.

② 허가권자는 제1항에 따라 건축허가 또는 사용승인을 하는 것이 적합한 것으로 표시된 건축허가조사 및 검사조서 또는 사용승인조사 및 검사조서를 받은 때에는 지체 없이 건축허가서 또는 사용승인서를 교부하여야 한다. 다만, 법 제11조제2항에 따라 건축허가를 할 때 도지사의 승인이 필요한 건축물인 경우에는 미리 도지사의 승인을 받아 건축허가서를 발급하여야 한다.

③ 허가권자는 법 제27조제3항에 따라 현장조사·검사 및 확인업무를 대행하는 자에게 「엔지니어링산업 진흥법」 제31조에 따라 산업통상자원부장관이 고시하는 엔지니어링사업 대가기준에 따라 산정한 대가 이상의 범위에서 건축조례로 정하는 수수료를 지급하여야 한다. <개정 2014.10.15>

제22조 【공용건축물의 건축에 있어서의 제출서류】 ① 영 제22조제1항에서 "국토교통부령으로 정하는 관계 서류"란 제6조·제12조·제12조의2의 규정에 의한 관계도서 및 서류(전자문서를 포함한다)를 말한다. <개정 2013.3.23.>

② 영 제22조제3항에서 "국토교통부령으로 정하는 관계 서류"란 다음 각 호의 서류(전자문서를 포함한다)를 말한다. <개정 2013.3.23.>

1. 별지 제17호서식의 사용승인신청서. 이 경우 구비서류는 현황도면에 한한다.
2. 별지 제24호서식의 사용승인조사 및 검사조서

제22조의2 【전자정보처리시스템의 이용】 ① 법 제32조제1항에 따라 허가권자는 정보통신망 이용환경의 미비, 전산장애 등 불가피한 경우를 제외하고는 전자정보시스템을 이용하여 건축허가 등의 업무를 처리하여야 한다.

② 제1항에 따른 전자정보처리시스템의 구축, 운영 및 관리에 관한 세부적인 사항은 국토교통부장관이 정한다. <개정 2013.3.23>

[본조신설 2010.8.5]

[종전 제22조의2는 제22조의3으로 이동 <2010.8.5>]

제22조의3 【건축 허가업무 등의 전산처리 등】 영 제22조의2제4항에 따라 전산자료 이용의 승인을 얻으려는 자는 별지 제24호의2서식의 건축행정전산자료 이용승인신청서를 국토교통부장관, 특별시장·광역시장·특별자치시장·도지사 또는 특별자치도지사(이하 "시·도지사"라 한다)나 시장·군수·구청장에게 제출하여야 한다. <개정 2014.10.15.>

[제22조의2에서 이동 <2010.8.5>]

제23조 삭제 <2020.5.1.>

제24조 삭제 <2020.5.1.>

제24조의2 【건축물 석면의 제거·처리】 석면이 함유된 건축물을 증축·개축 또는 대수선하는 경우에는 「산업안전보건법」 등 관계 법령에 적합하게 석면을 먼저 제거·처리한 후 건축물을 증축·개축 또는 대수선해야 한다. <개정 2020.5.1., 2021.6.25>

[본조신설 2010.8.5]

제25조 【대지의 조성】 법 제40조제4항에 따라 손궤의

우려가 있는 토지에 대지를 조성하는 경우에는 다음 각 호의 조치를 하여야 한다. 다만, 건축사 또는 「기술사법」에 따라 등록한 건축구조기술사에 의하여 해당 토지의 구조안전이 확인된 경우는 그러하지 아니하다. <개정 2016.5.30.>

1. 성토 또는 절토하는 부분의 경사도가 1:1.5이상으로서 높이가 1미터이상인 부분에는 옹벽을 설치할 것
2. 옹벽의 높이가 2미터이상인 경우에는 이를 콘크리트구조로 할 것. 다만, 별표 6의 옹벽에 관한 기술적 기준에 적합한 경우에는 그러하지 아니하다.
3. 옹벽의 외벽면에는 이의 지지 또는 배수를 위한 시설외의 구조물이 밖으로 튀어 나오지 아니하게 할 것
4. 옹벽의 윗가장자리로부터 안쪽으로 2미터 이내에 묻는 배수관은 주철관, 강관 또는 흡관으로 하고, 이음부분은 물이 새지 아니하도록 할 것
5. 옹벽에는 3제곱미터마다 하나 이상의 배수구멍을 설치하여야 하고, 옹벽의 윗가장자리로부터 안쪽으로 2미터 이내에서의 지표수는 지상으로 또는 배수관으로 배수하여 옹벽의 구조상 지장이 없도록 할 것
6. 성토부분의 높이는 법 제40조에 따른 대지의 안전 등에 지장이 없는 한 인접대지의 지표면보다 0.5미터 이상 높게 하지 아니할 것. 다만, 절토에 의하여 조성된 대지 등 허가권자가 지형조건상 부득이하다고 인정하는 경우에는 그러하지 아니하다.

제26조【토지의 굴착부분에 대한 조치】 ① 법 제41조제1항에 따라 대지를 조성하거나 건축공사에 수반하는 토지를 굴착하는 경우에는 다음 각 호에 따른 위험발생의 방지조치를 하여야 한다.

1. 지하에 묻은 수도관·하수도관·가스관 또는 케이블등이 토지굴착으로 인하여 파손되지 아니하도록 할 것
2. 건축물 및 공작물에 근접하여 토지를 굴착하는 경우에는 그 건축물 및 공작물의 기초 또는 지반의 구조내력의 약화를 방지하고 급격한 배수를 피하는 등 토지의 붕괴에 의한 위해를 방지하도록 할 것
3. 토지를 깊이 1.5미터 이상 굴착하는 경우에는 그 경사도가 별표 7에 의한 비율이하이거나 주변상황에 비추어 위해방지에 지장이 없다고 인정되는 경우를 제외하고는 토압에 대하여 안전한 구조의 흙막이를 설치할 것
4. 굴착공사 및 흙막이 공사의 시공중에는 항상 점검을 하여 흙막이의 보강, 적절한 배수조치등 안전상태를 유지하도록 하고, 흙막이판을 제거하는 경우에는 주변지반의 내려앉음을 방지하도록 할 것

② 성토부분·절토부분 또는 되메우기를 하지 아니하는 굴착부분의 비탈면으로서 제25조에 따른 옹벽을 설치하지 아니하는 부분에 대하여는 법 제41조제1항에 따라 다음 각 호에 따른 환경의 보전을 위한 조치를 하여야 한다.

1. 배수를 위한 수로는 돌 또는 콘크리트를 사용하여 토양의 유실을 막을 수 있도록 할 것
2. 높이가 3미터를 넘는 경우에는 높이 3미터 이내마다 그 비탈면적의 5분의 1 이상에 해당하는 면적의 단을 만들 것. 다만, 허가권자가 그 비탈면의 토질·경사도등을 고려하여 붕괴의 우려가 없다고 인정하는 경우에는 그러하지 아니하다.
3. 비탈면에는 토양의 유실방지와 미관의 유지를 위하여 나무 또는 잔디를 심을 것. 다만, 나무 또는 잔디를 심는 것으로는 비탈면의 안전을 유지할 수 없는 경우에는 돌붙이기를 하거나 콘크리트블록격자등의 구조물을 설치하여야 한다.

제26조의2【대지안의 조경】 영 제27조제1항제8호에서 "국토교통부령으로 정하는 것"이란 「물류정책기본법」 제2조제4호에 따른 물류시설을 말한다. <개정 2013.3.23>

제26조의3 삭제 <2014.10.15.>

제26조의4【도로관리대장 등】 법 제45조제2항 및 제3항에 따른 도로의 폐지·변경신청서 및 도로관리대장은 각각 별지 제26호서식 및 별지 제27호서식과 같다. <개정 2012.12.12>
[제목개정 2012.12.12.]
[제26조의3에서 이동<2010.8.5.>]

제26조의5【실내건축의 구조·시공방법 등의 기준】 ① 법 제52조의2제2항에 따른 실내건축의 구조·시공방법 등에 관한 기준은 다음 각 호의 구분에 따른 기준에 따른다. <개정 2015.1.29., 2020.10.28.>

1. 영 제61조의2제1호 및 제2호에 따른 건축물: 다음 각 목의 기준을 모두 충족할 것
   가. 실내에 설치하는 칸막이는 피난에 지장이 없고, 구조적으로 안전할 것
   나. 실내에 설치하는 벽, 천장, 바닥 및 반자틀(노출된 경우에 한정한다)은 방화에 지장이 없는 재료를 사용할 것
   다. 바닥 마감재료는 미끄럼을 방지할 수 있는 재료를 사용할 것
   라. 실내에 설치하는 난간, 창호 및 출입문은 방화에 지장이 없고, 구조적으로 안전할 것

마. 실내에 설치하는 전기·가스·급수·배수·환기시설은 누수·누전 등 안전사고가 없는 재료를 사용하고, 구조적으로 안전할 것
바. 실내의 돌출부 등에는 충돌, 끼임 등 안전사고를 방지할 수 있는 완충재료를 사용할 것
2. 영 제61조의2제3호에 따른 건축물: 다음 각 목의 기준을 모두 충족할 것
가. 거실을 구획하는 칸막이는 주요구조부와 분리·해체 등이 쉬운 구조로 할 것
나. 거실을 구획하는 칸막이는 피난에 지장이 없고, 구조적으로 안전할 것. 이 경우 「건축사법」에 따라 등록한 건축사 또는 「기술사법」에 따라 등록한 건축구조기술사의 구조안전에 관한 확인을 받아야 한다.
다. 거실을 구획하는 칸막이의 마감재료는 방화에 지장이 없는 재료를 사용할 것
라. 구획하는 부분에 추락, 누수, 누전, 끼임 등의 안전사고를 방지할 수 있는 안전조치를 할 것
② 제1항에 따른 실내건축의 구조·시공방법 등에 관한 세부 사항은 국토교통부장관이 정하여 고시한다.
[본조신설 2014.11.28.]

제27조 【건축자재 제조 및 유통에 관한 위법 사실의 점검 절차 등】 ① 국토교통부장관, 시·도지사 및 시장·군수·구청장은 법 제52조의3제2항에 따른 점검을 하려는 경우에는 다음 각 호의 사항이 포함된 점검계획을 수립해야 한다. <개정 2019.11.18.>
1. 점검 대상
2. 점검 항목
가. 건축물의 설계도서와의 적합성
나. 건축자재 제조현장에서의 자재의 품질과 기준의 적합성
다. 건축자재 유통장소에서의 자재의 품질과 기준의 적합성
라. 건축공사장에 반입 또는 사용된 건축자재의 품질과 기준의 적합성
마. 건축자재의 제조현장, 유통장소, 건축공사장에서 시료를 채취하는 경우 채취된 시료의 품질과 기준의 적합성
3. 그 밖에 점검을 위하여 필요하다고 인정하는 사항
② 국토교통부장관, 시·도지사 및 시장·군수·구청장은 법 제52조의3제2항에 따라 점검 대상자에게 다음 각 호의 자료를 제출하도록 요구할 수 있다. 다만, 제2호의 서류는 해당 건축물의 허가권자가 아닌 자만 요구할 수 있다. <개정 2019.11.18.>
1. 건축자재의 시험성적서 및 납품확인서 등 건축자재의 품질을 확인할 수 있는 서류
2. 해당 건축물의 설계도서
3. 그 밖에 해당 건축자재의 점검을 위하여 필요하다고 인정하는 자료
③ 법 제52조의3제4항에 따라 점검업무를 대행하는 전문기관은 점검을 완료한 후 해당 결과를 14일 이내에 점검을 대행하게 한 국토교통부장관, 시·도지사 또는 시장·군수·구청장에게 보고해야 한다. <개정 2019.11.18.>
④ 시·도지사 또는 시장·군수·구청장은 영 제61조의3제1항에 따른 조치를 한 경우에는 그 사실을 국토교통부장관에게 통보해야 한다. <개정 2019.11.18.>
⑤ 국토교통부장관은 제1항제2호 각 목에 따른 점검항목 및 제2항 각 호에 따른 자료제출에 관한 세부적인 사항을 정하여 고시할 수 있다.
[본조신설 2016.7.20.][제18조의3에서 이동<2019.11.18.>]

제28조 ~ 제33조의2 삭제 <1999.5.11>

제34조, 제35조 삭제 <2000.7.4>

제36조 【일조등의 확보를 위한 건축물의 높이제한】 특별자치시장·특별자치도지사 또는 시장·군수·구청장은 영 제86조제5항에 따라 건축물의 높이를 고시하기 위하여 주민의 의견을 듣고자 할 때에는 그 내용을 30일간 주민에게 공람시켜야 한다. <개정 2014.10.15., 2016.5.30.>

제36조의2 【관계전문기술자】 ① 삭제 <2010.8.5>
② 영 제91조의3제3항에 따라 건축물의 설계자 및 공사감리자는 다음 각 호의 어느 하나에 해당하는 사항에 대하여 「기술사법」에 따라 등록한 토목 분야 기술사 또는 국토개발 분야의 지질 및 기반 기술사의 협력을 받아야 한다. <개정 2016.5.30.>
1. 지질조사
2. 토공사의 설계 및 감리
3. 흙막이벽·옹벽설치등에 관한 위해방지 및 기타 필요한 사항

제37조 【신기술·신제품인 건축설비에 대한 기술적 기준 인정신청 등】 ① 영 제91조의4제1항에서 "국토교통부령으로 정하는 서류"란 다음 각 호의 서류를 말한다.
1. 신기술·신제품인 건축설비의 구체적인 내용·기능과 해당 건축설비의 신규성·진보성 및 현장 적용성에 관한 내용을 적은 서류
2. 신기술·신제품인 건축설비와 관련된 다음 각 목의 증서·서류 등의 사본

가.「건설기술 진흥법 시행령」 제33조제1항에 따라 발급받은 신기술 지정증서
나.「특허법」 제86조에 따라 발급받은 특허증
다.「산업기술혁신 촉진법 시행령」 제18조제6항에 따라 발급받은 신기술 인증서, 같은 영 제18조의4제2항에 따라 발급받은 신기술적용제품 확인서 및 같은 영 제18조의5제1항에서 준용하는 같은 영 제18조제6항에 따라 발급받은 신제품 인증서
라. 그 밖에 다른 법령에 따라 발급받은 증서·서류 등

3.「산업표준화법」 제12조에 따른 한국산업표준 중 인정을 신청하는 신기술·신제품인 건축설비와 관련된 부분
4. 국제표준화기구(ISO)에서 정한 내용 중 인정을 신청하는 신기술·신제품인 건축설비와 관련된 부분
5. 그 밖에 신기술·신제품인 건축설비의 기술적 기준 인정에 필요한 서류로서 국토교통부장관이 정하여 고시하는 서류

② 영 제91조의4제1항에 따라 신기술·신제품인 건축설비의 기술적 기준에 대한 인정을 받으려는 자는 별지 제27호의2서식의 신기술·신제품인 건축설비의 기술적 기준 인정 신청서에 제1항 각 호의 증서·서류 등을 첨부하여 국토교통부장관에게 제출해야 한다. 이 경우, 제1항제2호부터 제5호까지의 증서·서류 등은 해당 증서·서류 등이 있는 경우에만 첨부한다.

③ 법 제68조제4항에 따라 신기술·신제품인 건축설비의 기술적 기준에 대한 인정을 받은 자가 영 제91조의4제4항 후단에 따라 유효기간을 연장받으려는 경우에는 유효기간 만료일의 6개월 전까지 별지 제27호의2서식의 신기술·신제품인 건축설비의 기술적 기준 유효기간 연장 신청서를 국토교통부장관에게 제출해야 한다.

④ 국토교통부장관은 영 제91조의4제4항 후단에 따라 유효기간을 연장하는 경우에는 5년의 범위에서 연장할 수 있다.

[본조신설 2021.12.31.]

제38조 삭제 <2013.2.22>

제38조의2 【특별건축구역의 지정】 영 제105조제3항제2호에서 "국토교통부령으로 정하는 건축물 또는 공간환경"이란 도시·군계획 또는 건축 관련 박물관, 박람회장, 문화예술회관, 그 밖에 이와 비슷한 문화예술공간을 말한다. <개정 2020.10.28.>

제38조의3 【특별건축구역의 지정 절차 등】 ① 법 제71조제1항제6호에 따른 운영관리 계획서는 별지 제27호의3서식과 같다. <개정 2021.12.31>

② 제1항에 따른 운영관리 계획서에는 다음 각 호의 서류를 첨부하여야 한다.
1. 삭제 <2011.1.6.>
2. 법 제74조에 따른 통합적용 대상시설(이하 "통합적용 대상시설"이라 한다)의 배치도
3. 통합적용 대상시설의 유지·관리 및 비용분담계획서

③ 영 제107조제4항 각 호 외의 부분에서 "국토교통부령으로 정하는 자료"란 법 제72조제1항에 따라 특별건축구역의 지정을 신청할 때 제출한 자료 중 변경된 내용에 따라 수정한 자료를 말한다. <개정 2013.3.23.>

④ 영 제107조제4항제4호에서 "지정 목적이 변경되는 등 국토교통부령으로 정하는 경우"란 다음 각 호의 어느 하나에 해당하는 경우를 말한다. <개정 2013.3.23.>
1. 특별건축구역의 지정 목적 및 필요성이 변경되는 경우
2. 특별건축구역 내 건축물의 규모 및 용도 등이 변경되는 경우(건축물의 규모변경이 연면적 및 높이의 10분의 1 범위 이내에 해당하는 경우 또는 영 제12조제3항 각 호에 해당하는 경우는 제외한다)
3. 통합적용 대상시설의 규모가 10분의 1이상 변경되거나 또는 위치가 변경되는 경우

제38조의4 【특별건축구역의 지정 제안 동의 방법 등】 ① 영 제107조의2제3항 각 호 외의 부분 후단에 따른 토지소유자의 동의 방법은 별지 제27호의4서식의 특별건축구역 지정 제안 동의서에 자필로 서명하는 방법으로 한다. 이 경우 토지소유자는 별지 제27호의4서식의 특별건축구역 지정 제안 동의서에 주민등록증·여권 등 신원을 확인할 수 있는 신분증명서의 사본을 첨부해야 한다. <개정 2021.12.31., 2023.6.9.>

② 제1항에도 불구하고 토지소유자가 해외에 장기체류하거나 법인인 경우 등 불가피한 사유가 있다고 시·도지사가 인정하는 경우에는 토지소유자의 인감도장을 날인하는 방법으로 한다. 이 경우 토지소유자는 별지 제27호의4서식의 특별건축구역 지정 제안 동의서에 해당 인감증명서를 첨부해야 한다. <개정 2021.12.31>

③ 시·도지사는 영 제107조의2제4항에 따라 토지소유자의 특별건축구역 지정 제안 동의서를 받으면 행정정보의 공동이용을 통해 토지등기사항증명서를 확인해야 한다. 다만, 토지소유자가 확인에 동의하지 않는 경우

에는 토지등기사항증명서를 첨부하도록 해야 한다.
[본조신설 2021.1.8.][종전 제38조의4는 제38조의5로 이동<2021.1.8.>]

제38조의5【특별건축구역 내 건축물의 심의 등】 ① 법 제72조제1항 전단에 따른 특례적용계획서는 별지 제27호의5서식과 같다. <개정 2021.1.8., 2021.12.31>
② 제1항에 따른 특례적용계획서에는 다음 각 호의 서류를 첨부하여야 한다.
1. 특례적용 대상건축물의 개략설계도서
2. 특례적용 대상건축물의 배치도
3. 특례적용 대상건축물의 내화·방화·피난 또는 건축설비도
4. 특례적용 신기술의 세부 설명자료
③ 영 제108조제1항제4호에서 "법 제72조제1항 각 호의 사항 중 국토교통부령으로 정하는 사항을 변경하는 경우"란 법 제73조제1항의 적용배제 특례사항 또는 같은 조 제2항의 완화적용 특례사항을 변경하는 경우를 말한다. <개정 2013.3.23>
④ 법 제72조제7항에서 "국토교통부령으로 정하는 자료"란 제2항 각 호의 서류를 말한다. <개정 2013.3.23.>
[제38조의4에서 이동<2021.1.8.>]

제38조의6【특별가로구역의 지정 등의 공고】 ① 국토교통부장관 및 허가권자는 법 제77조의2제1항 및 제3항에 따라 특별가로구역을 지정하거나 변경 또는 해제하는 경우에는 이를 관보(허가권자의 경우에는 공보)에 공고하여야 한다.
② 국토교통부장관 및 허가권자는 제1항에 따라 특별가로구역을 지정, 변경 또는 해제한 경우에는 해당 내용을 관보 또는 공보에 공고한 날부터 30일 이상 일반이 열람할 수 있도록 하여야 한다. 이 경우 국토교통부장관, 특별시장 또는 광역시장은 관계 서류를 특별자치시장·특별자치도 또는 시장·군수·구청장에게 송부하여 일반이 열람할 수 있도록 하여야 한다.
[본조신설 2014.10.15.]

제38조의7【특별가로구역의 관리】 ① 국토교통부장관 및 허가권자는 법 제77의3제1항에 따라 특별가로구역의 지정 내용을 별지 제27호의6서식의 특별가로구역 관리대장에 작성하여 관리하여야 한다.
② 제1항에 따른 특별가로구역 관리대장은 전자적 처리가 불가능한 특별한 사유가 없으면 전자적 처리가 가능한 방법으로 작성하여 관리하여야 한다.
[본조신설 2014.10.15.]

제38조의8【건축협정운영회의 설립 신고】 법 제77조의5제1항에 따른 건축협정운영회(이하 "건축협정운영회"라 한다)의 대표자는 같은 조 제2항에 따라 건축협정운영회를 설립한 날부터 15일 이내에 법 제77조의2제1항제5호에 따른 건축협정인가권자(이하 "건축협정인가권자"라 한다)에게 별지 제27호의7서식에 따라 신고해야 한다. <개정 2021.6.25>
[본조신설 2014.10.15.]

제38조의9【건축협정의 인가 등】 ① 법 제77조의4제1항 및 제2항에 따라 건축협정을 체결하는 자(이하 "협정체결자"라 한다) 또는 건축협정운영회의 대표자가 법 제77조의6제1항에 따라 건축협정의 인가를 받으려는 경우에는 별지 제27호의8서식의 건축협정 인가신청서를 건축협정인가권자에게 제출하여야 한다.
② 협정체결자 또는 건축협정운영회의 대표자가 법 제77조의7제1항 본문에 따라 건축협정을 변경하려는 경우에는 별지 제27호의8서식의 건축협정 변경인가신청서를 건축협정인가권자에게 제출하여야 한다.
③ 건축협정인가권자는 법 제77조의6 및 제77조의7에 따라 건축협정을 인가하거나 변경인가한 때에는 해당 지방자치단체의 공보에 공고하여야 하며, 건축협정서 등 관계 서류를 건축협정 유효기간 만료일까지 해당 특별자치시·특별자치도 또는 시·군·구에 비치하여 열람할 수 있도록 하여야 한다.
[본조신설 2014.10.15.]

제38조의10【건축협정의 관리】 ① 건축협정인가권자는 법 제77조의6 및 제77조의7에 따라 건축협정을 인가하거나 변경인가한 경우에는 별지 제27호의9서식의 건축협정관리대장에 작성하여 관리하여야 한다.
② 제1항에 따른 건축협정관리대장은 전자적 처리가 불가능한 특별한 사유가 없으면 전자적 처리가 가능한 방법으로 작성하여 관리하여야 한다.
[본조신설 2014.10.15.]

제38조의11【건축협정의 폐지】 ① 협정체결자 또는 건축협정운영회의 대표자가 법 제77조의9에 따라 건축협정을 폐지하려는 경우에는 별지 제27호의10서식의 건축협정 폐지인가신청서를 건축협정인가권자에게 제출하여야 한다.
② 건축협정인가권자는 법 제77조의9에 따라 건축협정의 폐지를 인가한 때에는 해당 지방자치단체의 공보에 공고하여야 한다.
[본조신설 2014.10.15.]

제38조의12【결합건축협정서】 법 제77조의16제1항에 따른 결합건축협정서는 별지 제27호의11서식에 따른다.

<개정 2019.11.18.>
[본조신설 2016.7.20.]

제38조의13【결합건축의 관리】 ① 허가권자는 결합건축을 포함하여 건축허가를 한 경우에는 법 제77조의17제1항에 따라 그 내용을 30일 이내에 해당 지방자치단체의 공보에 공고하고, 별지 제27호의12서식의 결합건축 관리대장을 작성하여 관리해야 한다. <개정 2018.11.29, 2021.1.8>
② 제1항에 따른 결합건축 관리대장은 전자적 처리가 불가능한 특별한 사유가 없으면 전자적 처리가 가능한 방법으로 작성하여 관리하여야 한다.
[본조신설 2016.7.20.]

제39조【건축행정의 지도・감독】 법 제78조제4항에 따라 국토교통부장관 또는 시・도지사는 연 1회 이상 건축행정의 건실한 운영을 지도・감독하기 위하여 다음 각 호의 내용이 포함된 지도・점검계획을 수립하여야 한다. <개정 2013.3.23>
1. 건축허가 등 건축민원 처리실태
2. 건축통계의 작성에 관한 사항
3. 건축부조리 근절대책
4. 위반건축물의 정비계획 및 실적
5. 기타 건축행정과 관련하여 필요한 사항

제40조【위반건축물에 대한 실태조사】 ① 허가권자는 영 제115조제1항에 따른 실태조사 결과를 기록・관리해야 한다.
② 영 제115조제5항 전단에 따른 위반 건축물 관리대장은 별지 제29호서식에 따른다.
[전문개정 2020.10.28.]

제40조의2【이행강제금의 부과 및 징수절차】 영 제115조의2제3항에 따른 이행강제금의 부과 및 징수절차는 「국고금관리법 시행규칙」을 준용한다. 이 경우 납입고지서에는 이의신청방법 및 이의신청기간을 함께 기재하여야 한다.

제41조【공작물축조신고】 ① 법 제83조 및 영 제118조에 따라 옹벽 등 공작물의 축조신고를 하려는 자는 별지 제30호서식의 공작물축조신고서에 다음 각 호의 서류 및 도서를 첨부하여 특별자치시장·특별자치도지사 또는 시장·군수·구청장에게 제출(전자문서로 제출하는 것을 포함한다)해야 한다. 다만, 제6조제1항에 따라 건축허가를 신청할 때 건축물의 건축에 관한 사항과 함께 공작물의 축조신고에 관한 사항을 제출한 경우에는 공작물축조신고서의 제출을 생략한다. <개정 2020.10.28., 2021.12.31>
1. 공작물의 배치도
2. 공작물의 구조도
3.「건축물의 구조기준 등에 관한 규칙」 별지 제2호서식의 구조안전 및 내진설계 확인서(높이가 8미터 이상인 공작물인 경우에만 첨부한다)
② 특별자치시장·특별자치도지사 또는 시장·군수·구청장은 제1항에 따른 공작물축조신고서를 받은 때에는 영 제118조제4항에 따라 별지 제30호의3서식의 공작물의 구조 안전 점검표를 작성·검토한 후 별지 제31호서식의 공작물축조신고필증을 신고인에게 발급하여야 한다. <개정 2021.12.31>
③ 삭제 <2020.5.1.>
④ 영 제118조제5항의 규정에 의한 공작물관리대장은 별지 제32호서식에 의한다. <개정 2014.11.28.>

제42조【출입검사원증】 법 제87조제2항에 따른 검사나 시험을 하는 자의 권한을 표시하는 증표는 별지 제33호서식과 같다.

제43조【태양열을 이용하는 주택 등의 건축면적 산정방법 등】 ① 영 제119조제1항제2호나목1) 및 3)에 따라 태양열을 주된 에너지원으로 이용하는 주택의 건축면적과 단열재를 구조체의 외기측에 설치하는 단열공법으로 건축된 건축물의 건축면적은 건축물의 외벽중 내측 내력벽의 중심선을 기준으로 한다. 이 경우 태양열을 주된 에너지원으로 이용하는 주택의 범위는 국토교통부장관이 정하여 고시하는 바에 따른다. <개정 2020.10.28.>
② 영 제119조제1항제2호나목2)에 따라 창고 또는 공장 중 물품을 입출고하는 부위의 상부에 설치하는 한쪽 끝은 고정되고 다른 끝은 지지되지 않는 구조로 된 돌출차양의 면적 중 건축면적에 산입하는 면적은 다음 각 호에 따라 산정한 면적 중 작은 값으로 한다. <개정 2017.1.19., 2020.10.28.>
1. 해당 돌출차양을 제외한 창고의 건축면적의 10퍼센트를 초과하는 면적
2. 해당 돌출차양의 끝부분으로부터 수평거리 6미터를 후퇴한 선으로 둘러싸인 부분의 수평투영면적

제43조의2【지역건축안전센터의 설치 및 운영 등】 ① 시・도지사 및 시장・군수・구청장이 법 제87조의2에 따라 설치하는 지역건축안전센터(이하 "지역건축안전센터"라 한다)에는 센터장 1명과 법 제87조의2제1항 각 호의 업무를 수행하는 데 필요한 전문인력을 둔다.
② 시・도지사 및 시장・군수・구청장은 해당 지방자치단체 소속 공무원 중에서 건축행정에 관한 학식과 경험이 풍부한 사람이 제1항에 따른 센터장(이하

"센터장"이라 한다)을 겸임하게 할 수 있다.
③ 센터장은 지역건축안전센터의 사무를 총괄하고, 소속 직원을 지휘·감독한다.
④ 제1항에 따른 전문인력(이하 "전문인력"이라 한다)은 다음 각 호의 어느 하나에 해당하는 자격을 갖춘 사람으로서 건축행정에 관한 학식과 경험이 풍부한 사람으로 한다. <개정 2019.2.25., 2021.6.25>
1. 「건축사법」 제2조제1호에 따른 건축사
2. 다음 각 목의 어느 하나에 해당하는 사람
가. 「국가기술자격법」에 따른 건축구조기술사
나. 「건설기술 진흥법 시행령」 별표 1에 따른 건설기술인 중 건축구조 분야 고급기술인 이상의 자격기준을 갖춘 사람
3. 「국가기술자격법」에 따른 건축시공기술사
4. 다음 각 목의 어느 하나에 해당하는 사람
가. 「국가기술자격법」에 따른 건축기계설비기술사
나. 「건설기술 진흥법 시행령」 별표 1에 따른 건설기술인 중 건축기계설비 분야 고급기술인 이상의 자격기준을 갖춘 사람
5. 다음 각 목의 어느 하나에 해당하는 사람
가. 「국가기술자격법」에 따른 지질 및 지반기술사 또는 토질 및 기초기술사
나. 「건설기술 진흥법 시행령」 별표 1에 따른 건설기술인 중 토질·지질 분야 특급기술인 이상의 자격기준을 갖춘 사람
⑤ 시·도지사 및 시장·군수·구청장은 별표 8에 따른 산정기준에 따라 지역건축안전센터의 전문인력을 확보하기 위하여 노력하여야 한다. 다만, 다음 각 호에 해당하는 전문인력(이하 "필수전문인력"이라 한다)은 각각 1명 이상 두어야 한다. <개정 2023.6.9./각호 신설.>
1. 제4항제1호에 따른 전문인력
2. 제4항제2호 또는 제3호에 따른 전문인력
⑥ 시장·군수·구청장이 지역의 규모·예산·인력 및 건축허가 등의 신청 건수를 고려하여 단독으로 지역건축안전센터를 설치·운영하는 것이 곤란하다고 판단하는 경우에는 둘 이상의 시·군·구가 공동으로 하나의 지역건축안전센터를 설치·운영할 수 있다. 이 경우 공동으로 지역건축안전센터를 설치·운영하려는 시장·군수·구청장은 지역건축안전센터의 공동설치 및 운영에 관한 협약을 체결하여야 한다.
⑦ 국토교통부장관은 법 제87조의2제2항에 따라 지역건축안전센터를 설치해야 하는 지방자치단체를 5년마다 고시해야 한다. <신설 2023.6.9.>
⑧ 법 제87조의2제2항제3호에 따라 건축허가 면적 또는 노후건축물 비율은 다음 각 호의 구분에 따라 산정한다. <신설 2023.6.9.>
1. 건축허가 면적: 제7항에 따라 국토교통부장관이 고시하는 해의 직전연도부터 과거 5년 동안 법 제11조에 따라 건축허가(신축만 해당한다)를 받은 건축물의 연면적 합계를 5로 나눈 면적
2. 노후건축물 비율: 제7항에 따라 국토교통부장관이 고시하는 해의 직전연도의 전체 건축물 중 법 제22조에 따라 최초로 사용승인을 받은 후 30년 이상이 지난 건축물이 차지하는 비율
⑨ 제1항부터 제8항까지에서 규정한 사항 외에 지역건축안전센터의 조직 및 운영 등에 필요한 사항은 해당 지방자치단체의 조례로 정한다. <개정 2023.6.9.>
[본조신설 2018.6.15.][종전 제43조의2는 제43조의3으로 이동 <2018.6.15.>]

제43조의3【분쟁조정의 신청】 ① 영 제119조의4제1항에 따라 분쟁의 조정 또는 재정(이하 "조정등"이라 한다)을 받으려는 자는 다음 각 호의 사항을 기재하고 서명·날인한 분쟁조정등신청서에 참고자료 또는 서류를 첨부해 국토교통부에 설치된 건축분쟁전문위원회(이하 "분쟁위원회"라 한다)에 제출(전자문서로 제출하는 것을 포함한다)해야 한다. <개정 2021.6.25>
1. 신청인의 성명(법인의 경우에는 명칭) 및 주소
2. 당사자의 성명(법인의 경우에는 명칭) 및 주소
3. 대리인을 선임한 경우에는 대리인의 성명 및 주소
4. 분쟁의 조정등을 받고자 하는 사항
5. 분쟁이 발생하게 된 사유와 당사자간의 교섭경과
6. 신청연월일
②제1항의 경우에 증거자료 또는 서류가 있는 경우에는 그 원본 또는 사본을 분쟁조정등신청서에 첨부하여 제출할 수 있다.
[제43조의2에서 이동, 종전 제43조의3은 제43조의4로 이동 <2018.6.15.>]

제43조의4【분쟁위원회의 회의·운영 등】 ① 법 제88조에 따른 분쟁위원회의 위원장은 분쟁위원회를 대표하고 분쟁위원회의 업무를 총괄한다. <개정 2021.8.27>
② 분쟁위원회의 위원장은 분쟁위원회의 회의를 소집하고 그 의장이 된다. <개정 2014.11.28.>
③ 분쟁위원회의 위원장이 부득이한 사유로 직무를 수행할 수 없는 때에는 부위원장이 그 직무를 대행한다. <개정 2014.11.28.>
④ 분쟁위원회의 사무를 처리하기 위하여 간사를 두되, 간사는 국토교통부 소속 공무원 중에서 분쟁위원

회의 위원장이 지정한 자가 된다. <개정 2014.11.28.>

⑤ 분쟁위원회의 회의에 출석한 위원 및 관계전문가에 대하여는 예산의 범위 안에서 수당을 지급할 수 있다. 다만, 공무원인 위원이 그 소관 업무와 직접적으로 관련되어 출석하는 경우에는 그러하지 아니 하다. <개정 2014.11.28.>

[제목개정 2014.11.28.][제43조의3에서 이동, 종전 제43조의4는 제43조의5로 이동 <2018.6.15.>]

제43조의5 【비용부담】 법 제102조제3항에 따라 조정등의 당사자가 부담할 비용의 범위는 다음 각 호와 같다. <개정 2014.11.28>

1. 감정·진단·시험에 소요되는 비용
2. 검사·조사에 소요되는 비용
3. 녹음·속기록·참고인 출석에 소요되는 비용, 그 밖에 조정등에 소요되는 비용. 다만, 다음 각 목의 어느 하나에 해당하는 비용을 제외한다.
   가. 분쟁위원회의 위원 또는 영 제119조의9제2항에 따른 사무국(이하 "사무국"이라 한다) 소속 직원이 분쟁위원회의 회의에 출석하는데 소요되는 비용
   나. 분쟁위원회의 위원 또는 국토교통부 소속 직원의 출장에 소요되는 비용
   다. 우편료 및 전신료

[제43조의4에서 이동 <2018.6.15.>]

제44조 삭제 <2016.12.30.>

부칙<국토교통부령 제704호, 2020.3.2.>
(건설산업기본법 시행규칙)

제1조(시행일) 이 규칙은 공포한 날부터 시행한다. <단서 생략>

제2조 및 제3조 생략

제4조(다른 법령의 개정) ①부터 ③까지 생략

④ 건축법 시행규칙 일부를 다음과 같이 한다.

별지 제17호서식 제1쪽 신청인(건축주)의 구분란 중 "건설업자"를 "건설사업자"로 하고, 별지 제22호의3서식 뒤쪽의 유의사항 제1호 및 제2호 본문·단서 중 "건설업자"를 각각 "건설사업자"로 한다.

⑤부터 ⑪까지 생략

부칙<국토교통부령 제722호, 2020.5.1.>
(건축물관리법 시행규칙)

제1조(시행일) 이 규칙은 공포한 날부터 시행한다.

제2조(다른 법령의 개정) ① 생략

② 건축법 시행규칙 일부를 다음과 같이 개정한다.

제23조, 제24조 및 제41조제3항을 각각 삭제한다.

제24조의2 중 "증축·개축·대수선하거나 제24조제1항 및 제3항에 따라 철거하는"을 "증축·개축 또는 대수선하는"으로, "증축·개축·대수선 또는 철거하여야"를 "증축·개축 또는 대수선해야"로 한다.

별지 제24호의3서식, 별지 제24호의4서식, 별지 제25호서식, 별지 제25호의2서식 및 별지 제31호의2서식을 각각 삭제한다.

부칙<국토교통부령 제774호, 2020.10.28.>

제1조(시행일) 이 규칙은 공포한 날부터 시행한다.

제2조(착공신고에 관한 적용례) 제14조제5항·제6항 및 별지 제13호서식의 개정규정은 이 규칙 시행 이후 법 제21조제1항 본문에 따라 신고하는 경우부터 적용한다.

제3조(공작물의 축조신고에 관한 적용례) 제41조제1항제3호, 별지 제30호서식 및 별지 제30호의2서식의 개정규정은 이 규칙 시행 이후 법 제83조제1항에 따라 공작물의 축조신고를 하는 경우부터 적용한다.

부칙<국토교통부령 제806호, 2021.1.8.>

이 규칙은 공포한 날부터 시행한다.

부칙<국토교통부령 제862호, 2021.6.25.>

이 규칙은 공포한 날부터 시행한다.

부칙<국토교통부령 제882호, 2021.8.27.>
(어려운 법령용어 정비를 위한 80개 국토교통부령 일부개정령)

이 규칙은 공포한 날부터 시행한다. <단서 생략>

부칙<국토교통부령 제935호, 2021.12.31.>

제1조(시행일) 이 규칙은 공포한 날부터 시행한다. 다만, 제19조의2제1항 각 호 외의 부분의 개정규정은 2022

년 2월 11일부터 시행한다.

제2조(착공신고서의 첨부서류에 관한 적용례) 제14조제1항제4호의 개정규정은 이 규칙 시행 이후 법 제21조에 따라 착공신고를 하는 경우부터 적용한다.

제3조(사용승인신청서의 첨부서류에 관한 적용례) 제16조제1항제8호의 개정규정은 이 규칙 시행 이후 법 제22조제1항에 따라 사용승인을 신청하는 경우부터 적용한다.

제4조(공사감리자의 업무에 관한 적용례) 제19조의2제1항제2호의2의 개정규정은 이 규칙 시행 이후 법 제21조에 따라 착공신고를 하는 경우부터 적용한다.

제5조(공작물축조신고서의 첨부 서류 및 도서에 관한 적용례) 제41조제1항제4호의 개정규정은 이 규칙 시행 이후 법 제83조에 따라 공작물의 축조신고를 하는 경우부터 적용한다.

부칙<국토교통부령 제1107호, 2022.2.11.> (주택법 시행규칙)

제1조(시행일) 이 규칙은 공포한 날부터 시행한다.

제2조(다른 법령의 개정) ① 건축법 시행규칙 일부를 다음과 같이 개정한다.

제2조의5제1호가목1) 중 "원룸형"을 "소형"으로 한다.

② 생략

부칙<국토교통부령 제1158호, 2022.11.2>

이 규칙은 공포 후 6개월이 경과한 날부터 시행한다.

부칙<국토교통부령 제1224호, 2023.6.9.>

이 규칙은 공포한 날부터 시행한다. 다만, 제43조의2의 개정규정은 2023년 6월 11일부터 시행한다.

부칙<국토교통부령 제1268호, 2023.11.1.>

제1조(시행일) 이 규칙은 공포한 날부터 시행한다. 다만, 제19조의2제3항부터 제6항까지의 개정규정은 2024년 3월 13일부터 시행한다.

제2조(감리보고서 제출에 관한 적용례) 별지 제22호서식의 개정규정은 이 규칙 시행 이후 감리보고서를 제출하는 경우부터 적용한다.

제3조(건축사보 배치현황 제출에 관한 적용례) 제19조의2제2항 및 별지 제22호의2서식의 개정규정은 이 규칙 시행 이후 건축사보 배치현황을 제출하는 경우부터 적용한다.

[별표 1] 삭제 〈2000.7.4.〉

[별표 1의2] 〈신설 2015.7.7.〉

구조 안전 심의 신청 시 첨부서류(제2조의4제2항 관련)

분야	도서종류	표시하여야 할 사항
1. 건축	가. 건축개요	1) 사업 개요: 위치, 대지면적, 사업기간 등 2) 건축물 개요: 규모(높이, 면적 등), 용도별 면적 및 건폐율, 용적률 등
	나. 배치도	1) 축척 및 방위, 대지에 접한 도로의 길이 및 너비 2) 대지의 종·횡단면도
	다. 평면도	1) 1층 및 기준층 평면도 2) 기둥·벽·창문 등의 위치 3) 방화구획 및 방화문의 위치 4) 복도 및 계단 위치
	라. 단면도	1) 종·횡단면도 2) 건축물 전체높이, 각층의 높이 및 반자높이 등
2. 구조	가. 구조계획서	1) 설계근거기준 2) 하중조건분석 3) 구조재료의 성질 및 특성 4) 구조 형식선정 계획 5) 구조안전 검토
	나. 구조도 및 구조계산서	1) 구조내력상 주요부분 평면 및 단면 2) 내진설계(지진에 대한 안전여부 확인 대상)내용 3) 구조 안전 확인서 4) 주요부분의 상세도면
3. 기타	가. 지질조사서	1) 토질개황 2) 각종 토질시험내용 3) 지내력 산출근거 4) 지하수위 5) 기초에 대한 의견
	나. 시방서	1) 시방내용(표준시방서에 없는 공법인 경우만 해당함) 2) 흙막이 공법 및 도면

[별표 2] 〈개정 2015.10.5., 2018.11.29., 2021.6.25〉

건축허가신청에 필요한 설계도서(제6조제1항 관련)

도서의 종류	도서의 축척	표시하여야 할 사항
건축계획서	임의	1. 개요(위치·대지면적 등) 2. 지역·지구 및 도시계획사항 3. 건축물의 규모(건축면적·연면적·높이·층수 등) 4. 건축물의 용도별 면적 5. 주차장규모 6. 에너지절약계획서(해당건축물에 한한다) 7. 노인 및 장애인 등을 위한 편의시설 설치계획서(관계법령에 의하여 설치 의무가 있는 경우에 한한다)

배치도	임의	1. 축척 및 방위 2. 대지에 접한 도로의 길이 및 너비 3. 대지의 종·횡단면도 4. 건축선 및 대지경계선으로부터 건축물까지의 거리 5. 주차동선 및 옥외주차계획 6. 공개공지 및 조경계획
평면도	임의	1. 1층 및 기준층 평면도 2. 기둥·벽·창문 등의 위치 3. 방화구획 및 방화문의 위치 4. 복도 및 계단의 위치 5. 승강기의 위치
입면도	임의	1. 2면 이상의 입면계획 2. 외부마감재료 3. 간판 및 건물번호판의 설치계획(크기 · 위치)
단면도	임의	1. 종·횡단면도 2. 건축물의 높이, 각층의 높이 및 반자높이
구조도 (구조안전 확인 또는 내진설계 대상 건축물)	임의	1. 구조내력상 주요한 부분의 평면 및 단면 2. 주요부분의 상세도면 3. 구조안전확인서
구조계산서 (구조안전 확인 또는 내진설계 대상 건축물)	임의	1. 구조계산서 목록표(총괄표, 구조계획서, 설계하중, 주요 구조도, 배근도 등) 2. 구조내력상 주요한 부분의 응력 및 단면 산정 과정 3. 내진설계의 내용(지진에 대한 안전 여부 확인 대상 건축물)
실내마감도	임의	삭제 <2021.6.25>
소방설비도	임의	「소방시설설치유지 및 안전관리에 관한 법률」에 따라 소방관서의 장의 동의를 얻어야 하는 건축물의 해당소방 관련 설비

[별표 3] 〈개정 2017.2.3.〉

대형건축물의 건축허가 사전승인신청 및 건축물 안전영향평가 의뢰시 제출도서의 종류

(제7조제1항제1호 및 제9조의2제1항 관련)

1. 건축계획서

분야	도서종류	표시하여야 할 사항
건축	설계설명서	○공사개요 위치·대지면적·공사기간·공사금액 등 ○사전조사사항 지반고·기후·동결심도·수용인원·상하수와 주변지역을 포함한 지질 및 지형, 인구, 교통, 지역, 지구, 토지이용현황, 시설물현황 등 ○건축계획 배치·평면·입면계획·동선계획·개략조경계획·주차계획 및 교통처리계획 등

		○시공방법 ○개략공정계획 ○주요설비계획 ○주요자재 사용계획 ○기타 필요한 사항
	구조계획서	○설계근거기준 ○구조재료의 성질 및 특성 ○하중조건분석 적용 ○구조의 형식선정계획 ○각부 구조계획 ○건축구조성능(단열·내화·차음·진동장애 등) ○구조안전검토
	지질조사서	○토질개황 ○각종 토질시험내용 ○지내력 산출근거 ○지하수위면 ○기초에 대한 의견
	시방서	○시방내용(국토교통부장관이 작성한 표준시방서에 없는 공법인 경우에 한한다)

2. 기본설계도서

분야	도서종류	표시하여야 할 사항
건축	투시도 또는 투시도 사진	색채사용
	평면도(주요층, 기준층)	1. 각실의 용도 및 면적 2. 기둥·벽·창문 등의 위치 3. 방화구획 및 방화문의 위치 4. 복도·직통계단·피난계단 또는 특별 피난계단의 위치 및 치수 5. 비상용승강기 · 승용승강기의 위치 및 치수 6. 가설건축물의 규모
	2면 이상의 입면도	1. 축척 2. 외벽의 마감재료
	2면 이상의 단면도	1. 축척 2. 건축물의 높이, 각층의 높이 및 반자높이
	내외마감표	벽 및 반자의 마감재의 종류
	주차장평면도	1. 축척 및 방위 2. 주차장면적 3. 도로·통로 및 출입구의 위치
설비	건축설비도	1. 비상용승강기·승용승강기·에스컬레이터·난방설비·환기설비 기타 건축설비의 설비계획 2. 비상조명장치·통신설비 기타 전기설비설치계획
	소방설비도	옥내소화전설비·스프링클러설비·각종 소화설비·옥외소화전설비·동력소방펌프설비·자동화재탐지설비·전기화재경보기·화재속보설비와 유도 등 기타 유도표시 소화용수의 위치 및 수량배연설비·연결살수설비·비상콘센트설비의 설치계획
	상·하수도 계통도	상·하수도의 연결관계, 수조의 위치, 급·배수 등

[별표 3의2] <신설 2001.9.28>

수질환경 등의 보호관련 건축허가 사전승인신청시 제출도서의 종류
(제7조제1항제2호관련)

1. 건축계획서

분야	도서종류	표시하여야 할 사항
건축	설계설명서	○공사개요 위치・대지면적・공사기간・착공예정일 ○사전조사사항 지역・지구, 지반높이, 상・하수도, 토지이용현황, 주변현황 ○건축계획 배치・평면・입면・주차계획 ○개략공정계획 ○주요설비계획

2. 기본설계도서

분야	도서종류	표시하여야 할 사항
건축	투시도 또는 투시도사진	색채사용
	평면도(주요층,기준층)	1. 각실의 용도 및 면적 2. 기둥・벽・창문 등의 위치
	2면 이상의 입면도	1. 축척 2. 외벽의 마감재료
	2면 이상의 단면도	1. 축척 2. 건축물의 높이, 각층의 높이 및 반자높이
	내외마감표	벽 및 반자의 마감재의 종류
	주차장평면도	1. 주차장면적 2. 도로・통로 및 출입구의 위치
설비	건축설비도	1. 난방설비・환기설비 그 밖의 건축설비의 설비계획 2. 비상조명장치・통신설비 설치계획
	상・하수도계통도	상・하수도의 연결관계, 저수조의 위치, 급・배수 등

[별표 4] <개정 2005.10.20, 2006.5.12>

건축허가등 수수료의 범위(제10조 관련)

연면적합계	금 액
200제곱미터 미만	단독주택2천원7백원 이상 4천원 이하
	기타 6천7백원 이상 9천4백원 이하
200제곱미터 이상1천제곱미터 미만	단독주택 4천원 이상 6천원 이하
	기타 1만4천원 이상 2만원 이하
1천제곱미터 이상5천제곱미터 미만	3만4천원 이상 5만4천원 이하
5천제곱미터 이상1만제곱미터 미만	6만8천원 이상 10만원 이하
1만제곱미터 이상3만제곱미터 미만	13만5천원 이상 20만원 이하
3만제곱미터 이상 10만제곱미터 미만	27만원 이상 41만원 이하
10만제곱미터 이상 30만제곱미터 미만	54만원 이상 81만원 이하
30만제곱미터 이상	108만원 이상 162만원 이하

※ 설계변경의 경우에는 변경하는 부분의 면적에 따라 적용한다.

[별표 4의2] <신설 2015.10.5., 2016.7.20, 2018.11.29., 2019.11.18., 2021.8.27>

착공신고에 필요한 설계도서(제14조제1항 관련)

분야	도서의 종류	내 용
1. 건축	가. 도면 목록표	공종 구분해서 분류 작성
	나. 안내도	방위, 도로, 대지주변 지물의 정보 수록
	다. 개요서	1) 개요(위치・대지면적 등) 2) 지역・지구 및 도시계획사항 3) 건축물의 규모(건축면적・연면적・높이・층수 등) 4) 건축물의 용도별 면적 5) 주차장 규모
	라. 구적도	대지면적에 대한 기술
	마. 마감재료표	바닥, 벽, 천정 등 실내 마감재료 및 외벽 마감재료(외벽에 설치하는 단열재를 포함한다)의 성능, 품명, 규격, 재질, 질감 및 색상 등의 구체적 표기
	바. 배치도	축척 및 방위, 건축선, 대지경계선 및 대지가 정하는 도로의 위치와 폭, 건축선 및 대지경계선으로부터 건축물까지의 거리, 신청 건물과 기존 건물과의 관계, 대지의 고저차, 부대시설물과의 관계
	사. 주차계획도	1) 법정 주차대수와 주차 확보대수의 대비표, 주차배치도 및 차량 동선도 차량진출입 관련 위치 및 구조 2) 옥외 및 지하 주차장 도면

	아. 각 층 및 지붕 평면도	1) 기둥·벽·창문 등의 위치 및 복도, 계단, 승강기 위치 2) 방화구획 계획(방화문, 자동방화셔터, 내화충전구조 및 방화댐퍼의 설치 계획을 포함한다)
	자. 입면도(2면 이상)	1) 주요 내외벽, 중심선 또는 마감선 치수, 외벽 마감재료 2) 건축자재 성능 및 품명, 규격, 재질, 질감, 색상 등의 구체적 표기 3) 간판 및 건물번호판의 설치계획(크기·위치)
	차. 단면도(종·횡단면도)	1) 건축물 최고높이, 각 층의 높이, 반자높이 2) 천정 안 배관 공간, 계단 등의 관계를 표현 3) 방화구획 계획(방화문, 자동방화셔터, 내화충전구조 및 방화댐퍼의 설치 계획을 포함한다)
	카. 수직동선상세도	1) 코아(Core) 상세도(코아 안의 각종 설비관련 시설물의 위치) 2) 계단 평면·단면 상세도 3) 주차경사로 평면·단면 상세도
	타. 부분상세도	1) 지상층 외벽 평면·입면·단면도 2) 지하층 부분 단면 상세도
	파.창호도(창문 도면)	창호 일람표, 창호 평면도, 창호 상세도, 창호 입면도
	하. 건축설비도	냉방·난방설비, 위생설비, 환경설비, 정화조, 승강설비 등 건축설비
	거. 방화구획 상세도	방화문, 자동방화셔터, 내화충전구조, 방화댐퍼 설치부분 상세도
	너. 외벽 마감재료의 단면 상세도	외벽의 마감재료(외벽에 설치하는 단열재를 포함한다)의 종류별 단면 상세도(법 제52조제2항에 따른 건축물만 해당한다)
2. 일반	가. 시방서	1) 시방내용(국토교통부장관이 작성한 표준시방서에 없는 공법인 경우만 해당한다) 2) 흙막이공법 및 도면
3. 구조	가. 도면 목록표	
	나. 기초 일람표	
	다. 구조 평면·입면·단면도 (구조안전 확인 대상 건축물)	1) 구조내력상 주요한 부분의 평면 및 단면 2) 주요부분의 상세도면(배근상세, 접합상세, 배근 시 주의사항 표기) 3) 구조안전확인서
	라. 구조가구도	골조의 단면 상태를 표현하는 도면으로 골조의 상호 연관관계를 표현
	마. 앵커(Anchor)배치도 및 베이스 플레이트(Base Plate) 설치도	
	바. 기둥 일람표	
	사. 보 일람표	
	아. 슬래브(Slab) 일람표	
	자. 옹벽 일람표	
	차. 계단배근 일람표	
	카. 주심도	
4. 기계	가. 도면 목록표	
	나. 장비일람표	규격, 수량을 상세히 기록
	다. 장비배치도	기계실, 공조실 등의 장비배치방안 계획
	라. 계통도	공조배관 설비, 덕트(Duct) 설비, 위생 설비 등 계통도
	마. 기준층 및 주요층 기구 평면도	공조배관 설비, 덕트 설비, 위생 설비 등 평면도
	바. 저수조 및 고가수조	저수조 및 고가수조의 설치기준을 표시
	사. 도시가스 인입 확인	도시가스 인입지역에 한해서 조사 및 확인
5. 전기	가. 도면 목록표	

	나. 배치도	옥외조명 설비 평면도
	다. 계통도	1) 전력 계통도
		2) 조명 계통도
	라. 평면도	조명 평면도
6. 통신	가. 도면 목록표	
	나. 배치도	옥외 CCTV설비와 옥외방송 평면도
	다. 계통도	1) 구내통신선로설비 계통도
		2) 방송공동수신설비 계통도
		3) 이동통신 구내선로설비 계통도
		4) CCTV설비 계통도
	라. 평면도	1) 구내통신선로설비 평면도
		2) 방송공동수신설비 평면도
		3) 이동통신 구내선로설비 평면도
		4) CCTV설비 평면도
7. 토목	가. 도면 목록표	
	나. 각종 평면도	주요시설물 계획
	다. 토지굴착 및 옹벽도	1) 지하매설구조물 현황 2) 흙막이 구조(지하 2층 이상의 지하층을 설치하는 경우 또는 지하 1층을 설치하는 경우로서 법 제27조에 따른 건축허가 현장조사·검사 또는 확인시 굴착으로 인하여 인접대지 석축 및 건축물 등에 영향이 있어 조치가 필요하다고 인정된 경우만 해당한다) 3) 단면상세 4) 옹벽구조
	라. 대지 종·횡단면도	
	마. 포장계획 평면·단면도	
	바. 우수·오수 배수처리 평면·종단면도	
	사. 상하수 계통도	우수·오수 배수처리 구조물 위치 및 상세도, 공공하수도와의 연결방법, 상수도 인입계획, 정화조의 위치
	아. 지반조사 보고서	시추조사 결과, 지반분류, 지반반력계수 등 구조설계를 위한 지반자료(주변 건축물의 지반조사 결과를 적용하여 별도의 지반조사가 필요 없는 경우, 「건축물의 구조기준 등에 관한 규칙」에 따른 소규모건축물로 지반을 최저 등급으로 가정한 경우, 지반조사를 할 수 없는 경우 등 허가권자가 인정하는 경우에는 지반조사 보고서를 제출하지 않을 수 있다.
8. 조경	가. 도면 목록표	
	나. 조경 배치도	법정 면적과 계획면적의 대비, 조경계획 및 식재 상세도
	다. 식재 평면도	
	라. 단면도	

비고

법 제21조에 따라 착공신고하려는 건축물의 공사와 관련 없는 설계도서는 제출하지 않는다.

[별표 5] <개정 2010.8.5>

건축허용오차(제20조관련)

1. 대지관련 건축기준의 허용오차

항목	허용되는 오차의 범위
건축선의 후퇴거리	3퍼센트 이내
인접대지 경계선과의 거리	3퍼센트 이내
인접건축물과의 거리	3퍼센트 이내
건폐율	0.5퍼센트 이내(건축면적 5제곱미터를 초과할 수 없다)
용적률	1퍼센트 이내(연면적 30제곱미터를 초과할 수 없다)

2. 건축물관련 건축기준의 허용오차

항목	허용되는 오차의 범위
건축물 높이	2퍼센트 이내(1미터를 초과할 수 없다)
평면길이	2퍼센트 이내(건축물 전체길이는 1미터를 초과할 수 없고, 벽으로 구획된 각 실의 경우에는 10센티미터를 초과할 수 없다)
출구너비	2퍼센트 이내
반자높이	2퍼센트 이내
벽체두께	3퍼센트 이내
바닥판두께	3퍼센트 이내

[별표 6] <개정 2013.11.28., 2014.10.15>

옹벽에 관한 기술적 기준(제25조관련)

1. 석축인 옹벽의 경사도는 그 높이에 따라 다음 표에 정하는 기준 이하일 것

구분	1.5미터까지	3미터까지	5미터까지
멧쌓기	1 : 0.30	1 : 0.35	1 : 0.40
찰쌓기	1 : 0.25	1 : 0.30	1 : 0.35

2. 석축인 옹벽의 석축용 돌의 뒷길이 및 뒷채움돌의 두께는 그 높이에 따라 다음 표에 정하는 기준 이상일 것

구분높이		1.5미터까지	3미터까지	5미터까지
석축용돌의뒷길이(센티미터)		30	40	50
뒷채움돌의두께(센티미터)	상부	30	30	30
	하부	40	50	50

3. 석축인 옹벽의 윗가장자리로부터 건축물의 외벽면까지 띄어야 하는 거리는 다음 표에 정하는 기준 이상일 것. 다만, 건축물의 기초가 석축의 기초 이하에 있는 경우에는 그러하니 아니하다.

건축물의층수	1층	2층	3층 이상
띄우는 거리(미터)	1.5	2	3

4.~6. 삭제 <2014.10.15.>

[별표 7]

토질에 따른 경사도(제26조제1항관련)

토질	경사도
경암	1 : 0.5
연암	1 : 1.0
모래	1 : 1.8
모래질흙	1 : 1.2
사력질흙, 암괴 또는 호박돌이 섞인 모래질흙	1 : 1.2
점토, 점성토	1 : 1.2
암괴 또는 호박돌이 섞인 점성토	1 : 1.5

[별표 8] <신설 2018.6.15.>

지역건축안전센터의 적정 전문인력 인원 산정기준(제43조의2제5항 관련)

1. 지역건축안전센터의 적정 전문인력 인원은 다음의 산정식에 따라 산정한다.

$$\text{적정 전문인력 인원(명)} = \frac{\text{최근 3년간 연평균 건축 신고·허가 건수}}{\text{1인당 연간 건축 신고·허가 처리가능 건수}} \times \text{필수 전문인력 인원(명)}$$

2. 제1호의 산정식에 적용되는 용어의 정의
 가. "최근 3년간 연평균 건축 신고·허가 건수"란 최근 3년간 연평균 해당 지방자치단체의 건축 신고 건수에 해당 업무의 난이도를 가중한 값과 최근 3년간 연평균 해당 지방자치단체의 건축허가 건수에 해당 업무의 난이도를 가중한 값을 더한 값을 말한다.
 나. "1인당 연간 건축 신고·허가 처리가능 건수"란 해당 업무의 난이도를 고려하여 공무원 1명이 1일 동안 통상적으로 처리할 수 있는 건축 신고·허가 건수에 근무일수를 곱한 값을 말한다.
 다. "필수전문인력 인원"이란 제43조의2제5항 단서에 따라 지역건축안전센터에 필수적으로 두어야 하는 전문인력 인원으로 2명을 말한다.

3. 제1호의 산정식에 적용되는 산정기준: 다음 각 목의 구분에 따른다.
 가. 특별시·광역시·특별자치시·도, 특별시·광역시·경기도의 시 또는 자치구

적용용어	산정기준
최근 3년간 연평균 건축 신고·허가 건수	0.76(업무 난이도) × 최근 3년간 연평균 건축신고 건수 + 1.4(업무 난이도) × 최근 3년간 연평균 건축허가 건수
1인당 연간 건축 신고·허가 처리가능 건수	5건 × 21일 × 12개월 = 1,260

 나. 도(경기도는 제외한다)의 시·군·자치구, 특별자치도, 광역시·경기도의 군

적용용어	산정기준
최근 3년간 연평균 건축 신고·허가 건수	0.9(업무 난이도) × 최근 3년간 연평균 건축신고 건수 + 1.4(업무 난이도) × 최근 3년간 연평균 건축허가 건수
1인당 연간 건축 신고·허가 처리가능 건수	7건 × 21일 × 12개월 = 1,764

 다. 공통사항
  1) 적정 전문인력 인원은 소수점 첫째자리에서 반올림하여 산정한다.
  2) 적정 전문인력 인원은 제43조의2제4항에 따른 전문인력 인원만을 말한다.

[별표 9]~[별표 10] 삭제 <1999.5.11>

[별표 11] 삭제 <2000.7.4>

[별표 12] 삭제 <1999.5.11>

4. 건축물의 설비기준 등에 관한 규칙

[국토교통부령 제882호, 2021.8.27]

제　　정 1992. 6. 1 건 설 부 령 제506호
일부개정 2011.11.30 국토해양부령 제408호
일부개정 2012. 4.30 국토해양부령 제458호
일부개정 2013. 9. 2 국토교통부령 제 23호
일부개정 2015. 7. 9 국토교통부령 제219호
일부개정 2017. 5. 2 국토교통부령 제420호
일부개정 2017.12. 4 국토교통부령 제467호
타법개정 2020. 3. 2 국토교통부령 제704호
일부개정 2020. 4. 9 국토교통부령 제715호
타법개정 2021. 8.27 국토교통부령 제882호

제1조【목적】 이 규칙은 「건축법」 제49조, 제62조, 제64조, 제67조 및 제68조와 같은 법 시행령 제87조, 제89조, 제90조 및 제91조의3에 따른 건축설비의 설치에 관한 기술적 기준 등에 필요한 사항을 규정함을 목적으로 한다. <개정 2015.7.9., 2020.4.9.>

제2조【관계전문기술자의 협력을 받아야 하는 건축물】 「건축법 시행령」(이하 "영"이라 한다) 제91조의3제2항 각 호 외의 부분에서 "국토교통부령으로 정하는 건축물"이란 다음 각 호의 건축물을 말한다. <개정 2020.4.9.>

1. 냉동냉장시설・항온항습시설(온도와 습도를 일정하게 유지시키는 특수설비가 설치되어 있는 시설을 말한다) 또는 특수청정시설(세균 또는 먼지등을 제거하는 특수설비가 설치되어 있는 시설을 말한다)로서 당해 용도에 사용되는 바닥면적의 합계가 5백제곱미터 이상인 건축물
2. 영 별표 1 제2호가목 및 나목에 따른 아파트 및 연립주택
3. 다음 각 목의 어느 하나에 해당하는 건축물로서 해당 용도에 사용되는 바닥면적의 합계가 5백제곱미터 이상인 건축물
   가. 영 별표 1 제3호다목에 따른 목욕장
   나. 영 별표 1 제13호가목에 따른 물놀이형 시설(실내에 설치된 경우로 한정한다) 및 같은 호 다목에 따른 수영장(실내에 설치된 경우로 한정한다)
4. 다음 각 목의 어느 하나에 해당하는 건축물로서 해당 용도에 사용되는 바닥면적의 합계가 2천제곱미터 이상인 건축물
   가. 영 별표 1 제2호라목에 따른 기숙사
   나. 영 별표 1 제9호에 따른 의료시설
   다. 영 별표 1 제12호다목에 따른 유스호스텔
   라. 영 별표 1 제15호에 따른 숙박시설
5. 다음 각 목의 어느 하나에 해당하는 건축물로서 해당 용도에 사용되는 바닥면적의 합계가 3천제곱미터 이상인 건축물
   가. 영 별표 1 제7호에 따른 판매시설
   나. 영 별표 1 제10호마목에 따른 연구소
   다. 영 별표 1 제14호에 따른 업무시설
6. 다음 각 목의 어느 하나에 해당하는 건축물로서 해당 용도에 사용되는 바닥면적의 합계가 1만제곱미터 이상인 건축물
   가. 영 별표 1 제5호가목부터 라목까지에 해당하는 문화 및 집회시설
   나. 영 별표 1 제6호에 따른 종교시설
   다. 영 별표 1 제10호에 따른 교육연구시설(연구소는 제외한다)
   라. 영 별표 1 제28호에 따른 장례식장

제3조【관계전문기술자의 협력사항】 ① 영 제91조의3제2항에 따른 건축물에 전기, 승강기, 피뢰침, 가스, 급수, 배수(配水), 배수(排水), 환기, 난방, 소화, 배연(排煙) 및 오물처리설비를 설치하는 경우에는 건축사가 해당 건축물의 설계를 총괄하고, 「기술사법」에 따라 등록한 건축전기설비기술사, 발송배전(發送配電)기술사, 건축기계설비기술사, 공조냉동기계기술사 또는 가스기술사(이하 "기술사"라 한다)가 건축사와 협력하여 해당 건축설비를 설계하여야 한다. <개정 2017.5.2.>

② 영 제91조의3제2항에 따라 건축물에 건축설비를 설치한 경우에는 해당 분야의 기술사가 그 설치상태를 확인한 후 건축주 및 공사감리자에게 별지 제1호서식의 건축설비설치확인서를 제출하여야 한다. <개정 2010.11.5>

제4조

[종전 제4조는 제12조로 이동 <2015.7.9.>]

제5조【승용승강기의 설치기준】 「건축법」(이하 "법"이라 한다) 제64조제1항에 따라 건축물에 설치하는 승용승강기의 설치기준은 별표 1의2와 같다. 다만, 승용승강기가 설치되어 있는 건축물에 1개층을 증축하는 경우에는 승용승강기의 승강로를 연장하여 설치하지 아니할 수 있다. <개정 2015.7.9>

제6조【승강기의 구조】 법 제64조에 따라 건축물에 설치하는 승강기·에스컬레이터 및 비상용승강기의 구조는 「승강기시설 안전관리법」이 정하는 바에 따른다. <개정 2010.11.5>

제7조 삭제 <1996.2.9>

제8조 삭제 <1996.2.9>

제9조 【비상용승강기를 설치하지 아니할 수 있는 건축물】 법 제64조제2항 단서에서 "국토교통부령이 정하는 건축물"이라 함은 다음 각 호의 건축물을 말한다. <개정 2017.12.4.>

1. 높이 31미터를 넘는 각층을 거실외의 용도로 쓰는 건축물
2. 높이 31미터를 넘는 각층의 바닥면적의 합계가 500제곱미터 이하인 건축물
3. 높이 31미터를 넘는 층수가 4개층이하로서 당해 각층의 바닥면적의 합계 200제곱미터(벽 및 반자가 실내에 접하는 부분의 마감을 불연재료로 한 경우에는 500제곱미터)이내마다 방화구획(영 제46조제1항 본문에 따른 방화구획을 말한다. 이하 같다)으로 구획된 건축물

제10조 【비상용승강기의 승강장 및 승강로의 구조】 법 제64조제2항에 따른 비상용승강기의 승강장 및 승강로의 구조는 다음 각 호의 기준에 적합하여야 한다.

1. 삭제 <1996.2.9>
2. 비상용승강기 승강장의 구조
   가. 승강장의 창문·출입구 기타 개구부를 제외한 부분은 당해 건축물의 다른 부분과 내화구조의 바닥 및 벽으로 구획할 것. 다만, 공동주택의 경우에는 승강장과 특별피난계단(「건축물의 피난·방화구조 등의 기준에 관한 규칙」 제9조의 규정에 의한 특별피난계단을 말한다. 이하 같다)의 부속실과의 겸용부분을 특별피난계단의 계단실과 별도로 구획하는 때에는 승강장을 특별피난계단의 부속실과 겸용할 수 있다.
   나. 승강장은 각층의 내부와 연결될 수 있도록 하되, 그 출입구(승강로의 출입구를 제외한다)에는 갑종방화문을 설치할 것. 다만, 피난층에는 갑종방화문을 설치하지 아니할 수 있다.
   다. 노대 또는 외부를 향하여 열 수 있는 창문이나 제14조제2항의 규정에 의한 배연설비를 설치할 것
   라. 벽 및 반자가 실내에 접하는 부분의 마감재료(마감을 위한 바탕을 포함한다)는 불연재료로 할 것
   마. 채광이 되는 창문이 있거나 예비전원에 의한 조명설비를 할 것
   바. 승강장의 바닥면적은 비상용승강기 1대에 대하여 6제곱미터 이상으로 할 것. 다만, 옥외에 승강장을 설치하는 경우에는 그러하지 아니하다.
   사. 피난층이 있는 승강장의 출입구(승강장이 없는 경우에는 승강로의 출입구)로부터 도로 또는 공지(공원·광장 기타 이와 유사한 것으로서 피난 및 소화를 위한 당해 대지에의 출입에 지장이 없는 것을 말한다)에 이르는 거리가 30미터 이하일 것
   아. 승강장 출입구 부근의 잘 보이는 곳에 당해 승강기가 비상용승강기임을 알 수 있는 표지를 할 것
3. 비상용승강기의 승강로의 구조
   가. 승강로는 당해 건축물의 다른 부분과 내화구조로 구획할 것
   나. 각층으로부터 피난층까지 이르는 승강로를 단일구조로 연결하여 설치할 것

제11조 【공동주택 및 다중이용시설의 환기설비기준 등】 ① 영 제87조제2항의 규정에 따라 신축 또는 리모델링하는 다음 각 호의 어느 하나에 해당하는 주택 또는 건축물(이하 "신축공동주택등"이라 한다)은 시간당 0.5회 이상의 환기가 이루어질 수 있도록 자연환기설비 또는 기계환기설비를 설치해야 한다. <개정 2020.4.9.>

1. 30세대 이상의 공동주택(기숙사를 제외한다)
2. 주택을 주택 외의 시설과 동일건축물로 건축하는 경우로서 주택이 30세대 이상인 건축물

② 신축공동주택등에 자연환기설비를 설치하는 경우에는 자연환기설비가 제1항에 따른 환기횟수를 충족하는지에 대하여 법 제4조에 따른 지방건축위원회의 심의를 받아야 한다. 다만, 신축공동주택등에 「산업표준화법」에 따른 한국산업표준(이하 "한국산업표준"이라 한다)의 자연환기설비 환기성능 시험방법(KSF 2921)에 따라 성능시험을 거친 자연환기설비를 별표 1의3에 따른 자연환기설비 설치 길이 이상으로 설치하는 경우는 제외한다. <개정 2015.7.9.>

③ 신축공동주택등에 자연환기설비 또는 기계환기설비를 설치하는 경우에는 별표 1의4 또는 별표 1의5의 기준에 적합하여야 한다. <개정 2009.12.31>

④ 특별시장·광역시장·특별자치시장·특별자치도지사 또는 시장·군수·구청장(자치구의 구청장을 말하며, 이하 "허가권자"라 한다)은 30세대 미만인 공동주택과 주택을 주택 외의 시설과 동일 건축물로 건축하는 경우로서 주택이 30세대 미만인 건축물 및 단독주택에 대해 시간당 0.5회 이상의 환기가 이루어질 수 있도록 자연환기설비 또는 기계환기설비의 설치를 권장할 수 있다. <신설 2020.4.9.>

⑤ 다중이용시설을 신축하는 경우에 기계환기설비를 설치하여야 하는 다중이용시설 및 각 시설의 필요 환기량은 별표 1의6과 같으며, 설치해야 하는 기계환기설비의 구조 및 설치는 다음 각 호의 기준에 적합해야 한다. <개정 2020.4.9.>

1. 다중이용시설의 기계환기설비 용량기준은 시설이용 인원 당 환기량을 원칙으로 산정할 것

2. 기계환기설비는 다중이용시설로 공급되는 공기의 분포를 최대한 균등하게 하여 실내 기류의 편차가 최소화될 수 있도록 할 것
3. 공기공급체계·공기배출체계 또는 공기흡입구·배기구 등에 설치되는 송풍기는 외부의 기류로 인하여 송풍능력이 떨어지는 구조가 아닐 것
4. 바깥공기를 공급하는 공기공급체계 또는 바깥공기가 도입되는 공기흡입구는 다음 각 목의 요건을 모두 갖춘 공기여과기 또는 집진기(集塵機) 등을 갖출 것
   가. 입자형·가스형 오염물질을 제거 또는 여과하는 성능이 일정 수준 이상일 것
   나. 여과장치 등의 청소 및 교환 등 유지관리가 쉬운 구조일 것
   다. 공기여과기의 경우 한국산업표준(KS B 6141)에 따른 입자 포집률이 계수법으로 측정하여 60퍼센트 이상일 것
5. 공기배출체계 및 배기구는 배출되는 공기가 공기공급체계 및 공기흡입구로 직접 들어가지 아니하는 위치에 설치할 것
6. 기계환기설비를 구성하는 설비·기기·장치 및 제품 등의 효율과 성능 등을 판정하는데 있어 이 규칙에서 정하지 아니한 사항에 대하여는 해당항목에 대한 한국산업표준에 적합할 것

[본조신설 2006.2.13.]

제11조의2 【환기구의 안전 기준】 ① 영 제87조제2항에 따라 환기구[건축물의 환기설비에 부속된 급기(給氣) 및 배기(排氣)를 위한 건축구조물의 개구부(開口部)를 말한다. 이하 같다]는 보행자 및 건축물 이용자의 안전이 확보되도록 바닥으로부터 2미터 이상의 높이에 설치해야 한다. 다만, 다음 각 호의 어느 하나에 해당하는 경우에는 예외로 한다. <개정 2021.8.27>
1. 환기구를 벽면에 설치하는 등 사람이 올라설 수 없는 구조로 설치하는 경우. 이 경우 배기를 위한 환기구는 배출되는 공기가 보행자 및 건축물 이용자에게 직접 닿지 아니하도록 설치되어야 한다.
2. 안전울타리 또는 조경 등을 이용하여 접근을 차단하는 구조로 하는 경우

② 모든 환기구에는 국토교통부장관이 정하여 고시하는 강도(强度) 이상의 덮개와 덮개 걸침턱 등 추락방지시설을 설치하여야 한다.

[본조신설 2015.7.9.]

제12조 【온돌의 설치기준】 ① 영 제87조제2항에 따라 건축물에 온돌을 설치하는 경우에는 그 구조상 열에너지가 효율적으로 관리되고 화재의 위험을 방지하기 위하여 별표 1의7의 기준에 적합하여야 한다.

② 제1항에 따라 건축물에 온돌을 시공하는 자는 시공을 끝낸 후 별지 제2호서식의 온돌 설치확인서를 공사감리자에게 제출하여야 한다. 다만, 제3조제2항에 따른 건축설비설치확인서를 제출한 경우와 공사감리자가 직접 온돌의 설치를 확인한 경우에는 그러하지 아니하다.

[본조신설 2015.7.9.]

제13조 【개별난방설비 등】 ① 영 제87조제2항의 규정에 의하여 공동주택과 오피스텔의 난방설비를 개별난방방식으로 하는 경우에는 다음 각호의 기준에 적합하여야 한다. <개정 2017.12.4.>
1. 보일러는 거실외의 곳에 설치하되, 보일러를 설치하는 곳과 거실사이의 경계벽은 출입구를 제외하고는 내화구조의 벽으로 구획할 것
2. 보일러실의 윗부분에는 그 면적이 0.5제곱미터 이상인 환기창을 설치하고, 보일러실의 윗부분과 아랫부분에는 각각 지름 10센티미터 이상의 공기흡입구 및 배기구를 항상 열려있는 상태로 바깥공기에 접하도록 설치할 것. 다만, 전기보일러의 경우에는 그러하지 아니하다.
3. 삭제 <1999.5.11>
4. 보일러실과 거실사이의 출입구는 그 출입구가 닫힌 경우에는 보일러가스가 거실에 들어갈 수 없는 구조로 할 것
5. 기름보일러를 설치하는 경우에는 기름저장소를 보일러실외의 다른 곳에 설치할 것
6. 오피스텔의 경우에는 난방구획을 방화구획으로 구획할 것
7. 보일러의 연도는 내화구조로서 공동연도로 설치할 것

② 가스보일러에 의한 난방설비를 설치하고 가스를 중앙집중공급방식으로 공급하는 경우에는 제1항의 규정에 불구하고 가스관계법령이 정하는 기준에 의하되, 오피스텔의 경우에는 난방구획마다 내화구조로 된 벽·바닥과 갑종방화문으로 된 출입문으로 구획하여야 한다. <신설 1999.5.11.>

③ 허가권자는 개별 보일러를 설치하는 건축물의 경우 소방청장이 정하여 고시하는 기준에 따라 일산화탄소 경보기를 설치하도록 권장할 수 있다. <신설 2020.4.9.>

[제목개정 2020.4.9.]

제14조 【배연설비】 ① 법 제49조제2항에 따라 배연설비를 설치하여야 하는 건축물에는 다음 각 호의 기준에 적합하게 배연설비를 설치해야 한다. 다만, 피난층인 경우에는 그렇지 않다. <개정 2017.12.4., 2020.4.9.>

1. 영 제46조제1항에 따라 건축물이 방화구획으로 구획된 경우에는 그 구획마다 1개소 이상의 배연창을 설치하되, 배연창의 상변과 천장 또는 반자로부터 수직거리가 0.9미터 이내일 것. 다만, 반자높이가 바닥으로부터 3미터 이상인 경우에는 배연창의 하변이 바닥으로부터 2.1미터 이상의 위치에 놓이도록 설치하여야 한다.
2. 배연창의 유효면적은 별표 2의 산정기준에 의하여 산정된 면적이 1제곱미터 이상으로서 그 면적의 합계가 당해 건축물의 바닥면적(영 제46조제1항 또는 제3항의 규정에 의하여 방화구획이 설치된 경우에는 그 구획된 부분의 바닥면적을 말한다)의 100분의 1이상일 것. 이 경우 바닥면적의 산정에 있어서 거실바닥면적의 20분의 1 이상으로 환기창을 설치한 거실의 면적은 이에 산입하지 아니한다.
3. 배연구는 연기감지기 또는 열감지기에 의하여 자동으로 열 수 있는 구조로 하되, 손으로도 열고 닫을 수 있도록 할 것
4. 배연구는 예비전원에 의하여 열 수 있도록 할 것
5. 기계식 배연설비를 하는 경우에는 제1호 내지 제4호의 규정에 불구하고 소방관계법령의 규정에 적합하도록 할 것

② 특별피난계단 및 영 제90조제3항의 규정에 의한 비상용승강기의 승강장에 설치하는 배연설비의 구조는 다음 각호의 기준에 적합하여야 한다. <개정 1999.5.11>

1. 배연구 및 배연풍도는 불연재료로 하고, 화재가 발생한 경우 원활하게 배연시킬 수 있는 규모로서 외기 또는 평상시에 사용하지 아니하는 굴뚝에 연결할 것
2. 배연구에 설치하는 수동개방장치 또는 자동개방장치(열감지기 또는 연기감지기에 의한 것을 말한다)는 손으로도 열고 닫을 수 있도록 할 것
3. 배연구는 평상시에는 닫힌 상태를 유지하고, 연 경우에는 배연에 의한 기류로 인하여 닫히지 아니하도록 할 것
4. 배연구가 외기에 접하지 아니하는 경우에는 배연기를 설치할 것
5. 배연기는 배연구의 열림에 따라 자동적으로 작동하고, 충분한 공기배출 또는 가압능력이 있을 것
6. 배연기에는 예비전원을 설치할 것
7. 공기유입방식을 급기가압방식 또는 급·배기방식으로 하는 경우에는 제1호 내지 제6호의 규정에 불구하고 소방관계법령의 규정에 적합하게 할 것

제15조 삭제 <1996.2.9>

제16조 삭제 <1999.5.11>

제17조【배관설비】① 건축물에 설치하는 급수·배수등의 용도로 쓰는 배관설비의 설치 및 구조는 다음 각 호의 기준에 적합하여야 한다.

1. 배관설비를 콘크리트에 묻는 경우 부식의 우려가 있는 재료는 부식방지조치를 할 것
2. 건축물의 주요부분을 관통하여 배관하는 경우에는 건축물의 구조내력에 지장이 없도록 할 것
3. 승강기의 승강로안에는 승강기의 운행에 필요한 배관설비외의 배관설비를 설치하지 아니할 것
4. 압력탱크 및 급탕설비에는 폭발등의 위험을 막을 수 있는 시설을 설치할 것

② 제1항의 규정에 의한 배관설비로서 배수용으로 쓰이는 배관설비는 제1항 각호의 기준외에 다음 각호의 기준에 적합하여야 한다. <개정 1996.2.9>

1. 배출시키는 빗물 또는 오수의 양 및 수질에 따라 그에 적당한 용량 및 경사를 지게 하거나 그에 적합한 재질을 사용할 것
2. 배관설비에는 배수트랩·통기관을 설치하는 등 위생에 지장이 없도록 할 것
3. 배관설비의 오수에 접하는 부분은 내수재료를 사용할 것
4. 지하실등 공공하수도로 자연배수를 할 수 없는 곳에는 배수용량에 맞는 강제배수시설을 설치할 것
5. 우수관과 오수관은 분리하여 배관할 것
6. 콘크리트구조체에 배관을 매설하거나 배관이 콘크리트구조체를 관통할 경우에는 구조체에 덧관을 미리 매설하는 등 배관의 부식을 방지하고 그 수선 및 교체가 용이하도록 할 것

③ 삭제 <1996.2.9>

제17조의2【물막이설비】① 다음 각 호의 어느 하나에 해당하는 지역에서 연면적 1만제곱미터 이상의 건축물을 건축하려는 자는 빗물 등의 유입으로 건축물이 침수되지 않도록 해당 건축물의 지하층 및 1층의 출입구(주차장의 출입구를 포함한다)에 물막이판 등 해당 건축물의 침수를 방지할 수 있는 설비(이하 "물막이설비"라 한다)를 설치해야 한다. 다만, 허가권자가 침수의 우려가 없다고 인정하는 경우에는 그렇지 않다. <개정 2020.4.9., 2021.8.27>

1. 「국토의 계획 및 이용에 관한 법률」 제37조제1항 제5호에 따른 방재지구
2. 「자연재해대책법」 제12조제1항에 따른 자연재해위험지구

② 제1항에 따라 설치되는 물막이설비는 다음 각 호의 기준에 적합해야 한다. <개정 2021.8.27>

1. 건축물의 이용 및 피난에 지장이 없는 구조일 것
2. 그 밖에 국토교통부장관이 정하여 고시하는 기준에 적합하게 설치할 것

[본조신설 2012.4.30]

제18조【먹는물용 배관설비】 영 제87조제2항에 따라 건축물에 설치하는 먹는물용 배관설비의 설치 및 구조는 다음 각 호의 기준에 적합해야 한다. <개정 2021.8.27>

1. 제17조제1항 각호의 기준에 적합할 것
2. 먹는물용 배관설비는 다른 용도의 배관설비와 직접 연결하지 않을 것
3. 급수관 및 수도계량기는 얼어서 깨지지 아니하도록 별표 3의2의 규정에 의한 기준에 적합하게 설치할 것
4. 제3호에서 정한 기준외에 급수관 및 수도계량기가 얼어서 깨지지 아니하도록 하기 위하여 지역실정에 따라 당해 지방자치단체의 조례로 기준을 정한 경우에는 동기준에 적합하게 설치할 것
5. 급수 및 저수탱크는 「수도시설의 청소 및 위생관리 등에 관한 규칙」 별표 1의 규정에 의한 저수조설치기준에 적합한 구조로 할 것
6. 먹는물의 급수관의 지름은 건축물의 용도 및 규모에 적정한 규격이상으로 할 것. 다만, 주거용 건축물은 해당 배관에 의하여 급수되는 가구수 또는 바닥면적의 합계에 따라 별표 3의 기준에 적합한 지름의 관으로 배관해야 한다.
7. 먹는물용 급수관은 「수도법 시행규칙」 제10조 및 별표 4에 따른 위생안전기준에 적합한 수도용 자재 및 제품을 사용할 것

제19조 삭제 <1999.5.11>

제20조【피뢰설비】 영 제87조제2항에 따라 낙뢰의 우려가 있는 건축물, 높이 20미터 이상의 건축물 또는 영 제118조제1항에 따른 공작물로서 높이 20미터 이상의 공작물(건축물에 영 제118조제1항에 따른 공작물을 설치하여 그 전체 높이가 20미터 이상인 것을 포함한다)에는 다음 각 호의 기준에 적합하게 피뢰설비를 설치해야 한다. <개정 2021.8.27>

1. 피뢰설비는 한국산업표준이 정하는 피뢰레벨 등급에 적합한 피뢰설비일 것. 다만, 위험물저장 및 처리시설에 설치하는 피뢰설비는 한국산업표준이 정하는 피뢰시스템레벨 Ⅱ 이상이어야 한다.
2. 돌침은 건축물의 맨 윗부분으로부터 25센티미터 이상 돌출시켜 설치하되, 「건축물의 구조기준 등에 관한 규칙」 제9조에 따른 설계하중에 견딜 수 있는 구조일 것
3. 피뢰설비의 재료는 최소 단면적이 피복이 없는 동선(銅線)을 기준으로 수뢰부, 인하도선 및 접지극은 50제곱밀리미터 이상이거나 이와 동등 이상의 성능을 갖출 것
4. 피뢰설비의 인하도선을 대신하여 철골조의 철골구조물과 철근콘크리트조의 철근구조체 등을 사용하는 경우에는 전기적 연속성이 보장될 것. 이 경우 전기적 연속성이 있다고 판단되기 위하여는 건축물 금속 구조체의 최상단부와 지표레벨 사이의 전기저항이 0.2옴 이하이어야 한다.
5. 측면 낙뢰를 방지하기 위하여 높이가 60미터를 초과하는 건축물 등에는 지면에서 건축물 높이의 5분의 4가 되는 지점부터 최상단부분까지의 측면에 수뢰부를 설치하여야 하며, 지표레벨에서 최상단부의 높이가 150미터를 초과하는 건축물은 120미터 지점부터 최상단부분까지의 측면에 수뢰부를 설치할 것. 다만, 건축물의 외벽이 금속부재(部材)로 마감되고, 금속부재 상호간에 제4호 후단에 적합한 전기적 연속성이 보장되며 피뢰시스템레벨 등급에 적합하게 설치하여 인하도선에 연결한 경우에는 측면 수뢰부가 설치된 것으로 본다.
6. 접지(接地)는 환경오염을 일으킬 수 있는 시공방법이나 화학 첨가물 등을 사용하지 아니할 것
7. 급수·급탕·난방·가스 등을 공급하기 위하여 건축물에 설치하는 금속배관 및 금속재 설비는 전위(電位)가 균등하게 이루어지도록 전기적으로 접속할 것
8. 전기설비의 접지계통과 건축물의 피뢰설비 및 통신설비 등의 접지극을 공용하는 통합접지공사를 하는 경우에는 낙뢰 등으로 인한 과전압으로부터 전기설비 등을 보호하기 위하여 한국산업표준에 적합한 서지보호장치[서지(surge: 전류・전압 등의 과도 파형을 말한다)로부터 각종 설비를 보호하기 위한 장치를 말한다]를 설치할 것
9. 그 밖에 피뢰설비와 관련된 사항은 한국산업표준에 적합하게 설치할 것

[전문개정 2006.2.13]

제20조의2【전기설비 설치공간 기준】 영 제87조제6항에 따른 건축물에 전기를 배전(配電)하려는 경우에는 별표 3의3에 따른 공간을 확보하여야 한다.

[본조신설 2010.11.5]

제21조 삭제 <2013.9.2>

제22조 삭제 <2013.2.22>

제23조【건축물의 냉방설비】 ① 삭제 <1999.5.11>

② 제2조제3호부터 제6호까지의 규정에 해당하는 건

축물 중 산업통상자원부장관이 국토교통부장관과 협의하여 고시하는 건축물에 중앙집중냉방설비를 설치하는 경우에는 산업통상자원부장관이 국토교통부장관과 협의하여 정하는 바에 따라 축냉식 또는 가스를 이용한 중앙집중냉방방식으로 하여야 한다. <개정 2013.9.2>

③ 상업지역 및 주거지역에서 건축물에 설치하는 냉방시설 및 환기시설의 배기구와 배기장치의 설치는 다음 각 호의 기준에 모두 적합하여야 한다. <개정 2013.12.27.>

1. 배기구는 도로면으로부터 2미터 이상의 높이에 설치할 것
2. 배기장치에서 나오는 열기가 인근 건축물의 거주자나 보행자에게 직접 닿지 아니하도록 할 것
3. 건축물의 외벽에 배기구 또는 배기장치를 설치할 때에는 외벽 또는 다음 각 목의 기준에 적합한 지지대 등 보호장치와 분리되지 아니하도록 견고하게 연결하여 배기구 또는 배기장치가 떨어지는 것을 방지할 수 있도록 할 것
   가. 배기구 또는 배기장치를 지탱할 수 있는 구조일 것
   나. 부식을 방지할 수 있는 자재를 사용하거나 도장(塗裝)할 것

제24조 삭제 <2020.4.9.>

부칙<국토교통부령 제704호, 2020.3.2.> (건설산업기본법 시행규칙)

제1조(시행일) 이 규칙은 공포한 날부터 시행한다. <단서 생략>

제2조 및 제3조 생략

제4조(다른 법령의 개정) ① 및 ② 생략

③ 건축물의 설비기준 등에 관한 규칙 일부를 다음과 같이 개정한다.

별지 제2호서식의 작성방법 제1호 중 "건설업자"를 "건설사업자"로 한다.

④부터 ⑪까지 생략

부칙<국토교통부령 제715호, 2020.4.9.>

제1조(시행일) 이 규칙은 공포 후 6개월이 경과한 날부터 시행한다.

제2조(환기설비를 설치해야 하는 신축 공동주택 등에 관한 경과조치) 이 규칙 시행 전에 법 제11조에 따른 건축허가를 신청(건축허가를 신청하기 위해 법 제4조의2제1항에 따라 건축위원회의 심의를 신청한 경우를 포함한다)하거나 법 제14조에 따른 건축신고를 한 경우에는 제11조제1항제1호 및 제2호의 개정규정에도 불구하고 종전의 규정에 따른다.

제3조(공기여과기의 입자 포집률에 관한 경과조치) 이 규칙 시행 전에 법 제11조에 따른 건축허가를 신청(건축허가를 신청하기 위해 법 제4조의2제1항에 따라 건축위원회의 심의를 신청한 경우를 포함한다)하거나 법 제14조에 따른 건축신고를 한 경우에는 제11조제5항제4호다목, 별표 1의4 제5호나목, 별표 1의5 제8호다목의 개정규정에도 불구하고 종전의 규정에 따른다.

제4조(기계환기설비를 설치해야 하는 시설에 관한 경과조치) 이 규칙 시행 전에 법 제11조에 따른 건축허가를 신청(건축허가를 신청하기 위해 법 제4조의2제1항에 따라 건축위원회의 심의를 신청한 경우를 포함한다)하거나 법 제14조에 따른 건축신고를 한 경우에는 별표 1의6 제1호나목, 사목, 아목 및 카목의 개정규정에도 불구하고 종전의 규정에 따른다.

부칙<국토교통부령 제882호, 2021.8.27.> (어려운 법령용어 정비를 위한 80개 국토교통부령 일부개정령)

이 규칙은 공포한 날부터 시행한다. <단서 생략>

[별표 1] [별표 1의7]로 이동 〈2015.7.9.〉

[별표 1의2] 〈개정 2008.7.10, 2013.9.2〉

승용승강기의 설치기준(제5조관련)

건축물의 용도 \ 6층 이상의 거실면적의 합계		3천제곱미터 이하	3천제곱미터 초과
1.	가. 문화 및 집회시설(공연장·집회장 및 관람장만 해당한다) 나. 판매시설 다. 의료시설	2대	2대에 3천제곱미터를 초과하는 2천제곱미터 이내마다 1대의 비율로 가산한 대수
2.	가. 문화 및 집회시설(전시장 및 동·식물원만 해당한다) 나. 업무시설 다. 숙박시설 라. 위락시설	1대	1대에 3천제곱미터를 초과하는 2천제곱미터 이내마다 1대의 비율로 가산한 대수
3.	가. 공동주택 나. 교육연구시설 다. 노유자시설 라. 그 밖의 시설	1대	1대에 3천제곱미터를 초과하는 3천제곱미터 이내마다 1대의 비율로 가산한 대수

비고 :

1. 위 표에 따라 승강기의 대수를 계산할 때 8인승 이상 15인승 이하의 승강기는 1대의 승강기로 보고, 16인승 이상의 승강기는 2대의 승강기로 본다.
2. 건축물의 용도가 복합된 경우 승용승강기의 설치기준은 다음 각 목의 구분에 따른다.
   가. 둘 이상의 건축물의 용도가 위 표에 따른 같은 호에 해당하는 경우: 하나의 용도에 해당하는 건축물로 보아 6층 이상의 거실면적의 총합계를 기준으로 설치하여야 하는 승용승강기 대수를 산정한다.
   나. 둘 이상의 건축물의 용도가 위 표에 따른 둘 이상의 호에 해당하는 경우: 다음의 기준에 따라 산정한 승용승강기 대수 중 적은 대수
      1) 각각의 건축물 용도에 따라 산정한 승용승강기 대수를 합산한 대수. 이 경우 둘 이상의 건축물의 용도가 같은 호에 해당하는 경우에는 가목에 따라 승용승강기 대수를 산정한다.
      2) 각각의 건축물 용도별 6층 이상의 거실 면적을 모두 합산한 면적을 기준으로 각각의 건축물 용도별 승용승강기 설치기준 중 가장 강한 기준을 적용하여 산정한 대수

[별표 1의3] <개정 2017.12.4., 2021.8.27>

자연환기설비 설치 길이 산정방법 및 설치 기준(제11조제2항 관련)

1. 설치 대상 세대의 체적 계산
   - 필요한 환기횟수를 만족시킬 수 있는 환기량을 산정하기 위하여, 자연환기설비를 설치하고자 하는 공동주택 단위 세대의 전체 및 실별 체적을 계산한다.

2. 단위세대 전체와 실별 설치길이 계산식 설치기준
   - 자연환기설비의 단위세대 전체 및 실별 설치길이는 한국산업표준의 자연환기설비 환기성능 시험방법(KSF 2921)에서 규정하고 있는 자연환기설비의 환기량 측정장치에 의한 평가 결과를 이용하여 다음 식에 따라 계산된 설치길이 L값 이상으로 설치하여야 하며, 세대 및 실 특성별 가중치가 고려되어야 한다.

$$L = \frac{V \times N}{Q_{ref}} \times F$$

여기에서,

L : 세대 전체 또는 실별 설치길이(유효 개구부길이 기준, m)

V : 세대 전체 또는 실 체적(m^3)

N : 필요 환기횟수(0.5회/h)

Q_{ref} : 자연환기설비의 환기량 측정장치에 의해 평가된 기준 압력차 (2Pa)에서의 환기량(m^3/h · m)

F : 세대 및 실 특성별 가중치**

<비고>

* 일반적으로 창틀에 접합되는 부분(endcap)과 실제로 공기유입이 이루어지는 개구부 부분으로 구성되는 자연환기설비에서, 유효 개구부길이(설치길이)는 창틀과 결합되는 부분을 제외한 실제 개구부 부분을 기준으로 계산한다.

** 주동형태 및 단위세대의 설계조건을 고려한 세대 및 실 특성별 가중치는 다음과 같다.

구분	조건	가중치
세대 조건	1면이 외부에 면하는 경우	1.5
	2면이 외부에 평행하게 면하는 경우	1
	2면이 외부에 평행하지 않게 면하는 경우	1.2
	3면 이상이 외부에 면하는 경우	1
실 조건	대상 실이 외부에 직접 면하는 경우	1
	대상 실이 외부에 직접 면하지 않는 경우	1.5

단, 세대조건과 실 조건이 겹치는 경우에는 가중치가 높은 쪽을 적용하는 것을 원칙으로 한다.

*** 일방향으로 길게 설치하는 형태가 아닌 원형, 사각형 등에는 상기의 계산식을 적용할 수 없으며, 지방건축위원회의 심의를 거쳐야 한다.

[별표 1의4] <개정 2017.12.4., 2020.4.9.>

신축공동주택등의 자연환기설비 설치 기준(제11조제3항 관련)

제11조제1항에 따라 신축공동주택등에 설치되는 자연환기설비의 설계·시공 및 성능평가방법은 다음 각 호의 기준에 적합하여야 한다.

1. 세대에 설치되는 자연환기설비는 세대 내의 모든 실에 바깥공기를 최대한 균일하게 공급할 수 있도록 설치되어야 한다.
2. 세대의 환기량 조절을 위하여 자연환기설비는 환기량을 조절할 수 있는 체계를 갖추어야 하고, 최대개방상태에서의 환기량을 기준으로 별표 1의5에 따른 설치길이 이상으로 설치되어야 한다.
3. 자연환기설비는 순간적인 외부 바람 및 실내외 압력차의 증가로 인하여 발생할 수 있는 과도한 바깥공기의 유입 등 바깥공기의 변동에 의한 영향을 최소화할 수 있는 구조와 형태를 갖추어야 한다.
4. 자연환기설비의 각 부분의 재료는 충분한 내구성 및 강도를 유지하여 작동되는 동안 구조 및 성능에 변형이 없어야 하며, 표면결로 및 바깥공기의 직접적인 유입으로 인하여 발생할 수 있는 불쾌감(콜드드래프트 등)을 방지할 수 있는 재료와 구조를 갖추어야 한다.
5. 자연환기설비는 다음 각 목의 요건을 모두 갖춘 공기여과기를 갖춰야 한다.
   가. 도입되는 바깥공기에 포함되어 있는 입자형·가스형 오염물질을 제거 또는 여과하는 성능이 일정 수준 이상일 것
   나. 한국산업표준(KS B 6141)에 따른 입자 포집률이 질량법으로 측정하여 70퍼센트 이상일 것
   다. 청소 또는 교환이 쉬운 구조일 것
6. 자연환기설비를 구성하는 설비·기기·장치 및 제품 등의 효율과 성능 등을 판정함에 있어 이 규칙에서 정하지 아니한 사항에 대하여는 해당 항목에 대한 한국산업표준에 적합하여야 한다.
7. 자연환기설비를 지속적으로 작동시키는 경우에도 대상 공간의 사용에 지장을 주지 아니하는 위치에 설치되어야 한다.
8. 한국산업표준(KS B 2921)의 시험조건하에서 자연환기설비로 인하여 발생하는 소음은 대표길이 1미터(수직 또는 수평 하단)에서 측정하여 40dB 이하가 되어야 한다.
9. 자연환기설비는 가능한 외부의 오염물질이 유입되지 않는 위치에 설치되어야 하고, 화재 등 유사시 안전에 대비할 수 있는 구조와 성능이 확보되어야 한다.
10. 실내로 도입되는 바깥공기를 예열할 수 있는 기능을 갖는 자연환기설비는 최대한 에너지 절약적인 구조와 형태를 가져야 한다.
11. 자연환기설비는 주요 부분의 정기적인 점검 및 정비 등 유지관리가 쉬운 체계로 구성하여야 하고, 제품의 사양 및 시방서에 유지관리 관련 내용을 명시하여야 하며, 유지관리 관련 내용이 수록된 사용자 설명서를 제시하여야 한다.
12. 자연환기설비는 설치되는 실의 바닥부터 수직으로 1.2미터 이상의 높이에 설치하여야 하며, 2개 이상의 자연환기설비를 상하로 설치하는 경우 1미터 이상의 수직간격을 확보하여야 한다.

[별표 1의5] <개정 2013.9.2, 2017.12.4., 2020.4.9.>

신축공동주택등의 기계환기설비의 설치기준(제11조제3항 관련)

제11조제1항의 규정에 의한 신축공동주택등의 환기횟수를 확보하기 위하여 설치되는 기계환기설비의 설계·시공 및 성능평가방법은 다음 각 호의 기준에 적합하여야 한다.

1. 기계환기설비의 환기기준은 시간당 실내공기 교환횟수(환기설비에 의한 최종 공기흡입구에서 세대의 실내로 공급되는 시간당 총 체적 풍량을 실내 총 체적으로 나눈 환기횟수를 말한다)로 표시하여야 한다.
2. 하나의 기계환기설비로 세대 내 2 이상의 실에 바깥공기를 공급할 경우의 필요 환기량은 각 실에 필요한 환기량의 합계 이상이 되도록 하여야 한다.
3. 세대의 환기량 조절을 위하여 환기설비의 정격풍량을 최소·적정·최대의 3단계 또는 그 이상으로 조절할 수 있는 체계를 갖추어야 하고, 적정 단계의 필요 환기량은 신축공동주택등의 세대를 시간당 0.5회로 환기할 수 있는 풍량을 확보하여야 한다.
4. 공기공급체계 또는 공기배출체계는 부분적 손실 등 모든 압력 손실의 합계를 고려하여 계산한 공기공급능력 또는 공기배출능력이 제11조제1항의 환기기준을 확보할 수 있도록 하여야 한다.
5. 기계환기설비는 신축공동주택등의 모든 세대가 제11조제1항의 규정에 의한 환기횟수를 만족시킬 수 있도록 24시간 가동할 수 있어야 한다.
6. 기계환기설비의 각 부분의 재료는 충분한 내구성 및 강도를 유지하여 작동되는 동안 구조 및 성능에 변형이 없도록 하여야 한다.
7. 기계환기설비는 다음 각 목의 어느 하나에 해당되는 체계를 갖추어야 한다.
   가. 바깥공기를 공급하는 송풍기와 실내공기를 배출하는 송풍기가 결합된 환기체계
   나. 바깥공기를 공급하는 송풍기와 실내공기가 배출되는 배기구가 결합된 환기체계
   다. 바깥공기가 도입되는 공기흡입구와 실내공기를 배출하는 송풍기가 결합된 환기체계
8. 바깥공기를 공급하는 공기공급체계 또는 바깥공기가 도입되는 공기흡입구는 다음 각 목의 요건을 모두 갖춘 공기여과기 또는 집진기 등을 갖춰야 한다. 다만, 제7호다목에 따른 환기체계를 갖춘 경우에는 별표 1의4 제5호를 따른다.
   가. 입자형·가스형 오염물질을 제거 또는 여과하는 성능이 일정 수준 이상일 것
   나. 여과장치 등의 청소 및 교환 등 유지관리가 쉬운 구조일 것
   다. 공기여과기의 경우 한국산업표준(KS B 6141)에 따른 입자 포집률이 계수법으로 측정하여 60퍼센트 이상일 것
9. 기계환기설비를 구성하는 설비·기기·장치 및 제품 등의 효율 및 성능 등을 판정함에 있어 이 규칙에서 정하지 아니한 사항에 대하여는 해당 항목에 대한 한국산업표준에 적합하여야 한다.
10. 기계환기설비는 환기의 효율을 극대화할 수 있는 위치에 설치하여야 하고, 바깥공기의 변동에 의한 영향을 최소화할 수 있도록 공기흡입구 또는 배기구 등에 완충장치 또는 석쇠형 철망 등을 설치하여야 한다.
11. 기계환기설비는 주방 가스대 위의 공기배출장치, 화장실의 공기배출 송풍기 등 급속 환기 설비와 함께 설치할 수 있다.
12. 공기흡입구 및 배기구와 공기공급체계 및 공기배출체계는 기계환기설비를 지속적으로 작동시키는 경우에도 대상 공간의 사용에 지장을 주지 아니하는 위치에 설치되어야 한다.
13. 기계환기설비에서 발생하는 소음의 측정은 한국산업규격(KS B 6361)에 따르는 것을 원칙으로 한다. 측정위치는 대표길이 1미터(수직 또는 수평 하단)에서 측정하여 소음이 40dB이하가 되어야 하며, 암소음(측정대상인 소음 외에 주변에 존재하는 소음을 말한다)은 보정하여야 한다. 다만, 환기설비 본체(소음원)가 거주공간 외부에 설치될 경우에는 대표길이 1미터(수직 또는 수평 하단)에서 측정하여 50dB 이하가 되거나, 거주공간 내부의 중

양부 바닥으로부터 1.0~1.2미터 높이에서 측정하여 40dB 이하가 되어야 한다.

14. 외부에 면하는 공기흡입구와 배기구는 교차오염을 방지할 수 있도록 1.5미터 이상의 이격거리를 확보하거나, 공기흡입구와 배기구의 방향이 서로 90도 이상 되는 위치에 설치되어야 하고 화재 등 유사 시 안전에 대비할 수 있는 구조와 성능이 확보되어야 한다.
15. 기계환기설비의 에너지 절약을 위하여 열회수형 환기장치를 설치하는 경우에는 한국산업표준(KS B 6879)에 따라 시험한 열회수형 환기장치의 유효환기량이 표시용량의 90퍼센트 이상이어야 하고, 열회수형 환기장치의 안과 밖은 물 맺힘이 발생하는 것을 최소화할 수 있는 구조와 성능을 확보하도록 하여야 한다.
16. 기계환기설비는 송풍기, 열회수형 환기장치, 공기여과기, 공기가 통하는 관, 공기흡입구 및 배기구, 그 밖의 기기 등 주요 부분의 정기적인 점검 및 정비 등 유지관리가 쉬운 체계로 구성되어야 하고, 제품의 사양 및 시방서에 유지관리 관련 내용을 명시하여야 하며, 유지관리 관련 내용이 수록된 사용자 설명서를 제시하여야 한다.
17. 실외의 기상조건에 따라 환기용 송풍기 등 기계환기설비를 작동하지 아니하더라도 자연환기와 기계환기가 동시 운용될 수 있는 혼합형 환기설비가 설계도서 등을 근거로 필요 환기량을 확보할 수 있는 것으로 객관적으로 입증되는 경우에는 기계환기설비를 갖춘 것으로 인정할 수 있다. 이 경우, 동시에 운용될 수 있는 자연환기설비와 기계환기설비가 제11조제1항의 환기기준을 각각 만족할 수 있어야 한다.
18. 중앙관리방식의 공기조화설비(실내의 온도·습도 및 청정도 등을 적정하게 유지하는 역할을 하는 설비를 말한다)가 설치된 경우에는 다음 각 목의 기준에도 적합하여야 한다.
   가. 공기조화설비는 24시간 지속적인 환기가 가능한 것일 것. 다만, 주요 환기설비와 분리된 별도의 환기계통을 병행 설치하여 실내에 존재하는 국소 오염원에서 발생하는 오염물질을 신속히 배출할 수 있는 체계로 구성하는 경우에는 그러하지 아니하다.
   나. 중앙관리방식의 공기조화설비의 제어 및 작동상황을 통제할 수 있는 관리실 또는 기능이 있을 것

[별표 1의6] <개정 2013.12.27., 2020.4.9., 2021.8.27>

기계환기설비를 설치해야 하는 다중이용시설 및 각 시설의 필요 환기량
(제11조제5항 관련)

1. 기계환기설비를 설치하여야 하는 다중이용시설
   가. 지하시설
      1) 모든 지하역사(출입통로 · 대기실 · 승강장 및 환승통로와 이에 딸린 시설을 포함한다)
      2) 연면적 2천제곱미터 이상인 지하도상가(지상건물에 딸린 지하층의 시설 및 연속되어 있는 둘 이상의 지하도상가의 연면적 합계가 2천제곱미터 이상인 경우를 포함한다)
   나. 문화 및 집회시설
      1) 연면적 2천제곱미터 이상인 「건축법 시행령」 별표 1 제5호라목에 따른 전시장(실내 전시장으로 한정한다)
      2) 연면적 2천제곱미터 이상인 「건전가정의례의 정착 및 지원에 관한 법률」에 따른 혼인예식장
      3) 연면적 1천제곱미터 이상인 「공연법」 제2조제4호에 따른 공연장(실내 공연장으로 한정한다)
      4) 관람석 용도로 쓰는 바닥면적이 1천제곱미터 이상인 「체육시설의 설치 · 이용에 관한 법률」 제2조제1호에 따른 체육시설
      5) 「영화 및 비디오물의 진흥에 관한 법률」 제2조제10호에 따른 영화상영관
   다. 판매시설
      1) 「유통산업발전법」 제2조제3호에 따른 대규모점포
      2) 연면적 300제곱미터 이상인 「게임산업 진흥에 관한 법률」 제2조제7호에 따른 인터넷컴퓨터게임시설제공업의 영업시설
   라. 운수시설
      1) 「항만법」 제2조제5호에 따른 항만시설 중 연면적 5천제곱미터 이상인 대기실

2) 「여객자동차 운수사업법」 제2조제5호에 따른 여객자동차터미널 중 연면적 2천제곱미터 이상인 대기실
3) 「철도산업발전기본법」 제3조제2호에 따른 철도시설 중 연면적 2천제곱미터 이상인 대기실
4) 「공항시설법」 제2조제7호에 따른 공항시설 중 연면적 1천5백제곱미터 이상인 여객터미널

마. 의료시설: 연면적이 2천제곱미터 이상이거나 병상 수가 100개 이상인 「의료법」 제3조에 따른 의료기관

바. 교육연구시설
1) 연면적 3천제곱미터 이상인 「도서관법」 제2조제1호에 따른 도서관
2) 연면적 1천제곱미터 이상인 「학원의 설립·운영 및 과외교습에 관한 법률」 제2조제1호에 따른 학원

사. 노유자시설
1) 연면적 430제곱미터 이상인 「영유아보육법」 제2조제3호에 따른 어린이집
2) 연면적 1천제곱미터 이상인 「노인복지법」 제34조제1항제1호에 따른 노인요양시설

아. 업무시설: 연면적 3천제곱미터 이상인 「건축법 시행령」 별표 1 제14호에 따른 업무시설

자. 자동차 관련 시설: 연면적 2천제곱미터 이상인 「주차장법」 제2조제1호에 따른 주차장(실내주차장으로 한정하며, 같은 법 제2조제3호에 따른 기계식주차장은 제외한다)

차. 장례식장: 연면적 1천제곱미터 이상인 「장사 등에 관한 법률」 제28조의2제1항 및 제29조에 따른 장례식장(지하에 설치되는 경우로 한정한다)

카. 그 밖의 시설
1) 연면적 1천제곱미터 이상인 「공중위생관리법」 제2조제1항제3호에 따른 목욕장업의 영업시설
2) 연면적 5백제곱미터 이상인 「모자보건법」 제2조제10호에 따른 산후조리원
3) 연면적 430제곱미터 이상인 「어린이놀이시설 안전관리법」 제2조제2호에 따른 어린이놀이시설 중 실내 어린이놀이시설

2. 필요 환기량

구 분		필요 환기량(m^3/인·h)	비 고
가. 지하시설	1) 지하역사	25이상	
	2) 지하도상가	36이상	매장(상점) 기준
나. 문화 및 집회시설		29이상	
다. 판매시설		29이상	
라. 운수시설		29이상	
마. 의료시설		36이상	
바. 교육연구시설		36이상	
사. 노유자시설		36이상	
아. 업무시설		29이상	
자. 자동차 관련 시설		27이상	
차. 장례식장		36이상	
카. 그 밖의 시설		25이상	

※ 비고
가. 제1호에서 연면적 또는 바닥면적을 산정할 때에는 실내공간에 설치된 시설이 차지하는 연면적 또는 바닥면적을 기준으로 산정한다.
나. 필요 환기량은 예상 이용인원이 가장 높은 시간대를 기준으로 산정한다.
다. 의료시설 중 수술실 등 특수 용도로 사용되는 실(室)의 경우에는 소관 중앙행정기관의 장이 달리 정할 수 있다.
라. 제1호자목의 자동차 관련 시설의 필요 환기량은 단위면적당 환기량($m^3/m^2 \cdot h$)으로 산정한다.

[별표 1의7] <개정 2015.7.9>

온돌 설치기준(제12조제1항 관련)

1. 온수온돌

가. 온수온돌이란 보일러 또는 그 밖의 열원으로부터 생성된 온수를 바닥에 설치된 배관을 통하여 흐르게 하여 난방을 하는 방식을 말한다.

나. 온수온돌은 바탕층, 단열층, 채움층, 배관층(방열관을 포함한다) 및 마감층 등으로 구성된다.

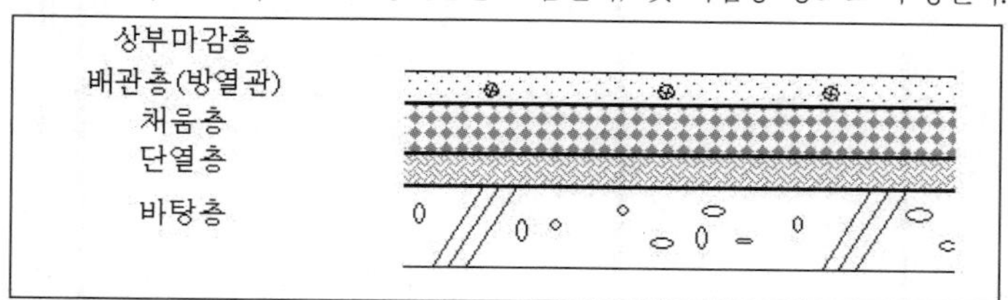

1) 바탕층이란 온돌이 설치되는 건축물의 최하층 또는 중간층의 바닥을 말한다.

2) 단열층이란 온수온돌의 배관층에서 방출되는 열이 바탕층 아래로 손실되는 것을 방지하기 위하여 배관층과 바탕층 사이에 단열재를 설치하는 층을 말한다.

3) 채움층이란 온돌구조의 높이 조정, 차음성능 향상, 보조적인 단열기능 등을 위하여 배관층과 단열층 사이에 완충재 등을 설치하는 층을 말한다.

4) 배관층이란 단열층 또는 채움층 위에 방열관을 설치하는 층을 말한다.

5) 방열관이란 열을 발산하는 온수를 순환시키기 위하여 배관층에 설치하는 온수배관을 말한다.

6) 마감층이란 배관층 위에 시멘트, 모르타르, 미장 등을 설치하거나 마루재, 장판 등 최종 마감재를 설치하는 층을 말한다.

다. 온수온돌의 설치 기준

1) 단열층은 「녹색건축물 조성 지원법」 제15조제1항에 따라 국토교통부장관이 고시하는 기준에 적합하여야 하며, 바닥난방을 위한 열이 바탕층 아래 및 측벽으로 손실되는 것을 막을 수 있도록 단열재를 방열관과 바탕층 사이에 설치하여야 한다. 다만, 바탕층의 축열을 직접 이용하는 심야전기이용 온돌(「한국전력공사법」에 따른 한국전력공사의 심야전력이용기기 승인을 받은 것만 해당하며, 이하 "심야전기이용 온돌"이라 한다)의 경우에는 단열재를 바탕층 아래에 설치할 수 있다.

2) 배관층과 바탕층 사이의 열저항은 층간 바닥인 경우에는 해당 바닥에 요구되는 열관류저항의 60% 이상이어야 하고, 최하층 바닥인 경우에는 해당 바닥에 요구되는 열관류저항이 70% 이상이어야 한다. 다만, 심야전기이용 온돌의 경우에는 그러하지 아니하다.

3) 단열재는 내열성 및 내구성이 있어야 하며 단열층 위의 적재하중 및 고정하중에 버틸 수 있는 강도를 가지거나 그러한 구조로 설치되어야 한다.

4) 바탕층이 지면에 접하는 경우에는 바탕층 아래와 주변 벽면에 높이 10센티미터 이상의 방수처리를 하여야 하며, 단열재의 윗부분에 방습처리를 하여야 한다.

5) 방열관은 잘 부식되지 아니하고 열에 견딜 수 있어야 하며, 바닥의 표면온도가 균일하도록 설치하여야 한다.

6) 배관층은 방열관에서 방출된 열이 마감층 부위로 최대한 균일하게 전달될 수 있는 높이와 구조를 갖추어야 한다.

7) 마감층은 수평이 되도록 설치하여야 하며, 바닥의 균열을 방지하기 위하여 충분하게 양생하거나 건조시켜 마감재의 뒤틀림이나 변형이 없도록 하여야 한다.

8) 한국산업규격에 따른 조립식 온수온돌판을 사용하여 온수온돌을 시공하는 경우에는 1)부터 7)까지의 규정을 적용하지 아니한다.

9) 국토교통부장관은 1)부터 7)까지에서 규정한 것 외에 온수온돌의 설치에 관하여 필요한 사항을 정하여 고시할 수 있다.

2. 구들온돌

가. 구들온돌이란 연탄 또는 그 밖의 가연물질이 연소할 때 발생하는 연기와 연소열에 의하여 가열된 공기를 바닥 하부로 통과시켜 난방을 하는 방식을 말한다.

나. 구들온돌은 아궁이, 온돌환기구, 공기흡입구, 고래, 굴뚝 및 굴뚝목 등으로 구성된다.

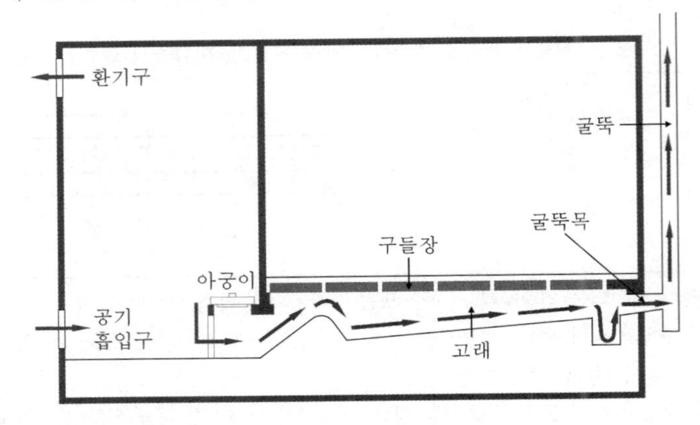

1) 아궁이란 연탄이나 목재 등 가연물질의 연소를 통하여 열을 발생시키는 부위를 말한다.

2) 온돌환기구란 아궁이가 설치되는 공간에서 연탄 등 가연물질의 연소를 통하여 발생하는 가스를 원활하게 배출하기 위한 통로를 말한다.

3) 공기흡입구란 아궁이가 설치되는 공간에서 연탄 등 가연물질의 연소에 필요한 공기를 외부에서 공급받기 위한 통로를 말한다.

4) 고래란 아궁이에서 발생한 연소가스 및 가열된 공기가 굴뚝으로 배출되기 전에 구들 아래에서 최대한 균일하게 흐르도록 하기 위하여 설치된 통로를 말한다.

5) 굴뚝이란 고래를 통하여 구들 아래를 통과한 연소가스 및 가열된 공기를 외부로 원활하게 배출하기 위한 장치를 말한다.

6) 굴뚝목이란 고래에서 굴뚝으로 연결되는 입구 및 그 주변부를 말한다.

다. 구들온돌의 설치 기준

1) 연탄아궁이가 있는 곳은 연탄가스를 원활하게 배출할 수 있도록 그 바닥면적의 10분의 1이상에 해당하는 면적의 환기용 구멍 또는 환기설비를 설치하여야 하며, 외기에 접하는 벽체의 아랫부분에는 연탄의 연소를 촉진하기 위하여 지름 10센티미터 이상 20센티미터 이하의 공기흡입구를 설치하여야 한다.

2) 고래바닥은 연탄가스를 원활하게 배출할 수 있도록 높이/수평거리가 1/5 이상이 되도록 하여야 한다.

3) 부뚜막식 연탄아궁이에 고래로 연기를 유도하기 위하여 유도관을 설치하는 경우에는 20도 이상 45도 이하의 경사를 두어야 한다.

4) 굴뚝의 단면적은 150제곱센티미터 이상으로 하여야 하며, 굴뚝목의 단면적은 굴뚝의 단면적보다 크게 하여야 한다.

5) 연탄식 구들온돌이 아닌 전통 방법에 의한 구들을 설치할 경우에는 1)부터 4)까지의 규정을 적용하지 아니한다.

6) 국토교통부장관은 1)부터 5)까지에서 규정한 것 외에 구들온돌의 설치에 관하여 필요한 사항을 정하여 고시할 수 있다.

[별표 2] 〈신설 2002.8.31〉

배연창의 유효면적 산정기준(제14조제1항제2호관련)

1. 미서기창 : H×l

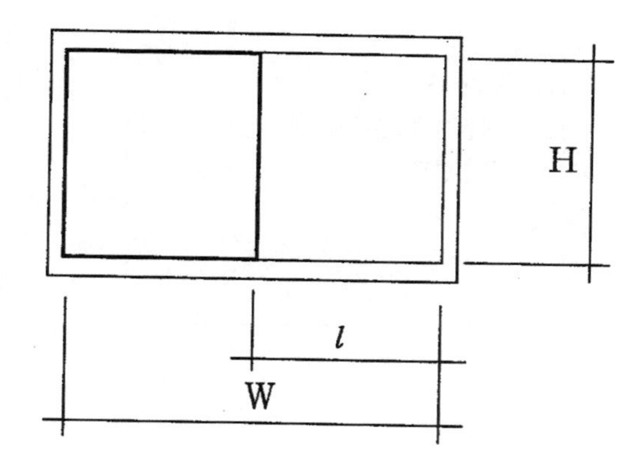

l : 미서기창의 유효폭
H : 창의 유효 높이
W : 창문의 폭

2. Pivot 종축창 : H×l′/2×2

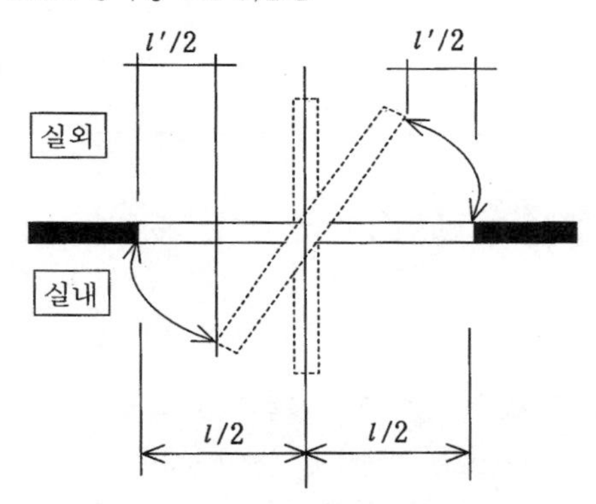

H : 창의 유효 높이
l : 90° 회전시 창호와 직각방향으로 개방된 수평거리
l′ : 90° 미만 0° 초과시 창호와 직각 방향으로 개방된 수평거리

3. Pivot 횡축창:(W× ℓ1)+(W× ℓ2)

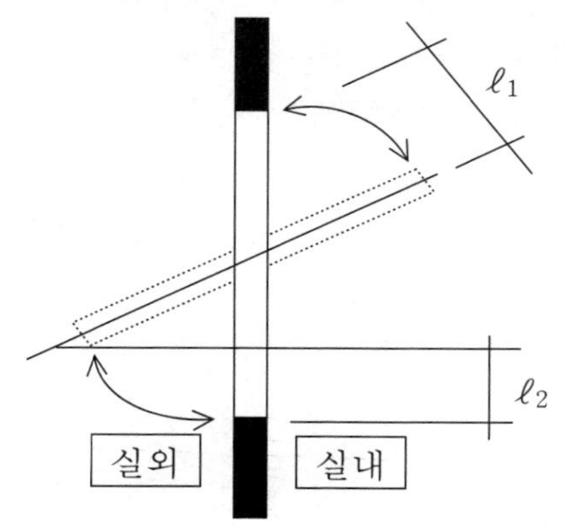

W : 창의 폭
ℓ_1 : 실내측으로 열린 상부창호의 길이방향으로 평행하게 개방된 순거리
ℓ_2 : 실외측으로 열린 하부창호로서 창틀과 평행하게 개방된 순수수평투영거리

4. 들창 : W×l_2

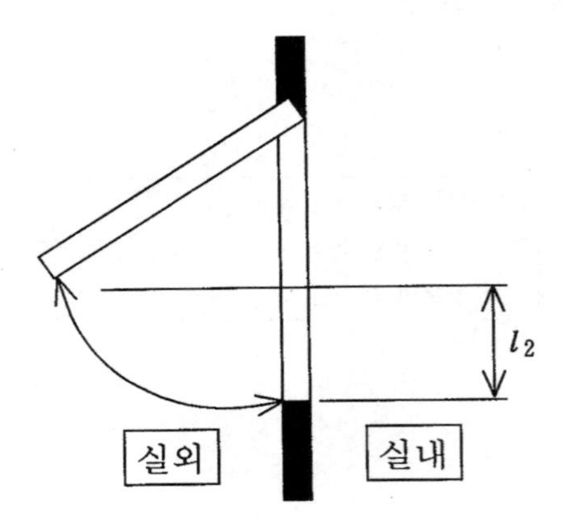

H : 창의 폭

l_2 : 창틀과 평행하게 개방된 순수수평 투명면적

5. 미들창 : 창이 실외측으로 열리는 경우:W×l
창이 실내측으로 열리는 경우:W×l_1
(단, 창이 천장(반자)에 근접하는 경우:W×l_2)

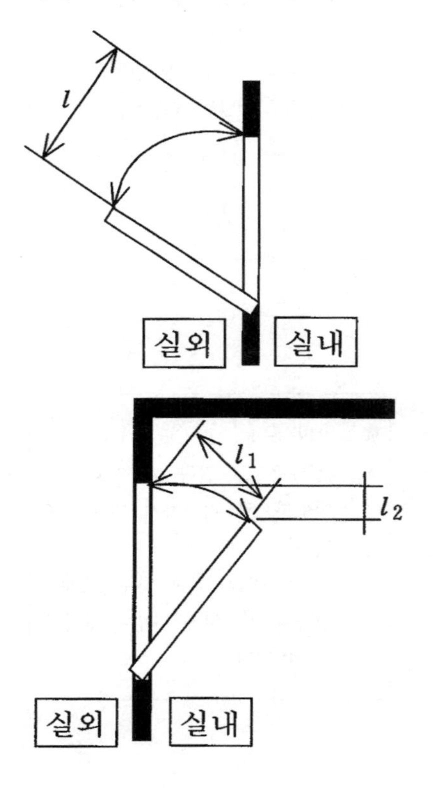

W : 창의 폭

l : 실외측으로 열린 상부창호의 길이 방향으로 평행하게 개방된 순거리

l_1 : 실내측으로 열린 상호창호의 길이 방향으로 개방된 순거리

l_2 : 창틀과 평행하게 개방된 순수수평 투명면적

* 창이 천장(또는 반자)에 근접된 경우 창의 상단에서 천장면까지의 거리≤l_1

[별표 3] 〈개정 1999.5.11〉

주거용 건축물 급수관의 지름(제18조관련)

가구 또는 세대수	1	2·3	4·5	6~8	9~16	17이상
급수관 지름의 최소기준 (밀리미터)	15	20	25	32	40	50

비고

1. 가구 또는 세대의 구분이 불분명한 건축물에 있어서는 주거에 쓰이는 바닥면적의 합계에 따라 다음과 같이 가구수를 산정한다.
  가. 바닥면적 85제곱미터 이하 : 1가구
  나. 바닥면적 85제곱미터 초과 150제곱미터 이하 : 3가구
  다. 바닥면적 150제곱미터 초과 300제곱미터이하 : 5가구
  라. 바닥면적 300제곱미터 초과 500제곱미터이하 : 16가구
  마. 바닥면적 500제곱미터 초과 : 17가구
2. 가압설비 등을 설치하여 급수되는 각 기구에서의 압력이 1센티미터당 0.7킬로그램 이상인 경우에는 위 표의 기준을 적용하지 아니 할 수 있다.

[별표 3의2] 〈개정 2010.11.5〉

급수관 및 수도계량기보호함의 설치기준(제18조제3호관련)

1. 급수관의 단열재 두께(단위:mm)

설치장소 \ 관경(mm, 외경)		20 미만	20 이상 ~ 50 미만	50 이상 ~ 70 미만	70 이상 ~ 100 미만	100 이상
· 외기에 노출된 배관 · 옥상 등 그밖에 동파가 우려되는 건축물의 부위	설계용 외기온도(℃)					
	-10미만	200 (50)	50 (25)	25 (25)	25 (25)	25 (25)
	-5 미만 ~ -10	100 (50)	40 (25)	25 (25)	25 (25)	25 (25)
	0 미만 ~ -5	40 (25)	25 (25)	25 (25)	25 (25)	25 (25)
	0 이상 유지	20				

1) ( )은 기온강하에 따라 자동으로 작동하는 전기 발열선이 설치하는 경우 단열재의 두께를 완화할 수 있는 기준
2) 단열재의 열전도율은 0.04㎉/㎡·h·℃ 이하인 것으로 한국산업표준제품을 사용할 것
3) 설계용 외기온도:법 제59조제2항의 규정에 의한 에너지 절약설계기준에 따를 것

2. 수도계량기보호함(난방공간내에 설치하는 것을 제외한다)
  가. 수도계량기와 지수전 및 역지밸브를 지중 혹은 공동주택의 벽면 내부에 설치하는 경우에는 콘크리트 또는 합성수지제 등의 보호함에 넣어 보호할 것
  나. 보호함내 옆면 및 뒷면과 전면판에 각각 단열재를 부착할 것(단열재는 밀도가 높고 열전도율이 낮은 것으로 한국산업표준제품을 사용할 것)
  다. 보호함의 배관입출구는 단열재 등으로 밀폐하여 냉기의 침입이 없도록 할 것
  라. 보온용 단열재와 계량기 사이 공간을 유리섬유 등 보온재로 채울 것
  마. 보호통과 벽체사이틈을 밀봉재 등으로 채워 냉기의 침투를 방지할 것

[별표 3의3] 〈신설 2010.11.5, 2013.9.2〉

전기설비 설치공간 확보기준(제20조의2 관련)

수전전압	전력수전 용량	확보면적
특고압 또는 고압	100킬로와트 이상	가로 2.8미터, 세로 2.8미터
저압	75킬로와트 이상 150킬로와트 미만	가로 2.5미터, 세로 2.8미터
	150킬로와트 이상 200킬로와트 미만	가로 2.8미터, 세로 2.8미터
	200킬로와트 이상 300킬로와트 미만	가로 2.8미터, 세로 4.6미터
	300킬로와트 이상	가로 2.8미터 이상, 세로 4.6미터 이상

비고

1. "저압", "고압" 및 "특고압"의 정의는 각각 「전기사업법 시행규칙」 제2조제8호, 제9호 및 제10호에 따른다.
2. 전기설비 설치공간은 배관, 맨홀 등을 땅속에 설치하는데 지장이 없고 전기사업자의 전기설비 설치, 보수, 점검 및 조작 등 유지관리가 용이한 장소이어야 한다.
3. 전기설비 설치공간은 해당 건축물 외부의 대지상에 확보하여야 한다. 다만, 외부 지상공간이 좁아서 그 공간확보가 불가능한 경우에는 침수우려가 없고 습기가 차지 아니하는 건축물의 내부에 공간을 확보할 수 있다.
4. 수전전압이 저압이고 전력수전 용량이 300킬로와트 이상인 경우 등 건축물의 전력수전 여건상 필요하다고 인정되는 경우에는 상기 표를 기준으로 건축주와 전기사업자가 협의하여 확보면적을 따로 정할 수 있다.
5. 수전전압이 저압이고 전력수전 용량이 150킬로와트 미만이 경우로서 공중으로 전력을 공급받는 경우에는 전기설비 설치공간을 확보하지 않을 수 있다.

[별표 4] 삭제 〈2013.9.2〉

[별표 5] 삭제 〈2001.1.17〉

5. 건축물의 피난·방화구조 등의 기준에 관한 규칙

[국토교통부령 제1147호, 일부개정 2023.8.31.]

제　　정 1999. 5. 7 건설교통부령 제184호
일부개정 2015. 4. 6 국토교통부령 제193호
일부개정 2015. 7. 9 국토교통부령 제220호
일부개정 2015.10. 7 국토교통부령 제238호
일부개정 2018.10.18 국토교통부령 제548호
일부개정 2019. 8. 6 국토교통부령 제641호
일부개정 2019.10.24 국토교통부령 제665호
일부개정 2021. 3.26 국토교통부령 제832호
일부개정 2021. 7. 5 국토교통부령 제868호
일부개정 2021. 8.27 국토교통부령 제882호
일부개정 2021. 9. 3 국토교통부령 제884호
일부개정 2021.10.15 국토교통부령 제901호
일부개정 2021.12.23 국토교통부령 제931호
일부개정 2022.2.10 국토교통부령 제1106호
일부개정 2022.4.29 국토교통부령 제1123호
일부개정 2023.8.31 국토교통부령 제1247호

제1조 【목적】 이 규칙은 「건축법」 제49조, 제50조, 제50조의2, 제51조, 제52조, 제52조의4, 제53조 및 제64조에 따른 건축물의 피난·방화 등에 관한 기술적 기준을 정함을 목적으로 한다. <개정 2019.8.6., 2019.10.24.>

제2조 【내수재료】 「건축법 시행령」(이하 "영"이라 한다) 제2조제6호에서 "국토교통부령으로 정하는 재료"란 벽돌·자연석·인조석·콘크리트·아스팔트·도자기질재료·유리 기타 이와 유사한 내수성 건축재료를 말한다. <개정 2019.8.6.>

제3조 【내화구조】 영 제2조제7호에서 "국토교통부령으로 정하는 기준에 적합한 구조"란 다음 각 호의 어느 하나에 해당하는 것을 말한다. <개정 2019.8.6., 2021.8.27., 2021.12.23>

1. 벽의 경우에는 각 목의 어느 하나에 해당하는 것
   가. 철근콘크리트조 또는 철골철근콘크리트조로서 두께가 10센티미터 이상인 것
   나. 골구를 철골조로 하고 그 양면을 두께 4센티미터 이상의 철망모르타르(그 바름바탕을 불연재료로 한 것으로 한정한다. 이하 이 조에서 같다) 또는 두께 5센티미터 이상의 콘크리트블록·벽돌 또는 석재로 덮은 것
   다. 철재로 보강된 콘크리트블록조·벽돌조 또는 석조로서 철재에 덮은 콘크리트블록등의 두께가 5센티미터 이상인 것
   라. 벽돌조로서 두께가 19센티미터 이상인 것
   마. 고온·고압의 증기로 양생된 경량기포 콘크리트패널 또는 경량기포 콘크리트블록조로서 두께가 10센티미터 이상인 것
2. 외벽 중 비내력벽인 경우에는 제1호에도 규정에 불구하고 다음 각 목의 어느 하나에 해당하는 것
   가. 철근콘크리트조 또는 철골철근콘크리트조로서 두께가 7센티미터 이상인 것
   나. 골구를 철골조로 하고 그 양면을 두께 3센티미터 이상의 철망모르타르 또는 두께 4센티미터 이상의 콘크리트블록·벽돌 또는 석재로 덮은 것
   다. 철재로 보강된 콘크리트블록조·벽돌조 또는 석조로서 철재에 덮은 콘크리트블록등의 두께가 4센티미터 이상인 것
   라. 무근콘크리트조·콘크리트블록조·벽돌조 또는 석조로서 그 두께가 7센티미터 이상인 것
3. 기둥의 경우에는 그 작은 지름이 25센티미터 이상인 것으로서 다음 각 목의 어느 하나에 해당하는 것. 다만, 고강도 콘크리트(설계기준강도가 50MPa 이상인 콘크리트를 말한다. 이하 이 조에서 같다)를 사용하는 경우에는 국토교통부장관이 정하여 고시하는 고강도 콘크리트 내화성능 관리기준에 적합해야 한다.
   가. 철근콘크리트조 또는 철골철근콘크리트조
   나. 철골을 두께 6센티미터(경량골재를 사용하는 경우에는 5센티미터)이상의 철망모르타르 또는 두께 7센티미터 이상의 콘크리트블록·벽돌 또는 석재로 덮은 것
   다. 철골을 두께 5센티미터 이상의 콘크리트로 덮은 것
4. 바닥의 경우에는 다음 각 목의 어느 하나에 해당하는 것
   가. 철근콘크리트조 또는 철골철근콘크리트조로서 두께가 10센티미터 이상인 것
   나. 철재로 보강된 콘크리트블록조·벽돌조 또는 석조로서 철재에 덮은 콘크리트블록등의 두께가 5센티미터 이상인 것
   다. 철재의 양면을 두께 5센티미터 이상의 철망모르타르 또는 콘크리트로 덮은 것
5. 보(지붕틀을 포함한다)의 경우에는 다음 각 목의 어느 하나에 해당하는 것. 다만, 고강도 콘크리트를 사용하는 경우에는 국토교통부장관이 정하여 고시하는 고강도 콘크리트내화성능 관리기준에 적합해야 한다.
   가. 철근콘크리트조 또는 철골철근콘크리트조
   나. 철골을 두께 6센티미터(경량골재를 사용하는 경

우에는 5센티미터)이상의 철망모르타르 또는 두께 5센티미터 이상의 콘크리트로 덮은 것
다. 철골조의 지붕틀(바닥으로부터 그 아랫부분까지의 높이가 4미터 이상인 것에 한한다)로서 바로 아래에 반자가 없거나 불연재료로 된 반자가 있는 것
6. 지붕의 경우에는 다음 각 목의 어느 하나에 해당하는 것
가. 철근콘크리트조 또는 철골철근콘크리트조
나. 철재로 보강된 콘크리트블록조·벽돌조 또는 석조
다. 철재로 보강된 유리블록 또는 망입유리(두꺼운 판유리에 철망을 넣은 것을 말한다)로 된 것
7. 계단의 경우에는 다음 각 목의 어느 하나에 해당하는 것
가. 철근콘크리트조 또는 철골철근콘크리트조
나. 무근콘크리트조·콘크리트블록조·벽돌조 또는 석조
다. 철재로 보강된 콘크리트블록조·벽돌조 또는 석조
라. 철골조
8. 「과학기술분야 정부출연연구기관 등의 설립·운영 및 육성에 관한 법률」 제8조에 따라 설립된 한국건설기술연구원의 장(이하 "한국건설기술연구원장"이라 한다)이 국토교통부장관이 정하여 고시하는 방법에 따라 품질을 시험한 결과 별표 1에 따른 성능기준에 적합할 것 <개정 2021.12.23.>
가. 생산공장의 품질 관리 상태를 확인한 결과 국토교통부장관이 정하여 고시하는 기준에 적합할 것
나. 가목에 따라 적합성이 인정된 제품에 대하여 품질시험을 실시한 결과 별표 1에 따른 성능기준에 적합할 것
9. 다음 각 목의 어느 하나에 해당하는 것으로서 한국건설기술연구원장이 국토교통부장관으로부터 승인받은 기준에 적합한 것으로 인정하는 것
가. 한국건설기술연구원장이 인정한 내화구조 표준으로 된 것
나. 한국건설기술연구원장이 인정한 성능설계에 따라 내화구조의 성능을 검증할 수 있는 구조로 된 것
10. 한국건설기술연구원장이 제27조제1항에 따라 정한 인정기준에 따라 인정하는 것

제4조 【방화구조】 영 제2조제8호에서 "국토교통부령으로 정하는 기준에 적합한 구조"란 다음 각 호의 어느 하나에 해당하는 것을 말한다. <개정 2019.8.6., 2022.2.10>
1. 철망모르타르로서 그 바름두께가 2센티미터 이상인 것
2. 석고판 위에 시멘트모르타르 또는 회반죽을 바른 것으로서 그 두께의 합계가 2.5센티미터 이상인 것
3. 시멘트모르타르 위에 타일을 붙인 것으로서 그 두께의 합계가 2.5센티미터 이상인 것
4. 삭제 <2010.4.7>
5. 삭제 <2010.4.7>
6. 심벽에 흙으로 맞벽치기한 것
7. 「산업표준화법」에 따른 한국산업표준(이하 "한국산업표준"이라 한다)에 따라 시험한 결과 방화 2급 이상에 해당하는 것

제5조 【난연재료】 영 제2조제1항제9호에서 "국토교통부령으로 정하는 기준에 적합한 재료"란 한국산업표준에 따라 시험한 결과 가스 유해성, 열방출량 등이 국토교통부장관이 정하여 고시하는 난연재료의 성능기준을 충족하는 것을 말한다. <개정 2019.8.6., 2022.2.10>

제6조 【불연재료】 영 제2조제1항제10호에서 "국토교통부령으로 정하는 기준에 적합한 재료"란 다음 각 호의 어느 하나에 해당하는 것을 말한다. <개정 2014.5.22., 2019.8.6., 2022.2.10>
1. 콘크리트·석재·벽돌·기와·철강·알루미늄·유리·시멘트모르타르 및 회. 이 경우 시멘트모르타르 또는 회 등 미장재료를 사용하는 경우에는 「건설기술 진흥법」 제44조제1항제2호에 따라 제정된 건축공사표준시방서에서 정한 두께 이상인 것에 한한다.
2. 한국산업표준에 따라 정하는 바에 의하여 시험한 결과 질량감소율 등이 국토교통부장관이 정하여 고시하는 불연재료의 성능기준을 충족하는 것
3. 그 밖에 제1호와 유사한 불연성의 재료로서 국토교통부장관이 인정하는 재료. 다만, 제1호의 재료와 불연성재료가 아닌 재료가 복합으로 구성된 경우를 제외한다.

제7조 【준불연재료】 영 제2조제1항제11호에서 "국토교통부령으로 정하는 기준에 적합한 재료"란 한국산업표준에 따라 시험한 결과 가스 유해성, 열방출량 등이 국토교통부장관이 정하여 고시하는 준불연재료의 성능기준을 충족하는 것을 말한다. <개정 2019.8.6., 2022.2.10>

제7조의2 【건축사보 배치 대상 마감재료 설치공사】 영 제19조제7항 전단에서 "국토교통부령으로 정하는 경우"란 제24조제3항에 따라 불연재료·준불연재료 또는 난연재료가 아닌 단열재를 사용하는 경우로서 해당 단열재가 외기(外氣)에 노출되는 경우를 말한다. [본조신설 2021.9.3.]

제8조 【직통계단의 설치기준】 ① 영 제34조제1항 단서에서 "국토교통부령으로 정하는 공장"이란 반도체 및

디스플레이 패널을 제조하는 공장을 말한다. <개정 2019.8.6>

② 영 제34조제2항에 따라 2개소 이상의 직통계단을 설치하는 경우 다음 각 호의 기준에 적합해야 한다. <개정 2019.8.6.>

1. 가장 멀리 위치한 직통계단 2개소의 출입구 간의 가장 가까운 직선거리(직통계단 간을 연결하는 복도가 건축물의 다른 부분과 방화구획으로 구획된 경우 출입구 간의 가장 가까운 보행거리를 말한다)는 건축물 평면의 최대 대각선 거리의 2분의 1 이상으로 할 것. 다만, 스프링클러 또는 그 밖에 이와 비슷한 자동식 소화설비를 설치한 경우에는 3분의 1이상으로 한다.
2. 각 직통계단 간에는 각각 거실과 연결된 복도 등 통로를 설치할 것

제8조의2【피난안전구역의 설치기준】 ① 영 제34조제3항 및 제4항에 따라 설치하는 피난안전구역(이하 "피난안전구역"이라 한다)은 해당 건축물의 1개층을 대피공간으로 하며, 대피에 장애가 되지 아니하는 범위에서 기계실, 보일러실, 전기실 등 건축설비를 설치하기 위한 공간과 같은 층에 설치할 수 있다. 이 경우 피난안전구역은 건축설비가 설치되는 공간과 내화구조로 구획하여야 한다. <개정 2012.1.6>

② 피난안전구역에 연결되는 특별피난계단은 피난안전구역을 거쳐서 상·하층으로 갈 수 있는 구조로 설치하여야 한다.

③ 피난안전구역의 구조 및 설비는 다음 각 호의 기준에 적합하여야 한다. <개정 2014.11.19., 2017.7.26., 2019.8.6>

1. 피난안전구역의 바로 아래층 및 위층은 「녹색건축물 조성 지원법」 제15조제1항에 따라 국토교통부장관이 정하여 고시한 기준에 적합한 단열재를 설치할 것. 이 경우 아래층은 최상층에 있는 거실의 반자 또는 지붕 기준을 준용하고, 위층은 최하층에 있는 거실의 바닥 기준을 준용할 것
2. 피난안전구역의 내부마감재료는 불연재료로 설치할 것
3. 건축물의 내부에서 피난안전구역으로 통하는 계단은 특별피난계단의 구조로 설치할 것
4. 비상용 승강기는 피난안전구역에서 승하차 할 수 있는 구조로 설치할 것
5. 피난안전구역에는 식수공급을 위한 급수전을 1개소 이상 설치하고 예비전원에 의한 조명설비를 설치할 것
6. 관리사무소 또는 방재센터 등과 긴급연락이 가능한 경보 및 통신시설을 설치할 것
7. 별표 1의2에서 정하는 기준에 따라 산정한 면적 이상일 것
8. 피난안전구역의 높이는 2.1미터 이상일 것
9. 「건축물의 설비기준 등에 관한 규칙」 제14조에 따른 배연설비를 설치할 것
10. 그 밖에 소방청장이 정하는 소방 등 재난관리를 위한 설비를 갖출 것

[본조신설 2010.4.7]

제9조【피난계단 및 특별피난계단의 구조】 ① 영 제35조제1항 각 호 외의 부분 본문에 따라 건축물의 5층 이상 또는 지하 2층 이하의 층으로부터 피난층 또는 지상으로 통하는 직통계단(지하 1층인 건축물의 경우에는 5층 이상의 층으로부터 피난층 또는 지상으로 통하는 직통계단과 직접 연결된 지하 1층의 계단을 포함한다)은 피난계단 또는 특별피난계단으로 설치해야 한다. <개정 2019.8.6., 2021.3.26>

② 제1항에 따른 피난계단 및 특별피난계단의 구조는 다음 각호의 기준에 적합해야 한다. <개정 2019.8.6.>

1. 건축물의 내부에 설치하는 피난계단의 구조
   가. 계단실은 창문·출입구 기타 개구부(이하 "창문등"이라 한다)를 제외한 당해 건축물의 다른 부분과 내화구조의 벽으로 구획할 것
   나. 계단실의 실내에 접하는 부분(바닥 및 반자 등 실내에 면한 모든 부분을 말한다)의 마감(마감을 위한 바탕을 포함한다)은 불연재료로 할 것
   다. 계단실에는 예비전원에 의한 조명설비를 할 것
   라. 계단실의 바깥쪽과 접하는 창문등(망이 들어 있는 유리의 붙박이창으로서 그 면적이 각각 1제곱미터 이하인 것을 제외한다)은 당해 건축물의 다른 부분에 설치하는 창문등으로부터 2미터 이상의 거리를 두고 설치할 것
   마. 건축물의 내부와 접하는 계단실의 창문등(출입구를 제외한다)은 망이 들어 있는 유리의 붙박이창으로서 그 면적을 각각 1제곱미터 이하로 할 것
   바. 건축물의 내부에서 계단실로 통하는 출입구의 유효너비는 0.9미터 이상으로 하고, 그 출입구에는 피난의 방향으로 열 수 있는 것으로서 언제나 닫힌 상태를 유지하거나 화재로 인한 연기 또는 불꽃을 감지하여 자동적으로 닫히는 구조로 된 제26조에 따른 영 제64조제1항제1호의 60+ 방화문(이하 "60+방화문"이라 한다) 또는 같은 항 제2호의 방화문(이하 "60분방화문"이라 한다)을 설치할 것. 다만, 연기 또는 불꽃을 감지하여 자동적으로 닫히는 구조로 할 수 없는 경우에는 온도를 감지하

여 자동적으로 닫히는 구조로 할 수 있다. <개정 2021.3.26>

사. 계단은 내화구조로 하고 피난층 또는 지상까지 직접 연결되도록 할 것

2. 건축물의 바깥쪽에 설치하는 피난계단의 구조

가. 계단은 그 계단으로 통하는 출입구외의 창문등(망이 들어 있는 유리의 붙박이창으로서 그 면적이 각각 1제곱미터 이하인 것을 제외한다)으로부터 2미터 이상의 거리를 두고 설치할 것

나. 건축물의 내부에서 계단으로 통하는 출입구에는 제26조에 따른 60+방화문 또는 60분방화문을 설치할 것 <개정 2021.3.26>

다. 계단의 유효너비는 0.9미터 이상으로 할 것

라. 계단은 내화구조로 하고 지상까지 직접 연결되도록 할 것

3. 특별피난계단의 구조

가. 건축물의 내부와 계단실은 노대를 통하여 연결하거나 외부를 향하여 열 수 있는 면적 1제곱미터 이상인 창문(바닥으로부터 1미터 이상의 높이에 설치한 것에 한한다) 또는 「건축물의 설비기준 등에 관한 규칙」 제14조의 규정에 적합한 구조의 배연설비가 있는 부속실을 통하여 연결할 것

나. 계단실·노대 및 부속실(「건축물의 설비기준 등에 관한 규칙」 제10조제2호 가목의 규정에 의하여 비상용승강기의 승강장을 겸용하는 부속실을 포함한다)은 창문등을 제외하고는 내화구조의 벽으로 각각 구획할 것

다. 계단실 및 부속실의 실내에 접하는 부분(바닥 및 반자 등 실내에 면한 모든 부분을 말한다)의 마감(마감을 위한 바탕을 포함한다)은 불연재료로 할 것

라. 계단실에는 예비전원에 의한 조명설비를 할 것

마. 계단실·노대 또는 부속실에 설치하는 건축물의 바깥쪽에 접하는 창문등(망이 들어 있는 유리의 붙박이창으로서 그 면적이 각각 1제곱미터이하인 것을 제외한다)은 계단실·노대 또는 부속실외의 당해 건축물의 다른 부분에 설치하는 창문등으로부터 2미터 이상의 거리를 두고 설치할 것

바. 계단실에는 노대 또는 부속실에 접하는 부분외에는 건축물의 내부와 접하는 창문등을 설치하지 아니할 것

사. 계단실의 노대 또는 부속실에 접하는 창문등(출입구를 제외한다)은 망이 들어 있는 유리의 붙박이창으로서 그 면적을 각각 1제곱미터 이하로 할 것

아. 노대 및 부속실에는 계단실외의 건축물의 내부와 접하는 창문등(출입구를 제외한다)을 설치하지 아니할 것

자. 건축물의 내부에서 노대 또는 부속실로 통하는 출입구에는 60+방화문 또는 60분방화문을 설치하고, 노대 또는 부속실로부터 계단실로 통하는 출입구에는 60+방화문, 60분방화문 또는 영 제64조제1항제3호의 30분 방화문을 설치할 것. 이 경우 방화문은 언제나 닫힌 상태를 유지하거나 화재로 인한 연기 또는 불꽃을 감지하여 자동적으로 닫히는 구조로 해야 하고, 연기 또는 불꽃으로 감지하여 자동적으로 닫히는 구조로 할 수 없는 경우에는 온도를 감지하여 자동적으로 닫히는 구조로 할 수 있다. <개정 2021.3.26>

차. 계단은 내화구조로 하되, 피난층 또는 지상까지 직접 연결되도록 할 것

카. 출입구의 유효너비는 0.9미터 이상으로 하고 피난의 방향으로 열 수 있을 것

③ 영 제35조제1항 각 호 외의 부분 본문에 따른 피난계단 또는 특별피난계단은 돌음계단으로 해서는 안되며, 영 제40조에 따라 옥상광장을 설치해야 하는 건축물의 피난계단 또는 특별피난계단은 해당 건축물의 옥상으로 통하도록 설치해야 한다. 이 경우 옥상으로 통하는 출입문은 피난방향으로 열리는 구조로서 피난시 이용에 장애가 없어야 한다. <개정 2019.8.6.>

④ 영 제35조제2항에서 "갓복도식 공동주택"이라 함은 각 층의 계단실 및 승강기에서 각 세대로 통하는 복도의 한쪽 면이 외기에 개방된 구조의 공동주택을 말한다. <개정 2021.9.3>

제10조 **【관람실 등으로부터의 출구의 설치기준】** ① 영 제38조 각 호의 어느 하나에 해당하는 건축물의 관람석 또는 집회실로부터 바깥쪽으로의 출구로 쓰이는 문은 안여닫이로 해서는 안 된다. <개정 2019.8.6.>

② 영 제38조에 따라 문화 및 집회시설 중 공연장의 개별 관람실(바닥면적이 300제곱미터 이상인 것만 해당한다)의 출구는 다음 각 호의 기준에 적합하게 설치해야 한다. <개정 2019.8.6.>

1. 관람실별로 2개소 이상 설치할 것
2. 각 출구의 유효너비는 1.5미터 이상일 것
3. 개별 관람실 출구의 유효너비의 합계는 개별 관람실의 바닥면적 100제곱미터마다 0.6미터의 비율로 산정한 너비 이상으로 할 것

[제목개정 2019.8.6]

제11조 【건축물의 바깥쪽으로의 출구의 설치기준】 ① 영 제39조제1항의 규정에 의하여 건축물의 바깥쪽으로 나가는 출구를 설치하는 경우 피난층의 계단으로부터 건축물의 바깥쪽으로의 출구에 이르는 보행거리(가장 가까운 출구와의 보행거리를 말한다. 이하 같다)는 영 제34조제1항의 규정에 의한 거리이하로 하여야 하며, 거실(피난에 지장이 없는 출입구가 있는 것을 제외한다)의 각 부분으로부터 건축물의 바깥쪽으로의 출구에 이르는 보행거리는 영 제34조제1항의 규정에 의한 거리의 2배 이하로 하여야 한다.

② 영 제39조제1항에 따라 건축물의 바깥쪽으로 나가는 출구를 설치하는 건축물중 문화 및 집회시설(전시장 및 동·식물원을 제외한다), 종교시설, 장례식장 또는 위락시설의 용도에 쓰이는 건축물의 바깥쪽으로의 출구로 쓰이는 문은 안여닫이로 하여서는 아니 된다. <개정 2010.4.7>

③ 영 제39조제1항에 따라 건축물의 바깥쪽으로 나가는 출구를 설치하는 경우 관람실의 바닥면적의 합계가 300제곱미터 이상인 집회장 또는 공연장은 주된 출구 외에 보조출구 또는 비상구를 2개소 이상 설치해야 한다. <개정 2019.8.6.>

④ 판매시설의 용도에 쓰이는 피난층에 설치하는 건축물의 바깥쪽으로의 출구의 유효너비의 합계는 해당 용도에 쓰이는 바닥면적이 최대인 층에 있어서의 해당 용도의 바닥면적 100제곱미터마다 0.6미터의 비율로 산정한 너비 이상으로 하여야 한다. <개정 2010.4.7>

⑤ 다음 각 호의 어느 하나에 해당하는 건축물의 피난층 또는 피난층의 승강장으로부터 건축물의 바깥쪽에 이르는 통로에는 제15조제5항에 따른 경사로를 설치하여야 한다. <개정 2010.4.7>

1. 제1종 근린생활시설 중 지역자치센터·파출소·지구대·소방서·우체국·방송국·보건소·공공도서관·지역건강보험조합 기타 이와 유사한 것으로서 동일한 건축물안에서 당해 용도에 쓰이는 바닥면적의 합계가 1천제곱미터 미만인 것
2. 제1종 근린생활시설 중 마을회관·마을공동작업소·마을공동구판장·변전소·양수장·정수장·대피소·공중화장실 기타 이와 유사한 것
3. 연면적이 5천제곱미터 이상인 판매시설, 운수시설
4. 교육연구시설 중 학교
5. 업무시설중 국가 또는 지방자치단체의 청사와 외국공관의 건축물로서 제1종 근린생활시설에 해당하지 아니하는 것
6. 승강기를 설치하여야 하는 건축물

⑥ 「건축법」(이하 "법"이라 한다) 제49조제1항에 따라 영 제39조제1항 각 호의 어느 하나에 해당하는 건축물의 바깥쪽으로 나가는 출입문에 유리를 사용하는 경우에는 안전유리를 사용하여야 한다. <개정 2015.7.9>

제12조 【회전문의 설치기준】 영 제39조제2항의 규정에 의하여 건축물의 출입구에 설치하는 회전문은 다음 각 호의 기준에 적합하여야 한다. <개정 2005.7.22>

1. 계단이나 에스컬레이터로부터 2미터 이상의 거리를 둘 것
2. 회전문과 문틀사이 및 바닥사이는 다음 각 목에서 정하는 간격을 확보하고 틈 사이를 고무와 고무펠트의 조합체 등을 사용하여 신체나 물건 등에 손상이 없도록 할 것
   가. 회전문과 문틀 사이는 5센티미터 이상
   나. 회전문과 바닥 사이는 3센티미터 이하
3. 출입에 지장이 없도록 일정한 방향으로 회전하는 구조로 할 것
4. 회전문의 중심축에서 회전문과 문틀 사이의 간격을 포함한 회전문날개 끝부분까지의 길이는 140센티미터 이상이 되도록 할 것
5. 회전문의 회전속도는 분당회전수가 8회를 넘지 아니하도록 할 것
6. 자동회전문은 충격이 가하여지거나 사용자가 위험한 위치에 있는 경우에는 전자감지장치 등을 사용하여 정지하는 구조로 할 것

제13조 【헬리포트 및 구조공간 설치 기준】 ① 영 제40조제4항제1호에 따라 건축물에 설치하는 헬리포트는 다음 각 호의 기준에 적합해야 한다. <개정 2021.3.26>

1. 헬리포트의 길이와 너비는 각각 22미터이상으로 할 것. 다만, 건축물의 옥상바닥의 길이와 너비가 각각 22미터이하인 경우에는 헬리포트의 길이와 너비를 각각 15미터까지 감축할 수 있다.
2. 헬리포트의 중심으로부터 반경 12미터 이내에는 헬리콥터의 이·착륙에 장애가 되는 건축물, 공작물, 조경시설 또는 난간 등을 설치하지 아니할 것
3. 헬리포트의 주위한계선은 백색으로 하되, 그 선의 너비는 38센티미터로 할 것
4. 헬리포트의 중앙부분에는 지름 8미터의 "ⓗ"표지를 백색으로 하되, "H"표지의 선의 너비는 38센티미터로, "○"표지의 선의 너비는 60센티미터로 할 것
5. 헬리포트로 통하는 출입문에 영 제40조제3항 각 호 외의 부분에 따른 비상문자동개폐장치(이하 "비상문자동개폐장치"라 한다)를 설치할 것 <신설 2021.3.26>

② 영 제40조제4항제1호에 따라 옥상에 헬리콥터를 통하여 인명 등을 구조할 수 있는 공간을 설치하는

경우에는 직경 10미터 이상의 구조공간을 확보해야 하며, 구조공간에는 구조활동에 장애가 되는 건축물, 공작물 또는 난간 등을 설치해서는 안 된다. 이 경우 구조공간의 표시기준 및 설치기준 등에 관하여는 제1항제3호부터 제5호까지의 규정을 준용한다. <개정 2021.3.26>

③ 영 제40조제4항제2호에 따라 설치하는 대피공간은 다음 각 호의 기준에 적합해야 한다. <개정 2021.3.26>

1. 대피공간의 면적은 지붕 수평투영면적의 10분의 1 이상 일 것
2. 특별피난계단 또는 피난계단과 연결되도록 할 것
3. 출입구·창문을 제외한 부분은 해당 건축물의 다른 부분과 내화구조의 바닥 및 벽으로 구획할 것
4. 출입구는 유효너비 0.9미터 이상으로 하고, 그 출입구에는 60+방화문 또는 60분방화문을 설치할 것

4의2. 제4호에 따른 방화문에 비상문자동개폐장치를 설치할 것 <신설 2021.3.26>

5. 내부마감재료는 불연재료로 할 것
6. 예비전원으로 작동하는 조명설비를 설치할 것
7. 관리사무소 등과 긴급 연락이 가능한 통신시설을 설치할 것

[제목개정 2010.4.7]

제14조 【방화구획의 설치기준】 ① 영 제46조제1항 각 호 외의 부분 본문에 따라 건축물에 설치하는 방화구획은 다음 각 호의 기준에 적합해야 한다. <개정 2019.8.6., 2021.3.26>

1. 10층 이하의 층은 바닥면적 1천제곱미터(스프링클러 기타 이와 유사한 자동식 소화설비를 설치한 경우에는 바닥면적 3천제곱미터)이내마다 구획할 것
2. 매층마다 구획할 것. 다만, 지하 1층에서 지상으로 직접 연결하는 경사로 부위는 제외한다.
3. 11층 이상의 층은 바닥면적 200제곱미터(스프링클러 기타 이와 유사한 자동식 소화설비를 설치한 경우에는 600제곱미터)이내마다 구획할 것. 다만, 벽 및 반자의 실내에 접하는 부분의 마감을 불연재료로 한 경우에는 바닥면적 500제곱미터(스프링클러 기타 이와 유사한 자동식 소화설비를 설치한 경우에는 1천500제곱미터)이내마다 구획하여야 한다.
4. 필로티나 그 밖에 이와 비슷한 구조(벽면적의 2분의 1 이상이 그 층의 바닥면에서 위층 바닥 아래면까지 공간으로 된 것만 해당한다)의 부분을 주차장으로 사용하는 경우 그 부분은 건축물의 다른 부분과 구획할 것 <신설 2019.8.6.>

② 제1항에 따른 방화구획은 다음 각 호의 기준에 적합하게 설치해야 한다. <개정 2019.8.6., 2021.3.26., 2021.12.23.>

1. 영 제46조에 따른 방화구획으로 사용하는 60+방화문 또는 60분방화문은 언제나 닫힌 상태를 유지하거나 화재로 인한 연기 또는 불꽃을 감지하여 자동적으로 닫히는 구조로 할 것. 다만, 연기 또는 불꽃을 감지하여 자동적으로 닫히는 구조로 할 수 없는 경우에는 온도를 감지하여 자동적으로 닫히는 구조로 할 수 있다.
2. 외벽과 바닥 사이에 틈이 생긴 때나 급수관·배전관 그 밖의 관이 방화구획으로 되어 있는 부분을 관통하는 경우 그로 인하여 방화구획에 틈이 생긴 때에는 그 틈을 별표 1 제1호에 따른 내화시간(내화채움성능이 인정된 구조로 메워지는 구성 부재에 적용되는 내화시간을 말한다) 이상 견딜 수 있는 내화채움성능이 인정된 구조로 메울 것 <개정 2021.3.26., 2021.12.23.>
   가. 삭제 <2021.3.26>
   나. 삭제 <2021.3.26>
3. 환기·난방 또는 냉방시설의 풍도가 방화구획을 관통하는 경우에는 그 관통부분 또는 이에 근접한 부분에 다음 각 목의 기준에 적합한 댐퍼를 설치할 것. 다만, 반도체공장건축물로서 방화구획을 관통하는 풍도의 주위에 스프링클러헤드를 설치하는 경우에는 그렇지 않다. <개정 2019.8.6>
   가. 화재로 인한 연기 또는 불꽃을 감지하여 자동적으로 닫히는 구조로 할 것. 다만, 주방 등 연기가 항상 발생하는 부분에는 온도를 감지하여 자동적으로 닫히는 구조로 할 수 있다.
   나. 국토교통부장관이 정하여 고시하는 비차열(非遮熱) 성능 및 방연성능 등의 기준에 적합할 것
   다. 삭제 <2019.8.6.>
   라. 삭제 <2019.8.6.>
4. 영 제46조제1항제2호 및 제81조제5항제5호에 따라 설치되는 자동방화셔터는 다음 각 목의 요건을 모두 갖출 것. 이 경우 자동방화셔터의 구조 및 성능기준 등에 관한 세부사항은 국토교통부장관이 정하여 고시한다. <개정 2021.3.26., 2021.12.23.>
   가. 피난이 가능한 60분+ 방화문 또는 60분 방화문으로부터 3미터 이내에 별도로 설치할 것
   나. 전동방식이나 수동방식으로 개폐할 수 있을 것
   다. 불꽃감지기 또는 연기감지기 중 하나와 열감지기를 설치할 것
   라. 불꽃이나 연기를 감지한 경우 일부 폐쇄되는 구조일 것
   마. 열을 감지한 경우 완전 폐쇄되는 구조일 것

③ 영 제46조제1항제2호에서 "국토교통부령으로 정하

는 기준에 적합한 것"이란 한국건설기술연구원장이 국토교통부장관이 정하여 고시하는 바에 따라 다음 각 호의 사항을 모두 인정한 것을 말한다. <신설 2019.8.6., 2021.12.23.>

1. 생산공장의 품질 관리 상태를 확인한 결과 국토교통부장관이 정하여 고시하는 기준에 적합할 것
2. 해당 제품의 품질시험을 실시한 결과 비차열 1시간 이상의 내화성능을 확보하였을 것

④ 영 제46조제5항제3호에 따른 하향식 피난구(덮개, 사다리, 승강식피난기 및 경보시스템을 포함한다)의 구조는 다음 각 호의 기준에 적합하게 설치해야 한다. <개정 2019.8.6., 2021.3.26., 2022.4.29>

1. 피난구의 덮개(덮개와 사다리, 승강식피난기 또는 경보시스템이 일체형으로 구성된 경우에는 그 사다리, 승강식피난기 또는 경보시스템을 포함한다)는 품질시험을 실시한 결과 비차열 1시간 이상의 내화성능을 가져야 하며, 피난구의 유효 개구부 규격은 직경 60센티미터 이상일 것
2. 상층·하층간 피난구의 수평거리는 15센티미터 이상 떨어져 있을 것
3. 아래층에서는 바로 위층의 피난구를 열 수 없는 구조일 것
4. 사다리는 바로 아래층의 바닥면으로부터 50센터미터 이하까지 내려오는 길이로 할 것
5. 덮개가 개방될 경우에는 건축물관리시스템 등을 통하여 경보음이 울리는 구조일 것
6. 피난구가 있는 곳에는 예비전원에 의한 조명설비를 설치할 것

⑤ 제2항제2호에 따른 건축물의 외벽과 바닥 사이의 내화채움방법에 필요한 사항은 국토교통부장관이 정하여 고시한다. <개정 2019.8.6., 2021.3.26.>

⑥ 법 제49조제2항 단서에 따라 영 제46조제7항에 따른 창고시설 중 같은 조 제2항제2호에 해당하여 같은 조 제1항을 적용하지 않거나 완화하여 적용하는 부분에는 다음 각 호의 구분에 따른 설비를 추가로 설치해야 한다. <신설 2022.4.29>

1. 개구부의 경우: 「화재예방, 소방시설 설치·유지 및 안전관리에 관한 법률」 제9조제1항 전단에 따라 소방청장이 정하여 고시하는 화재안전기준(이하 이 조에서 "화재안전기준"이라 한다)을 충족하는 설비로서 수막(水幕)을 형성하여 화재확산을 방지하는 설비
2. 개구부 외의 부분의 경우: 화재안전기준을 충족하는 설비로서 화재를 조기에 진화할 수 있도록 설계된 스프링클러

제14조의2【복합건축물의 피난시설 등】 영 제47조제1항 단서의 규정에 의하여 같은 건축물안에 공동주택·의료시설·아동관련시설 또는 노인복지시설(이하 이 조에서 "공동주택등"이라 한다)중 하나 이상과 위락시설·위험물저장 및 처리시설·공장 또는 자동차정비공장(이하 이 조에서 "위락시설등"이라 한다)중 하나 이상을 함께 설치하고자 하는 경우에는 다음 각 호의 기준에 적합하여야 한다. <개정 2005.7.22>

1. 공동주택등의 출입구와 위락시설등의 출입구는 서로 그 보행거리가 30미터 이상이 되도록 설치할 것
2. 공동주택등(당해 공동주택등에 출입하는 통로를 포함한다)과 위락시설등(당해 위락시설등에 출입하는 통로를 포함한다)은 내화구조로 된 바닥 및 벽으로 구획하여 서로 차단할 것
3. 공동주택등과 위락시설등은 서로 이웃하지 아니하도록 배치할 것
4. 건축물의 주요 구조부를 내화구조로 할 것
5. 거실의 벽 및 반자가 실내에 면하는 부분(반자돌림대·창대 그 밖에 이와 유사한 것을 제외한다. 이하 이 조에서 같다)의 마감은 불연재료·준불연재료 또는 난연재료로 하고, 그 거실로부터 지상으로 통하는 주된 복도·계단 그밖에 통로의 벽 및 반자가 실내에 면하는 부분의 마감은 불연재료 또는 준불연재료로 할 것

[본조신설 2003.1.6]

제15조【계단의 설치기준】 ① 영 제48조의 규정에 의하여 건축물에 설치하는 계단은 다음 각호의 기준에 적합하여야 한다. <개정 2015.4.6>

1. 높이가 3미터를 넘는 계단에는 높이 3미터이내마다 유효너비 120센티미터 이상의 계단참을 설치할 것
2. 높이가 1미터를 넘는 계단 및 계단참의 양옆에는 난간(벽 또는 이에 대치되는 것을 포함한다)을 설치할 것
3. 너비가 3미터를 넘는 계단에는 계단의 중간에 너비 3미터 이내마다 난간을 설치할 것. 다만, 계단의 단높이가 15센티미터 이하이고, 계단의 단너비가 30센티미터 이상인 경우에는 그러하지 아니하다.
4. 계단의 유효 높이(계단의 바닥 마감면부터 상부 구조체의 하부 마감면까지의 연직방향의 높이를 말한다)는 2.1미터 이상으로 할 것

② 제1항에 따라 계단을 설치하는 경우 계단 및 계단참의 너비(옥내계단에 한정한다), 계단의 단높이 및 단너비의 칫수는 다음 각 호의 기준에 적합해야 한다. 이 경우 돌음계단의 단너비는 그 좁은 너비의

끝부분으로부터 30센티미터의 위치에서 측정한다. <개정 2015.4.6., 2019.8.6.>

1. 초등학교의 계단인 경우에는 계단 및 계단참의 유효너비는 150센티미터 이상, 단높이는 16센티미터 이하, 단너비는 26센티미터 이상으로 할 것
2. 중·고등학교의 계단인 경우에는 계단 및 계단참의 유효너비는 150센티미터 이상, 단높이는 18센티미터 이하, 단너비는 26센티미터 이상으로 할 것
3. 문화 및 집회시설(공연장·집회장 및 관람장에 한한다)·판매시설 기타 이와 유사한 용도에 쓰이는 건축물의 계단인 경우에는 계단 및 계단참의 유효너비를 120센티미터 이상으로 할 것
4. 제1호부터 제3호까지의 건축물 외의 건축물의 계단으로서 다음 각 목의 어느 하나에 해당하는 층의 계단인 경우에는 계단 및 계단참은 유효너비를 120센티미터 이상으로 할 것
   가. 계단을 설치하려는 층이 지상층인 경우: 해당 층의 바로 위층부터 최상층(상부층 중 피난층이 있는 경우에는 그 아래층을 말한다)까지의 거실 바닥면적의 합계가 200제곱미터 이상인 경우
   나. 계단을 설치하려는 층이 지하층인 경우: 지하층 거실 바닥면적의 합계가 100제곱미터 이상인 경우
5. 기타의 계단인 경우에는 계단 및 계단참의 유효너비를 60센티미터 이상으로 할 것
6. 「산업안전보건법」에 의한 작업장에 설치하는 계단인 경우에는 「산업안전 기준에 관한 규칙」에서 정한 구조로 할 것

③ 공동주택(기숙사를 제외한다)·제1종 근린생활시설·제2종 근린생활시설·문화 및 집회시설·종교시설·판매시설·운수시설·의료시설·노유자시설·업무시설·숙박시설·위락시설 또는 관광휴게시설의 용도에 쓰이는 건축물의 주계단·피난계단 또는 특별피난계단에 설치하는 난간 및 바닥은 아동의 이용에 안전하고 노약자 및 신체장애인의 이용에 편리한 구조로 하여야 하며, 양쪽에 벽등이 있어 난간이 없는 경우에는 손잡이를 설치하여야 한다. <개정 2010.4.7>

④ 제3항의 규정에 의한 난간·벽 등의 손잡이와 바닥마감은 다음 각호의 기준에 적합하게 설치하여야 한다.

1. 손잡이는 최대지름이 3.2센티미터 이상 3.8센티미터 이하인 원형 또는 타원형의 단면으로 할 것
2. 손잡이는 벽등으로부터 5센티미터 이상 떨어지도록 하고, 계단으로부터의 높이는 85센티미터가 되도록 할 것
3. 계단이 끝나는 수평부분에서의 손잡이는 바깥쪽으로 30센티미터 이상 나오도록 설치할 것

⑤ 계단을 대체하여 설치하는 경사로는 다음 각호의 기준에 적합하게 설치하여야 한다. <개정 2010.4.7>

1. 경사도는 1 : 8을 넘지 아니할 것
2. 표면을 거친 면으로 하거나 미끄러지지 아니하는 재료로 마감할 것
3. 경사로의 직선 및 굴절부분의 유효너비는 「장애인·노인·임산부등의 편의증진보장에 관한 법률」이 정하는 기준에 적합할 것

⑥ 제1항 각호의 규정은 제5항의 규정에 의한 경사로의 설치기준에 관하여 이를 준용한다.

⑦ 제1항 및 제2항에도 불구하고 영 제34조제4항 단서에 따라 피난층 또는 지상으로 통하는 직통계단을 설치하는 경우 계단 및 계단참의 유효너비는 다음 각 호의 구분에 따른 기준에 적합하여야 한다. <개정 2015.4.6>

1. 공동주택: 120센티미터 이상
2. 공동주택이 아닌 건축물: 150센티미터 이상

⑧ 승강기기계실용 계단, 망루용 계단 등 특수한 용도에만 쓰이는 계단에 대해서는 제1항부터 제7항까지의 규정을 적용하지 아니한다. <개정 2012.1.6>

제15조의2 【복도의 너비 및 설치기준】 ① 영 제48조의 규정에 의하여 건축물에 설치하는 복도의 유효너비는 다음 표와 같이 하여야 한다.

구분	양옆에 거실이 있는 복도	기타의 복도
유치원·초등학교 중학교·고등학교	2.4미터 이상	1.8미터 이상
공동주택·오피스텔	1.8미터 이상	1.2미터 이상
당해 층 거실의 바닥면적 합계가 200제곱미터 이상인 경우	1.5미터 이상 의료시설의 복도는 1.8미터 이상	1.2미터 이상

② 문화 및 집회시설(공연장·집회장·관람장·전시장에 한정한다), 종교시설 중 종교집회장, 노유자시설 중 아동 관련 시설·노인복지시설, 수련시설 중 생활권수련시설, 위락시설 중 유흥주점 및 장례식장의 관람실 또는 집회실과 접하는 복도의 유효너비는 제1항에도 불구하고 다음 각 호에서 정하는 너비로 해야 한다. <개정 2019.8.6.>

1. 해당 층에서 해당 용도로 쓰는 바닥면적의 합계가 500제곱미터 미만인 경우 1.5미터 이상
2. 해당 층에서 해당 용도로 쓰는 바닥면적의 합계가 500제곱미터 이상 1천제곱미터 미만인 경우 1.8미터 이상
3. 해당 층에서 해당 용도로 쓰는 바닥면적의 합계가

1천제곱미터 이상인 경우 2.4미터 이상

③ 문화 및 집회시설중 공연장에 설치하는 복도는 다음 각 호의 기준에 해야 한다. <개정 2019.8.6.>

1. 공연장의 개별 관람실(바닥면적이 300제곱미터 이상인 경우에 한정한다)의 바깥쪽에는 그 양쪽 및 뒤쪽에 각각 복도를 설치할 것
2. 하나의 층에 개별 관람실(바닥면적이 300제곱미터 미만인 경우에 한정한다)을 2개소 이상 연속하여 설치하는 경우에는 그 관람실의 바깥쪽의 앞쪽과 뒤쪽에 각각 복도를 설치할 것

④ 법 제19조에 따라 「공공주택 특별법 시행령」 제37조제1항제3호에 해당하는 건축물을 「주택법 시행령」 제4조의 준주택으로 용도변경하려는 경우로서 다음 각 호의 요건을 모두 갖춘 경우에는 용도변경한 건축물의 복도 중 양 옆에 거실이 있는 복도의 유효너비는 제1항에도 불구하고 1.5미터 이상으로 할 수 있다. <신설 2021.10.15>

1. 용도변경의 목적이 해당 건축물을 「공공주택 특별법」 제43조제1항에 따라 공공매입임대주택으로 공급하려는 공공주택사업자에게 매도하려는 것일 것
2. 둘 이상의 직통계단이 지상까지 직접 연결되어 있을 것
3. 건축물의 내부에서 계단실로 통하는 출입구의 유효너비가 0.9미터 이상일 것

[본조신설 2005.7.22]

제16조【거실의 반자높이】 ① 영 제50조의 규정에 의하여 설치하는 거실의 반자(반자가 없는 경우에는 보 또는 바로 윗층의 바닥판의 밑면 기타 이와 유사한 것을 말한다. 이하같다)는 그 높이를 2.1미터 이상으로 하여야 한다.

② 문화 및 집회시설(전시장 및 동·식물원은 제외한다), 종교시설, 장례식장 또는 위락시설 중 유흥주점의 용도에 쓰이는 건축물의 관람실 또는 집회실로서 그 바닥면적이 200제곱미터 이상인 것의 반자의 높이는 제1항에도 불구하고 4미터(노대의 아랫부분의 높이는 2.7미터)이상이어야 한다. 다만, 기계환기장치를 설치하는 경우에는 그렇지 않다. <개정 2019.8.6.>

제17조【채광 및 환기를 위한 창문등】 ① 영 제51조에 따라 채광을 위하여 거실에 설치하는 창문등의 면적은 그 거실의 바닥면적의 10분의 1 이상이어야 한다. 다만, 거실의 용도에 따라 별표 1의3에 따라 조도 이상의 조명장치를 설치하는 경우에는 그러하지 아니하다. <개정 2012.1.6>

② 영 제51조의 규정에 의하여 환기를 위하여 거실에 설치하는 창문등의 면적은 그 거실의 바닥면적의 20분의 1 이상이어야 한다. 다만, 기계환기장치 및 중앙관리방식의 공기조화설비를 설치하는 경우에는 그러하지 아니하다.

③ 제1항 및 제2항의 규정을 적용함에 있어서 수시로 개방할 수 있는 미닫이로 구획된 2개의 거실은 이를 1개의 거실로 본다.

④ 영 제51조제3항에서 "국토교통부령으로정하는 기준"이란 높이 1.2미터 이상의 난간이나 그 밖에 이와 유사한 추락방지를 위한 안전시설을 말한다. <개정 2013.3.23>

제18조【거실등의 방습】 ① 영 제52조의 규정에 의하여 건축물의 최하층에 있는 거실바닥의 높이는 지표면으로부터 45센티미터 이상으로 하여야 한다. 다만, 지표면을 콘크리트바닥으로 설치하는 등 방습을 위한 조치를 하는 경우에는 그러하지 아니하다.

② 영 제52조에 따라 다음 각 호의 어느 하나에 해당하는 욕실 또는 조리장의 바닥과 그 바닥으로부터 높이 1미터까지의 안쪽벽의 마감은 이를 내수재료로 해야 한다. <개정 2021.8.27>

1. 제1종 근린생활시설중 목욕장의 욕실과 휴게음식점의 조리장
2. 제2종 근린생활시설중 일반음식점 및 휴게음식점의 조리장과 숙박시설의 욕실

제18조의2【소방관 진입창의 기준】 법 제49조제3항에서 "국토교통부령으로 정하는 기준"이란 다음 각 호의 요건을 모두 충족하는 것을 말한다.

1. 2층 이상 11층 이하인 층에 각각 1개소 이상 설치할 것. 이 경우 소방관이 진입할 수 있는 창의 가운데에서 벽면 끝까지의 수평거리가 40미터 이상인 경우에는 40미터 이내마다 소방관이 진입할 수 있는 창을 추가로 설치해야 한다.
2. 소방차 진입로 또는 소방차 진입이 가능한 공터에 면할 것
3. 창문의 가운데에 지름 20센티미터 이상의 역삼각형을 야간에도 알아볼 수 있도록 빛 반사 등으로 붉은색으로 표시할 것
4. 창문의 한쪽 모서리에 타격지점을 지름 3센티미터 이상의 원형으로 표시할 것
5. 창문의 크기는 폭 90센티미터 이상, 높이 1.2미터 이상으로 하고, 실내 바닥면으로부터 창의 아랫부분까지의 높이는 80센티미터 이내로 할 것
6. 다음 각 목의 어느 하나에 해당하는 유리를 사용할 것

가. 플로트판유리로서 그 두께가 6밀리미터 이하인 것
나. 강화유리 또는 배강도유리로서 그 두께가 5밀리미터 이하인 것
다. 가목 또는 나목에 해당하는 유리로 구성된 이중 유리로서 그 두께가 24밀리미터 이하인 것
[본조신설 2019.8.6.]

제19조【경계벽 등의 구조】 ① 법 제49조제4항에 따라 건축물에 설치하는 경계벽은 내화구조로 하고, 지붕밑 또는 바로 위층의 바닥판까지 닿게 해야 한다. <개정 2019.8.6.>
② 제1항에 따른 경계벽은 소리를 차단하는데 장애가 되는 부분이 없도록 다음 각 호의 어느 하나에 해당하는 구조로 하여야 한다. 다만, 다가구주택 및 공동주택의 세대간의 경계벽인 경우에는 「주택건설기준 등에 관한 규정」 제14조에 따른다. <개정 2014.11.28>
1. 철근콘크리트조·철골철근콘크리트조로서 두께가 10센티미터이상인 것
2. 무근콘크리트조 또는 석조로서 두께가 10센티미터(시멘트모르타르·회반죽 또는 석고플라스터의 바름두께를 포함한다)이상인 것
3. 콘크리트블록조 또는 벽돌조로서 두께가 19센티미터 이상인 것
4. 제1호 내지 제3호의 것외에 국토교통부장관이 정하여 고시하는 기준에 따라 국토교통부장관이 지정하는 자 또는 한국건설기술연구원장이 실시하는 품질시험에서 그 성능이 확인된 것
5. 한국건설기술연구원장이 제27조제1항에 따라 정한 인정기준에 따라 인정하는 것
③ 법 제49조제3항에 따른 가구·세대 등 간 소음방지를 위한 바닥은 경량충격음(비교적 가볍고 딱딱한 충격에 의한 바닥충격음을 말한다)과 중량충격음(무겁고 부드러운 충격에 의한 바닥충격음을 말한다)을 차단할 수 있는 구조로 하여야 한다. <신설 2014.11.28.>
④ 제3항에 따른 가구·세대 등 간 소음방지를 위한 바닥의 세부 기준은 국토교통부장관이 정하여 고시한다. <신설 2014.11.28.>
[제목개정 2014.11.28.]

제19조의2【침수 방지시설】 법 제49조제5항제2호에서 "국토교통부령으로 정하는 침수 방지시설"이란 다음 각 호의 시설을 말한다.
1. 차수판(遮水板)
2. 역류방지 밸브
[본조신설 2015.7.9.]

제20조【건축물에 설치하는 굴뚝】 영 제54조에 따라 건축물에 설치하는 굴뚝은 다음 각호의 기준에 적합하여야 한다. <개정 2010.4.7>
1. 굴뚝의 옥상 돌출부는 지붕면으로부터의 수직거리를 1미터 이상으로 할 것. 다만, 용마루·계단탑·옥탑등이 있는 건축물에 있어서 굴뚝의 주위에 연기의 배출을 방해하는 장애물이 있는 경우에는 그 굴뚝의 상단을 용마루·계단탑·옥탑등보다 높게 하여야 한다.
2. 굴뚝의 상단으로부터 수평거리 1미터 이내에 다른 건축물이 있는 경우에는 그 건축물의 처마보다 1미터 이상 높게 할 것
3. 금속제 굴뚝으로서 건축물의 지붕속·반자위 및 가장 아랫바닥밑에 있는 굴뚝의 부분은 금속외의 불연재료로 덮을 것
4. 금속제 굴뚝은 목재 기타 가연재료로부터 15센티미터 이상 떨어져서 설치할 것. 다만, 두께 10센티미터 이상인 금속외의 불연재료로 덮은 경우에는 그러하지 아니하다.

제20조의2【내화구조의 적용이 제외되는 공장건축물】 영 제56조제1항제4호 단서에서 "국토교통부령이 정하는 공장"이라 함은 별표 2의 업종에 해당하는 공장으로서 주요구조부가 불연재료로 되어 있는 2층 이하의 공장을 말한다. <개정 2013.3.23>
[본조신설 2000.6.3]

제21조【방화벽의 구조】 ① 영 제57조제2항에 따라 건축물에 설치하는 방화벽은 각 호의 기준에 적합해야 한다. <개정 2021.3.26>
1. 내화구조로서 홀로 설 수 있는 구조일 것
2. 방화벽의 양쪽 끝과 윗쪽 끝을 건축물의 외벽면 및 지붕면으로부터 0.5미터 이상 튀어 나오게 할 것
3. 방화벽에 설치하는 출입문의 너비 및 높이는 각각 2.5미터 이하로 하고, 해당 출입문에는 60+방화문 또는 60분방화문을 설치할 것 <개정 2021.3.26>
② 제14조제2항의 규정은 제1항의 규정에 의한 방화벽의 구조에 관하여 이를 준용한다.

제22조【대규모 목조건축물의 외벽등】 ① 영 제57조제3항의 규정에 의하여 연면적이 1천제곱미터 이상인 목조의 건축물은 그 외벽 및 처마밑의 연소할 우려가 있는 부분을 방화구조로 하되, 그 지붕은 불연재료로 하여야 한다.
② 제1항에서 "연소할 우려가 있는 부분"이라 함은 인접대지경계선·도로중심선 또는 동일한 대지안에 있는 2동 이상의 건축물(연면적의 합계가 500제곱미터

이하인 건축물은 이를 하나의 건축물로 본다) 상호의 외벽간의 중심선으로부터 1층에 있어서는 3미터 이내, 2층 이상에 있어서는 5미터 이내의 거리에 있는 건축물의 각 부분을 말한다. 다만, 공원·광장·하천의 공지나 수면 또는 내화구조의 벽 기타 이와 유사한 것에 접하는 부분을 제외한다.

제22조의2【고층건축물 피난안전구역 등의 피난 용도 표시】 영법 제50조의2제2항에 따라 고층건축물에 설치된 피난안전구역, 피난시설 또는 대피공간에는 다음 각 호에서 정하는 바에 따라 화재 등의 경우에 피난 용도로 사용되는 것임을 표시하여야 한다.

1. 피난안전구역
   가. 출입구 상부 벽 또는 측벽의 눈에 잘 띄는 곳에 "피난안전구역" 문자를 적은 표시판을 설치할 것
   나. 출입구 측벽의 눈에 잘 띄는 곳에 해당 공간의 목적과 용도, 다른 용도로 사용하지 아니할 것을 안내하는 내용을 적은 표시판을 설치할 것
2. 특별피난계단의 계단실 및 그 부속실, 피난계단의 계단실 및 피난용 승강기 승강장
   가. 출입구 측벽의 눈에 잘 띄는 곳에 해당 공간의 목적과 용도, 다른 용도로 사용하지 아니할 것을 안내하는 내용을 적은 표시판을 설치할 것
   나. 해당 건축물에 피난안전구역이 있는 경우 가목에 따른 표시판에 피난안전구역이 있는 층을 적을 것
3. 대피공간: 출입문에 해당 공간이 화재 등의 경우 대피장소이므로 물건적치 등 다른 용도로 사용하지 아니할 것을 안내하는 내용을 적은 표시판을 설치할 것

[본조신설 2015.7.9.]

제23조【방화지구안의 지붕·방화문 및 외벽등】 ① 법 제51조제3항에 따라 방화지구 내 건축물의 지붕으로서 내화구조가 아닌 것은 불연재료로 하여야 한다. <개정 2015.7.9>

② 법 제51조제3항에 따라 방화지구 내 건축물의 인접대지경계선에 접하는 외벽에 설치하는 창문등으로서 제22조제2항에 따른 연소할 우려가 있는 부분에는 다음 각 호의 방화설비를 설치해야 한다. <개정 2021.3.26>

1. 60+방화문 또는 60분방화문
2. 소방법령이 정하는 기준에 적합하게 창문등에 설치하는 드렌처
3. 당해 창문등과 연소할 우려가 있는 다른 건축물의 부분을 차단하는 내화구조나 불연재료로 된 벽·담장 기타 이와 유사한 방화설비
4. 환기구멍에 설치하는 불연재료로 된 방화커버 또는 그물눈이 2밀리미터 이하인 금속망

제24조【건축물의 마감재료】 ① 법 제52조제1항에 따라 영 제61조제1항 각 호의 건축물에 대하여는 그 거실의 벽 및 반자의 실내에 접하는 부분(반자돌림대·창대 기타 이와 유사한 것을 제외한다. 이하 이 조에서 같다)의 마감재료(영 제61조제1항제4호에 해당하는 건축물의 경우에는 단열재를 포함한다)는 불연재료·준불연재료 또는 난연재료를 사용해야 한다. 다만, 다음 각 호에 해당하는 부분의 마감재료는 불연재료 또는 준불연재료를 사용해야 한다. <개정 2021.9.3.>

1. 거실에서 지상으로 통하는 주된 복도·계단, 그 밖의 벽 및 반자의 실내에 접하는 부분
2. 강판과 심재(心材)로 이루어진 복합자재를 마감재료로 사용하는 부분

② 영 제61조제1항 각 호의 건축물 중 다음 각 호의 어느 하나에 해당하는 거실의 벽 및 반자의 실내에 접하는 부분의 마감은 제1항에도 불구하고 불연재료 또는 준불연재료로 하여야 한다. <개정 2010.12.30>

1. 영 제61조제1항 각 호에 따른 용도에 쓰이는 거실 등을 지하층 또는 지하의 공작물에 설치한 경우의 그 거실(출입문 및 문틀을 포함한다)
2. 영 제61조제1항제6호에 따른 용도에 쓰이는 건축물의 거실

③ 제1항 및 제2항에도 불구하고 영 제61조제1항제4호에 해당하는 건축물에서 단열재를 사용하는 경우로서 해당 건축물의 구조, 설계 또는 시공방법 등을 고려할 때 단열재로 불연재료·준불연재료 또는 난연재료를 사용하는 것이 곤란하여 법 제4조에 따른 건축위원회(시·도 및 시·군·구에 두는 건축위원회를 말한다)의 심의를 거친 경우에는 단열재를 불연재료·준불연재료 또는 난연재료가 아닌 것으로 사용할 수 있다. <신설 2021.9.3.>

④ 법 제52조제1항에서 "내부마감재료"란 건축물 내부의 천장·반자·벽(경계벽 포함)·기둥 등에 부착되는 마감재료를 말한다. 다만, 「다중이용업소의 안전관리에 관한 특별법 시행령」 제3조에 따른 실내장식물을 제외한다. <개정 2021.9.3>

⑤ 영 제61조제1항제1호의2에 따른 공동주택에는 「다중이용시설 등의 실내공기질관리법」 제11조제1항 및 같은 법 시행규칙 제10조에 따라 환경부장관이 고시한 오염물질방출 건축자재를 사용해서는 안 된다. <개정 2021.3.26., 2021.9.3>

⑥ 영 제61조제2항제1호부터 제3호까지의 규정 및 제5

호에 해당하는 건축물의 외벽에는 법 제52조제2항 후단에 따라 불연재료 또는 준불연재료를 마감재료(단열재, 도장 등 코팅재료 및 그 밖에 마감재료를 구성하는 모든 재료를 포함한다. 이하 이 조에서 같다)로 사용해야 한다. 다만, 다음 각 호의 어느 하나에 해당하는 경우 난연재료(제2호의 경우 단열재만 해당한다)를 사용할 수 있다. 다만, 국토교통부장관이 정하여 고시하는 화재 확산 방지구조 기준에 적합하게 마감재료를 설치하는 경우에는 난연재료(강판과 심재로 이루어진 복합자재가 아닌 것으로 한정한다)를 사용할 수 있다. <개정 2015.10.7., 2019.8.6., 2021.9.3, 2022.2.10>

⑦ 제6항에도 불구하고 영 제61조제2항제1호·제3호 및 제5호에 해당하는 건축물로서 5층 이하이면서 높이 22미터 미만인 건축물의 경우 난연재료(강판과 심재로 이루어진 복합자재가 아닌 것으로 한정한다)를 마감재료로 할 수 있다. 다만, 건축물의 외벽을 국토교통부장관이 정하여 고시하는 화재 확산 방지구조 기준에 적합하게 설치하는 경우에는 난연성능이 없는 "재료(강판과 심재로 이루어진 복합자재가 아닌 것으로 한정한다)를 마감재료로 사용할 수 있다. <개정 2015.10.7., 2019.8.6., 2021.9.3, 2022.2.10>

⑧ 제6항 및 제7항에 따른 마감재료가 둘 이상의 재료로 제작된 것인 경우 해당 마감재료는 다음 각 호의 요건을 모두 갖춘 것이어야 한다. <신설 2022.2.10., 2023.8.31.>

1. 마감재료를 구성하는 재료 전체를 하나로 보아 국토교통부장관이 정하여 고시하는 기준에 따라 실물모형시험(실제 시공될 건축물의 구조와 유사한 모형으로 시험하는 것을 말한다. 이하 같다)을 한 결과가 국토교통부장관이 정하여 고시하는 기준을 충족할 것
2. 마감재료를 구성하는 각각의 재료에 대하여 난연성능을 시험한 결과가 국토교통부장관이 정하여 고시하는 기준을 충족할 것. 다만, 제6조제1호에 따른 불연재료 사이에 다른 재료(두께가 5밀리미터 이하인 경우만 해당한다)를 부착하여 제작한 재료의 경우에는 해당 재료 전체를 하나의 재료로 보고 난연성능을 시험할 수 있으며, 같은 호에 따른 불연재료에 0.1밀리미터 이하의 두께로 도장을 한 재료의 경우에는 불연재료의 성능기준을 충족한 것으로 보고 난연성능 시험을 생략할 수 있다. <개정 2023.8.31./단서신설>

⑨ 영 제14조제4항 각 호의 어느 하나에 해당하는 건축물 상호 간의 용도변경 중 영 별표 1 제3호다목(목욕장만 해당한다)·라목, 같은 표 제4호가목·사목·카목·파목(골프연습장, 놀이형시설만 해당한다)·더목·러목, 같은 표 제7호다목2) 및 같은 표 제16호가목·나목에 해당하는 용도로 변경하는 경우로서 스프링클러 또는 간이 스크링클러의 헤드가 창문등으로부터 60센티미터 이내에 설치되어 건축물 내부가 화재로부터 방호되는 경우에는 제6항부터 제8항까지의 규정을 적용하지 않을 수 있다. <신설 2021.7.5, 2021.9.3, 2022.2.10>

⑩ 영 제61조제2항제4호에 해당하는 건축물의 외벽[필로티 구조의 외기에 면하는 천장 및 벽체를 포함한다] 중 1층과 2층 부분에는 불연재료 또는 준불연재료를 마감재료로 해야 한다. <신설 2019.8.6., 2021.7.5., 2021.9.3, 2022.2.10.>

⑪ 강판과 심재로 이루어진 복합자재를 마감재료로 사용하는 경우 해당 복합자재는 다음 각 호의 요건을 모두 갖춘 것이어야 한다. <신설 2022.2.10.>

1. 강판과 심재 전체를 하나로 보아 국토교통부장관이 정하여 고시하는 기준에 따라 실물모형시험을 실시한 결과가 국토교통부장관이 정하여 고시하는 기준을 충족할 것
2. 강판: 다음 각 목의 구분에 따른 기준을 모두 충족할 것
   가. 두께[도금 이후 도장(塗裝) 전 두께를 말한다]: 0.5밀리미터 이상
   나. 앞면 도장 횟수: 2회 이상
   다. 도금의 부착량: 도금의 종류에 따라 다음의 어느 하나에 해당할 것. 이 경우 도금의 종류는 한국산업표준에 따른다.
      1) 용융 아연 도금 강판: 180g/㎡ 이상
      2) 용융 아연 알루미늄 마그네슘 합금 도금 강판: 90g/㎡ 이상
      3) 용융 55% 알루미늄 아연 마그네슘 합금 도금 강판: 90g/㎡ 이상
      4) 용융 55% 알루미늄 아연 합금 도금 강판: 90g/㎡ 이상
      5) 그 밖의 도금: 국토교통부장관이 정하여 고시하는 기준 이상
3. 심재: 강판을 제거한 심재가 다음 각 목의 어느 하나에 해당할 것
   가. 한국산업표준에 따른 그라스울 보온판 또는 미네랄울 보온판으로서 국토교통부장관이 정하여 고시하는 기준에 적합한 것
   나. 불연재료 또는 준불연재료인 것

⑫ 법 제52조제4항에 따라 영 제61조제2항 각 호에 해당하는 건축물의 인접대지경계선에 접하는 외벽에

설치하는 창호(窓戶)와 인접대지경계선 간의 거리가 1.5미터 이내인 경우 해당 창호는 방화유리창[한국산업표준 KS F 2845(유리구획 부분의 내화 시험방법)에 규정된 방법에 따라 시험한 결과 비차열 20분 이상의 성능이 있는 것으로 한정한다]으로 설치해야 한다. 다만, 스프링클러 또는 간이 스프링클러의 헤드가 창호로부터 60센티미터 이내에 설치되어 건축물 내부가 화재로부터 방호되는 경우에는 방화유리창으로 설치하지 않을 수 있다. <신설 2021.7.5, 2021.9.3, 2022.2.10>

[제목개정 2010.12.30]

제24조의2【화재 위험이 적은 공장과 인접한 건축물의 마감재료】 ① 영 제61조제2항제1호나목에서 "국토교통부령으로 정하는 화재위험이 적은 공장"이란 별표 3의 업종에 해당하는 공장을 말한다. 다만, 공장의 일부 또는 전체를 기숙사 및 구내식당의 용도로 사용하는 건축물을 제외한다. <개정 2021.9.3>

② 삭제 <2021.9.3.>

③ 삭제 <2021.9.3.>

[본조신설 2005.7.22][제목개정 2021.9.3]

제24조의3【건축자재의 품질관리】 ① 영 제62조제1항제4호에서 "국토교통부령으로 정하는 건축자재"란 영 제46조 및 이 규칙 제14조에 따라 방화구획을 구성하는 내화구조, 자동방화셔터, 내화채움성능이 인정된 구조 및 방화댐퍼를 말한다. <개정 2021.3.26., 2021.12.23.>

② 법 제52조의4제1항에서 "국토교통부령으로 정하는 사항을 기재한 품질관리서"란 다음 각 호의 구분에 따른 서식을 말한다. 이 경우 다음 각 호에서 정한 서류를 첨부한다. <개정 2021.3.26., 2021.12.23, 2022.2.10>

1. 영 제62조제1항제1호의 경우: 별지 제1호서식. 이 경우 다음 각 목의 서류를 첨부할 것.
   가. 난연성능이 표시된 복합자재(심재로 한정한다) 시험성적서[법 제52조의5제1항에 따라 품질인정을 받은 경우에는 법 제52조의6제7항에 따라 국토교통부장관이 정하여 고시하는 품질인정서(이하 "품질인정서"라 한다)] 사본
   나. 강판의 두께, 도금 종류 및 도금 부착량이 표시된 강판생산업체의 품질검사증명서 사본
   다. 실물모형시험 결과가 표시된 복합자재 시험성적서(법 제52조의5제1항에 따라 품질인정을 받은 경우에는 품질인정서) 사본 <신설 2021.12.23., 2022.2.10>
2. 영 제62조제1항제2호의 경우: 별지 제2호서식. 이 경우 다음 각 목의 서류를 첨부할 것 <개정 2021.12.23./각목신설>
   가. 난연성능이 표시된 단열재 시험성적서 사본. 이 경우 단열재가 둘 이상의 재료로 제작된 경우에는 각 재료별로 첨부해야 한다.
   나. 실물모형시험 결과가 표시된 단열재 시험성적서(외벽의 마감재료가 둘 이상의 재료로 제작된 경우만 첨부한다) 사본
3. 영 제62조제1항제3호의 경우: 별지 제3호서식. 이 경우 연기, 불꽃 및 열을 차단할 수 있는 성능이 표시된 방화문 시험성적서(법 제52조의5제1항에 따라 품질인정을 받은 경우에는 품질인정서) 사본을 첨부할 것

3의2. 내화구조의 경우: 별지 제3호의2서식. 이 경우 내화성능 시간이 표시된 시험성적서(법 제52조의5제1항에 따라 품질인정을 받은 경우에는 품질인정서) 사본을 첨부할 것 <신설 2021.12.23>

4. 자동방화셔터의 경우: 별지 제4호서식. 이 경우 연기 및 불꽃을 차단할 수 있는 성능이 표시된 자동방화셔터 시험성적서(법 제52조의5제1항에 따라 품질인정을 받은 경우에는 품질인정서) 사본을 첨부할 것
5. 내화채움성능이 인정된 구조의 경우: 별지 제5호서식. 이 경우 연기, 불꽃 및 열을 차단할 수 있는 성능이 표시된 내화채움구조 시험성적서(법 제52조의5제1항에 따라 품질인정을 받은 경우에는 품질인정서) 사본을 첨부할 것
6. 방화댐퍼의 경우: 별지 제6호서식. 이 경우 「산업표준화법」에 따른 한국산업규격에서 정하는 방화댐퍼의 방연시험방법에 적합한 것을 증명하는 시험성적서 사본을 첨부할 것

③ 공사시공자는 법 제52조의4제1항에 따라 작성한 품질관리서의 내용과 같게 별지 제7호서식의 건축자재 품질관리서 대장을 작성하여 공사감리자에게 제출해야 한다.

④ 공사감리자는 제3항에 따라 제출받은 건축자재 품질관리서 대장의 내용과 영 제62조제3항에 따라 제출받은 품질관리서의 내용이 같은지를 확인하고 이를 영 제62조제4항에 따라 건축주에게 제출해야 한다.

⑤ 건축주는 제4항에 따라 제출받은 건축자재 품질관리서 대장을 영 제62조제4항에 따라 허가권자에게 제출해야 한다.

[전문개정 2019.10.24.]

제24조의4【건축자재 품질관리 정보 공개】 ① 법 제52조의4제2항에 따라 건축자재의 성능시험을 의뢰받은 시험기관의 장(이하 "건축자재 성능시험기관의 장"이라 한다)은 건축자재의 종류에 따라 국토교통부장관

이 정하여 고시하는 사항을 포함한 시험성적서(이하 "시험성적서"라 한다)를 성능시험을 의뢰한 제조업자 및 유통업자에게 발급해야 한다.

② 제1항에 따라 시험성적서를 발급한 건축자재 성능시험기관의 장은 그 발급일부터 7일 이내에 국토교통부장관이 정하여 고시하는 기관 또는 단체(이하 "기관 또는 단체"라 한다)에 시험성적서의 사본을 제출해야 한다. 다만, 다음 각 호의 어느 하나에 해당하는 경우에는 제외한다.

1. 건축자재의 성능시험을 의뢰한 제조업자 및 유통업자가 건축물에 사용하지 않을 목적으로 의뢰한 경우
2. 법에서 정하는 성능에 미달하여 건축물에 사용할 수 없는 경우

③ 제1항에 따라 시험성적서를 발급받은 건축자재의 제조업자 및 유통업자는 시험성적서를 발급받은 날부터 1개월 이내에 성능시험을 의뢰한 건축자재의 종류, 용도, 색상, 재질 및 규격을 기관 또는 단체에 통보해야 한다. 다만, 제2항 각 호의 어느 하나에 해당하는 경우는 제외한다.

④ 기관 또는 단체는 법 제52조의4제4항에 따라 다음 각 호의 사항을 해당 기관 또는 단체의 홈페이지 등에 게시하여 일반인이 알 수 있도록 해야 한다.

1. 제2항에 따라 제출받은 시험성적서의 사본
2. 제3항에 따라 통보받은 건축자재의 종류, 용도, 색상, 재질 및 규격

⑤ 기관 또는 단체는 국토교통부장관이 정하여 고시하는 시험성적서의 유효기간이 만료되기 1개월 전에 해당 시험성적서를 발급한 건축자재 성능시험기관의 장에게 그 사실을 알려야 한다.

⑥ 기관 또는 단체는 제5항에 따른 유효기간이 지난 시험성적서는 그 사실을 표시하여 해당 기관 또는 단체의 홈페이지 등에 게시해야 한다.

⑦ 기관 또는 단체는 제4항 및 제6항에 따른 정보 공개의 실적을 국토교통부장관에게 분기별로 보고해야 한다.

[본조신설 2019.10.24.]

제24조의5【건축자재 표면에 정보를 표시해야 하는 단열재】 법 제52조의4제5항에서 "국토교통부령으로 정하는 단열재"란 영 제62조제1항제2호에 따른 단열재를 말한다.

[본조신설 2019.10.24.]

제24조의6【품질인정 대상 복합자재 등】 ① 영 제63조의2제1호에서 "국토교통부령으로 정하는 강판과 심재로 이루어진 복합자재"란 강판과 단열재로 이루어진 복합자재를 말한다.

② 영 제63조의2제4호에서 "국토교통부령으로 정하는 건축자재와 내화구조"란 제3조제8호부터 제10호까지의 규정에 따른 내화구조를 말한다.

[본조신설 2021.12.23.]

제24조의7【건축자재등의 품질인정 기준】 법 제52조의5제1항에서 "국토교통부령으로 정하는 기준"이란 다음 각 호의 기준을 말한다.

1. 신청자의 제조현장을 확인한 결과 품질인정 또는 품질인정 유효기간의 연장을 신청한 자가 다음 각 목의 사항을 준수하고 있을 것
   가. 품질인정 또는 품질인정 유효기간의 연장 신청 시 신청자가 제출한 다음 각 목에 관한 기준(유효기간 연장 신청의 경우에는 인정받은 기준을 말한다)
   1) 원재료·완제품에 대한 품질관리기준
   2) 제조공정 관리 기준
   3) 제조·검사 장비의 교정기준
   나. 법 제52조의5제1항에 따른 건축자재등(이하 "건축자재등"이라 한다)에 대한 로트번호 부여
2. 건축자재등에 대한 시험 결과 건축자재등이 다음 각 목의 구분에 따른 품질기준을 충족할 것
   가. 영 제63조의2제1호의 복합자재: 제24조에 따른 난연성능
   나. 영 제63조의2제2호가목의 자동방화셔터: 제14조제2항제4호에 따른 자동방화셔터 설치기준
   다. 영 제63조의2제2호나목의 내화채움성능이 인정된 구조: 별표 1 제1호에 따른 내화시간(내화채움성능이 인정된 구조로 메워지는 구성 부재에 적용되는 내화시간을 말한다) 기준
   라. 영 제63조의2제3호의 방화문: 영 제64조제1항 각 호의 구분에 따른 연기, 불꽃 및 열 차단 시간
   마. 제24조의6제2항에 따른 내화구조: 별표 1에 따른 내화시간 성능기준
3. 그 밖에 국토교통부장관이 정하여 고시하는 품질인정과 관련된 기준을 충족할 것

[본조신설 2021.12.23.]

제24조의8【건축자재등 품질인정 수수료】 ① 법 제52조의6제2항에 따른 수수료의 종류는 다음 각 호와 같다.

1. 품질인정 신청 수수료
2. 품질인정 유효기간 연장 신청 수수료

② 제1항에 따른 수수료는 별표 4와 같다.

③ 품질인정 또는 품질인정 유효기간의 연장을 신청하려는 자는 다음 각 호의 구분에 따른 시기에 수수료를 내야 한다.

1. 수수료 중 기본비용 및 추가비용: 품질인정 또는

품질인정 유효기간의 연장 신청을 하는 때
2. 수수료 중 출장비용 및 자문비용: 한국건설기술연구원장이 고지하는 납부시기

④ 한국건설기술연구원장은 다음 각 호의 어느 하나에 해당하는 경우에는 납부된 수수료의 전부 또는 일부를 반환해야 한다.

1. 품질인정 또는 품질인정 유효기간의 연장을 위한 시험·검사 등을 실시하기 전에 신청자가 신청을 철회한 경우
2. 신청을 반려한 경우
3. 수수료를 과오납(過誤納)한 경우

⑤ 수수료의 납부·반환 방법 및 반환 금액 등 수수료의 납부 및 반환에 필요한 세부사항은 국토교통부장관이 정하여 고시한다.

[본조신설 2021.12.23.]

제24조의9【품질인정자재등의 제조업자 등에 대한 점검】 ① 한국건설기술연구원장은 법 제52조의6제4항에 따라 매년 1회 이상 법 제52조의4제2항에 따른 시험기관의 시험장소, 법 제52조의6제4항에 따른 제조업자의 제조현장, 유통업자의 유통장소 및 건축공사장을 점검해야 한다.

② 한국건설기술연구원장은 제1항에 따라 제조현장 등을 점검하는 경우 다음 각 호의 사항을 확인해야 한다.

1. 법 제52조의4제2항에 따른 시험기관이 품질인정자재등과 관련하여 작성한 원시 데이터, 시험체 제작 및 확인 기록
2. 법 제52조의6제3항에 따른 품질인정자재등(이하 “품질인정자재등”이라 한다)의 품질인정 유효기간 및 품질인정표시
3. 제조업자가 작성한 납품확인서 및 품질관리서
4. 건축공사장에서의 시공 현황을 확인할 수 있는 다음 각 목의 서류
   가. 품질인정자재등의 세부 인정내용
   나. 설계도서 및 작업설명서
   다. 건축공사 감리에 관한 서류
   라. 그 밖에 시공 현황을 확인할 수 있는 서류로서 국토교통부장관이 정하여 고시하는 서류

③ 제1항에 따른 점검의 세부 절차 및 방법은 국토교통부장관이 정하여 고시한다.

[본조신설 2021.12.23.]

제25조【지하층의 구조】 ① 법 제53조에 따라 건축물에 설치하는 지하층의 구조 및 설비는 다음 각 호의 기준에 적합하여야 한다. <개정 2010.12.30>

1. 거실의 바닥면적이 50제곱미터 이상인 층에는 직통계단외에 피난층 또는 지상으로 통하는 비상탈출구 및 환기통을 설치할 것. 다만, 직통계단이 2개소 이상 설치되어 있는 경우에는 그러하지 아니하다.

1의2. 제2종근린생활시설 중 공연장·단란주점·당구장·노래연습장, 문화 및 집회시설중 예식장·공연장, 수련시설 중 생활권수련시설·자연권수련시설, 숙박시설중 여관·여인숙, 위락시설중 단란주점·유흥주점 또는 「다중이용업소의 안전관리에 관한 특별법 시행령」 제2조에 따른 다중이용업의 용도에 쓰이는 층으로서 그 층의 거실의 바닥면적의 합계가 50제곱미터 이상인 건축물에는 직통계단을 2개소 이상 설치할 것

2. 바닥면적이 1천제곱미터 이상인 층에는 피난층 또는 지상으로 통하는 직통계단을 영 제46조의 규정에 의한 방화구획으로 구획되는 각 부분마다 1개소 이상 설치하되, 이를 피난계단 또는 특별피난계단의 구조로 할 것
3. 거실의 바닥면적의 합계가 1천제곱미터 이상인 층에는 환기설비를 설치할 것
4. 지하층의 바닥면적이 300제곱미터 이상인 층에는 식수공급을 위한 급수전을 1개소이상 설치할 것

② 제1항제1호에 따른 지하층의 비상탈출구는 다음 각호의 기준에 적합하여야 한다. 다만, 주택의 경우에는 그러하지 아니하다. <개정 2010.4.7>

1. 비상탈출구의 유효너비는 0.75미터 이상으로 하고, 유효높이는 1.5미터 이상으로 할 것
2. 비상탈출구의 문은 피난방향으로 열리도록 하고, 실내에서 항상 열 수 있는 구조로 하여야 하며, 내부 및 외부에는 비상탈출구의 표시를 할 것
3. 비상탈출구는 출입구로부터 3미터 이상 떨어진 곳에 설치할 것
4. 지하층의 바닥으로부터 비상탈출구의 아랫부분까지의 높이가 1.2미터 이상이 되는 경우에는 벽체에 발판의 너비가 20센티미터 이상인 사다리를 설치할 것
5. 비상탈출구는 피난층 또는 지상으로 통하는 복도나 직통계단에 직접 접하거나 통로 등으로 연결될 수 있도록 설치하여야 하며, 피난층 또는 지상으로 통하는 복도나 직통계단까지 이르는 피난통로의 유효너비는 0.75미터 이상으로 하고, 피난통로의 실내에 접하는 부분의 마감과 그 바탕은 불연재료로 할 것
6. 비상탈출구의 진입부분 및 피난통로에는 통행에 지장이 있는 물건을 방치하거나 시설물을 설치하지 아니할 것
7. 비상탈출구의 유도등과 피난통로의 비상조명등의 설치는 소방법령이 정하는 바에 의할 것

제26조【방화문의 구조】 영 제64조제1항에 따른 방화문

은 한국건설기술연구원장이 국토교통부장관이 정하여 고시하는 바에 따라 품질을 시험한 결과 영 제64조제1항 각 호의 기준에 따른 성능을 확보한 것이어야 한다. <개정 2021.12.23>

1. 삭제 <2021.12.23.>
2. 삭제 <2021.12.23.>

[전문개정 2021.3.26]

제27조【신제품에 대한 인정기준에 따른 인정】 ① 한국건설기술연구원장은 제3조 및 제19조에 따라 성능기준을 판단하기 어려운 신개발품 또는 규격 이외 제품(이하 "신제품"이라 한다)에 대하여 성능인정을 하려는 경우에는 자문위원회(이하 "위원회"라 한다)의 심의를 거친 기준을 성능을 확인하기 위한 기준으로 정할 수 있다.

② 제1항에 따른 자문에 응하기 위하여 한국건설기술연구원에 관계 전문가로 구성된 위원회를 둔다.

③ 한국건설기술연구원장은 제1항에 따라 결정된 인정기준을 해당 신청인에게 지체 없이 통보하여야 하고, 한국건설기술연구원의 인터넷 홈페이지에 게시하여야 한다.

④ 제1항부터 제3항까지의 규정에 따른 성능인정 기준 및 절차, 위원회 운영 및 구성, 그 밖에 필요한 구체적인 사항은 한국건설기술연구원장이 정하는 바에 따른다.

[본조신설 2010.4.7]

제28조【인정기준의 제정·개정 신청】 ① 제27조에 따른 기준에 따라 성능인정을 받고자 하는 자는 한국건설기술연구원장에게 신제품에 대한 인정기준의 제정 또는 개정을 신청할 수 있다.

② 제1항에 따라 인정기준에 대한 제정 또는 개정 신청이 있는 경우에는 한국건설기술연구원장은 신청내용을 검토하여 신청일부터 30일 내에 제정·개정 추진 여부를 신청인에게 통보하여야 한다. 이 경우 인정기준을 제정·개정하지 않기로 한 경우에는 신청인에게 그 사유를 알려야 하며, 신청인이 이의가 있는 경우에는 다시 검토해 줄 것을 요청할 수 있다.

[본조신설 2010.4.7.]

제29조 삭제 <2018.10.18>

제30조【피난용 승강기의 설치기준】 영 제91조제5호에서 "국토교통부령으로 정하는 구조 및 설비 등의 기준"이란 다음 각 호를 말한다. <개정 2014.3.5., 2018.10.18., 2021.3.26>

1. 피난용승강기 승강장의 구조
   가. 승강장의 출입구를 제외한 부분은 해당 건축물의 다른 부분과 내화구조의 바닥 및 벽으로 구획할 것
   나. 승강장은 각 층의 내부와 연결될 수 있도록 하되, 그 출입구에는 60+방화문 또는 60분방화문을 설치할 것. 이 경우 방화문은 언제나 닫힌 상태를 유지할 수 있는 구조이어야 한다.
   다. 실내에 접하는 부분(바닥 및 반자 등 실내에 면한 모든 부분을 말한다)의 마감(마감을 위한 바탕을 포함한다)은 불연재료로 할 것
   라. ~ 바. 삭제 <2018.10.18.>
   사. 삭제 <2014.3.5.>
   아. 「건축물의 설비기준 등에 관한 규칙」 제14조에 따른 배연설비를 설치할 것. 다만, 「소방시설 설치·유지 및 안전관리에 법률 시행령」 별표 5 제5호가목에 따른 제연설비를 설치한 경우에는 배연설비를 설치하지 아니할 수 있다.
   자. 삭제 <2014.3.5.>
2. 피난용승강기 승강로의 구조
   가. 승강로는 해당 건축물의 다른 부분과 내화구조로 구획할 것
   나. 삭제 <2018.10.18.>
   다. 승강로 상부에 「건축물의 설비기준 등에 관한 규칙」 제14조에 따른 배연설비를 설치할 것
3. 피난용승강기 기계실의 구조
   가. 출입구를 제외한 부분은 해당 건축물의 다른 부분과 내화구조의 바닥 및 벽으로 구획할 것
   나. 출입구에는 60+방화문 또는 60분방화문을 설치할 것
4. 피난용승강기 전용 예비전원
   가. 정전시 피난용승강기, 기계실, 승강장 및 폐쇄회로 텔레비전 등의 설비를 작동할 수 있는 별도의 예비전원 설비를 설치할 것
   나. 가목에 따른 예비전원은 초고층 건축물의 경우에는 2시간 이상, 준초고층 건축물의 경우에는 1시간 이상 작동이 가능한 용량일 것
   다. 상용전원과 예비전원의 공급을 자동 또는 수동으로 전환이 가능한 설비를 갖출 것
   라. 전선관 및 배선은 고온에 견딜 수 있는 내열성 자재를 사용하고, 방수조치를 할 것

[본조신설 2012.1.6.]

제31조 삭제 <2015.10.7.>

부칙<국토교통부령 제548호, 2018.10.18>

이 규칙은 2018년 10월 18일부터 시행한다.

부칙<국토교통부령 제641호, 2019.8.6.>

제1조(시행일) 이 규칙은 공포한 날부터 시행한다. 다만, 다음 각 호의 개정규정은 다음 각 호의 구분에 따른 날부터 시행한다.

1. 제8조제1항·제2항, 제9조제2항제1호바목, 같은 항 제3호자목, 제14조제1항제2호 본문, 같은 항 제4호, 같은 조 제2항제1호 및 제24조제5항부터 제7항까지의 개정규정: 공포 후 3개월이 경과한 날
2. 제14조제2항제3호, 같은 조 제3항 및 제26조의 개정규정: 공포 후 2년이 경과한 날
3. 제18조의2의 개정규정: 2019년 10월 24일

제2조(직통계단의 설치기준에 관한 적용례) 제8조제2항의 개정규정은 부칙 제1조제1호에 따른 시행일 이후 법 제11조에 따른 건축허가(증축에 대한 건축허가는 영 제2조제2호의 증축 중 건축면적을 늘리는 경우에 대한 건축허가로 한정한다. 이하 이 조에서 같다)를 신청(건축허가를 신청하기 위해 법 제4조의2제1항에 따라 건축위원회에 심의를 신청하는 경우를 포함한다)하거나 법 제14조에 따른 건축신고를 하는 경우부터 적용한다.

제3조(피난계단 및 특별피난계단의 구조에 관한 적용례) 제9조제2항제1호바목 및 같은 항 제3호자목의 개정규정은 부칙 제1조제1호에 따른 시행일 이후 법 제11조에 따른 건축허가를 신청(건축허가를 신청하기 위해 법 제4조의2제1항에 따른 건축위원회에 심의를 신청하는 경우를 포함한다)하거나 법 제14조에 따른 건축신고를 하는 경우부터 적용한다.

제4조(방화구획의 설치기준에 관한 적용례) 제14조제1항제2호 본문, 같은 항 제4호 및 같은 조 제2항제1호·제3호의 개정규정은 부칙 제1조제1호 및 제2호에 따른 시행일 이후 법 제11조에 따른 건축허가 또는 대수선허가를 신청(건축허가 또는 대수선허가를 신청하기 위해 법 제4조의2제1항에 따라 건축위원회에 심의를 신청하는 경우를 포함한다)하거나 법 제14조에 따른 건축신고를 하는 경우부터 적용한다.

제5조(방화문의 기준에 관한 적용례) 제26조의 개정규정은 부칙 제1조제2호에 따른 시행일 이후 법 제11조에 따른 건축허가 또는 대수선허가를 신청(건축허가 또는 대수선허가를 신청하기 위해 법 제4조의2제1항에 따라 건축위원회에 심의를 신청하는 경우를 포함한다)하거나 법 제14조에 따른 건축신고를 하는 경우부터 적용한다.

부칙<국토교통부령 제665호, 2019.10.24.>

이 규칙은 공포한 날부터 시행한다. 다만, 다음 각 호의 구분에 따른 개정규정은 다음 각 호에서 정한 날부터 시행한다.

1. 제24조의2제3항의 개정규정: 공포 후 3개월이 경과한 날
2. 별표 1의 개정규정(지붕 관련 부분만 해당한다): 2020년 8월 15일

부칙<국토교통부령 제832호, 2021.3.26.>

제1조(시행일) 이 규칙은 2021년 8월 7일부터 시행한다. 다만, 다음 각 호의 개정규정은 각 호에서 정한 날부터 시행한다.

1. 제13조제1항·제2항 및 같은 조 제3항 각 호 외의 부분 및 같은 항 제4호의2의 개정규정: 2021년 4월 9일
2. 제14조제2항제2호, 같은 조 제4항, 제24조의3제1항, 같은 조 제2항제5호 및 별지 제5호서식의 개정규정: 공포 후 3개월이 경과한 날
3. 제14조제2항제4호의 개정규정: 2022년 1월 31일
4. 제24조제4항의 개정규정: 공포한 날

제2조(방화문 및 비상문자동개폐장치에 관한 적용례) 다음 각 호의 개정규정은 각 호의 구분에 따른 시행일 이후 법 제11조에 따른 건축허가의 신청(건축허가를 신청하기 위하여 법 제4조의2제1항에 따라 건축위원회에 심의를 신청하는 경우를 포함한다), 법 제14조에 따른 건축신고 또는 법 제19조에 따른 용도변경 허가(같은 조에 따른 용도변경 신고 또는 건축물대장 기재내용의 변경신청을 포함한다)의 신청을 하는 경우부터 적용한다.

1. 방화문에 관한 제9조제2항제1호바목, 같은 항 제2호나목, 같은 항 제3호자목, 제13조제3항제4호, 제14조제2항제1호, 제21조제1항제3호, 제23조제2항제1호, 제30조제1호나목 전단, 같은 조 제3호나목, 별지 제3호서식 및 별지 제4호서식의 개정규정: 2021년 8월 7일
2. 비상문자동개폐장치에 관한 제13조제1항제5호, 같은 조 제2항 후단 및 같은 조 제3항 각 호 외의 부분 및 같은 항 제4호의2의 개정규정: 2021년 4월 9일

부칙<국토교통부령 제868호, 2021.7.5.>

제1조(시행일) 이 규칙은 공포한 날부터 시행한다.

제2조(건축물의 방화유리창 설치에 관한 적용례) 제24조제9항의 개정규정은 이 규칙 시행 이후 법 제11조에 따른 건축허가의 신청(건축허가를 신청하기 위해 법 제4조의2제1항에 따라 건축위원회에 심의를 신청하는 경우를 포함한다), 법 제14조에 따른 건축신고 또는 법 제19조에 따른 용도변경 허가를 신청(같은 조에 따른 용도변경 신고 및 건축물대장 기재내용의 변경 신청을 포함한다)하는 경우부터 적용한다.

부칙<국토교통부령 제882호, 2021.8.27.>
(어려운 법령용어 정비를 위한 80개 국토교통부령 일부개정령)

이 규칙은 공포한 날부터 시행한다. <단서 생략>

부칙<국토교통부령 제884호, 2021.9.3.>

제1조(시행일) 이 규칙은 2022년 2월 11일부터 시행한다.

제2조(건축물의 마감재료에 관한 적용례) 제24조제1항・제3항 및 제6항부터 제11항까지의 개정규정은 이 규칙 시행 이후 법 제11조에 따른 건축허가(법 제16조에 따른 변경허가 및 변경신고는 제외한다)의 신청(건축허가를 신청하기 위해 법 제4조의2제1항에 따라 건축위원회에 심의를 신청하는 경우를 포함한다), 법 제14조에 따른 건축신고(법 제16조에 따른 변경허가 및 변경신고는 제외한다) 또는 법 제19조에 따른 용도변경 허가(같은 조에 따른 용도변경 신고 또는 건축물대장 기재내용의 변경신청을 포함한다)의 신청을 하는 경우부터 적용한다. <개정 2022.2.10>

부칙<국토교통부령 제901호, 2021.10.15.>

이 규칙은 공포한 날부터 시행한다.

부칙<국토교통부령 제931호, 2021.12.23.>

제1조(시행일) 이 규칙은 2021년 12월 23일부터 시행한다. 다만, 제14조제2항제4호의 개정규정은 2022년 1월 31일부터 시행한다.

제2조(품질관리서의 첨부서류에 관한 적용례) 제24조의3제2항제1호다목 및 제2호나목의 개정규정은 이 규칙 시행 이후 실물모형시험을 하는 복합자재 및 단열재에 대한 품질관리서를 제출하는 경우부터 적용한다.

부칙<국토교통부령 제1106호, 2022.2.10.>

이 규칙은 2022년 2월 11일부터 시행한다.

부칙<국토교통부령 제1123호, 2022.4.29>

제1조(시행일) 이 규칙은 공포한 날부터 시행한다.

제2조(피난구 덮개의 구조기준에 관한 적용례) 제14조제4항제1호의 개정규정은 이 규칙 시행 이후 다음 각 호의 신청이나 신고를 하는 경우부터 적용한다.
1. 법 제11조에 따른 건축허가 또는 대수선허가(법 제16조에 따른 변경허가 및 변경신고를 포함한다)의 신청(건축허가 또는 대수선허가를 신청하기 위하여 법 제4조의2제1항에 따라 건축위원회에 심의를 신청한 경우를 포함한다)
2. 법 제14조에 따른 건축신고(법 제16조에 따른 변경허가 및 변경신고를 포함한다)

부칙<국토교통부령 제1247호, 2023.8.31.>

이 규칙은 공포한 날부터 시행한다.

[별표 1] <신설 2010.4.7., 2019.10.24.>

내화구조의 성능기준(제3조제8호 관련)

1. 일반기준

(단위 : 시간)

용도 (구성 부재)				벽						보·기둥	바닥	지붕·지붕틀
				외벽			내벽					
				내력벽	비내력벽		내력벽	비내력벽				
용도구분		용도규모 층수 / 최고 높이(m)			연소우려가 있는 부분	연소우려가 없는 부분		간막이벽	승강기·계단실의 수직벽			
일반시설	제1종 근린생활시설, 제2종 근린생활시설, 문화 및 집회시설, 종교시설, 판매시설, 운수시설, 교육연구시설, 노유자시설, 수련시설, 운동시설, 업무시설, 위락시설, 자동차관련시설(정비공장 제외), 동물 및 식물 관련 시설, 교정 및 군사 시설, 방송통신시설, 발전시설, 묘지관련시설, 관광 휴게시설, 장례시설	12/50	초과	3	1	0.5	3	2	2	3	2	1
			이하	2	1	0.5	2	1.5	1.5	2	2	0.5
		4/20 이하		1	1	0.5	1	1	1	1	1	0.5
주거시설	단독주택, 공동주택, 숙박시설, 의료시설	12/50	초과	2	1	0.5	2	2	2	3	2	1
			이하	2	1	0.5	2	1	1	2	2	0.5
		4/20 이하		1	1	0.5	1	1	1	1	1	0.5
산업시설	공장, 창고시설, 위험물저장 및 처리시설, 자동차관련시설 중 정비공장, 자연순환 관련 시설	12/50	초과	2	1.5	0.5	2	1.5	1.5	3	2	1
			이하	2	1	0.5	2	1	1	2	2	0.5
		4/20 이하		1	1	0.5	1	1	1	1	1	0.5

2. 적용기준

가. 용도

1) 건축물이 하나 이상의 용도로 사용될 경우 위 표의 용도구분에 따른 기준 중 가장 높은 내화시간의 용도를 적용한다.

2) 건축물의 부분별 높이 또는 층수가 다를 경우 최고 높이 또는 최고 층수를 기준으로 제1호에 따른 구성 부재별 내화시간을 건축물 전체에 동일하게 적용한다.

3) 용도규모에서 건축물의 층수와 높이의 산정은 「건축법 시행령」 제119조에 따른다. 다만, 승강기탑, 계단탑, 망루, 장식탑, 옥탑 그 밖에 이와 유사한 부분은 건축물의 높이와 층수의 산정에서 제외한다.

나. 구성 부재

1) 외벽 중 비내력벽으로서 연소우려가 있는 부분은 제22조제2항에 따른 부분을 말한다.

2) 외벽 중 비내력벽으로서 연소우려가 없는 부분은 제22조제2항에 따른 부분을 제외한 부분을 말한다.

3) 내벽 중 비내력벽인 간막이벽은 건축법령에 따라 내화구조로 해야 하는 벽을 말한다.

다. 그 밖의 기준

1) 화재의 위험이 적은 제철·제강공장 등으로서 품질확보를 위해 불가피한 경우에는 지방건축위원회의 심의를 받아 주요구조부의 내화시간을 완화하여 적용할 수 있다.

2) 외벽의 내화성능 시험은 건축물 내부면을 가열하는 것으로 한다.

[별표 1의2] 〈신설 2012.1.6〉

피난안전구역의 면적 산정기준(제8조의2제3항제7호 관련)

1. 피난안전구역의 면적은 다음 산식에 따라 산정한다.

(피난안전구역 윗층의 재실자 수 × 0.5) × 0.28㎡

가. 피난안전구역 윗층의 재실자 수는 해당 피난안전구역과 다음 피난안전구역 사이의 용도별 바닥면적을 사용 형태별 재실자 밀도로 나눈 값의 합계를 말한다. 다만, 문화・집회용도 중 벤치형 좌석을 사용하는 공간과 고정좌석을 사용하는 공간은 다음의 구분에 따라 피난안전구역 윗층의 재실자 수를 산정한다.

1) 벤치형 좌석을 사용하는 공간: 좌석길이 / 45.5㎝

2) 고정좌석을 사용하는 공간: 휠체어 공간 수 + 고정좌석 수

나. 피난안전구역 설치 대상 건축물의 용도에 따른 사용 형태별 재실자 밀도는 다음 표와 같다.

용 도	사용 형태별		재실자 밀도
문화・집회	고정좌석을 사용하지 않는 공간		0.45
	고정좌석이 아닌 의자를 사용하는 공간		1.29
	벤치형 좌석을 사용하는 공간		-
	고정좌석을 사용하는 공간		-
	무대		1.40
	게임제공업 등의 공간		1.02
운동	운동시설		4.60
교육	도서관	서고	9.30
		열람실	4.60
	학교 및 학원	교실	1.90
보육	보호시설		3.30
의료	입원치료구역		22.3
	수면구역		11.1
교정	교정시설 및 보호관찰소 등		11.1
주거	호텔 등 숙박시설		18.6
	공동주택		18.6
업무	업무시설, 운수시설 및 관련 시설		9.30
판매	지하층 및 1층		2.80
	그 외의 층		5.60
	배송공간		27.9
저장	창고, 자동차 관련 시설		46.5
산업	공장		9.30
	제조업 시설		18.6

※ 계단실, 승강로, 복도 및 화장실은 사용 형태별 재실자 밀도의 산정에서 제외하고, 취사장・조리장의 사용 형태별 재실자 밀도는 9.30으로 본다.

2. 피난안전구역 설치 대상 용도에 대한 「건축법 시행령」 별표 1에 따른 용도별 건축물의 종류는 다음 표와 같다.

용도	용도별 건축물
문화·집회	문화 및 집회시설(공연장·집회장·관람장·전시장만 해당한다), 종교시설, 위락시설, 제1종 근린생활시설 및 제2종 근린생활시설 중 휴게음식점·제과점·일반음식점 등 음식·음료를 제공하는 시설, 제2종 근린생활시설 중 공연장·종교집회장·게임제공업 시설, 그 밖에 이와 비슷한 문화·집회시설
운동	운동시설, 제1종 근린생활시설 및 제2종 근린생활시설 중 운동시설
교육	교육연구시설, 수련시설, 자동차 관련 시설 중 운전학원 및 정비학원, 제2종 근린생활시설 중 학원·직업훈련소·독서실, 그 밖에 이와 비슷한 교육시설
보육	노유자시설, 제1종 근린생활시설 중 지역아동센터
의료	의료시설, 제1종 근린생활시설 중 의원, 치과의원, 한의원, 침술원, 접골원(接骨院), 조산원 및 안마원
교정	교정 및 군사시설
주거	공동주택 및 숙박시설
업무	업무시설, 운수시설, 제1종 근린생활시설과 제2종 근린생활시설 중 지역자치센터·파출소·사무소·이용원·미용원·목욕장·세탁소·기원·사진관·표구점, 그 밖에 이와 비슷한 업무시설
판매	판매시설(게임제공업 시설 등은 제외한다), 제1종 근린생활시설 중 수퍼마켓과 일용품 등의 소매점
저장	창고시설, 자동차 관련 시설(운전학원 및 정비학원은 제외한다)
산업	공장, 제2종 근린생활시설 중 제조업 시설

[별표 1의3] <개정 2012.1.6>

거실의 용도에 따른 조도기준(제17조제1항관련)

거실의 용도구분 ＼ 조도구분		바닥에서 85센티미터의 높이에 있는 수평면의 조도(룩스)
1. 거주	독서·식사·조리 기타	150 70
2. 집무	설계·제도·계산 일반사무 기타	700 300 150
3. 작업	검사·시험·정밀검사·수술 일반작업·제조·판매 포장·세척 기타	700 300 150 70
4. 집회	회의 집회 공연·관람	300 150 70
5. 오락	오락일반 기타	150 30
6. 기타		1란 내지 5란 중 가장 유사한 용도에 관한 기준을 적용한다.

[별표 2] <개정 2010.12.30>

내화구조의 적용이 제외되는 공장의 업종(제20조의2 관련)

분류번호	업 종
10301	과실 및 채소 절임식품 제조업
10309	기타 과일·채소 가공 및 저장처리업
11201	얼음 제조업
11202	생수 제조업
11209	기타 비알콜음료 제조업
23110	판유리 제조업
23122	판유리 가공품 제조업
23221	구조용 정형내화제품 제조업
23229	기타 내화요업제품 제조업
23231	점토벽돌, 블록 및 유사 비내화 요업제품 제조업
23232	타일 및 유사 비내화 요업제품 제조업
23239	기타 구조용 비내화 요업제품 제조업
23911	건설용 석제품 제조업
23919	기타 석제품 제조업
24111	제철업
24112	제강업
24113	합금철 제조업
24119	기타 제철 및 제강업
24211	동 제련, 정련 및 합금 제조업
24212	알루미늄 제련, 정련 및 합금 제조업
24213	연 및 아연 제련, 정련 및 합금 제조업
24219	기타 비철금속 제련, 정련 및 합금 제조업
24311	선철주물 주조업
24312	강주물 주조업
24321	알루미늄주물 주조업
24322	동주물 주조업
24329	기타 비철금속 주조업
28421	운송장비용 조명장치 제조업
29172	공기조화장치 제조업
30310	자동차 엔진용 부품 제조업
30320	자동차 차체용 부품 제조업
30391	자동차용 동력전달 장치 제조업
30392	자동차용 전기장치 제조업

注: 분류번호는 「통계법」 제17조에 따라 통계청장이 고시하는 한국표준산업분류에 의한 분류번호를 말한다.

[별표 3] <개정 2014.3.5>

화재위험이 적은 공장(제24조의2제1항관련)

분류번호	업 종
10121	가금류 가공 및 저장처리업
10129	기타 육류 가공 및 저장처리업
10211	수산동물 훈제, 조리 및 유사 조제식품 제조업
10212	수산동물 건조 및 염장품 제조업
10213	수산동물 냉동품 제조업
10219	기타 수산동물 가공 및 저장처리업
10220	수산식물 가공 및 저장처리업
10301	과실 및 채소 절임식품 제조업
10309	기타 과일·채소 가공 및 저장처리업
10743	장류 제조업
11201	얼음 제조업
11202	생수 생산업
11209	기타 비알콜음료 제조업
23110	판유리 제조업
23122	판유리 가공품 제조업
23192	포장용 유리용기 제조업
23221	구조용 정형내화제품 제조업
23229	기타 내화요업제품 제조업
23231	점토 벽돌, 블록 및 유사 비내화 요업제품 제조업
23232	타일 및 유사 비내화 요업제품 제조업
23239	기타 구조용 비내화 요업제품 제조업
23311	시멘트 제조업
23312	석회 및 플라스터 제조업
23323	플라스터 제품 제조업
23325	콘크리트 타일, 기와, 벽돌 및 블록 제조업
23326	콘크리트관 및 기타 구조용 콘크리트제품 제조업
23329	그외 기타 콘크리트 제품 및 유사제품 제조업
23911	건설용 석제품 제조업
23919	기타 석제품 제조업
24111	제철업
24112	제강업
24113	합금철 제조업
24119	기타 제철 및 제강업
24211	동 제련, 정련 및 합금 제조업
24212	알루미늄 제련, 정련 및 합금 제조업
24213	연 및 아연 제련, 정련 및 합금 제조업
24219	기타 비철금속 제련, 정련 및 합금 제조업
24311	선철주물 주조업
24312	강주물 주조업
24321	알루미늄주물 주조업
24322	동주물 주조업
24329	기타 비철금속 주조업
25112	구조용 금속판제품 및 금속공작물 제조업
25113	금속 조립구조재 제조업
25119	기타 구조용 금속제품 제조업
28421	운송장비용 조명장치 제조업
29172	공기조화장치 제조업
30310	자동차 엔진용 부품 제조업
30320	자동차 차체용 부품 제조업
30391	자동차용 동력전달 장치 제조업
30392	자동차용 전기장치 제조업

비고: 분류번호는 「통계법」 제17조에 따라 통계청장이 고시하는 한국표준산업분류에 따른 분류번호를 말한다.

[별표 4] <신설 2021.12.23>

건축자재등 품질인정 수수료(제24조의8제2항관련)

1. 품질인정 신청 수수료
  가. 복합자재 · 방화문 및 자동방화셔터: 다음의 금액을 합산한 금액
    1) 기본비용: 다음의 금액을 합산한 금액
      (1) 특급기술자의 노임단가에 8.7을 곱한 금액과 고급기술자의 노임단가에 16.2를 곱한 금액 및 중급기술자의 노임단가에 5.8을 곱한 금액을 모두 합산한 금액
      (2) 시험 · 검사 등에 드는 비용으로서 국토교통부장관이 정하여 고시하는 금액
    2) 추가비용: 기본비용에 0.6을 곱한 금액
    3) 출장비용: 출장자가 소속된 기관의 여비 규정에 따른 금액
    4) 자문비용: 특급기술자의 노임단가에 5.2를 곱한 금액과 고급기술자의 노임단가에 20.8을 곱한 금액과 중급기술자의 노임단가에 1.0을 곱한 금액 모두를 합산한 금액
  나. 내화구조 및 내화채움구조: 다음의 금액을 합산한 금액
    1) 기본비용: 다음의 금액을 합산한 금액
      (1) 특급기술자의 노임단가에 9.0을 곱한 금액과 고급기술자의 노임단가에 23.2를 곱한 금액 및 중급기술자의 노임단가에 5.8을 곱한 금액을 모두 합산한 금액
      (2) 시험 · 검사 등에 드는 비용으로서 국토교통부장관이 정하여 고시하는 금액
    2) 추가비용: 기본비용에 0.6을 곱한 금액
    3) 출장비용: 가목3)에 따른 비용
    4) 자문비용: 가목4)에 따른 비용

2. 품질인정 유효기간 연장 신청 수수료
  가. 복합자재 · 방화문 및 자동방화셔터: 다음의 금액을 합산한 금액
    1) 기본비용: 다음의 금액을 합산한 금액
      (1) 특급기술자의 노임단가에 6.2를 곱한 금액과 고급기술자의 노임단가에 11.3을 곱한 금액 및 중급기술자의 노임단가에 5.8을 곱한 금액을 모두 합산한 금액
      (2) 시험 · 검사 등에 드는 비용으로서 국토교통부장관이 정하여 고시하는 금액
    2) 추가비용: 기본비용에 0.6을 곱한 금액
    3) 출장비용: 제1호가목3)에 따른 비용
    4) 자문비용: 제1호가목4)에 따른 비용
  나. 내화구조 및 내화채움구조: 다음의 금액을 합산한 금액
    1) 기본비용: 다음의 금액을 합산한 금액
      (1) 특급기술자의 노임단가에 7.2를 곱한 금액과 고급기술자의 노임단가에 15.0을 곱한 금액 및 중급기술자의 노임단가에 5.8을 곱한 금액을 모두 합산한 금액
      (2) 시험 · 검사 등에 드는 비용으로서 국토교통부장관이 정하여 고시하는 금액
    2) 추가비용: 기본비용에 0.6을 곱한 금액
    3) 출장비용: 제1호가목3)에 따른 비용
    4) 자문비용: 제1호가목4)에 따른 비용

비고

1. 노임단가는 「통계법」 제27조제1항에 따라 한국엔지니어링진흥협회가 조사 · 공표하는 임금단가를 8시간으로 나눈 금액을 말한다.
2. 추가비용은 둘 이상의 건축자재등에 대해 품질인정 또는 품질인정 유효기간의 연장을 신청하는 경우의 두 번째 건축자재등부터 산정하여 합산한다.
3. 자문비용은 품질인정 과정에서 외부 전문가의 자문을 받은 경우에만 합산한다.

Ⅱ 편
부 록

에너지 관련 규정 등

1. 건축물의 에너지절약 설계기준
2. 건축물의 냉방설비에 대한 설치 및 설계기준
3. 녹색건축물의 인증에 관한 규칙
4. 녹색건축 인증기준
5. 건축물 에너지효율등급 인증 및 제로에너지건축물 인증에 관한 규칙
6. 건축물 에너지효율등급 인증 및 제로에너지건축물 인증 기준
7. 지능형 건축물의 인증에 관한 규칙
8. 지능형 건축물 인증기준
9. 기계설비법
10. 기계설비법 시행령
11. 기계설비법 시행규칙

1. 건축물의 에너지절약 설계기준

[국토교통부고시 제2023-104호, 2023.2.28.]

제1장 총칙

제1조【목적】 이 기준은 「녹색건축물 조성 지원법」(이하 "법"이라 한다) 제12조, 제14조, 제14조의2, 제15조, 같은 법 시행령(이하 "영"이라 한다) 제9조, 제10조, 제10조의2, 제11조 및 같은 법 시행규칙(이하 "규칙"이라 한다) 제7조, 제7조의2의 규정에 의한 건축물의 효율적인 에너지 관리를 위하여 열손실 방지 등 에너지절약 설계에 관한 기준, 에너지절약계획서 및 설계 검토서 작성기준, 녹색건축물의 건축을 활성화하기 위한 건축기준 완화에 관한 사항 등을 정함을 목적으로 한다.

제2조【건축물의 열손실방지 등】 ① 건축물을 건축하거나 대수선, 용도변경 및 건축물대장의 기재내용을 변경하는 경우에는 다음 각 호의 기준에 의한 열손실방지 등의 에너지이용합리화를 위한 조치를 하여야 한다.

1. 거실의 외벽, 최상층에 있는 거실의 반자 또는 지붕, 최하층에 있는 거실의 바닥, 바닥난방을 하는 층간 바닥, 거실의 창 및 문 등은 별표1의 열관류율 기준 또는 별표3의 단열재 두께 기준을 준수하여야 하고, 단열조치 일반사항 등은 제6조의 건축부문 의무사항을 따른다.
2. 건축물의 배치·구조 및 설비 등의 설계를 하는 경우에는 에너지가 합리적으로 이용될 수 있도록 한다.

② 제1항에도 불구하고 열손실의 변동이 없는 증축, 대수선, 용도변경, 건축물대장의 기재내용 변경의 경우에는 관련 조치를 하지 아니할 수 있다. 다만 종전에 제3항에 따른 열손실방지 등의 조치 예외대상이었으나 조치대상으로 용도변경 또는 건축물대장의 기재내용 변경의 경우에는 관련 조치를 하여야 한다.

③ 다음 각 호의 어느 하나에 해당하는 건축물 또는 공간에 대해서는 제1항제1호를 적용하지 아니할 수 있다. 다만, 제1호 및 제2호의 경우 냉방 또는 난방 설비를 설치할 계획이 있는 건축물 또는 공간에 대해서는 제1항제1호를 적용하여야 한다.

1. 창고·차고·기계실 등으로서 거실의 용도로 사용하지 아니하고, 냉방 또는 난방 설비를 설치하지 아니하는 건축물 또는 공간
2. 냉방 또는 난방 설비를 설치하지 아니하고 용도 특성상 건축물 내부를 외기에 개방시켜 사용하는 등 열손실 방지조치를 하여도 에너지절약의 효과가 없는 건축물 또는 공간
3. 「건축법 시행령」 별표1 제25호에 해당하는 건축물 중 「원자력 안전법」 제10조 및 제20조에 따라 허가를 받는 건축물

제3조【에너지절약계획서 제출 예외대상 등】 ① 영 제10조제1항에 따라 에너지절약계획서를 첨부할 필요가 없는 건축물은 다음 각 호와 같다.

1. 「건축법 시행령」 별표1 제3호 아목에 따른 시설 중 냉방 또는 난방 설비를 설치하지 아니하는 건축물
2. 「건축법 시행령」 별표1 제13호에 따른 운동시설 중 냉방 또는 난방 설비를 설치하지 아니하는 건축물
3. 「건축법 시행령」 별표1 제16호에 따른 위락시설 중 냉방 또는 난방 설비를 설치하지 아니하는 건축물
4. 「건축법 시행령」 별표1 제27호에 따른 관광 휴게시설 중 냉방 또는 난방 설비를 설치하지 아니하는 건축물
5. 「주택법」 제15조제1항에 따라 사업계획 승인을 받아 건설하는 주택으로서 「주택건설기준 등에 관한 규정」 제64조제3항에 따라 「에너지절약형 친환경 주택의 건설기준」에 적합한 건축물

② 영 제10조제1항에서 "연면적의 합계"는 다음 각 호에 따라 계산한다.

1. 같은 대지에 모든 바닥면적을 합하여 계산한다.
2. 주거와 비주거는 구분하여 계산한다.
3. 증축이나 용도변경, 건축물대장의 기재내용을 변경하는 경우 이 기준을 해당 부분에만 적용할 수 있다.
4. 연면적의 합계 500제곱미터 미만으로 허가를 받거나 신고한 후 「건축법」 제16조에 따라 허가와 신고사항을 변경하는 경우에는 당초 허가 또는 신고 면적에 변경되는 면적을 합하여 계산한다.
5. 제2조제3항에 따라 열손실방지 등의 에너지이용합리화를 위한 조치를 하지 않아도 되는 건축물 또는 공간, 주차장, 기계실 면적은 제외한다.

③ 제1항 및 영 제10조제1항제3호의 건축물 중 냉난방 설비를 설치하고 냉난방 열원을 공급하는 대상의 연면적의 합계가 500제곱미터 미만인 경우에는 에너지절약계획서를 제출하지 아니한다.

제3조의2【에너지절약계획서 사전확인 등】 ① 법 제14조제1항에 따라 에너지절약계획서를 제출하여야 하는 자는 그 신청을 하기 전에 영 제10조제2항의 허가권자(이하 "허가권자"라 한다)에게 에너지절약계획서 사전확인을 신청할 수 있다.

② 제1항에 따른 사전확인을 신청하는 자(이하 "사전확인신청자"라 한다)는 규칙 별지 제1호 서식에 따른 에너지절약계획서를 신청구분 사전확인란에 표시하여 제출하여야 한다.

③ 허가권자는 제1항과 제2항에 따른 사전확인 신청을 받으면 에너지절약계획서 관련 도서 등을 검토한 후 사전확인 결과를 사전확인신청자에게 알려야 한다.

④ 허가권자는 제3항에 따라 사전확인신청자로부터 제출된 에너지절약계획서를 검토하는 경우 규칙 제7조제2항에 따른 에너지 관련 전문기관에 에너지절약계획서의 검토 및 보완을 거치도록 할 수 있으며, 이 경우 에너지절약계획서 검토 수수료는 규칙 별표 1과 같다.

⑤ 제1항부터 제4항에 따른 처리절차는 규칙 별지 제1호서식의 처리절차와 같으며, 효율적인 업무 처리를 위하여 건축법 제32조제1항에 따른 전자정보처리 시스템을 이용할 수 있다.

⑥ 제3항에 따른 사전확인 결과가 제14조 및 제15조 또는 제14조 및 제21조에 따른 판정기준에 적합한 경우 사전확인이 이루어진 것으로 보며, 법 제14조제3항에 따라 에너지절약계획서의 적절성 등을 검토하지 아니할 수 있다. 다만, 사전확인 결과 중 별지 제1호서식 에너지절약계획 설계 검토서의 항목별 평가결과에 변동이 있을 경우에는 그러하지 아니하다.

⑦ 사전확인의 유효기간은 제3항에 따른 사전확인 결과를 통지받은 날로부터 1개월이며, 이 유효기간이 경과된 경우 법 제14조제3항의 적용을 받지 아니한다.

제4조【적용예외】 다음 각 호에 해당하는 경우 이 기준의 전체 또는 일부를 적용하지 않을 수 있다. <개정 2023.2.28>

1. 삭제 <2023.2.28>
2. 건축물 에너지효율 1+등급 이상(단, 공공기관의 경우 1++등급 이상)을 취득한 경우에는 제15조 및 제21조를 적용하지 아니할 수 있으며, 제로에너지건축물 인증을 취득한 경우에는 별지 제1호서식 에너지절약계획 설계 검토서를 제출하지 아니할 수 있다.
3. 건축물의 기능·설계조건 또는 시공 여건상의 특수성 등으로 인하여 이 기준의 적용이 불합리한 것으로 지방건축위원회가 심의를 거쳐 인정하는 경우에는 이 기준의 해당 규정을 적용하지 아니할 수 있다. 다만, 지방건축위원회 심의 시에는 「건축물 에너지효율등급 및 제로에너지건축물 인증에 관한 규칙」 제4조제4항 각 호의 어느 하나에 해당하는 건축물 에너지 관련 전문인력 1인 이상을 참여시켜 의견을 들어야 한다.
4. 건축물을 증축하거나 용도변경, 건축물대장의 기재내용을 변경하는 경우에는 제15조를 적용하지 아니할 수 있다. 다만, 별동으로 건축물을 증축하는 경우와 기존 건축물 연면적의 100분의 50 이상을 증축하면서 해당 증축 연면적의 합계가 2,000제곱미터 이상인 경우에는 그러하지 아니한다.
5. 허가 또는 신고대상의 같은 대지 내 주거 또는 비주거를 구분한 제3조제2항 및 3항에 따른 연면적의 합계가 500제곱미터 이상이고 2천제곱미터 미만인 건축물 중 연면적의 합계가 500제곱미터 미만인 개별동의 경우에는 제15조 및 제21조를 적용하지 아니할 수 있다.
6. 열손실의 변동이 없는 증축, 용도변경 및 건축물대장의 기재내용을 변경하는 경우에는 별지 제1호 서식 에너지절약 설계 검토서를 제출하지 아니할 수 있다. 다만, 종전에 제2조제3항에 따른 열손실방지 등의 조치 예외대상이었으나 조치대상으로 용도변경 또는 건축물대장 기재내용의 변경의 경우에는 그러하지 아니한다.
7. 「건축법」 제16조에 따라 허가와 신고사항을 변경하는 경우에는 변경하는 부분에 대해서만 규칙 제7조에 따른 에너지절약계획서 및 별지 제1호 서식에 따른 에너지절약 설계 검토서(이하 "에너지절약계획서 및 설계 검토서"라 한다)를 제출할 수 있다.
8. 제21조제2항에서 제시하는 건축물 에너지소요량 평가서 판정기준을 만족하는 경우에는 제15조를 적용하지 아니할 수 있다. <개정 2023.2.28>

제5조【용어의 정의】 이 기준에서 사용하는 용어의 뜻은 다음 각 호와 같다.

1. "의무사항"이라 함은 건축물을 건축하는 건축주와 설계자 등이 건축물의 설계 시 필수적으로 적용해야 하는 사항을 말한다.
2. "권장사항"이라 함은 건축물을 건축하는 건축주와 설계자 등이 건축물의 설계 시 선택적으로 적용이 가능한 사항을 말한다.

3. "건축물에너지 효율등급 인증"이라 함은 국토교통부와 산업통상자원부의 공동부령인 「건축물 에너지효율등급 및 제로에너지건축물 인증에 관한 규칙」에 따라 인증을 받는 것을 말한다.
4. "제로에너지건축물 인증"이라 함은 국토교통부와 산업통상자원부의 공동부령인 「건축물 에너지효율등급 및 제로에너지건축물 인증에 관한 규칙」에 따라 제로에너지건축물 인증을 받는 것을 말한다.
5. "녹색건축인증"이라 함은 국토교통부와 환경부의 공동부령인 「녹색건축의 인증에 관한 규칙」에 따라 인증을 받는 것을 말한다.
6. "고효율제품"이라 함은 산업통상자원부 고시 「고효율에너지기자재 보급촉진에 관한 규정」에 따라 인증서를 교부받은 제품과 산업통상자원부 고시 「효율관리기자재 운용규정」에 따른 에너지소비효율 1등급 제품 또는 동 고시에서 고효율로 정한 제품을 말한다.
7. "완화기준"이라 함은 「건축법」, 「국토의 계획 및 이용에 관한 법률」 및 「지방자치단체 조례」 등에서 정하는 건축물의 용적률 및 높이제한 기준을 적용함에 있어 완화 적용할 수 있는 비율을 정한 기준을 말한다.
8. "예비인증"이라 함은 건축물의 완공 전에 설계도서 등으로 인증기관에서 건축물 에너지효율등급 인증, 제로에너지건축물 인증, 녹색건축인증을 받는 것을 말한다.
9. "본인증"이라 함은 신청건물의 완공 후에 최종설계도서 및 현장 확인을 거쳐 최종적으로 인증기관에서 건축물 에너지효율등급 인증, 제로에너지건축물 인증, 녹색건축인증을 받는 것을 말한다.
10. 건축부문
   가. "거실"이라 함은 건축물 안에서 거주(단위 세대 내 욕실·화장실·현관을 포함한다)·집무·작업·집회·오락 기타 이와 유사한 목적을 위하여 사용되는 방을 말하나, 특별히 이 기준에서는 거실이 아닌 냉방 또는 난방공간 또한 거실에 포함한다.
   나. "외피"라 함은 거실 또는 거실 외 공간을 둘러싸고 있는 벽·지붕·바닥·창 및 문 등으로서 외기에 직접 면하는 부위를 말한다.
   다. "거실의 외벽"이라 함은 거실의 벽 중 외기에 직접 또는 간접 면하는 부위를 말한다. 다만, 복합용도의 건축물인 경우에는 해당 용도로 사용하는 공간이 다른 용도로 사용하는 공간과 접하는 부위를 외벽으로 볼 수 있다.
   라. "최하층에 있는 거실의 바닥"이라 함은 최하층(지하층을 포함한다)으로서 거실인 경우의 바닥과 기타 층으로서 거실의 바닥 부위가 외기에 직접 또는 간접적으로 면한 부위를 말한다. 다만, 복합용도의 건축물인 경우에는 다른 용도로 사용하는 공간과 접하는 부위를 최하층에 있는 거실의 바닥으로 볼 수 있다.
   마. "최상층에 있는 거실의 반자 또는 지붕"이라 함은 최상층으로서 거실인 경우의 반자 또는 지붕을 말하며, 기타 층으로서 거실의 반자 또는 지붕 부위가 외기에 직접 또는 간접적으로 면한 부위를 포함한다. 다만, 복합용도의 건축물인 경우에는 다른 용도로 사용하는 공간과 접하는 부위를 최상층에 있는 거실의 반자 또는 지붕으로 볼 수 있다.
   바. “외기에 직접 면하는 부위”라 함은 바깥쪽이 외기이거나 외기가 직접 통하는 공간에 면한 부위를 말한다.
   사. "외기에 간접 면하는 부위"라 함은 외기가 직접 통하지 아니하는 비난방 공간(지붕 또는 반자, 벽체, 바닥 구조의 일부로 구성되는 내부 공기층은 제외한다)에 접한 부위, 외기가 직접 통하는 구조이나 실내공기의 배기를 목적으로 설치하는 샤프트 등에 면한 부위, 지면 또는 토양에 면한 부위를 말한다.
   아. "방풍구조"라 함은 출입구에서 실내외 공기 교환에 의한 열출입을 방지할 목적으로 설치하는 방풍실 또는 회전문 등을 설치한 방식을 말한다.
   자. "기밀성 창", "기밀성 문"이라 함은 창 및 문으로서 한국산업규격(KS) F 2292 규정에 의하여 기밀성 등급에 따른 기밀성이 1~5등급(통기량 5㎥/h·㎡ 미만)인 것을 말한다.
   차. "외단열"이라 함은 건축물 각 부위의 단열에서 단열재를 구조체의 외기측에 설치하는 단열방법으로서 모서리 부위를 포함하여 시공하는 등 열교를 차단한 경우를 말한다.
   카. “"방습층"이라 함은 습한 공기가 구조체에 침투하여 결로발생의 위험이 높아지는 것을 방지하기 위해 설치하는 투습도가 24시간당 30g/㎡ 이하 또는 투습계수 0.28g/㎡·h·㎜Hg 이하의 투습저항을 가진 층을 말한다.(시험방법은 한국산업규격 KS T 1305 방습포장재료의 투습도 시험방법 또는 KS F 2607 건축 재료의 투습성 측정 방법에서 정하는 바에 따른다) 다만, 단열

재 또는 단열재의 내측에 사용되는 마감재가 방습층으로서 요구되는 성능을 가지는 경우에는 그 재료를 방습층으로 볼 수 있다.

타. "평균 열관류율"이라 함은 지붕(천창 등 투명 외피부위를 포함하지 않는다), 바닥, 외벽(창 및 문을 포함한다) 등의 열관류율 계산에 있어 세부 부위별로 열관류율 값이 다를 경우 이를 면적으로 가중평균하여 나타낸 것을 말한다. 단, 평균열관류율은 중심선 치수를 기준으로 계산한다.

파. 별표1의 창 및 문의 열관류율 값은 유리와 창틀(또는 문틀)을 포함한 평균 열관류율을 말한다.

하. "투광부"라 함은 창, 문면적의 50% 이상이 투과체로 구성된 문, 유리블럭, 플라스틱패널 등과 같이 투과재료로 구성되며, 외기에 접하여 채광이 가능한 부위를 말한다.

거. "태양열취득률(SHGC)"이라 함은 입사된 태양열에 대하여 실내로 유입된 태양열취득의 비율을 말한다.

너. "일사조절장치"라 함은 태양열의 실내 유입을 조절하기 위한 차양, 구조체 또는 태양열취득률이 낮은 유리를 말한다. 이 경우 차양은 설치위치에 따라 외부 차양과 내부 차양 그리고 유리간 차양으로 구분하며, 가동여부에 따라 고정형과 가동형으로 나눌 수 있다.

더. 삭제

11. 기계설비부문

가. "위험률"이라 함은 냉(난)방기간 동안 또는 연간 총시간에 대한 온도출현분포중에서 가장 높은(낮은) 온도쪽으로부터 총시간의 일정 비율에 해당하는 온도를 제외시키는 비율을 말한다.

나. "효율"이라 함은 설비기기에 공급된 에너지에 대하여 출력된 유효에너지의 비를 말한다.

다. "열원설비"라 함은 에너지를 이용하여 열을 발생시키는 설비를 말한다.

라. "대수분할운전"이라 함은 기기를 여러 대 설치하여 부하상태에 따라 최적 운전상태를 유지할 수 있도록 기기를 조합하여 운전하는 방식을 말한다.

마. "비례제어운전"이라 함은 기기의 출력값과 목표값의 편차에 비례하여 입력량을 조절하여 최적운전상태를 유지할 수 있도록 운전하는 방식을 말한다.

바. "심야전기를 이용한 축열·축냉시스템"이라 함은 심야시간에 전기를 이용하여 열을 저장하였다가 이를 난방, 온수, 냉방 등의 용도로 이용하는 설비로서 한국전력공사에서 심야전력기기로 인정한 것을 말한다.

사. "열회수형환기장치"라 함은 난방 또는 냉방을 하는 장소의 환기장치로 실내의 공기를 배출할 때 급기되는 공기와 열교환하는 구조를 가진 것으로서 KS B 6879(열회수형 환기 장치) 부속서 B에서 정하는 시험방법에 따른 열교환효율과 에너지계수의 최소 기준 이상의 성능을 가진 것을 말한다.

아. "이코노마이저시스템"이라 함은 중간기 또는 동계에 발생하는 냉방부하를 실내 엔탈피 보다 낮은 도입 외기에 의하여 제거 또는 감소시키는 시스템을 말한다.

자. "중앙집중식 냉·난방설비"라 함은 건축물의 전부 또는 냉난방 면적의 60% 이상을 냉방 또는 난방함에 있어 해당 공간에 순환펌프, 증기난방설비 등을 이용하여 열원 등을 공급하는 설비를 말한다. 단, 산업통상자원부 고시 「효율관리기자재 운용규정」에서 정한 가정용 가스보일러는 개별 난방설비로 간주한다.

차. "TAB"라 함은 Testing(시험), Adjusting(조정), Balancing(평가)의 약어로 건물내의 모든 설비시스템이 설계에서 의도한 기능을 발휘하도록 점검 및 조정하는 것을 말한다.

카. "커미셔닝"이라 함은 효율적인 건축 기계설비 시스템의 성능 확보를 위해 설계 단계부터 공사완료에 이르기까지 전 과정에 걸쳐 건축주의 요구에 부합되도록 모든 시스템의 계획, 설계, 시공, 성능시험 등을 확인하고 최종 유지 관리자에게 제공하여 입주 후 건축주의 요구를 충족할 수 있도록 운전성능 유지 여부를 검증하고 문서화하는 과정을 말한다.

12. 전기설비부문

가. "역률개선용커패시터(콘덴서)"라 함은 역률을 개선하기 위하여 변압기 또는 전동기 등에 병렬로 설치하는 커패시터를 말한다.

나. "전압강하"라 함은 인입전압(또는 변압기 2차전압)과 부하측전압과의 차를 말하며 저항이나 인덕턴스에 흐르는 전류에 의하여 강하하는 전압을 말한다.

다. "조도자동조절조명기구"라 함은 인체 또는 주위 밝기를 감지하여 자동으로 조명등을 점멸하거나 조도를 자동 조절할 수 있는 센서장치 또는 그 센서를 부착한 등기구를 말한다.

라. "수용률"이라 함은 부하설비 용량 합계에 대한 최대 수용전력의 백분율을 말한다.

마. "최대수요전력"이라 함은 수용가에서 일정 기간 중 사용한 전력의 최대치를 말하며, "최대수요전력제어설비"라 함은 수용가에서 피크전력의 억제, 전력 부하의 평준화 등을 위하여 최대수요전력을 자동제어할 수 있는 설비를 말한다.

바. "가변속제어기(인버터)"라 함은 정지형 전력변환기로서 전동기의 가변속운전을 위하여 설치하는 설비를 말한다.

사. "변압기 대수제어"라 함은 변압기를 여러 대 설치하여 부하상태에 따라 필요한 운전대수를 자동 또는 수동으로 제어하는 방식을 말한다.

아. "대기전력자동차단장치"라 함은 산업통상자원부고시 「대기전력저감프로그램운용규정」에 의하여 대기전력저감우수제품으로 등록된 대기전력자동차단콘센트, 대기전력자동차단스위치를 말한다.

자. "자동절전멀티탭"이라 함은 산업통상자원부고시 「대기전력저감프로그램운용규정」에 의하여 대기전력저감우수제품으로 등록된 자동절전멀티탭을 말한다.

차. "일괄소등스위치"라 함은 층 또는 구역 단위(세대 단위)로 설치되어 조명등(센서등 및 비상등 제외 가능)을 일괄적으로 끌 수 있는 스위치를 말한다.

카. "회생제동장치"라 함은 승강기가 균형추보다 무거운 상태로 하강(또는 반대의 경우)할 때 모터는 순간적으로 발전기로 동작하게 되며, 이 때 생산되는 전력을 다른 회로에서 전원으로 활용하는 방식으로 전력소비를 절감하는 장치를 말한다.

타. 삭제

파. 삭제

13. 신·재생에너지설비부문

가. "신·재생에너지"라 함은 「신에너지 및 재생에너지 개발·이용·보급 촉진법」에서 규정하는 것을 말한다.

14. "공공기관"이라 함은 산업통상자원부고시 「공공기관 에너지이용 합리화 추진에 관한 규정」에서 정한 기관을 말한다.

15. "전자식 원격검침계량기" 란 에너지사용량을 전자식으로 계측하여 에너지 관리자가 실시간으로 모니터링하고 기록할 수 있도록 하는 장치이다.

16. "건축물에너지관리시스템(BEMS)"이란 「녹색건축물 조성 지원법」 제6조의2제2항에서 규정하는 것을 말한다.

17. "에너지요구량"이란 건축물의 냉방, 난방, 급탕, 조명부문에서 표준 설정 조건을 유지하기 위하여 해당 건축물에서 필요로 하는 에너지량을 말한다.

18. "에너지소요량"이란 에너지요구량을 만족시키기 위하여 건축물의 냉방, 난방, 급탕, 조명, 환기 부문의 설비기기에 사용되는 에너지량을 말한다.

19. "1차에너지"란 연료의 채취, 가공, 운송, 변환, 공급 등의 과정에서의 손실분을 포함한 에너지를 말하며, 에너지원별 1차에너지 환산계수는 "건축물 에너지효율등급 인증 및 제로에너지건축물 인증 제도 운영규정"에 따른다.

20. "시험성적서"란 「적합성평가 관리 등에 관한 법률」 제2조제10호다목에 해당하는 성적서로 동법에 따라 발급·관리되는 것을 말한다.

제2장 에너지절약 설계에 관한 기준

제1절 건축부문 설계기준

제6조【건축부문의 의무사항】 제2조에 따른 열손실방지 조치 대상 건축물의 건축주와 설계자 등은 다음 각 호에서 정하는 건축부문의 설계기준을 따라야 한다.

1. 단열조치 일반사항

가. 외기에 직접 또는 간접 면하는 거실의 각 부위에는 제2조에 따라 건축물의 열손실방지 조치를 하여야 한다. 다만, 다음 부위에 대해서는 그러하지 아니할 수 있다.

1) 지표면 아래 2미터를 초과하여 위치한 지하 부위(공동주택의 거실 부위는 제외)로서 이중벽의 설치 등 하계 표면결로 방지 조치를 한 경우

2) 지면 및 토양에 접한 바닥 부위로서 난방공간의 외벽 내표면까지의 모든 수평거리가 10미터를 초과하는 바닥부위

3) 외기에 간접 면하는 부위로서 당해 부위가 면한 비난방공간의 외기에 직접 또는 간접 면하는 부위를 별표1에 준하여 단열조치하는 경우

4) 공동주택의 층간바닥(최하층 제외) 중 바닥난방을 하지 않는 현관 및 욕실의 바닥부위

5) 방풍구조(외벽제외) 또는 바닥면적 150제곱미터 이하의 개별 점포의 출입문

6) 「건축법 시행령」 별표1 제21호에 따른 동물 및 식물 관련 시설 중 작물재배사 또는 온실 등

지표면을 바닥으로 사용하는 공간의 바닥부위

7) 「건축법」 제49조제3항에 따른 소방관진입창(단, 「건축물의 피난·방화구조 등의 기준에 관한 규칙」 제18조의2제1호를 만족하는 최소 설치 개소로 한정한다.)

나. 단열조치를 하여야 하는 부위의 열관류율이 위치 또는 구조상의 특성에 의하여 일정하지 않는 경우에는 해당 부위의 평균 열관류율 값을 면적가중 계산에 의하여 구한다.

다. 단열조치를 하여야 하는 부위에 대하여는 다음 각 호에서 정하는 방법에 따라 단열기준에 적합한지를 판단할 수 있다.

1) 이 기준 별표3의 지역별·부위별·단열재 등급별 허용 두께 이상으로 설치하는 경우(단열재의 등급 분류는 별표2에 따름) 적합한 것으로 본다.

2) 해당 벽·바닥·지붕 등의 부위별 전체 구성재료와 동일한 시료에 대하여 KS F2277(건축용 구성재의 단열성 측정방법)에 의한 열저항 또는 열관류율 측정값(시험성적서의 값)이 별표1의 부위별 열관류율에 만족하는 경우에는 적합한 것으로 보며, 시료의 공기층(단열재 내부의 공기층 포함) 두께와 동일하면서 기타 구성재료의 두께가 시료보다 증가한 경우와 공기층을 제외한 시료에 대한 측정값이 기준에 만족하고 시료 내부에 공기층을 추가하는 경우에도 적합한 것으로 본다. 단, 공기층이 포함된 경우에는 시공 시에 공기층 두께를 동일하게 유지하여야 한다.

3) 구성재료의 열전도율 값으로 열관류율을 계산한 결과가 별표1의 부위별 열관류율 기준을 만족하는 경우 적합한 것으로 본다.(단, 각 재료의 열전도율 값은 한국산업규격 또는 시험성적서의 값을 사용하고, 표면열전달저항 및 중공층의 열저항은 이 기준 별표5 및 별표6에서 제시하는 값을 사용)

4) 창 및 문의 경우 KS F 2278(창호의 단열성 시험 방법)에 의한 시험성적서 또는 별표4에 의한 열관류율 값 또는 산업통상자원부고시 「효율관리기자재 운용규정」에 따른 창 세트의 열관류율 표시값 또는 ISO 15099에 따라 계산된 창 및 문의 열관류율 값이 별표1의 열관류율 기준을 만족하는 경우 적합한 것으로 본다.

5) 열관류율 또는 열관류저항의 계산결과는 소수점 3자리로 맺음을 하여 적합 여부를 판정한다.(소수점 4째 자리에서 반올림)

라. 별표1 건축물부위의 열관류율 산정을 위한 단열재의 열전도율 값은 한국산업규격 KS L 9016 보온재의 열전도율 측정방법에 따른 시험성적서에 의한 값을 사용하되 열전도율 시험을 위한 시료의 평균온도는 20±5℃로 한다.

마. 수평면과 이루는 각이 70도를 초과하는 경사지붕은 별표1에 따른 외벽의 열관류율을 적용할 수 있다.

바. 바닥난방을 하는 공간의 하부가 바닥난방을 하지 않는 공간일 경우에는 당해 바닥난방을 하는 바닥부위는 별표1의 최하층에 있는 거실의 바닥으로 보며 외기에 간접 면하는 경우의 열관류율 기준을 만족하여야 한다.

2. 에너지절약계획서 및 설계 검토서 제출대상 건축물은 별지 제1호 서식 에너지절약계획 설계 검토서 중 에너지성능지표(이하 "에너지성능지표"라 한다) 건축부문 1번 항목 배점을 0.6점 이상 획득하여야 한다.

3. 바닥난방에서 단열재의 설치

가. 바닥난방 부위에 설치되는 단열재는 바닥난방의 열이 슬래브 하부로 손실되는 것을 막을 수 있도록 온수배관(전기난방인 경우는 발열선) 하부와 슬래브 사이에 설치하고, 온수배관(전기난방인 경우는 발열선) 하부와 슬래브 사이에 설치되는 구성 재료의 열저항의 합계는 해당 바닥에 요구되는 총열관류저항(별표1에서 제시되는 열관류율의 역수)의 60% 이상이 되어야 한다. 다만, 바닥난방을 하는 욕실 및 현관부위와 슬래브의 축열을 직접 이용하는 심야전기이용 온돌 등(한국전력의 심야전력이용기기 승인을 받은 것에 한한다)의 경우에는 단열재의 위치가 그러하지 않을 수 있다.

4. 기밀 및 결로방지 등을 위한 조치

가. 벽체 내표면 및 내부에서의 결로를 방지하고 단열재의 성능 저하를 방지하기 위하여 제2조에 의하여 단열조치를 하여야 하는 부위(창 및 문과 난방공간 사이의 층간 바닥 제외)에는 방습층을 단열재의 실내측에 설치하여야 한다.

나. 방습층 및 단열재가 이어지는 부위 및 단부는 이음 및 단부를 통한 투습을 방지할 수 있도록 다음과 같이 조치하여야 한다.

1) 단열재의 이음부는 최대한 밀착하여 시공하거나, 2장을 엇갈리게 시공하여 이음부를 통한 단열성능 저하가 최소화될 수 있도록 조치할 것

2) 방습층으로 알루미늄박 또는 플라스틱계 필름 등을 사용할 경우의 이음부는 100㎜ 이상 중첩하고 내습성 테이프, 접착제 등으로 기밀하게 마감할 것
3) 단열부위가 만나는 모서리 부위는 방습층 및 단열재가 이어짐이 없이 시공하거나 이어질 경우 이음부를 통한 단열성능 저하가 최소화되도록 하며, 알루미늄박 또는 플라스틱계 필름 등을 사용할 경우의 모서리 이음부는 150㎜이상 중첩되게 시공하고 내습성 테이프, 접착제 등으로 기밀하게 마감할 것
4) 방습층의 단부는 단부를 통한 투습이 발생하지 않도록 내습성 테이프, 접착제 등으로 기밀하게 마감할 것

다. 건축물 외피 단열부위의 접합부, 틈 등은 밀폐될 수 있도록 코킹과 가스켓 등을 사용하여 기밀하게 처리하여야 한다.

라. 외기에 직접 면하고 1층 또는 지상으로 연결된 출입문은 방풍구조로 하여야 한다. 다만, 다음 각 호에 해당하는 경우에는 그러하지 않을 수 있다.
1) 바닥면적 3백 제곱미터 이하의 개별 점포의 출입문
2) 주택의 출입문(단, 기숙사는 제외)
3) 사람의 통행을 주목적으로 하지 않는 출입문
4) 너비 1.2미터 이하의 출입문

마. 방풍구조를 설치하여야 하는 출입문에서 회전문과 일반문이 같이 설치되어진 경우, 일반문 부위는 방풍실 구조의 이중문을 설치하여야 한다.

바. 건축물의 거실의 창이 외기에 직접 면하는 부위인 경우에는 기밀성 창을 설치하여야 한다.

5. 영 제10조의2에 해당하는 공공건축물을 건축 또는 리모델링하는 경우 법 제14조의2제1항에 따라 에너지성능지표 건축부문 7번 항목 배점을 0.6점 이상 획득하여야 한다. 다만, 건축물 에너지효율 1++등급 이상 또는 제로에너지건축물 인증을 취득한 경우 또는 제21조제2항에 따라 단위면적당 1차 에너지소요량의 합계가 적합할 경우에는 그러하지 아니할 수 있다.

제7조 【건축부문의 권장사항】 에너지절약계획서 제출대상 건축물의 건축주와 설계자 등은 다음 각 호에서 정하는 사항을 제15조의 규정에 적합하도록 선택적으로 채택할 수 있다.

1. 배치계획
가. 건축물은 대지의 향, 일조 및 주풍향 등을 고려하여 배치하며, 남향 또는 남동향 배치를 한다.
나. 공동주택은 인동간격을 넓게 하여 저층부의 태양열 취득을 최대한 증대시킨다.

2. 평면계획
가. 거실의 층고 및 반자 높이는 실의 용도와 기능에 지장을 주지 않는 범위 내에서 가능한 낮게 한다.
나. 건축물의 체적에 대한 외피면적의 비 또는 연면적에 대한 외피면적의 비는 가능한 작게 한다.
다. 실의 냉난방 설정온도, 사용스케줄 등을 고려하여 에너지절약적 조닝계획을 한다.

3. 단열계획
가. 건축물 용도 및 규모를 고려하여 건축물 외벽, 천장 및 바닥으로의 열손실이 최소화되도록 설계한다.
나. 외벽 부위는 외단열로 시공한다.
다. 외피의 모서리 부분은 열교가 발생하지 않도록 단열재를 연속적으로 설치하고, 기타 열교부위는 별표11의 외피 열교부위별 선형 열관류율 기준에 따라 충분히 단열되도록 한다.
라. 건물의 창 및 문은 가능한 작게 설계하고, 특히 열손실이 많은 북측 거실의 창 및 문의 면적은 최소화한다.
마. 발코니 확장을 하는 공동주택이나 창 및 문의 면적이 큰 건물에는 단열성이 우수한 로이(Low-E) 복층창이나 삼중창 이상의 단열성능을 갖는 창을 설치한다.
바. 태양열 유입에 의한 냉·난방부하를 저감 할 수 있도록 일사조절장치, 태양열취득률(SHGC), 창 및 문의 면적비 등을 고려한 설계를 한다. 건축물 외부에 일사조절장치를 설치하는 경우에는 비, 바람, 눈, 고드름 등의 낙하 및 화재 등의 사고에 대비하여 안전성을 검토하고 주변 건축물에 빛반사에 의한 피해 영향을 고려하여야 한다.
사. 건물 옥상에는 조경을 하여 최상층 지붕의 열저항을 높이고, 옥상면에 직접 도달하는 일사를 차단하여 냉방부하를 감소시킨다.

4. 기밀계획
가. 틈새바람에 의한 열손실을 방지하기 위하여 외기에 직접 또는 간접으로 면하는 거실 부위에는 기밀성 창 및 문을 사용한다.
나. 공동주택의 외기에 접하는 주동의 출입구와 각

세대의 현관은 방풍구조로 한다.

다. 기밀성을 높이기 위하여 외기에 직접 면한 거실의 창 및 문 등 개구부 둘레를 기밀테이프 등을 활용하여 외기가 침입하지 못하도록 기밀하게 처리한다.

5. 자연채광계획

가. 자연채광을 적극적으로 이용할 수 있도록 계획한다. 특히 학교의 교실, 문화 및 집회시설의 공용부분(복도, 화장실, 휴게실, 로비 등)은 1면 이상 자연채광이 가능하도록 한다.

나. 삭제

다. 삭제

라. 삭제

6. 삭제

제2절 기계설비부문 설계기준

제8조【기계부문의 의무사항】 에너지절약계획서 제출대상 건축물의 건축주와 설계자 등은 다음 각 호에서 정하는 기계부문의 설계기준을 따라야 한다.

1. 설계용 외기조건

난방 및 냉방설비의 용량계산을 위한 외기조건은 각 지역별로 위험률 2.5%(냉방기 및 난방기를 분리한 온도출현분포를 사용할 경우) 또는 1%(연간 총시간에 대한 온도출현 분포를 사용할 경우)로 하거나 별표7에서 정한 외기온·습도를 사용한다. 별표7 이외의 지역인 경우에는 상기 위험률을 기준으로 하여 가장 유사한 기후조건을 갖는 지역의 값을 사용한다. 다만, 지역난방공급방식을 채택할 경우에는 산업통상자원부 고시 「집단에너지시설의 기술기준」에 의하여 용량계산을 할 수 있다.

2. 열원 및 반송설비

가. 공동주택에 중앙집중식 난방설비(집단에너지사업법에 의한 지역난방공급방식을 포함한다)를 설치하는 경우에는 「주택건설기준 등에 관한 규정」 제37조의 규정에 적합한 조치를 하여야 한다.

나. 펌프는 한국산업규격(KS B 6318, 7501, 7505등) 표시인증제품 또는 KS규격에서 정해진 효율 이상의 제품을 설치하여야 한다.

다. 기기배관 및 덕트는 국토교통부에서 정하는 「국가건설기준 기계설비공사 표준시방서」의 보온두께 이상 또는 그 이상의 열저항을 갖도록 단열조치를 하여야 한다. 다만, 건축물내의 벽체 또는 바닥에 매립되는 배관 등은 그러하지 아니할 수 있다.

3. 「공공기관 에너지이용 합리화 추진에 관한 규정」 제10조의 규정을 적용받는 건축물의 경우에는 에너지성능지표 기계부문 10번 항목 배점을 0.6점 이상 획득하여야 한다.

4. 영 제10조의2에 해당하는 공공건축물을 건축 또는 리모델링하는 경우 법 제14조의2제2항에 따라 에너지성능지표 기계부문 1번 및 2번 항목 배점을 0.9점 이상 획득하여야 한다.

제9조【기계부문의 권장사항】 에너지절약계획서 제출대상 건축물의 건축주와 설계자 등은 다음 각 호에서 정하는 사항을 제15조의 규정에 적합하도록 선택적으로 채택할 수 있다.

1. 설계용 실내온도 조건

난방 및 냉방설비의 용량계산을 위한 설계기준 실내온도는 난방의 경우 20℃, 냉방의 경우 28℃를 기준으로 하되(목욕장 및 수영장은 제외) 각 건축물 용도 및 개별 실의 특성에 따라 별표8에서 제시된 범위를 참고하여 설비의 용량이 과다해지지 않도록 한다.

2. 열원설비

가. 열원설비는 부분부하 및 전부하 운전효율이 좋은 것을 선정한다.

나. 난방기기, 냉방기기, 냉동기, 송풍기, 펌프 등은 부하조건에 따라 최고의 성능을 유지할 수 있도록 대수분할 또는 비례제어운전이 되도록 한다.

다. 난방기기, 냉방기기, 급탕기기는 고효율제품 또는 이와 동등 이상의 효율을 가진 제품을 설치한다.

라. 보일러의 배출수·폐열·응축수 및 공조기의 폐열, 생활배수 등의 폐열을 회수하기 위한 열회수설비를 설치한다. 폐열회수를 위한 열회수설비를 설치할 때에는 중간기에 대비한 바이패스(by-pass)설비를 설치한다.

마. 냉방기기는 전력피크 부하를 줄일 수 있도록 하여야 하며, 상황에 따라 심야전기를 이용한 축열·축냉시스템, 가스 및 유류를 이용한 냉방설비, 집단에너지를 이용한 지역냉방방식, 소형열병합발전을 이용한 냉방방식, 신·재생에너지를 이용한 냉방방식을 채택한다.

3. 공조설비

가. 중간기 등에 외기도입에 의하여 냉방부하를 감소시키는 경우에는 실내 공기질을 저하시키지 않는 범위 내에서 이코노마이저시스템 등 외기

냉방시스템을 적용한다. 다만, 외기냉방시스템의 적용이 건축물의 총에너지비용을 감소시킬 수 없는 경우에는 그러하지 아니한다.

나. 공기조화기 팬은 부하변동에 따른 풍량제어가 가능하도록 가변익축류방식, 흡입베인제어방식, 가변속제어방식 등 에너지절약적 제어방식을 채택한다.

4. 반송설비

가. 냉방 또는 난방 순환수 펌프, 냉각수 순환 펌프는 운전효율을 증대시키기 위해 가능한 한 대수제어 또는 가변속제어방식을 채택하여 부하상태에 따라 최적 운전상태가 유지될 수 있도록 한다.

나. 급수용 펌프 또는 급수가압펌프의 전동기에는 가변속제어방식 등 에너지절약적 제어방식을 채택한다.

다. 공조용 송풍기, 펌프는 효율이 높은 것을 채택한다.

5. 환기 및 제어설비

가. 환기를 통한 에너지손실 저감을 위해 성능이 우수한 열회수형환기장치를 설치한다.

나. 기계환기설비를 사용하여야 하는 지하주차장의 환기용 팬은 대수제어 또는 풍량조절(가변익, 가변속도), 일산화탄소(CO)의 농도에 의한 자동(on-off)제어 등의 에너지절약적 제어방식을 도입한다.

다. 건축물의 효율적인 기계설비 운영을 위해 TAB 또는 커미셔닝을 실시한다.

라. 에너지 사용설비는 에너지절약 및 에너지이용 효율의 향상을 위하여 컴퓨터에 의한 자동제어 시스템 또는 네트워킹이 가능한 현장제어장치 등을 사용한 에너지제어시스템을 채택하거나, 분산제어 시스템으로서 각 설비별 에너지제어 시스템에 개방형 통신기술을 채택하여 설비별 제어 시스템간 에너지관리 데이터의 호환과 집중제어가 가능하도록 한다.

6. 삭제

제3절 전기설비부문 설계기준

제10조 【전기부문의 의무사항】 에너지절약계획서 제출대상 건축물의 건축주와 설계자 등은 다음 각 호에서 정하는 전기부문의 설계기준을 따라야 한다.

1. 수변전설비

가. 변압기를 신설 또는 교체하는 경우에는 고효율 제품으로 설치하여야 한다.

2. 간선 및 동력설비

가. 전동기에는 기본공급약관 시행세칙 별표6에 따른 역률개선용커패시터(콘덴서)를 전동기별로 설치하여야 한다. 다만, 소방설비용 전동기 및 인버터 설치 전동기에는 그러하지 아니할 수 있다.

나. 간선의 전압강하는 한국전기설비규정을 따라야 한다.

3. 조명설비

가. 조명기기 중 안정기내장형램프, 형광램프를 채택할 때에는 산업통상자원부 고시 「효율관리기자재 운용규정」에 따른 최저소비효율기준을 만족하는 제품을 사용하고, 유도등 및 주차장 조명기기는 고효율제품에 해당하는 LED 조명을 설치하여야 한다.

나. 공동주택 각 세대내의 현관 및 숙박시설의 객실 내부입구, 계단실의 조명기구는 인체감지점멸형 또는 일정시간 후에 자동 소등되는 조도자동조절조명기구를 채택하여야 한다.

다. 조명기구는 필요에 따라 부분조명이 가능하도록 점멸회로를 구분하여 설치하여야 하며, 일사광이 들어오는 창측의 전등군은 부분점멸이 가능하도록 설치한다. 다만, 공동주택은 그러하지 않을 수 있다.

라. 공동주택의 효율적인 조명에너지 관리를 위하여 세대별로 일괄적 소등이 가능한 일괄소등스위치를 설치하여야 한다. 다만, 전용면적 60제곱미터 이하인 주택의 경우에는 그러하지 않을 수 있다.

4. 영 제10조의2에 해당하는 공공건축물을 건축 또는 리모델링하는 경우 법 제14조의2제2항에 따라 에너지성능지표 전기설비부문 8번 항목 배점을 0.6점 이상 획득하여야 한다.

5. 「공공기관 에너지이용 합리화 추진에 관한 규정」 제6조제3항의 규정을 적용받는 건축물의 경우에는 에너지성능지표 전기설비부문 8번 항목 배점을 1점 획득하여야 한다.

제11조 【전기부문의 권장사항】 에너지절약계획서 제출대상 건축물의 건축주와 설계자 등은 다음 각 호에서 정하는 사항을 제15조의 규정에 적합하도록 선택적으로 채택할 수 있다.

1. 수변전설비

가. 변전설비는 부하의 특성, 수용률, 장래의 부하증가에 따른 여유율, 운전조건, 배전방식을 고려

하여 용량을 산정한다.

나. 부하특성, 부하종류, 계절부하 등을 고려하여 변압기의 운전대수제어가 가능하도록 뱅크를 구성한다.

다. 수전전압 25kV이하의 수전설비에서는 변압기의 무부하손실을 줄이기 위하여 충분한 안전성이 확보된다면 직접강압방식을 채택하며 건축물의 규모, 부하특성, 부하용량, 간선손실, 전압강하 등을 고려하여 손실을 최소화할 수 있는 변압방식을 채택한다.

라. 전력을 효율적으로 이용하고 최대수용전력을 합리적으로 관리하기 위하여 최대수요전력 제어설비를 채택한다.

마. 역률개선용커패시터(콘덴서)를 집합 설치하는 경우에는 역률자동조절장치를 설치한다.

바. 건축물의 사용자가 합리적으로 전력을 절감할 수 있도록 층별 및 임대 구획별로 전력량계를 설치한다.

2. 조명설비

가. 옥외등은 고효율제품인 LED 조명을 사용하고, 옥외등의 조명회로는 격등 점등(또는 조도조절 기능) 및 자동점멸기에 의한 점멸이 가능하도록 한다.

나. 공동주택의 지하주차장에 자연채광용 개구부가 설치되는 경우에는 주위 밝기를 감지하여 전등 군별로 자동 점멸되거나 스케줄제어가 가능하도록 하여 조명전력이 효과적으로 절감될 수 있도록 한다.

다. LED 조명기구는 고효율제품을 설치한다.

라. KS A 3011에 의한 작업면 표준조도를 확보하고 효율적인 조명설계에 의한 전력에너지를 절약한다.

마. 효율적인 조명에너지 관리를 위하여 층별 또는 구역별로 일괄 소등이 가능한 일괄소등스위치를 설치한다.

3. 제어설비

가. 여러 대의 승강기가 설치되는 경우에는 군관리 운행방식을 채택한다.

나. 팬코일유닛이 설치되는 경우에는 전원의 방위별, 실의 용도별 통합제어가 가능하도록 한다.

다. 수변전설비는 종합감시제어 및 기록이 가능한 자동제어설비를 채택한다.

라. 실내 조명설비는 군별 또는 회로별로 자동제어가 가능하도록 한다.

마. 승강기에 회생제동장치를 설치한다.

바. 사용하지 않는 기기에서 소비하는 대기전력을 저감하기 위해 대기전력자동차단장치를 설치한다.

4. 건축물에너지관리시스템(BEMS)이 설치되는 경우에는 별표12의 설치기준에 따라 센서・계측장비, 분석 소프트웨어 등이 포함되도록 한다.

5. 삭제

6. 삭제

제4절 신·재생에너지설비부문 설계기준

제12조【신・재생에너지 설비부문의 의무사항】에너지절약계획서 제출대상 건축물에 신·재생에너지설비를 설치하는 경우 「신에너지 및 재생에너지 개발·이용·보급 촉진법」에 따른 산업통상자원부 고시 「신·재생에너지 설비의 지원 등에 관한 규정」을 따라야 한다.

제12조의2【신 ・ 재생에너지 설비부문의 권장사항】 에너지절약계획서 제출대상 건축물의 건축주와 설계자 등은 난방, 냉방, 급탕 및 조명에너지 공급 설계 시 신・재생에너지를 제15조의 규정에 적합하도록 선택적으로 채택할 수 있다.

제3장 에너지절약계획서 및 설계 검토서 작성기준

제13조【에너지절약계획서 및 설계 검토서 작성】 에너지절약 설계 검토서는 별지 제1호 서식에 따라 에너지절약설계기준 의무사항 및 에너지성능지표, 건축물 에너지소요량 평가서로 구분된다. 에너지절약계획서를 제출하는 자는 에너지절약계획서 및 설계 검토서(에너지절약설계기준 의무사항 및 에너지성능지표, 건축물 에너지소요량 평가서)의 판정자료를 제시(전자문서로 제출하는 경우를 포함한다)하여야 한다. 다만, 자료를 제시할 수 없는 경우에는 부득이 당해 건축사 및 설계에 협력하는 해당분야 기술사(기계 및 전기)가 서명・날인한 설치예정확인서로 대체할 수 있다.

제14조【에너지절약설계기준 의무사항의 판정】 에너지절약설계기준 의무사항은 전 항목 채택 시 적합한 것으로 본다.

제15조【에너지성능지표의 판정】 ① 에너지성능지표는 평점합계가 65점 이상일 경우 적합한 것으로 본다. 다만, 공공기관이 신축하는 건축물(별동으로 증축하는 건축물을 포함한다)은 74점 이상일 경우 적합한 것으

로 본다.

② 에너지성능지표의 각 항목에 대한 배점의 판단은 에너지절약계획서 제출자가 제시한 설계도면 및 자료에 의하여 판정하며, 판정 자료가 제시되지 않을 경우에는 적용되지 않은 것으로 간주한다.

제4장 건축기준의 완화 적용

제16조【완화기준】 영 제11조제2항에 따라 건축물에 적용할 수 있는 세부 완화기준은 별표9에 따르며, 건축주가 건축기준의 완화적용을 신청하는 경우에 한해서 적용한다. <개정 2023.2.28.>

제17조【완화기준의 적용방법】 ① 완화기준의 적용은 당해 용도구역 및 용도지역에 지방자치단체 조례에서 정한 최대 용적률의 제한기준, 건축물 최대높이의 제한 기준에 대하여 다음 각 호의 방법에 따라 적용한다.

1. 용적률 적용방법
   「법 및 조례에서 정하는 기준 용적률」 × [1 + 완화기준]
2. 건축물 높이제한 적용방법
   「법 및 조례에서 정하는 건축물의 최고높이」 × [1 + 완화기준]

② 삭제 <2023.2.28.>

제18조【완화기준의 신청 등】 ① 완화기준을 적용받고자 하는 자(이하 "신청인"이라 한다)는 건축허가 또는 사업계획승인 신청 시 허가권자에게 별지 제2호 서식의 완화기준 적용 신청서 및 관계 서류를 첨부하여 제출하여야 한다.

② 이미 건축허가를 받은 건축물의 건축주 또는 사업주체도 허가변경을 통하여 완화기준 적용 신청을 할 수 있다.

③ 신청인의 자격은 건축주 또는 사업주체로 한다.

④ 완화기준의 신청을 받은 허가권자는 신청내용의 적합성을 지방건축위원회 심의를 통해 검토하고, 신청자가 신청내용을 이행하도록 허가조건에 명시하여 허가하여야 한다. <개정 2023.2.28.>

제19조【인증의 취득】 ① 신청인이 인증에 의해 완화기준을 적용받고자 하는 경우에는 인증기관으로부터 예비인증을 받아야 한다.

② 완화기준을 적용받은 건축주 또는 사업주체는 건축물의 사용승인 신청 이전에 본인증을 취득하여 사용승인 신청 시 허가권자에게 인증서 사본을 제출하여야 한다. 단, 본인증의 등급은 예비인증 등급 이상으로 취득하여야 한다.

제20조【이행여부 확인】 ① 인증취득을 통해 완화기준을 적용받은 경우에는 본인증서를 제출하는 것으로 이행한 것으로 본다.

② 이행여부 확인결과 건축주가 본인증서를 제출하지 않은 경우 허가권자는 사용승인을 거부할 수 있으며, 완화적용을 받기 이전의 해당 기준에 맞게 건축하도록 명할 수 있다.

제5장 건축물 에너지 소비 총량제

제21조【건축물의 에너지소요량의 평가대상 및 에너지소요량 평가서의 판정】 ① 신축 또는 별동으로 증축하는 경우로서 다음 각 호의 어느 하나에 해당하는 건축물은 1차 에너지소요량 등을 평가하여 별지 제1호 서식에 따른 건축물 에너지소요량 평가서를 제출하여야 한다. <개정 2023.2.28.>

1. 「건축법 시행령」 별표1에 따른 업무시설 중 연면적의 합계가 3천 제곱미터 이상인 건축물
2. 「건축법 시행령」 별표1에 따른 교육연구시설 중 연면적의 합계가 3천 제곱미터 이상인 건축물
3. 삭제 <2023.2.28.>

② 건축물의 에너지소요량 평가서는 단위면적당 1차 에너지소요량의 합계가 200 kWh/m^2년 미만일 경우 적합한 것으로 본다. 다만, 공공기관 건축물은 140 kWh/m^2년 미만일 경우 적합한 것으로 본다. <개정 2023.2.28.>

제22조【건축물의 에너지 소요량의 평가방법】 건축물 에너지소요량은 ISO 52016 등 국제규격에 따라 난방, 냉방, 급탕, 조명, 환기 등에 대해 종합적으로 평가하도록 제작된 프로그램에 따라 산출된 연간 단위면적당 1차 에너지소요량 등으로 평가하며, 별표10의 평가기준과 같이 한다.

제6장 보칙

제23조【복합용도 건축물의 에너지절약계획서 및 설계검토서 작성방법 등】 ① 에너지절약계획서 및 설계검토서를 제출하여야 하는 건축물 중 비주거와 주거용도가 복합되는 건축물의 경우에는 해당 용도별로 에너지절약계획서 및 설계 검토서를 제출하여야 한다.

② 다수의 동이 있는 경우에는 동별로 에너지절약계획서 및 설계 검토서를 제출하는 것을 원칙으로 한다.(다만, 공동주택의 주거용도는 하나의 단지로 작성)

③ 설비 및 기기, 장치, 제품 등의 효율·성능 등의 판정 방법에 있어 본 기준에서 별도로 제시되지 않는 것은 해당 항목에 대한 한국산업규격(KS)을 따르도록 한다.

④ 기숙사, 오피스텔은 별표1 및 별표3의 공동주택 외의 단열기준을 준수할 수 있으며, 별지 제1호서식의 에너지성능지표 작성 시, 기본배점에서 비주거를 적용한다.

제24조 【에너지절약계획서 및 설계 검토서의 이행】 ① 허가권자는 건축주가 에너지절약계획서 및 설계 검토서의 작성내용을 이행하도록 허가조건에 포함하여 허가한다.

② 작성책임자(건축주 또는 감리자)는 건축물의 사용승인을 신청하는 경우 별지 제3호 서식 에너지절약계획 이행 검토서를 첨부하여 신청하여야 한다.

제25조 【에너지절약계획 설계 검토서 항목 추가】 국토교통부장관은 에너지절약계획 설계 검토서의 건축, 기계, 전기, 신재생부분의 항목 추가를 위하여 수요조사를 실시하고, 자문위원회의 심의를 거쳐 반영 여부를 결정할 수 있다.

제26조 【운영규정】 규칙 제7조제5항에 따른 운영기관의 장은 에너지절약계획서 및 에너지절약계획 설계 검토서의 작성·검토 업무의 효율화를 위하여 필요한 때에는 이 기준에 저촉되지 않는 범위 안에서 운영규정을 제정하여 운영할 수 있다.

제27조 【재검토기한】 국토교통부장관은 「훈령·예규 등의 발령 및 관리에 관한 규정」에 따라 이 고시에 대하여 2022년 1월 1일 기준으로 매3년이 되는 시점(매 3년째의 12월 31일까지를 말한다)마다 그 타당성을 검토하여 개선 등의 조치를 하여야 한다.

부칙〈제2022-52호, 2022.1.28.〉

제1조(시행일) 이 고시는 발령 후 6개월이 경과한 날부터 시행한다.

제2조(경과조치) 이 고시 시행 당시 다음 각 호의 어느 하나에 해당하는 경우에는 종전에 규정에 따를 수 있다.

1. 건축허가를 받은 경우
2. 건축허가를 신청한 경우나 건축허가를 신청하기 위하여 「건축법」 제4조에 따른 건축위원회의 심의를 신청한 경우

부칙〈제2023-104호, 2023.2.28.〉

제1조(시행일) 이 고시는 발령한 날부터 시행한다.

제2조(경과조치) 이 고시 시행 당시 다음 각 호의 어느 하나에 해당하는 경우에는 종전의 규정에 따를 수 있다.

1. 「건축법」 제11조에 따른 건축허가(건축허가가 의제되는 다른 법률에 따른 허가·인가·승인 등을 포함한다. 이하 같다)를 받았거나 신청한 건축물
2. 「건축법」 제4조의2제1항에 따라 건축허가를 받기 위하여 건축위원회에 심의를 신청한 건축물
3. 제1호에 해당하는 건축물로서 이 고시 시행 이후 변경허가를 신청하거나 변경신고를 하는 건축물

[별표 1] 지역별 건축물 부위의 열관류율표 <개정 2017.12.28, 2022.1.28.>

(단위 : W/㎡ • K)

건축물의 부위 \ 지역				중부1지역[1]	중부2지역[2]	남부지역[3]	제주도
거실의 외벽	외기에 직접 면하는 경우	공동주택		0.150 이하	0.170 이하	0.220 이하	0.290 이하
		공동주택 외		0.170 이하	0.240 이하	0.320 이하	0.410 이하
	외기에 간접 면하는 경우	공동주택		0.210 이하	0.240 이하	0.310 이하	0.410 이하
		공동주택 외		0.240 이하	0.340 이하	0.450 이하	0.560 이하
최상층에 있는 거실의 반자 또는 지붕	외기에 직접 면하는 경우			0.150 이하		0.180 이하	0.250 이하
	외기에 간접 면하는 경우			0.210 이하		0.260 이하	0.350 이하
최하층에 있는 거실의 바닥	외기에 직접 면하는 경우	바닥난방인 경우		0.150 이하	0.170 이하	0.220 이하	0.290 이하
		바닥난방 아닌 경우		0.170 이하	0.200 이하	0.250 이하	0.330 이하
	외기에 간접 면하는 경우	바닥난방인 경우		0.210 이하	0.240 이하	0.310 이하	0.410 이하
		바닥난방 아닌 경우		0.240 이하	0.290 이하	0.350 이하	0.470 이하
바닥난방인 층간바닥				0.810 이하			
창 및 문	외기에 직접 면하는 경우	공동주택		0.900 이하	1.000 이하	1.200 이하	1.600 이하
		공동주택 외	창	1.300 이하	1.500 이하	1.800 이하	2.200 이하
			문	1.500 이하			
	외기에 간접 면하는 경우	공동주택		1.300 이하	1.500 이하	1.700 이하	2.000 이하
		공동주택 외	창	1.600 이하	1.900 이하	2.200 이하	2.800 이하
			문	1.900 이하			
공동주택 세대현관문 및 방화문	외기에 직접 면하는 경우 및 방화문			1.400 이하			
	외기에 간접 면하는 경우			1.800 이하			

비 고

1) 중부1지역 : 강원도(고성, 속초, 양양, 강릉, 동해, 삼척 제외), 경기도(연천, 포천, 가평, 남양주, 의정부, 양주, 동두천, 파주), 충청북도(제천), 경상북도(봉화, 청송)
2) 중부2지역 : 서울특별시, 대전광역시, 세종특별자치시, 인천광역시, 강원도(고성, 속초, 양양, 강릉, 동해, 삼척), 경기도(연천, 포천, 가평, 남양주, 의정부, 양주, 동두천, 파주 제외), 충청북도(제천 제외), 충청남도, 경상북도(봉화, 청송, 울진, 영덕, 포항, 경주, 청도, 경산 제외), 전라북도, 경상남도(거창, 함양)
3) 남부지역 : 부산광역시, 대구광역시, 울산광역시, 광주광역시, 전라남도, 경상북도(울진, 영덕, 포항, 경주, 청도, 경산), 경상남도(거창, 함양 제외)

[별표 2] 단열재의 등급분류 <개정 2017.12.28.>

<table>
<tr><th rowspan="2">등급분류</th><th colspan="2">열전도율의 범위
(KS L 9016에 의한
20±5℃ 시험조건에서
열전도율)</th><th rowspan="2">관련 표준</th><th rowspan="2">단열재 종류</th></tr>
<tr><th>W/mK</th><th>㎉/mh℃</th></tr>
<tr><td rowspan="7">가</td><td rowspan="7">0.034 이하</td><td rowspan="7">0.029 이하</td><td>KS M 3808</td><td>- 압출법보온판 특호, 1호, 2호, 3호
- 비드법보온판 2종 1호, 2호, 3호, 4호</td></tr>
<tr><td>KS M 3809</td><td>- 경질우레탄폼보온판 1종 1호, 2호, 3호 및 2종 1호, 2호, 3호</td></tr>
<tr><td>KS L 9102</td><td>- 그라스울 보온판 48K, 64K, 80K, 96K, 120K</td></tr>
<tr><td>KS M ISO 4898</td><td>- 페놀 폼 Ⅰ종A, Ⅱ종A</td></tr>
<tr><td>KS M 3871-1</td><td>- 분무식 중밀도 폴리우레탄 폼 1종(A, B), 2종(A, B)</td></tr>
<tr><td>KS F 5660</td><td>- 폴리에스테르 흡음 단열재 1급</td></tr>
<tr><td colspan="2">기타 단열재로서 열전도율이 0.034 W/mK (0.029 ㎉/mh℃)이하인 경우</td></tr>
<tr><td rowspan="6">나</td><td rowspan="6">0.035~
0.040</td><td rowspan="6">0.030~
0.034</td><td>KS M 3808</td><td>- 비드법보온판 1종 1호, 2호, 3호</td></tr>
<tr><td>KS L 9102</td><td>- 미네랄울 보온판 1호, 2호, 3호
- 그라스울 보온판 24K, 32K, 40K</td></tr>
<tr><td>KS M ISO 4898</td><td>- 페놀 폼 Ⅰ종B, Ⅱ종B, Ⅲ종A</td></tr>
<tr><td>KS M 3871-1</td><td>- 분무식 중밀도 폴리우레탄 폼 1종(C)</td></tr>
<tr><td>KS F 5660</td><td>- 폴리에스테르 흡음 단열재 2급</td></tr>
<tr><td colspan="2">기타 단열재로서 열전도율이 0.035~0.040 W/mK (0.030~0.034 ㎉/mh℃)이하인 경우</td></tr>
<tr><td rowspan="3">다</td><td rowspan="3">0.041~
0.046</td><td rowspan="3">0.035~
0.039</td><td>KS M 3808</td><td>- 비드법보온판 1종 4호</td></tr>
<tr><td>KS F 5660</td><td>- 폴리에스테르 흡음 단열재 3급</td></tr>
<tr><td colspan="2">기타 단열재로서 열전도율이 0.041~0.046 W/mK (0.035~0.039 ㎉/mh℃)이하인 경우</td></tr>
<tr><td>라</td><td>0.047~
0.051</td><td>0.040~
0.044</td><td colspan="2">기타 단열재로서 열전도율이 0.047~0.051 W/mK (0.040~0.044 ㎉/mh℃)이하인 경우</td></tr>
</table>

※ 단열재의 등급분류는 단열재의 열전도율의 범위에 따라 등급을 분류한다.

[별표3] 단열재의 두께 <개정 2017.12.28.>

[중부1지역][1)]

(단위:㎜)

건축물의 부위 \ 단열재의 등급			단열재 등급별 허용 두께			
			가	나	다	라
거실의 외벽	외기에 직접 면하는 경우	공동주택	220	255	295	325
		공동주택 외	190	225	260	285
	외기에 간접 면하는 경우	공동주택	150	180	205	225
		공동주택 외	130	155	175	195
최상층에 있는 거실의 반자 또는 지붕	외기에 직접 면하는 경우		220	260	295	330
	외기에 간접 면하는 경우		155	180	205	230
최하층에 있는 거실의 바닥	외기에 직접 면하는 경우	바닥난방인 경우	215	250	290	320
		바닥난방이 아닌 경우	195	230	265	290
	외기에 간접 면하는 경우	바닥난방인 경우	145	170	195	220
		바닥난방이 아닌 경우	135	155	180	200
바닥난방인 층간바닥			30	35	45	50

[중부2지역][2)]

(단위:㎜)

건축물의 부위 \ 단열재의 등급			단열재 등급별 허용 두께			
			가	나	다	라
거실의 외벽	외기에 직접 면하는 경우	공동주택	190	225	260	285
		공동주택 외	135	155	180	200
	외기에 간접 면하는 경우	공동주택	130	155	175	195
		공동주택 외	90	105	120	135
최상층에 있는 거실의 반자 또는 지붕	외기에 직접 면하는 경우		220	260	295	330
	외기에 간접 면하는 경우		155	180	205	230
최하층에 있는 거실의 바닥	외기에 직접 면하는 경우	바닥난방인 경우	190	220	255	280
		바닥난방이 아닌 경우	165	195	220	245
	외기에 간접 면하는 경우	바닥난방인 경우	125	150	170	185
		바닥난방이 아닌 경우	110	125	145	160
바닥난방인 층간바닥			30	35	45	50

[남부지역][3]

(단위:㎜)

건축물의 부위 \ 단열재의 등급			단열재 등급별 허용 두께			
			가	나	다	라
거실의 외벽	외기에 직접 면하는 경우	공동주택	145	170	200	220
		공동주택 외	100	115	130	145
	외기에 간접 면하는 경우	공동주택	100	115	135	150
		공동주택 외	65	75	90	95
최상층에 있는 거실의 반자 또는 지붕	외기에 직접 면하는 경우		180	215	245	270
	외기에 간접 면하는 경우		120	145	165	180
최하층에 있는 거실의 바닥	외기에 직접 면하는 경우	바닥난방인 경우	140	165	190	210
		바닥난방이 아닌 경우	130	155	175	195
	외기에 간접 면하는 경우	바닥난방인 경우	95	110	125	140
		바닥난방이 아닌 경우	90	105	120	130
바닥난방인 층간바닥			30	35	45	50

[제주도]

(단위:㎜)

건축물의 부위 \ 단열재의 등급			단열재 등급별 허용 두께			
			가	나	다	라
거실의 외벽	외기에 직접 면하는 경우	공동주택	110	130	145	165
		공동주택 외	75	90	100	110
	외기에 간접 면하는 경우	공동주택	75	85	100	110
		공동주택 외	50	60	70	75
최상층에 있는 거실의 반자 또는 지붕	외기에 직접 면하는 경우		130	150	175	190
	외기에 간접 면하는 경우		90	105	120	130
최하층에 있는 거실의 바닥	외기에 직접 면하는 경우	바닥난방인 경우	105	125	140	155
		바닥난방이 아닌 경우	100	115	130	145
	외기에 간접 면하는 경우	바닥난방인 경우	65	80	90	100
		바닥난방이 아닌 경우	65	75	85	95
바닥난방인 층간바닥			30	35	45	50

비 고

1) 중부1지역 : 강원도(고성, 속초, 양양, 강릉, 동해, 삼척 제외), 경기도(연천, 포천, 가평, 남양주, 의정부, 양주, 동두천, 파주), 충청북도(제천), 경상북도(봉화, 청송)

2) 중부2지역 : 서울특별시, 대전광역시, 세종특별자치시, 인천광역시, 강원도(고성, 속초, 양양, 강릉, 동해, 삼척), 경기도(연천, 포천, 가평, 남양주, 의정부, 양주, 동두천, 파주 제외), 충청북도(제천 제외), 충청남도, 경상북도(봉화, 청송, 울진, 영덕, 포항, 경주, 청도, 경산 제외), 전라북도, 경상남도(거창, 함양)

3) 남부지역 : 부산광역시, 대구광역시, 울산광역시, 광주광역시, 전라남도, 경상북도(울진, 영덕, 포항, 경주, 청도, 경산), 경상남도(거창, 함양 제외)

[별표 4]창 및 문의 단열성능 <개정 2017.12.28>

[단위 : W/㎡ · K]

창 및 문의 종류			창틀 및 문틀의 종류별 열관류율								
			금속재						플라스틱 또는 목재		
			열교차단재[1] 미적용			열교차단재 적용					
유리의 공기층 두께[mm]			6	12	16 이상	6	12	16 이상	6	12	16 이상
창	복층창	일반복층창[2]	4.0	3.7	3.6	3.7	3.4	3.3	3.1	2.8	2.7
		로이유리(하드코팅)	3.6	3.1	2.9	3.3	2.8	2.6	2.7	2.3	2.1
		로이유리(소프트코팅)	3.5	2.9	2.7	3.2	2.6	2.4	2.6	2.1	1.9
		아르곤 주입	3.8	3.6	3.5	3.5	3.3	3.2	2.9	2.7	2.6
		아르곤 주입+ 로이유리(하드코팅)	3.3	2.9	2.8	3.0	2.6	2.5	2.5	2.1	2.0
		아르곤 주입 + 로이유리(소프트코팅)	3.2	2.7	2.6	2.9	2.4	2.3	2.3	1.9	1.8
	삼중창	일반삼중창[2]	3.2	2.9	2.8	2.9	2.6	2.5	2.4	2.1	2.0
		로이유리(하드코팅)	2.9	2.4	2.3	2.6	2.1	2.0	2.1	1.7	1.6
		로이유리(소프트코팅)	2.8	2.3	2.2	2.5	2.0	1.9	2.0	1.6	1.5
		아르곤 주입	3.1	2.8	2.7	2.8	2.5	2.4	2.2	2.0	1.9
		아르곤 주입+ 로이유리(하드코팅)	2.6	2.3	2.2	2.3	2.0	1.9	1.9	1.6	1.5
		아르곤 주입+ 로이유리(소프트코팅)	2.5	2.2	2.1	2.2	1.9	1.8	1.8	1.5	1.4
	사중창	일반사중창[2]	2.8	2.5	2.4	2.5	2.2	2.1	2.1	1.8	1.7
		로이유리(하드코팅)	2.5	2.1	2.0	2.2	1.8	1.7	1.8	1.5	1.4
		로이유리(소프트코팅)	2.4	2.0	1.9	2.1	1.7	1.6	1.7	1.4	1.3
		아르곤 주입	2.7	2.5	2.4	2.4	2.2	2.1	1.9	1.7	1.6
		아르곤 주입+ 로이유리(하드코팅)	2.3	2.0	1.9	2.0	1.7	1.6	1.6	1.4	1.3
		아르곤 주입+ 로이유리(소프트코팅)	2.2	1.9	1.8	1.9	1.6	1.5	1.5	1.3	1.2
	단창		6.6			6.10			5.30		
문	일반문	단열 두께 20㎜ 미만	2.70			2.60			2.40		
		단열 두께 20㎜ 이상	1.80			1.70			1.60		
	유리문 단창문	유리비율[3] 50% 미만	4.20			4.00			3.70		
		유리비율 50% 이상	5.50			5.20			4.70		
	유리문 복층창문	유리비율 50% 미만	3.20	3.10	3.00	3.00	2.90	2.80	2.70	2.60	2.50
		유리비율 50% 이상	3.80	3.50	3.40	3.30	3.10	3.00	3.00	2.80	2.70

주1) 열교차단재 : 열교 차단재라 함은 창 및 문의 금속프레임 외부 및 내부 사이에 설치되는 폴리염화비닐 등 단열성을 가진 재료로서 외부로의 열흐름을 차단할 수 있는 재료를 말한다.

주2) 복층창은 단창+ 단창, 삼중창은 단창+ 복층창, 사중창은 복층창+ 복층창을 포함한다.

주3) 문의 유리비율은 문 및 문틀을 포함한 면적에 대한 유리면적의 비율을 말한다.

주4) 창 및 문을 구성하는 각 유리의 공기층 두께가 서로 다를 경우 그 중 최소 공기층 두께를 해당 창 및 문의 공기층 두께로 인정하며, 단창+ 단창, 단창+ 복층창의 공기층 두께는 6mm로 인정한다.

주5) 창 및 문을 구성하는 각 유리의 창틀 및 문틀이 서로 다를 경우에는 열관류율이 높은 값을 인정한다.

주6) 복층창, 삼중창, 사중창의 경우 한면만 로이유리를 사용한 경우, 로이유리를 적용한 것으로 인정한다.

주7) 삼중창, 사중창의 경우 하나의 창 및 문에 아르곤을 주입한 경우, 아르곤을 적용한 것으로 인정한다.

[별표 5] 열관류율 계산 시 적용되는 실내 및 실외측 표면 열전달저항

건물 부위 \ 열전달저항	실내표면열전달저항Ri [단위: ㎡ · K/W] (괄호안은 ㎡ · h · ℃/kcal)	실외표면열전달저항Ro [단위: ㎡ · K/W] (괄호안은 ㎡ · h · ℃/kcal)	
		외기에 간접 면하는 경우	외기에 직접 면하는 경우
거실의 외벽 (측벽 및 창, 문 포함)	0.11(0.13)	0.11(0.13)	0.043(0.050)
최하층에 있는 거실 바닥	0.086(0.10)	0.15(0.17)	0.043(0.050)
최상층에 있는 거실의 반자 또는 지붕	0.086(0.10)	0.086(0.10)	0.043(0.050)
공동주택의 층간 바닥	0.086(0.10)	-	-

[별표 6] 열관류율 계산시 적용되는 중공층의 열저항

공기층의 종류	공기층의 두께 da(cm)	공기층의 열저항 Ra [단위: ㎡ · K/W] (괄호안은 ㎡ · h · ℃/kcal)
(1) 공장생산된 기밀제품	2 cm 이하	0.086×da(cm) (0.10×da(cm))
	2 cm 초과	0.17 (0.20)
(2) 현장시공 등	1 cm 이하	0.086×da(cm) (0.10×da(cm))
	1 cm 초과	0.086 (0.10)
(3) 중공층 내부에 반사형 단열재가 설치된 경우	방사율 0.5이하 : (1) 또는 (2)에서 계산된 열저항의 1.5배 방사율 0.1이하 : (1) 또는 (2)에서 계산된 열저항의 2.0배	

[별표 7] 냉·난방설비의 용량계산을 위한 설계 외기온·습도 기준

구 분 / 도시명	냉 방		난 방	
	건구온도(℃)	습구온도(℃)	건구온도(℃)	상대습도(%)
서울	31.2	25.5	-11.3	63
인천	30.1	25.0	-10.4	58
수원	31.2	25.5	-12.4	70
춘천	31.6	25.2	-14.7	77
강릉	31.6	25.1	-7.9	42
대전	32.3	25.5	-10.3	71
청주	32.5	25.8	-12.1	76
전주	32.4	25.8	- 8.7	72
서산	31.1	25.8	- 9.6	78
광주	31.8	26.0	- 6.6	70
대구	33.3	25.8	- 7.6	61
부산	30.7	26.2	- 5.3	46
진주	31.6	26.3	- 8.4	76
울산	32.2	26.8	- 7.0	70
포항	32.5	26.0	- 6.4	41
목포	31.1	26.3	- 4.7	75
제주	30.9	26.3	0.1	70

[별표 8] 냉·난방설비의 용량계산을 위한 실내 온·습도 기준

구분 / 용 도	난 방	냉방	
	건구온도(℃)	건구온도(℃)	상대습도(%)
공동주택	20~22	26~28	50~60
학교(교실)	20~22	26~28	50~60
병원(병실)	21~23	26~28	50~60
관람집회시설(객석)	20~22	26~28	50~60
숙박시설(객실)	20~24	26~28	50~60
판매시설	18~21	26~28	50~60
사무소	20~23	26~28	50~60
목욕장	26~29	26~29	50~75
수영장	27~30	27~30	50~70

[별표 9] 세부 완화기준 <개정 2023.2.28.>

1) 녹색건축 인증에 따른 건축기준 완화비율(영 제11조제1항제2호 관련)

최대완화비율	완화조건	비고
6%	녹색건축 최우수 등급	
3%	녹색건축 우수 등급	

2) 건축물 에너지효율등급 및 제로에너지건축물 인증에 따른 건축기준 완화비율(영 제11조제1항제3호 및 제3의2호 관련)

최대완화비율	완화조건	비고
15%	제로에너지건축물 1등급	
14%	제로에너지건축물 2등급	
13%	제로에너지건축물 3등급	
12%	제로에너지건축물 4등급	
11%	제로에너지건축물 5등급	
6%	건축물 에너지효율 1++등급	
3%	건축물 에너지효율 1+등급	

3) 녹색건축물 조성 시범사업 대상으로 지정된 건축물(영 제11조제1항제4호 관련)

최대완화비율	완화조건	비고
10%	녹색건축물 조성 시범사업	

4) 신축공사를 위한 골조공사에 재활용 건축자재를 사용한 건축물(영 제11조제1항제5호 관련)

- 이 경우 「재활용 건축자재의 활용기준」 제4조제2항에 따른다.

비고

1) 완화기준을 중첩 적용받고자 하는 건축물의 신청인은 법 제15조제2항에 따른 범위를 초과하여 신청할 수 없다.
2) 이 외 중첩 적용 최대한도와 관련된 사항은 「국토의 계획 및 이용에 관한 법률」 제78조제7항 및 「건축법」 제60조제4항에 따른다.

[별표10] 연간 1차 에너지 소요량 평가기준 〈개정 2017.12.28〉

단위면적당 에너지요구량	$= \frac{\text{난방에너지요구량}}{\text{난방에너지가 요구되는 공간의 바닥면적}} + \frac{\text{냉방에너지요구량}}{\text{냉방에너지가 요구되는 공간의 바닥면적}} + \frac{\text{급탕에너지요구량}}{\text{급탕에너지가 요구되는 공간의 바닥면적}} + \frac{\text{조명에너지요구량}}{\text{조명에너지가 요구되는 공간의 바닥면적}}$
단위면적당 에너지소요량	$= \frac{\text{난방에너지소요량}}{\text{난방에너지가 요구되는 공간의 바닥면적}} + \frac{\text{냉방에너지소요량}}{\text{냉방에너지가 요구되는 공간의 바닥면적}} + \frac{\text{급탕에너지소요량}}{\text{급탕에너지가 요구되는 공간의 바닥면적}} + \frac{\text{조명에너지소요량}}{\text{조명에너지가 요구되는 공간의 바닥면적}} + \frac{\text{환기에너지소요량}}{\text{환기에너지가 요구되는 공간의 바닥면적}}$
단위면적당 1차 에너지소요량	= 단위면적당 에너지소요량 × 1차 에너지 환산계수
※ 에너지소요량	= 해당 건축물에 설치된 난방, 냉방, 급탕, 조명, 환기시스템에서 소요되는 에너지량

※ 에너지 소비 총량제 판정 기준이 되는 1차 에너지소요량은 용도 등에 따른 보정계수를 반영한 결과

[별표 11] 외피 열교부위별 선형 열관류율 기준 (구성재료: 콘크리트 단열재 단열보강)

구분	구조체 열교부위 형상	단열 보강 유무	선형 열관류율 (W/mK)
T-1	 외측 ① 내측 ② ③ 외측	없음	0.520(0.840)
		①	0.485(0.795)
		①+ ②	0.430(0.695)
		③	0.440(0.770)
		①+ ③	0.415(0.730)
		①+ ②+ ③	0.370(0.680)
T-2	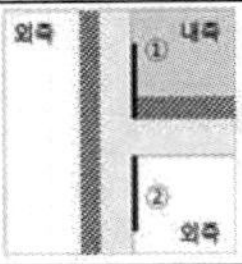 외측 내측 ① ② 외측	없음	0.465(0.640)
		①	0.390(0.560)
		②	0.445(0.620)
		①+ ②	0.375(0.545)
T-3	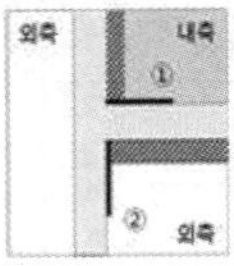 외측 내측 ① ② 외측	없음	0.545(0.705)
		①	0.450(0.605)
		②	0.580(0.701)
		①+ ②	0.450(0.605)
T-4	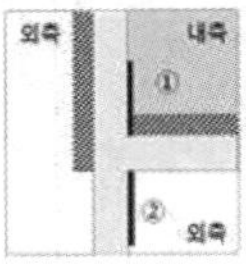 외측 내측 ① ② 외측	없음	0.490(0.640)
		①	0.410(0.550)
		①+ ②	0.365(0.465)
T-5	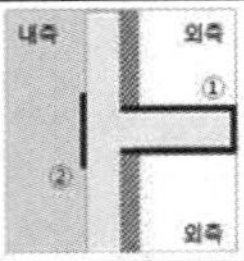 내측 외측 ① ② 외측	없음	0.720(0.990)
		①	0.535(0.810)
		②	0.665(0.930)
		①+ ②	0.500(0.755)
T-6	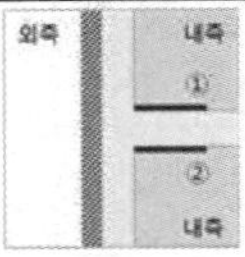 외측 내측 ① ② 내측	없음	0.000(0.300)
		① 또는 ②	0.000(0.300)
		①+ ②	0.000(0.300)
T-7	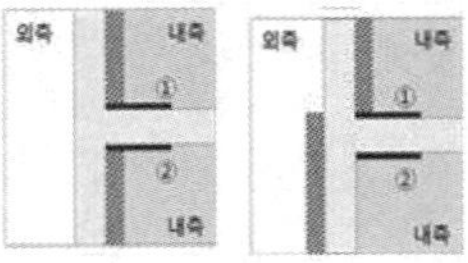 외측 내측 ① ② 내측 / 외측 내측 ① ② 내측	없음	0.700
		① 또는 ②	0.650
		①+ ②	0.600
T-8	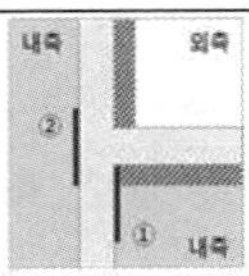 내측 외측 ② ① 내측	없음	0.605(0.780)
		①	0.605(0.775)
		②	0.570(0.740)
		①+ ②	0.565(0.735)
T-9	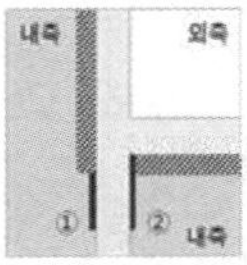 내측 외측 ① ② 내측	없음	0.620
		①+ ②	0.550

구분	구조체 열교부위 형상	단열 보강 유무	선형 열관류율 (W/mK)
L-1	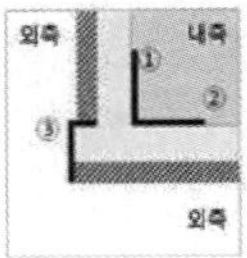 외측 내측 ① ② ③ 외측	없음	0.530(0.820)
		①	0.485(0.690)
		①+ ②	0.315(0.635)
		③	0.375(0.595)
		①+ ③	0.345(0.560)
		①+ ②+ ③	0.315(0.600)
L-2	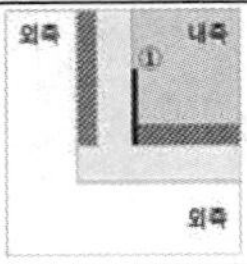 외측 내측 ① 외측	없음	0.490(0.640)
		①	0.410(0.550)
L-3	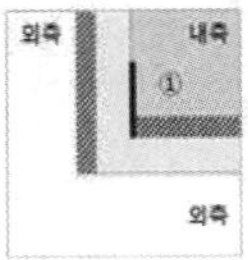 외측 내측 ① 외측	없음	0.545(0.700)
		①	0.450(0.600)
L-4	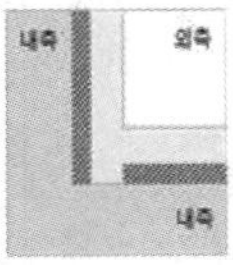 내측 외측 내측	없음	0.620
X-1	 외측 내측 ① ② 외측 외측	없음	1.040(1.320)
		① 또는 ②	0.930(1.210)
		①+ ②	0.800(1.080)
X-2	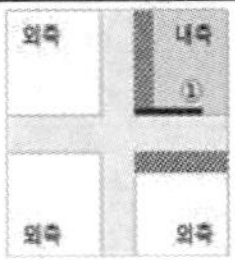 외측 내측 ① 외측 외측	없음	0.505(0.545)
		①	0.415(0.450)
X-3	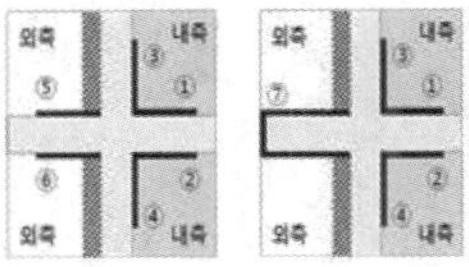 외측 ⑤ ③ 내측 ① ⑥ ② 외측 ④ 내측 / 외측 ⑦ ③ 내측 ① ② 외측 ④ 내측	없음	0.730(1.000)
		① 또는 ②	0.720(1.000)
		①+ ②	0.710(0.975)
		①+ ②+ ③+ ④	0.645(0.895)
		①+ ②+ ⑤+ ⑥	0.580(0.850)
		①+ ②+ ③+ ④ + ⑤+ ⑥	0.530(0.790)
		①+ ②+ ⑦	0.530(0.800)
		①+ ②+ ③+ ④+ ⑦	0.485(0.695)
X-4	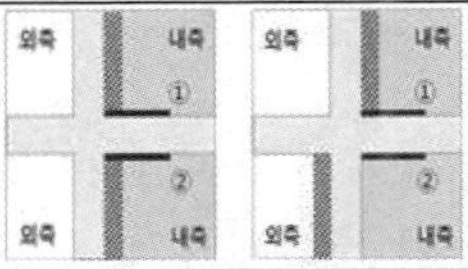 외측 내측 ① ② 외측 내측 / 외측 내측 ① ② 외측 내측	없음	0.700
		① 또는 ②	0.650
		①+ ②	0.600
X-5	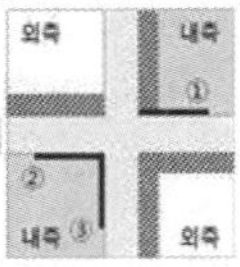 외측 내측 ① ② 내측 ③ 외측	없음	0.465(0.885)
		①	0.455(0.870)
		②	0.435(0.850)
		①+ ②	0.425(0.835)
		①+ ②+ ③	0.395(0.800)

구분	구조체 열교부위 형상	단열 보강 유무	선형 열관류율 (W/mK)
X-6	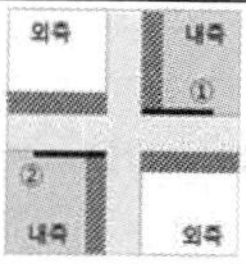 외측 내측 ① ② 내측 외측	없음	0.820(1.085)
		① 또는 ②	0.600(0.850)
		①+ ②	0.550(0.800)
X-7	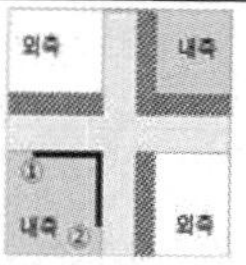 외측 내측 ① 내측 ② 외측	없음	0.960(1.220)
		① 또는 ②	0.860(1.115)
		①+ ②	0.730(0.970)
X-8	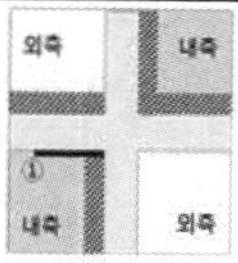 외측 내측 ① 내측 외측	없음	0.760(0.885)
		①	0.330(0.445)
X-9	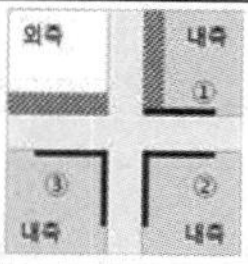 외측 내측 ① ③ ② 내측 내측	없음	0.610(0.790)
		①+ ③	0.580(0.755)
		①+ ②+ ③	0.555(0.730)

구분	구조체 열교부위 형상	단열 보강 유무	선형 열관류율 (W/mK)
X-10	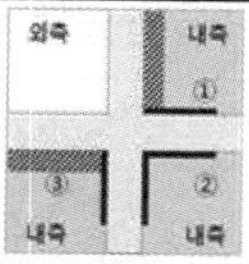 외측 내측 ① ③ ② 내측 내측	없음	1.090
		①+ ③	1.065
		①+ ②+ ③	0.915
I-1	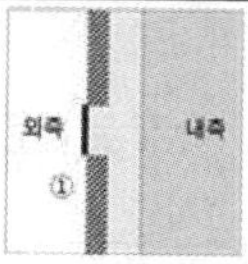 외측 내측 ①	없음	0.720(0.990)
		①	0.500(0.755)
I-2	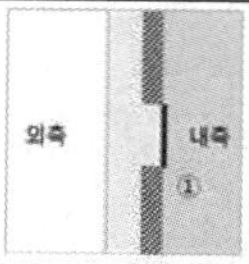 외측 내측 ①	없음	0.700
		①	0.435
I-3	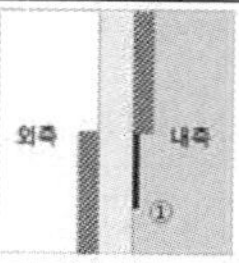 외측 내측 ①	없음	0.810(0.930)
		①	0.595(0.710)

평가 대상 예외^{주1)}	외측 내측	외측 내측	외측 내측 외측	외측 내측 외측	내측 외측 비내력벽 내측	내측 외측 비내력벽 내측	커튼월 부위 또는 샌드위치 패널 부위

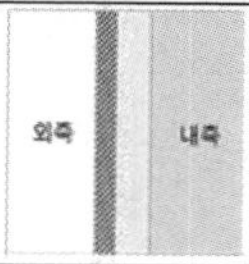

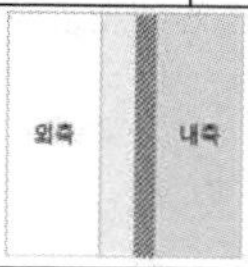

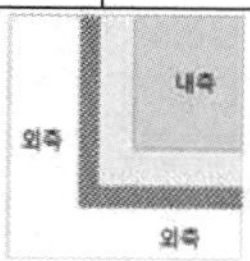

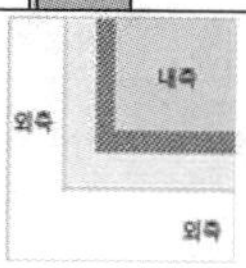

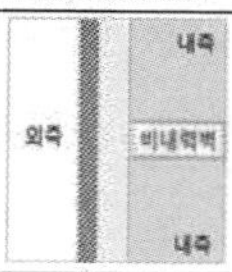

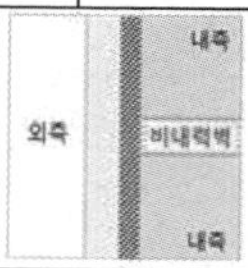

※ 외측은 단열시공이 되는 부위의 구조체를 기준으로 건축물의 바깥쪽을 말하며, 내측은 단열시공이 되는 부위의 구조체를 기준으로 건축물의 안쪽을 말한다.

※ 외피 열교부위란 외기에 직접 면하는 부위로서 단열시공이 되는 외피의 열교발생 가능부위(외기에 직접 면하는 부위로서 단열시공이 되는 부위와 외기에 간접 면하는 부위로서 단열시공이 되는 부위가 접하는 부위는 평가대상에 포함)를 말한다.

주1) 'T'형 및 'L'형에서 단열시공이 연속적으로 된 부위, 커튼월 부위, 샌드위치 패널 부위는 평가대상에서 예외(커튼월 부위 또는 샌드위치 패널 부위가 벽식 구조체 부위와 복합적으로 적용된 건축물의 경우는 벽식 구조체 부위만 평가)

※ 외피 열교부위의 단열 성능은 외피의 열교발생 가능부위들의 선형 열관류율을 길이가중 평균하여 산출한 값을 말한다. (단, 외기에 직접 면하는 부위로서 단열시공이 되는 외벽면적(창 및 문 포함)에 대한 창 및 문의 면적비가 50% 미만일 경우에 한하여 외피 열교부위의 단열 성능점수 부여)

- 외피 열교부위의 단열 성능 계산식 =
  [Σ(외피의 열교발생 가능부위별 선형 열관류율 × 외피의 열교발생 가능부위별 길이)] / (Σ외피의 열교발생 가능부위별 길이)

※ 외단열 적용 시 건식 마감재 부착을 위해 단열재를 관통하는 철물을 삽입하는 경우에는 괄호안의 값을 적용한다.

※ 별표 11의 구조체 열교부위 형상 이외의 경우에는 제시된 형상의 회전 또는 변형('T'형 → 'Y'형, 'L'형 → 'I'형 등)을 통하여 가장 유사한 형상 적용을 원칙으로 한다. (단, 별표 11의 구조체 열교부위 형상의 회전 또는 변형에도 불구하고 적용이 어려운 경우에는 ISO 10211에 따른 평가결과 인정 가능)

※ 외단열과 내단열이 복합적으로 적용된 건축물의 경우는 전체 단열두께의 50%를 초과한 부위의 선형 열관류율을 적용하며, 외단열 두께와 내단열 두께가 동일한 경우에는 내단열 부위의 선형열관류율을 적용한다.

※ 단열보강은 열저항 0.27㎡K/W, 길이 300㎜ 이상 적용

- 단열보강 부위가 2면 이상일 경우에는 각각의 면이 열저항 기준 및 길이 기준을 모두 충족하여야함.
- 단열보강을 하고자 하는 면의 단열보강 가능 길이가 300mm 미만일 경우는 해당 면 전체를 보강하는 경우에 한하여 인정

[별표 12] 건물에너지관리시스템(BEMS) 설치 기준 <개정 2022.1.28.>

건물에너지관리시스템(BEMS) 설치 기준

항 목		설치 기준
1	일반사항	BEMS 운영방식(자체/외주/클라우드 등), 주요설비 및 BAS와 연계운영 등 BEMS 설치 일반사항 정의
2	시스템 설치	관제점 일람표 작성, 데이터 생성방식 및 태그 생성 등 비용효과적인 BEMS 구축에 필요한 공통사항 정의
3	데이터 수집 및 표시	대상건물에서 생산 · 저장 · 사용하는 에너지를 에너지원별(전기/연료/열 등)로 데이터 수집 및 표시
4	정보감시	에너지 손실, 비용 상승, 쾌적성 저하, 설비 고장 등 에너지관리에 영향을 미치는 관련 관제값 중 5종 이상에 대한 기준값 입력 및 가시화
5	데이터 조회	일간, 주간, 월간, 년간 등 정기 및 특정 기간을 설정하여 데이터를 조회
6	에너지소비 현황 분석	2종 이상의 에너지원단위와 3종 이상의 에너지용도에 대한 에너지소비 현황 및 증감 분석
7	설비의 성능 및 효율 분석	에너지사용량이 전체의 5%이상인 모든 열원설비 기기별 성능 및 효율 분석
8	실내외 환경 정보 제공	온도, 습도 등 실내외 환경정보 제공 및 활용
9	에너지 소비 예측	에너지사용량 목표치 설정 및 관리
10	에너지 비용 조회 및 분석	에너지원별 사용량에 따른 에너지비용 조회
11	제어시스템 연동	1종 이상의 에너지용도에 사용되는 설비의 자동제어 연동

2. 건축물의 냉방설비에 대한 설치 및 설계기준

[산업통상자원부고시 제2021-151호, 20121.10.25.]

제1장 총 칙

제1조 【목적】 이 고시는 에너지이용합리화를 위하여 건축물의 냉방설비에 대한 설치 및 설계기준과 이의 시행에 필요한 사항을 정함을 목적으로 한다.

제2조 【적용범위】 이 고시는 제4조의 규정에 따른 대상건물 중 신축, 개축, 재축 또는 별동으로 증축하는 건축물의 냉방설비에 대하여 적용한다.

제3조 【정의】 이 고시에서 사용하는 용어의 정의는 다음과 같다.

1. "축냉식 전기냉방설비"라 함은 심야시간에 전기를 이용하여 축냉재(물, 얼음 또는 포접화합물과 공융염 등의 상변화물질)에 냉열을 저장하였다가 이를 심야시간 이외의 시간(이하 "그 밖의 시간"이라 한다)에 냉방에 이용하는 설비로서 이러한 냉열을 저장하는 설비(이하 "축열조"라 한다)·냉동기·브라인펌프·냉각수펌프 또는 냉각탑등의 부대설비(제6호의 규정에 의한 축열조 2차측 설비는 제외한다)를 포함하며, 다음 각목과 같이 구분한다.
   가. 빙축열식 냉방설비
   나. 수축열식 냉방설비
   다. 잠열축열식 냉방설비
2. "빙축열식 냉방설비"라 함은 심야시간에 얼음을 제조하여 축열조에 저장하였다가 그 밖의 시간에 이를 녹여 냉방에 이용하는 냉방설비를 말한다.
3. "수축열식 냉방설비"라 함은 심야시간에 물을 냉각시켜 축열조에 저장하였다가 그 밖의 시간에 이를 냉방에 이용하는 냉방설비를 말한다.
4. "잠열축열식 냉방설비"라 함은 포접화합물(Clathrate)이나 공융염(Eutectic Salt) 등의 상변화물질을 심야시간에 냉각시켜 동결한 후 그 밖의 시간에 이를 녹여 냉방에 이용하는 냉방설비를 말한다.
5. "심야시간"이라 함은 23:00부터 다음날 09:00까지를 말한다. 다만 한국전력공사에서 규정하는 심야시간이 변경될 경우는 그에 따라 상기 시간이 변경된다.
6. "2차측 설비"라 함은 저장된 냉열을 냉방에 이용할 경우에만 가동되는 냉수순환펌프, 공조용 순환펌프 등의 설비를 말한다.
7. "축냉방식"이라 함은 그 밖의 시간에 필요하여 냉방에 이용하는 열량("이하 "냉방열량"이라 한다)의 전부를 심야시간에 생산하여 축열조에 저장하였다가 이를 이용("이하 "전체축냉"이라 한다)하거나 냉방열량의 일부를 심야시간에 생산하여 축열조에 저장하였다가 이를 이용("이하 "부분축냉"이라 한다)하는 냉방방식을 말한다.
8. "축열률"이라 함은 통계적으로 연중 최대냉방부하를 갖는 날을 기준으로 그 밖의 시간에 필요한 냉방열량 중에서 이용이 가능한 냉열량이 차지하는 비율을 말하며 백분율(%)로 표시한다.
9. "이용이 가능한 냉열량"이라 함은 축열조에 저장된 냉열량 중에서 열손실 등을 차감하고 실제로 냉방에 이용할 수 있는 열량을 말한다.
10. "가스를 이용한 냉방방식"이라 함은 가스(유류포함)를 사용하는 흡수식 냉동기 및 냉·온수기, 액화석유가스 또는 도시가스를 연료로 사용하는 가스엔진을 구동하여 증기압축식 냉동사이클의 압축기를 구동하는 히트펌프식 냉·난방기(이하 "가스피트펌프"하 한다)를 말한다.
11. "지역냉방방식"이라 함은 집단에너지사업법에 의거 집단에너지사업허가를 받은 자가 공급하는 집단에너지를 주열원으로 사용하는 흡수식냉동기를 이용한 냉방방식과 지역냉수를 이용한 냉방방식을 말한다.
12. "신재생에너지를 이용한 냉방방식"이란 「신에너지 및 재생에너지 개발·이용·보급 촉진법」 제2조에 의해 정의된 신재생에너지를 이용한 냉방방식을 말한다.
13. "소형 열병합을 이용한 냉방방식"이라함은 소형 열병합발전을 이용하여 전기를 생산하고, 폐열을 활용하여 냉방 등을 하는 설비를 말한다.

제2장 냉방설비의 설치기준

제4조 【냉방설비의 설치대상 및 설비규모】 "건축물의 설비기준 등에 관한 규칙" 제23조 제2항의 규정에 따라 다음 각 호에 해당하는 건축물에 중앙집중 냉방설비를 설치할 때에는 해당 건축물에 소요되는 주간 최대 냉방부하의 60% 이상을 심야전기를 이용한 축냉식, 가스를 이용한 냉방방식, 집단에너지사업허가를 받은 자로부터 공급되는 집단에너지를 이용한 지역냉방방식, 소형 열병합발전을 이용한 냉방방식, 신재생에너지를 이용한 냉방방식, 그 밖에 전기를 사용하지 아니한 냉방방식의 냉방설비로 수용하여야 한다. 다만, 도시철도법에 의해 설치하

는 지하철역사 등 산업통상자원부장관이 필요하다고 인정하는 건축물은 그러하지 아니한다.

1. 건축법 시행령 별표1 제7호의 판매시설, 제10호의 교육연구시설 중 연구소, 제14호의 업무시설로서 해당 용도에 사용되는 바닥면적의 합계가 3천제곱미터 이상인 건축물
2. 건축법 시행령 별표1 제2호의 공동주택 중 기숙사, 제9호의 의료시설, 제12호의 수련시설 중 유스호스텔, 제15호의 숙박시설로서 해당 용도에 사용되는 바닥면적의 합계가 2천제곱미터 이상인 건축물
3. 건축법 시행령 별표1 제3호의 제1종 근린생활시설 중 목욕장, 제13호의 운동시설 중 수영장(실내에 설치되는 것에 한정한다)으로서 해당 용도에 사용되는 바닥면적의 합계가 1천제곱미터 이상인 건축물
4. 건축법 시행령 별표1 제5호의 문화 및 집회시설(동·식물원은 제외한다), 제6호의 종교시설, 제10호의 교육연구시설(연구소는 제외한다), 제28호의 장례식장으로서 해당 용도에 사용되는 바닥면적의 합계가 1만제곱미터 이상인 건축물

제5조【축냉식 전기냉방의 설치】 제4조의 규정에 따라 축냉식 전기냉방으로 설치할 때에는 축열률 40% 이상인 축냉방식으로 설치하여야 한다.

제3장 축냉식 전기냉방설비의 설계기준

제6조【냉동설비의 설계】① 제4조에 따른 축냉식 전기냉방설비의 설계기준은 별표 1에 따른다.
② 제4조에 따른 가스를 이용한 냉방설비의 설계기준은 별표 2에 따른다.

제4장 보칙

제7조【냉방설비에 대한 운전실적 점검】냉방용 전력수요의 첨두부하를 극소화하기 위하여 산업통상자원부장관은 필요하다고 인정되는 기간(연중 10일 이내)에 산업통상자원부장관이 정하는 공공기관 등으로 하여금 축냉식 전기냉방설비의 운전실적 등을 점검하게 할 수 있다.

제8조【적용제외】산업통상자원부장관은 축냉식 전기냉방설비 및 가스를 이용한 냉방설비에 관한 국산화 기술개발의 촉진을 위하여 필요하다고 인정하는 경우에는 제6조의 일부 규정을 적용하지 아니할 수 있다.

제9조【운영세칙】이 고시에 정한 것 이외에 이 고시의 운영에 필요한 세부사항은 산업통상자원부장관이 따로 정한다.

제10조【재검토기한】「훈령·예규 등의 발령 및 관리에 관한 규정」(대통령훈령 제334호)에 따라 이 고시 발령 후의 법령이나 현실여건의 변화 등을 검토하여 이 고시의 폐지, 개정 등의 조치를 하여야 하는 기한은 2023년 3월 31일까지로 한다.

부칙<제2017-47호, 2017.3.31.>

이 기준은 고시한 날부터 시행한다.

부칙<제2021-151호, 2021.10.25.>

이 기준은 고시한 날부터 시행한다.

[별표 1] 축냉식 전기냉방설비의 설계기준

구분	설계기준
가. 냉동기	① 냉동기는 "고압가스 안전관리법 시행규칙" 제8조 별표7의 규정에 따른 "냉동제조의 시설기준 및 기술기준"에 적합하여야 한다. ② 냉동기의 용량은 제4조에 근거하여 결정한다. ③ 부분축냉방식의 경우에는 냉동기가 축냉운전과 방냉운전 또는 냉동기와 축열조의 동시운전이 반복적으로 수행하는데 아무런 지장이 없어야 한다.
나. 축열조	① 축열조는 축냉 및 방냉운전을 반복적으로 수행하는데 적합한 재질의 축냉재를 사용해야 하며, 내부청소가 용이하고 부식되지 않는 재질을 사용하거나 방청 및 방식처리를 하여야 한다. ② 축열조의 용량은 제5조에 근거하여 근거하여 결정한다. ③ 축열조는 내부 또는 외부의 응력에 충분히 견딜 수 있는 구조이어야 한다. ④ 축열조를 여러 개로 조립하여 설치하는 경우에는 관리 또는 운전이 용이하도록 설계하여야 한다. ⑤ 축열조는 보온을 철저히 하여 열손실과 결로를 방지해야 하며, 맨홀 등 점검을 위한 부분은 해체와 조립이 용이하도록 하여야 한다.
다. 열교환기	① 열교환기는 시간당 최대냉방열량을 처리할 수 있는 용량이상으로 설치하여야 한다. ② 열교환기는 보온을 철저히 하여 열손실과 결로를 방지하여야 하며, 점검을 위한 부분은 해체와 조립이 용이하도록 하여야 한다.
라. 자동제어설비	자동제어설비는 축냉운전, 방냉운전 또는 냉동기와 축열조를 동시에 이용하여 냉방운전이 가능한 기능을 갖추어야 하고, 필요할 경우 수동조작이 가능하도록 하여야 하며 감시기능 등을 갖추어야 한다.

[별표 2] 가스를 이용한 냉방설비의 설계기준

구분	설계기준
가. 흡수식 냉동기 및 냉·온수기	① 흡수식 냉동기 및 냉・온수기는 "KS B 6271 흡수식 냉동기"를 참조하여 설계한다. ② 흡수식 냉동기 및 냉·온수기의 용량은 제4조에 근거하여 결정한다.
나. 가스히트펌프	① 가스히트펌프는 "고압가스 안전관리법 시행규칙" 제9조 별표 11에 따른 "냉동기 제조의 시설기준 및 기술기준"에 적합하여야 한다. ② 가스히트펌프의 용량은 제4조에 근거하여 결정한다.

8. 녹색건축 인증에 관한 규칙

[국토교통부령 제831호, 2021.3.24. 일부개정]

제1조【목적】이 규칙은 「녹색건축물 조성 지원법」 제16조제6항에 따라 녹색건축 인증 대상 건축물의 종류, 인증기준 및 인증절차, 인증유효기간, 수수료, 인증기관 및 운영기관의 지정 기준, 지정 절차, 업무범위, 인증받은 건축물에 대한 점검이나 실태조사 및 인증 결과의 표시 방법에 관하여 위임된 사항과 그 시행에 필요한 사항을 규정함을 목적으로 한다. <개정 2016.6.13., 2021.3.24>

제2조【적용대상】「녹색건축물 조성 지원법」(이하 "법"이라 한다) 제16조제4항에 따른 녹색건축 인증은 「건축법」 제2조제1항제2호에 따른 건축물을 대상으로 한다. 다만, 「국방·군사시설 사업에 관한 법률」 제2조제4호에 따른 군부대주둔지 내의 국방·군사시설은 제외한다. <개정 2016.6.13.>

제3조【운영기관의 지정 등】① 국토교통부장관은 법 제23조에 따라 녹색건축센터로 지정된 기관 중에서 운영기관을 지정하여 관보에 고시하여야 한다.

② 국토교통부장관은 제1항에 따라 운영기관을 지정하려는 경우 환경부장관과 협의하여야 하고, 제15조에 따른 인증운영위원회(이하 "인증운영위원회"라 한다)의 심의를 거쳐야 한다.

③ 운영기관은 다음 각 호의 업무를 수행한다. <개정 2016.6.13.>

1. 인증관리시스템의 운영에 관한 업무
2. 인증기관의 심사 결과 검토에 관한 업무
3. 인증제도의 홍보, 교육, 컨설팅, 조사·연구 및 개발 등에 관한 업무
4. 인증제도의 개선 및 활성화를 위한 업무
5. 심사전문인력의 교육, 관리 및 감독에 관한 업무
6. 인증 관련 통계 분석 및 활용에 관한 업무
7. 인증제도의 운영과 관련하여 국토교통부장관 또는 환경부장관이 요청하는 업무

④ 운영기관의 장은 다음 각 호의 구분에 따른 시기까지 운영기관의 사업내용을 국토교통부장관과 환경부장관에게 각각 보고하여야 한다.

1. 전년도 사업추진 실적과 그 해의 사업계획: 매년 1월 31일까지
2. 분기별 인증 현황: 매 분기 말일을 기준으로 다음 달 15일까지

⑤ 운영기관의 장은 제7조제2항에 따른 인증심의위원회의 후보단을 구성하고 관리하여야 한다. <신설 2016.6.13.>

⑥ 운영기관의 장은 인증기관에 법 제19조 각 호의 처분사유가 있다고 인정하면 국토교통부장관에게 알려야 한다. <신설 2016.6.13.>

제4조【인증기관의 지정】① 국토교통부장관은 법 제16조제2항에 따라 인증기관을 지정하려는 경우에는 환경부장관과 협의하여 지정 신청 기간을 정하고, 그 기간이 시작되는 날의 3개월 전까지 신청 기간 등 인증기관 지정에 관한 사항을 공고하여야 한다.

② 인증기관으로 지정을 받으려는 자는 다음 각 호의 요건을 모두 갖춰야 한다. <신설 2021.3.24.>

1. 인증업무를 수행할 전담조직을 구성하고 업무수행체계를 수립할 것
2. 별표 1의 전문분야(이하 "해당 전문분야"라 한다) 중 5개 이상의 분야에서 각 분야별로 다음 각 목의 어느 하나에 해당하는 1명 이상의 사람을 상근(常勤) 심사전문인력으로 보유할 것
   가. 「건축사법」에 따른 건축사 자격을 취득한 사람
   나. 「국가기술자격법」에 따른 해당 전문분야의 기술사 자격을 취득한 사람
   다. 「국가기술자격법」에 따른 해당 전문분야의 기사 자격을 취득한 후 7년 이상 해당 업무를 수행한 사람
   라. 해당 전문분야의 박사학위를 취득한 후 1년 이상 해당 업무를 수행한 사람
   마. 해당 전문분야의 석사학위를 취득한 후 6년 이상 해당 업무를 수행한 사람
   바. 해당 전문분야의 학사학위를 취득한 후 8년 이상 해당 업무를 수행한 사람
3. 다음 각 목에 관한 사항이 포함된 인증업무 처리규정을 마련할 것
   가. 녹색건축 인증 심사의 절차 및 방법
   나. 제7조에 따른 인증심사단 및 인증심의위원회의 구성·운영
   다. 녹색건축 인증 결과의 통보 및 재심사
   라. 녹색건축 인증을 받은 건축물의 인증 취소

마. 녹색건축 인증 결과 등의 보고
바. 녹색건축 인증 수수료의 납부방법 및 납부기간
사. 녹색건축 인증 결과의 검증방법
아. 그 밖에 녹색건축 인증업무 수행에 필요한 내용

③ 인증기관으로 지정을 받으려는 자는 제1항에 따른 신청 기간 내에 별지 제1호서식의 녹색건축 인증기관 지정신청서(전자문서로 된 신청서를 포함한다)에 다음 각 호의 서류(전자문서를 포함한다)를 첨부하여 국토교통부장관에게 제출해야 한다. <개정 2016.6.13., 2021.3.24>

1. 인증업무를 수행할 전담조직 및 업무수행체계에 관한 설명서
2. 제2항제2호에 따른 심사전문인력을 보유하고 있음을 증명하는 서류
3. 제2항제3호에 따른 인증업무 처리규정
4. 삭제 <2021.3.24.>

④ 제3항에 따른 신청을 받은 국토교통부장관은 「전자정부법」 제36조제1항에 따른 행정정보의 공동이용을 통하여 신청인의 법인 등기사항증명서(법인인 경우만 해당한다) 또는 사업자등록증(개인인 경우만 해당한다)을 확인해야 한다. 다만, 신청인이 사업등록증을 확인하는 데 동의하지 않는 경우에는 해당 서류의 사본을 제출하도록 해야 한다. <개정 2021.3.24>

⑤ 삭제 <2021.3.24.>

⑥ 국토교통부장관은 제3항에 따라 녹색건축 인증기관 지정신청서가 제출되면 해당 신청인이 인증기관으로 적합한지를 환경부장관과 협의하여 검토한 후 제15조에 따른 인증운영위원회(이하 "인증운영위원회"라 한다)의 심의를 거쳐 지정·고시한다. <개정 2016.6.13., 2021.3.24>

제5조【인증기관 지정서의 발급 및 인증기관 지정의 갱신 등】 ① 국토교통부장관은 제4조제6항에 따라 인증기관으로 지정받은 자에게 별지 제2호서식의 녹색건축 인증기관 지정서를 발급하여야 한다.

② 제4조제6항에 따른 인증기관 지정의 유효기간은 녹색건축 인증기관 지정서를 발급한 날부터 5년으로 한다.

③ 국토교통부장관은 환경부장관과 협의한 후 인증운영위원회의 심의를 거쳐 제2항에 따른 지정의 유효기간을 5년마다 갱신할 수 있다. 이 경우 갱신기간은 갱신할 때마다 5년을 초과할 수 없다.

④ 제1항에 따라 녹색건축 인증기관 지정서를 발급받은 인증기관의 장은 다음 각 호의 어느 하나에 해당하는 사항이 변경되었을 때에는 그 변경된 날부터 30일 이내에 변경된 내용을 증명하는 서류를 운영기관의 장에게 제출하여야 한다. <개정 2016.6.13.>

1. 기관명

1의2. 기관의 대표자

2. 건축물의 소재지
3. 심사전문인력

⑤ 운영기관의 장은 제4항에 따른 변경 내용을 증명하는 서류를 받으면 그 내용을 국토교통부장관과 환경부장관에게 각각 보고하여야 한다.

⑥ 국토교통부장관은 환경부장관과 협의하여 법 제19조 각 호의 사항을 점검할 수 있으며, 이를 위하여 인증기관의 장에게 관련 자료의 제출을 요구할 수 있다. 이 경우 자료 제출을 요구받은 인증기관의 장은 특별한 사유가 없으면 이에 따라야 한다.

제6조【인증 신청 등】 ① 다음 각 호의 어느 하나에 해당하는 자(이하 "건축주등"이라 한다)는 녹색건축 인증을 신청할 수 있다. <개정 2016.6.13., 2016.8.12>

1. 건축주
2. 건축물 소유자
3. 사업주체 또는 시공자(건축주나 건축물 소유자가 인증 신청에 동의하는 경우에만 해당한다)

② 제1항에 따라 인증을 신청하려는 건축주등은 별지 제3호서식의 녹색건축 인증·인증 유효기간 연장 신청서(전자문서로 된 신청서를 포함한다)에 다음 각 호의 서류(전자문서를 포함한다)를 첨부하여 제3조제3항제1호에 따른 인증관리시스템(이하 "인증관리시스템"이라 한다)을 통해 인증기관의 장에게 제출해야 한다. <개정 2016.6.13., 2021.3.24>

1. 국토교통부장관과 환경부장관이 정하여 공동으로 고시하는 녹색건축 자체평가서
2. 제1호에 따른 녹색건축 자체평가서에 포함된 내용이 사실임을 증명할 수 있는 서류

③ 인증기관의 장은 제2항에 따른 신청서와 신청서류가 접수된 날부터 40일 이내에 인증을 처리하여야 한다. 다만, 인증대상 건축물이 「건축법 시행령」 별표 1 제1호의 단독주택(30세대 미만인 경우만 해당한다)인 경우에는 20일 이내에 처리하여야 한다. <개정 2016.6.13.>

④ 인증기관의 장은 제3항에 따른 기간 이내에 부득이한 사유로 인증을 처리할 수 없는 경우에는 건축주등에게 그 사유를 통보하고 20일의 범위에서 인증심사 기간을 한 차례만 연장할 수 있다. <개정 2016.6.13.>

⑤ 인증기관의 장은 제2항에 따라 건축주등이 제출한 서류의 내용이 불충분하거나 사실과 다른 경우에는 서류가 접수된 날부터 20일 이내에 건축주등에게 보완을 요청할 수 있다. 이 경우 건축주등이 제출서류를 보완하는 기간은 제3항에 따른 기간에 산입하지 아니한다. <개정 2016.6.13.>

⑥ 인증기관의 장은 건축주등이 보완 요청 기간 안에 보완을 하지 아니한 경우 등에는 신청을 반려할 수 있다. 이 경우 반려기준 및 절차 등 필요한 사항은 국토교통부장관과 환경부장관이 공동으로 정하여 고시한다. <신설 2016.6.13.>

제7조【인증 심사 등】 ① 인증기관의 장은 제6조제2항에 따른 인증 신청을 받으면 제4조제2항제2호에 따른 심사전문인력으로 인증심사단을 구성하여 제8조의 인증기준에 따라 서류심사와 현장실사(現場實査)를 하고, 심사 내용, 점수, 인증 여부 및 인증 등급을 포함한 인증심사결과서를 작성해야 한다. <개정 2016.6.13., 2021.3.24>

② 제1항에 따라 인증심사결과서를 작성한 인증기관의 장은 인증심의위원회의 심의를 거쳐 인증 여부 및 인증 등급을 결정한다. 다만, 다음 각 호의 어느 하나에 해당하는 경우에는 인증심의위원회의 심의를 생략할 수 있다. <개정 2016.6.13.>

1. 단독주택에 대하여 인증을 신청한 경우
2. 법 제27조에 따른 그린리모델링(이하 "그린리모델링"이라 한다) 인증 용도로 인증을 신청한 경우

③ 제1항에 따른 인증심사단은 해당 전문분야 중 5개 이상의 분야에서 각 분야별로 1명 이상의 심사전문인력으로 구성한다. 다만, 단독주택 및 그린리모델링에 대한 인증인 경우에는 해당 전문분야 중 2개 이상의 분야에서 각 분야별로 1명 이상의 심사전문인력으로 인증심사단을 구성할 수 있다. <개정 2016.6.13., 2021.3.24>

④ 제2항에 따른 인증심의위원회는 제3조제5항에 따른 후보단에 속해 있는 사람으로서 해당 전문분야 중 4개 이상의 분야에서 각 분야별로 1명 이상의 전문가로 구성한다. 이 경우 인증심의위원회의 위원은 해당 인증기관에 소속된 사람이 아니어야 하며, 다른 인증기관의 심사전문인력을 1명 이상 포함해야 한다. <개정 2016.6.13., 2021.3.24>

제7조의2【인증심의위원회 위원의 제척·기피·회피】 ① 인증심의위원회의 위원(이하 이 조에서 "위원"이라 한다)이 다음 각 호의 어느 하나에 해당하는 경우에는 인증심의위원회의 심의에서 제척(除斥)된다.

1. 위원 또는 그 배우자나 배우자이었던 사람이 해당 안건의 당사자가 되거나 그 안건의 당사자와 공동권리자 또는 공동의무자인 경우
2. 위원이 해당 안건의 당사자와 친족이거나 친족이었던 경우
3. 위원이 해당 안건에 대하여 자문, 연구, 용역(하도급을 포함한다), 감정 또는 조사를 한 경우
4. 위원이나 위원이 속한 법인·단체 등이 해당 안건의 당사자의 대리인이거나 대리인이었던 경우
5. 위원이 임원 또는 직원으로 재직하고 있거나 최근 3년 내에 재직하였던 기업 등이 해당 안건에 관하여 자문, 연구, 용역(하도급을 포함한다), 감정 또는 조사를 한 경우

② 해당 안건의 당사자는 위원에게 공정한 심의를 기대하기 어려운 사정이 있는 경우에는 인증심의위원회에 기피 신청을 할 수 있으며, 인증심의위원회는 의결로 이를 결정한다. 이 경우 기피 신청의 대상인 위원은 그 의결에 참여하지 못한다.

③ 위원이 제1항 각 호에 따른 제척 사유에 해당하는 경우에는 스스로 해당 안건의 심의에서 회피(回避)하여야 한다.

[본조신설 2016.6.13.]

제8조【인증기준 등】 ① 녹색건축 인증은 해당 전문분야별로 국토교통부장관과 환경부장관이 공동으로 정하여 고시하는 인증기준에 따라 부여된 종합점수를 기준으로 심사하여야 한다.

② 녹색건축 인증 등급은 최우수(그린1등급), 우수(그린2등급), 우량(그린3등급) 또는 일반(그린4등급)으로 한다.

③ 인증기관의 장은 법 제21조제2항에 따라 지정된 전문기관에서 운영하는 일정한 교육과정을 이수한 사람이 인증대상 건축물의 설계에 참여한 경우 또는 혁신적인 설계방식을 도입한 경우 등 녹색건축 관련 기술의 발전을 위하여 필요하다고 인정하는 경우에는 국토교통부장관과 환경부장관이 공동으로 정하여 고시하는 바에 따라 가산점을 부여할 수 있다.

④ 제1항에 따른 인증기준은 「건축법」 제22조에 따른 사용승인(이하 "사용승인"이라 한다) 또는 「주택법」 제49조에 따른 사용검사(이하 "사용검사"라 한다)를 받은 날부터 5년이 지난 건축물과 그 밖의 건축물로 구분하여 정할 수 있다. <개정 2016.6.13., 2016.8.12>

제9조【인증서 발급 및 인증의 유효기간 등】 ① 인증기관의 장은 녹색건축 인증을 할 때에는 건축주등

에게 별지 제4호서식의 녹색건축 인증서와 별표 2에 따라 제작된 인증명판(認證名板)을 발급하여야 한다. 이 경우 법 제16조제5항 및 영 제11조의3에 따른 건축물의 건축주등은 인증명판을 건축물 현관 및 로비 등 공공이 볼 수 있는 장소에 게시하여야 한다. <개정 2016.6.13.>

② 녹색건축 인증을 받은 건축물의 건축주등은 자체적으로 별표 2에 따라 인증명판을 제작하여 활용할 수 있다. <신설 2016.6.13.>

③ 녹색건축 인증의 유효기간은 제1항에 따라 녹색건축 인증서를 발급한 날부터 5년으로 한다. <개정 2016.6.13.>

④ 인증기관의 장은 제1항에 따라 인증서를 발급했을 때에는 인증 대상, 인증 날짜, 인증 등급 및 인증심사단과 인증심사위원회의 구성원 명단을 포함한 인증 심사 결과를 운영기관의 장에게 제출하고, 제7조제1항에 따른 인증심사결과서를 인증관리시스템에 등록해야 한다. <개정 2016.6.13., 2021.3.24.>

제9조의2 【인증 유효기간의 연장】 ① 제9조제1항에 따라 인증서를 발급받은 건축주등은 같은 조 제3항에 따른 인증 유효기간의 만료일 180일 전부터 만료일까지 유효기간의 연장을 신청할 수 있다.

② 제1항에 따라 유효기간의 연장 신청을 받은 인증기관의 장은 국토교통부장관과 환경부장관이 공동으로 정하여 고시하는 기준에 적합하다고 인정되면 유효기간을 연장할 수 있다. 이 경우 연장된 유효기간은 유효기간의 만료일 다음 날부터 5년으로 한다.

③ 유효기간의 연장 신청·심사 및 인증서의 발급 등에 관하여는 각각 제6조, 제7조제1항 및 제9조를 준용한다.

④ 제3항에 따라 준용되는 제7조제1항에 따른 인증심사단은 해당 전문분야 중 2개 이상의 분야에서 각 분야별로 1명 이상의 심사전문인력으로 구성한다.

⑤ 제3항에 따라 준용되는 제7조제1항에 따라 인증심사결과서를 작성한 인증기관의 장은 인증 여부 및 인증 등급을 결정하기 위하여 필요하면 인증심의위원회의 심의를 거칠 수 있다. 이 경우 인증심의위원회의 구성에 관하여는 제7조제4항을 준용한다.

[본조신설 2021.3.24.]

제10조 【재심사 요청 등】 ① 제7조 또는 제9조의2제2항 전단에 따른 인증 또는 인증 유효기간의 연장 심사 결과나 법 제20조제1항에 따른 인증 취소 결정에 이의가 있는 건축주등은 인증기관의 장에게 재심사를 요청할 수 있다. <개정 2021.3.24>

② 재심사 결과 통보, 인증서 재발급 등 재심사에 따른 세부 절차에 관한 사항은 국토교통부장관과 환경부장관이 정하여 공동으로 고시한다.

제11조 【예비인증의 신청 등】 ① 건축주등은 제6조제1항에 따른 인증에 앞서 건축물 설계도서에 반영된 내용만을 대상으로 녹색건축 예비인증(이하 "예비인증"이라 한다)을 신청할 수 있다. <개정 2016.6.13.>

② 건축주등은 녹색건축 예비인증을 받으려면 별지 제5호서식의 녹색건축 예비인증 신청서(전자문서로 된 신청서를 포함한다)에 다음 각 호의 서류(전자문서를 포함한다)를 첨부하여 인증관리시스템을 통해 인증기관의 장에게 제출해야 한다. <개정 2021.3.24>

1. 국토교통부장관과 환경부장관이 정하여 공동으로 고시하는 녹색건축 자체평가서
2. 제1호에 따른 녹색건축 자체평가서에 포함된 내용이 사실임을 증명할 수 있는 서류

③ 인증기관의 장은 심사 결과 예비인증을 하는 경우 별지 제6호서식의 녹색건축 예비인증서(「주택건설기준 등에 관한 규칙」 제12조의2에 따른 공동주택성능등급 인증서를 포함한다. 이하 같다)를 건축주등에게 발급하여야 한다. 이 경우 건축주등이 예비인증을 받은 사실을 광고 등의 목적으로 사용하려면 제9조제1항에 따른 인증(이하 "본인증"이라 한다)을 받을 경우 그 내용이 달라질 수 있음을 알려야 한다. <개정 2014.6.30.>

④ 예비인증을 받은 건축주등은 본인증을 받아야 한다. 이 경우 예비인증을 받아 제도적·재정적 지원을 받은 건축주등은 예비인증 등급 이상의 본인증을 받아야 한다.

⑤ 예비인증의 유효기간은 제3항에 따라 녹색건축 예비인증서를 발급한 날부터 사용승인일 또는 사용검사일까지로 한다. 다만, 사용승인 또는 사용검사 전에 제9조제1항에 따른 녹색건축 인증서를 발급받은 경우에는 해당 인증서 발급일까지로 한다. <개정 2016.6.13.>

⑥ 제1항부터 제5항까지에서 규정한 사항 외에 예비인증의 신청 및 평가 등에 관하여는 제6조제3항부터 제6항까지, 제7조, 제8조, 제9조제4항, 제10조 및 법 제20조를 준용한다. 다만, 제7조제1항 및 제2항에 따른 인증 심사 중 현장실사 및 인증심의위원회의 심의는 필요한 경우에만 할 수 있다. <개정 2016.6.13., 2021.3.24>

제12조 【인증을 받은 건축물에 대한 점검 및 실태조사】 ① 녹색건축 인증을 받은 건축물의 소유자 또

는 관리자는 그 건축물을 인증받은 기준에 맞도록 유지·관리하여야 한다.

② 인증기관의 장은 제1항에 따른 유지·관리 실태 파악을 위하여 녹색건축과 관련된 건축현황 등 필요한 자료를 건축물의 소유자 또는 관리자에게 요청할 수 있다. <신설 2016.6.13.>

③ 인증기관의 장은 필요한 경우에는 녹색건축 인증을 받은 건축물의 정상 가동 여부 등을 확인할 수 있다. <개정 2016.6.13.>

④ 인증기관의 장은 녹색건축 인증을 신청하거나 인증을 받은 건축물에 대하여 자체평가서 및 인증 신청시 제출한 서류 등 인증취득에 관한 정보를 건축주등의 서면동의 없이 외부에 공개하여서는 아니 된다. 다만, 인증받은 건축물의 전문분야별 총점은 공개할 수 있다. <신설 2016.6.13.>

⑤ 녹색건축 인증을 받은 건축물에 대한 점검 및 실태조사 범위 등 세부 사항은 국토교통부장관과 환경부장관이 정하여 공동으로 고시한다. <개정 2016.6.13.>

제13조 삭제 <2016.6.13.>

제14조【인증 수수료】 ① 건축주등은 제6조제2항(제9조의2제3항에 따라 준용되는 경우를 포함한다)에 따른 녹색건축 인증·인증 유효기간 연장 신청서 또는 제11조제2항에 따른 녹색건축 예비인증 신청서를 제출하려는 경우 해당 인증기관의 장에게 「엔지니어링산업 진흥법」 제31조제2항에 따라 산업통상자원부장관이 정하여 고시하는 대가 산정 기준의 범위에서 인증 대상 건축물의 규모 및 면적 등을 고려하여 국토교통부장관과 환경부장관이 정하여 공동으로 고시하는 인증 수수료를 내야 한다. <개정 2016.6.13., 2021.3.24>

② 제10조제1항(제11조제6항에 따라 준용되는 경우를 포함한다)에 따라 재심사를 신청하는 건축주등은 국토교통부장관과 환경부장관이 정하여 공동으로 고시하는 인증 수수료를 추가로 내야 한다.

③ 제1항 및 제2항에 따른 인증 수수료는 현금이나 정보통신망을 이용한 전자화폐·전자결제 등의 방법으로 납부하여야 한다.

④ 제1항 및 제2항에 따른 인증 수수료의 환불 사유, 반환 범위, 납부 기간 및 그 밖에 인증 수수료의 납부에 필요한 사항은 국토교통부장관과 환경부장관이 정하여 공동으로 고시한다.

제15조【인증운영위원회의 구성·운영 등】 ① 국토교통부장관과 환경부장관은 녹색건축 인증제도를 효율적으로 운영하기 위하여 국토교통부장관이 환경부장관과 협의하여 정하는 기준에 따라 인증운영위원회를 구성하여 운영할 수 있다.

② 인증운영위원회는 다음 각 호의 사항을 심의한다.

1. 삭제 <2016.6.13.>
2. 인증기관의 지정 및 지정의 유효기간 갱신에 관한 사항
3. 인증기관 지정의 취소 및 업무정지에 관한 사항
4. 인증 심사 기준의 제정·개정에 관한 사항
5. 그 밖에 녹색건축 인증제의 운영과 관련된 중요 사항

③ 국토교통부장관과 환경부장관은 인증운영위원회의 운영을 운영기관에 위탁할 수 있다. <신설 2016.6.13.>

④ 제1항 및 제2항에서 규정한 사항 외에 인증운영위원회의 세부 구성 및 운영 등에 관한 사항은 국토교통부장관과 환경부장관이 정하여 공동으로 고시한다. <개정 2016.6.13.>

제16조【인증운영위원회 위원의 제척·기피·회피】 인증운영위원회 위원의 제척·기피·회피에 대해서는 제7조의2를 준용한다.

[본조신설 2016.6.13.]

제17조【인증운영위원회 위원의 해임 및 해촉】 국토교통부장관과 환경부장관은 인증운영위원회의 위원(이하 이 조에서 "위원"이라 한다)이 다음 각 호의 어느 하나에 해당하는 경우에는 해당 위원을 해임 또는 해촉(解囑)할 수 있다.

1. 심신장애로 인하여 직무를 수행할 수 없게 된 경우
2. 직무와 관련된 비위사실이 있는 경우
3. 직무 태만, 품위 손상이나 그 밖의 사유로 인하여 위원으로 적합하지 아니하다고 인정되는 경우
4. 제7조의2제1항 각 호의 어느 하나에 해당하는 데에도 불구하고 회피하지 아니한 경우
5. 위원 스스로 직무를 수행하는 것이 곤란하다고 의사를 밝히는 경우

[본조신설 2016.6.13.]

부칙 <국토교통부령 제318호, 환경부령 제658호, 2016.6.13.>

제1조(시행일) 이 규칙은 2016년 9월 1일부터 시행한다.

제2조(인증기관의 변경사항 제출에 관한 적용례) 제5조제4항제1호의2의 개정규정은 이 규칙 시행 이후 법 제16조제3항에 따라 녹색건축 인증을 신청하는 경우부터 적용한다.

제3조(녹색건축 인증 신청 반려에 관한 적용례) 제6조제6항의 개정규정은 이 규칙 시행 이후 법 제16조제3항에 따라 녹색건축 인증을 신청하는 경우부터 적용한다.

제4조(녹색건축 인증 신청 처리기간에 관한 경과조치) 이 규칙 시행 당시 법 제16조제3항에 따라 녹색건축 인증을 신청한 자에 대해서는 제6조제3항 및 제4항의 개정규정에도 불구하고 종전의 규정에 따른다.

제5조(녹색건축 인증 심사에 관한 경과조치) 이 규칙 시행 당시 법 제16조제3항에 따라 녹색건축 인증을 신청한 자에 대해서는 제7조제2항 및 제3항의 개정규정에도 불구하고 종전의 규정에 따른다.

제6조(인증기준에 관한 경과조치) 이 규칙 시행 당시 법 제16조제3항에 따라 녹색건축 인증을 신청한 자에 대해서는 제8조제4항의 개정규정에도 불구하고 종전의 규정에 따른다.

제7조(인증 수수료에 관한 경과조치) 이 규칙 시행 당시 법 제16조제3항에 따라 녹색건축 인증을 신청한 자에 대해서는 제14조제1항의 개정규정에도 불구하고 종전의 규정에 따른다.

부칙 <국토교통부령 제353호, 2016.8.12.> (주택법 시행규칙)

제1조(시행일) 이 규칙은 2016년 8월 12일부터 시행한다. 다만, 부칙 제3조제9항은 2016년 9월 1일부터 시행한다.

제2조 생략

제3조(다른 법령의 개정) ①부터 ⑦까지 생략
⑧ 녹색건축 인증에 관한 규칙 일부를 다음과 같이 개정한다.
제6조제1항 각 호 외의 부분 본문 중 "「주택법」 제29조"를 "「주택법」 제49조"로 한다.
제11조제1항 본문 및 단서 중 "「주택법」 제16조"를 각각 "「주택법」 제15조"로 한다.
⑨ 국토교통부령 제318호 녹색건축 인증에 관한 규칙 일부개정령 일부를 다음과 같이 개정한다.
제8조제4항 중 "「주택법」 제29조"를 "「주택법」 제49조"로 한다.
⑩부터 ⑰까지 생략

제5조 생략

부칙<국토교통부령 제831호, 환경부령 제908호, 2021.3.24.>

제1조(시행일) 이 규칙은 2021년 4월 1일부터 시행한다.

제2조(인증 유효기간이 만료된 건축물에 관한 특례) 이 규칙 시행 당시 녹색건축 인증의 유효기간이 만료된 건축물에 대하여 2021년 9월 30일까지 해당 건축물이 인증을 받았던 등급과 같은 등급으로 인증을 신청하는 때에는 제9조의2제2항부터 제5항까지의 규정을 준용한다. 이 경우 인증의 유효기간은 제9조의2제2항 후단의 개정규정에도 불구하고 제9조의2제3항의 개정규정에 따라 준용되는 제9조제3항에 따라 녹색건축 인증서를 발급한 날부터 5년으로 한다.

[별표 1] 전문분야(제4조제2항제2호 관련) 〈개정 2021.3.24.〉

전문분야	해당 세부분야
토지이용 및 교통	단지계획, 교통계획, 교통공학, 건축계획 또는 도시계획
에너지 및 환경오염	에너지, 전기공학, 건축환경, 건축설비, 대기환경, 폐기물처리 또는 기계공학
재료 및 자원	건축시공 및 재료, 재료공학, 자원공학 또는 건축구조
물순환관리	수공학, 상하수도공학, 수질환경, 건축환경 또는 건축설비
유지관리	건축계획, 건설관리, 건축설비 또는 건축시공 및 재료
생태환경	건축계획, 생태건축, 조경 또는 생물학
실내환경	온열환경, 소음·진동, 빛환경, 실내공기환경, 건축계획, 건축환경 또는 건축설비

[별표 2] 인증 명판(제9조제1항 관련)

1. 최우수(그린1등급) 녹색건축 인증 명판의 표시 및 규격

[한글판] [영문판]

2. 우수(그린2등급) 녹색건축 인증 명판의 표시 및 규격

[한글판] [영문판]

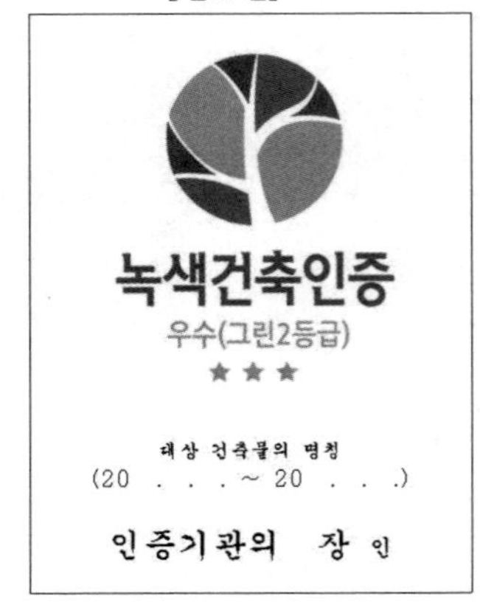

3. 우량(그린3등급) 녹색건축 인증 명판의 표시 및 규격

[한글판] [영문판]

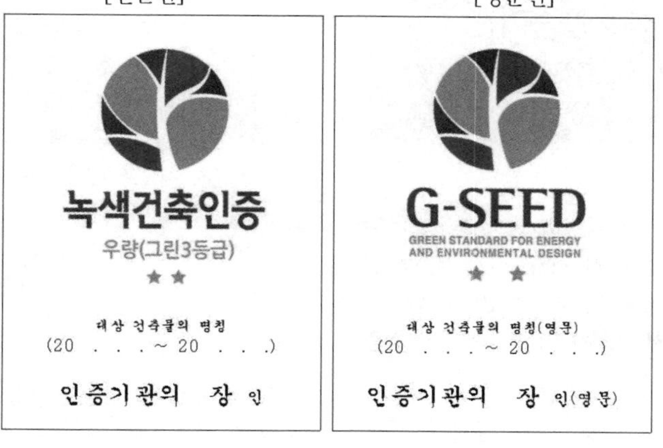

4. 일반(그린4등급) 녹색건축 인증 명판의 표시 및 규격

[한글판] [영문판]

5. 비고

가. 크기: 가로 30cm × 세로 40cm × 두께 1.5cm

나. 재질: 동판

다. 글씨: 명조체

라. 색채: 검은색

마. 명판의 크기와 재질은 명판이 부착되는 건물의 특성에 따라 축소·확대 등 변경이 가능하다.

바. 건축주등의 요청에 따라 한글판 혹은 영문판 중 선택하여 제작할 수 있다.

[별표 3] 삭제 〈2016.6.13〉

4. 녹색건축 인증기준

[국토교통부고시 제2023-329호, 2023.7.1.]

제1조 【목적】 이 기준은 「녹색건축 인증에 관한 규칙」 제6조제2항, 제8조제1항, 제9조의2, 제10조제2항, 제11조제2항, 제12조제5항, 제14조제1항·제2항·제4항, 제15조제4항에서 위임한 사항 등을 규정함을 목적으로 한다.

제2조 【인증 신청 등】 ① 「녹색건축인증에 관한 규칙」(이하 "규칙"이라 한다.) 제6조제2항제1호에 따른 자체평가서는 별표11에 따른 자체평가서 작성요령에 따라 작성하며, 별표1부터 별표7까지에 따라 제14조에 따른 운영세칙(이하 "운영세칙"이라 한다)에서 정하는 제출서류를 포함하여야 한다.

② 규칙 제6조 제3항부터 제5항까지(규칙 제11조제6항에 따라 준용되는 경우를 포함한다)와 이 기준 제2조제4항, 제8조제5항, 제9조에 따른 인증 처리 기간 등에는 「민원처리에 관한 법률」 제19조에 따라 공휴일과 토요일은 제외한다.

③ 규칙 제6조제2항 및 규칙 제11조제2항에 따라 제출되는 서류에는 설계자 및 「건축물의 설비기준 등에 관한 규칙」 제3조에 따른 관계전문기술자의 날인(건축, 기계, 전기)이 포함되어야 한다. 다만, 건축물이 준공된 후에 인증을 신청하는 등 설계자 및 관계전문기술자의 날인을 받기 어려운 경우에는 「건축법」 제22조에 따른 공사감리자 및 건축주의 날인으로 대체할 수 있다.

④ 규칙 제6조제5항에 따라 보완을 요청받은 규칙 제6조제1항에 따른 건축주등(이하 "건축주등"이라 한다)은 보완 요청일로부터 30일 이내에 보완을 완료하여야 한다. 건축주등은 설계변경 등 부득이한 사유로 기간 내 보완이 어려운 경우에는 10일의 범위에서 기간 연장을 신청할 수 있다.

제3조 【인증기준 및 등급】 ① 규칙 제8조에 따른 인증기준은 별표 1부터 별표 3까지의 신축건축물 종류별 인증심사기준과 별표 4부터 별표 7까지의 기존 건축물 종류별 인증심사기준에 따라 평가한다.

② 삭제

③ 2개 이상의 용도가 있는 복합건축물에 대하여는 각 용도별로 인증심사기준에 따라 평가하고, 최종 인증점수는 별표 8의 인증등급 산정표에 따라 각 용도별 바닥면적을 가중평균하여 산출한다. 다만, 주택을 주택외 시설과 동일건축물로 건축하는 300세대이상의 공동주택일 경우(공동주택성능등급 인증서 발급을 위해 녹색건축 인증을 신청하는 경우로 한정한다) 별표 1의 공동주택 인증심사기준에 따라 평가하고, 규칙 제11조제3항에 따라 공동주택성능등급 인증서를 발급할 수 있다.

④ 2개 이상의 용도가 있는 복합건축물에 대하여 건축주등이 원하는 경우 건축물의 용도별로 심사하여 인증서를 발급할 수 있으며, 어느 하나의 용도가 공동주택인 경우에는 공동주택성능등급 인증서도 녹색건축 인증서와 함께 발급할 수 있다. 이 경우 건축주등은 인증결과를 광고 등에 활용 시 인증 받은 용도를 모두 공개하여야 한다.

⑤ 하나의 대지에 2이상의 건축물을 신축하는 경우 또는 건축물이 있는 대지에 기존 건축물과 떨어져 증축하는 경우에는 녹색건축 인증대상 건축물 주변에 가상의 대지경계선을 설정하여 건축물 외부환경 관련 항목에 대하여 평가할 수 있으며, 그 외 항목은 동일하게 평가한다. 이 경우 가상의 대지 경계선은 해당 건축물의 용적률에 근거하여 설정하며, 가상의 대지 경계선은 건축주등이 제시할 수 있다.

⑥ 인증신청 건축물은 각 인증심사기준의 필수항목 점수를 반드시 취득하여야 한다. 다만, 인증신청 건축물이 「녹색건축물 조성 지원법」 제14조 및 같은 법 시행령 제10조에 따른 에너지 절약계획서 제출대상이 아닌 경우 에너지성능 항목에 한하여 그러하지 아니한다.

⑦ 국내법이 적용되지 않는 지역에서의 건축 등 특수한 상황으로 인하여 인증기준 적용이 불합리하다고 국토교통부장관이 인정하는 경우에는 규칙 제15조에 따른 인증운영위원회의 심의를 거쳐 인증기준을 변경하여 적용할 수 있다. 이 경우 건축주등은 인증기준을 변경하여 적용하고자 하는 사항을 작성하여 운영기관의 장에게 요청하여야 한다.

⑧ 규칙 제8조제2항에 따른 인증기준의 인증등급은 별표 8, 9, 10에 따라 산출하여 부여한다.

⑨ 규칙 제8조제3항에 따른 가산점은 별표 1부터 별표 5까지의 인증심사기준에 따른다.

⑩ 운영기관의 장은 국토교통부장관과 환경부장관의 승인을 받아 인증심사 세부기준을 운영세칙에서 정할 수 있다.

⑪ 규칙 제9조의2에 따른 유효기간 연장의 경우 최초 1회에 한하여 기존 녹색건축 인증 취득 시의 인

증기준으로 심사할 수 있다.

제4조【재심사】 ① 규칙 제10조제2항에 따라 재심사 요청을 하는 건축주등은 재심사 요청 사유서를 인증기관의 장에게 제출하여야 하며, 재심사에 따른 세부절차 등에 관하여는 규칙 제6조제3항부터 제5항까지, 제7조제1항・제2항, 제8조, 법 제20조를 준용한다.
② 재심사 결과에 따라 인증서를 재발급할 경우에는 기존에 발급된 인증은 취소된다.
③ 재심사를 수행한 인증기관의 장은 재심사에 대한 전반적인 사항을 운영기관의 장에게 보고하여야 한다.

제5조【예비인증의 신청 등】 ① 규칙 제11조제2항에 따른 자체평가서의 작성요령 및 제출서류는 제2조제1항을 준용한다.
② 규칙 제11조제3항에 따라 건축주등에게 녹색건축 예비인증서 발급 시 포함하여야 하는 공동주택의 성능등급을 표시한 서류(이하 "공동주택성능등급 인증서"라 한다.)는 「주택건설기준 등에 관한 규칙」 제12조의2에 따른 공동주택성능등급 인증서를 말한다.
③ 공동주택성능등급 인증서의 표시방법은 별표 13의 공동주택성능등급 표시항목에 따른다.

제6조【인증을 받은 건축물의 사후관리 등】 ① 규칙 제12조제2항에 따라 인증기관의 장이 녹색건축 등급 인증을 받은 건축물의 정상 가동 여부를 확인할 경우에는 국토교통부장관과 환경부장관의 승인을 받아야 한다.
② 규칙 제12조제5항에 따른 점검 및 실태조사의 범위는 다음 각 호와 같다.
1. 유지관리 및 생태환경 현황 등의 조사
2. 에너지사용량 및 물사용량 등의 조사
3. 국토교통부장관 또는 환경부장관이 요청하는 사항

제7조【녹색건축 인증의 취득 의무】 ① 삭제
②「건축법 시행령」 별표 1 제14호가목의 공공업무시설 중 「녹색건축물 조성 지원법 시행령」 제11조의3에 해당하는 건축물의 경우 우수(그린2등급) 등급 이상을 취득하여야 한다.

제8조【인증 수수료】 ① 규칙 제14조에 따른 인증 수수료는 별표 12와 같다.
② 규칙 제14조제2항에 따라 재심사를 신청하는 경우 추가로 내야하는 인증 수수료는 제1항에 따른 인증 수수료의 100분의 50으로 한다. 다만, 단독주택 및 그린리모델링, 유효기간연장의 경우 최초 인증 수수료 기준에 따르며, 재심사 결과 당초 심사결과의 오류가 확인되어 인증등급이 달라지거나 인증이 취소되는 경우에는 인증기관이 재심사 신청자에게 추가 인증 수수료를 환불하여야 한다.
③ 규칙 제14조제4항에 따른 인증 수수료의 환불 사유 및 반환 범위는 별표 12에 따른다.
④ 인증 수수료의 반환절차 및 반환방법 등은 인증기관의 장이 별도로 정하는 바에 따른다.
⑤ 규칙 제6조제2항에 따라 녹색건축 인증을 신청한 건축주등은 신청서를 제출한 날로부터 20일 이내에 인증기관의 장에게 수수료를 납부하여야 한다.

제9조【인증 신청의 반려】 인증기관의 장은 규칙 제6조제6항에 따라 다음 각 호의 어느 하나에 해당하는 경우 그 사유를 명시하여 인증을 신청한 건축주등에게 인증 신청을 반려하여야 한다.
1. 제2조제1항에 따라 자체평가서 및 제출서류 등을 신청일로부터 20일 이내에 제출하지 아니한 경우
2. 제2조제4항에 따른 보완을 기간내에 완료하지 아니한 경우
3. 제8조제5항에 따라 인증 수수료를 신청일로부터 20일 이내에 납부하지 아니한 경우

제10조【인증 업무 지원】 ① 인증기관의 장은 규칙 제14조에 따른 인증수수료의 일부를 운영기관이 규칙 제3조제3항에 따른 인증 관련 업무를 수행하는 데 드는 비용(이하 "인증업무 운영 비용"이라 한다)에 지원할 수 있다.
② 운영기관은 회계가 종료된 경우 전문정산기관의 정산결과보고서와 차기 인증업무 운영비용 운용계획안 등을 인증기관의 장에게 통보하고 규칙 제15조에 따른 인증운영위원회(이하 "위원회"라 한다)의 심의를 거쳐 국토교통부장관과 환경부장관에게 보고하여야 하며, 사업운용기간 내 인증업무 운영비용에 잔액이 발생한 경우 이월하여 차기 인증업무 운영비용으로 활용하여야 한다.
③ 제1항에 따른 인증업무 운영비용은 인증수수료의 100분의 5를 초과하지 않으며, 지원방법 등 인증업무 운영 비용과 관련한 세부적인 사항에 대해서는 운영세칙에서 정한다.
④ 제1항부터 제3항까지 규정한 사항 외에 인증업무 운영비용 산정기준, 수입 및 지출 절차 등 세부적인 사항은 운영세칙에서 정한다.

제11조【인증운영위원회의 구성】 ① 규칙 제15조제4항에 따라 위원회는 위원장 1명을 포함한 20명 이내의 위원으로 구성한다.

② 위원장은 위원회를 운영하지 않는 부처의 국장급 이상의 소속 공무원으로 하고 간사는 위원회를 운영하는 부처의 소속공무원으로 한다. 다만, 운영기관에 운영을 위탁하는 경우에는 운영기관의 인원으로 할 수 있다.

③ 위원은 다음 각 호의 어느 하나에 해당하는 자로서, 국토교통부장관과 환경부장관이 추천한 전문가가 각 전문분야별로 동수가 되도록 구성한다.

1. 관련분야의 직무를 담당하는 중앙행정기관의 소속 공무원
2. 5년 이상 녹색건축 관련 경력이 있는 대학조교수 이상인 자
3. 5년 이상 녹색건축 관련 연구기관에서 연구경력이 있는 선임연구원급 이상인 자
4. 기업에서 7년 이상 녹색건축 관련 분야에 근무한 부서장 이상인 자
5. 그밖에 제1호 내지 제4호와 동등 이상의 자격이 있다고 국토교통부장관 또는 환경부장관이 인정하는 자

④ 위원장과 위원의 임기는 2년으로 한다. 다만, 공무원인 위원은 보직의 재임기간으로 한다.

제12조【인증운영위원회의 운영】 ① 위원회의 운영은 국토교통부와 환경부가 2년간 교대로 담당한다.

② 위원회는 반기별 1회 이상 개최함을 원칙으로 하되, 필요한 경우 위원장이 이를 소집할 수 있다.

③ 위원회의 회의는 재적위원 과반수의 출석으로 개최하고 출석위원 과반수의 찬성으로 의결하되, 가부동수인 경우에는 부결된 것으로 본다.

④ 위원회에 참석한 위원에 대하여는 수당 및 여비를 지급할 수 있다.

제13조【인증 홍보】 인증의 홍보는 건축물과 직접 관련 있는 인쇄물, 광고물 등에 사용할 수 있으며 이 경우 인증범위, 인증기관명, 적용된 인증기준, 인증일자를 반드시 포함하여야 한다.

제14조【운영세칙】 운영기관의 장은 인증제도 활성화를 위한 사업의 효율적 수행을 위하여 필요한 때에는 이 규정에 저촉되지 않는 범위 안에서 운영세칙을 제정하여 운영할 수 있다. 다만, 운영세칙을 제정하거나 개정할 때에는 규칙 제15조에 따른 위원회의 심의 및 국토교통부장관과 환경부장관의 승인을 받아야 한다.

제15조【녹색건축전문가 관리】 운영기관의 장은 규칙 제8조제3항에 따른 녹색건축인증전문가를 운영·관리하여야 한다.

제16조【재검토기한】 국토교통부장관은 이 고시에 대하여 「훈령·예규 등의 발령 및 관리에 관한 규정」에 따라 2021년 7월 1일 기준으로 매 3년이 되는 시점(매 3년째의 6월 30일까지를 말한다)마다 그 타당성을 검토하여 개선 등의 조치를 하여야 한다.

부칙 <제2016-341호, 2016.6.17.>

제1조(시행일) 이 고시는 2016년 9월 1일부터 시행한다.

제2조(경과조치) 이 고시 시행 이전에 녹색건축 예비인증을 받은 건축물이 이 고시 시행 이후에 본인증을 신청하는 경우에는 종전의 규정에 따른다. 다만, 종전의 규정이 불리하여 건축주등이 요구하는 경우 이 고시에 따른 규정을 따를 수 있다.

제3조(녹색건축전문가의 설계참여에 관한 적용례) 별표 1 및 별표 3의 녹색건축전문가의 설계참여시 가산점은 2017년 1월 1일 이후 녹색건축 인증을 신청하는 경우부터 적용한다.

부칙 <제2019-764호, 2019.12.23.>

이 고시는 2020년 1월 1일부터 시행한다.

부칙<제2021-278호, 2021.3.26.>

이 고시는 2021년 4월 1일부터 시행한다.

부칙<제2023-329호, 2023.7.1.>

이 고시는 2023년 7월 1일부터 시행한다.

[별표 1] 신축주거용 건축물 심사기준(제3조 관련)

G-SEED 2016 | 신축 주거용 건축물

전문분야	인증 항목	구분	배점	일반주택[1]	공동주택[2]
1. 토지이용 및 교통	1.1 기존대지의 생태학적 가치	평가항목	2	●	●
	1.2 과도한 지하개발 지양	평가항목	3	●	●
	1.3 토공사 절성토량 최소화	평가항목	2	●	●
	1.4 일조권 간섭방지 대책의 타당성	평가항목	2	●	●
	1.5 단지 내 보행자 전용도로 조성과 외부보행자 전용도로와의 연결	평가항목	2		●
	1.6 대중교통의 근접성	평가항목	2	●	●
	1.7 자전거주차장 및 자전거도로의 적합성	평가항목	2	●	●
	1.8 생활편의시설의 접근성	평가항목	1	●	●
2. 에너지 및 환경오염	2.1 에너지 성능	필수항목	12	●	●
	2.2 에너지 모니터링 및 관리지원 장치	평가항목	2	●	●
	2.3 신·재생에너지 이용	평가항목	3	●	●
	2.4 저탄소 에너지원 기술의 적용	평가항목	1		●
	2.5 오존층 보호 및 지구온난화 저감	평가항목	2	●	●
3. 재료 및 자원	3.1 환경성선언 제품(EPD)의 사용	평가항목	4	●	●
	3.2 저탄소 자재의 사용	평가항목	2	●	●
	3.3 자원순환 자재의 사용	평가항목	2	●	●
	3.4 유해물질 저감 자재의 사용	평가항목	2	●	●
	3.5 녹색건축자재의 적용 비율	평가항목	4	●	●
	3.6 재활용가능자원의 보관시설 설치	필수항목	1	●	●
4. 물순환 관리	4.1 빗물관리	평가항목	5	●	●
	4.2 빗물 및 유출지하수 이용	평가항목	4	●	●
	4.3 절수형 기기 사용	필수항목	3	●	●
	4.4 물 사용량 모니터링	평가항목	2	●	●
5. 유지관리	5.1 건설현장의 환경관리 계획	평가항목	2	●	●
	5.2 운영·유지관리 문서 및 매뉴얼 제공	필수항목	2	●	●
	5.3 사용자 매뉴얼 제공	평가항목	2	●	●
	5.4 녹색건축인증 관련 정보제공	평가항목	3	●	●
6. 생태환경	6.1 연계된 녹지축 조성	평가항목	2		●
	6.2 자연지반 녹지율	평가항목	4	●	●
	6.3 생태면적률	필수항목	10	●	●
	6.4 비오톱 조성	평가항목	4		●

전문분야	인증 항목		구분	배점	일반주택[1]	공동주택[2]
7. 실내환경	7.1 실내공기 오염물질 저방출 제품의 적용		필수항목	6	●	●
	7.2 자연 환기성능 확보		평가항목	2	●	●
	7.3 단위세대 환기성능 확보		평가항목	2	●	●
	7.4 자동온도조절장치 설치 수준		평가항목	1	●	●
	7.5 경량충격음 차단성능		평가항목	2	●	●
	7.6 중량충격음 차단성능		평가항목	2	●	●
	7.7 세대 간 경계벽의 차음성능		평가항목	2	●	●
	7.8 교통소음(도로, 철도)에 대한 실내·외 소음도		평가항목	2	●	●
	7.9 화장실 급배수 소음		평가항목	2	●	●
8. 주택성능분야[3]	8.1 내구성		–	–		●
	8.2 가변성		–	–		●
	8.3 단위세대의 사회적 약자배려		–	–		●
	8.4 공용공간의 사회적 약자배려		–	–		●
	8.5 커뮤니티 센터 및 시설공간의 조성수준		–	–		●
	8.6 세대 내 일조 확보율		–	–		●
	8.7 홈네트워크 및 스마트홈		–	–		●
	8.8 방범안전 콘텐츠		–	–		●
	8.9 감지 및 경보설비		–	–		●
	8.10 제연설비		–	–		●
	8.11 내화성능		–	–		●
	8.12 수평피난거리		–	–		●
	8.13 복도 및 계단 유효너비		–	–		●
	8.14 피난설비		–	–		●
	8.15 수리용이성 전용부분		–	–		●
	8.16 수리용이성 공용부분		–	–		●
	8.17 주차공간 추가확보		–	–		●
ID 혁신적인 설계	1.토지이용 및 교통	대안적 교통 관련 시설의 설치	가산항목	1	●	●
	2.에너지 및 환경오염	제로에너지건축물	가산항목	3	●	●
		외피 열교 방지	가산항목	1	●	●
	3.재료 및 자원	건축물 전과정평가 수행	가산항목	2	●	●
		기존 건축물의 주요구조부 재사용	가산항목	5	●	●
	4.물순환 관리	중수도 및 하·폐수처리수 재이용	가산항목	1	●	●
	5.유지관리	녹색 건설현장 환경관리 수행	가산항목	1	●	●
	6.생태환경	표토재활용 비율	가산항목	1	●	●
	녹색건축인증전문가[4]	녹색건축인증전문가의 설계 참여	가산항목	1	●	●
	혁신적인 녹색건축 계획 및 설계[5]	녹색건축 계획·설계 심의[6]를 통해 평가	가산항목	3	●	●

1) 일반주택은 「건축법시행령」 제3조의5에 따른 단독주택과 「주택법」 제15조에 따른 사업계획승인대상 공동주택을 제외한 주거용 건축물을 말한다.
2) 공동주택은 「주택법」 제15조에 따른 사업계획승인대상의 주택을 말한다.
3) '8.주택성능분야(17개 항목)'은 녹색건축인증 평가시 「주택건설기준 등에 관한 규칙」[별지 제1호서식] 공동주택성능등급 인증서에만 표시하고 인증평가를 위한 배점은 부여하지 않는다.
4) 녹색건축인증전문가는 규칙 제8조제3항에 따른 교육을 이수한 사람을 말한다.
5) 혁신적인 녹색건축 계획 및 설계 인증항목은 최우수 및 우수 등급으로 신청하는 건축물만 평가한다.
6) 녹색건축 계획·설계 심의는 인증심의위원회 4인 이상과 설계분야 전문가 1인으로 구성된 녹색건축 계획·설계 심의단을 통해 평가한다.

[별표 2] ~ [별표 7] "생략"

[별표 8] 인증등급 산정표(제3조 관련)

녹색건축 인증기준 2016

인증등급 산정표

전문분야	분야별 총점 (a)	획득점수 (b)	획득비율[1] (b)/(a)=(c)	가중치 (d)	분야별 최종점수[2] (c)×(d)
토지이용 및 교통					
에너지 및 환경오염					
재료 및 자원					
물순환관리					
유지관리					
생태환경					
실내환경					
				소계 1	
혁신적인 설계	혁신적인 설계 인증항목 평가				
	녹색건축전문가 설계참여				
	녹색건축 계획 및 설계 심의 결과				
				소계 2	

총점 (소계 1 + 소계 2)	
등급	

1) 획득비율: 소수점 다섯째자리에서 반올림
2) 분야별 최종점수: 소수점 셋째자리에서 반올림
3) 복합건축물 점수 산정 기준

$$\text{복합건축물 총점} = \frac{\sum(\text{용도별 총점} \times \text{용도별 바닥면적})}{\text{대상건축물의 바닥면적의 합}}$$

[별표 9] 전문분야별 가중치 (제3조 관련)

구분		토지이용 및 교통	에너지 및 환경오염	재료 및 자원	물순환 관리	유지관리	생태환경	실내환경
신축	주거용 건축물	10	25	18	10	7	10	20
	단독주택	15	25	15	10	5	10	20
	비주거용 건축물	10	30	15	10	7	10	18
기존	주거용 건축물	10	27	15	10	15	10	13
	비주거용 건축물	10	25	15	10	15	10	15
그린 리모델링	주거용 건축물	-	60	10	10	10	-	10
	비주거용 건축물	-	60	10	10	10	-	10

[별표 10] 인증등급별 점수기준 (제3조 관련)

구분		최우수 (그린1등급)	우수 (그린2등급)	우량 (그린3등급)	일반 (그린4등급)
신축	주거용 건축물	74점 이상	66점 이상	58점 이상	50점 이상
	단독주택	74점 이상	66점 이상	58점 이상	50점 이상
	비주거용 건축물	80점 이상	70점 이상	60점 이상	50점 이상
기존	주거용 건축물	69점 이상	61점 이상	53점 이상	45점 이상
	비주거용 건축물	75점 이상	65점 이상	55점 이상	45점 이상
그린 리모델링	주거용 건축물	69점 이상	61점 이상	53점 이상	45점 이상
	비주거용 건축물	75점 이상	65점 이상	55점 이상	45점 이상

<비고>
복합건축물이 주거와 비주거로 구성되었을 경우에는 바닥면적의 과반 이상을 차지하는 용도의 인증등급별 점수기준을 따른다.

[별표 11] 자체평가서 작성요령 (제2조 관련)

1. 일반사항

1) 녹색건축 자체평가자
건축주등은 녹색건축 자체평가자를 평가서에 명시하여야 한다.

2) 현장조사
건축주등은 인증항목 중에서 그 성질상 항목의 예측·분석 등을 위하여 현장조사 등이 필요한 항목에 대하여는 현장조사를 실시하여 자체평가서를 작성해야 한다.

2 작성방법

1) 자체평가서 구성
① 자체평가서는 본문과 부록(첨부)으로 구분하여 작성한다.
② 본문은 예상 평점, 평점산출근거, 제출서류 및 근거자료, 자체인증등급 산정표 등이 포함되어야 한다.
③ 부록은 제출서류 및 근거자료를 보완하기 위해 추가로 도면, 계산서, 도표, 사진, 그림 등을 활용하여 작성토록 한다.

2) 자체평가서 제출
신청자가 제출하여야 하는 자체평가서는 원본이어야 하며, 건축주등도 1부 이상을 보관해야 한다.(디지털자료로 제출 가능)

3) 현장조사
① 현장조사는 현지조사를 원칙으로 하되, 불가피하게 문헌 또는 그 밖의 시청각 기록 자료에 의한 조사를 실시하게 되는 경우에는 가장 최근의 자료를 인용하고 본문의 해당내용 하단에 인용문헌 또는 그 출처를 표기하여야 한다.
① 현장조사의 기간 및 횟수 등은 대상건축물의 환경성능을 객관적으로 예측·분석할 수 있도록 대상건축물의 특성, 지역의 환경적 특성 등을 고려하여 정한다.

4) 비밀에 관한 사항
평가서의 내용 중 비밀(대외비 포함)로 분류되어야 할 사항은 별책으로 분리, 작성할 수 있다.

[별표 12] 녹색건축 인증 수수료 (제8조 관련) “생략”

[별표 13] 공동주택성능등급 표시항목 (제5조 관련)

성능부문	성능항목	구분	성능평가등급 (단지별 최소등급 표시)			
1. 소음관련 등급	1.1 경량충격음 차단성능	필수	★★★★	★★★	★★	★
	1.2 중량충격음 차단성능	필수	★★★★	★★★	★★	★
	1.3 세대 간 경계벽의 차음성능	필수	★★★★	★★★	★★	★
	1.4 교통소음(도로, 철도)에 대한 실내·외 소음도	필수	★★★★	★★★	★★	★
	1.5 화장실 급배수 소음	필수	★★★★	★★★	★★	★
2. 구조관련 등급	2.1 내구성	필수	★★★★	★★★	★★	★
	2.2 가변성	필수	★★★★	★★★	★★	★
	2.3 수리용이성 전용부분	필수	★★★★	★★★	★★	★
	2.4 수리용이성 공용부분	필수	★★★★	★★★	★★	★
3. 환경관련 등급	3.1 기존대지의 생태학적 가치	선택	★★★★	★★★	★★	★
	3.2 과도한 지하개발 지양	선택	★★★★	★★★	★★	★
	3.3 토공사 절성토량 최소화	선택	★★★★	★★★	★★	★
	3.4 일조권 간섭방지 대책의 타당성	선택	★★★★	★★★	★★	★
	3.5 에너지 성능	필수	★★★★	★★★	★★	★
	3.6 에너지 모니터링 및 관리지원 장치	선택	★★★★	★★★	★★	★
	3.7 신 · 재생에너지 이용	선택	★★★★	★★★	★★	★
	3.8 저탄소 에너지원 기술의 적용	선택	★★★★	★★★	★★	★
	3.9 오존층 보호 및 지구온난화 저감	선택	★★★★	★★★	★★	★
	3.10 환경성선언 제품(EPD)의 사용	선택	★★★★	★★★	★★	★
	3.11 저탄소 자재의 사용	선택	★★★★	★★★	★★	★
	3.12 자원순환 자재의 사용	선택	★★★★	★★★	★★	★
	3.13 유해물질 저감 자재의 사용	선택	★★★★	★★★	★★	★
	3.14 녹색건축자재의 적용 비율	선택	★★★★	★★★	★★	★
	3.15 재활용가능자원의 보관시설 설치	선택	★★★★	★★★	★★	★
	3.16 빗물관리	선택	★★★★	★★★	★★	★
	3.17 빗물 및 유출지하수 이용	선택	★★★★	★★★	★★	★
	3.18 절수형 기기 사용	선택	★★★★	★★★	★★	★
	3.19 물 사용량 모니터링	선택	★★★★	★★★	★★	★
	3.20 연계된 녹지축 조성	선택	★★★★	★★★	★★	★
	3.21 자연지반 녹지율	필수	★★★★	★★★	★★	★
	3.22 생태면적률	필수	★★★★	★★★	★★	★
	3.23 비오톱 조성	선택	★★★★	★★★	★★	★
	3.24 실내공기 오염물질 저방출 제품의 적용	필수	★★★★	★★★	★★	★
	3.25 자연 환기성능 확보	선택	★★★★	★★★	★★	★
	3.26 단위세대 환기성능 확보	필수	★★★★	★★★	★★	★
	3.27 자동온도조절장치 설치 수준	선택	★★★★	★★★	★★	★

성능부문	성능항목		구분	성능평가등급 (단지별 최소등급 표시)			
4. 생활환경 등급	4.1	단지 내 보행자 전용도로 조성과 외부보행자 전용도로와의 연결	선택	★★★★	★★★	★★	★
	4.2	대중교통의 근접성	선택	★★★★	★★★	★★	★
	4.3	자전거주차장 및 자전거도로의 적합성	선택	★★★★	★★★	★★	★
	4.4	생활편의시설의 접근성	선택	★★★★	★★★	★★	★
	4.5	건설현장의 환경관리 계획	선택	★★★★	★★★	★★	★
	4.6	운영 · 유지관리 문서 및 매뉴얼 제공	선택	★★★★	★★★	★★	★
	4.7	사용자 매뉴얼 제공	선택	★★★★	★★★	★★	★
	4.8	녹색건축인증 관련 정보제공	선택	★★★★	★★★	★★	★
	4.9	단위세대의 사회적 약자배려	필수	★★★★	★★★	★★	★
	4.10	공용공간의 사회적 약자배려	필수	★★★★	★★★	★★	★
	4.11	커뮤니티 센터 및 시설공간의 조성수준	필수	★★★★	★★★	★★	★
	4.12	세대 내 일조 확보율	필수	★★★★	★★★	★★	★
	4.13	홈네트워크 및 스마트홈	필수	★★★★	★★★	★★	★
	4.14	방범안전 콘텐츠	필수	★★★★	★★★	★★	★
	4.15	주차공간 추가 확보	필수	★★★★	★★★	★★	★
5. 화재·소방 등급	5.1	감지 및 경보설비	필수	★★★★	★★★	★★	★
	5.2	제연설비	필수	★★★★	★★★	★★	★
	5.3	내화성능	필수	★★★★	★★★	★★	★
	5.4	수평피난거리	필수	★★★★	★★★	★★	★
	5.5	복도 및 계단 유효너비	필수	★★★★	★★★	★★	★
	5.6	피난설비	필수	★★★★	★★★	★★	★

※ 세부 성능항목에 대한 성능등급은 [별표 1]공동주택 인증심사기준에 따라 평가하여 단지별 최소등급을 ★에서 ★★★★로 표시한다.

※ 「주택법」에 따라 의무적으로 공동주택성능등급을 인증받는 경우, "주택품질향상에 따른 가산비용 기준"에 따라 가산비용을 적용받고자 하는 경우 및 「주택공급에 관한 규칙」에 따라 공동주택성능등급을 입주자 모집공고시 표시하고자 하는 경우에는 구분란의 필수에 대하여 4등급 이상을 반드시 취득하여야 한다.

5. 건축물 에너지효율등급 인증 및 제로에너지건축물 인증에 관한 규칙

[국토교통부령 제1274호/산업통상자원부령 제528호, 2023.11.21.]

제1조【목적】 이 규칙은 「녹색건축물 조성 지원법」 제17조제5항 및 같은 법 시행령 제12조제1항에서 위임된 건축물 에너지효율등급 인증 및 제로에너지건축물 인증 대상 건축물의 종류 및 인증기준, 인증기관 및 운영기관의 지정, 인증받은 건축물에 대한 점검 및 건축물에너지평가사의 업무범위 등에 관한 사항과 그 시행에 필요한 사항을 규정함을 목적으로 한다. <개정 2015.11.18., 2017.1.20.>

제2조【적용대상】 ① 「녹색건축물 조성 지원법」(이하 "법"이라 한다) 제17조제5항 및 「녹색건축물 조성 지원법 시행령」(이하 "영"이라 한다) 제12조제1항에 따른 건축물 에너지효율등급 인증 및 제로에너지건축물 인증은 「건축법 시행령」 별표 1 각 호에 따른 건축물을 대상으로 한다. 다만, 「건축법 시행령」 별표 1 제3호부터 제13호까지 및 제15호부터 제29호까지의 규정에 따른 건축물 중 국토교통부장관과 산업통상자원부장관이 공동으로 고시하는 실내 냉방·난방 온도 설정조건으로 인증 평가가 불가능한 건축물 또는 이에 해당하는 공간이 전체 연면적의 100분의 50 이상을 차지하는 건축물은 제외한다. <개정 2015.11.18., 2017.1.20., 2021.8.23>

1.~5. 삭제 <2021.8.23.>

제3조【운영기관의 지정 등】 ① 국토교통부장관은 법 제23조에 따라 녹색건축센터로 지정된 기관 중에서 건축물 에너지효율등급 인증제 운영기관 및 제로에너지건축물 인증제 운영기관을 지정하여 관보에 고시하여야 한다. <개정 2017.1.20.>

② 국토교통부장관은 제1항에 따라 운영기관을 지정하려는 경우 산업통상자원부장관과 협의하여야 한다. <개정 2015.11.18.>

③ 운영기관은 해당 인증제에 관한 다음 각 호의 업무를 수행한다. <개정 2015.11.18., 2017.1.20., 2021.8.23>

1. 인증업무를 수행하는 인력(이하 "인증업무인력"이라 한다)의 교육, 관리 및 감독에 관한 업무
2. 인증관리시스템의 운영에 관한 업무
3. 인증기관의 평가·사후관리 및 감독에 관한 업무
4. 인증제도의 홍보, 교육, 컨설팅, 조사·연구 및 개발 등에 관한 업무
5. 인증제도의 개선 및 활성화를 위한 업무
6. 인증절차 및 기준 관리 등 제도 운영에 관한 업무
7. 인증 관련 통계 분석 및 활용에 관한 업무
8. 인증제도의 운영과 관련하여 국토교통부장관 또는 산업통상자원부장관이 요청하는 업무
9. 그 밖에 인증제도의 운영에 필요한 업무로서 국토교통부장관이 산업통상자원부장관과 협의하여 인정하는 업무

④ 운영기관의 장은 다음 각 호의 구분에 따른 시기까지 운영기관의 사업내용을 국토교통부장관과 산업통상자원부장관에게 각각 보고하여야 한다.

1. 전년도 사업추진 실적과 그 해의 사업계획: 매년 1월 31일까지
2. 분기별 인증 현황: 매 분기 말일을 기준으로 다음 달 15일까지

⑤ 운영기관의 장은 인증기관에 법 제19조 각 호의 처분사유가 있다고 인정하면 국토교통부장관에게 알려야 한다. <신설 2015.11.18.>

제4조【인증기관의 지정】 ① 국토교통부장관은 법 제17조제2항에 따라 건축물 에너지효율등급 인증기관을 지정하려는 경우에는 산업통상자원부장관과 협의하여 지정 신청 기간을 정하고, 그 기간이 시작되는 날의 3개월 전까지 신청 기간 등 인증기관 지정에 관한 사항을 공고하여야 한다. <개정 2017.1.20.>

② 건축물 에너지효율등급 인증기관으로 지정을 받으려는 자는 제1항에 따른 신청 기간에 별지 제1호서식의 건축물 에너지효율등급 인증기관 지정 신청서(전자문서로 된 신청서를 포함한다)에 다음 각 호의 서류(전자문서를 포함한다)를 첨부해서 국토교통부장관에게 제출해야 한다. <개정 2015.11.18., 2017.1.20., 2021.8.23>

1. 인증업무를 수행할 전담조직 및 업무수행체계에 관한 설명서
2. 제4항에 따른 인증업무인력을 보유하고 있음을 증명하는 서류
3. 인증기관의 인증업무 처리규정
4. 건축물의 에너지효율등급 인증과 관련한 연구 실적 등 인증업무를 수행할 능력을 갖추고 있음을 증명하는 서류

③ 제2항에 따른 신청을 받은 국토교통부장관은 「전자정부법」 제36조제1항에 따른 행정정보의 공동이용을 통하여 신청인의 법인 등기사항증명서(법인인 경우만 해당한다) 또는 사업자등록증(개인인 경우만 해당한다)을 확인하여야 한다. 다만, 신청인이 사업등록증을 확인하는 데 동의하지 아니하는 경우에는 해당 서류의 사본을 제출하도록 하여야 한다.

④ 건축물 에너지효율등급 인증기관은 다음 각 호의 어느 하나에 해당하는 건축물의 에너지효율등급 인증에 관한 상근(常勤) 인증업무인력을 5명 이상 보유하여야 한다. <개정 2015.11.18., 2017.1.20., 2023.11.21.>

1. 「녹색건축물 조성 지원법 시행규칙」 제16조제5항에 따라 실무교육을 받은 건축물에너지평가사
2. 건축사 자격을 취득한 후 3년 이상 해당 업무를 수행한 사람
3. 건축, 설비, 에너지 분야(이하 "해당 전문분야"라 한다)의 기술사 자격을 취득한 후 3년 이상 해당 업무를 수행한 사람
4. 해당 전문분야의 기사 자격을 취득한 후 5년 이상 해당 업무를 수행한 사람
5. 해당 전문분야의 박사학위를 취득한 후 3년 이상 해당 업무를 수행한 사람
6. 해당 전문분야의 석사학위를 취득한 후 5년 이상 해당 업무를 수행한 사람
7. 해당 전문분야의 학사학위를 취득한 후 7년 이상 해당 업무를 수행한 사람
8. 해당 전문분야에서 10년 이상 해당 업무를 수행한 사람

⑤ 제2항제3호에 따른 인증업무 처리규정에는 다음 각 호의 사항이 포함되어야 한다.

1. 건축물 에너지효율등급 인증 평가의 절차 및 방법에 관한 사항
2. 건축물 에너지효율등급 인증 결과의 통보 및 재평가에 관한 사항
3. 건축물 에너지효율등급 인증을 받은 건축물의 인증 취소에 관한 사항
4. 건축물 에너지효율등급 인증 결과 등의 보고에 관한 사항
5. 건축물 에너지효율등급 인증 수수료 납부방법 및 납부기간에 관한 사항
6. 건축물 에너지효율등급 인증 결과의 검증방법에 관한 사항
7. 그 밖에 건축물 에너지효율등급 인증업무 수행에 필요한 사항

⑥ 국토교통부장관은 제2항에 따라 건축물 에너지효율등급 인증기관 지정 신청서가 제출되면 해당 신청인이 인증기관으로 적합한지를 산업통상자원부장관과 협의하여 검토한 후 제14조에 따른 건축물 에너지등급 인증운영위원회 심의를 거쳐 지정·고시한다. <개정 2015.11.18., 2017.1.20., 2021.8.23./시행 2022.3.1.>

⑦ 법 제17조제2항에 따른 제로에너지건축물 인증기관은 제6항에 따라 지정·고시된 건축물 에너지효율등급 인증기관 중에서 국토교통부장관이 산업통상자원부장관과 협의하여 지정·고시한다. <신설 2017.1.20., 2021.8.23.>

⑧ 제로에너지건축물 인증기관은 다음 각 호의 사항을 갖춰야 한다. 이 경우 다음 각 호의 사항은 건축물 에너지효율등급 인증기관으로서 갖춰야 하는 전담조직·업무수행체계, 상근 인증업무인력 및 인증업무 처리규정과 중복되어서는 안 된다. <신설 2017.1.20., 2021.8.23>

1. 인증업무를 수행할 전담조직 및 업무수행체계
2. 3명 이상의 상근 인증업무인력(인증업무인력의 자격에 관하여는 제4항을 준용한다. 이 경우 "건축물의 에너지효율등급 인증"은 "제로에너지건축물 인증"으로 본다)
3. 인증업무 처리규정(인증업무 처리규정에 포함되어야 하는 사항에 관하여는 제5항을 준용한다. 이 경우 "건축물 에너지효율등급 인증"은 "제로에너지건축물 인증"으로 본다)

제5조【인증기관 지정서의 발급 및 인증기관 지정의 갱신 등】 ① 국토교통부장관은 제4조제6항 및 제7항에 따라 인증기관으로 지정받은 자에게 별지 제2호서식 또는 별지 제2호의2서식의 인증기관 지정서를 발급하여야 한다. <개정 2017.1.20.>

② 제4조제6항 및 제7항에 따른 인증기관 지정의 유효기간은 인증기관 지정서를 발급한 날부터 5년으로 한다. <개정 2017.1.20.>

③ 국토교통부장관은 산업통상자원부장관과의 협의를 거쳐 제2항에 따른 지정의 유효기간을 5년마다 5년의 범위에서 갱신할 수 있다. 이 경우 건축물 에너지효율등급 인증기관에 대해서는 산업통상자원부장관과의 협의 후에 제14조에 따른 건축물 에너지등급 인증운영위원회의 심의를 거쳐야 한다. <개정 2017.1.20., 2021.8.23./시행 2022.3.1>

④ 제1항에 따라 인증기관 지정서를 발급받은 인증기관의 장은 다음 각 호의 어느 하나에 해당하는 사항이 변경되었을 때에는 그 변경된 날부터 30일 이내에 변경된 내용을 증명하는 서류를 해당 인증제 운영기관의 장에게 제출하여야 한다. <개정

2015.11.18., 2017.1.20.>
1. 기관명 및 기관의 대표자
2. 건축물의 소재지
3. 상근 인증업무인력

⑤ 운영기관의 장은 제4항에 따라 제출받은 서류가 사실과 부합하는지를 확인하여 이상이 있을 경우 그 내용을 국토교통부장관과 산업통상자원부장관에게 각각 보고하여야 한다. <개정 2015.11.18.>

⑥ 국토교통부장관은 산업통상자원부장관과 협의하여 법 제19조 각 호의 사항을 점검할 수 있으며, 이를 위하여 인증기관의 장에게 관련 자료의 제출을 요구할 수 있다. 이 경우 자료 제출을 요구받은 인증기관의 장은 특별한 사유가 없으면 이에 따라야 한다.

제6조【인증 신청 등】 ① 법 제17조제4항에서 "국토교통부와 산업통상자원부의 공동부령으로 정하는 기준 이상인 건축물"이란 제8조제2항제1호에 따른 건축물 에너지효율등급(이하 "건축물 에너지효율등급"이라 한다)이 1++ 등급 이상인 건축물을 말한다. <신설 2017.1.20.>

② 다음 각 호의 어느 하나에 해당하는 자(이하 "건축주등"이라 한다)는 건축물 에너지효율등급 인증 및 제로에너지건축물 인증을 신청할 수 있다. <개정 2015.11.18., 2017.1.20.>
1. 건축주
2. 건축물 소유자
3. 사업주체 또는 시공자(건축주나 건축물 소유자가 인증 신청에 동의하는 경우에만 해당한다)

③ 제2항에 따라 인증을 신청하려는 건축주등은 제3조제3항제2호에 따른 인증관리시스템(이하 "인증관리시스템"이라 한다)을 통하여 다음 각 호의 구분에 따라 해당 인증기관의 장에게 신청서를 제출하여야 한다. <개정 2017.1.20.>
1. 건축물 에너지효율등급 인증을 신청하는 경우: 별지 제3호서식에 따른 신청서 및 다음 각 목의 서류
  가. 건축 공사가 완료되어 이를 반영한 건축·기계·전기·신에너지 및 재생에너지(「신에너지 및 재생에너지 개발·이용·보급 촉진법」에 따른 신에너지 및 재생에너지를 말한다. 이하 같다) 관련 최종 설계도면
  나. 건축물 부위별 성능내역서
  다. 건물 전개도
  라. 장비용량 계산서
  마. 조명밀도 계산서
  바. 관련 자재·기기·설비 등의 성능을 증명할 수 있는 서류
  사. 설계변경 확인서 및 설명서
  아. 건축물 에너지효율등급 예비인증서 사본(예비인증을 받은 경우만 해당한다)
  자. 가목부터 아목까지의 서류 외에 건축물 에너지효율등급 평가를 위하여 건축물 에너지효율등급 인증제 운영기관의 장이 필요하다고 정하여 공고하는 서류
2. 제로에너지건축물 인증을 신청하는 경우: 별지 제3호의2서식에 따른 신청서 및 다음 각 목의 서류
  가. 1++등급 이상의 건축물 에너지효율등급 인증서 사본
  나. 건축물에너지관리시스템(법 제6조의2제2항에 따른 건축물에너지관리시스템을 말한다. 이하 같다) 또는 전자식 원격검침계량기 설치도서
  다. 제로에너지건축물 예비인증서 사본(예비인증을 받은 경우만 해당한다)
  라. 가목부터 다목까지의 서류 외에 제로에너지건축물 인증 평가를 위하여 제로에너지건축물 인증제 운영기관의 장이 필요하다고 정하여 공고하는 서류
3. 건축물 에너지효율등급 인증 및 제로에너지건축물 인증을 동시에 신청하는 경우: 별지 제3호서식에 따른 신청서 및 다음 각 목의 서류
  가. 제1호 각 목의 서류
  나. 제2호나목부터 라목까지의 서류

④ 제3항에 따라 신청서에 첨부하여 제출하는 서류(인증서 사본 및 예비인증서 사본은 제외한다)에는 설계자 및 「건축물의 설비기준 등에 관한 규칙」 제3조에 따른 관계전문기술자가 날인을 하여야 한다. 다만, 다음 각 호의 어느 하나에 해당하는 경우에는 그 사유서를 첨부하여 「건축법」 제25조에 따른 감리자 또는 건축주의 날인으로 설계자 또는 관계전문기술자의 날인을 대체할 수 있으며, 제2호의 경우 인증기관의 장은 변경내용을 영 제10조제2항에 따른 허가권자에게 통보하여야 한다. <신설 2017.1.20.>
1. 「건축물의 설비기준 등에 관한 규칙」 제2조에 따라 관계전문기술자의 협력을 받아야 하는 건축물에 해당하지 아니하는 경우
2. 첨부서류의 내용이 「건축법」 제22조제1항에 따른 사용승인 후 변경된 경우
3. 제1호 및 제2호 외에 설계자 또는 관계전문기술자의 날인이 불가능한 사유가 있는 경우

⑤ 인증기관의 장은 제3항에 따른 신청을 받은 날부

터 다음 각 호의 구분에 따른 기간 내에 인증을 처리하여야 한다. <개정 2017.1.20., 2021.8.23>
1. 건축물 에너지효율등급 인증의 경우: 50일(「건축법 시행령」 별표 1 제1호에 따른 단독주택 및 같은 표 제2호에 따른 공동주택의 경우에는 40일)
2. 제로에너지건축물 인증의 경우: 30일(제3항제3호에 따라 신청한 경우에는 1++등급 이상의 건축물 에너지효율등급 인증서가 발급된 날부터 기산한다)

⑥ 인증기관의 장은 제5항에 따른 기간 내에 부득이한 사유로 인증을 처리할 수 없는 경우에는 건축주등에게 그 사유를 통보하고 20일의 범위에서 인증평가 기간을 한 차례만 연장할 수 있다. <개정 2017.1.20.>

⑦ 인증기관의 장은 제3항에 따라 건축주등이 제출한 서류의 내용이 미흡하거나 사실과 다른 경우에는 건축주등에게 보완을 요청할 수 있다. 이 경우 건축주등이 제출서류를 보완하는 기간은 제5항의 기간에 산입하지 아니한다. <개정 2015.11.18., 2017.1.20.>

⑧ 인증기관의 장은 건축주등이 보완 요청 기간 안에 보완을 하지 아니한 경우 등에는 신청을 반려할 수 있다. 이 경우 반려 기준 및 절차 등 필요한 사항은 국토교통부장관과 산업통상자원부장관이 정하여 공동으로 고시한다. <신설 2015.11.18., 2017.1.20.>

⑨ 제9조제1항에 따라 인증을 받은 건축물의 소유자는 필요한 경우 제9조제3항에 따른 유효기간이 만료되기 90일 전까지 같은 건축물에 대하여 재인증을 신청할 수 있다. 이 경우 평가 절차 등 필요한 사항은 국토교통부장관과 산업통상자원부장관이 정하여 공동으로 고시한다. <신설 2015.11.18., 2017.1.20.>

제7조【인증 평가 등】 ① 인증기관의 장은 제6조에 따른 인증 신청을 받으면 인증 기준에 따라 도서평가와 현장실사(現場實査)를 하고, 인증 신청 건축물에 대한 인증 평가서를 작성하여야 한다. <개정 2015.11.18.>

② 인증기관의 장은 제1항에 따른 인증 평가서 결과에 따라 인증 여부 및 인증 등급을 결정한다. <개정 2015.11.18.>

③ 인증기관의 장은 사용승인 또는 사용검사를 받은 날부터 3년이 지난 건축물에 대해서 건축물 에너지효율등급 인증을 하려는 경우에는 건축주등에게 건축물 에너지효율 개선방안을 제공하여야 한다.

제8조【인증 기준 등】 ① 건축물 에너지효율등급 인증 및 제로에너지건축물 인증은 다음 각 호의 구분에 따른 사항을 기준으로 평가하여야 한다. <개정 2017.1.20.>
1. 건축물 에너지효율등급 인증: 난방, 냉방, 급탕(給湯), 조명 및 환기 등에 대한 1차 에너지 소요량
2. 제로에너지건축물 인증: 다음 각 목의 사항
   가. 건축물 에너지효율등급 성능수준
   나. 신에너지 및 재생에너지를 활용한 에너지자립도
   다. 건축물에너지관리시스템 또는 전자식 원격검침계량기 설치 여부

② 건축물 에너지효율등급 인증 및 제로에너지건축물 인증의 등급은 다음 각 호의 구분에 따른다. <개정 2017.1.20.>
1. 건축물 에너지효율등급 인증: 1+++등급부터 7등급까지의 10개 등급
2. 제로에너지건축물 인증: 1등급부터 5등급까지의 5개 등급

③ 제1항과 제2항에 따른 인증 기준 및 인증 등급의 세부 기준은 국토교통부장관과 산업통상자원부장관이 정하여 공동으로 고시한다.

제9조【인증서 발급 및 인증의 유효기간 등】 ① 건축물 에너지효율등급 인증기관의 장 또는 제로에너지건축물 인증기관의 장은 제7조 및 제8조에 따른 평가가 완료되어 인증을 할 때에는 별지 제4호서식 또는 별지 제4호의2서식의 인증서를 건축주등에게 발급하고, 제7조제1항에 따른 인증 평가서 등 평가 관련 서류와 함께 인증관리시스템에 인증 사실을 등록하여야 한다. <개정 2015.11.18., 2017.1.20.>

② 건축주등은 인증명판이 필요하면 별표 1 또는 별표 1의2에 따라 제작하여 활용할 수 있으며, 법 제17조제5항 및 영 제12조제2항에 따른 건축물의 건축주등은 인증명판을 건축물 현관 또는 로비 등 공공이 볼 수 있는 장소에 게시하여야 한다. <신설 2015.11.18., 2017.1.20.>

③ 건축물 에너지효율등급 인증 및 제로에너지건축물 인증의 유효기간은 다음 각 호의 구분에 따른 기간으로 한다. <개정 2017.1.20.>
1. 건축물 에너지효율등급 인증: 10년
2. 제로에너지건축물 인증: 인증받은 날부터 해당 건축물에 대한 1++등급 이상의 건축물 에너지효율등급 인증 유효기간 만료일까지의 기간

④ 인증기관의 장은 제1항에 따라 인증서를 발급하였을 때에는 인증 대상, 인증 날짜, 인증 등급을 포함한 인증 결과를 해당 인증제 운영기관의 장에게 제출하여야 한다. <개정 2015.11.18., 2017.1.20.>

⑤ 운영기관의 장은 에너지성능이 높은 건축물의 보급을 확대하기 위하여 제1항에 따른 인증평가 관련 정보를 분석하여 통계적으로 활용할 수 있으며, 법 제10조제5항에 따른 방법으로 인증 관련 정보를 공개할 수 있다. <신설 2015.11.18.>

제10조【재평가 요청 등】 ① 제7조에 따른 인증 평가 결과나 법 제20조제1항에 따른 인증 취소 결정에 이의가 있는 건축주등은 인증서 발급일 또는 인증 취소일부터 90일 이내에 인증기관의 장에게 재평가를 요청할 수 있다. <개정 2015.11.18.>
② 재평가 결과 통보, 인증서 재발급 등 재평가에 따른 세부 절차에 관한 사항은 국토교통부장관과 산업통상자원부장관이 정하여 공동으로 고시한다.

제11조【예비인증의 신청 등】 ① 건축주등은 제6조제2항에 따른 인증(이하 "본인증"이라 한다)에 앞서 설계도서에 반영된 내용만을 대상으로 예비인증을 신청할 수 있다. <개정 2015.11.18., 2017.1.20.>
② 제1항에 따라 예비인증을 신청하려는 건축주등은 인증관리시스템을 통하여 다음 각 호의 구분에 따라 해당 인증기관의 장에게 신청서를 제출하여야 한다. <개정 2017.1.20.>
1. 건축물 에너지효율등급 예비인증을 신청하는 경우: 별지 제5호서식에 따른 신청서 및 다음 각 목의 서류
  가. 건축·기계·전기·신에너지 및 재생에너지 관련 설계도면
  나. 제6조제3항제1호나목부터 바목까지 및 자목의 서류
2. 제로에너지건축물 예비인증을 신청하는 경우: 별지 제5호의2서식에 따른 신청서 및 다음 각 목의 서류
  가. 1++등급 이상의 건축물 에너지효율등급 인증서 또는 예비인증서 사본
  나. 제6조제3항제2호나목 및 라목의 서류
3. 건축물 에너지효율등급 예비인증 및 제로에너지 건축물 예비인증을 동시에 신청하는 경우: 별지 제5호서식의 신청서 및 다음 각 목의 서류
  가. 제1호 각 목의 서류
  나. 제2호나목의 서류
③ 인증기관의 장은 평가 결과 예비인증을 하는 경우 별지 제6호서식 또는 별지 제6호의2서식의 예비인증서를 건축주등에게 발급하여야 한다. 이 경우 건축주등이 예비인증을 받은 사실을 광고 등의 목적으로 사용하려면 본인증을 받을 경우 그 내용이 달라질 수 있음을 알려야 한다. <개정 2015.11.18., 2017.1.20.>
④ 예비인증을 받은 건축주등은 본인증을 받아야 한다. 이 경우 예비인증을 받아 제도적·재정적 지원을 받은 건축주등은 예비인증 등급 이상의 본인증을 받아야 한다.
⑤ 예비인증의 유효기간은 제3항에 따라 예비인증서를 발급한 날부터 사용승인일 또는 사용검사일까지로 한다. <개정 2015.11.18.>
⑥ 제1항부터 제5항까지에서 규정한 사항 외에 예비인증의 신청 및 평가 등에 관하여는 제6조제4항부터 제8항까지, 제7조제1항·제2항, 제8조, 제9조제4항, 제10조 및 법 제20조를 준용한다. 다만, 제7조제1항에 따른 현장실사는 실시하지 아니한다. <개정 2015.11.18., 2017.1.20.>

제11조의2【건축물에너지평가사의 업무범위】 「녹색건축물 조성 지원법 시행규칙」 제16조제5항에 따라 실무교육을 받은 건축물에너지평가사는 다음 각 호의 업무를 수행한다.
1. 제7조에 따른 도서평가, 현장실사, 인증 평가서 작성 및 건축물 에너지효율 개선방안 작성
2. 제11조제6항에 따른 예비인증 평가
[본조신설 2015.11.18.]

제12조【인증을 받은 건축물에 대한 점검 및 실태조사】 ① 건축물 에너지효율등급 인증 또는 제로에너지건축물 인증을 받은 건축물의 소유자 또는 관리자는 그 건축물을 인증받은 기준에 맞도록 유지·관리하여야 한다. <개정 2017.1.20.>
② 건축물 에너지효율등급 인증제 운영기관의 장 또는 제로에너지건축물 인증제 운영기관의 장은 인증받은 건축물의 성능점검 또는 유지·관리 실태 파악을 위하여 에너지사용량 등 필요한 자료를 해당 건축물의 소유자 또는 관리자에게 요청할 수 있다. 이 경우 건축물의 소유자 또는 관리자는 특별한 사유가 없으면 그 요청에 따라야 한다. <개정 2017.1.20.>
③ 삭제 <2015.11.18.>
[제목개정 2015.11.18.]

제13조【인증 수수료】 ① 건축주등은 본인증, 예비인증 또는 제6조제7항에 따른 재인증을 신청하려는 경우에는 해당 인증기관의 장에게 별표 2의 범위에서 인증 대상 건축물의 면적을 고려하여 국토교통부장관과 산업통상자원부장관이 정하여 공동으로 고시하는 인증 수수료를 내야 한다. <개정 2015.11.18.>
② 제10조제1항(제11조제6항에 따라 준용되는 경우

를 포함한다)에 따라 재평가를 신청하는 건축주등은 국토교통부장관과 산업통상자원부장관이 정하여 공동으로 고시하는 인증 수수료를 내야 한다. <개정 2015.11.18.>

③ 제1항 및 제2항에 따른 인증 수수료는 현금이나 정보통신망을 이용한 전자화폐·전자결제 등의 방법으로 납부하여야 한다.

④ 인증기관의 장은 제1항 및 제2항에 따른 인증 수수료의 일부를 해당 인증제 운영기관이 제3조제3항에 따른 인증 관련 업무를 수행하는 데 드는 비용(이하 "운용비용"이라 한다)에 지원할 수 있다. <개정 2015.11.18., 2017.1.20.>

⑤ 제1항 및 제2항에 따른 인증 수수료의 환불 사유, 반환 범위, 납부 기간 및 그 밖에 인증 수수료의 납부와 운영비용 집행 등에 필요한 사항은 국토교통부장관과 산업통상자원부장관이 정하여 공동으로 고시한다. <개정 2015.11.18.>

제14조【인증운영위원회의 구성·운영 등】 ① 국토교통부장관과 산업통상자원부장관은 건축물 에너지효율등급 인증제 및 제로에너지건축물 인증제를 효율적으로 운영하기 위하여 국토교통부장관이 산업통상자원부장관과 협의하여 정하는 기준에 따라 건축물 에너지등급 인증운영위원회(이하 "인증운영위원회"라 한다)를 구성하여 운영할 수 있다. <개정 2017.1.20., 2021.8.23./시행 2022.3.1>

② 인증운영위원회는 다음 각 호의 사항을 심의한다. <개정 2015.11.18., 2017.1.20., 2021.8.23./시행 2022.3.1>

1. 건축물 에너지효율등급 인증기관 및 제로에너지건축물 인증기관의 지정과 지정의 유효기간 연장에 관한 사항
2. 건축물 에너지효율등급 인증기관 및 제로에너지건축물 인증기관 지정의 취소와 업무정지에 관한 사항
3. 건축물 에너지효율등급 인증 및 제로에너지건축물 인증 평가기준의 제정・개정에 관한 사항
4. 제1호부터 제3호까지의 사항 외에 건축물 에너지효율등급 인증제도 및 제로에너지건축물 인증제도의 운영과 관련된 중요사항

③ 국토교통부장관과 산업통상자원부장관은 인증운영위원회의 운영을 인증제 운영기관에 위탁할 수 있다. <신설 2015.11.18., 2017.1.20., 2021.8.23./시행 2022.3.1>

④ 제1항 및 제2항에서 규정한 사항 외에 인증운영위원회의 세부 구성 및 운영 등에 관한 사항은 국토교통부장관과 산업통상자원부장관이 정하여 공동으로 고시한다. <개정 2015.11.18.>

부칙〈국토교통부령 제399호, 산업통상자원부령 제236호, 2017.1.20.〉

제1조(시행일) 이 규칙은 2017년 1월 20일부터 시행한다.

제2조(건축물 에너지효율등급 인증 신청 첨부서류에의 날인에 관한 적용례) 제6조제4항의 개정규정은 이 규칙 시행 이후 건축물 에너지효율등급 인증을 신청하는 경우부터 적용한다.

부칙〈국토교통부령 제623호, 산업통상자원부령 제333호, 2017.1.20.〉

이 규칙은 공포한 날부터 시행한다.

부칙〈국토교통부령 제878호, 산업통상자원부령 제430호, 2021.8.23.〉

제1조(시행일) 이 규칙은 공포한 날부터 시행한다. 다만, 제4조제6항, 제5조제3항 및 제14조의 개정규정은 2022년 3월 1일부터 시행한다.

제2조(제로에너지건축물 인증기관 지정 대상 기관 변경에 따른 경과조치) 이 규칙 시행 당시 종전의 제4조제7항에 따라 지정・고시된 제로에너지건축물 인증기관은 제4조제7항의 개정규정에 따라 지정・고시된 것으로 본다.

부칙〈국토교통부령 제1274호, 산업통상자원부령 제528호, 2023.11.21.〉

이 규칙은 공포한 날부터 시행한다.

[별표 1] 건축물 에너지효율등급 인증명판(제9조제2항 관련)

1. 인증명판 표준 규격

가. 인증명판 표시사항: 인증명, 인증마크(등급표시), 대상건축물의 명칭, 인증번호, 유효기간

나. 명판 비율: 3 : 4(가로 : 세로)

다. 재질: 동판

라. 글씨체: Asian Expo L, 나눔바른고딕

2. 비고

가. 인증명판의 크기, 재질, 글씨체 및 표시사항의 배치 등은 명판이 부착되는 건물의 외관, 마감재 등의 특성에 따라 변경할 수 있다. 다만, 제1호가목에 따른 인증명판 표시사항은 준수하여야 하며, 인증마크는 임의로 변경할 수 없다.

나. 등급별 인증마크의 규격(비율, 색상 등)은 운영기관의 장이 정하는 바에 따른다.

[별표 1의2] 제로에너지건축물 인증명판(제9조제2항 관련) <신설 2017.1.20.>

1. 인증명판 표준 규격

가. 인증명판 표시사항: 인증명, 인증마크(등급표시), 대상건축물의 명칭, 인증번호, 유효기간

나. 명판 비율: 3 : 4(가로 : 세로)

다. 재질: 동판

라. 글씨체: Asian Expo L, 나눔바른고딕

2. 비고

가. 인증명판의 크기, 재질, 글씨체 및 표시사항의 배치 등은 명판이 부착되는 건물의 외관, 마감재 등의 특성에 따라 변경할 수 있다. 다만, 제1호가목에 따른 인증명판 표시사항은 준수하여야 하며, 인증마크는 임의로 변경할 수 없다.

나. 등급별 인증마크의 규격(비율, 색상 등)은 운영기관의 장이 정하는 바에 따른다.

[별표 2] 건축물 에너지효율등급 인증 수수료의 범위(제13조제1항 관련) <개정 2015.11.18., 2021.8.23>

1. 「건축법 시행령」 별표 1 제1호 및 제2호가목부터 다목까지의 규정에 따른 건축물

전용면적의 합계	인증 수수료 금액
12만제곱미터 미만	1천1백90만원 이하
12만제곱미터 이상	1천3백20만원 이하

2. 「건축법 시행령」 별표 1 제2호라목 및 제3호부터 제29호까지의 규정에 따른 건축물

전용면적의 합계	인증 수수료 금액
6만제곱미터 미만	1천7백80만원 이하
6만제곱미터 이상	1천9백80만원 이하

※ 비고: 인증 수수료 금액은 부가가치세가 포함되지 않은 금액으로 한다.

6. 건축물 에너지효율등급 인증 및 제로에너지건축물 인증 기준

[국토교통부고시 제2023-911호, 2023.12.29]

제1조【목적】 이 규정은 「건축물 에너지효율등급 인증 및 제로에너지건축물 인증에 관한 규칙」 제2조, 제6조제8항·제9항, 제8조제3항, 제10조제2항, 제13조제1항·제2항·제5항 및 제14조제4항에서 위임한 사항 등을 규정함을 목적으로 한다.

제2조【인증신청 보완 등】 ① 삭제

② 규칙 제6조제7항에 따라 보완을 요청받은 규칙 제6조제2항에 따른 건축주등(이하 "건축주등"이라 한다)은 보완 요청일로부터 30일 이내에 보완을 완료하여야 한다. 건축주등이 부득이한 사유로 기간 내 보완이 어려운 경우에는 10일의 범위에서 보완기간을 한 차례 연장할 수 있다.

③ 규칙 제6조제5항·제6항(규칙 제11조제6항에 따라 준용되는 경우를 포함한다) 및 기준 제2조제2항, 제6조제5항에 따른 인증 처리 기간 등에는 「민원처리에 관한 법률」 제19조에 따라 공휴일과 토요일은 제외한다. <개정 2023.12.29.>

제3조【인증신청의 반려】 인증기관의 장은 규칙 제6조제8항에 따라 다음 각 호의 어느 하나에 해당하는 경우 그 사유를 명시하여 인증을 신청한 건축주등에게 인증 신청을 반려하여야 한다.

1. 규칙 제2조에 따른 적용대상이 아닌 경우
2. 규칙 제6조제3항 및 제11조제2항에 따른 서류를 제출하지 아니한 경우
3. 제2조제2항에 따른 보완기간 내에 보완을 완료하지 아니한 경우
4. 제6조제5항에 따라 인증 수수료를 신청일로부터 20일 이내에 납부하지 아니한 경우

제4조【인증기준 및 등급】 ① 규칙 제8조제3항에 따른 인증기준은 다음 각 호의 구분에 따른다. <전문개정>

1. 건축물 에너지효율등급 인증 : 별표 1, ISO ISO 52016 등 국제규격에 따라 난방, 냉방(냉방설비가 설치되지 않은 주거용 건물은 제외), 급탕, 조명, 환기 등에 대해 종합적으로 평가하도록 제작된 프로그램으로 산출된 연간 단위면적당 1차 에너지소요량
2. 제로에너지건축물 인증 : 별표 1의2

② 제1항에 따른 인증기준은 규칙 제6조제3항 및 제11조제2항에 따른 인증 신청 당시의 기준을 적용한다.

③ 규칙 제8조제3항에 따른 인증등급의 세부기준은 해당 인증의 종류에 따라 별표 2, 별표 2의2와 같다.

④ 하나의 대지에 둘 이상의 건축물이 있는 경우에 각각의 건축물에 대하여 별도로 인증을 받을 수 있다.

⑤ 규칙 제2조에 따른 건축물 에너지효율등급 인증 평가에 적용되는 실내 냉방·난방 온도 설정조건은 별표 3과 같다.

제5조【재인증 및 재평가】 ① 규칙 제6조제9항에 따른 재인증 및 규칙 제10조제1항에 따른 재평가는 규칙 제6조제5항부터 제8항까지, 제7조제1항·제2항, 제8조 및 법 제20조를 준용하며, 재평가를 요청하는 건축주등은 재평가 요청 사유서를 해당 인증기관의 장에게 제출하여야 한다.

② 인증기관의 장은 건축주등이 법 제20조제1항제3호에 따라 기존에 발급된 인증서를 반납하였는지 확인한 후 재인증 또는 재평가에 따른 인증서를 발급하여야 한다.

③ 재평가를 수행한 인증기관의 장은 재평가에 대한 전반적인 사항을 해당 인증제 운영기관의 장에게 보고하여야 한다.

제6조【인증 수수료】 ① 규칙 제13조제1항에 따른 인증 수수료는 별표 4와 같다

② 규칙 제13조제2항에 따라 재평가를 신청하는 건축주등은 제1항에 따른 인증 수수료의 100분의 50을 인증기관의 장에게 내야 한다. 단, 재평가 결과 당초 평가결과의 오류가 확인되어 인증 등급이 달라지거나 인증 취소 결정이 번복되는 경우에는 재평가에 소요된 인증 수수료를 환불받을 수 있다.

③ 규칙 제13조제5항에 따른 인증 수수료의 환불 사유 및 반환 범위는 다음 각 호와 같다. <개정 2020.8.13.>

1. 수수료를 과오납(過誤納)한 경우 : 과오납한 금액의 전부
2. 인증대상이 아닌 경우 : 납입한 수수료의 전부
3. 인증기관의 장이 인증신청을 접수하기 전에 인증신청을 반려하거나 건축주등이 인증신청을 취소하는 경우 : 납입한 수수료의 전부
4. 인증기관의 장이 인증신청을 접수한 후 평가를 완료하기 전에 인증신청을 반려하거나 건축주등이

인증신청을 취소하는 경우 : 납입한 수수료의 100분의 50

5. 다음 각 목에 해당하는 건축물에 대해 인증을 신청하는 경우

가. 공공주택특별법 제6조제1항에 따른 공공주택사업자가 공급하는 주택 중 공공주택특별법 시행령 제2조제1항의 주택 : 인증 수수료의 100분의 50

나. 녹색건축물 조성 지원법 제17조제6항 및 지자체 녹색건축물 조성 지원 조례 등에서 정한 제로에너지건축물 인증 표시 의무대상이 아닌 건축물로서 다음 요건에 해당하는 제로에너지건축물 인증등급을 취득한 건축물

1) 제로에너지건축물 인증 1등급~3등급 : 납입한 인증 수수료의 전부

2) 제로에너지건축물 인증 4등급 : 납입한 인증 수수료의 100분의 50

3) 제로에너지건축물 인증 5등급 : 납입한 인증 수수료의 100분의 30

④ 인증 수수료의 반환절차 및 반환방법 등은 인증기관의 장이 별도로 정하는 바에 따른다.

⑤ 규칙 제13조제1항에 따라 건축물 에너지효율등급 인증을 신청한 건축주등은 신청서를 제출한 날로부터 20일 이내에 인증기관의 장에게 수수료를 납부하여야 한다.

제7조【운영비용 활용】 ① 규칙 제13조제4항에 따라 운영기관은 인증수수료의 100분의 8을 초과하지 않는 범위에서 규칙 제3조제3항에 따른 해당 인증제 관련 업무 수행을 위하여 운영비용(이하 "운영비용"이라 한다)을 활용할 수 있다.

② 운영기관은 제1항에 따른 운영비용의 운용·관리를 위한 별도 회계 및 계좌를 설치하여야 하며, 사업운용기간에 따라 산정된 운영비용의 총액으로 예산을 편성하여야 한다.

③ 운영기관은 회계가 종료된 경우 전문정산기관의 정산결과보고서와 차기 운영비용 운용계획안 등을 인증기관의 장에게 통보하고 규칙 제14조에 따른 인증운영위원회(이하 "인증운영위원회"라 한다)의 심의를 거쳐 국토교통부장관과 산업통상자원부장관에게 각각 보고하여야 하며, 사업운용기간 내 운영비용에 잔액이 발생한 경우 이월하여 차기 운영비용으로 활용하여야 한다.

④ 제1항부터 제3항까지 규정한 사항 외에 운영비용 산정기준, 수입 및 지출 절차 등 운영비용과 관련한 세부적인 사항은 운영세칙에서 정한다.

제8조【위원회의 구성】 ① 위원회는 위원장 1명을 포함한 20명 이내의 위원으로 구성한다.

② 위원장과 위원의 임기는 2년으로 한다. 다만, 공무원인 위원은 보직의 재임기간으로 한다.

③ 위원장은 2년마다 교대로 국토교통부장관과 산업통상자원부장관이 소속 고위공무원중 지명한 사람으로 한다. 다만, 운영기관에 운영을 위탁한 경우에는 운영기관의 임원으로 할 수 있다.

④ 위원은 다음 각 호의 어느 하나에 해당하는 사람으로서, 국토교통부장관과 산업통상자원부장관이 추천한 전문가가 동수가 되도록 구성한다.

1. 관련분야의 직무를 담당하는 중앙행정기관의 소속 공무원
2. 7년 이상 건축물 에너지 관련 연구경력이 있는 대학부교수 이상인 사람
3. 7년 이상 건축물 에너지 관련 연구경력이 있는 책임연구원 이상인 사람
4. 기업에서 10년 이상 건축물 에너지 관련 분야에 근무한 부서장 이상인 사람
5. 그밖에 제1호부터 제4호까지와 동등 이상의 자격이 있다고 국토교통부장관 또는 산업통상자원부장관이 인정하는 사람

제9조【위원회의 운영】 ① 위원회의 회의는 재적위원 과반수의 출석으로 개최하고 출석위원 과반수의 찬성으로 의결하되, 가부 동수인 경우에는 부결된 것으로 본다.

② 심의안건과 이해관계가 있는 위원은 해당 위원회 참석대상에서 제외하며, 위원회에 참석한 위원에 대하여는 수당 및 여비를 지급할 수 있다.

③ 국토교통부장관과 산업통상자원부장관은 법 및 이 규정에서 정한 사항 외에 인증제도의 시행과 관련된 사항은 협의하여 수행한다.

제10조【운영세칙】 운영기관의 장은 인증제도 활성화를 위한 사업의 효율적 수행을 위하여 필요한 때에는 이 규정에 저촉되지 않는 범위 안에서 시행세칙을 제정하여 운영할 수 있다. 다만, 운영세칙을 제정·개정 또는 폐지할 때에는 규칙 제14조에 따른 인증운영위원회의 심의 및 국토교통부장관과 산업통상자원부장관의 승인을 받아야 한다. <개정 2023.12.29.>

제11조【재검토기한】 「훈령·예규 등의 발령 및 관리에 관한 규정」에 따라 이 고시에 대하여 2018년 12월 31일 기준으로 매 3년이 되는 시점(매 3년째의 12월 30일까지를 말한다)마다 그 타당성을 검토하여 개선 등의 조치를 하여야 한다.

부칙<제2013-248호, 2013.5.20.>

제1조(시행일) 이 기준은 공포한 날부터 시행한다.

제2조(다른 규정의 폐지) 건물에너지 효율등급 인증규정(국토해양부고시 제2009-1306호, 지식경제부고시 제2009-329호)은 폐지한다. 다만, 규칙 부칙 제2조에 따라 8월31일까지 적용대상 및 인증등급과 관련된 사항은 종전 규정을 적용한다.

제3조(경과조치) 종전의 규정에 따라 예비인증을 받은 건축물은 본인증 평가시 예비인증 당시의 기준을 적용한다. 다만, 건축주등이 요구할 경우 이 규정을 적용할 수 있다.

부칙<제2015-1019호, 2015.12.24.>

제1조(시행일) 이 기준은 2016년 2월 19일부터 시행한다.

제2조(경과조치) 종전의 규정에 따라 예비인증을 받은 건축물은 본인증 평가 시 예비인증 당시의 기준을 적용한다. 다만, 건축주등이 요구할 경우 이 기준을 적용할 수 있다.

부칙<제2017-76호, 2017.1.20.>

제1조(시행일) 이 기준은 2017년 1월 20일부터 시행한다.

부칙<제2018-675호, 2018.11.15.>

제1조(시행일) 이 규칙은 2019년 3월 1일부터 시행한다.

제2조(경과조치) 종전 규정에 따라 예비인증을 받은 건축물은 본인증 평가 시 예비인증 당시의 기준을 적용한다. 다만, 건축주 등이 요구할 경우 이 기준을 적용할 수 있다.

부칙<제2020-574호, 2020.8.13.>

제1조(시행일) 이 고시는 발령한 날부터 시행한다.

제2조(인증수수료에 관한 적용례) 제6조제3항제5호나목의 개정규정은 2024.12.31일까지 제로에너지건축물 인증을 신청한 건에 한하여 적용한다.

부칙<제2023-911호, 2023.12.29.>

이고시는 발령한 날부터 시행한다.

[별표 1] 건축물 에너지효율등급 인증 기준 <개정 2023.12.29.>

1. 단위면적당 에너지 소요량

$$= \frac{\text{난방에너지소요량}}{\text{난방에너지가 요구되는 공간의 바닥면적}} + \frac{\text{냉방에너지소요량}}{\text{냉방에너지가 요구되는 공간의 바닥면적}} + \frac{\text{급탕에너지소요량}}{\text{급탕에너지가 요구되는 공간의 바닥면적}} + \frac{\text{조명에너지소요량}}{\text{조명에너지가 요구되는 공간의 바닥면적}} + \frac{\text{환기에너지소요량}}{\text{환기에너지가 요구되는 공간의 바닥면적}}$$

2. 냉방설비가 없는 주거용 건축물(단독주택 및 기숙사를 제외한 공동주택)의 경우는 냉방 평가 항목을 제외
3. 단위면적당 1차에너지소요량 = 단위면적당 에너지소요량 × 1차에너지환산계수*
   * 제10조에 따라 운영기관의 장이 운영세칙으로 정하는 에너지원별 환산계수
4. 신재생에너지생산량은 에너지소요량에 반영되어 효율등급 평가에 포함

[별표 1의2] 제로에너지건축물 인증 기준 <개정 2018.11.15., 2023.12.29.>

1. [별표 2]에 따른 건축물 에너지효율등급 인증등급 1++ 이상
2. [별표 2의2]에 따른 에너지자립률 20% 이상

가. 에너지자립률(%) $= \frac{\text{단위면적당 1차에너지생산량}}{\text{단위면적당 1차에너지소비량}} \times 100$

나. 단위면적당 1차에너지 생산량(kWh/㎡ · 년)
   = 대지 내 단위면적당 1차에너지 순 생산량 + (대지 외 단위면적당 1차에너지 순 생산량 × 보정계수)
  1) 대지 내 단위면적당 1차에너지 순 생산량
     = Σ[(신 · 재생에너지 생산량 − 신 · 재생에너지 생산에 필요한 에너지소비량) × 1차에너지 환산계수] ÷ 평가면적
  2) 대지 외 단위면적당 1차에너지 순 생산량
     = Σ[(신 · 재생에너지 생산량 − 신 · 재생에너지 생산에 필요한 에너지소비량) × 1차에너지 환산계수] ÷ 평가면적
  3) 보정계수

대지 내 에너지자립률	~10% 미만	10% 이상~ 15% 미만	15% 이상~ 20% 미만	20% 이상~
대지 외 생산량 가중치	0.7	0.8	0.9	1.0

※ 대지 내 에너지자립률 산정 시 단위면적당 1차 에너지생산량은 대지 내 단위면적당 1차에너지 순 생산량만을 고려한다.

다. 단위면적당 1차에너지 소비량(kWh/m²·년)
= Σ[(별표1에 따른 단위면적당 1차에너지 소요량 + 단위면적당 1차에너지 생산량)]

3. 건축물에너지관리시스템 또는 전자식 원격검침계량기 설치 확인

「건축물의 에너지절약 설계기준」 의[별지 제1호 서식] 2.에너지성능지표 중 전기설비부문 8. 건축물에너지관리시스템(BEMS) 또는 건축물에 상시 공급되는 모든 에너지원별 전자식 원격검침계량기 설치 여부

주) 1. 1차에너지 환산계수 : 제10조에 따라 운영기관의 장이 운영세칙으로 정하는 에너지원별 환산계수
2. 평가면적 : [별표 1] '단위면적당 에너지 소요량' 에 따른 난방 · 냉방 · 급탕 · 조명 · 환기에너지가 요구되는 공간의 바닥면적의 합
3. 냉방설비가 없는 주거용 건축물(단독주택 및 기숙사를 제외한 공동주택)의 경우 냉방평가 항목을 제외
4. 「녹색건축물 조성 지원법」 제15조 및 시행령 제11조에 따른 건축기준 완화 시 대지 내 단위면적당 1차에너지 순 생산량만을 고려한 에너지자립률을 기준으로 적용한다.

[별표 2]

건축물 에너지효율등급 인증등급

등급	주거용 건축물	주거용 이외의 건축물
	연간 단위면적당 1차에너지소요량 (kWh/m²·년)	연간 단위면적당 1차에너지소요량 (kWh/m²·년)
1+++	60 미만	80 미만
1++	60 이상 90 미만	80 이상 140 미만
1+	90 이상 120 미만	140 이상 200 미만
1	120 이상 150 미만	200 이상 260 미만
2	150 이상 190 미만	260 이상 320 미만
3	190 이상 230 미만	320 이상 380 미만
4	230 이상 270 미만	380 이상 450 미만
5	270 이상 320 미만	450 이상 520 미만
6	320 이상 370 미만	520 이상 610 미만
7	370 이상 420 미만	610 이상 700 미만

※ 주거용 건축물 : 단독주택 및 공동주택(기숙사 제외)
※ 비주거용 건축물 : 주거용 건축물을 제외한 건축물
※ 등외 등급을 받은 건축물의 인증은 등외로 표기한다.
※ 등급산정의 기준이 되는 1차에너지소요량은 용도별 보정계수를 반영한 결과이다.

[별표 2의2] 제로에너지건축물 인증등급

ZEB 등급	에너지 자립률
1 등급	에너지자립률 100% 이상
2 등급	에너지자립률 80 이상 ~ 100% 미만
3 등급	에너지자립률 60 이상 ~ 80% 미만
4 등급	에너지자립률 40 이상 ~ 60% 미만
5 등급	에너지자립률 20 이상 ~ 40% 미만

[별표 3] 건축물 에너지효율등급 평가 적용 실내 냉방·난방 온도 설정조건

구 분	실내온도
냉 방	26℃
난 방	20℃

[별표 4] 건축물 에너지효율등급 인증 수수료

1. 단독주택 및 공동주택(기숙사 제외)

전용면적의 합계	인증 수수료 금액
85제곱미터 미만	50만원
85제곱미터 이상 135제곱미터 미만	70만원
135제곱미터 이상 330제곱미터 미만	80만원
330제곱미터 이상 660제곱미터 미만	90만원
660제곱미터 이상 1천제곱미터 미만	1백10만원
1천제곱미터 이상 1만제곱미터 미만	3백90만원
1만제곱미터 이상 2만제곱미터 미만	5백30만원
2만제곱미터 이상 3만제곱미터 미만	6백60만원
3만제곱미터 이상 4만제곱미터 미만	7백90만원
4만제곱미터 이상 6만제곱미터 미만	9백20만원
6만제곱미터 이상 8만제곱미터 미만	1천60만원
8만제곱미터 이상 12만제곱미터 미만	1천1백90만원
12만제곱미터 이상	1천3백20만원

2. 단독주택 및 공동주택을 제외한 건축물(기숙사 포함)

전용면적주1)의 합계	인증 수수료 금액
1천제곱미터 미만	1백90만원
1천제곱미터 이상 3천제곱미터 미만	3백90만원
3천제곱미터 이상 5천제곱미터 미만	5백90만원
5천제곱미터 이상 1만제곱미터 미만	7백90만원
1만제곱미터 이상 1만5천제곱미터 미만	9백90만원
1만5천제곱미터 이상 2만제곱미터 미만	1천1백90만원
2만제곱미터 이상 3만제곱미터 미만	1천3백90만원
3만제곱미터 이상 4만제곱미터 미만	1천5백90만원
4만제곱미터 미만 6만제곱미터 미만	1천7백80만원
6만제곱미터 이상	1천9백80만원

※ 비고 : 인증 수수료 금액은 부가가치세 별도

주1) 규칙 및 고시의 전용면적 중 단독주택 및 공동주택을 제외한 건축물(기숙사 포함)의 전용면적이란 인증 신청 건축물의 용적률 산정용 연면적을 의미한다. 다만 지하층 바닥면적 합계(지하주차장 제외)가 전체 연면적의 50% 이상을 차지하는 경우 연면적(지하주차장 제외)을 기준으로 인증수수료를 산정할 수 있다.

7. 지능형건축물의 인증에 관한 규칙

[국토교통부령 제413호 개정 2017.3.31]

제 정 2011.11.30 국토해양부령 제460호
타법개정 2013. 3.23 국토교통부령 제 1호
타법개정 2014.12.31 국토교통부령 제169호
타법개정 2016. 8.12 국토교통부령 제353호
일부개정 2017. 3.31 국토교통부령 제413호

제1조 【목적】 이 규칙은 「건축법」 제65조의2제5항에서 위임된 지능형건축물 인증기관의 지정 기준, 지정 절차 및 인증 신청 절차 등에 관한 사항을 규정함을 목적으로 한다.

제2조 【적용대상】 지능형건축물 인증대상 건축물은 「건축법」(이하 "법"이라 한다) 제65조의2제4항에 따라 인증기준이 고시된 건축물을 대상으로 한다.

제3조 【인증기관의 지정】 ① 국토교통부장관이 법 제65조의2제2항에 따라 인증기관을 지정하려는 경우에는 지정 신청 기간을 정하여 그 기간이 시작되기 3개월 전에 신청 기간 등 인증기관 지정에 관한 사항을 공고하여야 한다. <개정 2013.3.23>

② 법 제65조의2제2항에 따라 인증기관으로 지정을 받으려는 자는 별지 제1호서식의 지능형건축물 인증기관 지정 신청서에 다음 각 호의 서류를 첨부하여 국토교통부장관에게 제출하여야 한다. <개정 2013.3.23>

1. 인증업무를 수행할 전담조직 및 업무수행체계에 관한 설명서
2. 제4항에 따른 심사전문인력을 보유하고 있음을 증명하는 서류
3. 인증기관의 인증업무 처리규정
4. 지능형건축물 인증과 관련한 연구 실적 등 인증업무를 수행할 능력을 갖추고 있음을 증명하는 서류
5. 정관(신청인이 법인 또는 법인의 부설기관인 경우만 해당한다)

③ 제2항에 따른 신청을 받은 국토교통부장관은 「전자정부법」 제36조제1항에 따른 행정정보의 공동이용을 통하여 신청인이 법인 또는 법인의 부설기관인 경우 법인 등기사항증명서를, 신청인이 개인인 경우에는 사업자등록증을 확인하여야 한다. 다만, 신청인이 사업자등록증의 확인에 동의하지 아니하는 경우에는 그 사본을 첨부하게 하여야 한다. <개정 2013.3.23>

④ 인증기관은 별표 1의 전문분야별로 각 2명을 포함하여 12명 이상의 심사전문인력(심사전문인력 가운데 상근인력은 전문분야별로 1명 이상이어야 한다)을 보유하여야 한다. 이 경우 심사전문인력은 다음 각 호의 어느 하나에 해당하는 사람이어야 한다.

1. 해당 전문분야의 박사학위나 건축사 또는 기술사 자격을 취득한 후 3년 이상 해당 업무를 수행한 사람
2. 해당 전문분야의 석사학위를 취득한 후 9년 이상 해당 업무를 수행하거나 학사학위를 취득한 후 12년 이상 해당 업무를 수행한 사람
3. 해당 전문분야의 기사 자격을 취득한 후 10년 이상 해당 업무를 수행한 사람

⑤ 제2항제3호의 인증업무 처리규정에는 다음 각 호의 사항이 포함되어야 한다.

1. 인증심사의 절차 및 방법에 관한 사항
2. 인증심사단 및 인증심의위원회의 구성·운영에 관한 사항
3. 인증 결과 통보 및 재심사에 관한 사항
4. 지능형건축물 인증의 취소에 관한 사항
5. 인증심사 결과 등의 보고에 관한 사항
6. 인증수수료 납부방법 및 납부기간에 관한 사항
7. 그 밖에 인증업무 수행에 필요한 사항

⑥ 국토교통부장관은 제2항에 따라 지능형건축물 인증기관 지정 신청서가 제출되면 신청한 자가 인증기관으로서 적합한지를 검토한 후 제13조에 따른 인증운영위원회의 심의를 거쳐 지정한다. <개정 2013.3.23>

⑦ 국토교통부장관은 제6항에 따라 인증기관으로 지정한 자에게 별지 제2호서식의 지능형건축물 인증기관 지정서를 발급하여야 한다. <개정 2013.3.23>

⑧ 제7항에 따라 지능형건축물 인증기관 지정서를 발급받은 인증기관의 장은 기관명, 대표자, 건축물 소재지 또는 심사전문인력이 변경된 경우에는 변경된 날부터 30일 이내에 그 변경내용을 증명하는 서류를 국토교통부장관에게 제출하여야 한다. <개정 2013.3.23>

제4조 【인증기관의 비밀보호 의무】 인증기관은 인증 신청대상 건축물의 인증심사업무와 관련하여 알게 된 경영·영업상 비밀에 관한 정보를 이해관계인의 서면 동의 없이 외부에 공개할 수 없다.

제5조 【인증기관 지정의 취소】 ① 국토교통부장관은 법 제65조의2제2항에 따라 지정된 인증기관이 다음 각

호의 어느 하나에 해당하면 제13조에 따른 인증운영위원회의 심의를 거쳐 인증기관의 지정을 취소하거나 1년 이내의 기간을 정하여 업무의 전부 또는 일부의 정지를 명할 수 있다. 다만, 제1호에 해당하는 경우에는 지정을 취소하여야 한다. <개정 2013.3.23>

1. 거짓이나 부정한 방법으로 지정을 받은 경우
2. 정당한 사유 없이 지정받은 날부터 2년 이상 계속하여 인증업무를 수행하지 아니한 경우
3. 제3조제4항에 따른 심사전문인력을 보유하지 아니한 경우
4. 인증의 기준 및 절차를 위반하여 지능형건축물 인증업무를 수행한 경우
5. 정당한 사유 없이 인증심사를 거부한 경우
6. 그 밖에 인증기관으로서의 업무를 수행할 수 없게 된 경우

② 제1항에 따라 인증기관의 지정이 취소되어 인증심사를 수행하기가 어려운 경우에는 다른 인증기관이 업무를 승계할 수 있다.

제6조 【인증의 신청】 ① 법 제65조의2제3항에 따라 다음 각 호의 어느 하나에 해당하는 자가 지능형건축물의 인증을 받으려는 경우에는 인증을 받기 전에 법 제22조에 따른 사용승인 또는 「주택법」 제49조에 따른 사용검사를 받아야 한다. 다만, 인증 결과에 따라 개별 법령에서 정하는 제도적·재정적 지원을 받는 경우에는 그러하지 아니하다. <개정 2016.8.12>

1. 건축주
2. 건축물 소유자
3. 시공자(건축주나 건축물 소유자가 인증 신청을 동의하는 경우만 해당한다)

② 제1항 각 호의 어느 하나에 해당하는 자(이하 "건축주등"이라 한다)가 지능형건축물의 인증을 받으려면 별지 제3호서식의 지능형건축물 인증 신청서에 다음 각 호의 서류를 첨부하여 인증기관의 장에게 제출하여야 한다.

1. 법 제65조의2제4항에 따른 지능형건축물 인증기준(이하 "인증기준"이라 한다)에 따라 작성한 해당 건축물의 지능형건축물 자체평가서 및 증명자료
2. 설계도면
3. 각 분야 설계설명서
4. 각 분야 시방서(일반 및 특기시방서)
5. 설계 변경 확인서
6. 에너지절약계획서
7. 예비인증서 사본(해당 인증기관 및 다른 인증기관에서 예비인증을 받은 경우만 해당한다)
8. 제1호부터 제6호까지의 서류가 저장된 콤팩트디스크

③ 인증기관은 제2항에 따른 신청을 받은 경우에는 신청서류가 접수된 날부터 40일 이내에 인증을 처리하여야 한다.

④ 인증기관의 장은 인증업무를 수행하면서 불가피한 사유로 처리기간을 연장하여야 할 경우에는 건축주등에게 그 사유를 통보하고 20일의 범위를 정하여 한 차례만 연장할 수 있다.

⑤ 인증기관의 장은 제2항에 따라 건축주등이 제출한 서류의 내용이 미흡하거나 사실과 다를 경우에는 접수된 날부터 20일 이내에 건축주등에게 보완을 요청할 수 있다. 이 경우 건축주등이 제출서류를 보완하는 기간은 제3항의 인증 처리기간에 산입하지 아니한다.

제7조 【인증심사】 ① 인증기관의 장은 제6조에 따른 인증신청을 받으면 인증심사단을 구성하여 인증기준에 따라 서류심사와 현장실사(現場實査)를 하고, 심사내용, 심사 점수, 인증 여부 및 인증 등급을 포함한 인증심사 결과서를 작성하여야 한다. 이 경우 인증등급은 1등급부터 5등급까지로 하고, 그 세부 기준은 국토교통부장관이 별도로 정하여 고시한다. <개정 2013.3.23>

② 제1항에 따른 인증심사단은 제3조제4항 각 호에 해당하는 심사전문인력으로 구성하되, 별표 1의 전문분야별로 각 1명을 포함하여 6명 이상으로 구성하여야 한다.

③ 인증기관의 장은 제1항에 따른 인증심사 결과서를 작성한 후 인증심의위원회의 심의를 거쳐 인증 여부 및 인증 등급을 결정한다.

④ 제3항에 따른 인증심의위원회는 해당 인증기관에 소속되지 아니한 별표 1의 전문분야별 전문가 각 1명을 포함하여 6명 이상으로 구성하여야 한다. 이 경우 인증심의위원회 위원은 다른 인증기관의 심사전문인력 또는 제13조에 따른 인증운영위원회 위원 1명 이상을 포함시켜야 한다.

제8조 【인증서 발급 등】 ① 인증기관의 장은 제7조에 따른 인증심사 결과 지능형건축물로 인증을 하는 경우에는 건축주등에게 별지 제4호서식의 지능형건축물 인증서를 발급하고, 별표 2의 인증 명판(認證 名板)을 제공하여야 한다.

② 인증기관의 장은 제1항에 따라 인증서를 발급한 경우에는 인증대상, 인증 날짜, 인증 등급, 인증심사단의 구성원 및 인증심의위원회 위원의 명단을 포함한 인증심사 결과를 국토교통부장관에게 제출하여야 한다. <개정 2013.3.23.>

제9조【인증의 취소】① 인증기관의 장은 지능형건축물로 인증을 받은 건축물이 다음 각 호의 어느 하나에 해당하면 그 인증을 취소할 수 있다.

1. 인증의 근거나 전제가 되는 주요한 사실이 변경된 경우
2. 인증 신청 및 심사 중 제공된 중요 정보나 문서가 거짓인 것으로 판명된 경우
3. 인증을 받은 건축물의 건축주등이 인증서를 인증기관에 반납한 경우
4. 인증을 받은 건축물의 건축허가 등이 취소된 경우

② 인증기관의 장은 제1항에 따라 인증을 취소한 경우에는 그 내용을 국토교통부장관에게 보고하여야 한다. <개정 2013.3.23>

제10조【재심사 요청】제7조에 따른 인증심사 결과나 제9조에 따른 인증취소 결정에 이의가 있는 건축주등은 인증기관의 장에게 재심사를 요청할 수 있다. 이 경우 건축주등은 재심사에 필요한 비용을 인증기관에 추가로 내야 한다.

제11조【예비인증의 신청 등】① 건축주등은 제6조제1항에도 불구하고 법 제11조, 제14조 또는 제20조제1항에 따른 허가·신고 또는 「주택법」 제15조에 따른 사업계획승인을 받은 후 건축물 설계에 반영된 내용을 대상으로 예비인증을 신청할 수 있다. 다만, 예비인증 결과에 따라 개별 법령에서 정하는 제도적·재정적 지원을 받는 경우에는 그러하지 아니하다. <개정 2016.8.12>

② 건축주등이 지능형건축물의 예비인증을 받으려면 별지 제5호서식의 지능형건축물 예비인증 신청서에 다음 각 호의 서류를 첨부하여 인증기관의 장에게 제출하여야 한다.

1. 제6조제2항제1호부터 제4호까지 및 제6호의 서류
2. 제1호의 서류가 저장된 콤팩트디스크

③ 인증기관의 장은 심사 결과 예비인증을 하는 경우에는 별지 제6호서식의 지능형건축물 예비인증서를 신청인에게 발급하여야 한다. 이 경우 신청인이 예비인증을 받은 사실을 광고 등의 목적으로 사용하려면 제8조제1항에 따른 인증(이하 "본인증"이라 한다)을 받을 경우 그 내용이 달라질 수 있음을 알려야 한다.

④ 제3항에 따른 예비인증 시 제도적 지원을 받은 건축주등은 본인증을 받아야 한다. 이 경우 본인증 등급은 예비인증 등급 이상으로 취득하여야 한다.

⑤ 제1항부터 제4항까지에서 규정한 사항 외에 예비인증의 신청 및 심사 등에 관하여는 제6조제3항부터 제5항까지, 제7조, 제8조제2항·제3항, 제9조 및 제10조를 준용한다. 다만, 제7조제1항에 따른 인증심사 중 현장실사는 필요한 경우만 할 수 있다.

제12조【인증을 받은 지능형건축물의 사후관리】① 지능형건축물로 인증을 받은 건축물의 소유자 또는 관리자는 그 건축물을 인증받은 기준에 맞도록 유지·관리하여야 한다.

② 인증기관은 필요한 경우에는 지능형건축물 인증을 받은 건축물의 정상 가동 여부 등을 확인할 수 있다.

③ 건축설비의 안정적 가동, 유지·보수 등 인증을 받은 지능형건축물의 사후관리 범위 등의 세부 사항은 국토교통부장관이 따로 정하여 고시한다. <개정 2013.3.23>

제13조【인증운영위원회 구성·운영 등】① 국토교통부장관은 지능형건축물 인증제도를 효율적으로 운영하기 위하여 인증운영위원회를 구성하여 운영할 수 있다. <개정 2013.3.23>

② 이 규칙에서 정한 사항 외에 인증운영위원회의 세부 구성 및 운영사항 등 지능형건축물 인증제도의 시행에 관한 사항은 국토교통부장관이 따로 정하여 고시한다. <개정 2013.3.23.>

제14조【규제의 재검토】국토교통부장관은 제6조제2항에 따른 지능형건축물 인증 신청 시 첨부하여야 하는 서류의 종류에 대하여 2015년 1월 1일을 기준으로 2년마다(매 2년이 되는 해의 1월 1일 전까지를 말한다) 그 타당성을 검토하여 개선 등의 조치를 하여야 한다.

[본조신설 2014.12.31.]

부칙<국토교통부령 제169호, 2014.12.31>
(규제 재검토기한 설정 등을 위한 건축물의 분양에 관한 법률 시행규칙 등 일부개정령)

이 규칙은 2015년 1월 1일부터 시행한다.

부칙<국토교통부령 제353호, 2016.8.12.>
(주택법 시행규칙)

제1조(시행일) 이 규칙은 2016년 8월 12일부터 시행한다. <단서 생략>

제2조 생략

제3조(다른 법령의 개정) ①부터 ⑮까지 생략

⑯ 지능형건축물의 인증에 관한 규칙 일부를 다음과 같이 개정한다.

제6조제1항 각 호 외의 부분 본문 중 "「주택법」 제29조"를 "「주택법」 제49조"로 한다.

제11조제1항 본문 중 "「주택법」 제16조"를 "「주택법」 제15조"로 한다.

⑰ 생략

제5조 생략

부칙 <국토교통부령 제413호, 2017.3.31.>

이 규칙은 공포한 날부터 시행한다.

[별표 1] 전문분야(제3조제4항 관련)

전문분야	해당 세부 분야
건축계획 및 환경	건축계획 및 환경(건축)
기계설비	건축설비(기계)
전기설비	건축설비(전기)
정보통신	정보통신(전자, 통신)
시스템통합	정보통신(전자, 통신)
시설경영관리	건축설비(기계, 전기) / 정보통신(전자, 통신)

[별표 2] 인증 명판(제8조제1항 관련)

1. 1등급 지능형건축물 인증 명판의 표시 및 규격

가. 크기: 가로 30cm × 세로 30cm × 두께 1.5cm
나. 재질: 구리판
다. 글씨: 고딕체(부조 양각)
라. 색채
  ○ 바탕: 구리색
  ○ 글씨("지능형건축물", "인증마크", "대상 건축물의 명칭", "인증기간" "인증기관의 장": 구리색
마. 둘레: 0.3cm 두께의 구리색 테두리(표지판 바깥 둘레로부터 안쪽으로 0.3cm 띄워서 표시합니다)
※ 명판의 크기 및 재질은 명판이 부착되는 건축물의 특성에 따라 축소·확대하는 등 변경할 수 있습니다.

2.~5. "생략"

8. 지능형건축물 인증기준

[국토교통부고시 제2020-1028호, 2020.12.10.]

제1조 【목적】 이 기준은 「건축법」 제65조의2제4항과 「지능형건축물의 인증에 관한 규칙」에서 위임한 사항 등을 규정함을 목적으로 한다.

제2조 【인증대상 건축물】 「지능형건축물의 인증에 관한 규칙」(이하 "규칙"이라 한다.) 제2조에 따른 지능형건축물 인증적용대상 건축물은 다음 각 호와 같다. <개정 2016.4.8.>

1. 주거시설(「건축법 시행령」 별표 1 제1호에 따른 단독주택 및 제2호에 따른 공동주택)
2. 비주거시설(「건축법 시행령」 별표 1 제3호부터 제28호까지의 건축물)

제3조 【인증심사기준】 ① 지능형건축물 인증기관의 장은 별표 1, 별표 2의 건축물 종류별 인증심사기준에 따라 인증업무를 실시하여야 한다.

② 제2조에 해당하는 인증대상 건축물 중 2개 이상의 용도가 복합되어 있는 건축물에 대하여는 각 용도별로 인증심사기준에 따라 평가하고, 별표 4의 복합건축물 인증등급 산정방법에 따라 각 용도별 연면적을 가중평균하여 최종 인증점수를 산출한다. <개정 2016.4.8.>

③ 건축물이 있는 대지에 기존 건축물과 떨어져 증축하는 경우에는 증축 건축물 주변에 가상의 대지경계선을 설정하여 건축물 외부환경 관련 항목에 대하여 평가할 수 있으며, 그 외 항목은 동일하게 평가한다. 이 경우 가상의 대지 경계선은 해당 건축물의 용적률에 근거하여 설정하며, 가상의 대지 경계선은 인증을 신청하는 자가 제시할 수 있다.

④ 운영기관의 장은 인증제도의 활성화와 인증제도의 효율적 수행을 위하여 필요한 경우 규칙 및 본 기준에 저촉되지 않는 범위 안에서 국토교통부장관의 승인을 받아 시행세칙을 정하여 운영할 수 있다. <개정 2016.4.8.>

제4조 【인증등급】 규칙 제7조제1항에 따라 인증등급은 1등급부터 5등급까지 5단계로 구분하며, 등급별 점수기준은 별표 3과 같다.

제5조 【지능형건축물 자체평가서 작성요령】 규칙 제6조제1항과 제11조제1항에 따라 지능형건축물 인증을 받으려는 자는 별표 5에 따라 지능형건축물 자체평가서를 작성하여야 한다.

제6조 【인증 유효기간】 ① 인증의 유효기간은 인증일부터 5년으로 한다.

② 건축주 등은 필요한 경우 제1항에 따른 유효기간이 만료되기 90일전까지 같은 건축물에 대하여 재인증을 신청할 수 있다. <개정 2016.4.8.>

③ 제2항에 따라 재인증을 신청하는 경우에는 규칙 제6조부터 제10조까지를 준용한다. <개정 2016.4.8.>

④ 규칙 제11조에 따른 예비인증은 사용승인 또는 사용검사일까지 유효하다.

제7조 【사후관리의 범위】 규칙 제12조제3항에 따른 지능형건축물 인증의 사후관리는 다음 각 호에 의하여야 한다. <개정 2016.4.8.>

1. 인증 소유자는 설치된 지능형 건축물의 안정적인 가동을 위하여 유지보수 관련사항을 성실히 수행하여야 한다.
2. 인증 소유자는 설치된 지능형 건축물의 설비에 대하여 가동실적을 알 수 있는 운전데이터 등 인증기관이 요구하는 자료를 성실히 제공하여야 한다.
3. 운영기관의 장은 인증기관으로 하여금 사후관리 계획을 매년 수립하여 시행하도록 할 수 있으며 그 결과를 인증운영위원장에게 보고 하게 할 수 있다.
4. 운영기관의 장은 제3호에 따라 보고받은 사후관리 결과를 국토해양부장관에게 보고하고, 필요한 조치를 강구하여야 한다.

제8조 【인증운영위원회의 기능】 규칙 제13조에 따른 인증운영위원회(이하 "위원회"라 한다)는 다음 각 호의 사항을 심의한다.

1. 규칙 제3조에 따른 인증기관의 지정에 관한 사항
2. 규칙 제5조에 따른 인증기관 지정의 취소에 관한 사항
3. 제3조에 따른 인증심사기준의 제·개정에 관한 사항
4. 그 밖에 지능형건축물 인증제도의 운영과 관련된 중요사항

제9조 【인증운영위원회 구성】 ① 위원회는 위원장 1명을 포함한 20명 이내의 위원으로 구성하며, 위원장은 국토교통부장관이 소속 고위공무원을 지정하여 임명한다. 이 경우 인증업무 담당부서장이 위원회의 간사를 담당한다. 다만, 필요한 경우 국토교통부장관은 인증운영위원회의 운영을 운영기관에 위탁할 수 있으며, 이 경우 위원장은 운영기관의 임원으로 할 수 있다. <개정 2016.4.8.>

② 위원회의 위원은 다음 각 호의 어느 하나에 해당하는 자격을 갖춘 사람 중 국토해양부장관이 위촉하는 자로 한다. <개정 2016.4.8.>

1. 관련분야의 직무를 담당하는 중앙행정기관의 소속 공무원
2. 규칙 별표 1에 따른 전문분야에서 5년 이상 경력이 있는 대학조교수 이상인 자
3. 규칙 별표 1에 따른 전문분야에서 5년 이상 연구경력이 있는 연구기관의 선임연구원급 이상인 자
4. 규칙 별표 1에 따른 전문분야에서 7년 이상 근무한 기업의 부서장 이상인 자
5. 그 밖에 제1호부터 제4호까지와 동등 이상의 자격이 있다고 국토교통부장관이 인정하는 자

③ 위원장과 위원의 임기는 2년으로 하되, 1회에 한하여 연임할 수 있다. 다만, 공무원인 위원은 보직의 재임기간으로 한다.

제10조【인증운영위원회 운영】 ① 위원회는 분기별 1회 개최함을 원칙으로 하되, 필요한 경우 위원장이 이를 소집하거나 재적위원 3분의 1 이상의 요청으로 개최할 수 있다.

② 위원회의 회의는 재적위원 과반수의 출석으로 개최하고 출석위원 과반수의 찬성으로 의결하되, 가부동수인 경우에는 부결된 것으로 본다.

③ 위원장은 심의안건과 이해관계가 있는 위원을 당해 위원회 참석대상에서 제외하며, 위원회에 참석한 위원에 대하여는 예산의 범위내에서 수당 및 여비를 지급할 수 있다.

제11조【인증 수수료】 ① 규칙 제6조제1항 및 규칙 제11조제1항에 따라 인증을 신청하고자 하는 자는 인증신청을 할 때 인증 수수료를 함께 납부하여야 한다.

② 제1항에 따른 인증 수수료는 별표 6에서 정하는 금액 이하로 하고, 납부방법, 납부기간, 그 밖에 필요한 사항은 인증기관의 장이 따로 정할 수 있다.

제11조의2【운영기관의 지정】 ① 국토교통부장관은 「녹색건축물 조성 지원법」 제23조에 따라 지정된 녹색건축센터 중 한국부동산원을 지능형건축물 인증운영기관으로 지정하여, 다음 각 호의 업무를 수행하도록 할 수 있다. <개정 2020.12.10.>

1. 인증관리시스템의 운영에 관한 업무
2. 인증기관의 평가・사후관리 및 감독에 관한 업무
3. 인증제도의 홍보, 교육, 컨설팅, 조사·연구 및 개발 등에 관한 업무
4. 인증제도 개선 및 활성화를 위한 업무
5. 인증 관련 통계 분석 및 활용에 관한 업무
6. 인증제도의 운영과 관련하여 국토교통부장관이 요청하는 업무

② 운영기관의 장은 운영기관의 사업계획 등을 다음 각 호에서 정하는 기간까지 국토교통부장관에게 보고하여야 한다.

1. 전년도 사업추진 실적 및 해당년도 사업계획 : 매년 1월 31일까지
2. 분기별 인증 현황 : 매 분기 말일을 기준으로 다음 달 15일까지

[본조신설 2016.4.8.]

제12조【인증표시 홍보기준】 ① 건축주 등은 건축물과 직접 관련 있는 인쇄물, 광고물 등에 인증사항을 홍보할 수 있으며, 이 경우 인증범위, 인증기관명, 인증일자를 반드시 포함하여야 한다. <개정 2016.4.8.>

② 인증을 득한 건축주는 「표시·광고의 공정화에 관한 법률」 제3조(부당한 표시·광고 행위의 금지규정)을 준수하여야 한다.

제13조【완화기준의 적용방법 등】 ① 「건축법」 제65조의2제6항에 따른 완화기준을 적용받고자 하는 자는 건축허가 또는 사업계획승인 신청 시 허가권자에게 예비인증서와 별지 제1호 서식의 완화기준 적용신청서 등 관계 서류를 첨부하여 제출하여야 하며, 이미 건축허가를 받은 건축물의 건축주 또는 사업주체도 허가사항 변경 등을 통하여 완화기준 적용 신청을 할 수 있다.

② 완화기준의 신청을 받은 허가권자는 신청내용의 적합성을 검토하고, 신청자가 신청내용을 이행하도록 허가조건에 명시하여 허가하여야 한다.

③ 제2항에 따라 완화기준을 적용받은 건축주 또는 사업주체는 건축물의 사용승인 신청 전에 본인증을 취득하여 사용승인 신청시 허가권자에게 본인증서 사본을 제출하여야 한다. 이 경우 본인증 등급은 예비인증 등급 이상으로 취득하여야 한다.

④ 지능형건축물로 인증받은 건축물의 조경설치면적, 용적률 및 건축물의 높이에 대한 완화비율 및 적용방법 등 완화기준은 별표 7에 따라 적용할 수 있다. 이 경우 완화기준은 당해 용도구역 및 용도지역에 지방자치단체 조례에서 정한 최대 용적률의 제한기준, 조경면적 기준, 건축물 최대높이로 적용한다.

제14조【재검토기한】 국토교통부장관은 이 고시에 대하여 2016년 7월 1일을 기준으로 매3년이 되는 시점(매 3년째의 6월 30일까지를 말한다)마다 그 타당성을 검토하여 개선 등의 조치를 하여야 한다. <개정 2016.4.8.>

부칙 <제2011-716호, 2011.11.30>

제1조(시행일) 이 기준은 2011년 12월 1일부터 시행한다.

제2조(다른 지침의 폐지) 지능형건축물 인증제도 세부시행지침(건설교통부 건축기획팀-966호, 2006.2.15)은 폐지한다. 다만, 제11조에 따른 인증수수료는 2012년 7월 1일까지 종전 규정에 따른다.

제3조(인증유효기간의 경과조치) 이 기준 제6조는 종전 「지능형건축물 인증제도 세부시행지침」에 따라 인증을 받은 지능형건축물에 대하여도 적용한다.

제4조(일반적 경과조치) 이 기준 시행 당시 예비인증 또는 본인증에 해당하는 인증을 신청하였거나 예비인증에 해당하는 인증을 받은 건축물에 대하여 본인증을 받으려 하는 경우에는 종전의 기준에 따른다. 다만 그 종전의 기준이 이 기준에 비하여 건축주 등에게 불리한 경우에는 이 기준에 따른다.

부칙 <제2012-512호, 2012.8.17>

이 기준은 고시한 날부터 시행한다.

부칙 <제2016-180호, 2016.4.8>

제1조(시행일) 이 고시는 2016년 7월 1일부터 시행한다.

제2조(경과조치) 이 고시 시행 당시 예비인증이나 본인증 또는 재인증을 신청하였거나 예비인증에 해당하는 인증을 받은 건축물에 대하여 본인증을 받으려 하는 경우에는 종전의 기준에 따른다. 다만, 종전의 인증심사기준이 개정 규정에 비하여 건축주 등에게 불리한 경우에는 개정 규정에 따른다.

부칙 <제2020-1028호, 2020.12.10.>

이 고시는 2020년 12월 10일부터 시행한다.

※ 별표 목차(내용은 CD 참조)

[별표 1] 지능형건축물 인증심사기준 - 주거시설

[별표 2] 지능형건축물 인증심사기준 - 비주거시설

[별표 3] 인증등급별 점수기준(제4조 관련)

[별표 4] 복합건축물 인증등급 산정방법(제3조 관련)

[별표 5] 지능형건축물 자체평가서 작성요령(제5조 관련)

[별표 6] 지능형건축물 인증 수수료(제11조 관련)

[별표 7] 완화 기준(제13조 관련)

[별표 1] 지능형건축물 인증심사기준 - 주거시설

부문	분류번호	평가항목	평가기준	구분	배점
건축계획 및 환경 (5개)	A-01	거주자의 Life Cycle 변화	거주 공간의 변화와 확장이 거주자의 요구에 따라 용이하게 대응하기 위하여 적용된 평면 및 설비 계획에 대하여 평가	평가항목	3
	A-02	피난계획	화재발생시 거주자가 안전하게 피난할 수 있는 계획에 대하여 평가	평가항목	3
	A-03	승강기 설비	거주자에게 쾌적한 이동환경을 제공하기 위해서 엘리베이터 평균대기시간 및 원격감시 여부에 대하여 평가	평가항목	1
	A-04	리모델링 계획	리모델링을 고려한 건축설비 공간의 계획 수립 및 반영 여부에 대하여 평가	필수항목	2
	A-05	신재생에너지 적용 외피계획	건축물의 외피 등에 신재생 에너지의 설비를 적용했는지에 대하여 평가	평가항목	1
기계설비 (6개)	M-01	기계설비 시스템의 적정성	단지 및 세대 내에 적절한 난방, 급탕 및 쾌적한 공기환경을 유지하기 위하여 적용된 기계설비 시스템의 수준에 대하여 평가	필수항목	3
	M-02	거주자의 쾌적성 및 편의성	쾌적한 실내 환경 조성을 위하여 적용된 설비에 대하여 평가	평가항목	3
	M-03	고효율 시스템	에너지 절감을 위하여 적용된 고효율 시스템 적용 수준에 대하여 평가	평가항목	3
	M-04	내진설계	거주자 및 건축물을 지진 등 자연재해로부터 보호하기 위하여 적용된 내진설계 수준에 대하여 평가	평가항목	2
	M-05	제어 및 감시	운영자 및 관리자가 효율적인 단지관리를 위해서 적용된 제어 및 감시 수준에 대하여 평가	평가항목	2
	M-06	신기술 적용	설비의 성능•품질 향상을 위한 신기술•신제품 적용 수준에 대하여 평가	평가항목	2
전기설비 (5개)	E-01	전기 및 정보통신 관련실 배치	전기관련실의 침수방지, 전력기기 및 전력공급의 안전성을 확보하기 위하여 전기관련실의 위치에 대하여 평가	필수항목	3
	E-02	수변전 설비의 계획	전원공급의 신뢰성 제고와 안전성 확보를 위해서 예비변압기 구성에 대하여 평가	평가항목	3
	E-03	비상발전 계획	비상시 세대 내 안정적인 전원공급을 위하여 적용된 비상 발전기 용량 및 비상전력 공급 수준에 대하여 평가	필수항목	3
	E-04	전력간선 설비	전력간선의 안정적 공급 및 부하증설을 대비해서 전력간선용량 예비율에 대하여 평가	평가항목	3
	E-05	써지 보호 설비	각종 전력기기가 안정적으로 동작되기 위한 써비 보호 설비의 적용 수준에 대하여 평가	평가항목	3
정보통신 (6개)	T-01	통합배선 시스템의 배선규격	건물 내 원활한 음성 및 데이터 통신을 위한 구내정보 통신 기반시설에 대하여 평가	평가항목	4
	T-02	지능형 홈 네트워크 설비설치 수준	거주자에게 쾌적성과 편의성을 위해서 제공되는 홈오토메이션 수준에 대하여 평가.	평가항목	4
	T-03	CCTV 설치 수준	단지 내 보안을 위한 CCTV의 설치 개소 및 화소수에 대하여 평가	필수항목	3
	T-04	CCTV 녹화 및 백업	안정적인 CCTV 영상을 기록하기 위하여 CCTV 카메라의 녹화방식과 백업방식에 대하여 평가	평가항목	3
	T-05	에너지 데이터 표시 및 정보 조회 기능	세대 내 에너지 관련 데이터 및 정보를 쉽게 확인할 수 있도록 데이터 표시 및 정보 조회 기능 수준에 대하여 평가	평가항목	3
	T-06	실내•외 환경 정보 제공	세대 내 에너지 소비 및 쾌적한 실내 환경에 밀접한 영향을 미치는 실내•외 환경 정보 제공 기능 수준에 대하여 평가	평가항목	3
시스템 통합 (6개)	S-01	통합 SI서버	시스템통합(SI) 서버의 안정적인 운영을 위하여 통합 서버의 운영방식 및 소프트웨어 구성 수준에 대하여 평가	필수항목	4
	S-02	통합대상 시스템	시스템통합(SI)의 효율성 및 기능성을 향상하기 위하여 통합시스템과 인터페이스(interface)된 개별 시스템 수준에 대하여 평가	평가항목	4

부문	분류번호	평 가 항 목	평 가 기 준	구분	배점
	S-03	통합 SI서버 관리	시스템통합(SI) 서버의 상태를 모니터링 하기 위한 통합관리 프로그램 기능 수준에 대하여 평가	평가항목	3
	S-04	통합 SI서버 백신 및 보안	시스템통합(SI) 서버의 보안 및 바이러스에 대비하기 위한 백신 및 보안 기능 수준에 대하여 평가	평가항목	3
	S-05	에너지 정보수집 대상설비	운영자 및 관리자가 단지 내 공용부 에너지 사용량을 확인하기 위하여 설치된 에너지 계측 수준에 대하여 평가	평가항목	3
	S-06	단지 에너지 정보수집	운영자 및 관리자에게 단지의 에너지 절약을 위하여 제공되는 에너지 정보 수준에 대하여 평가	평가항목	3
시설 경영 관리 (9개)	F-01	시설 관리조직 구성원의 수준	건축물의 효율적인 유지관리를 위하여 시설관리조직 및 그 구성원의 질적 수준에 대하여 평가	평가항목	3
	F-02	작업관리 기능	효율적인 작업관리의 구현을 위하여 작업관리의 기능 적용 수준에 대하여 평가	평가항목	2
	F-03	자재관리 기능	효율적인 자재관리의 구현을 위하여 자재관리의 기능 적용 수준에 대하여 평가	평가항목	2
	F-04	에너지관리 기능	건축물의 에너지 소비를 절감하기 위한 에너지관리 기능 적용 수준에 대하여 평가	평가항목	3
	F-05	운영업무 매뉴얼 비치수준	설비의 점검, 예방, 고장 및 수선이 신속, 정확하게 이루어지기 위한 운영업무 매뉴얼 비치 수준에 대하여 평가	평가항목	2
	F-06	운영데이터 축적 수준	건축물을 체계적이고 효율적으로 운영, 관리하기 위하여 운영데이터 축적 및 관리 수준에 대하여 평가	평가항목	2
	F-07	운영 및 유지관리 업무의 다양성	건축물을 효율적이고 경제적으로 운영, 관리하기 위하여 적용된 운영 및 유지관리 업무의 종수에 대하여 평가	필수항목	2
	F-08	시설관리품질평가 수준	시설 관리 품질 평가의 객관적인 평가를 위하여 적용되어야 할 품질평가 종수에 대하여 평가	평가항목	2
	F-09	시설관리 고객 만족도 평가 체계 수준	시설 관리에 대한 고객의 만족도를 평가할 수 있는 평가 체계 수준에 대하여 평가	평가항목	2
		지표수	**37**		**100**

부 문	지 표 수	배점
건축계획 및 환경	5	10
기계설비	6	15
전기설비	5	15
정보통신	6	20
시스템통합	6	20
시설경영관리	9	20
합 계	**37**	**100**

[별표 2] 지능형건축물 인증심사기준 - 비주거시설

부문	분류번호	평 가 항 목	평 가 기 준	구분	배점
건축 계획 및 환경 (8개)	A-01	건축물 구조안전	건축물의 구조적 안전성 및 실내 공간의 용도 변경에 대한 유연성 확보에 대하여 평가	평가항목	1
	A-02	건축물 피난안전	화재 발생 시 거주자가 안전 공간까지 원활하게 피난할 수 있는 계획수준에 대하여 평가	평가항목	2
	A-03	이중 바닥구조	업무 공간의 배치 변경에 대응 가능한 배선 수납공간 확보 여부에 대하여 평가	필수항목	2
	A-04	E/V 성능 및 코어계획	엘리베이터 평균대기시간과 수송능력에 대한 평가 및 코어의 적정 배치를 통한 쾌적하고 융통성 있는 공간계획 수준에 대하여 평가	평가항목	2
	A-05	일사차폐시설	냉방 부하절감을 위해서 적용된 일사차폐시설 개수에 대하여 평가	평가항목	2
	A-06	편의시설	거주자에게 쾌적한 환경을 제공해 줄 수 있는 편의시설 공간의 설치위치 개소 및 구성 내용에 대하여 평가	평가항목	1
	A-07	리모델링 계획	리모델링을 고려한 건축설비 공간의 계획 수립 및 반영 여부에 대하여 평가	필수항목	2
	A-08	신재생에너지 적용 외피계획	건축물의 외피 등에 신재생 에너지의 설비를 적용했는지에 대하여 평가	평가항목	1
기계 설비 (7개)	M-01	열원설비 반송방식	열원설비의 효율적인 운영을 위해서 적용된 반송방식 수준에 대하여 평가	필수항목	2
	M-02	온도제어설비	최적의 실내 환경 구현을 위해서 적용된 온도제어 설비 수준에 대하여 평가	평가항목	2
	M-03	외기도입과 제어	실내 공기질 향상을 위해서 적용된 외기 도입 및 제어 수준에 대하여 평가	평가항목	2
	M-04	에너지절약기법	에너지절약을 위해서 적용된 에너지절약기법 개수에 대하여 평가	평가항목	2
	M-05	냉방, 난방, 급탕 에너지사용량 계측	에너지사용량 계측을 위해서 냉방, 난방, 급탕, 환기에 적용된 에너지 계측 수준에 대하여 평가	필수항목	2
	M-06	절수설비	수자원의 절약을 위해서 적용된 절수형 위생기구 적용 수준에 대하여 평가	평가항목	1
	M-07	신기술 적용	설비의 성능•품질 향상을 위해서 신기술•신제품 적용 수준에 대하여 평가	평가항목	1
전기 설비 (9개)	E-01	전기실 안전 계획	전기관련실의 침수방지, 전력기기 및 전력공급의 안전성을 확보하기 위하여 전기관련실의 위치에 대하여 평가	필수항목	2
	E-02	전원설비 구성	안정적인 전원공급을 위한 예비변압기 구성 및 발전기 용량에 대하여 평가	평가항목	2
	E-03	자유배선공간확보 (EPS)	안전한 배선통로 확보와 전기기기의 설치 및 운전, 개보수가 원활하도록 EPS(Electrical Pipe Shaft)공간의 면적 확보 여부에 대하여 평가	평가항목	2
	E-04	써지 보호 설비	통신장비 및 전산기기가 안정적으로 동작되기 위한 써비 보호 설비의 적용 수준에 대하여 평가	평가항목	1
	E-05	고조파 보호 설비	각종 전력기기의 동작 및 수명에 미치는 영향을 최소화하기 위한 고조파 보호 설비의 적용 수준에 대하여 평가	평가항목	1
	E-06	소방 안전설비	화재를 조기에 감지하여 화재의 피해를 최소화하기 위한 소방 안전설비 적용 수준에 대하여 평가	필수항목	2
	E-07	피뢰설비	낙뢰 시 건축물을 보호하기 위한 뇌 보호시스템 등급 수준에 대하여 평가	평가항목	1
	E-08	전력 사용량 계측	전력계통에서 사용하는 에너지 사용량을 측정하기 위한 전력량계 설치 수준에 대하여 평가	필수항목	2

부문	분류번호	평 가 항 목	평 가 기 준	구분	배점
	E-09	조명제어 설비	건물 내 시설된 조명기구 수량 중 조명제어 설비에 의하여 제어되는 조명기구의 비율에 대하여 평가	평가항목	2
정보통신(13개)	T-01	구내정보 통신 기반시설	건물 내 원활한 음성 및 데이터 통신을 위한 구내정보 통신 기반시설 및 시스템박스 설치 수준에 대하여 평가	평가항목	2
	T-02	백본장비 및 사용자 연결장비	거주자에게 고속의 데이터 통신 서비스를 제공, 생산성을 높이기 위하여 백본장비 및 사용자 연결 장비의 네트워크 속도에 대하여 평가	평가항목	2
	T-03	네트워크 구성	네트워크의 안정성을 확보하기 위하여 네트워크 백본 및 간선의 구성 수준에 대하여 평가	평가항목	2
	T-04	네트워크 관리 및 보안	네트워크의 상태를 감시하고, 침입을 방지하기 위한 네트워크 관리 및 보안 시스템 수준에 대하여 평가	필수항목	2
	T-05	무선 LAN	건축물 내 사용자 위치와 상관없이 데이터 통신이 가능하도록 보안(인증)기능이 있는 무선 AP 적용 수준에 대하여 평가	평가항목	1
	T-06	출입관리 보안 시스템	외부 침입 및 도난을 방지하고, 거주자의 안전을 위하여 건축물에 대한 출입보안 수준에 대하여 평가	필수항목	2
	T-07	CCTV 설치수준	건축물의 보안을 위한 CCTV의 설치 위치 및 설치 개소에 대하여 평가	필수항목	2
	T-08	CCTV 녹화 및 백업	안정적인 CCTV 영상을 기록하기 위하여 CCTV 카메라의 녹화방식과 백업방식에 대하여 평가	평가항목	1
	T-09	다목적 회의 지원 시스템	각종 회의의 원활한 운영을 위해 적용된 다양한 회의 지원 시스템 적용 수준에 대하여 평가	평가항목	2
	T-10	종합 안내 시스템	건축물 내방객에게 편의를 제공하기 위한 종합 안내 시스템의 적용 수준에 대하여 평가	평가항목	1
	T-11	차량 출입시스템	차량 출입의 편리성을 위해서 적용된 차량 출입 시스템 수준에 대하여 평가	평가항목	1
	T-12	주차유도 및 위치인식	원활한 주차장 이용을 위해서 적용된 주차 공간 유도 및 주차 위치 인식 시스템 적용 수준에 대하여 평가	평가항목	1
	T-13	CATV / MATV	긴급 재난 발생 시 원활한 방송을 위한 MATV와 CATV 설비의 망구성 적용 수준에 대하여 평가	평가항목	1
시스템 통합(11개)	S-01	통합서버 이중화	시스템통합(SI) 서버의 안정적인 운영을 위하여 통합 서버의 운영방식 및 소프트웨어 구성 수준에 대하여 평가	필수항목	2
	S-02	개방형 표준통신 프로토콜	통합 시스템과 개별 시스템간의 상호 통합 및 확장이 용이하도록 개방형 표준 프로토콜(protocol) 적용 수준에 대하여 평가	평가항목	1
	S-03	SI서버 백신 및 보안	시스템통합(SI) 서버의 보안 및 바이러스에 대비하기 위한 백신 및 보안 기능 수준에 대하여 평가	필수항목	1
	S-04	통합대상 시스템	시스템통합(SI)의 효율성 및 기능성을 향상하기 위하여 통합시스템과 인터페이스(interface)된 개별 시스템 수준에 대하여 평가	평가항목	2
	S-05	화재연동 시나리오	화재상황 발생 시 원활한 대응를 위하여 연동되는 대상 시스템의 종류 및 연동시나리오 구성 수준에 대하여 평가	평가항목	3
	S-06	방범연동 시나리오	침입상황 발생 시 원활한 대응를 위하여 연동되는 대상 시스템의 종류 및 연동시나리오 구성 수준에 대하여 평가	평가항목	3
	S-07	추가연동 시나리오	특정 상황 발생시 건축물의 원활한 대응을 위하여 다양한 연동시나리오가 구성되어 있는지에 대하여 평가	평가항목	2
	S-08	BEMS 데이터 표시 및 조회기능	관리자 및 운영자가 건물에너지 관련 데이터를 쉽게 확인할 수 있도록 BEMS 데이터 표시 및 조회 기능 수준에 대하여 평가	필수항목	2
	S-09	실내·외 환경정보 수집 및 제어 기능	건축물 에너지 소비에 밀접한 영향을 미치는 실내·외 환경정보 수집을 위하여 실내·외 환경정보 수집 및 제어 기능 수준에 대하여 평가	필수항목	2
	S-10	설비정보에 대한 분류 체계	BEMS 데이터의 체계적인 분류와 기록을 위한 설비정보 분류 체계 적용 수준에 대하여 평가	평가항목	1
	S-11	DB 관리를 위한 TAG 체계	BEMS 데이터 수집 및 입력시 오류를 최소화하기 위한 DB 관리 TAG 체계 적용 수준에 대하여 평가	평가항목	1

부문	분류번호	평 가 항 목	평 가 기 준	구분	배점
시설경영관리 (12개)	F-01	시설관리 조직	건축물의 효율적인 유지관리를 위하여 시설관리조직 및 그 구성원의 질적 수준에 대하여 평가	필수항목	2
	F-02	작업관리 기능	효율적인 작업관리의 구현을 위하여 작업관리의 기능 적용 수준에 대하여 평가	필수항목	1
	F-03	자재관리 기능	효율적인 자재관리의 구현을 위하여 자재관리의 기능 적용 수준에 대하여 평가	평가항목	1
	F-04	모바일 관리기능	모바일을 통한 효율적 유지관리가 구현될 수 있도록 모바일관리 기능 적용 수준에 대하여 평가	평가항목	1
	F-05	운영 데이터 축적 수준	건축물을 체계적이고 효율적으로 운영, 관리하기 위하여 운영 데이터 축적 및 관리 수준에 대하여 평가	평가항목	2
	F-06	운영 및 유지관리 업무의 다양성	건축물을 효율적이고 경제적으로 운영, 관리하기 위하여 적용된 운영 및 유지관리 업무의 종수에 대하여 평가	평가항목	2
	F-07	KS표준의 적용 수준	체계적인 운영 및 관리를 위한 국가표준(KS S 1004-2) 서비스 적용 수준에 대하여 평가	평가항목	1
	F-08	운영업무 매뉴얼 비치수준	설비의 점검, 예방, 고장 및 수선이 신속, 정확하게 이루어지기 위한 운영업무 매뉴얼 비치 수준에 대하여 평가	필수항목	2
	F-09	에너지관리 기능	건축물의 에너지 소비를 절감하기 위한 에너지관리 기능 적용 수준에 대하여 평가	필수항목	2
	F-10	에너지 분석, 예측 및 목표관리	효율적인 에너지 관리를 위한 에너지 분석, 예측 및 목표 수준에 대하여 평가	평가항목	2
	F-11	보고서 제공	건축물에서 관리되고 있는 에너지와 관련된 보고서 제공 수준에 대하여 평가	평가항목	2
	F-12	BEMS 운영관리	효율적이고 경제적인 BEMS의 활용을 위하여 BEMS의 운영관리 체계 및 계획 수준에 대하여 평가	필수항목	2
		지표수	**60**		**100**

부 문	지 표 수	배점
건축계획 및 환경	8	13
기계설비	7	12
전기설비	9	15
정보통신	13	20
시스템통합	11	20
시설경영관리	12	20
합 계	**60**	**100**

[별표 3] 인증등급별 점수기준(제4조 관련)

1. 주거시설

등 급	심사점수	비고
1등급	85점 이상 득점	100점 만점
2등급	80점이상 85점미만 득점	
3등급	75점이상 80점미만 득점	
4등급	70점이상 75점미만 득점	
5등급	65점이상 70점미만 득점	

2. 비주거시설

등 급	심사점수	비고
1등급	85점 이상 득점	100점 만점
2등급	80점이상 85점미만 득점	
3등급	75점이상 80점미만 득점	
4등급	70점이상 75점미만 득점	
5등급	65점이상 70점미만 득점	

3. 복합건축물

등 급	심사점수	비고
1등급	85점 이상 득점	100점 만점
2등급	80점이상 85점미만 득점	
3등급	75점이상 80점미만 득점	
4등급	70점이상 75점미만 득점	
5등급	65점이상 70점미만 득점	

[별표 4] 복합건축물 인증등급 산정방법(제3조 관련)

1. 점수 배점 (예 : 공동주택 + 판매시설)

부 문	공동주택 (연면적: 20,000㎡)	판매시설 (연면적: 10,000㎡)
	점 수	점 수
건축계획 및 환경	7	7
기계설비	11.8	12.0
전기설비	12	12
정보통신	15	15
시스템통합	13.2	14.0
시설경영관리	14.6	14.6
점 수 합 계	73.6	74.6

2. 점수산정 (예 : 공동주택 + 판매시설)

$$73.93점 = \frac{(73.6 \times 20{,}000 + 74.6 \times 10{,}000)}{(20{,}000 + 10{,}000)}$$

3. 기준점수산정 (예 : 공동주택 + 판매시설)

$$100점 = \frac{(100 \times 20{,}000 + 100 \times 10{,}000)}{(20{,}000 + 10{,}000)}$$

4. 등급산정 (예 : 공동주택 + 판매시설)

73.93점 (4등급) = 73.93 / 100

※ 해당 시설의 지능형건축물 기준이 있는 경우, 해당시설로 평가

※ 해당 시설의 지능형건축물 기준이 없는 경우, 해당시설 연면적이 전체 연면적의 80%미만일 경우 평가불가

1) 소수점 셋째자리에서 반올림

2) 해당 시설의 면적비율을 반영한 총점

$$복합건축물\ 총점 = \frac{\Sigma\ (시설별\ 총점 \times 시설별\ 연면적)}{대상건축물의\ 총연면적}$$

= [{주거시설 총점 × 주거시설 연면적} + {비주거시설 총점 × 비주거시설 연면적}] ÷ 총연면적

[별표 5] 지능형건축물 자체평가서 작성요령(제5조 관련)

1. 일반사항

1) 지능형건축물 자체평가자

지능형건축물 자체평가자를 평가서에 명시하여야한다.

2) 평가서의 내용에 관한 책임

자체평가자는 평가서의 내용에 관하여 최종적인 책임을 진다.

3) 현장조사

평가항목 중에서 그 성질상 항목의 예측·분석 등을 위하여 현장조사 등이 필요한 항목에 대하여는 현장조사를 실시할 수 있다.

4) 통합평가

① 2인 이상의 신청자에 의한 인증대상 건축물 건축사업이 하나의 건축물 건축사업 계획의 일환으로 연계 추진되는 경우 심사대상 건축물별 자체평가서를 통합하여 하나의 자체평가서로 작성할 수 있다.

② 통합평가서는 공통사항과 개별사항으로 구분하여 작성함을 원칙으로 한다.

2 작성방법

1) 자체평가서 구성

자체평가서는 분야별 평가항목을 기준으로 작성한다.

2) 자체평가서 분량

자체평가서의 분량은 A4, 파일을 기준으로 하며, 근거자료(부록, 첨부)를 포함하며 분량의 제한은 없다.

3) 자체평가서 제출

신청자가 제출하여야 하는 평가서의 부수는 원본 1부이며 신청자도 1부 이상을 보관하여야 한다.

4) 자체평가서의 보완

신청자는 인증기관이 서류심사를 통하여 자체평가서를 검토한 결과 그 내용이 극히 부실하여 심사진행에 적합하지 않다고 인정되어 자체평가서 보완을 요청하는 경우에는 이에 응하여야 한다.

5) 현장조사

① 현장조사는 현지조사를 원칙으로 하되, 불가피하게 문헌 또는 기타 시청각 기록 자료에 의한 조사를 실시하게 되는 경우에는 가장 최근의 자료를 인용하고 본문의 해당내용 하단에 인용문헌 또는 그 출처를 표기하여야 한다.

② 현장조사의 기간 및 횟수 등은 대상건축물의 지능화 수준 및 운영 실태를 객관적으로 예측·분석할 수 있도록 대상건축물의 특성을 고려하여 정한다.

6) 자료의 구성

① 가급적 도면, 계산서, 도표, 사진, 그림 등을 활용하여 작성한다.

② 제출되는 서류 및 도서에는 설계자 및 「건축물의 설비기준 등에 관한 규칙」 제3조에 따른 관계전문기술자의 날인(건축, 기계, 전기)이 포함되어야 한다. 다만, 부득이한 경우 「건축법」 제25조에 따른 감리자 및 건축주의 날인으로 대체할 수 있다.

7) 비밀에 관한 사항

평가서의 내용 중 비밀(대외비 포함)로 분류되어야 할 사항은 별책으로 분리, 작성할 수 있다.

8) 평가서 심사결과 보고서의 제출

인증기관의 장은 서류심사 실시 후 업무일 기준 14일 이내에 심사결과로써 개선요구사항, 관찰사항 및 권고사항을 제출하여야 한다.

[별표 6] 지능형건축물 인증 수수료(제11조 관련)

1. 지능형건축물 인증 심사수수료

1) 주거시설 (세대수 500세대 이상 ~ 1,500세대 미만, 평가 항목 수 주거시설 37항목 기준)

<table>
<tr><th>비목</th><th>세부항목</th><th>내역</th></tr>
<tr><td rowspan="3">인건비</td><td>서류심사</td><td>• 기술사인건비 × 3인 × 2일
• 특급기술자인건비 × 3인 × 1.5일</td></tr>
<tr><td>현장심사</td><td>• 기술사인건비 × 3인 × 1일
• 특급기술자인건비 × 3인 × 1일</td></tr>
<tr><td>행정인건비</td><td>• 특급기술자인건비 × 1인 × 1.5일
• 고급기술자인건비 × 1인 × 2.5일</td></tr>
<tr><td>여비</td><td>교통, 통신비</td><td>• 여비, 교통, 통신비 등 1식 (인건비의 11%)</td></tr>
<tr><td>기술경비</td><td>제작 및 비품</td><td>• 심의자료, 평가보고서, 사무용품비, 기자재비 등 1식 (인건비의 2%)</td></tr>
<tr><td>간접경비</td><td>인증서 등</td><td>• 인증서, 임차료, 전력비 등 1식 (인건비의 10%)</td></tr>
<tr><td>기타경비</td><td>인증심의위원회</td><td>• 심의비 : 1인/1회(150,000원) × 6인</td></tr>
<tr><td colspan="2">합계</td><td>• (인건비+여비+기술경비+간접경비+기타경비)
× 규모별 평가 수수료 할증률</td></tr>
<tr><td>비고</td><td colspan="2">○인건비 : 엔지니어링 사업 대가 기준 4개 분야(기계/설비, 전기, 정보통신 및 건설 분야)의 엔지니어링기술자 평균 노임단가 적용
※ 단, 엔지니어링기술자 노임단가기준 변경 시 변경단가 적용
○여 비 : 현지 확인을 실시한 경우에 한하며, 공무원여비 규정에 따른 5급 공무원 상당의 여비를 적용
○부가가치세 : 별도</td></tr>
</table>

※ 규모별 평가 수수료 할증률

규모별	할증계수
500 세대 미만	0.8
500세대 이상~1,500세대 미만	1.0
1,500 세대 이상	1.2

2) 비주거시설 (연면적 40,000 초과 ~ 50,000㎡ 이하, 평가 항목 수 비주거시설 60항목 기준)

<table>
<tr><th>비목</th><th>세부항목</th><th>내역</th></tr>
<tr><td rowspan="3">인건비</td><td>서류심사</td><td>• 기술사인건비 × 3인 × 4.5일
• 특급기술자인건비 × 3인 × 4일</td></tr>
<tr><td>현장심사</td><td>• 기술사인건비 × 3인 × 1일
• 특급기술자인건비 × 3인 × 1일</td></tr>
<tr><td>행정인건비</td><td>• 특급기술자인건비 × 1인 × 2.5일
• 고급기술자인건비 × 1인 × 3.5일</td></tr>
<tr><td>여비</td><td>교통, 통신비</td><td>• 여비, 교통, 통신비 등 1식 (인건비의 11%)</td></tr>
<tr><td>기술경비</td><td>제작 및 비품</td><td>• 심의자료, 평가보고서, 사무용품비, 기자재비 등 1식 (인건비의 2%)</td></tr>
<tr><td>간접경비</td><td>인증서 등</td><td>• 인증서, 임차료, 전력비 등 1식 (인건비의 10%)</td></tr>
<tr><td>기타경비</td><td>인증심의위원회</td><td>• 심의비 : 1인/1회(150,000원) × 6인</td></tr>
</table>

합계		• (인건비+여비+기술경비+간접경비+기타경비) × 규모별 평가 수수료 할증률
비고	○인건비 : 엔지니어링 사업 대가 기준 4개 분야(기계/설비, 전기, 정보통신 및 건설 분야)의 엔지니어링기술자 평균 노임단가 적용 ※ 단, 엔지니어링기술자 노임단가기준 변경 시 변경단가 적용 ○여 비 : 현지 확인을 실시한 경우에 한하며, 공무원여비 규정에 따른 5급 공무원 상당의 여비를 적용 ○부가가치세 : 별도	

※ 규모별 평가 수수료 할증률

규모별	할증계수	규모별	할증계수
10,000㎡이하	0.5	80,000㎡초과 ~ 100,000㎡이하	1.8
10,000㎡초과 ~ 20,000㎡이하	0.7	100,000㎡초과 ~ 120,000㎡이하	2.0
20,000㎡초과 ~ 30,000㎡이하	0.8	120,000㎡초과 ~ 150,000㎡이하	2.2
30,000㎡초과 ~ 40,000㎡이하	0.9	150,000㎡초과 ~ 200,000㎡이하	2.4
40,000㎡초과 ~ 50,000㎡이하	1.0	200,000㎡초과 ~ 300,000㎡이하	2.6
50,000㎡초과 ~ 60,000㎡이하	1.2	300,000㎡초과 ~ 400,000㎡이하	2.8
60,000㎡초과 ~ 70,000㎡이하	1.4	400,000㎡초과	3.0
70,000㎡초과 ~ 80,000㎡이하	1.6		

※ 복합용도에 따른 할증(할인)액 산출식 (예 : 주거시설 + 비주거시설)

$$\text{복합용도 건축물 심사수수료} = \frac{(\text{주거시설 수수료} + \text{비주거시설 수수료}) \times (\text{주거시설 항목수} + \text{비주거시설 항목수})}{2 \times \text{비주거시설 항목수}}$$

2. 지능형건축물 예비인증 심사수수료

1) 주거시설 (세대수 500세대 이상 ~ 1,500세대 미만, 평가 항목 수 주거시설 37항목 기준)

비목	세부항목	내역
인건비	서류심사	• 기술사인건비 × 3인 × 2일 • 특급기술자인건비 × 3인 × 2일
	행정인건비	• 특급기술자인건비 × 1인 × 1일 • 고급기술자인건비 × 1인 × 2일
기술경비	제작 및 비품	• 심의자료, 평가보고서, 사무용품비, 기자재비 등 1식 (인건비의 2%)
간접경비	인증서 등	• 인증서, 임차료, 전력비 등 1식 (인건비의 10%)
기타경비	인증심의위원회	• 심의비 : 1인/1회(150,000원) × 6인
합계		• (인건비+기술경비+간접경비+기타경비) × 규모별 평가 수수료 할증률
비고	○인건비 : 엔지니어링 사업 대가 기준 4개 분야(기계/설비, 전기, 정보통신 및 건설 분야)의 엔지니어링기술자 평균 노임단가 적용 ※ 단, 엔지니어링기술자 노임단가기준 변경 시 변경단가 적용 ○부가가치세 : 별도	

※ 규모별 평가 수수료 할증률

규모별	할증계수
500 세대 미만	0.8
500세대 이상~1,500세대 미만	1.0
1,500 세대 이상	1.2

2) 비주거시설 (연면적 40,000 초과 ~ 50,000㎡ 이하, 평가 항목 수 비주거시설 60항목 기준)

비목	세부항목	내역
인건비	서류심사	• 기술사인건비 × 3인 × 3일 • 특급기술자인건비 × 3인 × 2.5일
	행정인건비	• 특급기술자인건비 × 1인 × 1.5일 • 고급기술자인건비 × 1인 × 2.5일
기술경비	제작 및 비품	• 심의자료, 평가보고서, 사무용품비, 기자재비 등 1식 (인건비의 2%)
간접경비	인증서 등	• 인증서, 임차료, 전력비 등 1식 (인건비의 10%)
기타경비	인증심의위원회	• 심의비 : 1인/1회(150,000원) × 6인
합계		• (인건비+기술경비+간접경비+기타경비) × 규모별 평가 수수료 할증률
비고	ㅇ인건비 : 엔지니어링 사업 대가 기준 4개 분야(기계/설비, 전기, 정보통신 및 건설 분야)의 엔지니어링기술자 평균 노임단가 적용 ※ 단, 엔지니어링기술자 노임단가기준 변경 시 변경단가 적용 ㅇ부가가치세 : 별도	

※ 규모별 평가 수수료 할증률

규모별	할증계수	규모별	할증계수
10,000㎡이하	0.5	80,000㎡초과 ~ 100,000㎡이하	1.8
10,000㎡초과 ~ 20,000㎡이하	0.7	100,000㎡초과 ~ 120,000㎡이하	2.0
20,000㎡초과 ~ 30,000㎡이하	0.8	120,000㎡초과 ~ 150,000㎡이하	2.2
30,000㎡초과 ~ 40,000㎡이하	0.9	150,000㎡초과 ~ 200,000㎡이하	2.4
40,000㎡초과 ~ 50,000㎡이하	1.0	200,000㎡초과 ~ 300,000㎡이하	2.6
50,000㎡초과 ~ 60,000㎡이하	1.2	300,000㎡초과 ~ 400,000㎡이하	2.8
60,000㎡초과 ~ 70,000㎡이하	1.4	400,000㎡초과	3.0
70,000㎡초과 ~ 80,000㎡이하	1.6		

※ 복합용도에 따른 할증(할인)액 산출식 (예 : 주거시설 + 비주거시설)

$$\text{복합용도 건축물 심사수수료} = \frac{(\text{주거시설 수수료+비주거시설 수수료}) \times (\text{주거시설 항목수+비주거시설 항목수})}{2 \times \text{비주거시설 항목수}}$$

[별표 7] 완화 기준(제13조 관련)

<인증등급에 따른 건축기준 완화 비율(예시)>

○ 건축주 또는 사업주체가 지능형 건축물 인증을 받은 경우,
다음의 기준에 따라 건축기준 완화를 신청할 수 있다.

지능형 건축물 인증등급	1등급	2등급	3등급	4등급	5등급
건축기준 완화 비율	15%	12%	9%	6%	0%

○ 적용방법
1. 용적률 적용방법
「법 및 조례에서 정하는 기준 용적률」 × [1 + 완화비율]
2. 조경면적 적용방법
「법 및 조례에서 정하는 기준 조경면적」 × [1 - 완화비율]
3. 건축물 높이제한 적용방법
「법 및 조례에서 정하는 건축물의 최고높이」 × [1 + 완화비율]

※ 인증등급에 의한 건축기준 완화 비율은 정하는 범위내에서 용적률, 조경면적, 건축물 높이제한으로 나누어 적용할 수 있다.

9. 기계설비법

[법률 제17453호, 2020.6.9./시행 2020.6.9.]

제　　정 2018. 4.17 법률 제15599호
일부개정 2020. 5.19 법률 제17287호
타법개정 2020. 6. 9 법률 제17453호

◇ 제정이유

기계설비산업은 건축물을 비롯한 각종 산업시설 등의 냉・난방, 환기 및 각종 에너지 설비의 설계, 시공 등을 통하여 국민의 편안하고 안전한 생활기반 조성에 기여하고 있음. 최근 안전이나 건강, 에너지 효율에 대한 국민들의 관심이 커짐에 따라 공기조화, 냉・난방, 위생설비 등 기계설비에 대한 중요성이 증대되고 있고, 시설물의 노후화로 인해 기계설비 리모델링 시장 규모가 커지는 등 기계설비산업의 성장이 지속되고 있음.

이에 국가차원에서 기계설비 발전 기본계획을 수립하고, 기계설비산업의 연구・개발, 전문 인력의 양성, 국제협력 및 해외진출 등 지원과 기반을 구축하여 기계설비산업이 4차 산업으로 나아갈 수 있는 토대를 조성하는 한편, 기계설비에 대한 설계, 시공 및 유지관리 등에 관한 기술기준과 유지관리기준 등을 마련하여 기계설비의 효율적 유지관리를 통한 국민의 안전과 공공복리 증진에 기여하고, 기계설비산업 발전과 신시장 개척으로 새로운 일자리를 창출할 수 있는 제도적 기반을 마련하고자 함.

제1장 총칙

제1조 【목적】 이 법은 기계설비산업의 발전을 위한 기반을 조성하고 기계설비의 안전하고 효율적인 유지관리를 위하여 필요한 사항을 정함으로써 국가경제의 발전과 국민의 안전 및 공공복리 증진에 이바지함을 목적으로 한다.

제2조 【정의】 이 법에서 사용하는 용어의 뜻은 다음과 같다. <개정 2020.5.19., 2020.6.9.>

1. "기계설비"란 건축물, 시설물 등(이하 "건축물등"이라 한다)에 설치된 기계·기구·배관 및 그 밖에 건축물등의 성능을 유지하기 위한 설비로서 대통령령으로 정하는 설비를 말한다.
2. "기계설비산업"이란 기계설비 관련 연구개발, 계획, 설계, 시공, 감리, 유지관리, 기술진단, 안전관리 등의 경제활동을 하는 산업을 말한다.
3. "기계설비사업"이란 기계설비 관련 활동을 수행하는 사업을 말한다.
4. "기계설비사업자"란 기계설비사업을 경영하는 자를 말한다.
5. "기계설비기술자"란 「국가기술자격법」, 「건설기술 진흥법」 또는 대통령령으로 정하는 법령에 따라 기계설비 관련 분야의 기술자격을 취득하거나 기계설비에 관한 기술 또는 기능을 인정받은 사람을 말한다.
6. "기계설비유지관리자"란 기계설비 유지관리(기계설비의 점검 및 관리를 실시하고 운전·운용하는 모든 행위를 말한다)를 수행하는 자를 말한다.

제3조 【국가 및 지방자치단체의 책무】 국가 및 지방자치단체는 기계설비산업의 발전과 기계설비의 안전 및 유지관리에 필요한 시책을 수립·시행하고, 그 시책의 추진에 필요한 행정적·재정적 지원방안 등을 마련할 수 있다.

제4조 【다른 법률과의 관계】 ① 기계설비산업의 발전과 기계설비의 기술기준 및 유지관리와 관련하여 다른 법률에 특별한 규정이 있는 경우를 제외하고는 이 법에서 정하는 바에 따른다.

② 제21조에 따른 기계설비성능점검업에 관하여 이 법에 규정된 것을 제외하고는 「건설기술 진흥법」 제28조, 제30조, 제32조부터 제34조까지, 제37조 및 제38조를 준용한다. <개정 2020.5.19.>

③ 기계설비공사의 도급에 관하여는 「국가를 당사자로 하는 계약에 관한 법률」, 「지방자치단체를 당사자로 하는 계약에 관한 법률」과 「건설산업기본법」에서 정하는 바에 따른다.

제2장 기계설비산업발전을 위한 계획의 수립 및 추진

제5조 【기계설비 발전 기본계획의 수립】 ① 국토교통부장관은 기계설비산업의 육성과 기계설비의 효율적인 유지관리 및 성능확보를 위하여 다음 각 호의 사항이 포함된 기계설비 발전 기본계획(이하 "기본계획"이라 한다)을 5년마다 수립·시행하여야 한다.

1. 기계설비산업의 발전을 위한 시책의 기본방향
2. 기계설비산업의 부문별 육성시책에 관한 사항
3. 기계설비산업의 기반조성 및 창업지원에 관한 사항
4. 기계설비의 안전 및 유지관리와 관련된 정책의 기본목표 및 추진방향
5. 기계설비의 안전 및 유지관리를 위한 법령·제도의 마련 등 기반조성

6. 기계설비기술자 등 기계설비 전문인력(이하 "전문인력"이라 한다)의 양성에 관한 사항
7. 기계설비의 성능 및 기능향상을 위한 사항
8. 기계설비산업의 국제협력 및 해외시장 진출 지원에 관한 사항
9. 기계설비기술의 연구개발 및 보급에 관한 사항
10. 그 밖에 기계설비산업의 발전과 기계설비의 안전 및 유지관리를 위하여 대통령령으로 정하는 사항

② 국토교통부장관은 기본계획을 수립하는 경우 관계 중앙행정기관의 장과 협의를 거쳐야 한다.

제6조 【실태조사】 ① 국토교통부장관은 기계설비산업의 발전에 필요한 기초자료를 확보하기 위하여 기계설비산업에 관한 실태를 조사할 수 있다. 다만, 다른 중앙행정기관의 장의 요구가 있는 경우에는 합동으로 실태를 조사하여야 한다.

② 국토교통부장관은 기계설비사업자 또는 기계설비산업 관련 단체 및 기관의 장에게 제1항에 따른 실태조사에 필요한 자료의 제출 등을 요청할 수 있다. 이 경우 자료제출 등을 요청받은 자는 특별한 사유가 없으면 이에 협조하여야 한다.

③ 제1항에 따른 실태조사의 내용·방법·절차 등에 필요한 사항은 대통령령으로 정한다.

제7조 【기계설비산업 정보체계의 구축】 ① 국토교통부장관은 기계설비산업 관련 정보 및 자료 등을 체계적으로 수집·관리 및 활용하기 위하여 기계설비산업 정보체계(이하 "정보체계"라 한다)를 구축·운영할 수 있다.

② 정보체계에는 다음 각 호의 사항을 포함할 수 있다.
1. 국내외 기계설비산업의 현황에 관한 사항
2. 기계설비사업자의 수주 실적에 관한 사항
3. 기계설비산업의 연구·개발에 관한 사항
4. 기계설비성능점검업의 등록에 관한 사항
5. 기계설비유지관리자의 교육에 관한 사항
6. 그 밖에 국토교통부령으로 정하는 기계설비산업에 관련된 정보

③ 국토교통부장관은 정보체계를 구축하는 경우 「국가정보화 기본법」 제6조 및 제7조에 따른 국가정보화 기본계획 및 국가정보화 시행계획과 연계되도록 하여야 한다.

④ 그 밖에 정보체계의 구축·운영 및 활용 등에 필요한 사항은 국토교통부령으로 정한다.

제3장 기계설비산업에 대한 지원과 기반 구축

제8조 【기계설비산업의 연구·개발 등】 ① 국토교통부장관은 기계설비산업 발전을 위한 시책을 추진하기 위하여 공공기관, 대학, 민간단체 및 기업과 협약을 체결하여 기계설비산업 발전에 필요한 연구·개발 사업을 실시할 수 있다.

② 제1항에 따른 협약의 체결방법과 공동연구 추진 및 연구수행 지원 등에 필요한 사항은 대통령령으로 정한다.

제9조 【전문인력의 양성 등】 ① 국토교통부장관은 전문인력의 양성과 자질향상을 위하여 교육훈련을 실시할 수 있다.

② 국토교통부장관은 대통령령으로 정하는 요건 및 절차에 따라 제8조제1항에 해당하는 기관을 전문인력 양성기관으로 지정하고 교육훈련에 필요한 비용의 전부 또는 일부를 지원할 수 있다.

③ 국토교통부장관은 제1항에 따른 교육훈련에 관한 업무를 대통령령으로 정하는 바에 따라 전문인력 양성기관에 위탁할 수 있다.

④ 제2항에 따라 지정된 전문인력 양성기관은 전문인력의 양성 및 교육훈련에 관한 계획을 수립하여 국토교통부장관에게 제출하여야 한다. 이 경우 계획 수립에 관한 절차 및 내용은 국토교통부령으로 정한다.

⑤ 국토교통부장관은 제2항에 따라 지정된 전문인력 양성기관이 지정 요건에 적합하지 아니하게 된 경우 그 지정을 취소할 수 있다. 다만, 거짓이나 그 밖의 부정한 방법으로 지정을 받은 경우 그 지정을 취소하여야 한다.

제10조 【기계설비 전문인력의 고용 촉진】 국토교통부장관은 전문인력의 고용을 촉진하기 위하여 필요한 시책을 마련하고 추진하여야 한다.

제11조 【국제협력 및 해외진출 지원】 ① 국토교통부장관은 기계설비산업의 국제협력과 해외진출을 촉진하기 위하여 다음 각 호의 사업을 지원할 수 있다.
1. 국제협력 및 해외진출 관련 정보의 제공 및 상담 지도·협조
2. 국제협력 및 해외진출 관련 기술 및 인력의 국제교류
3. 국제행사 유치 및 참가
4. 국제공동연구 개발사업
5. 그 밖에 국제협력 및 해외진출의 활성화를 위하여 필요한 사업

② 국토교통부장관은 대통령령으로 정하는 기관이나 단체에 제1항의 사업을 수행하게 할 수 있으며 필요한 예산을 지원할 수 있다. <개정 2020.6.9.>

제12조 【세제·금융지원 등】 국토교통부장관은 기계설비산업의 발전을 위하여 세제·금융지원, 그 밖에 행정상의 필요한 조치를 강구할 수 있다.

제13조【기계설비의 품질 향상】기계설비공사를 발주한 자 및 기계설비사업자는 기계설비의 성능 확보와 효율적 관리를 위하여 기계설비 설계·시공·유지관리의 품질 향상에 노력하여야 한다.

제4장 기계설비 안전관리를 위한 조치 등

제14조【기계설비 기술기준】① 국토교통부장관은 기계설비의 안전과 성능확보를 위하여 필요한 기술기준(이하 "기술기준"이라 한다)을 정하여 고시하여야 한다. 이를 변경하는 경우에도 또한 같다.

② 기계설비사업자는 기술기준을 준수하여야 한다.

제15조【기계설비의 착공 전 확인과 사용 전 검사】① 대통령령으로 정하는 기계설비공사를 발주한 자는 해당 공사를 시작하기 전에 전체 설계도서 중 기계설비에 해당하는 설계도서를 특별자치시장·특별자치도지사·시장·군수·구청장(자치구의 구청장을 말한다. 이하 같다)에게 제출하여 기술기준에 적합한지를 확인받아야 하며, 그 공사를 끝냈을 때에는 특별자치시장·특별자치도지사·시장·군수·구청장의 사용 전 검사를 받고 기계설비를 사용하여야 한다. 다만, 「건축법」 제21조 및 제22조에 따른 착공신고 및 사용승인 과정에서 기술기준에 적합한지 여부를 확인받은 경우에는 이 법에 따른 착공 전 확인 및 사용 전 검사를 받은 것으로 본다.

② 특별자치시장·특별자치도지사·시장·군수·구청장은 필요한 경우 기계설비공사를 발주한 자에게 제1항에 따른 착공 전 확인과 사용 전 검사에 관한 자료의 제출을 요구할 수 있다. 이 경우 기계설비공사를 발주한 자는 특별한 사유가 없으면 자료를 제출하여야 한다.

③ 제1항에 따른 착공 전 확인과 사용 전 검사의 절차, 방법 등은 대통령령으로 정한다.

제5장 기계설비 유지관리 등

제16조【기계설비 유지관리기준의 고시】① 국토교통부장관은 건축물등에 설치된 기계설비의 유지관리 및 점검을 위하여 필요한 유지관리 기준(이하 "유지관리기준"이라 한다)을 정하여 고시하여야 한다.

② 제1항에 따른 유지관리기준의 내용, 방법, 절차 등은 국토교통부령으로 정한다.

제17조【기계설비 유지관리에 대한 점검 및 확인 등】① 대통령령으로 정하는 일정 규모 이상의 건축물등에 설치된 기계설비의 소유자 또는 관리자(이하 "관리주체"라 한다)는 유지관리기준을 준수하여야 한다.

② 관리주체는 유지관리기준에 따라 기계설비의 유지관리에 필요한 성능을 점검(이하 "성능점검"이라 한다)하고 그 점검기록을 작성하여야 한다. 이 경우 관리주체는 제21조제2항에 따른 기계설비성능점검업자에게 성능점검 및 점검기록의 작성을 대행하게 할 수 있다.

③ 관리주체는 제2항에 따라 작성한 점검기록을 대통령령으로 정하는 기간 동안 보존하여야 하며, 특별자치시장·특별자치도지사·시장·군수·구청장이 그 점검기록의 제출을 요청하는 경우 이에 따라야 한다.

제18조【유지관리업무의 위탁】관리주체는 시설물 관리를 전문으로 하는 자로서 기계설비유지관리자를 보유하고 있는 자에게 기계설비 유지관리업무를 위탁할 수 있다.

제19조【기계설비유지관리자 선임 등】① 관리주체는 국토교통부령으로 정하는 바에 따라 기계설비유지관리자를 선임하여야 한다. 다만, 제18조에 따라 기계설비유지관리업무를 위탁한 경우 기계설비유지관리자를 선임한 것으로 본다.

② 제1항에 따라 기계설비유지관리자를 선임한 관리주체는 정당한 사유 없이 대통령령으로 정하는 일정 횟수 이상 제20조제1항에 따른 유지관리교육을 받지 아니한 기계설비유지관리자를 해임하여야 한다. ③ 관리주체가 기계설비유지관리자를 선임 또는 해임한 경우 국토교통부령으로 정하는 바에 따라 지체 없이 그 사실을 특별자치시장・특별자치도지사・시장・군수・구청장에게 신고하여야 한다. 신고된 사항 중 국토교통부령으로 정하는 사항이 변경된 경우에도 또한 같다. <신설 2020.5.19.>

④ 제3항에 따라 기계설비유지관리자의 선임신고를 한 자가 선임신고증명서의 발급을 요구하는 경우에는 특별자치시장・특별자치도지사・시장・군수・구청장은 국토교통부령으로 정하는 바에 따라 선임신고증명서를 발급하여야 한다. <신설 2020.5.19.>

⑤ 제3항에 따라 기계설비유지관리자의 해임신고를 한 자는 해임한 날부터 30일 이내에 기계설비유지관리자를 새로 선임하여야 한다. <신설 2020.5.19.>

⑥ 특별자치시장・특별자치도지사・시장・군수・구청장은 제3항에 따른 신고를 받은 경우에는 그 사실을 국토교통부장관에게 통보하여야 한다. <신설 2020.5.19.>

⑦ 기계설비유지관리자의 자격과 등급은 대통령령으로 정한다. <신설 2020.5.19.>

⑧ 기계설비유지관리자는 근무처・경력・학력 및 자격 등(이하 "근무처 및 경력등"이라 한다)의 관리에 필요한 사항을 국토교통부장관에게 신고하여야 한다. 신고사항이 변경된 경우에도 같다. <신설 2020.5.19.>

⑨ 국토교통부장관은 제8항에 따른 신고를 받은 경우에

는 근무처 및 경력등에 관한 기록을 유지·관리하여야 하고, 신고내용을 토대로 기계설비유지관리자의 등급을 확인하여야 하며, 기계설비유지관리자가 신청하면 기계설비유지관리자의 근무처 및 경력등에 관한 증명서를 발급할 수 있다. <신설 2020.5.19.>

⑩ 국토교통부장관은 제8항에 따라 신고받은 내용을 확인하기 위하여 필요한 경우에는 중앙행정기관, 지방자치단체, 「초·중등교육법」 제2조 및 「고등교육법」 제2조에 따른 학교 등 관계 기관·단체의 장과 관리주체 및 신고한 기계설비유지관리자가 소속된 기계설비 관련 업체 등에 관련 자료를 제출하여 줄 것을 요청할 수 있다. 이 경우 요청을 받은 기관·단체의 장 등은 특별한 사유가 없으면 요청에 따라야 한다. <신설 2020.5.19.>

⑪ 국토교통부장관은 대통령령으로 정하는 바에 따라 기계설비유지관리자의 근무처 및 경력등과 제20조에 따른 유지관리교육 결과를 평가하여 제7항에 따른 등급을 조정할 수 있다. <신설 2020.5.19.>

⑫ 국토교통부장관은 제8항부터 제11항까지의 업무를 대통령령으로 정하는 바에 따라 관계 기관 및 단체에 위탁할 수 있다. <신설 2020.5.19.>

⑬ 제8항부터 제10항까지의 규정에 따른 기계설비유지관리자의 신고, 등급 확인, 증명서의 발급·관리 등에 필요한 사항은 국토교통부령으로 정한다. <신설 2020.5.19.>

제20조【유지관리교육】 ① 제19조제1항에 따라 선임된 기계설비유지관리자는 대통령령으로 정하는 바에 따라 국토교통부장관이 실시하는 기계설비 유지관리에 관한 교육(이하 "유지관리교육"이라 한다)을 받아야 한다.

② 국토교통부장관은 제1항에 따른 유지관리교육에 관한 업무를 대통령령으로 정하는 바에 따라 관계 기관 및 단체에 위탁할 수 있다.

제6장 기계설비성능점검업

제21조【기계설비성능점검업의 등록 등】 ① 제17조제2항에 따른 성능점검과 관련된 업무를 하려는 자는 자본금, 기술인력의 확보 등 대통령령으로 정하는 요건을 갖추어 특별시장·광역시장·특별자치시장·도지사 또는 특별자치도지사(이하 "시·도지사"라 한다)에게 등록하여야 한다.

② 기계설비성능점검업을 등록한 자(이하 "기계설비성능점검업자"라 한다)는 제1항에 따라 등록한 사항 중 대통령령으로 정하는 사항이 변경된 경우에는 변경 사유가 발생한 날부터 30일 이내에 변경등록을 하여야 한다.

③ 시·도지사가 제1항 및 제2항에 따라 기계설비성능점검업의 등록 또는 변경등록을 받은 경우에는 등록신청자에게 등록증을 발급하여야 한다.

④ 기계설비성능점검업의 등록과 관련하여 다음 각 호의 어느 하나의 행위를 하거나 제3자로 하여금 이를 하게 하여서는 아니 된다.

1. 다른 사람에게 자기의 성명을 사용하여 기계설비성능점검 업무를 수행하게 하거나 자신의 등록증을 빌려주는 행위
2. 다른 사람의 성명을 사용하여 기계설비성능점검 업무를 수행하거나 다른 사람의 등록증을 빌리는 행위
3. 제1호 및 제2호의 행위를 알선하는 행위

⑤ 기계설비성능점검업자는 휴업하거나 폐업하는 경우에는 대통령령으로 정하는 바에 따라 시·도지사에게 신고하여야 한다. 이 경우 폐업신고를 받은 시·도지사는 그 등록을 말소하여야 한다.

⑥ 시·도지사는 제1항부터 제5항까지에 따라 기계설비성능점검업자가 등록 또는 변경등록을 하거나 기계설비성능점검업자로부터 휴업 또는 폐업신고를 받은 경우에는 그 사실을 국토교통부장관에게 통보하여야 한다.

⑦ 기계설비성능점검업의 등록 및 변경등록, 휴업·폐업의 절차 등에 필요한 사항은 국토교통부령으로 정한다.

제22조【등록의 결격사유 및 취소 등】 ① 다음 각 호의 어느 하나에 해당하는 자는 제21조제1항에 따른 등록을 할 수 없다.

1. 피성년후견인
2. 파산선고를 받고 복권되지 아니한 사람
3. 이 법을 위반하여 징역 이상의 실형을 선고받고 그 집행이 종료(집행이 종료된 것으로 보는 경우를 포함한다)되거나 집행이 면제된 날부터 2년이 지나지 아니한 사람
4. 이 법을 위반하여 징역 이상의 형의 집행유예를 선고받고 그 유예기간 중에 있는 사람
5. 제2항에 따라 등록이 취소(제1호 또는 제2호의 결격사유에 해당하여 등록이 취소된 경우는 제외한다)된 날부터 2년이 지나지 아니한 자(법인인 경우 그 등록 취소의 원인이 된 행위를 한 사람과 대표자를 포함한다)
6. 대표자가 제1호부터 제5호까지의 어느 하나에 해당하는 법인

② 시·도지사는 기계설비성능점검업자가 다음 각 호의 어느 하나에 해당하는 경우에는 그 등록을 취소하거나 대통령령으로 정하는 바에 따라 1년 이내의 기간을 정하여 영업의 전부 또는 일부의 정지를 명할 수 있다. 다만, 제1호부터 제5호까지의 어느 하나에 해당하는 경우에는 그 등록을 취소하여야 한다.

1. 거짓이나 그 밖의 부정한 방법으로 등록한 경우
2. 최근 5년 간 3회 이상 업무정지 처분을 받은 경우

3. 업무정지기간에 기계설비성능점검 업무를 수행한 경우. 다만, 등록취소 또는 업무정지의 처분을 받기 전에 체결한 용역계약에 따른 업무를 계속한 경우는 제외한다.
4. 기계설비성능점검업자로 등록한 후 제1항에 따른 결격사유에 해당하게 된 경우(제1항제6호에 해당하게 된 법인이 그 대표자를 6개월 이내에 결격사유가 없는 다른 대표자로 바꾸어 임명하는 경우는 제외한다)
5. 제21조제1항에 따른 대통령령으로 정하는 요건에 미달한 날부터 1개월이 지난 경우
6. 제21조제2항에 따른 변경등록을 하지 아니한 경우
7. 제21조제3항에 따라 발급받은 등록증을 다른 사람에게 빌려 준 경우

제22조의2 【기계설비의 성능점검능력 평가 및 공시 등】 ① 국토교통부장관은 관리주체가 적정한 기계설비성능점검업자를 선정할 수 있도록 하기 위하여 기계설비성능점검업자의 신청이 있는 경우 해당 기계설비성능점검업자의 성능점검능력을 종합적으로 평가하여 공시할 수 있다.
② 제1항에 따라 성능점검능력 평가를 신청하려는 기계설비성능점검업자는 기계설비의 성능점검실적을 증명하는 서류 등 국토교통부령으로 정하는 서류를 국토교통부장관에게 제출하여야 한다.
③ 제1항에 따른 성능점검능력 평가 및 공시의 방법 등 필요한 사항은 국토교통부령으로 정한다.
④ 국토교통부장관은 제1항에 따른 성능점검능력 평가 및 공시에 관한 업무를 대통령령으로 정하는 바에 따라 관계 기관 및 단체에 위탁할 수 있다.
[본조신설 2020.5.19.]

제7장 보칙

제23조 【청문】 ① 국토교통부장관은 제9조제5항에 따른 전문인력 양성기관의 지정 취소에 해당하는 처분을 하려면 청문을 하여야 한다.
② 시·도지사는 제22조제2항에 따라 등록을 취소하려면 청문을 하여야 한다.

제24조 【보고 및 검사】 ① 국토교통부장관은 제9조제2항에 따른 전문인력 양성기관에게 업무에 관한 보고를 명하거나, 소속 공무원으로 하여금 전문인력 양성기관에 출입하여 장부·서류나 그 밖의 물건을 검사하게 할 수 있다.
② 제1항에 따른 보고요구 및 현장조사의 방법과 절차는 「행정조사기본법」을 따른다.

제25조 【수수료】 ① 다음 각 호의 어느 하나에 해당하는 자는 국토교통부령으로 정하는 수수료 또는 교육비를 내야 한다. <개정 2020.5.19./각호 신설>
1. 제15조제1항에 따라 기계설비의 사용 전 검사를 신청하는 자
2. 제19조제4항에 따라 기계설비유지관리자의 선임신고 증명서를 발급받으려는 자
3. 제20조제1항에 따라 유지관리교육을 받는 자
4. 제21조제1항에 따라 기계설비성능점검업의 등록을 하는 자
5. 제21조제2항에 따라 기계설비성능점검업의 변경등록을 하는 자
6. 제21조의2제2항에 따라 기계설비성능점검업의 상속, 양수 또는 합병 등을 신고하는 자
7. 제22조의2에 따라 기계설비의 성능점검능력 평가 및 공시를 신청하는 자

② 제20조제1항에 따라 유지관리교육을 받아야 할 사람을 고용하고 있는 사용자는 제1항제3호에 따라 유지관리교육을 받는 사람이 내야 하는 교육비를 부담하여야 하며, 이를 이유로 그 사람에게 불이익을 주어서는 아니된다. <개정 2020.5.19.>

제26조 【권한의 위임】 이 법에 따른 국토교통부장관의 권한은 대통령령으로 정하는 바에 따라 그 일부를 시·도지사나 소속기관의 장에게 위임할 수 있다.

제27조 【벌칙 적용에서 공무원 의제】 제9조제3항 및 제20조제2항에 따라 위탁받은 업무에 종사하는 사람은 「형법」 제129조부터 제132조까지의 규정을 적용할 때에는 공무원으로 본다.

제8장 벌칙

제28조 【벌칙】 다음 각 호의 어느 하나에 해당하는 자는 1년 이하의 징역 또는 1천만원 이하의 벌금에 처한다.
1. 제15조제1항을 위반하여 착공 전 확인을 받지 아니하고 기계설비공사를 발주한 자 또는 사용 전 검사를 받지 아니하고 기계설비를 사용한 자
2. 제21조제1항에 따른 등록을 하지 아니하거나 같은 조 제2항에 따른 변경등록을 하지 아니하고 기계설비성능점검 업무를 수행한 자
3. 거짓이나 그 밖의 부정한 방법으로 제21조제1항에 따른 등록을 하거나 같은 조 제2항에 따른 변경등록을 한 자
4. 제21조제4항을 위반하여 기계설비성능점검업 등록증을 다른 사람에게 빌려주거나, 빌리거나, 이러한 행위를 알선한 자

제29조 【양벌규정】 법인의 대표자나 법인 또는 개인의 대

리인, 사용인, 그 밖의 종업원이 그 법인 또는 개인의 업무에 관하여 제28조의 어느 하나에 해당하는 위반행위를 하면 그 행위자를 벌하는 외에 그 법인 또는 개인에게도 해당 조문의 벌금형을 과(科)한다. 다만, 법인 또는 개인이 그 위반행위를 방지하기 위하여 해당 업무에 관하여 상당한 주의와 감독을 게을리하지 아니한 경우에는 그러하지 아니하다.

제30조【과태료】 ① 다음 각 호의 어느 하나에 해당하는 자에게는 500만원 이하의 과태료를 부과한다.
1. 제17조제1항에 따른 유지관리기준을 준수하지 아니한 자
2. 제17조제2항에 따른 점검기록을 작성하지 아니하거나 거짓으로 작성한 자
3. 제17조제3항에 따른 점검기록을 보존하지 아니한 자
4. 제19조제1항을 위반하여 기계설비유지관리자를 선임하지 아니한 자

② 다음 각 호의 어느 하나에 해당하는 자에게는 100만원 이하의 과태료를 부과한다. <개정 2020.5.19.>
1. 제15조제2항을 위반하여 착공 전 확인과 사용 전 검사에 관한 자료를 특별자치시장·특별자치도지사·시장·군수·구청장에게 제출하지 아니한 자
2. 제17조제3항을 위반하여 점검기록을 특별자치시장·특별자치도지사·시장·군수·구청장에게 제출하지 아니한 자
3. 제19조제2항을 위반하여 유지관리교육을 받지 아니한 사람을 해임하지 아니한 자
4. 제19조제3항에 따른 신고를 하지 아니하거나 거짓으로 신고한 자 <신설 2020.5.19.>
5. 제20조제1항을 위반하여 유지관리교육을 받지 아니한 사람
6. 제21조의2제2항에 따른 신고를 하지 아니하거나 거짓으로 신고한 자 <신설 2020.5.19.>
7. 제22조의2제2항에 따른 서류를 거짓으로 제출한 자 <신설 2020.5.19.>

③ 제1항 및 제2항에 따른 과태료는 대통령령으로 정하는 바에 따라 국토교통부장관 또는 관할 지방자치단체의 장이 부과·징수한다.

부칙<법률 제15599호, 2018.4.17.>

이 법은 공포 후 2년이 경과한 날부터 시행한다.

부칙<법률 제17287호, 2020.5.19.>

이 법은 공포한 날부터 시행한다.

부칙<법률 제17453호, 2020.6.9.>

(법률용어 정비를 위한 국토교통위원회 소관 78개 법률 일부개정을 위한 법률)

이 법은 공포한 날부터 시행한다. <단서 생략>

10. 기계설비법 시행령

[대통령령 제33886호, 2023.11.21.]

제　　정 2020. 4.14 대통령령 제30619호
일부개정 2021. 2. 2 대통령령 제31427호
타법개정 2023.11.21 대통령령 제33886호

제1장 총칙

제1조 【목적】 이 영은 「기계설비법」에서 위임된 사항과 그 시행에 필요한 사항을 규정함을 목적으로 한다.

제2조 【기계설비의 범위】 「기계설비법」(이하 "법"이라 한다) 제2조제1호에서 "대통령령으로 정하는 설비"란 별표 1의 설비를 말한다.

제3조 【기계설비기술자의 범위】 ① 법 제2조제5호에서 "대통령령으로 정하는 법령"이란 다음 각 호의 법령을 말한다.
1. 「건설산업기본법」
2. 「엔지니어링산업 진흥법」
3. 「자격기본법」
② 법 제2조제5호에 따른 기계설비기술자의 범위는 별표 2와 같다.

제4조 삭제 <2021.2.2.>

제2장 기계설비산업발전을 위한 계획의 수립 및 추진

제5조 【기계설비 발전 기본계획의 수립】 ① 법 제5조제1항 제10호에서 "대통령령으로 정하는 사항"이란 다음 각 호의 사항을 말한다.
1. 기계설비산업의 국내외 시장 전망에 관한 사항
2. 법 제5조제1항에 따른 기계설비 발전 기본계획(이하 "기본계획"이라 한다)의 추진 성과에 관한 사항
3. 기계설비산업의 생산성 향상에 관한 사항
② 국토교통부장관은 기본계획을 수립하기 위하여 필요한 경우 관계 중앙행정기관의 장 및 지방자치단체의 장에게 자료제출을 요청할 수 있다.
③ 국토교통부장관은 법 제5조제1항에 따라 기본계획을 수립했을 때에는 관계 중앙행정기관의 장에게 통보해야 한다.

제6조 【실태조사】 ① 국토교통부장관은 법 제6조제1항에 따라 매년 다음 각 호의 사항에 관한 실태조사(이하 "실태조사"라 한다)를 할 수 있다.
1. 기계설비산업의 국내외 시장 현황
2. 기계설비산업의 분야별 수주 및 매출 현황
3. 기계설비 관련 연구・개발 현황
4. 기계설비 관련 분야의 기술자격 취득 현황
5. 법 제9조에 따른 교육훈련 현황 등 전문인력 양성 현황
6. 법 제15조에 따른 기계설비 착공 전 확인과 사용 전 검사 현황
7. 법 제17조제3항에 따른 기계설비 성능점검기록 제출 현황
8. 법 제19조에 따른 기계설비유지관리자 선임・해임 현황
9. 법 제21조제1항에 따른 기계설비성능점검업 등록 신청 중 이 영 제17조제2항 각 호에 해당하는 등록 신청 현황
10. 그 밖에 기계설비산업의 발전에 필요한 사항
② 국토교통부장관은 실태조사 업무를 효율적으로 수행하기 위하여 실태조사의 일부를 기계설비산업 관련 단체 및 기관에 의뢰하여 실시 할 수 있다.
③ 국토교통부장관은 제1항 및 제2항에 따라 실태조사를 한 경우에는 그 결과를 공표할 수 있다.

제3장 기계설비산업에 대한 지원과 기반 구축

제7조 【기계설비산업의 연구·개발을 위한 협약 체결 등】 ① 국토교통부장관은 법 제8조제1항에 따라 기계설비산업 발전에 필요한 연구・개발 사업을 실시하기 위하여 공공기관, 대학, 민간단체 및 기업(이하 이 조에서 "공공기관등"이라 한다)과 협약을 체결하는 경우 협약체결 공공기관등 중 해당 분야에 대한 연구・개발을 주관할 공공기관등(이하 "주관연구기관"이라 한다)을 정하여 협약을 체결할 수 있다.
② 주관연구기관의 장은 효율적인 연구・개발 사업을 위하여 필요하다고 인정하는 경우에는 해당 연구・개발 과제의 일부를 협약을 체결한 다른 공공기관등에 위탁하여 수행하게 할 수 있다.
③ 법 제8조제1항에 따라 체결하는 기계설비산업 연구・개발 협약의 체결대상자 선정, 협약 체결 절차 등에 관하여 필요한 사항은 국토교통부장관이 정하여 고시한다.

제8조 【전문인력 양성기관의 지정 등】 ① 법 제9조제2항에서 "대통령령으로 정하는 요건"이란 다음 각 호의 요건을 말한다.

1. 별표 4에 따른 교육시설 및 인력을 갖출 것
2. 교육에 필요한 장비를 보유할 것
3. 기계설비기술자 등 기계설비 전문인력을 양성하기에 적합한 교육 과정 및 내용을 갖출 것
4. 제2항 후단에 따라 제출한 지원금 활용계획이 적절할 것

② 법 제9조제2항에 따른 전문인력 양성기관(이하 "전문인력 양성기관"이라 한다)으로 지정받으려는 자는 국토교통부령으로 정하는 기계설비 전문인력 양성기관 지정 신청서(전자문서로 된 신청서를 포함한다. 이하 같다)를 국토교통부장관에게 제출해야 한다. 이 경우 법 제9조제2항에 따라 지원받을 교육훈련 비용에 대한 활용계획을 포함해야 한다.

③ 국토교통부장관은 제2항에 따라 지정신청을 받은 경우에는 제1항에 따른 지정요건을 갖추었는지를 검토하여 전문인력 양성기관으로 적합하다고 인정하는 경우에는 전문인력 양성기관으로 지정해야 한다.

④ 국토교통부장관은 법 제9조제2항에 따라 전문인력 양성기관을 지정하거나 같은 조 제5항에 따라 그 지정을 취소한 경우에는 그 사실을 국토교통부 인터넷 홈페이지에 게시해야 한다.

제9조 【교육훈련에 관한 업무 위탁】 ① 국토교통부장관은 법 제9조제3항에 따라 교육훈련에 관한 업무를 다음 각 호의 어느 하나에 해당하는 전문인력 양성기관에 위탁할 수 있다.

1. 「건설산업기본법」 제50조에 따라 설립된 건설사업자단체(이하 "협회"라 한다) 또는 같은 법 제54조에 따라 설립된 공제조합으로서 기계설비와 관련된 업무를 수행하는 법인
2. 「민법」 제32조에 따라 국토교통부장관의 허가를 받아 설립된 비영리법인으로서 기계설비와 관련된 연구를 수행하는 법인
3. 「정부출연연구기관 등의 설립·운영 및 육성에 관한 법률」 제8조 또는 「과학기술분야 정부출연연구기관 등의 설립·운영 및 육성에 관한 법률」 제8조에 따라 설립된 연구기관으로서 기계설비와 관련된 연구를 수행하는 연구기관
4. 「공공기관의 운영에 관한 법률」 제5조에 따른 공기업·준정부기관 중 국토교통부장관의 지도·감독을 받는 기관

② 국토교통부장관은 제1항에 따라 교육훈련에 관한 업무를 위탁하는 경우에는 위탁받은 기관 및 위탁업무 내용을 관보에 고시해야 한다. 이 경우 위탁업무의 처리방법 등 위탁업무의 수행에 필요한 사항이 있을 때에는 이를 함께 고시해야 한다.

③ 국토교통부장관은 제1항에 따라 위탁한 업무의 원활한 수행을 위하여 필요하다고 인정할 때에는 예산의 범위에서 그에 필요한 비용의 일부를 지원할 수 있다.

제10조 【국제협력 및 해외진출 지원사업의 수행대상】 법 제11조제2항에서 "대통령령으로 정하는 기관이나 단체"란 제9조제1항 각 호에 해당하는 기관이나 단체를 말한다.

제4장 기계설비 안전관리를 위한 조치 등

제11조 【기계설비의 착공 전 확인과 사용 전 검사 대상 공사】 법 제15조제1항 본문에서 "대통령령으로 정하는 기계설비공사"란 별표 5에 해당하는 건축물(「건축법」 제11조에 따른 건축허가를 받으려거나 같은 법 제14조에 따른 건축신고를 하려는 건축물로 한정하며, 다른 법령에 따라 건축허가 또는 건축신고가 의제되는 행정처분을 받으려는 건축물을 포함한다) 또는 시설물에 대한 기계설비공사를 말한다. <개정 2021.2.2.>

제12조 【기계설비의 착공 전 확인】 ① 법 제15조제1항 본문에 따라 기계설비에 해당하는 설계도서가 법 제14조제1항에 따른 기술기준(이하 "기술기준"이라 한다)에 적합한지를 확인받으려는 자는 국토교통부령으로 정하는 기계설비공사 착공 전 확인신청서를 해당 기계설비공사를 시작하기 전에 특별자치시장·특별자치도지사·시장·군수·구청장(구청장은 자치구의 구청장을 말하며, 이하 "시장·군수·구청장"이라 한다)에게 제출해야 한다.

② 시장·군수·구청장은 제1항에 따른 기계설비공사 착공 전 확인신청서를 받은 경우에는 해당 설계도서의 내용이 기술기준에 적합한지를 확인해야 한다.

③ 시장·군수·구청장은 제2항에 따른 확인을 마친 경우에는 국토교통부령으로 정하는 기계설비공사 착공 전 확인 결과 통보서에 검토의견 등을 적어 해당 신청인에게 통보해야 하며, 해당 설계도서의 내용이 기술기준에 미달하는 등 시공에 부적합하다고 인정하는 경우에는 보완이 필요한 사항을 함께 적어 통보해야 한다.

④ 시장·군수·구청장은 제3항에 따라 기계설비공사 착공 전 확인 결과를 통보한 경우에는 그 내용을 기록하고 관리해야 한다.

제13조 【기계설비의 사용 전 검사】 ① 법 제15조제1항 본문에 따라 사용 전 검사를 받으려는 자는 국토교통부령

으로 정하는 기계설비 사용 전 검사신청서를 시장·군수·구청장에게 제출해야 한다. 이 경우 해당 기계설비가 다음 각 호의 어느 하나에 해당하는 경우에는 그 검사 결과를 함께 제출할 수 있다.

1. 「에너지이용 합리화법」 제39조제2항에 따른 검사대상기기 검사에 합격한 경우
2. 「고압가스 안전관리법」 제16조제3항 본문에 따른 완성검사에 합격한 경우(같은 항 단서에 따라 감리적 합판정을 받은 경우를 포함한다)

② 시장·군수·구청장은 제1항 각 호 외의 부분 전단에 따른 기계설비 사용 전 검사신청서를 받은 경우에는 해당 기계설비가 기술기준에 적합한지를 검사해야 한다. 이 경우 검사 대상 기계설비 중 제1항 각 호 외의 부분 후단에 따라 합격한 검사 결과가 제출된 기계설비 부분에 대해서는 기술기준에 적합한 것으로 검사해야 한다.

③ 시장·군수·구청장은 제2항에 따른 검사 결과 해당 기계설비가 기술기준에 적합하다고 인정하는 경우에는 국토교통부령으로 정하는 기계설비 사용 전 검사 확인증을 해당 신청인에게 발급해야 한다.

④ 시장·군수·구청장은 제2항에 따른 검사 결과 해당 기계설비가 기술기준에 미달하는 등 사용에 부적합하다고 인정하는 경우에는 그 사유와 보완기한을 명시하여 보완을 지시해야 한다.

⑤ 시장·군수·구청장은 제4항에 따른 보완 지시를 받은 자가 보완기한까지 보완을 완료한 경우에는 제1항에 따른 신청 절차를 다시 거치지 않고 제2항 및 제3항에 따라 사용 전 검사를 다시 실시하여 기계설비 사용 전 검사 확인증을 발급할 수 있다.

제5장 기계설비 유지관리 등

제14조【기계설비 유지관리에 대한 점검 및 확인 등】① 법 제17조제1항에서 "대통령령으로 정하는 일정 규모 이상의 건축물등"이란 다음 각 호의 건축물, 시설물 등(이하 "건축물등"이라 한다)을 말한다. <개정 2021.2.2.>

1. 「건축법」 제2조제2항에 따라 구분된 용도별 건축물(이하 "용도별 건축물"이라 한다) 중 연면적 1만제곱미터 이상의 건축물(같은 항 제2호 및 제18호에 따른 공동주택 및 창고시설은 제외한다)
2. 「건축법」 제2조제2항제2호에 따른 공동주택(이하 "공동주택"이라 한다) 중 다음 각 목의 어느 하나에 해당하는 공동주택
   가. 500세대 이상의 공동주택
   나. 300세대 이상으로서 중앙집중식 난방방식(지역난방방식을 포함한다)의 공동주택
3. 다음 각 목의 건축물등 중 해당 건축물등의 규모를 고려하여 국토교통부장관이 정하여 고시하는 건축물등
   가. 「시설물의 안전 및 유지관리에 관한 특별법」 제2조제1호에 따른 시설물
   나. 「학교시설사업 촉진법」 제2조제1호에 따른 학교시설
   다. 「실내공기질 관리법」 제3조제1항제1호에 따른 지하역사(이하 "지하역사"라 한다) 및 같은 항 제2호에 따른 지하도상가(이하 "지하도상가"라 한다)
   라. 중앙행정기관의 장, 지방자치단체의 장 및 그 밖에 국토교통부장관이 정하는 자가 소유하거나 관리하는 건축물등

② 법 제17조제3항에서 "대통령령으로 정하는 기간"이란 10년을 말한다.

제15조【기계설비유지관리자의 선임 등】① 법 제19조제2항에서 "대통령령으로 정하는 일정 횟수"란 2회를 말한다.

② 법 제19조제7항에 따른 기계설비유지관리자의 자격 및 등급(같은 조 제11항에 따른 기계설비유지관리자의 등급 조정에 관한 사항을 포함한다)은 별표 5의2와 같다.

③ 국토교통부장관은 법 제19조제12항에 따라 다음 각 호의 업무를 기계설비와 관련된 업무를 수행하는 협회 중 국토교통부장관이 해당 업무에 대한 전문성이 있다고 인정하여 고시하는 협회에 위탁한다.

1. 법 제19조제8항에 따른 기계설비유지관리자의 근무처·경력·학력 및 자격 등(이하 "근무처 및 경력등"이라 한다)의 관리에 필요한 신고 및 변경신고의 접수
2. 법 제19조제9항에 따른 근무처 및 경력등에 관한 기록의 유지·관리 및 기계설비유지관리자의 근무처 및 경력등에 관한 증명서의 발급
3. 법 제19조제10항에 따른 관련 자료 제출의 요청(위탁된 사무를 처리하기 위하여 필요한 경우만 해당한다)
4. 법 제19조제11항에 따른 기계설비유지관리자의 등급 조정을 위한 근무처 및 경력등과 유지관리교육 결과의 확인

④ 제3항에 따라 업무를 위탁받은 협회는 위탁업무의 처리 결과를 매 반기 말일을 기준으로 다음 달 말일까지 국토교통부장관에게 보고해야 한다.

[전문개정 2021.2.2.]

제16조【유지관리교육】① 법 제20조제1항에 따른 기계설비 유지관리에 관한 교육(이하 "유지관리교육"이라 한다)의 교육과정 및 교육과목 등은 별표 6과 같다.

② 국토교통부장관은 법 제20조제2항에 따라 유지관리교육에 관한 업무를 기계설비와 관련된 업무를 수행하는 협회 중 국토교통부장관이 정하여 고시하는 협회에 위탁한다.
③ 제1항 및 제2항에서 규정한 사항 외에 유지관리교육의 운영 및 위탁에 필요한 사항은 국토교통부령으로 정한다.

제6장 기계설비성능점검업

제17조 【기계설비성능점검업의 등록】 ① 법 제21조제1항에서 "자본금, 기술인력의 확보 등 대통령령으로 정하는 요건"이란 별표 7의 기계설비성능점검업의 등록 요건을 말한다.
② 특별시장·광역시장·특별자치시장·도지사 또는 특별자치도지사(이하 "시·도지사"라 한다)는 법 제21조제1항에 따른 등록 신청이 다음 각 호의 어느 하나에 해당하는 경우를 제외하고는 등록을 해 주어야 한다.
1. 등록을 신청한 자가 법 제22조제1항 각 호의 어느 하나에 해당하는 경우
2. 별표 7에 따른 등록 요건을 갖추지 못한 경우
3. 그 밖에 법, 이 영 또는 다른 법령에 따른 제한에 위반되는 경우

제18조 【기계설비성능점검업의 변경등록 사항】 법 제21조제2항에서 "대통령령으로 정하는 사항"이란 다음 각 호의 어느 하나에 해당하는 사항을 말한다.
1. 상호
2. 대표자
3. 영업소 소재지
4. 기술인력

제19조 【기계설비성능점검업의 휴업·폐업 등】 ① 법 제21조제1항에 따라 기계설비성능점검업을 등록한 자(이하 "기계설비성능점검업자"라 한다)는 같은 조 제5항 전단에 따라 휴업 또는 폐업의 신고를 하려는 경우에는 그 휴업 또는 폐업한 날부터 30일 이내에 국토교통부령으로 정하는 휴업·폐업신고서를 시·도지사에게 제출해야 한다.
② 시·도지사는 법 제21조제5항 후단에 따라 기계설비성능점검업 등록을 말소한 경우에는 다음 각 호의 사항을 해당 특별시·광역시·특별자치시·도 또는 특별자치도의 인터넷 홈페이지에 게시해야 한다.
1. 등록말소 연월일
2. 상호
3. 주된 영업소의 소재지
4. 말소 사유

제20조 【등록취소 및 업무정지 기준】 법 제22조제2항에 따른 기계설비성능점검업자에 대한 행정처분의 기준은 별표 8과 같다.

제20조의2 【성능점검능력 평가에 관한 업무의 위탁】 ① 국토교통부장관은 법 제22조의2제4항에 따라 기계설비의 성능점검능력 평가 및 공시에 관한 업무를 기계설비와 관련된 업무를 수행하는 협회 중 국토교통부장관이 해당 업무에 대한 전문성이 있다고 인정하여 고시하는 협회에 위탁한다.
② 제1항에 따라 업무를 위탁받은 협회는 위탁업무의 처리 결과를 매 반기 말일을 기준으로 다음 달 말일까지 국토교통부장관에게 보고해야 한다.
[본조신설 2021.2.2.]

제7장 보칙

제21조 【고유식별정보의 처리】 국토교통부장관(법 제19조제12항에 따라 국토교통부장관의 권한을 위탁받은 자를 포함한다) 및 시·도지사는 다음 각 호의 사무를 수행하기 위하여 불가피한 경우 「개인정보 보호법 시행령」 제19조제1호 또는 제4호에 따른 주민등록번호 또는 외국인등록번호가 포함된 자료를 처리할 수 있다.
1. 법 제19조제8항에 따른 기계설비유지관리자의 근무처 및 경력등의 신고·변경신고에 관한 사무
2. 법 제21조에 따른 기계설비성능점검업의 등록에 관한 사무
3. 법 제21조의2에 따른 기계설비성능점검업자의 지위승계에 관한 사무
[전문개정 2021.2.2.]

제8장 벌칙

제22조 【과태료 부과기준】 법 제30조제1항 및 제2항에 따른 과태료의 부과기준은 별표 10과 같다.

부칙<대통령령 제30619호, 2020.4.14.>

제1조(시행일) 이 영은 2020년 4월 18일부터 시행한다.

제2조(기계설비의 착공 전 확인에 관한 적용례) 제12조는 이 영 시행 이후 설계계약을 체결하는 기계설비공사부터 적용한다.

제3조(기계설비의 사용 전 검사에 관한 적용례) 제13조는 이 영 시행 이후 법 제15조제1항에 따른 착공 전 확인을 받은 기계설비공사부터 적용한다.

제4조(기계설비 유지관리기준 준수대상이 되는 기존 건축물등에 대한 특례) 이 영 시행 당시 「건축법」 제11조에 따른 건축허가를 신청했거나 건축허가를 받은 건축물등(건축허가를 신청하기 위하여 같은 법 제4조의2제1항에 따라 건축위원회에 심의를 신청했거나 심의를 받은 경우를 포함한다) 및 이미 설치된 기존 건축물등 중 제14조에 따른 기계설비 유지관리기준의 준수대상이 되는 건축물등에 설치된 기계설비의 소유자 또는 관리자는 다음 각 호의 구분에 따른 날까지는 법 제17조제1항에 따른 유지관리기준을 준수한 것으로 본다.

1. 용도별 건축물 중 연면적 3만제곱미터 이상의 건축물 및 2천세대 이상의 공동주택: 2021년 4월 17일
2. 용도별 건축물 중 연면적 1만5천제곱미터 이상 3만제곱미터 미만의 건축물, 1천세대 이상 2천세대 미만의 공동주택 및 제14조제1항제3호에 해당하는 건축물등: 2022년 4월 17일
3. 용도별 건축물 중 연면적 1만제곱미터 이상 1만5천제곱미터 미만의 건축물, 500세대 이상 1천세대 미만의 공동주택 및 300세대 이상 500세대 미만으로서 중앙집중식 난방방식(지역난방방식을 포함한다)의 공동주택: 2023년 4월 17일

제5조(기계설비성능점검업 등록에 관한 특례) 이 영 시행 당시 기계설비에 대한 성능점검업을 경영하고 있는 자로서 별표 7에 따른 등록 요건을 갖추지 못한 자가 기계설비성능점검업을 등록하려는 경우에는 2021년 4월 17일까지 별표 7에 따른 기계설비성능점검업자의 등록 요건을 갖춘 것으로 보되, 2021년 4월 17일까지 별표 7에 따른 등록 요건을 갖추고 그 사실을 국토교통부장관에게 통보해야 한다.

부칙<대통령령 제31427호, 2021.2.2.>

제1조(시행일) 이 영은 공포한 날부터 시행한다.

제2조(기계설비의 착공 전 확인과 사용 전 검사에 관한 적용례) 제11조의 개정규정은 이 영 시행 전에 종전의 규정에 따라 착공 전 확인을 받은 공사로서 같은 개정규정에 따라 사용 전 검사 대상에서 제외되는 공사의 경우에도 적용한다.

부칙<대통령령 제33886호, 2023.11.21.>
(학력에 따른 취업 등 차별 완화를 위한 20개 법령의 일부개정에 관한 대통령령)

이 영은 공포한 날부터 시행한다. <단서 생략>

[별표 1]

기계설비의 범위(제2조 관련)

구 분	내용
1. 열원설비	건축물등에서 에너지를 이용하여 열매체를 가열, 냉각하기 위하여 설치된 기계·기구·배관 및 그 밖에 성능을 유지하기 위한 설비
2. 냉난방설비	건축물등에서 일정한 실내온도 유지를 위하여 설치된 기계·기구·배관 및 그 밖에 성능을 유지하기 위한 설비
3. 공기조화·공기청정·환기설비	건축물등에서 온도, 습도, 청정도, 기류 등을 조절하기 위하여 설치된 기계·기구·배관 및 그 밖에 성능을 유지하기 위한 설비
4. 위생기구·급수·급탕·오배수·통기설비	건축물등에서 위생과 냉수·온수 공급, 오배수(汚排水), 오배수관 통기(通氣) 등을 위하여 설치된 기계·기구·배관 및 그 밖에 성능을 유지하기 위한 설비
5. 오수정화·물재이용설비	건축물등에서 오수를 정화하여 배출하거나 정화된 물을 재이용하기 위하여 설치된 기계·기구·배관 및 그 밖에 성능을 유지하기 위한 설비
6. 우수배수설비	건축물등에서 빗물을 외부로 배출하기 위하여 설치된 기계·기구·배관 및 그 밖에 성능을 유지하기 위한 설비
7. 보온설비	건축물등에 설치된 기계·기구·배관 및 그 밖에 성능을 유지하기 위한 설비의 보온, 보냉, 결로 및 동결 방지 등을 위하여 설치된 설비
8. 덕트(duct)설비	건축물등에 설치된 기계·기구·배관 및 그 밖에 성능을 유지하기 위한 설비의 풍량 등을 조절하고 급기(給氣)·배기 및 환기 등을 위하여 설치된 설비
9. 자동제어설비	건축물등에 설치된 기계·기구·배관 및 그 밖에 성능을 유지하기 위한 설비의 감시, 제어·관리 및 통제 등을 위하여 설치된 설비
10. 방음·방진·내진설비	건축물등에 설치된 기계·기구·배관 및 그 밖에 성능을 유지하기 위한 설비의 소음, 진동, 전도 및 탈락 등을 방지하기 위하여 설치된 설비
11. 플랜트설비	건축물등에서 생산물의 제조·생산·이송 및 저장이나 오염물질의 제거 및 저장 등을 위하여 설치된 기계·기구·배관 및 그 밖에 성능을 유지하기 위한 설비
12. 특수설비	가. 건축물등에서 냉동·냉장, 항온·항습(온도와 습도를 일정하게 유지시키는 것), 특수청정(세균 또는 먼지 등을 제거하는 것), 생활폐기물 집하 및 이송, 전자파 차단 등을 위하여 설치된 기계·기구·배관 및 그 밖에 성능을 유지하기 위한 설비 나. 청정실(실내공간의 오염물질 등을 없애거나 줄이기 위하여 공기정화시설 등의 설비가 설치된 방), 자동창고(물건이 나가고 들어오는 모든 일을 컴퓨터가 자동적으로 제어하고 관리하는 창고), 집진기(먼지를 모으는 기기), 무대기계장치, 기송관(氣送管: 압축 공기를 써서 물건을 운반하는 기계) 등의 설비와 그 설비를 위하여 설치된 기계·기구·배관 및 그 밖에 성능을 유지하기 위한 설비

[별표 2] <개정 2021.2.2., 2023.11.21>

기계설비기술자의 범위(제3조제2항 관련)

1. 다음 각 목의 어느 하나에 해당하는 기계설비 관련 자격을 취득한 사람
   가. 「국가기술자격법」 제9조제1호에 따른 기술·기능 분야의 국가기술자격 중 다음 표의 구분에 따른 국가기술자격을 취득한 사람

등급	기술·기능 분야
1) 기술사	건축기계설비·기계·건설기계·공조냉동기계·산업기계설비·용접·소음진동
2) 기능장	배관·에너지관리·판금제관·용접
3) 기사	일반기계·건축설비·건설기계설비·공조냉동기계·설비보전·메카트로닉스·용접·소음진동·에너지관리·신재생에너지발전설비(태양광)
4) 산업기사	건축설비·배관·정밀측정·건설기계설비·공조냉동기계·생산자동화·판금제관·용접·소음진동·에너지관리·신재생에너지발전설비(태양광)
5) 기능사	온수온돌·배관·전산응용기계제도·정밀측정·공조냉동기계·설비보전·생산자동화·판금제관·용접·특수용접·에너지관리·신재생에너지발전설비(태양광)

   나. 「건설기술 진흥법 시행령」 별표 1에 따른 기계 직무분야의 건설기술인 자격
   다. 「엔지니어링산업 진흥법 시행령」 별표 1에 따른 설비부문의 설비 전문분야의 엔지니어링기술자 자격
   라. 그 밖에 「건설산업기본법」 및 「자격기본법」에 따른 자격으로서 국토교통부장관이 정하여 고시하는 기계설비 관련 자격을 갖춘 사람

2. 다음 각 목의 어느 하나에 해당하게 된 후 별표 6에 따른 유지관리교육의 교육과정 중 신규교육 또는 보수교육을 이수한 사람
   가. 「고등교육법」 제2조 각 호의 어느 하나에 해당하는 학교에서 국토교통부장관이 정하여 고시하는 기계설비 관련 학과의 전문학사, 학사, 석사 또는 박사 학위를 취득한 사람
   나. 「초·중등교육법 시행령」 제90조에 따른 특수목적고등학교 또는 같은 영 제91조에 따른 특성화고등학교에서 국토교통부장관이 정하여 고시하는 기계설비 관련 교육과정이나 학과를 이수하거나 졸업한 사람
   다. 그 밖에 관계 법령에 따라 국내 또는 외국에서 가목과 같은 수준 이상의 학력이 있다고 인정되는 사람

[별표 3] [별표 5의2]로 이동 <2021.2.2.>

[별표 4]

전문인력 양성기관의 교육시설 및 인력 요건(제8조제1항제1호 관련)

구분	세부기준
1. 교육시설	가. 전용면적이 66제곱미터 이상인 강의실 하나 이상 나. 실습을 위한 장비가 갖추어진 실습장 하나 이상
2. 인력	가. 전문인력의 양성과 자질 향상을 위한 교육훈련을 운영할 수 있는 전문 교수요원 1명 이상 나. 전문인력의 양성과 자질 향상을 위한 교육훈련을 운영·관리하는 전담 관리자 1명 이상

[별표 5] <개정 2021.2.2.>

기계설비의 착공 전 확인과 사용 전 검사의 대상 건축물 또는 시설물(제11조 관련)

1. 용도별 건축물 중 연면적 1만제곱미터 이상인 건축물(「건축법」 제2조제2항제18호에 따른 창고시설은 제외한다)

2. 에너지를 대량으로 소비하는 다음 각 목의 어느 하나에 해당하는 건축물
   가. 냉동·냉장, 항온·항습 또는 특수청정을 위한 특수설비가 설치된 건축물로서 해당 용도에 사용되는 바닥면적의 합계가 500제곱미터 이상인 건축물
   나. 「건축법 시행령」 별표 1 제2호가목 및 나목에 따른 아파트 및 연립주택
   다. 다음의 어느 하나에 해당하는 건축물로서 해당 용도에 사용되는 바닥면적 의 합계가 500제곱미터 이상인 건축물
      1) 「건축법 시행령」 별표 1 제3호다목에 따른 목욕장
      2) 「건축법 시행령」 별표 1 제13호가목에 따른 놀이형시설(물놀이를 위하여 실내에 설치된 경우로 한정한다) 및 같은 호 다목에 따른 운동장(실내에 설치된 수영장과 이에 딸린 건축물로 한정한다)
   라. 다음의 어느 하나에 해당하는 건축물로서 해당 용도에 사용되는 바닥면적의 합계가 2천제곱미터 이상인 건축물
      1) 「건축법 시행령」 별표 1 제2호라목에 따른 기숙사
      2) 「건축법 시행령」 별표 1 제9호에 따른 의료시설
      3) 「건축법 시행령」 별표 1 제12호다목에 따른 유스호스텔
      4) 「건축법 시행령」 별표 1 제15호에 따른 숙박시설
   마. 다음의 어느 하나에 해당하는 건축물로서 해당 용도에 사용되는 바닥면적의 합계가 3천제곱미터 이상인 건축물
      1) 「건축법 시행령」 별표 1 제7호에 따른 판매시설
      2) 「건축법 시행령」 별표 1 제10호마목에 따른 연구소
      3) 「건축법 시행령」 별표 1 제14호에 따른 업무시설

3. 지하역사 및 연면적 2천제곱미터 이상인 지하도상가(연속되어 있는 둘 이상의 지하도상가의 연면적 합계가 2천제곱미터 이상인 경우를 포함한다)

[별표 5의2] <개정 2021.2.2.>

기계설비유지관리자의 자격 및 등급(제15조제2항 관련)

1. 일반기준

가. 기계설비유지관리자는 책임기계설비유지관리자와 보조기계설비유지관리자로 구분하며, 책임기계설비유지관리자는 자격 및 경력 기준에 따라 특급·고급·중급·초급으로 구분한다. 이 경우 실무경력은 해당 자격의 취득 이전의 실무경력까지 포함한다.

나. 가목에도 불구하고 국토교통부장관은 기계설비의 안전하고 효율적인 유지관리를 위하여 책임기계설비유지관리자 및 보조기계설비유지관리자의 경력, 자격·학력 및 교육을 다음의 구분에 따른 점수 범위에서 종합평가하여 그 결과에 따라 등급을 특급·고급·중급·초급으로 조정하여 산정할 수 있다.

1) 실무경력: 30점 이내

2) 보유자격·학력: 30점 이내

3) 교육: 40점 이내

다. 외국인 기계설비유지관리자의 인정 범위 및 등급

외국인 기계설비유지관리자는 해당 외국인의 국가와 우리나라 간의 상호인정 협정 등에서 정하는 바에 따라 자격을 인정하되, 그 인정 범위 및 등급에 관하여는 가목 및 나목을 준용한다.

라. 그 밖에 기계설비유지관리자의 실무경력 인정, 등급 산정 및 인정 범위 등에 필요한 방법 및 절차에 관한 세부기준은 국토교통부장관이 정하여 고시한다.

2. 세부기준

구분		자격 및 경력 기준		종합평가 결과에 따른 등급 산정
		보유자격	실무경력	
가. 책임기계설비유지관리자	1) 특급	가) 기술사		제1호나목에 따라 특급으로 산정된 기계설비유지관리자
		나) 기능장	10년 이상	
		다) 기사	10년 이상	
		라) 산업기사	13년 이상	
		마) 특급 건설기술인	10년 이상	
	2) 고급	가) 기능장	7년 이상	제1호나목에 따라 고급으로 산정된 기계설비유지관리자
		나) 기사	7년 이상	
		다) 산업기사	10년 이상	
		라) 고급 건설기술인	7년 이상	
	3) 중급	가) 기능장	4년 이상	제1호나목에 따라 중급으로 산정된 기계설비유지관리자
		나) 기사	4년 이상	
		다) 산업기사	7년 이상	
		라) 중급 건설기술인	4년 이상	
	4) 초급	가) 기능장		제1호나목에 따라 초급으로

<table>
<tr><td rowspan="3"></td><td rowspan="3"></td><td>나) 기사</td><td></td><td rowspan="3">산정된 기계설비유지관리자</td></tr>
<tr><td>다) 산업기사</td><td>3년 이상</td></tr>
<tr><td>라) 초급 건설기술인</td><td></td></tr>
<tr><td colspan="2">나. 보조기계설비유지관리자</td><td colspan="3">기계설비기술자 중 기계설비유지관리자에 필요한 자격을 갖추었다고 국토교통부장관이 정하여 고시하는 사람</td></tr>
</table>

비고
1. 위 표에서 "기술사", "기능장", "기사" 및 "산업기사"란 각각 「국가기술자격법」 제9조제1호에 따른 국가기술자격의 등급 중 다음 각 목의 구분에 따른 분야의 국가기술자격 등급을 말한다.
   가. 기술사: 건축기계설비·기계·건설기계·공조냉동기계·산업기계설비·용접 분야
   나. 기능장: 배관·에너지관리·용접 분야
   다. 기사: 일반기계·건축설비·건설기계설비·공조냉동기계·설비보전·용접·에너지관리 분야
   라. 산업기사: 건축설비·배관·건설기계설비·공조냉동기계·용접·에너지관리 분야
2. 위 표에서 "건설기술인"이란 「건설기술 진흥법」 제2조제8호에 따른 건설기술인 중 같은 법 시행령 별표 1에 따른 기계 직무분야의 공조냉동 및 설비 전문분야와 용접 전문분야의 건설기술인을 말한다. 이 경우 해당 건설기술인의 등급은 「건설기술 진흥법 시행령」 별표 1에 따른다.

[별표 6]

유지관리교육의 교육과정 및 교육과목 등(제16조제1항 관련)

1. 교육과정, 교육대상자 및 교육시기

교육과정	교육대상자	교육시기
가. 신규교육	법 제19조제1항에 따라 선임된 기계설비유지관리자	선임된 날부터 6개월 이내
나. 보수교육	법 제19조제1항에 따라 선임되어 신규교육을 이수하고 업무를 수행하고 있는 기계설비유지관리자	최근에 이수한 유지관리교육의 이수일부터 3년이 지난 날을 기준으로 3개월 이내

2. 교육과목
   가. 기계설비 유지관리 실무 Ⅰ
      1) 기계설비 일반
      2) 기계설비 운영계획
      3) 기계설비 유지관리점검
      4) 기계설비 관련 법령
   나. 기계설비 유지관리 실무 Ⅱ
      1) 열원설비 및 냉난방설비
      2) 공기조화 · 공기청정 · 환기설비
      3) 위생기구 · 급수 · 급탕 · 오배수 · 통기설비
      4) 자동제어설비
      5) 그 밖의 설비

3. 그 밖의 사항
   가. 제1호가목의 신규교육은 기계설비유지관리자가 법 제19조제1항에 따라 선임될 때마다 이수해야 한다. 다만, 해당 기계설비유지관리자가 선임된 날을 기준으로 최근 1년 이내에 신규교육 또는 보수교육을 이수한 경우에는 선임에 따른 신규교육을 이수한 것으로 본다.
   나. 교육과정별 교육시간은 총 21시간 이상으로 하되, 교육과목의 일부는 온라인교육으로 실시할 수 있다.
   다. 그 밖에 교육과목별 교육시간, 교육내용 및 온라인교육 대상 교육과목은 국토교통부장관이 정한다. 다만, 국토교통부장관이 법 제20조제2항에 따라 유지관리교육을 위탁한 경우에는 그 위탁받은 관계 기관 및 단체가 정할 수 있다.

[별표 7]

기계설비성능점검업의 등록 요건(제17조제1항 관련)

구 분	요 건
1. 자본금	1억원 이상일 것
2. 기술인력	다음 각 목의 기술인력을 모두 갖출 것 가. 다음의 어느 하나에 해당하는 분야의 특급 책임기계설비유지관리자 1명 1) 「국가기술자격법」에 따른 건축설비 분야 2) 「국가기술자격법」에 따른 공조냉동기계 분야 또는 「건설기술 진흥법 시행령」 별표 1에 따른 공조냉동 및 설비 전문분야 3) 「국가기술자격법」에 따른 에너지관리 분야 나. 고급 이상인 책임기계설비유지관리자 1명 다. 중급 이상인 책임기계설비유지관리자 2명
3. 장비	다음 각 목의 장비를 모두 갖출 것 가. 적외선 열화상카메라 나. 초음파유량계 다. 디지털압력계 라. 데이터기록계 마. 연소가스분석기 바. 건습구온도계(乾濕球溫度計) 사. 표준온도계(標準溫度計) 아. 적외선온도계 자. 디지털풍속계 차. 디지털풍압계 카. 교류전력측정계 타. 조도계 파. 회전계(R.P.M측정기) 하. 초음파두께측정기 거. 아들자캘리퍼스(아들자calipers: 아들자가 달려 두께나 지름을 재는 기구) 너. 이산화탄소(CO2) 측정기 더. 일산화탄소(CO) 측정기 러. 미세먼지측정기 머. 누수탐지기 버. 배관 내시경카메라 서. 수질분석기

비고
1. "자본금"이란 법인인 경우에는 기계설비성능점검업을 경영하기 위한 납입자본금 또는 출자금을 말하고, 개인인 경우에는 영업용 자산평가액을 말한다.
2. "기술인력"이란 상시 근무하는 사람을 말하며, 「국가기술자격법」, 「건설기술 진흥법」 등 자격 관련 법령에 따라 자격이 정지된 사람은 제외한다.
3. 위 표 제3호 각 목의 장비 중 두 가지 이상의 기능을 함께 가지고 있는 장비를 갖춘 경우에는 각각의 장비를 갖춘 것으로 본다.

[별표 8]

기계설비성능점검업자에 대한 행정처분의 기준(제20조 관련)

1. 일반기준
가. 위반행위의 횟수에 따른 행정처분의 기준은 최근 1년간 같은 위반행위로 행정처분을 받은 경우에 적용한다. 이 경우 기간의 계산은 위반행위에 대하여 행정처분을 받은 날과 그 행정처분 후 다시 같은 위반행위를 하여 적발된 날을 기준으로 한다.
나. 가목에 따라 가중된 부과처분을 하는 경우 가중처분의 적용 차수는 그 위반행위 전 부과처분 차수(가목에 따른 기간 내에 행정처분이 둘 이상 있었던 경우에는 높은 차수를 말한다)의 다음 차수로 한다.
다. 위반행위가 둘 이상인 경우로서 그에 해당하는 각각의 처분기준이 다른 경우에는 그중 무거운 처분기준에 따른다. 다만, 둘 이상의 처분기준이 모두 영업정지인 경우에는 각 처분기준을 합산한 기간을 넘지 않는 범위에서 무거운 처분기준의 2분의 1 범위까지 가중하여 처분할 수 있다.
라. 업무정지 처분기간 중 업무정지에 해당하는 위반사항이 있는 경우에는 종전의 처분기간 만료일의 다음 날부터 새로운 위반사항에 따른 업무정지처분을 한다.
마. 행정처분권자는 처분기준이 영업정지인 경우 위반행위의 정도·동기 및 그 결과 등 다음의 사유를 고려하여 제2호의 개별기준에 따른 업무정지기간의 2분의 1 범위에서 그 기간을 줄이거나 늘릴 수 있다.
 1) 감경 사유
  가) 위반행위가 경미한 과실이나 사소한 부주의로 발생한 경우
  나) 위반행위가 적발된 날부터 최근 3년 이내에 법에 따른 업무정지 처분을 받은 사실이 없는 경우
 2) 가중 사유
  가) 위반행위가 고의나 중대한 과실로 발생한 경우 또는 위반행위가 적발된 날부터 최근 1년 이내에 법에 따른 업무정지 처분을 받은 사실이 있는 경우
  나) 해당 위반행위보다 중대한 위반행위를 은폐·조작하기 위하여 위반행위가 발생한 경우
바. 마목의 감경 또는 가중 사유에 해당하는 경우 각 사유마다 제2호에서 정한 업무정지기간의 4분의 1씩을 줄이거나 늘린다.

2. 개별기준

위반행위	근거 법조문	행정처분기준		
		1차 위반	2차 위반	3차 이상 위반
가. 거짓이나 그 밖의 부정한 방법으로 등록한 경우	법 제22조 제2항제1호	등록취소		
나. 최근 5년간 3회 이상 업무정지 처분을 받은 경우	법 제22조 제2항제2호	등록취소		

다. 업무정지기간에 기계설비성능점검 업무를 수행한 경우. 다만, 등록취소 또는 업무정지의 처분을 받기 전에 체결한 용역계약에 따른 업무를 계속한 경우는 제외한다.	법 제22조 제2항제3호	등록취소		
라. 기계설비성능점검업자로 등록한 후 법 제22조제1항에 따른 결격사유에 해당하게 된 경우(같은 항 제6호에 해당하게 된 법인이 그 대표자를 6개월 이내에 결격사유가 없는 다른 대표자로 바꾸어 임명하는 경우는 제외한다)	법 제22조 제2항제4호	등록취소		
마. 법 제21조제1항에 따른 대통령령으로 정하는 요건에 미달한 날부터 1개월이 지난 경우	법 제22조 제2항제5호	등록취소		
바. 법 제21조제2항에 따른 변경등록을 하지 않은 경우	법 제22조 제2항제6호	시정명령	업무정지 1개월	업무정지 2개월
사. 법 제21조제3항에 따라 발급받은 등록증을 다른 사람에게 빌려 준 경우	법 제22조 제2항제7호	업무정지 6개월	등록취소	

[별표 9] 삭제 <2021.2.2.>

[별표 10] <개정 2021.2.2.>

과태료의 부과기준(제22조 관련)

1. 일반기준
   가. 위반행위의 횟수에 따른 과태료의 가중된 부과기준은 최근 1년간 같은 위반행위로 과태료의 부과처분을 받은 경우에 적용한다. 이 경우 기간의 계산은 위반행위에 대하여 과태료 부과처분을 받은 날과 그 처분 후 다시 같은 위반행위를 하여 적발된 날을 기준으로 계산한다.
   나. 가목에 따라 가중된 부과처분을 하는 경우 가중처분의 적용 차수는 그 위반행위 전 부과처분 차수(가목에 따른 기간 내에 과태료 부과처분이 둘 이상 있었던 경우에는 높은 차수를 말한다)의 다음 차수로 한다.
   다. 부과권자는 위반행위의 정도·동기와 그 결과 등 다음의 사유를 고려하여 제2호에 따른 과태료 금액의 2분의 1의 범위에서 그 금액을 줄이거나 늘릴 수 있다. 다만, 과태료를 체납하고 있는 위반행위자에 대해서는 감경 사유를 적용하지 않으며, 늘리는 경우에도 법 제30조제1항 및 제2항에 따른 과태료 금액의 상한을 넘을 수 없다.
      1) 감경 사유
         가) 위반행위가 경미한 과실이나 사소한 부주의로 발생한 경우
         나) 위반행위가 적발된 날부터 최근 3년 이내에 법에 따른 과태료 처분을 받은 사실이 없는 경우
      2) 가중 사유
         가) 위반행위가 고의나 중대한 과실로 발생한 경우 또는 위반행위가 적발된 날부터 최근 1년 이내에 법에 따른 과태료 처분을 받은 사실이 있는 경우
         나) 해당 위반행위보다 중대한 위반행위를 은폐·조작하기 위하여 위반행위가 발생한 경우
   라. 다목의 감경 또는 가중 사유에 해당하는 경우 각 사유마다 제2호에서 정한 금액의 4분의 1씩을 줄이거나 늘린다.

2. 개별기준

위반행위	근거 법조문	과태료 금액 (단위: 만원)		
		1차 위반	2차 위반	3차 이상 위반
가. 법 제15조제2항을 위반하여 착공 전 확인과 사용 전 검사에 관한 자료를 특별자치시장·특별자치도지사·시장·군수·구청장에게 제출하지 않은 경우	법 제30조 제2항제1호	50	70	100
나. 법 제17조제1항에 따른 유지관리기준을 준수하지 않은 경우	법 제30조 제1항제1호	300	400	500
다. 법 제17조제2항에 따른 점검기록을 작성하지 않거나 거짓으로 작성한 경우	법 제30조 제1항제2호	300	400	500
라. 법 제17조제3항에 따른 점검기록을 보존하지 않은 경우	법 제30조 제1항제3호	300	400	500
마. 법 제17조제3항을 위반하여 점검기록을 시장·군수·구청장에게 제출하지 않은 경우	법 제30조 제2항제2호	50	70	100
바. 법 제19조제1항을 위반하여 기계설비유지관리자를 선임하지 않은 경우	법 제30조 제1항제4호	300	400	500
사. 법 제19조제2항을 위반하여 유지관리교육을 받지 않은 사람을 해임하지 않은 경우	법 제30조 제2항제3호	50	70	100
아. 법 제19조제3항에 따른 신고를 하지 않거나 거짓으로 신고한 경우	법 제30조 제2항제4호			
1) 지연기간이 1개월 미만인 경우			30	
2) 지연기간이 1개월 이상 3개월 미만인 경우			50	
3) 지연기간이 3개월 이상인 경우			70	
4) 거짓으로 신고한 경우			100	
자. 법 제20조제1항을 위반하여 유지관리교육을 받지 않은 경우	법 제30조 제2항제5호	50	70	100
차. 법 제21조의2제2항에 따른 신고를 하지 않거나 거짓으로 신고한 경우	법 제30조 제2항제6호			
1) 지연기간이 1개월 미만인 경우			30	
2) 지연기간이 1개월 이상 3개월 미만인 경우			50	
3) 지연기간이 3개월 이상인 경우			70	
4) 거짓으로 신고한 경우			100	
카. 법 제22조의2제2항에 따른 서류를 거짓으로 제출한 경우	법 제30조 제2항제7호	50	70	100

11. 기계설비법 시행규칙

[국토교통부령 제1111호, 2022.2.25.]

제 정 2020. 4.17 국토교통부령 제717호
일부개정 2021. 2. 2 국토교통부령 제819호
일부개정 2022. 2.25 국토교통부령 제1111호

제1장 총칙

제1조 【목적】 이 규칙은 「기계설비법」 및 같은 법 시행령에서 위임된 사항과 그 시행에 필요한 사항을 규정함을 목적으로 한다.

제2장 기계설비산업발전을 위한 계획의 수립 및 추진

제2조 【기계설비산업 정보체계의 구축·운영 등】 ① 국토교통부장관은 「기계설비법」(이하 "법"이라 한다) 제7조제1항에 따른 기계설비산업 정보체계(이하 "정보체계"라 한다)의 효율적인 구축·운영을 위하여 다음 각 호의 업무를 수행할 수 있다.

1. 정보체계의 구축·운영에 관한 연구·개발 및 기술지원
2. 정보체계의 표준화 및 고도화
3. 정보체계를 이용한 정보의 공동활용 촉진
4. 기계설비산업 관련 정보 및 자료를 보유하고 있는 기관 또는 단체와의 연계·협력 및 공동사업의 시행
5. 그 밖에 정보체계의 구축·운영과 관련하여 국토교통부장관이 필요하다고 인정하는 사항

② 법 제7조제2항제6호에서 "국토교통부령으로 정하는 기계설비산업에 관련된 정보"란 다음 각 호의 정보를 말한다.

1. 기계설비산업의 국제협력 및 해외진출에 관한 사항
2. 기계설비산업의 고용 및 촉진에 관한 사항
3. 법 제5조제1항제6호에 따른 전문인력(이하 "전문인력"이라 한다) 양성·교육에 관한 사항
4. 그 밖에 정보체계와 관련하여 국토교통부장관이 필요하다고 인정하는 사항

③ 국토교통부장관은 정보체계를 구축할 때 관계 중앙행정기관 및 지방자치단체의 장에게 수집·보유한 기계설비산업 관련 조사자료 및 통계 등의 제출을 요청할 수 있다.

④ 국토교통부장관은 법 제7조제2항 각 호에 따른 기계설비산업 관련 정보 및 자료를 인터넷 홈페이지 등을 통하여 제공할 수 있다.

제3장 기계설비산업에 대한 지원과 기반 구축

제3조 【전문인력 양성기관의 지정 신청 등】 ① 「기계설비법 시행령」(이하 "영"이라 한다) 제8조제2항 전단에 따른 기계설비 전문인력 양성기관 지정신청서(전자문서로 된 신청서를 포함한다. 이하 같다)는 별지 제1호서식에 따르며, 신청인은 이를 제출할 때에는 다음 각 호의 서류(전자문서를 포함한다. 이하 같다)를 첨부해야 한다. <개정 2021.2.2.>

1. 교육훈련 인력·시설 및 장비 확보 현황
2. 교육훈련 사업계획서 및 교육훈련 평가계획서
3. 교육훈련 운영경비 조달계획서 및 법 제9조제2항에 따라 지원받을 교육훈련 비용에 대한 활용계획서
4. 교육훈련 운영규정

② 국토교통부장관은 제1항에 따른 신청서를 받은 경우에는 「전자정부법」 제36조제1항에 따른 행정정보의 공동이용을 통하여 법인 등기사항증명서(법인인 경우만 해당한다)를 확인해야 한다.

③ 국토교통부장관은 법 제9조제2항에 따른 전문인력 양성기관(이하 "전문인력 양성기관"이라 한다)의 지정을 하는 경우에는 별지 제2호서식의 기계설비 전문인력 양성기관 지정서를 발급해야 한다.

제4조 【전문인력 양성 및 교육훈련】 ① 전문인력 양성기관의 장은 법 제9조제4항 전단에 따라 다음 연도의 전문인력 양성 및 교육훈련에 관한 계획을 수립하여 매년 11월 30일까지 국토교통부장관에게 제출해야 한다.

② 제1항에 따른 전문인력 양성 및 교육훈련에 관한 계획에는 다음 각 호의 사항이 포함되어야 한다.

1. 교육훈련의 기본방향
2. 교육훈련 추진계획에 관한 사항
3. 교육훈련의 재원 조달 방안에 관한 사항
4. 그 밖에 교육훈련을 위하여 필요한 사항

③ 국토교통부장관 또는 전문인력 양성기관의 장은 전문인력 교육훈련을 이수한 사람에게 별지 제3호서식의 교육수료증을 발급해야 한다.

제4장 기계설비 안전관리를 위한 조치 등

제5조【착공 전 확인 등】 ① 영 제12조제1항에 따른 기계설비공사 착공 전 확인신청서는 별지 제4호서식에 따르며, 신청인은 이를 제출할 때에는 다음 각 호의 서류를 첨부해야 한다. <개정 2022.2.25>
1. 기계설비공사 설계도서 사본
2. 기계설비설계자 등록증 사본
3. 「건축법」 등 관계 법령에 따라 기계설비에 대한 감리업무를 수행하는 자가 확인한 기계설비 착공 적합 확인서 <신설 2022.2.25>

② 영 제12조제3항에 따른 기계설비공사 착공 전 확인 결과 통보서는 별지 제5호서식에 따른다.
③ 특별자치시장·특별자치도지사·시장·군수·구청장(구청장은 자치구의 구청장을 말하며, 이하 "시장·군수·구청장"이라 한다)은 영 제12조제4항에 따라 기계설비공사 착공 전 확인 결과의 내용을 기록하고 관리하는 경우에는 별지 제6호서식의 기계설비공사 착공 전 확인업무 관리대장에 일련번호 순으로 기록해야 한다.

제6조【사용 전 검사 등】 ① 영 제13조제1항 각 호 외의 부분 전단에 따른 기계설비 사용 전 검사신청서는 별지 제7호서식에 따르며, 신청인은 이를 제출할 때에는 다음 각 호의 서류를 첨부해야 한다.
1. 기계설비공사 준공설계도서 사본
2. 「건축법」 등 관계 법령에 따라 기계설비에 대한 감리업무를 수행한 자가 확인한 기계설비 사용 적합 확인서
3. 영 제13조제1항 각 호에 대한 검사 결과서(해당하는 검사 결과가 있는 경우로 한정한다)

② 영 제13조제3항에 따른 기계설비 사용 전 검사 확인증은 별지 제8호서식에 따른다.
③ 시장·군수·구청장은 영 제13조제3항에 따라 기계설비 사용 전 검사 확인증을 발급한 경우에는 별지 제9호서식의 기계설비 사용 전 검사 확인증 발급대장에 일련번호 순으로 기록해야 한다.

제5장 기계설비 유지관리 등

제7조【기계설비 유지관리기준의 내용 및 방법 등】 ① 법 제16조제1항에 따른 기계설비의 유지관리 및 점검을 위하여 필요한 유지관리 기준(이하 "유지관리기준"이라 한다)에는 다음 각 호의 사항이 반영되어야 한다. <개정 2022.2.25>
1. 기계설비 유지관리 및 점검에 대한 계획 수립
2. 기계설비 유지관리 및 점검 참여자의 역할 및 업무내용
3. 기계설비 유지관리 및 점검의 종류, 항목, 방법 및 주기
4. 기계설비 유지관리 및 점검의 기록 및 문서보존 방법
5. 그 밖에 유지관리기준의 관리, 운영, 조사, 연구 및 개선업무에 관한 사항

② 국토교통부장관은 유지관리기준을 정하려는 경우에는 관계 중앙행정기관, 지방자치단체의 장 또는 기계설비산업 관련 단체 및 기관의 장에게 유지관리기준 관련 자료 등의 제출을 요청할 수 있다.
③ 국토교통부장관은 유지관리기준을 정하기 위한 업무를 효율적으로 수행하기 위하여 국내외 관련 자료의 수집, 조사 및 연구 등을 실시할 수 있다. 다만, 전문성이 요구되는 시험·조사·연구가 필요한 경우 그 업무의 일부를 관련 전문연구기관 등에 의뢰할 수 있다.

제8조【기계설비유지관리자의 선임】 ① 법 제17조제1항에 따른 관리주체(이하 "관리주체"라 한다)가 법 제19조제1항 본문에 따라 기계설비유지관리자를 선임하는 경우 그 선임기준은 별표 1과 같다. <개정 2021.2.2.>
② 관리주체는 제1항에 따라 기계설비유지관리자를 선임하는 경우 다음 각 호의 구분에 따른 날부터 30일 이내에 선임해야 한다.
1. 신축·증축·개축·재축 및 대수선으로 기계설비유지관리자를 선임해야 하는 경우: 해당 건축물·시설물 등(이하 "건축물등"이라 한다)의 완공일(「건축법」 등 관계 법령에 따라 사용승인 및 준공인가 등을 받은 날을 말한다)
2. 용도변경으로 기계설비유지관리자를 선임해야 하는 경우: 용도변경 사실이 건축물관리대장에 기재된 날
3. 법 제19조제1항 단서에 따라 기계설비유지관리업무를 위탁한 경우로서 그 위탁 계약이 해지 또는 종료된 경우: 기계설비 유지관리업무의 위탁이 끝난 날

제8조의2【기계설비유지관리자의 선임신고 등】 ① 관리주체는 법 제19조제3항 전단에 따라 기계설비유지관리자 선임 또는 해임 신고를 하려는 경우에는 그 선임일 또는 해임일부터 30일 이내에 별지 제9호의2서식의 기계설비유지관리자 선임·해임 신고서(전자문서로 된 신고서를 포함한다. 이하 같다)에 다음 각 호의 서류를 첨부하여 시장·군수·구청장에게 제출해야 한다.
1. 기계설비유지관리자의 재직증명서 등 재직 사실을 확인할 수 있는 서류(법 제18조에 따라 기계설비 유지관리업무를 위탁한 경우에는 기계설비 유지관리업무 위탁계약서 사본을 말한다)
2. 제8조의3제4항에 따라 발급받은 기계설비유지관리자

수첩 사본

② 법 제19조제3항 후단에서 "국토교통부령으로 정하는 사항"이란 다음 각 호의 사항을 말한다. <개정 2022.2.25>

1. 관리주체의 상호, 성명, 주소 또는 사업자등록번호(관리주체가 법인인 경우에는 법인의 명칭, 대표자 성명, 주소 또는 법인등록번호를 말한다)
2. 기계설비유지관리자의 주소, 등급 또는 수첩발급번호

③ 관리주체는 법 제19조제3항 후단에 따라 제2항의 사항이 변경된 때에는 변경 사유가 발생한 날부터 30일 이내에 별지 제9호의3서식의 기계설비유지관리자 신고사항 변경신고서에 그 변경 사항을 증명하는 서류를 첨부하여 시장·군수·구청장에게 제출해야 한다. <개정 2022.2.25>

④ 시장·군수·구청장은 제1항 및 제3항에 따른 신고서를 받은 때에는 「전자정부법」 제36조제1항에 따른 행정정보의 공동이용을 통하여 사업자등록증명 및 대상 건축물등의 건축물대장을 확인해야 한다. 다만, 신고인이 해당 서류의 확인에 동의하지 않은 경우에는 해당 서류를 첨부하도록 해야 한다.

⑤ 관리주체는 법 제19조제4항에 따라 선임신고증명서를 발급받으려는 경우에는 별지 제9호의4서식의 기계설비유지관리자 선임신고증명서 발급신청서를 시장·군수·구청장에게 제출해야 한다. 이 경우 시장·군수·구청장은 지체 없이 별지 제9호의5서식의 기계설비유지관리자 선임신고증명서(전자문서로 된 증명서를 포함한다. 이하 같다)를 발급해야 한다.

⑥ 시장·군수·구청장은 제1항에 따른 기계설비유지관리자의 선임 또는 해임 신고를 받은 경우에는 별지 제9호의6서식의 기계설비유지관리자 선임·해임신고대장에 그 사실을 기록하고, 법 제19조제6항에 따라 매월 신고현황을 다음 달 말일까지 국토교통부장관에게 통보해야 한다.

[본조신설 2021.2.2.]

제8조의3 【기계설비유지관리자의 경력신고 등】 ① 기계설비유지관리자는 법 제19조제8항 전단에 따라 근무처·경력·학력 및 자격 등(이하 "근무처 및 경력등"이라 한다)의 관리에 필요한 사항을 신고하려는 경우에는 별지 제9호의7서식의 기계설비유지관리자 경력신고서에 다음 각 호의 서류를 첨부하여 영 제15조제3항에 따라 같은 항 제1호 및 제2호의 업무를 위탁받은 자(이하 "경력관리 수탁기관"이라 한다)에 제출해야 한다. <개정 2022.2.25>

1. 근무처 및 경력을 증명하는 서류
2. 기계설비 관련 자격증(국가기술자격증은 제외한다) 사본
3. 졸업증명서
4. 최근 6개월 이내에 촬영한 증명사진(가로 2.5센티미터 × 세로 3센티미터)

② 기계설비유지관리자는 법 제19조제8항 후단에 따라 신고사항이 변경된 때에는 변경된 날부터 30일 이내에 별지 제9호의8서식의 기계설비유지관리자 경력변경신고서에 변경 사항을 증명하는 서류를 첨부하여 경력관리 수탁기관에 제출해야 한다.

③ 경력관리 수탁기관은 제1항 및 제2항에 따른 신고서를 받은 때에는 「전자정부법」 제36조제2항에 따른 행정정보의 공동이용을 통하여 국가기술자격취득사항확인서를 확인해야 한다. 다만, 신고인이 확인에 동의하지 않은 경우에는 해당 자격증을 첨부하도록 해야 한다.

④ 경력관리 수탁기관은 기계설비유지관리자의 요청이 있는 때에는 제1항 및 제2항에 따른 신고내용을 토대로 기계설비유지관리자의 등급을 확인하여 별지 제9호의9서식의 기계설비유지관리자 수첩을 발급할 수 있다.

⑤ 경력관리 수탁기관은 법 제19조제9항에 따라 기계설비유지관리자가 근무처 및 경력등에 관한 증명서의 발급을 신청한 때에는 별지 제9호의10서식의 기계설비유지관리자 경력증명서를 발급해야 한다.

⑥ 경력관리 수탁기관은 제5항에 따라 기계설비유지관리자 경력증명서를 발급한 경우에는 별지 제9호의11서식의 기계설비유지관리자 경력증명서 발급대장에 그 사실을 기록하고 관리해야 한다.

⑦ 제1항부터 제6항까지에서 규정한 사항 외에 기계설비유지관리자의 경력신고 등에 관하여 필요한 사항은 국토교통부장관이 정하여 고시한다.

[본조신설 2021.2.2.]

제9조 【기계설비유지관리자의 교육 등】 ① 영 제16조제2항에 따라 법 제20조제1항에 따른 기계설비 유지관리에 관한 교육(이하 "유지관리교육"이라 한다)에 관한 업무를 위탁받은 자(이하 "유지관리교육 수탁기관"이라 한다)는 교육의 종류별·대상자별 및 지역별로 다음 연도의 교육 실시계획을 수립하여 매년 12월 31일까지 국토교통부장관에게 보고해야 한다.

② 법 제20조제1항에 따라 유지관리교육을 받으려는 기계설비유지관리자는 별지 제10호서식의 유지관리교육 신청서를 유지관리교육 수탁기관에 제출해야 한다.

③ 유지관리교육 수탁기관은 제2항에 따라 유지관리교육 신청서를 받은 경우 교육 실시 10일 전까지 해당 신청인에게 교육장소와 교육날짜를 통보해야 한다.

④ 유지관리교육 수탁기관은 유지관리교육을 이수한 사람에게 별지 제11호서식의 유지관리교육 수료증을 발급하고, 별지 제12호서식의 유지관리교육 수료증 발급대장에 그 사실을 적고 관리해야 한다.

제6장 기계설비성능점검업

제10조【기계설비성능점검업의 등록 신청】 ① 법 제21조제1항에 따라 기계설비성능점검업을 등록하려는 자(법인인 경우에는 대표자를 말한다)는 별지 제13호서식의 기계설비성능점검업 등록 신청서에 다음 각 호의 서류를 첨부하여 특별시장·광역시장·특별자치시장·도지사 또는 특별자치도지사(이하 "시·도지사"라 한다)에게 제출해야 한다. <개정 2021.2.2.>

1. 영 별표 7의 등록 요건에 따른 자본금을 보유하고 있음을 증명하는 다음 각 목의 구분에 따른 서류
   가. 법인의 경우: 재무상태표 및 손익계산서
   나. 개인의 경우: 영업용 자산평가액 명세서 및 증명서류
2. 영 별표 7의 등록 요건에 따른 기술인력을 고용하고 있음을 증명하는 별지 제14호서식의 기술인력 보유증명서와 다음 각 목의 어느 하나에 해당하는 서류
   가. 기계설비유지관리자 수첩 사본
   나. 기계설비유지관리자 경력증명서
3. 영 별표 7의 등록 요건에 따른 장비를 보유하고 있음을 증명할 수 있는 서류

② 제1항제1호 및 제2호의 서류는 기계설비성능점검업 등록신청 전 30일 이내에 발행되거나 작성된 것이어야 한다.

③ 시·도지사는 제1항에 따른 신청서를 받은 때에는 「전자정부법」 제36조제1항에 따른 행정정보의 공동이용을 통하여 다음 각 호의 사항을 확인해야 한다. 다만, 신청인이 해당 서류의 확인에 동의하지 않은 경우에는 해당 서류를 첨부하도록 해야 한다. <개정 2021.2.2.>

1. 사업자등록증명
2. 기술인력의 국민연금가입 증명서 또는 건강보험자격취득 확인서

제11조【기계설비성능점검업 등록증의 발급 및 반납 등】 ① 시·도지사는 법 제21조제3항에 따라 등록신청자에게 등록증을 발급하는 때에는 별지 제15호서식의 기계설비성능점검업 등록증과 별지 제16호서식의 기계설비성능점검업 등록수첩을 발급(전자문서로 된 발급을 포함한다)하고, 별지 제17호서식의 기계설비성능점검업 등록대장에 그 사실을 적고 관리해야 한다.

② 법 제21조제1항에 따라 기계설비성능점검업을 등록한 자(이하 "기계설비성능점검업자"라 한다)는 제1항에 따라 발급받은 기계설비성능점검업 등록증 또는 등록수첩을 잃어버리거나 기계설비성능점검업 등록증 또는 등록수첩이 헐어 못쓰게 된 경우에는 별지 제18호서식의 기계설비성능점검업 등록증(등록수첩) 재발급 신청서에 등록증 또는 등록수첩을 첨부하여(잃어버린 경우는 제외한다) 시·도지사에게 제출해야 한다. <개정 2021.2.2.>

③ 기계설비성능점검업자는 다음 각 호의 어느 하나에 해당하는 경우에는 지체 없이 시·도지사에게 그 기계설비성능점검업 등록증 및 등록수첩을 반납해야 한다.

1. 법 제22조제2항에 따라 등록이 취소된 경우
2. 기계설비성능점검업을 휴업·폐업한 경우
3. 제2항에 따라 재발급 신청을 하는 경우. 다만, 등록증 또는 등록수첩을 잃어버리고 재발급을 받은 경우에는 이를 다시 찾은 경우로 한정하며, 다시 찾은 경우에는 지체 없이 반납해야 한다.

④ 시·도지사는 제1항 및 제2항에 따라 기계설비성능점검업 등록증 및 등록수첩을 발급한 때(제12조제3항 및 제14조제4항에 따라 발급한 때를 포함한다)에는 별지 제18호의2서식의 기계설비성능점검업 등록증 및 등록수첩 발급(재발급)대장에 그 사실을 기록해야 한다. <신설 2021.2.2.>

제12조【기계설비성능점검업의 변경등록 신청】 ① 기계설비성능점검업자는 법 제21조제2항에 따라 등록사항의 변경이 있는 때에는 변경된 날부터 30일 이내에 별지 제13호서식의 기계설비성능점검업 변경등록 신청서에 그 변경사항별로 다음 각 호의 구분에 따른 서류를 첨부하여 시·도지사에게 제출해야 한다. <개정 2021.2.2.>

1. 상호 또는 영업소 소재지를 변경하는 경우: 기계설비성능점검업 등록증 및 등록수첩
2. 대표자를 변경하는 경우: 기계설비성능점검업 등록증 및 등록수첩
3. 기술인력을 변경하는 경우: 다음 각 목의 서류
   가. 기계설비성능점검업 등록수첩
   나. 별지 제14호서식의 기술인력 보유증명서와 그 첨부서류

② 시·도지사는 제1항에 따른 신청서를 받은 때에는 「전자정부법」 제36조제1항에 따른 행정정보의 공동이용을 통하여 법인 등기사항증명서(법인인 경우만 해당한다) 또는 사업자등록증명(개인인 경우만 해당한다)을 확인해야 한다. 다만, 신청인이 사업자등록증명 확인에 동의하지 않은 경우에는 해당 서류를 첨부하도록 해야 한다. <개정 2021.2.2.>

③ 시·도지사는 제1항에 따라 변경등록 신청을 받은 때에는 기계설비성능점검업 등록증 및 등록수첩을 새로 발급하거나 제1항에 따라 제출된 기계설비성능점검업 등록증 및 등록수첩에 그 변경된 사항을 적어 발급해야 한다.

④ 시·도지사는 제3항에 따라 변경등록을 한 때에는 별

지 제17호서식의 기계설비성능점검업 등록대장에 그 사실을 적고 관리해야 한다.

제13조【기계설비성능점검업의 휴업·폐업 신고】 ① 영 제19조제1항에 따른 휴업·폐업신고서는 별지 제19호서식에 따르며, 신고인은 이를 제출할 때에는 기계설비성능점검업 등록증 및 등록수첩을 첨부해야 한다.

② 시·도지사는 제1항에 따라 휴업 또는 폐업 신고를 받은 때에는 「전자정부법」 제36조제1항에 따른 행정정보의 공동이용을 통하여 「부가가치세법」에 따라 관할 세무서에 신고한 폐업사실증명 또는 사업자등록증명을 확인해야 한다. 다만, 신고인이 확인에 동의하지 않은 경우에는 해당 서류를 첨부하도록 해야 한다.

제14조【기계설비성능점검업의 지위승계신고 등】 ① 기계설비성능점검업자의 지위를 승계한 자(이하 "지위승계자"라 한다)는 법 제21조의2제2항에 따라 별지 제20호서식의 기계설비성능점검업 지위승계신고서에 다음 각 호의 서류를 첨부하여 시·도지사에게 제출해야 한다.

1. 지위승계 사실을 증명하는 서류
2. 피상속인, 양도인 또는 합병 전 법인의 기계설비성능점검업 등록증 및 등록수첩

② 시·도지사는 제1항에 따른 신고서를 받은 때에는 「전자정부법」 제36조제1항에 따라 행정정보의 공동이용을 통하여 다음 각 호의 서류를 확인해야 한다. 다만, 신고인이 해당 서류의 확인에 동의하지 않은 경우에는 해당 서류를 첨부하게 해야 한다.

1. 사업자등록증명
2. 「출입국관리법」 제88조제2항에 따른 외국인등록 사실증명[지위승계자(법인인 경우에는 대표자를 포함한 임원을 말한다)가 외국인인 경우만 해당한다]
3. 기술인력의 국민연금가입 증명서 또는 건강보험자격 취득 확인서
4. 양도인의 국세 및 지방세납세증명서(양도·양수의 경우만 해당한다)

③ 시·도지사는 법 제21조의2제3항에 따라 신고를 수리한 때에는(법 제21조의2제4항에 따라 신고가 수리된 것으로 보는 경우를 포함한다) 지위승계자에게 별지 제15호서식의 기계설비성능점검업 등록증 및 별지 제16호서식의 기계설비성능점검업 등록수첩을 새로 발급하고, 별지 제17호서식의 기계설비성능점검업 등록대장에 지위승계에 관한 사항을 적고 관리해야 한다.

[본조신설 2021.2.2.]

제15조【성능점검능력 평가의 신청 등】 ① 법 제22조의2제2항에 따라 기계설비의 성능점검능력 평가(이하 "성능점검능력평가"라 한다)를 받으려는 기계설비성능점검업자(이하 "신청인"이라 한다)는 별지 제21호서식의 기계설비 성능점검능력 평가 신청서에 다음 각 호의 서류를 첨부하여 매년 2월 15일까지 영 제20조의2제1항에 따라 성능점검능력 평가에 관한 업무를 위탁받은 자(이하 "성능점검능력평가 수탁기관"이라 한다)에 제출해야 한다.

1. 기계설비 성능점검실적을 증명하는 다음 각 목의 서류
   가. 발주자가 발급한 별지 제22호서식의 기계설비 성능점검실적 증명서 및 「부가가치세법 시행규칙」 별지 제14호서식의 세금계산서(공급자보관용) 사본
   나. 주한국제연합군 그 밖의 외국군의 기관으로부터 용역받은 기계설비성능점검의 경우에는 거래하는 외국환은행이 발급한 외화입금증명서 및 계약서 사본
2. 재무상태를 증명하는 다음 각 목의 어느 하나에 해당하는 서류. 다만, 신청인이 「주식회사 등의 외부감사에 관한 법률」 제4조제1항에 따른 외부감사의 대상이 되는 법인인 경우에는 같은 법 제2조제7호에 따른 감사인의 회계감사를 받은 재무제표를 제출해야 한다.
   가. 「법인세법」 및 「소득세법」에 따라 관할세무서장에게 제출한 조세에 관한 신고서류(「세무사법」 제6조에 따라 등록한 세무사 또는 같은 법 제20조의2에 따른 세무대리업무등록부에 등록한 공인회계사가 같은 법 제2조제7호에 따라 확인한 것으로서 대차대조표 및 손익계산서가 포함된 것을 말한다)
   나. 「공인회계사법」 제7조에 따라 등록한 공인회계사 또는 같은 법 제24조에 따라 등록한 회계법인의 회계감사를 받은 재무제표
3. 별지 제14호서식의 기술인력 보유증명서와 제10조제1항제2호 각 목의 어느 하나에 해당하는 서류

② 제1항에도 불구하고 제1항제2호 서류의 제출기한은 다음 각 호의 구분에 따른다.

1. 법인인 경우(제3호의 경우는 제외한다): 4월 15일
2. 개인인 경우(제3호의 경우는 제외한다): 5월 31일
3. 「소득세법」 제70조의2제1항에 따른 성실신고확인대상사업자인 경우: 6월 30일

[본조신설 2021.2.2.]

제16조【성능점검능력의 평가방법】 ① 법 제22조의2제1항에 따른 기계설비성능점검업자의 성능점검능력의 평가방법은 별표 2와 같다.

② 법 제21조의2제1항제1호 및 제3호에 따른 상속인 및 합병 후 존속하는 법인이나 합병에 따라 설립되는 법인의 성능점검능력은 피상속인 및 종전 법인의 성능점검능력과 동일한 것으로 본다.

③ 법 제21조의2제1항제2호에 따른 기계설비성능점검업

양도신고를 한 경우 양수인의 성능점검능력은 제1항의 평가방법에 따라 새로 평가한다. 다만, 기계설비성능점검업의 양도가 양도인의 기계설비성능점검업에 관한 자산과 권리·의무의 전부를 포괄적으로 양도하는 경우로서 다음 각 호의 어느 하나에 해당하는 경우에는 양도인의 성능점검능력과 동일한 것으로 본다.

1. 개인이 영위하던 기계설비성능점검업을 법인사업으로 전환하기 위하여 기계설비성능점검업을 양도하는 경우
2. 기계설비성능점검업자인 법인을 합명회사 또는 합자회사에서 유한회사 또는 주식회사로 전환하기 위하여 기계설비성능점검업을 양도하는 경우
3. 기계설비성능점검업자인 회사가 분할로 인하여 설립된 회사에 기계설비성능점검업 전부를 양도하거나 기계설비성능점검업자인 회사를 분할하여 다른 회사에 기계설비성능점검업 전부를 양도하는 경우

④ 제2항 및 제3항 단서에도 불구하고 해당 기계설비성능점검업자의 신청이 있거나 성능점검능력이 현저히 변동되었다고 성능점검능력평가 수탁기관이 인정하는 경우에는 제1항에 따른 평가방법에 따라 새로 평가할 수 있다.

⑤ 법 제22조의2제1항에 따라 2월 15일까지 성능점검능력평가를 신청하지 못한 기계설비성능점검업자로서 다음 각 호의 어느 하나에 해당하는 자가 성능점검능력평가를 신청한 경우에는 기계설비성능점검업자의 성능점검능력은 제1항에 따라 평가할 수 있다.

1. 법 제21조제1항에 따라 새로 기계설비성능점검업을 등록한 자
2. 「채무자 회생 및 파산에 관한 법률」 제574조 또는 제575조에 따라 복권된 자
3. 법 제22조제2항에 따른 기계설비성능점검업 등록취소 처분이 취소되거나 법원의 판결 등으로 집행정지 결정이 된 자

⑥ 성능점검능력평가 수탁기관은 제15조제1항에 따라 제출된 서류가 거짓으로 확인된 경우에는 확인된 날부터 10일 이내에 점검능력을 새로 평가해야 한다.

[본조신설 2021.2.2.]

제17조【성능점검능력의 공시항목 및 공시시기 등】 ① 국토교통부장관은 법 제22조의2제1항에 따라 성능점검능력을 평가한 경우에는 다음 각 호의 항목을 공시해야 하며, 성능점검능력평가 수탁기관은 해당 기계설비성능점검업자의 등록수첩에 성능점검능력평가액을 기재해야 한다.

1. 상호(법인인 경우에는 법인 명칭을 말한다)
2. 기계설비성능점검업자의 성명(법인인 경우에는 대표자의 성명을 말한다)
3. 영업소 소재지
4. 기계설비성능점검업 등록번호
5. 성능점검능력평가액과 그 산정항목이 되는 점검실적평가액, 경영평가액, 기술능력평가액 및 신인도평가액
6. 보유기술인력

② 성능점검능력평가 수탁기관은 성능점검능력평가 결과를 매년 7월 31일까지 일간신문 또는 성능점검능력평가 수탁기관의 인터넷 홈페이지에 공시해야 한다. 다만, 제16조제3항부터 제6항까지의 규정에 따라 평가한 경우에는 평가를 완료한 날부터 10일 이내에 공시해야 한다.

③ 성능점검능력평가 수탁기관은 성능점검능력에 관한 서류를 비치하여 일반인이 열람할 수 있도록 해야 한다.

④ 관리주체 또는 법 제18조에 따라 기계설비유지관리업무를 위탁받은 자는 제1항에 따라 공시된 성능점검능력평가액(그 산정항목이 되는 점검실적평가액, 경영평가액, 기술능력평가액 및 신인도평가액을 포함한다)을 고려하여 기계설비성능점검업자를 선정할 수 있다.

[본조신설 2021.2.2.]

제7장 보칙<신설 2021.2.2.>

제18조【수수료 등】 ① 법 제25조제1항제1호부터 제6호까지의 규정에 따른 수수료 또는 교육비는 별표 3과 같다.

② 법 제25조제1항제7호에 따른 수수료는 성능점검능력평가 수탁기관이 업무수행에 드는 비용을 고려하여 산정한 금액을 국토교통부장관의 승인을 얻어 정한다. 이 경우 성능점검능력평가 수탁기관은 수수료 금액과 산정 내역을 해당 기관의 인터넷 홈페이지를 통하여 공개해야 한다.

③ 성능점검능력평가 수탁기관은 수수료 결정과 관련하여 이해관계인의 의견을 수렴할 수 있도록 제2항에 따른 국토교통부장관의 승인을 신청하기 전에 해당 기관의 인터넷 홈페이지에 20일간 그 내용을 게시해야 한다. 다만, 긴급하다고 인정되는 경우에는 해당 기관의 인터넷 홈페이지에 그 사유를 소명하고 10일간 게시할 수 있다.

④ 제1항 및 제2항에 따른 수수료 또는 교육비는 수입인지, 수입증지 또는 정보통신망을 이용하여 전자화폐·전자결제 등의 방법으로 낼 수 있다.

[본조신설 2021.2.2.]

부칙<국토교통부령 제717호, 2020.4.17.>

제1조(시행일) 이 규칙은 2020년 4월 18일부터 시행한다.

제2조(기계설비유지관리자의 선임에 관한 적용례 등) ① 별표는 이 규칙 시행 당시 「건축법」 제11조에 따른 건축허가를 신청했거나 건축허가를 받은 건축물등(건축허가를 신청하기 위하여 같은 법 제4조의2제1항에 따라 건축위원회에 심의를 신청했거나 심의를 받은 경우를 포함한다) 및 이미 설치된 기존 건축물등에 대해서도 적용하되, 해당 건축물등에 설치된 기계설비의 관리주체는 다음 각 호의 구분에 따른 날까지 기계설비유지관리자를 선임해야 한다. <개정 2021.2.2.>

1. 용도별 건축물 중 연면적 3만제곱미터 이상의 건축물 및 2천세대 이상의 공동주택: 2021년 4월 17일
2. 용도별 건축물 중 연면적 1만5천제곱미터 이상 3만제곱미터 미만의 건축물, 1천세대 이상 2천세대 미만의 공동주택 및 영 제14조제1항제3호에 해당하는 건축물등: 2022년 4월 17일
3. 용도별 건축물 중 연면적 1만제곱미터 이상 1만5천제곱미터 미만의 건축물, 500세대 이상 1천세대 미만의 공동주택 및 300세대 이상 500세대 미만으로서 중앙집중식 난방방식(지역난방방식을 포함한다)의 공동주택: 2023년 4월 17일

② 이 규칙 시행 당시 제1항에 따른 건축물등에서 기계설비유지관리자의 업무를 수행하고 있는 사람은 2026년 4월 17일까지(해당 건축물등에 계속하여 근무하는 기간으로 한정한다) 별표의 기계설비유지관리자 선임기준을 갖춘 것으로 보되, 2026년 4월 17일까지 별표에 따른 선임기준을 갖추고 그 사실을 국토교통부장관에게 통보해야 한다. 이 경우 국토교통부장관은 기계설비와 관련된 업무를 수행하는 협회 중 국토교통부장관이 해당 업무에 대한 전문성이 있다고 인정하여 고시하는 협회에게 해당 통보의 접수 및 확인 업무를 대행하게 할 수 있다. <신설 2021.2.2.>

[제목개정 2021.2.2.]

부칙<국토교통부령 제819호, 2021.2.2.>

이 규칙은 공포한 날부터 시행한다.

[별표 1] <개정 2021.2.2., 2022.2.25>

기계설비유지관리자의 선임기준(제8조제1항 관련)

구분	선임대상	선임자격	선임인원
1. 영 제14조제1항제1호에 해당하는 용도별 건축물	가. 연면적 6만제곱미터 이상	특급 책임기계설비유지관리자	1
		보조기계설비유지관리자	1
	나. 연면적 3만제곱미터 이상 연면적 6만제곱미터 미만	고급 책임기계설비유지관리자	1
		보조기계설비유지관리자	1
	다. 연면적 1만5천제곱미터 이상 연면적 3만제곱미터 미만	중급 책임기계설비유지관리자	1
	라. 연면적 1만제곱미터 이상 연면적 1만5천제곱미터 미만	초급 책임기계설비유지관리자	1
2. 영 제14조제1항제2호에 해당하는 공동주택	가. 3천세대 이상	특급 책임기계설비유지관리자	1
		보조기계설비유지관리자	1
	나. 2천세대 이상 3천세대 미만	고급 책임기계설비유지관리자	1
		보조기계설비유지관리자	1
	다. 1천세대 이상 2천세대 미만	중급 책임기계설비유지관리자	1
	라. 500세대 이상 1천세대 미만	초급 책임기계설비유지관리자	1
	마. 300세대 이상 500세대 미만으로서 중앙집중식 난방방식(지역난방방식을 포함한다)의 공동주택	초급 책임기계설비유지관리자	1
3. 영 제14조제1항제3호에 해당하는 건축물등(같은 항 제1호 및 제2호에 해당하는 건축물은 제외한다)	영 제14조제1항제3호에 해당하는 건축물등(같은 항 제1호 및 제2호에 해당하는 건축물은 제외한다)	건축물의 용도, 면적, 특성 등을 고려하여 국토교통부장관이 정하여 고시하는 기준에 해당하는 초급 책임기계설비유지관리자 또는 보조기계설비유지관리자	1

비고

1. 위 표에서 "선임자격"이란 해당 기계설비유지관리자 등급 이상을 보유한 사람으로서 다음 각 목의 구분에 따른 기준을 충족한 사람을 말한다. 이 경우 보조기계설비유지관리자는 초급 이상인 책임기계설비유지관리자로 선임할 수 있다.
   가. 제1호 및 제2호: 다른 건축물등의 기계설비유지관리자로 선임되어 있지 않은 사람
   나. 제3호: 다른 건축물등의 기계설비유지관리자로 선임되어 있지 않거나 국토교통부장관이 정하여 고시하는 범위 이내에서 다른 건축물등의 기계설비유지관리자로 선임되어 있는 사람
2. 건축물대장의 건축물현황도에 표시된 대지경계선 안의 지역 또는 연접한 2개 이상의 대지에 건축물등이 둘 이상 있고, 그 관리에 관한 권원(權原)을 가진 자가 동일인인 경우에는 이를 하나의 건축물등으로 보아 해당 건축물등을 합산한 연면적 또는 세대를 기준으로 기계설비유지관리자를 선임해야 한다.

[별표 2] <개정 2021.2.2.>

기계설비성능점검업자의 성능점검능력 평가방법(제16조제1항 관련)

1. 기계설비성능점검업자의 성능점검능력평가액은 기계설비성능점검업자의 상대적인 성능점검수행 역량을 정량적으로 평가하여 나타낸 지표로서 다음의 산식에 따라 산정한다.

성능점검능력평가액 = 점검실적평가액+경영평가액+기술능력평가액±신인도평가액

가. 위의 산식 중 점검실적평가액은 최근 3년간 기계설비 성능점검실적의 연평균액으로 한다. 다만, 성능점검업을 영위한 기간이 1년 미만인 자의 경우에는 성능점검실적의 총액으로 하고, 성능점검업 영위기간이 1년 이상 3년 미만인 자의 경우에는 성능점검실적 총액을 연단위로 환산한 성능점검업영위월수(나머지 일수가 15일 이상인 때에는 1개월로 하고, 15일 미만인 때에는 월수에 산입하지 않는다)로 나눈 것으로 한다.

나. 위의 산식 중 경영평가액은 다음의 산식에 따라 산정한다.

경영평가액 = 자본금×경영평점

1) 위의 산식 중 자본금은 제15조제1항제2호에 따른 재무제표를 기초로 하여 총자산에서 총부채를 뺀 금액으로 하며, 자본금이 0 이하인 경우에는 0으로 한다. 다만, 평가연도 직전연도에 성능점검업을 신규로 등록한 경우 산정된 자본금이 성능점검업 등록기준 이하인 때에는 등록기준상 자본금을 자본금으로 한다.

2) 위의 산식 중 경영평점은 다음의 산식에 의하여 산정한다.

경영평점 = (유동비율평점+자기자본비율평점+매출액순이익률평점+총자본회전율평점)÷4

가) 위의 산식 중 유동비율평점·자기자본비율평점·매출액순이익률평점 및 총자본회전율평점은 제15조제1항제2호에 따른 재무제표를 기초로 하여 유동비율(유동자산/유동부채)·자기자본비율(자기자본/총자본)·매출액순이익률(법인세 또는 소득세 차감 전 순이익/매출액) 및 총자본회전율(매출액/총자본)을 각각 성능점검능력 평가 신청업체 전체의 가중평균비율(분자에 해당하는 업계 전체의 값을 분모에 해당하는 업계 전체의 값으로 나눈 비율로 하되, 자기자본비율 및 매출액순이익률 중 0 이하인 비율은 제외한다)로 나눈 것으로 한다. 이 경우 각각의 평점이 3을 초과하는 때에는 3으로 하고, "-3" 이하인 때에는 그 평점을 각각 "-3"으로 한다.

나) 경영평점이 3을 초과하는 때에는 3으로 하고, 0 이하인 때에는 0으로 한다.

3) 점검실적평가액이 영 별표 7에 따른 성능점검업 등록 요건인 법인의 최저자본금보다 적은 경우의 경영평가액은 법인의 최저자본금의 3배를 초과하지 않도록 하며, 점검실적평가액이 영 별표 7에 따른 성능점검업 등록 요건인 법인의 최저자본금 이상인 경우의 경영평가액은 점검실적평가액의 3배를 초과하지 않도록 한다.

다. 위의 산식 중 기술능력평가액은 다음의 산식에 따라 산정한다.

기술능력평가액 = 기술능력생산액(전년도 성능점검업계의 기계설비유지관리자 1명당 평균생산액)×성능점검업자가 보유한 기계설비유지관리자 수(기계설비유지관리자 등급별 가중치를 반영한 수)×30/100

1) 위의 산식 중 기술능력생산액은 자본금(제1호나목1)에 따라 산정한 자본금을 말한다)의 3배와 점검실적평가액 중 큰 금액을 초과하지 않도록 한다.

2) 위의 산식 중 전년도 성능점검업계의 기계설비유지관리자 1명당 평균생산액은 성능점검능력 평가를 신청한 업체의 총점검실적액을 성능점검능력 평가를 신청한 업체가 보유한 기계설비유지관리자의 총수로 나눈 금액으로 한다.

3) 위의 산식 중 기계설비유지관리자 등급별 가중치는 다음 표에 따른다.

보유기술인력	특급	고급	중급	초급	보조
가중치	1.7	1.5	1.3	1	0.7

라. 위의 산식 중 신인도평가액은 다음의 산식에 따라 산정한다. 다만, 1)부터 5)까지의 요소별 신인도반영비율의 합계는 ±30/100을 초과하지 않도록 한다.

신인도평가액 = 점검실적평가액×요소별 신인도반영비율의 합계

1) 성능점검업자의 성능점검업 영위기간에 따라 다음의 표에 해당하는 비율을 더한다.

영위기간	1년이상 5년미만	5년이상 10년미만	10년이상 20년미만	30년이상
비율	1/100	3/100	5/100	7/100

2) 평가연도의 직전연도에 이 법에 따른 과태료처분을 받은 자는 100분의 1을 뺀다.
3) 평가연도의 직전연도에 이 법에 따른 영업정지처분을 받은 자는 100분의 3을 뺀다.
4) 최근 3년 이내에 부도가 발생한 성능점검업자는 100분의 5를 뺀다.
5) 제15조제1항 각 호의 서류를 허위로 제출한 경우에는 허위제출 사실이 확인된 때의 다음 연도와 그 다음 연도의 성능점검능력평가 시 100분의 30을 뺀다.

2. 제1호가목의 점검실적평가액 중 성능점검실적을 산정할 때 법 제21조의2제1항제1호의 상속인, 법 제21조의2제1항제3호의 합병 후 존속하는 법인이나 합병에 따라 설립되는 법인의 또는 제16조제3항 각 호의 어느 하나에 해당하는 양수인의 경우에는 피상속인, 종전 법인 또는 양도인의 기계설비 성능점검실적을 합산한다.

3. 제1호나목의 경영평가액 중 경영평점을 산정할 때 법 제21조에 따라 새로 성능점검업의 등록을 한 성능점검업자와 법 제21조의2제1항제2호의 양수인의 경우에는 해당 연도와 다음 연도의 경영평점은 1로 한다.

4. 제1호라목의 신인도평가액 중 성능점검업 영위기간을 산정할 때 제16조제3항 각 호의 어느 하나에 해당하는 양수인의 경우에는 양도인의 기계설비성능점검업 영위기간을 합산하며, 그 밖의 지위승계자는 그렇지 않다.

5. 그 밖에 성능점검능력 평가에 따른 세부사항에 대하여 국토교통부장관은 성능점검능력평가 수탁기관과 협의하여 정할 수 있다.

[별표 3] <신설 2021.2.2.>

수수료 및 교육비(제18조 관련)

1. 수수료 및 교육비 금액

납부자	금액
가. 법 제15조제1항에 따라 기계설비공사의 사용 전 검사를 신청하는 자	없 음
나. 법 제19조제4항에 따라 기계설비유지관리자의 선임신고증명서를 발급받으려는 자	5천원
다. 법 제20조제1항에 따라 유지관리교육을 받는 자	
1) 신규교육을 받는 자	15만5천원
2) 보수교육을 받는 자	15만5천원
라. 법 제21조제1항에 따라 기계설비성능점검업의 등록을 하는 자	4만원
마. 법 제21조제2항에 따라 기계설비성능점검업의 변경등록을 하는 자	없 음
바. 법 제21조의2제2항에 따라 기계설비성능점검업의 상속, 양수 또는 합병 등을 신고하는 자	2만원

2. 수수료 및 교육비의 반환기준
   가. 수수료 또는 교육비를 과오납한 경우: 과오납된 금액의 전부
   나. 교육 실시기관의 책임이 있는 사유로 교육을 받지 못한 경우: 납입된 교육비의 전부
   다. 교육 신청기간 안에 신청을 취소하는 경우: 납입된 교육비의 전부
   라. 교육 실시일 20일 전까지 신청을 취소하는 경우: 납입된 교육비의 전부
   마. 교육 실시일 10일 전까지 신청을 취소하는 경우: 납입된 교육비의 100분의 50

소방시설 설치 및 관리에 관한 법률

1. 소방시설 설치 및 관리에 관한 법률

[법률 제17395호, 2023.1.3./시행 2023.7.4.]

제　　정　2003. 5.29 법률 제 6895호
전부개정　2021.11.30 법률 제18522호
타법개정　2021.12.28 법률 제18661호
일부개정　2023. 1. 3 법률 제19160호

「소방시설 설치 및 관리에 관한 법률」로 전부개정
[시행 2022.12.1.] [법률 제18522호, 2021.11.30.]
◇ 개정이유 <법제처 제공>
현행 법률은 화재 예방정책에 관한 사항과 소방시설 설치 및 관리에 관한 사항 등이 함께 복잡하게 규정되어 있어 국민이 이해하기 어려울 뿐만 아니라 화재로 인한 피해를 줄이고 체계적인 화재 예방정책 추진에도 한계가 있음.
이에 현행 「화재예방, 소방시설 설치·유지 및 안전관리에 관한 법률」에 복잡하게 규정된 화재 예방에 관한 사항을 분리하여 별도의 법률로 제정하기로 함에 따라 현행 법률의 제명을 「소방시설 설치 및 관리에 관한 법률」로 변경하는 한편, 변화하는 소방환경에 맞추어 현행 제도의 운영상 나타난 미비점을 반영하여 전부 개정하려는 것임.

제1장 총칙<개정 2011.8.4>

제1조【목적】 이 법은 특정소방대상물 등에 설치하여야 하는 소방시설등의 설치·관리와 소방용품 성능관리에 필요한 사항을 규정함으로써 국민의 생명·신체 및 재산을 보호하고 공공의 안전과 복리 증진에 이바지함을 목적으로 한다.

제2조【정의】① 이 법에서 사용하는 용어의 뜻은 다음과 같다.

1. “소방시설”이란 소화설비, 경보설비, 피난구조설비, 소화용수설비, 그 밖에 소화활동설비로서 대통령령으로 정하는 것을 말한다.
2. “소방시설등”이란 소방시설과 비상구(非常口), 그 밖에 소방 관련 시설로서 대통령령으로 정하는 것을 말한다.
3. “특정소방대상물”이란 건축물 등의 규모·용도 및 수용인원 등을 고려하여 소방시설을 설치하여야 하는 소방대상물로서 대통령령으로 정하는 것을 말한다.
4. “화재안전성능”이란 화재를 예방하고 화재발생 시 피해를 최소화하기 위하여 소방대상물의 재료, 공간 및 설비 등에 요구되는 안전성능을 말한다.
5. “성능위주설계”란 건축물 등의 재료, 공간, 이용자, 화재 특성 등을 종합적으로 고려하여 공학적 방법으로 화재 위험성을 평가하고 그 결과에 따라 화재안전성능이 확보될 수 있도록 특정소방대상물을 설계하는 것을 말한다.
6. “화재안전기준”이란 소방시설 설치 및 관리를 위한 다음 각 목의 기준을 말한다.
가. 성능기준: 화재안전 확보를 위하여 재료, 공간 및 설비 등에 요구되는 안전성능으로서 소방청장이 고시로 정하는 기준
나. 기술기준: 가목에 따른 성능기준을 충족하는 상세한 규격, 특정한 수치 및 시험방법 등에 관한 기준으로서 행정안전부령으로 정하는 절차에 따라 소방청장의 승인을 받은 기준
7. “소방용품”이란 소방시설등을 구성하거나 소방용으로 사용되는 제품 또는 기기로서 대통령령으로 정하는 것을 말한다.

② 이 법에서 사용하는 용어의 뜻은 제1항에서 규정하는 것을 제외하고는 「소방기본법」, 「화재의 예방 및 안전관리에 관한 법률」, 「소방시설공사업법」, 「위험물안전관리법」 및 「건축법」에서 정하는 바에 따른다.

제3조【국가 및 지방자치단체의 책무】① 국가와 지방자치단체는 소방시설등의 설치·관리와 소방용품의 품질 향상 등을 위하여 필요한 정책을 수립하고 시행하여야 한다.
② 국가와 지방자치단체는 새로운 소방 기술·기준의 개발 및 조사·연구, 전문인력 양성 등 필요한 노력을 하여야 한다.
③ 국가와 지방자치단체는 제1항 및 제2항에 따른 정책을 수립·시행하는 데 있어 필요한 행정적·재정적 지원을 하여야 한다.

제4조【관계인의 의무】① 관계인(「소방기본법」 제2조 제3호에 따른 관계인을 말한다. 이하 같다)은 소방시설등의 기능과 성능을 보전·향상시키고 이용자의 편의와 안전성을 높이기 위하여 노력하여야 한다.
② 관계인은 매년 소방시설등의 관리에 필요한 재원을 확보하도록 노력하여야 한다.
③ 관계인은 국가 및 지방자치단체의 소방시설등의 설치

및 관리 활동에 적극 협조하여야 한다.

④ 관계인 중 점유자는 소유자 및 관리자의 소방시설등 관리 업무에 적극 협조하여야 한다.

제5조【다른 법률과의 관계】 특정소방대상물 가운데 「위험물안전관리법」에 따른 위험물 제조소등의 안전관리와 위험물 제조소등에 설치하는 소방시설등의 설치기준에 관하여는 「위험물안전관리법」에서 정하는 바에 따른다.

제2장 소방시설등의 설치·관리 및 방염

제1절 건축허가등의 동의 등

제6조【건축허가등의 동의 등】 ① 건축물 등의 신축·증축·개축·재축(再築)·이전·용도변경 또는 대수선(大修繕)의 허가·협의 및 사용승인(「주택법」 제15조에 따른 승인 및 같은 법 제49조에 따른 사용검사, 「학교시설사업 촉진법」 제4조에 따른 승인 및 같은 법 제13조에 따른 사용승인을 포함하며, 이하 "건축허가등"이라 한다)의 권한이 있는 행정기관은 건축허가등을 할 때 미리 그 건축물 등의 시공지(施工地) 또는 소재지를 관할하는 소방본부장이나 소방서장의 동의를 받아야 한다.

② 건축물 등의 증축·개축·재축·용도변경 또는 대수선의 신고를 수리(受理)할 권한이 있는 행정기관은 그 신고를 수리하면 그 건축물 등의 시공지 또는 소재지를 관할하는 소방본부장이나 소방서장에게 지체 없이 그 사실을 알려야 한다.

③ 제1항에 따른 건축허가등의 권한이 있는 행정기관과 제2항에 따른 신고를 수리할 권한이 있는 행정기관은 제1항에 따라 건축허가등의 동의를 받거나 제2항에 따른 신고를 수리한 사실을 알릴 때 관할 소방본부장이나 소방서장에게 건축허가등을 하거나 신고를 수리할 때 건축허가등을 받으려는 자 또는 신고를 한 자가 제출한 설계도서 중 건축물의 내부구조를 알 수 있는 설계도면을 제출하여야 한다. 다만, 국가안보상 중요하거나 국가기밀에 속하는 건축물을 건축하는 경우로서 관계 법령에 따라 행정기관이 설계도면을 확보할 수 없는 경우에는 그러하지 아니하다.

④ 소방본부장 또는 소방서장은 제1항에 따른 동의를 요구받은 경우 해당 건축물 등이 다음 각 호의 사항을 따르고 있는지를 검토하여 행정안전부령으로 정하는 기간 내에 해당 행정기관에 동의 여부를 알려야 한다.

1. 이 법 또는 이 법에 따른 명령
2. 「소방기본법」 제21조의2에 따른 소방자동차 전용구역의 설치

⑤ 소방본부장 또는 소방서장은 제4항에 따른 건축허가등의 동의 여부를 알릴 경우에는 원활한 소방활동 및 건축물 등의 화재안전성능을 확보하기 위하여 필요한 다음 각 호의 사항에 대한 검토 자료 또는 의견서를 첨부할 수 있다.

1. 「건축법」 제49조제1항 및 제2항에 따른 피난시설, 방화구획(防火區劃)
2. 「건축법」 제49조제3항에 따른 소방관 진입창
3. 「건축법」 제50조, 제50조의2, 제51조, 제52조, 제52조의2 및 제53조에 따른 방화벽, 마감재료 등(이하 "방화시설"이라 한다)
4. 그 밖에 소방자동차의 접근이 가능한 통로의 설치 등 대통령령으로 정하는 사항

⑥ 제1항에 따라 사용승인에 대한 동의를 할 때에는 「소방시설공사업법」 제14조제3항에 따른 소방시설공사의 완공검사증명서를 발급하는 것으로 동의를 갈음할 수 있다. 이 경우 제1항에 따른 건축허가등의 권한이 있는 행정기관은 소방시설공사의 완공검사증명서를 확인하여야 한다.

⑦ 제1항에 따른 건축허가등을 할 때 소방본부장이나 소방서장의 동의를 받아야 하는 건축물 등의 범위는 대통령령으로 정한다.

⑧ 다른 법령에 따른 인가·허가 또는 신고 등(건축허가등과 제2항에 따른 신고는 제외하며, 이하 이 항에서 "인허가등"이라 한다)의 시설기준에 소방시설등의 설치·관리 등에 관한 사항이 포함되어 있는 경우 해당 인허가등의 권한이 있는 행정기관은 인허가등을 할 때 미리 그 시설의 소재지를 관할하는 소방본부장이나 소방서장에게 그 시설이 이 법 또는 이 법에 따른 명령을 따르고 있는지를 확인하여 줄 것을 요청할 수 있다. 이 경우 요청을 받은 소방본부장 또는 소방서장은 행정안전부령으로 정하는 기간 내에 확인 결과를 알려야 한다.

제7조【소방시설의 내진설계기준】 「지진·화산재해대책법」 제14조제1항 각 호의 시설 중 대통령령으로 정하는 특정소방대상물에 대통령령으로 정하는 소방시설을 설치하려는 자는 지진이 발생할 경우 소방시설이 정상적으로 작동될 수 있도록 소방청장이 정하는 내진설계기준에 맞게 소방시설을 설치하여야 한다.

제8조【성능위주설계】 ① 연면적·높이·층수 등이 일정 규모 이상인 대통령령으로 정하는 특정소방대상물(신축하는 것만 해당한다)에 소방시설을 설치하려는 자는 성능위주설계를 하여야 한다.

② 제1항에 따라 소방시설을 설치하려는 자가 성능위주설계를 한 경우에는 「건축법」 제11조에 따른 건축허가

를 신청하기 전에 해당 특정소방대상물의 시공지 또는 소재지를 관할하는 소방서장에게 신고하여야 한다. 해당 특정소방대상물의 연면적·높이·층수의 변경 등 행정안전부령으로 정하는 사유로 신고한 성능위주설계를 변경하려는 경우에도 또한 같다.

③ 소방서장은 제2항에 따른 신고 또는 변경신고를 받은 경우 그 내용을 검토하여 이 법에 적합하면 신고를 수리하여야 한다.

④ 제2항에 따라 성능위주설계의 신고 또는 변경신고를 하려는 자는 해당 특정소방대상물이 「건축법」 제4조의2에 따른 건축위원회의 심의를 받아야 하는 건축물인 경우에는 그 심의를 신청하기 전에 성능위주설계의 기본설계도서(基本設計圖書) 등에 대해서 해당 특정소방대상물의 시공지 또는 소재지를 관할하는 소방서장의 사전검토를 받아야 한다.

⑤ 소방서장은 제2항 또는 제4항에 따라 성능위주설계의 신고, 변경신고 또는 사전검토 신청을 받은 경우에는 소방청 또는 관할 소방본부에 설치된 제9조제1항에 따른 성능위주설계평가단의 검토·평가를 거쳐야 한다. 다만, 소방서장은 신기술·신공법 등 검토·평가에 고도의 기술이 필요한 경우에는 제18조제1항에 따른 중앙소방기술심의위원회에 심의를 요청할 수 있다.

⑥ 소방서장은 제5항에 따른 검토·평가 결과 성능위주설계의 수정 또는 보완이 필요하다고 인정되는 경우에는 성능위주설계를 한 자에게 그 수정 또는 보완을 요청할 수 있으며, 수정 또는 보완 요청을 받은 자는 정당한 사유가 없으면 그 요청에 따라야 한다.

⑦ 제2항부터 제6항까지에서 규정한 사항 외에 성능위주설계의 신고, 변경신고 및 사전검토의 절차·방법 등에 필요한 사항과 성능위주설계의 기준은 행정안전부령으로 정한다.

제9조 【성능위주설계평가단】 ① 성능위주설계에 대한 전문적·기술적인 검토 및 평가를 위하여 소방청 또는 소방본부에 성능위주설계 평가단(이하 "평가단"이라 한다)을 둔다.

② 평가단에 소속되거나 소속되었던 사람은 평가단의 업무를 수행하면서 알게 된 비밀을 이 법에서 정한 목적 외의 용도로 사용하거나 다른 사람 또는 기관에 제공하거나 누설하여서는 아니 된다.

③ 평가단의 구성 및 운영 등에 필요한 사항은 행정안전부령으로 정한다.

제10조 【주택에 설치하는 소방시설】 ① 다음 각 호의 주택의 소유자는 소화기 등 대통령령으로 정하는 소방시설(이하 "주택용소방시설"이라 한다)을 설치하여야 한다.

1. 「건축법」 제2조제2항제1호의 단독주택
2. 「건축법」 제2조제2항제2호의 공동주택(아파트 및 기숙사는 제외한다)

② 국가 및 지방자치단체는 주택용소방시설의 설치 및 국민의 자율적인 안전관리를 촉진하기 위하여 필요한 시책을 마련하여야 한다.

③ 주택용소방시설의 설치기준 및 자율적인 안전관리 등에 관한 사항은 특별시·광역시·특별자치시·도 또는 특별자치도(이하 "시·도"라 한다)의 조례로 정한다.

제11조 【자동차에 설치 또는 비치하는 소화기】 ① 「자동차관리법」 제3조제1항에 따른 자동차 중 다음 각 호의 어느 하나에 해당하는 자동차를 제작·조립·수입·판매하려는 자 또는 해당 자동차의 소유자는 차량용 소화기를 설치하거나 비치하여야 한다.

1. 5인승 이상의 승용자동차
2. 승합자동차
3. 화물자동차
4. 특수자동차

② 제1항에 따른 차량용 소화기의 설치 또는 비치 기준은 행정안전부령으로 정한다.

③ 국토교통부장관은 「자동차관리법」 제43조제1항에 따른 자동차검사 시 차량용 소화기의 설치 또는 비치 여부 등을 확인하여야 하며, 그 결과를 매년 12월 31일까지 소방청장에게 통보하여야 한다.

[시행일: 2024.12.1.]

제2절 특정소방대상물에 설치하는 소방시설의 관리 등

제12조 【특정소방대상물에 설치하는 소방시설의 관리 등】

① 특정소방대상물의 관계인은 대통령령으로 정하는 소방시설을 화재안전기준에 따라 설치·관리하여야 한다. 이 경우 「장애인·노인·임산부 등의 편의증진 보장에 관한 법률」 제2조제1호에 따른 장애인등이 사용하는 소방시설(경보설비 및 피난구조설비를 말한다)은 대통령령으로 정하는 바에 따라 장애인등에 적합하게 설치·관리하여야 한다.

② 소방본부장이나 소방서장은 제1항에 따른 소방시설이 화재안전기준에 따라 설치·관리되고 있지 아니할 때에는 해당 특정소방대상물의 관계인에게 필요한 조치를 명할 수 있다.

③ 특정소방대상물의 관계인은 제1항에 따라 소방시설을 설치·관리하는 경우 화재 시 소방시설의 기능과 성능에 지장을 줄 수 있는 폐쇄(잠금을 포함한다. 이하 같다)·차단 등의 행위를 하여서는 아니 된다. 다만, 소방시설의 점검·정비를 위하여 필요한 경우 폐쇄·차단은 할 수

있다.

④ 소방청장은 제3항 단서에 따라 특정소방대상물의 관계인이 소방시설의 점검·정비를 위하여 폐쇄·차단을 하는 경우 안전을 확보하기 위하여 필요한 행동요령에 관한 지침을 마련하여 고시하여야 한다. <신설 2023.1.3.>

⑤ 소방청장, 소방본부장 또는 소방서장은 제1항에 따른 소방시설의 작동정보 등을 실시간으로 수집·분석할 수 있는 시스템(이하 "소방시설정보관리시스템"이라 한다)을 구축·운영할 수 있다. <개정 2023.1.3.>

⑥ 소방청장, 소방본부장 또는 소방서장은 제5항에 따른 작동정보를 해당 특정소방대상물의 관계인에게 통보하여야 한다. <개정 2023.1.3.>

⑦ 소방시설정보관리시스템 구축·운영의 대상은 「화재의 예방 및 안전관리에 관한 법률」 제24조제1항 전단에 따른 소방안전관리대상물 중 소방안전관리의 취약성 등을 고려하여 대통령령으로 정하고, 그 밖에 운영방법 및 통보 절차 등에 필요한 사항은 행정안전부령으로 정한다. <개정 2023.1.3.>

제13조【소방시설기준 적용의 특례】 ① 소방본부장이나 소방서장은 제12조제1항 전단에 따른 대통령령 또는 화재안전기준이 변경되어 그 기준이 강화되는 경우 기존의 특정소방대상물(건축물의 신축·개축·재축·이전 및 대수선 중인 특정소방대상물을 포함한다)의 소방시설에 대하여는 변경 전의 대통령령 또는 화재안전기준을 적용한다. 다만, 다음 각 호의 어느 하나에 해당하는 소방시설의 경우에는 대통령령 또는 화재안전기준의 변경으로 강화된 기준을 적용할 수 있다.

1. 다음 각 목의 소방시설 중 대통령령 또는 화재안전기준으로 정하는 것
   가. 소화기구
   나. 비상경보설비
   다. 자동화재탐지설비
   라. 자동화재속보설비
   마. 피난구조설비
2. 다음 각 목의 특정소방대상물에 설치하는 소방시설 중 대통령령 또는 화재안전기준으로 정하는 것
   가. 「국토의 계획 및 이용에 관한 법률」 제2조제9호에 따른 공동구
   나. 전력 및 통신사업용 지하구
   다. 노유자(老幼者) 시설
   라. 의료시설

② 소방본부장이나 소방서장은 특정소방대상물에 설치하여야 하는 소방시설 가운데 기능과 성능이 유사한 스프링클러설비, 물분무등소화설비, 비상경보설비 및 비상방송설비 등의 소방시설의 경우에는 대통령령으로 정하는 바에 따라 유사한 소방시설의 설치를 면제할 수 있다.

③ 소방본부장이나 소방서장은 기존의 특정소방대상물이 증축되거나 용도변경되는 경우에는 대통령령으로 정하는 바에 따라 증축 또는 용도변경 당시의 소방시설의 설치에 관한 대통령령 또는 화재안전기준을 적용한다.

④ 다음 각 호의 어느 하나에 해당하는 특정소방대상물 가운데 대통령령으로 정하는 특정소방대상물에는 제12조제1항 전단에도 불구하고 대통령령으로 정하는 소방시설을 설치하지 아니할 수 있다.

1. 화재 위험도가 낮은 특정소방대상물
2. 화재안전기준을 적용하기 어려운 특정소방대상물
3. 화재안전기준을 다르게 적용하여야 하는 특수한 용도 또는 구조를 가진 특정소방대상물
4. 「위험물안전관리법」 제19조에 따른 자체소방대가 설치된 특정소방대상물

⑤ 제4항 각 호의 어느 하나에 해당하는 특정소방대상물에 구조 및 원리 등에서 공법이 특수한 설계로 인정된 소방시설을 설치하는 경우에는 제18조제1항에 따른 중앙소방기술심의위원회의 심의를 거쳐 제12조제1항 전단에 따른 화재안전기준을 적용하지 아니할 수 있다.

제14조【특정소방대상물별로 설치하여야 하는 소방시설의 정비 등】 ① 제12조제1항에 따라 대통령령으로 소방시설을 정할 때에는 특정소방대상물의 규모·용도·수용인원 및 이용자 특성 등을 고려하여야 한다.

② 소방청장은 건축 환경 및 화재위험특성 변화사항을 효과적으로 반영할 수 있도록 제1항에 따른 소방시설 규정을 3년에 1회 이상 정비하여야 한다.

③ 소방청장은 건축 환경 및 화재위험특성 변화 추세를 체계적으로 연구하여 제2항에 따른 정비를 위한 개선방안을 마련하여야 한다.

④ 제3항에 따른 연구의 수행 등에 필요한 사항은 행정안전부령으로 정한다.

제15조【건설현장의 임시소방시설 설치 및 관리】 ① 「건설산업기본법」 제2조제4호에 따른 건설공사를 하는 자(이하 "공사시공자"라 한다)는 특정소방대상물의 신축·증축·개축·재축·이전·용도변경·대수선 또는 설비 설치 등을 위한 공사 현장에서 인화성(引火性) 물품을 취급하는 작업 등 대통령령으로 정하는 작업(이하 "화재위험작업"이라 한다)을 하기 전에 설치 및 철거가 쉬운 화재대비시설(이하 "임시소방시설"이라 한다)을 설치하고 관리하여야 한다.

② 제1항에도 불구하고 소방시설공사업자가 화재위험작업 현장에 소방시설 중 임시소방시설과 기능 및 성능이

유사한 것으로서 대통령령으로 정하는 소방시설을 화재안전기준에 맞게 설치 및 관리하고 있는 경우에는 공사시공자가 임시소방시설을 설치하고 관리한 것으로 본다.

③ 소방본부장 또는 소방서장은 제1항이나 제2항에 따라 임시소방시설 또는 소방시설이 설치 및 관리되지 아니할 때에는 해당 공사시공자에게 필요한 조치를 명할 수 있다.

④ 제1항에 따라 임시소방시설을 설치하여야 하는 공사의 종류와 규모, 임시소방시설의 종류 등에 필요한 사항은 대통령령으로 정하고, 임시소방시설의 설치 및 관리 기준은 소방청장이 정하여 고시한다.

제16조【피난시설, 방화구획 및 방화시설의 관리】① 특정소방대상물의 관계인은 「건축법」 제49조에 따른 피난시설, 방화구획 및 방화시설에 대하여 정당한 사유가 없는 한 다음 각 호의 행위를 하여서는 아니 된다.

1. 피난시설, 방화구획 및 방화시설을 폐쇄하거나 훼손하는 등의 행위
2. 피난시설, 방화구획 및 방화시설의 주위에 물건을 쌓아두거나 장애물을 설치하는 행위
3. 피난시설, 방화구획 및 방화시설의 용도에 장애를 주거나 「소방기본법」 제16조에 따른 소방활동에 지장을 주는 행위
4. 그 밖에 피난시설, 방화구획 및 방화시설을 변경하는 행위

② 소방본부장이나 소방서장은 특정소방대상물의 관계인이 제1항 각 호의 어느 하나에 해당하는 행위를 한 경우에는 피난시설, 방화구획 및 방화시설의 관리를 위하여 필요한 조치를 명할 수 있다.

제17조【소방용품의 내용연수 등】① 특정소방대상물의 관계인은 내용연수가 경과한 소방용품을 교체하여야 한다. 이 경우 내용연수를 설정하여야 하는 소방용품의 종류 및 그 내용연수 연한에 필요한 사항은 대통령령으로 정한다.

② 제1항에도 불구하고 행정안전부령으로 정하는 절차 및 방법 등에 따라 소방용품의 성능을 확인받은 경우에는 그 사용기한을 연장할 수 있다.

제18조【소방기술심의위원회】① 다음 각 호의 사항을 심의하기 위하여 소방청에 중앙소방기술심의위원회(이하 "중앙위원회"라 한다)를 둔다.

1. 화재안전기준에 관한 사항
2. 소방시설의 구조 및 원리 등에서 공법이 특수한 설계 및 시공에 관한 사항
3. 소방시설의 설계 및 공사감리의 방법에 관한 사항
4. 소방시설공사의 하자를 판단하는 기준에 관한 사항
5. 제8조제5항 단서에 따라 신기술·신공법 등 검토·평가에 고도의 기술이 필요한 경우로서 중앙위원회에 심의를 요청한 사항
6. 그 밖에 소방기술 등에 관하여 대통령령으로 정하는 사항

② 다음 각 호의 사항을 심의하기 위하여 시·도에 지방소방기술심의위원회(이하 "지방위원회"라 한다)를 둔다.

1. 소방시설에 하자가 있는지의 판단에 관한 사항
2. 그 밖에 소방기술 등에 관하여 대통령령으로 정하는 사항

③ 중앙위원회 및 지방위원회의 구성·운영 등에 필요한 사항은 대통령령으로 정한다.

제19조【화재안전기준의 관리·운영】① 소방청장은 화재안전기준을 효율적으로 관리·운영하기 위하여 다음 각 호의 업무를 수행하여야 한다.

1. 화재안전기준의 제정·개정 및 운영
2. 화재안전기준의 연구·개발 및 보급
3. 화재안전기준의 검증 및 평가
4. 화재안전기준의 정보체계 구축
5. 화재안전기준에 대한 교육 및 홍보
6. 국외 화재안전기준의 제도·정책 동향 조사·분석
7. 화재안전기준 발전을 위한 국제협력
8. 그 밖에 화재안전기준 발전을 위하여 대통령령으로 정하는 사항

제3절 방염

제20조【특정소방대상물의 방염 등】① 대통령령으로 정하는 특정소방대상물에 실내장식 등의 목적으로 설치 또는 부착하는 물품으로서 대통령령으로 정하는 물품(이하 "방염대상물품"이라 한다)은 방염성능기준 이상의 것으로 설치하여야 한다.

② 소방본부장 또는 소방서장은 방염대상물품이 제1항에 따른 방염성능기준에 미치지 못하거나 제21조제1항에 따른 방염성능검사를 받지 아니한 것이면 특정소방대상물의 관계인에게 방염대상물품을 제거하도록 하거나 방염성능검사를 받도록 하는 등 필요한 조치를 명할 수 있다.

③ 제1항에 따른 방염성능기준은 대통령령으로 정한다.

제21조【방염성능의 검사】① 제20조제1항에 따른 특정소방대상물에 사용하는 방염대상물품은 소방청장이 실시하는 방염성능검사를 받은 것이어야 한다. 다만, 대통령령으로 정하는 방염대상물품의 경우에는 특별시장·광역시장·특별자치시장·도지사 또는 특별자치도지사(이하

"시·도지사"라 한다)가 실시하는 방염성능검사를 받은 것이어야 한다.

② 「소방시설공사업법」 제4조에 따라 방염처리업의 등록을 한 자는 제1항에 따른 방염성능검사를 할 때에 거짓 시료(試料)를 제출하여서는 아니 된다.

③ 제1항에 따른 방염성능검사의 방법과 검사 결과에 따른 합격 표시 등에 필요한 사항은 행정안전부령으로 정한다.

제3장 소방시설등의 자체점검

제22조 【소방시설등의 자체점검】 ① 특정소방대상물의 관계인은 그 대상물에 설치되어 있는 소방시설등이 이 법이나 이 법에 따른 명령 등에 적합하게 설치·관리되고 있는지에 대하여 다음 각 호의 구분에 따른 기간 내에 스스로 점검하거나 제34조에 따른 점검능력 평가를 받은 관리업자 또는 행정안전부령으로 정하는 기술자격자(이하 "관리업자등"이라 한다)로 하여금 정기적으로 점검(이하 "자체점검"이라 한다)하게 하여야 한다. 이 경우 관리업자등이 점검한 경우에는 그 점검 결과를 행정안전부령으로 정하는 바에 따라 관계인에게 제출하여야 한다.

1. 해당 특정소방대상물의 소방시설등이 신설된 경우: 「건축법」 제22조에 따라 건축물을 사용할 수 있게 된 날부터 60일
2. 제1호 외의 경우: 행정안전부령으로 정하는 기간

② 자체점검의 구분 및 대상, 점검인력의 배치기준, 점검자의 자격, 점검 장비, 점검 방법 및 횟수 등 자체점검 시 준수하여야 할 사항은 행정안전부령으로 정한다.

③ 제1항에 따라 관리업자등으로 하여금 자체점검하게 하는 경우의 점검 대가는 「엔지니어링산업 진흥법」 제31조에 따른 엔지니어링사업의 대가 기준 가운데 행정안전부령으로 정하는 방식에 따라 산정한다.

④ 제3항에도 불구하고 소방청장은 소방시설등 자체점검에 대한 품질확보를 위하여 필요하다고 인정하는 경우에는 특정소방대상물의 규모, 소방시설등의 종류 및 점검인력 등에 따라 관계인이 부담하여야 할 자체점검 비용의 표준이 될 금액(이하 "표준자체점검비"라 한다)을 정하여 공표하거나 관리업자등에게 이를 소방시설등 자체점검에 관한 표준가격으로 활용하도록 권고할 수 있다.

⑤ 표준자체점검비의 공표 방법 등에 관하여 필요한 사항은 소방청장이 정하여 고시한다.

⑥ 관계인은 천재지변이나 그 밖에 대통령령으로 정하는 사유로 자체점검을 실시하기 곤란한 경우에는 대통령령으로 정하는 바에 따라 소방본부장 또는 소방서장에게 면제 또는 연기 신청을 할 수 있다. 이 경우 소방본부장 또는 소방서장은 그 면제 또는 연기 신청 승인 여부를 결정하고 그 결과를 관계인에게 알려주어야 한다.

제23조 【소방시설등의 자체점검 결과의 조치 등】 ① 특정소방대상물의 관계인은 제22조제1항에 따른 자체점검 결과 소화펌프 고장 등 대통령령으로 정하는 중대위반사항(이하 이 조에서 "중대위반사항"이라 한다)이 발견된 경우에는 지체 없이 수리 등 필요한 조치를 하여야 한다.

② 관리업자등은 자체점검 결과 중대위반사항을 발견한 경우 즉시 관계인에게 알려야 한다. 이 경우 관계인은 지체 없이 수리 등 필요한 조치를 하여야 한다.

③ 특정소방대상물의 관계인은 제22조제1항에 따라 자체점검을 한 경우에는 그 점검 결과를 행정안전부령으로 정하는 바에 따라 소방시설등에 대한 수리·교체·정비에 관한 이행계획(중대위반사항에 대한 조치사항을 포함한다. 이하 이 조에서 같다)을 첨부하여 소방본부장 또는 소방서장에게 보고하여야 한다. 이 경우 소방본부장 또는 소방서장은 점검 결과 및 이행계획이 적합하지 아니하다고 인정되는 경우에는 관계인에게 보완을 요구할 수 있다.

④ 특정소방대상물의 관계인은 제3항에 따른 이행계획을 행정안전부령으로 정하는 바에 따라 기간 내에 완료하고, 소방본부장 또는 소방서장에게 이행계획 완료 결과를 보고하여야 한다. 이 경우 소방본부장 또는 소방서장은 이행계획 완료 결과가 거짓 또는 허위로 작성되었다고 판단되는 경우에는 해당 특정소방대상물을 방문하여 그 이행계획 완료 여부를 확인할 수 있다.

⑤ 제4항에도 불구하고 특정소방대상물의 관계인은 천재지변이나 그 밖에 대통령령으로 정하는 사유로 제3항에 따른 이행계획을 완료하기 곤란한 경우에는 소방본부장 또는 소방서장에게 대통령령으로 정하는 바에 따라 이행계획 완료를 연기하여 줄 것을 신청할 수 있다. 이 경우 소방본부장 또는 소방서장은 연기 신청 승인 여부를 결정하고 그 결과를 관계인에게 알려주어야 한다.

제24조 【점검기록표 게시 등】 ① 제23조제3항에 따라 자체점검 결과 보고를 마친 관계인은 관리업자등, 점검일시, 점검자 등 자체점검과 관련된 사항을 점검기록표에 기록하여 특정소방대상물의 출입자가 쉽게 볼 수 있는 장소에 게시하여야 한다. 이 경우 점검기록표의 기록 등에 필요한 사항은 행정안전부령으로 정한다.

② 소방본부장 또는 소방서장은 다음 각 호의 사항을 제48조에 따른 전산시스템 또는 인터넷 홈페이지 등을 통하여 국민에게 공개할 수 있다. 이 경우 공개 절차, 공개

기간 및 공개 방법 등 필요한 사항은 대통령령으로 정한다.

1. 자체점검 기간 및 점검자
2. 특정소방대상물의 정보 및 자체점검 결과
3. 그 밖에 소방본부장 또는 소방서장이 특정소방대상물을 이용하는 불특정다수인의 안전을 위하여 공개가 필요하다고 인정하는 사항

제4장 소방시설관리사 및 소방시설관리업

제1절 소방시설관리사

제25조【소방시설관리사】① 소방시설관리사(이하 "관리사"라 한다)가 되려는 사람은 소방청장이 실시하는 관리사시험에 합격하여야 한다.

② 제1항에 따른 관리사시험의 응시자격, 시험방법, 시험과목, 시험위원, 그 밖에 관리사시험에 필요한 사항은 대통령령으로 정한다.

③ 관리사시험의 최종 합격자 발표일을 기준으로 제27조의 결격사유에 해당하는 사람은 관리사 시험에 응시할 수 없다.

④ 소방기술사 등 대통령령으로 정하는 사람에 대하여는 대통령령으로 정하는 바에 따라 제2항에 따른 관리사시험 과목 가운데 일부를 면제할 수 있다.

⑤ 소방청장은 제1항에 따른 관리사시험에 합격한 사람에게는 행정안전부령으로 정하는 바에 따라 소방시설관리사증을 발급하여야 한다.

⑥ 제5항에 따라 소방시설관리사증을 발급받은 사람이 소방시설관리사증을 잃어버렸거나 못 쓰게 된 경우에는 행정안전부령으로 정하는 바에 따라 소방시설관리사증을 재발급받을 수 있다.

⑦ 관리사는 제5항 또는 제6항에 따라 발급 또는 재발급받은 소방시설관리사증을 다른 사람에게 빌려주거나 빌려서는 아니 되며, 이를 알선하여서도 아니 된다.

⑧ 관리사는 동시에 둘 이상의 업체에 취업하여서는 아니 된다.

⑨ 제22조제1항에 따른 기술자격자 및 제29조제2항에 따라 관리업의 기술인력으로 등록된 관리사는 이 법과 이 법에 따른 명령에 따라 성실하게 자체점검 업무를 수행하여야 한다.

제26조【부정행위자에 대한 제재】 소방청장은 시험에서 부정한 행위를 한 응시자에 대하여는 그 시험을 정지 또는 무효로 하고, 그 처분이 있은 날부터 2년간 시험 응시자격을 정지한다.

제27조【관리사의 결격사유】 다음 각 호의 어느 하나에 해당하는 사람은 관리사가 될 수 없다.

1. 피성년후견인
2. 이 법, 「소방기본법」, 「화재의 예방 및 안전관리에 관한 법률」, 「소방시설공사업법」 또는 「위험물안전관리법」을 위반하여 금고 이상의 실형을 선고받고 그 집행이 끝나거나(집행이 끝난 것으로 보는 경우를 포함한다) 집행이 면제된 날부터 2년이 지나지 아니한 사람
3. 이 법, 「소방기본법」, 「화재의 예방 및 안전관리에 관한 법률」, 「소방시설공사업법」 또는 「위험물안전관리법」을 위반하여 금고 이상의 형의 집행유예를 선고받고 그 유예기간 중에 있는 사람
4. 제28조에 따라 자격이 취소(이 조 제1호에 해당하여 자격이 취소된 경우는 제외한다)된 날부터 2년이 지나지 아니한 사람

제28조【자격의 취소·정지】① 소방청장은 관리사가 다음 각 호의 어느 하나에 해당할 때에는 행정안전부령으로 정하는 바에 따라 그 자격을 취소하거나 1년 이내의 기간을 정하여 그 자격의 정지를 명할 수 있다. 다만, 제1호, 제4호, 제5호 또는 제7호에 해당하면 그 자격을 취소하여야 한다.

1. 거짓이나 그 밖의 부정한 방법으로 시험에 합격한 경우
2. 「화재의 예방 및 안전관리에 관한 법률」 제25조제2항에 따른 대행인력의 배치기준·자격·방법 등 준수사항을 지키지 아니한 경우
3. 제22조에 따른 점검을 하지 아니하거나 거짓으로 한 경우
4. 제25조제7항을 위반하여 소방시설관리사증을 다른 사람에게 빌려준 경우
5. 제25조제8항을 위반하여 동시에 둘 이상의 업체에 취업한 경우
6. 제25조제9항을 위반하여 성실하게 자체점검 업무를 수행하지 아니한 경우
7. 제27조 각 호의 어느 하나에 따른 결격사유에 해당하게 된 경우

제2절 소방시설관리업

제29조【소방시설관리업의 등록 등】① 소방시설등의 점검 및 관리를 업으로 하려는 자 또는 「화재의 예방 및 안전관리에 관한 법률」 제25조에 따른 소방안전관리업무의 대행을 하려는 자는 대통령령으로 정하는 업종별로

시·도지사에게 소방시설관리업(이하 "관리업"이라 한다) 등록을 하여야 한다.

② 제1항에 따른 업종별 기술인력 등 관리업의 등록기준 및 영업범위 등에 필요한 사항은 대통령령으로 정한다.

③ 관리업의 등록신청과 등록증·등록수첩의 발급·재발급 신청, 그 밖에 관리업의 등록에 필요한 사항은 행정안전부령으로 정한다.

제30조【등록의 결격사유】 다음 각 호의 어느 하나에 해당하는 자는 관리업의 등록을 할 수 없다.

1. 피성년후견인
2. 이 법, 「소방기본법」, 「화재의 예방 및 안전관리에 관한 법률」, 「소방시설공사업법」 또는 「위험물안전관리법」을 위반하여 금고 이상의 실형을 선고받고 그 집행이 끝나거나(집행이 끝난 것으로 보는 경우를 포함한다) 집행이 면제된 날부터 2년이 지나지 아니한 사람
3. 이 법, 「소방기본법」, 「화재의 예방 및 안전관리에 관한 법률」, 「소방시설공사업법」 또는 「위험물안전관리법」을 위반하여 금고 이상의 형의 집행유예를 선고받고 그 유예기간 중에 있는 사람
4. 제35조제1항에 따라 관리업의 등록이 취소(제1호에 해당하여 등록이 취소된 경우는 제외한다)된 날부터 2년이 지나지 아니한 자
5. 임원 중에 제1호부터 제4호까지의 어느 하나에 해당하는 사람이 있는 법인

제31조【등록사항의 변경신고】 관리업자(관리업의 등록을 한 자를 말한다. 이하 같다)는 제29조에 따라 등록한 사항 중 행정안전부령으로 정하는 중요 사항이 변경되었을 때에는 행정안전부령으로 정하는 바에 따라 시·도지사에게 변경사항을 신고하여야 한다.

제32조【관리업자의 지위승계】 ① 다음 각 호의 어느 하나에 해당하는 자는 종전의 관리업자의 지위를 승계한다.

1. 관리업자가 사망한 경우 그 상속인
2. 관리업자가 그 영업을 양도한 경우 그 양수인
3. 법인인 관리업자가 합병한 경우 합병 후 존속하는 법인이나 합병으로 설립되는 법인

② 「민사집행법」에 따른 경매, 「채무자 회생 및 파산에 관한 법률」에 따른 환가, 「국세징수법」, 「관세법」 또는 「지방세징수법」에 따른 압류재산의 매각과 그 밖에 이에 준하는 절차에 따라 관리업의 시설 및 장비의 전부를 인수한 자는 종전의 관리업자의 지위를 승계한다.

③ 제1항이나 제2항에 따라 종전의 관리업자의 지위를 승계한 자는 행정안전부령으로 정하는 바에 따라 시·도지사에게 신고하여야 한다.

④ 제1항이나 제2항에 따라 지위를 승계한 자의 결격사유에 관하여는 제30조를 준용한다. 다만, 상속인이 제30조 각 호의 어느 하나에 해당하는 경우에는 상속받은 날부터 3개월 동안은 그러하지 아니하다.

제33조【관리업의 운영】 ① 관리업자는 이 법이나 이 법에 따른 명령 등에 맞게 소방시설등을 점검하거나 관리하여야 한다.

② 관리업자는 관리업의 등록증이나 등록수첩을 다른 자에게 빌려주거나 빌려서는 아니 되며, 이를 알선하여서도 아니 된다.

③ 관리업자는 다음 각 호의 어느 하나에 해당하는 경우에는 「화재의 예방 및 안전관리에 관한 법률」 제25조에 따라 소방안전관리업무를 대행하게 하거나 제22조제1항에 따라 소방시설등의 점검업무를 수행하게 한 특정소방대상물의 관계인에게 지체 없이 그 사실을 알려야 한다.

1. 제32조에 따라 관리업자의 지위를 승계한 경우
2. 제35조제1항에 따라 관리업의 등록취소 또는 영업정지 처분을 받은 경우
3. 휴업 또는 폐업을 한 경우

④ 관리업자는 제22조제1항 및 제2항에 따라 자체점검을 하거나 「화재의 예방 및 안전관리에 관한 법률」 제25조에 따른 소방안전관리업무의 대행을 하는 때에는 행정안전부령으로 정하는 바에 따라 소속 기술인력을 참여시켜야 한다.

⑤ 제35조제1항에 따라 등록취소 또는 영업정지 처분을 받은 관리업자는 그 날부터 소방안전관리업무를 대행하거나 소방시설등에 대한 점검을 하여서는 아니 된다. 다만, 영업정지처분의 경우 도급계약이 해지되지 아니한 때에는 대행 또는 점검 중에 있는 특정소방대상물의 소방안전관리업무 대행과 자체점검은 할 수 있다.

제34조【점검능력 평가 및 공시 등】 ① 소방청장은 특정소방대상물의 관계인이 적정한 관리업자를 선정할 수 있도록 하기 위하여 관리업자의 신청이 있는 경우 해당 관리업자의 점검능력을 종합적으로 평가하여 공시하여야 한다.

② 제1항에 따라 점검능력 평가를 신청하려는 관리업자는 소방시설등의 점검실적을 증명하는 서류 등을 행정안전부령으로 정하는 바에 따라 소방청장에게 제출하여야 한다.

③ 제1항에 따른 점검능력 평가 및 공시방법, 수수료 등 필요한 사항은 행정안전부령으로 정한다.

④ 소방청장은 제1항에 따른 점검능력을 평가하기 위하여 관리업자의 기술인력, 장비 보유현황, 점검실적 및 행정처분 이력 등 필요한 사항에 대하여 데이터베이스를 구축·운영할 수 있다.

제35조【등록의 취소와 영업정지 등】 ① 시·도지사는 관리업자가 다음 각 호의 어느 하나에 해당하는 경우에는 행정안전부령으로 정하는 바에 따라 그 등록을 취소하거나 6개월 이내의 기간을 정하여 이의 시정이나 그 영업의 정지를 명할 수 있다. 다만, 제1호·제4호 또는 제5호에 해당할 때에는 등록을 취소하여야 한다.

1. 거짓이나 그 밖의 부정한 방법으로 등록을 한 경우
2. 제22조에 따른 점검을 하지 아니하거나 거짓으로 한 경우
3. 제29조제2항에 따른 등록기준에 미달하게 된 경우
4. 제30조 각 호의 어느 하나에 해당하게 된 경우. 다만, 제30조제5호에 해당하는 법인으로서 결격사유에 해당하게 된 날부터 2개월 이내에 그 임원을 결격사유가 없는 임원으로 바꾸어 선임한 경우는 제외한다.
5. 제33조제2항을 위반하여 등록증 또는 등록수첩을 빌려준 경우
6. 제34조제1항에 따른 점검능력 평가를 받지 아니하고 자체점검을 한 경우

② 제32조에 따라 관리업자의 지위를 승계한 상속인이 제30조 각 호의 어느 하나에 해당하는 경우에는 상속을 개시한 날부터 6개월 동안은 제1항제4호를 적용하지 아니한다.

제36조【과징금처분】 ① 시·도지사는 제35조제1항에 따라 영업정지를 명하는 경우로서 그 영업정지가 이용자에게 불편을 주거나 그 밖에 공익을 해칠 우려가 있을 때에는 영업정지처분을 갈음하여 3천만원 이하의 과징금을 부과할 수 있다.

② 제1항에 따른 과징금을 부과하는 위반행위의 종류와 위반 정도 등에 따른 과징금의 금액, 그 밖에 필요한 사항은 행정안전부령으로 정한다.

③ 시·도지사는 제1항에 따른 과징금을 내야 하는 자가 납부기한까지 내지 아니하면 「지방행정제재·부과금의 징수 등에 관한 법률」에 따라 징수한다.

④ 시·도지사는 제1항에 따른 과징금의 부과를 위하여 필요한 경우에는 다음 각 호의 사항을 적은 문서로 관할 세무관서의 장에게 「국세기본법」 제81조의13에 따른 과세정보의 제공을 요청할 수 있다.

1. 납세자의 인적사항
2. 과세정보의 사용 목적
3. 과징금의 부과 기준이 되는 매출액

제5장 소방용품의 품질관리

제37조【소방용품의 형식승인 등】 ① 대통령령으로 정하는 소방용품을 제조하거나 수입하려는 자는 소방청장의 형식승인을 받아야 한다. 다만, 연구개발 목적으로 제조하거나 수입하는 소방용품은 그러하지 아니하다.

② 제1항에 따른 형식승인을 받으려는 자는 행정안전부령으로 정하는 기준에 따라 형식승인을 위한 시험시설을 갖추고 소방청장의 심사를 받아야 한다. 다만, 소방용품을 수입하는 자가 판매를 목적으로 하지 아니하고 자신의 건축물에 직접 설치하거나 사용하려는 경우 등 행정안전부령으로 정하는 경우에는 시험시설을 갖추지 아니할 수 있다.

③ 제1항과 제2항에 따라 형식승인을 받은 자는 그 소방용품에 대하여 소방청장이 실시하는 제품검사를 받아야 한다.

④ 제1항에 따른 형식승인의 방법·절차 등과 제3항에 따른 제품검사의 구분·방법·순서·합격표시 등에 필요한 사항은 행정안전부령으로 정한다.

⑤ 소방용품의 형상·구조·재질·성분·성능 등(이하 "형상등"이라 한다)의 형식승인 및 제품검사의 기술기준 등에 필요한 사항은 소방청장이 정하여 고시한다.

⑥ 누구든지 다음 각 호의 어느 하나에 해당하는 소방용품을 판매하거나 판매 목적으로 진열하거나 소방시설공사에 사용할 수 없다.

1. 형식승인을 받지 아니한 것
2. 형상등을 임의로 변경한 것
3. 제품검사를 받지 아니하거나 합격표시를 하지 아니한 것

⑦ 소방청장, 소방본부장 또는 소방서장은 제6항을 위반한 소방용품에 대하여는 그 제조자·수입자·판매자 또는 시공자에게 수거·폐기 또는 교체 등 행정안전부령으로 정하는 필요한 조치를 명할 수 있다.

⑧ 소방청장은 소방용품의 작동기능, 제조방법, 부품 등이 제5항에 따라 소방청장이 고시하는 형식승인 및 제품검사의 기술기준에서 정하고 있는 방법이 아닌 새로운 기술이 적용된 제품의 경우에는 관련 전문가의 평가를 거쳐 행정안전부령으로 정하는 바에 따라 제4항에 따른 방법 및 절차와 다른 방법 및 절차로 형식승인을 할 수 있으며, 외국의 공인기관으로부터 인정받은 신기술 제품은 형식승인을 위한 시험 중 일부를 생략하여 형식승인을 할 수 있다.

⑨ 다음 각 호의 어느 하나에 해당하는 소방용품의 형식승인 내용에 대하여 공인기관의 평가 결과가 있는 경우

형식승인 및 제품검사 시험 중 일부만을 적용하여 형식승인 및 제품검사를 할 수 있다.

1. 「군수품관리법」 제2조에 따른 군수품
2. 주한외국공관 또는 주한외국군 부대에서 사용되는 소방용품
3. 외국의 차관이나 국가 간의 협약 등에 따라 건설되는 공사에 사용되는 소방용품으로서 사전에 합의된 것
4. 그 밖에 특수한 목적으로 사용되는 소방용품으로서 소방청장이 인정하는 것

⑩ 하나의 소방용품에 두 가지 이상의 형식승인 사항 또는 형식승인과 성능인증 사항이 결합된 경우에는 두 가지 이상의 형식승인 또는 형식승인과 성능인증 시험을 함께 실시하고 하나의 형식승인을 할 수 있다.

⑪ 제9항 및 제10항에 따른 형식승인의 방법 및 절차 등에 필요한 사항은 행정안전부령으로 정한다.

제38조【형식승인의 변경】 ① 제37조제1항 및 제10항에 따른 형식승인을 받은 자가 해당 소방용품에 대하여 형상등의 일부를 변경하려면 소방청장의 변경승인을 받아야 한다.

② 제1항에 따른 변경승인의 대상·구분·방법 및 절차 등에 필요한 사항은 행정안전부령으로 정한다.

제39조【형식승인의 취소 등】 ① 소방청장은 소방용품의 형식승인을 받았거나 제품검사를 받은 자가 다음 각 호의 어느 하나에 해당할 때에는 행정안전부령으로 정하는 바에 따라 그 형식승인을 취소하거나 6개월 이내의 기간을 정하여 제품검사의 중지를 명할 수 있다. 다만, 제1호·제3호 또는 제5호의 경우에는 해당 소방용품의 형식승인을 취소하여야 한다.

1. 거짓이나 그 밖의 부정한 방법으로 제37조제1항 및 제10항에 따른 형식승인을 받은 경우
2. 제37조제2항에 따른 시험시설의 시설기준에 미달되는 경우
3. 거짓이나 그 밖의 부정한 방법으로 제37조제3항에 따른 제품검사를 받은 경우
4. 제품검사 시 제37조제5항에 따른 기술기준에 미달되는 경우
5. 제38조에 따른 변경승인을 받지 아니하거나 거짓이나 그 밖의 부정한 방법으로 변경승인을 받은 경우

② 제1항에 따라 소방용품의 형식승인이 취소된 자는 그 취소된 날부터 2년 이내에는 형식승인이 취소된 소방용품과 동일한 품목에 대하여 형식승인을 받을 수 없다.

제40조【소방용품의 성능인증 등】 ① 소방청장은 제조자 또는 수입자 등의 요청이 있는 경우 소방용품에 대하여 성능인증을 할 수 있다.

② 제1항에 따라 성능인증을 받은 자는 그 소방용품에 대하여 소방청장의 제품검사를 받아야 한다.

③ 제1항에 따른 성능인증의 대상·신청·방법 및 성능인증서 발급에 관한 사항과 제2항에 따른 제품검사의 구분·대상·절차·방법·합격표시 및 수수료 등에 필요한 사항은 행정안전부령으로 정한다.

④ 제1항에 따른 성능인증 및 제2항에 따른 제품검사의 기술기준 등에 필요한 사항은 소방청장이 정하여 고시한다.

⑤ 제2항에 따른 제품검사에 합격하지 아니한 소방용품에는 성능인증을 받았다는 표시를 하거나 제품검사에 합격하였다는 표시를 하여서는 아니 되며, 제품검사를 받지 아니하거나 합격표시를 하지 아니한 소방용품을 판매 또는 판매 목적으로 진열하거나 소방시설공사에 사용하여서는 아니 된다.

⑥ 하나의 소방용품에 성능인증 사항이 두 가지 이상 결합된 경우에는 해당 성능인증 시험을 모두 실시하고 하나의 성능인증을 할 수 있다.

⑦ 제6항에 따른 성능인증의 방법 및 절차 등에 필요한 사항은 행정안전부령으로 정한다.

제41조【성능인증의 변경】 ① 제40조제1항 및 제6항에 따른 성능인증을 받은 자가 해당 소방용품에 대하여 형상등의 일부를 변경하려면 소방청장의 변경인증을 받아야 한다.

② 제1항에 따른 변경인증의 대상·구분·방법 및 절차 등에 필요한 사항은 행정안전부령으로 정한다.

제42조【성능인증의 취소 등】 ① 소방청장은 소방용품의 성능인증을 받았거나 제품검사를 받은 자가 다음 각 호의 어느 하나에 해당하는 때에는 행정안전부령으로 정하는 바에 따라 해당 소방용품의 성능인증을 취소하거나 6개월 이내의 기간을 정하여 해당 소방용품의 제품검사 중지를 명할 수 있다. 다만, 제1호·제2호 또는 제5호에 해당하는 경우에는 해당 소방용품의 성능인증을 취소하여야 한다.

1. 거짓이나 그 밖의 부정한 방법으로 제40조제1항 및 제6항에 따른 성능인증을 받은 경우
2. 거짓이나 그 밖의 부정한 방법으로 제40조제2항에 따른 제품검사를 받은 경우
3. 제품검사 시 제40조제4항에 따른 기술기준에 미달되는 경우
4. 제40조제5항을 위반한 경우
5. 제41조에 따라 변경인증을 받지 아니하고 해당 소방용품에 대하여 형상등의 일부를 변경하거나 거짓이나 그 밖의 부정한 방법으로 변경인증을 받은 경우

② 제1항에 따라 소방용품의 성능인증이 취소된 자는 그 취소된 날부터 2년 이내에는 성능인증이 취소된 소방용품과 동일한 품목에 대하여는 성능인증을 받을 수 없다.

제43조 【우수품질 제품에 대한 인증】 ① 소방청장은 제37조에 따른 형식승인의 대상이 되는 소방용품 중 품질이 우수하다고 인정하는 소방용품에 대하여 인증(이하 "우수품질인증"이라 한다)을 할 수 있다.

② 우수품질인증을 받으려는 자는 행정안전부령으로 정하는 바에 따라 소방청장에게 신청하여야 한다.

③ 우수품질인증을 받은 소방용품에는 우수품질인증 표시를 할 수 있다.

④ 우수품질인증의 유효기간은 5년의 범위에서 행정안전부령으로 정한다.

⑤ 소방청장은 다음 각 호의 어느 하나에 해당하는 경우에는 우수품질인증을 취소할 수 있다. 다만, 제1호에 해당하는 경우에는 우수품질인증을 취소하여야 한다.

1. 거짓이나 그 밖의 부정한 방법으로 우수품질인증을 받은 경우
2. 우수품질인증을 받은 제품이 「발명진흥법」 제2조제4호에 따른 산업재산권 등 타인의 권리를 침해하였다고 판단되는 경우

⑥ 제1항부터 제5항까지에서 규정한 사항 외에 우수품질인증을 위한 기술기준, 제품의 품질관리 평가, 우수품질인증의 갱신, 수수료, 인증표시 등 우수품질인증에 필요한 사항은 행정안전부령으로 정한다.

제44조 【우수품질인증 소방용품에 대한 지원 등】 다음 각 호의 어느 하나에 해당하는 기관 및 단체는 건축물의 신축·증축 및 개축 등으로 소방용품을 변경 또는 신규 비치하여야 하는 경우 우수품질인증 소방용품을 우선 구매·사용하도록 노력하여야 한다.

1. 중앙행정기관
2. 지방자치단체
3. 「공공기관의 운영에 관한 법률」 제4조에 따른 공공기관(이하 "공공기관"이라 한다)
4. 그 밖에 대통령령으로 정하는 기관

제45조 【소방용품의 제품검사 후 수집검사 등】 ① 소방청장은 소방용품의 품질관리를 위하여 필요하다고 인정할 때에는 유통 중인 소방용품을 수집하여 검사할 수 있다.

② 소방청장은 제1항에 따른 수집검사 결과 행정안전부령으로 정하는 중대한 결함이 있다고 인정되는 소방용품에 대하여는 그 제조자 및 수입자에게 행정안전부령으로 정하는 바에 따라 회수·교환·폐기 또는 판매중지를 명하고, 형식승인 또는 성능인증을 취소할 수 있다.

③ 제2항에 따라 소방용품의 회수·교환·폐기 또는 판매중지 명령을 받은 제조자 및 수입자는 해당 소방용품이 이미 판매되어 사용 중인 경우 행정안전부령으로 정하는 바에 따라 구매자에게 그 사실을 알리고 회수 또는 교환 등 필요한 조치를 하여야 한다.

④ 소방청장은 제2항에 따라 회수·교환·폐기 또는 판매중지를 명하거나 형식승인 또는 성능인증을 취소한 때에는 행정안전부령으로 정하는 바에 따라 그 사실을 소방청 홈페이지 등에 공표하여야 한다.

제6장 보칙

제46조 【제품검사 전문기관의 지정 등】 ① 소방청장은 제37조제3항 및 제40조제2항에 따른 제품검사를 전문적·효율적으로 실시하기 위하여 다음 각 호의 요건을 모두 갖춘 기관을 제품검사 전문기관(이하 "전문기관"이라 한다)으로 지정할 수 있다.

1. 다음 각 목의 어느 하나에 해당하는 기관일 것
   가. 「과학기술분야 정부출연연구기관 등의 설립·운영 및 육성에 관한 법률」 제8조에 따라 설립된 연구기관
   나. 공공기관
   다. 소방용품의 시험·검사 및 연구를 주된 업무로 하는 비영리 법인
2. 「국가표준기본법」 제23조에 따라 인정을 받은 시험·검사기관일 것
3. 행정안전부령으로 정하는 검사인력 및 검사설비를 갖추고 있을 것
4. 기관의 대표자가 제27조제1호부터 제3호까지의 어느 하나에 해당하지 아니할 것
5. 제47조에 따라 전문기관의 지정이 취소된 경우 그 지정이 취소된 날부터 2년이 경과하였을 것

② 전문기관 지정의 방법 및 절차 등에 필요한 사항은 행정안전부령으로 정한다.

③ 소방청장은 제1항에 따라 전문기관을 지정하는 경우에는 소방용품의 품질 향상, 제품검사의 기술개발 등에 드는 비용을 부담하게 하는 등 필요한 조건을 붙일 수 있다. 이 경우 그 조건은 공공의 이익을 증진하기 위하여 필요한 최소한도에 그쳐야 하며, 부당한 의무를 부과하여서는 아니 된다.

④ 전문기관은 행정안전부령으로 정하는 바에 따라 제품검사 실시 현황을 소방청장에게 보고하여야 한다.

⑤ 소방청장은 전문기관을 지정한 경우에는 행정안전부령으로 정하는 바에 따라 전문기관의 제품검사 업무에 대한 평가를 실시할 수 있으며, 제품검사를 받은 소방용품에 대하여 확인검사를 할 수 있다.

⑥ 소방청장은 제5항에 따라 전문기관에 대한 평가를 실시하거나 확인검사를 실시한 때에는 그 평가 결과 또는 확인검사 결과를 행정안전부령으로 정하는 바에 따라 공표할 수 있다.

⑦ 소방청장은 제5항에 따른 확인검사를 실시하는 때에는 행정안전부령으로 정하는 바에 따라 전문기관에 대하여 확인검사에 드는 비용을 부담하게 할 수 있다.

제47조 【전문기관의 지정취소 등】 소방청장은 전문기관이 다음 각 호의 어느 하나에 해당할 때에는 그 지정을 취소하거나 6개월 이내의 기간을 정하여 그 업무의 정지를 명할 수 있다. 다만, 제1호에 해당할 때에는 그 지정을 취소하여야 한다.
1. 거짓이나 그 밖의 부정한 방법으로 지정을 받은 경우
2. 정당한 사유 없이 1년 이상 계속하여 제품검사 또는 실무교육 등 지정받은 업무를 수행하지 아니한 경우
3. 제46조제1항 각 호의 요건을 갖추지 못하거나 제46조제3항에 따른 조건을 위반한 경우
4. 제52조제1항제7호에 따른 감독 결과 이 법이나 다른 법령을 위반하여 전문기관으로서의 업무를 수행하는 것이 부적당하다고 인정되는 경우

제48조 【전산시스템 구축 및 운영】 ① 소방청장, 소방본부장 또는 소방서장은 특정소방대상물의 체계적인 안전관리를 위하여 다음 각 호의 정보가 포함된 전산시스템을 구축·운영하여야 한다.
1. 제6조제3항에 따라 제출받은 설계도면의 관리 및 활용
2. 제23조제3항에 따라 보고받은 자체점검 결과의 관리 및 활용
3. 그 밖에 소방청장, 소방본부장 또는 소방서장이 필요하다고 인정하는 자료의 관리 및 활용

② 소방청장, 소방본부장 또는 소방서장은 제1항에 따른 전산시스템의 구축·운영에 필요한 자료의 제출 또는 정보의 제공을 관계 행정기관의 장에게 요청할 수 있다. 이 경우 자료의 제출이나 정보의 제공을 요청받은 관계 행정기관의 장은 정당한 사유가 없으면 이에 따라야 한다.

제49조 【청문】 소방청장 또는 시·도지사는 다음 각 호의 어느 하나에 해당하는 처분을 하려면 청문을 하여야 한다.
1. 제28조에 따른 관리사 자격의 취소 및 정지
2. 제35조제1항에 따른 관리업의 등록취소 및 영업정지
3. 제39조에 따른 소방용품의 형식승인 취소 및 제품검사 중지
4. 제42조에 따른 성능인증의 취소
5. 제43조제5항에 따른 우수품질인증의 취소
6. 제47조에 따른 전문기관의 지정취소 및 업무정지

제50조 【권한 또는 업무의 위임·위탁 등】 ① 이 법에 따른 소방청장 또는 시·도지사의 권한은 대통령령으로 정하는 바에 따라 그 일부를 소속 기관의 장, 시·도지사, 소방본부장 또는 소방서장에게 위임할 수 있다.

② 소방청장은 다음 각 호의 업무를 「소방산업의 진흥에 관한 법률」 제14조에 따른 한국소방산업기술원(이하 "기술원"이라 한다)에 위탁할 수 있다. 이 경우 소방청장은 기술원에 소방시설 및 소방용품에 관한 기술개발·연구 등에 필요한 경비의 일부를 보조할 수 있다.
1. 제21조에 따른 방염성능검사 중 대통령령으로 정하는 검사
2. 제37조제1항·제2항 및 제8항부터 제10항까지의 규정에 따른 소방용품의 형식승인
3. 제38조에 따른 형식승인의 변경승인
4. 제39조제1항에 따른 형식승인의 취소
5. 제40조제1항·제6항에 따른 성능인증 및 제42조에 따른 성능인증의 취소
6. 제41조에 따른 성능인증의 변경인증
7. 제43조에 따른 우수품질인증 및 그 취소

③ 소방청장은 제37조제3항 및 제40조제2항에 따른 제품검사 업무를 기술원 또는 전문기관에 위탁할 수 있다.

④ 제2항 및 제3항에 따라 위탁받은 업무를 수행하는 기술원 및 전문기관이 갖추어야 하는 시설기준 등에 관하여 필요한 사항은 행정안전부령으로 정한다.

⑤ 소방청장은 다음 각 호의 업무를 대통령령으로 정하는 바에 따라 소방기술과 관련된 법인 또는 단체에 위탁할 수 있다.
1. 표준자체점검비의 산정 및 공표
2. 제25조제5항 및 제6항에 따른 소방시설관리사증의 발급·재발급
3. 제34조제1항에 따른 점검능력 평가 및 공시
4. 제34조제4항에 따른 데이터베이스 구축·운영

⑥ 소방청장은 제14조제3항에 따른 건축 환경 및 화재위험특성 변화 추세 연구에 관한 업무를 대통령령으로 정하는 바에 따라 화재안전 관련 전문연구기관에 위탁할 수 있다. 이 경우 소방청장은 연구에 필요한 경비를 지원할 수 있다.

⑦ 제2항부터 제6항까지의 규정에 따라 위탁받은 업무에 종사하고 있거나 종사하였던 사람은 업무를 수행하면서 알게 된 비밀을 이 법에서 정한 목적 외의 용도로 사용하거나 다른 사람 또는 기관에 제공하거나 누설하여서는 아니 된다.

제51조 【벌칙 적용에서 공무원 의제】 다음 각 호의 어느 하나에 해당하는 자는 「형법」 제129조부터 제132조까지의 규정을 적용할 때에는 공무원으로 본다.
1. 평가단의 구성원 중 공무원이 아닌 사람
2. 중앙위원회 및 지방위원회의 위원 중 공무원이 아닌 사람
3. 제50조제2항부터 제6항까지의 규정에 따라 위탁받은 업무를 수행하는 기술원, 전문기관, 법인 또는 단체, 화재안전 관련 전문연구기관의 담당 임직원

제52조 【감독】 ① 소방청장, 시·도지사, 소방본부장 또는 소방서장은 다음 각 호의 어느 하나에 해당하는 자, 사업체 또는 소방대상물 등의 감독을 위하여 필요하면 관계인에게 필요한 보고 또는 자료제출을 명할 수 있으며, 관계 공무원으로 하여금 소방대상물·사업소·사무소 또는 사업장에 출입하여 관계 서류·시설 및 제품 등을 검사하게 하거나 관계인에게 질문하게 할 수 있다.
1. 제22조에 따라 관리업자등이 점검한 특정소방대상물
2. 제25조에 따른 관리사
3. 제29조제1항에 따른 등록한 관리업자
4. 제37조제1항부터 제3항까지 및 제10항에 따른 소방용품의 형식승인, 제품검사 또는 시험시설의 심사를 받은 자
5. 제38조제1항에 따라 변경승인을 받은 자
6. 제40조제1항, 제2항 및 제6항에 따라 성능인증 및 제품검사를 받은 자
7. 제46조제1항에 따라 지정을 받은 전문기관
8. 소방용품을 판매하는 자

② 제1항에 따라 출입·검사 업무를 수행하는 관계 공무원은 그 권한을 표시하는 증표를 지니고 이를 관계인에게 내보여야 한다.

③ 제1항에 따라 출입·검사 업무를 수행하는 관계 공무원은 관계인의 정당한 업무를 방해하거나 출입·검사 업무를 수행하면서 알게 된 비밀을 다른 사람에게 누설하여서는 아니 된다.

제53조 【수수료 등】 다음 각 호의 어느 하나에 해당하는 자는 행정안전부령으로 정하는 수수료를 내야 한다.
1. 제21조에 따른 방염성능검사를 받으려는 자
2. 제25조제1항에 따른 관리사시험에 응시하려는 사람
3. 제25조제5항 및 제6항에 따라 소방시설관리사증을 발급받거나 재발급받으려는 자
4. 제29조제1항에 따른 관리업의 등록을 하려는 자
5. 제29조제3항에 따라 관리업의 등록증이나 등록수첩을 재발급 받으려는 자
6. 제32조제3항에 따라 관리업자의 지위승계를 신고하려는 자
7. 제34조제1항에 따라 점검능력 평가를 받으려는 자
8. 제37조제1항 및 제10항에 따라 소방용품의 형식승인을 받으려는 자
9. 제37조제2항에 따라 시험시설의 심사를 받으려는 자
10. 제37조제3항에 따라 형식승인을 받은 소방용품의 제품검사를 받으려는 자
11. 제38조제1항에 따라 형식승인의 변경승인을 받으려는 자
12. 제40조제1항 및 제6항에 따라 소방용품의 성능인증을 받으려는 자
13. 제40조제2항에 따라 성능인증을 받은 소방용품의 제품검사를 받으려는 자
14. 제41조제1항에 따른 성능인증의 변경인증을 받으려는 자
15. 제43조제1항에 따른 우수품질인증을 받으려는 자
16. 제46조에 따라 전문기관으로 지정을 받으려는 자

제54조 【조치명령등의 기간연장】 ① 다음 각 호에 따른 조치명령 또는 이행명령(이하 "조치명령등"이라 한다)을 받은 관계인 등은 천재지변이나 그 밖에 대통령령으로 정하는 사유로 조치명령등을 그 기간 내에 이행할 수 없는 경우에는 조치명령등을 명령한 소방청장, 소방본부장 또는 소방서장에게 대통령령으로 정하는 바에 따라 조치명령등을 연기하여 줄 것을 신청할 수 있다.
1. 제12조제2항에 따른 소방시설에 대한 조치명령
2. 제16조제2항에 따른 피난시설, 방화구획 또는 방화시설에 대한 조치명령
3. 제20조제2항에 따른 방염대상물품의 제거 또는 방염성능검사 조치명령
4. 제23조제6항에 따른 소방시설에 대한 이행계획 조치명령
5. 제37조제7항에 따른 형식승인을 받지 아니한 소방용품의 수거·폐기 또는 교체 등의 조치명령
6. 제45조제2항에 따른 중대한 결함이 있는 소방용품의 회수·교환·폐기 조치명령

② 제1항에 따라 연기신청을 받은 소방청장, 소방본부장 또는 소방서장은 연기 신청 승인 여부를 결정하고 그 결과를 조치명령등의 이행 기간 내에 관계인 등에게 알려주어야 한다.

제55조 【위반행위의 신고 및 신고포상금의 지급】 ① 누구든지 소방본부장 또는 소방서장에게 다음 각 호의 어느 하나에 해당하는 행위를 한 자를 신고할 수 있다.
1. 제12조제1항을 위반하여 소방시설을 설치 또는 관리한 자

2. 제12조제3항을 위반하여 폐쇄·차단 등의 행위를 한 자
3. 제16조제1항 각 호의 어느 하나에 해당하는 행위를 한 자

② 소방본부장 또는 소방서장은 제1항에 따른 신고를 받은 경우 신고 내용을 확인하여 이를 신속하게 처리하고, 그 처리결과를 행정안전부령으로 정하는 방법 및 절차에 따라 신고자에게 통지하여야 한다.
③ 소방본부장 또는 소방서장은 제1항에 따른 신고를 한 사람에게 예산의 범위에서 포상금을 지급할 수 있다.
④ 제3항에 따른 신고포상금의 지급대상, 지급기준, 지급절차 등에 필요한 사항은 시·도의 조례로 정한다.

제7장 벌칙

제56조【벌칙】 ① 제12조제3항 본문을 위반하여 소방시설에 폐쇄·차단 등의 행위를 한 자는 5년 이하의 징역 또는 5천만원 이하의 벌금에 처한다.
② 제1항의 죄를 범하여 사람을 상해에 이르게 한 때에는 7년 이하의 징역 또는 7천만원 이하의 벌금에 처하며, 사망에 이르게 한 때에는 10년 이하의 징역 또는 1억원 이하의 벌금에 처한다.

제57조【벌칙】 다음 각 호의 어느 하나에 해당하는 자는 3년 이하의 징역 또는 3천만원 이하의 벌금에 처한다.
1. 제12조제2항, 제15조제3항, 제16조제2항, 제20조제2항, 제23조제6항, 제37조제7항 또는 제45조제2항에 따른 명령을 정당한 사유 없이 위반한 자
2. 제29조제1항을 위반하여 관리업의 등록을 하지 아니하고 영업을 한 자
3. 제37조제1항, 제2항 및 제10항을 위반하여 소방용품의 형식승인을 받지 아니하고 소방용품을 제조하거나 수입한 자 또는 거짓이나 그 밖의 부정한 방법으로 형식승인을 받은 자
4. 제37조제3항을 위반하여 제품검사를 받지 아니한 자 또는 거짓이나 그 밖의 부정한 방법으로 제품검사를 받은 자
5. 제37조제6항을 위반하여 소방용품을 판매·진열하거나 소방시설공사에 사용한 자
6. 제40조제1항 및 제2항을 위반하여 거짓이나 그 밖의 부정한 방법으로 성능인증 또는 제품검사를 받은 자
7. 제40조제5항을 위반하여 제품검사를 받지 아니하거나 합격표시를 하지 아니한 소방용품을 판매·진열하거나 소방시설공사에 사용한 자
8. 제45조제3항을 위반하여 구매자에게 명령을 받은 사실을 알리지 아니하거나 필요한 조치를 하지 아니한 자
9. 거짓이나 그 밖의 부정한 방법으로 제46조제1항에 따른 전문기관으로 지정을 받은 자

제58조【벌칙】 다음 각 호의 어느 하나에 해당하는 자는 1년 이하의 징역 또는 1천만원 이하의 벌금에 처한다.
1. 제22조제1항을 위반하여 소방시설등에 대하여 스스로 점검을 하지 아니하거나 관리업자등으로 하여금 정기적으로 점검하게 하지 아니한 자
2. 제25조제7항을 위반하여 소방시설관리사증을 다른 사람에게 빌려주거나 빌리거나 이를 알선한 자
3. 제25조제8항을 위반하여 동시에 둘 이상의 업체에 취업한 자
4. 제28조에 따라 자격정지처분을 받고 그 자격정지기간 중에 관리사의 업무를 한 자
5. 제33조제2항을 위반하여 관리업의 등록증이나 등록수첩을 다른 자에게 빌려주거나 빌리거나 이를 알선한 자
6. 제35조제1항에 따라 영업정지처분을 받고 그 영업정지기간 중에 관리업의 업무를 한 자
7. 제37조제3항에 따른 제품검사에 합격하지 아니한 제품에 합격표시를 하거나 합격표시를 위조 또는 변조하여 사용한 자
8. 제38조제1항을 위반하여 형식승인의 변경승인을 받지 아니한 자
9. 제40조제5항을 위반하여 제품검사에 합격하지 아니한 소방용품에 성능인증을 받았다는 표시 또는 제품검사에 합격하였다는 표시를 하거나 성능인증을 받았다는 표시 또는 제품검사에 합격하였다는 표시를 위조 또는 변조하여 사용한 자
10. 제41조제1항을 위반하여 성능인증의 변경인증을 받지 아니한 자
11. 제43조제1항에 따른 우수품질인증을 받지 아니한 제품에 우수품질인증 표시를 하거나 우수품질인증 표시를 위조하거나 변조하여 사용한 자
12. 제52조제3항을 위반하여 관계인의 정당한 업무를 방해하거나 출입·검사 업무를 수행하면서 알게 된 비밀을 다른 사람에게 누설한 자

제59조【벌칙】 관다음 각 호의 어느 하나에 해당하는 자는 300만원 이하의 벌금에 처한다.
1. 제9조제2항 및 제50조제7항을 위반하여 업무를 수행하면서 알게 된 비밀을 이 법에서 정한 목적 외의 용도로 사용하거나 다른 사람 또는 기관에 제공하거나

누설한 자
2. 제21조를 위반하여 방염성능검사에 합격하지 아니한 물품에 합격표시를 하거나 합격표시를 위조하거나 변조하여 사용한 자
3. 제21조제2항을 위반하여 거짓 시료를 제출한 자
4. 제23조제1항 및 제2항을 위반하여 필요한 조치를 하지 아니한 관계인 또는 관계인에게 중대위반사항을 알리지 아니한 관리업자등

제60조【양벌규정】 법인의 대표자나 법인 또는 개인의 대리인, 사용인, 그 밖의 종업원이 그 법인 또는 개인의 업무에 관하여 제56조부터 제59조까지의 어느 하나에 해당하는 위반행위를 하면 그 행위자를 벌하는 외에 그 법인 또는 개인에게도 해당 조문의 벌금형을 과(科)한다. 다만, 법인 또는 개인이 그 위반행위를 방지하기 위하여 해당 업무에 관하여 상당한 주의와 감독을 게을리하지 아니한 경우에는 그러하지 아니하다.

제61조【과태료】 ① 다음 각 호의 어느 하나에 해당하는 자에게는 300만원 이하의 과태료를 부과한다.
1. 제12조제1항을 위반하여 소방시설을 화재안전기준에 따라 설치·관리하지 아니한 자
2. 제15조제1항을 위반하여 공사 현장에 임시소방시설을 설치·관리하지 아니한 자
3. 제16조제1항을 위반하여 피난시설, 방화구획 또는 방화시설의 폐쇄·훼손·변경 등의 행위를 한 자
4. 제20조제1항을 위반하여 방염대상물품을 방염성능기준 이상으로 설치하지 아니한 자
5. 제22조제1항 전단을 위반하여 점검능력 평가를 받지 아니하고 점검을 한 관리업자
6. 제22조제1항 후단을 위반하여 관계인에게 점검 결과를 제출하지 아니한 관리업자등
7. 제22조제2항에 따른 점검인력의 배치기준 등 자체점검 시 준수사항을 위반한 자
8. 제23조제3항을 위반하여 점검 결과를 보고하지 아니하거나 거짓으로 보고한 자
9. 제23조제4항을 위반하여 이행계획을 기간 내에 완료하지 아니한 자 또는 이행계획 완료 결과를 보고하지 아니하거나 거짓으로 보고한 자
10. 제24조제1항을 위반하여 점검기록표를 기록하지 아니하거나 특정소방대상물의 출입자가 쉽게 볼 수 있는 장소에 게시하지 아니한 관계인
11. 제31조 또는 제32조제3항을 위반하여 신고를 하지 아니하거나 거짓으로 신고한 자
12. 제33조제3항을 위반하여 지위승계, 행정처분 또는 휴업·폐업의 사실을 특정소방대상물의 관계인에게 알리지 아니하거나 거짓으로 알린 관리업자
13. 제33조제4항을 위반하여 소속 기술인력의 참여 없이 자체점검을 한 관리업자
14. 제34조제2항에 따른 점검실적을 증명하는 서류 등을 거짓으로 제출한 자
15. 제52조제1항에 따른 명령을 위반하여 보고 또는 자료제출을 하지 아니하거나 거짓으로 보고 또는 자료제출을 한 자 또는 정당한 사유 없이 관계 공무원의 출입 또는 검사를 거부·방해 또는 기피한 자

② 제1항에 따른 과태료는 대통령령으로 정하는 바에 따라 소방청장, 시·도지사, 소방본부장 또는 소방서장이 부과·징수한다.

부칙<법률 제18522호, 2021.11.30.>

제1조(시행일) 이 법은 공포 후 1년이 경과한 날부터 시행한다. 다만, 제11조의 개정규정은 공포 후 3년이 경과한 날부터 시행한다.

제2조(성능위주설계에 관한 적용례) 제8조의 개정규정은 이 법 시행 이후 특정소방대상물에 소방시설을 설치하려는 자가 성능위주설계를 신고하는 것부터 적용한다.

제3조(자동차에 설치 또는 비치하는 소화기에 관한 적용례) 제11조의 개정규정은 같은 개정규정 시행 이후 제작·조립·수입·판매되는 자동차와 소유권이 변동되어 「자동차관리법」 제6조에 따라 등록된 자동차부터 적용한다.

제4조(소방시설등의 자체점검에 관한 적용례) 제22조의 개정규정은 이 법 시행 이후 최초로 자체점검 대상이 되는 특정소방대상물의 소방시설등부터 적용한다. 다만, 점검능력 평가를 받은 관리업자의 자체점검에 관한 규정은 이 법 시행 후 2년이 경과한 날부터 적용한다.

제5조(일반적 경과조치) 이 법 시행 당시 종전의 「화재예방, 소방시설 설치·유지 및 안전관리에 관한 법률」에 따라 행한 처분·절차와 그 밖의 행위로서 이 법에 그에 해당하는 규정이 있으면 이 법의 해당 규정에 따라 행하여진 것으로 본다.

제6조(소방기술심의위원회에 대한 경과조치) 이 법 시행 당시 종전의 「화재예방, 소방시설 설치·유지 및 안전관리에 관한 법률」 제11조의2에 따라 설치된 중앙소방기술심의위원회 및 지방소방기술심의위원회는 제18조의 개정규정에 따른 중앙소방기술심의위원회 및 지방소방기술심의위원회로 본다.

제7조(관리업의 등록에 관한 경과조치) 이 법 시행 당시 종전의 「화재예방, 소방시설 설치·유지 및 안전관리에 관한 법률」 제29조에 따라 등록한 관리업은 제29조의 개정규정에 따라 등록한 관리업으로 본다.

제8조(소방용품의 형식승인 등에 관한 경과조치) ① 이 법 시행 당시 종전의 「화재예방, 소방시설 설치·유지 및 안전관리에 관한 법률」 제36조에 따라 소방청장의 형식승인 또는 제품검사를 받은 소방용품은 제37조의 개정규정에 따라 형식승인 또는 제품검사를 받은 것으로 본다.
② 이 법 시행 당시 종전의 「화재예방, 소방시설 설치·유지 및 안전관리에 관한 법률」 제37조에 따라 소방청장의 변경승인을 받은 소방용품은 제38조의 개정규정에 따라 변경승인을 받은 것으로 본다.

제9조(소방용품의 성능인증 등에 관한 경과조치) ① 이 법 시행 당시 종전의 「화재예방, 소방시설 설치·유지 및 안전관리에 관한 법률」 제39조에 따라 소방청장의 성능인증 또는 제품검사를 받은 소방용품은 제40조의 개정규정에 따라 성능인증 또는 제품검사를 받은 것으로 본다.
② 이 법 시행 당시 종전의 「화재예방, 소방시설 설치·유지 및 안전관리에 관한 법률」 제39조의2에 따라 소방청장의 변경인증을 받은 소방용품은 제41조의 개정규정에 따라 변경인증을 받은 것으로 본다.

제10조(우수품질 제품 인증에 관한 경과조치) 이 법 시행 당시 종전의 「화재예방, 소방시설 설치·유지 및 안전관리에 관한 법률」 제40조에 따라 소방청장의 우수품질인증을 받은 소방용품은 제43조의 개정규정에 따라 우수품질인증을 받은 것으로 본다.

제11조(제품검사 전문기관의 지정에 관한 경과조치) 이 법 시행 당시 종전의 「화재예방, 소방시설 설치·유지 및 안전관리에 관한 법률」 제42조에 따라 제품검사 전문기관으로 지정을 받은 기관은 제46조의 개정규정에 따라 제품검사 전문기관으로 지정을 받은 기관으로 본다.

제12조(행정처분에 관한 경과조치) 이 법 시행 전의 위반행위에 대한 행정처분의 적용은 종전의 「화재예방, 소방시설 설치·유지 및 안전관리에 관한 법률」의 규정에 따른다.

제13조(벌칙 등에 관한 경과조치) 이 법 시행 전의 위반행위에 대하여 벌칙이나 과태료를 적용할 때에는 종전의 「화재예방, 소방시설 설치·유지 및 안전관리에 관한 법률」의 규정에 따른다.

제14조(다른 법률의 개정) ①~54생략

제15조(다른 법령과의 관계) 이 법 시행 당시 다른 법령에서 종전의 「화재예방, 소방시설의 설치·유지 및 안전관리에 관한 법률」 또는 그 규정을 인용한 경우 이 법 가운데 그에 해당하는 규정이 있으면 종전의 「화재예방, 소방시설의 설치·유지 및 안전관리에 관한 법률」 또는 그 규정을 갈음하여 이 법 또는 이 법의 해당 규정을 인용한 것으로 본다.

부칙<법률 제18661호, 2021.12.28.>
(중소기업창업 지원법)

제1조(시행일) 이 법은 공포 후 6개월이 경과한 날부터 시행한다. 다만, ···<생략>···· 부칙 제7조제26항은 2022년 12월 1일부터 ···<생략>··· 시행한다.

제2조 부터 제6조까지 생략

제7조(다른 법률의 개정) ①부터 ㉕까지 생략
㉖ 법률 제18522호 화재예방, 소방시설 설치·유지 및 안전관리에 관한 법률 전부개정법률 일부를 다음과 같이 개정한다.
부칙 제14조제48항 중 "제35조제2항제4호 및 같은 조 제3항제2호"를 "제47조제2항제4호 및 같은 조 제3항제2호"로 한다.
㉗ 생략

제8조 생략

부칙<법률 제19160호, 2023.1.3.>

이 법은 공포 후 6개월이 경과한 날부터 시행한다.

2. 소방시설 설치 및 관리에 관한 법률 시행령

[대통령령 제33321호, 2023.3.7.]

제　　정 2004. 5.29 대통령령 제18404호
전부개정 2022.11.29 대통령령 제33004호
타법개정 2023. 3. 7 대통령령 제33321호

제1장 총칙

제1조 【목적】 이 영은 「소방시설 설치 및 관리에 관한 법률」에서 위임된 사항과 그 시행에 필요한 사항을 규정함을 목적으로 한다.

제2조 【정의】 이 영에서 사용하는 용어의 뜻은 다음과 같다.

1. "무창층"(無窓層)이란 지상층 중 다음 각 목의 요건을 모두 갖춘 개구부(건축물에서 채광·환기·통풍 또는 출입 등을 위하여 만든 창·출입구, 그 밖에 이와 비슷한 것을 말한다. 이하 같다)의 면적의 합계가 해당 층의 바닥면적(「건축법 시행령」 제119조제1항제3호에 따라 산정된 면적을 말한다. 이하 같다)의 30분의 1 이하가 되는 층을 말한다.
   가. 크기는 지름 50센티미터 이상의 원이 통과할 수 있을 것
   나. 해당 층의 바닥면으로부터 개구부 밑부분까지의 높이가 1.2미터 이내일 것
   다. 도로 또는 차량이 진입할 수 있는 빈터를 향할 것
   라. 화재 시 건축물로부터 쉽게 피난할 수 있도록 창살이나 그 밖의 장애물이 설치되지 않을 것
   마. 내부 또는 외부에서 쉽게 부수거나 열 수 있을 것
2. "　"이란 곧바로 지상으로 갈 수 있는 출입구가 있는 층을 말한다.

제3조 【소방시설】 「소방시설 설치 및 관리에 관한 법률」(이하 "법"이라 한다) 제2조제1항제1호에서 "대통령령으로 정하는 것"이란 별표 1의 설비를 말한다.

제4조 【소방시설등】 법 제2조제1항제2호에서 "대통령령으로 정하는 것"이란 방화문 및 자동방화셔터를 말한다.

제5조 【특정소방대상물】 법 제2조제1항제3호에서 "대통령령으로 정하는 것"이란 별표 2의 소방대상물을 말한다.

제6조 【소방용품】 법 제2조제1항제7호에서 "대통령령으로 정하는 것"이란 별표 3의 제품 또는 기기를 말한다.

제2장 소방시설등의 설치·관리 및 방염(防炎)

제1절 건축허가등의 동의 등

제7조 【건축허가등의 동의대상물의 범위 등】 ① 법 제6조제1항에 따라 건축물 등의 신축·증축·개축·재축·이전·용도변경 또는 대수선의 허가·협의 및 사용승인(「주택법」 제15조에 따른 승인 및 같은 법 제49조에 따른 사용검사, 「학교시설사업 촉진법」 제4조에 따른 승인 및 같은 법 제13조에 따른 사용승인을 포함하며, 이하 "건축허가등"이라 한다)을 할 때 미리 소방본부장 또는 소방서장의 동의를 받아야 하는 건축물 등의 범위는 다음 각 호와 같다.

1. 연면적(「건축법 시행령」 제119조제1항제4호에 따라 산정된 면적을 말한다. 이하 같다)이 400제곱미터 이상인 건축물이나 시설. 다만, 다음 각 목의 어느 하나에 해당하는 건축물이나 시설은 해당 목에서 정한 기준 이상인 건축물이나 시설로 한다.
   가. 「학교시설사업 촉진법」 제5조의2제1항에 따라 건축등을 하려는 학교시설: 100제곱미터
   나. 별표 2의 특정소방대상물 중 노유자(老幼者) 시설 및 수련시설: 200제곱미터
   다. 「정신건강증진 및 정신질환자 복지서비스 지원에 관한 법률」 제3조제5호에 따른 정신의료기관(입원실이 없는 정신건강의학과 의원은 제외하며, 이하 "정신의료기관"이라 한다): 300제곱미터
   라. 「장애인복지법」 제58조제1항제4호에 따른 장애인 의료재활시설(이하 "의료재활시설"이라 한다): 300제곱미터
2. 지하층 또는 무창층이 있는 건축물로서 바닥면적이 150제곱미터(공연장의 경우에는 100제곱미터) 이상인 층이 있는 것
3. 차고·주차장 또는 주차 용도로 사용되는 시설로서 다음 각 목의 어느 하나에 해당하는 것
   가. 차고·주차장으로 사용되는 바닥면적이 200제곱미터 이상인 층이 있는 건축물이나 주차시설
   나. 승강기 등 기계장치에 의한 주차시설로서 자동차 20대 이상을 주차할 수 있는 시설
4. 층수(「건축법 시행령」 제119조제1항제9호에 따라 산정된 층수를 말한다. 이하 같다)가 6층 이상인 건축

물
5. 항공기 격납고, 관망탑, 항공관제탑, 방송용 송수신탑
6. 별표 2의 특정소방대상물 중 의원(입원실이 있는 것으로 한정한다)·조산원·산후조리원, 위험물 저장 및 처리 시설, 발전시설 중 풍력발전소·전기저장시설, 지하구(地下溝)
7. 제1호나목에 해당하지 않는 노유자 시설 중 다음 각 목의 어느 하나에 해당하는 시설. 다만, 가목2) 및 나목부터 바목까지의 시설 중 「건축법 시행령」 별표 1의 단독주택 또는 공동주택에 설치되는 시설은 제외한다.
   가. 별표 2 제9호가목에 따른 노인 관련 시설 중 다음의 어느 하나에 해당하는 시설
      1) 「노인복지법」 제31조제1호에 따른 노인주거복지시설, 같은 조 제2호에 따른 노인의료복지시설 및 같은 조 제4호에 따른 재가노인복지시설
      2) 「노인복지법」 제31조제7호에 따른 학대피해노인 전용쉼터
   나. 「아동복지법」 제52조에 따른 아동복지시설(아동상담소, 아동전용시설 및 지역아동센터는 제외한다)
   다. 「장애인복지법」 제58조제1항제1호에 따른 장애인 거주시설
   라. 정신질환자 관련 시설(「정신건강증진 및 정신질환자 복지서비스 지원에 관한 법률」 제27조제1항제2호에 따른 공동생활가정을 제외한 재활훈련시설과 같은 법 시행령 제16조제3호에 따른 종합시설 중 24시간 주거를 제공하지 않는 시설은 제외한다)
   마. 별표 2 제9호마목에 따른 노숙인 관련 시설 중 노숙인자활시설, 노숙인재활시설 및 노숙인요양시설
   바. 결핵환자나 한센인이 24시간 생활하는 노유자 시설
8. 「의료법」 제3조제2항제3호라목에 따른 요양병원(이하 "요양병원"이라 한다). 다만, 의료재활시설은 제외한다.
9. 별표 2의 특정소방대상물 중 공장 또는 창고시설로서 「화재의 예방 및 안전관리에 관한 법률 시행령」 별표 2에서 정하는 수량의 750배 이상의 특수가연물을 저장·취급하는 것
10. 별표 2 제17호나목에 따른 가스시설로서 지상에 노출된 탱크의 저장용량의 합계가 100톤 이상인 것

② 제1항에도 불구하고 다음 각 호의 어느 하나에 해당하는 특정소방대상물은 소방본부장 또는 소방서장의 건축허가등의 동의대상에서 제외한다.
1. 별표 4에 따라 특정소방대상물에 설치되는 소화기구, 자동소화장치, 누전경보기, 단독경보형감지기, 가스누설경보기 및 피난구조설비(비상조명등은 제외한다)가 화재안전기준에 적합한 경우 해당 특정소방대상물
2. 건축물의 증축 또는 용도변경으로 인하여 해당 특정소방대상물에 추가로 소방시설이 설치되지 않는 경우 해당 특정소방대상물
3. 「소방시설공사업법 시행령」 제4조에 따른 소방시설공사의 착공신고 대상에 해당하지 않는 경우 해당 특정소방대상물

③ 법 제6조제1항에 따라 건축허가등의 권한이 있는 행정기관은 건축허가등의 동의를 받으려는 경우에는 동의요구서에 행정안전부령으로 정하는 서류를 첨부하여 해당 건축물 등의 소재지를 관할하는 소방본부장 또는 소방서장에게 동의를 요구해야 한다. 이 경우 동의 요구를 받은 소방본부장 또는 소방서장은 첨부서류 등이 미비한 경우에는 그 서류의 보완을 요구할 수 있다.

④ 법 제6조제5항제4호에서 "소방자동차의 접근이 가능한 통로의 설치 등 대통령령으로 정하는 사항"이란 다음 각 호의 사항을 말한다.
1. 소방자동차의 접근이 가능한 통로의 설치
2. 「건축법」 제64조 및 「주택건설기준 등에 관한 규정」 제15조에 따른 승강기의 설치
3. 「주택건설기준 등에 관한 규정」 제26조에 따른 주택단지 안 도로의 설치
4. 「건축법 시행령」 제40조제2항에 따른 옥상광장, 같은 조 제3항에 따른 비상문자동개폐장치 또는 같은 조 제4항에 따른 헬리포트의 설치
5. 그 밖에 소방본부장 또는 소방서장이 소화활동 및 피난을 위해 필요하다고 인정하는 사항

제8조【소방시설의 내진설계】 ① 법 제7조에서 "대통령령으로 정하는 특정소방대상물"이란 「건축법」 제2조제1항제2호에 따른 건축물로서 「지진·화산재해대책법 시행령」 제10조제1항 각 호에 해당하는 시설을 말한다.

② 법 제7조에서 "대통령령으로 정하는 소방시설"이란 소방시설 중 옥내소화전설비, 스프링클러설비 및 물분무등소화설비를 말한다.

제9조【성능위주설계를 해야 하는 특정소방대상물의 범위】 법 제8조제1항에서 "대통령령으로 정하는 특정소방대상물"이란 다음 각 호의 어느 하나에 해당하는 특정소방대상물(신축하는 것만 해당한다)을 말한다.
1. 연면적 20만제곱미터 이상인 특정소방대상물. 다만, 별표 2 제1호가목에 따른 아파트등(이하 "아파트등"이라 한다)은 제외한다.

2. 50층 이상(지하층은 제외한다)이거나 지상으로부터 높이가 200미터 이상인 아파트등
3. 30층 이상(지하층을 포함한다)이거나 지상으로부터 높이가 120미터 이상인 특정소방대상물(아파트등은 제외한다)
4. 연면적 3만제곱미터 이상인 특정소방대상물로서 다음 각 목의 어느 하나에 해당하는 특정소방대상물
   가. 별표 2 제6호나목의 철도 및 도시철도 시설
   나. 별표 2 제6호다목의 공항시설
5. 별표 2 제16호의 창고시설 중 연면적 10만제곱미터 이상인 것 또는 지하층의 층수가 2개 층 이상이고 지하층의 바닥면적의 합계가 3만제곱미터 이상인 것
6. 하나의 건축물에 「영화 및 비디오물의 진흥에 관한 법률」 제2조제10호에 따른 영화상영관이 10개 이상인 특정소방대상물
7. 「초고층 및 지하연계 복합건축물 재난관리에 관한 특별법」 제2조제2호에 따른 지하연계 복합건축물에 해당하는 특정소방대상물
8. 별표 2 제27호의 터널 중 수저(水底)터널 또는 길이가 5천미터 이상인 것

제10조【주택용소방시설】 법 제10조제1항 각 호 외의 부분에서 "소화기 등 대통령령으로 정하는 소방시설"이란 소화기 및 단독경보형 감지기를 말한다.

제2절 특정소방대상물에 설치하는 소방시설의 관리 등

제11조【특정소방대상물에 설치·관리해야 하는 소방시설】 ① 법 제12조제1항 전단에 따라 특정소방대상물의 관계인이 특정소방대상물에 설치·관리해야 하는 소방시설의 종류는 별표 4와 같다.

② 법 제12조제1항 후단에 따라 「장애인·노인·임산부등의 편의증진 보장에 관한 법률」 제2조제1호에 따른 장애인등이 사용하는 소방시설은 별표 4 제2호 및 제3호에 따라 장애인등에 적합하게 설치·관리해야 한다.

제12조【소방시설정보관리시스템 구축·운영 대상 등】 ① 소방청장, 소방본부장 또는 소방서장이 법 제12조제4항에 따라 소방시설의 작동정보 등을 실시간으로 수집·분석할 수 있는 시스템(이하 "소방시설정보관리시스템"이라 한다)을 구축·운영하는 경우 그 구축·운영의 대상은 「화재의 예방 및 안전관리에 관한 법률」 제24조제1항 전단에 따른 소방안전관리대상물 중 다음 각 호의 특정소방대상물로 한다.

1. 문화 및 집회시설
2. 종교시설
3. 판매시설
4. 의료시설
5. 노유자 시설
6. 숙박이 가능한 수련시설
7. 업무시설
8. 숙박시설
9. 공장
10. 창고시설
11. 위험물 저장 및 처리 시설
12. 지하가(地下街)
13. 지하구
14. 그 밖에 소방청장, 소방본부장 또는 소방서장이 소방안전관리의 취약성과 화재위험성을 고려하여 필요하다고 인정하는 특정소방대상물

② 제1항 각 호에 따른 특정소방대상물의 관계인은 소방청장, 소방본부장 또는 소방서장이 법 제12조제4항에 따라 소방시설정보관리시스템을 구축·운영하려는 경우 특별한 사정이 없으면 이에 협조해야 한다.

제13조【강화된 소방시설기준의 적용대상】 법 제13조제1항제2호 각 목 외의 부분에서 "대통령령으로 정하는 것"이란 다음 각 호의 소방시설을 말한다.

1. 「국토의 계획 및 이용에 관한 법률」 제2조제9호에 따른 공동구에 설치하는 소화기, 자동소화장치, 자동화재탐지설비, 통합감시시설, 유도등 및 연소방지설비
2. 전력 및 통신사업용 지하구에 설치하는 소화기, 자동소화장치, 자동화재탐지설비, 통합감시시설, 유도등 및 연소방지설비
3. 노유자 시설에 설치하는 간이스프링클러설비, 자동화재탐지설비 및 단독경보형 감지기
4. 의료시설에 설치하는 스프링클러설비, 간이스프링클러설비, 자동화재탐지설비 및 자동화재속보설비

제14조【유사한 소방시설의 설치 면제의 기준】 법 제13조제2항에 따라 소방본부장 또는 소방서장은 특정소방대상물에 설치해야 하는 소방시설 가운데 기능과 성능이 유사한 소방시설의 설치를 면제하려는 경우에는 별표 5의 기준에 따른다.

제15조【특정소방대상물의 증축 또는 용도변경 시의 소방시설기준 적용의 특례】 ① 법 제13조제3항에 따라 소방본부장 또는 소방서장은 특정소방대상물이 증축되는 경우에는 기존 부분을 포함한 특정소방대상물의 전체에 대하여 증축 당시의 소방시설의 설치에 관한 대통령령 또는 화재안전기준을 적용해야 한다. 다만, 다음 각 호의 어느 하나에 해당하는 경우에는 기존 부분에 대해서는 증축 당시의 소방시설의 설치에 관한 대통령령 또는 화

재안전기준을 적용하지 않는다.

1. 기존 부분과 증축 부분이 내화구조(耐火構造)로 된 바닥과 벽으로 구획된 경우
2. 기존 부분과 증축 부분이 「건축법 시행령」 제46조제1항제2호에 따른 자동방화셔터(이하 "자동방화셔터"라 한다) 또는 같은 영 제64조제1항제1호에 따른 60분+ 방화문(이하 "60분+ 방화문"이라 한다)으로 구획되어 있는 경우
3. 자동차 생산공장 등 화재 위험이 낮은 특정소방대상물 내부에 연면적 33제곱미터 이하의 직원 휴게실을 증축하는 경우
4. 자동차 생산공장 등 화재 위험이 낮은 특정소방대상물에 캐노피(기둥으로 받치거나 매달아 놓은 덮개를 말하며, 3면 이상에 벽이 없는 구조의 것을 말한다)를 설치하는 경우

② 법 제13조제3항에 따라 소방본부장 또는 소방서장은 특정소방대상물이 용도변경되는 경우에는 용도변경되는 부분에 대해서만 용도변경 당시의 소방시설의 설치에 관한 대통령령 또는 화재안전기준을 적용한다. 다만, 다음 각 호의 어느 하나에 해당하는 경우에는 특정소방대상물 전체에 대하여 용도변경 전에 해당 특정소방대상물에 적용되던 소방시설의 설치에 관한 대통령령 또는 화재안전기준을 적용한다.

1. 특정소방대상물의 구조·설비가 화재연소 확대 요인이 적어지거나 피난 또는 화재진압활동이 쉬워지도록 변경되는 경우
2. 용도변경으로 인하여 천장·바닥·벽 등에 고정되어 있는 가연성 물질의 양이 줄어드는 경우

제16조 【소방시설을 설치하지 않을 수 있는 특정소방대상물의 범위】 법 제13조제4항에 따라 소방시설을 설치하지 않을 수 있는 특정소방대상물 및 소방시설의 범위는 별표 6과 같다.

제17조 【특정소방대상물의 수용인원 산정】 법 제14조제1항에 따른 특정소방대상물의 수용인원은 별표 7에 따라 산정한다.

제18조 【화재위험작업 및 임시소방시설 등】 ① 법 제15조제1항에서 "인화성(引火性) 물품을 취급하는 작업 등 대통령령으로 정하는 작업"이란 다음 각 호의 어느 하나에 해당하는 작업을 말한다.

1. 인화성·가연성·폭발성 물질을 취급하거나 가연성 가스를 발생시키는 작업
2. 용접·용단(금속·유리·플라스틱 따위를 녹여서 절단하는 일을 말한다) 등 불꽃을 발생시키거나 화기(火氣)를 취급하는 작업
3. 전열기구, 가열전선 등 열을 발생시키는 기구를 취급하는 작업
4. 알루미늄, 마그네슘 등을 취급하여 폭발성 부유분진(공기 중에 떠다니는 미세한 입자를 말한다)을 발생시킬 수 있는 작업
5. 그 밖에 제1호부터 제4호까지와 비슷한 작업으로 소방청장이 정하여 고시하는 작업

② 법 제15조제1항에 따른 임시소방시설(이하 "임시소방시설"이라 한다)의 종류와 임시소방시설을 설치해야 하는 공사의 종류 및 규모는 별표 8 제1호 및 제2호와 같다.

③ 법 제15조제2항에 따른 임시소방시설과 기능 및 성능이 유사한 소방시설은 별표 8 제3호와 같다.

제19조 【내용연수 설정대상 소방용품】 ① 법 제17조제1항 후단에 따라 내용연수를 설정해야 하는 소방용품은 분말형태의 소화약제를 사용하는 소화기로 한다.

② 제1항에 따른 소방용품의 내용연수는 10년으로 한다.

제20조 【소방기술심의위원회의 심의사항】 ① 법 제18조제1항제6호에서 "대통령령으로 정하는 사항"이란 다음 각 호의 사항을 말한다.

1. 연면적 10만제곱미터 이상의 특정소방대상물에 설치된 소방시설의 설계·시공·감리의 하자 유무에 관한 사항
2. 새로운 소방시설과 소방용품 등의 도입 여부에 관한 사항
3. 그 밖에 소방기술과 관련하여 소방청장이 소방기술심의위원회의 심의에 부치는 사항

② 법 제18조제2항제2호에서 "대통령령으로 정하는 사항"이란 다음 각 호의 사항을 말한다.

1. 연면적 10만제곱미터 미만의 특정소방대상물에 설치된 소방시설의 설계·시공·감리의 하자 유무에 관한 사항
2. 소방본부장 또는 소방서장이 「위험물안전관리법」 제2조제1항제6호에 따른 제조소등(이하 "제조소등"이라 한다)의 시설기준 또는 화재안전기준의 적용에 관하여 기술검토를 요청하는 사항
3. 그 밖에 소방기술과 관련하여 특별시장·광역시장·특별자치시장·도지사 또는 특별자치도지사(이하 "시·도지사"라 한다)가 소방기술심의위원회의 심의에 부치는 사항

제21조 【소방기술심의위원회의 구성 등】 ① 법 제18조제1항에 따른 중앙소방기술심의위원회(이하 "중앙위원회"라 한다)는 위원장을 포함하여 60명 이내의 위원으로 성별을 고려하여 구성한다.

② 법 제18조제2항에 따른 지방소방기술심의위원회(이하 "지방위원회"라 한다)는 위원장을 포함하여 5명 이상 9명 이하의 위원으로 구성한다.

③ 중앙위원회의 회의는 위원장과 위원장이 회의마다 지정하는 6명 이상 12명 이하의 위원으로 구성한다.

④ 중앙위원회는 분야별 소위원회를 구성·운영할 수 있다.

제22조【위원의 임명·위촉】 ① 중앙위원회의 위원은 과장급 직위 이상의 소방공무원과 다음 각 호의 어느 하나에 해당하는 사람 중에서 소방청장이 임명하거나 성별을 고려하여 위촉한다.

1. 소방기술사
2. 석사 이상의 소방 관련 학위를 소지한 사람
3. 소방시설관리사
4. 소방 관련 법인·단체에서 소방 관련 업무에 5년 이상 종사한 사람
5. 소방공무원 교육기관, 대학교 또는 연구소에서 소방과 관련된 교육이나 연구에 5년 이상 종사한 사람

② 지방위원회의 위원은 해당 시·도 소속 소방공무원과 제1항 각 호의 어느 하나에 해당하는 사람 중에서 시·도지사가 임명하거나 성별을 고려하여 위촉한다.

③ 중앙위원회의 위원장은 소방청장이 해당 위원 중에서 위촉하고, 지방위원회의 위원장은 시·도지사가 해당 위원 중에서 위촉한다.

④ 중앙위원회 및 지방위원회의 위원 중 위촉위원의 임기는 2년으로 하되, 한 차례만 연임할 수 있다.

제23조【위원장 및 위원의 직무】 ① 중앙위원회 및 지방위원회(이하 "위원회"라 한다)의 각 위원장(이하 "위원장"이라 한다)은 각각 위원회의 회의를 소집하고 그 의장이 된다.

② 위원장이 부득이한 사유로 직무를 수행할 수 없을 때에는 위원장이 지정한 위원이 그 직무를 대리한다.

제24조【위원의 제척·기피·회피】 ① 위원회의 위원(이하 "위원"이라 한다)이 다음 각 호의 어느 하나에 해당하는 경우에는 위원회의 심의·의결에서 제척(除斥)된다.

1. 위원 또는 그 배우자나 배우자였던 사람이 해당 안건의 당사자(당사자가 법인·단체 등인 경우에는 그 임원을 포함한다. 이하 이 호 및 제2호에서 같다)가 되거나 그 안건의 당사자와 공동권리자 또는 공동의무자인 경우
2. 위원이 해당 안건의 당사자와 친족인 경우
3. 위원이 해당 안건에 관하여 증언, 진술, 자문, 연구, 용역 또는 감정을 한 경우
4. 위원이나 위원이 속한 법인·단체 등이 해당 안건의 당사자의 대리인이거나 대리인이었던 경우

② 당사자는 제1항에 따른 제척사유가 있거나 위원에게 공정한 심의·의결을 기대하기 어려운 사정이 있는 경우에는 위원회에 기피신청을 할 수 있고, 위원회는 의결로 기피 여부를 결정한다. 이 경우 기피신청의 대상인 위원은 그 의결에 참여하지 못한다.

③ 위원이 제1항 또는 제2항의 사유에 해당하는 경우에는 스스로 해당 안건의 심의·의결에서 회피(回避)해야 한다.

제25조【위원의 해임·해촉】 소방청장 또는 시·도지사는 위원이 다음 각 호의 어느 하나에 해당하는 경우에는 해당 위원을 해임하거나 해촉(解囑)할 수 있다.

1. 심신장애로 직무를 수행할 수 없게 된 경우
2. 직무와 관련된 비위사실이 있는 경우
3. 직무태만, 품위손상이나 그 밖의 사유로 위원으로 적합하지 않다고 인정되는 경우
4. 제24조제1항 각 호의 어느 하나에 해당하는 데도 불구하고 회피하지 않은 경우
5. 위원 스스로 직무를 수행하기 어렵다는 의사를 밝히는 경우

제26조【시설 등의 확인 및 의견청취】 소방청장 또는 시·도지사는 위원회의 원활한 운영을 위하여 필요하다고 인정하는 경우 위원회 위원으로 하여금 관련 시설 등을 확인하게 하거나 해당 분야의 전문가 또는 이해관계자 등으로부터 의견을 청취하게 할 수 있다.

제27조【위원의 수당】 위원회의 위원에게는 예산의 범위에서 수당, 여비, 그 밖에 필요한 경비를 지급할 수 있다. 다만, 공무원이 그 소관 업무와 직접 관련하여 출석하는 경우에는 그렇지 않다.

제28조【운영세칙】 이 영에서 정한 것 외에 위원회의 운영에 필요한 사항은 소방청장 또는 시·도지사가 정한다.

제29조【화재안전기준의 관리·운영】 법 제19조제8호에서 "대통령령으로 정하는 사항"이란 다음 각 호의 사항을 말한다.

1. 화재안전기준에 대한 자문
2. 화재안전기준에 대한 해설서 제작 및 보급
3. 화재안전에 관한 국외 신기술·신제품의 조사·분석
4. 그 밖에 화재안전기준의 발전을 위하여 소방청장이 필요하다고 인정하는 사항

제3절 방염

제30조【방염성능기준 이상의 실내장식물 등을 설치해야 하는 특정소방대상물】 법 제20조제1항에서 "대통령령으로 정하는 특정소방대상물"이란 다음 각 호의 것을 말한다.

1. 근린생활시설 중 의원, 조산원, 산후조리원, 체력단련장, 공연장 및 종교집회장
2. 건축물의 옥내에 있는 다음 각 목의 시설
   가. 문화 및 집회시설
   나. 종교시설
   다. 운동시설(수영장은 제외한다)
3. 의료시설
4. 교육연구시설 중 합숙소
5. 노유자 시설
6. 숙박이 가능한 수련시설
7. 숙박시설
8. 방송통신시설 중 방송국 및 촬영소
9. 「다중이용업소의 안전관리에 관한 특별법」 제2조제1항제1호에 따른 다중이용업의 영업소(이하 "다중이용업소"라 한다)
10. 제1호부터 제9호까지의 시설에 해당하지 않는 것으로서 층수가 11층 이상인 것(아파트등은 제외한다)

제31조【방염대상물품 및 방염성능기준】 ① 법 제20조제1항에서 "대통령령으로 정하는 물품"이란 다음 각 호의 것을 말한다.

1. 제조 또는 가공 공정에서 방염처리를 한 다음 각 목의 물품
   가. 창문에 설치하는 커튼류(블라인드를 포함한다)
   나. 카펫
   다. 벽지류(두께가 2밀리미터 미만인 종이벽지는 제외한다)
   라. 전시용 합판·목재 또는 섬유판, 무대용 합판·목재 또는 섬유판(합판·목재류의 경우 불가피하게 설치 현장에서 방염처리한 것을 포함한다)
   마. 암막·무대막(「영화 및 비디오물의 진흥에 관한 법률」 제2조제10호에 따른 영화상영관에 설치하는 스크린과 「다중이용업소의 안전관리에 관한 특별법 시행령」 제2조제7호의4에 따른 가상체험 체육시설업에 설치하는 스크린을 포함한다)
   바. 섬유류 또는 합성수지류 등을 원료로 하여 제작된 소파·의자(「다중이용업소의 안전관리에 관한 특별법 시행령」 제2조제1호나목 및 같은 조 제6호에 따른 단란주점영업, 유흥주점영업 및 노래연습장업의 영업장에 설치하는 것으로 한정한다)
2. 건축물 내부의 천장이나 벽에 부착하거나 설치하는 다음 각 목의 것. 다만, 가구류(옷장, 찬장, 식탁, 식탁용 의자, 사무용 책상, 사무용 의자, 계산대, 그 밖에 이와 비슷한 것을 말한다. 이하 이 조에서 같다)와 너비 10센티미터 이하인 반자돌림대 등과 「건축법」 제52조에 따른 내부 마감재료는 제외한다.
   가. 종이류(두께 2밀리미터 이상인 것을 말한다)·합성수지류 또는 섬유류를 주원료로 한 물품
   나. 합판이나 목재
   다. 공간을 구획하기 위하여 설치하는 간이 칸막이(접이식 등 이동 가능한 벽체나 천장 또는 반자가 실내에 접하는 부분까지 구획하지 않는 벽체를 말한다)
   라. 흡음(吸音)을 위하여 설치하는 흡음재(흡음용 커튼을 포함한다)
   마. 방음(防音)을 위하여 설치하는 방음재(방음용 커튼을 포함한다)

② 법 제20조제3항에 따른 방염성능기준은 다음 각 호의 기준에 따르되, 제1항에 따른 방염대상물품의 종류에 따른 구체적인 방염성능기준은 다음 각 호의 기준의 범위에서 소방청장이 정하여 고시하는 바에 따른다.

1. 버너의 불꽃을 제거한 때부터 불꽃을 올리며 연소하는 상태가 그칠 때까지 시간은 20초 이내일 것
2. 버너의 불꽃을 제거한 때부터 불꽃을 올리지 않고 연소하는 상태가 그칠 때까지 시간은 30초 이내일 것
3. 탄화(炭化)한 면적은 50제곱센티미터 이내, 탄화한 길이는 20센티미터 이내일 것
4. 불꽃에 의하여 완전히 녹을 때까지 불꽃의 접촉 횟수는 3회 이상일 것
5. 소방청장이 정하여 고시한 방법으로 발연량(發煙量)을 측정하는 경우 최대연기밀도는 400 이하일 것

③ 소방본부장 또는 소방서장은 제1항에 따른 방염대상물품 외에 다음 각 호의 물품은 방염처리된 물품을 사용하도록 권장할 수 있다.

1. 다중이용업소, 의료시설, 노유자 시설, 숙박시설 또는 장례식장에서 사용하는 침구류·소파 및 의자
2. 건축물 내부의 천장 또는 벽에 부착하거나 설치하는 가구류

제32조【시·도지사가 실시하는 방염성능검사】 법 제21조제1항 단서에서 "대통령령으로 정하는 방염대상물품"이란 다음 각 호의 것을 말한다.

1. 제31조제1항제1호라목의 전시용 합판·목재 또는 무대용 합판·목재 중 설치 현장에서 방염처리를 하는 합판·목재류
2. 제31조제1항제2호에 따른 방염대상물품 중 설치 현장

에서 방염처리를 하는 합판·목재류

제3장 소방시설등의 자체점검

제33조【소방시설등의 자체점검 면제 또는 연기】 ① 법 제22조제6항 전단에서 "대통령령으로 정하는 사유"란 다음 각 호의 어느 하나에 해당하는 사유를 말한다.
1. 「재난 및 안전관리 기본법」 제3조제1호에 해당하는 재난이 발생한 경우
2. 경매 등의 사유로 소유권이 변동 중이거나 변동된 경우
3. 관계인의 질병, 사고, 장기출장의 경우
4. 그 밖에 관계인이 운영하는 사업에 부도 또는 도산 등 중대한 위기가 발생하여 자체점검을 실시하기 곤란한 경우

② 법 제22조제1항에 따른 자체점검(이하 "자체점검"이라 한다)의 면제 또는 연기를 신청하려는 관계인은 행정안전부령으로 정하는 면제 또는 연기신청서에 면제 또는 연기의 사유 및 기간 등을 적어 소방본부장 또는 소방서장에게 제출해야 한다. 이 경우 제1항제1호에 해당하는 경우에만 면제를 신청할 수 있다.

③ 제2항에 따른 면제 또는 연기의 신청 및 신청서의 처리에 필요한 사항은 행정안전부령으로 정한다.

제34조【소방시설등의 자체점검 결과의 조치 등】 법 제23조제1항에서 "소화펌프 고장 등 대통령령으로 정하는 중대위반사항"이란 다음 각 호의 어느 하나에 해당하는 경우를 말한다.
1. 소화펌프(가압송수장치를 포함한다. 이하 같다), 동력·감시 제어반 또는 소방시설용 전원(비상전원을 포함한다)의 고장으로 소방시설이 작동되지 않는 경우
2. 화재 수신기의 고장으로 화재경보음이 자동으로 울리지 않거나 화재 수신기와 연동된 소방시설의 작동이 불가능한 경우
3. 소화배관 등이 폐쇄·차단되어 소화수(消火水) 또는 소화약제가 자동 방출되지 않는 경우
4. 방화문 또는 자동방화셔터가 훼손되거나 철거되어 본래의 기능을 못하는 경우

제35조【자체점검 결과에 따른 이행계획 완료의 연기】 ① 법 제23조제5항 전단에서 "대통령령으로 정하는 사유"란 다음 각 호의 어느 하나에 해당하는 사유를 말한다.
1. 「재난 및 안전관리 기본법」 제3조제1호에 해당하는 재난이 발생한 경우
2. 경매 등의 사유로 소유권이 변동 중이거나 변동된 경우
3. 관계인의 질병, 사고, 장기출장 등의 경우
4. 그 밖에 관계인이 운영하는 사업에 부도 또는 도산 등 중대한 위기가 발생하여 이행계획을 완료하기 곤란한 경우

② 법 제23조제5항에 따라 이행계획 완료의 연기를 신청하려는 관계인은 행정안전부령으로 정하는 바에 따라 연기신청서에 연기의 사유 및 기간 등을 적어 소방본부장 또는 소방서장에게 제출해야 한다.

③ 제2항에 따른 연기의 신청 및 연기신청서의 처리에 필요한 사항은 행정안전부령으로 정한다.

제36조【자체점검 결과 공개】 ① 소방본부장 또는 소방서장은 법 제24조제2항에 따라 자체점검 결과를 공개하는 경우 30일 이상 법 제48조에 따른 전산시스템 또는 인터넷 홈페이지 등을 통해 공개해야 한다.

② 소방본부장 또는 소방서장은 제1항에 따라 자체점검 결과를 공개하려는 경우 공개 기간, 공개 내용 및 공개방법을 해당 특정소방대상물의 관계인에게 미리 알려야 한다.

③ 특정소방대상물의 관계인은 제2항에 따라 공개 내용 등을 통보받은 날부터 10일 이내에 관할 소방본부장 또는 소방서장에게 이의신청을 할 수 있다.

④ 소방본부장 또는 소방서장은 제3항에 따라 이의신청을 받은 날부터 10일 이내에 심사·결정하여 그 결과를 지체 없이 신청인에게 알려야 한다.

⑤ 자체점검 결과의 공개가 제3자의 법익을 침해하는 경우에는 제3자와 관련된 사실을 제외하고 공개해야 한다.

제4장 소방시설관리사 및 소방시설관리업

제1절 소방시설관리사

제37조【소방시설관리사시험의 응시자격】 법 제25조제1항에 따른 소방시설관리사시험(이하 "관리사시험"이라 한다)에 응시할 수 있는 사람은 다음 각 호와 같다.
1. 소방기술사·건축사·건축기계설비기술사·건축전기설비기술사 또는 공조냉동기계기술사
2. 위험물기능장
3. 소방설비기사
4. 「국가과학기술 경쟁력 강화를 위한 이공계지원 특별법」 제2조제1호에 따른 이공계 분야의 박사학위를 취득한 사람
5. 소방청장이 정하여 고시하는 소방안전 관련 분야의 석사 이상의 학위를 취득한 사람
6. 소방설비산업기사 또는 소방공무원 등 소방청장이 정하여 고시하는 사람 중 소방에 관한 실무경력(자격 취득 후의 실무경력으로 한정한다)이 3년 이상인 사람

제38조【시험의 시행방법】 ① 관리사시험은 제1차시험과

제2차시험으로 구분하여 시행한다. 이 경우 소방청장은 제1차시험과 제2차시험을 같은 날에 시행할 수 있다.
② 제1차시험은 선택형을 원칙으로 하고, 제2차시험은 논문형을 원칙으로 하되, 제2차시험에는 기입형을 포함할 수 있다.
③ 제1차시험에 합격한 사람에 대해서는 다음 회의 관리사시험만 제1차시험을 면제한다. 다만, 면제받으려는 시험의 응시자격을 갖춘 경우로 한정한다.
④ 제2차시험은 제1차시험에 합격한 사람만 응시할 수 있다. 다만, 제1항 후단에 따라 제1차시험과 제2차시험을 병행하여 시행하는 경우에 제1차시험에 불합격한 사람의 제2차시험 응시는 무효로 한다.

제39조【시험 과목】 ① 관리사시험의 제1차시험 및 제2차시험 과목은 다음 각 호와 같다.
1. 제1차시험
가. 소방안전관리론(소방 및 화재의 기초이론으로 연소이론, 화재현상, 위험물 및 소방안전관리 등의 내용을 포함한다)
나. 소방기계 점검실무(소방시설 기계 분야 점검의 기초이론 및 실무능력을 측정하기 위한 과목으로 소방유체역학, 소방 관련 열역학, 소방기계 분야의 화재안전기준을 포함한다)
다. 소방전기 점검실무(소방시설 전기·통신 분야 점검의 기초이론 및 실무능력을 측정하기 위한 과목으로 전기회로, 전기기기, 제어회로, 전자회로 및 소방전기 분야의 화재안전기준을 포함한다)
라. 다음의 소방 관계 법령
1) 「소방시설 설치 및 관리에 관한 법률」 및 그 하위법령
2) 「화재의 예방 및 안전관리에 관한 법률」 및 그 하위법령
3) 「소방기본법」 및 그 하위법령
4) 「다중이용업소의 안전관리에 관한 특별법」 및 그 하위법령
5) 「건축법」 및 그 하위법령(소방 분야로 한정한다)
6) 「초고층 및 지하연계 복합건축물 재난관리에 관한 특별법」 및 그 하위법령
2. 제2차시험
가. 소방시설등 점검실무(소방시설등의 점검에 필요한 종합적 능력을 측정하기 위한 과목으로 소방시설등의 현장점검 시 점검절차, 성능확인, 이상판단 및 조치 등의 내용을 포함한다)
나. 소방시설등 관리실무(소방시설등 점검 및 관리 관련 행정업무 및 서류작성 등의 업무능력을 측정하기 위한 과목으로 점검보고서의 작성, 인력 및 장비 운용 등 실제 현장에서 요구되는 사무 능력을 포함한다)
② 제1항에 따른 관리사시험 과목의 세부 항목은 행정안전부령으로 정한다.

제40조【시험위원의 임명·위촉】 ① 소방청장은 법 제25조제2항에 따라 관리사시험의 출제 및 채점을 위하여 다음 각 호의 어느 하나에 해당하는 사람 중에서 시험위원을 임명하거나 위촉해야 한다.
1. 소방 관련 분야의 박사학위를 취득한 사람
2. 대학에서 소방안전 관련 학과 조교수 이상으로 2년 이상 재직한 사람
3. 소방위 이상의 소방공무원
4. 소방시설관리사
5. 소방기술사
② 제1항에 따른 시험위원의 수는 다음 각 호의 구분에 따른다.
1. 출제위원: 시험 과목별 3명
2. 채점위원: 시험 과목별 5명 이내(제2차시험의 경우로 한정한다)
③ 제1항에 따라 시험위원으로 임명되거나 위촉된 사람은 소방청장이 정하는 시험문제 등의 출제 시 유의사항 및 서약서 등에 따른 준수사항을 성실히 이행해야 한다.
④ 제1항에 따라 임명되거나 위촉된 시험위원과 시험감독 업무에 종사하는 사람에게는 예산의 범위에서 수당과 여비를 지급할 수 있다.

제41조【시험 과목의 일부 면제】 법 제25조제4항에 따라 관리사시험의 제1차시험 과목 가운데 일부를 면제받을 수 있는 사람과 그 면제 과목은 다음 각 호의 구분에 따른다. 다만, 다음 각 호 중 둘 이상에 해당하는 경우에는 본인이 선택한 호의 과목만 면제받을 수 있다.
1. 소방기술사 자격을 취득한 사람: 제39조제1항제1호가목부터 다목까지의 과목
2. 소방공무원으로 15년 이상 근무한 경력이 있는 사람으로서 5년 이상 소방청장이 정하여 고시하는 소방 관련 업무 경력이 있는 사람: 제39조제1항제1호나목부터 라목까지의 과목
3. 다음 각 목의 어느 하나에 해당하는 사람: 제39조제1항제1호나목·다목의 과목
가. 소방설비기사(기계 또는 전기) 자격을 취득한 후 8년 이상 소방기술과 관련된 경력(「소방시설공사업법」 제28조제3항에 따른 소방기술과 관련된 경력을 말한다)이 있는 사람
나. 소방설비산업기사(기계 또는 전기) 자격을 취득한

후 법 제29조에 따른 소방시설관리업에서 10년 이상 자체점검 업무를 수행한 사람

제42조【시험의 시행 및 공고】 ① 관리사시험은 매년 1회 시행하는 것을 원칙으로 하되, 소방청장이 필요하다고 인정하는 경우에는 그 횟수를 늘리거나 줄일 수 있다.

② 소방청장은 관리사시험을 시행하려면 응시자격, 시험 과목, 일시·장소 및 응시절차 등을 모든 응시 희망자가 알 수 있도록 관리사시험 시행일 90일 전까지 인터넷 홈페이지에 공고해야 한다.

제43조【응시원서 제출 등】 ① 관리사시험에 응시하려는 사람은 행정안전부령으로 정하는 바에 따라 관리사시험 응시원서를 소방청장에게 제출해야 한다.

② 제41조에 따라 시험 과목의 일부를 면제받으려는 사람은 제1항에 따른 응시원서에 면제 과목과 그 사유를 적어야 한다.

③ 관리사시험에 응시하는 사람은 제37조에 따른 응시자격에 관한 증명서류를 소방청장이 정하는 원서 접수기간 내에 제출해야 하며, 증명서류는 해당 자격증(「국가기술자격법」에 따른 국가기술자격 취득자의 자격증은 제외한다) 사본과 행정안전부령으로 정하는 경력·재직증명서 또는 「소방시설공사업법 시행령」 제20조제4항에 따른 수탁기관이 발행하는 경력증명서로 한다. 다만, 국가·지방자치단체, 「공공기관의 운영에 관한 법률」 제4조에 따른 공공기관, 「지방공기업법」에 따른 지방공사 또는 지방공단이 증명하는 경력증명원은 해당 기관에서 정하는 서식에 따를 수 있다.

④ 제1항에 따라 응시원서를 받은 소방청장은 「전자정부법」 제36조제1항에 따른 행정정보의 공동이용을 통하여 다음 각 호의 서류를 확인해야 한다. 다만, 응시자가 확인에 동의하지 않는 경우에는 그 사본을 첨부하게 해야 한다.

1. 응시자의 해당 국가기술자격증
2. 국민연금가입자가입증명 또는 건강보험자격득실확인서

제44조【시험의 합격자 결정 등】 ① 제1차시험에서는 과목당 100점을 만점으로 하여 모든 과목의 점수가 40점 이상이고, 전 과목 평균 점수가 60점 이상인 사람을 합격자로 한다.

② 제2차시험에서는 과목당 100점을 만점으로 하되, 시험위원의 채점점수 중 최고점수와 최저점수를 제외한 점수가 모든 과목에서 40점 이상, 전 과목에서 평균 60점 이상인 사람을 합격자로 한다.

③ 소방청장은 제1항과 제2항에 따라 관리사시험 합격자를 결정했을 때에는 이를 인터넷 홈페이지에 공고해야 한다.

제2절 소방시설관리업

제45조【소방시설관리업의 등록기준 등】 ① 법 제29조제1항에 따른 소방시설관리업의 업종별 등록기준 및 영업범위는 별표 9와 같다.

② 시·도지사는 법 제29조제1항에 따른 등록신청이 다음 각 호의 어느 하나에 해당하는 경우를 제외하고는 등록을 해 주어야 한다.

1. 제1항에 따른 등록기준에 적합하지 않은 경우
2. 등록을 신청한 자가 법 제30조 각 호의 어느 하나에 해당하는 경우
3. 그 밖에 이 법 또는 제39조제1항제1호라목의 소방 관계 법령에 따른 제한에 위배되는 경우

제5장 소방용품의 품질관리

제46조【형식승인 대상 소방용품】 법 제37조제1항 본문에서 "대통령령으로 정하는 소방용품"이란 별표 3의 소방용품(같은 표 제1호나목의 자동소화장치 중 상업용 주방자동소화장치는 제외한다)을 말한다.

제47조【우수품질인증 소방용품 우선 구매·사용 기관】 법 제44조제4호에서 "대통령령으로 정하는 기관"이란 다음 각 호의 기관을 말한다.

1. 「지방공기업법」 제49조에 따라 설립된 지방공사 및 같은 법 제76조에 따라 설립된 지방공단
2. 「지방자치단체 출자·출연 기관의 운영에 관한 법률」 제2조에 따른 출자·출연 기관

제6장 보칙

제48조【권한 또는 업무의 위임·위탁 등】 ① 소방청장은 법 제50조제1항에 따라 화재안전기준 중 기술기준에 대한 법 제19조 각 호에 따른 관리·운영 권한을 국립소방연구원장에게 위임한다.

② 법 제50조제2항제1호에서 "대통령령으로 정하는 검사"란 제31조제1항에 따른 방염대상물품에 대한 방염성능검사(제32조 각 호에 따라 설치 현장에서 방염처리를 하는 합판·목재류에 대한 방염성능검사는 제외한다)를 말한다.

③ 소방청장은 법 제50조제5항에 따라 다음 각 호의 업무를 소방청장의 허가를 받아 설립한 소방기술과 관련된 법인 또는 단체 중 해당 업무를 처리하는 데 필요한 관련 인력과 장비를 갖춘 법인 또는 단체에 위탁한다. 이 경우 소방청장은 위탁받는 기관의 명칭·주소·대표자

및 위탁 업무의 내용을 고시해야 한다.
1. 표준자체점검비의 산정 및 공표
2. 법 제25조제5항 및 제6항에 따른 소방시설관리사증의 발급·재발급
3. 법 제34조제1항에 따른 점검능력 평가 및 공시
4. 법 제34조제4항에 따른 데이터베이스 구축·운영

제49조【조치명령등의 기간연장】 ① 법 제54조제1항 각 호 외의 부분에서 "대통령령으로 정하는 사유"란 다음 각 호의 어느 하나에 해당하는 사유를 말한다.
1. 「재난 및 안전관리 기본법」 제3조제1호에 해당하는 재난이 발생한 경우
2. 경매 등의 사유로 소유권이 변동 중이거나 변동된 경우
3. 관계인의 질병, 사고, 장기출장의 경우
4. 시장·상가·복합건축물 등 소방대상물의 관계인이 여러 명으로 구성되어 법 제54조제1항 각 호에 따른 조치명령 또는 이행명령(이하 "조치명령등"이라 한다)의 이행에 대한 의견을 조정하기 어려운 경우
5. 그 밖에 관계인이 운영하는 사업에 부도 또는 도산 등 중대한 위기가 발생하여 조치명령등을 그 기간 내에 이행할 수 없는 경우

② 법 제54조제1항에 따라 조치명령등의 연기를 신청하려는 관계인 등은 행정안전부령으로 정하는 연기신청서에 연기의 사유 및 기간 등을 적어 소방청장, 소방본부장 또는 소방서장에게 제출해야 한다.
③ 제2항에 따른 연기의 신청 및 연기신청서의 처리에 필요한 사항은 행정안전부령으로 정한다.

제50조【고유식별정보의 처리】 소방청장(제48조에 따라 소방청장의 업무를 위탁받은 자를 포함한다), 시·도지사(해당 권한 또는 업무가 위임되거나 위탁된 경우에는 그 권한 또는 업무를 위임받거나 위탁받은 자를 포함한다), 소방본부장 또는 소방서장은 다음 각 호의 사무를 수행하기 위하여 불가피한 경우 「개인정보 보호법 시행령」 제19조제1호 또는 제4호에 따른 주민등록번호 또는 외국인등록번호가 포함된 자료를 처리할 수 있다.
1. 법 제6조에 따른 건축허가등의 동의에 관한 사무
2. 법 제12조에 따른 특정소방대상물에 설치하는 소방시설의 설치·관리 등에 관한 사무
3. 법 제20조에 따른 특정소방대상물의 방염 등에 관한 사무
4. 법 제25조에 따른 소방시설관리사시험 및 소방시설관리사증 발급 등에 관한 사무
5. 법 제26조에 따른 부정행위자에 대한 제재에 관한 사무
6. 법 제28조에 따른 자격의 취소·정지에 관한 사무
7. 법 제29조에 따른 소방시설관리업의 등록 등에 관한 사무
8. 법 제31조에 따른 등록사항의 변경신고에 관한 사무
9. 법 제32조에 따른 관리업자의 지위승계에 관한 사무
10. 법 제34조에 따른 점검능력 평가 및 공시 등에 관한 사무
11. 법 제35조에 따른 등록의 취소와 영업정지 등에 관한 사무
12. 법 제36조에 따른 과징금처분에 관한 사무
13. 법 제39조에 따른 형식승인의 취소 등에 관한 사무
14. 법 제46조에 따른 전문기관의 지정 등에 관한 사무
15. 법 제47조에 따른 전문기관의 지정취소 등에 관한 사무
16. 법 제49조에 따른 청문에 관한 사무
17. 법 제52조에 따른 감독에 관한 사무
18. 법 제53조에 따른 수수료 등 징수에 관한 사무

제51조【규제의 재검토】 소방청장은 다음 각 호의 사항에 대하여 해당 호에서 정하는 날을 기준일로 하여 3년마다(매 3년이 되는 해의 기준일과 같은 날 전까지를 말한다) 그 타당성을 검토하여 개선 등의 조치를 해야 한다.
1. 제7조에 따른 건축허가등의 동의대상물의 범위 등: 2022년 12월 1일
2. 삭제 <2023.3.7.>
3. 제11조 및 별표 4에 따른 특정소방대상물의 규모, 용도, 수용인원 및 이용자 특성 등을 고려하여 설치·관리해야 하는 소방시설: 2022년 12월 1일
4. 제13조에 따른 강화된 소방시설기준의 적용대상: 2022년 12월 1일
5. 제15조에 따른 특정소방대상물의 증축 또는 용도변경 시의 소방시설기준 적용의 특례: 2022년 12월 1일
6. 제18조 및 별표 8에 따른 임시소방시설의 종류 및 설치기준 등: 2022년 12월 1일
7. 제30조에 따른 방염성능기준 이상의 실내장식물 등을 설치해야 하는 특정소방대상물: 2022년 12월 1일
8. 제31조에 따른 방염성능기준: 2022년 12월 1일

제52조【과태료의 부과기준】 법 제61조제1항에 따른 과태료의 부과기준은 별표 10과 같다.

부칙〈대통령령 제33004호, 2022.11.29.〉

제1조(시행일) 이 영은 2022년 12월 1일부터 시행한다. 다만, 다음 각 호의 개정규정은 해당 호에서 정하는 날부터 시행한다.

1. 별표 1 제2호마목, 별표 4 제1호나목2) 및 같은 표 제2호마목의 개정규정: 2023년 12월 1일
2. 별표 2 제1호나목·다목의 개정규정: 2024년 12월 1일
3. 별표 8 제1호라목·바목·사목 및 같은 표 제2호라목·바목·사목의 개정규정: 2023년 7월 1일

제2조(특정소방대상물에 설치·관리해야 하는 소방시설에 관한 적용례) ① 별표 4 제1호나목2) 및 같은 표 제2호마목의 개정규정은 2023년 12월 1일 이후 특정소방대상물의 신축·증축·개축·재축·이전·용도변경 또는 대수선의 허가·협의를 신청하거나 신고하는 경우부터 적용한다.

② 별표 4의 개정규정(별표 2 제1호나목·다목의 개정규정에 따른 특정소방대상물에 적용하는 경우로 한정한다)은 2024년 12월 1일 이후 특정소방대상물의 신축·증축·개축·재축·이전·용도변경 또는 대수선의 허가·협의를 신청하거나 신고하는 경우부터 적용한다.

③ 제1항 및 제2항에서 규정한 사항 외에 별표 4의 개정규정은 이 영 시행 이후 특정소방대상물의 신축·증축·개축·재축·이전·용도변경 또는 대수선의 허가·협의를 신청하거나 신고하는 경우부터 적용한다.

제3조(특정소방대상물의 소방시설 설치의 면제기준에 관한 적용례) 별표 5의 개정규정은 이 영 시행 이후 특정소방대상물의 신축·증축·개축·재축·이전·용도변경 또는 대수선의 허가·협의를 신청하거나 신고하는 경우부터 적용한다.

제4조(소방시설을 설치하지 않을 수 있는 특정소방대상물 및 소방시설의 범위에 관한 적용례) 별표 6의 개정규정은 이 영 시행 이후 특정소방대상물의 신축·증축·개축·재축·이전·용도변경 또는 대수선의 허가·협의를 신청하거나 신고하는 경우부터 적용한다.

제5조(임시소방시설의 종류와 설치기준 등에 관한 적용례) 별표 8 제1호라목·바목·사목 및 같은 표 제2호라목·바목·사목의 개정규정은 2023년 7월 1일 이후 특정소방대상물의 신축·증축·개축·재축·이전·용도변경 또는 대수선의 허가·협의를 신청하거나 신고하는 경우부터 적용한다.

제6조(소방시설관리사시험에 관한 특례) ① 법 제25조제2항에 따른 소방시설관리사시험(이하 "관리사시험"이라 한다)에 응시할 수 있는 사람은 제37조의 개정규정에도 불구하고 2026년 12월 31일까지는 다음 각 호에 따른 사람으로 한다.

1. 소방기술사·위험물기능장·건축사·건축기계설비기술사·건축전기설비기술사 또는 공조냉동기계기술사
2. 소방설비기사 자격을 취득한 후 2년 이상 소방청장이 정하여 고시하는 소방에 관한 실무경력(이하 "소방실무경력"이라 한다)이 있는 사람
3. 소방설비산업기사 자격을 취득한 후 3년 이상 소방실무경력이 있는 사람
4. 「국가과학기술 경쟁력 강화를 위한 이공계지원 특별법」 제2조제1호에 따른 이공계(이하 "이공계"라 한다) 분야를 전공한 사람으로서 다음 각 목의 어느 하나에 해당하는 사람
   가. 이공계 분야의 박사학위를 취득한 사람
   나. 이공계 분야의 석사학위를 취득한 후 2년 이상 소방실무경력이 있는 사람
   다. 이공계 분야의 학사학위를 취득한 후 3년 이상 소방실무경력이 있는 사람
5. 소방안전공학(소방방재공학, 안전공학을 포함한다) 분야를 전공한 후 다음 각 목의 어느 하나에 해당하는 사람
   가. 해당 분야의 석사학위 이상을 취득한 사람
   나. 2년 이상 소방실무경력이 있는 사람
6. 위험물산업기사 또는 위험물기능사 자격을 취득한 후 3년 이상 소방실무경력이 있는 사람
7. 소방공무원으로 5년 이상 근무한 경력이 있는 사람
8. 소방안전 관련 학과의 학사학위를 취득한 후 3년 이상 소방실무경력이 있는 사람
9. 산업안전기사 자격을 취득한 후 3년 이상 소방실무경력이 있는 사람
10. 다음 각 목의 어느 하나에 해당하는 사람
    가. 특급 소방안전관리대상물의 소방안전관리자로 2년 이상 근무한 실무경력이 있는 사람
    나. 1급 소방안전관리대상물의 소방안전관리자로 3년 이상 근무한 실무경력이 있는 사람
    다. 2급 소방안전관리대상물의 소방안전관리자로 5년 이상 근무한 실무경력이 있는 사람
    라. 3급 소방안전관리대상물의 소방안전관리자로 7년 이상 근무한 실무경력이 있는 사람
    마. 10년 이상 소방실무경력이 있는 사람

② 관리사시험의 시험과목은 제39조의 개정규정에도 불구하고 2026년 12월 31일까지는 다음 각 호에 따른 과목으로 한다.

1. 제1차시험

가. 소방안전관리론(연소 및 소화, 화재예방관리, 건축물소방안전기준, 인원수용 및 피난계획에 관한 부분으로 한정한다) 및 화재역학[화재의 성질·상태, 화재하중(火災荷重), 열전달, 화염 확산, 연소속도, 구획화재, 연소생성물 및 연기의 생성·이동에 관한 부분으로 한정한다]
나. 소방수리학, 약제화학 및 소방전기(소방 관련 전기공사재료 및 전기제어에 관한 부분으로 한정한다)
다. 다음의 소방 관련 법령
1) 「소방기본법」, 같은 법 시행령 및 같은 법 시행규칙
2) 「소방시설공사업법」, 같은 법 시행령 및 같은 법 시행규칙
3) 「소방시설 설치 및 관리에 관한 법률」, 같은 법 시행령 및 같은 법 시행규칙
4) 「화재의 예방 및 안전관리에 관한 법률」, 같은 법 시행령 및 같은 법 시행규칙
5) 「위험물안전관리법」, 같은 법 시행령 및 같은 법 시행규칙
6) 「다중이용업소의 안전관리에 관한 특별법」, 같은 법 시행령 및 같은 법 시행규칙
라. 위험물의 성질·상태 및 시설기준
마. 소방시설의 구조 원리(고장진단 및 정비를 포함한다)
2. 제2차시험
가. 소방시설의 점검실무행정(점검절차 및 점검기구 사용법을 포함한다)
나. 소방시설의 설계 및 시공
③ 법 제25조제4항에 따라 관리사시험의 제1차시험 과목 가운데 일부를 면제받을 수 있는 사람과 그 면제과목은 제41조의 개정규정에도 불구하고 2026년 12월 31일까지는 다음 각 호의 구분에 따른다. 다만, 제1호 및 제2호에 모두 해당하는 사람은 본인이 선택한 한 과목만 면제받을 수 있다.
1. 소방기술사 자격을 취득한 후 15년 이상 소방실무경력이 있는 사람: 제2항제1호나목의 과목
2. 소방공무원으로 15년 이상 근무한 경력이 있는 사람으로서 5년 이상 소방청장이 정하여 고시하는 소방 관련 업무 경력이 있는 사람: 제2항제1호다목의 과목
④ 법 제25조제4항에 따라 관리사시험의 제2차시험 과목 가운데 일부를 면제받을 수 있는 사람과 그 면제과목은 제41조의 개정규정에도 불구하고 2026년 12월 31일까지는 다음 각 호의 구분에 따른다. 다만, 제1호 및 제2호에 모두 해당하는 사람은 본인이 선택한 한 과목만 면제받을 수 있다.
1. 제1항제1호에 해당하는 사람: 제2항제2호나목의 과목
2. 제1항제7호에 해당하는 사람: 제2항제2호가목의 과목
⑤ 2026년 소방시설관리사시험 제1차시험에 합격한 사람은 제44조의 개정규정에 따라 제1차시험에 합격한 사람으로 보며, 제2차시험의 응시자격에 관하여는 제37조의 개정규정에도 불구하고 제1항에 따른다.

제7조(일반적 경과조치) 이 영 시행 당시 종전의 「화재예방, 소방시설 설치·유지 및 안전관리에 관한 법률 시행령」에 따라 행한 처분·절차와 그 밖의 행위로서 이 영에 그에 해당하는 규정이 있으면 이 영의 해당 규정에 따라 행해진 것으로 본다.

제8조(스프링클러설비 등의 설치에 관한 경과조치 등) ① 대통령령 제30029호 화재예방, 소방시설 설치·유지 및 안전관리에 관한 법률 시행령 일부개정령의 시행일인 2019년 8월 6일 당시 이미 건축이 완료된 종합병원, 병원, 치과병원 및 한방병원은 2026년 12월 31일까지 별표 4 제1호라목5), 같은 호 마목3) 및 같은 표 제2호사목6)의 개정규정에 따라 스프링클러설비, 간이스프링클러설비 및 자동화재속보설비를 설치해야 한다.
② 제1항에 따라 스프링클러설비를 설치해야 하는 종합병원, 병원, 치과병원 및 한방병원은 별표 4 제1호라목5)의 개정규정에도 불구하고 스프링클러설비를 대신하여 간이스프링클러설비를 설치할 수 있다.
③ 대통령령 제31256호 화재예방, 소방시설 설치·유지 및 안전관리에 관한 법률 시행령 일부개정령의 시행일인 2020년 12월 10일 전에 설치된 공동구는 2022년 12월 9일까지 별표 4 제1호가목4) 및 같은 표 제3호다목1)의 개정규정에 따라 소화기구 및 유도등을 설치해야 한다.

제9조(자동식소화기설치에 관한 경과조치) 대통령령 제18404호 소방시설설치유지및안전관리에관한법률시행령의 시행일인 2005년 1월 1일 당시 이미 완공되었거나 건축허가를 신청한 아파트의 자동식소화기설치에 관하여는 같은 영 별표 4 소화설비의 소방시설적용기준란 제1호나목의 규정에도 불구하고 종전의 소방법시행령(대통령령 제18374호 소방기본법시행령 부칙 제2조에 따라 폐지되기 전의 것을 말한다)에 따른다.

제10조(특정소방대상물 변경에 따른 경과조치) 대통령령 제22880호 소방시설 설치유지 및 안전관리에 관한 법률 시행령 일부개정령의 시행일인 2011년 7월 7일 당시 종전의 소방시설 설치유지 및 안전관리에 관한 법률 시행령(대통령령 제22880호 소방시설 설치유지 및 안전관리에 관한 법률 시행령 일부개정령으로 개정되기 전의 것을

말한다) 별표 4에 따라 특정소방대상물에 적법하게 소방시설등을 설치한 경우에는 별표 4의 개정규정에 따라 적법하게 소방시설등을 설치한 것으로 본다.

제11조(소방시설 설치의 면제에 대한 경과조치) 대통령령 제18404호 소방시설설치유지및안전관리에관한법률시행령의 시행일인 2004년 5월 30일 당시 종전의 소방법시행령(대통령령 제18374호 소방기본법시행령 부칙 제2조에 따라 폐지되기 전의 것을 말한다)에 따라 자동식소화기·자동화재탐지설비 또는 옥내소화전설비의 설치가 면제된 소방대상물에 대해서는 제14조 및 별표 5의 개정규정에도 불구하고 자동식소화기·자동화재탐지설비 또는 옥내소화전설비의 설치가 면제된 것으로 본다.

제12조(소방기술심의위원회의 위원 구성에 관한 경과조치) ① 이 영 시행 당시 종전의 「화재예방, 소방시설 설치·유지 및 안전관리에 관한 법률 시행령」 제18조의4제1항에 따라 임명되거나 위촉된 중앙소방기술심의위원회의 위원은 제22조제1항의 개정규정에 따라 중앙소방기술심의위원회의 위원으로 임명되거나 위촉된 것으로 본다. 이 경우 위촉위원의 임기는 종전 임기의 남은 기간으로 한다.

② 이 영 시행 당시 종전의 「화재예방, 소방시설 설치·유지 및 안전관리에 관한 법률 시행령」 제18조의4제2항에 따라 임명되거나 위촉된 지방소방기술심의위원회의 위원은 제22조제2항의 개정규정에 따라 지방소방기술심의위원회의 위원으로 임명되거나 위촉된 것으로 본다. 이 경우 위촉위원의 임기는 종전 임기의 남은 기간으로 한다.

제13조(관리업의 업종별 등록기준에 관한 경과조치) ① 이 영 시행 당시 종전의 「화재예방, 소방시설 설치·유지 및 안전관리에 관한 법률 시행령」 제45조제1항 및 별표 9의 개정규정에 따라 등록한 소방시설관리업자는 제45조제1항 및 별표 9의 개정규정에 따라 일반 소방시설관리업을 등록한 것으로 본다.

② 제1항에 따라 일반 소방시설관리업을 등록한 것으로 보는 자는 제45조제1항 및 별표 9의 개정규정에도 불구하고 2024년 11월 30일까지 모든 특정소방대상물을 영업범위로 한다. 다만, 2024년 12월 1일 이후 모든 특정소방대상물을 영업범위로 하기 위해서는 제45조제1항 및 별표 9의 개정규정에 따라 전문 소방시설관리업의 등록기준을 갖춰 등록해야 한다.

제14조(과태료의 부과기준에 관한 경과조치) ① 이 영 시행 전의 위반행위에 대하여 과태료를 적용할 때에는 종전의 「화재예방, 소방시설 설치·유지 및 안전관리에 관한 법률 시행령」의 규정에 따른다.

② 이 영 시행 전의 위반행위로 받은 과태료 부과처분은 별표 10의 개정규정에 따른 위반행위의 횟수 산정에 포함하지 않는다.

제15조(종전 부칙의 적용범위에 관한 경과조치) 이 영 시행 전의 「화재예방, 소방시설 설치·유지 및 안전관리에 관한 법률 시행령」의 개정에 따른 부칙의 규정은 기간의 경과 등으로 이미 그 효력이 상실된 규정을 제외하고는 이 영 시행 이후에도 계속하여 효력을 가진다.

제16조(다른 법령의 개정) ① 생략

② 건축법 시행령 일부를 다음과 같이 개정한다.

제10조제1항제21호 중 "「화재예방, 소방시설 설치·유지 및 안전관리에 관한 법률」 제7조"를 "「소방시설 설치 및 관리에 관한 법률」 제6조"로 한다

제40조제3항 중 "「화재예방, 소방시설 설치·유지 및 안전관리에 관한 법률」 제39조제1항"을 "「소방시설 설치 및 관리에 관한 법률」 제40조제1항"으로 한다.

제109조제2항 중 "「화재예방, 소방시설 설치·유지 및 안전관리에 관한 법률」 제9조 및 제11조"를 "「소방시설 설치 및 관리에 관한 법률」 제12조 및 제13조"로 한다.

③~㊴ 생략

제17조(다른 법령과의 관계) 이 영 시행 당시 다른 법령에서 종전의 「화재예방, 소방시설 설치·유지 및 안전관리에 관한 법률 시행령」 또는 그 규정을 인용하고 있는 경우에 이 영 가운데 그에 해당하는 규정이 있을 때에는 종전의 「화재예방, 소방시설 설치·유지 및 안전관리에 관한 법률 시행령」 또는 그 규정을 갈음하여 이 영 또는 이 영의 해당 규정을 인용한 것으로 본다.

부칙〈대통령령 제33321호, 2023.3.7.〉 (규제 재검토기한 정비를 위한 55개 법령의 일부개정에 관한 대통령령)

이 영은 공포한 날부터 시행한다.

[별표 1] 소방시설(제3조 관련) <시행일 2022.12.1./제2호 마목 2023.12.1>

1. 소화설비: 물 또는 그 밖의 소화약제를 사용하여 소화하는 기계·기구 또는 설비로서 다음 각 목의 것
 가. 소화기구
  1) 소화기
  2) 간이소화용구: 에어로졸식 소화용구, 투척용 소화용구, 소공간용 소화용구 및 소화약제 외의 것을 이용한 간이소화용구
  3) 자동확산소화기
 나. 자동소화장치
  1) 주거용 주방자동소화장치
  2) 상업용 주방자동소화장치
  3) 캐비닛형 자동소화장치
  4) 가스자동소화장치
  5) 분말자동소화장치
  6) 고체에어로졸자동소화장치
 다. 옥내소화전설비[호스릴(hose reel)옥내소화전설비를 포함한다]
 라. 스프링클러설비등
  1) 스프링클러설비
  2) 간이스프링클러설비(캐비닛형 간이스프링클러설비를 포함한다)
  3) 화재조기진압용 스프링클러설비
 마. 물분무등소화설비
  1) 물 분무 소화설비
  2) 미분무소화설비
  3) 포소화설비
  4) 이산화탄소소화설비
  5) 할론소화설비
  6) 할로겐화합물 및 불활성기체(다른 원소와 화학 반응을 일으키기 어려운 기체를 말한다. 이하 같다) 소화설비
  7) 분말소화설비
  8) 강화액소화설비
  9) 고체에어로졸소화설비
 바. 옥외소화전설비
2. 경보설비: 화재발생 사실을 통보하는 기계·기구 또는 설비로서 다음 각 목의 것
 가. 단독경보형 감지기
 나. 비상경보설비
  1) 비상벨설비
  2) 자동식사이렌설비
 다. 자동화재탐지설비
 라. 시각경보기
 마. 화재알림설비 <시행 2023.12.1>
 바. 비상방송설비
 사. 자동화재속보설비
 아. 통합감시시설
 자. 누전경보기
 차. 가스누설경보기
3. 피난구조설비: 화재가 발생할 경우 피난하기 위하여 사용하는 기구 또는 설비로서 다음 각 목의 것
 가. 피난기구
  1) 피난사다리
  2) 구조대
  3) 완강기
  4) 간이완강기

5) 그 밖에 화재안전기준으로 정하는 것
나. 인명구조기구
1) 방열복, 방화복(안전모, 보호장갑 및 안전화를 포함한다)
2) 공기호흡기
3) 인공소생기
다. 유도등
1) 피난유도선
2) 피난구유도등
3) 통로유도등
4) 객석유도등
5) 유도표지
라. 비상조명등 및 휴대용비상조명등
4. 소화용수설비: 화재를 진압하는 데 필요한 물을 공급하거나 저장하는 설비로서 다음 각 목의 것
가. 상수도소화용수설비
나. 소화수조・저수조, 그 밖의 소화용수설비
5. 소화활동설비: 화재를 진압하거나 인명구조활동을 위하여 사용하는 설비로서 다음 각 목의 것
가. 제연설비
나. 연결송수관설비
다. 연결살수설비
라. 비상콘센트설비
마. 무선통신보조설비
바. 연소방지설비

[별표 2] 특정소방대상물(제5조 관련)<시행일 2022.12.1./제1호 나목, 다목 2024.12.1>

1. 공동주택
가. 아파트등: 주택으로 쓰는 층수가 5층 이상인 주택
나. 연립주택: 주택으로 쓰는 1개 동의 바닥면적(2개 이상의 동을 지하주차장으로 연결하는 경우에는 각각의 동으로 본다) 합계가 660㎡를 초과하고, 층수가 4개 층 이하인 주택 <시행 2024.12.1>
다. 다세대주택: 주택으로 쓰는 1개 동의 바닥면적(2개 이상의 동을 지하주차장으로 연결하는 경우에는 각각의 동으로 본다) 합계가 660㎡ 이하이고, 층수가 4개 층 이하인 주택 <시행 2024.12.1>
라. 기숙사: 학교 또는 공장 등의 학생 또는 종업원 등을 위하여 쓰는 것으로서 1개 동의 공동취사시설 이용 세대 수가 전체의 50퍼센트 이상인 것(「교육기본법」 제27조제2항에 따른 학생복지주택 및 「공공주택 특별법」 제2조제1호의3에 따른 공공매입임대주택 중 독립된 주거의 형태를 갖추지 않은 것을 포함한다)
2. 근린생활시설
가. 슈퍼마켓과 일용품(식품, 잡화, 의류, 완구, 서적, 건축자재, 의약품, 의료기기 등) 등의 소매점으로서 같은 건축물(하나의 대지에 두 동 이상의 건축물이 있는 경우에는 이를 같은 건축물로 본다. 이하 같다)에 해당 용도로 쓰는 바닥면적의 합계가 1천㎡ 미만인 것
나. 휴게음식점, 제과점, 일반음식점, 기원(棋院), 노래연습장 및 단란주점(단란주점은 같은 건축물에 해당 용도로 쓰는 바닥면적의 합계가 150㎡ 미만인 것만 해당한다)
다. 이용원, 미용원, 목욕장 및 세탁소(공장에 부설된 것과 「대기환경보전법」, 「물환경보전법」 또는 「소음・진동관리법」에 따른 배출시설의 설치허가 또는 신고의 대상인 것은 제외한다)
라. 의원, 치과의원, 한의원, 침술원, 접골원(接骨院), 조산원, 산후조리원 및 안마원(「의료법」 제82조제4항에 따른 안마시술소를 포함한다)
마. 탁구장, 테니스장, 체육도장, 체력단련장, 에어로빅장, 볼링장, 당구장, 실내낚시터, 골프연습장, 물놀이형 시설(「관

광진흥법」 제33조에 따른 안전성검사의 대상이 되는 물놀이형 시설을 말한다. 이하 같다), 그 밖에 이와 비슷한 것으로서 같은 건축물에 해당 용도로 쓰는 바닥면적의 합계가 500㎡ 미만인 것

바. 공연장(극장, 영화상영관, 연예장, 음악당, 서커스장, 「영화 및 비디오물의 진흥에 관한 법률」 제2조제16호가목에 따른 비디오물감상실업의 시설, 같은 호 나목에 따른 비디오물소극장업의 시설, 그 밖에 이와 비슷한 것을 말한다. 이하 같다) 또는 종교집회장[교회, 성당, 사찰, 기도원, 수도원, 수녀원, 제실(祭室), 사당, 그 밖에 이와 비슷한 것을 말한다. 이하 같다]으로서 같은 건축물에 해당 용도로 쓰는 바닥면적의 합계가 300㎡ 미만인 것

사. 금융업소, 사무소, 부동산중개사무소, 결혼상담소 등 소개업소, 출판사, 서점, 그 밖에 이와 비슷한 것으로서 같은 건축물에 해당 용도로 쓰는 바닥면적의 합계가 500㎡ 미만인 것

아. 제조업소, 수리점, 그 밖에 이와 비슷한 것으로서 같은 건축물에 해당 용도로 쓰는 바닥면적의 합계가 500㎡ 미만인 것(「대기환경보전법」, 「물환경보전법」 또는 「소음·진동관리법」에 따른 배출시설의 설치허가 또는 신고의 대상인 것은 제외한다)

자. 「게임산업진흥에 관한 법률」 제2조제6호의2에 따른 청소년게임제공업 및 일반게임제공업의 시설, 같은 조 제7호에 따른 인터넷컴퓨터게임시설제공업의 시설 및 같은 조 제8호에 따른 복합유통게임제공업의 시설로서 같은 건축물에 해당 용도로 쓰는 바닥면적의 합계가 500㎡ 미만인 것

차. 사진관, 표구점, 학원(같은 건축물에 해당 용도로 쓰는 바닥면적의 합계가 500㎡ 미만인 것만 해당하며, 자동차학원 및 무도학원은 제외한다), 독서실, 고시원(「다중이용업소의 안전관리에 관한 특별법」에 따른 다중이용업 중 고시원업의 시설로서 독립된 주거의 형태를 갖추지 않은 것으로서 같은 건축물에 해당 용도로 쓰는 바닥면적의 합계가 500㎡ 미만인 것을 말한다), 장의사, 동물병원, 총포판매사, 그 밖에 이와 비슷한 것

카. 의약품 판매소, 의료기기 판매소 및 자동차영업소로서 같은 건축물에 해당 용도로 쓰는 바닥면적의 합계가 1천㎡ 미만인 것

3. 문화 및 집회시설

가. 공연장으로서 근린생활시설에 해당하지 않는 것

나. 집회장: 예식장, 공회당, 회의장, 마권(馬券) 장외 발매소, 마권 전화투표소, 그 밖에 이와 비슷한 것으로서 근린생활시설에 해당하지 않는 것

다. 관람장: 경마장, 경륜장, 경정장, 자동차 경기장, 그 밖에 이와 비슷한 것과 체육관 및 운동장으로서 관람석의 바닥면적의 합계가 1천㎡ 이상인 것

라. 전시장: 박물관, 미술관, 과학관, 문화관, 체험관, 기념관, 산업전시장, 박람회장, 견본주택, 그 밖에 이와 비슷한 것

마. 동·식물원: 동물원, 식물원, 수족관, 그 밖에 이와 비슷한 것

4. 종교시설

가. 종교집회장으로서 근린생활시설에 해당하지 않는 것

나. 가목의 종교집회장에 설치하는 봉안당(奉安堂)

5. 판매시설

가. 도매시장: 「농수산물 유통 및 가격안정에 관한 법률」 제2조제2호에 따른 농수산물도매시장, 같은 조 제5호에 따른 농수산물공판장, 그 밖에 이와 비슷한 것(그 안에 있는 근린생활시설을 포함한다)

나. 소매시장: 시장, 「유통산업발전법」 제2조제3호에 따른 대규모점포, 그 밖에 이와 비슷한 것(그 안에 있는 근린생활시설을 포함한다)

다. 전통시장: 「전통시장 및 상점가 육성을 위한 특별법」 제2조제1호에 따른 전통시장(그 안에 있는 근린생활시설을 포함하며, 노점형시장은 제외한다)

라. 상점: 다음의 어느 하나에 해당하는 것(그 안에 있는 근린생활시설을 포함한다)

1) 제2호가목에 해당하는 용도로서 같은 건축물에 해당 용도로 쓰는 바닥면적 합계가 1천㎡ 이상인 것

2) 제2호자목에 해당하는 용도로서 같은 건축물에 해당 용도로 쓰는 바닥면적 합계가 500㎡ 이상인 것

6. 운수시설

가. 여객자동차터미널

나. 철도 및 도시철도 시설[정비창(整備廠) 등 관련 시설을 포함한다]

다. 공항시설(항공관제탑을 포함한다)

라. 항만시설 및 종합여객시설

7. 의료시설

가. 병원: 종합병원, 병원, 치과병원, 한방병원, 요양병원

나. 격리병원: 전염병원, 마약진료소, 그 밖에 이와 비슷한 것

다. 정신의료기관

라. 「장애인복지법」 제58조제1항제4호에 따른 장애인 의료재활시설

8. 교육연구시설

가. 학교

1) 초등학교, 중학교, 고등학교, 특수학교, 그 밖에 이에 준하는 학교: 「학교시설사업 촉진법」 제2조제1호나목의 교사(校舍)(교실·도서실 등 교수·학습활동에 직접 또는 간접적으로 필요한 시설물을 말하되, 병설유치원으로 사용되는 부분은 제외한다. 이하 같다), 체육관, 「학교급식법」 제6조에 따른 급식시설, 합숙소(학교의 운동부, 기능선수 등이 집단으로 숙식하는 장소를 말한다. 이하 같다)

2) 대학, 대학교, 그 밖에 이에 준하는 각종 학교: 교사 및 합숙소

나. 교육원(연수원, 그 밖에 이와 비슷한 것을 포함한다)

다. 직업훈련소

라. 학원(근린생활시설에 해당하는 것과 자동차운전학원·정비학원 및 무도학원은 제외한다)

마. 연구소(연구소에 준하는 시험소와 계량계측소를 포함한다)

바. 도서관

9. 노유자 시설

가. 노인 관련 시설: 「노인복지법」에 따른 노인주거복지시설, 노인의료복지시설, 노인여가복지시설, 주·야간보호서비스나 단기보호서비스를 제공하는 재가노인복지시설(「노인장기요양보험법」에 따른 장기요양기관을 포함한다), 노인보호전문기관, 노인일자리지원기관, 학대피해노인 전용쉼터, 그 밖에 이와 비슷한 것

나. 아동 관련 시설: 「아동복지법」에 따른 아동복지시설, 「영유아보육법」에 따른 어린이집, 「유아교육법」에 따른 유치원[제8호가목1)에 따른 학교의 교사 중 병설유치원으로 사용되는 부분을 포함한다], 그 밖에 이와 비슷한 것

다. 장애인 관련 시설: 「장애인복지법」에 따른 장애인 거주시설, 장애인 지역사회재활시설(장애인 심부름센터, 한국수어통역센터, 점자도서 및 녹음서 출판시설 등 장애인이 직접 그 시설 자체를 이용하는 것을 주된 목적으로 하지 않는 시설은 제외한다), 장애인 직업재활시설, 그 밖에 이와 비슷한 것

라. 정신질환자 관련 시설: 「정신건강증진 및 정신질환자 복지서비스 지원에 관한 법률」에 따른 정신재활시설(생산품판매시설은 제외한다), 정신요양시설, 그 밖에 이와 비슷한 것

마. 노숙인 관련 시설: 「노숙인 등의 복지 및 자립지원에 관한 법률」 제2조제2호에 따른 노숙인복지시설(노숙인일시보호시설, 노숙인자활시설, 노숙인재활시설, 노숙인요양시설 및 쪽방상담소만 해당한다), 노숙인종합지원센터 및 그 밖에 이와 비슷한 것

바. 가목부터 마목까지에서 규정한 것 외에 「사회복지사업법」에 따른 사회복지시설 중 결핵환자 또는 한센인 요양시설 등 다른 용도로 분류되지 않는 것

10. 수련시설

가. 생활권 수련시설: 「청소년활동 진흥법」에 따른 청소년수련관, 청소년문화의집, 청소년특화시설, 그 밖에 이와 비슷한 것

나. 자연권 수련시설: 「청소년활동 진흥법」에 따른 청소년수련원, 청소년야영장, 그 밖에 이와 비슷한 것

다. 「청소년활동 진흥법」에 따른 유스호스텔

11. 운동시설

가. 탁구장, 체육도장, 테니스장, 체력단련장, 에어로빅장, 볼링장, 당구장, 실내낚시터, 골프연습장, 물놀이형 시설, 그 밖에 이와 비슷한 것으로서 근린생활시설에 해당하지 않는 것

나. 체육관으로서 관람석이 없거나 관람석의 바닥면적이 1천㎡ 미만인 것

다. 운동장: 육상장, 구기장, 볼링장, 수영장, 스케이트장, 롤러스케이트장, 승마장, 사격장, 궁도장, 골프장 등과 이에 딸린 건축물로서 관람석이 없거나 관람석의 바닥면적이 1천㎡ 미만인 것

12. 업무시설
 가. 공공업무시설: 국가 또는 지방자치단체의 청사와 외국공관의 건축물로서 근린생활시설에 해당하지 않는 것
 나. 일반업무시설: 금융업소, 사무소, 신문사, 오피스텔[업무를 주로 하며, 분양하거나 임대하는 구획 중 일부의 구획에서 숙식을 할 수 있도록 한 건축물로서 「건축법 시행령」 별표 1 제14호나목2)에 따라 국토교통부장관이 고시하는 기준에 적합한 것을 말한다], 그 밖에 이와 비슷한 것으로서 근린생활시설에 해당하지 않는 것
 다. 주민자치센터(동사무소), 경찰서, 지구대, 파출소, 소방서, 119안전센터, 우체국, 보건소, 공공도서관, 국민건강보험공단, 그 밖에 이와 비슷한 용도로 사용하는 것
 라. 마을회관, 마을공동작업소, 마을공동구판장, 그 밖에 이와 유사한 용도로 사용되는 것
 마. 변전소, 양수장, 정수장, 대피소, 공중화장실, 그 밖에 이와 유사한 용도로 사용되는 것
13. 숙박시설
 가. 일반형 숙박시설: 「공중위생관리법 시행령」 제4조제1호에 따른 숙박업의 시설
 나. 생활형 숙박시설: 「공중위생관리법 시행령」 제4조제2호에 따른 숙박업의 시설
 다. 고시원(근린생활시설에 해당하지 않는 것을 말한다)
 라. 그 밖에 가목부터 다목까지의 시설과 비슷한 것
14. 위락시설
 가. 단란주점으로서 근린생활시설에 해당하지 않는 것
 나. 유흥주점, 그 밖에 이와 비슷한 것
 다. 「관광진흥법」에 따른 유원시설업(遊園施設業)의 시설, 그 밖에 이와 비슷한 시설(근린생활시설에 해당하는 것은 제외한다)
 라. 무도장 및 무도학원
 마. 카지노영업소
15. 공장
물품의 제조·가공[세탁·염색·도장(塗裝)·표백·재봉·건조·인쇄 등을 포함한다] 또는 수리에 계속적으로 이용되는 건축물로서 근린생활시설, 위험물 저장 및 처리 시설, 항공기 및 자동차 관련 시설, 자원순환 관련 시설, 묘지 관련 시설 등으로 따로 분류되지 않는 것
16. 창고시설(위험물 저장 및 처리 시설 또는 그 부속용도에 해당하는 것은 제외한다)
 가. 창고(물품저장시설로서 냉장·냉동 창고를 포함한다)
 나. 하역장
 다. 「물류시설의 개발 및 운영에 관한 법률」에 따른 물류터미널
 라. 「유통산업발전법」 제2조제15호에 따른 집배송시설
17. 위험물 저장 및 처리 시설
 가. 제조소등
 나. 가스시설: 산소 또는 가연성 가스를 제조·저장 또는 취급하는 시설 중 지상에 노출된 산소 또는 가연성 가스 탱크의 저장용량의 합계가 100톤 이상이거나 저장용량이 30톤 이상인 탱크가 있는 가스시설로서 다음의 어느 하나에 해당하는 것
  1) 가스 제조시설
   가) 「고압가스 안전관리법」 제4조제1항에 따른 고압가스의 제조허가를 받아야 하는 시설
   나) 「도시가스사업법」 제3조에 따른 도시가스사업허가를 받아야 하는 시설
  2) 가스 저장시설
   가) 「고압가스 안전관리법」 제4조제5항에 따른 고압가스 저장소의 설치허가를 받아야 하는 시설
   나) 「액화석유가스의 안전관리 및 사업법」 제8조제1항에 따른 액화석유가스 저장소의 설치 허가를 받아야 하는 시설
  3) 가스 취급시설
   「액화석유가스의 안전관리 및 사업법」 제5조에 따른 액화석유가스 충전사업 또는 액화석유가스 집단공급사업의 허가를 받아야 하는 시설

18. 항공기 및 자동차 관련 시설(건설기계 관련 시설을 포함한다)
  가. 항공기 격납고
  나. 차고, 주차용 건축물, 철골 조립식 주차시설(바닥면이 조립식이 아닌 것을 포함한다) 및 기계장치에 의한 주차시설
  다. 세차장
  라. 폐차장
  마. 자동차 검사장
  바. 자동차 매매장
  사. 자동차 정비공장
  아. 운전학원・정비학원
  자. 다음의 건축물을 제외한 건축물의 내부(「건축법 시행령」 제119조제1항제3호다목에 따른 필로티와 건축물의 지하를 포함한다)에 설치된 주차장
    1) 「건축법 시행령」 별표 1 제1호에 따른 단독주택
    2) 「건축법 시행령」 별표 1 제2호에 따른 공동주택 중 50세대 미만인 연립주택 또는 50세대 미만인 다세대주택
  차. 「여객자동차 운수사업법」, 「화물자동차 운수사업법」 및 「건설기계관리법」에 따른 차고 및 주기장(駐機場)
19. 동물 및 식물 관련 시설
  가. 축사[부화장(孵化場)을 포함한다]
  나. 가축시설: 가축용 운동시설, 인공수정센터, 관리사(管理舍), 가축용 창고, 가축시장, 동물검역소, 실험동물 사육시설, 그 밖에 이와 비슷한 것
  다. 도축장
  라. 도계장
  마. 작물 재배사(栽培舍)
  바. 종묘배양시설
  사. 화초 및 분재 등의 온실
  아. 식물과 관련된 마목부터 사목까지의 시설과 비슷한 것(동・식물원은 제외한다)
20. 자원순환 관련 시설
  가. 하수 등 처리시설
  나. 고물상
  다. 폐기물재활용시설
  라. 폐기물처분시설
  마. 폐기물감량화시설
21. 교정 및 군사시설
  가. 보호감호소, 교도소, 구치소 및 그 지소
  나. 보호관찰소, 갱생보호시설, 그 밖에 범죄자의 갱생・보호・교육・보건 등의 용도로 쓰는 시설
  다. 치료감호시설
  라. 소년원 및 소년분류심사원
  마. 「출입국관리법」 제52조제2항에 따른 보호시설
  바. 「경찰관 직무집행법」 제9조에 따른 유치장
  사. 국방・군사시설(「국방・군사시설 사업에 관한 법률」 제2조제1호가목부터 마목까지의 시설을 말한다)
22. 방송통신시설
  가. 방송국(방송프로그램 제작시설 및 송신・수신・중계시설을 포함한다)
  나. 전신전화국
  다. 촬영소
  라. 통신용 시설
  마. 그 밖에 가목부터 라목까지의 시설과 비슷한 것
23. 발전시설

가. 원자력발전소
나. 화력발전소
다. 수력발전소(조력발전소를 포함한다)
라. 풍력발전소
마. 전기저장시설[20킬로와트시(kWh)를 초과하는 리튬·나트륨·레독스플로우 계열의 2차 전지를 이용한 전기저장장치의 시설을 말한다. 이하 같다]
바. 그 밖에 가목부터 마목까지의 시설과 비슷한 것(집단에너지 공급시설을 포함한다)

24. 묘지 관련 시설
가. 화장시설
나. 봉안당(제4호나목의 봉안당은 제외한다)
다. 묘지와 자연장지에 부수되는 건축물
라. 동물화장시설, 동물건조장(乾燥葬)시설 및 동물 전용의 납골시설

25. 관광 휴게시설
가. 야외음악당
나. 야외극장
다. 어린이회관
라. 관망탑
마. 휴게소
바. 공원·유원지 또는 관광지에 부수되는 건축물

26. 장례시설
가. 장례식장[의료시설의 부수시설(「의료법」 제36조제1호에 따른 의료기관의 종류에 따른 시설을 말한다)은 제외한다]
나. 동물 전용의 장례식장

27. 지하가
지하의 인공구조물 안에 설치되어 있는 상점, 사무실, 그 밖에 이와 비슷한 시설이 연속하여 지하도에 면하여 설치된 것과 그 지하도를 합한 것
가. 지하상가
나. 터널: 차량(궤도차량용은 제외한다) 등의 통행을 목적으로 지하, 수저 또는 산을 뚫어서 만든 것

28. 지하구
가. 전력·통신용의 전선이나 가스·냉난방용의 배관 또는 이와 비슷한 것을 집합수용하기 위하여 설치한 지하 인공구조물로서 사람이 점검 또는 보수를 하기 위하여 출입이 가능한 것 중 다음의 어느 하나에 해당하는 것
1) 전력 또는 통신사업용 지하 인공구조물로서 전력구(케이블 접속부가 없는 경우는 제외한다) 또는 통신구 방식으로 설치된 것
2) 1)외의 지하 인공구조물로서 폭이 1.8m 이상이고 높이가 2m 이상이며 길이가 50m 이상인 것
나. 「국토의 계획 및 이용에 관한 법률」 제2조제9호에 따른 공동구

29. 문화재
「문화재보호법」 제2조제3항에 따른 지정문화재 중 건축물

30. 복합건축물
가. 하나의 건축물이 제1호부터 제27호까지의 것 중 둘 이상의 용도로 사용되는 것. 다만, 다음의 어느 하나에 해당하는 경우에는 복합건축물로 보지 않는다.
1) 관계 법령에서 주된 용도의 부수시설로서 그 설치를 의무화하고 있는 용도 또는 시설
2) 「주택법」 제35조제1항제3호 및 제4호에 따라 주택 안에 부대시설 또는 복리시설이 설치되는 특정소방대상물
3) 건축물의 주된 용도의 기능에 필수적인 용도로서 다음의 어느 하나에 해당하는 용도
가) 건축물의 설비(제23호마목의 전기저장시설을 포함한다), 대피 또는 위생을 위한 용도, 그 밖에 이와 비슷한 용도
나) 사무, 작업, 집회, 물품저장 또는 주차를 위한 용도, 그 밖에 이와 비슷한 용도

다) 구내식당, 구내세탁소, 구내운동시설 등 종업원후생복리시설(기숙사는 제외한다) 또는 구내소각시설의 용도, 그 밖에 이와 비슷한 용도

나. 하나의 건축물이 근린생활시설, 판매시설, 업무시설, 숙박시설 또는 위락시설의 용도와 주택의 용도로 함께 사용되는 것

※ 비고

1. 내화구조로 된 하나의 특정소방대상물이 개구부 및 연소 확대 우려가 없는 내화구조의 바닥과 벽으로 구획되어 있는 경우에는 그 구획된 부분을 각각 별개의 특정소방대상물로 본다. 다만, 제9조에 따라 성능위주설계를 해야 하는 범위를 정할 때에는 하나의 특정소방대상물로 본다.
2. 둘 이상의 특정소방대상물이 다음 각 목의 어느 하나에 해당되는 구조의 복도 또는 통로(이하 이 표에서 "연결통로"라 한다)로 연결된 경우에는 이를 하나의 특정소방대상물로 본다.
   가. 내화구조로 된 연결통로가 다음의 어느 하나에 해당되는 경우
      1) 벽이 없는 구조로서 그 길이가 6m 이하인 경우
      2) 벽이 있는 구조로서 그 길이가 10m 이하인 경우. 다만, 벽 높이가 바닥에서 천장까지의 높이의 2분의 1 이상인 경우에는 벽이 있는 구조로 보고, 벽 높이가 바닥에서 천장까지의 높이의 2분의 1 미만인 경우에는 벽이 없는 구조로 본다.
   나. 내화구조가 아닌 연결통로로 연결된 경우
   다. 컨베이어로 연결되거나 플랜트설비의 배관 등으로 연결되어 있는 경우
   라. 지하보도, 지하상가, 지하가로 연결된 경우
   마. 자동방화셔터 또는 60분+ 방화문이 설치되지 않은 피트(전기설비 또는 배관설비 등이 설치되는 공간을 말한다)로 연결된 경우
   바. 지하구로 연결된 경우
3. 제2호에도 불구하고 연결통로 또는 지하구와 특정소방대상물의 양쪽에 다음 각 목의 어느 하나에 해당하는 시설이 적합하게 설치된 경우에는 각각 별개의 특정소방대상물로 본다.
   가. 화재 시 경보설비 또는 자동소화설비의 작동과 연동하여 자동으로 닫히는 자동방화셔터 또는 60분+ 방화문이 설치된 경우
   나. 화재 시 자동으로 방수되는 방식의 드렌처설비 또는 개방형 스프링클러헤드가 설치된 경우
4. 위 제1호부터 제30호까지의 특정소방대상물의 지하층이 지하가와 연결되어 있는 경우 해당 지하층의 부분을 지하가로 본다. 다만, 다음 지하가와 연결되는 지하층에 지하층 또는 지하가에 설치된 자동방화셔터 또는 60분+ 방화문이 화재 시 경보설비 또는 자동소화설비의 작동과 연동하여 자동으로 닫히는 구조이거나 그 윗부분에 드렌처설비가 설치된 경우에는 지하가로 보지 않는다.

[별표 3] 소방용품(제16조 관련)

1. 소화설비를 구성하는 제품 또는 기기
   가. 별표 1 제1호가목의 소화기구(소화약제 외의 것을 이용한 간이소화용구는 제외한다)
   나. 별표 1 제1호나목의 자동소화장치
   다. 소화설비를 구성하는 소화전, 송수구, 관창(菅槍), 소방호스, 스프링클러헤드, 기동용 수압개폐장치, 유수제어밸브 및 가스관선택밸브
2. 경보설비를 구성하는 제품 또는 기기
   가. 누전경보기 및 가스누설경보기
   나. 경보설비를 구성하는 발신기, 수신기, 중계기, 감지기 및 음향장치(경종만 해당한다)
3. 피난구조설비를 구성하는 제품 또는 기기

가. 피난사다리, 구조대, 완강기(지지대를 포함한다), 간이완강기(지지대를 포함한다)
나. 공기호흡기(충전기를 포함한다)
다. 피난구유도등, 통로유도등, 객석유도등 및 예비 전원이 내장된 비상조명등
4. 소화용으로 사용하는 제품 또는 기기
가. 소화약제(별표 1 제1호나목2)와 3)의 자동소화장치와 같은 호 마목3)부터 9)까지의 소화설비용만 해당한다)
나. 방염제(방염액ㆍ방염도료 및 방염성물질을 말한다)
5. 그 밖에 행정안전부령으로 정하는 소방 관련 제품 또는 기기

[별표 4] 〈시행일: 2022.12.1./제1호나목2), 제2호마목 2023.12.1.〉

특정소방대상물의 관계인이 특정소방대상물에 설치ㆍ관리해야 하는 소방시설의 종류(제11조 관련)

1. 소화설비
가. 화재안전기준에 따라 소화기구를 설치해야 하는 특정소방대상물은 다음의 어느 하나에 해당하는 것으로 한다.
1) 연면적 33㎡ 이상인 것. 다만, 노유자 시설의 경우에는 투척용 소화용구 등을 화재안전기준에 따라 산정된 소화기 수량의 2분의 1 이상으로 설치할 수 있다.
2) 1)에 해당하지 않는 시설로서 가스시설, 발전시설 중 전기저장시설 및 문화재
3) 터널
4) 지하구
나. 자동소화장치를 설치해야 하는 특정소방대상물은 다음의 어느 하나에 해당하는 특정소방대상물 중 후드 및 덕트가 설치되어 있는 주방이 있는 특정소방대상물로 한다. 이 경우 해당 주방에 자동소화장치를 설치해야 한다.
1) 주거용 주방자동소화장치를 설치해야 하는 것: 아파트등 및 오피스텔의 모든 층
2) 상업용 주방자동소화장치를 설치해야 하는 것 <시행 2023.12.1>
가) 판매시설 중 「유통산업발전법」 제2조제3호에 해당하는 대규모점포에 입점해 있는 일반음식점
나) 「식품위생법」 제2조제12호에 따른 집단급식소
3) 캐비닛형 자동소화장치, 가스자동소화장치, 분말자동소화장치 또는 고체에어로졸자동소화장치를 설치해야 하는 것: 화재안전기준에서 정하는 장소
다. 옥내소화전설비를 설치해야 하는 특정소방대상물은 다음의 어느 하나에 해당하는 것으로 한다. 다만, 위험물 저장 및 처리 시설 중 가스시설, 지하구 및 업무시설 중 무인변전소(방재실 등에서 스프링클러설비 또는 물분무등소화설비를 원격으로 조정할 수 있는 무인변전소로 한정한다)는 제외한다.
1) 다음의 어느 하나에 해당하는 경우에는 모든 층
가) 연면적 3천㎡ 이상인 것(지하가 중 터널은 제외한다)
나) 지하층ㆍ무창층(축사는 제외한다)으로서 바닥면적이 600㎡ 이상인 층이 있는 것
다) 층수가 4층 이상인 것 중 바닥면적이 600㎡ 이상인 층이 있는 것
2) 1)에 해당하지 않는 근린생활시설, 판매시설, 운수시설, 의료시설, 노유자 시설, 업무시설, 숙박시설, 위락시설, 공장, 창고시설, 항공기 및 자동차 관련 시설, 교정 및 군사시설 중 국방ㆍ군사시설, 방송통신시설, 발전시설, 장례시설 또는 복합건축물로서 다음의 어느 하나에 해당하는 경우에는 모든 층
가) 연면적 1천5백㎡ 이상인 것
나) 지하층ㆍ무창층으로서 바닥면적이 300㎡ 이상인 층이 있는 것
다) 층수가 4층 이상인 것 중 바닥면적이 300㎡ 이상인 층이 있는 것
3) 건축물의 옥상에 설치된 차고ㆍ주차장으로서 사용되는 면적이 200㎡ 이상인 경우 해당 부분
4) 지하가 중 터널로서 다음에 해당하는 터널
가) 길이가 1천m 이상인 터널
나) 예상교통량, 경사도 등 터널의 특성을 고려하여 행정안전부령으로 정하는 터널

5) 1) 및 2)에 해당하지 않는 공장 또는 창고시설로서 「화재의 예방 및 안전관리에 관한 법률 시행령」 별표 2에서 정하는 수량의 750배 이상의 특수가연물을 저장·취급하는 것

라. 스프링클러설비를 설치해야 하는 특정소방대상물(위험물 저장 및 처리 시설 중 가스시설 및 지하구는 제외한다)은 다음의 어느 하나에 해당하는 것으로 한다.

1) 층수가 6층 이상인 특정소방대상물의 경우에는 모든 층. 다만, 다음의 어느 하나에 해당하는 경우는 제외한다.
  가) 주택 관련 법령에 따라 기존의 아파트등을 리모델링하는 경우로서 건축물의 연면적 및 층의 높이가 변경되지 않는 경우. 이 경우 해당 아파트등의 사용검사 당시의 소방시설의 설치에 관한 대통령령 또는 화재안전기준을 적용한다.
  나) 스프링클러설비가 없는 기존의 특정소방대상물을 용도변경하는 경우. 다만, 2)부터 6)까지 및 9)부터 12)까지의 규정에 해당하는 특정소방대상물로 용도변경하는 경우에는 해당 규정에 따라 스프링클러설비를 설치한다.
2) 기숙사(교육연구시설·수련시설 내에 있는 학생 수용을 위한 것을 말한다) 또는 복합건축물로서 연면적 5천m² 이상인 경우에는 모든 층
3) 문화 및 집회시설(동·식물원은 제외한다), 종교시설(주요구조부가 목조인 것은 제외한다), 운동시설(물놀이형 시설 및 바닥이 불연재료이고 관람석이 없는 운동시설은 제외한다)로서 다음의 어느 하나에 해당하는 경우에는 모든 층
  가) 수용인원이 100명 이상인 것
  나) 영화상영관의 용도로 쓰는 층의 바닥면적이 지하층 또는 무창층인 경우에는 500m² 이상, 그 밖의 층의 경우에는 1천m² 이상인 것
  다) 무대부가 지하층·무창층 또는 4층 이상의 층에 있는 경우에는 무대부의 면적이 300m² 이상인 것
  라) 무대부가 다) 외의 층에 있는 경우에는 무대부의 면적이 500m² 이상인 것
4) 판매시설, 운수시설 및 창고시설(물류터미널로 한정한다)로서 바닥면적의 합계가 5천m² 이상이거나 수용인원이 500명 이상인 경우에는 모든 층
5) 다음의 어느 하나에 해당하는 용도로 사용되는 시설의 바닥면적의 합계가 600m² 이상인 것은 모든 층
  가) 근린생활시설 중 조산원 및 산후조리원
  나) 의료시설 중 정신의료기관
  다) 의료시설 중 종합병원, 병원, 치과병원, 한방병원 및 요양병원
  라) 노유자 시설
  마) 숙박이 가능한 수련시설
  바) 숙박시설
6) 창고시설(물류터미널은 제외한다)로서 바닥면적 합계가 5천m² 이상인 경우에는 모든 층
7) 특정소방대상물의 지하층·무창층(축사는 제외한다) 또는 층수가 4층 이상인 층으로서 바닥면적이 1천m² 이상인 층이 있는 경우에는 해당 층
8) 랙식 창고(rack warehouse): 랙(물건을 수납할 수 있는 선반이나 이와 비슷한 것을 말한다. 이하 같다)을 갖춘 것으로서 천장 또는 반자(반자가 없는 경우에는 지붕의 옥내에 면하는 부분을 말한다)의 높이가 10m를 초과하고, 랙이 설치된 층의 바닥면적의 합계가 1천5백m² 이상인 경우에는 모든 층
9) 공장 또는 창고시설로서 다음의 어느 하나에 해당하는 시설
  가) 「화재의 예방 및 안전관리에 관한 법률 시행령」 별표 2에서 정하는 수량의 1천 배 이상의 특수가연물을 저장·취급하는 시설
  나) 「원자력안전법 시행령」 제2조제1호에 따른 중·저준위방사성폐기물(이하 "중·저준위방사성폐기물"이라 한다)의 저장시설 중 소화수를 수집·처리하는 설비가 있는 저장시설
10) 지붕 또는 외벽이 불연재료가 아니거나 내화구조가 아닌 공장 또는 창고시설로서 다음의 어느 하나에 해당하는 것
  가) 창고시설(물류터미널로 한정한다) 중 4)에 해당하지 않는 것으로서 바닥면적의 합계가 2천5백m² 이상이거나 수용인원이 250명 이상인 경우에는 모든 층
  나) 창고시설(물류터미널은 제외한다) 중 6)에 해당하지 않는 것으로서 바닥면적의 합계가 2천5백m² 이상인 경우

에는 모든 층
다) 공장 또는 창고시설 중 7)에 해당하지 않는 것으로서 지하층·무창층 또는 층수가 4층 이상인 것 중 바닥면적이 500㎡ 이상인 경우에는 모든 층
라) 랙식 창고 중 8)에 해당하지 않는 것으로서 바닥면적의 합계가 750㎡ 이상인 경우에는 모든 층
마) 공장 또는 창고시설 중 9)가)에 해당하지 않는 것으로서 「화재의 예방 및 안전관리에 관한 법률 시행령」 별표 2에서 정하는 수량의 500배 이상의 특수가연물을 저장·취급하는 시설
11) 교정 및 군사시설 중 다음의 어느 하나에 해당하는 경우에는 해당 장소
가) 보호감호소, 교도소, 구치소 및 그 지소, 보호관찰소, 갱생보호시설, 치료감호시설, 소년원 및 소년분류심사원의 수용거실
나) 「출입국관리법」 제52조제2항에 따른 보호시설(외국인보호소의 경우에는 보호대상자의 생활공간으로 한정한다. 이하 같다)로 사용하는 부분. 다만, 보호시설이 임차건물에 있는 경우는 제외한다.
다) 「경찰관 직무집행법」 제9조에 따른 유치장
12) 지하가(터널은 제외한다)로서 연면적 1천㎡ 이상인 것
13) 발전시설 중 전기저장시설
14) 1)부터 13)까지의 특정소방대상물에 부속된 보일러실 또는 연결통로 등
마. 간이스프링클러설비를 설치해야 하는 특정소방대상물은 다음의 어느 하나에 해당하는 것으로 한다.
1) 공동주택 중 연립주택 및 다세대주택(연립주택 및 다세대주택에 설치하는 간이스프링클러설비는 화재안전기준에 따른 주택전용 간이스프링클러설비를 설치한다)
2) 근린생활시설 중 다음의 어느 하나에 해당하는 것
가) 근린생활시설로 사용하는 부분의 바닥면적 합계가 1천㎡ 이상인 것은 모든 층
나) 의원, 치과의원 및 한의원으로서 입원실이 있는 시설
다) 조산원 및 산후조리원으로서 연면적 600㎡ 미만인 시설
3) 의료시설 중 다음의 어느 하나에 해당하는 시설
가) 종합병원, 병원, 치과병원, 한방병원 및 요양병원(의료재활시설은 제외한다)으로 사용되는 바닥면적의 합계가 600㎡ 미만인 시설
나) 정신의료기관 또는 의료재활시설로 사용되는 바닥면적의 합계가 300㎡ 이상 600㎡ 미만인 시설
다) 정신의료기관 또는 의료재활시설로 사용되는 바닥면적의 합계가 300㎡ 미만이고, 창살(철재·플라스틱 또는 목재 등으로 사람의 탈출 등을 막기 위하여 설치한 것을 말하며, 화재 시 자동으로 열리는 구조로 되어 있는 창살은 제외한다)이 설치된 시설
4) 교육연구시설 내에 합숙소로서 연면적 100㎡ 이상인 경우에는 모든 층
5) 노유자 시설로서 다음의 어느 하나에 해당하는 시설
가) 제7조제1항제7호 각 목에 따른 시설[같은 호 가목2) 및 같은 호 나목부터 바목까지의 시설 중 단독주택 또는 공동주택에 설치되는 시설은 제외하며, 이하 "노유자 생활시설"이라 한다]
나) 가)에 해당하지 않는 노유자 시설로 해당 시설로 사용하는 바닥면적의 합계가 300㎡ 이상 600㎡ 미만인 시설
다) 가)에 해당하지 않는 노유자 시설로 해당 시설로 사용하는 바닥면적의 합계가 300㎡ 미만이고, 창살(철재·플라스틱 또는 목재 등으로 사람의 탈출 등을 막기 위하여 설치한 것을 말하며, 화재 시 자동으로 열리는 구조로 되어 있는 창살은 제외한다)이 설치된 시설
6) 숙박시설로 사용되는 바닥면적의 합계가 300㎡ 이상 600㎡ 미만인 시설
7) 건물을 임차하여 「출입국관리법」 제52조제2항에 따른 보호시설로 사용하는 부분
8) 복합건축물(별표 2 제30호나목의 복합건축물만 해당한다)로서 연면적 1천㎡ 이상인 것은 모든 층
바. 물분무등소화설비를 설치해야 하는 특정소방대상물(위험물 저장 및 처리 시설 중 가스시설 및 지하구는 제외한다)은 다음의 어느 하나에 해당하는 것으로 한다.
1) 항공기 및 자동차 관련 시설 중 항공기 격납고
2) 차고, 주차용 건축물 또는 철골 조립식 주차시설. 이 경우 연면적 800㎡ 이상인 것만 해당한다.
3) 건축물의 내부에 설치된 차고·주차장으로서 차고 또는 주차의 용도로 사용되는 면적이 200㎡ 이상인 경우 해당

부분(50세대 미만 연립주택 및 다세대주택은 제외한다)
4) 기계장치에 의한 주차시설을 이용하여 20대 이상의 차량을 주차할 수 있는 시설
5) 특정소방대상물에 설치된 전기실·발전실·변전실(가연성 절연유를 사용하지 않는 변압기·전류차단기 등의 전기기기와 가연성 피복을 사용하지 않은 전선 및 케이블만을 설치한 전기실·발전실 및 변전실은 제외한다)·축전지실·통신기기실 또는 전산실, 그 밖에 이와 비슷한 것으로서 바닥면적이 300㎡ 이상인 것[하나의 방화구획 내에 둘 이상의 실(室)이 설치되어 있는 경우에는 이를 하나의 실로 보아 바닥면적을 산정한다]. 다만, 내화구조로 된 공정제어실 내에 설치된 주조정실로서 양압시설(외부 오염 공기 침투를 차단하고 내부의 나쁜 공기가 자연스럽게 외부로 흐를 수 있도록 한 시설을 말한다)이 설치되고 전기기기에 220볼트 이하인 저전압이 사용되며 종업원이 24시간 상주하는 곳은 제외한다.
6) 소화수를 수집·처리하는 설비가 설치되어 있지 않은 중·저준위방사성폐기물의 저장시설. 이 시설에는 이산화탄소소화설비, 할론소화설비 또는 할로겐화합물 및 불활성기체 소화설비를 설치해야 한다.
7) 지하가 중 예상 교통량, 경사도 등 터널의 특성을 고려하여 행정안전부령으로 정하는 터널. 이 시설에는 물분무소화설비를 설치해야 한다.
8) 문화재 중 「문화재보호법」 제2조제3항제1호 또는 제2호에 따른 지정문화재로서 소방청장이 문화재청장과 협의하여 정하는 것

사. 옥외소화전설비를 설치해야 하는 특정소방대상물(아파트등, 위험물 저장 및 처리 시설 중 가스시설, 지하구 및 지하가 중 터널은 제외한다)은 다음의 어느 하나에 해당하는 것으로 한다.
1) 지상 1층 및 2층의 바닥면적의 합계가 9천㎡ 이상인 것. 이 경우 같은 구(區) 내의 둘 이상의 특정소방대상물이 행정안전부령으로 정하는 연소(延燒) 우려가 있는 구조인 경우에는 이를 하나의 특정소방대상물로 본다.
2) 문화재 중 「문화재보호법」 제23조에 따라 보물 또는 국보로 지정된 목조건축물
3) 1)에 해당하지 않는 공장 또는 창고시설로서 「화재의 예방 및 안전관리에 관한 법률 시행령」 별표 2에서 정하는 수량의 750배 이상의 특수가연물을 저장·취급하는 것

2. 경보설비

가. 단독경보형 감지기를 설치해야 하는 특정소방대상물은 다음의 어느 하나에 해당하는 것으로 한다. 이 경우 5)의 연립주택 및 다세대주택에 설치하는 단독경보형 감지기는 연동형으로 설치해야 한다.
1) 교육연구시설 내에 있는 기숙사 또는 합숙소로서 연면적 2천㎡ 미만인 것
2) 수련시설 내에 있는 기숙사 또는 합숙소로서 연면적 2천㎡ 미만인 것
3) 다목7)에 해당하지 않는 수련시설(숙박시설이 있는 것만 해당한다)
4) 연면적 400㎡ 미만의 유치원
5) 공동주택 중 연립주택 및 다세대주택

나. 비상경보설비를 설치해야 하는 특정소방대상물(모래·석재 등 불연재료 공장 및 창고시설, 위험물 저장 및 처리 시설 중 가스시설, 사람이 거주하지 않거나 벽이 없는 축사 등 동물 및 식물 관련 시설 및 지하구는 제외한다)은 다음의 어느 하나에 해당하는 것으로 한다.
1) 연면적 400㎡ 이상인 것은 모든 층
2) 지하층 또는 무창층의 바닥면적이 150㎡(공연장의 경우 100㎡) 이상인 것은 모든 층
3) 지하가 중 터널로서 길이가 500m 이상인 것
4) 50명 이상의 근로자가 작업하는 옥내 작업장

다. 자동화재탐지설비를 설치해야 하는 특정소방대상물은 다음의 어느 하나에 해당하는 것으로 한다.
1) 공동주택 중 아파트등·기숙사 및 숙박시설의 경우에는 모든 층
2) 층수가 6층 이상인 건축물의 경우에는 모든 층
3) 근린생활시설(목욕장은 제외한다), 의료시설(정신의료기관 및 요양병원은 제외한다), 위락시설, 장례시설 및 복합건축물로서 연면적 600㎡ 이상인 경우에는 모든 층

4) 근린생활시설 중 목욕장, 문화 및 집회시설, 종교시설, 판매시설, 운수시설, 운동시설, 업무시설, 공장, 창고시설, 위험물 저장 및 처리 시설, 항공기 및 자동차 관련 시설, 교정 및 군사시설 중 국방·군사시설, 방송통신시설, 발전시설, 관광 휴게시설, 지하가(터널은 제외한다)로서 연면적 1천㎡ 이상인 경우에는 모든 층
5) 교육연구시설(교육시설 내에 있는 기숙사 및 합숙소를 포함한다), 수련시설(수련시설 내에 있는 기숙사 및 합숙소를 포함하며, 숙박시설이 있는 수련시설은 제외한다), 동물 및 식물 관련 시설(기둥과 지붕만으로 구성되어 외부와 기류가 통하는 장소는 제외한다), 자원순환 관련 시설, 교정 및 군사시설(국방·군사시설은 제외한다) 또는 묘지 관련 시설로서 연면적 2천㎡ 이상인 경우에는 모든 층
6) 노유자 생활시설의 경우에는 모든 층
7) 6)에 해당하지 않는 노유자 시설로서 연면적 400㎡ 이상인 노유자 시설 및 숙박시설이 있는 수련시설로서 수용인원 100명 이상인 경우에는 모든 층
8) 의료시설 중 정신의료기관 또는 요양병원으로서 다음의 어느 하나에 해당하는 시설
가) 요양병원(의료재활시설은 제외한다)
나) 정신의료기관 또는 의료재활시설로 사용되는 바닥면적의 합계가 300㎡ 이상인 시설
다) 정신의료기관 또는 의료재활시설로 사용되는 바닥면적의 합계가 300㎡ 미만이고, 창살(철재·플라스틱 또는 목재 등으로 사람의 탈출 등을 막기 위하여 설치한 것을 말하며, 화재 시 자동으로 열리는 구조로 되어 있는 창살은 제외한다)이 설치된 시설
9) 판매시설 중 전통시장
10) 지하가 중 터널로서 길이가 1천m 이상인 것
11) 지하구
12) 3)에 해당하지 않는 근린생활시설 중 조산원 및 산후조리원
13) 4)에 해당하지 않는 공장 및 창고시설로서 「화재의 예방 및 안전관리에 관한 법률 시행령」 별표 2에서 정하는 수량의 500배 이상의 특수가연물을 저장·취급하는 것
14) 4)에 해당하지 않는 발전시설 중 전기저장시설

라. 시각경보기를 설치해야 하는 특정소방대상물은 다목에 따라 자동화재탐지설비를 설치해야 하는 특정소방대상물 중 다음의 어느 하나에 해당하는 것으로 한다.
1) 근린생활시설, 문화 및 집회시설, 종교시설, 판매시설, 운수시설, 의료시설, 노유자 시설
2) 운동시설, 업무시설, 숙박시설, 위락시설, 창고시설 중 물류터미널, 발전시설 및 장례시설
3) 교육연구시설 중 도서관, 방송통신시설 중 방송국
4) 지하가 중 지하상가

마. 화재알림설비를 설치해야 하는 특정소방대상물은 판매시설 중 전통시장으로 한다.

바. 비상방송설비를 설치해야 하는 특정소방대상물(위험물 저장 및 처리 시설 중 가스시설, 사람이 거주하지 않거나 벽이 없는 축사 등 동물 및 식물 관련 시설, 지하가 중 터널 및 지하구는 제외한다)은 다음의 어느 하나에 해당하는 것으로 한다.
1) 연면적 3천5백㎡ 이상인 것은 모든 층
2) 층수가 11층 이상인 것은 모든 층
3) 지하층의 층수가 3층 이상인 것은 모든 층

사. 자동화재속보설비를 설치해야 하는 특정소방대상물은 다음의 어느 하나에 해당하는 것으로 한다. 다만, 방재실 등 화재 수신기가 설치된 장소에 24시간 화재를 감시할 수 있는 사람이 근무하고 있는 경우에는 자동화재속보설비를 설치하지 않을 수 있다.
1) 노유자 생활시설
2) 노유자 시설로서 바닥면적이 500㎡ 이상인 층이 있는 것
3) 수련시설(숙박시설이 있는 것만 해당한다)로서 바닥면적이 500㎡ 이상인 층이 있는 것
4) 문화재 중 「문화재보호법」 제23조에 따라 보물 또는 국보로 지정된 목조건축물
5) 근린생활시설 중 다음의 어느 하나에 해당하는 시설
가) 의원, 치과의원 및 한의원으로서 입원실이 있는 시설

나) 조산원 및 산후조리원

6) 의료시설 중 다음의 어느 하나에 해당하는 것

가) 종합병원, 병원, 치과병원, 한방병원 및 요양병원(의료재활시설은 제외한다)

나) 정신병원 및 의료재활시설로 사용되는 바닥면적의 합계가 500㎡ 이상인 층이 있는 것

7) 판매시설 중 전통시장

아. 통합감시시설을 설치해야 하는 특정소방대상물은 지하구로 한다.

자. 누전경보기는 계약전류용량(같은 건축물에 계약 종류가 다른 전기가 공급되는 경우에는 그중 최대계약전류용량을 말한다)이 100암페어를 초과하는 특정소방대상물(내화구조가 아닌 건축물로서 벽·바닥 또는 반자의 전부나 일부를 불연재료 또는 준불연재료가 아닌 재료에 철망을 넣어 만든 것만 해당한다)에 설치해야 한다. 다만, 위험물 저장 및 처리 시설 중 가스시설, 지하가 중 터널 및 지하구의 경우에는 그렇지 않다.

차. 가스누설경보기를 설치해야 하는 특정소방대상물(가스시설이 설치된 경우만 해당한다)은 다음의 어느 하나에 해당하는 것으로 한다.

1) 문화 및 집회시설, 종교시설, 판매시설, 운수시설, 의료시설, 노유자 시설

2) 수련시설, 운동시설, 숙박시설, 창고시설 중 물류터미널, 장례시설

3. 피난구조설비

가. 피난기구는 특정소방대상물의 모든 층에 화재안전기준에 적합한 것으로 설치해야 한다. 다만, 피난층, 지상 1층, 지상 2층(노유자 시설 중 피난층이 아닌 지상 1층과 피난층이 아닌 지상 2층은 제외한다), 층수가 11층 이상인 층과 위험물 저장 및 처리시설 중 가스시설, 지하가 중 터널 및 지하구의 경우에는 그렇지 않다.

나. 인명구조기구를 설치해야 하는 특정소방대상물은 다음의 어느 하나에 해당하는 것으로 한다.

1) 방열복 또는 방화복(안전모, 보호장갑 및 안전화를 포함한다), 인공소생기 및 공기호흡기를 설치해야 하는 특정소방대상물: 지하층을 포함하는 층수가 7층 이상인 것 중 관광호텔 용도로 사용하는 층

2) 방열복 또는 방화복(안전모, 보호장갑 및 안전화를 포함한다) 및 공기호흡기를 설치해야 하는 특정소방대상물: 지하층을 포함하는 층수가 5층 이상인 것 중 병원 용도로 사용하는 층

3) 공기호흡기를 설치해야 하는 특정소방대상물은 다음의 어느 하나에 해당하는 것으로 한다.

가) 수용인원 100명 이상인 문화 및 집회시설 중 영화상영관

나) 판매시설 중 대규모점포

다) 운수시설 중 지하역사

라) 지하가 중 지하상가

마) 제1호바목 및 화재안전기준에 따라 이산화탄소소화설비(호스릴이산화탄소소화설비는 제외한다)를 설치해야 하는 특정소방대상물

다. 유도등을 설치해야 하는 특정소방대상물은 다음의 어느 하나에 해당하는 것으로 한다.

1) 피난구유도등, 통로유도등 및 유도표지는 특정소방대상물에 설치한다. 다만, 다음의 어느 하나에 해당하는 경우는 제외한다.

가) 동물 및 식물 관련 시설 중 축사로서 가축을 직접 가두어 사육하는 부분

나) 지하가 중 터널

2) 객석유도등은 다음의 어느 하나에 해당하는 특정소방대상물에 설치한다.

가) 유흥주점영업시설(「식품위생법 시행령」 제21조제8호라목의 유흥주점영업 중 손님이 춤을 출 수 있는 무대가 설치된 카바레, 나이트클럽 또는 그 밖에 이와 비슷한 영업시설만 해당한다)

나) 문화 및 집회시설

다) 종교시설

라) 운동시설

3) 피난유도선은 화재안전기준에서 정하는 장소에 설치한다.

라. 비상조명등을 설치해야 하는 특정소방대상물(창고시설 중 창고 및 하역장, 위험물 저장 및 처리 시설 중 가스시설 및 사람이 거주하지 않거나 벽이 없는 축사 등 동물 및 식물 관련 시설은 제외한다)은 다음의 어느 하나에 해당하는 것으로 한다.

1) 지하층을 포함하는 층수가 5층 이상인 건축물로서 연면적 3천㎡ 이상인 경우에는 모든 층
2) 1)에 해당하지 않는 특정소방대상물로서 그 지하층 또는 무창층의 바닥면적이 450㎡ 이상인 경우에는 해당 층
3) 지하가 중 터널로서 그 길이가 500m 이상인 것

마. 휴대용비상조명등을 설치해야 하는 특정소방대상물은 다음의 어느 하나에 해당하는 것으로 한다.
1) 숙박시설
2) 수용인원 100명 이상의 영화상영관, 판매시설 중 대규모점포, 철도 및 도시철도 시설 중 지하역사, 지하가 중 지하상가

4. 소화용수설비

상수도소화용수설비를 설치해야 하는 특정소방대상물은 다음 각 목의 어느 하나에 해당하는 것으로 한다. 다만, 상수도소화용수설비를 설치해야 하는 특정소방대상물의 대지 경계선으로부터 180m 이내에 지름 75㎜ 이상인 상수도용 배수관이 설치되지 않은 지역의 경우에는 화재안전기준에 따른 소화수조 또는 저수조를 설치해야 한다.

가. 연면적 5천㎡ 이상인 것. 다만, 위험물 저장 및 처리 시설 중 가스시설, 지하가 중 터널 또는 지하구의 경우에는 제외한다.
나. 가스시설로서 지상에 노출된 탱크의 저장용량의 합계가 100톤 이상인 것
다. 자원순환 관련 시설 중 폐기물재활용시설 및 폐기물처분시설

5. 소화활동설비

가. 제연설비를 설치해야 하는 특정소방대상물은 다음의 어느 하나에 해당하는 것으로 한다.
1) 문화 및 집회시설, 종교시설, 운동시설 중 무대부의 바닥면적이 200㎡ 이상인 경우에는 해당 무대부
2) 문화 및 집회시설 중 영화상영관으로서 수용인원 100명 이상인 경우에는 해당 영화상영관
3) 지하층이나 무창층에 설치된 근린생활시설, 판매시설, 운수시설, 숙박시설, 위락시설, 의료시설, 노유자 시설 또는 창고시설(물류터미널로 한정한다)로서 해당 용도로 사용되는 바닥면적의 합계가 1천㎡ 이상인 경우 해당 부분
4) 운수시설 중 시외버스정류장, 철도 및 도시철도 시설, 공항시설 및 항만시설의 대기실 또는 휴게시설로서 지하층 또는 무창층의 바닥면적이 1천㎡ 이상인 경우에는 모든 층
5) 지하가(터널은 제외한다)로서 연면적 1천㎡ 이상인 것
6) 지하가 중 예상 교통량, 경사도 등 터널의 특성을 고려하여 행정안전부령으로 정하는 터널
7) 특정소방대상물(갓복도형 아파트등은 제외한다)에 부설된 특별피난계단, 비상용 승강기의 승강장 또는 피난용 승강기의 승강장

나. 연결송수관설비를 설치해야 하는 특정소방대상물(위험물 저장 및 처리 시설 중 가스시설 및 지하구는 제외한다)은 다음의 어느 하나에 해당하는 것으로 한다.
1) 층수가 5층 이상으로서 연면적 6천㎡ 이상인 경우에는 모든 층
2) 1)에 해당하지 않는 특정소방대상물로서 지하층을 포함하는 층수가 7층 이상인 경우에는 모든 층
3) 1) 및 2)에 해당하지 않는 특정소방대상물로서 지하층의 층수가 3층 이상이고 지하층의 바닥면적의 합계가 1천㎡ 이상인 경우에는 모든 층
4) 지하가 중 터널로서 길이가 1천m 이상인 것

다. 연결살수설비를 설치해야 하는 특정소방대상물(지하구는 제외한다)은 다음의 어느 하나에 해당하는 것으로 한다.
1) 판매시설, 운수시설, 창고시설 중 물류터미널로서 해당 용도로 사용되는 부분의 바닥면적의 합계가 1천㎡ 이상인 경우에는 해당 시설
2) 지하층(피난층으로 주된 출입구가 도로와 접한 경우는 제외한다)으로서 바닥면적의 합계가 150㎡ 이상인 경우에는 지하층의 모든 층. 다만, 「주택법 시행령」 제46조제1항에 따른 국민주택규모 이하인 아파트등의 지하층(대피시설로 사용하는 것만 해당한다)과 교육연구시설 중 학교의 지하층의 경우에는 700㎡ 이상인 것으로 한다.
3) 가스시설 중 지상에 노출된 탱크의 용량이 30톤 이상인 탱크시설
4) 1) 및 2)의 특정소방대상물에 부속된 연결통로

라. 비상콘센트설비를 설치해야 하는 특정소방대상물(위험물 저장 및 처리 시설 중 가스시설 및 지하구는 제외한다)은

다음의 어느 하나에 해당하는 것으로 한다.
1) 층수가 11층 이상인 특정소방대상물의 경우에는 11층 이상의 층
2) 지하층의 층수가 3층 이상이고 지하층의 바닥면적의 합계가 1천㎡ 이상인 것은 지하층의 모든 층
3) 지하가 중 터널로서 길이가 500m 이상인 것

마. 무선통신보조설비를 설치해야 하는 특정소방대상물(위험물 저장 및 처리 시설 중 가스시설은 제외한다)은 다음의 어느 하나에 해당하는 것으로 한다.
1) 지하가(터널은 제외한다)로서 연면적 1천㎡ 이상인 것
2) 지하층의 바닥면적의 합계가 3천㎡ 이상인 것 또는 지하층의 층수가 3층 이상이고 지하층의 바닥면적의 합계가 1천㎡ 이상인 것은 지하층의 모든 층
3) 지하가 중 터널로서 길이가 500m 이상인 것
4) 지하구 중 공동구
5) 층수가 30층 이상인 것으로서 16층 이상 부분의 모든 층

바. 연소방지설비는 지하구(전력 또는 통신사업용인 것만 해당한다)에 설치해야 한다.

비고
1. 별표 2 제1호부터 제27호까지 중 어느 하나에 해당하는 시설(이하 이 호에서 “근린생활시설등”이라 한다)의 소방시설 설치기준이 복합건축물의 소방시설 설치기준보다 강화된 경우 복합건축물 안에 있는 해당 근린생활시설등에 대해서는 그 근린생활시설등의 소방시설 설치기준을 적용한다.
2. 원자력발전소 중 「원자력안전법」 제2조에 따른 원자로 및 관계시설에 설치하는 소방시설에 대해서는 「원자력안전법」 제11조 및 제21조에 따른 허가기준에 따라 설치한다.
3. 특정소방대상물의 관계인은 제8조제1항에 따른 내진설계 대상 특정소방대상물 및 제9조에 따른 성능위주설계 대상 특정소방대상물에 설치·관리해야 하는 소방시설에 대해서는 법 제7조에 따른 소방시설의 내진설계기준 및 법 제8조에 따른 성능위주설계의 기준에 맞게 설치·관리해야 한다.

[별표 5] 특정소방대상물의 소방시설 설치의 면제 기준(제14조 관련)

설치가 면제되는 소방시설	설치가 면제되는 기준
1. 자동소화장치	자동소화장치(주거용 주방자동소화장치 및 상업용 주방자동소화장치는 제외한다)를 설치해야 하는 특정소방대상물에 물분무등소화설비를 화재안전기준에 적합하게 설치한 경우에는 그 설비의 유효범위(해당 소방시설이 화재를 감지·소화 또는 경보할 수 있는 부분을 말한다. 이하 같다)에서 설치가 면제된다.
2. 옥내소화전설비	소방본부장 또는 소방서장이 옥내소화전설비의 설치가 곤란하다고 인정하는 경우로서 호스릴 방식의 미분무소화설비 또는 옥외소화전설비를 화재안전기준에 적합하게 설치한 경우에는 그 설비의 유효범위에서 설치가 면제된다.
3. 스프링클러설비	가. 스프링클러설비를 설치해야 하는 특정소방대상물(발전시설 중 전기저장시설은 제외한다)에 적응성 있는 자동소화장치 또는 물분무등소화설비를 화재안전기준에 적합하게 설치한 경우에는 그 설비의 유효범위에서 설치가 면제된다. 나. 스프링클러설비를 설치해야 하는 전기저장시설에 소화설비를 소방청장이 정하여 고시하는 방법에 따라 설치한 경우에는 그 설비의 유효범위에서 설치가 면제된다.
4. 간이스프링클러 설비	간이스프링클러설비를 설치해야 하는 특정소방대상물에 스프링클러설비, 물분무소화설비 또는 미분무소화설비를 화재안전기준에 적합하게 설치한 경우에는 그 설비의 유효범위에서 설치가 면제된다.
5. 물분무등소화설비	물분무등소화설비를 설치해야 하는 차고·주차장에 스프링클러설비를 화재안전기준에 적합하게 설치한 경우에는 그 설비의 유효범위에서 설치가 면제된다.
6. 옥외소화전설비	옥외소화전설비를 설치해야 하는 문화재인 목조건축물에 상수도소화용수설비를 화재안전기준에서 정하는 방수압력·방수량·옥외소화전함 및 호스의 기준에 적합하게 설치한 경우에는 설치가 면제된다.
7. 비상경보설비	비상경보설비를 설치해야 할 특정소방대상물에 단독경보형 감지기를 2개 이상의 단독경보형 감지기와 연동하여 설치한 경우에는 그 설비의 유효범위에서 설치가 면제된다.
8. 비상경보설비 또는 단독경보형 감지기	비상경보설비 또는 단독경보형 감지기를 설치해야 하는 특정소방대상물에 자동화재탐지설비 또는 화재알림설비를 화재안전기준에 적합하게 설치한 경우에는 그 설비의 유효범위에서 설치가 면제된다.
9. 자동화재탐지설비	자동화재탐지설비의 기능(감지·수신·경보기능을 말한다)과 성능을 가진 화재알림설비, 스프링클러설비 또는 물분무등소화설비를 화재안전기준에 적합하게 설치한 경우에는 그 설비의 유효범위에서 설치가 면제된다.
10. 화재알림설비	화재알림설비를 설치해야 하는 특정소방대상물에 자동화재탐지설비를 화재안전기준에 적합하게 설치한 경우에는 그 설비의 유효범위에서 설치가 면제된다.
11. 비상방송설비	비상방송설비를 설치해야 하는 특정소방대상물에 자동화재탐지설비 또는 비상경보설비와 같은 수준 이상의 음향을 발하는 장치를 부설한 방송설비를 화재안전기준에 적합하게 설치한 경우에는 그 설비의 유효범위에서 설치가 면제된다.
12. 자동화재속보설비	자동화재속보설비를 설치해야 하는 특정소방대상물에 화재알림설비를 화재안전기준에 적합하게 설치한 경우에는 그 설비의 유효범위에서 설치가 면제된다.
13. 누전경보기	누전경보기를 설치해야 하는 특정소방대상물 또는 그 부분에 아크경보기(옥내 배전선로의 단선이나 선로 손상 등으로 인하여 발생하는 아크를 감지하고 경보하는 장치를 말한다) 또는 전기 관련 법령에 따른 지락차단장치를 설치한 경우에는 그 설비의 유효범위에서 설치가 면제된다.
14. 피난구조설비	피난구조설비를 설치해야 하는 특정소방대상물에 그 위치·구조 또는 설비의 상황에 따라 피난상 지장이 없다고 인정되는 경우에는 화재안전기준에서 정하는 바에 따라 설치가 면제된다.

15. 비상조명등	비상조명등을 설치해야 하는 특정소방대상물에 피난구유도등 또는 통로유도등을 화재안전기준에 적합하게 설치한 경우에는 그 유도등의 유효범위에서 설치가 면제된다.
16. 상수도소화용수 설비	가. 상수도소화용수설비를 설치해야 하는 특정소방대상물의 각 부분으로부터 수평거리 140m 이내에 공공의 소방을 위한 소화전이 화재안전기준에 적합하게 설치되어 있는 경우에는 설치가 면제된다. 나. 소방본부장 또는 소방서장이 상수도소화용수설비의 설치가 곤란하다고 인정하는 경우로서 화재안전기준에 적합한 소화수조 또는 저수조가 설치되어 있거나 이를 설치하는 경우에는 그 설비의 유효범위에서 설치가 면제된다.
17. 제연설비	가. 제연설비를 설치해야 하는 특정소방대상물[별표 4 제5호가목6)은 제외한다]에 다음의 어느 하나에 해당하는 설비를 설치한 경우에는 설치가 면제된다. 1) 공기조화설비를 화재안전기준의 제연설비기준에 적합하게 설치하고 공기조화설비가 화재 시 제연설비기능으로 자동전환되는 구조로 설치되어 있는 경우 2) 직접 외부 공기와 통하는 배출구의 면적의 합계가 해당 제연구역[제연경계(제연설비의 일부인 천장을 포함한다)에 의하여 구획된 건축물 내의 공간을 말한다] 바닥면적의 100분의 1 이상이고, 배출구부터 각 부분까지의 수평거리가 30m 이내이며, 공기유입구가 화재안전기준에 적합하게(외부 공기를 직접 자연 유입할 경우에 유입구의 크기는 배출구의 크기 이상이어야 한다) 설치되어 있는 경우 나. 별표 4 제5호가목6)에 따라 제연설비를 설치해야 하는 특정소방대상물 중 노대(露臺)와 연결된 특별피난계단, 노대가 설치된 비상용 승강기의 승강장 또는 「건축법 시행령」 제91조제5호의 기준에 따라 배연설비가 설치된 피난용 승강기의 승강장에는 설치가 면제된다.
18. 연결송수관설비	연결송수관설비를 설치해야 하는 소방대상물에 옥외에 연결송수구 및 옥내에 방수구가 부설된 옥내소화전설비, 스프링클러설비, 간이스프링클러설비 또는 연결살수설비를 화재안전기준에 적합하게 설치한 경우에는 그 설비의 유효범위에서 설치가 면제된다. 다만, 지표면에서 최상층 방수구의 높이가 70m 이상인 경우에는 설치해야 한다.
19. 연결살수설비	가. 연결살수설비를 설치해야 하는 특정소방대상물에 송수구를 부설한 스프링클러설비, 간이스프링클러설비, 물분무소화설비 또는 미분무소화설비를 화재안전기준에 적합하게 설치한 경우에는 그 설비의 유효범위에서 설치가 면제된다. 나. 가스 관계 법령에 따라 설치되는 물분무장치 등에 소방대가 사용할 수 있는 연결송수구가 설치되거나 물분무장치 등에 6시간 이상 공급할 수 있는 수원(水源)이 확보된 경우에는 설치가 면제된다.
20. 무선통신보조설비	무선통신보조설비를 설치해야 하는 특정소방대상물에 이동통신 구내 중계기 선로설비 또는 무선이동중계기(「전파법」 제58조의2에 따른 적합성평가를 받은 제품만 해당한다) 등을 화재안전기준의 무선통신보조설비기준에 적합하게 설치한 경우에는 설치가 면제된다.
21. 연소방지설비	연소방지설비를 설치해야 하는 특정소방대상물에 스프링클러설비, 물분무소화설비 또는 미분무소화설비를 화재안전기준에 적합하게 설치한 경우에는 그 설비의 유효범위에서 설치가 면제된다.

[별표 6] 소방시설을 설치하지 않을 수 있는 특정소방대상물 및 소방시설의 범위 (제16조 관련)

구분	특정소방대상물	설치하지 않을 수 있는 소방시설
1. 화재 위험도가 낮은 특정소방대상물	석재, 불연성금속, 불연성 건축재료 등의 가공공장·기계조립공장 또는 불연성 물품을 저장하는 창고	옥외소화전 및 연결살수설비
2. 화재안전기준을 적용하기 어려운 특정소방대상물	펄프공장의 작업장, 음료수 공장의 세정 또는 충전을 하는 작업장, 그 밖에 이와 비슷한 용도로 사용하는 것	스프링클러설비, 상수도소화용수설비 및 연결살수설비
	정수장, 수영장, 목욕장, 농예·축산·어류양식용 시설, 그 밖에 이와 비슷한 용도로 사용되는 것	자동화재탐지설비, 상수도소화용수설비 및 연결살수설비
3. 화재안전기준을 달리 적용해야 하는 특수한 용도 또는 구조를 가진 특정소방대상물	원자력발전소, 중·저준위방사성폐기물의 저장시설	연결송수관설비 및 연결살수설비
4. 「위험물 안전관리법」 제19조에 따른 자체소방대가 설치된 특정소방대상물	자체소방대가 설치된 제조소등에 부속된 사무실	옥내소화전설비, 소화용수설비, 연결살수설비 및 연결송수관설비

[별표 7]

수용인원의 산정 방법(제17조 관련)

1. 숙박시설이 있는 특정소방대상물
   가. 침대가 있는 숙박시설: 해당 특정소방대상물의 종사자 수에 침대 수(2인용 침대는 2개로 산정한다)를 합한 수
   나. 침대가 없는 숙박시설: 해당 특정소방대상물의 종사자 수에 숙박시설 바닥면적의 합계를 3㎡로 나누어 얻은 수를 합한 수
2. 제1호 외의 특정소방대상물
   가. 강의실·교무실·상담실·실습실·휴게실 용도로 쓰는 특정소방대상물: 해당 용도로 사용하는 바닥면적의 합계를 1.9㎡로 나누어 얻은 수
   나. 강당, 문화 및 집회시설, 운동시설, 종교시설: 해당 용도로 사용하는 바닥면적의 합계를 4.6㎡로 나누어 얻은 수(관람석이 있는 경우 고정식 의자를 설치한 부분은 그 부분의 의자 수로 하고, 긴 의자의 경우에는 의자의 정면너비를 0.45m로 나누어 얻은 수로 한다)
   다. 그 밖의 특정소방대상물: 해당 용도로 사용하는 바닥면적의 합계를 3㎡로 나누어 얻은 수

비고
1. 위 표에서 바닥면적을 산정할 때에는 복도(「건축법 시행령」 제2조제11호에 따른 준불연재료 이상의 것을 사용하여 바닥에서 천장까지 벽으로 구획한 것을 말한다), 계단 및 화장실의 바닥면적을 포함하지 않는다.
2. 계산 결과 소수점 이하의 수는 반올림한다.

[별표 8] 임시소방시설의 종류와 설치기준 등(제18조제2항 및 제3항 관련) <시행 2023.7.4>

1. 임시소방시설의 종류
  가. 소화기
  나. 간이소화장치: 물을 방사(放射)하여 화재를 진화할 수 있는 장치로서 소방청장이 정하는 성능을 갖추고 있을 것
  다. 비상경보장치: 화재가 발생한 경우 주변에 있는 작업자에게 화재사실을 알릴 수 있는 장치로서 소방청장이 정하는 성능을 갖추고 있을 것
  라. 가스누설경보기: 가연성 가스가 누설되거나 발생된 경우 이를 탐지하여 경보하는 장치로서 법 제37조에 따른 형식승인 및 제품검사를 받은 것
  마. 간이피난유도선: 화재가 발생한 경우 피난구 방향을 안내할 수 있는 장치로서 소방청장이 정하는 성능을 갖추고 있을 것
  바. 비상조명등: 화재가 발생한 경우 안전하고 원활한 피난활동을 할 수 있도록 자동 점등되는 조명장치로서 소방청장이 정하는 성능을 갖추고 있을 것
  사. 방화포: 용접·용단 등의 작업 시 발생하는 불티로부터 가연물이 점화되는 것을 방지해주는 천 또는 불연성 물품으로서 소방청장이 정하는 성능을 갖추고 있을 것
2. 임시소방시설을 설치해야 하는 공사의 종류와 규모
  가. 소화기: 법 제6조제1항에 따라 소방본부장 또는 소방서장의 동의를 받아야 하는 특정소방대상물의 신축·증축·개축·재축·이전·용도변경 또는 대수선 등을 위한 공사 중 법 제15조제1항에 따른 화재위험작업의 현장(이하 이 표에서 "화재위험작업현장"이라 한다)에 설치한다.
  나. 간이소화장치: 다음의 어느 하나에 해당하는 공사의 화재위험작업현장에 설치한다.
    1) 연면적 3천㎡ 이상
    2) 지하층, 무창층 또는 4층 이상의 층. 이 경우 해당 층의 바닥면적이 600㎡ 이상인 경우만 해당한다.
  다. 비상경보장치: 다음의 어느 하나에 해당하는 공사의 화재위험작업현장에 설치한다.
    1) 연면적 400㎡ 이상
    2) 지하층 또는 무창층. 이 경우 해당 층의 바닥면적이 150㎡ 이상인 경우만 해당한다.
  라. 가스누설경보기: 바닥면적이 150㎡ 이상인 지하층 또는 무창층의 화재위험작업현장에 설치한다.
  마. 간이피난유도선: 바닥면적이 150㎡ 이상인 지하층 또는 무창층의 화재위험작업현장에 설치한다.
  바. 비상조명등: 바닥면적이 150㎡ 이상인 지하층 또는 무창층의 화재위험작업현장에 설치한다.
  사. 방화포: 용접·용단 작업이 진행되는 화재위험작업현장에 설치한다.
3. 임시소방시설과 기능 및 성능이 유사한 소방시설로서 임시소방시설을 설치한 것으로 보는 소방시설
  가. 간이소화장치를 설치한 것으로 보는 소방시설: 소방청장이 정하여 고시하는 기준에 맞는 소화기(연결송수관설비의 방수구 인근에 설치한 경우로 한정한다) 또는 옥내소화전설비
  나. 비상경보장치를 설치한 것으로 보는 소방시설: 비상방송설비 또는 자동화재탐지설비
  다. 간이피난유도선을 설치한 것으로 보는 소방시설: 피난유도선, 피난구유도등, 통로유도등 또는 비상조명등

[별표 9] 소방시설관리업의 업종별 등록기준 및 영업범위(제45조제1항 관련)

업종별 \ 기술인력 등	기술인력	영업범위
전문 소방시설관리업	가. 주된 기술인력 1) 소방시설관리사 자격을 취득한 후 소방 관련 실무경력이 5년 이상인 사람 1명 이상 2) 소방시설관리사 자격을 취득한 후 소방 관련 실무경력이 3년 이상인 사람 1명 이상 나. 보조 기술인력 1) 고급점검자 이상의 기술인력: 2명 이상 2) 중급점검자 이상의 기술인력: 2명 이상 3) 초급점검자 이상의 기술인력: 2명 이상	모든 특정소방대상물
일반 소방시설관리업	가. 주된 기술인력: 소방시설관리사 자격을 취득한 후 소방 관련 실무경력이 1년 이상인 사람 1명 이상 나. 보조 기술인력 1) 중급점검자 이상의 기술인력: 1명 이상 2) 초급점검자 이상의 기술인력: 1명 이상	특정소방대상물 중 「화재의 예방 및 안전관리에 관한 법률 시행령」 별표 4에 따른 1급, 2급, 3급 소방안전관리대상물

비고
1. "소방 관련 실무경력"이란 「소방시설공사업법」 제28조제3항에 따른 소방기술과 관련된 경력을 말한다.
2. 보조 기술인력의 종류별 자격은 「소방시설공사업법」 제28조제3항에 따라 소방기술과 관련된 자격·학력 및 경력을 가진 사람 중에서 행정안전부령으로 정한다.

[별표 10] 과태료의 부과기준(제52조 관련)

1. 일반기준

가. 위반행위의 횟수에 따른 과태료의 가중된 부과기준은 최근 1년간 같은 위반행위로 과태료 부과처분을 받은 경우에 적용한다. 이 경우 기간의 계산은 위반행위에 대하여 과태료 부과처분을 받은 날과 그 처분 후 다시 같은 위반행위를 하여 적발된 날을 기준으로 한다.

나. 가목에 따라 가중된 부과처분을 하는 경우 가중처분의 적용 차수는 그 위반행위 전 부과처분 차수(가목에 따른 기간 내에 과태료 부과처분이 둘 이상 있었던 경우에는 높은 차수를 말한다)의 다음 차수로 한다.

다. 부과권자는 다음의 어느 하나에 해당하는 경우에는 제2호의 개별기준에 따른 과태료의 2분의 1 범위에서 그 금액을 줄여 부과할 수 있다. 다만, 과태료를 체납하고 있는 위반행위자에 대해서는 그렇지 않다.

1) 위반행위가 사소한 부주의나 오류로 인한 것으로 인정되는 경우
2) 위반행위자가 법 위반상태를 시정하거나 해소하기 위하여 노력한 사실이 인정되는 경우
3) 위반행위자가 처음 위반행위를 한 경우로서 3년 이상 해당 업종을 모범적으로 영위한 사실이 인정되는 경우
4) 위반행위자가 화재 등 재난으로 재산에 현저한 손실을 입거나 사업 여건의 악화로 그 사업이 중대한 위기에 처하는 등 사정이 있는 경우
5) 위반행위자가 같은 위반행위로 다른 법률에 따라 과태료·벌금·영업정지 등의 처분을 받은 경우
6) 그 밖에 위반행위의 정도, 위반행위의 동기와 그 결과 등을 고려하여 과태료 금액을 줄일 필요가 있다고 인정되는 경우

2. 개별기준

위반행위	근거 법조문	과태료 금액(단위: 만원)		
		1차 위반	2차 위반	3차 이상 위반
가. 법 제12조제1항을 위반한 경우	법 제61조 제1항제1호			
1) 2) 및 3)의 규정을 제외하고 소방시설을 최근 1년 이내에 2회 이상 화재안전기준에 따라 관리하지 않은 경우		100		
2) 소방시설을 다음에 해당하는 고장 상태 등으로 방치한 경우 가) 소화펌프를 고장 상태로 방치한 경우 나) 화재 수신기, 동력·감시 제어반 또는 소방시설용 전원(비상전원을 포함한다)을 차단하거나, 고장난 상태로 방치하거나, 임의로 조작하여 자동으로 작동이 되지 않도록 한 경우 다) 소방시설이 작동할 때 소화배관을 통하여 소화수가 방수되지 않는 상태 또는 소화약제가 방출되지 않는 상태로 방치한 경우		200		
3) 소방시설을 설치하지 않은 경우		300		
나. 법 제15조제1항을 위반하여 공사 현장에 임시소방시설을 설치·관리하지 않은 경우	법 제61조 제1항제2호	300		
다. 법 제16조제1항을 위반하여 피난시설, 방화구획 또는 방화시설을 폐쇄·훼손·변경하는 등의 행위를 한 경우	법 제61조 제1항제3호	100	200	300
라. 법 제20조제1항을 위반하여 방염대상물품을 방염성능기준 이상으로 설치하지 않은 경우	법 제61조 제1항제4호	200		
마. 법 제22조제1항 전단을 위반하여 점검능력평가를 받지 않고 점검을 한 경우	법 제61조 제1항제5호	300		
바. 법 제22조제1항 후단을 위반하여 관계인에게 점검 결과를 제출하지 않은 경우	법 제61조 제1항제6호	300		
사. 법 제22조제2항에 따른 점검인력의 배치기준 등 자체점검 시 준수사항을 위반한 경우	법 제61조 제1항제7호	300		
아. 법 제23조제3항을 위반하여 점검 결과를 보고하지 않거나 거짓으로 보고한 경우	법 제61조 제1항제8호			
1) 지연 보고 기간이 10일 미만인 경우		50		
2) 지연 보고 기간이 10일 이상 1개월 미만인 경우		100		
3) 지연 보고 기간이 1개월 이상이거나 보고하지 않은 경우		200		
4) 점검 결과를 축소·삭제하는 등 거짓으로 보고한 경우		300		
자. 법 제23조제4항을 위반하여 이행계획을 기간 내에 완료하지 않은 경우 또는 이행계획 완료 결과를 보고하지 않거나 거짓으로 보고한 경우	법 제61조 제1항제9호			

위반행위	근거 법조문	1차	2차	3차
1) 지연 완료 기간 또는 지연 보고 기간이 10일 미만인 경우		50		
2) 지연 완료 기간 또는 지연 보고 기간이 10일 이상 1개월 미만인 경우		100		
3) 지연 완료 기간 또는 지연 보고 기간이 1개월 이상이거나, 완료 또는 보고를 하지 않은 경우		200		
4) 이행계획 완료 결과를 거짓으로 보고한 경우		300		
차. 법 제24조제1항을 위반하여 점검기록표를 기록하지 않거나 특정소방대상물의 출입자가 쉽게 볼 수 있는 장소에 게시하지 않은 경우	법 제61조제1항제10호	100	200	300
카. 법 제31조 또는 제32조제3항을 위반하여 신고를 하지 않거나 거짓으로 신고한 경우	법 제61조제1항제11호			
1) 지연 신고 기간이 1개월 미만인 경우		50		
2) 지연 신고 기간이 1개월 이상 3개월 미만인 경우		100		
3) 지연 신고 기간이 3개월 이상이거나 신고를 하지 않은 경우		200		
4) 거짓으로 신고한 경우		300		
타. 법 제33조제3항을 위반하여 지위승계, 행정처분 또는 휴업·폐업의 사실을 특정소방대상물의 관계인에게 알리지 않거나 거짓으로 알린 경우	법 제61조제1항제12호	300		
파. 법 제33조제4항을 위반하여 소속 기술인력의 참여 없이 자체점검을 한 경우	법 제61조제1항제13호	300		
하. 법 제34조제2항에 따른 점검실적을 증명하는 서류 등을 거짓으로 제출한 경우	법 제61조제1항제14호	300		
거. 법 제52조제1항에 따른 명령을 위반하여 보고 또는 자료제출을 하지 않거나 거짓으로 보고 또는 자료제출을 한 경우 또는 정당한 사유 없이 관계 공무원의 출입 또는 검사를 거부·방해 또는 기피한 경우	법 제61조제1항제15호	50	100	300

3. 소방시설 설치 및 관리에 관한 법률 시행규칙

[행정안전부령 제397호, 개정 2023.4.19.]

제 정 2004. 7. 7 행정자치부령 제240호
전부개정 2022.12. 1 행정안전부령 제360호
타법개정 2023. 4.19 행정안전부령 제397호

제1장 총칙

제1조 【목적】 이 규칙은 「소방시설 설치 및 관리에 관한 법률」 및 같은 법 시행령에서 위임된 사항과 그 시행에 필요한 사항을 규정함을 목적으로 한다.

제2조 【기술기준의 제정·개정 절차】 ① 국립소방연구원장은 화재안전기준 중 기술기준(이하 "기술기준"이라 한다)을 제정·개정하려는 경우 제정안·개정안을 작성하여 「소방시설 설치 및 관리에 관한 법률」(이하 "법"이라 한다) 제18조제1항에 따른 중앙소방기술심의위원회(이하 "중앙위원회"라 한다)의 심의·의결을 거쳐야 한다. 이 경우 제정안·개정안의 작성을 위해 소방 관련 기관·단체 및 개인 등의 의견을 수렴할 수 있다.
② 국립소방연구원장은 제1항에 따라 중앙위원회의 심의·의결을 거쳐 다음 각 호의 사항이 포함된 승인신청서를 소방청장에게 제출해야 한다.
1. 기술기준의 제정안 또는 개정안
2. 기술기준의 제정 또는 개정 이유
3. 기술기준의 심의 경과 및 결과
③ 제2항에 따라 승인신청서를 제출받은 소방청장은 제정안 또는 개정안이 화재안전기준 중 성능기준 등을 충족하는지를 검토하여 승인 여부를 결정하고 국립소방연구원장에게 통보해야 한다.
④ 제3항에 따라 승인을 통보받은 국립소방연구원장은 승인받은 기술기준을 관보에 게재하고, 국립소방연구원 인터넷 홈페이지를 통해 공개해야 한다.
⑤ 제1항부터 제4항까지에서 규정한 사항 외에 기술기준의 제정·개정을 위하여 필요한 사항은 국립소방연구원장이 정한다.

제2장 소방시설등의 설치·관리

제1절 건축허가등의 동의 등

제3조 【건축허가등의 동의 요구】 ① 법 제6조제1항에 따른 건축물 등의 신축·증축·개축·재축·이전·용도변경 또는 대수선의 허가·협의 및 사용승인(「주택법」 제15조에 따른 승인 및 같은 법 제49조에 따른 사용검사, 「학교시설사업 촉진법」 제4조에 따른 승인 및 같은 법 제13조에 따른 사용승인을 포함하며, 이하 "건축허가등"이라 한다)의 동의 요구는 다음 각 호의 권한이 있는 행정기관이 「소방시설 설치 및 관리에 관한 법률 시행령」(이하 "영"이라 한다) 제7조제1항 각 호에 따른 동의대상물의 시공지 또는 소재지를 관할하는 소방본부장 또는 소방서장에게 해야 한다.
1. 「건축법」 제11조에 따른 허가 및 같은 법 제29조제2항에 따른 협의의 권한이 있는 행정기관
2. 「주택법」 제15조에 따른 승인 및 같은 법 제49조에 따른 사용검사의 권한이 있는 행정기관
3. 「학교시설사업 촉진법」 제4조에 따른 승인 및 같은 법 제13조에 따른 사용승인의 권한이 있는 행정기관
4. 「고압가스 안전관리법」 제4조에 따른 허가의 권한이 있는 행정기관
5. 「도시가스사업법」 제3조에 따른 허가의 권한이 있는 행정기관
6. 「액화석유가스의 안전관리 및 사업법」 제5조 및 제6조에 따른 허가의 권한이 있는 행정기관
7. 「전기안전관리법」 제8조에 따른 자가용전기설비의 공사계획의 인가의 권한이 있는 행정기관
8. 「전기사업법」 제61조에 따른 전기사업용전기설비의 공사계획에 대한 인가의 권한이 있는 행정기관
9. 「국토의 계획 및 이용에 관한 법률」 제88조제2항에 따른 도시·군계획시설사업 실시계획 인가의 권한이 있는 행정기관
② 제1항 각 호의 어느 하나에 해당하는 기관은 영 제7조제3항에 따라 건축허가등의 동의를 요구하는 경우에는 동의요구서(전자문서로 된 요구서를 포함한다)에 다음 각 호의 서류(전자문서를 포함한다)를 첨부해야 한다.
1. 「건축법 시행규칙」 제6조에 따른 건축허가신청서, 같은 법 시행규칙 제8조에 따른 건축허가서 또는 같은 법 시행규칙 제12조에 따른 건축·대수선·용도변경신고서 등 건축허가등을 확인할 수 있는 서류의 사본. 이 경우 동의 요구를 받은 담당 공무원은 특별한 사정이 있는 경우를 제외하고는 「전자정부법」 제36조제1항에 따른 행정정보의 공동이용을 통하여 건축허가서를 확인함으로써 첨부서류의 제출을 갈음할 수 있다.

2. 다음 각 목의 설계도서. 다만, 가목 및 나목2)·4)의 설계도서는 「소방시설공사업법 시행령」 제4조에 따른 소방시설공사 착공신고 대상에 해당되는 경우에만 제출한다.
   가. 건축물 설계도서
      1) 건축물 개요 및 배치도
      2) 주단면도 및 입면도(立面圖: 물체를 정면에서 본 대로 그린 그림을 말한다. 이하 같다)
      3) 층별 평면도(용도별 기준층 평면도를 포함한다. 이하 같다)
      4) 방화구획도(창호도를 포함한다)
      5) 실내·실외 마감재료표
      6) 소방자동차 진입 동선도 및 부서 공간 위치도(조경계획을 포함한다)
   나. 소방시설 설계도서
      1) 소방시설(기계·전기 분야의 시설을 말한다)의 계통도(시설별 계산서를 포함한다)
      2) 소방시설별 층별 평면도
      3) 실내장식물 방염대상물품 설치 계획(「건축법」 제52조에 따른 건축물의 마감재료는 제외한다)
      4) 소방시설의 내진설계 계통도 및 기준층 평면도(내진 시방서 및 계산서 등 세부 내용이 포함된 상세 설계도면은 제외한다)
3. 소방시설 설치계획표
4. 임시소방시설 설치계획서(설치시기·위치·종류·방법 등 임시소방시설의 설치와 관련된 세부 사항을 포함한다)
5. 「소방시설공사업법」 제4조제1항에 따라 등록한 소방시설설계업등록증과 소방시설을 설계한 기술인력의 기술자격증 사본
6. 「소방시설공사업법」 제21조 및 제21조의3제2항에 따라 체결한 소방시설설계 계약서 사본

③ 제1항에 따른 동의 요구를 받은 소방본부장 또는 소방서장은 법 제6조제4항에 따라 건축허가등의 동의 요구서류를 접수한 날부터 5일(허가를 신청한 건축물 등이 「화재의 예방 및 안전관리에 관한 법률 시행령」 별표 4 제1호가목의 어느 하나에 해당하는 경우에는 10일) 이내에 건축허가등의 동의 여부를 회신해야 한다.

④ 소방본부장 또는 소방서장은 제3항에도 불구하고 제2항에 따른 동의요구서 및 첨부서류의 보완이 필요한 경우에는 4일 이내의 기간을 정하여 보완을 요구할 수 있다. 이 경우 보완 기간은 제3항에 따른 회신 기간에 산입하지 않으며 보완 기간 내에 보완하지 않는 경우에는 동의요구서를 반려해야 한다.

⑤ 제1항에 따라 건축허가등의 동의를 요구한 기관이 그 건축허가등을 취소했을 때에는 취소한 날부터 7일 이내에 건축물 등의 시공지 또는 소재지를 관할하는 소방본부장 또는 소방서장에게 그 사실을 통보해야 한다.

⑥ 소방본부장 또는 소방서장은 제3항에 따라 동의 여부를 회신하는 경우에는 별지 제1호서식의 건축허가등의 동의대장에 이를 기록하고 관리해야 한다.

⑦ 법 제6조제8항 후단에서 "행정안전부령으로 정하는 기간"이란 7일을 말한다.

제4조【성능위주설계의 신고】 ① 성능위주설계를 한 자는 법 제8조제2항에 따라 「건축법」 제11조에 따른 건축허가를 신청하기 전에 별지 제2호서식의 성능위주설계 신고서(전자문서로 된 신고서를 포함한다)에 다음 각 호의 서류(전자문서를 포함한다)를 첨부하여 관할 소방서장에게 신고해야 한다. 이 경우 다음 각 호의 서류에는 사전검토 결과에 따라 보완된 내용을 포함해야 하며, 제7조제1항에 따른 사전검토 신청 시 제출한 서류와 동일한 내용의 서류는 제외한다.
1. 다음 각 목의 사항이 포함된 설계도서
   가. 건축물의 개요(위치, 구조, 규모, 용도)
   나. 부지 및 도로의 설치 계획(소방차량 진입 동선을 포함한다)
   다. 화재안전성능의 확보 계획
   라. 성능위주설계 요소에 대한 성능평가(화재 및 피난 모의실험 결과를 포함한다)
   마. 성능위주설계 적용으로 인한 화재안전성능 비교표
   바. 다음의 건축물 설계도면
      1) 주단면도 및 입면도
      2) 층별 평면도 및 창호도
      3) 실내·실외 마감재료표
      4) 방화구획도(화재 확대 방지계획을 포함한다)
      5) 건축물의 구조 설계에 따른 피난계획 및 피난 동선도
   사. 소방시설의 설치계획 및 설계 설명서
   아. 다음의 소방시설 설계도면
      1) 소방시설 계통도 및 층별 평면도
      2) 소화용수설비 및 연결송수구 설치 위치 평면도
      3) 종합방재실 설치 및 운영계획
      4) 상용전원 및 비상전원의 설치계획
      5) 소방시설의 내진설계 계통도 및 기준층 평면도(내진 시방서 및 계산서 등 세부 내용이 포함된 상세 설계도면은 제외한다)
   자. 소방시설에 대한 전기부하 및 소화펌프 등 용량계산서
2. 「소방시설공사업법 시행령」 별표 1의2에 따른 성능위주설계를 할 수 있는 자의 자격·기술인력을 확인할

수 있는 서류

3. 「소방시설공사업법」 제21조 및 제21조의3제2항에 따라 체결한 성능위주설계 계약서 사본

② 소방서장은 제1항에 따라 성능위주설계 신고서를 받은 경우 성능위주설계 대상 및 자격 여부 등을 확인하고, 첨부서류의 보완이 필요한 경우에는 7일 이내의 기간을 정하여 성능위주설계를 한 자에게 보완을 요청할 수 있다.

제5조【신고된 성능위주설계에 대한 검토·평가】① 제4조제1항에 따라 성능위주설계의 신고를 받은 소방서장은 필요한 경우 같은 조 제2항에 따른 보완 절차를 거쳐 소방청장 또는 관할 소방본부장에게 법 제9조제1항에 따른 성능위주설계 평가단(이하 "평가단"이라 한다)의 검토·평가를 요청해야 한다.

② 제1항에 따라 검토·평가를 요청받은 소방청장 또는 소방본부장은 요청을 받은 날부터 20일 이내에 평가단의 심의·의결을 거쳐 해당 건축물의 성능위주설계를 검토·평가하고, 별지 제3호서식의 성능위주설계 검토·평가 결과서를 작성하여 관할 소방서장에게 지체 없이 통보해야 한다.

③ 제4조제1항에 따라 성능위주설계 신고를 받은 소방서장은 제1항에도 불구하고 신기술·신공법 등 검토·평가에 고도의 기술이 필요한 경우에는 중앙위원회에 심의를 요청할 수 있다.

④ 중앙위원회는 제3항에 따라 요청된 사항에 대하여 20일 이내에 심의·의결을 거쳐 별지 제3호서식의 성능위주설계 검토·평가 결과서를 작성하고 관할 소방서장에게 지체 없이 통보해야 한다.

⑤ 제2항 또는 제4항에 따라 성능위주설계 검토·평가 결과서를 통보받은 소방서장은 성능위주설계 신고를 한 자에게 별표 1에 따라 수리 여부를 통보해야 한다.

제6조【성능위주설계의 변경신고】① 법 제8조제2항 후단에서 "해당 특정소방대상물의 연면적·높이·층수의 변경 등 행정안전부령으로 정하는 사유"란 특정소방대상물의 연면적·높이·층수의 변경이 있는 경우를 말한다. 다만, 「건축법」 제16조제1항 단서 및 같은 조 제2항에 따른 경우는 제외한다.

② 성능위주설계를 한 자는 법 제8조제2항 후단에 따라 해당 성능위주설계를 한 특정소방대상물이 제1항에 해당하는 경우 별지 제4호서식의 성능위주설계 변경 신고서(전자문서로 된 신고서를 포함한다)에 제4조제1항 각 호의 서류(전자문서를 포함하며, 변경되는 부분만 해당한다)를 첨부하여 관할 소방서장에게 신고해야 한다.

③ 제2항에 따른 성능위주설계의 변경신고에 대한 검토·평가, 수리 여부 결정 및 통보에 관하여는 제5조제2항부터 제5항까지의 규정을 준용한다. 이 경우 같은 조 제2항 및 제4항 중 "20일 이내"는 각각 "14일 이내"로 본다.

제7조【성능위주설계의 사전검토 신청】① 성능위주설계를 한 자는 법 제8조제4항에 따라 「건축법」 제4조의2에 따른 건축위원회의 심의를 받아야 하는 건축물인 경우에는 그 심의를 신청하기 전에 별지 제5호서식의 성능위주설계 사전검토 신청서(전자문서로 된 신청서를 포함한다)에 다음 각 호의 서류(전자문서를 포함한다)를 첨부하여 관할 소방서장에게 사전검토를 신청해야 한다.

1. 건축물의 개요(위치, 구조, 규모, 용도)
2. 부지 및 도로의 설치 계획(소방차량 진입 동선을 포함한다)
3. 화재안전성능의 확보 계획
4. 화재 및 피난 모의실험 결과
5. 다음 각 목의 건축물 설계도면
   가. 주단면도 및 입면도
   나. 층별 평면도 및 창호도
   다. 실내·실외 마감재료표
   라. 방화구획도(화재 확대 방지계획을 포함한다)
   마. 건축물의 구조 설계에 따른 피난계획 및 피난 동선도
6. 소방시설 설치계획 및 설계 설명서(소방시설 기계·전기 분야의 기본계통도를 포함한다)
7. 「소방시설공사업법 시행령」 별표 1의2에 따른 성능위주설계를 할 수 있는 자의 자격·기술인력을 확인할 수 있는 서류
8. 「소방시설공사업법」 제21조 및 제21조의3제2항에 따라 체결한 성능위주설계 계약서 사본

② 소방서장은 제1항에 따른 성능위주설계 사전검토 신청서를 받은 경우 성능위주설계 대상 및 자격 여부 등을 확인하고, 첨부서류의 보완이 필요한 경우에는 7일 이내의 기간을 정하여 성능위주설계를 한 자에게 보완을 요청할 수 있다.

제8조【사전검토가 신청된 성능위주설계에 대한 검토·평가】① 제7조제1항에 따라 사전검토의 신청을 받은 소방서장은 필요한 경우 같은 조 제2항에 따른 보완 절차를 거쳐 소방청장 또는 관할 소방본부장에게 평가단의 검토·평가를 요청해야 한다.

② 제1항에 따라 검토·평가를 요청받은 소방청장 또는 소방본부장은 평가단의 심의·의결을 거쳐 해당 건축물의 성능위주설계를 검토·평가하고, 별지 제6호서식의 성능위주설계 사전검토 결과서를 작성하여 관할 소방서

장에게 지체 없이 통보해야 한다.

③ 제1항에도 불구하고 제7조제1항에 따라 성능위주설계 사전검토의 신청을 받은 소방서장은 신기술·신공법 등 검토·평가에 고도의 기술이 필요한 경우에는 중앙위원회에 심의를 요청할 수 있다.

④ 중앙위원회는 제3항에 따라 요청된 사항에 대하여 심의를 거쳐 별지 제6호서식의 성능위주설계 사전검토 결과서를 작성하고, 관할 소방서장에게 지체 없이 통보해야 한다.

⑤ 제2항 또는 제4항에 따라 성능위주설계 사전검토 결과서를 통보받은 소방서장은 성능위주설계 사전검토를 신청한 자 및 「건축법」 제4조에 따른 해당 건축위원회에 그 결과를 지체 없이 통보해야 한다.

제9조 【성능위주설계 기준】 ① 법 제8조제7항에 따른 성능위주설계의 기준은 다음 각 호와 같다.

1. 소방자동차 진입(통로) 동선 및 소방관 진입 경로 확보
2. 화재·피난 모의실험을 통한 화재위험성 및 피난안전성 검증
3. 건축물의 규모와 특성을 고려한 최적의 소방시설 설치
4. 소화수 공급시스템 최적화를 통한 화재피해 최소화 방안 마련
5. 특별피난계단을 포함한 피난경로의 안전성 확보
6. 건축물의 용도별 방화구획의 적정성
7. 침수 등 재난상황을 포함한 지하층 안전확보 방안 마련

② 제1항에 따른 성능위주설계의 세부 기준은 소방청장이 정한다.

제10조 【평가단의 구성】 ① 평가단은 평가단장을 포함하여 50명 이내의 평가단원으로 성별을 고려하여 구성한다.

② 평가단장은 화재예방 업무를 담당하는 부서의 장 또는 제3항에 따라 임명 또는 위촉된 평가단원 중에서 학식·경험·전문성 등을 종합적으로 고려하여 소방청장 또는 소방본부장이 임명하거나 위촉한다.

③ 평가단원은 다음 각 호의 어느 하나에 해당하는 사람 중에서 소방청장 또는 관할 소방본부장이 임명하거나 위촉한다. 다만, 관할 소방서의 해당 업무 담당 과장은 당연직 평가단원으로 한다.

1. 소방공무원 중 다음 각 목의 어느 하나에 해당하는 사람
   가. 소방기술사
   나. 소방시설관리사
   다. 다음의 어느 하나에 해당하는 자격을 갖춘 사람으로서 「소방공무원 교육훈련규정」 제3조제2항에 따른 중앙소방학교에서 실시하는 성능위주설계 관련 교육과정을 이수한 사람
      1) 소방설비기사 이상의 자격을 가진 사람으로서 제3조에 따른 건축허가등의 동의 업무를 1년 이상 담당한 사람
      2) 건축 또는 소방 관련 석사 이상의 학위를 취득한 사람으로서 제3조에 따른 건축허가등의 동의 업무를 1년 이상 담당한 사람
2. 건축 분야 및 소방방재 분야 전문가 중 다음 각 목의 어느 하나에 해당하는 사람
   가. 위원회 위원 또는 법 제18조제2항에 따른 지방소방기술심의위원회 위원
   나. 「고등교육법」 제2조에 따른 학교 또는 이에 준하는 학교나 공인된 연구기관에서 부교수 이상의 직(職) 또는 이에 상당하는 직에 있거나 있었던 사람으로서 화재안전 또는 관련 법령이나 정책에 전문성이 있는 사람
   다. 소방기술사
   라. 소방시설관리사
   마. 건축계획, 건축구조 또는 도시계획과 관련된 업종에 종사하는 사람으로서 건축사 또는 건축구조기술사 자격을 취득한 사람
   바. 「소방시설공사업법」 제28조제3항에 따른 특급감리원 자격을 취득한 사람으로 소방공사 현장 감리업무를 10년 이상 수행한 사람

④ 위촉된 평가단원의 임기는 2년으로 하되, 2회에 한정하여 연임할 수 있다.

⑤ 평가단장은 평가단을 대표하고 평가단의 업무를 총괄한다.

⑥ 평가단장이 부득이한 사유로 직무를 수행할 수 없을 때에는 평가단장이 미리 지정한 평가단원이 그 직무를 대리한다.

제11조 【평가단의 운영】 ① 평가단의 회의는 평가단장과 평가단장이 회의마다 지명하는 6명 이상 8명 이하의 평가단원으로 구성·운영하며, 과반수의 출석으로 개의(開議)하고 출석 평가단원 과반수의 찬성으로 의결한다. 다만, 제6조제2항에 따른 성능위주설계의 변경신고에 대한 심의·의결을 하는 경우에는 제5조제2항에 따라 건축물의 성능위주설계를 검토·평가한 평가단원 중 5명 이상으로 평가단을 구성·운영할 수 있다.

② 평가단의 회의에 참석한 평가단원에게는 예산의 범위에서 수당, 여비, 그 밖에 필요한 경비를 지급할 수 있다. 다만, 소방공무원인 평가단원이 소관 업무와 관련하여 평가단의 회의에 참석하는 경우에는 그렇지 않다.

③ 제1항 및 제2항에서 규정한 사항 외에 평가단의 운영에 필요한 세부적인 사항은 소방청장 또는 관할 소방본부장이 정한다.

제12조 【평가단원의 제척·기피·회피】 ① 평가단원이 다음 각 호의 어느 하나에 해당하는 경우에는 평가단의 심의·의결에서 제척(除斥)된다.

1. 평가단원 또는 그 배우자나 배우자였던 사람이 해당 안건의 당사자(당사자가 법인·단체 등인 경우에는 그 임원을 포함한다. 이하 이 호 및 제2호에서 같다)가 되거나 그 안건의 당사자와 공동권리자 또는 공동의무자인 경우
2. 평가단원이 해당 안건의 당사자와 친족인 경우
3. 평가단원이 해당 안건에 관하여 증언, 진술, 자문, 연구, 용역 또는 감정을 한 경우
4. 평가단원이나 평가단원이 속한 법인·단체 등이 해당 안건의 당사자의 대리인이거나 대리인이었던 경우

② 당사자는 제1항에 따른 제척사유가 있거나 평가단원에게 공정한 심의·의결을 기대하기 어려운 사정이 있는 경우에는 평가단에 기피신청을 할 수 있고, 평가단은 의결로 기피 여부를 결정한다. 이 경우 기피 신청의 대상인 평가단원은 그 의결에 참여하지 못한다.

③ 평가단원이 제1항 각 호의 사유에 해당하는 경우에는 스스로 해당 안건의 심의·의결에서 회피(回避)해야 한다.

제13조 【평가단원의 해임·해촉】 소방청장 또는 관할 소방본부장은 평가단원이 다음 각 호의 어느 하나에 해당하는 경우에는 해당 평가단원을 해임하거나 해촉(解囑)할 수 있다.

1. 심신장애로 직무를 수행할 수 없게 된 경우
2. 직무와 관련된 비위사실이 있는 경우
3. 직무태만, 품위손상이나 그 밖의 사유로 평가단원으로 적합하지 않다고 인정되는 경우
4. 제12조제1항 각 호의 어느 하나에 해당하는데도 불구하고 회피하지 않은 경우
5. 평가단원 스스로 직무를 수행하기 어렵다는 의사를 밝히는 경우

제14조 【차량용 소화기의 설치 또는 비치 기준】 법 제11조제1항에 따른 차량용 소화기의 설치 또는 비치 기준은 별표 2와 같다. [시행일: 2024.12.1.]

제2절 특정소방대상물에 설치하는 소방시설의 관리 등

제15조 【소방시설정보관리시스템 운영방법 및 통보 절차 등】 ① 소방청장, 소방본부장 또는 소방서장은 법 제12조제4항에 따른 소방시설의 작동정보 등을 실시간으로 수집·분석할 수 있는 시스템(이하 "소방시설정보관리시스템"이라 한다)으로 수집되는 소방시설의 작동정보 등을 분석하여 해당 특정소방대상물의 관계인에게 해당 소방시설의 정상적인 작동에 필요한 사항과 관리 방법 등 개선사항에 관한 정보를 제공할 수 있다.

② 소방청장, 소방본부장 또는 소방서장은 소방시설정보관리시스템을 통하여 소방시설의 고장 등 비정상적인 작동정보를 수집한 경우에는 해당 특정소방대상물의 관계인에게 그 사실을 알려주어야 한다.

③ 소방청장, 소방본부장 또는 소방서장은 소방시설정보관리시스템의 체계적·효율적·전문적인 운영을 위해 전담인력을 둘 수 있다.

④ 제1항부터 제3항까지에서 규정한 사항 외에 소방시설정보관리시스템의 운영방법 및 통보 절차 등에 관하여 필요한 세부 사항은 소방청장이 정한다.

제16조 【소방시설을 설치해야 하는 터널】 ① 영 별표 4 제1호다목4)나)에서 "행정안전부령으로 정하는 터널"이란 「도로의 구조·시설 기준에 관한 규칙」 제48조에 따라 국토교통부장관이 정하는 도로의 구조 및 시설에 관한 세부 기준에 따라 옥내소화전설비를 설치해야 하는 터널을 말한다.

② 영 별표 4 제1호바목7) 전단에서 "행정안전부령으로 정하는 터널"이란 「도로의 구조·시설 기준에 관한 규칙」 제48조에 따라 국토교통부장관이 정하는 도로의 구조 및 시설에 관한 세부 기준에 따라 물분무소화설비를 설치해야 하는 터널을 말한다.

③ 영 별표 4 제5호가목6)에서 "행정안전부령으로 정하는 터널"이란 「도로의 구조·시설 기준에 관한 규칙」 제48조에 따라 국토교통부장관이 정하는 도로의 구조 및 시설에 관한 세부 기준에 따라 제연설비를 설치해야 하는 터널을 말한다.

제17조 【연소 우려가 있는 건축물의 구조】 영 별표 4 제1호사목1) 후단에서 "행정안전부령으로 정하는 연소(延燒) 우려가 있는 구조"란 다음 각 호의 기준에 모두 해당하는 구조를 말한다.

1. 건축물대장의 건축물 현황도에 표시된 대지경계선 안에 둘 이상의 건축물이 있는 경우
2. 각각의 건축물이 다른 건축물의 외벽으로부터 수평거리가 1층의 경우에는 6미터 이하, 2층 이상의 층의 경우에는 10미터 이하인 경우
3. 개구부(영 제2조제1호 각 목 외의 부분에 따른 개구부를 말한다)가 다른 건축물을 향하여 설치되어 있는 경우

제18조【소방시설 규정의 정비】 소방청장은 법 제14조제3항에 따라 다음 각 호의 연구과제에 대하여 건축 환경 및 화재위험 변화 추세를 체계적으로 연구하여 소방시설 규정의 정비를 위한 개선방안을 마련해야 한다.
1. 공모과제: 공모에 의하여 심의·선정된 과제
2. 지정과제: 소방청장이 필요하다고 인정하여 발굴·기획하고, 주관 연구기관 및 주관 연구책임자를 지정하는 과제

제3장 소방시설등의 자체점검

제19조【기술자격자의 범위】 법 제22조제1항 각 호 외의 부분 전단에서 "행정안전부령으로 정하는 기술자격자"란 「화재의 예방 및 안전관리에 관한 법률」 제24조제1항 전단에 따라 소방안전관리자(이하 "소방안전관리자"라 한다)로 선임된 소방시설관리사 및 소방기술사를 말한다.

제20조【소방시설등 자체점검의 구분 및 대상 등】 ① 법 제22조제1항에 따른 자체점검(이하 "자체점검"이라 한다)의 구분 및 대상, 점검자의 자격, 점검 장비, 점검 방법 및 횟수 등 자체점검 시 준수해야 할 사항은 별표 3과 같고, 점검인력의 배치기준은 별표 4와 같다.
② 법 제29조에 따라 소방시설관리업을 등록한 자(이하 "관리업자"라 한다)는 제1항에 따라 자체점검을 실시하는 경우 점검 대상과 점검 인력 배치상황을 점검인력을 배치한 날 이후 자체점검이 끝난 날부터 5일 이내에 법 제50조제5항에 따라 관리업자에 대한 점검능력 평가 등에 관한 업무를 위탁받은 법인 또는 단체(이하 "평가기관"이라 한다)에 통보해야 한다.
③ 제1항의 자체점검 구분에 따른 점검사항, 소방시설등 점검표, 점검인원 배치상황 통보 및 세부 점검방법 등 자체점검에 필요한 사항은 소방청장이 정하여 고시한다.

제21조【소방시설등의 자체점검 대가】 법 제22조제3항에서 "행정안전부령으로 정하는 방식"이란 「엔지니어링산업 진흥법」 제31조에 따라 산업통상자원부장관이 고시한 엔지니어링사업의 대가 기준 중 실비정액가산방식을 말한다.

제22조【소방시설등의 자체점검 면제 또는 연기 등】 ① 법 제22조제6항 및 영 제33조제2항에 따라 자체점검의 면제 또는 연기를 신청하려는 특정소방대상물의 관계인은 자체점검의 실시 만료일 3일 전까지 별지 제7호서식의 소방시설등의 자체점검 면제 또는 연기신청서(전자문서로 된 신청서를 포함한다)에 자체점검을 실시하기 곤란함을 증명할 수 있는 서류(전자문서를 포함한다)를 첨부하여 소방본부장 또는 소방서장에게 제출해야 한다.
② 제1항에 따른 자체점검의 면제 또는 연기 신청서를 제출받은 소방본부장 또는 소방서장은 면제 또는 연기의 신청을 받은 날부터 3일 이내에 자체점검의 면제 또는 연기 여부를 결정하여 별지 제8호서식의 자체점검 면제 또는 연기 신청 결과 통지서를 면제 또는 연기 신청을 한 자에게 통보해야 한다.

제23조【소방시설등의 자체점검 결과의 조치 등】 ① 관리업자 또는 소방안전관리자로 선임된 소방시설관리사 및 소방기술사(이하 "관리업자등"이라 한다)는 자체점검을 실시한 경우에는 법 제22조제1항 각 호 외의 부분 후단에 따라 그 점검이 끝난 날부터 10일 이내에 별지 제9호서식의 소방시설등 자체점검 실시결과 보고서(전자문서로 된 보고서를 포함한다)에 소방청장이 정하여 고시하는 소방시설등점검표를 첨부하여 관계인에게 제출해야 한다.
② 제1항에 따른 자체점검 실시결과 보고서를 제출받거나 스스로 자체점검을 실시한 관계인은 법 제23조제3항에 따라 자체점검이 끝난 날부터 15일 이내에 별지 제9호서식의 소방시설등 자체점검 실시결과 보고서(전자문서로 된 보고서를 포함한다)에 다음 각 호의 서류를 첨부하여 소방본부장 또는 소방서장에게 서면이나 소방청장이 지정하는 전산망을 통하여 보고해야 한다.
1. 점검인력 배치확인서(관리업자가 점검한 경우만 해당한다)
2. 별지 제10호서식의 소방시설등의 자체점검 결과 이행계획서
③ 제1항 및 제2항에 따른 자체점검 실시결과의 보고기간에는 공휴일 및 토요일은 산입하지 않는다.
④ 제2항에 따라 소방본부장 또는 소방서장에게 자체점검 실시결과 보고를 마친 관계인은 소방시설등 자체점검 실시결과 보고서(소방시설등점검표를 포함한다)를 점검이 끝난 날부터 2년간 자체 보관해야 한다.
⑤ 제2항에 따라 소방시설등의 자체점검 결과 이행계획서를 보고받은 소방본부장 또는 소방서장은 다음 각 호의 구분에 따라 이행계획의 완료 기간을 정하여 관계인에게 통보해야 한다. 다만, 소방시설등에 대한 수리·교체·정비의 규모 또는 절차가 복잡하여 다음 각 호의 기간 내에 이행을 완료하기가 어려운 경우에는 그 기간을 달리 정할 수 있다.
1. 소방시설등을 구성하고 있는 기계·기구를 수리하거나 정비하는 경우: 보고일부터 10일 이내
2. 소방시설등의 전부 또는 일부를 철거하고 새로 교체하는 경우: 보고일부터 20일 이내
⑥ 제5항에 따른 완료기간 내에 이행계획을 완료한 관계

인은 이행을 완료한 날부터 10일 이내에 별지 제11호서식의 소방시설등의 자체점검 결과 이행완료 보고서(전자문서로 된 보고서를 포함한다)에 다음 각 호의 서류(전자문서를 포함한다)를 첨부하여 소방본부장 또는 소방서장에게 보고해야 한다.

1. 이행계획 건별 전·후 사진 증명자료
2. 소방시설공사 계약서

제24조 【이행계획 완료의 연기 신청 등】 ① 법 제23조제5항 및 영 제35조제2항에 따라 이행계획 완료의 연기를 신청하려는 관계인은 제23조제5항에 따른 완료기간 만료일 3일 전까지 별지 제12호서식의 소방시설등의 자체점검 결과 이행계획 완료 연기신청서(전자문서로 된 신청서를 포함한다)에 기간 내에 이행계획을 완료하기 곤란함을 증명할 수 있는 서류(전자문서를 포함한다)를 첨부하여 소방본부장 또는 소방서장에게 제출해야 한다.

② 제1항에 따른 이행계획 완료의 연기 신청서를 제출받은 소방본부장 또는 소방서장은 연기 신청을 받은 날부터 3일 이내에 제23조제5항에 따른 완료기간의 연기 여부를 결정하여 별지 제13호서식의 소방시설등의 자체점검 결과 이행계획 완료 연기신청 결과 통지서를 연기 신청을 한 자에게 통보해야 한다.

제25조 【자체점검 결과의 게시】 소방본부장 또는 소방서장에게 자체점검 결과 보고를 마친 관계인은 법 제24조제1항에 따라 보고한 날부터 10일 이내에 별표 5의 소방시설등 자체점검기록표를 작성하여 특정소방대상물의 출입자가 쉽게 볼 수 있는 장소에 30일 이상 게시해야 한다.

제4장 소방시설관리사 및 소방시설관리업

제1절 소방시설관리사

제26조 【소방시설관리사증의 발급】 영 제48조제3항제2호에 따라 소방시설관리사증의 발급·재발급에 관한 업무를 위탁받은 법인 또는 단체(이하 “소방시설관리사증발급자”라 한다)는 법 제25조제5항에 따라 소방시설관리사시험에 합격한 사람에게 합격자 공고일부터 1개월 이내에 별지 제14호서식의 소방시설관리사증을 발급해야 하며, 이를 별지 제15호서식의 소방시설관리사증 발급대장에 기록하고 관리해야 한다.

제27조 【소방시설관리사증의 재발급】 ① 법 제25조제6항에 따라 소방시설관리사가 소방시설관리사증을 잃어버렸거나 못 쓰게 되어 소방시설관리사증의 재발급을 신청하는 경우에는 별지 제16호서식의 소방시설관리사증 재발급신청서(전자문서로 된 신청서를 포함한다)에 다음 각 호의 서류를 첨부하여 소방시설관리사증발급자에게 제출해야 한다.

1. 소방시설관리사증(못 쓰게 된 경우만 해당한다)
2. 신분증 사본
3. 사진(3센티미터 × 4센티미터) 1장

② 소방시설관리사증발급자는 제1항에 따라 재발급신청서를 제출받은 경우에는 3일 이내에 소방시설관리사증을 재발급해야 한다.

제28조 【소방시설관리사시험 과목의 세부 항목 등】 영 제39조제2항에 따른 소방시설관리사시험 과목의 세부 항목은 별표 6과 같다.

제29조 【소방시설관리사시험 응시원서 등】 ① 영 제43조제1항에 따른 소방시설관리사시험 응시원서는 별지 제17호서식 또는 별지 제18호서식과 같다.

② 영 제43조제3항 본문에 따른 경력·재직증명서는 별지 제19호서식과 같다.

제2절 소방시설관리업

제30조 【소방시설관리업의 등록신청 등】 ① 소방시설관리업을 하려는 자는 법 제29조제1항에 따라 별지 제20호서식의 소방시설관리업 등록신청서(전자문서로 된 신청서를 포함한다)에 별지 제21호서식의 소방기술인력대장 및 기술자격증(경력수첩을 포함한다)을 첨부하여 특별시장·광역시장·특별자치시장·도지사 또는 특별자치도지사(이하 “시·도지사”라 한다)에게 제출(전자문서로 제출하는 경우를 포함한다)해야 한다.

② 제1항에 따른 신청서를 제출받은 담당 공무원은 「전자정부법」 제36조제1항에 따라 행정정보의 공동이용을 통하여 법인등기부 등본(법인인 경우만 해당한다)과 제1항에 따라 제출하는 소방기술인력대장에 기록된 소방기술인력의 국가기술자격증을 확인해야 한다. 다만, 신청인이 국가기술자격증의 확인에 동의하지 않는 경우에는 그 사본을 제출하도록 해야 한다.

제31조 【소방시설관리업의 등록증 및 등록수첩 발급 등】 ① 시·도지사는 제30조에 따른 소방시설관리업의 등록신청 내용이 영 제45조제1항 및 별표 9에 따른 소방시설관리업의 업종별 등록기준에 적합하다고 인정되면 신청인에게 별지 제22호서식의 소방시설관리업 등록증과 별지 제23호서식의 소방시설관리업 등록수첩을 발급하고, 별지 제24호서식의 소방시설관리업 등록대장을 작성하여 관리해야 한다. 이 경우 시·도지사는 제30조제1항에 따라 제출된 소방기술인력의 기술자격증(경력수첩을 포함한다)에 해당 소방기술인력이 그 관리업자 소속임을 기

록하여 내주어야 한다.

② 시·도지사는 제30조제1항에 따라 제출된 서류를 심사한 결과 다음 각 호의 어느 하나에 해당하는 경우에는 10일 이내의 기간을 정하여 이를 보완하게 할 수 있다.

1. 첨부서류가 미비되어 있는 경우
2. 신청서 및 첨부서류의 기재내용이 명확하지 않은 경우

③ 시·도지사는 제1항에 따라 소방시설관리업 등록증을 발급하거나 법 제35조에 따라 등록을 취소한 경우에는 이를 시·도의 공보에 공고해야 한다.

④ 영 별표 9에 따른 소방시설관리업의 업종별 등록기준 중 보조 기술인력의 종류별 자격은 「소방시설공사업법 시행규칙」 별표 4의2에서 정하는 기준에 따른다.

제32조【소방시설관리업의 등록증·등록수첩의 재발급 및 반납】① 관리업자는 소방시설관리업 등록증 또는 등록수첩을 잃어버렸거나 소방시설관리업등록증 또는 등록수첩이 헐어 못 쓰게 된 경우에는 법 제29조제3항에 따라 시·도지사에게 소방시설관리업 등록증 또는 등록수첩의 재발급을 신청할 수 있다.

② 관리업자는 제1항에 따라 재발급을 신청하는 경우에는 별지 제25호서식의 소방시설관리업 등록증(등록수첩) 재발급 신청서(전자문서로 된 신청서를 포함한다)에 못 쓰게 된 소방시설관리업 등록증 또는 등록수첩(잃어버린 경우는 제외한다)을 첨부하여 시·도지사에게 제출해야 한다.

③ 시·도지사는 제2항에 따른 재발급 신청서를 제출받은 경우에는 3일 이내에 소방시설관리업 등록증 또는 등록수첩을 재발급해야 한다.

④ 관리업자는 다음 각 호의 어느 하나에 해당하는 경우에는 지체 없이 시·도지사에게 그 소방시설관리업 등록증 및 등록수첩을 반납해야 한다.

1. 법 제35조에 따라 등록이 취소된 경우
2. 소방시설관리업을 폐업한 경우
3. 제1항에 따라 재발급을 받은 경우. 다만, 등록증 또는 등록수첩을 잃어버리고 재발급을 받은 경우에는 이를 다시 찾은 경우로 한정한다.

제33조【등록사항의 변경신고 사항】 법 제31조에서 "행정안전부령으로 정하는 중요 사항"이란 다음 각 호의 어느 하나에 해당하는 사항을 말한다.

1. 명칭·상호 또는 영업소 소재지
2. 대표자
3. 기술인력

제34조【등록사항의 변경신고 등】① 관리업자는 등록사항 중 제33조 각 호의 사항이 변경됐을 때에는 법 제31조에 따라 변경일부터 30일 이내에 별지 제26호서식의 소방시설관리업 등록사항 변경신고서(전자문서로 된 신고서를 포함한다)에 그 변경사항별로 다음 각 호의 구분에 따른 서류(전자문서를 포함한다)를 첨부하여 시·도지사에게 제출해야 한다.

1. 명칭·상호 또는 영업소 소재지가 변경된 경우: 소방시설관리업 등록증 및 등록수첩
2. 대표자가 변경된 경우: 소방시설관리업 등록증 및 등록수첩
3. 기술인력이 변경된 경우
   가. 소방시설관리업 등록수첩
   나. 변경된 기술인력의 기술자격증(경력수첩을 포함한다)
   다. 별지 제21호서식의 소방기술인력대장

② 제1항에 따라 신고서를 제출받은 담당 공무원은 「전자정부법」 제36조제1항에 따라 법인등기부 등본(법인인 경우만 해당한다), 사업자등록증(개인인 경우만 해당한다) 및 국가기술자격증을 확인해야 한다. 다만, 신고인이 확인에 동의하지 않는 경우에는 이를 첨부하도록 해야 한다.

③ 시·도지사는 제1항에 따라 변경신고를 받은 경우 5일 이내에 소방시설관리업 등록증 및 등록수첩을 새로 발급하거나 제1항에 따라 제출된 소방시설관리업 등록증 및 등록수첩과 기술인력의 기술자격증(경력수첩을 포함한다)에 그 변경된 사항을 적은 후 내주어야 한다. 이 경우 별지 제24호서식의 소방시설관리업 등록대장에 변경사항을 기록하고 관리해야 한다.

제35조【지위승계 신고 등】① 법 제32조제1항제1호·제2호 또는 같은 조 제2항에 따라 관리업자의 지위를 승계한 자는 같은 조 제3항에 따라 그 지위를 승계한 날부터 30일 이내에 별지 제27호서식의 소방시설관리업 지위승계 신고서(전자문서로 된 신고서를 포함한다)에 다음 각 호의 서류(전자문서를 포함한다)를 첨부하여 시·도지사에게 제출해야 한다.

1. 소방시설관리업 등록증 및 등록수첩
2. 계약서 사본 등 지위승계를 증명하는 서류
3. 별지 제21호서식의 소방기술인력대장 및 기술자격증(경력수첩을 포함한다)

② 법 제32조제1항제3호에 따라 관리업자의 지위를 승계한 자는 같은 조 제3항에 따라 그 지위를 승계한 날부터 30일 이내에 별지 제28호서식의 소방시설관리업 합병 신고서(전자문서로 된 신고서를 포함한다)에 제1항 각 호의 서류(전자문서를 포함한다)를 첨부하여 시·도지사에게 제출해야 한다.

③ 제1항 또는 제2항에 따라 신고서를 제출받은 담당 공

무원은 「전자정부법」 제36조제1항에 따라 행정정보의 공동이용을 통하여 다음 각 호의 서류를 확인해야 한다. 다만, 신고인이 사업자등록증 및 국가기술자격증의 확인에 동의하지 않는 경우에는 그 사본을 첨부하도록 해야 한다.

1. 법인등기부 등본(지위승계인이 법인인 경우만 해당한다)
2. 사업자등록증(지위승계인이 개인인 경우만 해당한다)
3. 제30조제1항에 따라 제출하는 소방기술인력대장에 기록된 소방기술인력의 국가기술자격증

④ 시・도지사는 제1항 또는 제2항에 따라 신고를 받은 경우에는 소방시설관리업 등록증 및 등록수첩을 새로 발급하고, 기술인력의 자격증 및 경력수첩에 그 변경사항을 적은 후 내주어야 하며, 별지 제24호서식의 소방시설관리업 등록대장에 지위승계에 관한 사항을 기록하고 관리해야 한다.

제36조【기술인력 참여기준】 법 제33조제4항에 따라 관리업자가 자체점검 또는 소방안전관리업무의 대행을 할 때 참여시켜야 하는 기술인력의 자격 및 배치기준은 다음 각 호와 같다.

1. 자체점검: 별표 3 및 별표 4에 따른 점검인력의 자격 및 배치기준
2. 소방안전관리업무의 대행: 「화재의 예방 및 안전관리에 관한 법률 시행규칙」 별표 1에 따른 대행인력의 자격 및 배치기준

제37조【점검능력 평가의 신청 등】 ① 법 제34조제2항에 따라 점검능력을 평가받으려는 관리업자는 별지 제29호서식의 소방시설등 점검능력 평가신청서(전자문서로 된 신청서를 포함한다)에 다음 각 호의 서류(전자문서를 포함한다)를 첨부하여 평가기관에 매년 2월 15일까지 제출해야 한다.

1. 소방시설등의 점검실적을 증명하는 서류로서 다음 각 목의 구분에 따른 서류
   가. 국내 소방시설등에 대한 점검실적: 발주자가 별지 제30호서식에 따라 발급한 소방시설등의 점검실적 증명서 및 세금계산서(공급자 보관용을 말한다) 사본
   나. 해외 소방시설등에 대한 점검실적: 외국환은행이 발행한 외화입금증명서 및 재외공관장이 발행한 해외점검실적 증명서 또는 점검계약서 사본
   다. 주한 외국군의 기관으로부터 도급받은 소방시설등에 대한 점검실적: 외국환은행이 발행한 외화입금증명서 및 도급계약서 사본
2. 소방시설관리업 등록수첩 사본
3. 별지 제31호서식의 소방기술인력 보유 현황 및 국가기술자격증 사본 등 이를 증명할 수 있는 서류
4. 별지 제32호서식의 신인도평가 가점사항 확인서 및 가점사항을 확인할 수 있는 다음 각 목의 해당 서류
   가. 품질경영인증서(ISO 9000 시리즈) 사본
   나. 소방시설등의 점검 관련 표창 사본
   다. 특허증 사본
   라. 소방시설관리업 관련 기술 투자를 증명할 수 있는 서류

② 제1항에 따른 신청을 받은 평가기관의 장은 제1항 각 호의 서류가 첨부되어 있지 않은 경우에는 신청인에게 15일 이내의 기간을 정하여 보완하게 할 수 있다.

③ 제1항에도 불구하고 다음 각 호의 어느 하나에 해당하는 자는 상시 점검능력 평가를 신청할 수 있다. 이 경우 신청서・첨부서류의 제출 및 보완에 관하여는 제1항 및 제2항에 따른다.

1. 법 제29조에 따라 신규로 소방시설관리업의 등록을 한 자
2. 법 제32조제1항 또는 제2항에 따라 관리업자의 지위를 승계한 자
3. 제38조제3항에 따라 점검능력 평가 공시 후 다시 점검능력 평가를 신청하는 자

④ 제1항부터 제3항까지에서 규정한 사항 외에 점검능력 평가 등 업무수행에 필요한 세부 규정은 평가기관이 정하되, 소방청장의 승인을 받아야 한다.

제38조【점검능력의 평가】 ① 법 제34조제1항에 따른 점검능력 평가의 항목은 다음 각 호와 같고, 점검능력 평가의 세부 기준은 별표 7과 같다.

1. 실적
   가. 점검실적(법 제22조제1항에 따른 소방시설등에 대한 자체점검 실적을 말한다). 이 경우 점검실적(제37조제1항제1호나목 및 다목에 따른 점검실적은 제외한다)은 제20조제1항 및 별표 4에 따른 점검인력 배치기준에 적합한 것으로 확인된 것만 인정한다.
   나. 대행실적(「화재의 예방 및 안전관리에 관한 법률」 제25조제1항에 따라 소방안전관리 업무를 대행하여 수행한 실적을 말한다)
2. 기술력
3. 경력
4. 신인도

② 평가기관은 제1항에 따른 점검능력 평가 결과를 지체 없이 소방청장 및 시・도지사에게 통보해야 한다.

③ 평가기관은 제37조제1항에 따른 점검능력 평가 결과는 매년 7월 31일까지 평가기관의 인터넷 홈페이지를 통

하여 공시하고, 같은 조 제3항에 따른 점검능력 평가 결과는 소방청장 및 시·도지사에게 통보한 날부터 3일 이내에 평가기관의 인터넷 홈페이지를 통하여 공시해야 한다.

④ 점검능력 평가의 유효기간은 제3항에 따라 점검능력 평가 결과를 공시한 날부터 1년간으로 한다.

제39조【행정처분의 기준】 법 제28조에 따른 소방시설관리사 자격의 취소 및 정지 처분과 법 제35조에 따른 소방시설관리업의 등록취소 및 영업정지 처분 기준은 별표 8과 같다.

제40조【과징금의 부과기준 등】① 법 제36조제1항에 따라 과징금을 부과하는 위반행위의 종류와 위반 정도 등에 따른 과징금의 부과기준은 별표 9와 같다.

② 법 제36조제1항에 따른 과징금의 징수절차에 관하여는 「국고금관리법 시행규칙」을 준용한다.

제5장 보칙

제41조【수수료】① 법 제53조에 따른 수수료 및 납부방법은 별표 10과 같다.

② 별표 10의 수수료를 반환하는 경우에는 다음 각 호의 구분에 따라 반환해야 한다.

1. 수수료를 과오납한 경우: 그 과오납한 금액의 전부
2. 시험시행기관에 책임이 있는 사유로 시험에 응시하지 못한 경우: 납입한 수수료의 전부
3. 직계 가족의 사망, 본인의 사고 또는 질병, 격리가 필요한 감염병이나 예견할 수 없는 기상상황 등으로 시험에 응시하지 못한 경우(해당 사실을 증명하는 서류 등을 제출한 경우로 한정한다): 납입한 수수료의 전부
4. 원서접수기간에 접수를 철회한 경우: 납입한 수수료의 전부
5. 시험시행일 20일 전까지 접수를 취소하는 경우: 납입한 수수료의 전부
6. 시험시행일 10일 전까지 접수를 취소하는 경우: 납입한 수수료의 100분의 50

제42조【조치명령등의 연기 신청】① 법 제54조제1항에 따라 조치명령 또는 이행명령(이하 "조치명령등"이라 한다)의 연기를 신청하려는 관계인 등은 영 제49조제2항에 따라 조치명령등의 이행기간 만료일 5일 전까지 별지 제33호서식에 따른 조치명령등의 연기신청서(전자문서로 된 신청서를 포함한다)에 조치명령등을 그 기간 내에 이행할 수 없음을 증명할 수 있는 서류(전자문서를 포함한다)를 첨부하여 소방청장, 소방본부장 또는 소방서장에게 제출해야 한다.

② 제1항에 따른 신청서를 제출받은 소방청장, 소방본부장 또는 소방서장은 신청받은 날부터 3일 이내에 조치명령등의 연기 신청 승인 여부를 결정하여 별지 제34호서식의 조치명령등의 연기 통지서를 관계인 등에게 통지해야 한다.

제43조【위반행위 신고 내용 처리결과의 통지 등】① 소방본부장 또는 소방서장은 법 제55조제2항에 따라 위반행위의 신고 내용을 확인하여 이를 처리한 경우에는 처리한 날부터 10일 이내에 별지 제35호서식의 위반행위 신고 내용 처리결과 통지서를 신고자에게 통지해야 한다.

② 제1항에 따른 통지는 우편, 팩스, 정보통신망, 전자우편 또는 휴대전화 문자메시지 등의 방법으로 할 수 있다.

제44조【규제의 재검토】 소방청장은 다음 각 호의 사항에 대하여 해당 호에서 정하는 날을 기준일로 하여 3년마다(매 3년이 되는 해의 기준일과 같은 날 전까지를 말한다) 그 타당성을 검토하여 개선 등의 조치를 해야 한다.

1. 제19조에 따른 소방시설등 자체점검 기술자격자의 범위: 2022년 12월 1일
2. 제20조 및 별표 3에 따른 소방시설등 자체점검의 구분 및 대상: 2022년 12월 1일
3. 제20조 및 별표 4에 따른 소방시설등 자체점검 시 점검인력 배치기준: 2022년 12월 1일
4. 제34조에 따른 소방시설관리업 등록사항의 변경신고 시 첨부서류: 2022년 12월 1일
5. 제39조 및 별표 8에 따른 행정처분 기준: 2022년 12월 1일

부칙〈제360호, 2022.12.1.〉

제1조(시행일) 이 규칙은 공포한 날부터 시행한다. 다만, 제14조의 개정규정은 2024년 12월 1일부터 시행한다.

제2조(소방시설관리사시험 응시원서에 관한 특례) 소방시설관리사시험 응시원서는 2026년 12월 31일까지는 별지 제17호서식에 따르고, 2027년 1월 1일부터는 별지 제18호서식에 따른다.

제3조(일반적 경과조치) 이 규칙 시행 당시 종전의 「화재예방, 소방시설 설치·유지 및 안전관리에 관한 법률 시행규칙」에 따라 행한 처분·절차와 그 밖의 행위로서 이 규칙에 그에 해당하는 규정이 있으면 이 규칙의 해당 규정에 따라 행해진 것으로 본다.

제4조(자체점검 시 점검인력의 배치기준에 관한 경과조치) 대통령령 제33004호 소방시설 설치 및 관리에 관한 법률 시행령 전부개정령 부칙 제13조제1항에 따라 일반 소방시설관리업을 등록한 것으로 보는 자가 자체점검 시 점검인력을 배치할 때에는 별표 4의 개정규정에도 불구하고 2024년 11월 30일까지는 종전의 「화재예방, 소방시설 설치·유지 및 안전관리에 관한 법률 시행규칙」 별표 2에 따른다.

제5조(서식에 관한 경과조치) 이 규칙 시행 당시 종전의 규정에 따른 서식은 이 규칙 시행 이후 3개월간 이 규칙에 따른 서식과 함께 사용할 수 있다.

제6조(다른 법령의 개정) ① 다중이용업소의 안전관리에 관한 특별법 시행규칙 일부를 다음과 같이 개정한다.

제14조제2호다목 중 "「화재예방, 소방시설 설치·유지 및 안전관리에 관한 법률」"을 "「소방시설 설치 및 관리에 관한 법률」"로 하고, 같은 조 제3호 중 "「화재예방, 소방시설 설치·유지 및 안전관리에 관한 법률」 제25조제1항"을 "「소방시설 설치 및 관리에 관한 법률」 제22조제1항"으로 한다.

별표 1 제1호나목(1)(다) 중 "「화재예방, 소방시설 설치·유지 및 안전관리에 관한 법률」 제26조"를 "「소방시설 설치 및 관리에 관한 법률」 제25조"로 한다.

별표 2 제1호가목2)의 설치·유지 기준란 중 "「화재예방, 소방시설 설치·유지 및 안전관리에 관한 법률」 제9조제1항에 따른 화재안전기준"을 "「소방시설 설치 및 관리에 관한 법률」 제2조제6호에 따른 화재안전기준(이하 이 표에서 "화재안전기준"이라 한다)"로 하고, 같은 호 나목의 설치·유지 기준란, 같은 호 다목1)의 설치·유지 기준란, 같은 목 2)의 설치·유지 기준란, 같은 목 3)의 설치·유지 기준란 및 같은 목 4)의 설치·유지 기준란 중 "「화재예방, 소방시설 설치·유지 및 안전관리에 관한 법률」 제9조제1항에 따른 화재안전기준"을 각각 "화재안전기준"으로 한다.

별표 5 제4호의 갖추어야 할 교육용기자재의 종류란의 제8호 중 "화재예방, 소방시설 설치·유지 및 안전관리에 관한 법률 시행규칙」 제18조제2항"을 "「소방시설 설치 및 관리에 관한 법률 시행규칙」 제20조제1항"으로 한다.

별지 제19호서식의 유의사항란 제1호 중 "「화재예방, 소방시설 설치·유지 및 안전관리에 관한 법률」 제10조제1항"을 "「소방시설 설치 및 관리에 관한 법률」 제16조제1항"으로 한다.

② 소방공무원 승진임용 규정 시행규칙 일부를 다음과 같이 개정한다.

별표 8 비고의 제2호 중 "화재예방, 소방시설 설치·유지 및 안전관리에 관한 법률"을 "소방시설 설치 및 관리에 관한 법률 및 화재의 예방 및 안전관리에 관한 법률"로 한다.

③ 소방기본법 시행규칙 일부를 다음과 같이 개정한다.

제6조제3항제2호 중 "「화재예방, 소방시설 설치·유지 및 안전관리에 관한 법률」 제36조제5항"을 "「소방시설 설치 및 관리에 관한 법률」 제37조제5항"으로 하고, 같은 항 제3호 중 "「화재예방, 소방시설 설치·유지 및 안전관리에 관한 법률」 제39조제4항"을 "「소방시설 설치 및 관리에 관한 법률」 제40조제4항"으로 한다.

별표 1 제3호가목2) 중 "「화재예방, 소방시설 설치·유지 및 안전관리에 관한 법률」 제26조"를 "「소방시설 설치 및 관리에 관한 법률」 제25조"로 한다.

별표 3의3 제2호가목2) 중 "「화재예방, 소방시설 설치·유지 및 안전관리에 관한 법률」 제26조"를 "「소방시설 설치 및 관리에 관한 법률」 제25조"로 한다.

④ 소방시설공사업법 시행규칙 일부를 다음과 같이 개정한다.

제12조제1항제4호 단서 중 "「화재예방, 소방시설 설치·유지 및 안전관리에 관한 법률 시행규칙」 제4조제2항"을 "「소방시설 설치 및 관리에 관한 법률 시행규칙」 제3조제2항"으로 한다.

제15조제1항제4호 중 "「화재예방, 소방시설 설치·유지 및 안전관리에 관한 법률 시행규칙」 제4조제2항"을 "「소방시설 설치 및 관리에 관한 법률 시행규칙」 제3조제2항"으로 한다.

제19조의2제2항제1호가목1) 중 "「화재예방, 소방시설 설치·유지 및 안전관리에 관한 법률」 제13조제1항"을 "「소방시설 설치 및 관리에 관한 법률」 제21조제1항"으로 한다.

별표 4의2 제1호가목 1)부터 10)까지 외의 부분, 같은 호 나목1)부터 7)까지 외의 부분 및 같은 호 다목 1)부터 6)까지 외의 부분 중 "「화재예방, 소방시설 설치·유지 및 안전관리에 관한 법률」 별표 9 제2호라목"을 각각 "「소방시설 설치 및 관리에 관한 법률」 별표 9 비고의 제2호"로 한다.

별지 제14호서식의 첨부서류란 제4호 중 "「화재예방, 소방시설 설치·유지 및 안전관리에 관한 법률 시행규칙」 제4조제2항"을 "「소방시설 설치 및 관리에 관한 법률 시행규칙」 제3조제2항"으로 한다.

별지 제21호서식 앞쪽의 첨부서류란 제4호 중 "「화재예방, 소방시설 설치·유지 및 안전관리에 관한 법률 시행규칙」 제4조제2항"을 "「소방시설 설치 및 관리에 관한 법률 시행규칙」 제3조제2항"으로 한다.

별지 제30호의2서식 뒤쪽의 첨부서류란 제1호가목1) 중 "「화재예방, 소방시설 설치·유지 및 안전관리에 관한 법률」 제13조제1항"을 "「소방시설 설치 및 관리에 관한 법률」 제21조제1항"으로 한다.

⑤ 위험물안전관리법 시행규칙 일부를 다음과 같이 개정한다.

제45조 중 "「화재예방, 소방시설 설치·유지 및 안전관리에 관한 법률」 제36조"를 "「소방시설 설치 및 관리에 관한 법률」 제37조"로 한다.

제46조 중 "「화재예방, 소방시설 설치·유지 및 안전관리에 관한 법률」"을 "「소방시설 설치 및 관리에 관한 법률」"로 한다.

⑥ 초고층 및 지하연계 복합건축물 재난관리에 관한 특별법 시행규칙 일부를 다음과 같이 개정한다.

제10조제2호 중 "「화재예방, 소방시설 설치·유지 및 안전관리에 관한 법률 시행규칙」 제4조제2항제2호"를 "「소방시설 설치 및 관리에 관한 법률 시행규칙」 제3조제2항제2호"로 한다.

제7조(다른 법령과의 관계) 이 규칙 시행 당시 다른 법령에서 종전의 「화재예방, 소방시설 설치·유지 및 안전관리에 관한 법률 시행규칙」 또는 그 규정을 인용하고 있는 경우에 이 규칙 가운데 그에 해당하는 규정이 있을 때에는 종전의 「화재예방, 소방시설 설치·유지 및 안전관리에 관한 법률 시행규칙」 또는 그 규정을 갈음하여 이 규칙 또는 이 규칙의 해당 규정을 인용한 것으로 본다.

[별표 1] 성능위주설계 평가단 및 중앙소방심의위원회의 검토·평가 구분 및 통보 시기(제5조제5항 관련)

구분		성립요건	통보 시기
수리	원안 채택	신고서(도면 등) 내용에 수정이 없거나 경미한 경우 원안대로 수리	지체 없이
	보완	평가단 또는 중앙위원회에서 검토·평가한 결과 보완이 요구되는 경우로서 보완이 완료되면 수리	보완완료 후 지체 없이 통보
불수리	재검토	평가단 또는 중앙위원회에서 검토·평가한 결과 보완이 요구되나 단기간에 보완될 수 없는 경우	지체 없이
	부결	평가단 또는 중앙위원회에서 검토·평가한 결과 소방 관련 법령 및 건축 법령에 위반되거나 평가 기준을 충족하지 못한 경우	지체 없이

비 고

보완으로 결정된 경우 보완기간은 21일 이내로 부여하고 보완이 완료되면 지체 없이 수리 여부를 통보해야 한다.

[별표 2] 차량용 소화기의 설치 또는 비치 기준(제14조 관련)

자동차에는 법 제37조제5항에 따라 형식승인을 받은 차량용 소화기를 다음 각 호의 기준에 따라 설치 또는 비치해야 한다.

1. 승용자동차: 법 제37조제5항에 따른 능력단위(이하 "능력단위"라 한다) 1 이상의 소화기 1개 이상을 사용하기 쉬운 곳에 설치 또는 비치한다.
2. 승합자동차
   가. 경형승합자동차: 능력단위 1 이상의 소화기 1개 이상을 사용하기 쉬운 곳에 설치 또는 비치한다.
   나. 승차정원 15인 이하: 능력단위 2 이상인 소화기 1개 이상 또는 능력단위 1 이상인 소화기 2개 이상을 설치한다. 이 경우 승차정원 11인 이상 승합자동차는 운전석 또는 운전석과 옆으로 나란한 좌석 주위에 1개 이상을 설치한다.
   다. 승차정원 16인 이상 35인 이하: 능력단위 2 이상인 소화기 2개 이상을 설치한다. 이 경우 승차정원 23인을 초과하는 승합자동차로서 너비 2.3미터를 초과하는 경우에는 운전자 좌석 부근에 가로 600밀리미터, 세로 200밀리미터 이상의 공간을 확보하고 1개 이상의 소화기를 설치한다.
   라. 승차정원 36인 이상: 능력단위 3 이상인 소화기 1개 이상 및 능력단위 2 이상인 소화기 1개 이상을 설치한다. 다만, 2층 대형승합자동차의 경우에는 위층 차실에 능력단위 3 이상인 소화기 1개 이상을 추가 설치한다.
3. 화물자동차(피견인자동차는 제외한다) 및 특수자동차
   가. 중형 이하: 능력단위 1 이상인 소화기 1개 이상을 사용하기 쉬운 곳에 설치한다.
   나. 대형 이상: 능력단위 2 이상인 소화기 1개 이상 또는 능력단위 1 이상인 소화기 2개 이상을 사용하기 쉬운 곳에 설치한다.
4. 「위험물안전관리법 시행령」 제3조에 따른 지정수량 이상의 위험물 또는 「고압가스 안전관리법 시행령」 제2조에 따라 고압가스를 운송하는 특수자동차(피견인자동차를 연결한 경우에는 이를 연결한 견인자동차를 포함한다): 「위험물안전관리법 시행규칙」 제41조 및 별표 17 제3호나목 중 이동탱크저장소 자동차용소화기의 설치기준란에 해당하는 능력단위와 수량 이상을 설치한다.

[별표 3] 소방시설등 자체점검의 구분 및 대상, 점검자의 자격, 점검 장비, 점검 방법 및 횟수 등 자체점검 시 준수해야할 사항(제20조제1항 관련)

1. 소방시설등에 대한 자체점검은 다음과 같이 구분한다.
가. 작동점검: 소방시설등을 인위적으로 조작하여 소방시설이 정상적으로 작동하는지를
소방청장이 정하여 고시하는 소방시설등 작동점검표에 따라 점검하는 것을 말한다.
나. 종합점검: 소방시설등의 작동점검을 포함하여 소방시설등의 설비별 주요 구성 부품의 구조기준이 화재안전기준과 「건축법」 등 관련 법령에서 정하는 기준에 적합한 지 여부를 소방청장이 정하여 고시하는 소방시설등 종합점검표에 따라 점검하는 것을 말하며, 다음과 같이 구분한다.
1) 최초점검: 법 제22조제1항제1호에 따라 소방시설이 새로 설치되는 경우 「건축법」 제22조에 따라 건축물을 사용할 수 있게 된 날부터 60일 이내 점검하는 것을 말한다.
2) 그 밖의 종합점검: 최초점검을 제외한 종합점검을 말한다.
2. 작동점검은 다음의 구분에 따라 실시한다.
가. 작동점검은 영 제5조에 따른 특정소방대상물을 대상으로 한다. 다만, 다음의 어느 하나에 해당하는 특정소방대상물은 제외한다.
1) 특정소방대상물 중 「화재의 예방 및 안전관리에 관한 법률」 제24조제1항에 해당하지 않는 특정소방대상물(소방안전관리자를 선임하지 않는 대상을 말한다)
2) 「위험물안전관리법」 제2조제6호에 따른 제조소등(이하 "제조소등"이라 한다)
3) 「화재의 예방 및 안전관리에 관한 법률 시행령」 별표 4 제1호가목의 특급소방안전관리대상물
나. 작동점검은 다음의 분류에 따른 기술인력이 점검할 수 있다. 이 경우 별표 4에 따른 점검인력 배치기준을 준수해야 한다.
1) 영 별표 4 제1호마목의 간이스프링클러설비(주택전용 간이스프링클러설비는 제외한다) 또는 같은 표 제2호다목의 자동화재탐지설비가 설치된 특정소방대상물
가) 관계인
나) 관리업에 등록된 기술인력 중 소방시설관리사
다) 「소방시설공사업법 시행규칙」 별표 4의2에 따른 특급점검자
라) 소방안전관리자로 선임된 소방시설관리사 및 소방기술사
2) 1)에 해당하지 않는 특정소방대상물
가) 관리업에 등록된 소방시설관리사
나) 소방안전관리자로 선임된 소방시설관리사 및 소방기술사
다. 작동점검은 연 1회 이상 실시한다.
라. 작동점검의 점검 시기는 다음과 같다.
1) 종합점검 대상은 종합점검을 받은 달부터 6개월이 되는 달에 실시한다.
2) 1)에 해당하지 않는 특정소방대상물은 특정소방대상물의 사용승인일(건축물의 경우에는 건축물관리대장 또는 건물 등기사항증명서에 기재되어 있는 날, 시설물의 경우에는 「시설물의 안전 및 유지관리에 관한 특별법」 제55조제1항에 따른 시설물통합정보관리체계에 저장·관리되고 있는 날을 말하며, 건축물관리대장, 건물 등기사항증명서 및 시설물통합정보관리체계를 통해 확인되지 않는 경우에는 소방시설완공검사증명서에 기재된 날을 말한다)이 속하는 달의 말일까지 실시한다. 다만, 건축물관리대장 또는 건물 등기사항증명서 등에 기입된 날이 서로 다른 경우에는 건축물관리대장에 기재되어 있는 날을 기준으로 점검한다.
3. 종합점검은 다음의 구분에 따라 실시한다.
가. 종합점검은 다음의 어느 하나에 해당하는 특정소방대상물을 대상으로 한다.
1) 법 제22조제1항제1호에 해당하는 특정소방대상물
2) 스프링클러설비가 설치된 특정소방대상물
3) 물분무등소화설비[호스릴(hose reel) 방식의 물분무등소화설비만을 설치한 경우는 제외한다]가 설치된 연면적 5,00

0㎡ 이상인 특정소방대상물(제조소등은 제외한다)

4) 「다중이용업소의 안전관리에 관한 특별법 시행령」 제2조제1호나목, 같은 조 제2호(비디오물소극장업은 제외한다) · 제6호 · 제7호 · 제7호의2 및 제7호의5의 다중이용업의 영업장이 설치된 특정소방대상물로서 연면적이 2,000㎡ 이상인 것

5) 제연설비가 설치된 터널

6) 「공공기관의 소방안전관리에 관한 규정」 제2조에 따른 공공기관 중 연면적(터널 · 지하구의 경우 그 길이와 평균 폭을 곱하여 계산된 값을 말한다)이 1,000㎡ 이상인 것으로서 옥내소화전설비 또는 자동화재탐지설비가 설치된 것. 다만, 「소방기본법」 제2조제5호에 따른 소방대가 근무하는 공공기관은 제외한다.

나. 종합점검은 다음 어느 하나에 해당하는 기술인력이 점검할 수 있다. 이 경우 별표 4에 따른 점검인력 배치기준을 준수해야 한다.

1) 관리업에 등록된 소방시설관리사

2) 소방안전관리자로 선임된 소방시설관리사 및 소방기술사

다. 종합점검의 점검 횟수는 다음과 같다.

1) 연 1회 이상(「화재의 예방 및 안전에 관한 법률 시행령」 별표 4 제1호가목의 특급 소방안전관리대상물은 반기에 1회 이상) 실시한다.

2) 1)에도 불구하고 소방본부장 또는 소방서장은 소방청장이 소방안전관리가 우수하다고 인정한 특정소방대상물에 대해서는 3년의 범위에서 소방청장이 고시하거나 정한 기간 동안 종합점검을 면제할 수 있다. 다만, 면제기간 중 화재가 발생한 경우는 제외한다.

라. 종합점검의 점검 시기는 다음과 같다.

1) 가목1)에 해당하는 특정소방대상물은 「건축법」 제22조에 따라 건축물을 사용할 수 있게 된 날부터 60일 이내 실시한다.

2) 1)을 제외한 특정소방대상물은 건축물의 사용승인일이 속하는 달에 실시한다. 다만, 「공공기관의 안전관리에 관한 규정」 제2조제2호 또는 제5호에 따른 학교의 경우에는 해당 건축물의 사용승인일이 1월에서 6월 사이에 있는 경우에는 6월 30일까지 실시할 수 있다.

3) 건축물 사용승인일 이후 가목3)에 따라 종합점검 대상에 해당하게 된 경우에는 그 다음 해부터 실시한다.

4) 하나의 대지경계선 안에 2개 이상의 자체점검 대상 건축물 등이 있는 경우에는 그 건축물 중 사용승인일이 가장 빠른 연도의 건축물의 사용승인일을 기준으로 점검할 수 있다.

4. 제1호에도 불구하고 「공공기관의 소방안전관리에 관한 규정」 제2조에 따른 공공기관의 장은 공공기관에 설치된 소방시설등의 유지 · 관리상태를 맨눈 또는 신체감각을 이용하여 점검하는 외관점검을 월 1회 이상 실시(작동점검 또는 종합점검을 실시한 달에는 실시하지 않을 수 있다)하고, 그 점검 결과를 2년간 자체 보관해야 한다. 이 경우 외관점검의 점검자는 해당 특정소방대상물의 관계인, 소방안전관리자 또는 관리업자(소방시설관리사를 포함하여 등록된 기술인력을 말한다)로 해야 한다.

5. 제1호 및 제4호에도 불구하고 공공기관의 장은 해당 공공기관의 전기시설물 및 가스시설에 대하여 다음 각 목의 구분에 따른 점검 또는 검사를 받아야 한다.

가. 전기시설물의 경우: 「전기사업법」 제63조에 따른 사용전검사

나. 가스시설의 경우: 「도시가스사업법」 제17조에 따른 검사, 「고압가스 안전관리법」 제16조의2 및 제20조제4항에 따른 검사 또는 「액화석유가스의 안전관리 및 사업법」 제37조 및 제44조제2항 · 제4항에 따른 검사

6. 공동주택(아파트등으로 한정한다) 세대별 점검방법은 다음과 같다.

가. 관리자(관리소장, 입주자대표회의 및 소방안전관리자를 포함한다. 이하 같다) 및 입주민(세대 거주자를 말한다)은 2년 이내 모든 세대에 대하여 점검을 해야 한다.

나. 가목에도 불구하고 아날로그감지기 등 특수감지기가 설치되어 있는 경우에는 수신기에서 원격 점검할 수 있으며, 점검할 때마다 모든 세대를 점검해야 한다. 다만, 자동화재탐지설비의 선로 단선이 확인되는 때에는 단선이 난 세대 또는 그 경계구역에 대하여 현장점검을 해야 한다.

다. 관리자는 수신기에서 원격 점검이 불가능한 경우 매년 작동점검만 실시하는 공동주택은 1회 점검 시 마다 전체 세대수의 50퍼센트 이상, 종합점검을 실시하는 공동주택은 1회 점검 시 마다 전체 세대수의 30퍼센트 이상 점검하도

록 자체점검 계획을 수립·시행해야 한다.

라. 관리자 또는 해당 공동주택을 점검하는 관리업자는 입주민이 세대 내에 설치된 소방시설등을 스스로 점검할 수 있도록 소방청 또는 사단법인 한국소방시설관리협회의 홈페이지에 게시되어 있는 공동주택 세대별 점검 동영상을 입주민이 시청할 수 있도록 안내하고, 점검서식(별지 제36호서식 소방시설 외관점검표를 말한다)을 사전에 배부해야 한다.

마. 입주민은 점검서식에 따라 스스로 점검하거나 관리자 또는 관리업자로 하여금 대신 점검하게 할 수 있다. 입주민이 스스로 점검한 경우에는 그 점검 결과를 관리자에게 제출하고 관리자는 그 결과를 관리업자에게 알려주어야 한다.

바. 관리자는 관리업자로 하여금 세대별 점검을 하고자 하는 경우에는 사전에 점검 일정을 입주민에게 사전에 공지하고 세대별 점검 일자를 파악하여 관리업자에게 알려주어야 한다. 관리업자는 사전 파악된 일정에 따라 세대별 점검을 한 후 관리자에게 점검 현황을 제출해야 한다.

사. 관리자는 관리업자가 점검하기로 한 세대에 대하여 입주민의 사정으로 점검을 하지 못한 경우 입주민이 스스로 점검할 수 있도록 다시 안내해야 한다. 이 경우 입주민이 관리업자로 하여금 다시 점검받기를 원하는 경우 관리업자로 하여금 추가로 점검하게 할 수 있다.

아. 관리자는 세대별 점검현황(입주민 부재 등 불가피한 사유로 점검을 하지 못한 세대 현황을 포함한다)을 작성하여 자체점검이 끝난 날부터 2년간 자체 보관해야 한다.

7. 자체점검은 다음의 점검 장비를 이용하여 점검해야 한다.

소방시설	점검 장비	규격
모든 소방시설	방수압력측정계, 절연저항계(절연저항측정기), 전류전압측정계	
소화기구	저울	
옥내소화전설비 옥외소화전설비	소화전밸브압력계	
스프링클러설비 포소화설비	헤드결합렌치(볼트, 너트, 나사 등을 죄거나 푸는 공구)	
이산화탄소소화설비 분말소화설비 할론소화설비 할로겐화합물 및 불활성기체 소화설비	검량계, 기동관누설시험기, 그 밖에 소화약제의 저장량을 측정할 수 있는 점검기구	
자동화재탐지설비 시각경보기	열감지기시험기, 연(煙)감지기시험기, 공기주입시험기, 감지기시험기연결막대, 음량계	
누전경보기	누전계	누전전류 측정용
무선통신보조설비	무선기	통화시험용
제연설비	풍속풍압계, 폐쇄력측정기, 차압계(압력차 측정기)	
통로유도등 비상조명등	조도계(밝기 측정기)	최소눈금이 0.1럭스 이하인 것

비고

1. 신축·증축·개축·재축·이전·용도변경 또는 대수선 등으로 소방시설이 새로 설치된 경우에는 해당 특정소방대상물의 소방시설 전체에 대하여 실시한다.
2. 작동점검 및 종합점검(최초점검은 제외한다)은 건축물 사용승인 후 그 다음 해부터 실시한다.
3. 특정소방대상물이 증축·용도변경 또는 대수선 등으로 사용승인일이 달라지는 경우 사용승인일이 빠른 날을 기준으로 자체점검을 실시한다.

[별표 4] 소방시설등의 자체점검 시 점검인력의 배치기준(제20조제1항 관련)

1. 점검인력 1단위는 다음과 같다.
   가. 관리업자가 점검하는 경우에는 소방시설관리사 또는 특급점검자 1명과 영 별표 9에 따른 보조 기술인력 2명을 점검인력 1단위로 하되, 점검인력 1단위에 2명(같은 건축물을 점검할 때는 4명) 이내의 보조 기술인력을 추가할 수 있다.
   나. 소방안전관리자로 선임된 소방시설관리사 및 소방기술사가 점검하는 경우에는 소방시설관리사 또는 소방기술사 중 1명과 보조 기술인력 2명을 점검인력 1단위로 하되, 점검인력 1단위에 2명 이내의 보조 기술인력을 추가할 수 있다. 다만, 보조 기술인력은 해당 특정소방대상물의 관계인 또는 소방안전관리보조자로 할 수 있다.
   다. 관계인 또는 소방안전관리자가 점검하는 경우에는 관계인 또는 소방안전관리자 1명과 보조 기술인력 2명을 점검인력 1단위로 하되, 보조 기술인력은 해당 특정소방대상물의 관리자, 점유자 또는 소방안전관리보조자로 할 수 있다.
2. 관리업자가 점검하는 경우 특정소방대상물의 규모 등에 따른 점검인력의 배치기준은 다음과 같다.

구분	주된 기술인력	보조 기술인력
가. 50층 이상 또는 성능위주설계를 한 특정소방대상물	소방시설관리사 경력 5년 이상 1명 이상	고급점검자 이상 1명 이상 및 중급점검자 이상 1명 이상
나. 「화재의 예방 및 안전관리에 관한 법률 시행령」 별표 4 제1호에 따른 특급 소방안전관리대상물(가목의 특정소방대상물은 제외한다)	소방시설관리사 경력 3년 이상 1명 이상	고급점검자 이상 1명 이상 및 초급점검자 이상 1명 이상
다. 「화재의 예방 및 안전관리에 관한 법률 시행령」 별표 4 제2호 및 제3호에 따른 1급 또는 2급 소방안전관리대상물	소방시설관리사 1명 이상	중급점점검자 이상 1명 이상 및 초급점검자 이상 1명 이상
라. 「화재의 예방 및 안전관리에 관한 법률 시행령」 별표 4 제4호에 따른 3급 소방안전관리대상물	소방시설관리사 1명 이상	초급점검자 이상의 기술인력 2명 이상
비고 라목에는 주된 기술인력으로 특급점검자를 배치할 수 있다. 2. 보조 기술인력의 등급구분(특급점검자, 고급점검자, 중급점검자, 초급점검자)은 「소방시설공사업법 시행규칙」 별표 4의2에서 정하는 기준에 따른다.		

3. 점검인력 1단위가 하루 동안 점검할 수 있는 특정소방대상물의 연면적(이하 "점검한도 면적"이라 한다)은 다음 각 목과 같다.
   가. 종합점검: 8,000㎡
   나. 작동점검: 10,000㎡
4. 점검인력 1단위에 보조 기술인력을 1명씩 추가할 때마다 종합점검의 경우에는 2,000㎡, 작동점검의 경우에는 2,500㎡씩을 점검한도 면적에 더한다. 다만, 하루에 2개 이상의 특정소방대상물을 배치할 경우 1일 점검 한도면적은 특정소방대상물별로 투입된 점검인력에 따른 점검 한도면적의 평균값으로 적용하여 계산한다.
5. 점검인력은 하루에 5개의 특정소방대상물에 한하여 배치할 수 있다. 다만 2개 이상의 특정소방대상물을 2일 이상 연속하여 점검하는 경우에는 배치기한을 초과해서는 안 된다.
6. 관리업자등이 하루 동안 점검한 면적은 실제 점검면적(지하구는 그 길이에 폭의 길이 1.8m를 곱하여 계산된 값을 말하며, 터널은 3차로 이하인 경우에는 그 길이에 폭의 길이 3.5m를 곱하고, 4차로 이상인 경우에는 그 길이에 폭의 길이 7m를 곱한 값을 말한다. 다만, 한쪽 측벽에 소방시설이 설치된 4차로 이상인 터널의 경우에는 그 길이와 폭의 길이 3.5m를 곱한 값을 말한다. 이하 같다)에 다음의 각 목의 기준을 적용하여 계산한 면적(이하 "점검면적"이라 한다)으로 하되, 점검면적은 점검한도 면적을 초과해서는 안 된다.

가. 실제 점검면적에 다음의 가감계수를 곱한다.

구분	대상용도	가감계수
1류	문화 및 집회시설, 종교시설, 판매시설, 의료시설, 노유자시설, 수련시설, 숙박시설, 위락시설, 창고시설, 교정시설, 발전시설, 지하가, 복합건축물	1.1
2류	공동주택, 근린생활시설, 운수시설, 교육연구시설, 운동시설, 업무시설, 방송통신시설, 공장, 항공기 및 자동차 관련 시설, 군사시설, 관광휴게시설, 장례시설, 지하구	1.0
3류	위험물 저장 및 처리시설, 문화재, 동물 및 식물 관련 시설, 자원순환 관련 시설, 묘지 관련 시설	0.9

나. 점검한 특정소방대상물이 다음의 어느 하나에 해당할 때에는 다음에 따라 계산된 값을 가목에 따라 계산된 값에서 뺀다.

1) 영 별표 4 제1호라목에 따라 스프링클러설비가 설치되지 않은 경우: 가목에 따라 계산된 값에 0.1을 곱한 값

2) 영 별표 4 제1호바목에 따라 물분무등소화설비(호스릴 방식의 물분무등소화설비는 제외한다)가 설치되지 않은 경우: 가목에 따라 계산된 값에 0.1을 곱한 값

3) 영 별표 4 제5호가목에 따라 제연설비가 설치되지 않은 경우: 가목에 따라 계산된 값에 0.1을 곱한 값

다. 2개 이상의 특정소방대상물을 하루에 점검하는 경우에는 특정소방대상물 상호간의 좌표 최단거리 5km마다 점검 한도면적에 0.02를 곱한 값을 점검 한도면적에서 뺀다.

7. 제3호부터 제6호까지의 규정에도 불구하고 아파트등(공용시설, 부대시설 또는 복리시설은 포함하고, 아파트등이 포함된 복합건축물의 아파트등 외의 부분은 제외한다. 이하 이 표에서 같다)를 점검할 때에는 다음 각 목의 기준에 따른다.

가. 점검인력 1단위가 하루 동안 점검할 수 있는 아파트등의 세대수(이하 "점검한도 세대수"라 한다)는 종합점검 및 작동점검에 관계없이 250세대로 한다.

나. 점검인력 1단위에 보조 기술인력을 1명씩 추가할 때마다 60세대씩을 점검한도 세대수에 더한다.

다. 관리업자등이 하루 동안 점검한 세대수는 실제 점검 세대수에 다음의 기준을 적용하여 계산한 세대수(이하 "점검세대수"라 한다)로 하되, 점검세대수는 점검한도 세대수를 초과해서는 안 된다.

1) 점검한 아파트등이 다음의 어느 하나에 해당할 때에는 다음에 따라 계산된 값을 실제 점검 세대수에서 뺀다.

가) 영 별표 4 제1호라목에 따라 스프링클러설비가 설치되지 않은 경우: 실제 점검 세대수에 0.1을 곱한 값

나) 영 별표 4 제1호바목에 따라 물분무등소화설비(호스릴 방식의 물분무등소화설비는 제외한다)가 설치되지 않은 경우: 실제 점검 세대수에 0.1을 곱한 값

다) 영 별표 4 제5호가목에 따라 제연설비가 설치되지 않은 경우: 실제 점검 세대수에 0.1을 곱한 값

2) 2개 이상의 아파트를 하루에 점검하는 경우에는 아파트 상호간의 좌표 최단거리 5km마다 점검 한도세대수에 0.02를 곱한 값을 점검한도 세대수에서 뺀다.

8. 아파트등과 아파트등 외 용도의 건축물을 하루에 점검할 때에는 종합점검의 경우 제7호에 따라 계산된 값에 32, 작동점검의 경우 제7호에 따라 계산된 값에 40을 곱한 값을 점검대상 연면적으로 보고 제2호 및 제3호를 적용한다.

9. 종합점검과 작동점검을 하루에 점검하는 경우에는 작동점검의 점검대상 연면적 또는 점검대상 세대수에 0.8을 곱한 값을 종합점검 점검대상 연면적 또는 점검대상 세대수로 본다.

10. 제3호부터 제9호까지의 규정에 따라 계산된 값은 소수점 이하 둘째 자리에서 반올림한다.

[별표 5] 소방시설등 자체점검기록표(제25조 관련)

소방시설등 자체점검기록표

•대상물명 :
•주　　소 :
•점검구분 : [ ] 작동점검 [ ] 종합점검
•점 검 자 :
•점검기간 : 년 월 일 ~ 년 월 일
•불량사항 : [ ] 소화설비 [ ] 경보설비 [ ] 피난구조설비
[ ] 소화용수설비 [ ] 소화활동설비 [ ] 기타설비 [ ] 없음
•정비기간 : 년 월 일 ~ 년 월 일

년 월 일

「소방시설 설치 및 관리에 관한 법률」 **제24조제1항 및 같은 법 시행규칙 제25조에 따라 소방시설등 자체점검결과를 게시합니다.**

※ 비고: 점검기록표의 규격은 다음과 같다.
가. 규격: A4 용지(가로 297mm × 세로 210mm)
나. 재질: 아트지(스티커) 또는 종이
다. 외측 테두리: 파랑색(RGB 65, 143, 222)
라. 내측 테두리: 하늘색(RGB 193, 214, 237)
마. 글씨체(색상)
1) 소방시설 점검기록표: HY헤드라인M, 45포인트(외측 테두리와 동일)
2) 본문 제목: 윤고딕230, 20포인트(외측 테두리와 동일)
본문 내용: 윤고딕230, 20포인트(검정색)
3) 하단 내용: 윤고딕240, 20포인트(법명은 파랑색, 그 외 검정색)

[별표 6] 소방시설등 자체점검기록표(제25조 관련)

1. 제1차시험 과목의 세부 항목

과목명	주요 항목	세부 항목
소방안전관리론	연소이론	연소 및 연소현상
	화재현상	화재 및 화재현상
		건축물의 화재현상
	위험물	위험물 안전관리
	소방안전	소방안전관리
		소화론
		소화약제
소방기계 점검실무	소방유체역학	유체의 기본적 성질
		유체정역학
		유체유동의 해석
		관내의 유동
		펌프 및 송풍기의 성능 특성
	소방 관련 열역학	열역학 기초 및 열역학 법칙
		상태변화
		이상기체 및 카르노사이클
		열전달 기초
	소방기계설비 및 화재안전 기준	소화기구
		옥내소화전설비, 옥외소화전설비
		스프링클러설비(간이스프링클러설비 및 조기진압형스프링클러설비를 포함한다)
		물분무등소화설비
		피난기구 및 인명구조기구
		소화용수설비
		제연설비
		연결송수관설비
		연결살수설비
		연소방지설비
		기타 소방기계 관련 설비
	비고: 각 소방시설별 점검절차 및 점검방법을 포함한다.	
소방전기 점검실무	전기회로	직류회로
		정전용량과 자기회로
		교류회로
	전기기기	전기기기
		전기계측
	제어회로	자동제어의 기초
		시퀀스 제어회로

과목명	주요 항목	세부 항목
		제어기기 및 응용
	전자회로	전자회로
	소방전기설비 및 화재안전기준	경보설비
		유도등
		비상조명등(휴대용비상조명등을 포함한다)
		비상콘센트설비
		무선통신보조설비
		기타 소방전기 관련 설비
	비고: 각 소방시설별 점검절차 및 점검방법을 포함한다.	
소방 관계 법령	「소방시설 설치 및 관리에 관한 법률」, 같은 법 시행령 및 시행규칙	
	「화재의 예방 및 안전관리에 관한 법률」, 같은 법 시행령 및 시행규칙	
	「소방기본법」, 같은 법 시행령 및 시행규칙	
	「다중이용업소의 안전관리에 관한 특별법」, 같은 법 시행령 및 시행규칙	
	「건축법」, 같은 법 시행령 및 시행규칙(건축물의 피난·방화구조 등의 기준에 관한 규칙, 건축물의 설비기준 등에 관한 규칙, 건축물의 구조기준 등에 관한 규칙을 포함한다)	
	「초고층 및 지하연계 복합건축물재난관리에 관한 특별법」, 같은 법 시행령 및 시행규칙	
	비고 1. 소방 관계 법령의 개정 이력을 포함한다. 2. 건축법령은 방화구획, 내화구조, 건축물의 마감재료, 직통계단, 피난계단, 특별피난계단, 비상용승강기, 피난용승상기, 피난안전구역, 배연창 등 피난시설, 방화구획 및 방화시설 등 소방시설등 자체점검과 관련된 사항으로 한정한다.	

2. 제2차시험 과목

과목명	주요 항목	세부 항목
소방시설등 점검실무	소방대상물 확인 및 분석	대상물 분석하기
		소방시설 구성요소 분석
		소방시설 설계계산서 분석
	소방시설 점검	현황자료 검토
		소방시설 시공상태 점검
		소방시설 작동 및 종합 점검
	소방시설 유지관리	소방시설의 운용 및 유지관리
		소방시설의 유지보수 및 일상점검
소방시설등 관리실무	관련 서류의 작성	소방계획서의 작성
		재난예방 및 피해경감계획서 작성
		각종 소방시설등 점검표의 작성
	유지관리계획의 수립	소방시설 유지관리계획서 작성
		인력 및 장비 운영

[별표 7] 소방시설관리업자의 점검능력 평가의 세부 기준(제38조제1항 관련)

관리업자의 점검능력 평가는 다음 계산식으로 산정하되, 1천원 미만의 숫자는 버린다. 이 경우 산정기준일은 평가를 하는 해의 전년도 말일을 기준으로 한다.

점검능력평가액 = 실적평가액 + 기술력평가액 + 경력평가액 ± 신인도평가액

1. 실적평가액은 다음 계산식으로 산정한다.

실적평가액 = (연평균점검실적액 + 연평균대행실적액) × 50/100

가. 점검실적액(발주자가 공급하는 자제비를 제외한다) 및 대행실적액은 해당 업체의 수급금액 중 하수급금액은 포함하고 하도급금액은 제외한다.

1) 종합점검과 작동점검 또는 소방안전관리업무 대행을 일괄하여 수급한 경우에는 그 일괄수급금액에 0.55를 곱하여 계산된 금액을 종합점검 실적액으로, 0.45를 곱하여 계산된 금액을 작동점검 또는 소방안전관리업무 대행 실적액으로 본다. 다만, 다른 입증자료가 있는 경우에는 그 자료에 따라 배분한다.

2) 작동점검과 소방안전관리업무 대행을 일괄하여 수급한 경우에는 그 일괄수급금액에 0.5를 곱하여 계산된 금액을 각각 작동점검 및 소방안전관리업무 대행 실적액으로 본다. 다만, 다른 입증자료가 있는 경우에는 그 자료에 따라 배분한다.

3) 종합점검, 작동점검 및 소방안전관리업무 대행을 일괄하여 수급한 경우에는 그 일괄수급금액에 0.38을 곱하여 계산된 금액을 종합점검 실적액으로, 각각 0.31을 곱하여 계산된 금액을 각각 작동점검 및 소방안전관리업무 대행 실적액으로 본다. 다만, 다른 입증자료가 있는 경우에는 그 자료에 따라 배분한다.

나. 소방시설관리업을 경영한 기간이 산정일을 기준으로 3년 이상인 경우에는 최근 3년간의 점검실적액 및 대행실적액을 합산하여 3으로 나눈 금액을 각각 연평균점검실적액 및 연평균대행실적액으로 한다.

다. 소방시설관리업을 경영한 기간이 산정일을 기준으로 1년 이상 3년 미만인 경우에는 그 기간의 점검실적액 및 대행실적액을 합산한 금액을 그 기간의 개월수로 나눈 금액에 12를 곱한 금액을 각각 연평균점검실적액 및 연평균대행실적액으로 한다.

라. 소방시설관리업을 경영한 기간이 산정일을 기준으로 1년 미만인 경우에는 그 기간의 점검실적액 및 대행실적액을 각각 연평균점검실적액 및 연평균대행실적액으로 한다.

마. 법 제32조제1항 각 호 및 제2항에 따라 지위를 승계한 관리업자는 종전 관리업자의 실적액과 관리업을 승계한 자의 실적액을 합산한다.

2. 기술력평가액은 다음 계산식으로 산정한다.

기술력평가액 = 전년도 기술인력 가중치 1단위당 평균 점검실적액 × 보유기술인력 가중치합계 × 40/100

가. 전년도 기술인력 가중치 1단위당 평균 점검실적액은 점검능력 평가를 신청한 관리업자의 국내 총 기성액을 해당 관리업자가 보유한 기술인력의 가중치 총합으로 나눈 금액으로 한다. 이 경우 국내 총 기성액 및 기술인력 가중치 총합은 평가기관이 법 제34조제4항에 따라 구축·관리하고 있는 데이터베이스(보유 기술인력의 경력관리를 포함한다)에 등록된 정보를 기준으로 한다(전년도 기술인력 1단위당 평균 점검실적액이 산출되지 않는 경우에는 전전년도 기술인력 1단위당 평균 점검실적액을 적용한다).

나. 보유 기술인력 가중치의 계산은 다음의 방법에 따른다.

1) 보유 기술인력은 해당 관리업체에 소속되어 6개월 이상 근무한 사람(등록·양도·합병 후 관리업을 한 기간이 6개월 미만인 경우에는 등록신청서·양도신고서·합병신고서에 기재된 기술인력으로 한다)만 해당한다.

2) 보유 기술인력은 주된 기술인력과 보조 기술인력으로 구분하되, 기술등급 구분의 기준은 「소방시설공사업법 시행규칙」 별표 4의2에 따른다. 이 경우 1인이 둘 이상의 자격, 학력 또는 경력을 가지고 있는 경우 대표되는 하나의 것만 적용한다.

3) 보유 기술인력의 등급별 가중치는 다음 표와 같다.

보유기술인력	주된 기술인력		보조 기술인력			
	관리사(경력 5년이상)	관리사	특급 점검자	고급 점검자	중급 점검자	초급 점검자
가중치	3.5	3.0	2.5	2	1.5	1

3. 경력평가액은 다음 계산식으로 산정한다.

경력평가액 = 실적평가액 × 관리업 경영기간 평점 × 10/100

가. 소방시설관리업 경영기간은 등록일·양도신고일 또는 합병신고일부터 산정기준일까지로 한다.
나. 종전 관리업자의 관리업 경영기간과 관리업을 승계한 자의 관리업 경영기간의 합산에 관하여는 제1호마목을 준용한다.
다. 관리업 경영기간 평점은 다음 표에 따른다.

관리업 경영기간	2년 미만	2년 이상 4년 미만	4년 이상 6년 미만	6년 이상 8년 미만	8년 이상 10년 미만
평점	0.5	0.55	0.6	0.65	0.7

10년 이상 12년 미만	12년 이상 14년 미만	14년 이상 16년 미만	16년 이상 18년 미만	18년 이상 20년 미만	20년 이상
0.75	0.8	0.85	0.9	0.95	1.0

4. 신인도평가액은 다음 계산식으로 산정하되, 신인도평가액은 실적평가액·기술력평가액·경력평가액을 합친 금액의 ±10%의 범위를 초과할 수 없으며, 가점요소와 감점요소가 있는 경우에는 이를 상계한다.

신인도평가액 = (실적평가액 + 기술력평가액 + 경력평가액) × 신인도 반영비율 합계

가. 신인도 반영비율 가점요소는 다음과 같다.
1) 최근 3년간 국가기관·지방자치단체 또는 공공기관으로부터 소방 및 화재안전과 관련된 표창을 받은 경우
- 대통령 표창: +3%
- 장관 이상 표창, 소방청장 또는 광역자치단체장 표창: +2%
- 그 밖의 표창: +1%
2) 소방시설관리에 관한 국제품질경영인증(ISO)을 받은 경우: +2%
3) 소방에 관한 특허를 보유한 경우: +1%
4) 전년도 기술개발투자액: 「조세특례제한법 시행령」 별표 6에 규정된 비용 중 소방시설관리업 분야에 실제로 사용된 금액으로 다음 기준에 따른다.
- 실적평가액의 1%이상 3%미만: +0.5%
- 실적평가액의 3%이상 5%미만: +1.0%
- 실적평가액의 5%이상 10%미만: +1.5%
- 실적평가액의 10%이상: +2%

나. 신인도 반영비율 감점요소는 아래와 같다.
1) 최근 1년간 법 제35조에 따른 영업정지 처분 및 법 제36조에 따른 과징금 처분을 받은 사실이 있는 경우
- 1개월 이상 3개월 이하: -2%
- 3개월 초과: -3%
2) 최근 1년간 국가기관·지방자치단체 또는 공공기관으로부터 부정당업자로 제재처분을 받은 사실이 있는 경우: -2%
3) 최근 1년간 이 법에 따른 과태료처분을 받은 사실이 있는 경우: -2%
4) 최근 1년간 이 법에 따라 소방시설관리사가 행정처분을 받은 사실이 있는 경우: -2%
5) 최근 1년간 부도가 발생한 사실이 있는 경우: -2%

5. 제1호부터 제4호까지의 규정에도 불구하고 신규업체의 점검능력 평가는 다음 계산식으로 산정한다.

점검능력평가액 = (전년도 전체 평가업체의 평균 실적액 × 10/100) + (기술인력 가중치 1단위당 평균 점검면적액 × 보유기술인력가중치합계 × 50/100)

비고
"신규업체"란 법 제29조에 따라 신규로 소방시설관리업을 등록한 업체로서 등록한 날부터 1년 이내에 점검능력 평가를 신청한 업체를 말한다.

[별표 8] 행정처분 기준(제39조 관련) <개정 2023.4.19.>

1. 일반기준

가. 위반행위가 둘 이상이면 그 중 무거운 처분기준(무거운 처분기준이 동일한 경우에는 그 중 하나의 처분기준을 말한다. 이하 같다)에 따른다. 다만, 둘 이상의 처분기준이 모두 영업정지이거나 사용정지인 경우에는 각 처분기준을 합산한 기간을 넘지 않는 범위에서 무거운 처분기준에 각각 나머지 처분기준의 2분의 1 범위에서 가중한다.

나. 영업정지 또는 사용정지 처분기간 중 영업정지 또는 사용정지에 해당하는 위반사항이 있는 경우에는 종전의 처분기간 만료일의 다음 날부터 새로운 위반사항에 따른 영업정지 또는 사용정지의 행정처분을 한다.

다. 위반행위의 횟수에 따른 행정처분의 기준은 최근 1년간 같은 위반행위로 행정처분을 받은 경우에 적용한다. 이 경우 적용일은 위반행위에 대한 행정처분일과 그 처분 후에 한 위반행위가 다시 적발된 날을 기준으로 한다.

라. 다목에 따라 가중된 부과처분을 하는 경우 가중처분의 적용 차수는 그 위반행위 전 부과처분 차수(다목에 따른 기간 내에 행정처분이 둘 이상 있었던 경우에는 높은 차수를 말한다)의 다음 차수로 한다.

마. 처분권자는 위반행위의 동기·내용·횟수 및 위반 정도 등 다음에 해당하는 사유를 고려하여 그 처분을 가중하거나 감경할 수 있다. 이 경우 그 처분이 영업정지 또는 자격정지인 경우에는 그 처분기준의 2분의 1의 범위에서 가중하거나 감경할 수 있고, 등록취소 또는 자격취소인 경우에는 등록취소 또는 자격취소 전 차수의 행정처분이 영업정지 또는 자격정지이면 그 처분기준의 2배 이하의 영업정지 또는 자격정지로 감경(법 제28조제1호·제4호·제5호·제7호 및 법 제35조제1항제1호·제4호·제5호를 위반하여 등록취소 또는 자격취소된 경우는 제외한다)할 수 있다.

1) 가중 사유

가) 위반행위가 사소한 부주의나 오류가 아닌 고의나 중대한 과실에 의한 것으로 인정되는 경우

나) 위반의 내용·정도가 중대하여 관계인에게 미치는 피해가 크다고 인정되는 경우

2) 감경 사유

가) 위반행위가 사소한 부주의나 오류 등 과실로 인한 것으로 인정되는 경우

나) 위반의 내용·정도가 경미하여 관계인에게 미치는 피해가 적다고 인정되는 경우

다) 위반 행위자가 처음 해당 위반행위를 한 경우로서 5년 이상 소방시설관리사의 업무, 소방시설관리업 등을 모범적으로 해 온 사실이 인정되는 경우

라) 그 밖에 다음의 경미한 위반사항에 해당되는 경우

(1) 스프링클러설비 헤드가 살수반경에 미치지 못하는 경우

(2) 자동화재탐지설비 감지기 2개 이하가 설치되지 않은 경우

(3) 유도등이 일시적으로 점등되지 않는 경우

(4) 유도표지가 정해진 위치에 붙어 있지 않은 경우

바. 처분권자는 고의 또는 중과실이 없는 위반행위자가 「소상공인기본법」 제2조에 따른 소상공인인 경우에는 다음의 사항을 고려하여 제2호나목의 개별기준에 따른 처분을 감경할 수 있다. 이 경우 그 처분이 영업정지인 경우에는 그 처분기준의 100분의 70 범위에서 감경할 수 있고, 그 처분이 등록취소(법 제35조제1항제1호·제4호·제5호를 위반하여 등록취소된 경우는 제외한다)인 경우에는 3개월의 영업정지 처분으로 감경할 수 있다. 다만, 마목에 따른 감경과 중복하여 적용하지 않는다. <신설 2023.4.19.>

1) 해당 행정처분으로 위반행위자가 더 이상 영업을 영위하기 어렵다고 객관적으로 인정되는지 여부

2) 경제위기 등으로 위반행위자가 속한 시장·산업 여건이 현저하게 변동되거나 지속적으로 악화된 상태인지 여부

2. 개별기준

가. 소방시설관리사에 대한 행정처분기준

위반사항	근거 법조문	행정처분기준		
		1차위반	2차위반	3차 이상 위반
1) 거짓이나 그 밖의 부정한 방법으로 시험에 합격한 경우	법 제28조 제1호	자격취소		

2) 「화재의 예방 및 안전관리에 관한 법률」 제25조제2항에 따른 대행인력의 배치기준·자격·방법 등 준수사항을 지키지 않은 경우	법 제28조 제2호	경고 (시정명령)	자격정지 6개월	자격취소
3) 법 제22조에 따른 점검을 하지 않거나 거짓으로 한 경우	법 제28조 제3호			
가) 점검을 하지 않은 경우		자격정지 1개월	자격정지 6개월	자격취소
나) 거짓으로 점검한 경우		경고 (시정명령)	자격정지 6개월	자격취소
4) 법 제25조제7항을 위반하여 소방시설관리사증을 다른 사람에게 빌려준 경우	법 제28조 제4호	자격취소		
5) 법 제25조제8항을 위반하여 동시에 둘 이상의 업체에 취업한 경우	법 제28조 제5호	자격취소		
6) 법 제25조제9항을 위반하여 성실하게 자체점검 업무를 수행하지 않은 경우	법 제28조 제6호	경고 (시정명령)	자격정지 6개월	자격취소
7) 법 제27조 각 호의 어느 하나의 결격사유에 해당하게 된 경우	법 제28조 제7호	자격취소		

나. 소방시설관리업자에 대한 행정처분기준

위반사항	근거 법조문	행정처분기준		
		1차위반	2차위반	3차 이상 위반
1) 거짓이나 그 밖의 부정한 방법으로 등록을 한 경우	법 제35조 제1항제1호	등록취소		
2) 법 제22조에 따른 점검을 하지 않거나 거짓으로 한 경우	법 제35조 제1항제2호			
가) 점검을 하지 않은 경우		영업정지 1개월	영업정지 3개월	등록취소
나) 거짓으로 점검한 경우		경고 (시정명령)	영업정지 3개월	등록취소
3) 법 제29조제2항에 따른 등록기준에 미달하게 된 경우. 다만, 기술인력이 퇴직하거나 해임되어 30일 이내에 재선임하여 신고한 경우는 제외한다.	법 제35조 제1항제3호	경고 (시정명령)	영업정지 3개월	등록취소
4) 법 제30조 각 호의 어느 하나의 등록의 결격사유에 해당하게 된 경우. 다만, 제30조제5호에 해당하는 법인으로서 결격사유에 해당하게 된 날부터 2개월 이내에 그 임원을 결격사유가 없는 임원으로 바꾸어 선임한 경우는 제외한다.	법 제35조 제1항제4호	등록취소		
5) 법 제33조제2항을 위반하여 등록증 또는 등록수첩을 빌려준 경우	법 제35조 제1항제5호	등록취소		
6) 법 제34조제1항에 따른 점검능력 평가를 받지 않고 자체점검을 한 경우	법 제35조 제1항제6호	영업정지 1개월	영업정지 3개월	등록취소

[별표 9] 과징금의 부과기준(제40조제1항 관련)

1. 일반기준

가. 영업정지 1개월은 30일로 계산한다.

나. 과징금 산정은 영업정지기간(일)에 제2호나목의 영업정지 1일에 해당하는 금액을 곱한 금액으로 한다.

다. 위반행위가 둘 이상 발생한 경우 과징금 부과를 위한 영업정지기간(일) 산정은 제2호가목의 개별기준에 따른 각각의 영업정지 처분기간을 합산한 기간으로 한다.

라. 영업정지에 해당하는 위반사항으로서 위반행위의 동기·내용·횟수 또는 그 결과를 고려하여 그 처분기준의 2분의 1까지 감경한 경우 과징금 부과에 의한 영업정지기간(일) 산정은 감경한 영업정지기간으로 한다.

마. 연간 매출액은 해당 업체에 대한 처분일이 속한 연도의 전년도의 1년간 위반사항이 적발된 업종의 각 매출금액을 기준으로 한다. 다만, 신규사업·휴업 등으로 인하여 1년간의 위반사항이 적발된 업종의 각 매출금액을 산출할 수 없거나 1년간의 위반사항이 적발된 업종의 각 매출금액을 기준으로 하는 것이 불합리하다고 인정되는 경우에는 분기별·월별 또는 일별 매출금액을 기준으로 산출 또는 조정한다.

바. 가목부터 마목까지의 규정에도 불구하고 과징금 산정금액이 3천만원을 초과하는 경우 3천만원으로 한다.

2. 개별기준

가. 과징금을 부과할 수 있는 위반행위의 종류

위반사항	근거 법조문	행정처분기준		
		1차 위반	2차 위반	3차 이상 위반
1) 법 제22조에 따른 점검을 하지 않거나 거짓으로 한 경우	법 제35조 제1항제2호	영업정지 1개월	영업정지 3개월	
2) 법 제29조제2항에 따른 등록기준에 미달하게 된 경우. 다만, 기술인력이 퇴직하거나 해임되어 30일 이내에 재선임하여 신고한 경우는 제외한다.	법 제35조 제1항제3호		영업정지 3개월	
3) 법 제34조제1항에 따른 점검능력 평가를 받지 않고 자체점검을 한 경우	법 제35조 제1항제6호	영업정지 1개월	영업정지 3개월	

나. 과징금 금액 산정기준

등급	연간매출액(단위: 백만원)	영업정지 1일에 해당되는 금액(단위: 원)
1	10 이하	25,000
2	10 초과 ~ 30 이하	30,000
3	30 초과 ~ 50 이하	35,000
4	50 초과 ~ 100 이하	45,000
5	100 초과 ~ 150 이하	50,000
6	150 초과 ~ 200 이하	55,000
7	200 초과 ~ 250 이하	65,000
8	250 초과 ~ 300 이하	80,000
9	300 초과 ~ 350 이하	95,000
10	350 초과 ~ 400 이하	110,000
11	400 초과 ~ 450 이하	125,000
12	450 초과 ~ 500 이하	140,000
13	500 초과 ~ 750 이하	160,000

14	750 초과 ~ 1,000 이하	180,000
15	1,000 초과 ~ 2,500 이하	210,000
16	2,500 초과 ~ 5,000 이하	240,000
17	5,000 초과 ~ 7,500 이하	270,000
18	7,500 초과 ~ 10,000 이하	300,000
19	10,000 초과	330,000

[별표 10] 수수료(제41조제1항 관련)

1. 수수료 금액

납부 대상자	납부금액
가. 법 제25조제1항에 따라 소방시설관리사시험에 응시하려는 사람 1) 제1차시험 2) 제2차시험	 1만8천원 3만3천원
나. 법 제29조제3항에 따라 소방시설관리업의 등록을 하려는 자	4만원
다. 법 제29조제3항에 따라 소방시설관리업의 등록증 또는 등록수첩을 재발급받으려는 자	1만원
라. 법 제32조제3항에 따라 소방시설관리업의 지위승계를 신고하는 자	2만원
마. 제26조에 따라 소방시설관리사증을 발급받으려는 사람	2만원
바. 제27조제1항에 따라 소방시설관리사증을 재발급받으려는 사람	1만원
사. 법 제34조제1항 및 이 규칙 제37조에 따라 점검능력 평가를 받으려는 자의 수수료는 다음과 같다. 1) 점검능력 평가 신청 수수료: 10만원 2) 점검능력 평가 관련 제 증명서 발급 수수료: 2천원 3) 점검실적 중 점검인력의 배치기준 적합 여부 확인 수수료	

종류	적용대상	수수료(원)
1종	연면적 5,000㎡ 미만인 특정소방대상물에 대하여 작동점검을 실시한 경우	2,200
2종	연면적 5,000㎡ 이상인 특정소방대상물에 대하여 작동점검을 실시한 경우	2,700
3종	연면적 20,000㎡ 미만인 특정소방대상물에 대하여 종합점검을 실시한 경우	4,400
4종	연면적 20,000㎡ 이상인 특정소방대상물에 대하여 종합점검을 실시한 경우	4,900

2. 납부방법

가. 제1호가목 및 마목부터 사목까지의 수수료는 계좌입금의 방식 또는 현금으로 납부하거나 신용카드로 결제해야 한다. 다만, 정보통신망을 이용하여 전자화폐·전자결제 등의 방법으로 결제할 수 있다.

나. 제1호나목부터 라목까지의 수수료는 해당 지방자치단체의 수입증지로 납부해야 한다.

건축설비관계법규

定價 34,000원

저 자 김수영 · 이종석
박호준 · 조영호
오호영

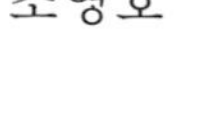

발행인 이 종 권

2009年 3月 9日 초 판 발 행
2010年 2月 24日 개 정 판 발 행
2011年 3月 24日 2차개정발행
2012年 3月 13日 3차개정발행
2013年 3月 12日 4차개정발행
2014年 3月 14日 5차개정발행
2015年 2月 25日 6차개정발행
2016年 3月 7日 7차개정발행
2017年 3月 6日 8차개정발행
2018年 3月 2日 9차개정발행
2019年 3月 12日 10차개정발행
2020年 3月 16日 11차개정발행
2021年 3月 12日 12차개정발행
2022年 4月 6日 13차개정발행
2023年 3月 30日 14차개정발행
2024年 3月 20日 15차개정발행

發行處 (주) 한솔아카데미

(우)06775 서울시 서초구 마방로10길 25 트윈타워 A동 2002호
TEL : (02)575-6144/5 FAX : (02)529-1130
〈1998. 2. 19 登錄 第16-1608號〉

※ 본 교재의 내용 중에서 오타, 오류 등은 발견되는 대로 한솔아카데미 인터넷 홈페이지를 통해 공지하여 드리며 보다 완벽한 교재를 위해 끊임없이 최선의 노력을 다하겠습니다.

※ 파본은 구입하신 서점에서 교환해 드립니다.

www.inup.co.kr / www.bestbook.co.kr

ISBN 979-11-6654-503-0 93540